BAILEY'S INDUSTRIAL OIL AND FAT PRODUCTS

Sixth edition

“十二五”
国家重点出版物
出版规划项目

国家出版基金项目
NATIONAL PUBLICATION FOUNDATION

贝雷油脂化学与工艺学

第六版

【加拿大】 Fereidoon Shahidi 主编
王兴国　金青哲 主译

第三卷

食用油脂产品:特种油脂与油脂产品

Edible Oil and Fat Products: Specialty Oils and Oil Products

Volume 3

中国轻工业出版社 | 全国百佳图书出版单位

图书在版编目（CIP）数据

贝雷油脂化学与工艺学：第6版．第3卷，食用油脂产品：特种油脂与油脂产品/（加）沙希迪（Shahidi,F.）主编；王兴国，金青哲主译．—北京：中国轻工业出版社，2016.9

国家出版基金项目，“十二五”国家重点出版物出版规划项目

ISBN 978－7－5184－0836－8

Ⅰ．①贝…　Ⅱ．①沙…　②王…　③金…　Ⅲ．①油脂化学　②油脂制备—生产工艺　③食用油—研究　Ⅳ．①TQ64　②TS225

中国版本图书馆CIP数据核字（2016）第048333号

责任编辑：张　靓　　策划编辑：李亦兵　张　靓　　责任终审：劳国强
整体设计：刘　微　　责任校对：吴大鹏　李　靖　　责任监印：张　可

出版发行：中国轻工业出版社（北京东长安街6号，邮编：100740）
印　　刷：三河市万龙印装有限公司
经　　销：各地新华书店
版　　次：2016年9月第1版第1次印刷
开　　本：787×1092　1/16　印张：39.25
字　　数：910千字
书　　号：ISBN 978－7－5184－0836－8　定价：128.00元
著作权合同登记　图字：01－2007－5813
邮购电话：010－65241695　传真：65128352
发行电话：010－85119835　85119793　传真：85113293
网　　址：http://www.chlip.com.cn
Email：club@chlip.com.cn
如发现图书残缺请直接与我社邮购联系调换
070980K1X101ZYW

《贝雷油脂化学与工艺学（第六版）》第三卷
编者、译者和审校人员

章节	编者	译者	审校人员
前 言	Fereidoon Shahidi	金青哲	王兴国
1 共轭亚油酸油	Rakesh Kapoor Martin Reaney Neil D. Westcott	刘睿杰	周 洋
2 甘油二酯	Brent D. Flickinger Noboru Matsuo	吴晓娟	杨 凡
3 柑橘属油脂和香精	Fereidoon Shahidi Ying Zhong	李 明	麻梅梅
4 γ-亚麻酸油	Rakesh Kapoor Harikumar Nair	王 勇	姜元荣
5 微生物油脂	James P. Wynn Colin Ratledge	何东平	齐冬梅
6 转基因油脂	Thomas A. McKeon	严有兵	朱 叶
7 树生坚果油	Fereidoon Shahidi Homan Miraliakbari	金 俊	揭 良
8 不同来源的胚芽油	Nurhan Turgut Dunford	张友峰	邹孝强
9 源于草本植物、香料和果实的籽油	Liangli (Lucy) Yu John W. Parry Kequan Zhou	章玉玺	宋志华
10 海产哺乳动物油脂	Fereidoon Shahidi Ying Zhong	慕鸿雁	徐亚华
11 鱼油	R. G. Ackman	谢 丹	杨 洁
12 油脂中的微量成分	Afaf Kamal-Eldin	刘晓君	张志艳
13 卵磷脂	Bernard F. Szuhaj	刘元法	程 敏
14 脂质乳状液	D. Julian McClements Jochen Weiss	单 良	李进伟
15 膳食脂肪替代品	S. P. J. Namal Senanayake Fereidoon Shahidi	孙尚德	齐 策
16 脂质结构对吸收、代谢和健康的影响	Armand B. Christophe	赵晨伟	孙 进
17 油脂的化学和酶法改性	S. P. J. Namal Senanayake Fereidoon Shahidi	王 鑫	齐金峰
18 脂肪酸和油脂副产物的分离纯化新技术	Udaya N. Wanasundara P. K. J. P. D. Wanasundara Fereidoon Shahidi	汪 勇	韦 伟

全书由王兴国、金青哲总校

《贝雷油脂化学与工艺学（第六版）》编委会

《贝雷油脂化学与工艺学(第六版)》撰稿人

R. G. ACKMAN: Canadian Institute of Fisheries Technology, Dalhousie University, Halifax, Nova Scotia, Canada, *Fish Oils.*

YVONNE T. V. AGUSTIN: *Coconut Oil.*

KLAUS A. ALEXANDERSEN: *Margarine Processing Plants and Equipment.*

DAN ANDERSON: *A Primer on Oils Processing Technology.*

YUSOF BASIRON: *Palm Oil.*

MARÍA LUZ J. BENDAÑO: *Coconut Oil.*

ANTHONY P. BIMBO: International Fisheries, Kilmarnock, Virginia, *Rendering.*

MICHAEL J. BOYER: AWT-Agribusiness and Water, Cumming, Georgia, *Environmental Impact and Waste Management.*

D. D. BROOKS: Oil-Dri Corporation, Chicago, Illinois, *Adsorptive Separation of Oils.*

MICHAEL R. BURKE: *Soaps.*

ELIAS C. CANAPI: *Coconut Oil.*

VANCE CAUDILL: *Packaging.*

ARMAND B. CHRISTOPHE: Ghent University Hospital, Ghent, Belgium, *Structural Effects on Absorption, Metabolism, and Health Effects of Lipids.*

MICHAEL M. CHRYSAN: *Margarines and Spreads.*

W. DE GREYT: De Smet Technologies & Services, Brussels, Belgium, *Deodorization.*

NURHAN TURGUT DUNFORD: Oklahoma State University, Stillwater, Oklahoma, *Germ Oils from Different Sources.*

SEVIM Z. ERHAN: National Center for Agricultural Utilization Research, Peoria, Illinois, *Vegetable Oils as Lubricants, Hydraulic Fluids, and Inks.*

N. A. M. ESKIN: University of Manitoba, Winnipeg, Manitoba, Canada, *Canola Oil.*

S. ESWARANANDAM: University of Arkansas, Fayetteville, Arkansas, *Edible Films and Coatings From Soybean and Other Protein Sources.*

WALTER E. FARR: Walter E. Farr & Associates, Olive Branch, Mississippi, *Hydrogenation: Processing Technologies.*

DAVID FIRESTONE: United States Food and Drug Administration, Washington, DC, *Olive Oil.*

BRENT D. FLICKINGER: Archer Daniels Midland Company, Decatur, Illinois, *Diacylglycerols.*

GRECORIO C. GERVAJIO: *Fatty Acids and Derivatives from Coconut Oil.*

MARIA A. GROMPONE: *Sunflower Oil.*

FRANK D. GUNSTONE: *Vegetable Oils.*

MONOJ K. GUPTA: MG Edible Oil Consulting International, Richardson, Texas, *Frying of Foods and Snack Food Production*; *Frying Oils.*

ÖZLEM GÜÇLÜ-ÜSTÜNDAĞ: University of Alberta, Edmonton, Alberta, Canada, *Supercritical Technologies for Further Processing of Edible Oils.*

MICHAEL J. HAAS: Eastern Regional Research Center, Agricultural Research Service, Wyndmoor, Pennsylvania, *Animal Fats.*

EARL G. HAMMOND: Iowa State University, Ames, Iowa, *Soybean Oil.*

RICHARD W. HARTEL: University of Wisconsin, Madison, Wisconsin, *Crystallization of Fats and Oils.*

BERNHARO HENNIG: University of Kentucky, Lexington, Kentucky, *Dietary Lipids and Health.*

ERNESTO HERNANDEZ: Texas A&M University, College Station, Texas, *Pharmaceutical and Cosmetic Use of Lipids.*

P. B. HERTZ: Agriculture and Agri-Food Canada, Saskatoon, Saskatchewan, Canada, *Vegetable Oils as Biodiesel.*

NAVAM S. HETTIARACHCHY. University of Arkansas, Fayetteville, Arkansas, *Edible Films and Coatings From Soybean and Other Protein Sources.*

DAVID HETTINGA: *Butter.*

STEVEN E. HILL: *Cooking Oils, Salad Oils, and Dressings.*

CHI-TANG Ho: Rutgers University, New Brunswick, New Jersey, *Flavor Components of Fats and Oils.*

LUCY SUN HWANO: National Taiwan University, Taipei, Taiwan, *Sesame Oil.*

LAWRENCE A. JOHNSON: Iowa State University, Ames, Iowa, *Soybean Oil.*

LYNN A. JONES: Collierville, Tennessee, *Cottonseed Oil.*

AFAF KAMAL-ELDIN: SLU, Uppsala, Sweden, *Minor Components of Fats and Oils.*

Y. K. KAMATH: *Leather and Textile Uses of Fats and Oils.*

RAKESH KAPOOR: Bioriginal Food and Science Corp., Saskatoon, Saskatchewan, Canada, *Conjugated Linoleic Acid Oils*; *Gamma Linolenic Acid Oils.*

M. KELLENS: De Smet Technologies & Services, Brussels, Belgium, *Deodorization.*

TIMOTHY G. KEMPER: *Oil Extraction.*

C. CLAY KING: Texas Women' s University, Denton, Texas, *Cottonseed Oil.*

DAVID D. KITTS: University of British Columbia, Vanuouver, British Columbia, Canada, *Toxicity and Safety of Fats and Oils.*

XIAOHUA KONG: Agri-Food Materials Science Centre, University of Alberta Edmonton, Alberta, Canada, *Vegetable Oils in Production of Polymers and Plastics.*

S. SEFA KOSEOGLU: Extraction and Refining Program, A Division of Filtration and Membrane World LLC, College Station, Texas, *Membrane Processing of Fats and Oils.*

R. G. KRISHNAMURTHY: *Cooking Oils, Salad Oils, and Dressings.*

PAUL KRONICK: *Leather and Textile Uses of Fats and Oils.*

YONG LI: Purdue University, West Lafayette, Indiana, *Dietary Lipids and Health.*

K. F. LIN: Paints, Varnishes, and Related Products.

LAN LIN: Extraction and Refining Program, A Division of Filtration and Membrane World LLC, College Station, Texas, *Membrane Processing of Fats and Oils.*

GARY R. LIST: Iowa State University, Ames, Iowa, Storage, *Handling, and Transport of Oils and Fats.*

JERROLD W. LITWINENKO: University of Guelph, Guelph, Ontario, Canada, *Fat Crystal Networks.*

EDMUND E. LUSAS: *Fats and Oils in Feedstuffs and Pet Foods.*

JESSE L. LYNN, JR. : *Detergents and Detergency.*

T. MAG: University of Manitoba, Winnipeg, Manitoba, Canada, *Canola Oil.*

LINDA J. MALCOLMSON: Canadian International Grains Institute, Winnipeg, Manitoba, Canada, *Flavor and Sensory Aspects.*

ALEJANDRO G. MARANGONI: University of Guelph, Guelph, Ontario, Canada, *Fat Crystal Networks.*

NOBORU MATSUO: Kao Corporation, Tochigi, Japan, *Diacylglycerols.*

W. W. MCCALLEY: Agriculture and Agri-Food Canada, Saskatoon, Saskatchewan, Canada, *Vegetable Oils as Biodiesel.*

D. JULIAN MCCLEMENTS: The University of Massachusetts, Amherst, Massachusetts, *Lipid Emulsions.*

B. E. MCDONALD: University of Manitoba, Winnipeg, Manitoba, Canada, *Canola Oil.*

THOMAS A. MCKEON: USDA-ARS Western Regional Research Center, Albany, California, *Transgenic Oils.*

SERPIL METIN: Cargill Inc., Minneapolis, Minnesota, *Crystallization of Fats and Oils.*

DOUGLAS J. METZROTH: *Shortenings: Science and Technology.*

HOMAN MIRALIAKBARI: Memorial University of Newfoundland, St. John's, Newfoundland, Canada, *Tree Nut Oils.*

ROBERT A. MOREAU: United States Department of Agriculture, Agricultural Research Service, *Corn Oil.*

EVANGEKUBE A. MORO: *Coconut Oil.*

HARIKUMAR NAIR: Bioriginal Food & Science Corp. , Saskatoon, Saskatchewan, Canada, *Gamma*

Linolenic Acid Oils.

SURESH S. NARINE: Agri-Food Materials Science Centre, University of Alberta, Edmonton, Alberta, Canada, *Vegetable Oils in Production of Polymers and Plastics.*

RICHARD D. O' BRIEN: Plano, Texas, *Cottonseed Oil*; *Shortenings: Types and Formulations.*

FRANK T. ORTHOEFER: *Rice Bran Oil.*

JOHN W PARRY: University of Maryland, College Park, Maryland, *Oils from Herbs, Spices, and Fruit Seeds.*

HAROLD E. PATTEE: North Carolina State University, Raleigh, North Carolina, *Peanut Oil.*

ECONOMICO PEDROSA, JR.: *Coconut Oil.*

M. D. PICKARD: *By-Product Utilization.*

A. PROCTOR: University of Arkansas, Fayetteville, Arkansas, *Adsorptive Separation of Oils.*

ROMAN PRZYBYLSKI: University of Manitoba, Winnipeg, Manitoba, Canada, *Canola Oil*; *Flax Oil and High Linolenic Oils.*

COLIN RATLEDGE: Lipid Research Centre, University of Hull, Hull, United Kingdom, *Oils from Microorganisms.*

MARTIN REANEY: Bioriginal Food and Science Corp., Saskatoon, Saskatchewan, Canada, *Conjugated Linoleic Acid Oils.*

M. J. T. REANEY: Agriculture and Agri-Food Canada, Saskatoon, Saskatchewan, Canada, *Vegetable Oils as Biodiesel.*

MIAN N. RIAZ: Texas A&M University, College Station, Texas, *Extrusion Processing of Oilseed Meals for Food and Feed Production.*

GEOFFREY G. RYE: University of Guelph, Guelph, Ontario, Canada, *Fat Crystal Networks.*

KIYOTAKA SATO: Graduate School of Biosphere Science, Hiroshima University, Higashi-Hiroshima, Japan, *Polymorphism in Fats and Oils.*

K. M. SCHAICH: Rutgers University, New Brunswick, New Jersey, *Lipid Oxidation: Theoretical Aspects.*

KEITH SCHROEDER: CC Engineering Ltd., *Glycerine.*

CHARLIE SCRIMGEOUR: Scottish Crop Research Institute Dundee, Scotland, *Chemistry of Fatty Acids.*

S. P. J. NAMAL SENANAYAKE: Martek Biosciences Corporation, Winchester, Kentucky, *Dietary Fat Substitutes*; *Modification of Fats and Oils via Chemical and Enzymatic Methods.*

FEREIDOON SHAHIDI: Memorial University of Newfoundland, St. John' s, Newfoundland, Canada, *Antioxidants: Regulatory Status*; *Antioxidants: Science, Technology, and Applications*; *Citrus Oils and Essences*; *Dietary Fat Substitutes*; *Flavor Components of Fats and Oils*; *Lipid Oxidation: Measurement Methods*; *Marine Mammal Oils*; *Modification of Fats and Oils via Chemical and En-*

zymatic Methods; *Novel Separation Techniques for Isolation and Purification of Fatty Acids and Oil By-Products*; *Quality Assurance of Fats and Oils*; *Tree Nut Oils.*

JOSEPH SMITH: *Safflower Oil.*

VIJAI K. S. SHUKLA: International Food Science Center, Lystrup, Denmark, *Confectionery Lipids.*

VIJAI K. S. SHUKLA: Iowa State University, Ames, Iowa, *Storage*, *Handling*, *and Transport of Oils and Fats.*

CLYDE E. STAUFFER: *Emulsifiers for the Food Industry*; *Fats and Oils in Bakery Products.*

CAIPING SU: Iowa State University, Ames, Iowa, *Soybean Oil.*

BERNARD F. SZUHAJ: Szuhaj & Associates LLC, Fort Wayne, Indiana, *Lecithins.*

DENNIS R. TAYLOR: DR Taylor Consulting, Port Barrington, Illinois, *Bleaching.*

FERAL TEMELLI: University of Alberta, Edmonton, Alberta, Canada, *Supercritical Technologies for Further Processing of Edible Oils.*

MICHAL TOBOREK: University of Kentucky, Lexington, Kentucky, *Dietary Lipids and Health.*

SATORU UENO: Graduate School of Biosphere Science, Hiroshima University, Higashi-Hiroshima, Japan, *Polymorphism in Fats and Oils.*

PHILLIP J. WAKELYN: National Cotton Council, Washington, DC, *Cottonseed Oil.*

PETER J. WAN: USDA, ARS, New Orleans, Lowsiana, *Cottonseed Oil.*

P. K. J. P. D. WANASUNOARA: Agriculture and Agri-Food Canada, Saskatoon Research Center, Saskatoon, Saskatchewan, Canada, *Antioxidants*: *Science*, *Technology*, *and Applications*; *Novel Separation Techniques for Isolation and Purification of Fatty Acids and Oil By-Products.*

UDAYA N. WANASUNDARA: POS Pilot Plant Corporation, Saskatoon, Saskatchewan, Canada, *Novel Separation Techniques for Isolation and Purification of Fatty Acids and Oil By-Products.*

TONG WANG: Iowa State University, Ames, Iowa, *Soybean Oil*; *Storage*, *Handling*, *and Transport of Oils and Fats.*

BRUCE A. WATKINS: Purdue University, West Lafayette, Indiana, *Dietary Lipids and Health.*

JOCHEN WEISS: The University of Massachusetts, Amherst, Massachusetts, *Lipid Emulsions.*

NEIL D. WESTCOTT: Bioriginal Food and Science Corp. , Saskatoon, Saskatchewan, Canada, *Conjugated Linoleic Acid Oils.*

PAMELA J. WHITE: Iowa State University, Ames, Iowa, *Soybean Oil.*

MAURICE A. WILLIAMS: Anderson Corporation, Cleveland, Ohio, *Recovery of Oils and Fats from Oilseeds and Fatty Materials.*

JAMES P. WYNN: Martek Biosciences Corporation, Columbia, Maryland, *Oils from Microorganisms.*

LIANGLI (LUCY) YU: University of Maryland, College Park, Maryland, *Oils from Herbs*, *Spices*, *and Fruit Seeds.*

YING ZHONG: Memorial University of Newfoundland, St. John' s, Newfoundland, Canada, *Antioxidants: Regulatory Status*; *Citrus Oils and Essences*; *Lipid Oxidation: Measurement Methods*; *Marine Mammal Oils.*

KEQUAN ZHOU: University of Maryland, College Park, Maryland, *Oils from Herbs, Spices, and Fruit Seeds.*

译者序

油脂是人类食品最重要的成分之一。时至今日，油脂科技已跨越了以油脂的理化性质和以脂肪酸营养为主要研究内容的两个阶段，进入到了甘油酯、脂肪伴随物及其延伸物的功能、构效关系研究和产品开发等更高层次。因此，开拓新油源，开发各种新型结构的功能性油脂和食品专用油以减少和预防慢性病，以及开发精准适度加工技术，保证油脂天然性、安全性，减少有害物形成，减少废弃物并对其进行无害化、资源化处理，都已经成为当前世界迫切需要解决的问题。

《贝雷油脂化学与工艺学》是油脂及油脂化学领域的一部经典著作。本书第一版由美国杰出的油脂专家奥尔顿·爱德华·贝雷编写。后人为了纪念这位对油脂科学的发展作出巨大贡献的学者，本书历次修订版本仍然延用此书名至今。修订版主编通常由美国油脂界著名学者担任，各章均由专项技术的权威人士撰稿。由于作者具有丰富的理论知识和实践经验，并掌握大量资料，故本书内容丰富，资料新颖，数据可靠，论述精辟，并附有大量参考文献，可供读者深入研究之用。因此，本书修订版的出版也一直是世界油脂界一件盛事。

本书是第六版，与第五版相比增加了第三卷，详述特种油脂及其制品；同时，第六版在有关卷中增加了油脂结晶、油脂物理性质、油脂氧化理论、抗氧化剂等新的章节，对微生物油脂、转基因油料、鱼油和海洋哺乳动物油脂，以及油脂加工高新技术、油脂工业应用等前沿领域也设置了专门章节。总之，第六版的内容包括油脂化学、化工、营养和安全、生命科学、日化产品、医药、能源等多个领域，做到了油脂化学理论、加工技术、产品开发应用并重，形成了内容更新型庞大、结构更完整、学科交叉性更强的科学体系。

主译者组织了国内油脂学科相关各著名高等院校、研究机构和大型企业的数十位专家学者，历时五年多时间，共同努力，几易其稿，终于将《贝雷油脂化学与工艺学（第六版）》中文版出版，以飨读者。在此，对参与本书翻译审校工作的专家学者深表感谢。

由于本书内容涉及范围广，译文中疏漏与不足之处难免，敬请读者指正。

王兴国　金青哲

前言

油脂是食品的重要组成部分，油脂及其衍生物和它们的反应产物也在非食品领域中扮演着重要的角色。 在食品中，油脂是一种主要的能量来源，同时也是脂溶性成分的载体。 它们也可以作为食品加工的传热介质，赋予产品理想的质地、风味和口感。 油脂源于植物和动物。 植物油脂来源包括油籽、热带植物果实、藻类；动物油脂可来自陆地动物、鱼类、海洋哺乳动物和其他相关来源。 食品脂质的主要成分是甘油三酯，但次要成分对脂质的品质特征、稳定性和应用也具有很重要的作用。 脂肪酸的类型与不饱和程度、次要成分的种类与含量都影响着油品质量，某些特定的次要成分，如植物甾醇，还可用于油脂原料的指纹和身份鉴别。

油脂的物理状态及晶体结构对油脂产品的应用是很重要的。 此外，在制作具有特殊用途的食品，如面包、糖果、油炸食品、沙拉酱、人造黄油、涂抹脂的时候，需要油脂有适合这些用途的特殊性质。 因此，每种油脂原料的物理和化学性质及其作为食品成分的稳定性都是很重要的。

在油脂领域，近期的发展侧重于从诸如果实种子、坚果和其他少见的植物等新资源中生产特种脂质。 此外，研制各种结构脂质，以满足食品领域广泛应用需求，一直是人们的兴趣所在。 在油脂的加工过程中可将其次要成分，如卵磷脂、植物甾醇、生育酚、生育三烯酚等分离出来，用于保健品和功能性食品配料。 显然，此类产品潜在的功能特性也是人们的兴趣点之一。

在油脂领域还需着重考虑的是，开发使油脂及其相关产品在货架期内保持可接受的感官特性、风味的加工技术，以及可生产出特定产品的深加工技术。 油脂可以用于生产大宗食品，油脂的某些组分也可以用于动物饲料及其他应用中。 油脂有很多非食用方面的用途，如洗涤剂、肥皂、甘油和聚合物、油墨、润滑油和生物柴油都可以由脂肪酸及其衍生物制备。 在多个非食用领域，油脂可以替代合成材料或环境友好材料。

与第五版的五卷本相比，《贝雷油脂化学与工艺学（第六版）》为六卷本，对相关主题进行了全面的描述。 本版增加的第三卷内容主要是特种油脂及其副产物或次要成分，以及低热量脂肪替代品和结构脂质，其中有一个章节论述了鱼油和海产哺乳动物油。 其他卷虽然部分与第五版的标题相同，但所涉及的素材与第五版有实质性的不同，有新的章节、新的参考资料、新的素材，有些章节的新作者在这些方面贡献甚多。第一卷安排了与油脂的结晶和物理性质有关的三个新章节，也有抗氧化剂理论和法规管理以及脂质过氧化机制与测定等方面的新章节，有一个新章节介绍了油脂品质保证的内容。第二卷介绍食品脂质的主要来源，有介绍芝麻油、米糠油的新章节。第四卷主要介绍油脂的应用领域，有关于糖果脂、煎炸油和休闲食品生产的新章节。第五卷介绍加工技术，有超临界技术、膜技术和挤压技术的章节。最后，第六卷论述油脂的非食用用途，有生物柴油、液压油、润滑剂、油墨以及脂质药物和化妆品用途的章节，其中一个章节是关于大豆油在可食性薄膜和黏合剂生产上的应用。由此可见，第五版与第六版的内容有本质的不同。

感谢各位作者和章节综述者的杰出贡献。咨询委员会成员也提供了宝贵意见，起到了重要作用。另外，John Wiley & Sons 出版社在本套书的编辑和出版工作等方面提供了诸多帮助。本套书可以作为油脂行业、学术界和政府科学家、技术人员的信息汇编和基本信息来源，也可作为食品科学、营养学、膳食科学、生物化学和相关学科的高年级本科生和研究生的参考书。本套书中大量的参考书目也为读者提供了获取更多信息和资料的机会。

FEREIDOON SHAHIDI

目录 CONTENTS

1 共轭亚油酸油

Rakesh Kapoor, Martin Reaney, Neil D. Westcott

Bioriginal Food and Science Corp. Saskatoon, Saskatchewan, Canada

1.1 引言

共轭亚油酸（CLA）的发现可追溯到 1933 年，当时发现碱处理后的多不饱和脂肪酸出现紫外吸收增强的现象[1~3]。随后发现碱处理可产生 1∶1 的顺-9，反-11-共轭亚油酸和反-10，顺-12-共轭亚油酸的混合物。1935 年的研究指出，与用饱和脂肪酸饲料相比，用多不饱和脂肪酸饲料喂养奶牛所产的乳脂在 230nm 处的紫外吸收要高[4]。这种现象是由多不饱和脂肪酸中的共轭双键造成的[5]。乳制品（牛乳、奶酪、黄油）或肉制品中共轭亚油酸的异构体主要是顺-9，反-11-共轭亚油酸[6]。

自从发现共轭亚油酸以后，共轭脂肪酸就成为研究热点。20 世纪 30 年代紫外分光光度法是研究人员可采用的主要方法。由于共轭亚油酸在 230nm 或更高波长下具有较强的紫外吸收，共轭脂肪逐渐成为研究脂肪代谢的有效工具。第一个用于动物实验的共轭脂肪是天然的共轭桐油，但动物的耐受性较差[7]。在这个时期人们发现了必需脂肪酸。Aaes-Jorgensen[8] 研究采用共轭亚油酸来治疗或预防由必需脂肪酸缺乏症引起的种种症状，他们发现对于缺乏必需脂肪酸的动物，共轭亚油酸不仅不能改善必需脂肪酸缺乏，反而表现出一定的毒性。合成的共轭脂肪酸通常是顺-9，反-11-共轭亚油酸和反-10，顺-12-共轭亚油酸的混合物，可以从亚油酸（LA）出发得到，代替天然物作为生物标记物。

在随后的 20 年，研究者投入巨大的精力研究共轭脂肪酸特别是共轭亚油酸的生物活性。由于合成共轭亚油酸比较容易，两个共轭亚油酸异构体即顺-9，反-11-共轭亚油酸和反-10，顺-12-共轭亚油酸的混合物一直是大多数生物活性研究的重点，但近年来研究已经扩展到制备纯的异构体或浓缩的异构体上。

1.2 代谢

早期应用共轭亚油酸混合物的动物实验表明，动物可将某些共轭亚油酸富集到动物组织的磷脂、糖脂及甘油酯中。在20世纪50年代，Reiser[9]发现相对于游离脂肪酸，动物服用甘油三酯（TAG）时能更快更好吸收和富集共轭亚油酸。服用甘油三酯后，血液、肝脏和器官中的共轭亚油酸在第16小时显示最大值，而服用游离脂肪酸在第24小时出现最大值。肠膜脂肪中共轭亚油酸较多，其次是肾周脂肪以及皮下脂肪[9]。1941年Barnes等[10]报道了混合物中共轭亚油酸的吸收动力学，服用后的第1h内吸收速率最快，随后逐渐减慢。施以一次口服量后，50%以上的共轭亚油酸在第1h内吸收到黏膜的中性脂质上，随后吸收量下降，而共轭亚油酸在黏膜磷脂中的富集则慢得多，在8h左右才达到最大值，随后也逐渐下降。1951年发现家禽可把共轭亚油酸转化成禽蛋脂质[5]。最近研究证实了先前的发现，即共轭亚油酸优先富集在中性脂质中，随后是肝脏[11]和乳腺组织中的磷脂[11,12]。在组织中共轭亚油酸的结合涉及中性脂质中花生四烯酸和亚油酸总量的减少[11]以及肝脏甘油三酯含量中硬脂酸（$C_{18:0}$）的增加[13]。猪口服共轭亚油酸的混合物后，猪心脏脂质中顺-11，反-13-共轭亚油酸是共轭亚油酸的主要形式，其次是顺-9，反-11-共轭亚油酸[14]。共轭亚油酸混合物与去饱和酶和延长酶的竞争，形成了链较长的去饱和产物，使双键的几何构型得以维持[15~17]。共轭亚油酸可抑制体内[18]和体外[19] Δ-9-去饱和酶的活性。饲喂共轭亚油酸还可造成花生四烯酸含量的下降，亚油酸的去饱和度降低，但对α-亚麻酸的去饱和度影响不明显。对于小鼠，顺-9，反-11-共轭亚油酸优先代谢为共轭$C_{20:3}$脂肪酸，而反-10，顺-12-共轭亚油酸则代谢为共轭$C_{16:2}$脂肪酸和$C_{18:3}$脂肪酸混合物[19]。随着剂量的增加，共轭亚油酸混合物以及共轭亚油酸的单一异构体（顺-9，反-11-共轭亚油酸和反-10，顺-12-共轭亚油酸）均可抑制基底和钙离子载体刺激的人静脉内皮细胞前列腺素的产生。共轭亚油酸混合物在任意剂量下均抑制类二十烷酸的形成，而反-10，顺-12-共轭亚油酸在较低浓度时抑制、在较高浓度时促进类二十烷酸的形成[20]。

1.3 共轭亚油酸的生理功能

1.3.1 对身体组成的影响

1951年Holman[21]在研究必需脂肪酸缺乏型的小鼠时发现，饲喂共轭亚油酸可显著降低小鼠的总脂肪以及体重的下降程度。随后的研究表明，共轭亚油酸可抑制发育动物（包括猪和小鼠）脂肪的积累以及促进肌肉的形成[22~24]。共轭亚油酸对动物体脂肪组成的影响已经明确，但对于人体脂肪组成的影响结论不一。Blankson等[25]通过对超重和肥胖人群进行双盲、随机临床试验发现，当共轭亚油酸的摄入范围在1.7~6.8g/d时，试验人群的体脂含量临床表现为显著下降；摄入共轭亚油酸3.4g/d与6.8g/d的两组人群体脂含量显著下降；有趣的是，当共轭亚油酸摄入量为3.4g/d时，体脂的下降程度最大，但超过这个剂量，却对体内脂肪没有额外的影响[25]。虽然摄入共轭亚油酸可以略微增加去脂体重，但在所有试验小组中，去脂体重和体质指数都是相同的。与饲喂橄榄油的安慰剂组相比，摄入共轭亚油酸组的去脂体重增加并不显著，但可显著降低总胆固醇、低密度脂蛋白胆固醇以及高密度脂蛋白胆固醇的含量[25]。Riserus等[26]在另外一份研究中发现，摄入共轭亚油酸可减小腹部肥胖患者矢状腹部直径，但对总的体重没有影响。健康、非肥胖、坚持健身的男性每天摄入共轭亚油酸1.8g（分三次）12周后发现总脂肪含量下降。在这个双盲临床试验中体重没有改变[27]。最近在对不服用任何药物的Ⅱ型糖尿病患者的研究中发现，血浆共轭亚油酸含量与体重下降以及血清瘦素含量呈负相关性[28]，并且这种负相关性对于反-10，顺-12-共轭亚油酸显著，而对于顺-9，反-11-共轭亚油酸则不显著。给无肥胖症的个体服用含20%顺-9，反-11-共轭亚油酸、20%反-10，顺-12-共轭亚油酸以及20%~25%其他异构体的混合共轭亚油酸时，发现试验者体脂含量并没有下降[29]。另一份有关共轭亚油酸对超重人群减肥后体重反弹情况的影响研究表明，共轭亚油酸对体重反弹没有影响，服用共轭亚油酸组的体重反弹是由于去脂体重增加的缘故，并且与服用共轭亚油酸的剂量无关[30]。很难对这些不同的研究结果进行直接比较，因为在这些不同的研究中，试验者的肥胖程度、试验周期、共轭亚油酸的服用剂量以及异构体的组成都是不一样的。早期的工业化共轭亚油酸产品含有等量的顺-9，反-11-共轭亚油酸和反-10，顺-12-共轭亚油酸，同时含有少量的其他异构体，包括全反异构体以及顺-11，反-13-共轭亚油酸、反-11，顺-13-共轭亚油酸、顺-8，反-10-共轭亚油酸和反-8，顺-10-共轭亚油酸等顺、反异构体。这就表明，对特定异构体还需深入研究，并且还要制定一系列的标准。

这些已报道的共轭亚油酸功能可以通过多种生理机制来调控，包括细胞中脂肪氧化的增强或脂质积聚的抑制[31]。最近开始研究共轭亚油酸中各异构体单体的生理学作用，结果发现反-10，顺-12-共轭亚油酸是共轭亚油酸中对肥胖症影响最大的异构体[32~34]。

已证实在人工脂肪细胞[35]和小鼠[36]中，反-10，顺-12-共轭亚油酸可降低瘦素的含量，瘦素是一种控制脂肪沉积的激素。随后的研究表明，饲喂反-10，顺-12-共轭亚油酸使得小鼠体重略微增加而不增加脂肪。反-10，顺-12-共轭亚油酸还可抑制鼠科动物（3T3-L1）[37]和人体[38]前脂肪细胞的变异，这涉及分化的前脂肪细胞中甘油三酯累积量的减少，过氧化物酶体增殖物激活受体γ（PPAR-γ）基因[38]及其下游基因产物（包括脂蛋白脂肪酶LPL、葡萄糖转运体基因GLUT-4）的抑制，以及脂肪酸合成酶（FAS）基因表达的抑制。另一方面，顺-9，反-11-共轭亚油酸可以增加甘油三酯在脂肪组织中的积累程度，还可促进葡萄糖转运体基因和脂蛋白脂肪酶形成。这说明反 - 10，顺 - 12 - 共轭亚油酸可能抑制葡萄糖在脂肪细胞中的吸收和氧化，进而减少甘油三酯的积累。这也同时说明反 - 10，顺 - 12 - 共轭亚油酸可诱导胰岛素抵抗，从而导致动物[30, 40]和人体[41]内形成脂肪缺乏性糖尿病。

1.3.2 抗癌性

1985 年，Pariza 和 Hargrave 在进行熟牛肉中致癌化合物的鉴定研究时，发现熟牛肉和生牛肉中有一种抗诱变组分[42]，经鉴定是共轭亚油酸四种异构体的混合物，分别是顺 - 9，反 - 11 - 共轭亚油酸、反 - 9、反 - 11 - 共轭亚油酸、反 - 10，顺 - 12 - 共轭亚油酸以及反 - 10，反 - 12 - 共轭亚油酸[43]。动物模型实验和细胞系实验表明，共轭亚油酸的混合体对已知化学致癌物［7，12 - 二甲基苯并（a）蒽（DMBA）和苯并（a）芘］具有抗诱变活性[43~47]。共轭亚油酸对乳腺、结肠以及前列腺的肿瘤细胞具有抗癌作用[48~50]。在患乳癌小鼠模型实验中，共轭亚油酸可改变癌扩散阶段乳房的结构。在这项研究中，食用共轭亚油酸可减小末端乳芽和小叶腺泡乳芽结构的增生，使得癌症晚期患者的乳房结构变得可抵抗癌细胞转移[48~50]。

共轭亚油酸准确的抗癌机理还不是很清楚，现在有一些可能的机理，可以解释共轭亚油酸的抗癌性，包括：干扰癌细胞的增殖、增加凋亡细胞的死亡率、抑制血管新生或增加氧化应激。通过对比研究共轭亚油酸对雌激素受体阳性人乳癌细胞（MCF - 7）和雌激素受体阴性（MDA - MB 231）细胞的影响，可以发现共轭亚油酸可选择性地抑制雌激素受体阳性细胞的增生。共轭亚油酸处理的雌激素受体阳性人乳癌细胞选择性停留在 G0/G1 阶段，同时 c - myc 表达受到抑制。共轭亚油酸对于雌性激素受体阴性细胞的生长没有影响。这份研究说明，共轭亚油酸通过干扰雌激素控制的第二信号系统来发挥作用[51]。共轭亚油酸还可干扰类二十烷酸的代谢途径，抑制前列腺素 E_2（PGE_2）的形成[50, 52]。减少 PGE_2的形成可能在共轭亚油酸抗癌方面起到重要的作用。共轭亚油酸还可促进癌细胞的死亡[50, 53, 54]。共轭亚油酸异构体增加癌细胞的凋亡是通过促进半胱天冬酶 3 和半胱天冬酶 9 活性的表达，以及减少 B 淋巴细胞瘤 - 2 基因（细胞凋亡阻遏基因）的表达来实现的。反 - 10，顺 - 12 - 共轭亚油酸比顺 - 9，反 - 11 - 共轭亚油酸或两者的混合体具有更强的调控作用[54]。其他有关共轭亚油酸抗癌的机理是共轭亚油酸具有抑制血管新生的作用。在患有乳癌的老鼠模型实验中，两种异构体都可抑制乳腺脂肪垫的血管新生以及降低血管内壁生长因子浓度[55]。反 - 10，顺 - 12 - 共轭亚油酸还可抑制瘦素的分泌，诱导白脂细胞和棕脂细胞的死亡，而顺 - 9，反 - 11 - 共轭亚油酸则没有此种功能。共轭亚油酸还通过降低蛋白质的表达而减少细胞增生，这些蛋白质涉及细胞周期调控和 DNA 合成[56]。

以上讨论的主要是共轭亚油酸作为化学保护剂发挥的作用。有关共轭亚油酸在癌症治疗方面的研究鲜有报道。服用致癌物质后饲喂共轭亚油酸4周或8周，发现共轭亚油酸对抑制肿瘤的形成没有影响，然而持续服用共轭亚油酸可以抑制肿瘤的发展[12, 57]。最近在芬兰妇女中的一项病例对照研究表明，食用共轭亚油酸可能预防乳腺癌。有关共轭亚油酸在人体癌症预防和治疗方面的作用还不是很清楚，还有待进一步的研究。

1.3.3 胰岛素抵抗和糖尿病

共轭亚油酸可校正糖尿病前期ZDF大鼠的葡萄糖耐量降低以及改善血胰岛素增多等症状[59]。这些功能似乎是通过PPAR－γ途径调节的，因为共轭亚油酸处理可诱导mRNA转录因子aP2的表达。最近研究表明，当Zucker糖尿病大鼠服用等比例的顺－9，反－11－共轭亚油酸与反－10，顺－12－共轭亚油酸混合物或90%顺－9，反－11－共轭亚油酸时，脂肪细胞和肌肉细胞的胰岛素作用增加[60]。这说明共轭亚油酸可抑制或延迟糖尿病的发生，主要是顺－9，反－11－共轭亚油酸发挥作用。最近发现，反－10，顺－12－共轭亚油酸可诱导小鼠产生胰岛素抵抗和血胰岛素过多等症状，而顺－9，反－11－共轭亚油酸则无影响[61]。这两种异构体在促过氧化物酶增殖活化受体α基因（PPAR－α）和γ基因（PPAR－γ）形成能力上是相当的，这说明血胰岛素过多并不是通过核受体途径产生的。在另外一份研究高、低代谢速率小鼠的实验中，Hargrave等[62]证实共轭亚油酸仅仅增加高代谢速率小鼠的胰岛素抵抗，对于Zucker糖尿病型大鼠，共轭亚油酸抑制胰岛素和葡萄糖含量上升主要是通过大量形成脂肪组织释放的一种激素——脂联素造成的[63]。在猪的动物实验中，饲喂共轭亚油酸对血糖或胰岛素的含量没有影响，对于胰岛素调动血糖的能力也没有影响[64]。这些研究结果说明，共轭亚油酸对于糖尿病的影响具体机理还不清楚，而且差异性可能是由不同物种特性造成的。人体试验方面，共轭亚油酸对胰岛素抵抗和葡萄糖动态平衡的影响还没有进行详细研究。有一份临床研究表明，反－10，顺－12－共轭亚油酸可提高腹部肥胖人群的胰岛素抵抗和葡萄糖含量[41]，而顺－9，反－11－共轭亚油酸和反－10，顺－12－共轭亚油酸混合物则没有这方面作用，而另一份对正常血脂人群的研究中发现，顺－9，反－11－共轭亚油酸与反－10，顺－12－共轭亚油酸异构体分别为50∶50与80∶20的混合物对血糖或胰岛素含量没有影响[65]。Belury等[28]发现，服用6.0g共轭亚油酸混合物8周后，Ⅱ型糖尿病患者空腹血糖含量降低。要阐明共轭亚油酸及其异构体对血糖体内平衡以及胰岛素抵抗的影响机理，必须进行对照研究。

1.3.4 心血管疾病

据报道，一种共轭亚油酸异构体混合物可抑制高胆固醇饲料饲养的兔[66, 67]或仓鼠[68]动脉硬化的继续发展。共轭亚油酸异构体混合物可致兔[66]和Apo $E^{-/-}$鼠[69]动脉硬化症状减轻。在仓鼠动物实验中，共轭亚油酸降低总胆固醇、低密度脂蛋白胆固醇以及甘油三酯含量[33, 70]。血浆中胆固醇含量的下降可通过提高肝脏中低密度脂蛋白受体的表达来调控，由此增加了流通空隙[71]。共轭亚油酸还可降低动物体内的载脂蛋白 B 的分泌[72]。共轭亚油酸的作用可通过对 PPAR－γ 途径的诱导来调控。共轭亚油酸可抑制体外环氧合酶的酶活[69]。共轭亚油酸的抗炎症作用能预防动物的动脉粥样硬化但不能使其症状减轻。顺－9，反－11－共轭亚油酸与反－10，顺－12－共轭亚油酸以及顺－9，反－11－共轭亚油酸的代谢物（13－羟基－顺－9，反－11－十八碳二烯酸）可抑制花生四烯酸和胶原诱导性血小板聚集[73]，这可能是通过抑制花生四烯酸形成血栓素 A2 来实现的。共轭亚油酸还可抑制 Zucker 糖尿病型大鼠高血压的发展，这与脂联素 mRNA 表达（脂肪组织释放的激素）的增加有关[63]。在 OLETF 大鼠实验中也同样观察到共轭亚油酸能预防高血压的产生[74]。在这个大鼠模型中，反－10，顺－12－共轭亚油酸抑制脂肪组织产生血管紧张肽原。共轭亚油酸对人体血浆胆固醇含量以及对动脉粥样硬化的影响还不是很清楚。Benito 等[75]研究健康人群的正常胆固醇含量时发现共轭亚油酸对胆固醇含量、血小板聚集或出血时间没有影响，然而 Noone 等[65]报道食用 50∶50 的共轭亚油酸异构体混合物可降低甘油三酯的含量。这些研究结果的差异是由于共轭亚油酸中异构体组分的差异造成的，Noone 等[65]采用的是 50∶50 或 80∶20 的顺－9，反－11－共轭亚油酸和反－10，顺－12－共轭亚油酸混合物，而 Benito 等[75]采用的是含有 11.4% 反－9，顺－11－共轭亚油酸、10.8% 反－8，顺－10－共轭亚油酸、15.3% 顺－11，反－13－共轭亚油酸、14.7% 反－10，顺－12－共轭亚油酸、6.7% 全顺式以及 5.9% 全反式共轭亚油酸的混合物。为了深入了解共轭亚油酸对人心血管疾病危害因素的影响，需要采用纯异构体或标准化的共轭亚油酸异构体混合物做更多深入研究。

1.3.5 共轭亚油酸与免疫功能

在动物实验中，共轭亚油酸可增强免疫反应以及减弱过敏反应[76, 77]。共轭亚油酸可抑制与老化相关的免疫功能降低[78]。在豚鼠实验中，饲喂共轭亚油酸可减少受抗原攻击的离体气管中组胺和 PGE_2 的释放，显示了很强的抗过敏作用[79]。在小鼠实验中，随着喂养共轭亚油酸量的增加，脾淋巴细胞增殖对植物血凝素的反应逐渐增加，但对脂多糖和伴刀豆凝集素 A 没有影响，这说明共轭亚油酸对免疫功能的作用有选择性。共轭亚油酸促进 IL－2 的产生[80]，并且促进小鼠脾淋巴细胞中基底与分裂素刺激的自然杀伤细胞的活性，这与 NK－细胞数量的增加有关，但 NK－细胞与总脾淋巴细胞的比例不变[81]。共轭亚油酸还可减少促炎症介质的释放（包括 PGE_2、IL－1 和 IL－6），这些介质来源于受干扰素 γ（IFN－γ）刺激的巨噬细胞[82]。这些作用可通过激发 PPAR－γ 途径来调控。用共轭亚油酸饲喂猪时，共轭亚油酸通过调控适应性和自然免疫白血球细胞来提高细胞免疫性[83, 84]。给怀孕和哺乳期间的猪饲喂共轭亚油酸，可提高初乳 IgG 含量而不影响血清 IgG 含量[85]。在同一研究中，给初生仔猪饲喂共轭亚油酸可提高血清中 IgG 和溶酶体的含量。这些结果说明共轭亚油酸提高了仔猪的免疫功能。当年轻的健康妇女食用共轭亚油酸后，尽管发现单核细胞中共轭亚油酸含量上升，但免疫的几个指标都没有受到影响，这些指标包括迟发性超敏反应、循环白细胞数及抗体疫苗的数量[86, 87]。免疫应答的这些差异，可能是由于选择了具有最佳免疫功能的年轻健康人群，他们的种族差异以及食用的共轭亚油酸组成差异而造成的。

近来有许多关于共轭亚油酸对过氧化物酶增殖活化受体（PPARs）作用的研究，特别是对 PPAR－γ 作用的研究，PPAR－γ 在巨噬细胞活性方面发挥重要作用，Yu 等[82]通过对各种共轭亚油酸异构体的研究，发现了在 RAW264.7 鼠巨噬细胞（RAW）中 PPAR－γ 的激发作用。共轭亚油酸还可减少 IFN－γ 处理的 RAW 细胞中 PGE_2、TNF－α、NO、IL－1β 以及 IL－6 的产生[82]。这些炎症介质的产生受到抑制，与环加氧酶－2（COX－2）、诱导型一氧化氮合酶（iNOS）和肿瘤坏死因子－α（TNF－α）的 mRNA 表达减少有关。Cheng 等[88]观察到脂多糖（LPS）中受刺激的巨噬细胞中 COX－2 和 NOS mRNA 类似的受抑制情况，这与脂多糖诱导的细胞质磷酸化抑制剂 Iκ Bα 和核转录因子 p65 的蛋白质表达以及 NF－kappaB 核蛋白 DNA 亲和力有关。这些结果表明 NF－kappaB 可调节共轭亚油酸的抗炎作用。

1.4 提高共轭亚油酸膳食摄入量的方法

人们对共轭亚油酸有益作用的兴趣不断增加，因此为了努力提高共轭亚油酸的膳食摄入量，采取了很多措施，包括增加鸡蛋、牛乳以及肉中共轭亚油酸的含量。1951 年发现在增加母鸡饲料中共轭亚油酸含量后，母鸡能吸收共轭亚油酸并转到鸡蛋脂质中，但鸡的产蛋量显著下降[5]。最近基于用共轭亚油酸喂养雌禽降低孵蛋率的研究中，发现了降低患病禽类数量的方法，并已申请了专利[89]。在母鸡的饲料中添加0.5%的共轭亚油酸可增加鸡蛋脂质中的共轭亚油酸含量，这涉及鸡蛋脂质中饱和脂肪酸含量的显著增加和单不饱和脂肪酸含量的减少。鸡蛋成分的这些改变同样也改变了蛋黄的性质，会使低温下（冰箱）存储后的蛋黄变硬。这些现象说明，给家禽饲喂共轭亚油酸并不是增加鸡蛋中共轭亚油酸含量的好措施，因为产蛋率的大幅下降会给饲养主带来巨大的经济负担。需要采取对产蛋率无影响的提高共轭亚油酸含量的方法，最近已经有些方法获得了专利[90, 91]，包括在饲料中同时添加共轭亚油酸与单不饱和脂肪酸[91]，或同时添加共轭亚油酸与单不饱和/多不饱和脂肪酸[90]。同样在牛饲料中添加共轭亚油酸也可以提高牛乳和牛肉中共轭亚油酸的含量，但同时减少了乳脂总含量[92]，增加了乳脂中的饱和脂肪酸含量。其他增加共轭亚油酸含量的方法是用反-11-十八烯酸（$C_{18:1}$）和其他多不饱和脂肪酸喂养牛。采用新鲜草料或在牛饲料中补充高亚油酸膳食/油脂，也可有效提高乳脂[94~97]和牛肉中共轭亚油酸的含量。多不饱和脂肪酸最常见的来源有葵花籽油、亚麻籽油、红花籽油、鱼油和海藻[98~101]。给牛饲喂共轭亚油酸时，共轭亚油酸通过转化为钙盐防止瘤胃发生氢化作用，从而更好地保护牛。

1.5 共轭亚油酸的商业化生产

工业上生产的共轭亚油酸是一种很难定义的混合物[102]。早期工业上合成共轭亚油酸关注共轭亚油酸总含量的最大化。其产品富含共轭亚油酸但含有很多位置异构体。现在的市场需求转移至含有两种主要异构体的产品，尤其是顺-9，反-11-十八烯酸和反-10，顺-12-十八烯酸。碱法异构化会产生一些不需要的共轭亚油酸位置异构体，这不足为奇。1970年，Mounts和Dutton[103]证实，采用叔丁醇钾时可至少形成四种共轭亚油酸的位置异构体。但直到1997年开始把共轭亚油酸确定为膳食补充剂后，Christie等[102]才清楚证实共轭亚油酸是一种位置异构体的混合物。为应对这个发现，市场开始生产新的工业化共轭亚油酸产品，新产品富含优选异构体。尽管已有很大改进，但所有目前可用的工业化共轭亚油酸产品还是含有一定含量的不良位置异构体和其他成分，这些组分可能有益，也有可能无益。

工业上合成任何有经济价值化合物的工艺都是有知识产权保护的，共轭亚油酸的工业生产也不例外。任何品牌工业化共轭亚油酸合成的生产方法都是保密的，本综述的作者也无从了解。因此，本综述仅提供有关共轭亚油酸合成的专利文献、共轭亚油酸合成中的主要问题以及对来自供应商的共轭亚油酸的分析。

1.5.1 生产共轭亚油酸的原料

生产共轭亚油酸的原料必须富含亚油酸，它们可以以甘油酯、脂肪酸或脂肪酸酯等形式存在。起始原料中亚油酸的含量直接决定终产品中共轭亚油酸的浓度。植物原料可获得最高含量的亚油酸，商业化产品则得不到。要获得亚油酸含量最高的油脂，萃取设备和精炼设备都是必需的。表1.1列出了几种众所周知富含亚油酸的油和脂肪酸的商用和非商用来源，以及它们作为甘油三酯和脂肪酸的可获得性。

表 1.1 一些植物油中亚油酸和亚麻酸的含量[104]

来源	亚油酸/%	亚麻酸/%	商业油可获得性	商业脂肪酸可获得性
玉米	57	0	是	
棉籽	53	0	是	
黄瓜	72	0	否	
葡萄籽	70	0	是	
Linola™ 亚麻籽	72	3	是	
罂粟	77	0	是	
红花	75	0	是	
葵花籽	64	0	是	是
大豆	51	8	是	是
南瓜	60	0	是	
核桃	62	12	是	

如果想利用脂肪酸工业化合成共轭亚油酸，必须注意，商用的脂肪酸一般不能用来生产共轭亚油酸。商用脂肪酸通常是在高温下用水（蒸汽）与甘油三酯连续反应得到的（反应 1）。

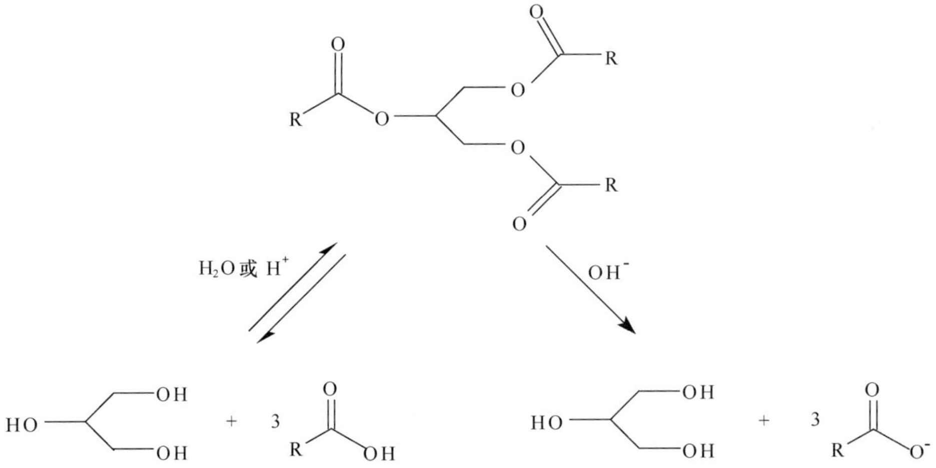

反应 1 甘油酯在酸、碱作用下的水解反应

固相酸催化剂可大大提高反应 1 的反应速率，水解后催化剂能很容易与脂肪酸和甘油产品分离[105]。水解反应的缺陷在于反应 1 是可逆反应，且产物包括相当数量的甘油一酯和甘油二酯，这些产物在共轭亚油酸合成中可能发生不良的副反应。200℃下在密闭增压反应器中可不用催化剂水解甘油三酯制备脂肪酸[105]。在间歇式反应器中，采用氧化锌作为催化剂可使得该反应在较低温度下进行[105]。这种间歇式反应也可产生大量的甘油一酯和甘油二酯。

可用水和强碱水解甘油三酯来制造肥皂（反应1）。该反应可以进行到底，且可在保持反应混合物在处于流动状态的适宜温度下进行反应。水解1mol甘油三酯需要3mol以上的KOH或NaOH。因为强碱不会催化逆反应，这个反应可一步制备无甘油酯的肥皂[105]。碱水解甘油三酯制得的肥皂可在酸作用下转化为脂肪酸，酸解过程可添加柠檬酸或盐酸、硫酸以及磷酸等强无机酸。不管采用何种方法制备脂肪酸，经盐水或其他可行的方法洗涤后这些酸都需要在真空下干燥[105]。

一些市售脂肪酸可用于生产共轭亚油酸。比如，Henkel公司[106]销售的包括表1.2所列出的一系列脂肪产品。但表1.2中的产品都不是制备共轭亚油酸的最佳原料，具体原因将在下文讨论。

表1.2 Henkel公司产品[106]

产品	14:0/%	16:0/%	18:0/%	16:1/%	18:1/%	18:2/%	18:3/%
大豆脂肪酸（Emersol 610）	0.5	16	4	1	25.5	48	5
亚油酸（Emersol 315）	0.5	3.5	0.5	痕量	19.5	65.5	10.5
亚麻酸甲酯（Emery 2221）	0.5	3.5	0.5	痕量	19.5	65.5	10.5

1.5.2 亚油酸的富集

从商业利益角度出发，人们希望生产出高浓度的共轭亚油酸产品，其浓度要比改性高亚油酸植物油富集得到的产品高得多。现在有一些方法可增加起始物料的亚油酸浓度，但只有几种方法在工业上获得应用。已经有人对脂肪酸的工业分离进行了综述[104, 107]，下面对这些分离方法进行有限的讨论。

通常采用结晶的方法将亚油酸中的饱和脂肪酸和油酸分离出去。如果需要高度浓缩的亚油酸产品，可在纯化的最后一步进行一次或多次结晶。结晶是一个较为温和的过程，但常常需要丙酮和甲醇等有机溶剂[108]。采用低沸点、易燃有机溶剂，需提高对车间安全、政府法规及产品的市场接受度等方面的关注。此外，只有将温度降低至低于-40℃才有可能用结晶的方法去除溶剂中的油酸[108]。亚油酸需要在-75℃条件下才会结晶。

也可采用干法或非溶剂结晶方法，但这些方法需要外加结晶改良剂，这些改良剂可能残留在终产品中[108]。结晶过程中损失是非常高的，因为晶体会夹带大量的脂肪酸。可通过物理加压、压碎大结晶体、去除所夹带的溶液，以减小损失[109]。相比溶剂结晶法获得的产品，干法结晶获得的富含亚油酸产品是更适合于制备共轭亚油酸的起始物料。但干法结晶的损失影响了这个方法的应用。可以选择一些对终产品的质量和接受度没有副作用的结晶改良剂。

将不期望的脂肪酸作为尿素加合物的形式不断去除，同时，形成所需脂肪酸的尿素加合物，以达到浓缩特定脂肪酸的目的。方法是将脂肪酸或脂肪酸酯溶解于尿素和热甲醇（或其他醇）中，然后冷却形成加合物。仔细控制过滤工艺参数，将加合物从液体中滤出，可依次结晶得到饱和脂肪酸、单不饱和脂肪酸、二不饱和脂肪酸和三不饱和脂肪酸。先去除某一油脂中的饱和与单不饱和脂肪酸，然后形成所需的加合物，即得到富亚油酸的尿素加合物。尿素加合物形成后，在固相中添加水就很容易将其分解。用非极性溶剂（如正己烷）的水溶液萃取尿素，就可得到浓缩的亚油酸。在形成尿素加合物时，除非温度很低，否则溶剂结晶法中提及的所有问题均会遇到。通常尿素加合物的形成温度在室温和0℃之间[108]。

采用不同的吸附介质也可富集脂肪酸。采用分子筛可在丙酮中将饱和脂肪酸与不饱和脂肪酸分离[110]。可采用如 Amberlite™XAD－2 或 XAD－4 的交联聚苯乙烯聚合树脂来分离溶解于混合溶剂（乙腈、四氢呋喃、水以及甲酰胺）中的油酸与亚油酸。

可以采用双相溶剂体系的选择性萃取方法来富集脂肪酸。由二甲基甲酰胺、正己烷以及乙二醇形成的双相溶剂体系能有效区分富亚油酸与贫亚油酸的葵花籽油甘油三酯[111]。采用该法分离甘油三酯可获得84.7%纯度的亚油酸。但因为损失巨大，无法令人接受，此法在工业上不可行。

1.5.3 制备共轭亚油酸的方法

利用皂与强碱在乙醇、乙二醇以及甘油中的反应可制备共轭亚油酸[112，114]（反应2）。

皂液用硫酸或盐酸等强酸酸化，然后反复用盐水或氯化钙水溶液洗涤，就可得到共轭亚油酸产品。

在低于化学剂量的皂化碱存在时，用二氧化硫与脂肪酸和皂的混合液反应，可以合成共轭亚油酸[115]。这个反应主要用来制备全反式的共轭亚油酸。

所有方法中，皂的碱异构化是批量制备共轭亚油酸异构体最为经济的方法。但共轭亚油酸的碱异构化中无论使用一元醇还是多元醇，都会有一定问题。低级醇很容易从共轭亚油酸中去除，但必须建造能使用易燃溶剂的生产设备。高分子质量醇和多元醇很难从产品中除去，而这些醇（如乙二醇）的残留量会影响共轭亚油酸产品的接受度。

在皂的碱异构化制备共轭亚油酸过程中可采用水替代醇[116，117]。当采用水替代醇时，不论是间歇式[116]还是连续式[117]，反应都要在加压容器中进行。皂溶于水合成共轭亚油酸的方法仍然需要一系列复杂步骤。Bradley 和 Richardson[118]在加压容器中将氢氧化钠、水和油混合，直接用甘油三酯制备共轭亚油酸，他们的方法无需合成脂肪酸，也省去了异

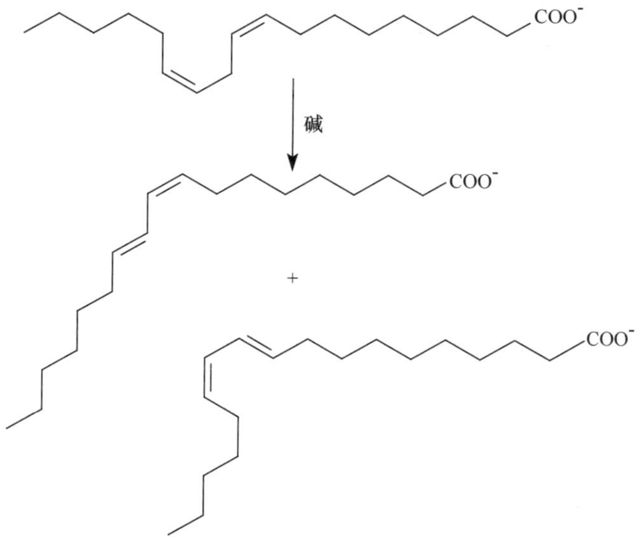

反应2 顺-9，顺-12-十八碳二烯酸盐在碱作用下的异构化反应

构化反应之前形成皂的过程。但作者报道此种方法仅能制备含40%共轭亚油酸的油，而大豆油中的亚油酸若定量转化为共轭亚油酸，应该能产生共轭亚油酸含量约为51%的脂肪酸混合物。

1.5.4 反应动力学与位置异构体的制备

亚油酸皂转化为共轭亚油酸皂的反应动力学遵循一级反应动力学[119]。总的共轭程度较易通过简单的方法测得，如在231.5nm下测定紫外吸收的增加程度。在工业上，有必要使反应一直进行到大部分亚油酸皂共轭化，且希望此时立刻结束反应。当反应分别进行到5个半衰期和6个半衰期后，反应程度在97%～98.5%，进一步增加反应时间益处不大（下文讨论），相反还会使副反应发生。反应常数很容易在反应早期共轭化水平变化较大时加以确定。对于大型反应器，根据反应器的质量与反应物容量来测定反应速率常数是比较困难的，大的间歇式反应器经常需要几个小时才能获得最佳反应热，此时反应已基本结束了，同样，通过冷却反应物来结束大反应器中的反应，在实际操作中也不太可行。在实验室中，2h内转化率达到99%的反应，其半衰期还不到20min。在工业化生产中，可通过定期抽样进行数据分析的方法来控制间歇式反应，但所用的分析方法必须非常迅速，才能成为一种有效的分析决策工具。

作者已经发现，温度每改变1℃，反应的半衰期通常有10%的变动。这就说明反应器温度的精确控制是标准化质量控制的关键。计划反应6个半衰期的反应，如果温度在正负

2℃波动，反应的进程在 5 个半衰期到 7 个半衰期之间。

形成位置异构体的异构化反应类似一级反应动力学（反应 3）。在这个假设前提下，我们模拟了亚油酸皂依次转化为顺 –9，反 –11 – 十八碳二烯酸皂和反 –10，顺 –12 – 十八碳二烯酸皂的混合物（反应 2），以及最后将这两种皂转化为 8，10 – 十八碳二烯酸皂和 11，13 – 十八碳二烯酸皂的反应。反应 3 是这两种异构化机理的其中之一。

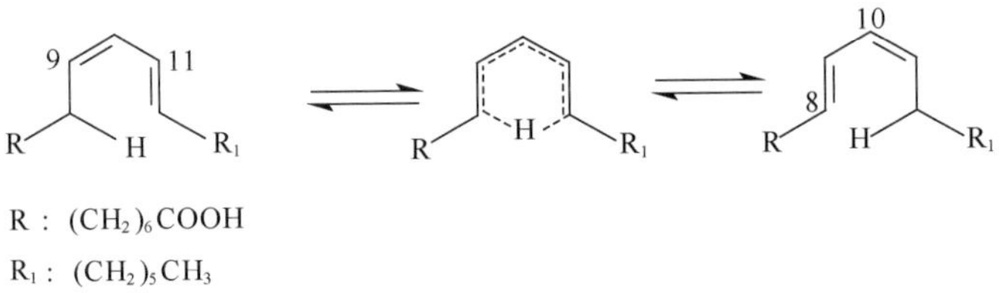

反应 3 顺 –9，反 –11 – 十八碳二烯酸皂通过σ – 单键迁移重排异构为反 –8，顺 –10 – 十八碳二烯酸皂

在有关工业生产共轭亚油酸的早期综述中，Reaney 等[120] 提出了一种遵循一级反应动力学碱催化非共轭亚油酸形成顺 –9，反 –11 – 共轭亚油酸和反 –10，顺 –12 – 共轭亚油酸混合物的理论模型。在形成以上两种主要异构体后，发生一个连续反应形成另两种异构体：反 –8，顺 –10 – 共轭亚油酸和顺 –11，反 –13 – 共轭亚油酸。随后 Saebo[121] 报道第二个反应产生的异构体实际上是热导致的σ – 单键迁移重排，机理如反应 3 所示。分子内部重排与催化剂浓度无关，因此，另外两种异构体的积累量是反应温度和反应时间的函数。Saebo[121] 报道，延长加热时间会导致异构体增加，但采用可进行低温反应的反应溶剂，就可避免σ – 迁移重排从而避免异构体的形成。

1.5.5 碱催化制备共轭亚油酸使用的溶剂

文献报道至少有 8 种溶剂体系可用于碱催化制备共轭亚油酸[112~116]（表 1.3）。溶剂的选择可显著影响共轭亚油酸生产的反应条件。生产者要从多方面考虑溶剂的选择。市场上不接受残留有乙二醇、乙二醇甲醚、正丁醇、二甲基亚砜（DMSO）或二甲基甲酰胺（DMF）等物质的终产品，这样就限制了溶剂的选择范围，只能从熔融碱、甘油、丙二醇、水以及乙醇中选择。在水和乙醇中的反应只能在高于它们沸点的温度下进行，因此需采用加压反应器。甘油较贵，但在工业生产脂肪酸过程中可回收获得甘油。目前还未见有关甘油质量对生产高品质共轭亚油酸有影响的文献报道，在处理量比较小的单元操作中，要精炼甘油以去除盐是很难的。甘油的回收必须非常有效，因为脂肪酸生产中只产生油重 10% 的甘油。

表1.3 共轭亚油酸生产使用的溶剂汇总

溶剂	相对分子质量	沸点（760mmHg）	沸点（真空）	温度/℃	时间/h	反应度/%	相分离†	色泽‡	毒性	其他
乙二醇[148]	62.07	198.00	93^{13} *	180	2.0	100.0	是	差	是	
甘油[148]	92.11	290.00	182^{20}	180	0.75	100.0	是	好	否	黏性
丙二醇[149]	76.11	189.00	97^{21}	170	2.5	99.1	是	好	很小	
叔丁醇[103]	74.18	82.41	低	90	4.0	98.5	否	未知	是	高压
水[118]	18	100.00	低	225	2.5	40.0	是	好	否	高压
二甲基亚砜[149]	78.14	189.00	83^{17}	30	1.5	78.0	否	未知	是	fp * * 95
二甲基甲酰胺[149]	73.09	153.00	76^{39}				否	未知	是	fp * * 67

注：†是，代表如果皂在酸化后形成两相体系就需要进行相分离；

‡色泽：如参考文献中所述；

* fp：闪点；

* * 上标数值：真空度（mmHg）。

1.5.6 催化剂的选择

共轭亚油酸生产中已使用各种催化剂。研究发现，氢氧化锂、氢氧化钠及氢氧化钾能在各种溶剂中产生共轭亚油酸。因为脂肪酸可中和催化剂，所以每摩尔脂肪酸要保证至少有一摩尔催化剂进行催化反应，这样才能确保产生皂。在相同摩尔浓度下，氢氧化钾的催化效果比氢氧化钠好，氢氧化锂的催化效果最差且不适用于工业化。在相同质量下，氢氧化钾和氢氧化钠的催化效果相似。虽然氢氧化钠比氢氧化钾便宜，但还要考虑被中和的碱废物排放成本。钾盐可作为肥料用于农田，而钠盐则不能排放到农田。

催化剂是否有效，并非由催化剂本身所决定，而是受溶剂的影响。当水作为溶剂而乙醇钠作为催化剂时，催化剂发挥作用的形式是氢氧根离子。如果正丁醇作为溶剂而甲醇钠作为催化剂时，在90℃进行催化反应，反应混合物将会快速释放出甲醇蒸气，而此时正丁醇离子便成为有效的催化剂。

水会消耗醇盐催化剂，而且在工业生产中，很难保持醇盐催化剂处在一个无水环境中，因为碱金属的氢氧化物在中和脂肪酸时会产生水。由于很多醇盐中都含有碱金属的氢氧化物，因此在反应中催化剂被水消耗是很常见的。

1.5.7 反应容器

亚油酸皂的碱法异构化要求在一个耐热耐腐蚀的密闭容器中进行。当使用低沸点溶剂如乙醇或水时，容器还必须能在高压下进行反应。只有少数材料能符合这些标准。聚四氟乙烯和其他含氟聚合物能耐受反应的热量和腐蚀环境，但不耐高压，且导热性差[122]。镀含氟聚合物的部件和镍以及镍合金（如蒙乃尔铜－镍合金），可用来制作生产共轭亚油酸的反应容器。但这些材料成本太高，不太可能用来制造大的间歇式反应器。而且，如果反应在水或乙醇中进行，上述材料都不具有压力反应器所需要的足够强度。制造反应器的较理想材料是镀镍钢，它具有所需的强度、传热性及耐腐蚀性。这种镀镍容器需要定期检查，因为镀层上一个瑕疵都可能导致容器发生故障。

1.5.8 微生物法生产共轭亚油酸

最近 Pariza 和 Yang[123] 报道了利用乳酸杆菌培养基，以亚油酸为底物通过微生物法生产顺－9，反－11－共轭亚油酸。在他们的专利方法中，用溶解在丙二醇中的亚油酸培养早期固定相乳酸杆菌培养基，得到的细胞中共轭亚油酸总产量为 7mg/g，其中顺－9，反－11－共轭亚油酸达到 96% 以上。这种转化形式将会在未来用于改善共轭亚油酸产品。

1.5.9 蓖麻油酸（12－羟基－顺－9－十八碳二烯酸）脱水合成共轭亚油酸

最引人关注的生产纯顺－9，反－11－共轭亚油酸的方法是蓖麻油酸脱水。但已证明，采用这种相对廉价的起始原料进行合成也不容易，因为很难控制脱水产物的形成[124]。以蓖麻油酸为起始物合成顺－9，反－11－共轭亚油酸的方法已有报道[125]，反应要使用昂贵的消去剂，如 1，8－二氮杂二环－（5，4，0）－十一碳烯，尽管反应效率很高，但在大多数生产应用中，高成本的消去剂增加了共轭亚油酸生产成本，使之超出了工业化生产共轭亚油酸的经济承受范围。

1.5.10 工业化共轭亚油酸产品的品质

在共轭亚油酸生产过程中，对其他的脂肪酸与微量成分的去向并没有进行研究。共轭亚油酸的生产条件对单不饱和脂肪酸和饱和脂肪酸都没有影响或影响甚微，但任何一种多不饱和脂肪酸都可能共轭化。这些多不饱和脂肪酸进行碱法催化反应后，会得到比前述的亚油酸反应（反应 4）复杂得多的产物，这里一般不加以论述，除非注意到有些反应可能形成不期望的产物。

根据我们的观察，在亚油酸的碱法异构化条件下，甘油一般不会产生不良化合物。尽管如此，我们发现大量的工业化脂肪酸和共轭亚油酸初产品中都包含一定量的甘油一酯。甘油一酯本身无毒，但在使用低挥发性的醇作为反应介质时，由于甘油一酯的醇解，可能

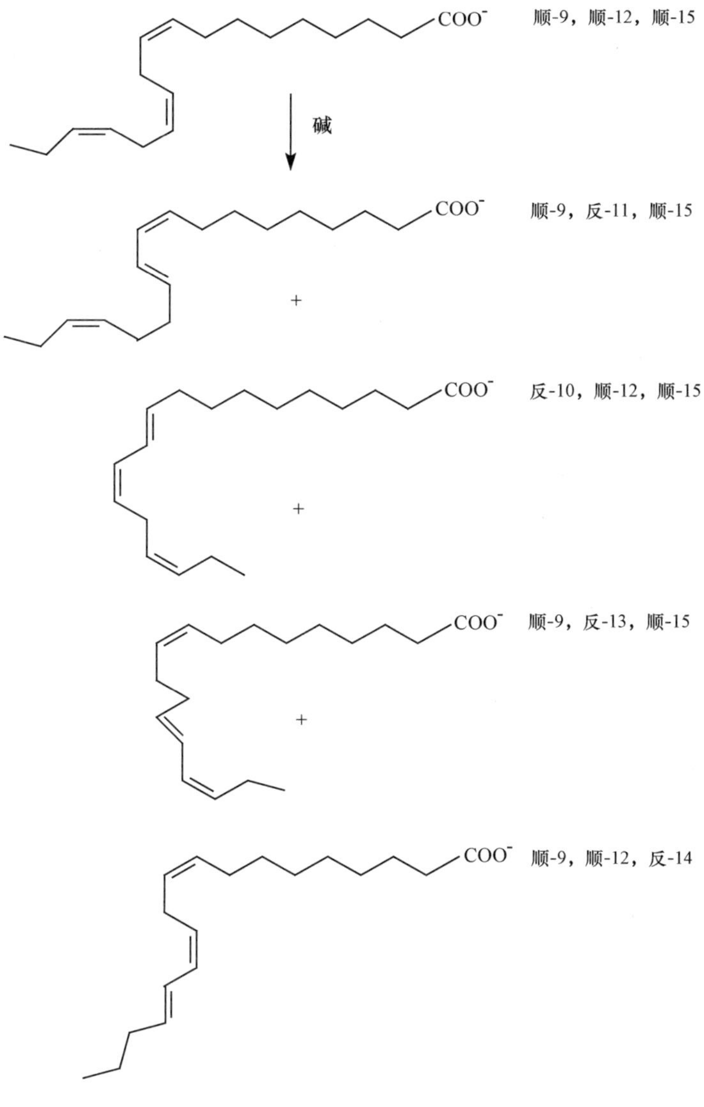

反应4　顺-9，顺-12，顺-15-十八碳三烯酸盐的异构化反应

在终产品中混入有毒化合物（如乙二醇）（反应5）。

用核磁共振（NMR）和液相色谱（LC）分析了所有不同来源的共轭亚油酸样品，结果表明，尽管共轭亚油酸是主要化合物，但也形成了共轭亚油酸酯和其他未知化合物。

植物油中的微量成分，如生育酚、甾醇或角鲨烯，对热碱都是稳定的。然而，在金属存在下，生育酚和植物油中的其他成分易与氧气反应。生育酚可预防植物油氧化，在加工过程生育酚的损失，或高金属含量均可导致共轭亚油酸产品货架期的缩短。使用ICP分析三种工业化共轭亚油酸产品的金属含量，见表1.4。

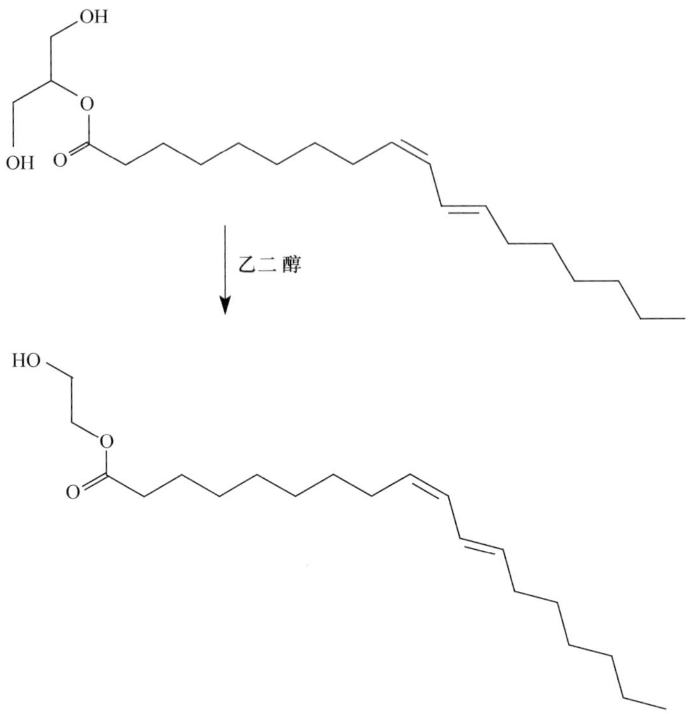

反应 5 乙二醇与单甘酯的醇解

表 1.4 三种共轭亚油酸产品的金属含量 单位：mg/kg

样品	Na	K	Fe	Cr	B	P	Ca	Ba	Mg	Li	总计
A	3	3	1	0	5	2	5	0	1	0	20
B	2	28	0	0	3	8	1	0	1	0	43
C	4	6	11	8	3	3	917	1	2	1	956

注：＊未检测到 Si、Pb、Cu、Sn、Al、Ni、Ag、Ti、Zn、Mo、V、Sb、Be。

被测共轭亚油酸样品中，除了产品 C 中存在痕量钡外，具有潜在危害性的金属的含量均在检出限以下。产品 A 和 B 的总金属含量非常低，而产品 C 含有一定量的钙。皂可能来自于后期用氯化钙清洗的处理过程。产品 C 还含有铁和铬，这可能是生产过程中使用了不锈钢反应器。这些微量金属可能会加快产品 C 的氧化速度，相比于其他产品，产品 C 的货架期可能会缩短。

对三种工业化的共轭亚油酸样品进行一系列测试，数据见表 1.5。黏度用 ASTM 的 D445 法测定，假定黏度的增加与氧化程度的增加有关系，结果发现黏度上没有大的差异。报道的三种样品色泽只是对三种材料表观质量的主观陈述。色泽测试采用 Cary UV/Vis 分光仪，将共轭亚油酸溶解于正己烷中（共轭亚油酸：正己烷 = 1 ∶ 1000），然后测定其最大吸收波长。UV 谱显示油样中吸光值主要源于共轭双键。

表 1.5 三种共轭亚油酸产品的测试数据

样品	黏度（cSt）（40℃）	颜色	^{1}H－NMR（400MHz）	体积排阻色谱	RP－LC	GC－FID	异构体混合度
A	28.9	透明 λ = 231.5 A = 0.720	甘油酯	甘油酯	极性杂质	杂质	好 95%
B	27.9	淡黄色 λ = 231.5 A = 0.667	无甘油酯	无甘油酯	极性杂质	好	差 70%
C	29.7	棕色 λ = 231.5 A = 0.676	无甘油酯	无甘油酯	非极性杂质	好	好 90%

从三种工业化共轭亚油酸样品的^{1}H 和^{13}C NMR 谱可以发现，产品 A 在 3.68ppm、3.98ppm、4.08ppm、4.15ppm、5.05ppm 和 5.17ppm 处出现一系列未知光谱组分。将未知峰与甘油一酯光谱比较，结果表明，大多数检测到的峰都与甘油一酯光谱的峰相对应。由于可能存在多种形式的甘油一酯，故没有进行精确解谱。观察烯质子的光谱区域，结果显示，三种样品主要是顺，反或反，顺脂肪酸[126]。通过比较 6.0ppm、6.3ppm 处质子的积分值与 2.3ppm 处α－亚甲基（邻近羧基）的积分值，发现了一个测定油中共轭亚油酸含量的简便方法。选择烯质子，是因为它们不会与油酸的烯质子或共轭亚油酸中的反，反共轭双键的烯质子相重叠。顺，反烯烃与α－亚甲基的质子之比是测量共轭亚油酸纯度的有效方法。

在 400MHz 下观察^{13}C 烯的核磁共振谱，可以清楚地观察到共轭亚油酸位置异构体的形成。由于无法得到纯的标准品，因此不能明确 8，10－共轭亚油酸和 11，13－共轭亚油酸的光谱分布，但非常清楚的是，这些异构体主要是顺，反或反，顺脂肪酸化合物。

体积排阻色谱（SEC）的工作条件是色谱柱为 Waters GPC－Styragel™ HR 0.5（7.8 × 300nm），柱温 35℃，流动相为四氢呋喃，流速 1.0mL/min，同时使用紫外检测器（UV）和蒸发光散射检测器（ELSD，检测条件：40℃，气体流速 4.2mL/min）。该分析手段旨在检测共轭亚油酸产品中聚合体或甘油酯的存在。在这些条件下，十八碳脂肪酸的保留时间为 6.6min，甘油一酯的保留时间为 5.9min。通过 ELSD 检测，三种产品都有两个色谱峰，其中一个色谱峰出现在十八碳脂肪酸的预期位置，另一个出现在各自甘油一酯的位置。产品

A 在所推测的甘油一酯位置具有最大的色谱峰。233nm 下的紫外吸收检测与 ELSD 检测相对应。

反相液相色谱（RPLC）使用的是 Waters Symmetry™C－8（150 mm ×3.0mm）色谱柱，柱温 30℃，流动相流速 1.0mL/min。流动相使用乙腈∶四氢呋喃∶0.1% 的磷酸水溶液（50.4∶21.6∶28，体积比）。在这些操作条件下，对于所有样品，大多数紫外吸收的峰值都在 3.83min 处出现。所有样品的色谱图都有一些小的色谱峰（推测是极性较大的组分）在主峰之前洗脱下来。产品 C 在 3.83min 以后洗脱下来一个小但显著的紫外吸收峰。

1.5.11 快速分析方法

必须对工业化合成共轭亚油酸加以控制，最大限度提高期望异构体如 9，11－（顺，反）－十八碳二烯酸的含量，同时减少不良异构体的形成。为了使分析更有效，分析的结果必须在线完成，或尽可能快速完成。笔者尚未见到有共轭亚油酸制剂质量的在线检测方法，但现有几种离线检测方法。

可选用的离线分析方法包括 UV、傅里叶变换红外光谱（FTIR）、^{1}H 核磁共振谱（^{1}H－NMR）、^{13}C 核磁共振谱（^{13}C－NMR）、气相色谱（GC）和毛细管电泳。除了毛细管电泳和 UV 吸收，这些方法都不能够有效地分析脂肪酸皂溶液，因此，对于多数分析方法来说，必须将脂肪酸皂进行中和。

含有质量分数 40% 皂的反应介质通常可用乙醇溶解。我们发现，当甘油、水或乙二醇作为反应溶剂，碱金属氢氧化物作为催化剂时，100mg 反应混合物可完全溶解于 10mL 95% 的乙醇。然后将反应混合物溶液稀释 1000 倍，可在 231.5nm 处测定其紫外吸收。当没有其他干扰物质的紫外吸收时，这个方法对于测定总的共轭双键极其准确。用此法在 268nm 处测定紫外吸收率，可灵敏地检测亚麻酸来源的共轭亚麻酸。而在所检测的样品中，没有一种含有三个共轭双键。

要获得更多关于脂肪酸组成的详细信息，就需要另外的分析方法，其中有些方法要求的样品制备过程既昂贵又费时。对于这些方法，我们发现快速制备游离脂肪酸组分是可能的。多数反应混合物中的碱性皂都可溶解于正己烷和乙醇混合溶剂（1∶1，体积比）或单独的乙醇溶剂中。加入盐酸和水将碱性皂中和，就形成了两相系统。脂肪酸仍保留在非极性相中，而反应介质中的极性溶剂则溶于水中。溶解了脂肪酸的溶液可以直接上 GC 柱进样，GC 柱是专门用来分离游离脂肪酸的，如 DB－FFAP 柱，或合适的非极性 GC 柱如 HP－5 柱。无需衍生化处理的色谱分析为快速得到分析结果提供了可能。我们发现，使用 30m 的 DB－FFAP 色谱柱（直径 0.32mm，液膜厚度 0.25 μm）可使多数脂肪酸不经衍生化就能达到基线分离（程序升温：50℃保持 1min，以 20℃/min 升温至 200℃，以 2℃/min

升温至220℃，保持20min，载气He流速为3mL/min）。非极性柱HP－5（直径0.32mm，液膜厚度0.25μm）对于未衍生化的脂肪酸分离效果较差，有部分拖尾（程序升温：50℃保持1min，25℃/min升温至150℃，10℃/min升温至290℃，保持6min，载气He的流速为2mL/min）。这两种柱子都可以部分分离共轭亚油酸异构体。都可以检测到是否形成全反式的异构体，但如果不作其他处理，对位置异构体还无法进行详细分析。

1.6 共轭亚油酸的分析

分析人员在选择适当的方法分析共轭亚油酸之前，需要确认共轭亚油酸的三个主要变量。制备得到的共轭亚油酸，在共轭程度、双键的位置以及双键的构型等方面，均可能有所不同。最基本的变量是双键的共轭程度。首先，不是所有孤立的双键在生物转化或化学转化中都可以转变为共轭双键的。第二个要处理的问题是共轭亚油酸中双键的位置。在亚油酸中，双键位置最初起始于第9和第12个碳原子，碱法异构以后，共轭亚油酸最主要的位置异构体是9，11－二烯和10，12－二烯。然而，也有报道称会产生少量其他位置异构体[127]。在生物样品中，位置异构体的数目更多，银离子色谱可分离得到16个异构体[128]。最后要考虑的是共轭亚油酸中存在的几何异构体。亚油酸的双键是顺，顺形式的，而异构化产物主要是顺，反异构体、反，顺异构体和少量的顺，顺异构体与反，反异构体。因此，分析人员的任务是要决定到底需要哪些信息，然后选择一种或几种分析方法来提供那些信息。

1.6.1 紫外光谱法

早期，观察到233nm左右紫外吸光值（UV）会增加，这被认为是一年里乳脂的组成不一致造成的[129]。吸光值增加最初并没有归因于牛乳脂肪酸中共轭双键的增加，当然现在已接受是由于脂肪酸中共轭双键的增加造成的。不同几何异构体的最大吸收波长可能有细微的差别。Czauderna[130]报道，反，反－异构体的最大吸收波长为231.9nm，顺，反（或反，顺）异构体的最大吸收波长为234.3nm，顺，顺－异构体的最大吸收波长为235.4nm。不管是生物法还是化学法生产的共轭亚油酸中，典型的异构体混合物之间的这些细小差别通常都是不可能辨别的。UV测量法不能提供关于双键位置的信息。使用UV的优点是分光光度计的成本相对较低，而且可以用于检测纯的酰基甘油、脂肪酸和酯。图1.1是亚油酸和工业化共轭亚油酸产品的紫外吸收光谱图。

1.6.2 红外光谱法

红外光谱法（IR）最初使用双光束、光电池和碱金属卤化物样品池。有时这些手段会

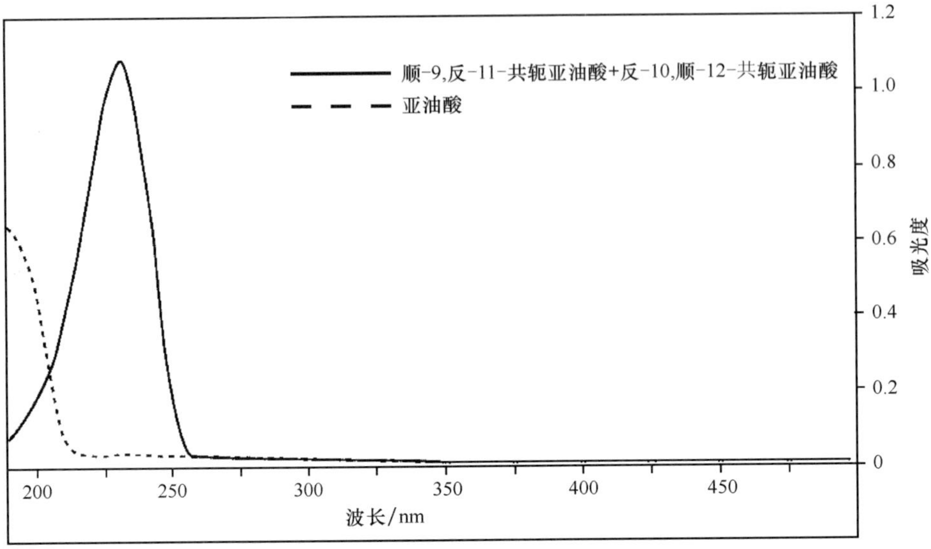

图 1.1 亚油酸和共轭亚油酸的紫外吸收光谱图

降低仪器设备的灵敏度和信噪比。新型设备可以通过使用傅里叶变换（FT）方法和现代电子技术来改善信噪比。运用红外光谱法鉴定几何异构体最早报道于大约 50 年前。红外光谱确认顺，反（或反，顺）二烯在 948cm^{-1}和 982cm^{-1}有特征吸收双峰[131]，对应的反，反二烯在 988cm^{-1}有强吸收带。采用 FTIR 和一个直接沉积界面，Mossaba[132]报道共轭亚油酸的 4，4－二甲基－2－噁唑啉（DMOX）衍生物在 949cm^{-1}和 988cm^{-1}处出现顺，反双峰，在 993cm^{-1}处出现反，反单峰。采用合成样品盘获得的亚油酸和两种共轭亚油酸位置异构体的 FTIR 谱图示例见图 1.2（1）。除这些吸收之外，还有由于碳－氢伸缩产生的其他特征频率。关于共轭亚油酸异构体 DMOX 的一份报道显示，不同几何异构体可能存在唯一的差异性[133]。顺，反异构体在 3020cm^{-1}和 3002cm^{-1}有特征吸收带［见图 1.2（2）］，顺，顺异构体在 3007cm^{-1}和 3005cm^{-1}有特征吸收带，反，反异构体在 3017cm^{-1}有单吸收带。采用这些吸收带来确定几何异构体的组成，可能会由于在同一光谱区域存在更强吸收带而变得复杂化，这些更强吸收带可来自于其他碳氢吸收带。尽管理论上通过 IR 对物质进行定量分析是可行的，但实际上并不常用。在共轭亚油酸的实例中，需要测定的吸收带相比于其他吸收带是最小的，这使得测量不精确且十分困难。

1.6.3 薄层色谱法

很多合成和天然的化合物都可用薄层色谱法（TLC）进行有效分离。但当分离非常相似的二烯异构体时，采用硅胶这样的未改性吸附剂来进行 TLC 分离就比较困难了。硝酸银

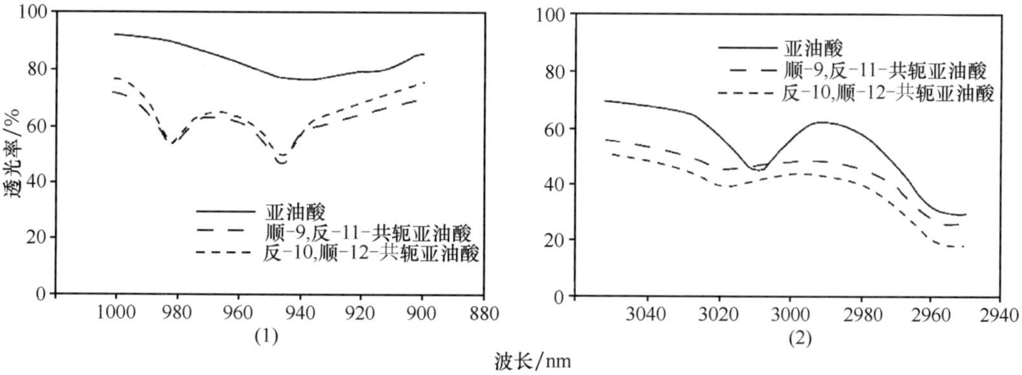

图1.2 亚油酸和两种共轭亚油酸顺、反异构体的IR图

[(1)1000~900nm为=C—H的振动带;(2)3050~2950nm为C—H的伸缩带]

改性薄层色谱法(Ag^+-TLC)已用于分离共轭亚油酸异构体。一些共轭亚油酸的顺,反异构体可用正己烷/乙醚、苯或甲苯等将异构体以甲酯的形式分离出来[102]。正己烷/乙醚混合溶剂中,顺,反异构体的迁移速度比顺式单烯要快,苯或甲苯都能使顺,反异构体迁移至顺式单烯与反式单烯之间。Ackman[134]研究指出,顺,反异构体的相对保留值(R_f)是0.61,而反,反异构体的R_f为0.65。尽管R_f值相差不大,但仍可用来分离异构体用于较大量收集,或用于研究可能的代谢产物。

1.6.4 气相色谱法

气相色谱法(GC)是另一种脂肪酸及其酯或其他衍生物的分析方法,最初用的是填充柱,后来使用毛细管柱。脂肪酸不适合直接进行分析,因此通常使用脂肪酸甲酯(FAME)。形成脂肪酸甲酯的方法分为三种:酸催化、碱催化、重氮甲烷烷基化[135]。没有一种方法能适合所有情况,都存在不足之处。

酸催化通常采用三氟化硼/甲醇(BF_3/CH_3OH)或盐酸/甲醇(HCl/CH_3OH)法。很多化验员采用硫酸代替盐酸。酸催化法催化游离脂肪酸、磷脂或甘油三酯的甲酯化反应,通常要在较高温度条件下才能进行。该法制备甲酯的效率相对较高,但一些顺,反-异构体会异构化形成反,反-异构体[136]。降低温度可使异构化程度有所降低,如在60℃下采用HCl/CH_3OH法或室温下采用BF_3/CH_3OH法[137]。但在这些较温和条件下,有些磷脂可能无法甲酯化[137]。此外,可能形成甲氧基加合物,且羟基脂肪酸可能产生副产物。

碱,如甲醇钠($NaOCH_3$),对酰基甘油、甾醇、磷脂的甲酯化极其有效[138]。鞘脂中的游离脂肪酸与N-酰基脂质不发生甲酯化。$NaOCH_3$方法表面上不会改变顺,反异构体的组成,也不形成甲氧基副产物,但可检测到一些会干扰短链脂肪酸的副产物。

重氮甲烷法是在较温和的条件下将游离脂肪酸甲酯化，形成相应的甲酯，该法效率高且反应迅速。但它不能将酰基甘油、胆固醇酯或磷脂进行甲酯化。很多研究者担心重氮甲烷及其前体和制备试剂的潜在危害。市售三甲基硅烷基重氮甲烷可作为重氮甲烷的来源，但一些副产物（三甲基硅烷基共轭亚油酸酯）和其他三甲基硅烷基杂质可能会干扰分析[139]。由于每一种甲酯化的方法都有一定的局限性，分析者需要选择最适合底物的试剂和条件。对于纯的酰基甘油、甾醇酯和磷脂，采用 $NaOCH_3$ 甲酯化的方法比较合适。如果只有游离脂肪酸存在，特别是担心双键异构化，重氮甲烷法是最适合的。

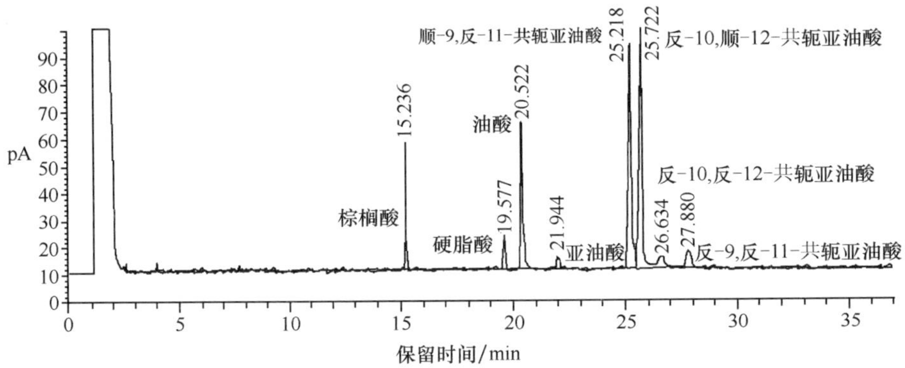

图 1.3 游离脂肪酸气相色谱图（30m DBFFAP 色谱柱，内径 0.32mm，液膜厚度 0.25 μm；程序升温，50℃保持 1min，以 25℃/min 升温至 150℃，以 3℃/min 升温至 220℃，保持 3min；载气 He，流速 2mL/min）

最早的气相色谱法分析法使用的是带有非挥发性液相的固体载体填充的柱子。而今由于毛细管柱的代替，就不常使用填充柱了，毛细管柱中的液相固定在毛细管的内表面上。现在可供选择的液相众多，现有的工业化柱子不仅可分离甲酯，也可以分离未衍生化脂肪酸，因此解决了衍生化及相关难题。游离脂肪酸的典型色谱图如图 1.3 所示。利用单一的共轭亚油酸异构体可以帮助辨别色谱图中的异构体。如果有合适的标准品，气相色谱法可以提供关于共轭程度、位置和几何异构体分布的定量信息。

1.6.5 高效液相色谱法

高效液相色谱（极个别情况也称为高压液相色谱，HPLC）是很多化合物的优选分析方法，相比于气相色谱，HPLC 不需要很高的温度。HPLC 可基于体积排阻，也可以基于吸附原理进行分离。体积排阻色谱可有效地使脂肪酸与甘油酯分离，已用于共轭亚油酸的分析。Reaney 等[120]使用 Waters GPC－Styragel HR™色谱柱分析共轭亚油酸可能形成的多聚体或是否有甘油酯存在。三个工业化共轭亚油酸样品中的十八碳脂肪酸均可与甘油一酯相分离。可用233nm紫外检测和蒸发光散射检测器（ELSD）进行检测。至今为止，没有有关单个脂肪酸或共轭亚油酸异构体分离的报道。使用反相柱（Waters C－8 Symmetry™色谱柱）来分离工业化共轭亚油酸样品，可以得到一个主峰，其相对应的是游离脂肪酸[120]。使用体积排阻柱既不能分离异构共轭脂肪酸，也不能分离不同链长的脂肪酸。一种较好的方法是用银离子改性高效液相色谱（Ag^+－HPLC）。有些机构已报道了利用这种改性方法将共轭亚油酸的位置和几何异构体成功分离[40, 140]。

1.6.6 质谱法

质谱分析法（MS）是检测完整的离子化分子或离子碎片的质量的一种方法。当MS与GC或LC的分离相结合使用时，可以得到很多关于结构鉴定的有效信息。GC－MS或HPLC－MS似乎是分析共轭亚油酸的一种理想方法，但初期应用时存在较大的问题。为了得到质谱图，必须产生电离物种。和其他分子一样，离子化条件会导致共轭亚油酸的双键向其他位置迁移。如果双键发生迁移，就只能得到关于链长和双键数目的信息。考虑到离子化条件不是很苛刻，可作衍生化处理，衍生化位置可以在羧酸（远位点），也可以在共轭双键位置（原位点）。为便于离子化，应对衍生物进行选择。对于原位点的衍生物，二烯位置固定在一个地方。在羧酸位点，可使用四氢吡咯、甲代吡啶酯和DMOX衍生物。对于每个亚甲基（CH_2），远位点衍生物分裂产生的离子基本上比原离子轻14个质量单位；如果遇到双键，则轻12个质量单位。这方面已有综述报道[141]。

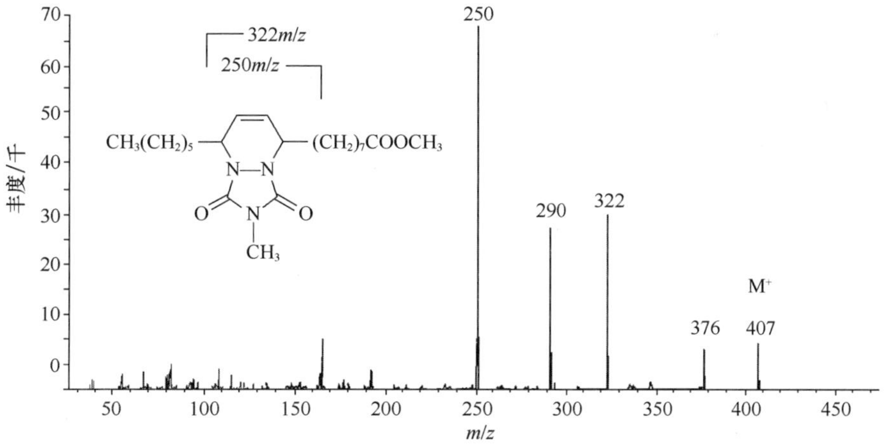

图1.4 甲基顺－9，反－11－十八碳二烯酸与MTAD形成的加合物的质谱图

（经AOCS出版社许可转载[143]）

已报道了两种不同的关于脂肪酸及其他共轭二烯原位点或双键位点衍生化的方法。一种方法涉及使用四氧化锇（有健康隐患）对双键进行全羟基化，然后进行三甲硅烷基化[142]。第二种方法基于众所周知的狄尔斯－阿尔德环化加成反应。已证明 MTAD（4－甲基－1，2，4－三唑啉－3－5－二酮）是一种可以与 FAME 共轭二烯进行加成反应的有用试剂。加合物的碎裂模式通常由分裂碎片所主导，分裂碎片是环化加成形成的环与任一碳链残基。图 1.4 所示为甲基顺－9，反－11－十八碳二烯酸的 MTAD 衍生物的质谱图，这些碎片产生在 322*m/z* 和 250*m/z*，这表明起始 FAME 是 9，11－二烯[143]。当用 GC－MS 分析时，甲基顺－9，反－11－十八碳二烯酸和甲基反－9，反－11－十八碳二烯酸虽然会形成具有相同质谱特征的加合物，但保留时间却不同[143]。甲基顺－9，反－11－十八碳二烯酸反应速度较慢，会生成两种碎裂模式近似但保留时间不同的产物。遗憾的是，顺，顺和顺，反异构体生成的是同一种加合物，限制了在共轭亚油酸几何异构体在产品研究中的应用。

1.6.7 核磁共振

核磁共振（NMR）是一种分析共轭亚油酸的有效技术[144，145]。核磁共振谱图既可以提供共轭亚油酸中 ^{1}H 和 ^{13}C 的环境信息，又可表现两种原子之间的关联情况。一种最基本的分析方法是可观察由孤立的烯质子［5.35ppm，图 1.5（1）］和孤立的亚甲基（2.75ppm）亚油酸导致的信号消失，以及由共轭二烯［5.2～6.5ppm，图 1.5（2）］导致的新信号出现。Reaney 等[120]报道了一种测定共轭亚油酸含量的简便方法，即将烯质子在 6.0ppm 和 6.3ppm 的积分面积与羧基（2.3ppm）相邻的亚甲基质子的面积相比较。亚油酸和顺－9，反－11－十八碳二烯酸的 NMR^{13}C 图谱分别见图 1.5（3）和图 1.5（4）。共轭亚油酸的这种结构和其他异构体的全部图谱都已有报道[146，147]。共轭亚油酸的一个显著特征是，相对于在亚油酸图谱中出现的两对相隔较窄的双峰［图 1.5（3）］，共轭亚油酸在129～135ppm 出现四个分离较好的单峰［图 1.5（4）］。详细的 ^{1}H、^{13}C 和 NMR 谱图提供了关于共轭亚油酸位置和几何异构体的潜在信息，并能提供关于共轭亚油酸浓度的半定量信息。

1.7 结论

研究表明，对于生长期动物，共轭亚油酸始终影响其身体重量和脂肪的调节，但对于人类的影响却不一致。因此，需要开展更多关于共轭亚油酸及其异构体对于人类身体组成影响的研究。当前，主要的研究热点集中于共轭亚油酸及其异构体对于身体组成和致癌作用方面的影响。其他引人注目的领域包括共轭亚油酸及其异构体对于心血管、新陈代谢以及免疫功能方面的影响，以及提高肉制品和乳制品中共轭亚油酸异构体含量的方法措施。

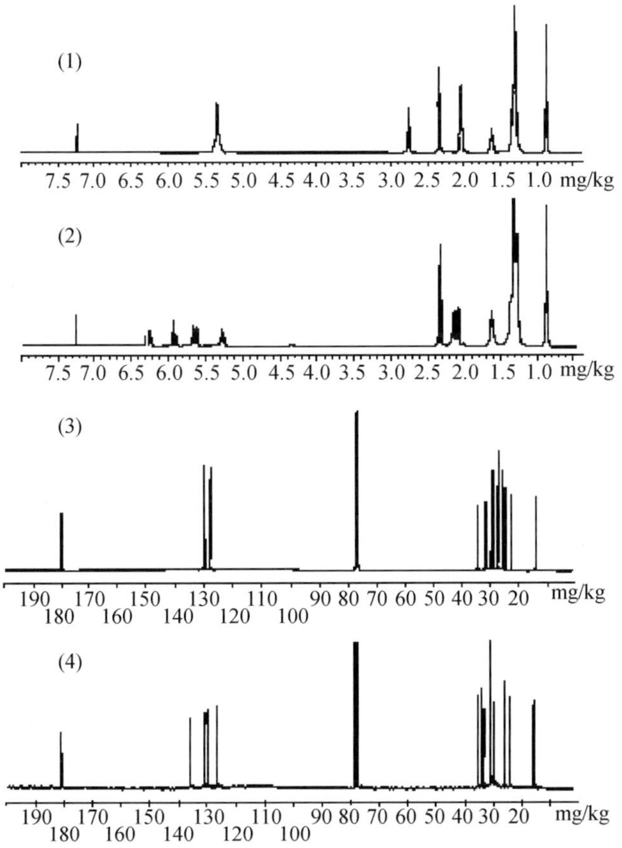

图 1.5 （1）亚油酸的 ^{1}H 谱图；（2）顺 -9，反 -11 - 十八碳二烯酸的 ^{1}H 谱图；（3）亚油酸的 ^{13}C 谱图；（4）顺 -9，反 -11 - 十八碳二烯酸的 ^{13}C 谱图

同时仍需要进一步研究如何改进共轭亚油酸的工业化生产。尽管在工业化共轭亚油酸产品中，符合需要的异构体含量已经得到提高，但仍然需要高度富集或纯化的顺 -9，反 -11 - 十八碳二烯酸产品。控制共轭亚油酸合成的动力学，可实现开发出几乎只包含顺 -9，反 -11 - 共轭亚油酸和反 -10，顺 -12 - 共轭亚油酸的产品。反应的动力学控制需要价格低廉且可在线或实质上在线应用的快速分析手段。

参考文献

1. W. J. Dann and T. Moore, *Biochem. J.*, **27**, 1166 - 1169 (1933).

2. R. Kapoor, N. D. Westcott, M. J. T. Reaney, and S. Jones, *Inform*, **14**, 482 - 484 (2003).

3. M. J. T. Reaney, N. D. Westcott, R. Kapoor, and S. Jones, *Inform*, **13**, 802 - 807 (2002).

4. W. J. Dann, T. Moore, R. L. Booth, J. Golding, and S. K. Kon, *Biochem. J.*, **29**, 138 - 146

(1935).

5. R. Reiser, *Arch Biochem. Biophys.*, **32**, 113–120 (1951).
6. P. W. Parodi, *J. Dairy Sci.*, **60**, 1550–1553 (1977).
7. E. S. Miller and G. O. Burr, *Proc. Soc. Exp. Biol. Med.*, **36**, 726–729 (1937).
8. E. Aaes–Jorgensen, *J. Nutr.*, **66**, 465–483 (1958).
9. R. Reiser, *Proc. Soc. Exp. Biol. Med.*, **74**, 666–669 (1950).
10. R. H. Barnes, E. S. Miller, and G. O. Burr, *Proc. Soc. Exp. Biol. Med.*, **45**, 233–240 (1941).
11. M. A. Belury and A. Kempa–Steczko, *Lipids*, **32**, 199–204 (1997).
12. C. Ip, C. Jiang, H. J. Thompson, and J. A. Scimeca, *Carcinogenesis*, **18**, 755–759 (1997).
13. J. L. Sebedio, E. Angioni, J. M. Chardigny, S. Gregoire, P. Juaneda, and O. Berdeaux, *Lipids*, **36**, 575–582 (2001).
14. J. K. Kramer, N. Sehat, M. E. Dugan, M. M. Mossoba, M. P. Yurawecz et al., *Lipids*, **33**, 549–558 (1998).
15. J. L. Sebedio, P. Juaneda, G. Dobson, I. Ramilison, J. C. Martin et al., *Biochim. Biophys. Acta*, **1345**, 5–10 (1997).
16. J. L. Sebedio, S. Gnaedig, and J. M. Chardigny, *Curr. Opin. Clin. Nutr. Metab. Care.*, **2**, 499–506 (1999).
17. J. L. Sebedio, P. Juaneda, S. Gregoire, J. M. Chardigny, J. C. Martin, and C. Ginies, *Lipids*, **34**, 1319–1325 (1999).
18. L. Bretillon, J. M. Chardigny, S. Gregoire, O. Berdeaux, and J. L. Sebedio, *Lipids*, **34**, 965–969 (1999).
19. J. L. Sebedio, E. Angioni, J. M. Chardigny, S. Gregoire, P. Juaneda, and O. Berdeaux, *Lipids*, **36**, 575–582 (2001).
20. P. Urquhart, S. M. Parkin, J. S. Rogers, J. A. Bosley, and A. Nicolaou, *Biochim. Biophys. Acta*, **1580**, 150–160 (2002).
21. R. T. Holman, *Proc. Soc. Exp. Biol. Med.*, **76**, 100–102 (1951).
22. A. Akahoshi, Y. Goto, K. Murao, T. Miyazaki, M. Yamasaki et al., *Biosci. Biotechnol. Biochem.*, **66**, 916–920 (2002).
23. E. Ostrowska, D. Suster, M. Muralitharan, R. F. Cross, B. J. Leury et al., *Br. J. Nutr.*, **89**, 219–229 (2003).
24. M. Yamasaki, A. Ikeda, M. Oji, Y. Tanaka, A. Hirao et al., *Nutrition*, **19**, 30–35 (2003).
25. H. Blankson, J. A. Stakkestad, H. Fagertun, E. Thom, J. Wadstein, and O. Gudmundsen, *J. Nutr.*, **130**, 2943–2948 (2000).

26. U. Riserus, L. Berglund, and B. Vessby, *Int. J. Obes. Relat. Metab. Disord.*, **25**, 1129 - 1135 (2001).

27. E. Thom, J. Wadstein, and O. Gudmundsen, *J. Int. Med. Res.*, **29**, 392 - 396 (2001).

28. M. A. Belury, A. Mahon, and S. Banni, *J. Nutr.*, **133**, 257S - 260S (2003).

29. K. L. Zambell, N. L. Keim, M. D. Van Loan, B. Gale, P. Benito et al., *Lipids*, **35**, 777 - 782 (2000).

30. M. M. Kamphuis, M. P. Lejeune, W. H. Saris, and M. S. Westerterp - Plantenga, *Int. J. Obes. Relat. Metab. Disord.*, **27**, 840 - 847 (2003).

31. Y. Park, K. J. Albright, W. Liu, J. M. Storkson, M. E. Cook, and M. W. Pariza, *Lipids*, **32**, 853 - 858 (1997).

32. J. M. Brown and M. K. McIntosh, *J. Nutr.*, **133**, 3041 - 3046 (2003).

33. E. A. De Deckere, J. M. van Amelsvoort, G. P. McNeill, and P. Jones, Br. *J. Nutr.*, **82**, 309 - 317 (1999).

34. Y. Park, J. M. Storkson, K. J. Albright, W. Liu, and M. W. Pariza, *Lipids*, **34**, 235 - 241 (1999).

35. K. Kang and M. W. Pariza, *Biochem. Biophys. Res. Commun.*, **287**, 377 - 382 (2001).

36. K. Nagao, Y. M. Wang, N. Inoue, S. Y. Han, Y. Buang et al., *Nutrition*, **19**, 652 - 656 (2003).

37. K. Kang, W. Liu, K. J. Albright, Y. Park, and M. W. Pariza, *Biochem. Biophys. Res. Commun.*, **303**, 795 - 799 (2003).

38. J. M. Brown, M. S. Boysen, S. S. Jensen, R. F. Morrison, J. Storkson et al., *J. Lipid. Res.*, **44**, 1287 - 1300 (2003).

39. N. Tsuboyama - Kasaoka, M. Takahashi, K. Tanemura, H. J. Kim, T. Tange et al., *Diabetes*, **49**, 1534 - 1542 (2000).

40. N. Tsuboyama - Kasaoka, H. Miyazaki, S. Kasaoka, and O. Ezaki, *J. Nutr.*, **133**, 1793 - 1799 (2003).

41. U. Riserus, P. Arner, K. Brismar, and B. Vessby, *Diabetes Care*, **25**, 1516 - 1521 (2002).

42. M. W. Pariza and W. A. Hargraves, *Carcinogenesis*, **6**, 591 - 593 (1985).

43. Y. L. Ha, N. K. Grimm, and M. W. Pariza, *Carcinogenesis*, **8**, 1881 - 1887 (1987).

44. Y. L. Ha, J. Storkson, and M. W. Pariza, *Cancer Res.*, **50**, 1097 - 1101 (1990).

45. T. D. Shultz, B. P. Chew, and W. R. Seaman, *Anticancer Res.*, **12**, 2143 - 2145 (1992).

46. C. Ip, M. Singh, H. J. Thompson, and J. A. Scimeca, *Cancer Res.*, **54**, 1212 - 1215 (1994).

47. F. Lavillonniere, V. Chajes, J. C. Martin, J. L. Sebedio, C. Lhuillery, and P. Bougnoux, *Nutr. Cancer*, **45**, 190 - 194 (2003).

48. A. Cesano, S. Visonneau, J. A. Scimeca, D. Kritchevsky, and D. Santoli, *Anticancer Res.*, **18**,

1429 – 1434 (1998).

49. J. L. Cheng, M. Futakuchi, K. Ogawa, T. Iwata, M. Kasai et al., *Cancer Lett.*, **196**, 161 – 168 (2003).

50. H. S. Park, J. H. Ryu, Y. L. Ha, and J. H. Park, *Br. J. Nutr.*, **86**, 549 – 555 (2001).

51. V. R. Durgam and G. Fernandes, *Cancer Lett.*, **116**, 121 – 130 (1997).

52. C. J. Kavanaugh, K. L. Liu, and M. A. Belury, *Nutr. Cancer*, **33**, 132 – 138 (1999).

53. H. J. Cho, W. K. Kim, E. J. Kim, K. C. Jung, S. Park et al., *Amer. J. Physiol. Gastrointest. Liver Physiol.*, **284**, G996 – 1005 (2003).

54. A. Miller, C. Stanton, and R. Devery, *Anticancer Res.*, **22**, 3879 – 3887 (2002).

55. P. A. Masso – Welch, D. Zangani, C. Ip, M. M. Vaughan, S. F. Shoemaker et al., *J. Nutr.*, **134**, 299 – 307 (2004).

56. C. Ip, Y. Dong, H. J. Thompson, D. E. Bauman, and M. M. Ip, *Nutr. Cancer*, **39**, 233 – 238 (2001).

57. C. Ip, J. A. Scimeca, and H. Thompson, *Nutr. Cancer*, **24**, 241 – 247 (1995).

58. A. Aro, S. Mannisto, I. Salminen, M. L. Ovaskainen, V. Kataja, and M. Uusitupa, *Nutr. Cancer*, **38**, 151 – 157 (2000).

59. K. L. Houseknecht, J. P. Vanden Heuvel, S. Y. Moya – Camarena, C. P. Portocarrero, L. W. Peck et al., *Biochem. Biophys. Res. Commun.*, **244**, 678 – 682 (1998).

60. J. W. Ryder, C. P. Portocarrero, X. M. Song, L. Cui, M. Yu et al., *Diabetes*, **50**, 1149 – 1157 (2001).

61. L. Clement, H. Poirier, I. Niot, V. Bocher, M. Guerre – Millo et al., *J. Lipid Res.*, **43**, 1400 – 1409 (2002).

62. K. M. Hargrave, M. J. Azain, S. D. Kachman, and J. L. Miner, *Obes. Res.*, **11**, 1104 – 1115 (2003).

63. K. Nagao, N. Inoue, Y. M. Wang, and T. Yanagita, *Biochem. Biophys. Res. Commun.*, **310**, 562 – 566 (2003).

64. E. Ostrowska, R. F. Cross, M. Muralitharan, D. E. Bauman, and F. R. Dunshea, *Br. J. Nutr.*, **88**, 625 – 634 (2002).

65. E. J. Noone, H. M. Roche, A. P. Nugent, and M. J. Gibney, Br. *J. Nutr.*, **88**, 243 – 251 (2002).

66. K. N. Lee, D. Kritchevsky, and M. W. Pariza, *Atherosclerosis*, **108**, 19 – 25 (1994).

67. D. Kritchevsky, S. A. Tepper, S. Wright, P. Tso, and S. K. Czarnecki, *J. Amer. Coll. Nutr.*, **19**, 472S – 477S (2000).

68. R. J. Nicolosi, E. J. Rogers, D. Kritchevsky, J. A. Scimeca, and P. J. Huth, *Artery*, **22**, 266 – 277

(1997).

69. S. Toomey, H. Roche, D. Fitzgerald, and O. Belton, *Biochem. Soc. Trans.*, **31**, 1075 - 1079 (2003).

70. V. C. Gavino, G. Gavino, M. J. Leblanc, and B. Tuchweber, *J. Nutr.*, **130**, 27 - 29 (2000).

71. S. Yu - Poth, D. Yin, G. Zhao, P. M. Kris - Etherton, and T. D. Etherton, *J. Nutr.*, **134**, 68 - 71 (2004).

72. M. W. Pariza and K. N. Lee (assigned to Wisconsin Alumni Research Foundation, Madison, Wisconsin), U. S. Patent 5,837,733, 1998.

73. A. Truitt, G. McNeill, and J. Y. Vanderhoek, *Biochim. Biophys. Acta*, **1438**, 239 - 246 (1999).

74. K. Nagao, N. Inoue, Y. M. Wang, J. Hirata, Y. Shimada et al., *Biochem. Biophys. Res. Commun.*, **306**, 134 - 138 (2003).

75. P. Benito, G. J. Nelson, D. S. Kelley, G. Bartolini, P. C. Schmidt, and V. Simon, *Lipids*, **36**, 229 - 236 (2001).

76. M. E. Cook, B. Ellen, J. L. Stahl, F. M. Graziano, M. Frank, and M. W. Pariza (assigned toWisconsin Alumni Research Foundation, Madison, Wisconsin), U. S. Patent 5,585,400, 1996.

77. M. E. Cook, M. W. Pariza, X. Yang, and D. De Voney (assigned to Wisconsin AlumniResearch Foundation, Madison, Wisconsin), U. S. Patent 5,674,901, 1997.

78. M. G. Hayek, S. N. Han, D. Wu, B. A. Watkins, M. Meydani et al., *J. Nutr.*, **129**, 32 - 38 (1999).

79. L. D. Whigham, E. B. Cook, J. L. Stahl, R. Saban, D. E. Bjorling et al., *Amer. J. Physiol. Regul. Integr. Comp. Physiol.*, **280**, R908 - R912 (2001).

80. M. W. Wong, B. P. Chew, T. S. Wong, H. L. Hosick, T. D. Boylston, and T. D. Shultz, *Anticancer Res.*, **17**, 987 - 993 (1997).

81. M. E. Cook, S. Kim, M. W. Pariza, and D. De Voney (assigned to Wisconsin AlumniResearch Foundation, Madison, Wisconsin), U. S. Patent 5,914,346, 1999.

82. Y. Yu, P. H. Correll, and J. P. Vanden Heuvel, *Biochim. Biophys. Acta*, **1581**, 89 - 99 (2002).

83. J. Bassaganya - Riera, R. Hontecillas, D. R. Zimmerman, and M. J. Wannemuehler, *Vaccine*, **20**, 1435 - 1444 (2002).

84. J. Bassaganya - Riera, R. M. Pogranichniy, S. C. Jobgen, P. G. Halbur, K. J. Yoon et al., *J. Nutr.*, **133**, 3204 - 3214 (2003).

85. V. Bontempo, D. Sciannimanico, G. Pastorelli, R. Rossi, F. Rosi, and C. Corino, *J. Nutr.*, **134**, 817 - 824 (2004).

86. D. S. Kelley, P. C. Taylor, I. L. Rudolph, P. Benito, G. J. Nelson et al., *Lipids*, **35**, 1065 - 1071

(2000).

87. D. S. Kelley, V. A. Simon, P. C. Taylor, I. L. Rudolph, P. Benito et al., *Lipids*, **36**, 669 – 674 (2001).

88. W. L. Cheng, C. K. Lii, H. W. Chen, T. H. Lin, and K. L. Liu, *J. Agric. Food Chem.*, **52**, 71 – 78 (2004).

89. M. E. Cook, M. W. Pariza, K. N. Lee, and B. C. Wentworth (assigned to WisconsinAlumni Research Foundation, Madison, Wisconsin), U. S. Patent 5,504,114, 1996.

90. R. H. Stock and J. D. Compton (assigned to LifeRight Foods LLCPN, Princeton, New Jersey), U. S. Patent 6,316,041, 2001.

91. M. E. Cook, A. Rahim, and M. W. Pariza (assigned to Wisconsin Alumni Research Foundation, Madison, Wisconsin), U. S. Patent 6,113,973, 2000.

92. M. L. Kelly, J. R. Berry, D. A. Dwyer, J. M. Griinari, P. Y. Chouinard et al., *J. Nutr.*, **128**, 881 – 885 (1998).

93. K. Nurmela and M. Griinari (assigned to Valio Oy, Helsinki, Finland), U. S. Patent6,635,271, 2003.

94. A. T. Ward, K. M. Wittenberg, H. M. Froebe, R. Przybylski, and L. Malcolmson, *J. Dairy Sci.*, **86**, 1742 – 1750 (2003).

95. T. R. Dhiman, G. R. Anand, L. D. Satter, and M. W. Pariza, *J. Dairy Sci.*, **82**, 2146 – 2156 (1999).

96. T. R. Dhiman, E. D. Helmink, D. J. McMahon, R. L. Fife, and M. W. Pariza, *J. Dairy Sci.*, **82**, 412 – 419 (1999).

97. T. R. Dhiman, L. D. Satter, M. W. Pariza, M. P. Galli, K. Albright, and M. X. Tolosa, *J. Dairy Sci.*, **83**, 1016 – 1027 (2000).

98. A. T. Ward, K. M. Wittenberg, and R. Przybylski, *J. Dairy Sci.*, **85**, 1191 – 1196 (2002).

99. L. A. Whitlock, D. J. Schingoethe, A. R. Hippen, K. F. Kalscheur, R. J. Baer et al., *J. Dairy Sci.*, **85**, 234 – 243 (2002).

100. J. J. Loor and J. H. Herbein, *J. Nutr.*, **128**, 2411 – 2419 (1998).

101. S. T. Franklin, K. R. Martin, R. J. Baer, D. J. Schingoethe, and A. R. Hippen, *J. Nutr.*, **129**, 2048 – 2054 (1999).

102. W. W. Christie, G. Dobson, and F. D. Gunstone, *Lipids*, **32**, 1231 (1997).

103. T. L. Mounts and H. L. Dutton, *Lipids*, **5**, 997 – 1005 (1970).

104. F. B. Padley, F. D. Gunstone, and F. B. Harwood, in F. D. Gunstone, H. Hashimoto, and F. B. Padley, eds., *The Lipid Handbook*, 2nd ed., Chapman and Hall, London, 1994, pp. 47 – 224.

105. R. W. Johnson and R. W. Daniels, in K. Othmer, ed., *Encyclopedia of Chemical Technology*, 4th ed,

John Wiley and Sons, New York, 1996, pp. 168 – 177.

106. "Specifications and characteristics of Emery oleochemicals," Technical Bulletin A – 473, Henkel Corporation, Emery Group, Cincinnati, Ohio, 1991.

107. E. Fritz and R. W. Johnson, *Fatty Acids in Industry*, Marcel Dekker, New York, 1988.

108. F. D. Gunstone, M. Kates, and J. L. Harwood, in F. D. Gunstone, J. L. Harwood, and F. B. Padley, *The Lipid Handbook*, 2nd ed., Chapman and Hall, London, 1994, pp. 47 – 224.

109. C. Keulemans, Eur. Patent, 1990.

110. M. T. Cleary, S. Kulprathipanja, and R. W. Neuzil (assigned to UOP Inc., Des Plaines, Illinois), U. S. Patent 4,524,029, 1985.

111. M. T. Cleary and S. Kulprathipanja (assigned to UOP Inc., Des Plaines, Illinois), U. S. Patent 4,353,838, 1982.

112. H. G. Kirshner (assigned to Colgate – Palmolive Peet Company, Jersey City, New Jersey), U. S. Patent 2,389,260, 1945.

113. G. O. Burr, U. S. Patent 2,242,230, 1941.

114. J. D. Cawley, U. S. Patent 2,343,644, 1944.

115. A. Struve (assigned to Henkel Kommanditgesellschaft Auf Aktien, Dusseldorf – Holthausen, Denmark), U. S. Patent 4,381,264 1983.

116. T. F. Bradley, U. S. Patent 2,350,583, 1944.

117. K. E. Krajca (assigned to Sylvachem Corporation, Jacksonville, Florida), U. S. Patent4, 164, 505, 1979.

118. T. F. Bradley and D. Richardson, *Indust. Engin. Chem.*, **34**, 237 – 242 (1942).

119. P. L. Nichols, R. W. Riemenschneider, and S. F. Herb, *J. Amer. Chem. Soc.*, **27**, 329 – 336 (1950).

120. M. J. T. Reaney, M. M. Liu, and N. D. Westcott, in M. P. Yurawecz, M. M. Mossoba, J. K. Kramer, M. W. Pariza, and G. J. Nelson, eds., *Advances in Conjugated Linoleic Acid Research*, AOCS Press, Champaign, Illinois, 1999, pp. 39 – 54.

121. A. Saebo, in J. L. Sebedio, W. W. Christie, and R. Adolf, eds., *Advances in Conjugated Linoleic Acid Research.* [5], AOCS Press, Champaign, Illinois, 2003, pp. 71 – 81.

122. T. A. Richardson, *Industrial Plastics: Theory and Application*, South West PublishingCo., Cincinnati, Ohio, 1993.

123. M. W. Pariza and Y. M. Yang (assigned to Wisconsin Alumni Research Foundation, Madison Madison, Wisconsin), U. S. Patent 5,856,149, 1999.

124. D. H. Solomon, *The Chemistry of Natural Film Formers*, 2nd ed., Robert E. Krieger Publishing Co.,

Huntington, New York, 1977, pp. 33 – 74.

125. D. A. Zabolotskij, P. M. Demin, and G. I. Mylagkoya, Russian Patent 2021,252, 1994.

126. M. S. F. Lie Ken Jie, M. K. Pasha, and M. S. Alam, *Lipids*,**32**, 1041 – 1044 (1977).

127. N. Sehat, M. P. Yurawecz, J. A. Roach, M. M. Mossoba, J. K. Kramer, and Y. Ku, *Lipids*,**33**, 217 – 221 (1998).

128. N. Sehat, R. Rickert, M. M. Mossoba, J. K. Kramer, M. P. Yurawecz et al., *Lipids*,**34**,407 – 413 (1999).

129. R. L. Booth, S. K. Kon, W. J. Dann, and T. Moore, *Biochem. J.*,**29**, 133 – 137 (1935).

130. M. Czauderna and J. Kowalczyk, *J. Chromatogr. B. Biomed. Sci. Appl.*,**760**, 165 – 178 (2001).

131. J. E. Jackson, R. F. Paschke, W. Tolberg, H. M. Boyd, and D. H. Wheeler, *J. Amer. Oil Chem. Soc.*,**29**, 229 – 234 (1952).

132. M. M. Mossoba, M. P. Yurawecz, J. K. Kramer, K. Eulitz, J. Fritsche et al., in M. P. Yurawecz, M. M. Mossoba, J. K. Kramer, M. Pariza, and G. J. Nelson, eds., *Advances in Conjugated Linoleic Acid Research*, AOCS Press, Champaign, Illinois,1999, pp. 141 – 151.

133. J. Fritsche, M. M. Mossoba, M. P. Yurawecz, J. A. G. Roach, N. Sehat, and H. Steinhart,*Z. Lebensm. Unters Forsch. A* **205**, 415 – 418 (1997).

134. R. G. Ackman, C. A. Eaton, J. C. Sipos, and N. F. Crew, *J. Can. Inst. Food Sci. Technol.*, **14**, 103 – 107 (1981).

135. M. P. Yurawecz, J. K. Kramer, and Y. Ku, in M. P. Yurawecz, M. M. Mossoba,J. K. Kramer, M. Pariza, and G. J. Nelson, eds., *Advances in Conjugated Linoleic Acid Research*, AOCS Press, Champaign, Illinois, 1999, pp. 64 – 82.

136. E. Ostrowska, F. R. Dunshea, M. Muralitharan, and R. F. Cross, *Lipids*,**35**, 1147 – 1153 (2000).

137. S. A. Werner, L. O. Luedecke, and T. D. Shultz, *J. Agric. Food Chem.*,**40**, 1817 – 1821 (1992).

138. J. K. Kramer, V. Fellner, M. E. Dugan, F. D. Sauer, M. M. Mossoba, and M. P. Yurawecz,*Lipids*,**32**, 1219 – 1228 (1997).

139. Y. Park, K. J. Albright, Z. Y. Cai, and M. W. Pariza, *J. Agric. Food Chem.*,**49**, 1158 – 1164 (2001).

140. K. Eulitz, M. P. Yurawecz, N. Sehat, J. Fritsche, J. A. Roach et al., *Lipids*, **34**, 873 – 877 (1999).

141. V. Spitzer, in M. P. Yurawecz, M. M. Mossoba, M. W. Pariza, and G. J. Nelson, eds.,*Advances in Conjugated Linoleic Acid Research*, AOCS Press,Champaign, Illinois,1999, pp. 110 – 125.

142. G. Janssen and G. Paramentier, *Biomed. Mass Spectrom.*, **5**, 439 – 443 (1978).

143. M. J. T. Reaney, L. Y. Dong, and W. G. Taylor, *J. Amer. Oil Chem. Soc.*,**78**, 1083 – 1086

(2001).

144. M. S. F. Lie Ken Jie, M. K. Pasha, and M. S. Alam, in M. P. Yurawecz, M. M. Mossoba, J. K. Kramer, M. W. Pariza, and G. J. Nelson, eds., *Advances in Conjugated Linoleic Acid Research*, AOCS Press, Champaign, Illinois, 1999, pp. 152 – 163.

145. A. L. Davis, G. P. McNeill, and D. C. Caswell, in M. P. Yurawecz, M. M. Mossoba, J. K. Kramer, M. W. Pariza, and G. J. Nelson, eds., *Advances in Conjugated Linoleic Acid Research*, vol. 1, AOCS Press, Champaign, Illinois, 1999, pp. 164 – 179.

146. A. L. Davis, G. P. McNeill, and D. C. Caswell, *Chem. Phys. Lipids*, **97**, 155 – 165 (1999).

147. M. S. Jie, M. K. Pasha, and M. S. Alam, *Lipids*, **32**, 1041 – 1044 (1997).

148. B. A. Brice, S. F. Swain, S. F. Herb, P. L. Nicholas, Jr., and R. W. Reimenschneider, *J. Amer. Oil Chem. Soc.*, **29**, 279 – 287 (1949).

149. J. Ritz and J. Reese (assigned to Hoechst Aktiengesellschaft, Frankfurt, Germany), U. S. Patent 3, 984,444, 1976.

2 甘油二酯

Brent D. Flickinger[1], Noburo Matsuo[2]

1 *Archer Daniels Midland Company, Decatur, Illinois*

2 *Kao Corporation, Tochigi, Japan*

2.1 引言

甘油二酯（DAG）是存在于多种食用油中的天然成分[1，2]。通常，食用油中甘油二酯的含量不超过油总量的5%；但也有几种食用油甘油二酯的含量大于5%（见表2.1）。甘油二酯还可作为乳化剂应用于食品体系中，特别是在焙烤食品中，并且已获得批准[3]。人体摄入甘油二酯的量约为3g/d。

表2.1　各种食用油中甘油酯含量[1，2]

油	含量/%			
	甘油三酯	甘油二酯	甘油一酯	其他
棉籽油	87.0	9.5	0.2	3.3
棕榈油	93.1	5.8	0.0	1.1
橄榄油	93.3	5.5	0.2	2.3
玉米油	95.8	2.8	0.0	1.4
红花籽油	96.0	2.1	0.0	1.9
猪脂	97.9	1.3	0.0	0.8
大豆油	97.9	1.0	0.0	1.1
菜籽油	96.8	0.8	0.1	2.3

生产甘油二酯的传统方法主要是在高温和化学催化剂存在的条件下，用甘油三酯（TAG）与甘油进行酯交换[4]。首选的催化剂是碱性催化剂，例如氢氧化钠/钾、甲醇钠或醋酸钾。通过控制初始反应混合物中甘油与甘油三酯的摩尔比，可以将甘油一酯（MAG）和甘油二酯的形成控制到一定程度。但是，得到的产物是含甘油二酯的甘油酯混合物，由于这些组分的化学和物理特性相近，因此目前即使应用标准的工业分离技术（如

层析、蒸馏或冬化），也难以得到高纯度的甘油二酯。

制备甘油二酯油是通过酶促酯化反应进行的。以大豆油和卡诺拉油混合物为起始物料制备脂肪酸，然后将其与甘油混合，利用固定在树脂床上的1，3－特异性脂肪酶（来源于根霉）催化这一混合物进行酯化反应。一些后续工艺（包括脱臭）完成后，即可得到食用甘油二酯油。这种油风味柔和，颜色较浅，适合用作瓶装油或作为配料油脂应用于各种食品。已经出版了一本专门讨论甘油二酯油的书，可提供很多有关甘油二酯油生产、物理特性以及在食品中应用方面的信息[5]。

对脂肪酸组成相似的甘油三酯食用油与甘油二酯油（≥80%）的营养特性进行了比较，与甘油三酯相比，1，3－甘油二酯具有独特的代谢特点，它能影响餐后的脂质代谢及宏量营养素的能量利用率。

预测代谢差异的基本原理是1，3－甘油二酯的消化产物有不同的代谢机理。与甘油三酯油一样，人体消化甘油二酯油产生甘油一酯和游离脂肪酸。甘油二酯油中1，3－甘油二酯含量显著，故甘油二酯油的主要消化产物是1－甘油一酯，但甘油三酯油的消化产物中没有数量显著的1－甘油一酯。小肠可从2－甘油一酯开始，将消化的甘油一酯与游离脂肪酸重组成甘油三酯。先前有文献报道显示，摄入1－甘油一酯后，血清中高脂颗粒的含量降低。这种差异在甘油二酯油脂肪代谢中很明显，当摄食含甘油二酯油的食物后，血液中高脂颗粒含量会很少。因此，不以乳糜微粒甘油三酯形式存在的脂肪酸，必定会通过粪便排出体外，或被肠道及肝脏用来产能，或转化为甘油三酯进行储存。

以下主要是1，3－甘油二酯或含1，3－甘油二酯的甘油二酯油不同代谢特性的实验数据（表2.2）。1，3－甘油二酯/甘油二酯油与甘油三酯/甘油三酯油之间代谢差异方面的研究包括餐后脂质代谢与宏量营养素的利用，数据来自人体和动物试验。

表2.2　1，3－甘油二酯或甘油二酯油代谢的总体差异（与甘油三酯比较）

项目	动物	人体
1. 消化产物	1（3）－甘油一酯，2－甘油一酯[s]	—
2. 门静脉游离脂肪酸的出现	观察到变化[t]	—
3. 淋巴/血清乳糜微粒甘油三酯的出现	数量及速率降低[s]	数量及速率降低[s]
4. 脂肪氧化和合成	慢性：肝脏中有关脂肪氧化的酶活性增加[s]，小肠中有关脂肪氧化基因的 mRNA 表达增多[s]，呼吸熵降低[s]，肝脏中有关脂肪合成的酶活性降低[s]	慢性：呼吸熵降低 36h 以上[s]

续表

项目	动物	人体
5. 能量消耗	能量消耗增大[s]	急性：能量消耗增大 慢性：未观察到能量消耗的变化
6. 食欲抑制	未观察到食欲受抑制	初期食欲受抑制[s]
7. 体重及体脂	体重及体脂降低[s]	体重及体脂含量大大降低[s]

注：s—统计学上显著的实验观测结果。
t—实验观测结果的趋势分析。

下文在假定二者具有类似脂肪酸组成情况下，讨论1，3－甘油二酯/甘油二酯油与对照样品甘油三酯/甘油三酯油的差异。甘油二酯油指含80%～90%甘油二酯、10%～20%甘油三酯的油，其甘油二酯组分含70%1，3－甘油二酯和30%1，2－甘油二酯（图2.1），甘油三酯油指常规的食用油。

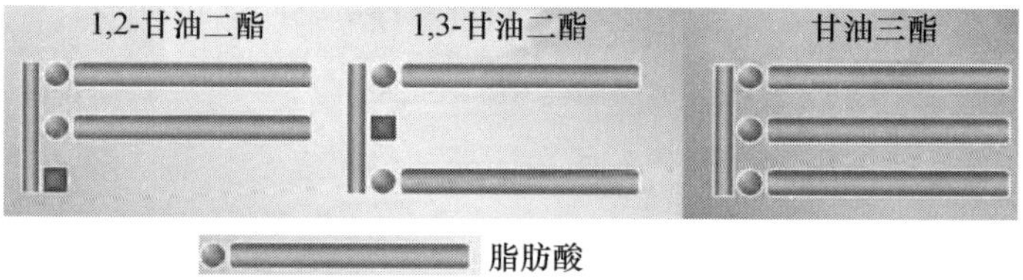

图2.1 甘油二酯油的甘油酯组成、结构和脂肪酸分布（甘油二酯油中甘油二酯≥80%，甘油三酯油中甘油二酯≤20%；1，3－甘油二酯：1，2－甘油二酯 =7：3；典型甘油二酯油的脂肪酸组成：亚油酸约45%、油酸约35%、亚麻酸约4%、饱和脂肪约4%。彩图参见 http://www.mrw.interscience.wiley.com/biofp）

2.2 甘油二酯油与甘油三酯油的对比

2.2.1 消化产物

1，3－甘油二酯和1，2－甘油二酯（分别为70%与30%）在大鼠体内消化后优先形成1（3）－甘油一酯及游离脂肪酸[6]。与小肠交互作用60min后，1（3）－甘油一酯约占甘油一酯的65%。用标记脂肪酸合成的1，3－甘油二酯进行小鼠试验也得到相同的结果[7]。标记的1，3－甘油二酯暴露于小鼠小肠后，总脂质含量中，1（3）－甘油一酯从1.5%增长到14.2%（$p<0.001$），2－甘油一酯从22.3%下降到7.2%（$p<0.05$），游离

脂肪酸从 22.3% 增长到 59.1%（$p < 0.001$），这种变化可在某种程度上从小肠黏膜中 1（3）-甘油一酯与 1，3-甘油二酯的含量反映出来（$p < 0.001$）。关于人体甘油二酯或甘油二酯油的消化产物，尽管没有相应的独立数据，但认为人和啮齿动物的脂肪消化之间没有显著差别。

2.2.2 门静脉中游离脂肪酸的出现

大鼠口服 1，3-甘油二酯与 1，2-甘油二酯（分别为 70% 与 30%）的混合物，然后在预定时间段收集其门静脉血液，在口服后 0.5～1h 内，与口服三油酸甘油酯相比，油酸的含量有升高的趋势[8]。

2.2.3 淋巴/血清中乳糜微粒的出现

通过胃插管连续向大鼠体内注入含有甘油二酯（含 66% 的 1，3-甘油二酯和 33% 的 1，2-甘油二酯）的乳液，在 5h 内甘油二酯显著延迟了乳糜微粒甘油三酯的形成，其中在 2～3h 内的差别尤其明显[6]。使用标记脂肪酸，摄入甘油二酯后的第 1 小时内，在大鼠淋巴乳糜微粒甘油三酯中，甘油二酯来源标记物的出现速率显著下降约 50%（甘油二酯油为 17%，对照为 31%）[9]。

两项人体实验重点测定了摄入实验乳液后的血清甘油三酯含量。采用单剂量 10g、20g 或 44g 的甘油二酯油试样，摄入后 6h 时，发现所有试样的血清甘油三酯均差异显著（$p < 0.05$）[10]。此外，44g 剂量试验显示，餐后甘油三酯生成速率显著降低（-23%，$p < 0.05$）；而 20g 剂量的试验显示，4h 时血清甘油三酯有明显下降（约 -50%，$p < 0.05$）。摄入 20g 剂量的试样 4h 时，还可观测到 VLDL 含量有所下降（$p < 0.05$）。采用体表面积为 $30g/m^2$（约 55 g）的单剂量，摄入实验乳液后 2h、3h 和 8h 分别检测餐后血清甘油三酯含量，可以观察到其变化差异显著（$p < 0.05$）[11]。摄入甘油二酯油后第 2 小时和第 3 小时，对血清甘油三酯增加的抑制率约为 50%。最近在一次学术会议上，这项研究又报道了 VLDL 的显著降低程度[12]。

2.2.4 脂肪的氧化与合成

给大鼠饲喂不同含量甘油二酯油 14d 后，其肝脏组织匀浆中参与脂肪氧化（或 β-氧化）的酶活性显著升高（$p < 0.05$）[13]。相应地，添加棕榈酸酯，氧化速率也显著增加（$p < 0.05$）。同时，参与脂肪酸合成的酶（包括脂肪酸合成酶）的活性显著降低（$p < 0.05$）。给小鼠连续喂养含甘油二酯油的饲料 10d，与 β-氧化、脂质代谢有关的基因的 mRNA 及小肠内 β-氧化都有显著增加[14]。在小肠匀浆中培养标记脂肪酸，β-氧化会显著增强（+139%，$p < 0.001$）。摄入 1，3-甘油二酯或甘油二酯油后，动物模型实验中耗氧量的增加表明，实验体的能量消耗增加，门静脉游离脂肪酸增加，肝脏和小肠中 β-

氧化增强，小肠内酰基辅酶 A 氧化酶（ACO）和解偶联蛋白－2（UCP－2）的 mRNA 表达增加[7, 8, 13, 14]。摄入甘油二酯油 14d 后，肝脏中参与脂肪酸氧化的酶（肉毒碱棕榈酰转移酶、酰基辅酶 A 氧化酶、烯酯酰辅酶 A 水合酶、3－羟酰辅酶 A 脱氢酶、2，4－双烯酰辅酶 A 还原酶、d3/d2－烯酰辅酶 A 异构酶）活性增强，而与脂肪酸合成有关的酶活性相应下降[13]。肝脏中这些酶活产生差异的同时，肝脏甘油三酯和血清胆固醇的含量也随之降低。动物摄食甘油二酯油后，内脏中不同脂肪消化的产物量与耗氧量增大的趋势相一致[8]。在膳食诱导肥胖的动物模型实验中，用任意甘油二酯油替代常规甘油三酯食用油，小鼠（C57BL/6J）生命周期内体重显著减轻[7, 14]。与常规甘油三酯油相比，饲喂甘油二酯油小鼠肝脏中酰基辅酶 A 氧化酶的 mRNA 水平也显著增加，与酰基辅酶 A 氧化酶活性增加相一致[14]。据报道，与甘油三酯油相比，饲喂甘油二酯油小鼠的小肠内β－氧化增强[7]，这与参与β－氧化和脂质代谢的基因表达增加有关，包括酰基辅酶 A 氧化酶、中链酰基辅酶 A 脱氢酶（MCAD）、肝脂肪酸结合蛋白（L－FABP）、脂肪酸转运体（FAT）和 UCP－2。这些β－氧化和 mRNA 表达的变化在组织特异性方面没有明显的一致性。对于小鼠，这些变化仅发生在小肠内；而对大鼠，这些变化仅发生在肝脏中。

可用间接量热法测定宏量营养素对能量利用的相对贡献。通过测定呼出的二氧化碳和消耗的氧，就可计算呼吸熵（RQ）。若 RQ＝1.0，表明只利用碳水化合物；若 RQ＝0.7，表明只利用脂肪；而 RQ＝0.85，则表明宏量营养素得到混合利用。大鼠实验数据表明，灌注（胃）甘油二酯油后，脂肪作为能量底物的利用显著增加，这是由灌注后 3～5h 呼吸熵降低观测到的[15]。

人体实验中，最近一项研究报导了受试者在代谢实验室 36h 期间，食用甘油二酯油与常规甘油三酯油后，对其能量消耗、能量底物利用和主观食欲评级的影响[16]。受试者为健康妇女（$n=12$），进入代谢实验室前 3 天内，每人都摄入热量适当的规定膳食。进入代谢实验室后，受试者摄入甘油二酯油或常规甘油三酯油，二者脂肪酸组成相似，可以提供 40% 脂肪，这是规定膳食中的一部分（55% 能量来自碳水化合物，15% 能量来自蛋白质，40% 能量来自脂肪）。对整个 36h 的实验期间甘油二酯油和甘油三酯油的实验差异进行了评估，得出数据：与甘油三酯油相比，摄入甘油二酯占总能量 12% 的适当热量膳食（如果是甘油二酯油，占总能量 16%）的 36h 内，呼吸熵显著降低（-0.006，$p<0.05$），脂肪氧化显著增强（第 1 天 +4.9 g，$p<0.004$；第 2 天 +4 g，$p<0.05$）（见表 2.3）。

摄入甘油二酯油后，血清酮水平（用β－羟丁酸测定）和游离脂肪酸含量均趋于增加，其中，血清酮体水平在摄入甘油二酯油后（$p<0.05$，采用事后分析法与用甘油三酯油效果作比较）的第 2 天显著增加（最初持平）。摄入甘油二酯油后血清酮体水平仍远低于生酮饮食后的血清酮体水平。

表2.3 摄入甘油二酯油后底物利用供能与脂肪氧化数据①

参数	甘油二酯油	甘油三酯油
RQ		
总计，36h（第1天上午8点至第2天下午8点）	0.849*	0.855
第1天（第1天上午8点至第2天上午8点）	0.846*	0.853
第2天（第1天下午8点至第2天下午8点）	0.851*	0.857
脂肪氧化②/（g/d）		
第1天	60.7**	55.8
第2天	64.6*	60.6

注：①数据来源于参考文献［14］。

②参考文献［14］中图2的估计值。

*相对于甘油三酯油，$p<0.05$。

**相对于甘油三酯油，$p=0.004$。

2.2.5 能量消耗

连续摄入甘油二酯油10天后，小鼠小肠内UCP-2的mRNA表达增加，据报道，UCP-2是一种参与生热作用的蛋白质[7]。在此前的大鼠研究中发现，其耗氧量会增加，但未测出RQ或EE[8]。此外，当适应甘油二酯油6天后，大鼠在饲喂甘油二酯油后的22h期间能量消耗显著增加[17]。在夜间活动周期，甘油二酯吸收后的4h内能量消耗有明显的差异。

在人体能量消耗方面还要继续进行研究。摄入20g甘油二酯油后的6h期间，测得能量消耗显著增加（$p<0.05$）[18]。在代谢实验室研究人体的36h实验期内，无论是总能量消耗还是能量消耗的个体部分（睡眠代谢率、膳食诱导生热作用以及基于活动的能量消耗）均未观测到变化[16]。

2.2.6 食欲抑制

在36h研究的最后12h内，饥饿感（$p<0.01$）、食欲（$p<0.05$）、食物摄入预估量（$p<0.01$）和进食欲望（$p<0.05$）均降低，这些主观数据均表明甘油二酯油对于食欲抑制作用显著[16]。摄入甘油二酯油后，第1天差异不明显；但累积到第2天，对饥饿、食欲、食物摄入预估量和进食欲望评级发生显著差异。从累积分值的降低可推断，与甘油三酯油相比，摄入甘油二酯油的受试者饥饿感、食欲均降低，表明食物摄入预估量和进食欲望减少。摄入中链甘油三酯后也可观察到类似的能量底物转移和潜在抑制食欲作用的趋势[19~21]。

2.2.7　体重与体脂

对于膳食诱导肥胖小鼠的长期研究中，小鼠摄取甘油二酯油饲料 5 个月后，体重显著减轻（$p<0.01$），且脂肪垫重量明显减轻（$p<0.01$）[14]。肝脏中基因的 mRNA 水平提高，这些基因主要调控用于β－氧化的酶，在随后进行的 8 个月的研究中也观察到体重（$p<0.05$）、脂肪垫重量（附睾，$p<0.05$；肾周，$p<0.01$）降低的显著变化[7]。应用相同的小鼠模型，富含 18:3（$n-3$）甘油二酯油的膳食能够显著减轻体重以及降低内脏脂肪某些区域的重量[22]。但这些研究都未显示摄入含甘油二酯油的膳食可减少食物摄入量。

进行了两组人体对照实验用于研究甘油二酯油对体重和体脂的影响。在 16 周内，使受试者所摄入总热量的 5% 左右来自甘油二酯油，则其体重（$p<0.01$）与体脂面积（$p<0.05$）显著降低[23]。在另一项 6 个月的大型研究中，超重受试者所摄入总热量的 15% 来自甘油二酯油，该油是轻度低热量膳食（500～800kcal/d）的一部分，结果显示，受试者在甘油二酯油膳食干预期间，与摄取常规甘油三酯油的受试者相比，体重（$p<0.025$）和体脂（$p<0.037$）有较大程度的降低[24]（见表 2.4）。同样重要的是，甘油二酯油还可作为蛋黄酱、饼干、松饼、即食汤料等食品的油脂配料，而受试者也未因产品质量或风味有明显的不适应。

表 2.4　　摄入甘油二酯油与甘油三酯油引起的体重变化①

	体重变化/%②				
	1 个月	2 个月	4 个月	6 个月	总体趋势
甘油二酯油	−2.0	−2.4	−3.3	−3.4	相比甘油三酯，$p<0.025$
甘油三酯油	0.8	−1.5	−2.6	−2.4	

注：①数据来源参考文献［22］。
②根据图 2.1 估计。

2.3　总结

从消化到体重的一系列研究中发现，纯 1，3－甘油二酯、混合甘油二酯（1，3－甘油二酯：1，2－甘油二酯＝70：30）或甘油二酯油与甘油三酯或甘油三酯油之间存在着差异。这些差异表明，1，3－甘油二酯遵循的代谢途径导致了脂肪酸代谢的改变。摄入甘油二酯油后，脂肪酸在门静脉循环中出现的量增大，而乳糜微粒甘油三酯形成的量减少。在动物辅助实验中，长期摄入甘油二酯油膳食后会发生：小肠和肝脏内的β－氧化增加，肝脏内脂肪酸的合成受到抑制；呼吸熵变化，脂肪的利用增加；体重和体脂的积累减少。

在人体中，与常规甘油三酯油相比，当甘油二酯油用作膳食补充剂作为健康膳食或热量管理计划的一部分时，摄入后能降低血清甘油三酯含量（餐后和空腹），并能增大体脂和体重降低的程度。对日本人和超重的美国成年人的研究显示，摄入甘油二酯油的实验组均显示出相似的体重和体脂变化，且差异显著增大。

当每日热量消耗量或摄入量为 50～100cal 时，摄入甘油二酯油与甘油三酯油几个月后出现的差异近似，相对来说都有体脂轻微减少和体重减轻的现象。摄入甘油二酯油与甘油三酯油 6 个月后体重减轻的差异变大，或可归因于每日热量不足约 48cal[24]。摄入这两种油 4 个月体重减轻出现差异可归因于每日热量不足约 90 cal[23]。无论人体摄入哪种油，代谢实验室得到的数据都未显示每日能量消耗有显著变化[16]。在代谢实验室环境最优参数条件下，在 24～36h 内检测 50～100cal 的能量消耗的差异将是比较困难的。这些研究还表明，每天氧化的脂肪显著增加了 4～5g，相应地利用脂肪转换了 35～45cal 的能量，而不是利用其他能量源。显然，这种底物用途的转移会影响总能量摄入（如食欲），其程度可能要大于对总能量消耗的影响。有意思的是，在能量摄入和食欲调节方面，与甘油三酯相比，急性过量摄入 1-甘油一酯的个体并未显示任何差异[25, 26]，而空肠灌注游离脂肪酸则会降低大鼠的食物摄入量和体重[27]。这些研究也许表明，由 1，3-甘油二酯消化形成的 1-甘油一酯与游离脂肪酸的结合，或许更可能是游离脂肪酸，导致了能量消耗和食欲调节的差异。

从代谢机理来看，脂肪酸氧化与对能量摄入的代谢控制似乎有重要的关系[28～30]。脂肪酸氧化的产物在控制食物摄入量方面起一定作用。以前主要关注的是酮，而甘油和游离脂肪酸则关注较少。人们一直采用生酮饮食（定义为严格的 CHO 限制）来减轻体重，其潜在的假设是增加血清酮体水平可在一定程度上抑制食欲，但这种作用仍需有结论性的文献证明。

最近文献报道了一些化合物抑制脂肪代谢酶的作用。在啮齿动物模型与人体研究中，脂肪酸氧化与食物摄入量的变化呈负相关性。服用直接抑制脂肪酸氧化或抑制脂肪酸合成的化合物之后，分别观察到食物摄入量的显著增加或减少，以及长期服用导致的体重变化[31～36]。依托莫司是肉碱棕榈转移酶 I 的一种抑制剂，可减弱长链脂肪酸线粒体氧化，长期服用时，肌细胞内脂质的积累可提高小鼠的胰岛素抵抗能力[37]。人体急性服用依托莫司的研究有限，所显示的有关食物摄入量增加的证据并不一致[38, 39]。C75 是一种脂肪酸合成酶抑制剂，可调节下丘脑神经元活动和神经肽 Y 水平，降低小鼠的脂肪酸合成、摄食量及体重[40, 41]。人体服用 C75 的研究尚未见文献报道。

据报道，啮齿动物在摄取甘油二酯油的餐后时期，利用脂肪酸供能的反应是在肝脏或小肠中通过 β-氧化发生的[13, 14, 42]。通常认为肝脏脂肪氧化的调节是由肝脏葡萄糖代谢控制的，而不是由膳食脂肪摄入控制的，这意味着糖原储备与碳水化合物代谢是重要参数，在控制总能量平衡和脂肪重量方面比脂肪摄入量更重要[43，44]。这种机制表明随着餐后脂肪酸氧化的增加可能会导致糖原储量的减少，已经发现，糖原储量的减少会降低体脂含量，且不容易补充流失的体脂。

参考文献

1. A. A. Abdel - Nabey, A. A. Y. Shehata, M. H. Ragab, and J. B. Rossell, *Riv. Ital. Sostanze Grasse*, **69**, 443 - 447 (1992).
2. R. P. D'Alonzo, W. J. Kozarek, and R. L. Wade, *J. Amer. Oil Chem. Soc.*, **59**, 292 - 295 (1982).
3. Code of Federal Regulations, Title 21 184. 1505, U. S. Government Printing Office, Washington, D. C., 2001.
4. N. O. V. Sonntag, *J. Amer. Oil Chem. Soc.*, **59**, 795A - 802A (1982).
5. Y. Katsuragi, T. Yasukawa, N. Matsuo, B. D. Flickinger, I. Tokimitsu, and M. G. Matlock, *Diacylglycerol Oil*, AOCS Press, Champaign, Illinois, 2004.
6. M. Murata, K. Hara, and T. Ide, *Biosci. Biotech. Biochem.*, **58**, 1416 - 1419 (1994).
7. T. Murase, M. Aoki, T. Wakisaka, T. Hase, and I. Tokimitsu, *J. Lipid Res.*, **43**, 1312 - 1319 (2002).
8. H. Watanabe, K. Onizawa, and H. Taguchi et al., *J. Japan Oil Chem. Soc.*, **46**, 301 - 308 (1997).
9. T. Yanagita, *Digestion and Absorption of Diacylglycerol*, *5th International Congress on Essential Fatty Acids and Eicosanoids*, Diacylglycerol and Human Health Session, Taipei, Taiwan, 2002.
10. H. Taguchi, H. Watanabe, and K. Onizawa et al., *J. Amer. Coll. Nutr.*, **19**, 789 - 796 (2000).
11. N. Tada, H. Watanabe, N. Matsuo, I. Tokimitsu, and M. Okazaki, *Clin. Chem. Acta*, **311**, 109 - 117 (2001).
12. N. Tada, *Effect of Oral Diacylglycerol Loading on Postprandial Hyperlipidemia in Men*, *5th International Congress on Essential Fatty Acids and Eicosanoids*, Diacylglycerol and Human Health Session, Taipei, Taiwan, 2002.
13. M. Murata, T. Ide, and K. Hara, *Br. J. Nutr.*, **77**, 107 - 121 (1997).
14. T. Murase, T. Mizuno, T. Omachi et al., *J. Lipid Res.*, **42**, 372 - 378 (2001).
15. S. Kimura, *Studies on Energy Metabolism of Diacylglycerol Using Expiration Analysis*, The Japanese Society of Nutrition and Food Science, 2002.
16. M. M. Kamphuis, D. J. Mela, and M. S. Westerterp - Plantenga, *Amer. J. Clin. Nutr.*, **77**, 1133 - 1139 (2003).

17. H. Watanabe, Effect of dietary DAG on energy expenditure in rats, in press.

18. K. Mori, Effects of diacylglycerol diet on energy expenditure, in press.

19. V. VanWymelbeke, J. Louis - Sylvestre, and M. Fantino, *Amer. J. Clin. Nutr.*, **74**, 620 - 630 (2001).

20. M. Krotkiewski, *Int. J. Obes. Relat. Metab. Disord.*, **25**, 1393 - 1400 (2001).

21. R. J. Stubbs and C. G. Harbron, *Int. J. Obes. Relat. Metab. Disord.*, **20**, 435 - 444 (1996).

22. T. Hase, T. Mizuno, and K. Onizawa et al., *J. Oleo. Sci.*, **50**, 701 - 710 (2001).

23. T. Nagao, H. Watanabe, and N. Goto et al., *J. Nutr.*, **130**, 792 - 797 (2000).

24. K. C. Maki, M. H. Davidson, and R. Tsushima et al., *Amer. J. Clin. Nutr.*, **76**, 1230 - 1236 (2002).

25. A. M. Johnstone, L. M. Ryan, C. A. Reid, and R. J. Stubbs, *Eur. J. Clin. Nutr.*, **52**, 603 - 609 (1998).

26. A. M. Johnstone, L. M. Ryan, C. A. Reid, and R. J. Stubbs, *Eur. J. Clin. Nutr.*, **52**, 610 - 618 (1998).

27. J. E. Cox, W. J. Tyler, and A. Randich et al., *Amer. J. Physiol. Regul. Integr. Comp. Physiol.*, **278**, R604 - R610 (2000).

28. E. Scharrer, *Nutrition*, **15**, 704 - 714 (1999).

29. M. I. Friedman, *Amer J. Clin. Nutr.*, **67**, 513S - 518S (1998).

30. A. Tremblay, *Int. J. Obes. Relat. Metab. Disord.*, **16**, 953 - 957 (1992).

31. E. Del Prete, T. A. Lutz, J. Althaus, and E. Scharrer, *Physiol. Behav.*, **63**, 751 - 754 (1998).

32. M. I. Friedman, R. B. Harris, H. Ji, I. Ramirez, and M. G. Tordoff, *Amer. J. Physiol.*, **276**, R1046 - R1053 (1999).

33. N. E. Rawson, P. M. Ulrich, and M. I. Friedman, *Amer. J. Physiol.*, **271**, R144 - R148 (1996).

34. J. N. Thupari, L. E. Landree, G. V. Ronnett, and F. P. Kuhajda, *Proc. Natl. Acad. Sci. USA*, **99**, 9498 - 9502 (2002).

35. T. M. Loftus, D. E. Jaworsky, and G. L. Frehywot et al., *Science*, **288**, 2379 - 2381 (2000).

36. J. Triscari and A. C. Sullivan, *Int. J. Obes.*, **8** Suppl 1, 227 - 239 (1984).

37. R. L. Dobbins, L. S. Szczepaniak, B. Bentley, V. Esser, J. Myhill, and J. D. McGarry, *Diabetes*, **50**, 123 - 130 (2001).

38. V. B. Hinderling, P. Schrauwen, W. Langhans, M. S. Westerterp - Plantenga, *Amer. J. Clin. Nutr.*, **76**, 141 - 147 (2002).

39. A. Kahler, M. Zimmermann, and W. Langhans, *Nutrition*, **15**, 819 - 828 (1999).

40. T. Shimokawa, M. V. Kumar, and M. D. Lane, *Proc. Natl. Acad. Sci. USA*, **99**, 66 - 71 (2002).

41. S. Gao and M. D. Lane, *Proc. Natl. Acad. Sci. USA*, **100**, 5628 – 5633 (2003).

42. T. Murase, M. Aoki, T. Wakisaka, T. Hase, and I. Tokimitsu, *J. Lipid Res.*, **43**, 1312 – 1319 (2002).

43. J. P. Flatt, *Amer. J. Clin. Nutr.*, **61**, 952S – 959S (1995).

44. J. P. Flatt, *Int. J. Obes. Relat. Metab. Disord.*, **20** Suppl 2, S1 – S11 (1996).

3 柑橘属油脂和香精

Fereidoon Shahidi, Ying Zhong
Memorial University of Newfoundland, St. John's, Newfoundland, Canada

3.1 引言

柑橘属水果是如今最受欢迎的水果之一，其生产和利用的历史非常悠久。20世纪，工业技术才开始将柑橘属水果转化为商品[1]，每年有数百万吨被送往工厂进行加工和生产果汁。历史上最古老的柑橘属产品是油。在古西西里岛，意大利刚开始柑橘属工业生产初期，种植柠檬主要用于生产柠檬油，而柠檬汁被当作废料丢弃，后来才被用于回收柠檬酸。早期，柠檬油和橙油主要用于制药和生产香水[1]。随着科技的快速发展，柑橘属油的应用领域越来越广泛，因此需要对化学成分和性质等信息了解得更详细。现代香料和调味品行业的发展也得益于对柑橘属果皮油和香精的深入研究。此外，自从发现柑橘属籽是一种食用油新资源以后，籽油的产量也有所增加。

柑橘属被认为是生产油脂和香精的一个很好的选择。根据田中系统（Tanaka' s system）的分类方法，柑橘属分为八类，即大翼橙类（Papeda）、来檬类（Limonellus）、香橼类（Citruphorum）、柚类（Cephalocitrus）、橙类（Aurantium）、香橙亚类（Osmocitrus）、宽皮柑橘类（Acrumen）、金橘亚类（Pseudofortunella），每组内有很多品种，还有数量庞大的优良杂交品种[2]。本章将主要介绍柑橘属油和香精的化学组成、性质及其应用。

3.2 油脂萃取

3.2.1 柑橘属果皮油的萃取

柑橘属果皮油组成复杂，它存在于果实外皮的椭圆球状油囊或小泡中[3]。提取柑橘属果皮油的常用方法是机械分离或水蒸气蒸馏。主要的五种用于回收果皮油的柑橘类品种是：橙、葡萄柚、蜜橘、柠檬和青柠[4]。机械分离即通过冷榨来获得油，为避免挥发性物质的损失，提取过程中不加热。H. E. Swisher 和 L. H. Swisher[1]介绍了在柑橘属工业广泛应用的三种商业化提取果皮毛油的方法：

（1）从提取果汁后的果皮中回收油；

（2）由整果同时提取果汁和油乳液；

（3）通过磨或刮整果，除去外果皮，回收果皮中的油。

小规模使用的柑橘属果皮油可通过手工挤压外果皮而获得。挤压前，果实切片，并将外果皮内的中果皮和白皮层剥离掉。果皮油用置于冰上的卤水收集，并在4℃下离心。然后，用无水硫酸钠除去上清液中的水分并过滤[5]。最终提取的油约占外果皮重量的1%。

不同于冷榨油，蒸馏油市场价格较低，它通过水蒸气蒸馏从果皮中获取，但通常气味和风味不如冷榨油[1]。最终提取出的油呈液体，其颜色因果实的种类差异而不同。例如：佛手柑油呈绿色到黄绿色，葡萄柚油呈黄绿色，柠檬油呈淡黄色到淡黄绿色，青柠油呈无色到淡黄色，橘油呈黄绿色到橙红色，苦橙油呈淡黄色到黄棕色，甜橙油呈黄色到红黄色[7]。此外，不同柑橘属果皮油的物化特性也有所不同。表3.1比较了两种葡萄柚果皮油的物化性质。

表3.1 冷榨红、白葡萄柚果皮油物化特性均值

	白葡萄柚果皮油	红葡萄柚果皮油
相对密度，25℃/25℃	0.8534	0.8522
折光率，n_D^{20}	1.4759	1.4766
折光率，10%馏出物，n_D^{20}	1.4718	1.4718
旋光度，α_D^{25}	+92.67	+91.07
旋光度，10%馏出物，α_D^{25}	+97.04	+96.84
蒸发残留物/%	6.32	7.12
醛含量/%	1.56	1.38

注：资料来源 Wolford 等（1971）[8]。

3.2.2 柑橘属籽油的提取

在一些发展中国家，为缓解食用油短缺的问题，营养学家和食品化学家们一直在寻找具有较高经济价值和工业前景的油料资源，柑橘属籽油被视为食用油的新来源[9]。柑橘属籽含油率大约为36%，可用压榨和溶剂浸出的方法进行提取。

果实榨汁后，用桨式修整机将籽从果实残渣中分离，经洗涤、干燥后压碎，继而提取籽油。有时可用商业溶剂，如正己烷或石油醚来浸出预榨饼，以提高提取率[1]。未精炼的籽油呈淡黄到亮黄色，并有类似杏仁的温和芳香气味[1]。不同籽油的物化指标如折光

率、相对密度、熔点、色泽以及黏度的差异很小（表 3.2）[9]。 精炼后的籽油可用于烹任，而未经精炼的籽毛油则用于制造洗涤剂和肥皂等。

表 3.2 不同柑橘属籽油的物化指标

特性	香橼	橙子	橘子	混合品种
折光率（25℃）	1.4681 ±0.001	1.4684 ±0.002	1.4672 ±0.001	1.4682 ±0.001
密度（25℃）/（g/cm^3）	0.884 ±0.01	0.914 ±0.06	0.962 ±0.09	0.910 ±0.08
熔点/℃	7	7	7	7
黏度/（10^{-1}Pa·s）	0.05	0.07	0.08	0.07
色泽	2.6R	3.1R	7.4R/0.2B	4.0R
酸价/（mgKOH/g 油）	0.953 ±0.08	0.673 ±0.09	1.120 ±0.09	0.762 ±0.06
皂化值/（mgKOH/g 油）	189.5 ±1.41	190.2 ±1.87	187.2 ±1.73	188.3 ±1.76
酯化值/（mgKOH/g 油）	188.5 ±1.40	189.5 ±1.72	186.8 ±1.70	187.5 ±1.41
过氧化值/（$meqO_2$/kg 油）	5.95 ±0.48	6.37 ±0.51	5.90 ±0.62	5.98 ±0.57
碘值（Hanus 法）/（mg I_2/g 油）	96.23 ±1.34	102.57 ±1.57	91.54 ±1.09	99.25 ±1.07

注：资料来源 EI－Adawy 等（1999）[9]。

3.2.3 柑橘属香精的提取

根据 Shaw[10] 的定义，柑橘属香精是从相应的柑橘属果汁中蒸馏出的更易挥发组分的水溶液。 商业上，柑橘属香精常添加进浓缩柑橘属果汁中，以弥补浓缩过程中新鲜风味的损失。 香精可由新鲜果汁获得，方法是在果汁蒸发前进行部分蒸馏或浓缩蒸发初级阶段的挥发物[11]。 回收得到两相，称为水溶性香精及精油。

3.3 化学组成

3.3.1 柑橘属果皮油的化学组成

已经采用不同方法来分析柑橘果皮油化学组成及其风味，包括气相色谱--质谱联用法（GC－MS）[12, 13]、气相色谱－嗅觉测量法（GCO）[6]、核磁共振（NMR）[14]、近红外色谱法（NIR）[15]、高效液相色谱法（HPLC）[16]、薄层色谱法（TLC）[9]，以及其他色谱分析方法。 现有分析技术的改进使得柑橘属油的定性和定量测定更精确，数据更详细。据此，柠檬油中鉴定出挥发性成分 55 种，青柠油 62 种[14]，橘油 79 种[17]，蜜橘油 88 种[18]，杂交柑橘属油中挥发组分则更多[5]。

柑橘属果皮油的特征是以萜烯为主，且有含氧化合物组成的复杂混合物[19]。挥发性组分占油量的90%以上，而不挥发残留物所占比例相当小。大多数柑橘属水果的果皮油几乎仅含单萜烯、倍半萜烯和其他脂肪烃形式的化合物。越南柚、橙、蜜橘及青柠中的烃含量分别超过98.7%、97.6%、98.6%和95.4%[20]，其中单萜烯为主要成分。

柠檬烯是一种单萜烯，常用作果实成熟度的功能性指标，是所有柑橘属果皮油中的主要成分，其次为柠檬油中的β-蒎烯[21]、蜜橘油和青柠油中的γ-萜品烯[14]、甜橙油中的月桂烯、橘油中的对伞花烃[19]。柑橘属果皮油中α-蒎烯、桧烯、β-水芹烯及萜品油烯含量较低。柑橘属果皮油中还发现几种含量极少却对风味和气味贡献可观的倍半萜烯，包括反-β-金合欢烯、反-α-佛手柑油烯、反-石竹烯、大根香叶烯A到大根香叶烯D和β-红没药烯[14,22]。

尽管萜烯烃尤其是单萜烯是柑橘属果皮油含量最丰富的组分，但它们只作为风味物质的载体，自身对风味的形成几乎没有贡献[23]。这些萜类化合物通常通过脱萜去除，以提高风味和香味化合物的浓度。而且，不饱和烃（萜烯）对热和光不稳定，可迅速氧化产生不良的风味化合物，从而对产品的芳香产生不利影响[24]。因此，浓缩油和脱萜油在柑橘属油市场中越来越受欢迎。

柑橘属油中的含氧化合物主要是含氧萜烯，而不是萜烯烃，尽管它们含量相对较小，却对柑橘属水果呈现特征性气味和风味起重要作用。当烃类组分从油中去除后，含氧组分因其浓度增加而气味更浓[25]。特征性气味还包括大量的醛和种类相对较多的醇，含氧组分包括醛、醇、酮、酯、氧化物、酸和微量丁香油酚甲基醚*[5]。主要的醛是香叶醛和橙花醛，二者都对柠檬油和青柠油散发清新花香和柑橘属特征香味有重要作用[21,26]。香茅醛有一种青柑橘的气味，而不是香甜水果味[5]。另外，许多简单脂肪醛类，如辛醛、癸醛、十二醛，形成了柑橘属果皮油的特殊香气[17,26]。最主要的醇是单萜烯醇，含量最高的是芳樟醇，其次是辛醇和萜品醇[5]，同时橙花醇和香叶醇的含量也较高。其中，芳樟醇和辛醇被视为日向夏（小夏蜜橘）中最具气味活性的化合物[27]。虽然酮、酯、氧化物和酸所占比例较小，但对风味形成的贡献可观。圆柚酮是葡萄柚油的一种重要的风味化合物[28]；橙花醇乙酯、香叶醇乙酯、乙酸龙脑酯常作为甜味剂使用；芳樟醇氧化物可形成很浓的甜味[5]。采用风味稀释（FD）因子表示柑橘属果皮油中挥发性成分的气味效力或强度（表3.3）。风味稀释因子是指初始溶液中化合物的浓度与其最大程度稀释液的浓度（其气味仍可由气相色谱-嗅觉测量法测到）之间的比值[29]。

* 原文 fugenol methyl ether 疑有误，应为 eugenol methyl ether——译者注。

表3.3 克莱门氏小柑橘果皮油中鉴定的强效芳香物质（FD≥2）

编号	芳香物质	味道特征	风味稀释（FD）因子
1	α－蒎烯	似松树味	1024
2	顺－3－己烯醛	青草味	128
3	月桂烯	似天竺葵叶味	1024
4	柠檬烯	似薄荷、柑橘味	512
5	辛醛	似柑橘味，新鲜	1024
6	1－辛烯－3－酮	似蘑菇味	2
7	顺－1，5－辛二烯－3－酮	似天竺葵叶味	2
8	壬醛	青涩味，似柑橘味	16
9	顺－6－壬烯醛	青涩味，新鲜，黄瓜味	64
10	香茅醛	似柑橘味，新鲜	64
11	癸醛	青涩味，新鲜	256
12	反－2－壬醛	油腻，青涩味	128
13	顺－4－癸醛	青涩味，霉味	8
14	芳樟醇	花香	16384
15	正辛醇	似柑橘味，肥皂味	8
16	未知	蜡味	16
17	十一醛	似柑橘味，肥皂味	4
18	未知	金属味	16
19	反－2，顺－4－壬二烯醛	煎炸味	8
20	未知	似柑橘味，花香	16
21	反－2，反－4－壬二烯醛	煎炸味	8
22	十二醛	青芫荽味	16
23	香芹酮	似薄荷味	256
24	反－2－十一烯醛	青芫荽味	16
25	未知	肥皂味	8
26	未知	花香，肥皂味	64
27	未知	花香味	64
28	反－2，反－4－癸二烯醛	煎炸味	4096
29	反－2－十二烯醛	青芫荽味	128
30	未知	油腻，似黄瓜味	64

续表

编号	芳香物质	味道特征	风味稀释（FD）因子
31	反－2－十三（碳）烯醛	青涩味，金属味	8
32	未知	果香，似松树味	8
33	反－4，，5－环氧－2－癸醛	金属味	128
34	未知	金属味	256
35	未知	果香	8
36	未知	果香	8
37	葫芦巴	辛辣味	16
38	二甲基苯并呋喃－2（3H）－酮	甜味，可可味	4096
39	β－甜橙醛	金属味，青涩味，汗臭味	64
40	未知	金属味	16
41	α－甜橙醛	金属味，青涩味，汗臭味	64
42	香草醛	似香草味	16

注：风味稀释（FD）因子，初始溶液中化合物的浓度与其最大程度稀释液的浓度（其气味仍可由 GCO 测到）之间的比值。

资料来源 Buettner 等（2003）[29]。

不同橙油的挥发物组成见表 3.4 及表 3.5。显然，大多数挥发物组分属于萜烯族，可分成两组：萜烯烃（萜烯和倍半萜烯）和含氧萜烯产物[21]。除挥发性成分外，柑橘属果皮油中还含有少量（2%～15%）具有抗氧化性质的不挥发物，包括香豆素类、补骨脂素类、多聚甲氧基黄酮类化合物[30, 34]。

表 3.4　　冷榨脐橙油的主要成分表

化合物	所占冷榨油/%	化合物	所占冷榨油/%
单萜烯	97.52	醇	0.58
柠檬烯	94.74	芳樟醇	0.4
β－月桂烯	1.66	正辛醇	0.12
α－蒎烯	0.46	α－萜品醇	0.06
桧烯	0.46	氧化柠檬烯	0.33
3－蒈烯	0.09	柠檬烯氧化物（顺式）	0.08
β－蒎烯	0.03	香芹酮	0.08
α－水芹烯	0.03	柠檬烯氧化物（反式）	0.05
罗勒烯	0.03	香芹醇（顺式）	0.05
萜品油烯	0.02	柠檬烯氧化物（反式）	0.05

续表

化合物	所占冷榨油/%	化合物	所占冷榨油/%
α－侧柏烯	<0.01	脱氢香芹醇（同分异构体）	0.01
α－萜烯	<0.01	酯	0.02
对伞花烃	<0.01	橙花醇乙酯	0.01
γ－萜品烯	<0.01	香叶醇乙酯	0.01
脂肪醛	0.75	倍半烯萜	0.13
癸醛	0.38	巴伦西亚橘烯	0.03
正辛醛	0.22	β－金合欢烯	0.02
十二醛	0.11	α－金合欢烯	0.02
正壬醛	0.04	δ－杜松烯	0.02
萜醛	0.23	α－古巴烯	0.01
紫苏醛	0.06	β－杜松烯	0.01
香茅醛	0.05	β－石竹烯	0.01
α－甜橙醛	0.04	大根香叶烯 D	0.01
香叶醛	0.03		
β－甜橙醛	0.03		
橙花醛	0.02		

注：资料来源 Shen 等（2002）[23]。

表 3.5　五个不同品种橙子油的组成

组分	峰面积/%				
	佛手柑	苦橙	橘子	甜橙	蜜橘
柠檬烯	36.54	93.42	68.8	96.1	88.15
β－蒎烯	8.63	0.91	2.15	0.52	0.86
对伞花烃	7.24	1.66	16.06	0.06	2.75
γ－萜品烯	2.2	—	5.85	—	3.11
α－蒎烯	1.47	0.94	2.87	0.69	1.27
月桂烯	0.95	2.05	1.66	1.77	1.78
α－佛手柑油烯	0.39	—	—	—	—
α－侧柏烯	0.36	—	0.9	—	0.18
β－石竹烯	0.29	0.05	0.03	0.03	0.01
萜品油烯	0.27	—	0.51	0.01	0.08
芳樟醇	8.6	0.1	0.06	0.18	0.57
橙花醛	0.07	0.04	—	0.05	—

续表

组分	峰面积/%				
	佛手柑	苦橙	橘子	甜橙	蜜橘
香叶醛	0.05	0.02	0.02	0.03	0.02
辛醛	—	0.03	—	0.06	0.04
芳樟醇乙酯	31.73	0.16	—	—	—
香叶醇乙酯	0.52	0.11	—	—	—
上述16种化合物总计	99.3	99.5	98.9	99.5	98.8
碳氢化合物	58.73	99.13	99.22	99.29	98.68
含氧化合物	41.27	0.87	0.78	0.71	1.32

注：资料来源 Veriotti 等（2002）[19]。

3.3.2 柑橘属籽油的化学组成

一般来说，柑橘属籽油中的脂质可分为非极性、非离子极性和离子极性三类。非极性脂质主要是甘油三酯；非离子极性脂质指含糖脂质，包括糖基脂酰甘油、甾醇糖苷和含有鞘氨醇的脂质；离子极性脂质包含磷酸基、磺酸基、氨基或羧基等活性基团[35]。

对籽毛油进行薄层色谱分析，可知其中含有八类化学成分：甘油三酯、游离脂肪酸、甘油二酯、甘油一酯、甾醇、磷脂、醇和烃类（表3.6）。甘油三酯是所有柑橘属籽油中的主要成分，其次为游离脂肪酸和甘油二酯。部分甘油酯与游离脂肪酸的存在是由于籽在储存过程中储藏甘油三酯被部分酶解[9]。

表3.6 不同柑橘属籽油的组分 单位：%

籽油品种	香橼	橙子	橘子	混合品种
甘油三酯	66.8	65.4	68.4	68.0
游离脂肪酸	14.5	13.4	11.7	12.8
甘油二酯	12.1	12.0	10.5	11.3
甘油一酯	2.49	1.97	2.97	2.51
甾醇	2.18	3.52	3.27	3.14
磷脂	1.96	3.66	2.64	2.23
碳氢化合物	Tr.	Tr.	Tr.	Tr.
醇	Tr.	Tr.	Tr.	Tr.

注：* Tr. =微量；
资料来源 EI - Adawy 等（1999）[9]。

因品种和储存条件的不同，柑橘属籽油的组成也有差异。例如，Habib 等[36]研究表明橘子籽油的甘油三酯含量很高而香橼籽油中游离脂肪酸含量很高。对于脂肪酸组成模式，在不饱和程度上，青柠籽油与大豆油相似，而橙子籽油与棉籽油类似。一般情况下，柑橘属籽油挥发性脂肪酸含量比其他食用油多[36]。

柑橘属籽油需精炼后才能食用，经脱胶、精炼、脱色、脱臭后仅留下甘油三酯、甘油二酯和极性脂类，此外油中也可能留有微量的磷脂（卵磷脂）和植物甾醇[37]。

作为潜在食用油，柑橘属籽油是必需脂肪酸的良好来源。在各种柑橘属籽油中发现了60种以上的脂肪酸。其中，不饱和脂肪酸占大部分（>65%）[35, 38]，亚油酸（>30%）、油酸（>18%）和亚麻酸（2%~12%）是最主要的不饱和脂肪酸。柠檬、青柠和香橼油中亚麻酸的含量最高。除此之外，柑橘属籽油中的极性脂类组分中含有少量的肉豆蔻烯酸（$C_{14:1}$），已确认其甘油二酯中含有肉豆蔻烯酸（$C_{14:1}$）和棕榈油酸（$C_{16:1}$），甘油三酯中含有肉豆蔻烯酸（$C_{14:1}$）和二十烷烯酸（$C_{20:1}$）。

柑橘属籽油中饱和脂肪酸要比不饱和脂肪酸的含量少得多，饱和脂肪酸主要是棕榈酸（$C_{16:0}$）和硬脂酸（$C_{18:0}$），含量分别为22%~31%和1%~6%。花生酸（$C_{20:0}$）、月桂酸（$C_{12:0}$）和豆蔻酸（$C_{14:0}$）的含量与其他脂肪酸相比含量很少[9, 35, 40]。

表3.7为不同柑橘属籽油的脂肪酸组成。不饱和脂肪酸与饱和脂肪酸的比值大约为2∶1[9]，而根据Nagy[35]的报道称此比率为（3~5）∶1。总的来说，柑橘属水果的不同种类、培育品种、种植地区、储存条件和收获时间都可能发生脂肪酸组成比率的变化。表3.8为不同柑橘属籽油中六种主要脂肪酸的含量，包括亚油酸（$C_{18:2}$）、棕榈酸（$C_{16:0}$）、油酸（$C_{18:1}$）、亚麻酸（$C_{18:3}$）、硬脂酸（$C_{18:0}$）和棕榈油酸（$C_{16:1}$）。

表3.7 不同柑橘属籽油的脂肪酸组成 单位：%

脂肪酸	香橼	橙子	橘子	混合品种
月桂酸（$C_{12:0}$）	0.39	0.36	0.65	0.37
肉豆蔻酸（$C_{14:0}$）	0.43	0.44	0.61	0.46
棕榈酸（$C_{16:0}$）	29.52	24.73	28.12	28.54
硬脂酸（$C_{18:0}$）	4.32	5.27	4.34	4.37
油酸（$C_{18:1}$）	22.25	26.00	24.89	24.53
亚油酸（$C_{18:2}$）	33.21	38.44	38.26	38.25
亚麻酸（$C_{18:3}$）	9.56	4.58	2.58	3.11
花生酸（$C_{20:0}$）	0.32	0.18	0.55	0.37
总饱和度	34.98	30.98	34.27	34.11
总不饱和度	65.02	69.02	65.73	65.89
总必需脂肪酸	42.77	43.02	40.84	41.36

注：资料来源EI-Adawy等（1999）[9]。

表 3.8　柑橘属籽油的主要脂肪酸含量　单位：%

种子类别	棕榈酸	棕榈油酸	硬脂酸	油酸	亚油酸	亚麻酸
橙子	26～31	0.1	3～5	24～28	35～37	2～4
葡萄柚	26～36	0.1～0.3	1～4	18～25	32～41	3～6
橘子	22～30	0.1～1.0	2～5	20～25	37～45	3～5
柠檬	18～24	0.1～0.3	2～4	26～34	31～38	6～12
青柠	24～29	0.1～0.5	3～5	20～22	37～40	6～11

注：资料来源 Nagy（1977）[35]。

3.3.3 柑橘属香精的化学组成

对柑橘属果汁进行蒸馏可得到两种挥发组分：水溶性香精与精油，通过对馏出物的浓缩可将两者分离[7]。水溶性香精在浓缩物的底层，由有机酸、醇、醛、酯、烃、酮、硫化氢和氧化物组成[10]。因在冷榨果皮油与水溶性香精中都发现了多种组分，所以精油的风味与混合的果皮油和水溶性香精相似[10]。然而，与果皮油相比，精油中常含有大量的脂肪族乙酯（如橙子精油中的丁酸乙酯）[41]。因此，精油的芳香与对应的果汁更相似，远胜于果皮油[7]。总而言之，如同 Monshonas 等[42]所述，柑橘属油的风味源自各组分以适当比例组成的复杂混合物。

3.4 柑橘属油的储存

3.4.1 储存过程中组分的变化

柑橘属果皮油广泛应用于饮料、化妆品、制药、香水工业中，而籽油则应用于烹饪和皮革及纺织品的处理。柑橘属油的质量、新鲜度、独特性是其价值和应用的主要考量[43]。然而，柑橘属油中含有大量的挥发性组分和不饱和化合物，使其性质不稳定，易于随时间及储存条件的变化而变化。

柑橘属果皮油在储存过程中，一些不稳定化合物会因热、光、氧、水分和催化剂等的存在发生蒸发、氧化、聚合、重排和环化等反应，导致挥发性成分的损失及异味杂质的形成而导致变质[43]。在20℃下储存时，柑橘类果皮油会发生这种劣变，其单萜烯化合物显著减少，氧化产物显著增加[33]。单萜烯化合物可被氧化，形成氧化萜烯，通过重排、环化形成倍半萜烯，通过聚合形成杂质，同时也因蒸发使这些化合物损失。根据 Njoroge[33]的报道，玳玳（*Citrus aurantium*，酸橙）果皮油在20℃下储存12个月后，单萜烯总含量由98%逐渐降至66.4%；β－月桂烯、γ－萜品烯和柠檬烯的含量显著下降；但伞花烃的浓度却增加，这表明油的新鲜度下降，其原因可能与α萜品烯和γ-萜品烯的脱氢和重排，以及柠檬烯的氢化与双键重排有关[43, 45]。

在储存过程中，氧化产物的含量增加得相当多[43]。单萜类化合物的氧化产物单萜醇的含量增加尤其明显。相反，在20℃下储存12个月后，芳樟醇（顺式及反式）的含量下降[44, 45]。酯类，如芳樟醇乙酯和香叶醇乙酯，以及大多数的氧化物都显著增加。此外，在较高温度的长期储存下，柑橘属果皮油中的杂质以醇、羰基化合物、酯、环氧化合物及碳氢化合物的形式存在[33]。倍半萜醇是日本柚子（*Citrus junos Tanaka*，香橙）果皮油中的主要杂质形式，主要成分是斯巴醇。斯巴醇可直接由双环吉马烯空气氧化产生，或是双环吉马烯发生异构反应生成香橙烯和别香橙烯，随后这些三环倍半萜烯同分异构体再经氧化产生斯巴醇[43]。表3.9为日本柚子组分的相对变化。

表3.9 日本柚子（*Citrus junos Tanaka*，香橙）冷榨油于20℃储存12d后的组分相对变化

化合物	相对浓度/%					
	新鲜油	1	3	6	9	12
单萜烯烃						
α-蒎烯	1.84	1.95	1.94	1.61	1.45	0.66
β-蒎烯	0.69	0.74	0.74	0.75	0.59	0.3
桧烯	0.24	0.24	0.25	0.19	0.17	0.08
月桂烯	2.14	2.02	1.84	1.36	1.05	0.56
α-萜品烯	0.15	0.12	0.12	0.04	0.02	Tr.
柠檬烯	78.13	77.06	76.54	66.7	51.87	31.49
γ-萜品烯	9.32	10.07	9.62	8.01	2.23	1.47
对伞花烃	0.4	0.61	0.68	4.65	5.19	3.05
萜品油烯	0.39	0.41	0.4	0.5	0.09	0.05
α-对二甲基苯乙烯	0.04	0.04	0.04	0.08	0.16	0.06
对-1，4，8-薄荷三烯	—	—	—	—	—	—
总计	93.34	93.26	92.17	83.89	62.82	37.72
单萜醇	—	—	—	—	—	—
芳樟醇	1.79	1.95	1.97	5.43	7.08	3.67
α-萜品醇	0.1	0.13	0.13	0.49	1.24	1.36
顺-香芹醇	0.07	0.06	0.06	0.24	0.36	0.63
橙花醇	—	—	—	0.07	0.33	0.59

续表

化合物	相对浓度/%					
	新鲜油	1	3	6	9	12
香叶醇	—	—	—	0.07	0.32	0.45
紫苏醇	—	—	—	0.05	0.71	1.22
百里酚	0.12	0.12	0.11	0.56	2.13	4.2
葛缕醇	—	Tr.	0.01	0.05	0.97	1.04
总计	2.08	2.26	2.27	6.72	10.81	9.86
氧化物及过氧化物						
顺－柠檬烯氧化物	Tr.	Tr.	0.01	0.07	0.15	0.07
反－柠檬烯氧化物	0.01	0.03	0.03	0.03	0.09	0.06
顺－石竹烯过氧化物	—	0.01	0.02	0.09	0.24	0.53
反－石竹烯过氧化物	—	0.01	0.01	0.03	0.16	0.48
总计	0.01	0.05	0.07	0.22	0.64	1.14
倍半萜烯烃						
δ－榄香烯	0.09	0.08	0.06	0.09	0.16	0.23
α－咖啡康帕烯	0.01	0.03	0.03	0.03	0.15	0.15
β－榄香烯	0.04	0.04	0.04	0.13	0.18	0.16
石竹烯	0.17	0.16	0.17	0.17	0.2	0.26
香橙烯	0.01	0.01	0.01	0.01	0.01	0.02
γ－榄香烯	0.02	0.02	0.01	0.05	0.05	0.3
别香橙烯	0.01	0.01	0.01	0.05	0.05	0.1
反－β－金合欢烯	0.45	0.6	0.63	2.13	2.78	2.51
α－蛇麻烯	0.04	0.03	0.04	0.06	0.19	0.2
δ－衣兰油烯	—	Tr.	Tr.	Tr.	0.05	0.06
大根香叶烯 D	0.2	0.19	0.17	0.19	0.16	0.16
α－蛇麻烯	0.04	0.04	0.03	0.04	0.22	0.13
双环大根香叶烯	0.99	0.82	0.52	0.31	0.14	0.03
δ－γ－杜松烯	0.04	0.04	0.04	0.07	0.15	0.32
倍半水芹烯	0.03	0.03	0.04	0.18	0.21	0.63
总计	2.14	2.1	1.8	3.51	4.7	5.26
倍半萜醇						
蓝桉醇	0.01	0.01	0.01	0.02	0.1	0.35

续表

化合物	相对浓度/%					
	新鲜油	1	3	6	9	12
榄香醇	—	—	Tr.	0.03	0.07	0.16
白千层醇	—	—	—	Tr.	0.02	0.35
斯巴醇	—	0.03	0.26	2.64	14.05	28.25
α-杜松醇	—	Tr.	0.02	0.13	0.24	1.88
T-杜松醇	—	—	—	Tr.	0.21	0.52
β-桉叶醇	—	Tr.	0.02	0.18	0.47	1.91
α-桉叶醇	—	—	—	—	Tr.	0.11
（顺，反）-金合欢醇	—	—	—	Tr.	Tr.	2.55
总计	0.01	0.04	0.31	3	15.16	36.08
总天然挥发物/%	97.58	97.66	96.29	94.24	78.62	53.26
总杂质挥发物/%	—	0.05	0.34	6.32	17.79	40.04

注：Tr. 表示微量。
资料来源 Njoroge 等（1996）[43]。

这些成分的变化通常会形成有异味的产物，从而对柑橘属果皮油的气味和风味产生不利影响。有研究表明，柑橘属果皮油中的不挥发残留物里含有一些抗氧化活性化合物，其中已被鉴定出的物质有过甲氧基黄酮类、脱氢枞酸[46]、香豆素类和补骨脂素类[33]。在这方面，冷榨柑橘属果皮油比蒸馏油和精油更加稳定，因蒸馏油及精油在蒸馏时大多数天然抗氧化剂都被去除[1]。

用于烹调的柑橘属籽油是柑橘类产业的另一个副产品，需要具有很高的稳定性。籽油因含有高比例的不饱和脂肪酸而易发生氧化。而油在空气的存在下易被氧化，分别产生氢过氧化物、醇、醛、酮、烃以及羧酸等一级、二级和三级氧化产物。

3.4.2 储存条件

由于柑橘属果皮油和籽油中分别含有高含量的萜烯和不饱和脂肪酸，因此氧化反应是柑橘属油发生化学变化涉及的最重要的反应之一[3]。一般情况下，油可能会发生自动氧化、光氧化、脂氧合酶酶促氧化或热氧化，从而导致油的变质，因此为防止油的劣变和产生异味，所有这些反应都应该受到控制[47]。为了保持油的天然品质，应避免在加工和储存过程中暴露于空气中，以及避免与金属如铁、铜等促氧剂接触[1]。有些情况下，将柑橘属油在0~5℃下冷藏于惰性气体中[33]。同时，添加抗氧化剂可以帮助延缓或控制油的氧化。籽油中存在的生育酚以α-生育酚为主[1]。油中的磷脂能有效抑制油的氧化，避免劣变[1, 47]。还可使用一些限量的酚类抗氧化剂抑制油的氧化[47]，如叔丁基羟基茴香醚（BHA）、二丁基羟基甲苯（BHT）、没食子酸丙酯（PG）及特丁基对苯二酚（TBHQ）。此外，籽油中高含量的亚麻酸使其不稳定，将其部分氢化可获得令人满意的货架期[1]。但是，氢化会导致必需脂肪酸的损失，也有可能会影响产品的风味品质，因此氢化并不是理想的处理方法。

与籽油不同，果皮油本身就是很好的抗氧化剂，它能够抑制自由基介导的反应[48]。Song 等[49]的研究表明，果皮油中含有丰富的生育酚，但油中生育酚含量与抗氧化活性之间并没有相关性，说明可能是果皮油中的萜烯类化合物起到主要的抗氧化作用。经鉴定，β - 蒎烯、月桂烯、α - 萜品烯和 γ - 萜品烯有比 δ - 生育酚更高或与之相近的抗氧化活性。

胶囊化技术是储存柑橘属果皮油和精油时经常使用的一种技术，它可使油与大气氧、水分、热源和光相隔离，最大限度地降低油的氧化，降低挥发性风味化合物的释放[50]。果皮油可通过喷雾干燥，封存在复乳剂中[50]。喷雾干燥封存的果皮油在储藏过程中，应控制水分活度为 0.628，此时抗氧化性能良好，不会凝结或变黏[51]。

3.5 柑橘属油和香精的应用

柑橘属油用途广泛，应用于许多领域。因其新鲜、清新和令人愉悦的果香，果皮油和香精被广泛用于食品、饮料以及一些非食品行业[1]。

冷榨果皮油主要应用于食品和饮料行业中的软饮料、果汁奶冻、糖果点心、烘焙食品及家用提取物[1]，还可充当绿叶蔬菜过氧化物酶活性的还原剂和食用油（如橄榄油）的抗氧化剂，改善它们的感官品质[52, 53]。此外，它还是食品生产和贮存过程中已知致癌物 *N* - 亚硝基二甲胺（NDMA）形成的有效抑制剂[54]。果皮油也作为调味剂添加到西药及中药材中以掩盖药物令人不愉快的味道。蒸馏果皮油与冷榨油不同，蒸馏果皮油主要应用于香水和化妆品行业，以及肥皂和纸张等的制造[1]。

柑橘属果皮油也可以被用于抗氧化、抗肿瘤及清除自由基。果皮油的自由基清除能力，可有助于预防由自由基诱发的多种慢性病[48, 55, 56]。已有报道表明，挥发组分中的单萜烯和不挥发残留物中的多甲氧基黄酮可有效抑制肿瘤细胞的生长，因此果皮油可能是很好的抗癌食品添加剂[57~59]。此外，果皮油有助于减轻皮肤灼伤的疼痛[60]。其具有的抗焦虑和镇静作用，可被应用于基础医疗护理中治疗失眠、焦虑、癫痫等疾病[61]。

目前，已有关于柑橘属果皮油的杀虫性和抗菌性的报道，其可以驱散飞蛾、蚊子、蟑螂和家蝇[62~66]。单萜烯化合物是抑制病原真菌的主要化合物，因此果皮油也可以抑制微生物如真菌和沙门菌的生长[46, 67, 68]。

与果皮油不同，精炼籽油主要用作食用油和必需脂肪酸的来源。精炼籽油广泛用于人造黄油、起酥油、沙拉酱、色拉油和烹饪用油。同时，籽毛油可用于制备脂肪酸衍生物，生产肥皂和洗涤剂以及对皮革和纺织品的处理[1]。

3.6　面临的问题

尽管柑橘属油应用越来越广泛，但也不能忽视油存在的潜在健康危害与受到污染等问题。

已有报道显示，果皮油如佛手柑油对人类健康存在潜在的威胁。佛手柑油具有宜人的清新香味，并已广泛应用于化妆品行业，直到前几年才因光毒性和伯洛克皮炎等副作用被大多数国家禁用[69]。最近，佛手柑油似乎越来越多应用于芳香疗法。然而，据 Kaddu 等[69]的报道，佛手柑油具有潜在的光毒性和光致突变性，因此在使用诸如佛手柑油等含补骨脂素的芳香疗法时应特别注意。

除了对健康造成潜在不良影响外，在生产和应用柑橘属油时也应注意污染问题。柑橘属油在生产或存储过程中可被塑料装置所污染。氯化石蜡、邻苯二甲酸酯类和磷酸化塑化剂，可在生产的各个阶段被油/水乳状液从塑料部件中提取出来，成为主要污染物质[70]。邻苯二甲酸酯类有多种活性，具有肝毒性、致癌性，并可损坏胃肠道[71]。摄食和皮下注射氯化石蜡和其他类塑化剂会导致中毒，因此它们被划分为对人体具有潜在致癌性物质[72]。塑化剂对柑橘属果皮油的污染可能并不取决于油的性质，但与产品循环或存储过程中所采用的工艺相关[70, 72]。

造成果皮油污染的另一个源头是在油回收过程中使用经氯处理过的水和用于采后处理和加工设备清洗的消毒剂，两者都是次氯酸的潜在来源[73]。次氯酸能与结构类似右旋柠檬烯的各种萜烯包括柠檬烯、α-蒎烯、α-萜品醇等反应，形成萜烯氯醇。萜烯氯醇的污染可以通过降低处理水中氯的含量来解决[74]。

农药残留也可对果皮油造成污染。柑橘属作物栽培过程中通常涉及化学品如化肥和农药的使用。由于柑橘属油在食品、药品、化妆品等领域的广泛应用，对杀虫剂残留标准的法律法规越来越严格[75]。果皮油是从柑橘属果皮中制取，因果皮直接与杀虫剂接触使得果皮油中的农药残留较果实中高。果皮油中的有机磷和有机氯农药残留近年来呈现稳步下降趋势[76]。

3.7 结论

人们对柑橘属油和香精的化学组成、性质以及它们在食品和非食品行业所发挥的作用有相当大的兴趣。果皮油和香精拥有令人愉悦的芳香，这种有特色的气味是由其主要成分含氧化合物形成的。萜烯是冷榨果皮油中含量最丰富的成分，在生产浓缩油的过程中通常采用吸附剂和超临界二氧化碳将其除去，以增加含氧化合物的浓度，提高油品质量。同时，籽油由大量甘油三酯组成，富含油酸及亚油酸。

柑橘属油和香精对热、光照、氧气和金属等不稳定，因此应在适当的条件下进行储存，避免组分变化导致劣变。柑橘属油和香精已广泛应用于食品和非食品工业，在不久的将来也会应用于健康养生领域。

参考文献

1. H. E. Swisher and L. H. Swisher, "Specialty citrus products," in *Citrus Science and Technology*, vol. 2, S. Nagy, P. E. Shaw, and M. K. Veldhuis, ed., The AVI Publishing Company, Westport, Connecticut, 1977, pp. 290 – 345.
2. K. Ogawa, A. Kawasaki, T. Yoshida, H. Nesumi, M. Nakano, Y. Ikoma, and M. Yano, *J. Agric. Food Chem.*, **48**, 1763 – 1769 (2000).
3. M. Usai, G. Arras, and F. Fronteddu, *J. Agric. Food Chem.*, **40**, 271 – 275 (1992).
4. P. E. Shaw, "Essential Oils," in *Citrus Science and Technology*, vol. 1, S. Nagy, P. E. Shaw, and M. K. Veldhuis, eds., The AVI Publishing Company, Westport, Connecticut, 1977, pp. 427 – 462.
5. H – S. Choi and M. Sawamura, *J. Agric. Food Chem.*, **48**, 4868 – 4873 (2000).
6. H – S. Choi, *J. Agric. Food Chem.*, **51**, 2687 – 2693 (2003).
7. K. Bauer, D. Garbe, and H. Surburg, "Natural raw materials in the flavor and fragrance industry," in *Common Fragrance and Flavor Materials*, K. Bauer, D. Garbe, and H. Surberg, eds., VCH Publishers, New York, 1990, pp. 146 – 147.
8. R. W. Wolford, J. W. Kesterson, and J. A. Attaway, *J. Agric. Food Chem.*, **19**, 1097 – 1105 (1971).
9. T. A. El – Adawy, E. H. Rahma, A. A. El – Bedawy, and A. M. Gafar, *Nahrung – Food*, **43**, 385 – 391 (1999).
10. P. E. Shaw, "Aqueous Essences," in *Citrus Science and Technology*, vol. 1, S. Nagy, P. E. Shaw, and M. K. Veldhuis, eds., The AVI Publishing Company, Westport, Connecticut, 1977, pp. 463 – 478.

11. R. W. Wolford, M. H. Dougherty, and D. R. Petrus, *Int. Fruchtsaftunion. Ber. Wiss. Tech. Komm.*, **9**, 151 – 169 (1969).

12. H. S. Song, M. Sawamura, T. Ito, A. Ido, and H. Ukeda, *Flavor Fragr. J.*, **15**, 323 – 328 (2000).

13. L. Mondello, A. Casilli, P. Q. Tranchida, L. Cicero, P. Dugo, and G. Dugo, *J. Agric. Food Chem.*, **51**, 5602 – 5606 (2003).

14. M – L. Lota, D. de R. Serra, F. Tomi, C. Jacquemond, and J. Casanova, J. *Agric. Food Chem.*, **50**, 796 – 805 (2002).

15. B. Steuer, H. Schulz, and E. Lager, *Food Chem.*, **72**, 113 – 117 (2001).

16. F. Buiarelli, G. P. Cartoni, F. Coccioli, and T. Leone, *J. Chromatogr. A.*, **730** (1 – 2), 9 – 16 (1996).

17. A. Verzera, A. Trozzi, A. Cotroneo, D. Lorenzo, and E. Dellacassa, *J. Agric. Food Chem.*, **48**, 2903 – 2909 (2000).

18. W. Feger, H. Brandauer, and H. Ziegler, *J. Essential Oil Res.*, **15**, 143 – 147 (2003).

19. T. Veriotti and R. Sacks, *Anal. Chem.*, **74**, 5635 – 5640 (2002).

20. N. T. M. Tu, L. X. Thanh, A. Une, H. Ukeda, and M. Sawamura, *Flavor Fragrance J.*, **17**, 169 – 174 (2002).

21. S. A. Vekiari, E. E. Protopadakis, P. Papadopoulou, D. Papanicolaou, C. Panou, and M. Vamvakias, *J. Agric. Food Chem.*, **50**, 147 – 153 (2001).

22. W. Feger, H. Brandauer, and H. Ziegler, *J. Essential Oil Res.*, **13**, 274 – 277 (2001).

23. Z. Shen, V. Mishra, B. Imison, M. Palmer, and R. Fairclough, *J. Agric. Food Chem.*, **50**, 154 – 160 (2002).

24. M. Sato, M. Boto, and T. Hirose, *Ind. Eng. Chem. Res.*, **34**, 3941 – 3946 (1995).

25. N. T. M. Tu, Y. Onishi, H – S. Choi, Y. Kondo, S. M. Bassore, H. Ukeda, and M. Sawamura, *J. Agric. Food Chem.*, **50**, 2908 – 2913 (2002).

26. M. G. Chisholm, M. A. Wilson, and G. M. Gaskey, *Flavor Fragrance J.*, **18**, 106 – 115 (2003).

27. H – S. Choi, Y. Kondo, and M. Sawamura, *J. Agirc. Food Chem.*, **49**, 2404 – 2408 (2001).

28. D. Sun and P. D. Petracek, *J. Agric. Food Chem.*, **47**, 2067 – 2069 (1999).

29. A. Buettner, M. Montse, A. Fischer, J. Guasch, and P. Schieberle, *Eur. Food. Res. Technol.*, **216**, 11 – 14 (2003).

30. D. Chouchi, and D. Barth, *J. Chromatogr. A.*, **672** (1 – 2), 177 – 183 (1994).

31. P. Dugo, L. Mondello, G. Dugo, D. M. Heaton, K. D. Bartle, A. A. Clifford, and P. Myers, *J. Agric. Food Chem.*, **44**, 3900 – 3905 (1996).

32. P. Stremple, *HRC – J. High Resolution Chromatogr.*, **21**, 587 – 591 (1998).

33. S. M. Njoroge, H. Ukeda, and M. Sawamura, *J. Agric. Food Chem.*, **51**, 4029 – 4035 (2003).
34. V. Andrea, N. Nedia, A. Andrea, and R. M. Teresa, *J. Agric. Food Chem.*, **51**, 4978 – 4983 (2003).
35. S. Nagy, "Lipids: Identification, Distribution, and Importance," in *Citrus Science and Technology*, vol. 1, S. Nagy, P. E. Shaw, and M. K. Veldhuis, eds., The AVI Publishing Company, Westport, Connecticut, 1977, pp. 266 – 301.
36. M. A. Habib, M. A. Hammam, A. A. Sakr, and Y. A. Ashoush, *J. Amer. Oil Chem. Soc.*, **63**, 1192 – 1197 (1986).
37. J. L. Weihrauch and B. B. Teter, "Fruit and Vegetable By – product as Sources of Oil," in *Technological Advances in Improved and Alternative Sources of Lipids*, B. S. Kamel and Y. Kakuda, eds., Blackie Academic & Professional, London, 1994, pp. 178 – 180.
38. K. Ajewole and A. Adeyeye, *Food Chem.*, **47**, 77 – 78 (1993).
39. M. Saidani, W. Dhifi, and B. Marzouk, *J. Food Lipids.*, **11**, 242 – 250 (2004).
40. A. Sattar, S. Mahmud, and S. A. Khan, Pakistan*J. Sci. Indust. Res.*, **31**, 743 – 744 (1988).
41. A. J. Hognadottir and R. L. Rouseff, *J. Chromatogr. A.*, **998**, 201 – 211 (2003).
42. M. G. Moshonas and P. E. Shaw, *J. Agric. Food Chem.*, **31**, 334 – 336 (1983).
43. S. M. Njoroge, H. Ukeda, and M. Sawamura, *J. Agric. Food Chem.*, **44**, 550 – 556 (1996).
44. H – S. Choi and M. Sawamura, *Biosci. Biotechnol. Biochem.*, **66**, 439 – 443 (2002).
45. P. Schieberle and W. Grosch, *Lebensm. Wissenschaft und Technologie*, **21**, 158 – 162 (1988).
46. I. Vargas, I. Sanz, P. Moya, and E. Prima – Yufera, *J. Food Prot.*, **62**, 929 – 932 (1999).
47. F. Shahidi, *Nahrung – Food.*, **44**, 158 – 163 (2000).
48. H – S. Choi, H. S. Song, H. Ukeda, and M. Sawamura, *J. Agric. Food Chem.*, **48**, 4156 – 4161 (2000).
49. H. S. Song, H. Ukeda, and M. Sawamura, *Food Sci. Technol. Res.*, **7**, 50 – 56 (2001).
50. A. Edris and B. Bergnstahl, *Nahrung – Food*, **45**, 133 – 137 (2001).
51. C. I. Beristain, E. Azuara, and E. J. V. Carter, *J. Food Sci.*, **67**, 206 – 211 (2002).
52. M. Charai, M. Faid, and A. Chaouch, *J. Essential Oil Res.*, **11**, 517 – 521 (1999).
53. A. G. Ponce, C. E. del Valle, and S. I. Roura, *Lebensmittel. Wissenschaft. und Technologie.*, **37**, 199 – 204 (2004).
54. M. Sawamura, S. H. Sun, K. Ozaki, J. Ishikawa, and H. Ukeda, *J. Agric. Food Chem.*, **47**, 4868 – 4872 (1999).
55. V. Calabrese, S. D. Randazzo, C. Catalano, and V. Rizza, *Drugs. Exp. Clin. Res.*, **25**, 219 – 225 (1999).

56. V. Calabrese, G. Scapagnini, S. D. Randazzo, G. Randazzo, C. Catalano, G. Geraci, and P. Morganti, *Drugs. Exp. Clin. Res.*, **25**, 281 – 287 (1999).

57. J. Chen, A. M. Montanari, and W. W. Widmer, *J. Agric. Food Chem.*, **45**, 364 – 368 (1997).

58. P. L. Crowell, *J. Nutr.*, **129**, 775 – 778 (1999).

59. Y. Takahashi, N. Inaba, S. Kuwahara, W. Kuki, K. Yamane, and A. Murakami, *J. Agric. Food Chem.*, **50**, 3193 – 3196 (2002).

60. T. P. Brown, P. C. Hill, and F. B. Bailie, *J. Int. Soc. Burn Injuries*, **25**, 678 (1999).

61. M. I. Carvalho – Freitas and M. Costa, *Biol. Pharm. Bull.*, **25**, 1629 – 1633 (2002).

62. H. C. Su, R. D. Speirs, and P. G. Mahany, *J. Econ. Entomol.*, **65**, 1438 – 1441 (1972).

63. E. A. Omer, A. A. Youssef, E. N. Abo – Zeid, and A. M. Sharaby, *Egyptian J. Horticul.*, **24**, 207 – 218 (1997).

64. T. Bruno, *Fitoterapia*, **71**, S29 – S37 (2000).

65. A. A. Shalaby, K. A. Allam, A. A. Mostafa, and S. M. Fahmy, *J. Egypt. Soc. Parasitol.*, **28**, 595 – 606 (1998).

66. F. C. Ezeonu, G. I. Chidume, and S. C. Udedi, *Bioresour. Technol.*, **76**, 273 – 274 (2001).

67. D. R. Caccioni, M. Guizzardi, A. Renda, and G. Ruberto, *Int. J. Food Microbiol.*, **43** (1 – 2), 73 – 79 (1998).

68. M. E. Parish, D. Baum, R. Kryger, R. Goodrich, and R. Baum, *J. Food Protec.*, **66**, 1704 – 1707 (2003).

69. S. Kaddu, H. Kerl, and P. Wolf, *J. Amer. Acad. Dermatol.*, **45**, 458 – 461 (2001).

70. G. D. Bella, M. Saitta, S. Locurto, F. Salvo, G. Licandro, and G. Dugo, *J. Agric. Food Chem.*, **49**, 3705 – 3708 (2001).

71. G. D. Bella, M. Saitta, M. Pellegrino, F. Salvo, and G. Dugo, *J. Agric. Food Chem.*, **47**, 1009 – 1012 (1999).

72. G. D. Bella, M. Saitta, S. Locurto, V. L. Turco, A. Visco, and G. Dugo, *J. Agric. Food Chem.*, **48**, 4460 – 4462 (2000).

73. E. R. Weiss, J. Pika, and R. J. Braddock, *J. Agric. Food Chem.*, **51**, 2277 – 2282 (2003).

74. E. R. Weiss, R. J. Braddock, R. M. Goodrich, J. F. Gregory, and J. Pika, *J. Food Sci.*, **68**, 2146 – 2149 (2003).

75. S. Barrek, O. Paisse, M. Florence, and G. Loustalot, *Anal. Bioanal. Chem.*, **376**, 157 – 161 (2003).

76. M. Saitta, G. D. Bella, F. Salvo, S. Locurto, and G. Dugo, *J. Agric. Food Chem.*, **48**, 797 – 801 (2000).

4 γ - 亚麻酸油

Rakesh Kapoor，Harikumar Nair
Bioriginal Food & Science Corp. Saskatoon，Saskatchewan，Canada

4.1 引言

必需脂肪酸（EFAs）的传统定义是细胞维持正常机能所必需的、但机体不能合成、必须通过膳食摄入来提供的脂肪酸。根据这个定义，必需脂肪酸仅有两种：亚油酸（LA，$C_{18:2}$，$n-6$）和α－亚麻酸（ALA，$C_{18:3}$，$n-3$）。在功能性上，必需脂肪酸可定义为能改善因膳食缺乏必需脂肪酸而出现症状的脂肪酸。根据此定义，亚油酸、γ－亚麻酸（GLA，$C_{18:3}$，$n-6$）和花生四烯酸（AA，$C_{20:4}$，$n-6$）都属于$n-6$族的必需脂肪酸[1,2]。

γ－亚麻酸（顺－6，顺－9，顺－12－十八碳三烯酸）是含有三个双键的十八碳多不饱和脂肪酸。它是亚油酸在体内经Δ6－脂肪酸脱氢酶（D－6－D）的催化去饱和而生成的（见图4.1）。在延长酶的催化作用下，γ－亚麻酸迅速延长为二十碳三烯酸（DGLA）。猫体内没有这种酶，不能由亚油酸合成γ－亚麻酸及后续代谢产物[3]，所以猫必须以肉食为主来获取亚油酸的长链代谢产物（二十碳三烯酸、花生四烯酸）。二十碳三烯酸可进一步乙酰化生成膜磷脂化合物，少量二十碳三烯酸可在Δ5－脂肪酸脱氢酶的催化作用下转化成花生四烯酸。不同种类的动物以及在不同机体组织里，二十碳三烯酸转化为花生四烯酸的能力是不一样的，大鼠可以将大量的二十碳三烯酸转化为花生四烯酸，而人类及其他动物的转化能力很有限。

在亚油酸的代谢途径中，Δ6－脂肪酸脱氢酶催化反应是最慢的，此反应为限速阶段[4,5]。随着人们年龄的增长，或者在遭受如关节炎、糖尿病、高血压、湿疹、牛皮癣等各种疾病时，这种酶的活性会进一步降低。有些生活方式如压力大、吸烟、酗酒、摄入过量的亚油酸[6]、饱和脂肪酸和反式脂肪酸以及维生素B_6、锌[7]和镁的缺乏都会抑制Δ6－脂肪酸脱氢酶的活性。由于γ－亚麻酸不能在体内产生，补充现成的γ－亚麻酸就显得非常重要，这使人们热衷于开发和商业化γ－亚麻酸资源。

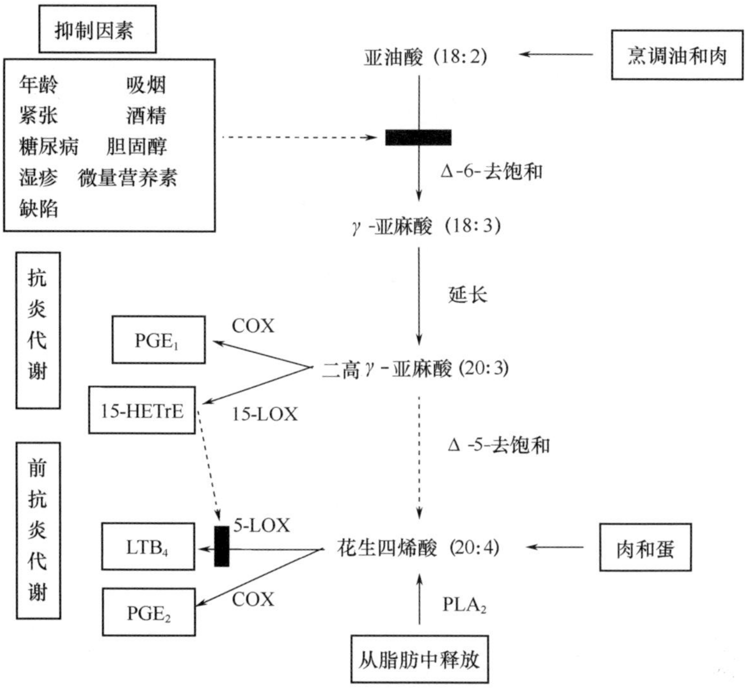

图 4.1　亚油酸的代谢途径（COX：环氧化酶；LOX：脂肪氧化酶；PGE_1：前列腺素 E_1； PGE_2： 前列腺素 E_2；PGI_2：前列腺素 I_2；TXA_2：血栓烷 A_2；15－HETrE：15－羟基二十碳三烯酸；LTB_4：白三烯 B_4）

4.2　γ－亚麻酸的来源

γ－亚麻酸少量存在于槭树科、紫草科、大麻科、百合科、柳叶菜科、毛茛科、虎耳草科和玄参科的一些植物中。Kleiman 等[8]研究了 29 种紫草科植物中γ－亚麻酸和四烯酸（十八碳四烯酸，SDA）的含量，他们发现在紫草科的不同植物籽油中γ－亚麻酸、α－亚麻酸、十八碳四烯酸的含量分别为 0～27%、0～56%、0～17%。Janick 等[9]鉴定了 32 种植物籽油中，γ－亚麻酸含量占总脂肪酸组成的 5%（质量分数）以上（表 4.1）。下面将讨论已商业化的富含γ－亚麻酸油的重要农作物。

表 4.1　　富含γ－亚麻酸的植物种类

植物属及种类	籽含油率/%	γ－亚麻酸含量/%	
		油	籽
紫草科（Boraginaceae）			
Adelocaryum coelestinum	22.0	12.0	2.7

续表

植物属及种类	籽含油率/%	γ-亚麻酸含量/%	
		油	籽
Alkanna orientalis	23.0	12.0	2.8
Anchusa azurea	21.0	13.0	2.7
Anchusa capensis	29.0	10.0	2.9
Anchusa hybrida	20.0	13.0	2.6
Borago officinalis	28~38	17~25	5.0~8.4
Brunnera orientalis	27.0	15.0	4.2
Cerinthe minor	10.0	10.0	1.0
Cynoglossum amabile	23.0	11.0	2.5
Cynoglossum lanceolatum	25.0	13.0	3.3
Echium rubrum	15.0	14.0	2.1
Echium vulgare	22.0	11.0	2.4
Gastrocatyle hispida	28.0	16.0	4.5
Lithospermum arvense	17.0	14.0	2.4
Lithospermum purpureocaeruleum	14.0	18.0	2.5
Moltkia aurea	10.0	10.0	1.0
Moltkia coerules	10.0	11.0	1.1
Nonea macrosperma	39.0	13.0	5.1
Onosma sericeum	20.0	13.0	2.6
Onosmodium molle	17.0	20.0	3.4
Onosmodium occidentale	17.0	18.0	3.1
Paracarvum caelestinum	21.0	12.0	2.5
Pectocarva platycarpa	15.0	15.0	2.3
Symphaticum officinale	21.0	27.0	5.6
大麻科（Cannabaceae）			
Cannabis sativa	38.0	3~6	1.1~2.3
柳叶菜科（Onagraceae）			
Oenothera biennis	17~25	7~10	1.2~2.5
Oenothera grandifolia	4.0	9.3	0.3
虎耳草科（Saxifragaceae）			
Ribes alpinum	19.0	9.0	1.7
Ribes nigrum	30.0	15~19	4.6~5.8
Ribes rubrum	25.0	4~6	1.0~1.5
Ribes uva-crispa	18.0	10~12	1.8~2.2
玄参科（Scrophulariaceae）			
Scrophularia marilandica	38.0	10.0	3.6

4.2.1 琉璃苣（紫草科琉璃苣属）

琉璃苣因其花的形状又被称为星星花。琉璃苣是目前紫草科中唯一一种因为籽而商业化种植的植物。琉璃苣是一年生草本植物，原产于欧洲、小亚细亚和北美洲，其形态学研究已经在许多刊物上发表[9~11]。植株可以长到100cm高，直立有粗毛，其生长习性不确定，为商业化种植和收割带来极大困难。这种植物是单叶互生，叶片呈倒卵形、卵圆形或椭圆形，叶顶端钝圆，边缘齿状。叶片上表面中绿至深绿色而下表面为浅绿色。茎为中空多汁的圆柱体，偶尔会倒伏。茎、叶、花萼上都长着一层硬硬的白色单细胞毛簇，这些会引起敏感人群的接触性皮炎。花有亮蓝色、紫罗兰色、粉色或白色，形状为五角星，因此，琉璃苣又被称作为星星花。花的子房有四瓣，成熟后就发育成3~4个卵型或椭圆型籽，也就是坚果。成熟时，籽迅速由绿色变为棕色再变为黑色。花期可以持续很长时间，任何花期都产花和籽，这为籽的商业化生产和收割带来极大挑战。

琉璃苣主要生长在英国、荷兰、加拿大、新西兰和波兰，全球约95%的琉璃苣作物分布于上述五个国家。由于种植过程需要很高的劳动强度，琉璃苣还不是主要的作物。大部分琉璃苣产品受控于与油脂生产商签订的种子回购合同，因此在商业出版物中没有任何关于产量、种植面积的数据。1980—1999年，琉璃苣的种植面积从几百英亩逐步增长到7000hm^2。1999年加拿大琉璃苣种植获得了巨大丰收，而较低的需求导致了产量过剩。这种情况导致1999—2002年的产量非常有限（Bioriginal食品科学公司未出版的信息）。2002年，琉璃苣的种植量又开始增长，但严重的干旱导致许多种植区减产（Bioriginal食品科学公司未出版的信息）。虽然早期欧洲民间用琉璃苣叶子做色拉或蔬菜以及治疗多种疾病的汤药，但现在琉璃苣叶子不再商业化使用了。

由于落籽及持续漫长的花期和成熟期，籽的产量不稳定，作物有大量潜在损失。琉璃苣籽在加拿大和新西兰的产量为100~300kg/hm^2，而在英国的产量为300~500kg/hm^2。琉璃苣更喜欢冷湿型气候条件，气候的差异可能导致了加拿大和欧洲的产量差异。

根据Clough[12]和Janik[9]等的综述，琉璃苣种植和收割条件的优化及植物新品种的开发方面所做的工作有限。琉璃苣是半年生植物，具有落种的特点，首选收割方法是割晒和联合收获机。Simpson[13]研究认为，与通过敌草快或草甘膦使其变干的方式相比，割晒更能保持琉璃苣的高产。El Hafid等[14]研究了播种日期和氮肥对加拿大阿尔伯塔地区琉璃苣种植的影响。在他的研究中，早播能显著提高产量和收割指数，而施氮量对产量没有显著影响。新品种开发的主要目标是通过开发成熟期保持力好、成熟度均匀的品种来提高产量。其他受关注的性状包括高含油量、高γ-亚麻酸含量以及形态和产量稳定性。野生和栽培的琉璃苣，及油中的γ-亚麻酸含量和其他脂肪酸含量差异显著，表明通过人为的种植栽培，是有可能提高质量参数的[15]。Hoffman La Roche 已经注册了两个琉璃苣品种（Tyreman 和 Spruce），但籽保持力都不好。Bioriginal 食品科学公司注册了比传统品种有更好籽保持力的品种。

体外繁殖和细胞胚胎学研究显示[16~18]，可以由琉璃苣子叶体细胞晶胚生产γ－亚麻酸。但是，该作者发现这个体系仅适应液体媒介才能进行规模化生产。

4.2.1.1 化学性质

籽平均重量为16.1~24.5mg[18]，油脂含量为28%~37%（质量分数），主要成分为亚油酸（$C_{18:2}$，34%~38%）、γ－亚麻酸（$C_{18:3}$，$n-6$；16%~27%）和油酸（$C_{18:1}$，14%~18%）。γ－亚麻酸的含量随着地理位置、生长期内日照时间、平均气温和昼夜温差的不同而变化。尽管有关于油酸和γ－亚麻酸含量呈负相关的报道，但亚油酸和γ－亚麻酸含量之间没有相关性。

根据 Bioriginal 食品科学公司提供的信息（未出版数据）和已公布的信息，不同年份若干批次籽的平均脂肪酸组成如表4.2所示。可以看出地理位置只影响籽γ－亚麻酸含量而不影响含油量，然而种植密度对γ－亚麻酸含量没有影响[19]。油中含有植物油特有的微量成分如甾醇、生育酚和色素。琉璃苣油中含有大约650mg/kg 的γ－生育酚和50mg/kg的δ－生育酚[20]。不皂化物含量为0.8%~1.5%，取决于油脂的提取方法以及精炼程度。油中各甾醇的相对比例与精炼方法无关，含量最高的是4－无甲基甾醇，还有少量的4－甲基甾醇和4，4－二甲基甾醇。菜油甾醇和谷甾醇占4－无甲基甾醇的50%以上[21]。大部分属于4－甲基甾醇族，包括禾本甾醇、钝叶醇和枸橼固二烯醇[21]。

表4.2 商用琉璃苣的平均化学组成

年份	2002	1999	1998	1997	1996
样本量	17	87	71	53	43
水分含量/%	10.39	10.54	8.90	9.80	8.80
含油量/%	31.16	31.40	30.60	30.70	32.40
游离脂肪酸	1.23	1.34	1.70	2.40	1.50
脂肪酸组成					
$C_{16:0}$	9.9	10.6	10.2	10.3	10.4
$C_{16:1}$	0.3	0.3	0.2	0.2	0.2
$C_{18:0}$	4.1	4.3	3.3	3.5	3.6
$C_{18:1}$	17.7	17.6	14.8	14.7	14.3
$C_{18:2}$	36.7	35.7	37.9	37.6	37.3

续表

年份	2002	1999	1998	1997	1996
$C_{18:3}$ (n-3)	0.3	0.2	0.2	0.2	0.2
$C_{18:3}$ (n-6)	22.4	21.6	24.6	24.1	24.9
$C_{18:4}$	0.2	0.2	0.2	0.1	0.2
$C_{20:0}$	0.3	0.3	0.2	0.1	0.2
$C_{20:1}$	4.1	4.1	3.9	3.9	3.9
$C_{20:2}$	0.2	0.2	0.2	0.2	0.2
$C_{22:0}$	0.2	0.2	0.1	0.1	0.1
$C_{22:1}$	2.6	2.7	2.6	2.5	2.5
$C_{24:1}$	1.7	1.7	1.5	1.5	1.5

像其他紫草科植物一样，琉璃苣也含有吡咯里西啶生物碱。到目前为止已经在琉璃苣叶、花、籽中检测出七种吡咯里西啶生物碱。主要的生物碱是Thesinine，为饱和碱；次要的有六种，为不饱和碱，分别是倒提壶碱、仰卧天芥菜碱、石松胺、促黑激素、乙酰石松胺和乙酰促黑激素。据报道植株中生物碱总含量低于0.001%，而成熟的籽含有约0.03%粗生物碱[22]。Herrman等[23]报道了琉璃苣籽中的thesinine以糖苷（Thesinine-4'-*O*-β-D-glucoside）形式存在。虽然γ-亚麻酸含量是琉璃苣油的一项商业指标，但是吡咯里西啶生物碱含量也备受关注。迄今为止已发表的研究都未检测到琉璃苣油中吡咯里西啶生物碱的存在。Dodson和Stermitz[22]使用检测限为5mg/kg的检测方法、Parvais和Stricht[24]使用检测限为0.1mg/kg的检测方法，在油样中均未检出吡咯里西啶生物碱。Mierendroff等[25]提出了一种检测限为4μg/L的方法。Bioriginal食品科学公司在德国一家独立实验室使用Mierendroff方法，在极低检测限下，几年里检测了好几批次琉璃苣油，没发现任何吡咯里西啶生物碱。德国卫生当局将不饱和吡咯里西啶生物碱的摄入量限制到1μg/d。根据上述结论，假设琉璃苣油中含有4μg/L的吡咯里西啶生物碱，那么人每天须摄入超过250颗（每颗1000mg）才能达到1μg摄入量。根据上述分析可知，摄入琉璃苣籽油不可能导致吡咯里西啶生物碱中毒。

4.2.2 月见草（月见草属）

商用月见草包括柳叶菜科的三个属种，分别是*Oenothera biennis*、*O. lamarckiana*和*O. parviflora*。月见草原产于北美，现在遍布于世界许多温带地区，喜好生长在开阔平地，特别是在沙丘和沙质土壤。月见草商业化种植是为了获取籽油，因为生产成本最低，中国是世界月见草籽和籽油市场最主要的供应商，估计约占全球供应量的90%。直到1985年，人们主要还是收集野生月见草，然而需求量的增长促进了商业化生产的发展。在野生环境下，籽表现出生理休眠特性，这会给栽培带来困难，因为植株密度取决于播种后的环境，而这是农民无法控制的。籽可能会休眠很长一段时间（在野外可长达数年），用低温层藏法能促成籽早熟，在光照与黑暗环境中发芽情况一致。月见草的花期有2～3个月，一般有2～4朵花，籽成熟后荚会裂开，成熟的籽会散落在地上。在过去的二十多年里，新的月见草品种已经培育出来，新品种在试验条件下3周内发芽而且完整的荚可一直保留在植株上。月见草籽为深棕色，小且有棱角，1000粒籽的重量可能只有0.2～0.6g，每个荚可能含180粒籽，每个植株多达250个荚。

有些月见草属种如*O. biennis*和*O. lamarckiana*，其遗传特性给人们带来极大挑战。它们不符合孟德尔遗传学法则，已作为一门专业学科研究了100多年。这些品种与普通品种的不同之处在于减数分裂时，染色体没有配对而是首尾相连形成了一个环，这阻止了基因通过移位而重组。这种植物虽是自花传粉，但是由于一组致死基因的存在而不能近亲繁殖。

4.2.2.1 化学性质

栽培月见草是为了得到含有16%蛋白质和23%～28%脂肪的籽。月见草油富含亚油酸（70%～75%）和γ-亚麻酸（8%～14%）。商业月见草油的平均脂肪酸含量如表4.3所示。γ-亚麻酸含量高达14%的品种已经培育出来[26]但还没有大规模的商业化生产，因此多数商业月见草油的γ-亚麻酸含量为9%～10.5%。月见草油含有约98%的甘油三酯、少量的其他脂类（游离脂肪酸、甘油二酯）、1%～2%的主要由甾醇组成的不皂化物，甾醇中含有约90%的β-谷甾醇、5%的枸橼固二烯醇、1.5%的禾本甾醇和1%的钝叶甾醇，油中还含有微量的α-生育酚、γ-生育酚和δ-生育酚[27]。月见草也含有微量的酚类化合物，如儿茶酚、表儿茶酸和没食子酸[28]。

表4.3　月见草油、黑加仑油及大麻籽油的平均脂肪酸组成

脂肪酸	月见草油	黑加仑油	大麻籽油
$C_{16:0}$	5.98	7.10	5.60
$C_{16:1}$	0.05	0.10	0.10
$C_{18:0}$	1.84	1.50	2.60
$C_{18:1}$	7.20	10.90	11.50
$C_{18:2}$	73.87	45.20	56.60
$C_{18:3}$（$n-3$）	0.28	13.20	18.50

续表

脂肪酸	月见草油	黑加仑油	大麻籽油
$C_{18:3}$ (*n*-6)	9.74	16.90	1.60
$C_{18:4}$	0.07	3.30	0.50
$C_{20:0}$	0.30	0.10	0.90
$C_{20:1}$	0.19	0.80	0.60
$C_{22:0}$	0.10	0.10	0.30
$C_{22:1}$		0.20	
$C_{24:0}$	0.04		0.10

4.2.3 黑加仑

黑加仑（黑茶藨子属）属于虎耳草科植物，水果加工中主要将黑加仑汁加工成果酱、果胶及甜酒，籽是其副产品。由于茶藨子属植物是白松疱锈病的替代宿主，这是所有五针松和木材工业的难题，因此在20世纪早期，美国联邦禁令禁止在美国种植茶藨子属植物。虽然1966年废除了这条禁令，但仍有几个州禁止种植茶藨子属植物。商业种植面积小、收获季节短（从六月中旬到七月中旬）以及得果率较低限制了其在北美洲的广泛分布。油脂提取自食品加工的下脚料——籽和果渣。黑加仑油含有大约γ-亚麻酸13%~17%，α-亚麻酸10%~14%以及十八碳四烯酸2%~4%。黑加仑油的平均脂肪酸组成见表4.3。

4.2.4 大麻

大麻（大麻科，大麻属）是生长快速的一年生草本植物，适宜于温带气候。中国和东欧是全球最大的大麻产品供应商。尽管大麻有很长的食用历史，但它主要还是用于生产纤维。作为γ-亚麻酸的来源，大麻最近才开始受欢迎。因大麻含有精神活性物质（如大麻素类物质），其贸易受到限制。传统种植的用于获取纤维的纤维大麻含有低于0.3%的δ-9-四氢大麻酚（THC），属于低THC大麻；而籽和籽油里是不存在四氢大麻酚的。籽含油30%~35%，籽油中有2.5%~3.6%的γ-亚麻酸、15%~20%的α-亚麻酸[29]。油脂的平均脂肪酸组成见表4.3。

与纤维用大麻的含籽率相比，为了获取籽而种植的大麻含籽率相当低，只有15~30kg/hm^2。由于大麻是一种雌雄异株作物，为了得到足够多的种组，约3%~5%必须为雄株，以确保授粉[30]。市场上也有一些受欢迎的法国雌雄同株品种。品种和种植条件导致了籽产量差别极大，平均产量约500kg/hm^2，最高可达1200kg/hm^2。在北方气候条件下，种植时的土壤温度需高于10℃。在旺盛生长期的大麻可以抑制多数杂草生长，但也必须早播，以减弱杂草的竞争，通常认为种植大麻是不需要使用杀虫剂的。根据品种的不同，大麻的生长期为 3 ~4 个月。 大麻育种和开发工作已经受到限制，运输认证过的籽要受严格的管制并且费用昂贵。 传统的育种一直集中在培育高纤维产量的大麻品种，因此，通过实施育种计划项目提高本国大麻籽产量具有发展前景。

4.2.5 蓝蓟

由于注册管理的需要，蓝蓟还没有得到大规模商业化发展。 蓝蓟属植物约有 30 个种类，分布在欧洲、地中海区域、马德拉群岛、加纳利群岛以及亚速尔群岛，这种植物可野外种植，也可在花园里作为花卉栽植。 已发现车前叶蓝蓟籽油中含有大量的 γ - 亚麻酸、α - 亚麻酸和十八碳四烯酸。 车前叶蓝蓟也有人们比较熟悉的俗名——紫色牛舌草、帕特森的诅咒、救赎草。 目前该品种的农业生产限于东欧和部分西欧地区。 在加拿大，蓝蓟的试产获得了一定的成功。

车前叶蓝蓟是直立生长的两年生植物，高 20 ~ 60cm，生有绒毛，有一个或多个花茎。基生叶是卵形的，侧脉突出，刚毛柔软紧贴。 茎叶是椭圆形至披针形，最上面的叶子在基座上似心形。 花序通常有分枝。 花萼在花期是为 7 ~ 10mm，果期增长至 15mm。 花冠长 18 ~ 30mm，漏斗状，颜色为蓝色到紫色至粉红色。 仅在纹理和边缘有毛。 两个雄蕊从花冠管里伸出来，其余的雄蕊则是藏在里面或是稍有伸出，柱头则是明显的两裂。

蓝蓟每年春天播种，收割时间持续 3 到 3 个半月。 它需要在温暖阳光充足的环境下快速培植，这有助于与早期杂草的竞争。 当生长温度在 25℃左右时可以保持油品质量最好。经过良好处理的中等质地土壤可以保持充足的水分，苗床必须坚固、精细和水分充足，种子需种 1 ~ 2cm 深，播种密度为 3 ~ 5kg/hm^2。 杂草的控制是个问题，作为小众作物，目前还没有可用的注册过的除草剂。 种在杂草较多的地区时，杂草发芽前的控制对减轻杂草的竞争很必要。 目前还没有报道过这种作物有什么大问题。 车前叶蓝蓟产量很不稳定，通常平均为 300kg/hm^2。 迄今为止这种作物的育种工作进行的非常少，也没有有关品种的信息。

车前叶蓝蓟大面积分布在澳大利亚农田[31]，它的幼苗容易被家畜吃掉。 在好的牧场里，它被认为是杂草，但在贫瘠的土地上，它被当作储备牧草[32]。 车前叶蓝蓟中吡咯里西啶生物碱的含量一般为干重的 0.1% ~0.3%，也有报道称高达 0.9%[33]，有证据表明马、猪均受到其影响，羊也受影响，但好于马和猪。 大部分栽培的车前叶蓝蓟主要用作观赏植物，其籽中含有 γ - 亚麻酸和十八碳四烯酸（未出版的信息），因此 John K. Kings 和 Sons 公司和 Croda 启动了一个商业栽培车前叶蓝蓟计划。

蓝蓟油主要组成：α - 亚麻酸 30% ~33%、亚油酸 14% ~18%、γ - 亚麻酸 10% ~13%、十八碳四烯酸 13% ~15%、油酸 14% ~17%、棕榈酸 6% ~7%。 和其他植物油一

样，蓝蓟油含有0.6%～1.8%的不皂化物。Bioriginal食品科学公司分析的油样表明，总不皂化物平均含量为0.91%，菜甾醇15.71%，β-谷甾醇12.53%，豆甾醇0.55%，其他成分33.52%。生育酚占总不皂化物总量的8.37%，其中含α-生育酚0.53%、γ-生育酚6.92%、δ-生育酚0.92%。

和其他紫草科植物一样，蓝蓟籽中也含有吡咯里西啶生物碱，其中含有大量的蓝蓟定和许多其他的微量碱，如倒千里光裂碱、石松胺、7-乙酰石松胺以及它们的衍生物。

4.3 油脂的提取

以上所述γ-亚麻酸的来源中，商品油主要来自琉璃苣和月见草。黑加仑油因难以获得制油用的籽而受到限制；大麻因潜在的四氢大麻酚（THC）在许多国家仍受到贸易限制；蓝蓟是新兴的作物但目前还没有规模化商业化。这里讨论的所有植物籽油的提取工艺均遵循一般植物油的常规提取方法。

琉璃苣、大麻和黑加仑籽含油量为26%～40%（以8%的水分为基础），它们最适合先机械压榨再溶剂浸提的油脂提取方法。在北美洲，提取琉璃苣油主要的方法是机械压榨，这种方法提取的琉璃苣油约占销量的80%～90%，而在欧洲，商业上主要采用溶剂浸提琉璃苣油。尽管压榨油正获得大众认可，但目前在欧洲市场上还是销量有限。月见草籽小而硬且含油量仅为18%～20%，因此难以压榨。黑加仑籽作为食品工业的副产品，经常和果渣混在一起，必须分离。果渣和籽的分离可用酒精或专用清理工艺进行清洗，但考虑到成本和环境法规的原因，酒精清洗不是很常用。

4.3.1 籽清理

籽来源于农田且易受到杂草籽、其他谷粒和外来杂质的污染，这些都可能给籽油带来不良风味，降低油脂稳定性，因此籽的清理对保证油脂的品质至关重要。籽可以在农田里进行清理，但大多数制油商在工厂进行工业化清理。籽清理过程包括吸走灰尘和轻物质，接着两级筛选除去较大和较小的颗粒物。清理之后杂质含量降低至1.0%以下。

4.3.2 榨油机压榨

清理后的籽贮存在筒仓里，然后送到螺旋压力机或蒸锅加热到50～90℃。这一工艺条件有助于提高出油率，同时能钝化影响油品质量的酶（脂肪酶）。预热后的籽输送到连续螺旋压榨机中，在向前推送时籽经榨膛和旋转螺杆之间挤压产生的压力将油榨出。螺旋压榨机与压榨其他籽所用的压榨机类似，如卡诺拉和大豆。这些压榨机的大制造商有安德森（Anderson International）、French油脂、克虏伯（Krupp）和迪斯美（DeSmet），此外还有许多小制造商的设备更适于产量较小的γ－亚麻酸油生产工厂。油经泵送到贮罐中，油中含有籽中4%～8%的细料，通过沉降或过滤进行澄清。处理后得到的滤饼中含有12%～18%的油，这些滤饼可作为动物饲料，也可进行溶液浸提回收残油。

4.3.3 溶剂浸提

大多数月见草、黑加仑和一些琉璃苣的籽都采用溶剂浸提的方法。溶剂浸提前，籽须经压碎或轧坯以使其细胞壁破裂，使浸提低能高效。压榨机压榨和溶剂浸提结合是富含γ－亚麻酸油的常用操作方法。螺旋压榨得到的滤饼能继续压榨或直接使用。月见草籽轧坯常使用光辊压榨机。尽管已经做了一些用酒精来替代正己烷的研究，但食品级的正己烷仍是溶剂的最佳选择。酒精约含水5%，在脱溶过程中，酒精先被除去，水留在油中，而从油中除去这部分水会增加能耗和额外的处理步骤，处理过程变得更复杂。大多数γ－亚麻酸油生产商是小公司，生产量小，通常使用间歇式设备来浸提和沥滤。连续式处理也用，但由于生产量需求较小，只生产一种油无法支撑工厂的生存，须充分利用工厂生产不同的油，这在生产工艺上是个挑战。无论是连续还是间歇工艺，滤饼或料坯都是首先接触含油多的溶剂（混合油）再接触含油少的溶剂，最后再接触纯溶剂。

4.3.4 超临界萃取

利用高压二氧化碳超临界萃取来制取γ－亚麻酸油也开始兴起，然而，由于工厂投资和生产的成本过高，这种方法并没有大的应用范围。研究了操作条件的优化[34]，主要着重于二氧化碳的流速、压力和温度，以获得最佳得率。籽的粒度和水分含量也对萃取得率有影响，有报道表明，水分含量越低得率越高。与溶剂浸提相比，超临界萃取得到的油脂具有相似的脂肪酸组成，但油中甾醇含量低，且可能更易氧化。超临界萃取的最大优点是省去了如脱溶、脱胶等后续蒸馏过程。

4.3.5 脱溶

溶剂－油混合物和粕需要除掉溶剂，回收不含溶剂的油和粕。富含溶剂的粕输送到垂直脱溶器中，在热和真空的作用下使溶剂蒸发去除，脱溶器的塔盘带有搅拌臂，用于搅拌粕以提高效率。应用真空脱溶最普遍，但也有一些工厂使用蒸汽喷射，甚至热空气来去除溶剂。溶剂－油的混合物在三级蒸发器中脱除溶剂，用来浸提制油的正己烷可重复利用。

4.3.6 后处理

浸出油和压榨油要进一步处理以减少或去除色素和磷脂（胶质）。毛油可能含有1%～2%的磷脂，可通过脱胶工艺去除。脱胶处理类似植物油工业应用的工艺，利用水、柠檬酸、磷酸或混合酸与油脂接触，油脂中的磷脂形成沉淀析出，然后通过过滤或离心去除。

水化脱胶工艺需添加2%水到油脂中，在80℃的真空条件下充分搅拌10～30min，然后过滤或离心。水化脱胶能去掉绝大部分水合磷脂，残磷量多少与浸出的工艺条件有关，水化后油中的含磷量为50～200mg/kg。酸法脱胶使用酸如柠檬酸或磷酸和水混合，能除去非水化磷脂。在这工艺中，油脂加热到60～80℃，添加0.1%～0.4%的柠檬酸或磷酸后充分搅拌1～5min，接着加2%的水继续搅拌30～60min。与水接触后，沉淀胶质通过离心或白土过滤，油即变澄清。

脱胶油需进一步进行物理或化学精炼。碱炼可用于化妆品和药品用油的精炼中，但很少用在健康食品和膳食补充剂用油中。在健康食品和膳食补充剂用油的处理过程中，水化脱胶和脱色过程可能会联合使用，在真空反应器中将油与水、柠檬酸或带活性白土的磷酸加热到80℃，在真空条件下充分搅拌30～60min。在这个过程中，胶质沉淀下来并和色素、叶绿体一起被吸附在脱色白土上，混合物降温、过滤除掉胶质和色素，得到颜色浅、含磷量少于50mg/kg的脱色油。由于这些油脂含有蜡酯和其他物质，在室温下放置一段时间会沉淀析出，这些析出物质统称为蜡，因此油脂需要进行冬化处理即冷却到4℃后过滤除去蜡。膳食补充剂用油不需要进行冬化。最后，油脂进行蒸汽汽提（脱臭），这是油脂精炼的最后一步，在这个过程中，用蒸汽汽提来除掉油脂中的游离脂肪酸和其他挥发性杂质，然后将油脂包装在充氮气的铁桶或瓶中。油脂必须贮存在干燥阴凉的环境中，充氮密封以防止氧化。

4.3.7 质量控制

富含γ-亚麻酸的油脂常用于营养补充、增强体质和疾病防治，因此它们须品质好且无污染。油脂的品质取决于很多因素，包括籽的质量和纯度，籽中除草剂和杀虫剂的残留、籽和油的加工和贮存条件等。不良的贮存条件和干燥工艺会提高籽中游离脂肪酸的含量从而导致油脂的异味。作为多不饱和脂肪酸，γ-亚麻酸易氧化，富含γ-亚麻酸的油脂氧化过程包括氧原子加到不饱和双键上形成氢过氧化物，这些氢过氧化物不稳定，易分解形成醛和酮。这些氧化产物不仅给油带来异味，在感官上让人难以接受，而且不利于健康。油脂品质通过检测油脂过氧化值来检验，过氧化值是检测油中初级氧化产物的指标，过氧化值小于10meqKOH/kg油是适宜食用的。单独的过氧化值不是一个检测油脂氧化稳定性好的指标，因为它测定的是初级氧化产物，而这些产物会分解为次级氧化产物，包括醛和酮。次级氧化产物的检测有几种方法，包括共轭二烯检测、茴香胺值等。除了氧化稳定性指标之外，需要测定脂肪酸组成，确保油脂品质和纯度。用酸价来测定游离脂肪酸，油中游离脂肪酸含量应尽可能低。油脂还需检测重金属污染，重金属总含量须低于

10mg/kg。 油脂应该无除草剂和杀虫剂残留，浸出油应该无溶剂残留。 此类油脂质量参数见表4.4。

表4.4 富含γ－亚麻酸油脂常用规格书

参数	单位	数值
过氧化值	meq/kg	<5
茴香胺值		<15
酸价（未精炼油）	mg KOH/g	<4
酸价（精炼油）	mg KOH/g	<0.7
不皂化物	%	<2
除草剂/杀虫剂	mg/kg	<0.05
溶剂残留	mg/kg	<1.0
色泽（罗维朋比色皿2.54cm）		<3 红
重金属	mg/kg	<10
铅	mg/kg	<0.1
汞	mg/kg	<0.1
镉	mg/kg	<0.1
砷	mg/kg	<0.1

主要脂肪酸（占总脂肪酸%）	月见草油	琉璃苣油	黑加仑油
油酸（$C_{18:1}$）	6%～9%	14%～22%	9%～15%
亚油酸（$C_{18:2}$）	70%～77%	32%～38%	40%～50%
γ－亚麻酸（$C_{18:3}$，$n-6$）	8%～12%	18%～25%	15%～19%
α－亚麻酸（$C_{18:3}$，$n-3$）	0.1%～10%	0.1%～2.0%	12%～15%
十八碳四烯酸（$C_{18:4}$）	0.1%～0.3%	0.1%～0.3%	2%～5%

4.4 γ－亚麻酸的代谢

口服富含γ－亚麻酸的油脂后，γ－亚麻酸被迅速吸收，其首先出现在血清磷脂中，随着持续摄入，分布到其他磷脂组分中。 被吸收的γ－亚麻酸一部分发生氧化，剩下的由不同组织和细胞吸收并被迅速延长生成二高－γ－亚麻酸（DGLA）（图4.1），γ－亚麻酸的氧化速率是亚油酸的28%[35]。 二高－γ－亚麻酸能乙酰化并结合进入磷脂膜中，或通过Δ5－脱氢酶去饱和成花生四烯酸。 二高－γ－亚麻酸与花生四烯酸竞争环氧化酶（COX）和脂肪氧化酶（LOX）。 二高－γ－亚麻酸在COX的作用下产生前列腺素（PGE_1）和血栓

素 A_1（TxA_1），这些 COX 作用的产物发挥消炎、血管扩张和抗聚合作用。二高-γ-亚麻酸在15-脂肪氧化酶作用下产生 15-HETrE，15-HETrE 是 5-脂肪氧化酶的强烈抑制剂，即它能抑制炎症细胞产生白三烯 B_4（LTB_4），包括中性粒细胞[36]。

Hassam 等[37]最先通过大鼠的^{14}C 同位素标记的γ-亚麻酸研究γ-亚麻酸的吸收和代谢。他们观察到在摄入 22h 后，标记的二高-γ-亚麻酸和花生四烯酸在大脑和肝脏中积聚，这说明γ-亚麻酸迅速代谢成二高-γ-亚麻酸和花生四烯酸。Leyton 等人[35]报道了二高-γ-亚麻酸优先并入肝脏二氧磷基酰基甘油中，主要是胆碱和肌醇二氧磷基酰基甘油。给大鼠饲喂富含γ-亚麻酸的饲料会引起其乳[38]中二高-γ-亚麻酸的积聚，以及主动脉、血小板[39]和免疫细胞（包括巨噬细胞、kupfer 细胞和内皮细胞）[40, 41]中二高-γ-亚麻酸和花生四烯酸的含量升高。Barre 等[42]观察到人体实验中，志愿者日摄取 5.23gγ-亚麻酸（来源于琉璃苣油）42d 后，不同血小板磷脂组分中γ-亚麻酸和二高-γ-亚麻酸的含量上升而花生四烯酸含量不变。不同磷脂组分中二高-γ-亚麻酸的分布不同，卵磷脂最多（67.6%），接下来依次是磷脂酰乙醇胺（16.7%）、磷脂酰丝氨酸（12.9%）和磷脂酰肌醇（2.6%），鞘磷脂中含量没有变化。在所有磷脂组分中，二高-γ-亚麻酸和花生四烯酸的比值显著下降。在随后的研究中他们发现，血浆 HDL 和胆固醇酯的卵磷脂中γ-亚麻酸和二高-γ-亚麻酸含量上升，花生四烯酸含量仅在 HDL 的卵磷脂中升高[43]。在这些研究中，γ-亚麻酸的剂量远高于以往的所有临床研究。上述研究中，摄入γ-亚麻酸后，血小板花生四烯酸含量的升高是由物种差异造成的。大鼠血小板中含有将二高-γ-亚麻酸转化为花生四烯酸的 Δ5-脱氢酶，而人类血小板中缺乏这种酶从而只能从循环中获得现成的花生四烯酸。

在一项有 6 名健康志愿者参与的研究中发现，不同摄入富含γ-亚麻酸油的时段会影响血清中γ-亚麻酸含量的峰值[44]。晚上摄入月见草油血清中γ-亚麻酸含量达到峰值的时间为（2.7 ±1.2）h，比早上摄入达到峰值［（4.4 ±1.9）h］快，血清中二高-γ-亚麻酸和花生四烯酸的含量会有小幅升高，但不显著。在此研究中，早上摄入月见草油 12h 后进行第二次摄入，可能是这第二次摄入导致观察到的血清γ-亚麻酸含量迅速达到峰值，或能反映晚上γ-亚麻酸的吸收更快。已观察到在第二餐后血浆中甘油三酯的含量迅速上升。Manku 等[45]研究了摄入月见草油（含γ-亚麻酸）10～84d 对血浆脂肪酸含量的影响，收集了 20 项不同研究中 392 份个体的血样，所有血样中血浆磷脂中二高-γ-亚麻酸的含量均显著上升。在其中的 17 项研究中，磷脂花生四烯酸含量呈小幅但有显著水平的上升，而在另 3 项研究中却没有升高，且其中 2 项花生四烯酸含量是下降的。在这 3 项研究中，月见草油仅摄入了 10d。在所有 20 项研究中，花生四烯酸与二高-γ-亚麻酸的比值均下降，说明二高-γ-亚麻酸含量有较大的升高。这些结果表明，人体中二高-γ-亚麻酸去饱和形成花生四烯酸非常慢。给血压正常（WKY）和自发性高血压（SHR）大鼠饲喂琉璃苣油7周后，这两种大鼠的血浆、肝脏、主动脉和肾动脉中γ-亚麻酸和二高-γ-亚麻酸含量上升，而花生四烯酸含量只在血浆和肝脏中上升[46]。这些研究表明摄入γ-亚麻酸后花生四烯酸含量的升高有组织特异性。

通过上述讨论，我们可以很清楚地看到摄入γ-亚麻酸后，γ-亚麻酸被迅速吸收并延长成二高-γ-亚麻酸，二高-γ-亚麻酸的含量在大多数组织中升高，但花生四烯酸的含量主要在肝脏中有较小程度的上升，其他组织使二高-γ-亚麻酸的去饱和能力有限且取决于物种。Chilton等[47]研究了人体内摄入γ-亚麻酸和体外培养带γ-亚麻酸的中性粒细胞对γ-亚麻酸代谢的影响，发现体内摄入γ-亚麻酸后中性粒细胞中二高-γ-亚麻酸含量升高且没有检测到γ-亚麻酸；中性粒细胞与γ-亚麻酸一起培养的结果发现中性粒细胞中二高-γ-亚麻酸浓度升高，使用离子载体A23187刺激这些中性粒细胞会引起中性粒细胞磷脂释放花生四烯酸和二高-γ-亚麻酸。二高-γ-亚麻酸代谢成15-HETrE，15-HETrE通过5 μmol/L IC_{50}抑制LTB_4的产生。

4.4.1 甘油三酯结构对γ-亚麻酸生物有效性的影响

γ-亚麻酸的主要来源包括琉璃苣油、月见草油和真菌油。γ-亚麻酸在琉璃苣油甘油三酯中主要分布在*sn*-2位，在月见草油和黑加仑油中主要分布在*sn*-3位，在真菌油中主要是*sn*-1和*sn*-3位[48]。尽管琉璃苣油中γ-亚麻酸含量较高，但有报道称月见草油为大鼠提供的γ-亚麻酸含量比琉璃苣油更高。这是一个惊人的发现，主要是因为γ-亚麻酸在甘油三酯结构中位置不同，而胃脂肪酶和胰腺脂肪酶无法水解*sn*-2位脂肪酸。甘油三酯中*sn*-2位脂肪酸优先作为2-单甘酯吸收并在肠细胞内作为模板重新酯化成甘油三酯。*sn*-2位脂肪还优先作为乳糜微粒和极低密度脂蛋白（VLDL）的组成部分最后渗入到组织膜内。随后，Raederstroff和Moser[49]用大鼠重复了这个实验但没有得到相似的结果。他们发现肝脏、主动脉和红细胞磷脂中γ-亚麻酸和二高-γ-亚麻酸的水平反映了原料油中γ-亚麻酸的含量，这说明不同油脂均被较好地吸收且吸收量取决于剂量，而与γ-亚麻酸的来源无关。为了进一步解决这个问题，Chung等[50]研究了琉璃苣油、月见草油，或琉璃苣油与红花籽油的混合油（γ-亚麻酸含量与月见草油相符）对缺乏必需脂肪酸膳食诱导的表皮细胞过度增殖的逆转作用。这个研究发现富含γ-亚麻酸油的膳食逆转了由必需脂肪酸缺乏所诱导的表皮细胞的过度增殖，能效顺序为琉璃苣油 > 琉璃苣-红花籽混合油 >月见草油。琉璃苣油与月见草油膳食中γ-亚麻酸含量相似，但γ-亚麻酸在甘油三酯分子中的结构位置不同，在表皮磷脂和神经酰胺中，琉璃苣油或琉璃苣-红花籽油膳食的二高-γ-亚麻酸水平高于月见草油膳食。研究提出琉璃苣油因富含 *sn*-2 位γ-亚麻酸而更具有生物有效性，因此，琉璃苣油更有发展前景。*sn*-2 位γ-亚麻酸具有更高的生物有效性也被其他研究关于甘油三酯结构对脂肪吸收和消化的实验室的数据所支持。在消化过程中，胃脂肪酶和胰腺脂肪酶水解 *sn*-1 位和 *sn*-3 位形成游离脂肪酸和 *sn*-2 单甘酯。由于有皂的形成，当存在二价离子（钙和镁）时游离脂肪酸的吸收减少，而 *sn*-2 单甘酯会被顺利吸收。两组研究（Chung 等[50]及 Raederstroff 和 Moser[49]）结果的差异可能是由物种差异所造成；也可能是实验设计的不同所造成，如 Chung 等[50]研究的是必需脂肪缺乏的几内亚猪；或是由于不同组织的差异。

4.5 对心血管的影响

在工业化国家，心血管疾病是导致死亡和发病的主要原因。若干危险因素如高血压、血脂异常（高血浆胆固醇和高甘油三酯）、动脉硬化、肥胖、糖尿病、吸烟、紧张、遗传和膳食都与心血管疾病相关。下面将讨论膳食中γ-亚麻酸对这些因素的影响。

4.5.1 对血压的影响

动脉血压受控于心输出量和外周血管阻力的相互作用，某些因素会影响这些相互作用，如肾素-血管紧缩素系统、局部代谢因素和应激激素等，对这些因素的干扰能影响血压调节。1975 年，Rose 等[51]发现给狗静脉注射二高-γ-亚麻酸，会引起全身动脉血压的两相反应，血压一开始降低且随后持续降低，但心肌收缩力增加。只有血压持续降低时环氧化酶起抑制作用，而前期的血压降低和正性肌力作用不受影响，这说明二高-γ-亚麻酸可以直接和通过 PGE_1 途径引起血压降低。1982 年，给静脉注射肾素和血管紧张素Ⅱ的大鼠喂养 3 个月的月见草油，结果显示血压上升受到抑制[52]，这表明富含γ-亚麻酸的油脂能通过干扰体内肾素-血管紧张素系统从而降压。大鼠通过渗透泵摄入 0.018mg/h 或 0.04mg/h 的γ-亚麻酸，γ-亚麻酸能抑制由隔离（心理学上的）压力诱导的大鼠血压升高[53]。无压力大鼠中，γ-亚麻酸对血压没有影响。γ-亚麻酸对有压力和无压力大鼠的心率、心脏重量和肾上腺重量均没有影响。为了研究γ-亚麻酸对压力反应和表现是否有类似的作用，Mills 等[54]在人体中重复了这个实验。挑选 30 名血压正常的大学男生并分组，一组（$n=10$）连续服用橄榄油胶囊 28d，另一组（$n=10$）服用琉璃苣油胶囊（每天 1.3gγ-亚麻酸）。补充剂治疗前和摄入补充剂 28d 之后，志愿者进行 Stroop 色-词冲突测验，补充琉璃苣油显著降低了压力诱导下收缩压和心率的升高，但对舒张压和血浆去甲肾上腺素水平无影响。摄入琉璃苣油提高了皮肤温度，通过对比正确应答的数目，志愿者在测验中的表现也提高了。这些数据证实了前期大鼠实验的结论，表明琉璃苣油处理可增强组织灌注。Leng 等[55]也观察到了对外周动脉病人的降压作用，但他们使用了γ－亚麻酸和 EPA 的混合物，因此不排除 EPA 降压的可能性。

降压作用的确切机理还不是非常清楚，富含γ－亚麻酸油脂似乎是通过几种不同的机理发挥作用。琉璃苣油[56]和月见草油[57]可降低大鼠对血管紧张素Ⅱ和去甲肾上腺素的体内增压反应，而不影响对氯化钾和血清素的主动脉体外收缩反应。这些结果表明γ－亚麻酸可能干扰收缩受体的相互作用而不影响血管平滑肌的收缩性。随后关于自发性高血压大鼠的研究表明，琉璃苣油的降压作用[58]不影响血管紧张素和去甲肾上腺素的增压反应，这说明有其他机理的作用。这些发现表明，对血管紧张素Ⅱ和去甲肾上腺素的响应性可能有物种差异，尽管降压作用的量级相当。γ－亚麻酸显示出能抑制 SHR 大鼠高血压的发展[59]，这可能是通过环氧化酶途径的介导，因为检测到主动脉中 6－酮－$PGF_{1\alpha}$水平的增加。在高血压大鼠中，由于血浆醛固醇含量稍有降低，而血浆肾素活性小幅提高，所以γ－亚麻酸显著降低了血浆中醛固酮与肾素的比值[60]。与不含γ－亚麻酸膳食的对照组大鼠相比，琉璃苣油对血浆皮质醇水平没有影响。琉璃苣油组还减少 SHR 老鼠血管紧张素受体的数量和亲合力，这表明降低肾小球细胞对血管紧张素的响应性，以及干扰肾素－血管紧张素－醛固酮轴可能有助于降压。这些研究与琉璃苣油干扰血管紧张素受体的确切机理并不冲突。Mills 等[61]研究了琉璃苣油膳食对血压正常健康男性压力反应的影响，将这些男性的身体负压分别降低 1333Pa 和 5333Pa，－1333Pa 组卸掉心肺压力感受器，而－5333Pa组卸掉心肺和主动脉压力感受器。实验观察到琉璃苣油增大了－5333Pa 受试组压力反应的反馈，但不影响－1333Pa 组，这说明γ－亚麻酸可能只影响高压动脉压力反应反馈。这可以通过改变压力感受器刺激－反馈关系的灵敏度，或通过将反应操作点移到压力感受器刺激－反馈关系曲线上一个更陡点处来进行调节。在人类高血压疾病中，降低压力反馈也许会造成高血压病人的结构性变化。

4.5.2 血小板功能和血脂

血浆中甘油三酯、胆固醇含量升高及血小板功能障碍（增加凝聚）都是心血管疾病的独立风险因素。γ－亚麻酸对血脂和血小板功能的影响存在争议。Chaintreuil 等[62, 63]发现胰岛素依赖型糖尿病人摄入 2g/d 的γ－亚麻酸会降低血清甘油三酯和胆固醇水平，但摄入 500mg/d 的γ－亚麻酸 6 周却不起作用。在高甘油三酯血症病人体内，尽管血浆和血小板磷脂中γ－亚麻酸和二高－γ－亚麻酸的含量升高，但γ－亚麻酸对血浆甘油三酯水平和血小板功能却没有影响[64]。Viikari 等[65]在一个公开的高脂血症研究项目中未能发现月见草油有降低磷脂的作用，持续摄入月见草油 3 个月，但每个月改变剂量，第一个月

2.4mL，第二个月4.8mL，第三个月7.2mL，观察到血清胆固醇酯、磷脂和甘油三酯中γ-亚麻酸水平的上升。上述研究结果的差异可能是由于剂量的不同所致。Guivernau等[66]给12个高甘油三酯血症人体和12只高甘油三酯血症大鼠连续摄入240mg/d的γ-亚麻酸12周，发现在人体内，血浆甘油三酯、总胆固醇、LDL胆固醇含量显著降低，而HDL胆固醇含量上升。低剂量的二磷酸腺苷和肾上腺素显著降低了血小板的反应活性，血浆中血栓素B_2的水平也降低了。在大鼠体内，血浆6-酮-$PGF_{1\alpha}$含量升高，说明摄入γ-亚麻酸促进了PGE_1的生成。类花生酸类物质的变化可能有助于观察到γ-亚麻酸对血小板凝聚的影响，因为血栓素B_2是一种潜在的血小板凝聚剂。γ-亚麻酸被迅速代谢成二高-γ-亚麻酸，二高-γ-亚麻酸在体外[67]和体内[68,69]研究中显示了抑制血小板凝聚的效应。

Ishikawa等[70]对高胆固醇病人的双盲、正交实验表明γ-亚麻酸降低了血浆LDL胆固醇和载脂蛋白B的含量，提高了HDLX含量，对总胆固醇含量无影响。Jantti等[71]发现风湿性关节炎病人连续12周每天摄入20mL月见草油（约1.8gγ-亚麻酸）后，血浆中载脂蛋白B浓度降低，在这个试验中没有发现γ-亚麻酸对血浆甘油三酯、总胆固醇和HDL胆固醇有影响。Horrobin和Manku[72]研究了月见草油对降低人体胆固醇的影响，发现它对含量高于5mmol/L的血浆胆固醇有降胆固醇作用，而对含量低于5mmol/L的则没有影响。Fukushima等[73]给8周龄大鼠饲喂添加10%的琉璃苣油、棕榈油、紫苏籽油、月见草油或混合油的常规膳食，以及0.5%胆固醇15周，发现富含γ-亚麻酸的膳食降低了血浆总胆固醇以及LDL、IDL和VLDL胆固醇的含量总和。富含γ-亚麻酸膳食的降胆固醇作用可通过改变影响胆固醇吸收的膜脂质组成来介导。Koba等[74]在可可细胞中证实了这一点，细胞与γ-亚麻酸一起培养时，生长的培养基中胆固醇的吸收减弱，而细胞膜中富含γ-亚麻酸、二高-γ-亚麻酸和花生四烯酸。

4.5.3 动脉粥样硬化

动脉硬化是引起心血管疾病患者发病和死亡的最常见原因，其确切原因还不清楚。它是几个疾病的最终结果，包括血管功能障碍（可能由血管系统的损害引起）、炎症细胞（包括单核细胞和中性粒细胞）的恢复、巨噬细胞的活化、血管平滑肌细胞增殖、脂肪的沉积及细胞外基质的合成。氧化LDL胆固醇在动脉硬化初始阶段起一定的作用。它激发单核细胞形成泡沫细胞，这些细胞释放介质激发如钙黏素、血管细胞黏附因子等黏附分子的表达。激发巨噬细胞释放类花生酸类物质和细胞因子类物质，从而激发血管平滑肌细胞增殖，这可能是动脉硬化形成的核心问题。必需脂肪酸是产生类花生酸类物质的基质，炎症细胞的膜组成反映了膳食摄入的各种脂肪酸。通过膳食调控细胞膜组成似乎是控制动脉硬化最容易的方法。Renaud等[75]证明，与饱和脂肪酸膳食相比，多不饱和脂肪酸膳食

（包括γ－亚麻酸）能降低兔子动脉硬化的损害程度。在日本鹌鹑中，月见草油膳食能抑制动脉硬化[76]。Fan 等[77]发现单一月见草油膳食或与鱼油混合对小鼠腹膜巨噬细胞的主动脉平滑肌细胞增殖有抑制作用，抑制作用可通过环氧化酶途径介导，如“消炎痛”（环氧化酶抑制剂）抑制的PGE_1的释放和抗增殖作用一样。添加5－脂肪氧化酶抑制剂到培养基中对月见草油的抗增殖和抑制DNA合成没有影响。用多不饱和脂肪酸（包括γ－亚麻酸、花生四烯酸、α－亚麻酸、EPA或DHA）体外培养内皮细胞，激发低密度脂蛋白氧化，并通过巨噬细胞激发氧化低密度脂蛋白的代谢[78]，这些干预也促进内皮细胞释放超氧阴离子。这些结果表明，人体中多不饱和脂肪酸有促动脉硬化作用。在载脂蛋白E敲除小鼠实验中，月见草油抑制了主动脉平滑肌细胞增殖，降低了动脉血管壁内层厚度和动脉硬化损伤的大小[79]。这些研究证实了γ－亚麻酸能通过抑制动脉硬化斑块的发展从而降低心血管疾病的风险。

4.5.4 心律失常

一些研究表明亚油酸（存在于植物油中）在一些实验模型中发挥了抗心律失常作用，包括缺血－再灌注损伤和邻苯二酚诱导的心律失常。Li 等[80]发现PGE_1和PGI_2对人工培养的、自发性跳动新生大鼠的心肌细胞有抗心律失常作用，而PGD_2、PGE_2、$PGF_{2\alpha}$和TXA_2则引起心律失常。Charnock 等[81]研究了月见草油和黑加仑油对局部缺血诱导的大鼠心室纤维性颤动的影响。他们比较了这两种油与葵花籽油（亚油酸的来源）和羊油（饱和脂肪）的效果，发现与饱和脂肪酸组相比，其他组都显著减少了心室早搏的次数，三组多不饱和脂肪酸间没有差异。但这几种膳食油导致心室纤维性颤动的持续时间不同，饱和脂肪组持续时间最长，其他三种油能明显缩短颤动持续时间，其效能依次为葵花籽油 $<$ 月见草油 $<$ 黑加仑油。月见草油含有与葵花籽油相似含量的亚油酸，另外还含γ－亚麻酸，说明γ－亚麻酸可能起到附加的保护作用。黑加仑油含有月见草油2倍含量的γ－亚麻酸，另外含有α－亚麻酸，因此很难评估黑加仑油的附加保护作用是由高含量的γ－亚麻酸还是γ－亚麻酸与α－亚麻酸的协同作用所致。

4.6 癌症

癌症是个综合术语，其定义为任一器官或组织中细胞的过度生长而导致的一系列症状。癌症能发生在身体的任何部位，症状复杂，病因尚未非常清楚。癌症的风险随年龄的增加而升高，约77%的癌症患者是55岁后被诊断出来。患癌风险因素包括生活方式（膳食、吸烟、酗酒和缺乏锻炼）、辐射、化学药品、感染、遗传（突变）、免疫情况、肥胖和激素。遗传增加了患癌风险但遗传本身与癌症发生无关，还需要其他因素的相互作用。约5% ~10%的癌症患者是遗传而来，因为继承了突变基因。根据美国癌症协会报道（http://www.cancer.org/downloads/PRO/12），2004年预计将有约137万新癌症患者被诊断出来。这个估计值不包括皮肤基底细胞癌和皮肤鳞状细胞癌，以及除膀胱癌之外的任一位置原位癌。预计2004年美国约有56.37万人死于癌症，其中17万与吸烟有关，还有约17万与营养、肥胖、缺乏运动和其他生活方式有关。

癌症的基本治疗方法包括化疗、放疗和手术。预防方法包括改善生活方式和饮食干预。膳食脂肪对癌症的作用是有争议的。许多前瞻性研究发现增加油脂摄入量会增加患癌风险[82~84]，而有些报告却认为在脂肪摄取和癌症之间没有相关性[85~87]。

已有一些关于γ-亚麻酸对各种体外癌细胞系作用的研究，发现其对几种体外肿瘤细胞系和移植到实验动物模型的肿瘤有细胞毒活性。γ-亚麻酸对人肿瘤作用的研究很少。在细胞系中，γ-亚麻酸的作用取决于细胞系种类、剂量和培养时间。Dippenaar等[88]研究了γ-亚麻酸在20μg/mL剂量下对小鼠体外BL6黑素瘤细胞有显著的生长抑制作用（高达70%）。在这一剂量下，γ-亚麻酸不影响正常牛科动物肾脏上皮MDBK细胞的生长，表明γ-亚麻酸可作为抗癌剂，抑制癌细胞生长，而不影响正常细胞。人体肝癌细胞系对γ-亚麻酸的灵敏度有差异，因为它们需要γ-亚麻酸在培养基中连续培养4天才能观察到对肿瘤生长的抑制效果[88]；经过5天的作用，从生长介质中移去γ-亚麻酸，还能再抑制癌细胞生长5天以上[89]。这一观察意味着癌细胞可能缺乏δ-6-脱氢酶，因此不能生成γ-亚麻酸，继而不能生成二高-γ-亚麻酸。癌细胞在细胞膜中结合γ-亚麻酸和二高-γ-亚麻酸，二高-γ-亚麻酸可能通过环氧化酶路径抑制癌细胞生长，如癌细胞系中PGE_1激发形成环状AMP从而引发癌细胞的死亡[90]。1985年，Begin等[91]证实γ-亚麻酸对人前列腺、乳房和肺的癌细胞有生长抑制作用但不影响正常细胞。

进行动物试验来研究γ-亚麻酸对致癌物质引发的癌症的治疗作用。Lee和Sugano[92]给无病原体的Sprague Dawley雌鼠灌胃10mg 7，12-二甲基苯并蒽（DMBA）诱发肿瘤，一周后饲喂含5%月见草油、葵花籽油或者棕榈油的实验膳食，未能观察到月见草油有任何肿瘤抑制作用。在另一项研究中，给50天Sprague Dawley老雌鼠灌胃5mg或10mg的7，12-二甲基苯并蒽诱发乳腺肿瘤[93]，摄入7，12-二甲基苯并蒽后第14天（5mg 7，12-二甲基苯并蒽大鼠）或第21天（10mg 7，12-二甲基苯并蒽大鼠），将大鼠分成两组，并饲喂高脂膳食，一组饲喂的膳食含20%月见草油，另一组膳食含20%玉米油[93]。饲喂月见草油的大鼠良性肿瘤和恶性肿瘤数目明显少得多。月见草油中的亚油酸含量比玉米油中高，亚油酸被认为会促进大鼠和小鼠乳腺癌的发生。两种饮食仅在γ-亚麻酸上存在不同，这表明在月见草油膳食中γ-亚麻酸可能有肿瘤抑制作用。以上两项研究[92,93]结果的差异一方面可能是给大鼠的γ－亚麻酸剂量的不同，另外一方面可能是大鼠免疫情况的不同，因为 Lee 和 Sugano 进行的研究使用的是无病原体大鼠。Gonzalez 等[94]在西班牙的 4 个地区进行了病历对照研究，调查膳食因素和胃癌风险的相关性。Zaragova 是西班牙的一个地区，那里的人们食用琉璃苣叶子和茎，通常水煮。调整水果蔬菜和热量摄入量后，观察到胃癌风险和琉璃苣摄入之间呈强的负相关。当人口被四等分，负相关性显示出强的剂量响应效应。通过分析，发现煮熟的琉璃苣叶子约含γ－亚麻酸 4.4%，而煮熟的茎含γ－亚麻酸 14.6%。这是关于琉璃苣膳食摄入量与胃癌风险之间相关性的首次研究。因为很少有人习惯食用琉璃苣，很难进行重复研究，因此这项研究不能明确地认定琉璃苣叶子和茎中的γ－亚麻酸是抗癌剂。

为验证γ－亚麻酸的细胞毒性作用是否被前列腺素路径所介导，Botha 等[95]将人的乳腺癌细胞系 NUB1 与 50μL 的γ－亚麻酸或二高－γ－亚麻酸一起培养，来研究其对前列腺素生成和细胞生长的作用。观察到γ－亚麻酸对 NUB1 细胞的生长有抑制作用，还伴随着生成前列腺素 E 和前列腺素 F 的增加。另一方面二高－γ－亚麻酸显著提高了这些前列腺素的含量但对细胞生长没有影响，表明γ－亚麻酸是通过其他机制抑制癌细胞生长的。Kenny 等[96]给 38 名乳腺癌患者服用 2.8g γ－亚麻酸与 20mg 他莫西芬（tamoxifen）合剂，对照组的 47 名乳腺癌患者仅服用 20mg 他莫西芬，观察到γ－亚麻酸与他莫西芬起协同作用，抑制了肿瘤细胞中雌激素受体的表达，提高了他莫西芬的效能。γ－亚麻酸＋他莫西芬小组的患者在 6 周的治疗中显示了对治疗的早期响应，并且显著提高了生活质量。γ－亚麻酸治疗被 42% 的病人所接受，没有副作用的报告，总体感觉良好。34% 的患者得到了肠排便习惯的改善，有大便通畅的趋势（许多老年患者发现了这一好处）。在早期的响应者中γ－亚麻酸组雌激素受体（ER）表达的抑制效果强于单独服用他莫西芬组。γ－亚麻酸组 6 周还下调了 bcl－2 基因的表达，而他莫西芬组对 bcl－2 蛋白质无影响或短时增加。bcl－2 起到预防凋亡细胞死亡的作用，这观察意味着，通过抑制抗凋亡细胞蛋白质的表达，γ－亚麻酸可激发癌细胞的凋亡细胞死亡，达到 6 周快速响应。

γ－亚麻酸在癌症实验模型中表现出能抑制癌症转移的效应。有报道称恶性癌细胞中尿激酶浓度的升高起到癌症侵袭和转移的作用。du Toit 等[97]研究了γ－亚麻酸对尿激酶活性的影响，观察到γ－亚麻酸可有效抑制 Ki 值为 120μmol/L 的尿激酶活性。随后的研究中，又观察到γ－亚麻酸抑制人前列腺肿瘤细胞（DU－145）中尿激酶活性[98]。这些观察意味着γ－亚麻酸通过抑制尿激酶活性，可能在防止癌症转移中起作用。Jiang 等[99]研究了γ－亚麻酸对由肝细胞生长因子诱发的三种结肠癌细胞系（HT115、HT29 和 HRT18）的运动性和侵袭力的影响，观察到γ－亚麻酸及其锂盐减少了所有癌症细胞的转移和侵袭，途径是上调 E－钙黏蛋白的表达和抑制癌细胞对纤连蛋白的附着，而不影响纤连蛋白受体。转移的第一步需要肿瘤细胞从主肿瘤分离，通过增加 E－钙黏蛋白的表达，γ－亚麻酸增加了肿瘤细胞的黏性，因此减少了癌细胞转移的发生。随后研究中，他们进一步证明了减少转移和增加黏性的是 E－钙黏蛋白呈阴性（HT115 和 MDA－MB 231）的肿瘤细胞，意味着是其他机制在减少癌细胞的侵袭力方面起作用。他们报道了通过增强桥粒芯糖蛋白的表达加快细胞桥粒的形成。细胞桥粒起到增强细胞与细胞间黏着力的作用，γ－亚麻酸可通过增加肿瘤细胞的黏合性，使其不能分离，因此也就不能转移，从而阻止癌细胞转移。与此同时，γ－亚麻酸抑制了细胞－基质相互作用，但确切的机理不清楚。整合素在细胞－基质相互作用中起主要作用。γ－亚麻酸可在几个阶段中抑制这种相互作用，途径是抑制黏着斑激酶和桩蛋白的激活作用。这两个分子都被酪氨酸磷酸化激活，但肿瘤细胞中的γ－亚麻酸抑制这种激活作用。γ－亚麻酸也上调了转移抑制基因 nm－23 的表达[100]，有关各种癌症的报道中，γ－亚麻酸都抑制了 nm－23 基因的表达，包括结肠直肠癌、乳房癌、肝癌、卵巢癌和膀胱癌。这些研究表明γ－亚麻酸可在基因水平作用于不同靶体以减少癌症的转移和侵袭力。Jiang 等[101]指出，γ－亚麻酸通过提高过氧化物酶体增殖因子活化受体－γ（PPAR－γ）的磷酸化，来抑制这些受体的激活作用。磷酸化时，受体迁移到细胞核膜并调控各种基因的表达。用反义寡核苷酸除去 PPAR－γ，破坏了γ－亚麻酸对黏着分子和肿瘤抑制基因表达的效果。

4.6.1 前列腺癌

γ－亚麻酸显示出抑制雄激素敏感性（LNCaP）和雄激素不敏感性（PC3）人前列腺癌细胞系中 5α－还原酶活性的效应[102]，这意味着γ－亚麻酸也许可用作雄激素依赖性前列腺癌和皮肤癌的抗癌剂。

4.6.2 神经胶质瘤

遭受恶性大脑神经胶质瘤的患者常采用辐射、化疗和手术治疗等损害性较大的治疗方法，尽管手术与另外两种治疗方法相结合是首选方案，治疗后通常只能存活约一年[103, 104]。Naidu 等用γ－亚麻酸治疗在组织化学上确诊为恶性神经胶质瘤的 6 名患者，其中 4 名每天服用 1mg γ－亚麻酸，共 10d，而另外两名只是隔天服用。手术后 10 天开始用此γ－亚麻酸治疗，治疗开始后所有患者立刻表现出标记肿瘤坏死。这 6 名患者，三人在 2 年后仍活着，2 人失去联系，1 人死亡。治疗过程中及治疗后未观察到副作用。在后来的随访中，作者没有观察到任何残余肿瘤增大或肿瘤再生。基于此研究结果，作者又治疗了 15 名患者，发现存活时间由 1 年和 1 年半增加到 2 年，这项研究也证实了γ－亚麻酸能促使肿瘤细胞坏死和γ－亚麻酸的安全性。他们也向正常狗的大脑内注射了γ－亚麻酸，没有发现细胞毒性影响[106]。这些研究结果表明，直接注射γ－亚麻酸进入肿瘤块对恶性神经胶质瘤有潜在的治疗作用。

4.6.3 肝癌

Merve[107]等采用月见草油对早期肝癌（致命疾病）患者进行了一次双盲安慰剂对照试验。患者随机分配到γ－亚麻酸组或安慰剂组。γ－亚麻酸组患者每天服用36颗胶囊，含18g月见草油，其中含γ－亚麻酸1.44g；对照组服用同量的橄榄油。平均存活时间为治疗组58d，安慰剂组42d，统计学上差异不显著。治疗组7名患者谷酰基转氨酶活性降低，而安慰剂组仅有2名，这个差别在统计学上显著，这意味着月见草油可能对抑制肿瘤有效果。在这项研究中，患者肿瘤重达3kg，意味着癌症晚期。可能γ－亚麻酸的剂量不足以获得对存活时间产生统计学上显著的影响。一个主要的发现是，患者的自我评估显示，服用月见草油的小组生活质量较高。Falconcer等[108]研究了γ－亚麻酸锂盐对18名患不可切除胰腺癌患者的作用，患者接受了或血管绕道手术或胰脏内镜支架。这些患者静脉注射γ－亚麻酸10d，然后口服γ－亚麻酸。在注射期间，前5d γ－亚麻酸药量逐渐增加，然后用最大允许药量继续注射5d，这5d患者接受的平均药量为5.7g γ－亚麻酸锂盐，之后平均口服药量为3g。他们的生存期中值为8个月，4名患者仍活着，这些患者普遍预期的生存期为3～6个月。γ－亚麻酸的治疗增强了T细胞功能，减少了TNF生成。这个报告中，虽然报道了治疗的接受度很高，但研究的设计没有明确定义，因此难以评估该方案对病人存活的有益作用。

4.6.4 γ－亚麻酸的抗癌作用机理

γ－亚麻酸抗癌的确切机理不是非常清楚而且可能取决于癌症类型。许多癌细胞显示出缺乏磷脂酶A_2（PLA_2）和δ－6－去饱和酶活性。PLA_2对游离脂肪酸从膜磷脂中的释放至关重要，释放的游离脂肪酸，像二高－γ－亚麻酸、花生四烯酸、EPA等，作为环氧化酶和脂氧化酶的底物生成前列腺素和白细胞三烯。Δ6－去饱和酶对膳食亚油酸转化为γ－亚麻酸起重要作用，摄入γ－亚麻酸能绕过这些代谢步骤显示抗癌作用。γ－亚麻酸是多不饱和脂肪酸，能增加癌细胞中的脂质过氧化作用。自由基与几种抗癌药物的细胞毒作用有关。

γ－亚麻酸可能通过氧化机理显示它的抗癌作用[109]。Leaver等[110]分析了30个神经胶质瘤病例中γ－亚麻酸和花生四烯酸通过细胞坏死和凋亡对自由基的生成和细胞死亡的影响。脑组织样品从做手术的患者中得到，患者的肿瘤分为1～4级。肿瘤细胞一般比正常细胞产生的自由基少，肿瘤细胞中晚期肿瘤（等级4）产生的游离自由基总量较高。γ－亚麻酸和花生四烯酸使普通细胞和肿瘤细胞的自由基生成量均增加；肿瘤细胞中自由基生成量比普通细胞更高，并且神经胶质瘤细胞中γ－亚麻酸比花生四烯酸生成更多的自由基。这项研究中，坏死细胞比非坏死细胞产生的自由基少，用γ-亚麻酸或花生四烯酸培养时，它们显示出游离自由基生成的增加幅度所有降低。坏死细胞富含吞噬细胞，因此表明神经胶质瘤与γ-亚麻酸或花生四烯酸共同培养时，主要是γ-亚麻酸或花生四烯酸促进了肿瘤细胞中游离自由基的生成，而吞噬细胞不是游离自由基的主要来源。这一观察也表明，与癌症治疗方法相比，γ-亚麻酸对健康细胞没有毒性作用，可能是因为它不会促进吞噬细胞形成游离自由基。吞噬细胞会在几个位点释放自由基从而损伤健康细胞。

γ-亚麻酸通过抑制细胞增殖或加快凋亡细胞的死亡显示出抑制癌症细胞生长的作用。De Kock 等[111]阐述了γ-亚麻酸对人体骨肉瘤细胞（MG-63 细胞）和人体上皮宫颈癌细胞（HeLa 细胞）所起的作用是不同的。对于 MG-63 细胞，γ-亚麻酸诱发的有丝分裂抑制涉及非正常中期细胞纺锤体的形成和在 G1 期和 S 期蛋白质合成的抑制。HeLa 细胞对γ-亚麻酸的反应不同，其染色体高度凝聚增强，表明凋亡细胞的死亡增加与所有 G1 期和选择性 S 期蛋白质合成的增加有关。随后进行的关于 HeLa 细胞的研究中，他们进一步证明了γ-亚麻酸抑制 MAP 激酶路径和 c-Jun 的表达。c-Jun 是涉及细胞增殖的转录因子，可被 MAP 激酶所激活，因此γ-亚麻酸在引发 HeLa 细胞凋亡过程中可干扰细胞核活动过程[112]。Jiang 等[113]观察到 $p27^{kip1}$ 和 $p57^{kip2}$ 磷酸化作用的减弱，它们是细胞周期素依赖性激酶的抑制剂，并且在有丝分裂连续生长中起作用（从 G1 期到 S 期递进）。磷酸化的减少导致这些蛋白质与细胞周期素依赖性激酶（包括 CDK4、cyclin E 和 CDC2）结合的增加。Seegars[114]研究了 p53 蛋白质参与凋亡细胞死亡的情况，这一死亡由含有原株和突变体 p53 的皮肤成纤维细胞和淋巴母细胞中的γ-亚麻酸和花生四烯酸所诱发。他们证实了早期的观察，正常细胞没有受到γ-亚麻酸任何可感知的影响，他们也观察到对正常细胞而言，花生四烯酸比γ-亚麻酸更具有毒性，γ-亚麻酸仅在大剂量时才导致正常细胞的凋亡。转化的细胞对由γ-亚麻酸诱导的凋亡细胞的死亡更敏感。p53 未显示在γ-亚麻酸诱导的细胞凋亡中起作用，因为含原株和突变体 p53 的转移细胞对γ-亚麻酸诱导的凋亡有应答。

4.7 免疫功能和自身免疫性疾病

免疫功能是一个非常复杂的体系，包括不同细胞的相互作用、体液和细胞因素等。免疫细胞，包括淋巴细胞、多核白血球、单核细胞、脾细胞、枯否细胞等，在它们的膜磷脂中有高含量的多不饱和脂肪酸，其构成可由膳食干预来调整。γ-亚麻酸被炎症细胞所占据并被迅速延长生成二高-γ-亚麻酸。在一些物种中，它可以去饱和化成为花生四烯酸，但是在人体免疫细胞中不能去饱和化，可能是受免疫细胞中没有δ－5－去饱和酶所限。游离二高－γ－亚麻酸通过磷脂酶A_2的作用从膜磷脂中释放出来，并与花生四烯酸竞争环氧化酶和脂氧化酶。二高－γ－亚麻酸产生PGE_1和血栓素A_1（TXA_1）。Horrobin[115]详细综述了PGE_1的作用，主要是抗炎和扩张血管。二高－γ－亚麻酸由15－脂氧化酶产生15－二十碳三烯酸（15－HETrE）。二高－γ－亚麻酸这种代谢产物是5－脂氧化酶的强抑制剂，通过它抑制中性粒细胞产生白三烯B_4（LTB_4）[116]。LTB_4有多样化的炎症作用：它是潜在趋化因子，在炎症端吸引中性粒细胞，增强白血球对内皮细胞的吸附，增加体外T淋巴细胞的迁移，刺激T细胞释放干扰素γ和IL－2，并且促进单核细胞中IL－1的生物合成。因此，吃富含γ－亚麻酸的油有潜在的调节免疫功能的作用。几项体外和体内研究调查了γ－亚麻酸对免疫功能的影响。

Ziboh和Fletcher[117]给志愿者每人每天摄入来源于琉璃苣油的γ－亚麻酸0.48g或1.5g，为时6周，观察到钙离子载体激发人体中性粒细胞释放LTB_4受到的剂量依赖性抑制。多形核中性粒细胞（PMN）磷脂二高－γ－亚麻酸的上升和LTB_4生成的抑制之间未观察到线性关系。Kaku等[118]观察到膳食γ－亚麻酸对大鼠腹膜渗出液细胞产生的LTB_4有抑制作用。他们也报道了γ－亚麻酸激发肠系膜淋巴结白血球产生免疫球蛋白。这种激发显示γ－亚麻酸可能加强食道免疫应答，并且可能防止过敏反应。

Santoli和Zurier[119]研究了二高－γ－亚麻酸、花生四烯酸和EPA对有丝分裂原诱导的人体外周血单核细胞（PBMCs）产生白细胞介素2（IL－2）的影响。观察到花生四烯酸或二高－γ－亚麻酸以剂量依赖方式抑制IL－2的生成，EPA只在一些供体中显示抑制作用。环氧化酶抑制剂“消炎痛”导致IL－2释放量增加并且抑制了PBMCs中PGE释放。它抑制了脂肪酸培养的PBMCs释放PGE，但是没有弱化脂肪酸对IL－2的抑制作用，这表明花生四烯酸和二高－γ－亚麻酸对IL－2释放的抑制作用不是通过前列腺素路径介导的。IL－2释放的抑制可能由γ－亚麻酸和二高－γ－亚麻酸对早期应答基因的影响来介导，因为这两种脂肪酸都显示出降低了T细胞中c－fos的增加和c－myc致癌基因的减少[120]。DeMarco等[121]观察到对IL－2依赖的T－淋巴细胞增殖减少，T－淋巴细胞从关节炎患者的滑膜组织和滑膜液中分离。Rotondo等[122]研究了γ－亚麻酸、二高－γ－亚麻酸、花生四烯酸和EPA对IL－1诱导的胸腺淋巴细胞的增殖作用，观察到在抑制IL－1诱发的淋巴细胞增殖作用方面，γ－亚麻酸比二高－γ－亚麻酸更弱。这些脂肪酸的活动不是通过前列腺素路径介导的，因为环氧化酶抑制剂对这些脂肪酸的活动无影响，它们也许直接作用于淋巴细胞。Rothman等[123]观察到二高－γ－亚麻酸激发人体外周单核细胞中IL－1β的产生，与脂多糖一起培养进一步激发了IL－1β的生成。细胞内IL－1β完全是IL－1β前体。与二高-γ-亚麻酸一起培养也激发了IL-1β前体和少量成熟IL-1β的释放。脂多糖未能刺激PBMC进一步释放IL-1β，这可能是16h的培养期中单核细胞成熟化为巨噬细胞的缘故。据报道，成熟巨噬细胞在脂多糖刺激下释放的IL-1β数量减少。Rothman等[123]的观察与预期相反，由于γ-亚麻酸和二高-γ-亚麻酸的消炎作用，预期是IL-1β的生成量和释放量减少。这可能与实验的设计有关，他们培养细胞24h后与脂多糖一起培养16h。DeLuca等[124]激发PBMCs 30min，随后与脂多糖一起激发16h，观察到γ-亚麻酸和二高-γ-亚麻酸使脂多糖诱导释放的IL-1β和TNFα剂量依赖性减弱。EPA也抑制了介导物的释放，但要求两倍剂量。志愿者服用2.4gγ-亚麻酸作为单次量时，观察到这些介导物的释放有相似的减少。

最近Furse等[125]的一项研究论证了脂多糖激发的IL-1β释放量被IL-1进一步提高，这个过程称作自动引发。γ-亚麻酸抑制脂多糖激发的单核细胞释放IL-1β，主要通过抑制自动引发过程。这意味着γ-亚麻酸可能通过抑制IL-1β的过度释放来防止炎症，但是它不干涉IL-1β的基底释放，这一特点可保护宿主。

γ-亚麻酸和二高-γ-亚麻酸抑制PMA激发的T淋巴细胞中蛋白激酶C（PKC）的活性，然而，仅γ-亚麻酸抑制基底PKC的活性。γ-亚麻酸和二高-γ-亚麻酸都激发PKC从细胞溶质迁移到细胞膜[126]。γ-亚麻酸和二高-γ-亚麻酸抑制单克隆抗体——抗CD3引发的T细胞的细胞内钙的早期和晚期上升，也抑制肌醇-1，4，5-三磷酸盐（IP3）生成量的增加[127]。T细胞的激发导致IP3和甘油二酯的生成。通过细胞内储存（SR）中钙离子的释放，IP3激发细胞内钙离子的早期上升。甘油二酯激发PKC的形成，PKC使细胞中几种蛋白磷酸化，并导致细胞内钙离子的晚期上升。γ-亚麻酸和二高-γ-亚麻酸促进PKC向多孔膜迁移，此处它们抑制磷脂酰肌醇的转换。这些研究为γ-亚麻酸和二高-γ-亚麻酸干预信号转导通路并且对T细胞发挥抗增殖作用这一假说提供了有力的支持，这些作用可能介导γ-亚麻酸和二高-γ-亚麻酸的免疫调节和消炎作用。

Wu等[128]研究了补充黑加仑油对健康老年志愿者免疫功能的影响。他们分离了补充前、后的单核淋巴细胞，研究了IL-1β、IL-2和PGE_2的释放，以及淋巴细胞对于有丝分裂原应答的增殖，有丝分裂原包括伴刀豆凝集素A和植物型血红素凝结素A（PHA）。摄入黑加仑油对淋巴细胞应答伴刀豆凝集素A的增殖没有影响，但增加了对植物型血红素凝结素A应答的增殖；对IL-1β和IL-2的释放没有影响，但PGE_2的释放显著降低。补充黑加仑油也增强了迟发型超敏（DTH）应答，表现在24h硬结总直径的增加和对特殊抗原（破伤风类毒素和须癣毛癣菌）的应答。老年人迟发型超敏应答衰退，可能会造成发病率和死亡率的增加。在这项研究中，志愿者2个月里每天服用675mg γ-亚麻酸和653mg α-亚麻酸，因此不能把结果仅归功于γ-亚麻酸。Nerad等[129]论述了健康的志愿者通过摄入琉璃苣油获取2gγ－亚麻酸12个星期导致硬结总分值增加，表明Wu等[128]观察的硬结增加可能由黑加仑油γ－亚麻酸所引起。这些研究观察到免疫活性增强了可能是由于PGE_2的减少，众所周知，它是淋巴细胞增殖和T细胞功能的抑制剂。Zurier等[130]观察了γ－亚麻酸、二高－γ－亚麻酸、花生四烯酸和EPA的体外T淋巴细胞增殖抑制。这些脂肪酸中，γ－亚麻酸和二高－γ－亚麻酸比花生四烯酸和EPA更有效。这一研究需要将淋巴细胞与脂肪酸预培养，但不需要γ－亚麻酸或二高－γ－亚麻酸持续存在以抑制增殖，这意味着γ－亚麻酸或二高－γ－亚麻酸是结合在细胞膜磷脂上的，并可对增殖产生抑制作用。这些脂肪酸与刺激剂一起加入，或在刺激剂之后加入对T细胞的增殖没有影响，表明它们在信号传导的早期相互作用。而信号传导的早期导致增殖的抑制。因此，被测试的脂肪酸可能减少了刺激剂引发增殖所必需的胞内钙离子的增加。

4.7.1 风湿性关节炎

风湿性关节炎是一种自身免疫病，以关节发炎和软骨组织损伤为特征，上面讨论的几项研究论述了含γ－亚麻酸油的消炎能力，这些研究意味着富含γ－亚麻酸的油可用于治疗发炎。

Tate等[131]证明了富含γ－亚麻酸的饮食能减少大鼠尿酸单钠盐诱发导致的炎症。γ－亚麻酸抑制了多形核白细胞的补充、晶体的吞噬作用和溶酶体酶的释放。在随后的一项关于Freund佐剂引发的大鼠关节炎的研究中，作者论述了γ－亚麻酸的消炎作用[132]。γ－亚麻酸的消炎作用与囊壁细胞抑制增殖及维持细胞结构相关。Hansen等[133]给20名关节炎患者每天服用4g月见草油（含有360mg γ－亚麻酸）和锌、抗坏血酸、烟酸和吡哆醇共12个星期，发现对关节炎的几项参数没有任何影响（关节变软和肿胀的数目、疼痛、红血球沉降速率，早晨僵硬持续时间等）。γ－亚麻酸未能发挥任何作用可能是由于剂量低、治疗期短导致的。Belch等[134]研究了服用540mg/d或450mg/d的γ－亚麻酸和240mg/d的EPA对关节炎症状和非甾体抗炎药需求的作用。他们持续治疗了12个月，在第12个月末观察到患者显著降低了对非甾体抗炎药的需求。12个月后停止γ－亚麻酸治疗，三个月后，所有患者都需要全剂量的非甾体消炎药，表明γ－亚麻酸或EPA有节省非甾体抗炎药的作用，而不是缓和疾病的药剂。在一项开放型的临床研究中，关节炎患者摄入1.1gγ－亚麻酸12个星期，炎症和PGE_2、LTB_4和LTC_4的释放都减少了[135]。Laventhal等[136]在一次随机的安慰剂对照试验中，给关节炎患者服用含1.4gγ－亚麻酸的琉璃苣油6个月，观察到肿胀关节数和分值、关节软化数和分值以及血小板数显著减少，还观察到早晨僵硬减少了33%。γ－亚麻酸治疗的唯一副作用是打嗝、气胀和大便软化。Zurier等[137]将药量增加到2.8gγ－亚麻酸进行了重复试验。在这次试验中，患者被随机化地分组，或每天服用含2.8gγ－亚麻酸琉璃苣油，或服用安慰剂，6个月以后，所有患者都换成γ－亚麻酸治疗。γ－亚麻酸小组的患者在6个月末显示肿胀关节数和分值、早晨僵硬及关节软化数和分值减少。在第12个月末，一开始就进行γ－亚麻酸治疗的患者症状持续显示有所改善。服用安慰剂6个月后的患者，服用γ－亚麻酸后症状也开始改善。γ－亚麻酸组患者前6个月里身体状况没有恶化，但在第12个月末，2名病人（21人中）状况恶化。21人中有7人要求减少非甾体消炎药或强的松的剂量。停止琉璃苣油治疗三个月后，大多患者症状恶化，表明要减轻症状必须继续服用琉璃苣油。

总之，对含γ－亚麻酸油的研究显示，γ－亚麻酸大约缩短早晨僵硬时间73min并且具有减少NSAID用量的作用。然而，对于治疗关节炎所需要的γ－亚麻酸剂量尚未明确，各类研究中从340mg/d到2.8g/d γ－亚麻酸都有使用过。

4.7.2 急性呼吸窘迫综合征

急性呼吸窘迫综合征（ARDS）是一种急性的、对肺损伤严重的疾病。急性呼吸窘迫综合征患者有严重的呼吸急促，需要呼吸机呼吸。急性呼吸窘迫综合征与肺的毛细血管渗透性增加、肺水肿、肺血管阻滞的增加和进一步的血氧不足是相联系的，急性呼吸窘迫综合征也可能导致其他器官损坏和衰竭。急性呼吸窘迫综合征确切的致病原因还不清楚，可能的几个因素是胸创伤，败血症和细菌感染等。在细胞水平看，无氧自由基、细胞因子和前列腺素可能起作用。最近的研究热点是通过调节膳食来减少炎症和促炎介质的产生。花生四烯酸的氧化新陈代谢导致促炎介质的形成，包括PGE_2、TXB_2、LTB_4等。LTB_4是潜在的趋化因子，吸引中性粒细胞并且加剧对组织的损伤。γ－亚麻酸及其代谢产物二高－γ－亚麻酸通过形成消炎介质，如PGE_1和15－HETrE，减少花生四烯酸源性炎症介质的产生，从而对抗花生四烯酸的影响。Kumar等[138]观察了已确诊的急性呼吸窘迫综合征患者，当花生四烯酸数量较低时，病情有发展的风险，此类病人γ－亚麻酸、二高－γ－亚麻酸、α－亚麻酸和EPA的血浆磷脂水平显著降低。这项研究显示用γ－亚麻酸和EPA的治疗可保护患者。Gadek等[139]对急性呼吸窘迫综合征患者进行了一次多中心、双盲、安慰剂对照临床实验。治疗小组（51名患者）通过胃或肠管灌注摄入琉璃苣油和鱼油的混合物［每天（5.8 ±0.3）gγ－亚麻酸、（6.9 ±0.3）g EPA和（2.9 ±0.1）g DHA］和抗氧化剂，与对照组相比，第4天细支气管肺泡液中总细胞和中性粒细胞数量显著减少，这与动脉氧化作用的改善有关。治疗小组的患者对呼吸机和补充供氧的需求降低，在ICU的天数少于对照组的患者。治疗小组患者几乎没有新的器官衰竭，这一点很显著，并且治疗小组感染人数减少17%。由于这项研究使用了EPA、γ－亚麻酸与抗氧化剂组合，虽然为使用EPA和γ－亚麻酸组合提供了有力支撑，但很难单独区分γ－亚麻酸的作用。

Murray 等[140]研究了给猪注入 *E. coli*（大肠杆菌）内毒素引发急性肺损伤后鱼油或鱼油与琉璃苣油组合对心血管功能的影响。发现鱼油或鱼油与琉璃苣油组合削弱了肺损伤引发的心血管功能衰退，与单独使用鱼油相比，鱼油与琉璃苣油组合具有协同作用（见图 4.2 上图）。在 4h 的实验期间，鱼油与琉璃苣油组合比对照组或单独使用鱼油的小组有更低的肺血管阻力（见图 4.2 下图）。这项研究另一个有趣的发现是γ－亚麻酸与 EPA 组合阻止了循环中血小板的损失，而单独的 EPA 没有这个作用，这一观察结果表明，γ－亚麻酸减少了体内血小板的聚集和附着性。在 EPA、EPA ＋γ－亚麻酸小组中，观察到肺泡液中的 TXB_2 数量显著减少，EPA ＋γ－亚麻酸小组中 6－酮类前列腺素 F1α 也显著减少，这表明，通过阻止花生四烯酸少形成促炎性和血管收缩代谢产物，可以调节治疗的效果。在随后一项研究中，给猪服用 EPA 或 EPA ＋γ－亚麻酸，通过降低油酸浓度，提高二高－γ－亚麻酸、EPA 和 DHA 的浓度，改变了肺表面活性物质的成分，而对肺顺应性或表面活性功能没有影响。Mancuso 等[141]观察鱼油与琉璃苣油组合减少了内毒素引发的大鼠肺微血管蛋白质渗透率升高，这与由肺泡巨噬细胞生成的 LTB_4、TXA_2和 PGE_2的减少有关。另外，

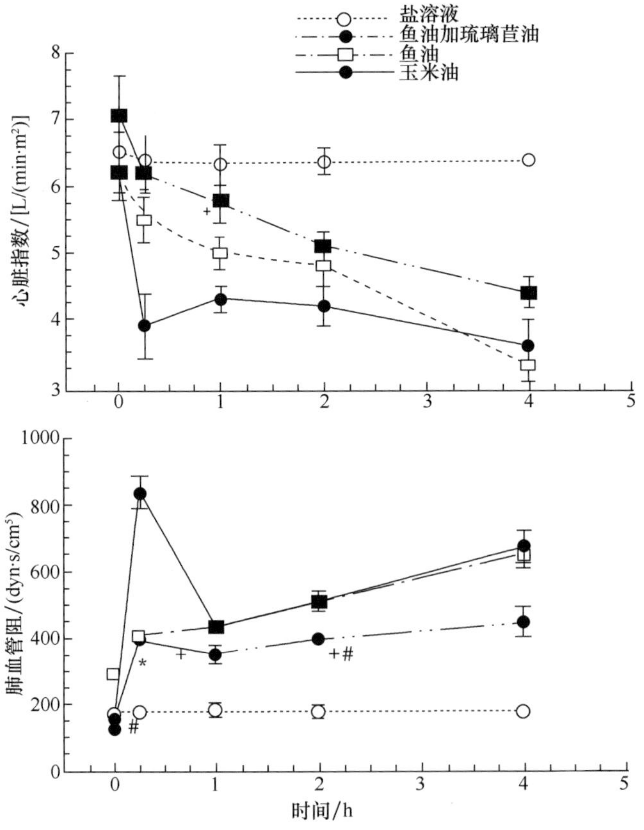

图 4.2　各种治疗对心血管指数（上图）和肺血管阻力（下图）的影响，资料来源参考文献［140］

这一治疗还减少了内毒素引发的早期和晚期低血压症。

4.8 皮肤状况

皮肤是人体最大的器官，提供保障功能，可保护内部器官免受环境中毒素和细菌的侵害，在体温调节、感官知觉和排泄方面也有重要作用。皮肤能不断更新。Burr[142]发现，食用不含油脂食物的大鼠会出现干燥、鳞片皮肤，表明油脂在维持皮肤正常生理机能方面的作用。随后的研究表明，皮肤含有必需脂肪酸（EFA），是一个活跃的新陈代谢器官，可延长脂肪酸碳链，但不能使其去饱和。这一资料表明，皮肤细胞吸收亚油酸（γ-亚麻酸、二高-γ-亚麻酸和花生四烯酸）及α-亚麻酸（EPA、DPA和DHA）的长链代谢产物。

如果缺乏必需脂肪酸，皮肤中亚油酸、二高-γ-亚麻酸、花生四烯酸水平降低，当表皮逐渐失水时会造成干燥和鳞片状皮肤。研究表明，缺乏必需脂肪酸的大鼠、小鼠、豚鼠的皮肤会出现增生症（棘层增厚、颗粒层增厚、角化过度）与DNA合成的增加，亚油酸水平显著降低，而蜂蜜酸含量上升（20:3 $n-9$，缺乏必需脂肪酸特有的异常脂肪酸）。补充含大剂量红花籽油（富含亚油酸）或较小剂量的月见草油（富含亚油酸和γ-亚麻酸）的膳食，可以改变上述因缺乏必需脂肪酸引起的皮肤症状，而鱼油不能改善上述症状[143]。在这项研究中，发现皮肤磷脂中EPA、DPA和DHA水平上升了，但亚油酸没有。这项研究通过标记不饱和脂肪酸培养也证实了皮肤Δ-6脱氢酶和Δ-5脱氢酶缺乏活性，表明皮肤不能代谢亚油酸或α-亚麻酸。

4.8.1 异位性皮炎

异位性皮炎（或湿疹）是一种皮肤疾病，特点是干燥，瘙痒及皮肤高度过敏，常见于儿童，但可能发生在任何时间和年龄段。湿疹可以遗传，确切致病原因还不清楚。在必需脂肪酸发现后不久，观察到患异位性湿疹婴儿的亚油酸和花生四烯酸水平较低[144]，而补充含有亚油酸和花生四烯酸的猪脂则非常有效[144]。非常高剂量的亚油酸（20~50g）能部分减轻湿疹的症状，但血液中亚油酸代谢产物的含量没有上升。随后，患有异位性皮炎的成年人血浆磷脂中有较高浓度的亚油酸和较低浓度的γ-亚麻酸、二高-γ-亚麻酸和花生四烯酸[145]，这表明异位性皮炎患者可能在Δ-6-去饱和作用方面存在缺陷。这些病人对外敷烟酸也没有潮红反应，表明他们在前列腺素途径上有缺陷，不能生成血管扩张前列腺素。随后的研究显示，与正常人的母乳相比，异位性皮炎患者母乳的二高-γ-亚麻酸水平低[146, 147]，婴儿从母乳中获取营养，当不能摄入足够量的二高-γ-亚麻酸时也容易患皮炎。

基于上述研究，理论上服用γ－亚麻酸或二高－γ－亚麻酸似乎有助于防止或治疗异位性皮炎。Wright 和 Burton[148]进行了月见草油的双盲、安慰剂对照临床试验，招募了患有中度至重度异位性皮炎的60个成年人和39个儿童。成年病人组每天服用4、8或12个胶囊，而儿童组每天服用2或4个胶囊，每个胶囊含有45mg的γ－亚麻酸，安慰剂是液体石蜡，治疗持续12周。他们发现，低剂量的γ－亚麻酸只能缓解瘙痒，而其他两组服用高剂量γ－亚麻酸的成人患者皮肤瘙痒和鳞片状症状都有改善，医师和病人评估总体来说病情减轻。在这项研究中儿童的缓解情况没有成年人好，可能是因为γ－亚麻酸剂量不足或高安慰剂效应。Manku 等[149]分析上述实验中成人患者血液样本来研究血浆磷脂脂肪酸，发现异位性皮炎患者的亚油酸水平较高，亚油酸的分散程度也非常高，这些患者的二高－γ－亚麻酸及花生四烯酸含量较低。每天服用4个胶囊的患者，血液γ－亚麻酸或二高－γ－亚麻酸或血浆 PGE_1 的水平没有受到影响，而每天服用8个和12个胶囊的患者，二高－γ－亚麻酸和 PGE_1 水平均有明显上升。Schafer 和 Kragballe[150]指出，异位性皮炎患者的中性粒细胞和表皮中有高水平的单不饱和脂肪酸（MUFAs），与疾病严重程度呈正相关，另含有较低比率的 $n-6$ 多不饱和脂肪酸/单不饱和脂肪酸。每天服用6g月见草油10个星期，$n-6$ 多不饱和脂肪酸/单不饱和脂肪酸比例会增加，中性粒细胞和表皮磷脂中的二高－γ－亚麻酸含量也会增加。他们没有评估这项治疗的效果，因为允许患者使用润肤剂，这项研究不能说明γ－亚麻酸有治疗皮炎的效果。在另一大型的多中心研究中，179例湿疹患者每天服用4g月见草油，皮肤科医生的评估结果显示了他们的临床改善。Scarff 和 Lloyd[151]研究了服用月见草油对患皮炎的狗进行治疗的效果，前3周给狗喂食橄榄油作为安慰剂，后9周喂食橄榄油或月见草油，第9周末治疗方式转换为无清洗期。观察到前3周喂食橄榄油时，所有的狗病情均发生恶化；第一次治疗期间，由于橄榄油组的安慰剂效应，所有狗的情况都有改善；第二次治疗期间，橄榄油组的狗病情更糟，而喂食月见草油的狗情况有改善。他们发现，喂食月见草油治疗的次序不同会产生交互作用，阳性药物和安慰剂之间无清洗期的治疗可引起这种交互作用。Fiocchi 等[152]评估了治疗儿童异位性湿疹的安全性和有效性。他们让这些儿童（平均年龄11.4个月）每天服用3g的γ－亚麻酸持续28d，虽然在红斑、表皮脱落、苔藓样硬化等症状上有改善，但没有儿童完全康复。他们还发现瘙痒明显减轻，而且未发现治疗给抗组胺药的使用带来副作用。Borrek 等[153]进行了由24名异位性湿疹患者参与的双盲交叉试验来比较琉璃苣油与玉米油的治疗效果。受试者年龄在3～17岁之间，每天服用360mg的γ－亚麻酸持续10～14周。他们观察到两组之间没有任何差异，安慰剂组也显示有治疗效果。在这项研究中，10名服用琉璃苣油的患者有明显改善，他们与无反应者相比没有任何特征差异（年龄、性别、症状的严重程度等）。因为安慰剂效应较强，受试者人数也太少，所以琉璃苣油的效果也被掩盖了。

湿疹性皮肤与正常皮肤相比有很高的表皮失水量。Hartop 和 Protty[154]发现，对于因缺乏必需脂肪酸而造成皮肤干燥的大鼠，纯γ-亚麻酸甘油三酯可减少表皮失水量。当必需脂肪酸缺乏时，血浆和其他器官中的亚油酸、α-亚麻酸和它们的长链代谢物都会流失。不过，不同于必需脂肪酸缺乏症，湿疹通常亚油酸过剩，长链代谢产物不平衡。Tollesson 和 Frithz[155]研究了外用琉璃苣油对脂溢性皮炎婴儿皮肤表皮失水量的作用，发现 3~4 周内皮炎症状有缓解，原来升高的表皮失水量也恢复正常了。外用琉璃苣油也提高了血清亚油酸含量，表明皮肤可以吸收琉璃苣油中的亚油酸。使用琉璃苣油的位置并不重要，因为婴儿尿布位置的琉璃苣油也缓解了其他地方的症状。

Henz 等[156]通过双盲-安慰剂对照-多中心临床试验评估了琉璃苣油在治疗异位性皮炎中的效果。160 例中度湿疹患者（科斯塔评分在 20 和 36 分之间）分为两组，阳性药物组每天服用 3g 琉璃苣油（690mgγ-亚麻酸）持续 24 周，安慰剂组服用 migliol（一种不含γ-亚麻酸的油类），试验过程中病人允许使用类固醇霜。有些病人没有遵循指导方法，违反预先制定的方案：包括服药量不足（服用剂量小于70%；7 例安慰剂患者，6 例琉璃苣油患者）；过度使用类固醇霜（中等用量的 3 倍以上，1 例安慰剂患者，4 例琉璃苣油患者）；少于 11 周的治疗（各 6 例），患者病情不稳定（第 2 周科斯塔分数少于 18；32 例安慰剂患者，21 例琉璃苣油患者）。对所有病人，包括没有按照要求治疗的患者进行数据分析时，尽管琉璃苣油对红斑、起疱、结壳、表皮脱落、苔藓样硬化、失眠等症状的治疗效果好于安慰剂组，但两组患者之间的科斯塔分数没有明显差异。患者血清 IgE 水平显著下降，但由于个体差异较大，统计学上差异不显著。琉璃苣油治疗也提高了大多数病人血浆、红细胞中γ-亚麻酸和二高-γ-亚麻酸含量。如果将没有遵守治疗方案的病人排除在外，分析发现，使用琉璃苣油的患者明显减少了类固醇霜的使用。琉璃苣油的耐受性很好，副作用（头痛、恶心、呕吐、腹泻等）轻微，而且出现副作用的频率与安慰剂组没有差异。

Takwale 等[157]进行了单中心-双盲临床试验，研究琉璃苣油在治疗儿童和成人异位性湿疹的疗效和耐受性。成人每天服用 8 个琉璃苣油胶囊（提供 920mgγ-亚麻酸），儿童每日服用 4 个胶囊（提供 460mgγ-亚麻酸），持续 12 周。允许病人继续使用类固醇软膏以缓解症状。将 SASSAD（异位性皮炎六区域六体征评分法）分值作为主要终点，以总症状分值的变化来评估疗效。次要终点包括：视觉模拟评分法症状分值评估、外用类固醇需求和患者反应的全面评估等。虽然治疗是安全的，耐受性良好，没有出现明显的副作用，但这项研究未能发现琉璃苣油对湿疹的治疗有效果。这项研究存在几个方面的局限，12 周的研究中，招募的 151 例患者中 11 人在第 2 周失去联系，还有 16 人在治疗过程中退出，只剩下124人完成了实验。然而他们分析的数据为140例，包括了那些没有完成治疗的患者。好的临床试验要求只包含那些遵守治疗方案的患者的数据。不遵守治疗方案是皮肤科实践治疗中失败的唯一最重要原因，在Henz等[158]的实验中很明显可以看出。他们使用两种不同的安慰剂治疗：成人用液体石蜡、儿童用橄榄油。液体石蜡对过敏性皮炎来说是惰性材料，而橄榄油不具有相同的惰性，因为它可以改变细胞脂肪酸的分布。据报道，它可以增加组织中二高-γ-亚麻酸含量[159, 160]。通过提高组织中二高-γ-亚麻酸含量，橄榄油可能会增加表皮中二高-γ-亚麻酸的脂肪氧化酶和环氧化酶代谢产物的含量，据报道，他们有消炎作用[161, 162]。由上面提到的生化途径，橄榄油可能会产生一些有益的影响，所以橄榄油会影响试验的结果，不能用作真正的安慰剂。因此，应当把成人和儿童分开来独立分析，可以有效避免不同安慰剂带来的潜在差异。据报道该项研究中用作主要结果参数的评分方法（SASSAD）具有较高的观察者间差异（可能得分108的情况下存在7~30的观察间差异，中位数15.5）[163]。

4.8.2 其他皮肤状况

辐射引发的损伤：皮肤对辐射很敏感，Hopewell等[164]研究了γ-亚麻酸或γ-亚麻酸与EPA组合对辐射引发猪皮肤损伤的影响。他们先给母猪用药4周，辐射皮肤后再用药10~16周，对照组用不含γ-亚麻酸和EPA的安慰剂油来治疗。实验组的猪进行单剂量或分级剂量（20F/28d）的β射线辐射。研究发现提前摄入γ-亚麻酸或γ-亚麻酸+EPA并没有预防保护作用，辐射前、后用药干预都可以降低早期（鲜红斑或湿性脱皮），或晚期（暗/紫红色斑及皮肤坏死）辐射反应的进行。这一观察表明，γ-亚麻酸单独使用或与EPA结合使用，均可以减少放射治疗的副作用，改善疗效。

4.9 糖尿病

糖尿病是一种代谢综合征，会破坏葡萄糖代谢的动态平衡，这种平衡可被调节，如Ⅰ型糖尿病的病因是胰岛素分泌下降（由于产生胰岛素的胰腺β细胞受损），或提高组织对胰岛素的抵抗（Ⅱ型糖尿病）。据美国糖尿病协会资料显示，约有1700万美国人（占总人口6.2%）患有糖尿病。尽管约1110万已就诊，不幸的是590万（1/3）都不知道自己有糖尿病。它影响到不同年龄和种族的人，在非洲裔美国人、拉丁美洲人、美洲原住民、亚裔美国人和太平洋岛民中较常见。糖尿病的发病率随着年龄而增长，糖尿病容易引起其他并发症，包括心血管疾病（动脉粥样硬化、心脏病、中风、外周血管疾病）、神经性疾病（神经病变）、肾功能衰竭、皮肤病（干燥、发痒、感染、皮肤病变）、伤口愈合缓慢、视网膜病变和阳痿。糖尿病患者同时患神经病变和血管病变，会更容易导致截肢。糖尿病并发症的发病机理目前尚未完全清楚。高血糖水平可能导致各种并发症，可能涉及几种途径，包括增加氧化应激、蛋白质糖基化改性、减少血管舒张介质的生成（包括一氧化氮、环前列腺素、变异细胞因子的产生等）。减少组织灌注及由此造成的细胞损伤，对好几种病理生理情况有帮助。控制糖尿病的方式包括：通过饮食、运动或药物控制血糖水平。

一些研究证实，糖尿病抑制 Δ6-脱氢酶[165~167]的活性，它是亚油酸和α-亚麻酸代谢产生的第一个酶。由于这种酶被抑制，糖尿病患者的各种组织二高-γ-亚麻酸及花生四烯酸含量较低[168]。这可能会导致糖尿病患者多种类花生酸物质的失衡，并可能导致各种常见的糖尿病并发症。基于这些观察，假设γ-亚麻酸可能有助于治疗多种糖尿病的并发症。为了验证这一假说，开展了许多针对动物及人类的研究，这里我们讨论一下这些研究。

患糖尿病的人和动物的神经传导速度会降低。伦敦大学学院的 Julu[169] 开展了一次详细调查，研究γ-亚麻酸单独或与 EPA 结合使用对神经传导速度的影响。患糖尿病时，神经传导速度降低。通过注射链脲佐菌素（一种胰腺毒素）使大鼠患糖尿病，它的运动神经纤维传导速度会降低 20%，单独补充γ-亚麻酸可以显著改善因糖尿病而引起的神经传导速度降低。γ-亚麻酸和 EPA 组合治疗可以完全阻止糖尿病引起的运动神经传导速度降低。在这项研究中，他们观察到γ-亚麻酸或 EPA 对糖尿病引起的体重减轻、血糖增加和糖化血红蛋白含量没有影响。在随后开展的研究中，Julu 和 Mutamba[170] 用链脲佐菌素引发大鼠得糖尿病，然后比较γ-亚麻酸和胰岛素在 3 或 5d 中的治疗效果，他们再次观察到髓鞘的感觉和运动神经纤维传导速度降低，无髓鞘神经感觉纤维的传导速度也显示出降低的趋势，但由于个体间差异太大，这种减少不具备统计学显著性。使用胰岛素治疗 3d 后，部分改变了感觉神经传导速度减慢现象，而运动神经传导速度恢复到正常水平；用胰岛素治疗 5d 后，运动神经传导速度完全恢复到正常水平。用γ-亚麻酸治疗 3d 后，过度矫正了感觉神经传导速度，而运动神经传导速度恢复到正常水平；用γ-亚麻酸治疗 5d 后，感觉神经传导速度恢复正常水平。用γ-亚麻酸治疗 3d，感觉神经传导速度的过度矫正现象无法解释。γ-亚麻酸治疗对血糖水平或糖尿病引起的体重减轻没有效果，而胰岛素改善了这些指标。Cameron 等[171] 研究了γ-亚麻酸单独或同鱼油组合使用时对糖尿病引起的神经传导速度降低和抵抗传导阻滞的影响，发现糖尿病加剧了抵抗缺氧神经传导阻滞，并降低了神经传导速度。用γ-亚麻酸治疗时阻止了这些变化，而和鱼油组合使用时就不那么有效。在传导速度方面的结果上，Cameron 等[171] 与 Julu 和 Mutamba[170] 的报道不同，后者发现γ-亚麻酸和鱼油的组合效果更好。这种差异只能用在两项研究中大鼠性别不同来解释，Julu 和 Mutamba[170] 使用雌性大鼠，而 Cameron 等[171] 用雄性大鼠。在不同观察组中雌性性激素的作用是不能忽视的，因为多元醇通路对雌性和雄性的影响是不同的，相比雌性，这种路径对雄性神经传导速度降低发挥的作用更大，因为神经血管灌注减少。除此之外，Cameron 等[171]指出，γ－亚麻酸治疗减少了由糖尿病引起的缺血性传导阻滞的阻抗，这可能是由于神经血管灌注的改善导致的。患糖尿病时，神经血管灌注降低，可能导致神经缺血预适应致使随后的缺血性传导阻滞抵抗升高。他们还指出，γ－亚麻酸治疗患糖尿病的大鼠时，增加坐骨神经毛细血管密度可改善灌注。糖尿病患者骨骼肌的疲劳指数会增加，而γ－亚麻酸治疗显著降低了增加的指数，这与肌肉的毛细管血管化相关。在随后的研究中，Cameron 和 Cotter[172]指出，脲佐菌素诱发糖尿病会造成神经内血流量减少及氧分压降低，可能会造成神经细胞的缺氧损伤，导致神经传导降低和神经病变。用月见草油抑制神经内血流量的减少，主要是通过毛细血管增加灌注，使神经内氧分压恢复正常。但是，对于未患糖尿病的大鼠，月见草油增加了总血液流量（流经的主动脉、微动脉、静脉和动静脉分路）而不影响毛细血管血流量。早前研究中观察到这种慢性病增加了主要血管的血流量，可能刺激血管新生。使用血管扩张药物治疗，同样造成血流量增加，刺激血管新生。确认γ－亚麻酸的治疗有利于改善糖尿病引起的神经传导不足后，Cameron 和 Cotter[173]研究γ－亚麻酸及抗氧化剂治疗对糖尿病引起的神经传导速度降低的影响。他们选择只治疗神经传导速度降低约 20% 的γ－亚麻酸剂量，给糖尿病大鼠单独γ－亚麻酸 20mg/（kg 体重·d）或组合抗氧化剂（BM15.0639）。组合使用在提高速度方面起协同效应，这种效应是通过协同改善坐骨神经毛细管神经内血流量实现的。后来一些研究证实了抗氧化剂和γ－亚麻酸组合治疗或作为配合物产生的有益作用。在这些研究中，调查者研究了γ－亚麻酸与抗坏血酸或α－硫辛酸配合或与各种抗氧化剂结合使用的影响，包括维生素 E、抗坏血酸、α－硫辛酸、*N*－乙酰半胱氨酸、二丁基羟基甲苯（BHT）等。这些观察证实了先前报告的观点，即糖尿病并发症可通过氧化应激的增加和必需脂肪酸的代谢异常相结合来介导。

Jamal 和 Carmichael[174]进行了一项月见草油的双盲－安慰剂对照试验，治疗确诊已神经性病变至少 6 个月的 Ⅰ 型和 Ⅱ 型糖尿病患者。患者每天服用 380mg 的γ－亚麻酸，持续 6 个月，对治疗前、后神经学症状（疼痛、麻木、麻痹、无力及对冷热感觉异常）以及神经传导进行评估。在 6 个月γ－亚麻酸治疗期末，12 个症状指标中 9 个显著改善，因糖尿病而减少的血浆磷脂中γ－亚麻酸、二高－γ－亚麻酸、花生四烯酸含量也增加了，且未影响糖化血红蛋白的含量。这些现象表明，由γ－亚麻酸引发的改善可通过改善神经灌注来介导，而非校正代谢紊乱。通过改善组织灌注，治疗组可消除缺氧危害和对神经的损伤，从而改善神经传导和减少相关疼痛和麻木。Keen 等[175]在 111 名轻度神经病变糖尿病患者中进行了一项双盲－安慰剂对照－多中心临床γ－亚麻酸试验，他们就 13 个症状进行了一年多的研究，包括运动神经传导速度、肌肉力量、冷热阈值、感觉、肌腱反射。结果表明γ-亚麻酸剂量为480mg/d的治疗有效，且控制良好的病人比控制不佳的糖尿病人疗效更好。Keen等[175]比Jamal[174]使用的γ-亚麻酸剂量更高，研究时间也更长。

患糖尿病的人和动物表现出免疫反应减弱，这可能造成伤口愈合缓慢，在链脲佐菌素诱导的糖尿病大鼠中，一些循环T淋巴细胞、B淋巴细胞减少，循环单核细胞和中性粒细胞没有影响[176]。Oon等[177]研究表明喂食月见草油，可以防止由糖尿病引起的淋巴细胞数目下降，淋巴细胞数目下降由PGE_1生成量增多介导。

4.10 经前期综合征（PMS）

经前期综合征是一种与月经循环激素节奏有关的周期性循环紊乱，与经前期综合征有关的大量症状分为身体、行为和情绪症状。经前期综合征可能伴随有痛经和其他月经不调症状。身体不适症状包括腹胀、腹部及背部痉挛和不适、食欲改变、体重增加、乳房胀痛和头痛。行为变化包括焦虑、抑郁、无精打采、嗜睡或失眠、情绪低落、易怒、生气和社交退缩。症状程度从轻度到严重各不相同，育龄期的某段时间受影响的女性高达90%。工业化国家中女性约40%经前期综合征症状轻度至中度，而北美女性大约10%中度至重度，影响了她们的日常生活[178]。

治疗目标是防止经前期综合征症状。几种治疗药物可控制经前期综合征症状，但没有哪种药物能有效地控制多种症状。在一项对42名患有经前期综合征女性的研究中，发现血浆磷脂缺乏亚油酸的长链代谢产物，且亚油酸含量超过正常水平，表明Δ6-脱氢酶受到抑制[179]。由于前列腺素对调节生殖功能起重要作用，可能不同前列腺素的失衡导致了经前期综合征症状。γ-亚麻酸，作为补充二高-γ-亚麻酸的唯一天然来源，可以通过改善前列腺素系列1和系列2的比例，让这些女性改善症状。Puolakka等[180]针对30名患有严重经前期综合征的妇女进行了安慰剂对照试验。他们指出，用月见草油治疗可以减轻经前期综合征的症状，而且更有效地减轻抑郁。月见草油还在血液凝结过程中通过血小板减少了血栓素B_2的产生。γ-亚麻酸油在治疗经前期综合征方面的成效已被清楚地证明。一些研究报告认为月见草油治疗与安慰剂相比没有什么效果[181]。

4.11 婴儿营养与发育

γ-亚麻酸在婴儿营养与发育方面的作用不是很清楚。对于早产儿[182]或足月出生[182, 183]的婴儿，其出生时的体重与血浆甘油三酯和胆碱磷酸甘油酯中花生四烯酸及二高-γ-亚麻酸含量呈正相关。二高-γ-亚麻酸与出生体重的正相关比花生四烯酸或DHA更加一致。这一资料表明，二高-γ-亚麻酸在胎儿发育过程中发挥了重要作用，然而具体作用并不清楚。仔细分析不同地区妇女的母乳成分得知，母乳中DHA含量高，二高-γ-亚麻酸含量也高（图4.3）[184]。已证实DHA对婴儿发育的作用，但γ-亚麻酸和二高-γ-亚麻酸的作用并不明确。

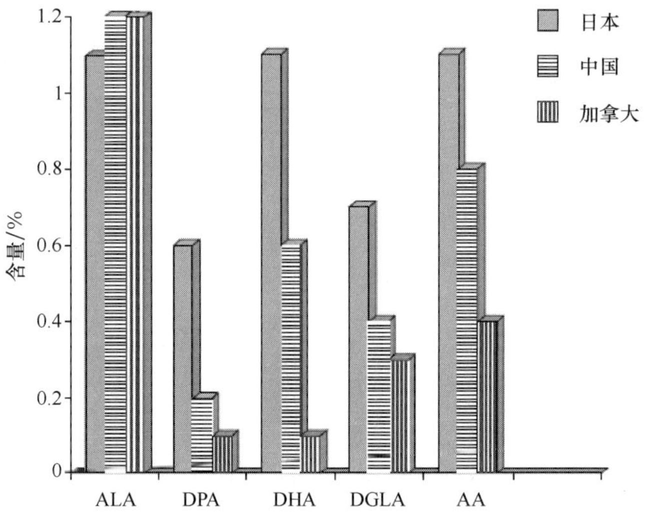

图4.3 日本、中国和加拿大女性母乳的脂肪酸组成

资料来源参考文献[184]

这个研究表明，二高-γ-亚麻酸对婴儿发育可能起着重要的作用。本章前面的讨论显示，γ-亚麻酸和二高-γ-亚麻酸在婴儿的特异反应性中可能会发挥重要作用，因为此类婴儿其母乳中γ-亚麻酸和二高-γ-亚麻酸含量较低。最近兴起的Barker假说[185]（胎儿起源假说）指出，在胎儿发育过程中，外部环境对代谢能力设定了限制，之后生活中当这一能力被超出时，就会出现一种显性疾病。根据这一理论，这时缺乏营养所造成的影响可能会比以后生活中的更突出，可能导致易患多种慢性病，如心脏病、糖尿病、代谢综合征等[186, 187]。为了支持这一假说，有人指出，出生时脐带血浆磷脂γ-亚麻酸水平高的小孩，在7岁时不出现胰岛素抵抗，而那些二高-γ-亚麻酸水平较低的小孩胰岛素抵抗、体脂、胰岛素、胰岛素原和瘦体素浓度都增高[188]。婴儿和胎儿发育阶段二高-γ-亚麻酸对以后生活中影响健康状况的确切机制现在还不清楚，作为过氧化物酶体增殖物激活受体（PPARs）的一个配体，γ-亚麻酸可能影响血糖及血脂稳态的转录调节。

4.12 药物/营养的相互作用

γ-亚麻酸调节细胞水平的第二信使。许多药物靠干扰这些第二信使来发挥作用。这表明γ-亚麻酸可与药物相互作用从而影响它们的效果，包括治疗潜在的或副作用方面的改变。环孢素是一种强效免疫抑制剂，常用在移植受者预防移植排斥反应以及治疗重度银屑病。环孢素主要的副作用为高血压和肾毒性[189,190]。在边缘型高血压大鼠身上，γ-亚麻酸表现出抑制环孢素引起的高血压和肾小球滤过率降低[191]。在Wistar大鼠中，γ-亚麻酸表现出减轻环孢素肾毒性[192]。这些作用可以通过增加PGE_1的产生来介导，如增加6-酮基-$PGF_{1\alpha}/TXB_2$的比例。γ-亚麻酸能提高36B10星形细胞瘤细胞对辐射的敏感性[193]。由于被维生素E阻断，可以通过增加自由基的产生介导来提高敏感性。γ-亚麻酸可在体外提高紫杉醇对各种乳腺癌细胞系的细胞毒作用，包括MDA-MB-231、MCF-7、SK Br3、T47D[194]。在这项研究中，作者观察到细胞与紫杉醇培养时γ-亚麻酸的协同作用；而癌症细胞系与γ-亚麻酸预培养，再进行紫杉醇治疗时，只产生叠加效应。这些γ-亚麻酸的作用只有部分被维生素E所抑制，表明增加氧化应激可能部分作用于γ-亚麻酸抵抗乳腺癌细胞系的细胞毒性作用。因此，γ-亚麻酸被认定为是对提高紫杉醇细胞毒作用最有效的，其次是α-亚麻酸、EPA、DHA和OA，而亚油酸不具效力。乳腺癌细胞（MDA-MB-231，T47D和SK-Br3）中的长春瑞滨和γ-亚麻酸也得到类似的结果[195]。

最近研究发现γ-亚麻酸与他莫西芬在提高抗癌活性方面的协同作用[196]。裸鼠皮下植入雌激素受体阳性乳腺癌细胞（MCF-7 B1M），γ-亚麻酸与他莫西芬协同抑制肿瘤的生长和雌激素受体的表达。

Ikushima等[197]研究各种抗癌药物在人体神经母细胞瘤细胞系培养中，γ-亚麻酸对它们细胞毒性的相互作用。γ-亚麻酸将长春花生物碱（长春新碱、长春碱、长春地辛）的吸收和细胞毒性提高了2~2.5倍，这与提高癌细胞脂质过氧化作用相关。在相同细胞系中，γ-亚麻酸抑制铂酸盐试剂的细胞毒作用，像顺铂和卡铂一样。这项研究表明，γ-亚麻酸可能与各种抗癌药物有不同的反应。Liu和Tan[198]指出，γ-亚麻酸和DHA增加吸收阿霉素，产生对阿霉素敏感和耐药性的淋巴瘤癌细胞。耐药细胞变得对阿霉素的毒性敏感，这与超氧化物歧化酶活性的提高有关，对过氧化氢酶活性和P糖蛋白水平无影响。这一研究表明，γ-亚麻酸不会影响P糖蛋白，这在多药耐药开发中起重要作用。然而，

γ－亚麻酸只提高超氧化物歧化酶水平，而不提高过氧化氢酶活性，γ－亚麻酸可能刺激癌细胞中过氧化氢的形成，这可能导致阿霉素的氧化毒性。过氧化氢可以形成羟自由基，对毗邻的分子有高毒性。

Kaku等[199]研究γ－亚麻酸与大豆蛋白和酪蛋白介导免疫应答和大鼠腹膜渗出液细胞中LTB_4的产生的相互作用。他们观察到膳食琉璃苣油减少了腹膜渗出液细胞中LTB_4的产生，起到刺激作用的是大豆蛋白而不是酪蛋白。这项研究表明，大豆蛋白，而不是酪蛋白，可能促进富γ－亚麻酸油的消炎作用。

4.13 γ－亚麻酸油脂的安全性

除了实验室动物研究外，已进行了几项γ－亚麻酸油脂的人体临床试验研究。所有这些研究都显示，这些油是安全的，没有严重副作用。与这些油相关的常见副作用有胃不适（恶心、呕吐、腹泻、打嗝）以及头痛。月见草油可降低颞叶癫痫患者对发作临界点的敏感性[200]。虽然琉璃苣油或黑加仑油没有类似报道，让癫痫患者服用这些植物油时，还是要小心为好。琉璃苣不存在吡咯里西啶生物碱的潜在肝毒性（已在4.2.2.1中讨论），因为琉璃苣油中吡咯里西啶生物碱少于4 μg/L，按照这个水平，人一天要消耗250多克油才达到生物碱中毒的含量。

4.14 研究的重点

目前的研究重点是提高γ－亚麻酸在油脂中的浓度，开发γ－亚麻酸的新资源以用于商业生产，新资源的开发手段包括基因工程、品种开发、浓缩现有富γ－亚麻酸油（如琉璃苣油和月见草油）。采用常见的技术，可以将含GAL油脂浓缩到较高含量，如将油水解成游离脂肪酸，再进行尿素络合分离去除饱和及单不饱和脂肪酸[201]。采用这种技术，油中γ－亚麻酸可浓缩到40%～80%[202, 203]。由此生产的油是游离脂肪酸形式的γ－亚麻酸，或通过化学法或酶法酯化反应转换为乙酯或甘油三酯的形式。甘油三酯形式含50%～70%甘油三酯、10%～25%甘油二酯、5%～10%甘油一酯（Bioriginal食品科学公司）。酶法生产要使用微生物脂肪酶（来源于假单胞菌）。其他的研究领域包括采用基因技术增加γ－亚麻酸在食品和轮种作物中的含量。库克等[204]将琉璃苣中的Δ6－脱氢酶基因导入番茄中，番茄果实中γ－亚麻酸含量增加，同时降低了亚油酸含量。虽然这个品种还没有商业化，但在优化品种方面有潜力。还在其他植物上进行了类似的试验，包括烟草[205, 206]和卡诺拉油菜[207]。烟草植物中γ－亚麻酸含量可以增加到总脂肪酸的大约14%。这个水平的烟草植物不是生产γ-亚麻酸的经济资源。最近，罗斯实验室已成功培育出一个转基因油菜品种，其菜籽油中γ-亚麻酸高达40%[207]。含γ-亚麻酸的转基因菜籽油与琉璃苣油的药理作用不相上下，表明转基因菜籽油可成为一个经济上可行的γ-亚麻酸资源。

当前另一个研究领域是开发结构脂质，让γ-亚麻酸与ω-3系的不饱和脂肪酸（最好是EPA或DHA）相结合，形成一个甘油三酯分子。结构脂质的生产可通过化学法或酶法将常规油脂的混合物进行酯交换。化学法可以使不同脂肪酸在甘油骨架上随机分布，而酶法可控制反应得到特定位置和预期结构的甘油三酯[208]。化学酯交换通常涉及两种油的反应，使用金属醇盐（甲醇钠）作为催化剂，未反应的脂肪酸通过真空蒸馏去除。酶法酯交换及其研究工艺更多是涉及脂肪酶催化的酸解反应，在这个工艺中，可以用纯脂肪酸与甘油三酯分子反应，或先制备相对富集的所需脂肪酸组分再进行酸解反应。

结构脂质具有的化学、物理和生理特性，仅通过简单的油脂混合物是不能体现出来的[209]。目前，正在开发酶法工艺，但因为经济原因还没有广泛地工业化生产。目前正在进行实验室研发，使工艺可用于大规模生产，且经济可行。当前的重点是脂肪酶和反应条件（包括反应混合物中的水活度、脂肪酸与甘油三酯的摩尔比、酶的数量、反应温度和持续时间）的优化。非特异性脂肪酶可以从皱褶假丝酵母、假单胞菌属中获得，而1，3特异性脂肪酶可来自黑曲霉、爪哇毛霉、米黑根毛霉、根霉属、白地霉、柱状假丝酵母、近平滑假丝酵母、德氏根霉等。可以用游离酸或乙酯形式的纯EPA或DHA，将其加入琉璃苣或月见草油中，或将γ-亚麻酸加到含EPA和DHA的鱼油中。这些方法可生产在一个甘油三酯分子中含EPA、DHA和γ-亚麻酸的结构脂质。Spurvey等[210]将γ-亚麻酸结合到鲱鱼、海豹脂肪油中，研究了反应条件的影响，指出最佳反应条件为：γ-亚麻酸与甘油三酯的摩尔比为3∶1、酶浓度为500单位/g油、反应温度40℃、γ-亚麻酸在鱼油中混合时间为24h。他们利用琉璃苣油中浓缩的γ-亚麻酸来进行酸解反应。通过化学水解然后尿素包合制备得到91%纯度的γ-亚麻酸[201]。用来自假单胞菌属（非特异性）和米黑毛霉（*sn*-1，3特异性酶）的脂肪酶催化γ-亚麻酸浓缩物与鱼油反应，来自假单胞菌属的脂肪酶催化γ-亚麻酸与鱼油的结合率较高。使用类似方法，已开始生产富含EPA的琉璃苣油和月见草油[208]。

参考文献

1. A. G. Hassam, J. P. Rivers, and M. A. Crawford, *J. Nutr.*, **107** (4), 519-524 (1977).
2. A. G. Hassam, J. P. Rivers, and M. A. Crawford, *Nutr. Metab.*, **21** (Suppl 1): 190-192 (1977).

3. J. P. Rivers, A. J. Sinclair, and M. A. Crawford, *Nature*, **258** (5531), 171 - 173 (1975).
4. H. Sprecher, *Prog. Lipid Res.*, **20**, 13 - 22 (1981).
5. R. R. Brenner, *Adv. Exp. Med. Biol.*, **83**, 85 - 101 (1977).
6. G. D. de, I. M. J. de Alaniz, and R. R. Brenner, *Lipids*, **19** (2), 91 - 95 (1984).
7. S. Ayala and R. R. Brenner, *Acta Physiol. Lat. Am.*, **33** (3), 193 - 204 (1983).
8. R. Kleiman, F. R. Earle, I. A. Wolff, and Q. Jones, *J. Am. Oil Chem. Soc.*, **41** (7), 459 - 460 (1964).
9. J. Janick, J. Simon, J. Quinn, and N. Beaubaire, *Herbs, Spices and Med. Plants*, **4**, 147 - 167 (1989).
10. K. R. Fell and J. M. Peck, *Planta Medica*, **16**, 29 - 42 (1968).
11. M. L. Fernald, *Grey' s Manual of Botany*, 8th ed., D. Van Nostrand Co., New York, NY, 1970, 1198.
12. P. Clough, in *Structured and Modified Lipids*, F. D. Gunstone, ed., Marcell Dekker, Inc., New York, NY, 2000, pp. 75 - 117.
13. M. J. A. Simpson, *Ann. Appl. Biol.*, **123**, 105 - 108 (1993).
14. R. El Hafid, S. F. Blade, and Y. Hoyano, *Industrial Crops and Products*, **16**, 193 - 199 (2002).
15. A. De Haro, V. Dominguez, and M. del Rio, *J. Herbs, Spices and Med. Plants*, **9** (4), 297 - 304 (2002).
16. J. Janick, J. E. Simon, and A. Whipkey, *Hort. Sci.*, **22**, 493 - 495 (1987).
17. J. Quinn, J. E. Simon, and J. Janick, *J. Am. Soc. Hort. Sci.*, **114** (3), 511 - 515 (1989).
18. A. Whipkey, J. Simon, and J. Janick, *J. Am. Oil Chem. Soc.*, **65** (6), 979 - 984 (1988).
19. N. A. Beabaire, Master' s Thesis, Purdue Univsersity, West Lafayette, Indiana, 1987.
20. A. Sensidoni, G. Bortolussi, C. Orlando, G. Lognay, P. Fantozzi, and M. Paquot, *Lebensm. Wiss. Technol.*, **28** (3), 343 - 346 (1995).
21. I. Wretnesjo and B. Karlberg, *J. Amer. Oil Chem. Soc.*, **79** (11), 1069 - 1074 (2002).
22. C. Dodson and F. R. Stermitz, *J. Nat. Prod.*, **49** (4), 727 - 728 (1986).
23. M. Herrmann, H. Joppe, and G. Schmaus, *Phytochemistry*, **60** (4), 399 - 402 (2002).
24. O. Parvais and V. Stricht, *J. Planar Chromat.*, **7** (1/2), 80 - 82 (1994).
25. H. J. Mierendorff, *Fett. Wissenschaft Technologie.*, **97** (1), 33 - 37 (1995).
26. H. W. Hulan, I. Hall, and D. M. Nash, *Crop. Res.*, **27**, 1 - 9 (1987).
27. W. W. Christie, *Industrial Crops and Products*, **10**, 73 - 83 (1999).
28. M. Wettasinghe, F. Shahidi, and R. Amarowicz, *J. Agric. Food Chem.*, **50** (5), 1267 - 1271 (2002).
29. B. D. Oomah, M. Busson, D. V. Godfrey, and J. C. G. Drover, *Food Chem.*, **76** (1), 33 - 43

(2002).

30. Hemp Oil Canada Inc. (2004) *Nutritional Composition.* Available: http://hempoilcanada.com/compo.html.
31. C. C. J. Culvenor, *Trends Pharmacol. Sci.*, **6** (1), 18-22 (1985).
32. C. C. J. Culvenor, *Aust. J. Chem.*, **9**, 512 (1956).
33. A. A. Seawright, M. P. Hegarty, L. F. James, and R. F. Keeler, in Plant Toxiciology - Proceedings of the Australia / USA Poisonous Plants Symposium Yeerongpilly, Brisbane, Australia, 1985.
34. A. Molero Gomez and E. Martinez de la Ossa, *Chem. Eng. J.*, **88** (1-3), 103-109 (2002).
35. J. Leyton, P. J. Drury, and M. A. Crawford, *Lipids*, **22** (8), 553-558 (1987).
36. L. Chilton, M. E. Surette, D. D. Swan, A. N. Fonteh, M. M. Johnson, and F. H. Chilton, *J. Immunol.*, **156** (8), 2941-2947 (1996).
37. A. G. Hassam, A. J. Sinclair, and M. A. Crawford, *Lipids*, **10** (7), 417-420 (1975).
38. A. G. Hassam and M. A. Crawford, *Nutr. Metab.*, **20** (2), 112-116 (1976).
39. M. M. Engler, J. W. Karaian, and N. Salem, Jr., *Nutr. Res.*, **11**, 753-763 (1991).
40. J. D. Palombo, S. J. DeMichele, E. E. Lydon, T. J. Gregory, P. L. Banks, R. A. Forse, and B. R. Bistrian, *Am. J. Clin. Nutr.*, **63** (2), 208-219 (1996).
41. J. D. Palombo, S. J. DeMichele, E. Lydon, and B. R. Bistrian, *J. Parenter. Enteral Nutr.*, **21** (3), 123-132 (1997).
42. D. E. Barre and B. J. Holub, *Lipids*, **27** (5), 315-320 (1992).
43. D. E. Barre and B. Holub, *J. Nutr. Res.*, **12** (10), 1181-1194 (1992).
44. J. Martens - Lobenhoffer and F. P. Meyer, *Int. J. Clin. Pharmacol. Ther.*, **36** (7), 363-366 (1998).
45. M. S. Manku, N. Morse - Fisher, and D. F. Horrobin, *Eur. J. Clin. Nutr.*, **42** (1), 55-60 (1988).
46. M. M. Engler and M. B. Engler, *Prostaglandins Leukot. Essent. Fatty Acids*, **59** (1), 11-15 (1998).
47. L. Chilton, M. E. Surette, D. D. Swan, A. N. Fonteh, M. M. Johnson, and F. H. Chilton, *J. Immunol.*, **156** (8), 2941-2947 (1996).
48. L. D. Lawson and B. Hughes, *Lipids*, **23** (4), 313-317 (1988).
49. D. Raederstorff and U. Moser, *Lipids*, **27** (12), 1018-1023 (1992).
50. S. Chung, S. Kong, K. Seong, and Y. Cho, *J. Nutr.*, **132** (10), 3090-3097 (2002).
51. J. C. Rose, M. Johnson, P. W. Ramwell, and P. A. Kot, *Proc. Soc. Exp. Biol. Med.*, **148** (4), 1252-1256 (1975).

52. B. A. Scholkens, D. Gehring, V. Schlotte, and U. Weithmann, *Prostaglandins Leukot. Med.*, **8** (3), 273-285 (1982).

53. D. E. Mills and R. Ward, *Proc. Soc. Exp. Biol. Med.*, **176** (1), 32-37 (1984).

54. D. E. Mills, K. M. Prkachin, K. Harvey, and R. Ward, *J. Hypertens.*, **3** (2), 111-116 (1989).

55. G. C. Leng, A. J. Lee, F. G. R. Fowkes, R. G. Jepson, and G. D. O. Low, *Clin. Nutr.*, **17** (6), 265-271 (1998).

56. M. M. Engler, M. B. Engler, S. Erickson, and S. M. Paul, *J. Hypertens.*, **10** (10), 1197-1204 (1992).

57. B. A. Scholkens, D. Gehring, V. Schlotte, and U. Weithmann, *Prostaglandins Leukot. Med.*, **8** (3), 273-285 (1982).

58. M. M. Engler, M. B. Engler, S. K. Erickson, and S. M. Paul, *J. Hypertens.*, **10** (10), 1197-1204 (1992).

59. P. Hoffmann, H. U. Block, J. Beitz, C. Taube, W. Forster, P. Wortha, P. Singer, E. Naumann, and H. Heine, *Lipids*, **21** (12), 733-737 (1986).

60. M. M. Engler, M. Schambelan, M. B. Engler, D. L. Ball, and T. L. Goodfriend, *Proc. Soc. Exp. Biol. Med.*, **218** (3), 234-237 (1998).

61. D. E. Mills, M. Mah, R. P. Ward, B. L. Morris, and J. S. Floras, *Am. J. Physiol.*, **259** (6 Pt 2), R1164-R1171 (1990).

62. J. Chaintreuil, L. Monnier, C. Colette, P. Crastes de Paulet, A. Orsetti, D. Spielmann, F. Mendy, and A. Crastes de Paulet, *Hum. Nutr. Clin. Nutr.*, **38** (2), 121-130 (1984).

63. P. Singer, P. Hoffmann, J. Beitz, W. Forster, M. Wirth, and W. Godicke, *Prostaglandins Leukot. Med.*, **22** (2), 173-177 (1986).

64. M. Boberg, B. Vessby, andI. Selinus, *Acta. Med. Scand.*, **220** (2), 153-160 (1986).

65. J. Viikari and A. Lehtonen, *Int. J. Clin. Pharmacol. Ther. Toxicol.*, **24** (12), 668-670 (1986).

66. M. Guivernau, N. Meza, P. Barja, and O. Roman, *Prostaglandins Leukot. Essent. Fatty Acids*, **51** (5), 311-316 (1994).

67. M. Lagarde, M. Burtin, M. Dechavanne, B. Sicard, and B. Coiffier, *Prostaglandins Med.*, **4** (3), 177-183 (1980).

68. P. B. A. Kernoff, A. L. Willis, K. J. Stone, J. A. Davies, and G. P. McNicol, *Br. Med. J.*, **2** (6100), 1441-1444 (1977).

69. J. C. Rose, M. Johnson, P. W. Ramwell, and P. A. Kot, *Proc. Soc. Exp. Biol. Med.*, **148** (4), 1252-1256 (1975).

70. T. Ishikawa, Y. Fujiyama, O. Igarashi, M. Morino, N. Tada, A. Kagami, T. Sakamoto, M. Nagano,

and H. Nakamura, *Atherosclerosis*, **75** (2-3), 95-104 (1989).

71. J. Jantti, T. Nikkari, T. Solakivi, H. Vapaatalo, and H. Isomaki, *Ann. Rheum. Dis.*, **48** (2), 124-127 (1989).
72. D. F. Horrobin and M. S. Manku, *Lipids*, **18** (8), 558-562 (1983).
73. M. Fukushima, K. Shimada, E. Ohashi, H. Saitoh, K. Sonoyama, M. Sekikawa, and M. Nakano, *J. Nutr. Sci. Vitaminol.* (*Tokyo*), **47** (3), 228-235 (2001).
74. K. Koba, J. W. Liu, L. T. Chuang, S. N. Anderson, T. Bowman, E. Bobik, Jr., M. Sugano, and Y. S. Huang, *Biosci. Biotechnol. Biochem.*, **64** (12), 2538-2542 (2000).
75. S. Renaud, L. Mcgregor, R. Morazain, C. Thevenon, C. Benoit, E. Dumont, and F. Mendy, *Atherosclerosis*, **45** (1), 43-51 (1982).
76. A. M. Sadi, T. Toda, H. Oku, and S. Hokama, *Exp. Anim.*, **45** (1), 55-62 (1996).
77. Y. Y. Fan, K. S. Ramos, and R. S. Chapkin, *Arterioscler. Thromb. Vasc. Biol.*, **15** (9), 1397-1403 (1995).
78. C. Maziere, F. Dantin, M. A. Conte, J. Degonville, D. Ali, F. Dubois, and J. C. Maziere, *Biochem. J.*, **336** (Pt 1) 57-62 (1998).
79. Y. Y. Fan, K. S. Ramos, and R. S. Chapkin, *J. Nutr.*, **131** (6), 1675-1681 (2001).
80. Y. Li, J. X. Kang, and A. Leaf, *Prostaglandins*, **54** (2), 511-530 (1997).
81. J. S. Charnock, P. L. McLennan, M. Y. Abeywardena, and W. F. Dryden, *Ann. Nutr. Metab.*, **29** (5), 306-318 (1985).
82. A. R. Kristal, J. H. Cohen, P. Qu, and J. L. Stanford, *Cancer Epidemiol. Biomarkers Prev.*, **11** (8), 719-725 (2002).
83. F. Levi, C. Pasche, F. Lucchini, and C. La Vecchia, *Ann. Oncol.*, **13** (3), 369-373 (2002).
84. A. J. Littman, S. A. Beresford, and E. White, *Cancer Causes Control*, **12** (8), 691-702 (2001).
85. C. Byrne, H. Rockett, and M. D. Holmes, *Cancer Epidemiol. Biomarkers Prev.*, **11** (3), 261-265 (2002).
86. R. Jarvinen, P. Knekt, T. Hakulinen, H. Rissanen, and M. Heliovaara, *Br. J. Cancer*, **85** (3), 357-361 (2001).
87. S. A. Smith-Warner, D. Spiegelman, H. O. Adami, W. L. Beeson, P. A. van den Brandt, A. R. Folsom, G. E. Fraser, J. L. Freudenheim, R. A. Goldbohm, S. Graham, L. H. Kushi, A. B. Miller, T. E. Rohan, F. E. Speizer, P. Toniolo, W. C. Willett, A. Wolk, A. Zeleniuch-Jacquotte, and D. J. Hunter, *Int. J. Cancer*, **92** (5), 767-774 (2001).
88. N. Dippenaar, J. Booyens, D. Fabbri, P. Engelbrecht, and I. E. Katzeff, *S. Afr. Med. J.*, **62** (19), 683-685 (1982).

89. J. Booyens, N. Dippenaar, D. Fabbri, P. Engelbrecht, C. C. Louwrens, and I. E. Katzeff, *S. Afr. Med. J.*, **65** (15), 607 - 612 (1984).

90. P. Coffino, H. R. Bourne, and G. M. Tomkins, *Am. J. Pathol.*, **81** (1), 199 - 204 (1975).

91. M. E. Begin, U. N. Das, G. Ells, and D. F. Horrobin, *Prostaglandins Leukot. Essent. Fatty Acids*, **19** (2), 177 - 186 (1985).

92. J. H. Lee and M. Sugano, *Nutr. Rep. Int.*, **34** (6), 1041 - 1049 (1986).

93. S. Abou El - Ela, K. W. Prasse, R. Carroll, and O. R. Bunce, *Lipids*, **22** (12), 1041 - 1044 (1987).

94. C. A. Gonzalez, J. M. Sanz, G. Marcos, S. Pita, E. Brullet, E. Saigi, A. Badia, A. Agudo, and E. Riboli, *Cancer Epidemiol. Biomarkers Prev.*, **2** (2), 157 - 158 (1993).

95. J. H. Botha, K. M. Robinson, N. Ramchurren, and R. J. Norman, *Prostaglandins Leukot. Essent. Fatty Acids*, **35** (2), 119 - 123 (1989).

96. F. S. Kenny, S. E. Pinder, I. O. Ellis, J. M. Gee, R. I. Nicholson, R. P. Bryce, and J. F. Robertson, *Int. J. Cancer*, **85** (5), 643 - 648 (2000).

97. P. J. du Toit, C. H. van Aswegen, and D. J. du Plessis, *Prostaglandins Leukot. Essent. Fatty Acids*, **51** (2), 121 - 124 (1994).

98. P. J. du Toit, C. H. van Aswegen, and D. J. du Plessis, *Prostaglandins Leukot. Essent. Fatty Acids*, **55** (3), 173 - 177 (1996).

99. W. G. Jiang, S. Hiscox, M. B. Hallett, C. Scott, D. F. Horrobin, and M. C. Puntis, *Br. J. Cancer*, **71** (4), 744 - 752 (1995).

100. W. G. Jiang, S. Hiscox, R. P. Bryce, D. F. Horrobin, and R. E. Mansel, *Br. J. Cancer*, **77** (5), 731 - 738 (1998).

101. W. G. Jiang, A. Redfern, R. P. Bryce, and R. E. Mansel, *Prostaglandins Leukot. Essent. Fatty Acids*, **62** (2), 119 - 127 (2000).

102. T. Liang and S. Liao, *Biochem. J.*, **285** (Pt 2), 557 - 562 (1992).

103. L. Kleinberg, S. A. Grossman, K. Carson, G. Lesser, A. O' Neill, J. Pearlman, P. Phillips, T. Herman, and M. Gerber, *J. Clin. Oncol.*, **20** (14), 3149 - 3155 (2002).

104. A. A. Brandes, U. Basso, and L. M. Pasetto, *Expert. Rev. Anticancer Ther.*, **1** (3), 357 - 370 (2001).

105. M. R. C. Naidu, U. N. Das, and A. Kishan, *Prostaglandins Leukot. Essent. Fatty Acids*, **45**, 181 - 184 (1992).

106. U. N. Das, W. S. K. Prasad, and D. R. Reddy, *Cancer Let.*, **94** (2), 147 - 155 (1995).

107. C. F. van der Merwe, J. Booyens, H. F. Joubert, and C. A. van der Merwe, *Prostaglandins Leukot.*

Essent. Fatty Acids, **40** (3), 199-202 (1990).

108. J. S. Falconer, K. C. Fearon, J. A. Ross, and D. C. Carter, *World Rev. Nutr. Diet.*, **76**, 74-76 (1994).

109. P. Sangeetha, U. N. Das, R. Koratkar, G. Ramesh, M. Padma, and G. Sravan Kumar, *Cancer Let.*, **63**, 189-198 (1992).

110. H. A. Leaver, J. R. Williams, J. W. Ironside, E. P. Miller, A. Gregor, B. H. Su, R. J. Prescott, andI. R. Whittle, *Eur. J. Clin. Invest.*, **29** (3), 220-231 (1999).

111. M. de Kock, M. L. Lottering, and J. C. Seegers, *Prostaglandins Leukot. Essent. Fatty Acids*, **51** (2), 109-120 (1994).

112. M. de Kock, M. L. Lottering, C. J. Grobler, T. C. Viljoen, M. le Roux, J. C. Seegers, *Prostaglandins Leukot. Essent. Fatty Acids*, **55** (6), 403-411 (1996).

113. W. G. Jiang, R. P. Bryce, D. F. Horrobin, and R. E. Mansel, *Int. J. Oncol.*, **13** (3), 611-617 (1998).

114. J. C. Seegers, M. de Kock, M. L. Lottering, C. J. Grobler, D. H. van Papendorp, Y. Shou, R. Habberset, and B. E. Lehnert, *Prostaglandins Leukot. Essent. Fatty Acids*, **56** (4), 271-280 (1997).

115. D. F. Horrobin, *Wien. Klin. Wochenschr.*, **100** (14), 471-477 (1988).

116. L. Chilton, M. E. Surette, D. D. Swan, A. N. Fonteh, M. M. Johnson, and F. H. Chilton, *J. Immunol.*, **156** (8), 2941-2947 (1996).

117. V. A. Ziboh and M. P. Fletcher, *Am. J. Clin. Nutr.*, **55** (1), 39-45 (1992).

118. S. Kaku, K. Ohkura, S. Yunoki, M. Nonaka, H. Tachibana, M. Sugano, and K. Yamada, *Prostaglandins Leukot. Essent. Fatty Acids*, **65** (4), 205-210 (2001).

119. D. Santoli and R. B. Zurier, *J. Immunol.*, **143** (4), 1303-1309 (1989).

120. W. V. Williams, H. Rosenbaum, and R. B. Zurier, *Pathobiology*, **64** (1), 27-31 (1996).

121. D. M. DeMarco, D. Santoli, and R. B. Zurier, *J. Leukocyte Biol.*, **56** (5), 612-615 (1994).

122. D. Rotondo, C. R. Earl, K. J. Laing, and D. Kaimakamis, Biochim. *Biophys. Acta*, **1223** (2), 185-194 (1994).

123. D. Rothman, H. Allen, L. Herzog, A. Pilapil, C. M. Seiler, and R. B. Zurier, *Cytokine*, **9** (12), 1008-1012 (1997).

124. P. DeLuca, R. G. Rossetti, C. Alavian, P. Karim, and R. B. Zurier, *J. Investig. Med.*, **47** (5), 246-250 (1999).

125. R. K. Furse, R. G. Rossetti, and R. B. Zurier, *J. Immunol.*, **167** (1), 490-496 (2001).

126. R. G. Rossetti, C. M. Seiler, M. Laposata, and R. B. Zurier, *Clin. Immunol. Immunopathol.*, **76**

(3), 220 – 224 (1995).

127. D. Vassilopoulos, R. B. Zurier, R. G. Rossetti, and G. C. Tsokos, *Clin. Immunol. Immunopathol.*, **83** (3), 237 – 244 (1997).

128. D. Wu, M. Meydani, L. Leka, Z. Nightingale, G. Handelman, and J. Blumberg, *Am. J. Clin. Nutr.*, **70** (4), 536 – 543 (1999).

129. J. L. Nerad, S. N. Meydani, and C. A. Dinarello, *Cytokine*, **3**, 513 (1991).

130. R. B. Zurier, R. G. Rossetti, C. M. Seiler, and M. Laposata, *Prostaglandins Leukot. Essent. Fatty Acids*, **60** (5 – 6), 371 – 375 (1999).

131. G. A. Tate, B. F. Mandell, R. A. Karmali, M. Laposata, D. G. Baker, H. R. Schumacher, Jr., and R. B. Zurier, *Arthritis Rheum.*, **31** (12), 1543 – 1551 (1988).

132. G. A. Tate and R. B. Zurier, *Agents Actions*, **43** (1 – 2), 35 – 38 (1994).

133. T. M. Hansen, A. Lerche, V. Kassis, I. Lorenzen, and J. Sondergaard, *Scand. J. Rheumatol.*, **12** (2), 85 – 88 (1983).

134. J. J. Belch, D. Ansell, R. Madhok, A. O' Dowd, and R. D. Sturrock, *Ann. Rheum. Dis.*, **47** (2), 96 – 104 (1988).

135. S. Pullman – Mooar, M. Laposata, D. Lem, R. T. Holman, L. J. Leventhal, D. DeMarco, and R. B. Zurier, *Arthritis Rheum.*, **33** (10), 1526 – 1533 (1990).

136. L. J. Leventhal, E. G. Boyce, and R. B. Zurier, *Ann. Intern. Med.*, **119** (9), 867 – 873 (1993).

137. R. B. Zurier, R. G. Rossetti, E. W. Jacobson, D. M. DeMarco, N. Y. Liu, J. E. Temming, B. M. White, and M. Laposata, *Arthritis Rheum.*, **39** (11), 1808 – 1817 (1996).

138. K. V. Kumar, S. M. Rao, R. Gayani, I. K. Mohan, and M. U. Naidu, *Clin. Chim. Acta*, **298** (1 – 2), 111 – 120 (2000).

139. J. E. Gadek, S. J. DeMichele, M. D. Karlstad, E. R. Pacht, M. Donahoe, T. E. Albertson, C. Van Hoozen, A. K. Wennberg, J. L. Nelson, and M. Noursalehi, *Crit. Care Med.*, **27** (8), 1409 – 1420 (1999).

140. M. M. Murray, M. Kumar, T. Greogory, P. Banks, H. D. Tazelaar, and S. J. DeMichele, *Am. J. Physiol.*, **269** (6 pt2), H2090 – H2099 (1995).

141. P. Mancuso, J. Whelan, S. J. DeMichele, C. C. Snider, J. A. Guszcza, K. J. Claycombe, G. T. Smith, T. J. Gregory, and M. D. Karlstad, *Crit. Care Med.*, **25** (3), 523 – 532 (1997).

142. G. O. Burr and M. M. Burr, *J. Biol. Chem.*, **82** (2), 345 – 367 (1929).

143. R. S. Chapkin, V. A. Ziboh, and J. L. McCullough, *J. Nutr.*, **117** (8), 1360 – 1370 (1987).

144. A. E. Hansen, *Proc. Soc. Exp. Biol. Med.*, **31**, 160 – 161 (1933).

145. M. S. Manku, D. F. Horrobin, N. Morse, V. Kyte, K. Jenkins, S. Wright, and J. L. Burton, *Prostaglandins Leukot. Med.*, **9** (6), 615–628 (1982).

146. S. Wright and C. Bolton, *Br. J. Nutr.*, **62** (3), 693–697 (1989).

147. L. Businco, M. Ioppi, N. L. Morse, R. Nisini, and S. Wright, *J. Allergy Clin. Immunol.*, **91** (6), 1134–1139 (1993).

148. S. Wright and J. L. Burton, *The Lancet*, **2** (8308), 1120–1122 (1982).

149. M. S. Manku, D. F. Horrobin, N. L. Morse, S. Wright, and J. L. Burton, *Br. J. Dermatol.*, **110** (6), 643–648 (1984).

150. L. Schafer and K. Kragballe, *Lipids*, **26** (7), 557–560 (1991).

151. D. H. Scarff and D. H. Lloyd, *Vet. Record*, **131** (5), 97–99 (1992).

152. A. Fiocchi, M. Sala, P. Signoroni, G. Banderali, C. Agostoni, and E. Riva, *J. Int. Med. Res.*, **22** (1), 24–32 (1994).

153. S. Borrek, A. Hildebrandt, and J. Forster, *Klin. Padiatr.*, **209** (3), 100–104 (1997).

154. P. J. Hartop and C. Prottey, *Br. J. Dermatol.*, **95** (3), 255–264 (1976).

155. A. Tollesson and A. Frithz, *Acta Derm. Venereol.*, **73** (1), 18–20 (1993).

156. B. M. Henz, S. Jablonska, P. C. van de Kerkhof, G. Stingl, M. Blaszczyk, P. G. Vandervalk, R. Veenhuizen, R. Muggli, and D. Raederstorff, *Br. J. Dermatol.*, **140** (4), 685–688 (1999).

157. A. Takwale, E. Tan, S. Agarwal, G. Barclay, I. Ahmed, K. Hotchkiss, J. R. Thompson, T. Chapman, and J. Berth-Jones, *Br. Med. J.*, **327** (7428), 1385 (2003).

158. B. M. Henz, S. Jablonska, P. C. van de Kerkhof, G. Stingl, M. Blaszczyk, P. G. Vandervalk, R. Veenhuizen, R. Muggli, and D. Raederstorff, *Br. J. Dermatol.*, **140** (4), 685–688 (1999).

159. M. D. Giron, F. J. Mataix, and M. D. Suarez, *Biochim. Biophys. Acta.*, **1045**, 69–73 (1990).

160. K. L. Campbell and G. P. Dorn, *Res. Vet. Sci.*, **53**, 172–178 (1992).

161. C. C. Miller and V. A. Ziboh, *Biochem. Biophys. Res. Commun.*, **154** (3), 967–974 (1988).

162. V. A. Ziboh, C. C. Miller, and Y. Cho, *Am. J. Clin. Nutr.*, **71** (1 Suppl), 361S–366S (2000).

163. C. R. Charman, A. J. Venn, and H. C. Williams, *Br. J. Dermatol.*, **146** (6), 1057–1060 (2002).

164. J. W. Hopewell, G. J. van den Aardweg, G. M. Morris, M. Rezvani, M. E. Robbins, G. A. Ross, E. M. Whitehouse, C. A. Scott, and D. F. Horrobin, *Int. J. Radiat. Oncol. Biol. Phys.*, **30** (5), 1119–1125 (1994).

165. S. Ayala and R. R. Brenner, *Acta Physiol. Lat. Am.*, **25** (5), 371–378 (1975).

166. J. P. Poisson, *Enzyme*, **34** (1), 1–14 (1985).

167. O. Mercuri, R. O. Peluffo, and R. R. Brenner, *Biochim. Biophys. Acta*, **116** (2), 409 - 411 (1966).

168. M. Arisaka, O. Arisaka, and Y. Yamashiro, *Prostaglandins Leukot. Essent. Fatty Acids*, **43** (3), 197 - 201 (1991).

169. P. O. Julu, *J. Diabet. Complications*, **2** (4), 185 - 188 (1988).

170. P. O. Julu and A. Mutamba, *J. Neurol. Sci.*, **106** (1), 56 - 59 (1991).

171. N. E. Cameron, M. A. Cotter, and S. Robertson, *Diabetes*, **40** (5), 532 - 539 (1991).

172. N. E. Cameron and M. A. Cotter, *Acta Diabetologica*, **31** (4), 220 - 225 (1994).

173. N. E. Cameron and M. A. Cotter, *Am. J. Physiol.*, **271** (3 Pt 1), E471 - E476 (1996).

174. G. A. Jamal and H. Carmichael, *Diabetic Medicine*, **7** (4), 319 - 323 (1990).

175. H. Keen, J. Payan, J. Allawi, J. Walker, G. A. Jamal, A. I. Weir, L. M. Henderson, E. A. Bissessar, P. J. Watkinsand M. Sampson, *Diabetes Care*, **16** (1), 8 - 15 (1993).

176. B. Singh, J. Lauzon, J. Venkatraman, A. B. Thomson, R. V. Rajotte, and M. T. Clandinin, *Diabetes Res.*, **8** (3), 129 - 134 (1988).

177. B. B. Oon, D. Muggleston, and A. Warley, *Exp. Physiol.*, **77** (1), 185 - 190 (1992).

178. D. N. Ugarriza, S. Klingner, and S. O' Brien, *Nurse Pract.*, **23** (9), 40 - 52 (1998).

179. M. G. Brush, S. J. Watson, D. F. Horrobin, and M. S. Manku, *Am. J. Obstet. Gynecol.*, **150** (4), 363 - 366 (1984).

180. J. Puolakka, L. Makarainen, L. Viinikka, and O. Ylikorkala, *J. Reprod. Med.*, **30** (3), 149 - 153 (1985).

181. S. K. Khoo, C. Munro, and D. Battistutta, *Med. J. Aust.*, **153** (4), 189 - 192 (1990).

182. A. A. Leaf, M. J. Leighfield, K. L. Costeloe, and M. A. Crawford, *Early Hum. Dev.*, **30** (3), 183 - 191 (1992).

183. P. Rump, R. P. Mensink, A. D. M. Kester, and G. Hornstra, *Am. J. Clin. Nutr.*, **73** (4), 797 - 806 (2001).

184. L. Wang, Y. Shimizu, S. Kaneko, S. Hanaka, T. Abe, H. Shimasaki, H. Hisaki, and H. Nakajima, *Pediatrics. Int.*, **42** (1), 14 - 20 (2000).

185. D. J. Barker, P. D. Winter, C. Osmond, B. Margetts, and S. J. Simmonds, *Lancet*, **2** (8663), 577 - 580 (1989).

186. D. W. Lamont, L. Parker, M. A. Cohen, M. White, S. M. Bennett, N. C. Unwin, A. W. Craft, and K. G. Alberti, *Public Health*, **112** (2), 85 - 93 (1998).

187. A. A. Jackson, *Adv. Exp. Med. Biol.*, **478**, 41 - 55 (2000).

188. P. Rump, C. Popp - Snijders, R. J. Heine, and G. Hornstra, *Diabetologia*, **45** (3), 349 - 355

(2002).

189. J. M. Rabkin, C. L. Corless, H. R. Rosen, and A. J. Olyaei, *Am. J. Surg.*, **183** (5), 595-599 (2002).

190. T. Markham, A. Watson, and S. Rogers, *Clin. Exp. Dermatol.*, **27** (2), 111-114 (2002).

191. D. E. Mills, M. Mah, R. P. Ward, B. Morris, and J. Floras, *Am. J. Physiol.*, **259** (6 Pt 2), R1164-R1171 (1990).

192. P. Morphake, J. Bariety, I. Darlametsos, and G. Tsipas, *Prostaglandins Leukot. Essent. Fatty Acids*, **50** (1), 29-35 (1993).

193. S. Vartak, M. E. Robbins, and A. A. Spector, *Lipids*, **32** (3), 283-292 (1997).

194. J. A. Menendez, M. D. Barbacid, S. Montero, E. Sevilla, E. Escrich, M. Solanas, H. Cortes-Funes, and R. Colomer, *Eur. J. Cancer*, **37** (3), 402-413 (2001).

195. J. A. Menendez, S. Ropero, M. M. del Barbacid, S. Montero, M. Solanas, E. Escrich, H. Cortes-Funes, and R. Colomer, *Breast Cancer Res. Treat.*, **72** (3), 203-219 (2002).

196. F. S. Kenny, J. M. Gee, R. I. Nicholson, I. O. Ellis, T. M. Morris, S. A. Watson, R. P. Bryce, and J. F. Robertson, *Int. J. Cancer*, **92** (3), 342-347 (2001).

197. S. Ikushima, F. Fujiwara, S. Todo, and S. Imashuku, *Anticancer Res.*, **10** (4), 1055-1059 (1990).

198. Q. Y. Liu and B. K. Tan, *Life Sci.*, **67** (10), 1207-1218 (2000).

199. S. Kaku, S. Yunoki, K. Ohkura, M. Sugano, M. Nonaka, H. Tachibana, and K. Yamada, *Biosci. Biotechnol. Biochem.*, **65** (2), 315-321 (2001).

200. K. S. Vaddadi, *Prostaglandins Med.*, **6** (4), 375-379 (1981).

201. S. P. Senanayake and Shahidi F, *J. Food Lipids*, **7**, 51-61 (2000).

202. J. C. Philips and Y. S. Huang, in *Gamma-linolenic acid: Metabolism and its roles in Nutrition and Medicine*, Y. S. Huang and D. E. Mills, eds. AOCS Press, Champaign, IL. 1996, pp. 1-13.

203. F. C. Huang, Y. H. Ju, and J. C. Chiang, *J. Am. Oil Chem. Soc.*, **76** (7), 833-837 (1999).

204. D. Cook, D. Grierson, C. Jones, A. Wallace, G. West, and G. Tucker, *Mol. Biotechnol.*, **21** (2), 123-128 (2002).

205. A. S. Reddy and T. L. Thomas, *Nat. Biotechnol.*, **14** (5), 639-642 (1996).

206. O. Sayanova, M. Smith, P. Lapinskas, and A. K. Stobart, *Proc. Natl. Acad. Sci. USA*, **94** (8), 4211-4216 (1997).

207. P. E. Wainwright, Y. S. Huang, S. J. DeMichele, H. Xing, J. W. Liu, L. T. Chuang, and J. Biederman, *Lipids*, **38** (2), 171-178 (2003).

208. S. P. Senanayake and F. Shahidi, *J. Agric. Food Chem.*, **50** (3), 477-483 (2002).

209. K. T. Mok, A. Maiz, K. Yamazaki, J. Sobrado, V. K. Babayan, L. L. Moldawer, B. R. Bistrian, and G. L. Blackburn, *Metabolism*, **33** (10), 910–915 (1984).

210. S. A. Spurvey, S. P. Senanayake, and F. Shahidi, *J. Am. Oil Chem. Soc.*, **78** (11), 1105–1112 (2001).

5 微生物油脂

James P. Wynn[1], Colin Ratledge[2]

1　*Martek Biosciences Corporation Columbia, Maryland*

2　*Lipid Research Centre, University of Hull, Hull, Unitied kingdom*

5.1 概述及背景

在本书第六版中，本章节单独介绍以微生物作为油脂潜在来源的唯一章节。 我们认为应当在综述的前言部分列出一个简要的提纲，就微生物技术的重要性做一个大体介绍，以便那些对微生物技术领域不甚熟悉的普通读者，能够对微生物培育技术的发展情况和产品的多样性有所理解。

5.1.1 微生物和生物技术

微生物包括细菌和真核微生物，前者即原核微生物，虽然它们含有 DNA，但不具有定义上的细胞核；后者含有细胞核，包含范围从简单的酵母到真菌，它们可显示一些较复杂的结构性变化并具有某些有限的分化。 某些真菌可以分化成大分子形式，例如蘑菇和毒蕈。 水生环境中也有一系列的微生物，包括原核和真核两类。 其中很多只能在光照条件下生长（光养型），但有些可以在具有某些形式的固定碳源（例如糖）供应下在黑暗环境中生长（即像其他微生物一样以异养方式生长）。 因此，尽管“微生物”一词起初被认为是单细胞，在显微镜下只能检测到单个的细胞，但事实上它指代相当广泛的活细胞。

微生物应用于生物技术领域具有如下优势：

（1）产品范围广　从简单分子如乙醇和柠檬酸，到复杂蛋白质、碳水化合物等；

（2）生长速度快　某些细菌可以每 10min 分裂一次，酵母和真菌可能需要数小时完成细胞数目的倍增；

（3）可随机突变　在化学和其他诱变剂作用下，能够大幅度提高产品数量。 例如，盘尼西林在刚开始生产时每升中仅有几毫克，而目前的变异株已经可以达到 100g/L；

（4）基因工程改造　从其他活体细胞，例如微生物、植物、甚至动物细胞，引入外源基因（编码特定蛋白质合成的特异 DNA 片段），使微生物不仅生产其自身的蛋白质，还可以生产外源蛋白质。

至少从理论上，微生物可以生产出现阶段我们在任何活细胞中识别出的产品。与其他生产系统相比，它们更快速、更安全（不必向它们喷洒杀虫剂、除草剂等），并且产品具有品质保障，因为生产过程不受天气和气候的影响。它们最终受生命系统所控制。这就是微生物生物技术的世界。微生物规模化培养可以在一个小型发酵罐（大约 1～5m^3）中进行，并获得高值、低量的物质，例如保健品[1]；也可以在容积高达 100～500m^3的发酵罐中生产大宗物料，例如柠檬酸、乙醇，甚至供动物或人类食用的整个细胞，即所谓的单细胞蛋白。

5.1.2 微生物油脂

像所有其他活细胞系统一样，微生物可产生脂质。所有细胞都被膜包裹，这些膜需要脂肪酸参与合成（最古老的细菌即古菌除外，它利用长支链结构的萜类化合物），脂肪酸与三磷酸甘油连接生成磷脂和甘油三酯。微生物使用这套生物合成系统来合成脂肪酸和脂质，在某些情况下形成过量的甘油三酯，可作为储备物质贮存在细胞中（图 5.1）。这就是所谓的产油微生物（oleaginous species），油脂不仅可在随后任何饥饿期中重新利用，也可作为商品资源。这种油脂称为单细胞油脂（SCO），这是与“单细胞蛋白”相似的说法，后者表明蛋白质来源于微生物（单）细胞。“单细胞油脂”现已被普遍接受，比“微生物油脂”称谓要好，“微生物油脂”这个词汇可能给那些不知情的公众造成不良印象。

20 世纪初期，人们开始认为微生物是一种潜在的油脂来源，特别是德国的科学家，开始探索它们能否替代植物油，因为当时两次世界大战造成了油脂供应短缺。事实上，在第二次世界大战期间，已开发了可生产少量微生物油脂的工艺，但由于缺乏大规模发酵技术，该工艺从未超出示范规模[2,3]。微生物油脂还没有用于人类的日常消费中，但人们对微生物油脂以及对它们作为植物油替代品的探索相当感兴趣，那时仍处于低程度发展阶段。

在 20 世纪前 50 年的战争与和平年代，人们已经开始筛选生产油脂的最佳菌株并研究怎样培养以获得最高脂质含量，于是到 20 世纪 50 年代后期，人们对可获得油脂的范围和如何获得最高产量的这些有机体[2]有了敏锐的认知。然而，对于商业化来说，微生物油脂的经济价值终究是致命的弱点。农业的迅速发展使所有农业商品（不仅仅是油脂）比以前便宜和充足，特别是在 1945 年第二次世界大战末期以后。由于用来产油的微生物必须用农产品糖培养，很明显，用一块地种甘蔗（或甜菜），按照 5t 糖转化为 1t 油的比例，再在昂贵的生物反应器（例如发酵罐）中生产微生物油脂的方式是毫无意义的，而用等面积的土地去种植含油作物要容易得多。

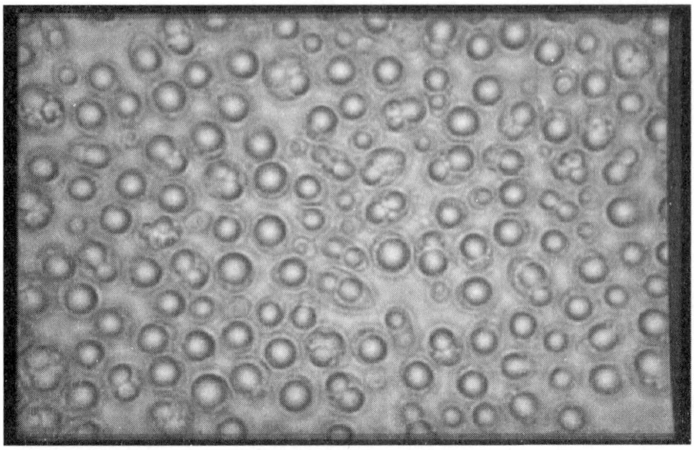

(1)

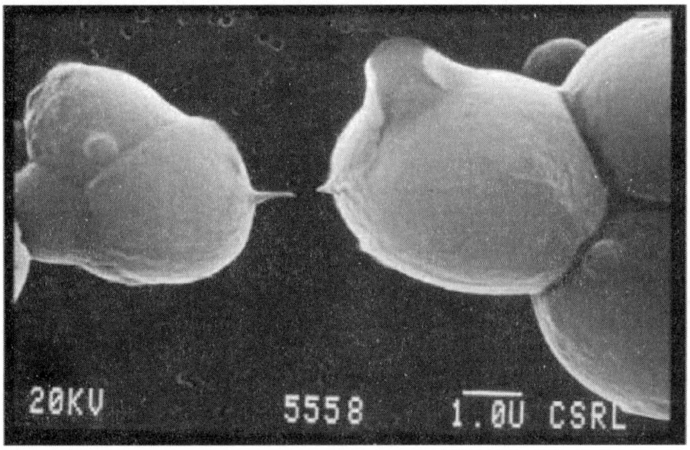

(2)

图 5.1　（1）产油酵母、弯曲隐球菌（原名：弯假丝酵母）细胞，其中可以清楚看到脂滴，约占细胞重量的 70%；（2）提取自相同酵母的油的电子显微镜照片，显示油滴的边界层，油是纯净的甘油三酯（彩图参见 http://www.mrw.interscience.wiley.com/biofp）

因此，截止 20 世纪 60 年代，似乎还没有证据表明微生物油可作为一项经济议题。 然而今天，在 21 世纪的第一个 10 年，我们已有至少四种微生物油正在或已经进入全面生产，预期还有其他种类即将投入生产。

人们对于微生物油脂态度的转变，主要（但不完全）是因为我们的饮食需要特定的多不饱和脂肪酸，包括婴幼儿和老年人。 多年前便已知这些多不饱和脂肪酸存在于微生物中，如今对它们有了需求。 它们不易从植物中提取，在某些情况下根本无法从植物中获得。 这些多不饱和脂肪酸的来源是动物，特别是鱼。 然而鱼是一种萎缩的资源，鱼油主要是来自于鱼的肝脏或含脂的鱼肉，可能被多种污染物所污染，包括有机汞化合物、二噁英及其他饮食中极力避免出现的物质。因此，微生物油脂的商业化开发，既源自它们可满足人们的消费需求，也源自这种油脂不易从传统资源中获得，无论是动物或植物。

在人们认识到微生物可能是这些令人渴求的油脂唯一来源的同时，20 世纪后半叶迎来了规模化发酵技术，为微生物生产一系列产品而特别设计的容量超过 1000000L 的发酵罐的设计、制造、运行能力到达顶峰。一个简单的计算告诉我们，一个 4d 生产量为 100g 细胞/L 的 1000m^{3}的发酵罐产量为 100t 生物质，近 40t 油脂，那么年产量将超过 3000t 油。农业上得到同等产量的油需要大约 9km^{2}的土地种植向日葵或油菜。典型的大型单细胞油脂生产工艺流程见图 5.2，这是当前用于生产此类产品的典型发酵工艺。

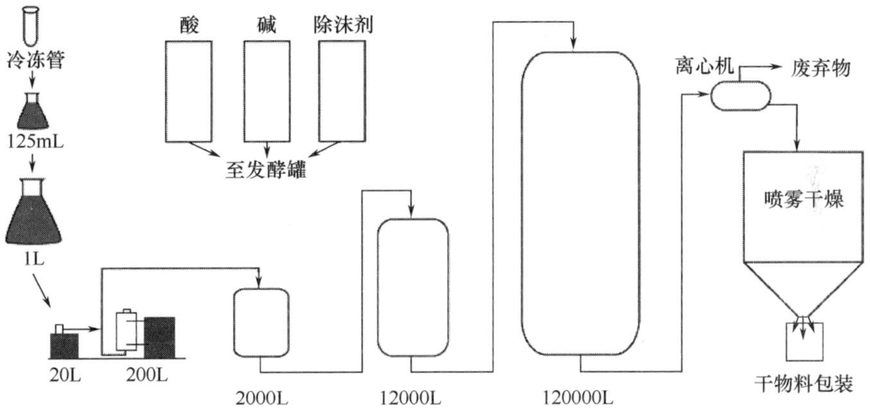

图 5.2 单细胞油脂的发酵生产流程图[50]［从体积约为主发酵罐 10%的容器向主发酵罐接种，发酵罐内生长期间在微生物培养基中可加入营养物质（包括葡萄糖）。以间歇方式操作，当细胞的油脂含量达到最高（图 5.3）时，放空发酵罐，从发酵液中移出细胞，喷雾干燥。干燥状态下，油脂在细胞内很稳定，可随时随地用溶剂提取。作者 David J. Kyle 博士以及出版商的授权允许］

本综述旨在详细介绍具有商业潜力的微生物油脂，并更详尽地介绍一些微生物系统，这些微生物系统正在投入商业化运行，为日益增长的保健品行业提供关键的脂肪酸。

5.1.3 微生物油脂生产系统

微生物体内油脂积累能超过生物质的 20% 则被认为是产油微生物。这个值是任意的，并没有精确的数值定义。或许非产油微生物比产油微生物更多，也就是说，即使在适宜条件下，大多数微生物只能将生物质积累为一小部分脂质。产油微生物体内脂质大多以甘油三酯形式存在（图 5.1），并且是细胞内用于营养缺乏时提供碳源和能源（也许还有水）的贮藏物质。脂质积累量为细胞重量的从下限 20% 到上限 70%，这些都是可提取的油。表 5.1 所示为产油微生物的油脂含量变化范围及脂肪酸组成分布。更多细节详见其他综述[4~6]与更早的微生物脂质专著[7]。

单细胞油脂通常是甘油三酯，甘油三酯占微生物细胞中总脂的 90%，这使其成为植物油和动物脂肪的潜在替代品，当然其经济潜力依赖其内在价值。必须强调的是，假如单细胞油脂比传统资源在某些方面更好或更便宜，也只能与其他商业资源结合使用。

微生物积累脂质的生化过程的某些细节近来已为人们所认知[8]。希望获得更多详细信息的读者可以参考本文。简而言之，并不是所有的微生物都产油脂，而是依赖于某些关键酶的存在。

脂质积累过程开始于细胞培养基中某种营养素的耗竭，通常是氮（铵盐形式）的耗竭（图 5.3）。同时，培养基中碳过量，通常是葡萄糖或某些其他可同化的碳源。细胞由于营养素氮的耗竭而停止生长和繁殖，但它们仍然继续吸收培养基中的糖分，正是这过剩的糖进而成为脂质生物合成的碳源。

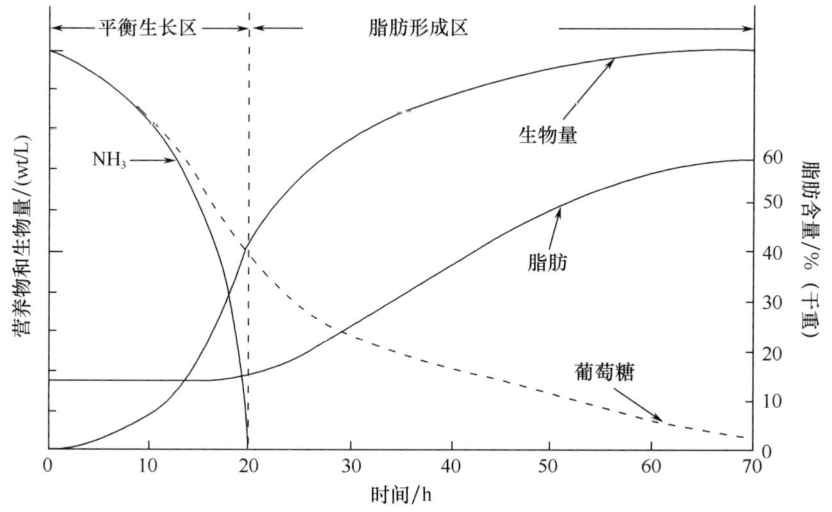

图 5.3 微生物体内脂质积累的过程［调整培养介质中氮（NH_3）的浓度，在生长第一个 24h 后，氮耗尽；之后细胞进入脂质积累阶段，细胞继续吸收过量的碳（如葡萄糖），因为缺乏氮源，没有新细胞合成，剩余的碳转化为脂质，作为细胞的储备碳源和能源］

在氮受限条件下生长，对细胞来说，第一个要求是停止产能（即 ATP），新的大分子（如蛋白质和核酸）的合成不再需要能量，因为缺氮（氮是蛋白质生物合成所必需）时细胞不能生长和分裂。柠檬酸循环（Kreb' s 循环或三羧酸循环）中的关键酶，即异柠檬酸脱

表 5.1　产油微生物的油脂含量与脂肪酸组成（编译自参考文献［4～6］）

微生物种类	主要脂肪酸组成与相对含量/%（质量分数）											其他/%
	脂肪含量/%（质量分数）	14:0	16:0	16:1（n-7）	18:0	18:1（n-9）	18:2（n-6）	18:3（n-3）	18:3（n-6）	20:4（n-6）	20:5（n-3）	22:6（n-3）	
A 酵母													
假丝酵母 107	42	痕量	44	5	8	31	9	1	—	—	—	—	—
白色隐球菌	65	痕量	12	1	3	73	12	—	—	—	—	—	—
土生假丝酵母①	58	痕量	32	—	15	44	8	—	—	—	—	—	—
产油脂酵母②	64	痕量	37	4	7	48	3	—	—	—	—	—	—
斯达氏油脂酵母	63	痕量	34	6	5	51	3	—	—	—	—	—	—
红冬孢酵母菌	66	痕量	18	3	3	66	—	—	—	—	—	—	23:0（3%） 24:0（6%）
黏红酵母	72	痕量	37	1	3	47	8	—	—	—	—	—	—
白吉利毛孢子菌	45	痕量	12	—	22	50	12	—	—	—	—	—	—
耶罗维亚酵母	36	痕量	11	6	1	28	51	1	—	—	—	—	—
B 真菌													
接合菌亚纲													
短耳霉	26	1	23	—	15	25	1	—	4	4	—	—	20:1（13%） 22:1（8%）
冠状虫霉	43	31	9	—	2	14	2	—	1	—	—	—	12:0（40%）
高大毛霉	60	痕量	16	—	14	48	14	—	8	—	—	—	—
深黄被孢霉	86	1	29	—	3	55	3	—	3	—	—	—	—

续表

微生物种类	脂肪含量/%（质量分数）	主要脂肪酸组成与相对含量/%（质量分数）											
		14:0	16:0	16:1 (n-7)	18:0	18:1 (n-9)	18:2 (n-6)	18:3 (n-3)	18:3 (n-6)	20:4 (n-6)	20:5 (n-3)	22:6 (n-3)	其他/%
少根根霉	57	19	18	—	6	22	10	—	12	—	—	—	—
高山孢被霉	38	10	15	—	7	30	9	—	1	5	—	—	20:0（8%） 20:3（6%）
子囊菌纲													
土曲霉	57	2	23	—	痕量	14	40	21	—	—	—	—	—
尖孢镰刀菌	34	痕量	17	—	8	20	46	5	—	—	—	—	—
薄膜革菌	39	痕量	8	—	2	11	72	2	—	—	—	—	—
丝孢菌纲													
草本枝孢菌	49	痕量	23	—	2	19	8	—	—	—	—	—	—
麦角菌科													
麦角菌	60	痕量	23	—	2	19	8	—	—	—	—	—	12-HO-18:1（42%）
C 微藻和海洋破囊壶菌③													
原核生物													
螺旋藻	22	8	63	2	—	4	9	—	12	—	—	—	—
极大螺旋藻	25	1	26	5	—	23	10	—	21	—	—	—	—
真核生物													
小球藻属	28	12	13	21	—	1	2	—	—	3	45	—	—

普通小球藻	52	—	16	2	—	58	9	14	—	—	—	—	—
隐甲藻③	50	16	16	1	—	21	1	—	—	—	—	40	—
金藻	23	12	10	11	—	3	2	—	—	<1	25	11	18:4（11%）
蒜头藻	20	—	19	10	—	5	2	—	<1	14	34	—	—
微绿球藻	45	4	15	22	—	3	1	—	—	4	38	—	14:1（13%）
三角褐指藻	24	—	10	21	—	1	4	—	1	1	33	4	—
紫球藻	5	—	30	5	—	<1	5	—	1	16	38	—	—
破囊壶菌属													
裂殖壶菌③	40	17	32	8	—	5	—	—	—	—	1	28	22:5（*n*−5）（8%）
破囊弧菌③	25	3	8	—	—	16	2	—	2	3	—	52	—

注：①这种酵母起初称为假丝酵母，后来称为土生假丝酵母，现在称为隐球酵母；

②以前称产油脂酵母；

③微藻类在光合作用下培养。 隐甲藻、裂殖壶菌、破囊壶菌除外，它们不能进行光合作用，在异养条件下生长。

氢酶在氮源缺乏后马上失去活性，这导致异柠檬酸不能进行代谢，因此，异柠檬酸和柠檬酸处于平衡状态，并迅速累积。该反应发生在细胞线粒体中，但柠檬酸盐很快就被跨膜运输至产油微生物细胞质中，迅速被 ATP:柠檬酸裂解酶所分解（反应5.1）：

$$柠檬酸 + ATP + 辅酶\ A \rightarrow 乙酰-辅酶\ A + 草酰乙酸 + ADP + 无机磷酸盐 \quad (5.1)$$

这是一个关键反应，通过该反应生成了合成脂肪酸所需的 C_2 单元（乙酰-辅酶A）。若没有柠檬酸裂解酶的存在，则没有足够的乙酰-辅酶A供应，事实上，许多但不是所有的非产油酵母都不含此酶。该裂解反应生成的草酰乙酸盐在苹果酸脱氢酶作用下也立即发生分解反应转化为苹果酸盐，然后苹果酸盐在苹果酸酶作用下继续转化为丙酮酸盐（反应5.2）：

$$苹果酸盐 + NADP^+ \rightarrow 丙酮酸盐 + CO_2 + NADPH \quad (5.2)$$

苹果酸酶是生成大量脂质的第二个关键酶，因为该催化反应同时生成必需的还原当量 NADPH，来源于乙酰辅酶A（见上文）的长酰基链通过 NADPH 最终分解为长链脂肪酸。脂肪酸的生物合成，到最终的脂肪积累，都需要乙酰辅酶A和还原当量（NADPH）的持续供给，这些物质都是由以上提及的关键反应所提供的。

产油微生物生产脂质的多少（表5.1）取决于苹果酸酶而不是 ATP:柠檬酸裂解酶的活性。苹果酸酶的活性由细胞基因组成所控制：在能够积累大量脂质（高达甚至高于70%）的细胞内，控制苹果酸酶合成的基因一直保持开启，而在那些低脂细胞中，基因在氮源耗尽后立刻关闭。此时，苹果酸酶活性很快丧失，随之而来是脂质积累的停止。这样不仅可以解释为什么某些微生物能积累脂质而其他的不行，而且可以说明为什么微生物体内脂质积累量会发生变化[8]。这个生化信息如今正引导人们去鉴别参与脂质合成的关键遗传因素。从该处入手，将有机会通过基因改造来提高微生物脂质产量，同时，可以生产更多的人们想要的脂肪酸。

5.2 商业化微生物油脂

5.2.1 最初生产单细胞油脂的企业

5.2.1.1 富含γ-亚麻酸的真菌油脂

虽然微生物油脂和单细胞油脂在几乎整个20世纪都被看作是油脂的可能商业资源，但却没有一个工业化的微生物油脂商品问世，这是因为它们缺乏经济吸引力。但到了20世纪70年代后期，医药行业用特定的多不饱和脂肪酸作为辅助剂治疗各种疾病，其中主要是月见草油[9]，可用于治疗多种硬化症。

月见草油含有一种较不常见的脂肪酸γ－亚麻酸，18:3n－6（γ－亚麻酸）（表5.2）。月见草油对多种疾病有治疗效果，包括异位性湿疹[10,11]，这可回溯到历史上多个世纪以前，其原因归于γ－亚麻酸的存在，γ－亚麻酸在很多其他植物籽油中不存在。富含γ－亚麻酸油还可用于治疗经前期紧张（这是该油在英国的主要卖点）以及多种癌症[9,12]。这些使人们更向往寻找一种更便宜和可靠的γ－亚麻酸资源，因为月见草不易种植，它是二年生植物，需要经过精心的培育和种植才可以产出非常少量的种子[13]。人们知道许多简单的真菌中存在着γ－亚麻酸，如20世纪40年代发现的低级真菌（接合菌），故可利用真菌作为一种替代月见草生产γ－亚麻酸的途径。作者于1976年在赫尔大学研究室中开展研究，筛选大量真菌考察其生产富γ－亚麻酸油的潜力。结果表明卷枝毛霉菌是最高产的生物[3]，虽然这种真菌并不是产γ－亚麻酸量最高的菌株，但它满足了三个重要又相互依赖的必要条件：

（1）菌体可快速生长，达到高的细胞密度。生产目标是发酵罐中一次获得50g/L以上的干细胞不超过4天；

（2）菌体至少有20%的含油量，否则难以提取，生产费用也将增加。同时，提取出的油应该至少90%以甘油三酯形式存在，使后续的精炼和封装相对容易实现；

（3）油脂中γ－亚麻酸含量须比月见草油高，后者仅10%；故而生产目标定为20%；

（4）第四个条件就是被选菌种可安全用于食品中，即所谓的一般认为安全（GRAS）级别，但由于油脂需要提取和纯化，因此这并不是绝对要素。接受评估的是最终油脂产品的品质和安全性而非整个生物体。尽管如此，没人愿意使用与任何一种疾病相关的微生物。同样，被选中的生物也不应该是一种植物病原体，因为大范围培养时易引发环境危机（所有可以大规模培养的生物都必须真正安全可控，即使是在工厂操作中可能引发过敏反应的有机体都最好避免）。

最终所选中的生产菌卷枝毛霉满足了以上所有要求，它还是一种GRAS生物，历史上，卷枝毛霉曾与一种著名东方食材——天培（tempe）有关。卷枝毛霉脂肪酸组成与及其油脂含量见表5.2。

日本出光（Idemitzu）公司采用一种稍微不同的手段来分离γ－亚麻酸生产菌株。他们首先选择油脂高产菌体，期望这样的生物体内γ－亚麻酸含量也高。在这个过程中，虽然找到了油脂高产菌株，但没有一个菌种的γ－亚麻酸含量超过总脂肪酸含量的10%（表5.2）。其原因尚不明确，可能与细胞产生NADPH的能力有限相关，脂肪酸合成与脂肪酸去饱和都用到NADPH（详见5.1.3）。油脂含量和形成γ－亚麻酸之间成反比，细胞中油脂含量越高，γ－亚麻酸含量则越低（表5.2）。源自日本深黄被孢霉的油脂含量是英国卷枝毛霉菌油脂的两倍，但前者γ－亚麻酸含量仅是后者的一半。从商业角度讲，油脂中

γ－亚麻酸含量越高，其价值越大，γ－亚麻酸含量为20%的油脂价格比10%的高出两倍以上，因此在牺牲油脂产量情况下生产富含γ－亚麻酸油脂更具经济效益。

表5.2 富含γ－亚麻酸18:3 *n*－6的微生物油与γ－亚麻酸植物油的脂肪酸组成比较

	油脂含量/%（质量分数）	主要脂肪酸的相对含量/%（质量分数）								
		16:0	16:1	18:0	18:1	18:2（*n*－6）	18:3（*n*－6）	18:3（*n*－3）	20:1	22:1
卷枝毛霉①	25	22	1	6	40	11	18	—	—	—
深黄被孢霉②	ND	27	1	6	44	12	8	—	0.4	—
拉曼被孢霉	~40	24	—	5	51	10	10	—	—	—
冻土毛霉	30	25	1	10	32	12	15	—	—	—
月见草	16	6	—	2	8	75	8	0.2	0.2	—
琉璃苣	30	10	—	4	16	40	22	0.5	4.5	2.5
黑醋栗	30	6	—	1	10	48	17	13	—	—

注：①英国北约克郡塞尔比J & E Sturge公司使用的生产菌种。
②日本出光（Idemitzu）公司使用的生产菌种。
ND：未披露，估计为40%~50%。

英国北约克郡塞尔比John和E. Sturge公司利用卷枝毛霉菌生产γ－业麻酸－单细胞油脂，于1985年首次以爪哇油（*Oil of Javanicus*）的名称出售，这是考虑到该菌种起源自东方和它的最初名称*Mucor javanicus*。1985—1990年这种油脂在英国商业化销售，年产量10~15t。所用的发酵罐是黑曲霉生产柠檬酸常用的220000L发酵罐。整个发酵工艺与图5.1中相似。与黑曲霉生产柠檬酸不同，用卷枝毛霉发酵生产油脂时，必须重新配制生长培养基以控制氮源供应，使细胞增殖在36~40h后停止，继而开始积累油脂（图5.2）。

爪哇油纯度高并且通过了所有毒性检测，在安全评估方面它比传统植物油更占优势。传统植物油中含有微量的农药、杀虫剂和除草剂残留，尽管这些残留水平已经低于监管部门规定的商业流通阈值。发酵罐中培养的卷枝毛霉不需要任何化学杀虫剂、除草剂或杀霉菌剂。

这种新型油脂在市场上的出现导致了月见草油价格的猛跌。爪哇油与月见草油之间的竞争比预想要激烈得多。虽然从意图与目标各方面讲，真菌油都比植物油要占优势，因为真菌油中γ－亚麻酸含量是月见草油的两倍，然而，或许并不惊奇，那些从购买植物油而转变为购买真菌油的普通民众存在一定的勉强心理。不管市场上的油脂怎样尽力小心避开一些特殊的字眼“微生物”或“真菌”，其主要购买方、保健品商、非处方药品店等在购买这些油脂时仍然很勉强，尽管它在技术方面占有很大的优势。虽然大家对这种富含γ－亚麻酸的油脂有兴趣，但它很快在价格方面竞争不过月见草油了。不幸的是，在欧盟，不被指定为食品作物的农作物可以从共同农业政策中获得财政资助。这就意味着月见草的种植者可以直接从欧盟领到现金，因为月见草为非食品作物。同时，发酵过程受到来自原料糖的财政制裁，糖必须以欧盟价在欧盟内部购买而不是以低一半的国际价格购买。欧盟的糖有其专门的关税，这都是为了使欧盟农民在欧盟种植这种农作物得到足够的报酬。这样，爪哇油在其竞争对手面前处于双重不利的地位：月见草能得到欧盟的补贴，同时发酵原料价格被人为提高导致生产成本增加。

对真菌油脂生产的最后一击来自于琉璃苣油的引入，琉璃苣油是γ-亚麻酸的优质来源。这种新型油脂γ-亚麻酸含量高达20%~22%（表5.2），尽管它与月见草油一样，种植和处理技术上都有困难，但还是被大家认为是最好的，当然它比微生物油和月见草油都便宜。再者，种植琉璃苣这种作物同样可以享受来自欧盟共同农业政策对月见草栽培一样的经济支持。

1990年，在单细胞油脂的利润不断得到侵蚀的背景下，爪哇油终于停止生产。但在生产这种油脂的6年间，许多重要观点得以确立。首先，微生物油脂可以实现大规模生产，已达到$220m^3$。这种油脂是真正意义上的安全油脂，没有任何安全隐患，并且通过了所有毒理实验。它已经为其消费者所接受，并且没有任何副作用的记录。该油脂的提取过程（使用正己烷萃取工艺）不存在特殊困难，且容易通过传统油脂精炼技术进行提纯。可能由于内源性天然抗氧化剂的存在，它具有非常好的氧化稳定性。即便爪哇油已退出商业化生产，但这种生产方式为其他微生物油脂进入市场打开了门路。

在日本，出光公司利用 *Mort. Isabellina* 生产γ-亚麻酸单细胞油脂几乎也已停止，必要时，γ-亚麻酸可从月见草油或琉璃苣油中获得。

5.2.1.2 类可可脂酵母脂肪

20世纪70年代末最初生产高价值微生物油的兴趣迅速引起关于生产仿可可脂油脂的认真思考，即类可可脂（CBE）[14~16]。可可脂广泛应用于巧克力制作，价格变化大，但20世纪80年代早期已经超过8000美元/t。类可可脂的价格通常约是可可脂的50%~60%，其传统生产工艺是采用棕榈油分提法，产品为含高水平硬脂酸（大概30%~35%）并含有同等比例的油酸与棕榈酸的油脂（表5.3）[17]。包括英国在内的很多国家，可可脂中最多允许添入5%的类可可脂，此时无需更改“巧克力”的声称。在其他国家，这种添加类可可脂的可可脂混合物只能用于巧克力糖果中。

这一时期可可脂高昂的价格，使得其成为具有吸引力的仿真目标。如果利用微生物油脂能生产出类似于可可脂的脂肪酸组成，尤其是与可可脂具有相同熔点的仿真物质，那将具有极大的利润空间。这就要求这种脂肪在环境温度（最高25℃）下处于固态，而在30~

32℃时可以完全融化。但大多数微生物油中硬脂酸（18:0）含量仅占总脂肪酸的10%以下，所以面临的任务就是增加硬脂酸含量，同时确保甘油三酯有正确的脂肪酸分布（即1位软脂酰基、2位油酰基、3位硬脂酰甘油），这样产生的油脂才能严格符合巧克力内含物的要求。

表5.3 用作代可可脂的单细胞油脂（CBE－SCOs）与可可脂的脂肪酸组成比较

	主要脂肪酸的相对含量/%（质量分数）						
	16:0	18:0	18:1	18:2	18:3（n－3）	24:0	参考文献
弯曲隐球菌 WT*	30	15	45	5	0.5	2	27
弯曲隐球菌 NZ	18	24	48	3	1	2	28
弯曲隐球菌 R26－20	15	47	25	8	2	—	21，23
弯曲隐球菌 R25－75	33	25	33	7	1	—	21，23
弯曲隐球菌 F33.10	24	31	30	6	—	4	22，23
皮状丝孢酵母 DRL－D221	30	13	47		7	—	24
皮状丝孢酵母 DRL－ole⁻	26	38	16		14	—	24
分离酵母 K7－2	26	25	38	6	1	1	29
可可脂	23～30	32～37	30～37	2～4	—	—	—

注：* WT为野生型。

由于酵母通常不含高水平的18：2或其他多不饱和脂肪酸，这使酵母立刻成为最具吸引力的菌种。同时酵母繁殖迅速，脂质含量高，细胞密度高。在20世纪80年代早期，一些科研小组试图通过以硬脂酸或硬脂酸酯为原料培养酵母，来提高油脂中硬脂酸的含量[5]。并不意外，这种酵母确实具有很高的硬脂酸含量，但这个时期的硬脂酸也不是廉价资源，作为生产单细胞油脂型类可可脂（SCO－CBE）的路线并不经济。

英国大型巧克力食品跨国公司Cadbury－Schweppes公司制定出一个可行策略，即通过Δ9－脂肪酸脱氢酶的介导，采用苹婆酸、顺－9，10－亚甲基十八碳烯酸[18, 19]来抑制硬脂酸转变成油酸。这种抑制剂可来自苹婆油和木棉油[18]，它可以使葡萄糖发酵的多种产油酵母的硬脂酸含量提升到总脂肪酸的50%左右。然而，这种选择性抑制的结果是酵母仍然合成很多亚油酸，于是，需要另一种酶——Δ12－脱氢酶（将油酸转化为亚油酸）的抑制剂。该物质为顺－12，13－亚甲基十八碳烯酸，需化学合成。当两种抑制剂以100mg/L同时存在时，红冬孢酵母（*Rhodosporidium toruloides*）可以生产出一种接近于所需脂肪酸组成的单细胞油脂－类可可脂[5, 19]。但这种脂肪酸脱氢酶抑制剂的价格太高，不适于长期生产，而且还有一点明显不合适，即所使用的代谢抑制剂有可能出现在最终产物中。结果，这种有趣而新奇的方法最终还是被舍弃了。

虽然如此，从这项工作中得到的关于苹婆酸的明确结论是，如果能减弱 Δ9（和 Δ12）脱氢酶的活性，就有可能获得单细胞油脂型类可可脂。这在随后的诱变工程中成为一种理念，该工程由几个研究小组来执行，但以荷兰阿姆斯特丹自由大学最为著名。这项诱变工程选中的酵母是弯假丝酵母（*Candida curvata*，也称作 *Apiotrichum curvatum* 或为 *Cryptococcus curvatus*）。使用传统的诱变技术，生产失去合成油酸能力的各种突变体，现在生长培养基需要含有这种油酸[20~30]（表5.3）。很明显，通过诱变，Δ9－脱氢酶的基因编码受到了影响。

通过对不同突变株的慎重筛选和突变组成的调整，可以筛选出低 Δ9－脱氢酶活性的突变株并且培养基不再需要加入油酸作为补充剂。其中两个突变株 R26－20 和 R25－75 的脂肪酸组成见表5.3。用这两个突变株的氢化物 F33.10，获得了最好结果，生产出近理想状态的单细胞油脂型类可可脂脂肪酸组成（表5.3）。其他一些研究小组也开展了类似诱变工作[24~26]，但取得的成绩都不如荷兰小组好[23]。

使用微生物突变株的一个先决条件是其基因的长期稳定性，尤其是在大规模发酵罐中的稳定性，在发酵罐中它们必须经过很多代才能达到需要的细胞密度。而且突变株应当像最初的亲代一样生长迅速，这一点也很重要。突变株从小型培养（200mL）到最终大概100000L 或更大规模培养的过程中，必须有完整的遗传稳定性；否则一旦生物体回复到它的最初状态，就不能生产所需要的产品了。出于这些原因，用于生产单细胞油脂型类可可脂的酵母突变株在大规模生长试验中并不完全可靠，而且类可可脂产量也比预期值低。这很有可能是由于除了油酸脱氢酶基因发生改变外，DNA 还发生了其他突变，从而影响了菌体的长期性状。今天，分子技术使得研究者可以对需要改变的关键基因进行鉴定，然后对这些关键基因逐一突变而不影响 DNA 的其他基因。这样，原则上就可以获得特定的基因改性的酵母，从而生产出高质量的单细胞油脂型类可可脂，即使在大规模发酵过程中也可行。然而，在20世纪80年代，这项技术还未成熟时，生产酵母油脂类可可脂的研究工作主要集中在通过对细胞限制供氧来控制油酸产量上。

由于硬脂酸向油酸转变反应（事实上是所有脱氢酶反应）要求有活性氧的参与，通过限制培养物所需的空气供给来提高酵母油中硬脂酸含量的想法是很有吸引力的。事实上，该思路已经被 Davies 等[28]通过酵母 *C. curvatus* 实现。为了实现发酵罐中低含量氧气的条件，必须使用一个500L 的发酵装置。更小的发酵罐不能有效限制供氧，无法达到预期效果。该条件下生长的酵母的脂肪酸组成见表5.3，这一脂肪酸组成被看成是合理的适合作为类可可脂油脂的近似值[27]。

20世纪80至90年代，新西兰的 Davies 等人开展了各种酵母（但以 *C. curvatus* 为主）

的大规模培养生产单细胞油脂型类可可脂。之所以做这项工作，背后的理念是利用奶酪乳品厂的废料，这些东西在 Davies 实验室所在的新西兰是一种主要废物资源。由于乳清含有 40～50g/L 的乳糖，可以作为酵母生长的合适底物。Davies 选择的酵母[29]都是可以利用乳糖的，包括最初由 Earl Hammond 等[30]从日常垃圾处理处分离出来的菌种 *C. curvatus*。在这一过程中 Davies 等通过大量工作，计算出生产单细胞油脂型类可可脂的大概成本[27, 29]。1992 年，Davies 估算出一吨精炼酵母油的生产成本约为 800～1000 美元[28]。这个数据是基于每年消耗 200000 m^3乳清的工艺计算得到的，这点乳清量在新西兰一个单独地区就可以获得。但这些花费并不包括厂房折旧、投资所需利息以及制造费用。这些花费加起来将是最初预算的两倍。现在（2003 年年末）全球可可脂价格暴跌，从 20 世纪 80 年代早期的历史最高价 8000 美元/t 跌落到 3500 美元/t。由于类可可脂价格一般规定为可可脂的三分之二，因此酵母类可可脂价值仅在 2000～2500 美元/t。这个利润率不足以支撑这项工艺的巨大投资。于是，经过全世界众多团队的努力，普遍达成共识：这种工艺经济方面不可行。就目前本文作者所知，酵母生产类可可脂工艺没有长远经济利益。即使可可脂生产的经济效益在下一个十年发生改变，现在也存在着足够良好的替代系统来生产类可可脂，如应用固定脂肪酶技术就要比微生物生产途径更加经济有效[17, 31]。但值得一提的是，Davies 对生物工程手段生产单细胞油脂型类可可脂产品的成本计算方法为未来其他微生物油脂生产成本预算奠定了基础。

5.3 目前（2003 年）的单细胞油脂生产

正如前文所论述，由于制造大型发酵罐、装配机械以及维持运转需要大量资金，单细胞油脂生产成本相当高。如果微生物油脂要商业化开发，单细胞油脂就必须定高价[32, 33]。实际上，这意味着只有人类必须食用单细胞油脂油品，而且不可能从传统的植物或动物资源中获得单细胞油脂油品时，从微生物获得油脂才具有商业现实性。

这样的机会存在于富含长链多不饱和脂肪酸的油脂，这类油具有明确的定义，公认对人体健康有益。目前，全球超过 95% 的单细胞油脂产品富含两种特殊不饱和脂肪酸：花生四烯酸（ARA，20:4 $n-6$）和二十二碳六烯酸（DHA，22:6 $n-3$）。目前两者均是由马泰克生物科学公司直接或根据合同生产的。单细胞油脂的生产不再是一项小规模的运作。马泰克公司生产的单细胞油脂混合物作为新生儿营养补充物（用于婴儿乳粉配方）在过去数年中已经确定了其在世界上的地位，目前每年的产量维持在数百吨水平。有一项预测指出，2003 年将会生产约 560t 单细胞油脂，大多数富含花生四烯酸或 DHA。到 2004 年，产量预计增加 1 倍，并且可能于 2005 年再次翻番。花生四烯酸和 DHA 是长碳链多不饱和脂肪酸，其碳链超过18个碳原子，且不能从植物来源获得。农作物通常只能产生18个碳原子（或更短）的脂肪酸，因此，它们仅能生产 $n-3$ 或 $n-6$ 型的18:3多不饱和脂肪酸。虽然有些植物产生二十碳或更长的不饱和脂肪酸，但都是单不饱和脂肪酸。例如，芥酸（22:1 $n-9$）或神经酸（24:1 $n-9$），并不具有像花生四烯酸或DHA的生理功能。动物（包括鱼）是多不饱和脂肪酸的潜在来源，含22个碳原子和6个双键。但这些动物油存在潜在的问题，即长碳链多不饱和脂肪酸含量普遍较低、脂肪酸组成复杂以及由于宗教信仰或生活方式不为某些人群接受的问题[34]。此外，人们越来越担心动物来源的原料存在的病毒和朊病毒，以及作为廉价资源的鱼的长期可获得性。近期研究指出，海洋环境中的有毒污染物，如重金属，有可能进入鱼类肝脏并得以积累，这已经成为另外一个反对使用鱼油的论据。当然，鱼的肝脏，加上整个鱼身仍是当前长碳链多不饱和脂肪酸的主要来源。

单细胞油脂生产长碳链多不饱和脂肪酸超越传统油脂的优势在于使用发酵法生产。单细胞油脂的质量和供应在年度生产中可以得到严格控制和保证[32, 33]。这些保证是很难在植物或动物源油脂生产中实现的，因为生产者无法控制环境的条件和变化。天气、饲料（动物性油脂）、环境污染（因为几乎所有的商业农作物都要喷洒除草剂、杀虫剂和杀真菌化学药品的混合物）等因素都对传统来源油脂的供给和质量造成了重大影响。另外，相比农作物和动物来说，微生物生长非常迅速，发酵时间通常在4~10d。因此，单细胞油脂的供应可以非常快地满足市场需求，避免了传统油脂存在的过度供应或短缺的问题。

最初，公众不乐意选择微生物油脂，而优先选择动、植物油脂，这是一个相当大的问题，这促使“爪哇油”销量的下滑（第一种商业化生产的单细胞油脂，参见5.2.1.1）。然而，一整套更精明的市场营销策略已使多不饱和脂肪酸－单细胞油脂成为人们所接受的产品，其方法是，当单细胞油脂与动物油竞争时，对单细胞油脂进行“品牌重塑”，不仅可称“发酵油”、“设计油”，甚至还可用“素食油”称谓，这样，公众对微生物食品的认同性就增强了，在欧洲和英国，单细胞蛋白（SCP）产品 Quorn™就是成功的例证。

5.3.1 花生四烯酸

在爪哇油成功（至少是暂时）之后，下一个作为商业化发展的脂肪酸是花生四烯酸。早期的开发在远东地区，起始于日本的两家公司，Lion 公司和 Suntory 公司，两家公司都开发了利用真菌资源生产花生四烯酸的工艺。有趣的是，Lion 公司对富花生四烯酸油脂的兴趣不在于营养方面的应用，而是作为美容霜的基础成分，这是另一个经受得起高价格的领域。在20世纪80年代末期，有关这方面的专利都被这两家公司获得，覆盖了高山被孢霉生产的所有花生四烯酸产品[35, 36]。

在远东，富花生四烯酸单细胞油脂的商业化生产继续由 Suntory 公司进行，在欧洲则由 Dutch State Mines 公司（DSM）生产，DSM 从前称为 Gist - Brocades 公司。DSM 根据合同为美国马泰克公司提供花生四烯酸 - 单细胞油脂［高山被孢霉生产，花生四烯酸含量大于 40%（质量分数）］，用于新生儿“Formulaid®”营养补充剂，该产品被全世界 60 个国家（美国从 2002 年 2 月开始）使用在婴幼儿配方乳粉和婴儿食品中。当前，婴儿配方乳粉是单细胞油脂最重要的市场。马泰克的 Formulaid® 这一产品占单细胞油脂全球销量的 95% 以上（图 5.4）。

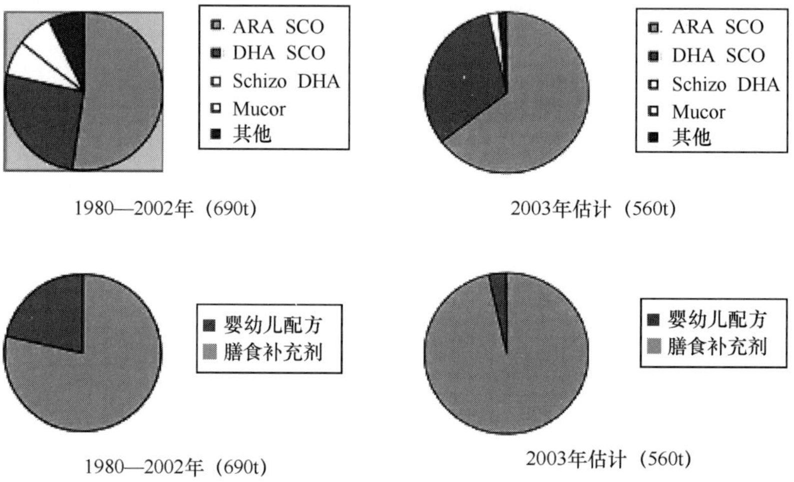

图 5.4 过去 20 年商业单细胞油脂的产量\用量及与现在估计量的比较

（Dr. David J. Kyle，个人交流）

（彩图参见 http://www.mrw.interscience.wiley.com/biofp）

虽然 2002 年 2 月它才引入美国婴儿配方乳粉中（含此补充剂的配方要价很高），但产品取得了令人惊讶的成功，至本书修订的时候（2003 年 9 月），含 Formulaid® 的婴儿配方乳粉在美国的市场份额已达到 30%。Suntory 公司生产的富花生四烯酸 - 单细胞油脂也添加在婴儿配方乳粉中，主要是出口，因为日本市场对这种产品还在开发之中。在日本，这种油主要用于保健品。在中国，武汉嘉必优生物工程公司 2001 年开始也利用高山被孢霉生产花生四烯酸（参见 www.alking.com.cn），生产规模估计为 50000L，可能正在筹划更大的发酵罐。该油可能应用在婴幼儿乳粉中，也可能出口，但目标区域还未定。

不像卷枝毛霉（即爪哇毛霉），高山被孢霉在生产富花生四烯酸油之前与食品没有任何历史联系，由此需要大量毒理学研究来证实花生四烯酸单细胞油脂的安全性[37~40]。对任何一个单细胞油脂来说，当无法通过与已有食品的联系来声明一般认为安全时，毒理学筛查是一道必须跨越的难题。从头开始获得毒理学数据是一个昂贵和费时的过程。

许多微生物体都具有生产大量花生四烯酸的能力，但绝大多数选择真菌属的被孢霉（尤其是深黄被孢霉亚属）[41~43]。虽然被孢霉有很多种，甚至都有可能开发作为生产菌种[44]，但目前用于商业化生产花生四烯酸单细胞油脂菌种是高山被孢霉。主要菌种保藏机构有 ATCC（14 株）、IMI（4 株）、CBS（19 株）等，包含多个高山被孢霉的分离株，它们的商业可行性已全部检测过。最具生产能力的菌株很大程度上取决于菌株筛选工艺，因此工艺的开发必须同步发展。工艺一旦建立以后，菌种/工艺的互相依存关系使得分离/筛选新型菌株变得非常复杂。

在保藏的菌株中，生产能力最高的是 ATCC 32222[45, 46]。但与日本 Suntory 公司合作的 Shimizu 工作组分离出一株花生四烯酸产量非常高的环境菌株，命名为高山被孢霉 1S－4[32, 36, 41]。该菌株具有一些不寻常的优势特点（最易形成孢子）。在文献[32, 47~49]中有很多关于该菌株的实验数据。但由于该菌株有专利权，该领域的其他研究人员无法对所公布数据进行验证。

虽然相对高产的高山被孢霉菌株可从菌种保藏机构获得现货，但不可避免的是，商业生产会使用具有专利权的“改良”菌株。获得这种菌株是需要一定“学问”的，因为获取孢子存在一些困难，而它是成功实现诱变方案的先决条件。同时，突变微生物中花生四烯酸/油的产量增加不会传达出突变株易于辨识的特征。因此要分离出可以产生超量花生四烯酸的菌株，必须在数以千计的潜在突变体中进行大量的鉴别工作。

5.3.1.1 商业化生产

商业化生产富花生四烯酸单细胞油脂，开始于有认证的高山被孢霉生产菌种贮藏培养冷冻管的解冻。解冻的冷冻管用于接种一系列摇瓶培养，以及用于接种体积增加的种子发酵罐，以保持每一级种子菌种 5%～10% 的接种量。最后的生产规模通常在 50～200m^3（图 5.2）[50]。

用于富花生四烯酸单细胞油脂生产的培养基取决于采用的生产工艺和菌株；它们通常是以酵母提取物和葡萄糖为基础物质的简单复合培养基，其离子组成和碳氮比对于生产能力的优化十分关键[48, 52, 53]。

不像“经典的”真菌发酵，如盘尼西林、柠檬酸、赤霉素的生产，我们期望得到的产品——富花生四烯酸单细胞油脂——是一种胞内物质，因此，富花生四烯酸单细胞油的生产过程具有某些与众不同的特征。在其他生产过程中，真菌生物质在富花生四烯酸单细胞油脂工艺中实际上是一个副产品并尽可能减到最小，才能达到高细胞密度。有报道表明，细胞密度可高达 50～60g/L 干重[48]，这就产生了培养基混合和传质问题，因为长链多不饱和脂肪酸的生物合成是一个由脂肪酸脱氢酶的需氧参与过程。

为了获得富花生四烯酸单细胞油脂的最大生产量，真菌必须在正确的形态下培养。高山被孢霉可以生长成分散的菌丝细丝或菌球（依条件不同，尺寸大小各异），由于易于获取养分，菌丝和培养基之间的气体交换容易[54]，“羽毛状”的菌丝细丝在低细胞密度条件下适于花生四烯酸生产，但这种形态不适合高密度培养。在高密度培养时，菌丝生长导致培养基黏度增加，很难搅动[48]。在这种条件下，气体交换与营养供应受限，从而对花生四烯酸单细胞油脂的生产造成不利影响。对于花生四烯酸大规模工业化生产，最佳菌落形态是菌球，该形态可减小培养体系黏度，促进混合。但是当菌球形成之后，培养基会因为菌球内部的生物质营养受限而变得不均匀[49]。菌球大小决定了花生四烯酸－单细胞油脂产量的多少，真菌由菌丝变到菌球，产量几乎减少 50%[45]。因此，花生四烯酸生产时获得最佳的菌落形态不是一件小事。最佳菌球直径应小于 2mm，以降低体系黏度，同时保持球体内部足够的养分和氧气传输[48, 55]。

富花生四烯酸单细胞油脂的发酵应在氮源限制下进行，以促进胞内脂质的积累。流加葡萄糖发酵技术可利用高水平的碳源而避免了初始糖浓度过高下的毒害作用。一旦生物质已累积了适量的脂质和花生四烯酸（约 200mg 花生四烯酸/g 干重），真菌生物质必须采用连续离心或压滤方法从培养基中分离、干燥后，再用传统植物油生产技术对油脂进行提取和纯化。最终的产品是一种浅黄色透亮的油，味道相对平和并具有显著的抗氧化功能。该商品油的脂肪酸组成见表 5.4[55]。

5.3.2 二十二碳六烯酸

在自然界中大量存在的不饱和度最大的脂肪酸是 DHA（某些藻类脂肪中含有微量多达 8 个双键的多不饱和脂肪酸）。该种脂肪酸被认为对动物的神经系统发育非常重要；事实上，DHA 和花生四烯酸一样都是对神经组织最有影响的多不饱和脂肪酸[56]。DHA 缺乏与新生儿大脑和视觉系统发育受损有密切联系[56]。

由于已知的“传统”资源中没有富含这种长碳链多不饱和脂肪酸的脂质，由此，DHA 的生理作用一经证实，它就显而易见地成为商业化微生物产品的一个候选者。如上所述，由于植物一般不合成超过 18 个碳的脂肪酸，因此没有植物含有 DHA。DHA 仅发现存在于动物源油脂中，特别是鱼油中。不过用鱼油作为 DHA 补充剂是有问题的。与所有的动物一样，鱼类所含有的脂肪酸在很大程度上反映它们的饮食摄取情况，而不是合成脂肪酸的能力。因此，鱼油的脂肪酸组成是复杂的，含 DHA 同时还有许多其他种类的多不饱和脂肪酸。鱼油中存在的长碳链多不饱和脂肪酸二十碳五烯酸（EPA，20:5 $n-3$）如果用在新生儿营养中，会出现另一个特殊问题。EPA 是一种重要信号分子（前列腺素和类花生酸）的前体，被认为与新生儿生长迟缓相关，会对抗婴儿配方乳粉中补充富含花生四烯酸的单

表5.4 商业化生产的富含花生四烯酸和二十二碳六烯酸的微生物油中的脂肪酸组成[55]

油	脂肪酸组成的相对含量/%（质量分数）													
	12:0	14:0	16:0	16:1	18:0	18:1	18:2 (*n*-6)	18:3 (*n*-6)	18:3 (*n*-3)	20:3 (*n*-6)	20:4 (*n*-6)	22:5 (*n*-6)	22:6 (*n*-3)	24:0
ARASCO①	—	0.4	8	0	11	14	7	4	—	4	49	—	0	1
DHASCO②	4	20	18	2	0.4	15	0.6	—	—	—	—	—	39	—
Schizo－SCO③	—	13	29	12	1	1	2	—	3	1	—	12	25	—

注：①生产菌株：高山被孢霉，见参考文献［55］；

②生产菌株：隐甲藻，见参考文献［55］；

③生产菌株：裂殖壶菌，见参考文献［55］；

ARASCO和DHASCO是马泰克公司的注册商标。

细胞油脂的有益作用[57]。

普通人群尤其是新生儿摄入鱼油存在的其他问题是鱼油潜在的存在环境毒素。作为鱼油的来源，鱼类是自由地生活在世界范围的海洋中，因此，它们很容易被过于频繁地释放到海洋环境中的农药残留物和工业垃圾（包括重金属）所污染。虽然这些化学物质的含量通常较低，但他们足以引起相当的关注，英国政府委托的一份调查报告特别指出了鱼类的污染程度[58]，尤其是存在于鱼油中的二噁英和多氯联苯（PCBs），并建议每周食用“油性鱼”不要超过1次。最近，鱼油中含汞事件导致美国食品与药物管理局（FDA）及环境保护署提出建议，即孕妇应限制摄入油性鱼[59]。此外，最近的一项研究表明，鱼油中的汞削弱了鱼油对心血管的好处[60]。受污染鱼中提取的鱼油（主要来自于鱼的肝脏，肝脏常常将消化的毒素浓缩至婴儿配方乳粉中）中的任何污染物，即使浓度低于安全标准，也一定被视为无用之物。因此，显然需要现有DHA供应源之外的替代资源，如果有这样的资源，很可能标价将远超过鱼油的价格。

5.3.2.1 DHA的微生物来源

三十多年前人们发现，某些海洋微生物具有从头合成DHA和积累大量这种脂肪酸的能力，它们以相对纯净的形式存在于细胞脂质中[61]。事实上，最终出现在鱼油中的DHA，正是这些在食物链底部的微生物所合成的[62]。两种微生物，一种是寇氏隐甲藻，另一种是裂殖壶菌，均能合成足量的DHA（油中不含EPA），已经用于商业化生产。虽然它们都生产富含DHA的单细胞油脂，但合成油中的脂肪酸分布存在重大差异对它们的潜在应用有显著影响。寇氏隐甲藻油中大于99%的多不饱和脂肪酸是DHA（多不饱和脂肪酸大于总脂肪酸含量的40%），而裂殖壶菌油中含有大量的另一种多不饱和脂肪酸二十二碳五烯酸（DPA $n-6$，22:5 $n-6$）。裂殖壶菌油中DPA的存在是最初引起人们关注的原因，认为该油不适合应用于新生儿营养补充剂。然而，DPA似乎完全无害并证明是人类血小板磷脂的一种天然成分[63, 64]。大鼠肝细胞中DPA的代谢实验进一步表明，当食物中花生四烯酸含量很低时DPA会重新转变为花生四烯酸，但当花生四烯酸与DPA和DHA混合一起摄入时，DPA可以维持DHA的较高循环浓度。因此，在花生四烯酸+DHA膳食补充剂中添加DPA可能是有益处的，它可以通过食用裂殖壶菌油加花生四烯酸-单细胞油脂来实现。

最初，这两种微生物在两家美国先驱公司的相互竞争中发展起来，即马泰克（使用寇氏隐甲藻生产DHASCO™，是DHA含量大于40%的油）和欧米伽技术公司（使用裂殖壶菌生产Sea Gold™，现在称为DHAGold™，一种富DHA的单细胞油脂，同时含有DPA $n-6$）。2002年4月，马泰克公司收购了欧米伽技术公司，并将两家公司专业技术相结合。目前，马泰克公司生产的富DHA单细胞油脂几乎都是DHASCO™，并被SCO混合物Formulaid®指定作为婴儿配方乳粉的一部分。裂殖壶菌油的产量一直处在较低水平，常常直接用于食品中。其他一些公司，挪威的 Norferm 公司和德国的 Celanese 公司将竞争发展到了一定程度，至少 Celanese 公司最近通过位于德国法兰克福的子公司 Nutrinova 声称将推出裂殖壶菌 DHA 油，并命名为 DHActive™，但迄今为止，只有马泰克公司的富 DHA 单细胞油脂 DHASCO™大规模上市。在日本，Nagase - Suntory 公司被认为正在生产少量用于膳食补充剂的 DHA - 单细胞油脂，但其具体产量并不确定。

人们选择寇氏隐甲藻和裂殖壶菌，因它们都有积累大量含 DHA 油的能力（细胞中含油 >30%，油中含 DHA >40%）和易于在传统搅拌型发酵罐中培养。虽然寇氏隐甲藻和裂殖壶菌是微藻，但它们属于异养型微生物，不需要光作为生长的先决条件，因此都可以在发酵罐中采用类似其他微生物发酵的技术培养。这两个菌种的一个特点是继承了它们在海洋环境生长的特性，即二者需要在含有高浓度的盐（NaCl）的环境下才能生长。海水含有 18 ~ 19000mg/kg 浓度的氯离子，这在玻璃容器（如实验室的发酵罐）中不是问题，但这在工业规模的不锈钢容器中是一个大问题。“标准”不锈钢 S 30400（通常指 304 钢）是一种相对便宜并应用广泛的（约 50% 不锈钢容器使用 304 钢）的材料，使用范围从家用平底锅和餐具到工业厂房。如果在使用期间注意彻底清洗，304 钢在短时期内能耐受高氯离子环境，但在高于 200mg/kg 氯离子条件下接触时间长容易发生缝隙腐蚀。工厂中也用更高等级的 316 钢，它可以耐受浓度高达 1000mg/kg 的氯离子，但因价格高不常使用，即使这样，仍不能完全达到在与海水盐度相似的培养基中培养微生物的要求。为此，人们开发出特别的培养基[66]，并鉴定了这两种微生物能在“低盐”环境中生长的菌株。

在花生四烯酸 - 单细胞油脂生产过程中，菌种经过连续几级放大培养获得足够的接种量后，最终可达到 $200m^3$ 的生产规模（图 5.2）。不断改进培养条件以确保最佳环境，达到充足的生物质和油脂积累后，通过离心、喷雾干燥获得生物质，然后用正己烷提取油脂，使用的技术基本与植物油相同[50, 67]。结果生产出一种透明橙色油，具有温和的口感和气味。富含 DHA 的单细胞油脂特别是 DHASCO™尽管 DHA 含量高，但仍然相当稳定，比鱼油要稳定得多[67~69]，因此，只有在微生物油脂被肆意滥用之后，才会呈现出类似精炼鱼油所具有的独特风味。

5.4 微生物生产其他多不饱和脂肪酸的前景展望

5.4.1 二十碳五烯酸（20:5 *n*-3）

欧洲和美国已经形成了花生四烯酸和 DHA 的市场，日本和中国正在开发之中。下一种可能生产的多不饱和脂肪酸是EPA，它可作为一种保健食品，以非处方的形式销售，也许更有可能作为药物。众多报道阐述了EPA有助于各种疾病和功能紊乱的治疗功效，包括动脉硬化症、癌症、风湿性关节炎、牛皮癣、双相情感障碍、精神分裂症、阿尔茨海默病。单独口服EPA或与DHA合用[34,70~72]，都可以改善或缓解病症。当然，EPA和DHA共存于多种鱼油中，如果提倡用这两种多不饱和脂肪酸治疗，食用鱼油似乎才是恰当的建议。

长期以来认为EPA有消炎特性，因此EPA被认为具有抵抗自身免疫性疾病，例如关节炎的潜在用途。目前认为炎症是心脏疾病发作的主要因素，因此EPA的心肌保护活性可能与其消炎特性有关。有证据表明，口服大剂量EPA可减少小鼠肿瘤细胞的生长[74~76]。EPA可能通过影响肿瘤细胞摄取脂肪酸而产生作用，特别是抑制对亚油酸的摄取，亚油酸可以转变为一种13－羟基衍生物，它是肿瘤生长的积极促进物[77]。

EPA的生产除了从鱼油中提纯（但这样总会残留一定量的DHA）之外，微生物来源目前也受限。高山被孢霉1S－4是常用于商业化生产花生四烯酸（见上文）的菌株，如果在温度为12℃（而不是通常的28℃）的脂质积累阶段进行培养的话，它也可以生产EPA[78,79]。如果该高山被孢霉菌株用α－亚麻酸（18:3 $n-3$）培养，其EPA产量会增加很多[80]，每克细胞中EPA含量可高达42mg。但所有这些油中仍然存在花生四烯酸。真菌的某些种类，如腐霉属，生产EPA的量也可达34mg/g细胞[81~83]，但同时也合成其他多不饱和脂肪酸，包括花生四烯酸，使富含EPA而不含花生四烯酸油的生产具有一定难度。

当前EPA最好的来源似乎是光合型微藻，其中紫球藻、鞭金藻、微绿球藻、三角褐指藻可能是首选菌种[84~87]。所有的油EPA占总脂肪酸含量在25%～38%（表5.1），油中都含有花生四烯酸或DHA（甚至两者都存在）。这些藻的油含量通常低于细胞重量的20%，并不令人鼓舞。这些藻油的甘油三酯含量不高，甘油三酯是油中理想的形式，这些油由细胞光合器中的多种复合脂质所构成。

因此，目前还没有与从寇氏隐甲藻生产出的DHA－单细胞油脂相当的油，即油中EPA是唯一的多不饱和脂肪酸，且主要以甘油三酯形式存在。一些研究人员提倡通过基因工程改造微生物生产EPA，即从细菌（其中一些也可以生产EPA）中选择适当的基因并将它们克隆到更合适的菌种中，但如果要同时提高其总脂含量的话，这远不是一件容易的工作。当前的努力方向，是找到能生产富EPA油脂的合适微生物，并不是不能想象在未来2～3年中能找到这类生物体，但至少在目前还没有微生物来源的EPA产品。

5.4.2　其他多不饱和脂肪酸

采用微生物法生产其他各种多不饱和脂肪酸具有一定的前景，而是否能达到工业化生产，则取决于市场需求。在许多情况下，这些稀有脂肪酸可以通过高山被孢霉生产，该菌常用于花生四烯酸的生产（参见上文）。但 Shimizu 等[32, 88]发现可以对该菌株进行诱变，在各关键点将多不饱和脂肪酸 C_{18}去饱和与延长的正常序列加以破坏，就可以获得该菌种变异株，变异株可以积累：

（1）十八碳四烯酸（Stearidonic acid，18∶4 $n-3$） 这里，由于敲除了延长酶活性的基因编码，由γ－亚麻酸（18∶3 $n-6$，γ－亚麻酸）到 20∶3 $n-6$ 碳链延长受阻，γ－亚麻酸在 Δ15 去饱和酶作用下去饱和。但是孟山都公司的转基因农作物已能产生这种多不饱和脂肪酸，因此这种多不饱和脂肪酸作为单细胞油脂的潜力是有限的；

（2）二高亚麻酸（Dihomolinolenic acid，DHγ－亚麻酸；20∶3 $n-6$） 该脂肪酸受 Δ5 去饱和酶调控转变为花生四烯酸的去饱和反应或由于突变而消失，或由于特定去饱和酶抑制剂的存在而受阻；

（3）二十碳三烯酸（Eicosatrienoic acid，ETA；20∶3，$n-9$，米德酸） 亲代菌种双突变体的产生使 Δ12 和 Δ15 去饱和酶均缺乏活性，导致油酸（18∶1 $n-9$）只能在其双键与羧基头部基团之间去饱和；

（4）二十碳四烯酸（Eicosatetraenoic acid，EteA；20∶4 $n-3$） 已积累二高－γ－亚麻酸的突变株（见上文）在亚麻籽油（作为α－亚麻酸的来源，18∶3 $n-6$）中培养，而不用葡萄糖；这种脂肪酸随后导入到 $n-3$ 代谢路径。

在上述所有例子中，虽然二高－γ－亚麻酸在总脂肪酸中的量可达 23%，但各种 PUFA 的量都相对较低。上述某些多不饱和脂肪酸也少量存在于各种海洋微藻中，目前尚无方法优化其商业生产。

稀有多不饱和脂肪酸二十二碳五烯酸（DPA，22∶5 $n-6$）被认为是日本 Nagase－Suntory 公司的产品，该公司用裂殖壶菌生产 DHA，DPA 约占裂殖壶菌总脂肪酸的 12%（见表 5.4）。DPA 可能是纯化富 DHA 油时的副产品，确切的生产方法目前还不确定。DPA 的直接应用也不确定，如 5.3.2.1 中所述，可能 DPA 与 DHA 和花生四烯酸一起添加会有效，DPA 可能在较高的循环水平上有助于维持 DHA[65]。

5.5 微生物油脂的前景

在过去的 20 年中，某些单细胞油脂已商业化生产，如富γ－亚麻酸、花生四烯酸、二十二碳六烯酸的油脂。虽然富γ－亚油酸的单细胞油脂只在 20 世纪 80 年代在英国生产了 6 年，并不再有经济现实性，但富 DHA 和花生四烯酸的单细胞油脂的生产已展现了这项技术的潜在能力，引人注目。这些单细胞油脂遇到了需求量迅速增长的时代，呈现产品供不应求的市场格局。全球单细胞油脂的主要供应商马泰克生物科学有限公司（全球市场 95%

以上的单细胞油脂都是“马泰克油”）至少在接下去的两年（2004 年和 2005 年）每年的生产能力都将翻倍。马泰克已经成为唯一具有百万公升发酵能力的、致力于单细胞油脂生产的公司。

基于此，富二十碳五烯酸的单细胞油脂也很有可能在未来几年实现商业化，目前对该种脂肪酸的供应需求已开始加速。继二十碳五烯酸之后，很可能是十八碳四烯酸，采用筛选植物品种（如蓝蓟）可生产该多不饱和脂肪酸，孟山都公司已经开始生产用于制造这种脂肪酸的转基因作物。

但是微生物法生产成本一直都相当昂贵，因此，只有最贵的多不饱和脂肪酸才值得用这种方法生产。发酵技术从来不是代替农业生产的经济选择。符合逻辑的进程是下阶段多不饱和脂肪酸生产将从微生物转向植物。但是这只能通过基因技术实现，因为没有已知的能产生花生四烯酸、EPA 或 DHA 的植物，而正是这三种多不饱和脂肪酸是生产的主要目标，因为它们各具市场潜力（无论是份额还是价格）。

设计一种能生产这些油脂的植物，必须要往植物（向日葵或油菜、卡诺拉）中克隆进去编码一种或两种产生延长酶的基因（C_{18}转化为 C_{20}，然后再将 C_{20}延长至 C_{22}），还要有一系列的脱氢酶将双不饱和脂肪酸（例如 18∶2，这些植物中的主要脂肪酸）最终转化为甚至六不饱和的脂肪酸。因此，生产 DHA 时（通过经典脂肪酸路线），最少要六个不同基因或可能更多措施才能确保这些基因正确发挥功能。

必须仔细调控所导入基因的表达，以保证蛋白质（例如它们编码的酶）的特异性靶向作用（时间和空间），确保仅在油脂积累阶段在种子组织中产生长碳链多不饱和脂肪酸。虽然这种靶向瞄准不是最主要的技术障碍，植物先天明显缺乏代谢长碳链多不饱和脂肪酸的能力是必须面对的挑战。就作者所知，虽然引入脂肪酸脱氢酶基因（甚至植物中不太常见的那些基因）可导致新不饱和脂肪酸中相当可观的积聚，但引入脂肪酸延长酶却不会引起多不饱和脂肪酸 C_{20}或 C_{22}的显著积累。无法生成 C_{20}或许不是因为延长酶本身缺乏活性，而是与植物酰基转移酶失活，无法有效转换 C_{20}有关。酰基转移酶涉及脂肪酸向细胞膜的“穿梭”，以完成最后脱氢，然后并入甘油三酯。如果是这样，那么就可能需要向植物转入更多的相关基因（对长碳链多不饱和脂肪酸酰基转移酶来说），以促进长碳链多不饱和脂肪酸的累积，这可能极大地增加培育出符合要求的产长碳链多不饱和脂肪酸转基因植物的复杂程度。

利用新发现的合成长碳链多不饱和脂肪酸的“类 PKS”途径，可以解决某些与转基因植物生产长碳链多不饱和脂肪酸相关的问题（虽然不是与脂肪酸转运相关的问题），该途径与经典脂肪酸生物合成路线完全不同，它受单一酶复合体催化，不用脂肪酸脱氢酶或单个延长酶，该途径似乎在某些海洋原核生物及裂殖壶菌中运行[89]。类 PKS 酶反应机制由三个或四个开放阅读框编码，减少了所需的被转入潜在植物宿主中的基因数量。然而，这些基因的大尺寸会产生自身的问题，因为随着尺寸增加，克隆基因变得越来越难。

尚需解决的问题是：每个延长和脱氢反应中所需的还原力该如何产生。选择进行基因改造的植物已处于代谢平衡状态，它仅生产其所需要的东西，不会多，也不会少。当给植物增加代谢负担，产生的物质会从中心代谢途径需求额外的资源，这些资源的获取方式未知。植物某一部分中还原力需求的增加，意味着不得不在其他部分发生代谢代偿。在遗传工程师眼中，植物不具有增加自身新陈代谢的能力，它们受控于光与二氧化碳的可获得性。因此，设计出来的生产高含量多不饱和脂肪酸尤其是 DHA 的植物是如何实现这一点的，至少目前对作者来说，还远远没有弄清楚。这些经基因改造的植物相比普通植物产油量减少并非不可能，因为产生不饱和脂肪酸（通过脱氢和延长反应）需要能量与还原力，这种能量与还原力的来源是相同的，都用于合成“常规”脂肪酸。这种在植物中看到的情况与毛霉菌属生产γ-亚麻酸中发现的情况是相同的（参见 5.2.2.1），你可以找到能生产大量油但几乎不产γ-亚麻酸的菌株，但你不能让两者同时发生。这种失调需要额外的转基因操作来纠正，但一种代谢途径的畸变只能以另外一个途径为代偿，因此这不是一个简单的任务。

因此，虽然转基因植物生产多不饱和脂肪酸的路线具有吸引力，但这绝不会像分子生物学家认为的那么简单。可以预期，需要很多人经过很多年才能实现这些目标，但高风险高回报，对很多人来说基因操作人员的成功似乎只是一个时间问题。微生物油生产商要决定的问题是，转基因作物研究者实现目标之前，他们还有多长时间，转基因的成功就意味着单细胞油脂生产的结束。它们仅仅是太贵了而无法进行竞争。悲观主义者认为不超过 10 年，乐观主义者认为可能持续 20 年甚至 30 年。

但有一个最终问题尚没有人能解决。转基因植物能被人们接受用于生产多不饱和脂肪酸吗？公众对于使用转基因植物的意见，欧洲当前是非常反对。2003 年在英国进行的一项调查显示，超过 80% 的英国人反对引进和使用转基因作物，仅有 7% 愿意消费此类转基因产品[90]。反对使用转基因植物的观点没有科学依据，完全基于非理性的恐惧，该观点正蔓延到美国和世界其他地方。如果笼统地暂停使用转基因作物，可能导致投资这项工作的工业公司的大部分资金退出该领域。如果发生这种情况，不管科学上这多么令人遗憾，都将招致转基因植物 PUFAs 的结束。如果这种情况发生，那么唯一能满足这些优良油品需求的出路就是微生物途径。单细胞油脂就将迎来一个长期而辉煌的未来。

致谢

对日本京都大学的 Sakayu Shimizu 教授表示诚挚感谢，他提供了当前日本微生物油脂商品化的信息。 同时向马里兰先进生物营养公司的 David Kyle 博士表示感激，他以敏锐的洞策力阅读了本文手稿并提出了中肯的意见。

参考文献

1. C. Ratledge and B. Kristiansen, *Basic Biotechnology*, 2nd ed. ,Cambridge University Press, Cambridge, U. K. , 2001.
2. M. Woodbine, *Progr. Indust. Microbiol.* , 1, 179 – 245 (1959).
3. C. Ratledge, in D. J. Kyle and C. Ratledge, eds. , *Industrial Applications of Single Cell Oils*, American Oil Chemists' Society, Champaign, Illinois, 1992, pp. 1 – 15.
4. C. Ratledge, in B. S. Kamel and Y. Kakuda, eds. , *Technological Advances in Improved and Alternative Sources of Lipids*, Blackie, Glasgow, U. K. , 1994, pp. 235 – 291.
5. C. Ratledge, in H. J. Rehm, R. Reed, A. Puhler, P. Stadler, H. Kleinkauf, and H. von Dohren, eds. , *Biotechnology*, Vol. 7: *Products of Secondary Metabolism*, 2nd ed. , VCH, Weinheim, Germany, 1997, pp. 133 – 197.
6. C. Ratledge, in F. D. Gunstone, ed. , *Structured and Modified Lipids*, Marcel Dekker,New York, 2001, pp. 351 – 399.
7. C. Ratledge and S. J. Wilkinson, eds. , *Microbial Lipids*, Vol. 1, Academic Press,London,U. K. , 1989.
8. C. Ratledge and J. P. Wynn, *Adv. Appl. Microbiol.* **51**, 1 – 51 (2002).
9. Y. S. Huang and D. E. Mills, eds. , *γ – Linolenic Acid*: *Metabolism and its Roles in Nutritionand Medicine*, American Oil Chemists' Society,Champaign, Illinois, 1996.
10. D. F. Horrobin and P. F. Morse, *Lancet*, **345**, 260 – 261 (1995).
11. D. F. Horrobin, *Amer. J. Clin. Nutr.* , **71**, 367S – 372S (2000).
12. Y. S. Huang, and A. Ziboh, eds. , *γ – Linolenic Acid*: *Recent Advances in Biotechnology & Clinical Applications*, American Oil Chemists' Society,Champaign, Illinois, 2001.
13. P. M. Clough, in F. D. Gunstone, ed. , *Structured and Modified Lipids*, Marcel Dekker,New York, 2001, pp. 75 – 117.
14. R. J. Davies, Report of the Department of Scientific and Industrial Research, No. IPD/T50/2011 DSIR, New Zealand, 1983.

15. R. J. Davies, *Food Technol. New Zealand*, **June** 33 – 37 (1984).

16. R. J. Davies, in R. S. Moreton, ed., *Single Cell Oil*, Longman, U. K./JohnWiley, New York, 1988, pp. 99 – 145.

17. K. W. Smith, in F. D. Gunstone, ed., *Structured and Modified Lipids*, Marcel Dekker, New York, 2001, pp. 401 – 422.

18. R. S. Moreton, *Appl. Microbiol. Biotechnol.*, **33**, 41 – 45 (1985).

19. R. S. Moreton, ed., *Single Cell Oil*, Longman, U. K./John Wiley, New York, 1988, pp. 1 – 32.

20. A. Ykema, E. C. Verbee, H. J. J. Nijkamp, and H. Smit, *Appl. Microbiol. Biotechnol.*, **32**, 76 – 84 (1989).

21. A. Ykema, E. C. Verbee, I. I. G. S. Verwoert, K. H. van der Linden, K. H. Nijkamp, H. J. J. Nijkamp, and H. Smit, *Appl. Microbiol. Biotechnol.*, **33**, 176 – 182 (1990).

22. I. I. G. S. Verwoert, A. Ykema, J. A. C. Valkenburg, E. C. Verbree, H. J. J. Nijkamp, and H. Smit, *Appl. Microbiol. Biotechnol.*, **32**, 327 – 333 (1989).

23. H. Smit, A. Ykema, E. C. Verbree, I. I. G. S. Verwoert, and M. M. Kater, in D. J. Kyle and C. Ratledge, eds., *Industrial Applications of Single Cell Oils*, American Oil Chemists' Society, Champaign, Illinois, 1992, pp. 185 – 195.

24. M. Beavan, A. Kligerman, R. Droniuk, C. Drouin, B. Goldenberg, A. Effio, P. Yu, B. Guiliany, and J. Fein, in D. J. Kyle and C. Ratledge, eds., *Industrial Applications of Single Cell Oils*, AmericanOil Chemists' Society, Champaign, Illinois, 1992, pp. 156 – 184.

25. M. Hassan, P. J. Blanc, A. Pareilleux, and G. Goma, *Biotechnol. Lett.*, **16**, 819 – 824 (1994).

26. M. Hassan, P. J. Blanc, A. Pareilleux, and G. Goma, *World J. Microbiol. Biotechnol.*, **10**, 534 – 537 (1994).

27. R. J. Davies, in D. J. Kyle and C. Ratledge, eds., *Industrial Applications of Single Cell Oils*, American Oil Chemists' Society, Champaign, Illinois, 1992, pp. 196 – 218.

28. R. J. Davies, J. E. Holdsworth, and S. L. Reader, *Appl. Microbiol. Biotechnol.*, **33**, 569 – 573 (1990) *Erratum*: 34, 832 – 833 (1991).

29. R. J. Davies, and J. E. Holdsworth, *Adv. Appl. Lipid Res.* **1**, 119 – 159 (1992).

30. N. J. Moon, and E. G. Hammond, *J. Amer. Oil Chem. Soc.*, **55**, 683 – 688 (1978).

31. F. D. Gunstone, in F. D. Gunstone, ed., *Structured and Modified Lipids*, Marcel Dekker, New York, 2001, pp. 11 – 35.

32. M. Certik and S. Shimizu, *Appl. Microbiol. Biotechnol.*, **54**, 224 – 230 (2000).

33. C. Ratledge, *Trends Biotechnol.*, **11**, 278 – 284 (1993).

34. B. F. Haumann, *Inform*, **9**, 1108 – 1116 (1998).

35. S. Kazuhiko et al. , Japanese Patent 1038007, 1989.

36. Y. Shinmen, S. Shimizu, and Y. Hideaki, European Patent 0276541, 1988.

37. H. Streekstra, *J. Biotechnol.* , **56**, 153 – 165 (1997).

38. K. Boswell, E – K. Koskelo, L. Carl, S. Glaza, D. J. Hensen, K. D. Williams, and D. J. Kyle, *Food Chem. Toxicol.* , **34**, 585 – 593 (1996).

39. R. A. Hempenius, J. M. H. van Delft, M. Prinzen, and B. A. R. Lina, *Food Chem. Toxicol.* , **35**, 573 – 581 (1997).

40. R. A. Hempenius, B. A. R. Lina, and R. C. Haggit, *Food Chem. Toxicol.* , **38**, 127 – 139 (2000).

41. Y. Shinmen, S. Shimizu, K. Akimoto, H. Kawashima, and H. Yamada, *Appl. Microbiol. Biotechnol.* , **31**, 11 – 16 (1989).

42. S. Stredanska and J. Sajbidor, *Folia Microbiol.* , **37**, 357 – 358 (1997).

43. V. K. Eroshin, E. G. Dedyukhina, T. I. Chistyakova, V. P. Zhelifonova, C. P. Kurtzman, and R. J. Bothast, *World J. Microbiol. Biotechnol.* , **12**, 91 – 96 (1996).

44. T. Aki, Y. Nagahata, K. Ishihara, Y. Tanaka, T. Morinaga, K. Higashiyama, K. Akimoto, S. Fujikawa, S. Kawamoto, S. Shigeta, K. Ono, and O. Suzuki, *J. Amer. Oil Chem. Soc.* , **78**, 599 – 604 (2001).

45. A. Singh, and O. P. Ward, *Appl. Microbiol. Biotechnol.* , **48**, 1 – 5 (1997).

46. P. K. Bajpai, P. Bajpai, and O. Pl Ward, *J. Indust. Microbiol.* , **8**, 179 – 186 (1991).

47. S. Shimizu, *Yukagaku*, **44**, 804 – 813 (1995).

48. K. Higashiyama, T. Yaguchi, K. Akimoto, S. Fujikawa, and S. Shimizu, *J. Amer. Oil Chem. Soc.* , **75**, 1815 – 1819 (1998).

49. K. Higashiyama, K. Murakami, H. Tsujimura, N. Matsumoto, and S. Fujikawa, *Biotechnol. Bioeng.* , **63**, 442 – 448 (1999).

50. D. J. Kyle, *Lipid Technol.* , **8**, 107 – 110 (1996).

51. H. Yamada, S. Shimizu, Y. Shinmen, H. Kawashima, and K. Akimoto, *J. Despersion Sci. Technol.* , **10**, 561 – 579 (1989).

52. J. Sajbidor, D. Kozelouhova, and M. Certik, *Folia Microbiol.* , **37**, 404 – 406 (1992).

53. Y. Koike, H. J. Cai, K. Higashiyama, S. Fujikawa, and E. Y. Park, *J. Biosci. Bioeng.* , **91**, 382 – 389, (2001).

54. E. Y. Park, Y. Koike, K. Higashiyama, S. Fujikawa, and M. Okabe, *J. Biosci. Bioeng.* , **88**, 61 – 67, (1999).

55. L. M. Arterburn, K. D. Boswell, T. Lawlor, M. A. Cifone, H. Murle, and D. J. Kyle, *Food. Chem. Toxicol.* , **38**, 971 – 976 (2000).

56. G. Hornstra, *Am. J. Clin. Nutr.*, **71**, 1262S - 1269S (2000).

57. K. Boswell, E. - K. Koskelo, L. Carl, S. Glaza, D. J. Hensen, K. D. Williams, and D. J. Kyle, *Food Chem. Toxicol.*, **34**, 585 - 593 (1996).

58. BBC Online Network. (Sept. 20, 1999). Toxin warning on oily fish. *BBC News.* Available: http://news. bbc. co. uk/1/hi/health/452548. sym.

59. United States Environmental Protection Agency. Press Release. (Jan. 12, 2001). Available: http://www. epa. gov/mercury/fishadv. pdf.

60. J. Gómez - Aracena, J. D. Kark, R. A. Riemersma, J. M. Martín - Moreno, and F. J. Kok, *New Eng. J. Med.*, **347**, 1747 - 1754 (2002).

61. G. W. Harrington, D. H. Beach, J. E. Dunham, and G. G. Holtz, *J. Protozool.*, **17**, 213 - 219 (1970).

62. R. J. Henderson, *Lipid Technol.*, **11**, 5 - 10 (1999).

63. S. M. Innis and J. W. Hansen, *Am. J. Clin. Nutr.*, **64**, 159 - 167 (1996).

64. J. A. Conquer and B. J. Holub, *Lipids*, **32**, 341 - 345 (1997).

65. P. S. Y. Tam, R. Umeda - Sawada, T. Yaguchi, K. Akimoto, Y. Kiso, and O. Igarashi, *Lipids*, **35**, 71 - 75 (2000).

66. W. R. Barclay, U. S. Patent 5,340,742, 1994.

67. P. W. Behrens and D. J. Kyle, *J. Food Lipids*, **3**, 259 - 272 (1996).

68. W. Barclay, R. Abril, P. Abril, C. Weaver, and A. Ashford, *World Rev. Nutr. Diet*, **83**, 61 - 76 (1998).

69. C. C. Becker and D. J. Kyle, *Food Technol.*, **52**, 68 - 71 (1998).

70. C. A. Drevon, I. Baksaas, and H. L. Krokan, eds., *Omega - 3 Fatty Acids: Metabolism and Biological Effects.*, Birkhauser Verlag, Basel, 1993.

71. A. P. Simopoulos, R. R. Kifer, R. E. Martin, and S. M. Barlaw, eds., *Health Effects of n - 3 Polyunsaturated Fatty Acids.*, S. Karger AG, Basel, 1991.

72. D. J. Garcia, *Food Technol.*, **52**, 44 - 49 (1998).

73. G. J. Blake and P. M. Ridker, *J. Intern. Med.*, **252**, 283 - 294 (2002).

74. A. S. Whitehouse and M. J. Tisdale, *Biochem. Biophys. Res. Commun.*, **285**, 598 - 294 (2002).

75. M. J. Tisdale, *J. Nutr.*, **129**, 243S - 246S (1999).

76. M. J. Tisdale, *Support Care Cancer*, **11**, 73 - 78 (2003).

77. L. A. Sauer, R. T. Dauchy, and D. E. Blask, *Cancer Res.*, **60**, 5289 - 5295 (2000).

78. S. Shimizu, Y. Shinmen, H. Kawashima, K. Akimoto, and H. Yamada, *Biochem. Biocphys. Res. Commun.*, **150**, 335 - 341 (1988).

79. S. Shimizu, H. Kawashima, Y. Shinmen, K. Akimoto, and H. Yamada, *J. Amer. Oil Chem. Soc.*, **65**, 1455 – 1459 (1988).

80. S. Shimizu, H. Kawashima, K. Akimoto, Y. Shinmen, and H. Yamada, *J. Amer. Oil Chem. Soc.*, **66**, 341 – 347 (1989).

81. S. R. Gandhi, and J. D. Weete, *J. Gen. Microbiol.*, **137**, 1825 – 1830 (1991).

82. D. J. O'Brien, M. J. Kurantiz, and R. Kwoczak, *Appl. Microbiol. Biotechnol.*, **40**, 211 – 214 (1993).

83. E. E. Stinson, R. Kvoczak, and M. J. Kurantz, *J. Ind. Microbiol.*, **8**, 171 – 178 (1991).

84. E. Molina Grima, J. A. Sanchez Perez, F. Garcia Camacho, J. M. Fernandez Sevilla, andF. G. Acien Fernandez, *Appl. Microbiol. Biotechnol.*, **41**, 23 – 27 (1994).

85. A. Seto, K. Kumasaka, M. Hosaka, E. Kojima, M. Kashiwakura, and T. Kato, in D. J. Kyle and C. Ratledge, eds., *Industrial Applications of Single Cell Oils*, American Oil Chemists' Society, Champaign, Illinois, 1992, pp. 219 – 234.

86. Z. Cohen, *J. Amer. Oil Chem. Soc.*, **67**, 916 – 920 (1990).

87. W. Yongmanitchai and O. P. Ward, *J. Amer. Oil Chem. Soc.*, **69**, 584 – 590 (1992).

88. M. Certik, E. Sakuradani, andS. Shimizu, *Trends Biotechnol.*, **16**, 500 – 505 (1998).

89. J. G. Metz et al., *Science*, **293**, 290 – 293 (2001).

90. (2003). Available: www.gmpubicdebate.org/ut_09/ut_9_6.htm.

6 转基因油脂

Thomas A. McKeon
USDA - ARS Western Regional Research Center
Albary, California

6.1 引言

多数商业种籽油由甘油三酯组成，它是由不同比例的棕榈酸、硬脂酸、油酸、亚油酸酯化到甘油骨架所构成。从这些甘油三酯衍生出来的油脂和脂肪酸主要用于食品和饲料，它们也具有非常重要的工业价值，它们可提供肥皂和其他一些表面活性剂的前体物质，提供用于生产塑料和聚酰胺物质的衍生物，可应用于低挥发性有机碳（VOC）涂料中，还可应用于化妆品、润滑剂和油脂化合物中。油脂作为食物的使用价值在于提供热量，提供一些必需脂肪酸尤其是人类不能自身合成的脂肪酸，包括亚油酸、α-亚麻酸等。多数情况下，籽油的工业价值是油中高含量的特殊脂肪酸，例如，高亚麻酸含量的亚麻籽油可以作为一种高品质的干性油。本章将简要介绍一些新油脂的研发进展，考察工艺的状况，并介绍商用开发的油料作物。

高油酸含量的油脂被公认对人类身体健康有益，其含有少量饱和脂肪酸，氧化稳定性比含多不饱和脂肪酸（PUFAs）的油高。橄榄油（70%油酸）由于高含量的油酸被公认为有益健康。值得注意的是，不断的研究提供了更多脂肪酸需求和优点方面的信息。近几十年来，亚油酸和α-亚麻酸是必需脂肪酸已广为人知。最近，对二十碳五烯酸（EPA）和二十二碳六烯酸（DHA）作为部分膳食（尤其是发育中的胎儿）的需求，以及对γ-亚麻酸的需求，构成人们需要摄入多种来源油脂的基础，只有这样才能满足营养上对重要脂肪酸需求的不断扩展。

虽然含有多不饱和脂肪酸的油脂可以通过部分氢化转化成为高单不饱和脂肪酸含量的油脂，但这个过程会导致产生反式脂肪酸。人们对反式脂肪酸持负面观点，认为其生理功能与饱和脂肪酸相同。这些脂肪酸会增加动脉斑块的形成，且可能促进Ⅱ型糖尿病的发展。为此，在获得高油酸食用油方面进行了大量的研发试验。但是，食品级油脂在商业市场上常常受价格驱动，高品质才能高价格。

生产的大多数植物油都是食用的。这些食用油也有重要的工业价值。例如，大约15%的大豆油用作工业，包括生产油墨、增塑剂、涂料和复合材料。其他含有稀有脂肪酸的商品油也用于工业生产。蓖麻油有90%的蓖麻酸，其羟基具有极其不同的物理和化学性质，使蓖麻油成为一种重要的工业原料。菜籽油含有高达60%的芥酸，可用于润滑剂中。桐油含有高达80%的桐酸，是一种共轭脂肪酸，因为干燥过程中不会变黄，使桐油成为重要的干性油。棕榈仁油和椰子油都有高含量的中链饱和脂肪酸月桂酸和肉豆蔻酸，起泡性能好，可用于生产肥皂和其他表面活性剂。因此，植物油的一些性质具有一定的工业化学价值。化学官能团可以改变物理性质，或为生成衍生物提供反应位点。食用油含有大量的单一成分，这是其另一方面有用的工业价值。由于这些成分的存在，某些油脂具有独特的使用价值。例如，可可脂在其熔点方面具有独特性质，使它成为一个很好的化妆品和食品成分。在工业上，成分的一致性也很重要，这通常要求某种期望成分要有很高的含量。发展油料籽用于工业的目标在于向农艺适宜作物的油脂中引入一种或更多符合需求的性质。

有些籽油还含有具有潜在利用价值的脂肪酸，但尚未得到商业开发，因为这些植物还不能适应大规模种植。例如以下一些作物：驱虫斑鸠菊和大戟属植物 *lagascae* 所产油中斑鸠菊酸酯（十八碳－12，13－环氧基－9－烯酸）含量很高；萼距花属的多种植物的油脂含有中链脂肪酸，从辛酸到肉豆蔻酸等单一脂肪酸含量可高达95%；雷斯克勒属植物含有高达55%的 lesquerolate（二十碳－14－羟基－9－烯酸），它在某些应用方面可以代替蓖麻酸。每一种作物都成为“新作物”研究的目标，目的是剔除不良农艺学性状而引入了期望的特性，例如高产或不开裂。虽然各种作物已经取得了重要进展，但现在面临的问题如同“第22条军规”：由于还没有足够的产品市场，很难让农民种植这些作物；又因为没有可靠的资源，也很难开发这些作物的市场。

这些年来育种工作扩大了植物油的潜在用途。通过现有作物种质资源的杂交，卡诺拉油、高油酸红花籽油、高油酸葵花籽油和低饱和大豆油成为大规模传统育种工作的产物。诱变技术的引入为育种人员提供了一种新的工具，在消除不良性状方面很有用。基因工程技术的引入使不相容的作物、微生物、昆虫、动物或其他生物体的基因都能加到育种人员的工具箱中，极大提高了育种人员引入有用性状的能力。此外，这些基因组序列工作揭示了植物同线性程度。同线性（synteny）指的是基因组排布的一致性，这也使鉴定与有用农艺学性状相关的特殊基因成为可能，例如矮化病。通过基因组比对，跨越种属的有用性状可以直接被鉴定和筛选出来，而不必通过广泛育种。

作物基因工程为具有特性的油籽作物的发展带来巨大希望，这些特性如增加商业和营养价值，增加利用价值，有益环境。当前已使用的四种遗传工程（转基因）作物都是油籽作物：大豆、玉米、棉花和油菜。 它们成功应用在商业上并且占据了全世界转基因作物种植比例的99%。 在美国超过70%的大豆、50%的玉米和70%的棉花都是遗传工程作物。油菜在美国属于小面积作物，但大概也有60%属于转基因作物。 加拿大是油菜的主要生产商，其油菜大多数都是转基因的。 越来越多的国家采用了这项技术。 99%的转基因作物产自美国、阿根廷、加拿大、巴西、中国和南非，还有12个国家正在采用这项技术[1]。转基因作物种植的增长是显著的，之所以这样说是因为从1996年第一个转基因作物的引入到现在，所有这些都发生在过去的8年中。 1996年，每种作物都为“输入”性状进行改性，通过引入编码抗除草剂（大豆、油菜）、抗虫（玉米、棉花）或两者都抗（棉花）的基因，来逐渐减少或消除对化学品的应用需求。 现在，棉花是唯一带有这两种（叠加）性状的大宗作物。 为输入性状引入的基因需保持作物的“实质等同性”。 表6.1所示为来自缺少或包含抗草甘膦基因作物的大豆油、棉籽油和玉米油，表明引入的基因实质上对组分无影响，还特别给出了脂肪酸组成在品种和气候差异中的变化。

表6.1 转基因油料籽的脂肪酸组成 单位：%

作物	16:0	16:1	18:0	18:1	18:2	18:3	20:0	20:1	22:0	22:1	X*
棉籽－对照	27.7	0.6	2.7	15.3	43.2	—	0.2	—	0.2	—	2.3
转基因棉籽	26.8	0.7	2.7	15.5	45.9	—	0.3	—	0.2	—	1.7
玉米－对照	9.9	—	1.9	27.4	58.7	1.1	0.4	0.3	0.2	—	—
转基因玉米	9.9	—	1.9	27.5	58.6	1.1	0.4	0.2	0.5	—	—
大豆－对照	11.2	—	4.1	19.7	52.5	8.0	0.4	0.2	0.5	—	—
转基因大豆	11.2	—	4.1	19.7	52.3	8.2	0.4	0.2	0.5	—	—
卡诺拉－对照	4.6	0.3	1.6	57.5	19.4	13.8	0.6	1.4	0.3		
富月桂酸卡诺拉（Canola－12:0）	3.3	0.2	1.1	35.1	14.6	8.8	0.3	0.7	0.2	—	35.5

注：* 棉籽油的非常见脂肪酸为锦葵酸、苹婆酸、二氢苹婆酸；富月桂酸卡诺拉油的非常见脂肪酸为31.3%的12:0和4.2%的14:0。

影响“产出”性状（此文关注的产品是油）的开发还未获得商业成功。 除了来自育种和突变的油料作物，本章将介绍两种已获得商业化的转基因油籽作物，简要描述它们开发的生物化学基础和商业化面临的问题。 之后将会介绍其他转基因技术开发的油。 最后，文章将探讨与转基因作物的可接受性相关的问题。

棉籽－对照为Coke 312；转基因棉籽具有草甘膦抗性，筛选株1445（孟山都公司）[2]；玉米－对照是不含草甘膦抗性基因的GA21分离株，转基因玉米是有草甘膦抗性基因的GA21分离株[3]；大豆－对照是A5403，转基因大豆是GTS 40－3－2，用含具草甘膦抗性的 CP4 ESPS 的基因物质的 A5403 粒子轰击产物[4]；卡诺拉 - 对照（Westar）与含有酰基 - ACP 硫酯酶基因（来自加州湾月桂）的卡诺拉种子进行对照[5]。

6.2 改变脂肪酸组成的技术

一些方法可以使油籽作物发生脂肪酸成分的改变。最古老的方法就是进化，这是一个漫长的、似乎很随机的过程。要有意改变脂肪酸组成，这种方法并不可行，特别是在短时间内，但事实上进化已经产生了大量的具有不同脂肪酸组成的油籽作物。在同一种、属内，这种差别通常体现在同一个脂肪酸的百分含量不同。在有些植物的科、属内，籽油中脂肪酸类型也存在大量变化。利用这些差异成功培育了不同脂肪酸组成的品种，可提供所需要的变种。育种工程已经成功利用已有的种质资源来开发主要作物，包括大豆、玉米、菜籽（卡诺拉）和葵花籽，它们都含有更令人满意的含油量或脂肪酸组成。当进化不能提供合适的种质资源时，用一些方法可以同样改变脂肪酸成分。通过随机突变后再筛选、育种的方法，已经获得多种油脂中不同脂肪酸组成的变种[6]。因为突变方法可消除基因，这种方法通常降低非期望的脂肪酸组分含量或增加所需要脂肪酸的含量。这种最近创新方法称“定向诱导基因组局部突变”（targeting induced local lesions in genomes，TILLING），它利用诱变方法，对 M_2代（第二代自交突变系）基因进行高通量筛选，来鉴定诱变反应中发生改变或失活的特定基因[7]。带有这些突变基因的植株可直接用来筛选所需要的性状。TILLING 技术将大部分筛选工作带入实验室，大大减少了为了后续筛选而在田间种植的数量。

通过基因工程手段操作改变籽油脂肪酸组成需要联合使用三种方法。生化表征已经确定了脂肪酸生物合成中的多个途径[8, 9]。诱变处理的拟南芥中的脂肪酸生物合成突变体的遗传鉴定和化学性质表征为植物生长和发育过程中脂肪酸和脂质生物合成途径提供了大量的遗传图谱[10]。有些植物可生产出富有营养利用价值的脂肪酸（如 γ - 亚麻酸），或不常见的有工业利用价值的脂肪酸（如斑鸠菊酸［12，13 - 环氧油酸］），对这些植物酶活性进行鉴定、表征和克隆，可以提供的额外信息，大大扩展现有商品油籽中的脂肪酸图谱[11]。一种或多种油籽作物可生产几百种有特殊化学功能的其他脂肪酸。大量研究已阐明了脂肪酸合成的生物途径，并且基于去饱和、共轭去饱和、羟基化、炔基化和环氧化的酶学已为人所了解。控制每个反应的酶都是相互关连的，通过改造适当的氨基酸残基，可以使这些酶相互转变，在一定程度上，酶具有按预定方式改变链长与位置选择性的特异性[12]。这种本质上由直烃链所呈现的化学特异性对于传统实验化学来说是史无前例的，它可能代表绿色化学的发展方向，将来可用植物生产出期望的化学前体物质。

6.3 油籽作物传统育种获得卡诺拉油菜籽

油菜籽一直以来用作烹调油资源，且有重要的工业利用价值，例如适合制作高温润滑剂（特别是那些导致环境释放的润滑剂）、塑料制品防滑剂、织物柔软剂以及其他油脂化学品用途。尽管如此，其芥酸组分被认为存在潜在的健康隐患，因此，人们希望获得可以满足食品、饲料和出口需求的低芥酸油菜籽（LEAR）。为此，加拿大农业部（位于加拿大萨斯卡通市）的 R. K. Downey[13] 和曼尼托巴大学的 B. R. Stefansson[14] 在 20 世纪 50 年代开展了集中育种项目，旨在降低籽中芥酸含量并去除其中的芥子苷，因为这些物质都会妨碍饲养，妨碍菜籽粕用于动物饲料。二位研究者都基于 *Brassica napus* 和 *B. juncea* 两种品系的杂交，鉴定出了低芥酸含量的油菜籽系。与普通油菜籽 55% 的芥酸含量相比，开发的低芥酸品种菜籽中芥酸含量低于 2%。该低芥酸、低芥子苷的“双低”品种，于 1979 年被西部加拿大油籽榨油协会重新命名为“卡诺拉（Canola）”，现在又称 LEAR。虽然卡诺拉在美国是小众作物，但在加拿大和北欧却是主要的油籽作物。虽然这种油主要是食用，但它的高油酸含量（60%）使之在需要氧化稳定性的工业中也有需求。这种油的高产量特点（以每公顷计）使它在欧洲成为生物柴油的主要来源。卡诺拉筛选中也产生了其他变种，包括低亚麻酸和低饱和脂肪酸含量的品种。在葵花籽、红花籽和玉米中通过传统育种方法，也得到了高油酸油脂，而花生油和橄榄油则天然拥有高含量的油酸。

6.4 油籽作物诱变获得高油酸葵花籽

当具有期望特性的种质获得受限时，诱变有助于提供额外的种质资源。育种工作已利用化学和辐射诱变方法来获得合适的可产生新性状的种质。葵花籽通过诱变和筛选得到脂肪酸组分突变种[15]。普通葵花籽油组分中亚油酸含量较高（60% ~75%），但一些突变株油酸含量更高（>80%）。在回交品系中，高油酸性状保持稳定，表明不可恢复突变产生了高油酸表型。之后的研究表明，这种突变发生在油酸去饱和基因上[16]，它是葵花籽的一个单拷贝基因。从生物化学角度来讲，这个过程会阻止油酸转化为亚油酸，并且使油酸在籽中积累（图 6.1）。诱变还改变其他作物油脂中的脂肪酸组成，包括大豆、棉花、亚麻籽和卡诺拉[15]。

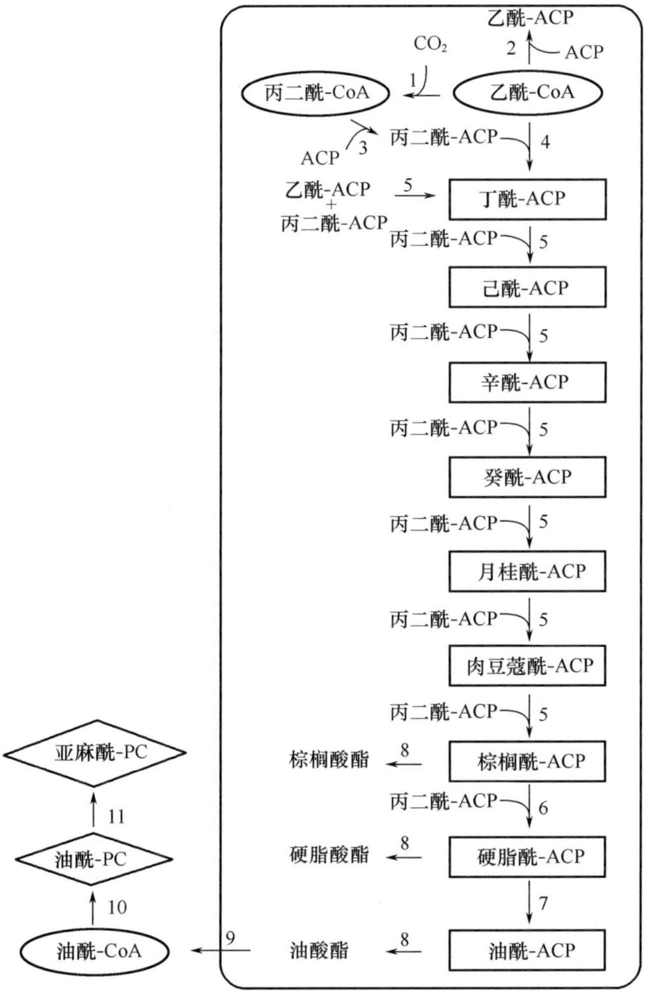

图 6.1 脂肪酸的生物合成途径

1—乙酰辅酶 A 羧化酶 2—乙酰辅酶 A 酰基载体蛋白转酰酶 3—丙二酰辅酶 A 酰基载体蛋白转酰酶
4—缩合酶 KAS Ⅲ 5—缩合酶 KAS Ⅰ 6—缩合酶 KAS Ⅱ 7—硬脂酰 - 酰基载体蛋白去饱和酶
8—酰基 - 酰基载体蛋白硫酶 9—脂酰辅酶 A 10—溶血磷脂酰基辅酶 A 11—油酰去饱和酶
CoA：辅酶 A ACP：酰基载体蛋白

6.5 高油酸油脂的应用

高油酸油脂在食品中需求极高。 它们氧化稳定性好，适于煎炸，比其他不饱和脂肪酸含量高的油脂储存时间长，不会酸败。 油酸在以橄榄油为基础的“地中海”膳食中是最普遍的脂肪酸，而且普遍认为它是宜于长期食用有益健康的“最好”的脂肪。 氧化稳定性好的高油酸油脂同样具有很好的工业利用价值[17]。 它们在应用在化妆品时，经证实使用安全。 它们作为油酸资源，可很少或基本不需要与其他脂肪酸成分分离，这减少了油酸的纯化成本。 由于它们在室温或更低温度下都是液态，并且有很高的氧化稳定性，故在液压油和绝热油方面有很好的利用价值。 虽然在后两项利用方面籽油仍然存在一些问题，但就泄漏来说，这种油具有可生物降解和无毒性的优势[17]。

6.6 通过诱变改变多不饱和脂肪酸含量

亚麻籽油来自植物亚麻（*Linum usitatissimum* L.），有高含量的α－亚麻酸，它是人类膳食中一种必需脂肪酸。 尽管α－亚麻酸存在于很多籽油中，含量在0～15%，但亚麻籽油中其含量占脂肪酸的55%。 正是这种高含量的氧化敏感性亚麻酸，使亚麻籽油具有出色的干油特性，作为生产涂料和化合物原料（如油毡、漆布）方面很有利用价值。 作为一种ω－3脂肪酸资源，α－亚麻酸为人类膳食提供必需脂肪酸，在许多生理过程中发挥重要作用。 但是，亚麻籽油极易受空气氧化影响，暴露在空气中容易发生酸败并且产生难闻的气味。 人们发现亚麻籽做成的食物含有高营养价值成分，例如木酚素，因此人们想要氧化稳定性更好的亚麻籽油和亚麻做成的食物。 为此，Allan Green 领导的研究小组通过诱变后筛选出低亚麻酸、高油脂含量的亚麻籽株系[18]。 最终得到的分离株为高亚油酸含量但比亚麻籽油酸败稳定性高的株系。 普通亚麻籽油含有约13%亚油酸和49%的亚麻酸，从这种命名为“Linola”或“solin”的植物中得到的油脂中亚油酸含量高达70%，亚麻酸含量小于等于2%[19]。

6.7 转基因大豆改进油脂的组成

大豆油中亚麻酸含量通常在5%～12%范围内，大多数在8%左右，这使得大豆油容易发生氧化和酸败。 因此，为稳定品质，大豆油常通过部分氢化降低亚麻酸含量。 然而，氢化过程会引入反式脂肪酸，被认为是不利的膳食组分。 已证实降低大豆油中亚麻酸含量可显著提高油脂稳定性，有利于煎炸和其他高温烹饪操作，无需氢化[20]。 近期培育的 Vistive 大豆α－亚麻酸含量不超过2%，生产的豆油无需氢化即可食用。 有意思的是，低亚麻酸性状是通过传统育种方法引入到携带耐草甘膦基因的转基因大豆株系中的。 这就是传统与转基因技术的杂交。 “Vistive”株系会在2005 年商业化[21]。

6.8 转基因油籽作物进一步的工业应用

6.8.1 月桂酸型卡诺拉菜籽

第一个通过基因改造为工业使用的商业化油籽是“月桂酸型卡诺拉菜籽”，改造后用于生产月桂酸[22]。由于中链脂肪酸具有优良的起泡性，月桂酸油被用于生产肥皂和其他表面活性剂，没有温带气候作物可生产月桂酸。来源于椰子和棕榈仁的月桂酸油价格波动比较大，开发能生产月桂酸油的稳定的温带气候作物，有望提供有价值的可再生资源，满足大量内需。此外，月桂酸油熔点高，适于应用于焙烤食品和糖果，这两类食品的制作需要的融化温度与黄油和可可粉相似。

在一般的脂肪酸合成路径中（图6.1），主要产物是油酸，并伴随有不同含量的棕榈酸和硬脂酸，它们的数量部分依赖于酰基－ACP（酰基载体蛋白）硫酯酶、硬脂酰－ACP去饱和酶、酮基－酰基－ACP合成酶Ⅱ（KASⅡ）的相对活性。某些生产特异脂肪酸的植物中含有不一样的酶，由此可以改变脂肪酸的合成路径。卡尔基公司（Calgene，位于美国加利福尼亚州戴维斯市）的研究人员从加州月桂籽中鉴定出一种酶，该籽油含月桂酸约60%。这种酶是月桂酰－ACP硫酯酶（FATB基因），在脂肪酸生物合成过程中特异性释放月桂酸，且可阻止脂肪酸链被进一步延长，从而使月桂酸结合进入甘油三酯组分[22]。将这个酶的基因导入卡诺拉，用启动子驱动napin基因的表达（napin是在*Brassica sp.*中高度表达的籽储存蛋白），获得了月桂酸含量平均为40%的品种，有些品种高达60%（以摩尔计）（参见文献［1］中的表1）这种油脂的甘油三酯中，月桂酸在其1位和3位酰基化。椰子油中月桂酸在3个立体位置上都有，将椰子中溶血磷脂酸酰基转移酶（LPAAT）提纯，它特异性地将月桂酸导入*sn*－2位。将LPAAT的基因克隆，并在月桂酸卡诺拉中表达，获得了月桂酸含量平均高于50%的品种[24]。虽然这项科研方法获得了极大的成功，并开发出理论上有价值的工业作物，但月桂酸卡诺拉的商业化尚未成功。这种作物比普通卡诺拉产量低[25]，需要特殊手段与普通卡诺拉分离，这增加了研究和开发这种作物的成本，包括付给合约种植者的额外费用。考虑到这些诸多成本以及热带作物月桂酸油的低价格，月桂卡诺拉可能无法作为棕仁油和椰子油的替代品而获得商业成功。

6.8.2 高油酸大豆

美国杜邦公司（位于美国特拉华州）开发并商业化的高油酸大豆油含有80%以上的油酸[26]。人们并不期望食用油的亚油酸含量太高，因为亚油酸中存在两个被亚甲基隔开的双键，使其比油酸更易于氧化，这种食用油的长期使用价值就会降低。大豆中亚油酸进一步去饱和成为α－亚麻酸，使油品更易于氧化。而且油酸公认是一种比较适合食用的脂肪酸。亚油酸源自于油酸去饱和酶的作用，因此，如果抑制大豆中油酸去饱和酶的活性，油脂组分中就主要是油酸了，就可作为食品和前述一些工业上的理想用油。尽管反义技术（目的基因被反向转录，或者说反义方向）常常阻碍基因表达，杜邦研究小组使用“基因抑制”可使基因正向导入时基因表达稳定下降。得到的品种所产油含有油酸高达80%，并伴随亚油酸含量的降低，亚麻酸也有些降低，但硬脂酸和棕榈酸含量基本没有什么变化。然而，转基因高油酸大豆要获得商业上的成功，仍有制约因素：此大豆昂贵、一些其他高含量油酸的油籽作物获得方便、使其与普通大豆区分开来的身份认证系统（IP）花费昂贵[27]。

6.9 转基因油籽的发展方向

研究工作致力于开发满足不断发展的食品、饲料和化学原料所需的油脂资源。利用植物资源可获得上百种脂肪酸，而从微生物到哺乳动物的有机体中可获得更多的脂肪酸。其中的一部分如果能从作物资源中适量获得，就会非常有价值。开发这类作物资源的两种常用转基因手段如下：

（1）转基因作物基因改造使之生产出期望脂肪酸；

（2）基因改性资源植物使之更符合农艺学要求。

研究小组正尝试上述一种或两种方法来提高植物油的应用和价值，并扩大工业作物的生产，发展再生资源来取代石油副产品。虽然这些产品都还没有商业化，下文还是给出一些令人期待的新油脂。

6.10 有潜力的食品、饲料和工业用新油脂

6.10.1 新型多不饱和脂肪酸成分

除亚油酸和α－亚麻酸等必需脂肪酸外，膳食中摄入其他一些多不饱和脂肪酸对人体健康及正常发育都是非常重要的，这点已越来越为人们所认识。众所周知，二十碳五烯酸（EPA）和二十二碳六烯酸（DHA）在胎儿神经发育中具有重要作用，而且它们也可以降低慢性炎症疾病的发生率及改进心理情绪[29]。这些ω－3脂肪酸都来自人类食用的鱼油，藻类和浮游植物为这些鱼提供脂肪酸的最初资源。通过α－亚麻酸依次链延伸和去饱和作用，人体自身可以生产这两种脂肪酸。亚油酸也发生同样的链延伸反应形成花生四烯酸

（ARA）。 EPA 和 DHA 导致ω -3 类二十烷酸的形成，起到消炎作用，而花生四烯酸导致ω -6 类二十烷酸的形成，促进炎症[29]。 二者彼此相互平衡。 但现代膳食中亚油酸的含量趋于增多，因此增加从膳食获得 EPA 和 DHA 非常有意义。

合成 EPA 和 DHA 的生物体种类繁多，合成途径很多[29]。 一个研究小组[30]整合了一组分别来自海洋微藻（*Isochrysis galbana*）、眼虫藻和产脂真菌高山被孢霉（*Mortierella alpina*）的基因编码酶，将它们引入拟南芥菜（*Arabidopsis thaliana*）的 EPA 生物合成步骤中，结果得到三重转基因植物（tripletransformed plant），其叶片组织中产出 3% EPA 和 6.6% 的花生四烯酸。 这例成功的工程株可以提供含有花生四烯酸、EPA 和 DHA 的籽油，得到这些脂肪酸的浓缩产品。

以十八碳四烯酸为底物通过链延伸和进一步的去饱和反应是生成 EPA 和 DHA 的另一条途径。 某些植物包括黑莓、琉璃苣和月见草的籽油中γ -亚麻酸的含量都高达 25%，只有很少量的十八碳四烯酸。 γ -亚麻酸由亚油酸在 Δ -6 脂肪酸脱氢酶作用下生成。 籽中少量 Δ -3 脂肪酸脱氢酶的存在产生了十八碳四烯酸。 将琉璃苣 Δ -6 脂肪酸脱氢酶导入大豆，大豆油可产生高达 29% 的γ -亚麻酸（花生四烯酸的前体）和 4% 的十八碳四烯酸[32]。 如果ω -3 去饱和酶高效表达，就可以进一步去饱和成为十八碳四烯酸。

6.10.2 含羟基脂肪酸油的工业利用

蓖麻（*Ricinus communis*）是一种典型的工业用作物。 蓖麻籽含油量为 60%，其中含有 90% 的蓖麻酸，这种脂肪酸可以生产上百种产品，包括锂基润滑脂、低 VOC 涂料、塑化剂、尼龙 11 和化妆品等。 蓖麻油可致腹泻，蓖麻不能作为食用作物，它似乎还是单种属植物，因此人们担心用于食品作物的基因改造不适用于蓖麻。 但蓖麻籽中存在一种强效过敏原和毒性蛋白质——蓖麻毒素，使得榨油后籽粕用作饲料非常繁琐，这点还限制蓖麻作物的广泛种植[33]。 最初的研究想要用另一种作物替代生产蓖麻油。 已经克隆[34]出编码合成蓖麻酸的酶（油酰基 -12 -羟化酶）基因并在卡诺拉和拟南芥中表达[35]。 但这些转基因植物从来没有产出含 20% 以上羟基脂肪酸的油脂。 很明显，除油酰羟化酶之外，参与高蓖麻酸油生物合成途径的其他酶在过程中也进化了，出现了替代农作物中不存在的底物特异性。 这个结果看似与二酰基甘油酰基转移酶有关，它是甘油三酯生物合成的最终步骤。与拟南芥中的二酰基甘油酰基转移酶相比，来自蓖麻的酶显示出对蓖麻油酸底物的优先性[36]。 弄清楚蓖麻油生物合成的生化过程，有望为在农艺性状适宜的作物中工程化合成高蓖麻油酸的油脂提供必要的分子工具[37, 38]。

毒素和过敏原都是属于蛋白，已经鉴定并且克隆了编码这些蛋白的基因，因此可使用转基因技术阻止其表达。 这种方法正在探索中，并且已带来了蓖麻（过去被证明是难以实现完整植株转化和再生的作物）转基因技术的发展[39]。

6.10.3 含新型单不饱和脂肪酸的油脂

伞形科植物如胡荽产生伞形花子酸（十八碳－6－烯酸），含量接近总油量的90%。与高油酸油脂不同，高伞形花子酸的油脂在室温为固态，它是形成尼龙6，6的己二酸的前体。虽然最初假设它来自于形成油酸的硬脂酰－ACP去饱和酶的一种单一变体，但其在植物中形成非常复杂。这种脂肪酸是棕榈酰－ACP碳4位发生了去饱和反应，之后又经碳链加长合成的[40]。虽然生化过程与硬脂酰去饱和反应相似，但ACP和铁氧还原蛋白之类的蛋白因子参与了反应，显得伞形花子酸油的合成途径比较特别。目前一般认为植物中一种特殊脂肪酸的产生需要依靠植入一种合成该脂肪酸的外来基因来实现[41, 42]。

如果能用合适的作物生产较高产量的脂肪酸，很多脂肪酸都会有很好的商业前景[42]。表6.2所示为部分脂肪酸。或许除中链脂肪酸外，用转基因作物商业化生产特殊脂肪酸还未能取得一项主要成就。

表6.2 转基因脂肪酸的工业应用

脂肪酸（种类）	来源	应用
桐酸（共轭）	桐树，苦瓜	干性油
9c，11t，13t－十八碳三烯酸		
芥酸（长碳链）	油菜，海甘蓝	润滑剂
13c－二十二碳五烯酸		防滑剂
γ－亚麻酸	琉璃苣，黑莓	保健
6c,9c,12c－十八碳三烯酸		
中链（饱和）脂肪酸	萼距花属，椰子，月桂	去污剂
6～14碳脂肪酸		
油酸	很多	液压油
9c－十八碳五烯酸		油脂化学品
伞形花子油酸（异构体）	芫荽	尼龙6，6
6c－十八碳烯酸		
蓖麻油酸（羟基）	蓖麻	润滑剂
9c，12－OH－十八碳烯酸		高分子
斑鸠菊酸（环氧）	斑鸠菊，大戟属植物	涂料，塑料
9c，12，13－O－十八碳烯酸		
极长链多不饱和酸	藻类	营养食品

6.11 转基因技术生产油籽相关的问题

要对生产特殊脂肪酸的转基因油籽作物进行商业化开发，一个限制因素是公众所接受的程度。在这方面，最初认可的理论是“实质等同性原则”，意思是油籽中除了引入的变化以外，植物或籽的组成基本不变。然而，“意外后果”这个概念扩大了实质等同性的范围，于是建立了检查和需要达到的标准。为满足对意外后果的担忧，实质等同性概念被扩展到包含转录物、蛋白质组、代谢学甚至基因组相似性[43]。在转基因植物的认准过程中，这些问题成为评价食品作物[44]和工业作物[45]安全性的主要部分。

大多数改变了脂肪酸组成的转基因油籽仍然是研究课题，仅限于两种作物已获得商业化，但这两种作物都没有成功占据市场。大家期望改变了脂肪酸组成的转基因作物的优点是稳定性提升、营养价值提高、可扩大作为可再生资源来代替石油衍生物、替代化学过程（如脂肪酸双键的环氧化作用）、农业逐渐扩大为化学工业（“农艺化学”的概念）。可以预计，这些植物的商业化利用和广泛种植可能会出现一些问题。值得注意的是，在商业化道路上成功的主要转基因作物都是油籽作物，从这些作物可以理解转基因油籽的部分问题和作用。

在美国和其他一些国家种植的转基因作物主要有大豆、棉花、玉米和卡诺拉。研究者已经做了并且一直持续努力所做的工作都集中在优化这些作物以用于食品。其工业应用仅作为植物油市场的补充。将油籽进行基因转化来提升食物价值或作为工业原料拓展用途，其关键在于需能预测到产生目标产品的生物合成途径中所发生的变化。这四种商业化作物的特性改造包括输入性状、抗除草性和抗虫害性。20 世纪 80 年代，在任何作物接近商业化生产以前，关于转基因作物潜在的长期益处的研究表明，转基因作物籽的销售将是主要的盈利源。因此，一些农业化学制造商成立了种子公司，并开展研究项目来解决融资和环境问题。这种模式下开发的有些种子需依赖于公司的产品应用，因此公司开发的种子和农药就有了稳定的市场。同时，这些转基因作物对杀虫剂和除草剂需求极少，这也为农民降低资本费用提供了方便，同时产量得到了增加，并且大量降低了作物对农药的需求和排放到环境中的农药用量。除草剂的安全市场同时为每种作物使用农药的强制登记提供了经济诱因。

对于消费者来说，转基因农作物的好处有些抽象，如作物中的农药残留量非常低，由于化肥的投入量降低，有害物质减少，农户从中得到了较高的利润。例如，在一些国家，农民因种植转基因棉花而使其遭受农药的毒害降低了 75%[46]。减少农药的使用，对农民、农场、农场工人和野生动植物都有好处，这是很显然的。

虽然油籽作物可以通过基因工程用于工业中，但关注的领域仍是食品。Starlink 明确指出，以新蛋白质形式引入的过敏原是人们所担心的[47]。至今 Starlink 所言的过敏反应还没有确诊的实例。然而，任何一种经过修饰能产生毒素、有害物或生物活性物质的食用农作物都存在潜在的健康危害。这些危害包括：可表达蓖麻油酸酯的油籽，蓖麻油酸酯是一种泻药；灭草蜢，一种可以引起炎症的物质；和其他一些消费者不欢迎的脂肪酸。这些作物及其成分必须通过有效的身份认证系统与食物链供应隔离开来。

任何一种可以引发食品和非食用作物交叉污染的工序都是令人担忧的。食用作物之间的交叉授粉尤其是一个忧患，已经设计好一些特殊策略来阻止这种现象的发生[48]。例如，用于工业和含有非食用脂肪酸的产油作物都不应该与食用作物杂交或混合种植。这些农作物应该在限定的区域种植，并且周围要种植一圈隔离作物，来阻止交叉授粉现象的发生（或是雄性不育情况下的低概率突变株）[48, 49]，对于卡诺拉也有特殊的担忧，它在种植时必须与高芥酸菜籽相隔离。对于自身不育作物的额外担忧是在收获时期发生籽脱落事件，这会导致这种作物在下一个种植季发育生长。最近，一些用来种植生产药用蛋白的玉米种子在一个生长季时流落到了田间而在大豆作物中发育。结果，这些大豆不得不被掩埋并销毁。这些事故的原因都是由于对非食用和工业转基因作物的控制失误所致，这些事情需要在将来进行控制。

工业油籽作物都是有益作物，它们都是可再生资源，并且可生产生物可降解产物，同时对环境无害。从它们代替石油提取物角度看，与化学合成相比，很明显它们是“绿色”的选择，并且对人类健康有益，可减少石油化工厂向大气的排放和污水的泄漏。很多关于遗传修饰的争论涉及转基因作物食品的安全性，而对工业作物遗传修饰的争议似乎相对要少些。但由于很多原因，事实并非如此。许多工业作物的加工副产物都进入到了食品供应链。例如，油料作物籽，如工业油菜籽去油后，余下的富蛋白质饼粕会被加工成动物饲料。有些情况下，这些原料可能生产供人类消费的食品，例如，加工亚麻籽油的亚麻籽粉可提供木酚素和$\omega-3$油残留物这些营养成分[50]。另外，很多农作物都有双重作用。大豆是一种主要的食用作物，但大豆油和大豆蛋白也用于非食品行业，例如墨水、涂料和胶黏剂。Starlink 玉米事件使人们明白，批准一种严格要求用于非人类食用的食品作物（动物饲料），并不能完全阻止它进入人类饮食供应链。仅从转基因作物行业的积极角度看，尚未发现 Starlink 玉米对人类健康存在基因方面的有害作用。假如食品作物会产生潜在有毒的产品，又或者食品作物以后会共同种植，则上述关于携带治疗蛋白的转基因玉米的多个合并的案例证明有必要运用有效的身份认证系统和适当的隔离（空间和时间）。在 Starlink 的案例中，由于相对食品而言，作为动物饲料已经是价格最便宜的用途，因此就没有将其与玉米分开的经济价值存在。对于转基因玉米来讲，它的价值可能比任何其他食品都要高，但是却无法避免一些种子仍然残留在农田里。

转基因农作物要在美国得到认可，必须有三个联邦机构的批准和行动。食品与药物管理局将这些农作物评估为直接的或间接的食物，环境保护机构评估这种农作物的潜在环境效应，美国农业部、动物植物调查服务部门（USDA - APHIS）从遗传学角度评估转基因作物妨碍本土植物生长习性的潜力。加拿大和澳大利亚有相似的监督体系，多国共同监督管理已使消费者在转基因农作物的安全性方面充满信心[44]。

身份认证方法是将某种作物进行单独存储、运输和加工，在一些特殊作物中已经实现这点并且获得了利益，例如低饱和脂肪酸的大豆。将转基因作物与其他作物混种会导致健康问题，因此将转基因作物与其他作物分开，进行大田种植和收获后的处理，都是非常重要的。从市场行销来讲，身份认证的概念与作物的隔离是同等重要的。最近，那些反对使用转基因食品的人们申请非转基因作物的身份认证。身份认证的花费大约是作物价值的5% ~10%[45]。如果一种转基因作物给终端利用者提供更多价值，就至少要有经济激励来阻止其污染低价值作物。

6.11.1 风险评估

油料作物的基因工程使之可以更好适应食品和工业的需求，因此有必要对其潜在风险进行评估。最大的顾虑就是这种对农作物的修饰是否是一种不可预料的改变；例如，引入基因是否能维持作物的实质等同性？又或者意外后果是否由引入基因造成？所设计的作物在任何情况下都会产生目的产物。基于现有的毒理学数据，有些化学制品或相关化合物都有可能作为工具，对这些产品进行毒理学评价及评估其引起的潜在危害，目前已经有了对转基因对照样品进行详细对比的操作规程[51]。植物的新型产物需要进行独立的毒性评估。也应该评估提取产品后残留的作物对剩余产品的影响，以及由于产品生产工艺的改变而引起的残留作物性状的变化。代谢途径改变而导致某个产物的增产是可预测的，这种预测是在了解到变异对生物合成途径的影响基础上作出的，但需要一种建立在更广泛基础上的方法来鉴定那些预料之外的一些变化[51]。根据产品的预期用途或作物残留情况，管理机构需要有一个实质等同性的示范[47]。最后，需要对基因片段向其他作物迁移的潜在危害以及其发生的可能性进行评价。后者评估的基础是对农艺学习性的了解，而毒理学分析为前者提供了需要的信息。任何一种潜在有毒的或有害的产品都可被限定为不育株。虽然通常很担忧转基因油籽，如油菜，会释放花粉，但更严重的问题是收获时籽脱落而混合在一起。不可避免的情况是，有些农作物不必受控于防止基因扩散，但最终也得不到批准[52]。转基因技术在扩大可再生资源用途、提高产量、生产工业产品方面拥有广阔前景，因此很基本的一点是，这种好处在某种程度上补偿了任何害处。

6.11.2 过敏性

除了能生产出不同产品之外，希望转基因油籽作物与非转基因作物是实质等同的。已经克隆了目的性状的基因并已测序；或许很多在细菌或酵母中表达的蛋白质也已分离出来了。诸多例子中，天然蛋白的活性只在活体发生变化时显示出来。因此，是否成为潜在过敏原仍然是一个未知数。以油脂为例，大部分产品都没有残留转基因作物蛋白，因此蛋白质的过敏性不会成为油脂的食品健康问题。然而，由于大多数油籽饼粕是用作食物或动物饲料的，蛋白质的过敏性很明显是一个需关注的问题。在实施“代谢工程”的植物中，引入的基因通常是过量表达的，使代谢途径朝着形成所需产物的方向改变，这导致植物中产物水平相对较高[23]。基因表达的时序性也将发生改变。启动子技术还处于相对原始的阶段。在油籽中，通常利用启动子驱动贮藏蛋白的合成，以及限制所引入的基因在籽中的表达[23]。因为储运蛋白启动子倾向于产生高水平的蛋白，所表达的高水平蛋白会积累起来，这些蛋白的表达会影响未成熟籽粒的代谢，而这些蛋白最终会在成熟籽粒中持续积累，而这个现象不常出现。已存在证明蛋白过敏性的方法，如已报道的用于评估过敏性的胃蛋白酶消化反应模型[47, 51]和“决策树”，用线性表位分析和部分序列鉴定过敏原作为指示[51]。已经提出过敏性的动物模型，用来支持决策树。在没有分离获得蛋白的情况下，从蛋白序列预测过敏性的理论模型对于确保如油籽粕这样的副产物的安全性是非常重要的。

6.11.3 花粉漂移

某些植物，例如油菜和木本作物，其花粉传播引起的生态顾虑是存在的，它们的花粉或可传播给附近的杂草，或漂移到一段距离之外的农作物中。这个问题不限于转基因农作物。卡诺拉是培育而成的低芥子苷、低芥酸的油菜籽，必须种植在与工业油菜籽隔离开的地方，否则，这两种作物都将会使籽成分与理想成分有所偏差，即卡诺拉中含有大量芥酸，而工业油菜籽中则芥酸含量较低。工业用作物的产物不能作为食品来消费，甚至可能有毒，因此，风险管理和包括阻止作物间杂交授粉的策略都是很重要的。已经介绍了可以解决转基因农作物杂交问题的一些方法[53]。

6.11.4 经济性

发展转基因技术的主要依据是需要提供更多的食物。某些工业应用中会利用大豆油这样的过剩产品，这对剩余的农作物起到了一种缓冲（保护）作用，可防止农场盈利的减少。但如果工业化转基因产品的农业化生产不断扩大，农业会在多大程度上从食品生产转移到其他领域就不清楚了，如果工业作物大量种植且比食用作物有更高的价值，就会导致食品价格的上涨。

如果用商业成功如否来评估转基因工业油籽的成功[54]，那么，这种作物的成功之处就在于它可以影响其替代工业的繁荣度，例如化学制造业。虽然带来的总体利益很大，例如一种可再生资源代替了潜力有限的资源，但工厂和工人也是会被取代。

一些发展中国家生产符合工业需要的特殊农作物，例如蓖麻、橡胶和月桂酸油籽，所有这些都产自东南亚。如果用生长在温带地区的转基因农作物来代替这些产品，那么这些并不富裕的国家将会出现经济停滞现象。当然这些国家也可能会生产这些转基因产品且具有更低的生产成本，他们应该最终受益于这种新技术。这些新的用途，例如来自蓖麻油和月桂酸的生物柴油燃料和燃料添加剂[45]，将会在很大程度上扩大需求，抵消经济下滑。很多国家在转基因技术方面已经有研究方案。转基因技术在农业产业化方面给世界经济带来的冲击仍然需要观察。

在广泛开发食品和工业用油方面，转基因技术仍是一种强有力的手段。目前这项技术的尝试仅局限于作物的输入性状，但从长远角度看，输出性状发生改变的新型作物将会填补食品供应的重要缺口，也将推动石油经济向可再生资源方向转变。

参考文献

1. C. James. Global Status of Commercialized Transgenic Crops: 2003 Executive Summary International Service for the Acquisition of Agri-Biotech Applications. (2004). Available: http://www.isaaa.org.
2. D. L. Nida, S. Patzer, P. Harvey, R. Stipanovic, R. Wood and R. L. Fuchs, *J. Agric. Food Chem.*, **44**, 1967-1974 (1996).
3. R. S. Sidhu, B. G. Hammond, R. L. Fuchs, J. N. Mutz, L. R. Holden, B. George, and T. Olson, *J. Agric. Food Chem.*, **48**, 2305-2312 (2000).
4. S. R. Padgette, N. B. Taylor, D. L. Nida, M. R. Bailey, J. MacDonald, L. R. Holden, and R. L. Fuchs, *J. Nutr.*, **126**, 702-716 (1995).
5. W. E. Neff, T. L. Mounts, and W. M. Rinsch, *Lebensrm. Wiss. u. -Technol.*, **30**, 793-799 (1997).
6. P. F. Knowles, in G. Robbelen, R. K. Downey and A. Ashri, eds., *Oil Crops of the World*, McGraw-Hill, New York, 1985, pp. 260-282.
7. S. Henikoff and L. Comai, *Annu Rev. Plant Biol.*, **54**, 375-401 (2003).
8. J. L. Harwood, *Biochim. Biophys. Acta*, **1301**, 7-56 (1996).
9. T. Voelker and A. J. Kinney, *Annu. Rev. Plant Physiol. Mol. Biol.*, **52**, 335-3361 (2001).
10. J. Browse and C. Somerville, *Annu. Plant Physiol. Plant Mol. Biol.*, **42**, 467-506 (1991).

11. J. J. Thelen and J. B. Ohlrogge, *Metabol. Eng.*, **4**, 12 – 21 (2002).
12. J. Jaworski and E. B. Cahoon, *Curr. Opin. Plant Biol.*, **6**, 178 – 184 (2003).
13. R. K. Downey, *Can. J. Plant Sci.*, **44**, 499 – 504 (1964).
14. B. R. Stefansson, F. W. Hougen, and R. K. Downey, *Can. J. Plant Sci.*, **41**, 218 – 219 (1961).
15. L. Velasco and J. M. Fernandez – Martinez, *J. Crop Prod.*, **5**, 309 – 344 (2002).
16. S. Lacombe and A. Berville, *Mol. Breeding*, **8**, 129 – 137 (2001).
17. S. Erhan and S. Asadauskas, *Ind. Crops Prod.*, **11**, 277 – 282 (2000).
18. A. G. Green, *Can. J. Plant Sci.*, **66**, 499 – 503 (1986).
19. A. Green, *Aus. New Crops Newsl.* 3 (1). (1995). Available: http://www. newcrops. uq. edu. au/newslett/ncnl3 – 92. htm.
20. T. L. Mounts, K. Warner, G. R. List, W. E. Neff and R. F. Wilson, *JAOCS*, **71**, 495 – 499 (1994).
21. Monsanto Press Release. (2004). Available : http://www. monsanto. com/monsanto/layout/media/0 4/09 – 01 – 04. asp.
22. T. A. Voelker, A. C. Worrell, L. Anderson, J. Bleibaum, C. Fan, D. J. Hawkins, S. E. Radke, M and H. M. Davies, *Science*, **257**, 72 – 74 (1992).
23. T. A. Voelker, T. R. Hayes, A. M. Cranmer, J. C. Turner, and H. M. Davies, *Plant J.*, **9**, 229 – 241 (1996).
24. D. S. Knutzon, T. R. Hayes, A. Wyrick, H. Xiong, H. M. Davies, and T. A. Voelker, *Plant Physiol.*, **120**, 739 – 746 (1999).
25. A. E. McCoy, M. Pippin, and R. D. MacNeill IV. Laurate Canola Variety Trial. (1998). Available: http://www. griffin. peachnet. edu/swvt/1998/rp981rat. htm.
26. A. J. Kinney, in J. P. Williams, M. U. Khan and N. W. Lem, eds., *Physiology, Biochemistry* and *Molecular Biology of Plant Lipids*, Kluwer Academic, Dordrecht, the Netherlands, 1997, pp. 298 – 300.
27. R. Frerichs. (2003). Available: http://web. aces. uiuc. edu/value/factsheets/soy/fact – oleicsoy. htm.
28. A. Rodriguez, D. Raederstorff, P. Sarda, C. Lauret, F. Mendy, and B. Descomps, *Eur. J. Clin. Nutr.*, **57**, 727 – 734 (2003).
29. O. V. Sayanova and J. A. Napier, *Phytochemistry*, **65**, 147 – 158 (2004).
30. B. Qi, T. Fraser, S. Mugford, G. Dobson, O. Sayanova, J. Butler, J. A. Napier, A. K. Stobart, and C. M. Lazarus, *Nature Biotech.*, **22**, 739 – 745 (2004).
31. A. G. Green, *Nature Biotech.*, **22**, 680 – 682 (2004).
32. S. Sato, A. Xing, X. Ye, B. Schweiger, A. Kinney, G. Graef, and T. Clemente, *Crop Sci.*, **44**, 646 – 652 (2004).

33. D. L. Auld, R. D. Rolfe, and T. A. McKeon,. *J. New Seeds*, **3**, 61 – 69 (2001).

34. F. J. van de Loo, P. Broun, S. Turner, and C. Somerville, *Proc. Nat. Acad. Sci. (USA)*, **92**, 6743 – 6747 (1995).

35. P. Broun and C. Somerville, *Plant Physiol.*, **113**, 933 – 942 (1997).

36. X. He, C. Turner, G. Q. Chen, J. T. Lin, and McKeon, *Lipids*, **39**, 311 – 318 (2004).

37. T. A. McKeon and J. T. Lin, in T. M. Kuo and H. W. Gardner, eds., *Lipid Biotechnology*, Marcel Dekker, New York, 2001, pp. 129 – 139.

38. M. Smith, H. Moon, G. Chowrira, and L. Kunst, *Planta*, **217**, 507 – 516 (2003).

39. T. A. McKeon and G. Q. Chen, U. S. Patent 6,620,986 B1, 2003.

40. E. B. Cahoon and J. B. Ohlrogge, *Plant Physiol.*, **104**, 827 – 837 (1994).

41. M. C. Suh, D. J. Schultz, and J. B. Ohlrogge, *Planta*, **215**, 584 – 595 (2002).

42. H. Drexler, P. Spiekermann, A. Meyer, F. Domergue, T. Zank, P. Sperling, A. Abbadi, and E. Heinz, *J. Plant Physiol.*, **160**, 779 – 802 (2003).

43. F. Cellini, A. Chesson, I. Colquhoun, A. Constable, H. V. Davies, K. H. Engel, A. M. R. Gatehouse, S. Karenlampi, E. J. Kok, J. – J. Leguay, S. Lehesranta, H. P. J. M. Noteborn, J. Pedersen, and M. Smith, *Food Chem. Toxicol.*, **42**, 1089 – 1125 (2004).

44. J. Thomson, *Trends Food Sci. Technol.*, **14**, 210 – 228 (2003).

45. T. A. McKeon, *Trends Food Sci. Technol.*, **14**, 229 – 241 (2003).

46. J. Huang, S. Rozelle, C. Pray, and Q. Wang, *Science*, **295**, 674 – 677 (2002).

47. H. A. Kuiper, G. A. Kleter, H. P. J. M. Noteborn, and E. J. Kok, *Plant J.*, **27**, 503 – 528 (2001).

48. H. Daniell, S. J. Streatfield, and K. Wycoff, *Trends Plant Sci.*, **6**, 219 – 226 (2001).

49. P. J. Dale, B. Clarke, and E. M. G. Fonte, *Nature Biotech.*, **20**, 567 – 574 (2002).

50. B. D. Oomah, *J. Sci. Food Agric.*, **81**, 883 – 888 (2001).

51. A. Konig, A. Cockburn, R. W. R. Crevel, E. Debruyne, R. Grafstroem, U. Hammerling, I. Kimber, I. Knudsen, H. A. Kuiper, A. A. C. M. Peijnenburg, A. H. Penninks, M. Poulsen, M. Schauzu, and J. M. Wal, *Food Chem. Toxicol.*, **42**, 1047 – 1088 (2004).

52. S. Smyth, G. G. Khachatourians, and P. W. Phillips, *Nature Biotech.*, **20**, 537 – 541 (2002).

53. G. van den Eede, H. Aarts, H. – J. Buhk, G. Corthier, H. J. Flint, W. Hammes, B. Jacobsen, T. Midtvedt, J. van der Vossen, A. von Wright, W. Wackernagel, and A. Wilcks, *Food Chem. Toxicol.*, **42**, 1127 – 1156 (2004).

54. B. Hitz, *Curr. Opin. Plant Biol.*, **2**, 135 – 138 (1999).

7 树生坚果油

Fereidoon Shahidi, Homan Miraliakbari
Memorial University of Newfoundland St. John' s, Newfoundland, Canada

7.1 引言

树坚果油主要由甘油三酯组成，但也包含甘油一酯、甘油二酯、游离脂肪酸及少量如天然抗氧化剂和脂溶性维生素等其他成分。 食用油脂的化学成分很大程度上决定其稳定性、品质、营养价值、感官特性以及对健康的潜在影响。 在大多数情况下，树坚果能提供丰富的脂肪，按重量计其脂肪含量可高达75%[1]。 除少数特例外，树坚果油在室温下呈液态。 一般来说，树坚果富含单不饱和脂肪酸（主要是油酸），但也含有很低的多不饱和脂肪酸（主要是亚油酸）以及少量饱和脂质[1]。 世界很多地区，如中东和亚洲，将树坚果作为油料作物种植，它是能量、必需膳食营养素和植物化合物的重要来源[2]。 树坚果油也用于一些皮肤保湿剂和化妆品中[3]。

树坚果、树坚果油和树坚果副产品（脱脂粕和坚果壳）中含有一些生物活性成分和有益于人体健康的成分。 流行病学研究表明，食用树坚果具有很强的保护心血管的作用，这主要是因为其脂质成分中含有不饱和脂肪酸、植物甾醇、生育酚等[4]。 近来的研究结果表明，食用树坚果油可能比食用整粒坚果更有效，这可能是油萃取物中的不饱和脂肪酸或其他成分替代了膳食碳水化合物的结果[5]。 树坚果副产品可用作膳食蛋白源，用作有益健康的植物化合物（如天然抗氧化剂）。 本章总结了几种树坚果油及其加工副产物的特点、潜在的健康作用，包括杏仁油、榛子油、山核桃油、核桃油、开心果油、巴西坚果油、松子油、澳洲坚果油等。 最后集中讨论了树坚果副产品的蛋白质组成，重点是基于氨基酸的组成来评价蛋白质的全价性。

7.2 杏仁

长期以来，杏树（*Prunus delcis* 和 *Prunus amara*）和其果实（含扁桃仁或“杏仁”）就被认为具有商业和营养价值。加州和意大利是世界上杏仁的主要产地，欧洲其他地区、亚洲和澳大利亚等地也生产少量的杏仁[6]。杏树另外一种具有经济价值的产品是杏核壳，它传统上主要用于制备动物饲料。一些研究结果表明，食用杏仁可以降低低密度脂蛋白（LDL）胆固醇、提高血浆中高密度脂蛋白（HDL）胆固醇的水平，从而改善血脂组成。因此，当前较关注将杏仁油开发为促进健康的食用油[7]。

杏仁的组成大约为脂质 50.6%、蛋白质 21.3%、碳水化合物 19.7%、水分 5.3% 和灰分 3.1%（质量分数）[1]。最常用的生产杏仁油的方法是用正己烷浸出，此方法油脂得率高，而商业上生产杏仁油的另一种方法是冷榨[8]。Shi 等[8]评定了杏仁油的脂肪酸组成，其主要脂肪酸为油酸（68%），其次是亚油酸（25%）、棕榈酸（4.7%），以及少量的棕榈油酸（2.3%）、硬脂酸和花生酸（见表 7.1）。此外，杏仁油也富含α-生育酚（约 390mg/kg），同时还含有其他微量的生育酚异构体及叶绿醌（70 μg/kg）[1]。杏仁油中还含有 2.6g/kg 的植物甾醇，其中主要是β-谷甾醇，还有微量的豆甾醇和菜油甾醇[1]。

表 7.1 杏仁油的脂肪酸组成*

脂肪酸	含量/%	脂肪酸	含量/%
16:0	4.7	18:2（n-6）	25.0
16:1	<1	18:3（n-3）	<1
18:0	<1	20:0	<1
18:1（n-9）	68.0		

注：*资料来源 Shi 等[8]。

Sattar 等[9]检验了几种树坚果油（包括杏仁油、松子油和核桃油）光诱导氧化过程中过氧化物的形成过程。这些油在以下四种不同条件下氧化 7 周：①直接暴露于光照中（540lux）；②盛于透明玻璃容器中接受光照；③盛于琥珀色玻璃容器中接受光照；④作为对照组，不进行光照。杏仁油的初始过氧化值（PV）为 2.8meq/kg 油，仅次于松子油[9]。每种条件下杏仁油的过氧化速率用每天过氧化值增加量（ΔPV/d）来表示。直接暴露于光照中的杏仁油的过氧化速率最高，为 0.82 ΔPV/d；其次是在透明玻璃容器中，为 0.43 ΔPV/d；再次是在琥珀色玻璃容器中，为 0.15 ΔPV/d；未光照的速率最低，为 0.11 ΔPV/d。在四种氧化条件下，杏仁油比松子油、核桃油表现出更好的氧化稳定性，原因可能是杏仁油中生育酚含量较高[9]。Salvo 等[10]研究了 4℃和室温下三年期间杏仁油的过氧化速率和成分的变化。研究用的杏仁油分别提取于甜杏仁（*P. delcis*）和苦杏仁（*P. amara*）。两种杏仁油的最初组成是相似的，含有相同脂肪酸组成和总生育酚含量；甜杏仁油中只含有α-生育酚（458mg/kg），苦杏仁油含有 345mg/kg 的α-生育酚和 113mg/kg 的γ-生育酚。在为期

3 年的储存期中，脂肪酸组成未有变化，然而，4℃储存一年后，甜杏仁油总生育酚含量降至 245mg/kg，苦杏仁油总生育酚含量降至 121mg/kg，3 年后生育酚全部耗尽[10]。这两种油的过氧化物形成速率相近，4℃条件下，初始的 PV 是 9.6meq/kg 油，一年后上升至 21.3meq/kg 油，两年后上升至 29.6meq/kg 油，三年后上升至 129.5meq/kg 油。室温下储存的杏仁油过氧化速率变化与此类似，但氧化速度更快。因此，杏仁油的氧化稳定性取决于其中的生育酚[9, 10]，也可能是其他有助于油脂稳定性的物质。

杏仁油的组成特征表明，其含有丰富的有益健康的微量营养素，这可能是食用杏仁有助心血管疾病[11]和体重控制[12]的原因。但很少有关于此课题的研究。Hyson 等[13]采用膳食干预来确定食用 6 周的整粒杏仁或杏仁油是否会对血脂和体外 LDL 氧化产生相似或不同的影响。这两组饮食摄入相同量的杏仁油和总脂肪含量。此研究表明食用完整杏仁和杏仁油都能降低血浆中的胆固醇和 LDL（分别为 4% 和 6%），并且使空腹血浆甘油三酯下降 14%。这些结果表明，杏仁中的脂质成分起到了心血管保护作用，有必要进一步研究[13]。

脱脂粕和杏仁壳中含有一些抗氧化物质和其他有益健康的物质。Senter 等[14]对选定的树坚果粕进行了酚酸比较分析，其中包括杏仁。研究结果表明，没食子酸为所有树坚果粕的主要酚酸，除了松子（咖啡酸）、杏仁、榛子（原儿茶酸）。其他已确定的酚类化合物有对－羟基苯甲酸、对－羟基苯乙酸、香草酸、丁香酸和阿魏酸（见表 7.2）[14]。杏仁和杏仁副产物包括棕色的皮和外壳的乙醇提取物的抗自由基活性已有报道。棕色皮和外壳的抗氧化活性分别是整个杏仁提取物的 13 倍和 10 倍。浓度为 200mg/kg 时，杏仁皮和壳的乙醇提取物有很强的清除超氧化自由基的能力（分别为 95% 和 90%）、过氧化氢（91%）、羟基自由基（分别为 100% 和 56%）、2，2－二苯基－1－苦肼基（DPPH）（100%）[15]。Sang 等[16]从杏仁皮中分离了九种酚类化合物，并且测定了每种化合物的 DPPH 自由基清除活性；儿茶酚和原儿茶酸具有最好的抗氧化活性，其次是 3'－O－甲基五羟黄酮 3'－O－β－D－半乳糖苷，然后是 3'－O－甲基五羟黄酮 3'－O－β－D－吡喃葡萄糖苷和 3'－O－甲基五羟黄酮 3－O－α－L－吡喃鼠李糖基－（1→6）－β－D－吡喃葡萄糖苷以及香草酸和对羟基酸、柚皮素 7－O－β－D－吡喃葡萄糖苷，最后是山奈酚－3－O－α－L－吡喃鼠李糖基－（1→6）－β－D－吡喃葡萄糖苷[16]。Frison－Norrie 和 Sporns[17]通过基质辅助激光解吸电离飞行时间质谱（MALDI－TOF MS）定量评估了漂白杏仁皮的黄酮苷成分，鉴定出了异鼠李素芸香糖苷（51mg/g）、异鼠李苷（18mg/g）、山柰酚芸香糖苷（18mg/g）和山柰酚苷（6mg/g）。最近，Pinelo 等[18]测定了杏仁皮中的总酚含量和杏仁壳乙醇提取物清除 DPPH 自由基的能力，其测定值分别为 3.74mg/g 和 58%。Sang 等[19]也从脱脂杏仁粕中分离提取了有益于健康的甾醇、核苷酸和一种名为 1－O－

β －D－吡喃葡萄糖基－（2S，3R，4E，8Z）－2－［（2R）－2－十六酰胺］－4，8－十八烷二烯－1，3－二醇的神经鞘脂（见图7.1）。根据数据显示，树坚果、树坚果油和树坚果副产品含有有益健康的植物化学物质。Davis和Iwashi[20]以患有结肠癌的大鼠为研究对象，探究了食用完整杏仁、杏仁油和杏仁粕对于异常隐窝病灶的影响。这一重要的研究表明，杏仁油和杏仁粕减缓了异常隐窝病灶的发病情况，但是完整杏仁在此表现出显著的更强的抗癌作用。这表明杏仁的脂质成分和非脂质成分对于抵抗癌症具有协同作用[20]。

表7.2　所选树坚果粕①中酚酸类物质的含量　单位：μg/g

酚酸	杏仁	榛子	栗子②	松子	核桃
p－羟基苯甲酸	0.30	<0.01	0～0.44	0.16	0.06
苯乙酸	0	0	<0.01	<0.01	0～0.02
香草酸	0.07	<0.01	0	0.14	0.09
原儿茶酸	0.70	0.36	0.3～0.46	0.28	0.02
丁香酸	0	0	0～0.06	0.23	0.02
没食子酸	<0.01	<0.01	0.7～4.21	0.08	0.02
咖啡酸	0	<0.01	0.16～0.30	0.48	0.01
阿魏酸	0	0	0～0.01	1.37	<0.01
总计	1.08	0.36	1.65～4.97	1.37	0.51

注：①资料来源Senter等[14]。
②为三种栗子产品（美国、中国及杂交栗子品种）的范围值。

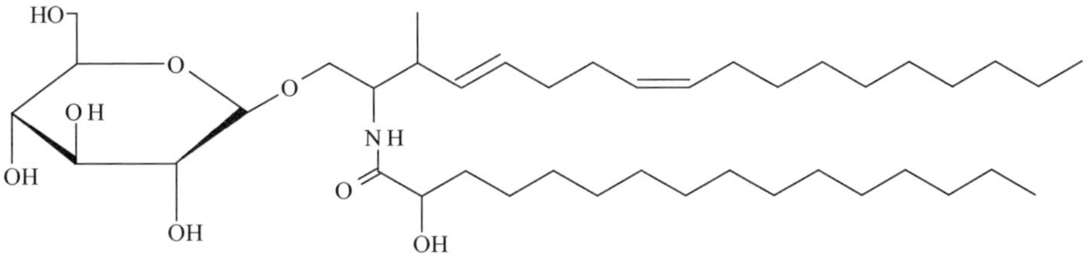

图7.1　1－*O*－β －D－吡喃葡萄糖基－（2S，3R，4E，8Z）－2－［（2R）－2－十六酰胺］－4，8－十八烷二烯－1，3－二醇

7.3　榛子

榛子（榛属）的油脂含量在61%～63%（质量分数），能够提供丰富的能量[1，21]。榛子的其他组分有碳水化合物（15.3%）、蛋白质（13.0%）、水分（5.4%）和灰分（3.6%）[1]。土耳其是世界上最大的榛子生产国，其产量约占总产量75%，其次是意大利，占全球产量的10%。在美国，俄勒冈州是最大的生产地；加拿大南部不列颠哥伦比亚省也生产少量榛子。北美榛子产量不足世界总产量的5%，大约有85万t/年（带壳计）[22]。

榛子油的脂肪酸组成如下：78%~83%的油酸、9%~10%的亚油酸、4%~5%的棕榈酸、2%~3%的硬脂酸以及少量其他的脂肪酸（表7.3）[1, 22]。Parcerisa等[23]研究了榛子油的类脂组成，结果表明，甘油三酯占总脂肪的98.4%，糖脂占总脂肪的1.4%，以及有少量（<0.2%）的磷脂酰胆碱和磷脂酰肌醇。榛子油含有1.2~1.14g/kg的植物甾醇，主要以β-谷甾醇的形式存在，榛子油是α-生育酚的优质来源（382~472mg/kg）[1, 22]。榛子油主要气味源于其特征风味物质5-甲基-（E）-2-庚烯-4-酮或榛子酮，此物质能产生强烈的类榛子油气味[24]，阈值较低（5ng/kg油）。由未烘烤榛子生产的油通常含有6μg/kg油的榛子酮，而烘烤过的榛子的油含有超过315μg/kg油的榛子酮[24]。榛子油中榛子酮的含量是评价榛子油掺假以及掺假程度的一个重要指标[25]。Bernardo-Gil等[26]通过正己烷提取和超临界二氧化碳流体萃取得到榛子油，并研究其组成和氧化特性。在最佳的超临界流体萃取条件（CO_2密度880kg/m^3、表面流速0.000642m/s、时间240min、温度308~321K；压力18~23.4MPa）下，两种提取方法提取到的榛子油的总产量以及脂肪酸组分没有显著的差别。然而，超临界流体比正己烷提取物更加纯净，这意味着超临界流体提取工艺具有某种净化度。有趣的是，超临界流体提取物含有的生育酚（458.7mg/kg）比正己烷提取物中的生育酚（382.8mg/kg）多17%。通过Rancimat仪检测两种提取方法提取的榛子油在110℃下的氧化稳定性，超临界流体提取的榛子油的抗氧化能力更强（诱导时间分别为6.7h和8.7h）[26]。Ozdemir等[27]通过稳定性系数公式：[α-生育酚（mg/100g）]×[饱和脂肪酸（%）/不饱和脂肪酸（%）]，研究了几种商业榛子油和实验用榛子油，结果表明，其稳定性系数在5.4~6.3。其他研究小组也得到过类似的结果[22, 28, 29]。已报道了去皮和非去皮的榛子油在水包油乳状体系和纯油体系中的氧化稳定性[28]。在这些体系中，研究人员对60℃，氧化周期为21d的榛子油的O_2吸收量、过氧化值、2-硫代巴比妥酸值反应物（TBARS）以及α-生育酚的消耗量进行了测定。非去皮的油比去皮的油更加稳定，纯油体系中的去皮和非去皮油，都比水包油乳状体系中的油更加稳定。最近，Romero等[29]用Rancimat检测仪在100℃下研究去皮和非去皮的榛子油的氧化稳定性，同时也研究了体系中抗氧化剂的影响。有学者研究了五种不同榛子油体系的脂质氧化：①非去皮冷榨榛子油；②去皮冷榨榛子油；③添加150mg/kg α-生育酚的去皮冷榨榛子油；④添加140mg/kgα-生育三烯酚的去皮冷榨榛子油；⑤分别添加70mg/kgα-生育酚和α-生育三烯酚的去皮冷榨榛子油。Rancimat仪检测结果显示，α-生育三烯酚最大程度地延

长了去皮榛子油体系的诱导期（37.6h），其次是α－生育酚和α－生育三烯酚的混合物（35.3h），最后是α－生育酚（32.6h）。非去皮榛子油体系的诱导期（30.8h）比所有添加抗氧化剂的去皮榛子油体系短，但是比去皮榛子油体系（3.5h）长。这些结果共同表明，在去皮榛子油体系中α－生育三烯酚比α－生育酚的抗氧化能力强；α－生育三烯酚和α－生育酚的抗氧化能力都比存在于非去皮榛子油体系中的微量天然抗氧化物质强[29]。该研究组还测定了180℃下榛子油系统的稳定性，检测了18h周期内四组添加抗氧化剂榛子油系统中极性组分的形成和母生育酚的分解情况；在这些极端条件下，α－生育酚是最有效的抗氧化剂[29]。

表7.3 榛子油的脂肪酸组成*

脂肪酸	含量/%	脂肪酸	含量/%
14:0	0.03	18:1（*n*－3）	82.7
15:0	0.02	18:2（*n*－6）	8.89
16:0	4.85	18:3（*n*－3）	0.10
16:1	0.16	20:0	0.14
17:0	0.04	20:1（*n*－9）	0.16
17:1	0.07	24:0	0.01
18:0	2.73	24:1（*n*－9）	0.02

注：*资料来源Alasavar等[22]。

一些报告显示，榛子是一种有益健康的食品，是地中海式饮食有益于健康的原因之一[30]。然而，很少有关于榛子油对健康影响的报道。Balkan等[31]研究了榛子油对雄性新西兰大白兔的血浆过氧化程度、血浆血脂数量、血浆LDL和VLDL水平以及动脉粥样硬化斑变化的作用。在此研究中，给实验动物喂养食物14周，分别为对照食物，对照食物含0.5%的胆固醇，对照食物含有0.5%（质量分数）的胆固醇和5%（质量分数）的榛子油，或者对照食物含有5%（质量分数）的榛子油。结果表明，对照食物中补充榛子油轻微地减少了血浆胆固醇和载蛋白B－100包括脂蛋白水平。添加榛子油的高胆固醇饮食没有观察到变化，这表明榛子油可能在脂质摄入正常的饮食中对促进健康是有效的，但是不能逆转摄入高胆固醇的影响[31]。

一些学者研究了榛子作为天然抗氧化剂的潜力。Yurttas等[32]研究了榛子甲醇提取物中酚类化合物的组成，结果表明，没食子酸、对苯甲酸、咖啡酸和芥子酸是主要的酚酸。此外还存在槲皮素和儿茶素。Senter等[14]也研究了榛子粕的酚酸组成（表7.2）。

7.4 美洲山核桃

美洲山核桃树（*Carya illinoinensis*）原产于美国，但也作为一种商业山核桃品种遍布于世界各地，包括澳大利亚、南非和一些中东以及南美国家[33]。脂肪是山核桃的主要成分，含量在65% ~75%（质量分数）[1, 33, 34]。山核桃中也含有一些其他成分，包括13.9%的碳水化合物、9.1%的蛋白质、3.5%的水分以及1.5%的灰分（质量分数）[1]。山核桃油中的主要脂肪酸为油酸（55%）、亚油酸（33%）、亚麻酸（2%）、棕榈酸（7%）和硬脂酸（2%）（见表7.4）[34]。山核桃油中最主要的生育酚是γ -生育酚（176mg/kg），其次是α -生育酚（10mg/kg），再次是δ -生育酚和β -生育酚（6.2mg/kg）。山核桃油中还含有0.73g/kg的植物甾醇，主要存在形式是β -谷甾醇（90%左右）[1]。

表7.4 山核桃油的脂肪酸组成*

脂肪酸	含量/%	脂肪酸	含量/%
12:0	0.01	18:1（n-9）	51.1 ~62.1
14:0	0.05 ~0.06	18:2（n-6）	27.2 ~36.9
14:1	0.02 ~0.03	18:3（n-3）	1.52 ~1.94
16:0	6.49 ~6.71	20:0	0.12
16:1	0.20 ~0.21	20:4	0.03
18:0	2.23 ~2.80		

注：*资料来源 Wakening 等[34]。

早期的研究表明，尽管不饱和脂肪酸含量很高，山核桃油却非常稳定，因此是一种优质食用油[35]。Demir 和 Centin[36]研究了压榨和正己烷萃取生产的山核桃油的总产量、组成和氧化稳定性。溶剂法萃取的产量（67% ~69%，质量分数）比压榨法产量高[36]。压榨法的山核桃油总生育酚含量明显高于正己烷溶剂萃取法（分别为260mg/kg和23mg/kg）。但是，溶剂萃取法生产的油在100℃具有更强的氧化稳定性，其诱导期为6h，压榨法为5.5h。这些发现可能说明除生育酚以外的其他抗氧化成分使得正己烷萃取油的氧化稳定性提高。但是，前期的研究利用类似的溶剂提取方法生产的山核桃油中的生育酚含量高很多，与Demir和Cetin的研究相悖。Toro - Vasquez 和 Perez - Briceno[37]研究了22种溶剂提取的墨西哥山核桃油的氧化稳定性；所有参试的品种都有很高的氧化稳定值（8.5 ~10.8h，110℃）。

流行病学调查研究发现富含山核桃的膳食可有效改变人体血清脂质组成从而降低心血管疾病的风险[38]。但是，山核桃油的摄入量对人体血液脂质组成的影响没有相关报道。

7.5 核桃

核桃（*mux juglandes*）产自核桃树（*Juglans regia*），是北美烹饪中最受欢迎的树坚果配料。目前已开发出具有不同特征的30多个品种的核桃树，包括耐虫害、早割/晚割、壳厚度等。核桃的主要生产国为美国（加利福尼亚州）、中国、土耳其、印度、法国、意大利和智利[39]。

核桃约含有65%的脂肪，然而不同品种之间存在很大的差异（52%～70%，质量分数）[1, 40]。核桃还含有15.8%的蛋白质、13.7%的碳水化合物、4.1%的水分和1.8%的灰分（质量分数）[1]。核桃油的脂肪酸组成与其他树坚果油相比具有独特性，其原因有两点：核桃油主要含有亚油酸（49%～63%）并含有相当多的α-亚麻酸（8%～15.5%）。还存在其他的脂肪酸，如油酸（13.8%～26.1%）、棕榈酸（6.7%～8.7%）和硬脂酸（1.4%～2.5%）（表7.5）[40]。核桃油中的生育酚含量因品种和提取工艺不同而不同，变化范围为268～436mg/kg，主要的酚异构体是γ-生育酚（>90%），其次是α-生育酚（6%），再次是β-生育酚和δ-生育酚[41]。核桃油中非极性脂质占总脂质含量的96.9%，极性脂质占3.1%。极性脂质包括73.4%鞘磷脂（神经酰胺和半乳糖苷神经酰胺）和26.6%磷脂（磷脂酰乙醇胺为主）[42]。核桃油中约含有1.8g/kg的植物甾醇[1]，主要是β-谷甾醇（4.6%），其次是Δ^5-燕麦甾醇（7.3%）、菜油甾醇（4.6%），最后是胆固醇（1.1%）[42]。

表7.5 核桃油的脂肪酸组成*

脂肪酸	含量/%	脂肪酸	含量/%
16:0	6.7～8.7	18:2（*n*-6）	49～63
18:0	1.4～2.5	18:3（*n*-3）	8～16
18:1（*n*-9）	14～26		

注：*资料来源Zwarts等[40]。

一些研究小组研究了核桃油的氧化稳定性，结果表明，核桃油易被氧化。Demir和Cetin[36]通过监测压榨和正己烷萃取的核桃油在100℃下过氧化值的变化以研究其氧化稳定性，结果表明，压榨核桃油的诱导期是3.5h，正己烷萃取核桃油的诱导期是4.5h。不同核桃油的诱导期比山核桃油的短1.5～2h，符合两者存在的不饱和度差异。Savage等[41]利用Rancimat仪研究了13个品种的核桃油100℃下的氧化稳定性；诱导期是3.9～7.8h。此研究中一个明显的趋势是各种核桃油诱导期的长短与亚油酸含量及总不饱和度与总生育酚含量的比值呈负相关[41]。Oliveira 等[43]利用超临界二氧化碳流体萃取得到的核桃油也得到类似的结论。最近，Amaral 等[44]研究了石油醚 6 个品种的核桃油的氧化稳定性。在这一组实验中，研究人员用 Rancimat 仪来检测油稳定性，结果表明，实验用油的诱导期为 2.7 ~ 3.3h。另一组实验测定了储存一年后过氧化值的变化，不同品种的核桃油之间没有明显的差异[44]。稳定性实验集中表明核桃油与其他常见的坚果油相比氧化稳定性较差，这可能因为其多不饱和脂肪酸含量高，大多为 α - 亚麻酸[44]。

流行病学和干预研究以及临床试验的证据表明，食用核桃对人体血清脂质水平是有利的，如降低 LDL、提高 HDL、降低血清总甘油三酯水平，这些都可能降低患心血管疾病的几率[45~47]。食用核桃有益健康被归结为多不饱和脂肪酸的摄入，并使得健康研究者探究是否核桃中的脂质成分引起这种益处。Lavedrine 等[48]进行了横断面研究来评价食用整个核桃与核桃油和血液脂质水平的关系。这项研究包括 933 名居住在多芬、法国（核桃主要产地）的 18 ~65 岁男性和女性。用于评估心血管疾病风险的因素包括一年期膳食回顾问卷调查，血清 HDL、LDL、总胆固醇水平以及载脂蛋白 A1 和载脂蛋白 B 水平。研究结果表明，食用核桃油和核桃仁的量越多，HDL 胆固醇和载脂蛋白 A1 的水平越高，并且摄入核桃油/核桃仁存在不同程度的正相关。其他血液脂质与食用核桃并没有明显的相关性；这次实验不能区分食用整个核桃和核桃油的作用。近来，Zibaeenezhad 等[49]研究高血脂男性和女性食用核桃油对血浆甘油三酯水平的影响。在这项实验中，29 个患者每天食用 3g 核桃油（6 个 500mg 胶囊/d）持续 45d，31 个患者服用安慰剂作为对照。补充核桃油降低了 LDL 含量、甘油三酯、总胆固醇水平，同时提高了血清 HDL 含量，但是只有血清甘油三酯的降低达到显著水平[49]。核桃油的脂肪酸组成被认为具有保护心脏功能，但 Espin 等[50]研究结果表明，核桃油中的抗氧化成分抗自由基效果显著，此特性起到对生物大分子如 LDL 的抗氧化保护作用，LDL 是已知的动脉粥样硬化发展的风险因素，可致心脏疾病[50]。因此，在未能建立食用核桃油与推断的其具有心脏保护作用的因果关系之前，还需要更多的研究来阐明其保护作用。核桃脱脂粕是天然抗氧化剂的很好的来源，可以提供 0.51mg/g 酚酸[14]（见表 7.2）。

7.6 开心果

开心果树（*Pistacia vera*）原产于中东地区，现已分布在世界许多地方。全球最大的开心果生产地是伊朗（克尔曼省），年产 30 万 t。其他主要生产国为土耳其、美国（加州）、叙利亚[51]。开心果含有 44% 的脂肪、28% 碳水化合物、21% 的蛋白质、4% 的水分和 3% 的灰分（质量分数）[1]。其他研究报道，不同品种和收割期的开心果中含有 45% ~

72%的脂肪[52,53]。开心果油主要应用于化妆品和调味品行业。开心果油的主要脂肪酸是油酸（56%～64%），其次是亚油酸（23%～31%），再次是棕榈酸（9%～13%）以及少量的其他脂肪酸（见表7.6）[54]。开心果油中含有大量的植物甾醇（5g/kg，85%为β-谷甾醇）[55]、270mg/kg的生育酚[1,56]，且其酸值（2.32mgKOH/g油）高于其他树坚果油[52,57]。几个流行病学研究的证据表明食用开心果可以改善一些不利的血液脂质参数指标，如高胆固醇血症[58]。然而，食用开心果油对健康作用的研究不易获得或尚未开展。

表7.6 开心果油的脂肪酸组成*

脂肪酸	含量/%	脂肪酸	含量/%
16:0	9～13	18:2（n-6）	23～31
16:1	<1	20:0	<1
18:0	6.0	24:0	<1
18:1（n-9）	56～64		

注：*资料来源Kamangar等[54]。

7.7 巴西坚果

巴西坚果（*Bertholletia excelsa*）食用广泛，主要产于南美，世界总产量约20000t。玻利维亚、巴西、秘鲁是主要的巴西坚果生产国[59]。巴西坚果主要以果仁的形式售卖（即去壳），并用于糖果、糕点以及保健食品中。巴西坚果含有66%～69%的脂肪、14.3%的蛋白质、12.2%的碳水化合物、3.5%的灰分以及3.5%的水分（质量分数）[1,60]。巴西坚果油在其生产区域内作为烹饪油食用，正在推广出口到其他市场[59]。去壳巴西坚果的出口价值非常高，只有有缺陷（碎裂和部分氧化）的巴西坚果才提取油脂，因其通常导致油的酸值和过氧化值过高，可分别达到5.9mgKOH/g油和7.6meq/kg油。巴西坚果油的脂肪酸组成为29%～48%的油酸、30%～61%的亚油酸、14%～15%的棕榈酸、6%～8%的硬脂酸和0.5%的肉豆蔻酸[60～62]（见表7.7）。

表7.7 巴西坚果油的脂肪酸组成*

脂肪酸	含量/%	脂肪酸	含量/%
16:0	14	18:2（n-6）	47
16:1	0.3	20:0	<1
18:0	8.6	24:0	<1
18:1（n-9）	29		

注：*资料来源Beuchat和Worthington等[60]。

7.8 松子

松子是多种松树（松属 *Pinus sp.* ）松塔内的可食用种籽，最常见的是意大利伞松或意大利五针松。松子遍布全世界，尤其分布在俄罗斯、中国、朝鲜、西班牙、意大利、土耳其等国家。松子含有 48% ~61% 的脂质（质量分数），还含有 19.3% 的碳水化合物、11.6% 的蛋白质、5.9% 的水分以及 2.2% 的灰分[1]。松子油中主要含有 46.4% 的亚油酸和 38.1% 的油酸。南欧海松（*Pinus pinaster*）松子油还含有两种特有的脂肪酸，是其他树坚果油所不具备的：松油酸和金松酸（sciadonic acid）（图 7.2），在松子油中各占 7%，可能具有抗动脉粥样硬化作用（表 7.8）[63]。脱脂松子粕的酚酸组成见表 7.2，由表可知，咖啡酸是主要的酚酸[14]。

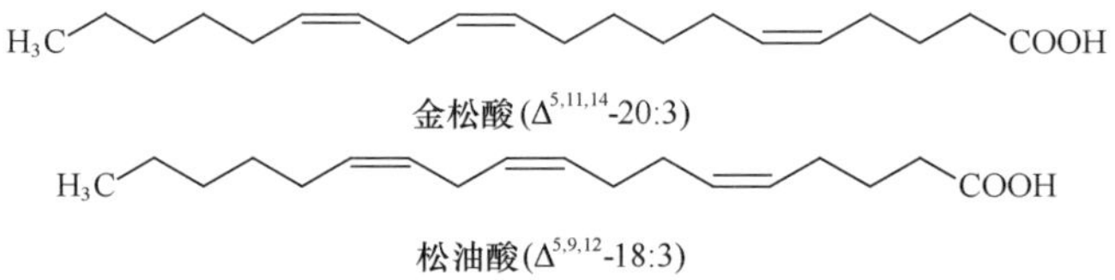

图 7.2 金松酸和松油酸的化学结构示意图

表 7.8 不同松子油的脂肪酸组成①

脂肪酸	松子油/%	南欧海松松子油/%
16:0	5.8	3.6
16:1	0.3	0.2
18:0	3.8	2.4
18:1 (*n*-9)	38.1	18.1
18:2 (*n*-6)	46.4	55.9
18:3 (*n*-3)	0.8	1.3
20:0	0.7	ND②
20:1	0.9	0.8
$\Delta^{5,9}$-18:2	ND	0.7
$\Delta^{5,9,12}$-18:3	ND	7.1
$\Delta^{5,11}$-20:2	ND	0.8
$\Delta^{5,11,14}$-20:3	ND	7.1

注：①资料来源 Beuchat、Worthington[60] 及 Asset 等[63]。
②未检出。

7.9 澳洲坚果

澳洲坚果树（澳大利亚坚果属）原种植于澳大利亚，但现在美国夏威夷是世界上最大的澳洲坚果生产地。可食用的澳洲坚果有两种：澳洲坚果（光壳型）和四叶澳洲坚果（粗壳型）。夏威夷、澳大利亚的澳洲坚果加工业和其他产地大多用光壳型澳洲坚果[64]。澳洲坚果的出油量从59%～78%（质量分数）不等[1, 65, 66]。澳洲坚果还含有13.8%的碳水化合物、7.9%的蛋白质、1.4%的水分以及1.1%的灰分（质量分数）[1]。对澳洲坚果油的组成研究结果表明，其富含油酸和棕榈油酸（表7.9）[67]，还有18～54mg/kg的生育酚异构体（主要是α－生育三烯酚）以及高达1.5g/kg的植物甾醇（主要是菜油甾醇）[66]。澳洲坚果具有相对较高的烟点，为198℃。使用Rancimat仪分析几种澳洲坚果油的氧化稳定性，结果表明，其诱导期在3.6～19.8h[66]。

表7.9 澳洲坚果油的脂肪酸组成*

脂肪酸	含量/%	脂肪酸	含量/%
16:0	7.9	18:2（*n*－6）	1.7
16:1	17	20:0	<1
18:0	3.3	24:0	<1
18:1（*n*－9）	57.7		

注：*资料来源Macfarlane等[67]。

7.10 腰果

腰果树（*Anacardium occidentale* L.）是原栽培于美国热带地区的常绿树种，包含47%的脂质（质量分数）[1, 68]。腰果的其他成分包括27.1%的碳水化合物、18.2%的蛋白质、5.2%水分和2.5%的灰分。腰果油中主要的脂肪酸是油酸（57.3%～65.1%），其次是亚油酸（15.6%～18.6%）以及棕榈酸（9.0%～14.2%）（表7.10）[68]。腰果油还含有1.4%的不皂化物（质量分数），其中包括76.2%～82.7%的β－谷甾醇。腰果油中其他甾醇包括$\Delta 5$－燕麦甾醇、菜油甾醇、岩藻甾醇、胆固醇、豆甾醇等[68]。腰果油中还含有45.3～83.5mg/100g的γ－生育酚，其他主要存在形式为α－生育酚（2.8～8.2 mg/100g）和δ－生育酚（2.0～5.9mg/100g）[68]。

表 7.10 腰果油的脂肪酸组成*

脂肪酸	含量/%	脂肪酸	含量/%
16:0	9～14.2	18:1（n-9）	57.3～65.1
16:1	0.3～0.4	18:2（n-6）	15.6～18.1
18:0	6.3～11.6	20:0	0.3～0.8

注：*资料来源 Toschi 等[68]。

7.11 脱脂树坚果粕和其他副产品用作蛋白质资源

脱脂树坚果粕和壳因其低成本、蛋白质和其他成分营养价值高，通常用作动物饲料[69]。树坚果副产品在食品[70]和生化领域应用广泛[71]。树坚果粕富含多种抗氧化物质和其他有益于健康的物质，学者研究了它们作为功能性食品成分和保健食品资源的可能性[70]。树坚果粕的主要营养组分是蛋白质，约占总重量的 40%[70]。蛋白质组分品质很高，具有合理平衡的必需氨基酸组成[1]。例如，腰果粕含有约 42% 的粗蛋白，与豆粕相比，腰果粕提高了家畜的增重曲线，获得更高的蛋白质评分（97 分，豆粕为 93 分）[72]。核桃粕也得到了类似的研究结果[73]。树坚果粕蛋白质的氨基酸组成如表 7.11 所示，在多数情况下，谷氨酸、精氨酸、天门冬氨酸占这些蛋白质氨基酸总数的 40%，本章研究的所有树坚果蛋白质中色氨酸都是限制性氨基酸（澳洲坚果蛋白质除外，其中含有微量的胱氨酸）。因此，树坚果的脱脂粕是高品质蛋白的优质来源。

表 7.11 树坚果蛋白质*的氨基酸组成 单位：%

氨基酸	杏仁	榛子	山核桃	核桃	开心果	巴西坚果	松子	澳洲坚果	腰果
丙氨酸	4.54	4.67	4.46	4.41	4.59	3.71	7.24	3.73	4.18
精氨酸	11.2	14.2	13.2	14.4	10.1	13.8	26.9	13.5	10.6
天冬氨酸	12.4	10.5	10.4	11.6	9.06	8.67	12.6	10.5	8.96
胱氨酸	1.28	1.51	1.70	1.31	1.78	2.36	2.51	0.05	1.96
谷氨酸	23.5	23.3	20.5	17.8	19.1	20.3	23.5	21.8	22.5
甘氨酸	6.67	4.65	5.09	5.17	4.75	4.62	7.05	4.37	4.68
组氨酸	2.69	2.16	2.94	2.48	2.52	2.48	3.31	1.87	2.27
异亮氨酸	3.14	3.75	3.77	3.96	4.49	3.32	5.38	3.02	3.94
亮氨酸	6.68	7.26	6.72	7.42	7.75	7.44	9.98	5.79	7.35
赖氨酸	2.73	2.63	3.22	2.68	5.74	3.17	5.19	0.17	4.63

续表

氨基酸	杏仁	榛子	山核桃	核桃	开心果	巴西坚果	松子	澳洲坚果	腰果
甲硫氨酸	0.85	1.07	2.05	1.49	1.68	6.49	2.47	0.22	1.80
苯丙氨酸	5.22	4.53	4.78	4.50	5.29	4.06	5.30	6.40	4.75
脯氨酸	4.40	3.36	4.08	4.47	4.05	4.23	7.44	4.50	4.05
丝氨酸	4.57	4.41	5.32	5.92	6.11	4.40	5.87	4.03	5.38
苏氨酸	3.08	2.95	3.44	3.78	3.35	2.33	4.39	3.56	3.44
色氨酸	0.87	1.42	1.04	1.07	1.36	0.90	1.74	0.64	1.43
酪氨酸	2.41	2.99	2.41	2.57	2.07	2.70	5.07	4.92	2.53
缬氨酸	3.63	4.37	4.61	4.77	6.18	4.87	7.15	3.49	5.46

注：* 数值选自美国农业部营养标准参考数据库[1]。

7.12 结论

有些树坚果品种由于其出油率高，具有独特的风味和有益健康的脂质成分，因此是珍贵的油料作物。树坚果的副产品也有多种用途，包括用于功能性食品配料、作为保健品提取物和膳食蛋白质的来源。与大多数植物油相比，树坚果油氧化稳定性高，这是因为其含有大量单不饱和脂肪酸而不是多不饱和脂肪酸，以及含有具有抗氧化活性的微量成分。在全球一些地方，人们每天都食用树坚果油及其副产品，随着可替代食品与促健康食品的消费需求增加，其应用更加广泛。食用高脂肪含量的树坚果及其油脂，可以抗动脉粥样硬化，这可能与已知的不饱和脂肪酸、植物甾醇、生育酚异构体对心血管健康的有益作用有关。其他存在于树坚果油中的少量植物化学物质也可能对健康有利。目前关于树坚果副产品对健康作用的信息较少。

参考文献

1. United States Department of Agriculture (USDA) Nutrient Database. (2004). Available: www. nal. usda. gov/fnic/foodcomp/search.

2. J. S. Bonvehiand F. V. Coll, *Food Chem.*, **48**, 237 – 241 (1993).

3. N. Madhaven, Inter. J. *Toxicol.*, **20**, 15 – 20 (2001).

4. F. B. Hu, M. J. Stampfer, J. E. Manson, E. B. Rimm, G. A. Colditz, B. A. Rosner, F. E. Speizer, C. H. Hennekens, and W. C. Willett, *BMJ*, **317**, 1341 – 1345 (1998).

5. S. M. Grundy, L. Florentin, D. Nix, and M. F. Whelan, *Amer. J. Clin. Nutr.*, **47**, 965 - 969 (1988).

6. M. Martins, R. Tenreiro, and M. M. Oliveira, *Plant Cell Rep.*, **22**, 71 - 78 (2003).

7. G. A. Spiller, D. A. J. Jenkins, O. Bosello, J. E. Gates, L. N. Cragen, and B. Bruce, *J. Amer. Coll. Nutr.*, **17**, 285 - 290 (1998).

8. Z. Shi, Q. Fu, B. Chen, and S. Xu, *Chinese J. Chromatogr.*, **17**, 506 - 507 (1999).

9. A. Sattar, M. Jan, A. Ahmad, A. Hussain, and A. Khan, *Nahrung*, **33**, 213 - 215 (1989).

10. F. Salvo, M. Alfa, and G. Dugo, *Rivista Italiana delle Sostanze Grasse*, **63**, 37 - 40 (1986).

11. J. Sabaté and G. E. Fraser, *Curr. Opin. Lipidol.*, **5**, 11 - 16 (1994).

12. G. E. Fraser, H. W. Bennett, K. B. Jaceldo, and J. Sabaté, *J. Amer. Coll. Nutr.*, **21**, 275 - 283 (2002).

13. D. A. Hyson, B. O. Schneeman, and P. A. Davis, *J. Nutr.*, **132**, 703 - 707 (2002).

14. S. D. Senter, R. J. Horvat, and W. R. Forbus, *J. Food Sci.*, **48**, 798 - 799 (1983).

15. S. Siriwardhana and F. Shahidi, *J. Amer. Oil Chem. Soc.*, **79**, 903 - 906 (2002).

16. S. Sang, K. Lapsley, W. S. Jeong, P. A. Lachance, C. T. Ho, and R. T. Rosen, *J. Agric. Food Chem.*, **50**, 2459 - 2463 (2002).

17. S. Frison - Norrie and P. Sporns, *J. Agric. Food Chem.*, **50**, 2782 - 2787 (2002).

18. M. Pinelo, M. Rubilar, J. Sinero, and M. J. Nu' nez, *Food Chem.*, **85**, 267 - 273 (2004).

19. S. Sang, H. Kikuzaki, K. Lapsley, R. T. Rosen, N. Nakatani, and C. T. Ho, *J. Agric. Food Chem.*, **50**, 4709 - 4712 (2002).

20. P. A. Davis and C. K. Iwashi, *Cancer Lett.*, **165**, 27 - 33 (2001).

21. C. Alasalvar, F. Shahidi, C. M. Liyanapathirana, and T. Ohshima, *J. Agric. Food Chem.*, **51**, 3790 - 3796 (2003).

22. C. Alasalvar, F. Shahidi, T. Ohshima, U. Wanasundara, H. C. Yurttas, C. M. Liyanapathirana, and F. B. Rodrigues, *J. Agric. Food Chem.*, **51**, 3797 - 3805 (2003).

23. J. Parcerisa, D. G. Rishardson, M. Rafecas, R. Codony, and J. Boatella, *J. Agric. Food Chem.*, **45**, 3887 - 3890 (1997).

24. P. Pfnuer, T. Matsui, W. Grosch, H. Guth, T. Hofmann, and P. Schieberle, *J. Agric. Food Chem.*, **47**, 2044 - 2047 (1999).

25. M. L. Ruiz del Castillo, M. Mar Caja, M. Herrair, and G. B. Blanch, *J. Agric. Food Chem.*, **46**, 5123 - 5132 (1998).

26. M. G. Bernardo - Gil, J. Grenha, J. Santos, and P. Cardoso, *Eur. J. Lipid Sci. Technol.*, **104**, 402 - 409 (2002).

27. M. Ozdemir, F. Ackurt, M. Kaplan, M. Yildiz, M. Loker, T. Gurcan, G. Biringen, A. Okay,and F. Seyhan, *Food Chem.* , **73**, 411 - 417 (2001).

28. S. F. O' Keefe, V. A. Wiley, and D. A. Knauft,*J. Oil Chem. Soc.* , **70**, 489 - 492 (1993).

29. N. Romero, P. Robert, L. Masson, J. Ortiz, J. Pavez, C. Garrido, M. Foster, andC. Dobarganes,*J. Sci. Food Agric.* , **84**, 943 - 948 (2004).

30. P. M. Kris - Eterton,*J. Nutr.* , **129**, 2280 - 2284 (1999).

31. J. Balkan, A. Hatipoğlu, A. Gülcin, and M. Uysal,*J. Agric. Food Sci.* , **51**, 3905 - 3909 (2003).

32. H. C. Yurttas, H. W. Shafer, and J. J. Warthesen,*J. Food Sci.* , **65**, 276 - 280 (2000).

33. L. T. Wakeling, R. M. Mason, B. R. D' Arcy, and N. A. Caffin, *Food Aust.* , **52**, 574 - 578 (2000).

34. L. T. Wakeling, R. M. Mason, B. R. D' Arcy, and N. A. Caffin,*J. Agric. Food Sci.* , **49**,1277 - 1281 (2001).

35. T. M. Pyriadi and M. E. Mason,*J. Amer. Oil Chem. Soc.* ,437 - 440 (1968).

36. C. Demir and M. Cetin,*Deutsche Lebensmittel Rundschau*, **95**, 278 - 282 (1999).

37. J. F. Toro - Vazquez and F. Perez - Briceno,*J. Food Lipids*, **5**, 211 - 231 (1998).

38. S. Rajaram, K. Burke, B. Connel, T. Myint, and J. Sabaté ,*J. Nutr.* , **131**, 2275 - 2279 (2001).

39. Walnut Industry Fact Sheet. (2004). Available:www. walnut. org/pdfs/walnuts_factsheet. pdf.

40. L. Zwarts, G. P. Savage, and D. L. McNeil, *Int. J. Food Sci. Nutr.* , **50**, 189 - 194 (1999).

41. G. P. Savage, P. C. Dutta, and D. L. McNeil,*J. Amer. Oil Chem. Soc.* , **1999**, 76, 1059 - 1065.

42. G. Tsamouris, S. Hatzinantoniou, and C. Demetzos,*J. Biosciences*, **57**, 51 - 56 (2002).

43. R. Oliveira, M. Fatima Rodrigues, and M. G. Bernardo - Gil,*J. Amer. Oil Chem. Soc.* , **79**,225 - 231 (2002).

44. J. S. Amaral, S. Casal, J. A. Pereira, R. M. Seabra, and B. P. P. Oliveira,*J. Agric. Food Chem.* , **51**, 7698 - 7702 (2003).

45. M. Abbey, M. Noakes, G. B. Belling, and P. J. Nestel, *Amer. J. Clin. Nutr.* , **59**, 995 - 999 (1994).

46. D. Zambon, J. Sabate, S. Munoz, B. Campero, E. Casals, M. Merlos, J. C. Laguna, and E. Ros, *Ann. Intern. Med.* , **132**, 538 - 546 (2000).

47. J. Sabate, G. E. Fraser, K. Burke, S. F. Knutsen, H. Bennet, and K. D. Lindsted,*N. Engl. J. Med.* , **328**, 603 - 607 (1993).

48. F. Lavedrine, D. Zmirou, A. Ravel, F. Balducci, and J. Alary, *Preventive Med.* , **28**, 333 - 341 (1999).

49. M. J. Zibaeenezhad, M. Rezaiezadeh, A. Mawla, S. M. Ayatollahi, and M. R. Panjahshahin,*Angiolo-*

gy, **54**, 411 – 414 (2003).

50. J. C. Espin, C. Soler – Rivas, and H. J. Wichers, *J. Agric. Food Chem.*, **48**, 648 – 657 (2000).
51. Global Pistachio Production and Marketing Challenges. (2004). Available: http://economics.ca/2003/papers/0460.pdf.
52. M. Yousfi, B. Nedjmi, R. Bellal, D. B. Bertal, and G. Palla, *J. Amer. Oil Chem. Soc.*, **79**, 1049 – 1050 (2002).
53. M. Aslan, I. Orhan, and B. şener, *Int. J. Food Sci. Nutr.*, **37**, 333 – 335 (2002).
54. T. Kamangar, F. Farrahi, and M. Mehran, *J. Amer. Oil Chem. Soc.*, **52**, 512 – 513 (1975).
55. M. Yildiz, S. Türcan Gürcan, and M. Özdemir, *Fett/Lipid.*, **3**, 84 – 86 (1998).
56. A. Danechrad, *Oleagineux.*, **29**, 153 – 154 (1974).
57. A. M. H. Al – Shaibani, L. D. K. Al – Doori, and O. M. Nori, *Zanco.*, **4**, 93 – 101 (1986).
58. K. Edwards, I. Kwaw, J. Matud, and I. Kurtz, *J. Amer. Coll. Nutr.*, **18**, 229 – 232 (1999).
59. Economic Viability of Brazil Nut Trading inPeru. (2004) Available: www.nri.org/NRET/brazilnuts.pdf.
60. L. R. Beuchat and R. E. Worthington, *J. Fd. Technol.*, **13**, 355 – 358 (1978).
61. E. M. R. Gutierrez, M. A. B. Regitano – D' Arce, and A. M. O. Rauen – Miguel, *Ciencia e Tecnologia de Alimentos.*, **17**, 22 – 27 (1997).
62. E. W. Ecky, *Vegetable Fats and Oils*, van Nostrand Reinhold Publishing Co, New York, 1954.
63. G. Asset, E. Baugé, R. L. Wolff, J. C. Fruchart, and J. Dallongeville, Eur. *J. Nutr.*, **40**, 268 – 274 (2001).
64. H. Ako, D. Okuda, and D. Gray, *Nutrition*, **11**, 286 – 288 (1995).
65. C. Croy, *Inform*,, **5**, 970 – 971 (1994).
66. A. Kaijser, P. Dutta, and G. Savage, *Food Chem.*, **71**, 67 – 70 (2000).
67. N. Macfarlane, and R. V. Harris, *AOCS Monograph*, AOCS Press, Champaign, Illinois, 1981, pp. 9, 103 – 108.
68. T. G. Toschi, M. F. Caboni, G. Penazzi, G. Lercker, and P. Capella, *J. Amer. Oil Chem. Soc.*, **70**, 1017 – 1020 (1993).
69. D. Harvey, Commonwealth Bureau of Animal *Nutrition*, **19**, 105 – 113 (1970).
70. M. L. Souza and H. C. Menezes, *Ciencia e Tecnologia de Alimentos*, **24**, 120 – 128 (2004).
71. W. J. Wolf and S. K. Sathe, *J. Sci. Food Agric.*, **78**, 511 – 521 (1998).
72. G. Piva, E. Santi, and T. Ekpenyong, *J. Sci. Food Agric.*, **22**, 22 – 23 (1971).
73. G. P. Savage, *Plant Foods Hum. Nutr.*, **56**, 75 – 82 (2001).

8 不同来源的胚芽油

Nurhan Turgut Dunford
Oklahoma State University Stillwater, Oklahoma

8.1 引言

商业化的植物胚芽油主要从谷物中获得，如玉米、小麦和大米。 大多数情况下，谷物工业化利用中获得利润的部分是其胚乳。 胚乳的主要成分是淀粉和蛋白质。 谷物中胚乳占75% ~85%，保护着胚，胚也被称作胚芽。

胚芽占谷粒组成的2% ~3%，可以通过研磨分离出来。 虽然谷物中脂质含量相对较少，但它们影响蛋白和淀粉的性质，从而对谷物加工和产品性质产生重要的影响。 谷物中大部分油脂存在于谷粒的胚芽部分。 有些谷物，如稻米、玉米和小麦，其油脂具有显著的经济价值。 有些谷物如燕麦，胚乳中含有大部分脂质。 胚芽中脂质的含量随谷物种类的不同而不同，有的可高达60%。 虽然商业上有少量的胚芽油取自其他谷物如燕麦和大麦，但最重要的商业化胚芽油为稻米、玉米和小麦的胚芽油（WGO）。

多年来已发表一些关于小麦[1, 2]、玉米[3~7]和米糠油脂[8~10]的文献综述。 因此，在背景信息充分的情况下，本章将根据最新文献，着重论述植物胚芽油的组成、营养特性以及加工方法。

8.2 小麦胚芽

8.2.1 产量和用途

小麦是在世界范围内生产、消费和交易的主要粮食作物之一。 全球每年大约生产5.9亿t小麦。 中国、美国和加拿大是最大的小麦种植国（表8.1）[11]。 有关小麦胚芽产量的统计数据目前无法获得，但基于胚芽占整个小麦籽粒2%的事实，可以预计，全球从研磨加工中大约可以得到1千万t小麦胚芽。 虽然不同小麦品种含油量不同，但总体来说，整个麦仁约含2% ~4% 的油脂。胚乳的脂质含量通常低于2%。小麦胚芽约含8% ~14%（质量分数）的油脂[12]。

表8.1 世界小麦产量*

地区	产量/ ×10⁶t		
	2001 年	2002 年	2003 年
加拿大	21	16	24
中国（大陆）	94	90	86
印度	70	73	65
美国	53	44	64
世界	591	574	556

注：* FAOSTAT 数据库（http://apps. fao. org）[11]。

表8.2 所示为商品小麦胚芽的典型近似组成。小麦胚芽作为一种高营养的食物补充剂具有很大的潜能。与小麦粉相比，小麦胚芽可以提供3 倍的蛋白质、7 倍的脂肪、15 倍的糖类以及6 倍的矿物质[13]。小麦胚芽的蛋白质含量约为30%（质量分数）。胚芽蛋白虽然源于植物，但与动物蛋白有相似的营养价值[14]。所有这些特性使得小麦胚芽在丰富和补充各种加工食品的营养价值上颇具吸引力。

表8.2 小麦胚芽的近似组成*

物质	含量/%（质量分数）	物质	含量/%（质量分数）
蛋白质	26	油脂	10
粗纤维	3	水分	6
淀粉	20	灰分	4
糖类	16		

注：* 资料来源 Barnes[2]。

小麦胚芽油具有很多的营养和健康功能，例如降低血浆和肝脏中胆固醇水平，提高身体耐力，促进健康以及延缓衰老[15]。这些效果归因于胚芽中含量丰富的生物活性物质。小麦胚芽是α -生育酚最丰富的天然来源之一，α -生育酚具有维生素E 活性[16]。小麦胚芽市场的主要基础就是其高维生素E 含量，小麦胚芽油一般作为膳食补充剂以瓶装或胶囊形式销售。小麦胚芽油还可添加到卵磷脂和鱼肝油中。已有报道显示，小麦胚芽油可以增进人们身体健康，这种效果是由于它含有较丰富的高碳醇，特别是高含量的二十八烷醇[15]。小麦胚芽中的二十八烷醇作为一种潜在的保健食品和功能食品配料受到越来越多的关注。

小麦胚芽油用于诸如食品、生物性昆虫控制剂、药品和化妆品配方等一些产品中[15]。用在化妆品中的一些小麦胚芽油基表面活性剂有小麦油甜菜碱、乳酸酰胺基胺、磺基琥珀酸和氨基丙基胺氧化物[17~18]。已有报道称小麦胚芽油及其挥发性成分可以作为生物性昆虫控制剂，如 C_{13} ~ C_{16}饱和与不饱和烃、支链己基苯、辛酸、γ－壬内酯、萘取代物以及支链环酮[19, 20]。小麦胚芽产品还可以作为农场动物、赛马、宠物和水貂的饲料补充剂销售。

8.2.2 籽粒结构

图 8.1 所示为小麦籽粒的纵向组织切片图[22]。小麦颖果（谷物的果实）含一粒种子。种子的最外层为果皮，成熟时形成坚韧的保护层。直接包围种子的组织为种皮或种衣。整个籽粒由两部分组成，即胚和胚乳。淀粉质的胚乳是成熟期种子的主要部分，且在胚胎发芽时作为食物储备。胚乳的最外层为糊粉层。胚或胚芽由薄壁细胞组成，包括胚轴和盾片。胚轴发育成新植株的根及芽。盾片为胚和胚乳之间的组织层，在发芽期，它在由胚乳向胚的水解糖转运中发挥作用。根据谷物种类，胚芽或被胚乳包围，或位于侧面并在籽粒上形成一个小凸起。

8.2.3 胚芽回收

在制粉过程中，小麦胚芽与胚乳分离开来。现代小麦制粉技术的基本原则是世界通用的，但在不同的区域也有少许变化。大体来讲，小麦用升降机运输到筛选房，分离出小麦中混杂的糠、灰尘、石头、砂砾泥球、玻璃、非铁金属，并去除小麦中的其他谷类（比如燕麦、大麦）。为除去其中铁金属，制粉厂的多个位置安放磁铁。大多数制粉厂在调质前采用干法清洗而不是湿法清洗。调质是为了控制小麦的水分含量，可达到以下目的：①使麦麸具有适当的硬度，防止在制粉过程中粉化；②促进胚芽和麦糠的物理分离；③控制条件使胚乳更容易粉碎，面粉更容易过筛。调质后的小麦进行制粉。制粉过程涉及碾碎和分级。制粉机切开谷物，尽可能将胚乳与麸皮分离开。一个基本的制粉操作包括以下几个系统：①多道碾碎辊；②分级；③提纯；④分选；⑤渣磨；⑥面粉细筛；⑦制粉副产物。

在传统制粉厂中，小麦胚芽主要存在于碎屑中（两个碾碎辊之间的粉碎物）。胚芽在胚芽分离器中回收。利用胚芽的两个物理性质可以将胚芽进行分离与纯化。胚芽具有可塑性，进行破碎时，胚芽的粒度比麦麸和胚乳的粒度要粗，胚芽的可塑性取决于小麦胚芽的高含油量。小麦胚芽易于被轧平而不是像胚乳一样被碾碎。这些性质促使小麦胚芽因粒度差异与麦麸和胚乳分离开来。小麦胚芽的密度比小麦其他部分的密度大，这样一来，小麦胚芽也可以通过重力得以分离。有些制粉厂在设计时可最大程度回收小麦胚芽，小麦先通过一个撞击机破碎，释放出几乎全部的小麦胚芽和少量粉末，滤掉粉末后，破碎的小

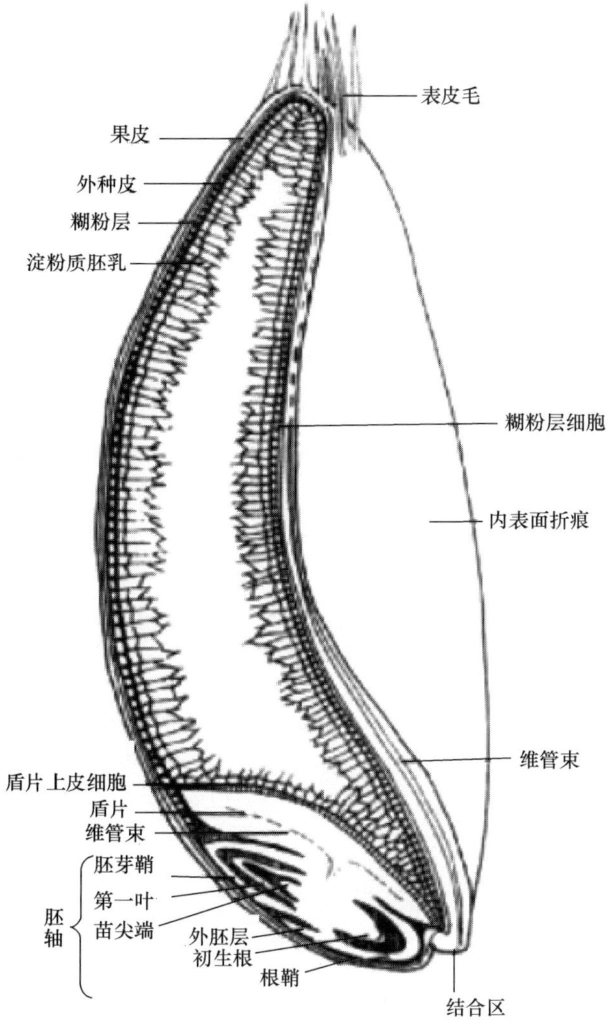

图 8.1 小麦结构[21]

麦被送到第一个碾碎辊。然后胚芽在胚芽分离器中根据以上描述的原则得以分离和纯化。分离后的小麦胚芽由光滑的压延轧辊形成薄片。好质量的小麦胚芽特征是薄片平、薄、大。

盾片易碎，且很难与其他的粉碎组分分离开来。胚轴的分离要简单些。粉碎后，胚轴与粗麦心进入到压延轧辊，压成薄片，进而通过过筛得以分离。因此，商业化的小麦胚芽主要由胚轴组成。商业化胚芽的麦麸和胚乳含量因碾磨加工的程度而不同。在压片过程中，小麦胚芽中的一些油会挤出来并转移到面粉中。因此，商业 WGO 的脂质含量与原始小麦胚轴中脂质含量并不相同。在不具备专用胚芽分离装置的制粉厂中，小麦胚芽的回收率往往很低，食品级小麦胚芽大约只有 0.5%。而具有先进回收装置的制粉厂，小麦胚芽产量可以高达1.5% ~2%。

8.2.4 含油量

小麦胚芽的含油量随着小麦胚芽的种类、纯度、提取方法而变化。实验室制备（手工切开）的纯胚芽组分含油量（约15%）远远高于商业轧片制得的小麦胚芽（7% ~11%），因为在商业操作过程中，一些油通过挤压转移到面粉中损失掉了[23]。总体来说，解剖的胚芽包含胚和盾片。有报道称，盾片中油的含量是胚中的两倍[24]。高油脂含量的盾片解释了实验室制得的小麦胚芽油含量较高的原因。

酸水解可以将油从小麦胚芽中释放出来，如果小麦胚芽全部的酰基脂用酸水解测定，可以获得更高的产油量（25% ~30%）[25]。

8.2.5 油的性质和脂质构成

表8.3概括了WGO的物理化学性质[26]。

表8.3 小麦胚芽油的理化性质*

性质	
相对密度	0.928 ~0.938（15.5/15.5℃） 0.925 ~0.933（25/25℃）
折光率	1.474 ~1.483（25℃） 1.469 ~1.478（40℃）
碘值/（gI/100g）	115 ~128
皂化值/（mgKOH/g）	179 ~190
非皂化物/%	2 ~5

注：*资料来源 Firestone[26]。

WGO的相对密度从0.925 ~0.938变化。WGO的典型折光率在1.469 ~1.483内变动。碘值和皂化值分别为115 ~128gI/100g与179 ~190mgKOH/g。WGO的游离脂肪酸含量往往低于6%；但如果小麦胚芽在分离、储存和提油的过程中没有适当控制条件，也可以高达25%。溶剂提取毛油的游离脂肪酸含量通常低于机械压榨毛油。游离脂肪酸由于会给食品带来苦味和肥皂味，因此人们并不期望它存在，在精炼过程中会将其除去。WGO中非皂化物的含量比其他大多数食用油的含量高，为1.5% ~8%。WGO中各种非皂化物组分的含量接下来将会在本章中讨论。

8.2.5.1 脂肪酸组成

Barnes综述了前人所测的商业生产和实验室萃取的小麦胚芽油的脂肪酸组成[2]。数据发现商品小麦胚芽油的脂肪酸组成有很大的差异。这些差异主要是由小麦品种、生长条件、胚芽贮藏环境、油脂提取和分析方法、是否掺入其他植物油、后处理方法（如去除脂肪酸）等因素导致的。然而，实验室经过不同的制粉操作过程提取的油（正己烷提取物），其脂肪酸组成是相似的[2]。

正己烷浸提的小麦胚芽含有大约56%的亚油酸（18:2 $n-6$），这是人体所需的必需脂肪酸（表8.4）[27]。小麦胚芽油的总不饱和脂肪酸和多不饱和脂肪酸（PUFA）的含量分别为81%和64%。资料显示，不饱和脂肪酸尤其是多不饱和脂肪酸的摄入能降低得冠心病（CHD）的概率[28]。一些科学研究表明，$n-3$ 脂肪酸对健康有利，例如，可以减少得冠心病的风险[29]。同时，当 $n-6$ 脂肪酸和 $n-3$ 脂肪酸的比值小于或等于10时，可降低致命冠心病的风险[29]。世界卫生组织、瑞典和日本的 $n-6/n-3$ 的推荐量分别为（5~10）：1、5：1以及2：1。小麦胚芽油的不饱和脂肪酸和多不饱和脂肪酸的含量很高，且 $n-6/n-3$ 的比例也极好（9：1）。高含量的多不饱和脂肪酸对功能食品和保健食品市场有很积极的贡献。当然，亚麻酸含量较高的油易氧化而导致酸败。

表8.4 $SC-CO_2$与索氏抽提得到的小麦胚芽油的脂肪酸组成①

脂肪酸	16:0	18:0	18:1 $n-9$	18:2 $n-6$	18:3 $n-3$	20:0	20:1 $n-9$	20:2 $n-6$	22:1 $n-9$	24:1 $n-9$
$SC-CO_2$②	16.4	0.6	14.0	56.2	6.1	0.2	1.6	0.2	0.5	0.1
索氏抽提③	16.7	0.7	14.6	56.5	6.2	0.2	1.5	0.2	0.4	0.2

注：①气相色谱面积百分比。
②在 5.5×10^4 kPa，40℃时提取。
③正己烷提取。

Dunford和Zhang[27]的研究结果显示，尽管有机溶剂的类型对小麦胚芽油的提取量有影响，但不同的有机溶剂（正己烷、乙醇、异丙醇和丙酮）提取得到的小麦胚芽油的脂肪酸组成没有多大的变化。

Wang和Johnson[30]的报道表明，与毛油和脱胶油相比，中性的小麦胚芽油中棕榈酸、硬脂酸和油酸的含量较高，而亚油酸和亚麻酸的含量较低。这个现象的原因有二：①在胚芽分离和油脂提取的过程中，甘油三酯选择性水解了；②去除了磷脂，与脱酸过程的中性油相比，磷脂所含的多不饱和脂肪酸较多。

8.2.5.2 酰基脂质

Barnes报道了小麦胚芽油中非极性酰基脂质的组成[2]。甘油三酯是其主要的脂质种类（见表8.5）。依据Nelson等人的报道，小麦胚芽油甘油三酯大约含有30%的PLL[31]。其中还含有LLL（约16%）和PLO（约12%）这两种主要的甘油三酯。Barnes和Nelson等人讨论了小麦胚芽油甘油三酯中特定脂肪酸的分布[31]。

表 8.5 实验室提取的小麦胚芽油中非极性酰基脂质组成*

脂质类别	含量/%	脂质类别	含量/%
甘油三酯	63.9 ~ 88.5	游离脂肪酸	0.6 ~ 22.0
甘油二酯	1.8 ~ 6.9	植物甾醇类脂肪酸酯	5.1 ~ 5.8
甘油一酯	0.3 ~ 1.1		

注：*资料来源 Barnes[1]。

商品油的甘油二酯（DAGs）含量在 2% ~ 11%[2]。小麦胚芽油的甘油一酯（MAGs）含量（0.1% ~ 1.0%），一般小于甘油二酯的含量。甘油一酯的脂肪酸组成与其他酰基脂质的脂肪酸组有显著的不同[32]。甘油一酯的亚油酸含量明显少于其他酰基脂质。

小麦胚芽油也含有极性脂质。所报道的极性脂质含量根据萃取方法和使用溶剂的不同而不同。Hargin 和 Morrison[33] 指出，剖开的小麦胚芽的氯仿 - 甲醇提取物中存在超过 20% 的极性脂质。压榨提取的商品油中含 0.2% ~ 1.8%（占总酰基脂质）的极性脂质。溶剂萃取的商品小麦胚芽毛油含 0.3% ~ 10% 的极性脂质[32]。小麦胚芽磷脂的分析数据比较少。剖开的小麦胚芽中，卵磷脂（PC）、磷脂酰乙醇胺（PE）和磷脂酰肌醇（PI）的含量较多，分别占磷脂（PL）总量的 40% ~ 60%、9% ~ 15% 和 13% ~ 20%。Wang 和 Johnson[30] 研究了加工过程对油中磷含量的影响（表 8.6）。小麦在制粉过程中磷脂酶 D 的作用致使大量非水合磷脂产生，从而使小麦胚芽油很难脱胶[30]。

表 8.6 加工过程对小麦胚芽油中磷含量的影响*

油的类型	磷含量/（mg/kg）	油的类型	磷含量/（mg/kg）
毛油	1428	脱色油	22
脱胶油	1082	冷加工油	786
中性油	99	冷榨油	74

注：*资料来源 Wang 和 Johnson[30]。

8.2.5.3 非皂化组分

小麦胚芽油中含有丰富的非皂化组分，尤其是植物甾醇和生育酚（表 8.7）。油的非皂化组分中还含有少量的生育三烯酚、正构醇、类胡萝卜素和碳水化合物。生育酚和正构醇是商品小麦胚芽油中最重要的非皂化成分。

（1）酚类 生育酚占小麦胚芽油中非皂化组分的 18%（表 8.7）。小麦胚芽油是 α - 生育酚最丰富的天然来源。市场上有合成的维生素 E，即 dl - α - 生育酚。α - 生育酚的天然异构体是 D 型的，比其他合成的 α - 生育酚具有更强的生物活性，同时也有抗氧化作用[34]。表 8.8 中列出了小麦胚芽油中生育酚异构体的组成。小麦胚芽油中 α - 生育酚和

β -生育酚的含量都很丰富。小麦麸皮和胚乳中所含的生育酚比胚芽低，所以，当小麦胚芽混有其他非胚芽组分，小麦胚芽油中生育酚含量会变少。有趣的是，从新鲜的小麦胚芽和腐败的小麦胚芽提取得到的油所含的生育酚的含量是相似的[32]，这表明由环境引起的油脂腐败不会对生育酚含量有显著的负面影响。在一些商品小麦胚芽油中发现有商业化形式的维生素 E（α -生育酚醋酸酯）[2]。这可能是因为商品油中强化了合成的维生素 E，因为在植物提取物和实验室萃取的小麦胚芽油中并没有发现大量的α -生育酚醋酸酯[2]。我们在实验室制得的小麦胚芽提取物中检测到了非常少量的生育三烯酚（表 8.8）。依据 Barnes[1] 报告，在剖开的纯小麦胚芽中只含有α -生育酚和β -生育酚。胚芽油中存在生育三烯酚主要是由于胚芽受麸皮和胚乳污染而导致的。

表 8.7 小麦胚芽油中非皂化组分含量*

组分	非皂化物百分比/%	组分	非皂化物百分比/%
生育酚	18	甲基甾醇	17
碳水化合物	7	植物甾醇	35
正构醇 + 三萜烯醇	9	其他	14

注：* 资料来源 Barnes[2]。

表 8.8 小麦胚芽油中酚含量

	SC－CO_2 提取（55MPa，80℃）				索氏抽提（正己烷）
提取时间/min	15	30	45	60	
α -生育酚/（mg/kg）	1353	1320	1365	1176	1377
α -生育三烯酚/（mg/kg）	n. d.	9	n. d.	n. d.	n. d.
β -生育酚/（mg/kg）	1005	945	998	1277	1209
β -生育三烯酚 + γ -生育酚/（mg/kg）	23	19	24	31	48
γ -生育三烯酚/（mg/kg）	n. d.	n. d.	n. d.	47	n. d.
δ -生育酚/（mg/kg）	4	5	5	16	5
δ -生育三烯酚/（mg/kg）	n. d.	n. d.	n. d.	12	7

注：n. d. 未发现。

（2）正构醇　正构醇是一类存在于许多植物中的高分子质量的脂肪酸醇的总称。小麦胚芽油中 n -烷醇的组成信息是稀缺的。小麦蜡的主要成分是二十八烷醇，这种烷醇的化学式是 $CH_3(CH_2)_{26}CH_2OH$，相对分子质量为 410.8[35, 36]。Barnes[1] 报道，未精炼的、溶剂萃取的纯小麦胚芽油含有80mg/kg的二十八烷醇。一项过期的美国专利描述了从小麦胚芽油不皂化物中分离出二十八烷醇和三十烷醇混合物的工艺[37]。

（3）甾醇 小麦胚芽油中不皂化物的主要成分就是植物甾醇（约35%）（表8.7）。Itoh等[38]发现，相比较于其他常见的商业油脂来说，小麦胚芽油中植物甾醇的含量极高。在小麦胚芽油中，谷甾醇（60%～70%）和菜油甾醇（20%～30%）是两种主要的植物甾醇[38～40]。小麦胚芽油中大部分的植物甾醇以酯化形式存在[41]。根据Kiosseoglou和Boskou[41]报道，小麦胚芽油中总植物甾醇含量约为3%～4%，酯化甾醇占油重量的2%～3%。在小麦胚芽油中，游离甾醇与酯化甾醇的比率介于0.3～0.5。

（4）其他不皂化物 环状类固醇、β－香树素和24－亚甲基环状类固醇是小麦胚芽油中主要的三萜类化合物，其含量少于1%。碳氢化合物是小麦胚芽油不皂化物中的微量成分（表8.7）。根据Kuksis[42]报道，50%的碳氢化合物是角鲨烯和包括$n-C_{29}$的烷醇类。有文献分别在1935年和1940年第一次报道小麦胚芽油中存在叶黄素和隐黄质[43，44]。最近，Panfili等[45]报道经石油醚萃取过的小麦胚芽油中约含有25mg/kg的叶黄素、23mg/kg的玉米黄质和8mg/kg的β－胡萝卜素。

8.2.6 油的生产

小麦胚芽油可以通过机械压榨、有机溶剂萃取和超临界萃取法获得。商业上都采用机械法和有机溶剂萃取法来提取小麦胚芽油。据我们所知，超临界萃取法还没在小麦胚芽油的商业化生产中应用。

正己烷是商业化萃取小麦胚芽油的常用溶剂[46]，乙醇和1，2－二氯乙烷次之[1]。虽然热溶剂是提取植物油的首选，但为便于回收，据报道至少有一家公司采用38℃左右温度来萃取[1]。

在小麦胚芽油的提取中，溶剂萃取法比机械压榨法要有效得多，溶剂脱脂小麦胚芽的残油量可以低至1%（质量分数）。溶剂萃取的小麦胚芽比机械压榨法得到的要稳定得多，因为前者脂肪含量较低。压榨法只能回收50%（质量分数）的小麦胚芽油，剩余的小麦胚芽需要进一步稳定化处理，才能避免酸败以延长保质期。只有在制粉操作中尽量减少麸皮的残留，机械压榨制取小麦胚芽油才可能取得成功，原因在于麸皮的含油率远远低于胚芽部分。压榨小麦胚芽油被认为是“天然”的，自然也是消费者的首选。

Barnes[2]对用溶剂萃取小麦胚芽的相关文献进行了综述。采用正己烷和轻石油醚萃取的出油率为5%～15%（质量分数）。出油率变化很宽泛，取决于胚芽中掺杂麸皮的程度，因为麸皮中只含有5%的油。预计乙醚可以萃取更多的极性成分，出油率可达到7%～15%。丙酮比轻石油醚多1.9%的出油率。

虽然大多数食用油精炼除去磷脂、游离脂肪酸、色素和挥发性成分，但小麦胚芽油通常以未精炼形式使用。在保健食品商店中，磷脂酰胆碱、色素和风味化合物常被认为是“天然”产品的属性。但精炼能提高油的稳定性。未精炼的小麦胚芽油中脂肪酸的含量很高，可以达到5%～25%，主要取决于胚芽分离条件、储存方式和油的提取方式。产品中的苦味和皂味来源于游离脂肪酸，可通过碱炼从小麦胚芽油中除去。然而碱炼脱酸过程会导致油的大量损失，尤其是生育酚的重大损失。Wang 和 Johnson[30] 检测了传统炼油工艺对小麦胚芽油质量的影响。根据这项研究，小麦胚芽油中生育酚含量在脱胶、中和和脱色过程中没有显著改变，但脱臭使得生育酚含量显著降低。脱臭过程中，在较低温度停留较长时间可以有效地减少游离脂肪酸，降低过氧化值和色泽，同时保留生育酚。尽管脱胶没有显著降低毛油中的磷含量，但在小麦胚芽油精炼的每一个阶段，磷浓度都有降低。Wang 和 Johnson[30] 建议，与其他典型植物油相比，小麦胚芽油精炼时，在高温高剪切条件下进行长时间的酸法脱胶，可最大程度提高磷脂的水化。磷脂，尤其是卵磷脂尽管有利于人类健康，但在毛油脱胶过程中要加以去除，磷脂在油脂储存过程中易于沉淀，其乳化性还会对油脂煎炸操作产生不利的影响。中和游离脂肪酸可能需要过量的碱处理。相较于其他典型植物油精炼，小麦胚芽油的脱色需要更多的脱色白土。

一篇已到期的美国专利描述了小麦胚芽油的分子蒸馏技术[47]。小麦胚芽油先用磷酸和水进行脱胶。活性黏土脱色之后，用离心式分子蒸馏装置进行精馏。在140～200℃、6.67Pa 下除去游离脂肪酸。该专利还声明制备了一种维生素 E 浓缩物，将提纯后的小麦胚芽油在220～300℃、3.33Pa 以下进行第二级分子蒸馏[47]。

超临界流体萃取技术是传统正己烷提取工艺的一种替代方法。一些研究小组已报道了小麦胚芽油的超临界流体萃取方法[45, 48～50]。40℃、20MPa 时，小麦胚芽油在 SC－CO_2 中的溶解度是0.35%（质量分数）[48]。与正己烷提取出的油脂相比，SC－CO_2 提取出的油脂颜色较浅，含有较少的磷。用研磨的小麦胚芽和用压片小麦胚芽提取油脂时，虽然提取率没有太大区别，但大规模 SC－CO_2 萃取时推荐后者。研碎的小麦胚芽颗粒由于细粉化而难以进行超临界处理，而且，由于研碎的小麦胚芽被压实，SC－CO_2 流体流经萃取器中的小麦胚芽时产生沟道作用，从而降低传质。根据 Dunford 和 Martinez[50] 以及 Taniguchi 等[48] 的报道，SC－CO_2 萃取油中α－生育酚和β－生育酚含量与正己烷萃取相似。但 Gomez 和 Ossa[49] 报道SC－CO_2 萃取油中生育酚含量高于正己烷萃取油。

Panfili 等[45] 检测了 SC－CO_2 萃取的小麦胚芽油和脱脂粕的组成成分。根据该研究，在 SC－CO_2 萃取初始阶段（前45min）采集的油脂，游离脂肪酸含量和过氧化值较后续阶段采集的油脂高。同样，在 SC－CO_2 3h 萃取过程中，前75min 采集的油脂可检测到较多的生育酚。实验也证实 SC－CO_2萃取初始阶段采集的小麦胚芽油具有较高的生育酚含量[50]。SC－CO_2萃取小麦胚芽油中含量最丰富的类胡萝卜素是叶黄素，其次为玉米黄素和β－胡萝卜素。SC－CO_2萃取末期可获得更大量的类胡萝卜素[45]。

在相对低的温度下（10～60℃）用流体和 SC－CO_2（5～40MPa）进行实验，研究表明压力对油脂得率有显著影响，而温度的影响不大[48]。因此，在 10～55MPa 和 40～80℃范围内，研究压力、温度对 SC－CO_2萃取率和小麦胚芽油组成的影响[50]，结果表明，温度和压力变化时，SC－CO_2萃取率［（萃取过程中样品重量损失/小麦胚芽初始重量）×100］在 2%～20%（质量分数）范围内显著变化。当使用热正己烷（索氏）提取时，小麦胚芽油得率为 11%（质量分数）。更高的 SC－CO_2萃取率（＞11%）表明 SC－CO_2在高压下萃取出了一些不溶于正己烷的小麦胚芽成分。小麦胚芽中的水分可能是与油被共同萃取的化合物之一，造成较高萃取率。SC－CO_2最高萃取率在最高压力下获得（55MPa）。温度与萃取率的关系在较高温度（60℃和 80℃）和此试验的最低压力下（10MPa）更显著，因为在这些条件下，SC－CO_2密度有显著变化。

萃取物的脂肪酸组成受温度、压力、提取方法的影响不大（表 8.4）。超临界二氧化碳萃取油脂与正己烷索氏提取油脂具有类似的脂肪酸组成（表 8.4）。所有的小麦胚芽提取物含约 56% 的亚油酸（18:2 $n-6$），这是一种必需脂肪酸（表 8.4）。小麦胚芽油总不饱和与多不饱和脂肪酸的含量分别约 81% 和 64%。SC－CO_2萃取小麦胚芽可获得与索氏提取结果相似的生育酚和生育三烯酚组成（表 8.8）。这些结果表明，SC－CO_2技术可以用于小麦胚芽油成分萃取与分级，来获得高品质产品。

8.3 玉米胚芽油

8.3.1 产量与应用

玉米，也被称作为苞谷（Zea mays L.），是一种重要的植物油商业来源的谷物。玉米起源于美国，并在 1492 年引入欧洲。每年玉米在全世界总产量约为 6 亿 t（表 8.9）[11]。美国是世界上最大的玉米生产国，其次是中国大陆。

美国种植的玉米约含 65% 的淀粉和 3%～4% 的油[5]。全籽粒中的 85% 油和 80% 矿物质存在于玉米胚芽中[6]。玉米作物大部分被用作牲畜饲料。然而在许多发展中国家，玉米仅用于人们食用。玉米还用于许多工业产品，在精馏和发酵工业中用于生产淀粉和玉米糖浆。玉米油是玉米制粉业的副产品，只占整个作物经济价值的一小部分。玉米胚芽含有 50%～60% 的油。玉米胚芽油（CGO）用作沙拉酱、烹饪用油和人造黄油。

表8.9 玉米产量*

地区	产量/（$\times 10^6$t）		
	2001年	2002年	2003年
中国（大陆）	114	122	114
美国	242	229	257
印度	13	11	15
加拿大	8	9	10
世界	615	604	638

注：* FAOSTAT数据库（http://apps.fao.org）[11]。

8.3.2 籽粒结构

玉米与其他谷物类似，是一种颖果。玉米是单种子作物，尺寸较大，平均重量在285mg[51]。最重要的品种是马齿种玉米（印度玉米）（Zea mays var. Indentata Bailey）。"马齿"指像牙齿一样的结构，以及在谷物尾部有一个缺口（图8.2）。玉米谷粒的结构与其他谷粒类似。胚乳由糊粉层、角质和粉质胚乳组成。胚芽由盾片和胚轴构成。胚芽、中胚轴和胚根构成了胚轴。玉米的胚芽位于胚乳中，一个外部可见的盖帽保护其底部。

8.3.3 胚芽分离

玉米制粉工艺已有许多作者介绍[5,51,52]。制粉过程可以是半湿（20%~23%水分）、湿法（45%水分）和干法（约17%水分）操作。半湿和干法制粉操作需要调质，即在脱壳和去胚前要控制籽粒中水分的添加。干法制粉类似于本章前面提到的小麦去胚过程。获得的胚芽含约20%~25%的油。

湿法制粉工艺需要将清洗干净的玉米浸泡在含有0.1%~0.2%二氧化硫的水中，温度为52℃[5]。然后用滚压机将整个谷粒碾碎。破碎的产品含有谷物的所有成分，麸、壳、淀粉和胚芽。破碎的玉米通过筛选、离心/浮选、过滤，将不同成分相互分开。胚芽通过离心或浮选操作与其他破碎的成分分离。离心分离已取代浮选方法，因为离心有更高的分离效率、高操作容量和更好的卫生条件，胚芽更清洁。离心后上面是重量较轻的胚芽，下层包括一些较重的物质，如淀粉、面筋蛋白和壳。然后胚芽再经过冲洗、脱水和干燥。去胚操作旨在获得含1%脂质的粗玉米粉。湿法磨粉工艺能够得到含油量50%~60%的胚芽。

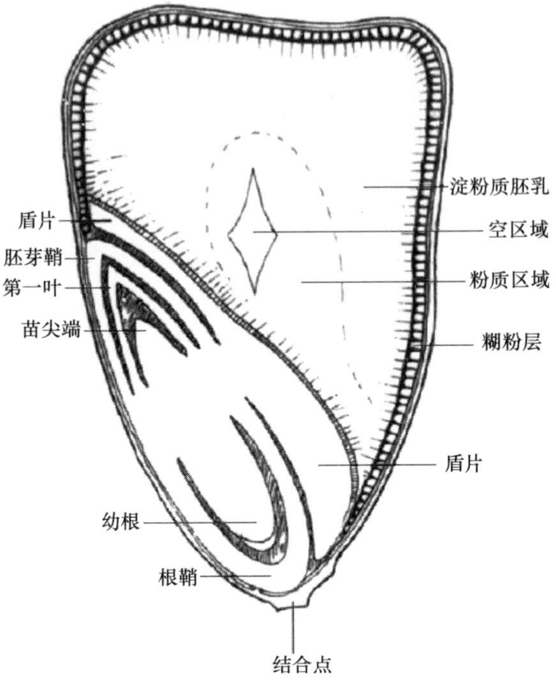

图 8.2 玉米粒结构[21]

8.3.4 含油量

数据表明，在 1917—1972 年种植的玉米含油量变化相当小（4.0% ~4.9%）[53]。从那时起，植物育种人员和遗传学家显著改变了玉米中淀粉、蛋白质和油的含量。1982 年，通过低含油量和高含油量玉米的 82 代筛选，伊利诺斯州开发成功分别含油 19%、0.3% 的高油和低油品种[6]。其中伊利诺斯州高油玉米的缺点是产量较低。此后通过更有效的培育，获得含油量 6% ~8% 且产量接近于传统作物的玉米品种。也开发出蜡状的、高直链淀粉、高油、高赖氨酸含量的玉米，用于牲畜饲料、食品工业和其他使用玉米的工业。高油量玉米含有 7% ~8% 的油，比传统玉米增加了 2% ~3%。高直链淀粉玉米含有 50% 以上的直链淀粉，可以满足湿法制粉工业的需求，这个品种含油量也较高。相比于传统玉米，这个品种的玉米胚芽更大，且含有比传统品种质量更高的蛋白。高赖氨酸玉米含有更高含量的必需氨基酸（赖氨酸和色氨酸）。这些品种玉米并不如传统玉米的种植范围广。

一些农艺学因素，如干旱、叶枯病、施肥，会影响玉米的含油率[54~56]，例如，施肥只能略微提高玉米作物的含油率，但能够显著增加产量，从而提高每亩地的产油量[57]。干旱会增加蛋白质含量而降低含油量。南部玉米流行病叶枯病不会影响谷物的淀粉和蛋白含量，但含油量明显降低[55]。

胚芽特别容易受到机械损伤，通过酶催化脂肪酸氧化和甘油三酯水解作用导致油品质恶化。真菌是使贮藏的玉米产生游离脂肪酸的最重要因素[6]。破损的果皮易使谷物受到真菌污染。真菌优先在胚芽上生长会导致油损耗。高干燥温度会使研磨不充分，胚芽分离率低，导致油回收率较低和游离脂肪酸含量高[56, 58]。当玉米在含水量超过25%的条件下收割时，应该在低于60℃下干燥，避免对油产生不利因素[59]。

8.3.5 油脂的性质和组成

表8.10总结了玉米胚芽油的理化性质。室温（20℃）下，玉米油的相对密度在0.917～0.925。玉米油的不皂化物含量比小麦胚芽油低，约有1%～3%。

表8.10 玉米胚芽油的物化性质*

特性	指标
相对密度	0.917～0.925（20°/20℃）
折光率	1.470～1.473（25℃） 1.465～1.468（40℃）
碘值/（gI/100g）	107～135
皂化值/（mgKOH/g）	187～195
不皂化物/%	1～3

注：*资料来源 Firestone[26]。

8.3.5.1 脂肪酸组成

玉米油的脂肪酸组成根据种子的种类和气候状况的不同而有所差异。北半球玉米油的碘值比南半球玉米油的要高。与南非的玉米相比，美国种植的玉米含有较高的亚油酸和较低的油酸（表8.11）[60]。籽粒不同部位的脂肪酸组成也不同（表8.12）。与胚乳油相比，玉米胚芽油含有更高的亚油酸和油酸，以及更低的棕榈酸[61]。玉米油的脂肪酸组成有很大的不同。研究发现788个玉米品种中，油酸含量从14%～64%不等，亚油酸含量从19%～71%不等[62]。玉米油的多不饱和脂肪酸在过去的20年里增加了5%～8%[63]。Weber[64]研究了育种和基因修饰对玉米脂肪酸组成的影响。玉米油、高油酸玉米油和低饱和玉米油的脂肪酸组成见表8.13，该表可说明生物技术改变植物中油脂组成的潜力。

表 8.11 玉米油的脂肪酸组成*

脂肪酸	南非/%	美国/%
12:0	0.4	0.1
14:0	0.2	0.2
16:0	11.5	11.0
16:1	0.1	—
18:0	2.0	2.0
18:1	38.7	24.1
18:2	44.3	61.9
18:3	1.1	0.7
20:0	0.6	1.7
22:0	0.1	
22:1	0.3	
24:0	0.3	

注：*资料来源 Leibovitz 和 Ruckenstein[60]。

表 8.12 玉米不同部位的脂肪酸组成*

颗粒组分	脂肪酸组成/%（质量分数）				
	16:0	18:0	18:1	18:2	18:3
胚芽	11	1	24	63	1
胚乳（非淀粉脂质+糊粉脂质）	17	2	19	58	4

注：*资料来源 Tan 和 Morrison[61]。

表 8.13 不同玉米品种的脂肪酸组成*

脂肪酸	高油酸	玉米	低饱和脂肪酸
12:0	—	0~0.3	—
14:0	—	0~0.3	—
16:0	10~16	9.2~16.5	6~8
16:1	—	0~0.4	—
18:0	2	0~3.3	1
18:1	44~64	20~42.2	25~31
18:2	20~38	39.4~65.5	58~64
18:3	0.8~1.0	0.5~1.5	0.8~0.9
20:0	1	0.3~0.7	0.5
20:1	—	0~0.4	—

续表

脂肪酸	高油酸	玉米	低饱和脂肪酸
20:2	—	0~0.1	—
22:0	—	0~0.5	—
22:1	—	0~0.1	—
24:0	—	0~0.4	—

注：＊资料来源 Weber[64]。

8.3.5.2 酰基脂质

表8.14列出了玉米油的酰基脂质组成。甘油三酯是玉米油中主要的组成物，约占90%。传统玉米胚芽油含有约58%的三不饱和甘油三酯和约40%的二不饱和甘油三酯。主要的甘油三酯种类有PLL（20%）、POL（15%）、LLL（26%）、OLL（27%）、OOL（14%）[65]。

油中游离脂肪酸含量根据采收前后条件的不同而有所差异，一般占油中总酰基脂质的1%~1.5%。湿法制粉玉米胚芽油的游离脂肪酸含量比干法制粉玉米胚芽油高，它们的含量分别为1.5%~4%和2%。根据提取工艺的不同，玉米胚芽油中磷脂的含量有所不同。压榨油中磷脂的含量约为120mg/kg，而在预榨己烷浸出产品中磷脂含量为670mg/kg。

表8.14　玉米油的酰基脂质＊

脂质类型	占总酰基脂质的百分含量/%
甾醇酯	2
甘油三酯	89
游离脂肪酸	1
糖脂	2
磷脂	4

注：＊资料来源 Weber[63]。

8.3.5.3 不皂化物含量

玉米油不皂化物含量为毛油的1%~3%。生育酚和甾醇是玉米油主要的不皂化物（表8.15）。Worthington 检测了两种市售玉米油（表8.15）中甾醇和碳氢化合物的含量[67]。角鲨烯是玉米油不皂化物的主要碳氢化合物（35%~60%）。Weber[68]报道，存在于玉米粒中的2%~4%类胡萝卜素都在胚芽中。叶黄素和玉米黄素是玉米粒中含量最丰富的类胡萝卜素。玉米胚芽油中类胡萝卜素的含量相对较低，主要是因为其本身在玉米胚芽中的含量低以及脱色过程的损失。

表 8.15 市售玉米油的不皂化物组成* 单位：%

	Mazola	Kroger
碳氢化合物	0.039	0.039
甾醇	1.42	0.95
甾醇酯	0.37	0.32

注：*资料来源 Worthington[67]。

（1）生育酚　玉米油中生育酚的含量在 26～102mg/kg[6]。一般，γ－生育酚是玉米油中主要的生育酚。但在一些品种中α－生育酚是主要异构体。Weber[6]报道玉米同系植株中γ－生育酚含量范围为 36%～88%（占总生育酚），而α－生育酚含量范围为 2.1%～45%。制粉方法对玉米胚芽油中生育酚含量有显著的影响。湿法制得的玉米胚芽油中的生育酚仅占整粒玉米中生育酚总量的 18%，而干法制得的玉米胚芽油中生育酚占73%[69]。

（2）甾醇　玉米胚芽油中植物甾醇的总量（游离的和酰化的植物甾醇）比大部分植物油都要高[3,70]。玉米胚芽油中含有约 1.1%（质量分数）的植物甾醇酯[70]。谷甾醇是玉米胚芽油中主要的甾醇种类。谷甾醇、菜油甾醇、豆甾醇和 Δ5－燕麦甾醇占玉米油中甾醇的 90%～95%[6,71]。Itoh 等在玉米胚芽油中鉴定出一种新的甾醇，即 24－甲基－E－23－去氢－4－甲基－7－胆甾烯醇。表 8.16 所示为玉米油精炼过程对游离甾醇、酯化甾醇和总甾醇的影响[72]。

表 8.16 加工工艺对玉米胚芽油植物甾醇含量的影响* 单位：mg/100g

	酰化甾醇	游离甾醇	总甾醇
毛油	548	439	976
物理精炼			
脱胶	480	448	910
脱色	460	461	898
脱臭	491	257	743
化学精炼			
脱胶	461	488	930
中和	473	390	869
脱色	447	388	845
脱臭	455	336	793

注：*资料来源 Verleyen 等[72]。

8.3.6 油的生产

玉米胚芽油的加工类似于其他植物油的加工。开始时，将干胚芽倒入压榨机中，在高压条件下破碎细胞结构，释放脂质。这个过程将胚芽含油量从50%降到15%。随后用正己烷对残余胚芽饼进行萃取。经过这些处理，胚芽中含油量降低到1.5%以下。粕（脱脂胚芽）可用作动物饲料。蒸馏除去油水混合物中的溶剂。对油进行过滤，除去其中悬浮的固体物质。近期研究发现，在用溶剂浸出前，对玉米胚芽进行挤压预处理可以提高毛油的质量和产量[73]。胚芽的品质很大程度上影响油的得率。比如，疫病感染会降低油的得率，未感染疫病的玉米油的得率可达到53%，而感染疫病的得率却不到30%[74]。而且感染疫病的毛油中游离脂肪酸含量很高，大约占12%，造成较大的精炼损失。

据 Mounts 和 Anderson[5]报道，一些加工者用水化法脱胶，另一些则用碱炼除去磷脂。美国大部分炼油厂用传统的苛性钠精炼来中和毛油。毛油的中和也可以用物理精炼或蒸汽精炼的方法。建议仅在毛油品质高时采用物理精炼，否则在精炼过程中油的色泽会变黑。物理精炼之前应该先进行脱胶。游离脂肪酸可用液液萃取法去除，或另一种新方法，即在多孔旋转圆盘塔中进行溶剂萃取[75]。异味和风味物质可在真空267～1333Pa下200℃以上温度进行脱臭去除，同时也去除了油[3]中大量的生育酚（表8.17）和植物甾醇（表8.16）。色素的去除通常用酸活化脱色黏土来进行油的处理[4]。脱蜡或冬化通常在5～10℃的条件下进行。冬化过程中形成的蜡状沉淀物通过过滤去除[60]。表8.17所示为精炼过程对油中生育酚、游离脂肪酸、铁和磷含量的影响。

表8.17 加工工艺对玉米胚芽油中生育酚、磷（P）、铁（Fe）和游离脂肪酸含量的影响*

	生育酚/（mg/kg）				P/（mg/kg）	Fe/（mg/kg）	游离脂肪酸/%
	α	γ	δ	总量			
毛油	266	1009	54	1329	110	0.9	0.3
物理精炼							
脱胶	261	968	52	1281	1	<0.1	1
脱色	262	963	50	1275	0.3	<0.1	1
脱臭	142	506	23	671	0.3	<0.1	0.08
化学精炼							
脱胶	219	842	47	1108	7.5	0.2	0.3
中和	217	811	45	1073	0.6	<0.1	0.2
脱色	198	798	42	1139	0.1	<0.1	0.1
脱臭	83	458	19	560	0.1	<0.1	0.09

注：*资料来源 Verleyen 等[72]。

1992 年报道了用乙醇萃取全玉米片的加工过程[76, 77]。 这个连续萃取法（SEP）包括以下几个步骤：①用乙醇萃取毛油，除去萃取物中的水分；②用碱醇混合物萃取食品级蛋白质。 76℃下用 95% 乙醇逆流萃取同时脱醇，与油一起萃取出来的还有少量玉米醇溶蛋白[76]。 与用正己烷萃取的油相比，经上述连续萃取法萃取的油中含有高浓度的游离脂肪酸、甘油二酯、磷脂、类胡萝卜素和少量甘油三酯，色泽深，呈深红色。 改进的 SEP 是在 56℃下，用 30% 正己烷和 70% 乙醇混合物萃取[77]。 与原连续萃取法生产的油相比，此改进的连续萃取法降低了产品的游离脂肪酸、甘油二酯和磷脂的含量，提高了甘油三酯和类胡萝卜素的浓度。 但是，连续萃取的油精炼损耗比正己烷萃取的大。 一项美国专利也提出用乙醇萃取干法玉米粉中的油和玉米醇溶蛋白，然后再对二者进行膜分离[78]。

Karlovic 等[79]用水酶法萃取玉米胚芽油。 热水前处理，研磨和酶法处理玉米胚芽，提高了萃取效率。 与传统萃取法相比，水酶法萃取能耗较低，但成本很高[79]。

一些文献[66, 80, 81]也报道了超临界流体萃取玉米胚芽油。 与市场上的压榨毛油相比，在 34.47 ~ 55.16MPa、50℃下用超临界 CO_2（SC - CO_2）萃取干法玉米胚芽粉，萃取玉米胚芽油的游离脂肪酸含量较低，精炼损耗少，色泽较浅[80]。 这两种工艺制出的油中，不皂化物总量和生育酚含量相差无几。 在高温（50 ~ 90℃）高压（55.16 ~ 82.74MPa）[66]下，用 SC - CO_2萃取干法和湿法玉米胚芽粉，实验数据表明，提高萃取温度，增大萃取压力没有对油品产生不利的影响，比如，游离脂肪酸含量、色泽、精炼过程中磷损耗、萃取物中不皂化物含量并没有显著增加。 虽然 SC - CO_2温度升高后，干法制粉玉米胚芽油中生育酚含量有所下降，但压榨油也有类似的下降。 与预榨正己烷萃取的商品油相比，超临界 CO_2萃取的湿法玉米油生育酚含量较低。 SC - CO_2萃取干法与湿法胚芽油中，不皂化物含量与商品玉米油相似，为 1.2% ~ 1.4%。 与溶剂萃取的商品玉米胚芽油（分别以湿法和干法玉米胚芽为原料，甘油三酯含量为 95.8% 和 97.2%）相比，SC - CO_2萃取提高了油中甘油三酯的含量（98.4% ~ 99%），这是因为 SC - CO_2萃取的油磷脂含量较低（1 ~ 5mg/kg）[66]。 也有报道指出，SC - CO_2萃取的湿法玉米胚芽油与溶剂萃取的商品玉米油相比，气味更好。

8.4 米糠油

8.4.1 产量及应用

中国是最大的稻谷产地，其次是印度、日本和美国，全球每年产量大约 6 亿 t 稻谷（表 8.18）。 亚洲国家是米糠油（RBO）的主要消费地，例如日本、韩国、中国大陆、中国台湾、泰国、巴基斯坦和印度[82]。美国米糠油产品出现于20世纪50年代，后来由于其不经济因素，又在80年代停产[8]。90年代，由于其出口效益和营养价值，美国又振兴了米糠油生产，1994年以后，米糠油在食品领域已经得到商业化应用。

表8.18 稻谷产量*

地区	产量/（$\times 10^6$t）		
	2001年	2002年	2003年
中国（大陆）	179	176	166
印度	140	108	132
日本	11	11	10
美国	10	10	9
世界	598	570	589

注：* 联合国粮农组织（FAOSTAT）数据库[11]。

米糠油具有一些特性，使其作为特种油在小众市场很受欢迎。它具有类似坚果的风味且提取后稳定性很好。米糠油含有高水平的生物活性成分，例如植物甾醇、生育酚和生育三烯酚，这些都具有营养价值。其实米糠油在所有应用方面都可取代其他植物油，但更适合用于功能和健康方面的应用。例如，米糠油贮藏稳定性好，煎炸期长，因此具有极好的煎炸性能，并能使油炸食物产生令人愉悦的风味。米糠油也可用于人造奶油中。其天然形成稳定β’晶体的趋向以及高棕榈酸含量，使其具有良好均衡的可塑性、酪化性和涂布性。米糠油生育酚含量高，可作为天然抗氧化剂来源，可用作涂层广泛应用于多种产品中，还可用于小吃，如饼干和坚果。米糠油与其他油混合后能提高它们的稳定性[83]。米糠油是极好的配料，可添加到功能食品和保健营养品中提高健康功效。在工业中，米糠油能用作动物饲料、甘油和肥皂产品的添加剂。米糠蜡还能用在糖果、化妆品、鞋油和汽车蜡中[84]。

8.4.2 谷物结构

稻谷结构与大多数其他谷物相似。谷物由可食部分、颖果或糙米以及谷壳组成（图8.3），谷粒通过脱壳去除谷壳后即为颖果。米糠包括果皮、种皮、珠心和胚，米糠占谷粒重量的8%[85]。糙米中仅胚就占重量的1%～2%。商业大米胚芽包含包围胚的外层结构，大约占谷粒重量的3%，商业米糠通常含有胚芽部分，因此，商业米糠油会同时含有米糠油和胚芽油。谷物中的脂质以脂质体或圆球体的形式存在[86]，在胚的所有组织中，脂质体很小，≤0.7μm。大米胚芽的脂质含量比米糠高，约为34%～37%，而米糠中脂质含量为19%～26%。

8.4.3　谷物加工

碾米的目的是将谷粒加工为可食的抛光产品（白米）。米糠是碾米工业的副产品，在脱壳型碾米机中，脱壳和碾米是同一道加工步骤，得到"初糠"；而在锥形碾米机中，去壳是独立的一道工序，可将胚芽和米糠分开，产生"生米糠"。胚芽的含油量是初糠含油量（约4%）的4倍以上[10]。每年全世界碾米产生的可利用米糠总量大约有3000万t[10]。

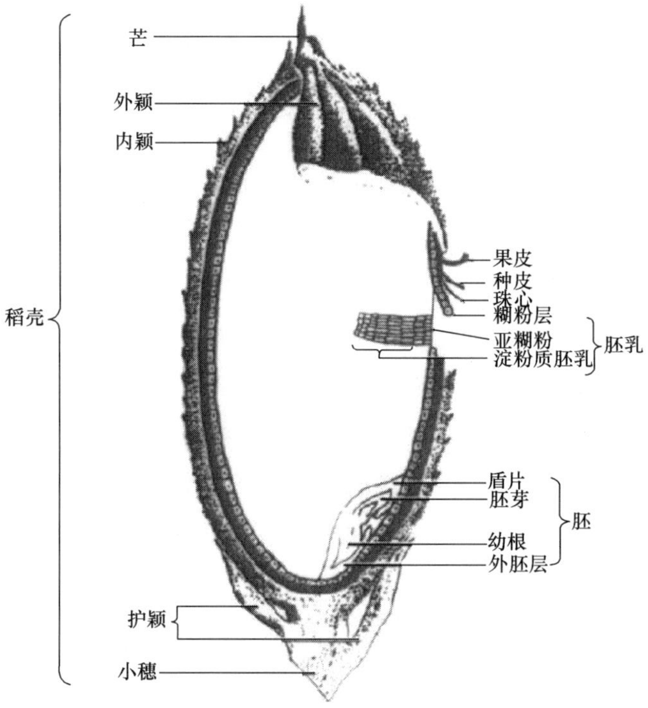

图8.3　大米谷粒结构

谷粒在碾磨前要经过一个预清洗过程。通过纱网、抽气机和重力分离器等设备将石子、泥球、稻秆及杂草等外物与谷粒分离，得到干净的谷粒再进行脱壳。大多数现代碾米机都采用胶辊砻谷机去除谷壳得到糙米[87]。分离米糠前，在谷物分离机中通过密度差异将未脱壳的谷粒与糙米流分离开来。在美国，米糠由果皮、糊粉、亚糊粉层、胚芽或胚以及少量的胚乳构成。胚芽能以相对完整的颗粒形式与谷粒分离，其颗粒大小足以被U.S. 18筛网截留[87]。但在美国，胚芽从米糠中分离不是习惯的做法。依靠抽气作用将米糠从碾磨室中分离出来，并在旋风分离器和次级布滤器中收集，米糠中的细颗粒用16～18筛网除去。米糠的脂肪含量与其碾磨程度呈反比关系。

理想情况下，米糠在从谷粒上分离后的几分钟内就需要进行稳定化处理。稳定化处理能钝化快速水解甘油三酯的脂肪酶。糙米稳定化的方法有以下三种：①加热变性和钝化脂肪酶；②有机溶剂萃取除去脂肪酶的底物即米糠油；③用乙醇钝化脂肪酶使其失活，杀灭分泌脂肪酶的细菌和霉菌。Champagne[88]对米糠稳定化的工艺作了详细的探讨。

8.4.4 含油量

表8.19所示为米糠的大致组成。米糠中通常含有16%～32%的油。但由于某些原因，米仁与糠的含油量可发生变化。早稻、晚稻、作物品种和碾米程度都是影响米仁和糠含油量的因素[9]。Rao等[89]研究了印度种植的四种糙米的米糠含油量，并对其进行了不同程度的抛光（占糠重量的1%～10%）。抛光度达6%前，米糠含油量无显著变化，再增大则会逐渐降低含油量。出现这种现象是因为经较多抛光后，胚乳和内糊粉层量增大。最近评估了204种基因多样性水稻中糠的含油量[90]，基因型和环境对米糠的含油量有非常重要的影响。这些变化表明，育种原料可用于改变米糠的含油量和组成[90]。

表8.19　米糠的大致组成*

物质	含量/%（质量分数）	物质	含量/%（质量分数）
蛋白质	15	粗纤维	7
油	18	总膳食纤维	
碳水化合物	50	可溶物	2
灰分	7	不可溶物	26

注：*资料来源Orthoefer[8]。

8.4.5 油的性质和脂质组成

糠和胚芽的油组成非常相似。米糠毛油往往含有更高含量的非甘油三酯成分，这就使其精炼过程中的损失量比其他植物油多。表8.20总结了米糠油的物理性质。在美国，衡量米糠油质量的特征指标有：游离脂肪酸≤0.1%、过氧化值≤1meq/kg、0.05%水分、碘值为95～110gI/100g、皂化值为180～195mgKOH/g、罗维朋色值3.5R[91]。日本精炼米糠油的标准与美国相似，浊点≤15℃、不皂化物≤5%、皂化值为180～195mgKOH/g、碘值为92～115gI/100g、相对密度（25℃/25℃）为0.913～0.919、折射率为1.470～1.473、0℃下冷冻测试1h[9]。

表 8.20 米糠油的物化性质*

性质	指标
相对密度	0.916～0.921（25℃/25℃）
折射率	1.470～1.473（25℃） 1.465～1.468（25℃）
碘值/（gI/100g）	92～108
皂化值/(mgKOH/g)	181～189
不皂化物/%	3～5
烟点/℃	231
燃点/℃	352
浊点/℃	17

注：*资料来源 Firestone[26]。

8.4.5.1 酰基脂质

米糠和胚芽的脂质是非常相似的，主要包含了甘油三酯、游离脂肪酸、酰基甾醇糖苷、脑磷脂和卵磷脂（表 8.21）。甘油三酯是米糠油的主要成分（表 8.22）。米糠油的甘油一酯含量（6%～7%）比其他植物油高。米糠油中蜡含量随品种而不同。产蜡品种可产生含蜡量高达 8% 的米糠油。改变萃取条件（如低温萃取）可使米糠油含蜡量降至 0.5%[92]。米糠油中的蜡是 C_{16}～C_{26}脂肪酸和饱和 C_{24}～C_{30}脂肪醇的酯化物。根据糠蜡的熔点可将其分为软蜡（75℃）和硬蜡（80℃）。三分之二的蜡以聚合物的形式存在，其余为单体形式[92]。为了防止蜡在煎炸过程中产生不利影响，以及影响油的透明外观，在精炼过程中要将其从毛油中除去。

表 8.21 稻谷的胚芽和糠的脂质组成*

脂质组成/%	胚芽	糠
中性脂	91～92	88～90
糖脂	2～3	4～5
磷脂	6～7	7～8
脂质类别/（%总脂肪）		
甘油三酯	77～79	75～76
游离脂肪酸	4	4～5
酰基甾醇糖苷	1	2
甾醇糖苷	<1	<1

续表

脂质组成/%	胚芽	糠
脑磷脂	3~4	3
卵磷脂	3~4	3~4
溶血磷脂酰乙醇胺	<1	<1
其他	8~9	8~9

注：* 资料来源 Juliano[9]。

表 8.22　米糠油的脂质分类*

脂质类别	组成/%	脂质类别	组成/%
甘油三酯	88~89	蜡	3~4
甘油二酯	3~4	糖脂	6~7
甘油一酯	6~7	磷脂	4~5
游离脂肪酸	2~4		

注：* 资料来源 Juliano[9]。

8.4.5.2 脂肪酸组成

米糠油的高含量脂肪酸主要是棕榈酸、油酸和亚油酸（表 8.23）。米糠油中亚麻酸含量低，使其具有较高的氧化稳定性。几项研究报告指出了米糠油的脂肪酸组成的变化[90, 95, 96]。Goffman 等[90]研究了 204 种稻谷的脂肪酸组成。基因型和环境对米糠油中硬脂酸、油酸、亚油酸和亚麻酸含量的影响较大，但对棕榈酸含量影响较小。饱和脂肪酸与不饱和脂肪酸的比率（S/U）与油中棕榈酸含量相关。粳稻中棕榈酸含量和 S/U 值较低，但籼稻却有很高的棕榈酸含量和高 S/U 值[90]。

表 8.23　米糠油的脂肪酸组成*

脂肪酸	含量/%	脂肪酸	含量/%
14:0	0.5~0.7	18:3	0.2~2.2
16:0	16~28	20:0	0.5~0.8
16:1	0.5	20:1	0.3~0.5
18:0	2~4	22:0	0.1~0.5
18:1	38~48	24:0	0~0.5
18:2	16~36		

注：* 资料来源 Juliano[9]。

8.4.5.3 不皂化物

和其他植物油相比，米糠油不皂化物含量极高（表8.24）。米糠的生物活性成分与油有关，且浓缩在油的不皂化物中[8]。

表8.24 米糠油的不皂化物组成*

组成	含量/%	组成	含量/%
烃类	18	三萜醇	28
植物甾醇	43	生育酚	1
甾醇酯	10		

注：*资料来源 Orthoefer[8]。

（1）生育酚　米糠不仅有丰富的蛋白质和油脂，还含有丰富的生育酚（米糠油中含有500mg/kg至4%）。米糠油中α-生育酚约占总生育酚的30%。95%以上的总生育酚都在米胚芽中。市面上销售的米糠中生育酚含量显著不同[98]。一般情况下，增加糙米的碾磨度会提高糠中生育酚含量[98]。

米糠油和棕榈油是唯一富含生育三烯酚（约1000mg/kg）且容易获得的油[99]。生育三烯酚属于维生素E族，与其有相似的化学结构。根据Tomeo等[100]的研究，生育三烯酚具有很强的抗氧化性。市售的米糠油可能含980mg/kg的γ-生育三烯酚[101]。

（2）甾醇　米糠油的不皂化物主要是植物甾醇（表8.25），包括游离甾醇、甾醇酯、甾苷和酰基甾苷。β-谷甾醇是米糠油中的主要甾醇，其他甾醇包括4-去甲基甾醇、4-甲基甾醇和4，4-二甲基甾醇[10]。米糠毛油含大概1.5%的谷维素[102]。谷维素是稻米不皂化物的主要成分，它是一组包含三萜醇和植物甾醇的阿魏酸（4-羟基-3-甲氧基肉桂酸）酯的化合物。在米糠油中，木菠萝烯醇、24-亚甲基木菠萝烯醇、菜油甾醇和β-谷甾醇以阿魏酸酯的形式存在。有报道称米糠油中的谷维素具有降低大鼠[103]和仓鼠[104]胆固醇的活性。在人体试验中的研究同样证明了米糠油具有降胆固醇的活性[105]。米糠油中谷维素的含量随精炼技术的不同而有所不同，毛油含有大约2%的谷维素；脱胶工艺会使谷维素含量降至1.7%；物理精炼油包含1.0%～1.5%的谷维素；碱炼油含有0.1%的谷维素[8]。

8.4.6 米糠油生产

提取米糠油的主要问题是它的高脂肪酶活性，这会导致在研磨几天内形成游离脂肪酸，尤其是在高温和高湿度下。米糠中的游离脂肪酸含量会在储藏过程中增加，例如，新鲜米糠中含量为2%～4%，储存一年后为5%～8%，而两年后大于10%[105]。因此，要在油脂提取之前使脂肪酶灭活从而使米糠稳定[88]。热稳定过的糠能储存长达三个月。但应该在储存的第一个月内提油以便达到更好的效率和获得更高质量的油。

机械压榨米糠的产油率（10% ~12% ）比溶剂萃取的产油率（16% ~18% ）低。 米糠在压榨前要经过蒸煮和干燥处理。 通常在 6.84MPa 下预压，再在 10.30 ~30.99MPa 下排油[9]。 由于机械压榨产油率低，因此米糠中残余的油要用正己烷回收。 正己烷萃取可以间歇式或连续操作进行。 连续操作采用逆流方式能提高传质。 在高温下进行溶剂萃取能得到较高的毛油产量，但毛油质量较低。 有一种新的油脂提取工艺，在水分含量为 14% 和温度≤40℃下进行米糠预成型，然后在≤15℃下进行正己烷萃取，据报道这种新工艺能产出色泽浅的无蜡毛油[9]。

米糠油精炼的单元操作与其他植物油相似。 碱炼广泛用于米糠油的中和。 但有些炼油厂在高温低压下进行分子蒸馏。 米糠油的精炼通常涉及到蜡的去除，通常是在沉降釜中逐渐冷却毛油，再在低温下过滤或离心去除沉淀物[84]。 用水去除磷脂，用活性炭或漂白土除去有色化合物。 虽然油脱臭的常见方式是汽提，但现代化的炼油厂使用蒸汽真空脱臭。 根据 Orthoefer[8] 的研究，毛米糠油精炼的总损失可能高达 18% ~22% 。

目前已经有一些关于 SC - CO_2 萃取米糠油的研究。 Taniguchi 等[107] 指出 SC - CO_2 提取的米糠油中存在谷维素，且此法提取的油颜色较浅，磷含量也比正己烷提取油的低。 Zhao 等[108] 发现，高压萃取组分中游离脂肪酸、蜡以及不皂化物含量低。 Ramsay 等[109] 通过比较正己烷和 SC - CO_2 萃取米糠油的产量和甾醇含量，发现 SC - CO_2 萃取的米糠油的总甾醇含量比正己烷萃取油的少。 Shen 等[110] 对中试规模 SC - CO_2 萃取米糠油进行了考查，该研究小组还确定了油相与 CO_2 相之间油组分的表观分配系数。 该小组还报道了一种二阶段 SC - CO_2 工艺，在第一阶段进行米糠油的萃取，随后将初始萃取物连续供给第二阶段扩展柱，实现油组分后续分馏[110]。 Kim 等[111] 研究发现 SC - CO_2 对米糠油的萃取率与无量纲的 Sherwood、Schmidt 和雷诺数有关。

Dunford 和 King[102, 112, 114] 利用超临界流体分提（SFF ）技术开发了富集植物甾醇的工艺。 植物甾醇酯的富集是通过油脂加工实现的，而不是从副产物中分离出甾醇后再回添至油中。 通过使用高压填充分提柱，研究人员能够获得与市售富植物甾醇人造黄油具有相似植物甾醇酯含量的米糠油组分。 市售富植物甾醇人造黄油主要含有植物甾醇脂肪酸酯，而超临界流体分提产品同时含有植物甾醇脂肪酸酯和谷维素。 超临界流体分提成品油的高谷维素含量是超临界流体分提技术的附加特色。 在超临界流体分提技术研究中可采用正己烷萃取的米糠油，也可用 SC - CO_2 萃取的油作为起始物。

8.5 燕麦油和大麦油

每年全世界平均生产大麦和燕麦分别为 14100 和 2500 万 t[11]。 大多数的燕麦和大麦与玉米一样用于动物饲料（约占世界产量的 70%）[115]。只有少量用于人类食品中。然而，从膳食纤维中提取得到的燕麦和大麦含有丰富的β－葡聚糖，在生产功能性食品、营养保健品及其他增值产品中有很大的发展前景。

8.5.1 谷物加工

大麦麦粒由颖果和外壳组成。外壳和果皮紧密粘连，因此去壳非常困难，通常将大麦碾磨呈粉粒进行分离。颖果由果皮、珠被、糊粉层、胚乳、胚芽或胚组成[116]。胚和颖果背侧末端紧密相连。大麦经研磨加工成块状、粉粒、粗粒、片状和粉状。大麦研磨操作包括以下步骤：清洗去污、水分调节、漂白（用于某些国家）、脱壳、风选（去皮）、过筛、切碎（切碎机）、滚圆。大麦片由粗粒或粉粒经轧胚机加工而成。大麦粉通过辊式碾磨加工而成，Jadhav 等[117]报道一种美国一家企业采用的大麦生产工艺，涉及以下步骤：卡特碟式分离机、平面石磨（去除占麦粒谷物 5% 的外壳）、去皮机 1（去除占麦粒谷物 25% 的壳和麸皮）、去皮机 2（去除麸皮和胚芽）、辊式碾磨（碾磨、筛选去除占谷物 10% 的皮）、去皮机 3（去除占麦粒谷物 10% 的压皱麸皮、糊粉层及外胚乳）。商业大麦产品有罐装大麦粉粒、大麦粗碾粉、大麦片和麦芽粉[117]。

燕麦由籽粒（燕麦颖果）和颖壳组成。壳中含有丰富的纤维素，因此很少使用完整的未经碾磨的燕麦，需要进行脱壳处理[118]。碾磨前，需要钝化燕麦籽粒中的活性酶，防止脂肪水解，这个稳定化步骤是碾磨操作中非常重要的一步。碾麦有两种不同操作步骤[118]。传统的干法脱壳操作包括以下步骤：宽度分级、稳定化、窑内烘干、长度分级、碾磨。现代的绿色脱壳操作包括：宽度分级、撞击法去壳、稳定化、窑内烘干、长度分级。这两种碾磨操作都需要进行切开、碾磨（对燕麦片、燕麦粉、燕麦麸皮）、汽蒸调湿、轧片（燕麦片加工需要）。市售燕麦产品常见的有燕麦碎粒（Steel－cut groats）、传统燕麦片、快熟燕麦片、即食燕麦片、燕麦粉[119]。根据美国谷物学家协会的定义，燕麦麸皮含量可高达籽粒的 50%。美国食品与药物管理局采用了这个定义，并做了一些修改：燕麦麸皮含量可高达籽粒的 50%，但必须提供至少 5% 的β－葡聚糖和 16% 的总膳食纤维[119]。

8.5.2 脂质

8.5.2.1 大麦

文献中对于大麦油和燕麦油记载很少。由于大麦的基因型、环境以及两者的相互作用，导致大麦的化学特性不同。文献报道的大麦化学组成差异极大[120]。大麦油是大麦的次要成分，占大麦的 2% ~7%（质量分数，干重）。Risϕ1580 和 Hiproly 这两个品种的油脂含量高于平均值[117]。

Ko 等[121]报道了大麦的组成比例：胚芽 0.3%、胚乳 72.2%、珠心粉 4.1%、麸皮 12.6%、壳 10.1%（质量分数），含油量分别为 13%、0.7%、10.7%、5.6%、2.6%。Seog 等[122]报道了相似的大麦含油量（麸皮 4.6% ~5.3%、胚芽 14.7%）。不过不同的碾磨工序会导致加工出来的大麦产品含油量不同，如表 8.25 所示。其中，大麦麸皮含油量最高[118]。Wang 等[123]通过 Miag Multomat 8 辊式干燥碾磨机和实验型去皮机将 Waxbar（二棱大麦）和 Azhul（六棱大麦）脱壳。初次破碎面粉经过四次分选，可以作为辊式碾磨产品，其中包括六种成分：大麦粉、五级粗粉、粉头、次粉、研磨次粉及麸皮。五级粗粉（4.5%，质量分数）是六种成分中含油量最高的，其次为粉头（3.8%）。珠心面粉中的含油量（8.2%，质量分数）显著高于大麦中的含油量（2.8%，质量分数）。

表 8.25 碾磨大麦产品中的含油*

产品	含油量/%（质量分数，干基）	产品	含油量/%（质量分数，干基）
珍珠麦	1.1	大麦麸	4.0
大麦粉	1.9	大麦粉末	2.5
大麦皮	0.3		

注：* 资料来源 Kent 和 Evers[118]。

大麦谷粒中含量最高的脂质为非极性脂质（67% ~68%）。Price 和 Parsons[124]检测了脱壳大麦颖果中的幼根、胚乳麸、壳中的脂质组成情况，见表 8.26。中性脂质在所有成分中都占有重要比例。大麦壳中的磷脂含量低于胚乳麸和幼根中的磷脂含量，但糖脂含量最高。

大麦中性脂中含量最高的为亚油酸（$C_{18:2}$）（见表 8.26），其他的为油酸（$C_{18:1}$）、棕榈酸（$C_{16:0}$）。多不饱和脂肪酸如亚麻酸（$C_{18:3}$）也在大麦各组分中发现。检测到二十碳酸（$C_{20:0}$）存在于大麦壳中。

8.5.2.2 燕麦

尽管环境的影响比品种小，但地理位置和天气可以改变燕麦的总脂质[125]。通常，燕麦的油含量范围在 2% ~11%[125]。不仅燕麦，燕麦属物种都有着高含油量。与麸皮胚乳和壳比，燕麦胚芽明显含有更高的油（见表 8.26）。燕麦壳的油含量相对较低。事实上，所有的脂质都在脱皮籽粒中。尽管燕麦加工产品的含油量随着使用的制粉系统而变化，其典型范围如下：燕麦粥 7.5%；燕麦片 7.6%；燕麦粉 7.9%；燕麦糠 0.4%；燕麦尘 5.0%；食用种子 3.8% 和燕麦饲料粕 1.5%（质量分数）[118]。

燕麦脂质可能含有 55% ~90% 的中性脂肪，其含量取决于籽粒组分（见表 8.26）。燕麦麸皮胚乳明显有更高含量的糖脂和磷脂。燕麦壳的磷脂含量比其他组分的低。报道的燕麦脂质种类比例差异较大，但中性脂肪的主要成分是甘油三酯（35% ~85%）[125]。燕麦脂质的游离脂肪酸含量范围在2% ~11%。

表8.26 大麦和燕麦籽粒组分的脂质含量和组成*

籽粒组分/脂质类型		脂质组成/%（总脂质的质量分数）	
		大麦	燕麦
胚轴	中性脂肪	75.8	87.4
	糖脂	6.4	3.8
	磷脂	17.8	8.8
麸皮胚乳	中性脂肪	64.4	56.9
	糖脂	12.5	21.4
	磷脂	23.1	21.7
壳	中性脂肪	75.9	66.9
	糖脂	18.2	27.6
	磷脂	5.9	5.5

注：*资料来源Price和Parsons[124]。

燕麦脂质的脂肪酸组成与大麦油相似（见表8.27）。亚油酸是所有籽粒组分的主要脂肪酸。燕麦脂质也富含油酸。棕榈酸是燕麦油的第三主要脂肪酸。

表8.27 大麦和燕麦的中性脂肪酸组成*

脂肪酸	大麦			燕麦		
	胚轴	麸皮胚乳	壳	胚轴	麸皮胚乳	壳
$C_{12:0}$	—	—	1.7	—	—	0.6
$C_{14:0}$	0.2	0.2	5.3	0.1	0.3	3.4
$C_{16:0}$	19.5	20.6	26.1	17.1	16.4	32.4
$C_{16:1}$	—	0.1	2.0	0.6	0.1	1.7
$C_{18:0}$	0.6	1.3	5.4	0.6	1.5	4.7
$C_{18:1}$	20.4	16.6	21.5	32.1	36.1	18.2
$C_{18:2}$	49.7	56.8	30.6	45.8	43.9	27.6
$C_{18:3}$	9.6	4.4	5.0	3.7	1.7	8.8
$C_{20:0}$	—	—	2.4	—	—	2.6

注：*资料来源Price和Parsons[124]。

8.5.3 亲脂性活性成分

8.5.3.1 大麦

大麦油是生育酚的一个好的来源。所有八种异构体在大麦胚芽（134mg/kg）、胚乳（12mg/kg）、麸（117mg/kg）和壳（34mg/kg）中都检测到了[121]。生育酚均匀地分布在籽粒中。尽管在珠心粉中总生育酚水平最高（240mg/kg），但这个产品中没有检测到γ－生育酚、δ－生育酚和生育三烯酚。Wang 等[123]也报道了大麦珠心粉的生育酚和生育三烯酚含量最高。α－生育酚是大麦胚芽（92mg/kg）和珠心粉（170mg/kg）中主要的异构体，而α－生育三烯酚是胚乳、麸和壳中最丰富的异构体[121]。Peterson[126]报道在大麦胚芽中检测不到α－生育三烯酚；然而，Ko 等[121]报道α－生育三烯酚在大麦胚芽中是存在的（8mg/kg）。大麦不同的基因型和这些研究使用的不同制粉过程导致了这些差别。

大麦油中植物甾醇的数据没有文献报道。Piironen 等[127]报道了大麦籽粒中植物甾醇的最新数据。大麦中总植物甾醇的含量为 40～80mg/100g 籽粒。谷甾醇占总甾醇的大约 50%。

8.5.3.2 燕麦

燕麦籽粒和燕麦油都含有生育酚和生育三烯酚。主要的生育酚是α－生育酚和α－生育三烯酚。燕麦的品种和研究使用的制粉过程导致燕麦油生育酚组成的显著差异。燕麦油中总生育酚的含量在 175～640mg/kg[125]。总生育酚中，α－生育酚（占 20%～82%）、α－生育三烯酚（占 16%～51%）、δ－生育三烯酚（占 0～12%）和γ－生育酚（占 0～36%）是燕麦油中报道的最主要的生育酚异构体。

1953 年 Idler 等[128]第一个报道了燕麦油中植物甾醇的存在。每 100g 燕麦籽粒含有 35～60mg 植物甾醇[127]。燕麦油中植物甾醇的含量在 0.19%～0.32%[125]。β－谷甾醇（占总甾醇的 40%～70%）是燕麦主要的植物甾醇。Δ5 燕麦甾醇和 Δ7 燕麦甾醇是另外两种含量显著的植物甾醇。燕麦籽粒中也存在菜油甾醇、豆甾醇、Δ7－3β－豆甾醇、Δ7－3β－胆固醇和胆固醇。

8.6 结论

可以从粮谷中获得营养质量高的植物胚芽油。胚芽油含有较高含量的具有生物活性的热敏性组分，因此其加工存在困难。物理精炼法可提高这些化合物在终产品中的保留程度。目前在美国，除玉米胚芽油外的植物胚芽油是为了特殊市场生产的。然而，未来消费者对健康食物日益增长的需求可能会改变市场趋势。

参考文献

1. P. J. Barnes, in P. J. Barnes, ed., *Lipid in Cereal Technology*, Academic Press, New York, 1983, p. 389.

2. P. J. Barnes, *Fette Seifen Anstrichmittel*, **84**, 256 (1982).

3. F. T. Orthoefer and R. D. Sinram, in S. A. Watson and P. E. Ramstad, eds., *Corn: Chemistry and Technology*, American Association of Cereal Chemists, St. Paul, Minnesota, 1987, p. 535.

4. L. R. Strecker, M. A. Bieber, G. Mazza, T. Grossberger, and W. J. Doskoczynski, in T. H. Hui, ed., *Bailey's Industrial Industrial Oil and Fat Products*, *Edible Oil and Fat Products*; *Oils and Oilseeds*, 5th ed., vol. 2, John Wiley and Sons, New York, 1996, p. 125.

5. T. L. Mounts and R. A. Anderson, in P. J. Barnes, ed., *Lipid in Cereal Technology*, Academic Press, New York, 1983, p. 373.

6. E. J. Weber, in P. J. Barnes, ed., *Lipids in Cereal Technology*, Academic Press, New York, 1983, p. 353.

7. R. A. Reiners and C. M. Gooding, in G. E. Inglett, ed., *Corn: Culture*, *Processing*, *Products*, Avi Publishing Co., Westport, Connecticut, 1970, p. 241.

8. F. T. Orthoefer, *Food Technol*, **50**, 62 (1996).

9. B. O. Juliano, in P. J. Barnes, ed., *Lipids in Cereal Technology*, Academic Press, New York, 1983, p. 305.

10. F. T. Orthoefer, in T. H. Hui, ed., *Bailey's Industrial Industrial Oil and Fat Products*, *Edible Oil and Fat Products*; *Oils and Oilseeds*, 5th ed., vol. 2, John Wiley and Sons, New York, 1996, p. 393.

11. FAO. http://apps.fao.org.

12. N. O. V. Sonntag, in D. Swern, ed., *Bailey's Industrial Oil and Fat Products*, 4th ed., vol. 1, John Wiley & Sons, New York, 1979, p. 289.

13. P. H. Rao, G. V. Kumar, R. G. C. P. Rao, and S. R. Shurpalekar, *Lebensmittel Wissenschaft und Technologie*, **13**, 302 (1980).

14. D. B. Jones and K. D. Widness, *J. Nutr.*, **31**, 675 (1946).

15. T. S. Kahlon, *Cereal Foods World*, **34**, 872 (1989).

16. N. T. Dunford, *Food Technol.*, **55**, 38 (2001).

17. M. Berdick, *J. Am. Oil Chem. Soc.*, **49**, 406 (1972).

18. T. Schoenberg, *Soaps Cosmetics Chem. Specialties*, **61**, 37 (1985).

19. J. M. Nara, R. C. Lindsey and W. E. Burkholder, *J. Agric. Food Chem.*, **29**, 68 (1981).

20. J. M. Nara and W. E. Burkholder, *Environ. Entomol.* , **12**, 703 (1983).

21. R. E. Angold, in P. J. Barnes, ed. , *Lipids in Cereal Technology*, Academic Press, New York, 1983, p. 1.

22. B. Godon, in B. Godon and C. Willm, eds. , *Primary Cereal Processing*, VCH Publishers Inc. , New York, 1994, p. 61.

23. W. R. Morrison and K. D. Hargin, *J. Sci. Food Agric.* , **32**, 579 (1981).

24. J. J. C. Hinton, *Biochem. J.* , **38**, 214 (1944).

25. W. R. Morrison, S. L. Tan, and K. D. Hargin, *J. Sci. Food Agric.* , **31**, 329 (1980).

26. D. Firestone, *Physical and Chemical Characteristics of Oils, Fats and Waxes*, AOCS Press, Champaign, Illinois, 1999, pp. 152.

27. N. T. Dunford and M. Zhang, *Food Research International*, **36**, 905 (2003).

28. A. P. Simopoulos, *Amer. J. Clin. Nutr.* , **70**, 560S (1999).

29. F. B. Hu, *Nutrition*, **17**, 741 (2001).

30. T. Wang and L. A. Johnson, *J. Amer. Oil Chem. Soc.* , **78**, 71 (2001).

31. J. H. Nelson, R. L. Glass, and W. F. Geddes, *Cereal Chem.* , **40**, 343 (1963).

32. P. J. Barnes and P. W. Taylor, *J. Sci. Food Agric.* , **31**, 997 (1980).

33. K. D. Hargin and W. R. Morrison, *J. Sci. Food Agric.* , **31**, 877 (1980).

34. A. Azzi and A. Stocker, *Progress In Lipid Research*, **39**, 231 (2000).

35. A. Pollard, A. C. Chibnall, and S. H. Piper, *Biochem. J.* , **27**, 1889 (1933).

36. A. P. Tulloch and L. L. Hoffman, *Phytochemistry*, **12**, 2217 (1973).

37. E. Levin, V. K. Collins, D. S. Varner, J. D. Mosser, and G. Wolf, U. S. Patent 3,031,376, 1962.

38. T. Itoh, T. Tamura, and T. Matsumoto, *J. Amer. Oil Chem. Soc.* , **50**, 122 (1973).

39. T. Itoh, *J. Amer. Oil Chem. Soc.* , **50**, 122 (1973).

40. R. J. Anderson, R. L. Shriner, and G. O. Burr, *J. Amer. Oil Chem. Soc.* , **48**, 2987 (1926).

41. B. Kiosseoglou and D. Boskou, *Oleagineux*, **42**, 169 (1987).

42. A. Kuksis, *Biochemistry*, **3**, 1086 (1964).

43. J. C. Drummond, E. Singer, and R. J. MacWalter, *Biochem. J.* , **29**, 456 (1935).

44. O. Gisvold, *J. Amer. Pharm. Assoc.* , **29**, 312 (1940).

45. G. Panfili, L. Cinquanta, A. Fratianni, and R. Cubadda, *J. Amer Oil Chem. Soc.* , **80**, 157 (2003).

46. Anonymous, *Inform*, , **13**, 282 (2002).

47. L. Singh and W. K. Rice, U. S. Patent 4,298,622, (1981).

48. M. Taniguchi, T. Tsuji, M. Shibata, and T. Kobayashi, *Agric. Biol. Chem.* , **49**, 2367 (1985).

49. A. M. Gomez and E. M. de la Ossa, *J. Amer. Oil Chem. Soc.* , **77**, 969 (2000).

50. N. T. Dunford and J. Martinez, 6th International Symposium on Supercritical Fluids, Versailles, France, 2003.

51. C. Willm, in B. Godon and C. Willm, ed., *Primary Cereal Processing*, VCH Publishers, Inc., New York, 1994, p. 319.

52. R. A. Anderson, in G. E. Inglett, ed., *Corn: Culture, Processing, Products*, AVI Publishing Company, Inc., Westport, Connecticut, 1970, p. 253.

53. F. R. Earle, *Cereal Chem.*, **54**, 70 (1977).

54. S. K. Jurgens, R. R. Johnson, and J. S. Boyer, *Agron. J.*, **70**, 678 (1978).

55. J. E. Freeman, *Trans. Amer. Soc. Agric. Engr.*, **16**, 671 (1973).

56. C. Vojnovich, R. A. Anderson, and E. L. J. Griffin, *Cereal Foods World*, **20**, 333 (1975).

57. L. F. Welch, *Agron. J.*, **61**, 890 (1969).

58. M. M. MacMaster, M. D. Finkner, M. M. Holzapfel, J. H. Ramser, and G. H. Dungan, *Cereal Chem.*, **36**, 247 (1959).

59. R. B. Brown, G. N. Fulford, L. Otten, and T. B. Daynard, *Cereal Chem.*, **58**, 75 (1981).

60. Z. Leibovitz and C. Ruckenstein, *J. Amer. Oil Chem. Soc.*, **60**, 347 (1983).

61. S. L. Tan and W. R. Morrison, *J. Amer. Oil Chem. Soc.*, **56**, 531 (1979).

62. M. D. Jellum, *J. Agric. Food Chem.*, **18**, 365 (1970).

63. E. J. Weber, *Cereal Chem.*, **55**, 572 (1978).

64. E. J. Weber, *Biochemical Genetics*, **21**, 1 (1983).

65. N. K. Andrikopoulus, *Food Reviews International*, **18**, 71 (2002).

66. G. R. List, J. P. Friedrich, and D. D. Christianson, *J. Amer. Oil Chem. Soc.*, **61**, 1849 (1984).

67. R. E. Worhington, *J. Amer. Oil Chem. Soc.*, **59**, 317A (1982).

68. E. J. Weber, in S. A. Watson and P. E. Ramstad, eds., *Corn: Chemistry and Technology*, American Association of Cereal Chemists, St. Paul, Minnesota, 1987, p. 311.

69. G. W. Grams, C. W. Blessin, and G. E. Inglett, *Cereal Chem.*, **48**, 356 (1971).

70. R. A. Ferrari, W. Esteves, K. D. Mukherjee, and E. Schulte, *J. Agric. Food Chem.*, **45**, 4753 (1997).

71. T. Itoh, N. Shimizu, T. Tamura, and T. Matsumoto, *Phytochemistry*, **20**, 1353 (1981).

72. T. Verleyen, U. Sosinska, S. Ioannidou, R. Verhe, K. Dewettinck, A. Huyghebaert, and W. De Greyt, *J. Amer. Oil Chem. Soc.*, **79**, 947 (2002).

73. A. Maza, U. S. Patent 6,201,142, (2001).

74. R. A. Anderson, J. J. Ellis, and E. L. J. Griffin, *Cereal Sci. Today*, **17**, 41 (1972).

75. C. G. Pina and A. J. A. Meirelles, *J. Amer. Oil Chem. Soc.*, **77**, 553 (2000).

76. M. P. Hojilla - Evangelista, L. A. Johnson, and D. J. Myers, *Cereal Chem.*, **69**, 643 (1992).

77. F. Feng, D. J. Myers, M. P. Hojilla - Evangelista, K. A. Miller, L. A. Johnson, and S. K. Singh, *Cereal Chem.*, **79**, 707 (2002).

78. M. Cheryan, U. S. Patent 20,020,183,490, (2002).

79. D. J. Karlovic, M. Bocevska, J. Jakovlevic, and J. Turkulov, *Acta Alimentaria*, **23**, 389 (1994).

80. D. D. Christianson, J. P. Friedrich, G. R. List, K. Warner, E. B. Bagley, A. C. Stringfellow, and G. E. Inglett, *J. Food Sci.*, **49**, 229 (1984).

81. E. Ronyai, B. Simandi, S. Tomoskozi, A. Deak, L. Vigh, and Z. Weinbrenner, *J. Supercritical Fluids*, **14**, 75 (1998).

82. T. S. Kahlon, R. M. Saunders, R. N. Sayre, F. I. Chow, M. M. Chiu, and A. A. Betschart, *Cereal Chem.*, **69**, 485 (1992).

83. J. B. Taylor, T. M. Richard, C. L. Whelm, M. M. Chrysam, M. Otternburn, and G. A. Leveille, U. S. Patent 15,552,167, (1996).

84. S. C. Chang, R. M. Saunders, and B. S. Luh, in B. S. Luh, ed., Avi Publishing Co., Westport, Connecticut, 1980, p. 764.

85. B. O. Juliano, and D. B. Bechtel, in B. O. Juliano, ed., *Rice: Chemistry, and Technology*, American Association of Cereal Chemists, St. Paul, Minnesota, 1985, p. 17.

86. D. B. Bechtel, and B. O. Juliano, *Ann. Bot.*, **45**, 503 (1980).

87. K. L. J. Hargrove, in W. E. Marshall, and J. I. Wadsworth, eds., *Rice Science and technology*, Marcel Dekker, Inc., New York, 1993, p. 381.

88. E. T. Champagne, in W. E. Marshall and J. I. Wadsworth, eds., *Rice Science and Technology*, Marcel Dekker, Inc., New York, 1993, p. 17.

89. S. N. R. Rao, T. K. Ananthachar, and H. S. R. Desikachar, *J. Food Sci. Technol.*, **2**, 115 (1965).

90. F. D. Goffman, S. Pinson, and C. Brergman, *J. Amer. Oil. Chem. Soc.*, **80**, 485 (2003).

91. D. R. McCaskill and F. Zhang, *Food Technol.*, **53**, 50 (1999).

92. L. Gingras, *Inform*,, **11**, 1196 (2000).

93. J. C. Lugay and B. O. Juliano, *J. Amer. Oil Chem. Soc.*, **41**, 273 (1964).

94. H. Taira, M. Nakagahra, and T. Nagamine, *J. Agric. Food Chem.*, **36**, 45 (1988).

95. H. Taira, *J. Amer. Oil Chem. Soc.*, **66**, 1326 (1989).

96. S. C. Deka, D. R. Sood, and S. K. Gupta, *J. Food Sci. Technol.*, **37**, 217 (2000).

97. R. Sharma and C. Rukmini, *Lipids*, **21**, 715 (1986).

98. A. G. G. Krishna, J. V. Prabhakar, and D. P. Sen, *J. Food Sci. Tech.*, **21**, 222 (1984).

99. R. R. Eitenmiller, *Food Technol.*, **51**, 78 (1997).

100. A. C. Tomeo, M. Geller, T. R. Watkins, A. Gapor, and M. L. Bierebbaum, *Lipids*, **30**, 1179 (1995).

101. E. J. Roger, S. M. Rice, R. J. Nicolasi, D. R. Carpenter, C. A. McClelland, and L. J. Romanczyk, *J. Amer. Oil Chem. Soc.*, **70**, 301 (1993).

102. N. T. Dunford and W. J. King, *J. Food Sci.*, **65**, 1395 (2000).

103. G. S. Seetharamiah, T. P. Krishnakantha, and N. Chandrasekhara, *J. Nutr. Sci. Vitaminol.*, **36**, 291 (1990).

104. R. J. Nicolasi, E. J. Roger, D. Kritchevsky, J. Scimeca, and P. Huth, *Artery*, **22**, 266 (1997).

105. G. Yoshino, *Current Therapeutic Res.*, **45**, 543 (1989).

106. K. Yokochi, Rice By - Products Utilization, International Conference, Valencia, Spain, 1974.

107. M. Taniguchi, E. Tsuji, H. Morimoto, M. Shibata, and T. Kobayashi, *Nippon Shokuhin Kogyo Gakkaishi*, **34**, 102 (1987).

108. W. Zhao, A. Shishikura, K. Fujimoto, K. Arai, and S. Saito, *Agric. Biol. Chem.*, **51**, 1773 (1987).

109. M. E. Ramsay, J. T. Hsu, R. A. Novak, and W. J. Reightler, *Food Techol.*, **30**, 98 (1991).

110. Z. Shen, M. V. Palmer, S. S. T. Ting, and R. J. Fairclough, *J. Agric. Food Chem.*, **44**, 3033 (1996).

111. H. Kim, S. Lee, K. A. Park, and I. Hong, *Sep. Purif. Technol.*, **15**, 1 (1999).

112. N. T. Dunford, J. A. Teel, and J. W. King, *Food Research Intenational*, **36**, 175 (2002).

113. N. T. Dunford and J. W. King, *J. Amer. Oil Chem. Soc.*, **78**, 121 (2001).

114. N. T. Dunford and J. W. King, U. S. Patent 6,677,469 B1, (2004).

115. S. Kim and B. E. Dale, *Biomass and Bioenergy*, **26**, 361 (2004).

116. N. L. Kent, *Technology of Cereals*, Pergamon Press, Oxford, United Kingdom, 1983, pp. 154.

117. S. J. Jadhav, S. E. Lutz, V. M. Ghorpade, and D. K. Salunkhe, *Crit. Rev. Food Sci.*, **38**, 123 (1998).

118. N. L. Kent and A. D. Evers, *Kent's Technology of Cereals*, Elsevier Science, Ltd., Oxford, United Kingdom, 1994, pp. 334.

119. K. Salisbury, Grains for the Health of It: Increasing Grains and Whole Grains Consumption as a Strategy for Health, Minneapolis, Minnesota, 2001.

120. A. A. M. Andersson, C. Elfverson, R. Andersson, S. Regner, and P. Aman, *J. Sci. Food Agric.*, **79**, 979 (1999).

121. S - N. Ko, C - J. Kim, H. Kim, C - T. Kim, S - H. Chung, B - S. Tae, and I - H. Kim, *J. Amer.*

Oil Chem. Soc., **80**, 585 (2003).

122. H-M. Seog, M-S. Seo, Y-S. Kim, and Y-T. Lee, *Food Sci. Biotechnol.*, **11**, 623 (2002).
123. L. Wang, Q. Xue, R. K. Newman, and C. W. Newman, *Cereal Chem.*, **70**, 499 (1993).
124. P. B. Price and J. Parsons, *J. Agric. Food Chem.*, **27**, 813 (1979).
125. E. G. Hammond, in P. J. Barnes, ed., *Lipids in Cereal Technology*, Academic Press Inc., London, United Kingdom, 1983, p. 331.
126. D. M. Peterson, *Cereal Chem.*, **71**, 442 (1994).
127. M. L. Piironen, J. Toivo, and A. M. Lampi, *Cereal Chem.*, **79**, 148 (2002).
128. D. R. Idler, S. W. Nicksic, D. R. Johnson, V. W. Meloche, H. A. Schuette, and C. A. Baumann, *J. Amer. Oil Chem. Soc.*, **75**, 1712 (1953).

9 源于草本植物、香料和果实的籽油

Liangli（Lucy）Yu，John W. Parry，Kequan Zhou

University of Maryland College Part，Maryland

9.1　引言

来源于食用油籽的油脂是一种重要的常见食品配料，其主要营养成分是脂肪酸。越来越多的证据表明，各种脂肪酸在人类健康中发挥着各种不同作用。富含特定脂肪酸的膳食可以预防许多潜在的健康问题或疾病。例如，$\omega-3$（$n-3$）不饱和脂肪酸有益健康，帮助预防癌症、心脏病、高血压以及自身免疫性紊乱。当今，消费者对改善膳食营养的关注度不断提高，促进了对含有独特脂肪酸组成及植物甾醇和天然抗氧化剂等有益成分的新型籽油的开发。本章旨在总结含独特脂肪酸组成的可食果实、香料或草本植物籽油，包括这些油的物理化学性质和植物甾醇及生育酚等其他有益成分。籽油按照它们含有的重要或特有的脂肪酸进行介绍，如油酸、亚油酸、α－亚麻酸、γ－亚麻酸。同时也介绍那些只包含少量有益脂肪酸，但是含有其他大量有价值的成分（天然抗氧化剂）的植物油。

9.2　富含α－亚麻酸（18:3 $n-3$）的食用籽油

α－亚麻酸（18:3$n-3$）是一种分别在9、12、15位置有3个双键的18碳脂肪酸。它是一种重要的$n-3$脂肪酸，是一种人体必需的营养物质，可以通过植物和动物来源的膳食摄入。α－亚麻酸可以被延长酶和脱氢酶转化成其他有益的$n-3$脂肪酸，如二十碳五烯酸（EPA）和二十二碳六烯酸（DHA），这两种脂肪酸有利于大脑正常发育、正常的视力，并降低患心脏病风险。新型的富含$n-3$脂肪酸的膳食来源可以满足那些不能摄入足量富含长链$n-3$脂肪酸的鱼或鱼制品的人们的需求。本节总结了富含α－亚麻酸（18:3$n-3$）的来自果实、香料和草本植物的籽油。其中包括黑树莓、红树莓、博伊森莓、紫蓝莓、蓝莓、蔓越莓、沙棘、罗勒、大麻等的籽油。

9.2.1 黑树莓籽油

黑树莓（*Rubus occidentalis* L.， cv Jewel）是蔷薇科悬钩子属的一种，也被称为蔓藤类浆果。大多数黑树莓分布于美国西北地区，主要在俄勒冈州。俄勒冈州在2002年和2003年的黑树莓年收成分别为302万磅和270万磅。大约总作物产量的99.5%进行了采后生产（http://www.nass.usda.gov/or/berries03.pdf），黑树莓籽是主要的副产品。

两种冷榨的黑树莓籽油中已证实含有高含量的 $n-3$ 脂肪酸和总不饱和脂肪酸。α－亚麻酸（18:3$n-3$）含量占总脂肪酸的35%，不饱和脂肪酸占98%～99%（表9.1），亚油酸是其中主要的脂肪酸（表9.1）；但 $n-6/n-3$ 脂肪酸的比例很低，只有1.6∶1。其他测得的脂肪酸包括油酸（18:1$n-9$）和棕榈酸（16:0）（表9.1）。黑树莓籽油的总脂肪酸组成与红树莓籽油非常相似[1]（见表9.1）。

表9.1 富含α－亚麻酸（18:3$n-3$）果籽油的脂肪酸组成*

单位：g脂肪酸/100油

脂肪酸	黑树莓[1]	红树莓[2,3]	博伊森莓[3]	紫蓝莓[3]	蓝莓[3]	蔓越莓[3-5]	沙棘[6] *sinensis*	沙棘[6] *rhamnoides*	沙棘[7] *mongolica*
16:0	1.2～1.6	1.2～2.7	4.2	3.3	5.7	3.0～7.8	7.7～9.6	6.7～8.2	8.6
18:0	微量	1.0	4.5	3.1	2.8	0.2～1.9	2.1～3.3	2.3～4.1	3.3
18:1	6.2～7.7	12.0～12.4	17.9	15.1	22.8	20.0～27.8	12.9～26.1	13.7～20.0	17.9
18:2$n-6$	55.9～57.9	53.0～54.5	53.8	62.8	43.5	35.0～44.31	38.2～43.6	36.7～43.0	38.6
18:3$n-3$	35.2～35.3	29.1～32.4	19.5	15.7	25.1	22.3～35.0	20.2～36.3	25.4～36.0	29.1
其他	未检出	未检出	未检出	未检出	未检出	2.58	1.9～2.5	1.8～3.8	2.1
$n-6/n-3$	1.59～1.63	1.64～1.87	2.75	3.99	1.73	1.16～2.0	1.07～2.00	1.02～1.62	1.33

注：*黑树莓、红树莓、博伊森莓、紫蓝莓、蓝莓、蔓越莓、沙棘 *sinensis*、沙棘 *rhamnoides*、沙棘 *mongolica* 分别代表它们的籽油。

9.2.2 红树莓籽油

红树莓（*Rubus ideaus*）是一种全世界种植的生产作物，全球年总产量大约为250000t（http://www.oregon-berries.com）。大多数的商业树莓生长在东欧，其次是北欧、西欧、美国和智利。与黑树莓一样，美国的西北地区也生长红树莓，其在2002年和2003年的年产量分别为42200t和38000t（http://www.nass.usda.gov/or/berries 03.pdf）。

通过正己烷萃取[2]或冷榨[3]得到红树莓籽油，检测了它们的脂肪酸组成，这两种油的脂肪酸组成非常相似，有高含量的α－亚麻酸和 $n-3$ 脂肪酸（见表9.1）。正己烷萃取的毛油含29.1%的α－亚麻酸，冷榨毛油含32.4%的α－亚麻酸。这两种样品在脂肪酸组成上与上文讨论的黑树莓籽油非常相似（见表9.1）。除了它的α－亚麻酸成分，红树莓籽油含有显著水平的生育酚及其他天然抗氧化剂[2,3]。正己烷萃取油和冷榨油的总生育酚含量分别为97mg/100g油、61mg/100g油[2,3]，而以氧自由基吸收能力（ORAC）衡量的抗氧化活性为48.8μmol TE/g油[3]。Trolox即6－羟基－2，5，7，8－四甲基色烷－2－羧酸，是一种水溶性α－生育酚类似物，广泛用作标准抗氧化物。

9.2.3 博伊森莓籽油

类似于其他莓类（黑树莓、红树莓、紫蓝莓），博伊森莓（*Rubus hybrid*）也适宜生长于美国的西北部地区。然而除了俄勒冈州，博伊森莓也作为一种农作物生长在加利福尼亚州北部。2002年和2003年美国博伊森莓总产量分别为2665t和2350t。

类似于其他冷榨莓籽油，博伊森莓籽油含有大量以α－亚麻酸（19.5%）形式存在的$n-3$脂肪酸，有较低的$n-6/n-3$脂肪酸比例（2.8：1）。博伊森莓籽油中的总不饱和脂肪酸超过91%，多不饱和脂肪酸比例很高（占73.3%），然而硬脂酸、棕榈酸和总饱和脂肪酸含量比其他莓籽油要高得多（表9.1）。有趣的是，通过与其他八种植物油样品（包括蓝莓籽油、黑树莓籽油、红树莓籽油，众所周知它们都富含抗氧化剂）比较氧自由基吸收能力（ORAC），证实博伊森莓籽油具有最好的抗氧化潜能[3]。

9.2.4 紫蓝莓籽油

紫蓝莓（*Rubus Hybrid*）是黑树莓的杂交品种。它是莓类家族的新成员，生长于美国的西北部地区，尤其在俄勒冈州。紫蓝莓在2002年和2003年的总产量分别为15000t和12910t。紫蓝莓几乎占据了俄勒冈州莓类总产量的一半。

在2004年，Parry等[3]验证了冷榨紫蓝莓籽油的化学组成及物理化学性质。证实紫蓝莓籽油含有相对高比例的以α－亚麻酸（15.7%）形式存在的$n-3$脂肪酸（见表9.1）。其含量远低于其他莓类籽油（包括黑树莓籽油、红树莓籽油、博伊森莓籽油）在同等情况下的测得值。紫蓝莓籽油的$n-6/n-3$脂肪酸比例为4：1，在已测得的莓类油家族中是最高的。

9.2.5 蓝莓籽油

蓝莓（*Vaccinium corymbosum*）生长在全世界气候温和的地区，但最大的蓝莓生产国是美国和加拿大。美国和加拿大以外的地区每年生产大约42000t的蓝莓。美国在2002和2003年的蓝莓年总产量分别为87300t和86200t（http://usda.mannlib.cornell.edu/reports/nassr/fruit/pnf－bb/ncit0104.pdf，http://www.ushbc.org/blueberry.htm）。

Parry和Yu[3]研究发现冷榨蓝莓籽油含有高含量的$n-3$脂肪酸。α－亚麻酸是其$n-3$脂肪酸的唯一存在形式，占总脂肪酸含量的25.1%（见表9.1）。其$n-6/n-3$为1.7：1。亚油酸（18:2$n-6$）是蓝莓籽油中最普遍的脂肪酸，其次是α－亚麻酸、油酸、棕榈酸（16:0）、硬脂酸（18:0）（见表9.1）。通过与紫蓝莓籽油、黑树莓籽油、蔓越莓籽油、南瓜籽油比较氧自由基吸收能力（ORAC），蓝莓籽油显示出更强的抗氧化能力。因此，蓝莓籽油也许可用于提供 $n-3$ 脂肪酸和天然抗氧化剂的极佳日常膳食资源。

9.2.6 蔓越莓籽油

北美地区的蔓越莓（*Vaccinum macrocarpon*）最适合生长于高纬度地区和沼泽地区。这种莓类在美国的威斯康星州、缅因州、新泽西州、俄勒冈州、华盛顿州和加拿大的不列颠哥伦比亚省、魁北克省均有生产种植。蔓越莓也生长于欧洲，但属于越橘属的另一个品种。2002 年美国蔓越莓总产量为284200t，在2003 年增长到291500t（http://usda.mannlib.cornell.edu/reports/nassr/fruit/zcr-bb/cran0803.pdf）。

多项研究已证实北美不同品种的蔓越莓籽油含有大量的 α-亚麻酸。Heeg 等[4]在一项美国专利中报道蔓越莓籽油中 α-亚麻酸占总脂肪酸含量的30%~35%。2003 年 Parker 等[5]发现冷榨蔓越莓籽油中含有22.3%的 α-亚麻酸，2004 年 Parry 等[3]从两份不同的油样分析中发现蔓越莓籽油中含有 32.0%的 α-亚麻酸。这种油中 $n-6/n-3$ 的比例都很低，从1.2∶1~2∶1。另外，所有的研究证实，蔓越莓籽油中其他常见脂肪酸的比例相似，按含量较高的排序依次是亚油酸、油酸、棕榈酸、硬脂酸、二十碳二烯酸（20:2）（表9.1）。除了 α-亚麻酸，蔓越莓籽油还富含天然抗氧化剂[8]。这些抗氧化剂会与自由基直接反应，防止人体低密度脂蛋白中脂质氧化。

9.2.7 沙棘籽油

沙棘（*Hippophae rhamnoides* L.）原产于亚洲和欧洲。沙棘是一种耐寒植物，也被认为是加拿大的一种主要经济作物。藏族人、蒙古人、汉族人用沙棘作为中药已经有1000 多年的历史，已证实含有多种有益健康的成分[6]。它的果实有果香且营养丰富。这种果实比草莓、奇异果、橙子、番茄富含更多维生素 C，比小麦胚芽、红花、玉米、大豆富含更多维生素 E[9]。

2001 年，Yang 和 Kallio[9]检测了沙棘两个亚种的脂肪组成。这两个亚种为“*sinensis*”和“*rhamnoides*”。沙棘 *sinensis* 的 12 个样品和沙棘 *rhamnoides* 的 9 个样品分别生长于中国和芬兰的不同地点。21 个籽油样品的组成有所不同，但都含有相对较高百分比的 α-亚麻酸、γ-亚麻酸（18:3$n-6$）、油酸（18:1$n-9$）。所有籽油样品的 $n-6/n-3$ 比例都不超过2∶1（表9.1）。其他脂肪酸包括棕榈酸、硬脂酸、异油酸（18:1$n-7$）。Kallio 等[7]检测了两个沙棘亚种（*sinensis* 和 *mongolica*）的脂肪酸组成，所得结果与已有研究结果非常接近。沙棘 *mongolica* 的脂肪酸组成见表9.1。

9.2.8 罗勒籽油

罗勒（*Ocimum sp.*）是一种分布于全世界的常见草本植物，广泛用作食材。它有超过50个品种，而甜罗勒（*Ocimum basilicum*）是最普遍的品种[10]。

1996年，Angers等[10]检测了四种罗勒种子油的脂肪酸组成，即甜罗勒（*Ocimum basilicum*）、灰暗罗勒（*Ocimum canum*）、丁香罗勒（*Ocimum gratissimum*）、圣罗勒（*Ocimum sanctum*）。另外也对四种不同的甜罗勒进行了检测。所有样品都与亚麻籽油进行对比，证实α－亚麻酸、棕榈酸、硬脂酸等脂肪酸组成是相似的。亚麻籽油含52%的α－亚麻酸，而罗勒籽油含57.4%～62.5%（见表9.2）。亚麻籽油中$n-6/n-3$为1∶3.2，而罗勒籽油中该比值为1∶1.6～1∶3.6。完整的脂肪酸组成见表9.2。

表9.2 富含α－亚麻酸（18:3$n-3$）的草本植物籽油和其他油的脂肪酸组成

单位：g脂肪酸/100g油

脂肪酸	甜罗勒籽油[10]	大麻籽油[5, 11, 12]
16:0	6.8～8.8	5.8～6.7
16:1	0.2～0.3	0～0.2
18:0	2.0～2.8	2.6～3.2
18:1	8.7～11.6	9.9～15.6
18:2	18.3～21.7	53.4～60.0
18:3$n-3$	57.4～62.5	15.1～19.4
18:3$n-6$	0.1～0.3	0～3.6
20:0	<0.2	0.8～1.0
20:1	痕量	未检出
其他	痕量	0～1.8
$n-6/n-3$	0.3～0.4	2.8～3.5

9.2.9 大麻籽油

大麻（*Cannabis sativa*）是一种当今仍被很多人种植的古老作物，它有很多不同的用途。大麻的纤维可用来制作绳子、纸张和衣服，大麻可以入药，大麻榨出的油也具有商业价值[11]。

近期关于大麻籽油的研究[5, 11, 12]都报道了相似的脂肪酸组成。其中的$n-3$脂肪酸含量（α－亚麻酸）占总脂肪酸的15.1%～19.4%（表9.2）。两项研究检测了γ－亚麻酸（18:3$n-6$）的含量占总脂肪酸的3.6%[11, 12]（表9.2）。所有研究显示，最普遍的脂肪酸为亚油酸，占总脂肪酸含量的53.4%～60.0%，其次是α－亚麻酸、油酸、棕榈酸、γ－亚麻酸和硬脂酸。在大麻籽油中也检测出含有少量的二十碳二烯酸、花生酸

(20:0)、二十二烷酸(22:0)。

9.3 富含γ-亚麻酸(18:3n-6)的食用籽油

γ-亚麻酸(18:3n-6)是一种重要的不饱和脂肪酸,它是花生四烯酸生物合成的前体,而花生四烯酸是合成前列腺素的前体。现在已经认识到γ-亚麻酸具有潜在健康价值,有利于防治心血管疾病、经前综合征、过敏性湿疹、风湿性关节炎和酗酒症[13, 14]。黑加仑籽油、其他茶藨子属籽油以及月见草油,都是富含天然γ-亚麻酸的来源。

9.3.1 黑加仑籽油及其他茶藨子属籽油

种植黑加仑(*Ribes nigrum*)是为了浆果生产[15]。黑加仑富含抗坏血酸及大量的抗氧化活性物质[16]。黑加仑一般用来榨果汁,籽是果汁生产的副产品。已对黑加仑籽油的脂肪酸组成、生育酚含量及其降低前列腺素E_2生成的潜能进行了研究[15, 17~19]。黑加仑籽油是一种极佳的日常膳食材料,富含γ-亚麻酸(18:3n-6)和α-亚麻酸(18:3n-3)。γ-亚麻酸占总脂肪酸含量的12%~25%,而α-亚麻酸占10%~13%(表9.3)。脂肪酸组成取决于它的基因型以及生长环境。黑加仑籽油也含有显著水平的生育酚[18],总生育酚含量为1.2~2.5mg/g油,10个样品的平均值为1.7 mg生育酚/g油。油中生育酚主要以γ-生育酚形式存在,未曾发现其含有β-生育酚。1999年Wu等[17]研究了膳食补充黑加仑籽油对健康老人免疫反应的影响。黑加仑籽油能通过降低前列腺素E_2生成而适度增强免疫功能,表明此油具有预防癌症、心血管疾病及其他健康问题的潜能。

表9.3　　富含γ-亚麻酸籽油的脂肪酸组成*　　单位:g脂肪酸/100g油

脂肪酸	黑加仑[21]	黑加仑[19]	月见草(*Oenothera Spp.*)[20]	月见草(*Oenothera biennis*)[14]	月见草(*Oenothera lamarckiana*)[13]
16:0	5.3	6.0~6.3	7~10	9.1	5.8~7.2
18:0	1.5	1.3~1.6	1.5~3.5	3.1	1.5~3.1
18:1	14.7	8.9~9.6	6~11	17.7	9.2~20.1
18:2n-6	47.0	42.7~43.5	65~80	64.3	62.0~74.6
18:3n-6	12.2	22.0~24.6	8~14	4.9	5.5~9.6
18:3n-3	13.2	10.0~11.5	未检出	痕量	未检出
n-6/n-3	4.5	5.7~6.8	N/A	N/A	N/A

注:*黑加仑、黑加仑、月见草(*Oenothera Spp.*)、月见草(*Oenothera biennis*)、月见草(*Oenothera lamarckiana*)分别代表它们的籽油;
"N/A"表示不适用。

其他茶藨子属的籽油，包括 *R. grossularia*（red - black gooseberries）、*R. grossularia*（yellow gooseberries）、*R. nigrum*（blackcurrants）、*R. rubrum*（red currants）和 R. nigrum × R. hirtellum（jostaberries），也被证实含有γ-亚麻酸和生育酚。在所有检测的样品中，黑加仑籽油含有最多的γ-亚麻酸，其他三种醋栗籽油中生育酚总含量都超过 1.0mg/g 油[18]。

9.3.2 月见草籽油

月见草（*Oenothera spp.*）属于柳叶菜科，产出数量很多的高产种子。月见草的根可食用，其皮、叶子和精油能入药（http://botanical.com/botanical/mgmh/p/primro70.html）[13, 20]。月见草籽油是γ-亚麻酸（18:3*n*-6）的天然来源。Hudson[20] 评估了 192 种月见草（*Oenothera spp.*）籽油样品的脂肪酸组成。γ-亚麻酸占总脂肪酸的比例一般为8%～14%，极端范围为2%～20%，平均值为10.4%（见表9.3）[20]。亚油酸一般占比65%～80%，平均为73%，其亚油酸含量高于任何一种已知植物油。另一项研究显示，普通月见草（*Oenothera biennis*）籽油含有4.9%的γ-亚麻酸和64%的亚油酸[14]。另外发现生长条件可改变籽油中γ-亚麻酸的含量，为总脂肪酸的5.5%～9.6%[13]（见表9.3）。Ratnayake 等[14] 报道，产于加拿大的月见草籽油含有 64.3% 亚油酸和 4.9% γ-亚麻酸（见表9.3）。这些前人研究结果表明，月见草（*Oenothera spp.*）籽油含有显著水平的天然γ-亚麻酸和油酸，亚油酸是其中主要的脂肪酸。这个主题在本书其他章节中进行讨论。

9.4 富含亚油酸（18:2*n*-6）的食用籽油

亚油酸（18:2*n*-6）是一种人体必须通过膳食摄入的必需脂肪酸。本节总结了富含亚油酸的来自果实、香料、草本植物的籽油。这些籽油包括西瓜、甜瓜（*Cucumis melo* 和 *Colocynthis citrullus*）、黄金莓、葡萄、玫瑰果、辣椒、红辣椒、洋葱、黑茴香、柳叶菜等籽油。一些籽油如果含有大量的特殊脂肪酸，将在其他章节列出。例如，南瓜籽油同时富含油酸和亚油酸，就在“富含油酸（18:1*n*-9）的食用籽油”章节中讨论。

9.4.1 西瓜籽油

西瓜（*Citrullus vulgaris*）在分类学中属于葫芦科。其他葫芦类包括南瓜、黄瓜、倭瓜和其他瓜类。它适宜生长于气候温暖的地区，在全球条件允许的地方都可以生产加工。栽培的品种有1200种以上，北美大约种植250个品种的西瓜（http://www.watermelon.org/index.asp? a=dsp&htype=about&pid=39）。2002年全世界西瓜产量超过8100万 t，其中大约71%来自中国。在2002年和2003年，美国西瓜产量都超过170万 t。西瓜籽在全世界可以用来制作零食，在一些国家也被用来制作食用油。

有研究制备了西瓜籽油并评估了其理化性质[22, 23]。西瓜籽油含59.6%的亚油酸（18:2n-6）和78.6%的总不饱和脂肪酸（表9.4）。油中主要脂肪酸是亚油酸，其次是油酸、棕榈酸和硬脂酸。亚麻酸、棕榈油酸和肉豆蔻酸是次要成分。西瓜籽油折射率为1.4696（25℃），酸值为2.82（mgKOH/g油），过氧化值为3.40meq/kg油，游离脂肪酸为1.41%（以油酸计），皂化值为201mgKOH/g油，碘值为115gI/100g，碘值明显高于南瓜109gI/100g油[22, 23]。

9.4.2 甜瓜籽油

甜瓜（*Cucumis melo*）是葫芦科的一种，最适宜生长于热带地区。果肉具有极好的风味和口感，籽通常当作废物处理，但已报道籽具有药用效果[24, 25]。用正己烷从甜瓜籽提取籽油，检测到每100g总脂肪酸中亚油酸为64g（表9.4）[24]。甜瓜籽油中也检测出显著水平的油酸、棕榈酸和硬脂酸。在实验条件下，甜瓜籽油的相对密度为0.9000（28℃），折射率为1.4820（28℃），碘值为112gI/100g[24]。早在1986年，Lazos[25]提取了甜瓜籽油，检测其物理化学性质[25]，亚油酸是含量最多的脂肪酸占比64.6%（质量分数），其次是油酸（20.1%），总饱和脂肪酸（14.7%）（表9.4），40℃时碘值和折射率分别为124.5gI/100g和1.4662。

9.4.3 甜瓜籽油

甜瓜（*Colocynthis citrullus* L.）是一种热带藤本植物，原产于非洲西部。这种甜瓜的果肉是苦的，不可食用，可以食用的部分是它的籽[33]。Nwokolo和Sim[26]检测了甜瓜籽油的脂肪酸组成，发现它含有相对高含量的亚油酸，占总脂肪酸57.7%（表9.4）[26]。油酸是第二大脂肪酸，占总脂肪酸14.5%。甜瓜籽油含有25.3%的饱和脂肪酸（表9.4）。Moussata和Akoh[27]也报道了甜瓜籽油类似的脂肪酸组成，主要脂肪酸是亚油酸，占总脂肪酸65.4%，其他的重要脂肪酸包括油酸（13.5%）、棕榈酸（12.1%）、硬脂酸（9.0%）（表9.4）。

表9.4 富含亚油酸的果实籽油的脂肪酸组成* 单位：g脂肪酸/100g油

脂肪酸	西瓜[22, 23]	甜瓜（*cucumis melo*）[24, 25]	甜瓜（*Colocynthis citrullus* L.）[26, 27]	黄金莓[28]	葡萄[29, 30]	玫瑰[31]	辣椒[22, 23, 32]
16:0	11.3	9.0~9.5	11.8~12.1	7.3	5.8~14.2	1.7~3.1	11.2~13.8
18:0	10.2	4.9~5.6	9.0~10.7	2.5	≤8.6	1.7~2.5	3.2~3.7
18:1	18.1	19.4~20.1	13.5~14.5	11.7	13.7~31.9	14.7~18.4	9.8~14.6
18:2*n*-6	59.6	64.1~64.6	57.7~65.4	76.4	50.1~77.8	48.6~54.4	67.8~74.4

续表

脂肪酸	西瓜[22,23]	甜瓜（*cucumis melo*）[24,25]	甜瓜（*Colocynthis citrullus* L.）[26,27]	黄金莓[28]	葡萄[29,30]	玫瑰[31]	辣椒[22,23,32]
18:3*n*-3	0.4	0.2~0.3	≤2.1	0.3	≤5.0	16.4~18.4	未检出
总饱和酸	21.5	14.7~15.2	21.1~25.3	11.9	8.4~14.4	11.6~18.1	15.0~17.6
总不饱和酸	78.4	84.4~85.1	74.6~77.5	88.1	85.5~91.5	81.8~88.3	82.5~84.9

注：＊西瓜、甜瓜（*cucumis melo*）、甜瓜（*Colocynthis citrullus* L.）、黄金莓、葡萄、玫瑰、辣椒分别代表它们的籽油。

9.4.4 黄金莓籽油

黄金莓（*Physalis peruviana* L.）也称灯笼果，是一种原产于安第斯山脉的多年生植物。它也在美国、南非、东非、印度、新西兰、澳大利亚和英国种植[34]。它与番茄和智利辣椒是近亲，与番茄一样喜欢生长在水分充足的土壤中。黄金莓具有类似于番茄的怡人风味，可以多种方式食用，包括沙拉、煮菜、甜品、覆巧克力甜品、果酱、蜜饯和天然零食[28]。这种水果含有丰富的维生素 A、维生素 C 和矿物质。黄金莓籽油是由氯仿-甲醇从其冻干研磨籽粕中提取而来的，检测了其脂肪酸组成[28]，见表 9.4。亚油酸是主要脂肪酸，占总脂肪酸 76.1%。单不饱和脂肪酸 12.2%，亚麻酸 0.33%，总多不饱和脂肪酸 76.1%。该数据表明，黄金莓籽油可以作为一种极佳的亚油酸（*n*-6 必需脂肪酸）膳食来源，对于寻求摄入更多总不饱和脂肪酸的消费者来说，是个不错的选择。

还发现黄金莓籽油中含有脂溶性维生素 E 和维生素 K、胡萝卜素和植物甾醇[28]。总生育酚含量为 29.7mg/g 油，包括 0.9mg 的 α-生育酚、11.3mg 的 β-生育酚、9.1mg 的 γ-生育酚、8.4mg 的 δ-生育酚。总的维生素 K 含量为 0.12mg/g 油，β-胡萝卜素含量为 1.30mg/g 油。另外也检测到显著水平的植物甾醇。黄金莓籽油主要的植物甾醇是菜油甾醇，含量为 6.5mg/g 油。还检测到了其他甾醇如麦角甾醇、豆甾醇、羊毛甾醇、β-谷甾醇、Δ^5-燕麦甾醇和 Δ^7-燕麦甾醇。

9.4.5 葡萄（*Vitis spp.*）籽油

2001 年全世界葡萄产量为 6120 万 t（http://www.winetitles.com.au/awol.overview/world.asp）。葡萄籽是生产葡萄果汁、果酱、果冻和葡萄酒的副产品。1998 年，Abou Rayan 等[29]研究了埃及种植的 Cabarina 红葡萄籽油的特性及构成。葡萄籽毛油由正己烷在室温下提取。亚油酸是检测出的主要脂肪酸，占总脂肪酸量超过 50%（表 9.4）[29]。油酸是第二大脂肪酸，其次是显著含量的棕榈酸和硬脂酸。这一发现与以前观察中葡萄籽油亚油酸占总脂肪酸的62%是一致的（表9.4）[30]。碘值和过氧化值根据AOCS（1983）方法测得，碘值为130gI/100g，过氧化值为2.92meq/kg油。

9.4.6 玫瑰果籽油

玫瑰（*Rosa canina* L.）也称山茱萸或跳果，属于蔷薇科植物。这一特种玫瑰的果实通常用来炖汤。有人检测了玫瑰籽的化学组成和营养成分，用于入药。以来自土耳其三个地点的玫瑰果为原料制备籽油，检测了其脂肪酸组成[31]。亚油酸是检测出的主要脂肪酸，占总脂肪酸48.6%~54.4%，其次是α-亚麻酸（16.4%~18.4%）和油酸（14.7%~18.4%）（表9.4）。玫瑰籽油含大约85%的不饱和脂肪酸，表明玫瑰籽油是一种极佳的不饱和脂肪酸和必需脂肪酸来源。

9.4.7 辣椒籽油

辣椒（*Capsicum annuum*）是一种常用的风味增强剂，在辣椒生产过程中，辣椒籽通常是当作废物处理。有人对辣椒籽油的物理化学性质进行了评估[22, 23, 32]。辣椒籽油中含有超过82%的总不饱和脂肪酸，多不饱和脂肪酸占67.8%（表9.4）[22, 23]。油酸是第二大脂肪酸，占总脂肪酸的大约15%。这种脂肪酸组成与之前Domokos等[32]对匈牙利辣椒籽油的研究结果一致，亚油酸占总脂肪酸的74.4%，而油酸和棕榈酸分别占9.8%和11.2%[32]。辣椒籽油检测出含有总生育酚870mg/kg油，胡萝卜素380mg/kg油，植物甾醇0.92%[32]。

9.4.8 苹果籽油

1997年全世界苹果的年产量为4470万t，其中84%的苹果进行了加工。2000—2001年度全世界苹果产量达到历史最高为4800万t（http://www.winetitles.com.au/awol.overview/world.asp）。苹果籽是生产过程中的副产品。1971年，Morice等[35]研究了三个不同品种苹果（Granny Smith，Sturmer和Dougherty）的籽油，并与其他品种进行比较，结果显示，不同品种苹果籽油的脂肪酸组成非常相似（表9.5）。在所有测试样品中，油酸和亚油酸占总脂肪酸85%~95%[35]。研究人员也评估了苹果籽油的其他物理化学性质。Granny Smith苹果籽油碘值为127gI/100g油，Sturmer苹果籽油碘值为122.4gI/100g油，Dougherty苹果籽油碘值为119gI/100g油。苹果籽油可以成为亚油酸和油酸的膳食来源。

表9.5 苹果籽油的脂肪酸组成*[35] 单位：g脂肪酸/100g油

脂肪酸	Granny Smith	Sturmer	Dougherty	Golden Delicious
16:0	6.8~7.1	4.8~6.4	5.7~6.8	8.5
16:1	0.1~0.2	0.1	0.1~0.2	0.5

续表

脂肪酸	Granny Smith	Sturmer	Dougherty	Golden Delicious
18:0	1.0～2.1	1.5～2.5	1.3～2.1	未检出
18:1	24.4～27.4	32.8～36.6	34.6～42.1	31
18:2	62.1～64.1	52.1～58.3	48.2～56.1	59
18:3	0.2～0.4	≤0.5	≤0.6	0.5
20:0	0.6～1.1	0.7～1.7	0.6～0.9	0.5
20:1	0.2～0.3	0.2～0.4	0.2～0.3	未检出
20:2	0.1～0.7	0.1～0.7	0.0～0.3	未检出
22:0	0.1～0.2	0.1～0.3	0.1	痕量

注：* Granny Smith，Sturmer，Dougherty 和 Golden Delicious 分别代表这四个品种苹果的籽油。

9.4.9 红辣椒籽油

红辣椒（*Capsicum sp.*）属于茄科的一种，原产于南美洲，但目前在全世界都有种植。全世界许多菜中都有辣椒，给人提供一种“热辣”的口感。红辣椒的辣感差异很大，这取决于辣椒素的含量。在下列这些选定辣椒品种中，辣椒素含量由低到高为 bell、Anaheim、jalapeno、Hungarian wax、serrano、cayenne 和 habanero。红辣椒籽是生产辣椒粉的副产品。在南美洲，几个世纪以来辣椒用来治疗胃肠功能紊乱等疾病，它也可以缓解循环系统疾病的痛苦。辣椒素是辣椒中的辛辣味化学物质，是一种潜在的体内消炎物质[36]。

烤红辣椒籽油有高含量的亚油酸，大约占总脂肪酸 74%，总不饱和脂肪酸含量也很高（表 9.6）[37]。红辣椒籽油的脂肪酸组成与黄金莓籽油和红花籽油非常相似[36]，烤红辣椒籽油的碘值为 137gI/100g，这表明油中含大量的不饱和酸。在不同的烤炙时间下测定烤红辣椒籽油的氧化稳定性，随着烤炙时间的增加，油的氧化稳定性显著增加。

表 9.6 富含亚油酸草本植物的籽油脂肪酸组成* 单位：g 脂肪酸/100g 油

脂肪酸	红辣椒[37]	洋葱[38]	洋葱[3]	黑茴香[39]	柳叶菜[40]
16:0	13.4	9.1	5.6～6.2	13.0～13.1	8.0～10.9
18:0	2.1	4.4	0.6～3.5	3.2	2.4～3.5
18:1	10.2	34.3	26.7～30.1	24.0	8.7～13.1
18:2*n*-6	73.9	44.6	63.7	57.0～57.3	71.5～80.0
18:3*n*-3	0.4	0.3	未检出	未检出	未检出

注：* 红辣椒、洋葱、黑茴香和柳叶菜分别代表它们的籽油。

9.4.10 洋葱籽油

洋葱（*Allium cepa*）籽含有约23.6%粗脂肪。有人对洋葱籽油的化学组成进行了分析，油中含有44.6%亚油酸和34.3%油酸（表9.6）[38]，总不饱和脂肪酸含量为79%。在Botanical油脂公司（Spooner，WI）的冷榨洋葱籽油中发现含有更高水平的亚油酸。亚油酸占总脂肪酸的63.7%，油酸占26.7%～30.1%。总不饱和脂肪酸量约为90%[3]。总的来说，洋葱籽油可以作为摄入$n-6$必需脂肪酸和油酸的日常膳食来源。

9.4.11 黑茴香籽油

黑茴香（*Nigella* sativa L.）是一种一年一季的辛辣草本植物。作为一种防腐剂和用于防治各类疾病的药物，它已使用了很多年[41]。黑茴香籽及其籽油也具有医学用途[39]。Ramadan和Mörsel[39]发现，黑茴香籽的含油率为28%～35%。黑茴香籽油有较高含量的不饱和脂肪酸，约占总脂肪酸84%（表9.6）。油中的主要脂肪酸为亚油酸（57%），其次为油酸（23.9%～24.1%），还有少量的棕榈酸和硬脂酸。但黑茴香籽油的碘值只有48.4gI/100g，远远低于根据不饱和脂肪酸量预期的值。

9.4.12 富含亚油酸的柳叶菜科类籽油

柳叶菜科有约36个属300个品种，可以生长在泥土、沙子、石子或长满草的平原，主要存在于新大陆的温和气候带，如太平洋沿岸。其品种包括月见草、菲夏、卵叶月见草、柳草、山字草等（http://1.1911encyclopedia.org/O/ON/ONAGRACEAE.htm）。

选取几种柳叶菜科植物籽，包括*Oenothera picensis*、*O. indecora*、*Ludwigia longifolia*和*O. L. peruviana*，分析了其物理化学性质[40]。在所测籽油中，亚油酸是主要脂肪酸，占总脂肪酸71.5%～80.0%（见表9.6）[40]。这些柳叶菜科植物籽油可以作为摄入$n-6$必需脂肪酸（$18:2n-6$）的极佳膳食来源。

9.5 富含油酸（$18:1n-9$）的食用籽油

油酸是一种$n-9$单不饱和脂肪酸。越来越多的证据表明，富含油酸的膳食可以作为低脂胆固醇膳食的替代品，可以调节免疫功能，减缓动脉粥样硬化[42～44]。油酸是橄榄油、菜籽油、花生油和特制葵花籽油的主要脂肪酸。油酸不是必需脂肪酸，它在体内可以通过硬脂酸（$18:0$）去氢化来合成。其他食用油中也富含大量的油酸，包括芒果、樱桃、椰枣、南瓜、西葫芦、凹槽南瓜、角豆胚、西洋参、非洲楝、辣木的籽油。

9.5.1 芒果籽仁油

芒果籽仁含有4% ~12%的总脂肪[45~47]。芒果籽仁油富含油酸（见表9.7），占总脂肪酸的42%[47]、34% ~59%[45]、41% ~44%[46]。硬脂酸是芒果籽仁油中另一个主要脂肪酸，占总脂肪酸的57%。另外，还检测出棕榈酸和亚油酸，以及微量的亚麻酸[45, 47]。

表9.7 富含油酸的果实籽油脂肪酸组成* 单位：g脂肪酸/100g油

脂肪酸	芒果[45~47]	樱桃[48]	椰枣[49]	凹槽南瓜[14]	角豆胚芽[50]
12:0	未检出	未检出	16.9~17.8	未检出	未检出
14:0	未检出	未检出	10.8~12.1	0.6	<0.1
16:0	6~18	6.8~9.4	10.2~10.4	17.1	7.8~14.2
16:1	未检出	0.4~0.6	0.2	未检出	未检出
18:0	26~57	1.6~2.1	2.8~2.8	15.0	3.0~10.0
18:1	34~59	23.9~37.5	43.5~45.0	35.4	20.4~38.5
18:2*n*-6	1~13	40.0~48.9	8.7~8.2	27.1	43.6~59.2
18:3*n*-3	未检出	<1	0.6	1.2	0.3~1.3
20:0	<4	<1.3	0.5~0.6	1.7	未检出
其他脂肪酸	未检出	10.3~13.3	3.6~4.1	未检出	未检出

注：* 芒果、樱桃、椰枣、凹槽南瓜分别代表它们的籽油；角豆胚芽代表其胚芽油。

9.5.2 樱桃籽油

樱桃树（*Prunus avium* L.）属于蔷薇科的一种。樱桃籽的含油率为18%（干重）[48]。用正己烷在索氏抽提器中提取樱桃籽油，其中检测出含有显著水平的油酸。分析三个不同品种樱桃籽油，油酸占总脂肪酸24% ~38%（表9.7）[48]。亚油酸是樱桃籽油中的主要脂肪酸，占总脂肪酸40% ~49%，其次是α-桐酸（18:3*n*-5）、棕榈酸、硬脂酸、花生四烯酸和α-亚麻酸（表9.7）。α-桐酸（$\Delta^{9c,11t,13t}$）在樱桃籽油中占10% ~13%，是α-亚麻酸（$\Delta^{9c,12c,15c}$）的一种共轭异构体。以前没有在李亚科（包括桃、杏、李子）的籽油中研究发现过α-桐酸。

9.5.3 椰枣籽油

椰枣（*Phoenix dactylifera* L.）在大多数中东国家作为主要的食物和营养来源，非常受欢迎[51, 52]。不同品种椰枣籽油成分和脂肪酸组成的差异较大。椰枣籽含有20% ~24%的总脂肪[49]。油酸是椰枣籽油中主要的脂肪酸，占总脂肪酸的43.5% ~45%，其次是月桂酸（12:0）、肉豆蔻酸（14:0）、棕榈酸（16:0）、亚油酸（18:2*n*-6）、癸酸（10:0）、硬脂酸（18:0）以及其他微量脂肪酸（表9.7）。椰枣籽油可以作为摄入油酸以及少量亚油酸的极佳日常膳食来源。

9.5.4 凹槽南瓜籽油

凹槽南瓜（*Telfaria occidentalis*）是一种原产于西非的热带葫芦，在分类学上属于葫芦科的一员。它的果实非常大，重达13kg，但只有种子可以食用[33]。烘干的凹槽南瓜籽中富含蛋白质（28%）和油脂（55%）[26]。凹槽南瓜籽中油酸含量高达35.4%，总饱和脂肪酸含量超过34%（表9.7）[26]。凹槽南瓜籽油中还有显著水平的亚油酸（18:2*n*-6）。

9.5.5 角豆胚芽油

角豆树（*Ceratonia siliqua* L.）是豆科的一种，广泛种植于地中海南部和东部地区。它的果肉香甜，可以食用[50]。籽胚芽含有大约5%的油脂。油酸占总脂肪酸的20%~39%，但只有少部分在三酰甘油的*sn*-2位置。亚油酸占总脂肪酸的44%~59%，而棕榈酸和硬脂酸分别占8%~14%和3%~10%，还含少量的亚麻酸和肉豆蔻酸（表9.7）。另外，β-谷甾醇是主要甾醇化合物，占总甾醇的74%。其他甾醇化合物包括豆甾醇（17%）、菜油甾醇（6%）和胆固醇（4.4%）。

9.5.6 南瓜籽油

南瓜（*Curcubita sp.*）是葫芦科的一种，葫芦科还包括甜瓜、黄瓜、倭瓜和番木鳖。2003年美国南瓜产量约为335000t（http://usda.mannlib.cornell.edu/reports/nassr/fruit/pvg-bban/vgan0104.txt）。在非洲中东部的一些国家，可以空腹吃干的南瓜种子来治疗蛔虫病[53]。欧洲多年来用南瓜籽治疗尿频。南瓜籽油也在缓解高血压[54]、治疗关节炎[55]、降低膀胱结石患病风险[56]方面显示出效用。

由两种不同品种南瓜（*pepo* 和 *mixta*）混合制备的南瓜籽油的脂肪酸组成见表9.8[25]。南瓜籽油中含37.8%的油酸、43.1%的亚油酸和相对高的不饱和脂肪酸（81%）。Spangenberg和Orgrinc[57]分析了四个南瓜籽油样品，油酸占总脂肪酸的30.2%~33.9%[57]，亚油酸占24.5%~47.9%（见表9.8）。另外，非烤制的南瓜籽仁（*Cucurbita mixta*）含有21.4%的油酸和58.9%的亚油酸[58]。最近的一项研究显示，南瓜籽油中含有55.6%亚油酸和20.4%油酸，总不饱和脂肪酸占76.5%[22, 23]。南瓜籽油的碘值是103g I/100g[25]，折射率为1.4616（40℃）[25]、1.4706（25℃）[22, 23]、1.4615（60℃）[58]。烤南瓜籽油的氧自由基吸收能力（ORAC）为1.1 μmol TE/g油，与其他六种所测试的果实（包括蓝莓、红树莓、黑树莓、博伊森莓、蔓越莓）籽油相比较，是最低的[3]。南瓜籽油中也发现了植物甾醇[22, 23]。

分析了非洲南瓜（西葫芦）（*Cucurbita pepo* L.）籽油的脂肪酸组成和其他植物化学物质[53]。籽油中含28%~36%油酸，其主要脂肪酸是亚油酸，其次是棕榈酸和硬脂酸，总不饱和脂肪酸占77% ~83%。α -生育酚的含量高达3.0mg/100g。这些数据表明，对于需要高不饱和脂肪酸或同时摄入亚油酸、油酸的消费者来说，南瓜籽油是一个较好的选择。下文将讨论来自薄皮西葫芦种（称为裸籽西葫芦）籽油。

表9.8　　富含油酸的南瓜籽油的脂肪酸组成*　　单位：g脂肪酸/100g油

脂肪酸	南瓜[25]	南瓜（*C. Pepo*）[57]	南瓜[58]	南瓜（*Cucurbita sp*）[22, 23]	非洲南瓜[53]	南瓜[3]	西葫芦（*Squash*）[60]	西葫芦（*Squash*）[59]
16:0	12.7	13.6 ~49.2	13.8	13.4	11.1 ~14.0	6.6	6.6 ~24.4	12.8 ~15.8
18:0	5.4	4.8 ~11.2	5.9	10.0	4.8 ~8.2	3.5	1.2 ~10.2	5.2 ~8.3
18:1	37.8	30.2 ~33.9	21.4	20.4	28.3 ~35.5	42.0	10 ~31.6	46.6 ~60.4
18:2*n* -6	43.1	24.5 ~47.9	58.9	55.6	43.0 ~51.9	47.8	39.3 ~77.2	9.6 ~27.9
18:3*n* -3	0.3	0.4 ~0.9	未检出	未检出	0.3	未检出	未检出	0.1 ~0.8

注：* 表中南瓜分别代表其籽油。

9.5.7 裸籽西葫芦籽油

人类食用西葫芦（*Curcubita foetidissima*，*C. pepo* 和 *C. lagenaria*）有几千年的历史。它的果实用作蔬菜和甜点，籽可以像坚果一样直接食用或用来榨油[61]。通常，每株藤长1 ~9个重达0.47 ~12.67kg的果实，每个果实有16 ~393颗籽[59]。单颗裸籽重46 ~223mg。裸籽西葫芦籽适于直接食用，然后才是深加工。1996年Idouraine等[59]报道了9个精选裸籽西葫芦（*C. pepo* L.）籽的粗油含量为34% ~44%（干重）。籽油富含油酸，占总脂肪酸47% ~60%。其他主要脂肪酸有亚油酸、棕榈酸、硬脂酸及少量的其他长链脂肪酸。9个受试籽油总不饱和脂肪酸占70% ~79%[59]。而早期研究认为油酸是主要脂肪酸，所有后代籽油中油酸的含量为46% ~50%，这两种数据是一致的[62, 63]。总之，西葫芦籽油（*Curcubita pepo*）可以作为富含不饱和脂肪酸和油酸的食用油。

其他有研究报道亚油酸是西葫芦变种（*Curcubita foetidissima*）籽油中的主要脂肪酸，占总脂肪酸39% ~77%，而油酸含量为10% ~32%[25, 60, 64]。有趣的是，西葫芦变种（*Curcubita foetidissima*）籽油中发现有显著含量的共轭二烯酸。人们普遍认为共轭亚油酸对健康有很多益处，如抗癌、减肥、阻止动脉粥样硬化、抗氧化等作用[65]。未来的研究需要进一步确认西葫芦变种（*Curcubita foetidissima*）籽油中的共轭二烯酸和识别他们的化学结构。总之，西葫芦变种（*Curcubita foetidissima*）籽油可以作为富含不饱和脂肪酸和亚油酸的食用油。

9.5.8 西洋参籽油

西洋参（*Panax quinquefolium* L.）原产于北美，是一种最广泛使用的草药。用正己烷或二氯甲烷在室温下萃取西洋参籽油，并对其脂肪酸组成和植物甾醇含量进行了分析[66]。籽油含有86.8%～87.5%的油酸，10.0～10.5%的亚油酸，2.6%的总饱和脂肪酸（见表9.9）。在正己烷和二氯甲烷萃取出的西洋参籽油中发现大量的植物甾醇[66]。角鲨烯是主要的植物甾醇化合物，含量为502～514mg/100g油，其次是β-谷甾醇（164～177mg/100g油）、豆甾醇（93～95mg/100g油）。植物甾醇能够降低胆固醇和增加抗氧化活性，被认为是有益人体健康的物质[71, 72]。西洋参籽油因此会成为摄入油酸、角鲨烯和总植物甾醇的理想膳食来源。

表9.9 富含油酸种子油的脂肪酸组成* 单位：g脂肪酸/100g油

脂肪酸	西洋参[66]	非洲楝[67]	辣木[68, 69]	辣木 Mbololo[70]
14:0	未检出	未检出	<0.1	0.1
16:0	2.2～2.3	21.4	5.9～6.5	5.7～6.0
16:1	未检出	未检出	1.0～1.8	0.1
18:0	0.3～0.4	10.4	5.7～7.2	1.42～1.57
18:1*n*-9	86.8～87.5	64.6	66.9～76.0	73.6～75.4
18:2*n*-6	9.95～10.5	未检出	0.6～1.3	0.7
18:3*n*-3	未检出	未检出	<0.2	0.2
20:0	未检出	未检出	3.0～4.0	2.5～2.7

注：*西洋参、非洲楝、辣木和辣木Mbololo分别代表它们的籽油。

9.5.9 非洲楝籽油

非洲楝（*Khaya senegalensis*）是一种旱地桃花心木，高度可达30m，树周长度可达3m，广泛分布于尼日利亚的大草原地区。籽含油率约53%。籽油在用来治疗某些当地疾病。油酸是籽油中主要脂肪酸，占总脂肪酸的65%，其次是棕榈酸（21%）、硬脂酸（10%）（表9.9）[67]。籽油的皂化值为186mgKOH/100g油，相对密度为0.962，折射率为1.4690（20℃），碘值为68.0gI/100g[67]。

9.5.10 辣木籽油

辣木（*Moringa oleifera*）原产于印度喜马拉雅山脉西部和下方大片地区，以及其他亚洲、非洲、中东、中美洲、加勒比群岛的一些国家，是辣木科家族最常见和分布最广的物种[73]。它的叶、花、果实和根可作蔬菜食用[70]。每个果实一般包含约20颗种子，种子平均重量为0.3g，其中仁占总重的70%～75%。提取辣木籽油并对它们的化学组成进行分析[68, 69]。辣木籽油富含单不饱和脂肪酸，尤其是油酸（18:1）占总脂肪酸74.4%～76.0%（见表9.9）[68, 69]。在辣木籽油中检测出大量的植物甾醇[68]，主要是β-谷甾醇（占总甾醇46.65%）、豆甾醇（19%）、菜油甾醇（16%）、Δ^5-燕麦甾醇（10.7%）和一些其他甾醇。

用冷榨、正己烷萃取和氯仿－甲醇（1∶1，体积比）三种工艺从辣木中 Mbololo 品种的籽制取油脂，毛油产量分别为26%、31%、36%[70]。该辣木籽油富含单不饱和脂肪酸，其中油酸占总脂肪酸的74%～75%（表9.9）。总饱和脂肪酸占19%～21%，还有少量的亚油酸和α－亚麻酸。由溶剂萃取和冷榨得到的辣木籽油密度为0.8809～0.9182g/mL（24℃），与橄榄油在同等温度下的密度0.915g/mL非常接近。辣木籽油的折射率（N_D40℃）为1.4549～1.4591，烟点为198～202℃。冷榨得到的辣木籽油具有更高的黏度103mPa·s，而溶剂萃取得到的油黏度为57～66mPa·s，与橄榄油黏度（74mPa·s）更接近[70]。此外，辣木 Mbololo 品种籽油比橄榄油含有更多的总植物甾醇和生育酚。Mbololo 籽油中的主要植物甾醇是β－谷甾醇和显著含量的豆甾醇、菜油甾醇、Δ^5－燕麦甾醇以及少量其他甾醇[70]。因此，辣木籽油可以作为摄入油酸、甾醇类和生育酚的膳食来源。

9.6 其他源于特殊果实、香料和草本植物的籽油

9.6.1 番木鳖

番木鳖（*Momordica cochinchinensis* Spreng）是葫芦科的另一名成员。番木鳖的果实是圆形，直径为18～22cm。它原产于亚洲，既可以食用也可作中药。番木鳖籽约占鲜果重量的16%。

Ishida 等[74]检测了番木鳖籽油的脂肪酸组成。油中含有平均65%的硬脂酸。棕榈酸和花生酸是油中另外两种饱和脂肪酸，总饱和脂肪酸占总脂肪酸60.5%～79.2%。油中最普遍的不饱和脂肪酸是亚油酸（20.3%），其他各种脂肪酸分别为棕榈油酸（16∶1）、油酸（18∶1n－9）、顺－异油酸（18∶1n－11）、α－亚麻酸（18∶3n－3）、11－二十烯酸（20∶1n－11）、13－二十烯酸（20∶1n－13）（见表9.10）。

表9.10 石榴和番木鳖籽油的脂肪酸组成 单位：g 脂肪酸/100g 油

脂肪酸	石榴籽油[75]	番木鳖籽油[74]
16∶0	4.8	5.2～6.2
18∶0	2.3	54.5～71.7
18∶1	6.3	4.8～11.2
18∶2n－6	6.6	11.2～25.0
18∶3n－3	未检出	0.4～0.6
18∶3n－5	65.3	未检出
其他脂肪酸	未检出	3.0～4.1

9.6.2 石榴籽油

石榴（*Punica granatum*）作为石榴科的一种，是生长在伊朗、印度、美国以及大多数远东和近东国家的一种小型树木[75]。石榴既可以作为餐桌水果也可以榨成果汁。石榴制品包括果汁、干果皮、树皮和树根，在民间已用作治疗心绞痛、结肠炎、痢疾、腹泻、月经过多、蛲虫病、截瘫、头痛、蠕虫病、中风、痉挛、条虫病、筋脉堵塞的药物[75]。石榴籽是果汁生产的副产品。有人制备了冷榨的石榴籽油，并检测了其脂肪酸组成、对环氧化酶和脂肪氧合酶的抑制效应、抗氧化能力和总酚类化合物含量[75]。石榴籽油中主要脂肪酸是石榴酸（18:3n－5），占总脂肪酸的65%，其次是亚油酸、油酸、棕榈酸、硬脂酸（表9.10）。单位重量的石榴籽油中含150mg/kg的总酚类化合物。总酚含量为5μg/mL的萃取油在实验条件下对绵羊的环氧化酶活性的抑制率为37%[75]，同样质量浓度的萃取油对大豆脂肪氧合酶活性的抑制率为75%，而在同样的实验条件下，叔丁基茴香醚（BHA）的抑制作用为92%。萃取油在胡萝卜素和亚油酸耦合的氧化系统中也显示很强的抗氧化活性，其抗氧化能力与同一重量浓度下的BHA和绿茶提取物不相上下[75]。这些数据表明，石榴籽油在消炎和促进全面健康方面极具应用前景。

9.7 结论

人类对于含有特殊脂肪酸组成和其他改善营养状况的成分的食用油需求不断增加。对于来自果实、香料、草本植物的籽油的化学组成和潜在营养价值的筛查和评估研究工作已经大量展开。在本章讨论的一些食用籽油中，有些含有独特的脂肪酸组成，例如，黑树莓籽油和大麻籽油富含α－亚麻酸，椰枣籽油和裸籽西葫芦籽油富含油酸，而黑加仑籽油富含γ－亚麻酸。有些果实、香料、草本植物的籽油还含有大量的植物甾醇、生育酚、胡萝卜素和天然抗氧化物。食用籽油的化学组成决定了它的潜在营养价值和应用。某一种食用籽油也许更适合一些特殊群体，用来预防健康问题或促进全面健康。研究和开发特种油脂和以果实、香料和草本植物籽油为基础改善人类健康的营养品，机会无限。更多的研究需要投入到评估果实、香料、草本植物籽油的脂肪酸组成和生物活性成分中去，进而开发出提供最适宜人体营养的新型食用籽油。

参考文献

1. J. W. Parry and L. Yu, *J. Food. Sci.*, **69**, 188－192（2004）.

2. B. D. Oohmah, S. Ladet, D. V. Godfrey, J. Liang, and G. Benoit, *Food. Chem.*, **69**, 187 - 193 (2000).

3. J. W. Parry and L. Yu, Abstracts of Papers, 228th National Meeting of the American Chemical Society, Philadelphia, Pennsylvania, August 22 - 26, 2004.

4. H. Heeg, T. Lager, and G. Bernard, U. S. Patent 6,391,345. 2002.

5. T. D. Parker, D. A. Adams, K. Zhou, M. Harris, and L. Yu, *J. Food. Sci.*, **68**, 1240 - 1243 (2003).

6. B. Yang and H. P. Kallio, *J. Agric. Food Chem.*, **49**, 1939 - 1947 (2001).

7. H. Kallio, B. Yang, P. Peippo, R. Tahvonen, and R. Pan, *J. Agric. Food Chem.*, **50**, 3004 - 3009 (2002).

8. L. Yu, K. Zhou, and J. Parry, *Food Chem.*, Accepted for publication.

9. T. S. C. Li, in J. Janick, ed., *Perspectives on New Crops and New Uses*, ASHS Press, Alexandria, Virginia, 1999, pp. 335 - 337.

10. P. Angers, M. R. Morales, and J. E. Simon, in J. Janick, ed, *Progress in New Crops*, ASHS Press, Arlington, Virginia, 1996, pp. 598 - 601.

11. B. D. Oohmah, M. Busson, D. V. Godfrey, and J. C. G. Drover, *Food Chem.*, **76**, 33 - 43 (2002).

12. D. Pierce and G. Brooks, U. S. Patent 6,063,369, 2000.

13. Z. Yaniv, C. Ranen, A. Levy, and D. Palevitch, *J. Exp. Bot.*, **40**, 609 - 613 (1989).

14. W. M. N. Ratnayake, D. G. Matthews, and R. G. Ackman, *J. Amer. Oil Chem. Soc.*, **66**, 966 - 969 (1989).

15. M. L. Ruiz Del Castillo, G. Dobson, R. Brennan, and S. Gordon, *J. Agric. Food Chem.*, **52**, 948 - 952 (2004).

16. C. E. Lister, P. E. Wilson, K. H. Sutton, and S. C. Morrison, *Act. Hor.*, **585**, 443 - 449 (2002).

17. D. Wu, M. Meydani, L. S Leka, Z. Nightingale, G. J. Handelman, J. B. Blumberg, and S. N. Meydani, *Amer. J. Clin. Nutr.*, **70**, 536 - 43 (1999).

18. F. D. Goffman and S. J. Galletti, *J. Agric. Food Chem.*, **49**, 349 - 354 (2001).

19. M. L. Ruiz Del Castillo, G. Dobson, R. Brennan, and S. Gordon, *J. Agric. Food Chem.*, **50**, 332 - 335 (2002).

20. B. J. F. Hudson, *J. Amer. Oil Chem. Soc.*, **61**, 540 - 543 (1984).

21. U. Ollson, P. Kaufmann, and B. G. Herslöf, *J. Chromatogr.*, **505**, 385 - 394 (1990).

22. T. A. El - Adaway and K. Taha, *J. Agric. Food Chem.*, **49**, 1253 - 1259 (2001).

23. T. A. El - Adaway and K. Taha, *Food Chem.*, **74**, 47 - 54 (2001).

24. M. L. S. De Melo, N. Narain, and P. S. Bora, *Food Chem.*, **68**, 411 - 414 (2000).

25. E. S. Lazos, *J. Food Sci.*, **51**, 1382 – 1383 (1986).

26. E. Nwokolo and J. S. Sim, *J. Sci. Food Agric.*, **38**, 237 – 246 (1987).

27. C. O. Moussata and C. C. Akoh, *J. Amer. Oil Chem. Soc.*, **74**, 177 – 179 (1997).

28. M. F. Ramadan and J. T. Morsel, *J. Agric. Food Chem.*, **51**, 969 – 974 (2003).

29. M. A. Abou Rayan, A. A. Abdel – Nabey, O. R. Abou Samaha, and M. K. Mohamed, *Alex. J. Agric. Res.*, **43**, 67 – 79 (1998).

30. M. G. Massanet, J. A. Montiel, E. Pando, and F. L. Rodriguez, *Grasas Aceites.*, **37**, 233 – 236 (1986).

31. M. Özcan, *J. Med. Food.*, **5**, 137 – 140 (2002).

32. J. Domokos, J. Perédi, and J. Bernáth, *Acta. Hort.*, **331**, 49 – 52 (1993).

33. G. I. D. Ogunsua and A. O. Ogunsua, *Plant Foods Hum. Nutr.*, **41**, 35 – 44 (1991).

34. R. McCain, in J. Janick and J. E. Simon, eds., *New Crops*, Wiley, New York, 1993, pp. 479 – 486.

35. I. M. Morice, F. B. Shorland, and E. Williams, *Sci. Food Agric.*, **22**, 186 – 188 (1971).

36. R. Sancho, C. Lucena, A. Macho, M. A. Calzado, M. Blanco – Molina, A. Minassi, G. Appendino, and E. Muñoz, *Eur. J. Immunol.*, **32**, 1753 – 1763 (2002).

37. M. Y. Jung, J. Y. Bock, S. O. Baik, J. H. Lee, and T. K. Lee, *J. Agric. Food Chem.*, **47**, 1700 – 1704 (1999).

38. P. U. Rao, *Food Chem.*, **50**, 379 – 382 (1994).

39. M. F. Ramadan and J. T. Mörsel, *Nahrung.*, **46**, 240 – 244 (2002).

40. J. A. Zygadlo, R. E. Morero, R. E. Abburra, and C. A. Guzman, *J. Amer. Oil Chem. Soc.*, **71**, 915 – 916 (1994).

41. M. L. Salem and M. S. Hossain, *Int. J. Immunopharmaco.*, **22**, 729 – 740 (2000).

42. R. L. Hargrove, T. D. Etherton, T. A. Pearson, E. H. Harrison, and P. M. Kris – Etherton, *J. Nutr.*, **131**, 1758 – 1763 (2001).

43. R. J. Nicolosi, T. A. Wilson, G. Handelman, T. Foxall, J. F. Keaney, and J. A. Vita, *J. Nutr. Biochem.*, **13**, 392 – 402 (2002).

44. P. Yaqoob, *Eur. J. Clin. Nutr.*, **56** (Suppl. 3), S9 – S13 (2002).

45. G. Lakshminarayana, T. Chandrasekhara Rao, and P. A. Ramalingaswamy, *J. Amer. Oil Chem. Soc.*, **60**, 88 – 89 (1983).

46. M. A. Ali, M. A. Gafur, M. S. Rahman, and G. M. Ahmed, *J. Amer. Oil Chem. Soc.*, **62**, 520 – 523 (1985).

47. Rao P. Udayasekhara, *Food Chem.*, **50**, 379 – 382 (1994).

48. F. Comes, M. Farines, A. Aumelas, and J. Soulier, *J. Amer. Oil Chem. Soc.*, **69**, 1224 – 1227

(1992).

49. W. N. Sawaya, J. K. Khalil, and W. J. Safi, *J. Food Sci.*, **49**, 617–619 (1984).
50. M. P. Maza, R. Zamora, M. Alaiz, F. J. Hidalgo, F. Millán, and E. Vioque, *J. Sci. Food Agric.*, **46**, 495–502 (1989).
51. S. A. Salem and S. M. Hegazi, J. *Sci. Food Agric.*, **22**, 632 (1971).
52. W. N. Sawaya, H. A. Khatchadourian, J. K. Khalil, W. M. Safi, and A. Al–Shalhat, *J. Food Sci.*, **47**, 1489 (1982).
53. Y. M. H. Younis, S. Ghirmay, and S. S. Al–Shihry, *Phytochem.*, **54**, 71–75 (2000).
54. H. A. Zuhair, A. A. Abd El–Fattah, and M. I. El–Sayed, *Pharmacol. Res.*, **41**, 555–563 (2000).
55. A. T. Famhim, A. A. Abd–EL Fattah, A. M. Agha, and M. Z. Gad, *Pharmacol. Res.*, **31**, 73–79 (1995).
56. V. Suphakarn, *Amer. J. Clin. Nutr.*, **45**, 115–121 (1987).
57. J. E. Spangenberg andN. Ogrinc, *J. Agric. Food Chem.*, **49**, 1534–1540 (2001).
58. B. S. Kamel, J. M. DeMan, and B. Blackman, *J. Food. Technol.*, **17**, 263–269 (1982).
59. A. Idouraine, E. A. Kohlhepp, and C. W. Weber, *J. Agric Food Chem.*, **44**, 721–724 (1996).
60. J. A. Vasconcellos, J. M. Berry, C. W. Weber, and W. P. Bemis, *J. Amer. Oil Chem. Soc.*, **57**, 310–313 (1980).
61. E. S. Lazos, *Plant Foods Hum. Nutr.*, **43**, 257–273 (1992).
62. W. P. Bemis, J. W. Berry, M. J. Kennedy, D. Woods, M. Morah, and A. J. Deutchman, *J. Amer. Oil Chem. Soc.*, **44**, 429–430 (1967).
63. M. S. El–Gharbawi, *Libyan J. Agric.*, **6**, 199–203 (1977).
64. J. A. Vasconcellos, W. P. Bemis, J. M. Berry, and C. W. Weber, *J. Amer. Oil Chem. Soc.*, **59**, 55–68 (1981).
65. L. Yu, D. Adams, and M. Gabel, *J. Agric. Food Chem.*, **50**, 4135–4140 (2002).
66. T. H. J. Beveridge, Th. S. C. Li, and J. C. G. Drover, *J. Agric. Food Chem.*, **50**, 744–750 (2002).
67. F. E. Okieimen and C. O. Eromosele, *Bioresource Technol.*, **69**, 279–280 (1999).
68. F. Anwar and M. I. Bhanger, *J. Agric. Food Chem.*, **51**, 6558–6563 (2003).
69. G. Vlahov, P. K. Chepkwony, and P. K. Ndalut, *J. Agric. Food Chem.*, **50**, 970–975 (2002).
70. J. Tsaknis, S. Lalas, V. Gergis, V. Dourtoglou, and V. Spiliotis, *J. Agric. Food Chem.*, **47**, 4495–4499 (1999).
71. W. H. Ling and P. J. Jones, *Life Sci.*, **57**, 195–206 (1995).

72. G. S. Kelly, *Altern. Med. Rev.*, **4**, 29 – 36 (1999).

73. J. F. Morton, *Econ. Bot.*, **45**, 318 – 333 (1991).

74. B. Ishida, C. Turner, M. Chapman, and T. McKeon, *J. Agric. Food. Chem.*, **52**, 274 – 279 (2004).

75. S. Y. Schubert, E. P. Lansky, and I. Neeman, *J. Ethnopharmacol.*, **66**, 11 – 17 (1999).

10 海产哺乳动物油脂

Fereidoon Shahidi, Ying Zhong
Memorial University of Newfoundland, st. John's, Newfoundland, Canada

10.1 引言

海产油脂是指从多脂鱼的鱼肉、白肉鱼的鱼肝和海产哺乳动物的脂肪层（鲸脂）中提取的油脂。尽管海产鱼油目前已用于食品和医药行业，但除了印鲁人和爱斯基摩人以外，海产哺乳动物脂肪的传统用途主要是用在工业中，作为润滑油、机油或照明用燃料油[1]。然而，最近的研究发现长链多不饱和脂肪酸对人体健康有着重要的积极作用，从而开辟了它们在食品和医药工业应用的新途径[2]。过去三十年以来，人们发现，以传统膳食为主的格陵兰爱斯基摩人的冠心病的发病率要比西餐为主的丹麦人低得多[3,4]，说明多不饱和脂肪酸对控制血清胆固醇有着积极的作用，但食品工业提供的脂肪酸通常是ω-6系列[1]。

海豹、鲸、海象等海产哺乳动物的油脂主要储存在皮下脂肪或脂肪层中。海豹脂肪层的重量占到宰杀后总重量的29%，是很有价值的机体组成部分[5]。需要能量时脂肪层的脂质被调用，食物过量时脂质又重新充满[2]。虽说脂肪层是海产哺乳动物体脂的主要储存场所，但是肌肉、肝脏、肾、心脏、肺、脑和其他器官也都有油脂存在。4个不同种类海豹不同组织中脂肪的含量分布见表10.1[6]。另外，海产动物乳脂含量很高。研究表明，雌性冠海豹一天乳的分泌量可达10kg，其中乳脂含量在60%左右[7]。乳脂的组成与其体内储存的脂肪组成类似[8]。母豹调用储藏的脂肪并转化成乳脂供给海豹幼崽的速度是很快的[9]。海产动物脂肪是海产动物能量的来源，是其细胞和组织的组成成分，并可为其提供浮力[10]。海产动物（尤其是竖琴海豹）的脂肪层，由于其经济上的重要性，已经成为大量关于海产油脂的研究对象[6]。

表 10.1　四种海豹机体组织的脂质含量　单位：g/100g 组织

	竖琴海豹	灰海豹	环斑海豹	冠海豹
脂肪层	93.88 ±1.64	91.93 ±1.07	93.55 ±1.98	89.43 ±1.82
肌肉	1.92 ±0.03	1.82 ±0.03	1.85 ±0.53	2.36 ±0.74
脑	8.10 ±0.32	10.25 ±0.10	6.86 ±1.01	7.40 ±0.79
肾脏	2.97 ±0.18	3.42 ±0.04	3.58 ±0.07	3.14 ±0.05
心脏	2.19 ±0.31	1.81 ±0.38	2.32 ±0.01	2.04 ±0.01
肝脏	3.83 ±0.19	5.60 ±0.94	3.71 ±0.07	3.66 ±0.03
肺	2.24 ±0.46	2.04 ±0.03	2.05 ±0.07	1.76 ±0.01

注：资料来源参考文献 [6]。

10.2　脂质分类

不同海产哺乳动物油脂的组成差异很大，为描述海产油脂，采用了许多色谱技术，如薄层色谱（TLC）、气相色谱（GC）、高效液相色谱（HPLC）和超临界流体色谱（SFC）等，依据分析目的不同，这些色谱分析技术在应用上各有优缺点。其中，TLC 是目前对海产油脂组分定性分析的一种非常有效的方法[11]。

海产哺乳动物脂质分类包括甘油三酯、甘油二酯、单甘酯、游离脂肪酸、蜡酯、胆固醇、胆固醇酯、烃、维生素和醚脂，有些海产油脂组成比较单一，几乎只有甘油三酯，而有些动物的脂质组成比较复杂，见表 10.2[11]。海豹脂肪层（储存脂肪）中主要是中性脂质（占 98.9%），而其肌肉脂质由 78.8% 的中性脂质和 21.1% 的极性脂质组成[13]。海豹脂肪层的主要成分是甘油三酯，而器官脂质中则同时含有甘油三酯和磷脂，不同组织中二者比例不同，从而产生差异。鲸、海豹等皮下脂肪层极厚，其中的甘油三酯是很好的保温材料，使它们能够在北极和南极冰冷的条件下生存[14]。

表 10.2　三种鲸动脉脂质的组成　单位：%（质量分数）

种类	组织	碳水化合物	蜡酯和甾醇酯	甘油三酯	蜡醇和甾醇	单甘酯	磷脂	游离脂肪酸
巨头鲸	主动脉斑块	—	16.5	6.4	13.8	—	57.8	5.5
	主动脉内膜	—	13.1	4.4	13.0	0.4	66.1	2.7
	主动脉中层	—	3.3	2.8	14.8	0.3	76.9	1.9
虎鲸	纤维状主动脉粥样硬化	—	17.3	11.4	12.6	—	58.7	—
	主动脉内膜	0.3	7.4	29.5	17.0	0.2	45.5	—
	主动脉中层	0.6	4.2	23.9	16.4	0.6	54.3	—

续表

种类	组织	碳水化合物	蜡酯和甾醇酯	甘油三酯	蜡醇和甾醇	单甘酯	磷脂	游离脂肪酸
虎鲸	脂肪冠状动脉粥样硬化	—	56.4	20.9	4.1	—	18.6	—
	冠状动脉内中膜	0.7	1.7	50.4	17.30	0.9	25.8	—
领航鲸	主动脉斑块	2.8	17.1	9.2	28.6	0.4	35.9	6.0
	主动脉内中膜	0.4	13.5	4.6	20.5	0.6	57.5	3.1

注：资料来源参考文献［12］。

除甘油三酯外，蜡酯（长链脂肪醇脂肪酸酯）是另外一种重要的中性脂质。大多数种类的海产哺乳动物以 C_{32}、C_{34}、C_{36}、C_{38}（醇与酸的总碳链数）为主要成分[15]。人们对鲸油尤其感兴趣，原因是某些脂肪酸大部分以蜡酯的形式存在[16]。抹香鲸脂肪层的油主要由蜡酯组成。巨头鲸脂肪层的油是约 79% 蜡酯和 21% 甘油三酯的混合物组成的[17]）。侏儒巨头鲸脂肪层的油则由 42% 的蜡酯和 58% 的甘油三酯组成[18]。剑吻鲸（喙鲸属、瓶鼻鲸属、柯喙鲸属）脂肪层几乎全是蜡酯（94% ~99%），而甘油三酯的含量仅为 2% ~6%[19]。人们认为蜡酯的可能作用有：储藏能量、提供浮力、代谢水分、保温隔热和生物声呐等[20~22]。

海产哺乳动物油脂的不皂化物中有一定量的烃类物质，尤其是长链烃。有些海产油含有的烃不到0.1%，有些可高达90%[23]。在海豹（毛皮海狮属鳍脚目）肝脏中，角鲨烯的含量为油的 0.5%[24]，而在鲨鱼肝油中，角鲨烯含量非常高（90%、91% 和 92.8%）[23~25]。在瓶鼻鲸（贝氏喙鲸）中还存在 16:0、16:1 和 pristine[26]；pristine 是一种存在于塞鲸（北须鲸）[27] 和巨头鲸（抹香鲸）[28] 肝油中的高多不饱和长碳链烃（C_{49}）。在塞鲸脂肪层中，pristine 和角鲨烯的含量分别为总不皂化物含量的 11.3% 和 13.1%[29]，总烃类物质占其脂肪层干重的 0.3%、占肝脏的 1.6% 和肌肉重量的 1.3%[30]。在所有鲸类动物的研究中，报道了两种海豚的有限数据：长吻海豚肝脏中存在 C_{44}长链烃[31]，而白腰斑纹海豚中存在鲨烯[32]。

10.3 脂肪酸组成

海产脂质的脂肪酸组成差异较大，特别是与植物油相比。海产哺乳动物脂肪层油脂的脂肪酸组成总的来说与鱼油类似，大部分由长碳链高不饱和脂肪酸组成。但海产油脂与鱼油的脂肪酸比例差异很大[2]。

一般，海产油脂中约有 40 种不同的脂肪酸，碳链长度为 10 ~24 不等，因而存在很多种碳原子数相同、饱和度不同的甘油三酯[11]。这些脂肪酸可分为饱和、不饱和脂肪酸两大类，常见的饱和脂肪酸有 $C_{12:0}$、$C_{14:0}$、$C_{16:0}$、$C_{18:0}$。另外，海产油脂中通常可测到 $C_{20:0}$（≤0.2%），有时也可测到 $C_{24:0}$，但 $C_{22:0}$ 的含量很少，这三种脂肪酸的总含量一般在 0.5% 以下[33]。偶数碳的脂肪酸含量约占总脂肪酸含量的 97%，但有些油有例外[17]。海产油脂中也存在奇数碳脂肪酸 $C_{15:0}$、$C_{17:0}$ 以及痕量的 $C_{13:0}$ 和 $C_{19:0}$[33]。另外，海产油脂中分离出了单甲基支链脂肪酸，如巨头鲸抹香鲸脂肪层中的 3－甲基月桂酸[34]。

海产油脂富含单不饱和脂肪酸（MUFAs）和 $\omega-3$ 系列多不饱和脂肪酸（PUFAs），饱和脂肪酸相对较少[35, 36]。例如，海豹脂肪层的中性脂质和极性脂质中，MUFAs 的含量分别在 60% 和 46% 以上[37]。大多数为碳原子数 20～22 的长链脂肪酸，并具有 $\omega-3$ 构型。Ackman 等人[38]研究指出，鲸脂肪层的每一层中 C_{20}～C_{22} 单不饱和脂肪酸与多不饱和脂肪酸的总量几乎不变，但单不饱和脂肪酸与多不饱和脂肪酸的比例变化很大。海产油脂中最常见的长链多不饱和脂肪酸是 $\omega-3$ 系列的二十碳五烯酸（EPA）、二十二碳六烯酸（DHA）和二十二碳五烯酸（DPA）[10]。海产脂质富含 $\omega-3$ 系列脂肪酸是动物低温适应性的结果，因为在较低温度下，$\omega-3$ 多不饱和脂肪酸仍能保持液态而不会结晶[33]。大部分的长链多不饱和脂肪酸形成于单细胞浮游生物和多细胞海藻，通过食物链的传递，最终，这些多不饱和脂肪酸富集在鱼和其他更高等的海产生物体内，包括经常吃鱼的海产哺乳动物[39]。参考文献[1]报道了大多数海产哺乳动物油脂的脂肪酸组成。目前，随着人们对海豹养殖和产品开发兴趣的日益增加，海豹油已经成为人们的研究热点。参考文献[2]对不同种类的海豹油的脂肪酸组成进行了回顾。六种海豹脂肪层脂质的脂肪酸组成及其含量见表 10.3。

表 10.3　　不同种类海豹脂肪的脂肪酸组成　　单位：g/100g 脂肪

脂肪酸	髯海豹	灰海豹	港海豹	竖琴海豹	冠海豹	环斑海豹
14:0	3.05	3.83 ±0.03	4.52 ±0.13	4.66 ±0.49	4.40 ±0.38	3.36 ±0.66
16:0DMA	ND	ND	ND	ND	ND	ND
16:0	10.14	6.61 ±0.08	8.03 ±0.38	6.24 ±0.44	9.81 ±1.57	4.82 ±2.07
16:1 ω7	17.77	12.77 ±0.09	19.26 ±0.53	14.93 ±0.46	10.09 ±0.35	23.12 ±0.18
18:0DMA	ND	ND	ND	ND	ND	ND
18:1 ω9DMA	ND	ND	ND	ND	ND	ND
18:1 ω7DMA	ND	0.45 ±0.01	ND	0.46 ±0.00	ND	ND
18:0	2.15	0.94 ±0.02	0.85 ±0.02	0.95 ±0.03	1.83 ±0.31	0.42 ±0.19
18:1 ω9	16.76	24.50 ±0.44	18.61 ±0.55	18.95 ±1.01	22.77 ±2.66	19.72 ±1.33
18:1 ω7	9.49	4.95 ±0.09	5.16 ±0.44	3.57 ±0.36	3.75 ±0.47	5.03 ±0.46

续表

脂肪酸	髯海豹	灰海豹	港海豹	竖琴海豹	冠海豹	环斑海豹
18:2 ω6	2.30	1.28 ±0.00	1.27 ±0.04	1.36 ±0.20	1.63 ±0.20	2.58 ±0.02
20:1 ω9	5.08	12.50 ±0.43	9.06 ±0.33	12.56 ±2.92	13.00 ±1.86	6.71 ±2.17
20:4 ω6	0.94	0.51 ±0.00	0.44 ±0.00	0.36 ±0.96	0.31 ±0.03	0.30 ±0.02
20:5 ω3	8.28	4.85 ±0.13	9.31 ±0.21	6.82 ±0.69	5.21 ±1.65	8.72 ±1.06
22:0	0.63	<0.3	1.19 ±0.02	<0.3	<0.3	0.75 ±0.67
22:1 ω11	0.27	0.62 ±0.03	0.31 ±0.01	0.77 ±0.61	0.86 ±0.33	0.34 ±0.01
22:5 ω3	4.26	5.06 ±0.05	4.22 ±0.14	4.78 ±0.25	2.29 ±0.08	5.46 ±0.47
22:6 ω3	7.22	8.91 ±0.29	7.76 ±0.98	10.48 ±1.98	9.56 ±2.36	9.45 ±1.74

注：DMA：二甲缩醛（dimethyl acetal）。
ND：未检测到。
资料来源参考文献［6，40］。

海产哺乳动物，如海豹脂肪层的脂肪酸组成受其饮食[41]、生长海域[42]、季节及其自身生理条件如年龄[43]和性别[44]等因素所控。不同种类和性别海豹油的脂肪酸组成见表10.4。有些海产哺乳动物中，储存脂肪大部分是膳食脂肪酸，组成差异不大，而在一些重要器官中的脂肪酸组成却与陆地生物相似[1]。脂肪酸的组成还与动物的种类和组织有关，其中组织间的差异更大，见表10.5。以海豹为例，其脂肪层主要是以单不饱和脂肪酸为主，而花生四烯酸、二甲基缩醛和DHA的含量很少。肺部脂肪则主要是以棕榈酸为主，心脏部分的脂肪酸主要是由亚油酸组成。不同组织、器官的功能需求不同，导致组织间脂肪酸组成以及比例差异甚大[6]。海豹、鲸的关键器官中ω-6系列脂肪酸的比例很高，与陆地生物相似。文献[6, 45]对比了肝脏、心脏等功能器官与其他含储存脂肪器官之间的脂肪酸组成的差异。

表10.4 四种雌性和雄性海豹亚科海豹脂肪层的脂肪酸组成

单位：%（质量分数）

脂肪酸	斑海豹		环海豹（带纹海豹）		环斑海豹		髯海豹	
	雄性	雌性	雄性	雌性	雄性	雌性	雄性	雌性
12:0	0.03	0.04	0.02	0.02	0.03	0.02	0.06	0.05
12:1	tr	tr	tr	tr	0.01	tr	tr	0.01
13:0	tr	0.01	0.01	0.01	0.01	0.01	0.01	0.01
13:1 ω9	tr	tr	tr	tr	tr	tr	tr	tr
14:0	1.89	2.45	2.34	3.00	3.36	1.68	1.77	2.76
14:1	0.38	0.42	0.43	0.39	0.83	0.56	0.29	0.26

续表

脂肪酸	斑海豹		环海豹（带纹海豹）		环斑海豹		髯海豹	
	雄性	雌性	雄性	雌性	雄性	雌性	雄性	雌性
15:0	0.31	0.41	0.33	0.33	0.25	0.22	0.39	0.40
15:1 ω6	0.07	0.05	0.06	tr	0.01	0.01	0.06	0.05
16:0	6.82	7.96	5.38	7.67	5.25	3.23	7.27	9.96
16:1 ω7	10.96	10.63	9.26	8.51	19.04	9.52	12.46	14.05
16:2 ω4	0.24	0.39	0.33	0.36	0.45	0.32	0.32	0.44
16:3 ω6	—	—	—	—	0.06	0.04	—	tr
16:3 ω3	0.11	tr	0.16	—	0.25	—	0.13	—
17:0	0.54	0.47	0.42	0.35	0.47	0.41	1.88	0.80
17:1 ω8	0.39	0.32	0.25	0.27	0.39	0.27	0.57	0.33
18:0	0.93	1.10	1.05	1.75	0.66	0.73	1.66	2.30
18:1 ω9	29.75	24.15	21.31	20.91	15.79	16.21	21.25	21.69
18:2 ω6	0.89	1.10	0.82	1.07	0.81	0.59	0.62	0.82
18:2 ω4	0.21	0.22	0.23	0.16	0.20	0.17	0.21	0.16
18:3 ω6	tr	0.05	tr	—	0.27	0.07	tr	0.11
18:3 ω3	0.13	0.32	0.30	0.88	0.52	0.22	0.11	0.21
18:4 ω3	0.52	0.83	0.80	0.73	1.03	0.75	0.72	0.93
19:0	tr	0.27	0.26	tr	0.73	0.35	0.35	0.52
19:1	0.02	0.07	0.15	0.11	0.10	0.08	0.41	0.32
20:0	0.06	0.09	tr	0.36	tr	0.07	tr	0.23
20:1	—	—	—	—	—	—	3.75	—
20:1 ω9	13.83	8.94	14.99	13.58	5.01	8.17	3.94	8.99
20:2 ω6	0.15	0.16	0.20	0.29	0.13	0.13	0.24	0.24
20:2 ω4	0.11	tr	tr	tr	0.04	0.10	0.08	0.12
20:3 ω6	tr	tr	tr	0.09	0.08	0.06	0.11	0.11
20:3 ω3	tr	tr	tr	tr	tr	tr	tr	tr
20:4 ω6	0.54	0.57	0.63	1.21	0.33	0.39	1.31	0.76
20:4 ω3	0.26	0.37	0.56	0.68	0.34	0.37	0.38	0.51
20:5 ω3	6.54	10.56	8.47	8.24	11.96	10.57	14.01	9.27
21:0	0.08	—	tr	tr	—	—	0.32	0.29
21:5 ω3	—	—	—	0.06	0	0.21	0.58	0.51

续表

脂肪酸	斑海豹		环海豹（带纹海豹）		环斑海豹		髯海豹	
	雄性	雌性	雄性	雌性	雄性	雌性	雄性	雌性
22:0	—	—	—	—	—	0.05	—	—
22:1 ω11	2.62	2.42	5.07	6.49	0.68	1.57	0.82	3.26
22:2 ω6	—	—	—	—	0.16	0.20	—	—
22:4 ω6	0.68	0.81	0.81	0.64	—	1.16	1.44	0.83
22:4 ω3	—	—	—	0.21	0.22	—	—	—
22:5 ω3	7.81	7.67	7.74	6.51	11.62	14.55	9.82	4.76
22:6 ω3	12.62	16.66	17.06	14.54	17.79	26.19	12.05	13.38
24:1	0.42	0.43	0.59	0.57	1.12	0.76	0.59	0.56

注：资料来源参考文献［44］。

表 10.5　竖琴海豹不同组织脂质中脂肪酸组成　单位：g/100g 脂质

	脂肪层	肌肉	脑	肾脏	心脏	肺	肝
14:0	4.66 ±0.49	2.46 ±0.71	0.48 ±0.07	1.15 ±0.88	0.91 ±0.03	2.40 ±0.06	1.21 ±0.20
16:0DMA	ND	1.86 ±0.15	1.66 ±0.19	3.09 ±0.67	3.74 ±0.10	1.93 ±0.02	0.15 ±0.01
16:0	6.24 ±0.44	12.29 ±0.91	15.45 ±0.64	12.71 ±0.19	10.56 ±0.81	24.45 ±0.67	13.63 ±0.76
16:1 ω7	14.93 ±0.46	7.30 ±0.79	1.33 ±0.22	4.05 ±0.09	4.32 ±0.12	2.54 ±0.08	5.34 ±0.13
18:0 DMA	ND	0.78 ±0.08	4.38 ±0.43	1.65 ±0.28	2.69 ±0.33	1.68 ±0.08	0.16 ±0.04
18:1 ω9DMA	ND	0.84 ±0.09	1.82 ±0.08	0.74 ±0.06	2.58 ±0.05	0.92 ±0.02	0.19 ±0.06
18:1 ω7DMA	0.46 ±0.00	0.97 ±0.11	2.69 ±0.18	0.79 ±0.07	1.74 ±0.03	1.01 ±0.00	0.13 ±0.04
18:0	0.95 ±0.03	5.93 ±0.19	18.08 ±0.69	12.30 ±0.59	11.09 ±0.34	8.72 ±0.26	19.55 ±0.87
18:1 ω9	18.59 ±1.01	18.48 ±0.68	14.02 ±0.89	12.52 ±0.45	16.09 ±0.17	13.41 ±0.28	11.80 ±1.45
18:1 ω7	3.57 ±0.36	4.88 ±1.39	4.60 ±0.28	5.50 ±0.35	4.56 ±0.25	3.96 ±0.27	6.10 ±0.84
18:2 ω6	1.36 ±0.20	1.54 ±0.12	0.15 ±0.09	3.33 ±0.03	3.86 ±0.08	1.14 ±0.02	2.04 ±0.38
20:1 ω9	12.56 ±2.92	11.75 ±1.58	1.83 ±0.24	2.20 ±0.57	4.51 ±0.05	2.68 ±0.62	3.40 ±0.58
20:4 ω6	0.36 ±0.96	3.87 ±0.63	5.29 ±0.22	10.11 ±1.08	9.90 ±0.13	5.81 ±0.14	9.50 ±0.57
20:5 ω3	6.82 ±0.69	5.56 ±0.60	0.70 ±0.60	9.86 ±0.53	9.74 ±0.13	4.86 ±0.31	8.07 ±1.74
22:0	<0.3	1.81 ±0.32	0.25 ±0.09	0.99 ±0.67	0.58 ±0.32	0.56 ±0.27	0.58 ±0.04
22:1 ω11	0.77 ±0.61	0.93 ±0.23	0.21 ±0.13	0.21 ±0.04	ND	0.81 ±0.00	0.23 ±0.13
22:5 ω3	4.78 ±0.25	2.21 ±0.32	2.92 ±0.26	2.13 ±0.05	1.17 ±0.06	2.35 ±0.04	2.16 ±0.05
22:6 ω3	10.48 ±1.98	6.73 ±1.30	15.56 ±0.64	3.29 ±0.83	4.11 ±0.59	5.80 ±1.07	8.17 ±1.83

注：DMA：二甲缩醛。

ND：未检测到。

资料来源参考文献［6，40］。

脂肪酸在海产哺乳动物脂肪层油脂的甘油三酯分子中脂肪酸的分布与鱼油不同。海产哺乳动物脂肪层油脂的$\omega-3$系列脂肪酸（EPA、DHA、DPA）主要分布在甘油三酯的*sn*－1和*sn*－3位（表10.6和表10.7），而在鱼油中，$\omega-3$系列脂肪酸则主要分布在甘油三酯的*sn*－2位[46]。^{13}CNMR结果表明，在竖琴海豹油中只有3.2%的DHA和4.6%的EPA在甘油三酯的*sn*－2位酯化[47]。在消化过程中，甘油三酯*sn*－1和*sn*－3位上的脂肪酸被位置特定性酶（如胰脂酶）水解游离出来，而*sn*－2上的脂肪酸则以乳糜微滴的形式分布在体内[2]。

表10.6 脂肪酸在海产哺乳动物脂肪层脂肪甘油三酯中的位置分布

	脂肪酸/%（摩尔分数）													
	位置	14:0	16:0	16:1	18:0	18:1	18:2	20:0	22:1	20:5	22:5	22:6	18:4	20:4
港海豹	1	4	11	15	1	29	1	18	8	3	2	3	—	—
	2	11	13	30	1	30	3	3	1	1	1	1	—	—
	3	1	4	14	1	26	1	16	7	8	6	10	—	—
格陵兰海豹	1	1	7	9	1	27	1	17	4	6	4	15	—	—
	2	6	9	27	2	36	5	4	1	2	1	3	—	—
	3	1	5	11	1	20	2	7	1	12	11	26	—	—
大须鲸	1	3	13	3	4	14	1	33	10	3	1	6	1	5
	2	12	6	12	1	29	5	10	2	6	1	3	4	6
	3	4	6	2	2	7	1	28	16	6	3	16	1	3

注：资料来源参考文献［14］。

表10.7 脂肪酸在竖琴海豹脂肪层油脂甘油三酯不同位置上的分布

	sn－1	*sn*－2	*sn*－3
总饱和脂肪酸	6.34	25.56	4.32
总不饱和脂肪酸	90.51	73.25	94.32
总单不饱和脂肪酸	62.91	65.98	51.09
总多不饱和脂肪酸	27.60	7.27	43.23
二十碳五烯酸（EPA）	8.36	1.60	11.21
二十二碳五烯酸（DPA）	3.99	0.79	8.21
二十二碳六烯酸（DHA）	10.52	2.27	17.91
总$\omega-3$脂肪酸	25.65	5.56	38.87
总$\omega-6$脂肪酸	0.75	1.58	3.34

注：资料来源参考文献［2］。

10.4 氧化稳定性

海产油脂和其他高不饱和油脂一样，易氧化，而且比植物油脂更容易氧化变质。另外，其自身含有的天然抗氧化物质如生育酚等也很少[48]。含有5或6个双键的长碳链多不饱和脂肪酸（EPA、DHA、DPA）易于发生空气氧化并伴有鱼腥味[49]。二级氧化产物会产生令人不愉快的气味，降低油脂的消化吸收率，并且通过自由基攻击而损伤和破坏人体细胞[48]。食品中通常添加抗氧化剂防止油脂的氧化，但天然抗氧化剂（如生育酚）对海产油脂的抗氧化效果却不是很理想[50]。多不饱和脂肪酸的自动氧化速率取决于脂质脂肪酸的结构和类型[51]。例如，海豹油比鱼油更稳定，不易受到自然氧化过程的攻击，是由于其脂肪酸组成、分布和甘油三酯分子中脂肪酸的位置，以及油中的微量成分所起的作用[48]。去除这些微量成分会降低油脂的氧化稳定性[52~55]。酯交换可以改变海产油脂的氧化稳定性。小须鲸脂肪层油脂在脂肪酶或甲醇钠催化下进行脂肪酸重排反应后，氧化稳定性降低了[50]。鲸油经酯交换后氧化稳定性降低似乎是由于甘油三酯 *sn*-1、3位上多不饱和脂肪酸转移到了 *sn*-2位。鲸油中 *sn*-1和 *sn*-3位上的多不饱和脂肪酸转移到 *sn*-1、2或 *sn*-2、3位上时，可能更容易受到氧自由基的攻击而氧化[50]。另外，对海产油脂进行过度加工，去除了其内源性天然抗氧化物质，会对其品质产生不利影响，见表10.8。因此，应最小化加工，或将重要的微量抗氧化物质回添至油中，以改善其品质[56]。

表10.8 加工过程中海豹脂肪层油脂生育酚和酸值的变化

	α-生育酚/（mg/100g）	酸值/（mgKOH/g 油）（以油酸汁/%）
毛油	2.8 ±0.18	2.72 ±0.10（1.367%）
碱炼油	3.20 ±0.11	0.08 ±0.00（0.040%）
脱色油（RB）	3.1 ±0.12	0.03 ±0.01（0.015%）
脱臭油（RBD）	2.4 ±0.09	0.04 ±0.01（0.020%）

注：资料来源参考文献［56］。

控制不饱和脂肪酸的自动氧化是保证海产油脂品质、营养价值和功能的关键。目前，已有部分文献对这些方面进行了详细探讨。控制氧化过程中重要反应物的参与（如氧气、光线及其他因素）可延缓自动氧化。降低氧气分压[57,58]，或在容器顶部充入惰性气体（如氮气）可控制氧气参与反应的程度。另外，有必要使用恰当的包装以阻止氧气与不饱和脂肪酸接触。微胶囊技术已用于油脂包装，该技术可将油滴包裹起来，阻止油脂与大气氧接触[59]。此外，氢化降低了脂质分子的反应活性，也可以控制油脂的自动氧化，但却以降低或消除多不饱和脂肪酸为代价，油的营养价值打了折扣。而且，控制氧化，添加抗氧化剂的浓度要非常低，才能在保持油脂营养价值的同时不改变其色泽和风味[2]。

10.5 加工工艺

人类食用的海产油脂的基本加工工艺是蒸煮或熬制使油释放出来，接下来可能进行脱胶、碱炼、脱色，最后脱臭，并添加一些抗氧化剂[2]。加工过程中，游离脂肪酸、单甘酯、甘油二酯、磷脂、甾醇、维生素、烃类、色素、蛋白质及降解产物、悬浮黏稠胶状物和脂肪酸氧化产物从油中去除[60]。海产油脂的加工工艺与植物油脂相似，但是海产毛油的品质不如植物毛油均一。因此，为获得高质量的海产毛油，应最大限度减少渔获上岸后的氧化损害，对原料进行适当处理并进行冷却非常关键[2]。

如 Mag[48]所述，熬制出来的海产哺乳动物脂肪层油脂毛油也可以在低温、真空条件下用二氧化硅进行处理，然后脱色和脱臭。采用以上工艺生产的成品油是无色无味的，基本无蛋白类物质、磷脂、黏性物和促氧化金属，色素化合物、过氧化物及次级氧化产物含量很低。它避免了传统脱胶和碱炼过程中酸和碱的使用，因此消除了污染，减少了工艺步骤。无需皂脚和废水处理工艺，是一种环境友好型新工艺[48]。

Kendrick 和 Macfarlane[49]开发出了另一种制备级和稳定化的食用级海产油脂的加工工艺，包括二氧化硅脱色（视需要可添加活性炭）和在抗氧剂存在情况下进行 140 ~ 210℃真空蒸汽脱臭[49]。不管采用何种加工工艺，最终的成品油中必须添加食品级抗氧化剂，尤其是混合生育酚，来提高油脂的稳定性。

10.6 ω -3 脂肪酸浓缩物的生产

除了用多不饱和脂肪酸来替代饱和脂肪酸外，还建议在膳食脂质中补充ω -3 脂肪酸。海产油脂富含ω -3 脂肪酸，是制备ω -3 脂肪酸浓缩物的理想原料。有人提出不含饱和脂肪酸的多不饱和脂肪酸浓缩物比海产油脂更好，因为这样可以尽可能降低总脂质的日摄入量[61]。脂肪酸或酯的富集可以采用分级真空蒸馏法[62]、低温结晶法[63]，色谱分离（HPLC[64~66]、银离子树脂色谱分离法[67]）、超临界流体提取法[68]、尿素络合法[69, 70]、酶解[71]等技术。

分级真空蒸馏利用脂肪酸在真空下沸点的差异进行分离，这种方法比较老，且需要高温。海产油脂肪酸酯的分馏较困难，随着分子质量增大，分离效率越低[72]。

低温结晶法利用脂肪酸熔点随不饱和程度和类型而有明显差异进行分离[73]，在低温下，长链饱和脂肪酸熔点较高，易结晶析出，而多不饱和脂肪酸仍然以液体形式存在。简言之，这种方法是让油脂或脂肪酸在溶剂体系中冷却降温，并在低温保持一段时间后进行过滤以除去结晶物质。此方法需要设备最少，装置最简单，是制备纯脂肪酸不可或缺的方法[74, 75]。

脂肪酸的分离方法还有根据其碳原子数或不饱和程度采用适当的吸附剂进行分离[63]。色谱技术如 HPLC 和银离子树脂色谱技术已成功应用于$\omega-3$ 脂肪酸浓缩物的制备。色谱方法存在一定缺点，包括有机溶剂的使用，色谱柱反复使用导致分离度下降，以及用于商业化生产的大规模工艺比较困难[76]。

超临界流体萃取技术（SFE）避开了传统分离技术涉及的一些问题。二氧化碳作为一种惰性气体，价格便宜，不易燃烧，环境方面可接受，由于临界温度和压力适中，是一种理想的溶剂选择[76]。超临界流体萃取技术已经成功用于海产油脂的精炼，脱除胆固醇、多氯联苯（PCB）、维生素 E 和其他成分[77]，该方法的缺点是所需工作压力极高，投资成本昂贵。

尿素络合法是获得$\omega-3$ 多不饱和脂肪酸浓缩物（以游离脂肪酸形式）的最简单、有效的方法。这种方法可很好地消除饱和与单不饱和脂肪酸[70]。甘油三酯用碱水解后，饱和脂肪酸与单不饱和脂肪酸很容易与尿素复合，并在降温时以晶体形式析出，过滤即可除去[70]。此方法受到众多研究者的青睐，由于有多个双键的存在，络合作用取决于脂肪酸部分的构型，而不是其纯物理性质（如熔点和溶解度）[10]。

普遍认为以甘油酯形式存在的多不饱和脂肪酸比相应的甲酯或乙酯形式在营养方面更有利，动物试验也显示$\omega-3$ 脂肪酸的烷基酯对小肠吸收有损伤[78~81]。尽管大多数方法生产多不饱和脂肪酸浓缩物是游离脂肪酸形式或相应的烷基酯形式，但酶水解技术是用脂肪酶水解甘油三酯生产甘油酯形式的$\omega-3$ 多不饱和脂肪酸浓缩物的方法。饱和、单不饱和脂肪酸与脂酶（如商业化的微生物脂酶）的结合没有障碍，很容易被水解[71]。

目前，商业化的海产哺乳动物油脂，如海豹脂肪层油脂产品，已经以软胶囊形式作为营养补充剂上市[82]。商业化生产的两种品牌的海豹油软胶囊的质量参数见表 10.9。

表 10.9 不同品牌$\omega-3$ 海豹油胶囊质量对比（实验室分析数据）

质量指标	品牌 A	品牌 B
EPA/%（质量分数）	6.89 ±0.07	6.43 ±0.07
DPA/%（质量分数）	4.11 ±0.02	3.76 ±0.00
DHA/%（质量分数）	8.16 ±0.01	8.50 ±0.10
18:3 ω3/%（质量分数）	0.48 ±0.01	0.48 ±0.00

续表

质量指标	品牌 A	品牌 B
18:4 ω3/%（质量分数）	1.10 ±0.04	1.35 ±0.06
生育酚/（mg/100g）	≤400	≤1400
酸值/（mgKOH/g 油）	3.21 ±0.05	1.69 ±0.03
共轭二烯化值	5.80 ±0.25	7.63 ±0.13
TBARS/（μmol/g 油）	4.20 ±0.05	4.50 ±0.15

注：资料来源参考文献［56］。

海产哺乳动物油脂或其ω－3 浓缩物也可通过改性应用在不同领域。改性包括改变脂肪酸的组成和/或其在甘油骨架中的位置。已经生产出既含有ω－3 长链多不饱和脂肪酸（可能来源于海豹脂肪层油脂，或其ω－3 浓缩物），又含有 6～12 个碳原子的中链脂肪酸（MCFAs）的结构脂质。有人提出了结构脂质的酶催化合成方法，用商业化脂肪酶制备[83]，所得产品的热量降低了，表现出长链多不饱和脂肪酸和中链脂肪酸对人体的双重益处，认为其具有独一无二的营养价值和代谢特性[83]。

10.7 应用

海产油脂已广泛应用在食品、医药及其他一些非食用工业。非食用工业的应用主要是利用它们的高不饱和特性。在皮革制造工业中，用硫酸化海产油脂处理皮革可以防止其变脆和变干。以海产油脂为原料得到的油脂化学品（脂肪酸、脂肪醇、甲酯和其他醇酯、氮衍生物）有着广泛的工业应用，如润滑剂、防腐剂、塑料和橡胶复合物、浮选剂、个人护理品、清洁剂、纺织和造纸添加剂、沥青添加剂、片剂等。另外，海产油脂已用于石油基底产品的替代燃料很久了[2]。海产油脂的其他工业用途还包括制造聚氨酯树脂、冷却润滑油、填缝密封剂、印刷用油墨制剂、杀虫剂和抛光剂[84]。精炼的海产油脂还用于皮肤和头发的护理产品。海产油脂还可用于生产动物和家禽的饲料。以前，海产油脂用于促进农场动物生长的经济能量源。当人们认识到用海产油脂作为鸡的补充饲料时，EPA 和 DHA 可成功进入鸡的线粒体、微粒体和脂蛋白膜层后，为海产油脂在动物饲料工业中提供了新型应用[2]。研究证实，鸡具有从前体 $C_{18:3}$（ω－3）积累 EPA 和 DHA 的天性[85]，因此，在鸡饲料中添加鱼肉可增加 EPA 和 DHA 在鸡肉中的富集[85]。母鸡饲料中添加 1.25% 的海豹脂肪层油脂，发现蛋黄脂质中长链ω－3 多不饱和脂肪酸含量增加，花生四烯酸的含量减少，鸡蛋的感官特性未受丝毫影响[82]。这个结果很正常，因为此试验采用的是脱臭油，而且海豹油加量适中。在食品工业中，海产油脂全球范围内的主要用途是制造人造奶油和其他可食用的油脂产品，其中，氢化海产油脂是植物油脂的低价替代品。但氢化会降低脂肪酸的不饱和度，从而导致多不饱和脂肪酸的潜在营养价值失效；如果是不完全氢化，产品配方中反式脂肪酸的引入也令人担心。因此，如何将长链脂肪酸引入人们日常膳食仍是目前食品生产商、科学家和消费者所关心的话题[2]。

10.8 健康益处和疾病预防

认识到食用海产品（$\omega-3$ 脂肪酸）有益健康，是过去三十年人类营养和疾病预防研究中最有前景的进展之一。根据我们现有的知识，长链$\omega-3$ 多不饱和脂肪酸在预防和治疗冠状动脉疾病[86]、高血压[87]、糖尿病[88]、关节炎和其他炎症[89]、自体免疫失调[90]和癌症[91, 92]方面具有重要作用，而且是正常生长和发育（尤其是大脑和视网膜）所必需的[93]。$\omega-3$ 油最直接和最全面的来源是某些海产哺乳动物的脂肪层，尤其是竖琴海豹。其优势之一是人体对海产哺乳动物脂肪层$\omega-3$ 脂肪酸的吸收比对亚麻籽油和鱼油中的$\omega-3$脂肪酸更快更彻底[48]。海产哺乳动物油脂中单不饱和脂肪酸含量高，因此可能是这些高含量的单不饱和脂肪酸或是单不饱和脂肪酸与$\omega-3$ 多不饱和脂肪酸组合产生了这些有益作用[94]。一项中试研究表明，年轻健康人补充低剂量海豹油，可以降低患动脉粥样硬化的风险指数，且效果与$\omega-3$ 脂肪酸剂量强相关[95, 96]。海豹油中的必需脂肪酸包括高水平的 DPA（含量是鱼油中的 10 倍）。越来越多的研究证明，DPA 是保持动脉血管壁柔软和无斑块的最重要的脂肪酸[48]。从营养学角度来说，海产油脂因具有抗血栓和胆固醇积聚、抗过敏等特定生理功能而引人注目[50]。海豹和鲸脂肪层的油脂对心血管疾病具有积极作用，研究猜测，鲸油这种有益效应也不是由$\omega-3$ 脂肪酸单独调控的[97]。鲸油和海豹油对心血管疾病有益作用的差异或许可以说明鲸油的优势与甘油三酯中$\omega-3$ 脂肪酸的分布不相关，因为两种油中$\omega-3$ 脂肪酸均主要分布在 $sn-1$ 和 $sn-3$ 位。从鲸油的效果来看，它的作用应该不仅仅受$\omega-3$ 脂肪酸调控，因为它们在鲸油中的含量相当低。因此，除了$\omega-3$ 脂肪酸外，应该还有其他的膳食因素对预防格陵兰爱斯基摩人的动脉粥样硬化、血栓起积极作用[97]。

多不饱和脂肪酸的益处还包括可以降低血清甘油三酯、增加生物膜的流动性、通过转化为类花生酸而减少血栓形成[98]。EPA 和 DHA 都可引发相应脂肪酸在血清中浓度的增加，以及在血小板中相对含量的增加[99]。但$\omega-3$ 脂肪酸在甘油三酯分子中的分布会影响血清和肝脏磷脂中甘油酯的代谢和花生四烯酸的含量以及凝血噁烷（TX）A_2 的生成。例如，给大鼠饲喂海产油脂，在降低血浆和肝脏甘油三酯浓度方面，海豹油比鱼油更有效；

而且在降低肝脏磷脂酰胆碱、磷脂酰乙醇胺中花生四烯酸和血清磷脂酰胆碱方面，海豹油也比鱼油更有效。给仓鼠饲喂海豹油，其脂肪酸合成酶（FAS）、葡萄糖-6-磷酸脱氢酶（G6PDH）和苹果酸酶的活性显著降低[100]。海豹油的主要作用是由肝脏中脂肪酸合成的抑制引起的[101]。另外，还发现海豹油减少了血小板 TX A_2 的生成和全血血小板聚集[102, 103]。

10.9 二十二碳五烯酸的健康作用

二十二碳五烯酸（DPA）是二十碳五烯酸（EPA）碳链延长的产物。与其他$\omega-3$脂肪酸不同的是，人们对 DPA 还没有进行细致的研究，主要是因为它难以获取。与 EPA 和 DHA 相比，DPA 在海产油脂中的含量要低的多，而且它的理化特性与 EPA 和 DHA 相似，很难从混合物中纯化分离[104]。大多数鱼油中的 DPA 含量都在1%以下，海豹油中的含量相对较丰富。竖琴海豹油中 DPA 为4%～6%。DPA 几乎与 EPA 或 DHA 一样重要。在人体血液中循环的有生理活性的长链$\omega-3$脂肪酸中，DPA 约占三分之一[105]。DPA 可能具有不同于 EPAs 和 DHAs 的药理效果，已经成为近期的研究热点[104]。

研究表明，用$\omega-3$多不饱和脂肪酸治疗可抑制血管内皮生长因子（VEGF）引发的内皮细胞血管新生的活性。在长链多不饱和脂肪酸中，DPA 是血管新生最具潜力的抑制剂，用 DPA 预处理的抑制活性是 EPA 和 DHA 的近6倍，说明 DPA 可开发成为预防和治疗由血管新生相关疾病的新型药物[106]。血管新生在肿瘤生长、转移过程中起主要作用，阻止血管新生就可以限制肿瘤生长。另外，EPA 对内皮细胞转移的刺激作用可能是由 DPA 引起的。体外试验研究表明，DPA 对内皮细胞转移的刺激作用是 EPA 的十倍之多[107]。因此，海豹油的抗动脉硬化功能可能主要是 DPA 引起的，而不是 EPA 和 DHA[104]。有证据表明，DPA 是保持动脉血管壁柔软和无斑块的最重要的脂肪酸[105]。日本东京医科牙科大学最近的研究表明，DPA 对损伤血管的治愈作用是 EPA 的10倍以上[105]。而且，$\omega-3$脂肪酸以剂量依赖性方式抑制花生四烯酸刺激的血小板凝聚，其中 DPA 是最具潜力的抑制剂[105]。DPA 表现出干扰环氧化酶代谢途径的活性相当大，这样抑制血小板凝聚最有效[108]。另外，有人提出，妇女冠状动脉疾病与血小板中 DPA 的浓度负相关[109]，而血清中高比例的 DPA 可以减少中年男性急性冠状动脉疾病的风险[110]。

10.10 鱼油与海产哺乳动物油脂的比较

一般来说，鱼油和海产哺乳动物油脂的特征是富含大量的饱和、不饱和脂肪酸，这些脂肪酸通常与其甘油三酯混合物相关[16]。但鱼油与海产哺乳动物油脂之间还是有差异的。

鱼油通常指鱼的体脂油、鱼肝油或从整鱼中提炼出来的油脂[111]。白肉鱼的肝脏是含油最高的部分，鳕鱼、大比目鱼和鲨鱼的肝脏中的含油量接近50%，是维生素A、维生素D的重要来源[112]。鱼储藏脂肪的主要成分是甘油三酯。但醚脂仅存在于深海鲨鱼的肝油中[113]。与海产哺乳动物油脂一样，鱼油富含单不饱和脂肪酸和多不饱和脂肪酸，是诸如EPA和DHA等$\omega-3$多不饱和脂肪酸的良好来源。然而，海产哺乳动物脂肪层富含DPA，尤其是海豹，但鱼油中DPA的含量极低，或甚至没有。此外，鱼油中EPA和DHA的分子构型与海产哺乳动物油脂中的构型稍有差异[48]。研究表明，在降低患心脏病和糖尿病风险方面，海豹油比鱼油更有效，这可能是鱼油中DPA相对缺乏的缘故，也可能是人体对鱼油中的EPA和DHA消化利用率较低造成的[105]。依据鱼的特殊品种及其食物的不同，鱼油的类型及其脂肪酸水平变化很大。水产养殖鱼的鱼油中$\omega-3$脂肪酸水平比野生鱼的低[48]，淡水湖中的鱼$\omega-6$脂肪酸含量比海产鱼中的高[112]。鱼油甘油三酯中脂肪酸分布与海产哺乳动物油脂也不一样。鱼油中多不饱和脂肪酸一般在甘油三酯*sn*-2位，饱和脂肪酸和单不饱和脂肪酸在*sn*-1位，单不饱和脂肪酸在*sn*-3位。而海产哺乳动物油脂中，*sn*-1、*sn*-3位（尤其是*sn*-3位）上主要是长链多不饱和脂肪酸（如EPA和DHA），*sn*-2位主要是饱和脂肪酸，尤其是C_{16}和C_{18}单不饱和脂肪酸[14, 112]。脂肪酸分布位置的不同，可能是鱼油的氧化稳定性不如海豹油的因素之一[48]。

参考文献

1. R. G. Ackman, and F. Lamothe, in R. G. Ackman, ed., *Marine Biogenic Lipids, Fats, and Oils*, vol. 2, 1989, CRC Press, Boca Raton, Florida.
2. F. Shahidi, in F. Shahidi, ed., *Seal Fishery and Product Development*, Science Tech, NF, Canada, 1988.
3. P. Bjerregaard and J. Dyerberg, *Int. J. Epidemiol.*, **17**, 514-519 (1988).
4. P. Bjerregaard, G. Mulvad, and H. S. Pederson, *Int. J. Epidemiol.*, **26**, 1182-1190 (1997).
5. R. Gales, D. Renouf, and E. Noseworthy, *Can. J. Zool.*, **72**, 545-551 (1994).
6. E. Durnford and F. Shahidi, *J. Amer. Oil Chem. Soc.*, **79**, 1095-1102 (2002).
7. O. T. Oftedal, W. D. Bowen, and D. J. Boness, *Physil. Zool.*, **66**, 412-436 (1993).
8. R. G. Ackman and R. D. Burgher, *Can. J. Biochem. Physiol.*, **41**, 2501-2505 (1963).
9. S. J. Iverson, *Symp. Zool. Soc. Lond.*, **66**, 263-291 (1993).
10. U. N. Wanasundara, Ph. D. dissertation, Memorial University of Newfoundland, 1997.

11. C. Borch - Jensen, and J. Mollerup, *Chromatographia*, **42**, 252 - 258 (1996).

12. S. Hashimoto, S. Dayton, and J. C. Roberts, Jr., *Comp. Biochem. Physiol.*, **20**, 975 (1967).

13. F. Shahidi, J. Synowiecki, R. Amarowicz, and U. Wanasundara, in C. T. Ho, and T. G. Hartaman, eds., *Lipids in Food Flavors*, ACS Symposium Series 558, American Chemical Society, Washington, D. C., 1994, p. 233 - 243.

14. G. K. Holmer, in R. G. Ackman, ed., *Marine Biogenic Lipids, Fats, and Oils*, vol. 1, CRC Press, Boca Raton, Florida, 1989.

15. R. F. Lee and J. S. Patton, in R. G. Ackman, ed., *Marine Biogenic Lipids, Fats, and Oils*, vol. 1, CRC Press, Boca Raton, Florida, 1989.

16. E. H. Gruger, Jr., in M. E. Stansby, ed., *Fish Oils*, AVI Publishing, Westport, Connecticut, 1967.

17. I. A. Hansen and C. C. Cheah, *Comp. Biochem. Physiol.*, **31**, 757 (1969).

18. C. Litchfield, A. J. Greenberg, D. K. Caldwell, M. C. Caldwell, J. Sipos, and R. G. Ackman, *Conp. Biochem. Physiol. B*, **50**, 591 (1975).

19. C. Litchfield, A. J. Greenberg, and J. G. Mead, *Cetology*, **23**, 10 (1976).

20. J. C. Nevenzel, *Lipids*, **5**, 308 (1970).

21. J. R. Sargent, R. F. Lee, and J. C. Nevenzel, in P. Kolattukudy, ed., *Chemistry and Biochemistry of Natural Waxes*, Elsevier, Amsterdam, 1976.

22. J. R. Sargent, *Sci. Prog. Oxford*, **65**, 437 (1978).

23. J. H. Heller, M. S. Heller, S. Springer, and E. Clark, *Nature*, **179**, 919 - 920 (1957).

24. M. L. Karnovsky and W. S. Rapson, *J. Soc. Chem. Ind. London*, **66**, 124 (1947).

25. E. Andre and H. Canal, *Bull. Soc. Chim.*, **45**, 498 (1929).

26. Y. Toyama and T. Isihawa, *J. Chem. Soc. Jpn.*, **59**, 1193 (1938).

27. T. Tsuchiya and A. Tanaka, *Chem. Abstr.*, **50**, 11035 (1956).

28. T. Tsuchiya, *Chem. Abstr.*, **47**, 12569 (1953).

29. T. Hashimoto and H. Mamuro, *Chem. Abstr.*, **68**, 51165 (1968).

30. N. R. Bottino, *Lipids*, **13**, 18 (1978).

31. T. Tsuchiya and A. Kato, *Chem. Abstr.*, **46**, 11717 (1952).

32. M. Blumer and D. W. Thomas, *Science*, **148**, 370 (1965).

33. R. G. Ackman, in R. G. Ackman, ed., *Marine Biogenic Lipids, Fats, and Oils*, vol. 1, CRC Press, Boca Raton, Florida, 1989.

34. P. K. Christensen and R. A. Gehe, *Acta Chem. Scand.*, **16**, 1153 (1965).

35. H. O. Bang, J. Dyerberg, and N. Hjoorne, *Acta Med. Scand.*, **200**, 69 - 73 (1976).

36. H. O. Bang, J. Dyerberg, and H. M. Sinclair, *Am. J. Clin. Nutr.*, **33**, 2657 - 2661 (1980).

37. F. Shahidi, U. N. Wanasundara, and R. Amarowicz, in O. Mills, H. Okai, A. M. Spanier, and M. Tamura, eds. *Chemistry and Novel Foods*, American Chemical Society, Washington, D. C., 1996.
38. R. G. Ackman, C. A. Eaton, and P. M. Jangaard, *Can. J. Biochem.*, **43**, 1513 – 1520 (1965).
39. W. Yongmanichai and O. P. Ward, *Prog. Biochem.*, **24**, 117 – 125 (1989).
40. E. Durnford and F. Shahidi, *J. Amer. Oil Chem. Soc.*, **80**, 405 (2003).
41. O. Grahl – Nielsen and D. Mjaavatten, *Marine Biol.*, **110**, 59 – 64 (1991).
42. G. C. West, J. J. Burns, and M. Modafferi, *Can. J. Zool.*, **57**, 1249 – 1255 (1979).
43. F. R. Engelhardt and B. L. Walker, *Comp. Biochem. Physiol. B*, **47**, 169 (1974).
44. G. C. West, J. J. Burns, and M. Modafferi, *Can. J. Zool.*, **57**, 189 – 195 (1979).
45. R. G. Ackman, S. N. Hooper, and J. Hingley, *Can. J. Biochem.*, **50**, 833 (1972).
46. U. N. Wanasundara, and F. Shahidi, in F. Shahidi and K. K. Cadwallader, eds. *Flavor and Lipid Chemistry of Seafoods*, American Chemical Society, Washington, D. C., 1997.
47. M. Aursand, L. Jorgensen, and H. Grasdalen, *J. Amer. Oil Chem. Soc.*, **72**, 293 – 297 (1995).
48. T. Mag, Patent WO00/44862A1, PCT International Patent Application 2000.
49. A. Kendrick and N. Macfarlane, U. S. Patent 6623774B2, 2003.
50. H. Kimoto, Y. Endo, and K. Fujimoto, *J. Amer. Oil Chem. Soc.*, **71**, 469 – 473 (1994).
51. K. Miyashita and T. Takagi, *J. Amer. Oil Chem. Soc.*, **65**, 1156 (1988).
52. F. Shahidi, F. Hamam, and M Ahmad, Khan, *J. Amer. Oil Chem. Soc.*, in press.
53. F. Hamam and F. Shahidi, *J. Agric. Food Chem.*, **52**, 2900 – 2906 (2004).
54. F. Hamam and F. Shahidi, *Food Chem.*, **91**, 583 – 591 (2005).
55. F. Hamam and F. Shahidi, *J. Amer. Oil Chem. Soc.*, **81**, 1 – 7 (2004).
56. F. Shahidi and U. N. Wanasundara, *J. Food Lipids*, **6**, 159 – 172 (1999).
57. R. C. Lindsay, *Food Prod. Dev.*, **11**, 93 – 96 (1977).
58. D. B. Josephson, R. C. Lindsay, and D. A. Stuiber, *J. Food Sci.*, **55**, 5 – 9 (1985).
59. F. Shahidi and R. B. Pegg, *J. Food Sci.*, **56**, 1500 – 1504 (1991).
60. A. P. Bimbo and J. B. Crowther, *Infofish Int.*, **6**, 20 – 25 (1991).
61. N. Haagsma, C. M. Gent, J. B. Luten, R. N. Jong, and E. Doorn, *J. Amer. Oil Chem. Soc.*, **59**, 117 – 118 (1982).
62. R. G. Ackman, P. J. Ke, and P. M. Jangaard, *J. Amer. Oil Chem. Soc.*, **50**, 1 (1973).
63. J. B. Brown and D. K. Kolb, *Prog. Chem. Fats Lipids*, **3**, 57 – 94 (1955).
64. M. I. Aveldano, M. van Rollins, and L. A. Horrocks, *J. Lipid Res.*, **24**, 83 (1983).
65. J. Halgunset, E. W. Lund, and A. Sunde, *J. Chromatogr.*, **237**, 496 (1982).
66. J. P. Roggero and S. V. Coen, *J. Liq. Chromatogr.*, **4**, 1817 (1981).

67. R. O. Adolf and E. A. Emken, *J. Amer. Oil Chem. Soc.*, **62**, 1592 (1985).

68. W. B. Nilsson, E. J. Gauglitz, J. K. Hudson, V. F. Stout, and J. Spinelli, *J. Amer. Oil Chem. Soc.*, **65**, 109 (1988).

69. M. A. Grompone, *Fett. Wissenschaft. Technologie.*, **94**, 388 – 394 (1992).

70. U. N. Wanasundara and F. Shahidi, *Food Chem.*, **65**, 41 – 49 (1999).

71. U. N. Wanasundara and F. Shahidi, *J. Amer. Oil Chem. Soc.*, **75**, 945 – 951 (1998).

72. H. Breivik, *Modern Applications of Marine Oils*, Toronto, Ontario, Canada, May 7 – 8. 1992.

73. G. G. Haraldsson, *J. Amer. Oil Chem. Soc.*, **61**, 219 – 222 (1984).

74. H. Schlenk, *J. Amer. Oil Chem. Soc.*, **38**, 728 – 736 (1961).

75. K. S. Markley, in K. S. Markey, ed., *Fatty Acids*, 2nd ed, Part 3, Interscience Publishers, New York, 1964, pp. 1983 – 2123.

76. V. K. Mishra, F. Temelli, and B. Ooraikul, *Food Res. Int.*, **26**, 217 – 226 (1993).

77. S. S. H. Rizvi, J. A. Daniels, A. L. Bernado, and J. A. Zollweg, *Food Technol.*, **40**, 57 – 64 (1986).

78. T. Hamazaki, A. Hirai, T. Terano, J. Sajiki, S. Koado, T. Fujita, Y. Tamura, and A. Kumagai, *Prostaglandins*, **23**, 557 – 567 (1982).

79. S. El – Boustani, C. Colette, L. Monnier, B. Descomps, C. A. Paulet, and F. Mendey, *Lipids*, **22**, 711 – 714 (1987).

80. L. D. Lawson and B. G. Hughes, *Biochem. Biophys. Res. Comm.*, **152**, 328 – 335 (1988).

81. D. D. Hong, Y. Takahashi, M. Kushiro, and T. Ide, *Biochim. Biophys. Acta*, **1635**, 29 – 36 (2003).

82. M. Schreiner, H. W. Hulan, E. Razzazi – Fazeli, J. Boehm, and C. Iben, *Poultry Sci.*, **83**, 462 – 473 (2004).

83. S. P. J. N. Senanayake and F. Shahidi, *Food Res. Int.*, **35**, 745 – 752 (2002).

84. P. M. Jangaard, Report No. 115, Program Development, Fisheries Branch, Halifax, Nova Scotia, 1986.

85. R. G. Ackman, M. F. Lamothe, H. W. Hulan, and E. Proudfoot, *N – 3 News*, **111**, 1 – 4 (1988).

86. M. L. Wahlqvis, *Nutrition*, **14**, 627 – 633 (1998).

87. P. R. C. Howe, *Ann. NY Acad. Sci.*, **827**, 339 – 352 (1997).

88. I. Krishna Mohan and U. N. Das, *Nutrition*, **17**, 126 – 151 (2001).

89. T. Babcock, W. S. Helton, and N. J. Espat, *Nutrition*, **16**, 1116 – 1118 (2000).

90. D. S. Kelly, *Nutrition*, **17**, 669 – 673 (2001).

91. D. P. Rose and J. M. Connolly, *Pharmcol. Ther.*, **83**, 217 – 244 (1999).

92. T. Akihisa, H. Tokuda, M. Ogata, M. Ukiya, M. Iizuka, T. Suzuki, K. Metori, N. Shimizu, and H. Nishino, *Cancer Lett.* 2 – **5**, 9 – 13 (2004).

93. G. J. Anderson, W. E. Connor, and J. D. Corliss, *Pediatr. Res.*, **27**, 89 – 97 (1990).

94. J. C. Hansen, H. Sloth Pedersen, and G. Mulvad, *A Review Arctic. Med. Res.*, **53**, 4 – 17 (1994).

95. E. C. Bonefeld Jorgensen, S. M. Moller, and J. C. Hansen, *Int. J. Circumpolar. Health*, **60**, 25 – 33 (2001).

96. B. Deutch, E. C. Bonefeld Jorgensen, and J. C. Hansen, *Nutr. Res.*, **20**, 1065 – 1077 (2000).

97. B. Osterud, E. Elvevoll, H. Barstad, J. Brox, H. Halvorsen, K. Lia, J. O. Olsen, R. L, Olsen, C. Sissener, O. Rekdal, and E. Vognild, *Lipids*, **30**, 1111 – 1118 (1995).

98. J. E. Kinsella, *Food Technol.*, **40**, 89 – 97 (1986).

99. E. Vognild, E. Elvevoll, J. Brox, R. L. Olsen, H. Barstad, M. Aursand, and B. Osterud, *Lipids*, **33**, 427 – 436 (1998).

100. H. Yoshida, I. Ikeda, M. Tomooka, M. Mawatari, K. Imaizumi, A. Seto, and H. Tsuji, *J. Nutr. Sci. Vitaminol.*, **47**, 242 – 247 (2001).

101. H. Yoshida, M. Mawatari, I. Ikeda, K. Imaizumi, A. Seto, and H. Tsuji, *J. Nutr. Sci. Vitaminol.*, **45**, 411 – 421 (1999).

102. I. Ikeda, H. Yoshida, M. Tomooka, A. Yoset, K. Imaizumi, H. Tsuji, and A. Seto, *Lipids*, **33**, 897 – 904 (1998).

103. J. Brox, K. Olaussen, B. Osterud, E. O. Elvevoll, E. Bjornstad, T. Brenn, G. Brattebo, and H. Iversen, *Lipids*, **36**, 7 – 13 (2001).

104. K. Yazawa, *World Rev. Nutr. Diet.*, **88**, 249 – 252 (2001).

105. C. Ho, *Omega 3: the Seal Connection 2003*, Flanker Press Ltd., St. John' s, Newfoundland, Canada.

106. M. Tsuji, S. Murota, and I. Morita, *Prostaglandins, Leukotrienes and Essential Fatty Acids*, **68**, 337 – 342 (2003).

107. T. Kanayasu – Toyoda, I. Morita, and S. Murota, *Prostaglandins, Leukotrienes and Essential Fatty Acids*, **54**, 319 – 325 (1996).

108. S. Akiba, T. Murata, K. Kitatani, and T. Sato, *Biol. Pharm. Bull.*, **23**, 1293 – 1297 (2000).

109. J. M. Hodgson, M. L. Wahlqvist, J. A. Boxall, and N. D. Balaz, *Am. J. Clin. Nutr.*, **58**, 228 – 234 (1993).

110. T. Rissanen, S. Voutilainen, K. Nyyssonen, T. A. Lakka, and J. T. Salonen, *Circulation*, **9**, 7 – 2679 (2000).

111. E. Aaes – Jorgensen, in M. E. Stansby, ed., *Fish Oils*, AVI Publishing, Westport, Connecticut, 1967.

112. F. B. Padley, F. D Gunstone, J. L. Harwood, in F. D Gunstone, J. L. Harwood, and F. B. Padley, eds., *The Lipid Handbook*, Chapman and Hall Ltd. New York, 1986.

113. C. Litchfield, A. J. Greenberg, C. E. Eaton, and R. G. Ackman, *Lipids*, **13**, 860 (1978).

11 鱼油

R. G. Ackman

Canadian Institute of Fisheries Technology, Dalhousie University Halifax, Nova Scotia, Canada

11.1　引言

鱼油曾一直用作涂料和油毡行业的低价工业材料，在第二次世界大战后，这些行业使用的原材料转向于化工产品、塑料，因此，到 20 世纪 60 年代，书籍中关于鱼油的很多信息都比较陈旧。始于 1900 年的油脂氢化技术，促进了人造奶油和起酥油的生产，促成了油脂精炼技术的改进和油脂品质的提高，其中鲸油的品质也大大提高了，那时这些动物资源仍很丰富。但有两个原因使得海洋动物油脂在食品工业中一直得不到广泛的应用。

20 世纪 70 年代后期，引发公众健康恐慌的一则媒体报道，是宣称菜籽油和芥子油中的芥酸（22:1）对心脏有害，因此原来食用的部分氢化鱼油因含有天然及人工 22:1 异构脂肪酸而逐渐淡出市场，这一点在 Barlow 和 Stansby 的研究中有所述[1]。而长期以来，一直食用菜籽油的数百万德国人和波兰人，以及以鱼肉为主要食物的斯堪的纳维亚人都很健康，所以这种恐慌显得没有根据。这种对长碳链单不饱和脂肪酸的恐慌带来的主要结果是加速了低芥酸含量菜籽油（卡诺拉油）的开发[2]。用于焙烤行业的人造奶油与起酥油中的部分氢化鱼油呈现出良好的物理特性，这主要是由于大多数天然顺式烯键转化成了反式烯键结构，而不是饱和脂肪酸[3]。最近刮起了一场针对反式脂肪酸的媒体风暴，初步的科学研究认为人类长期摄入反式脂肪酸可引起血清胆固醇的微小变化[4]，于是，部分氢化鱼油的使用又一次遭到了谴责。尽管氢化鱼油形象负面，但在保守的焙烤行业，一些技术发达国家如丹麦最近仍然在使用氢化鱼油[5]。并且在乳制品和反刍动物肉制品中含有“天然”反式脂肪酸[6]。

直至 1980 年，出现了一个积极的转折点，Dyerberg 和 Bang 调查了格陵兰岛的爱斯基摩人良好的心脏健康状况，发现这些爱斯基摩人从海豹和鱼油中摄入了大量的 $\omega-3$ 脂肪酸，这项调查为公众所瞩目。这项公布于 1979 年的调查报告，引起了公众对鱼油的极大兴趣，出现了作为营养补充剂的鱼油胶囊。1985年，另一个爆炸性新闻指出，长期研究发现，荷兰Zutphen地区的很多男性群体由于经常食用鱼而大大降低了心脏病死亡率[8]。显然，鱼类ω－3脂肪酸对身体有益。

到1994年，英国报道了很多有关鱼油对人体有益的报道并且发表了一项官方医学报告，建议市民每周至少吃两次多脂鱼[9]。而后美国心脏协会于2002年，发表一项“科学宣言”，也给出了相似的建议[10]。

随着其他现代食品的生产、储存和配送更加便捷，鱼油逐渐走出辉煌时期，西方社会对鱼油的需求大大降低，同时，由于捕鱼业的过度捕捞造成鱼数量骤减甚至有些鱼已经灭绝。

这篇综述只讨论鱼油。在鱼的可食用部分中，脂肪所占的比例高达16%，低至0.7%，后者基本上是鱼肉磷脂（图11.1）。鱼油是医学感兴趣的C_{20}和C_{22}ω－3脂肪酸的良好来源，尽管鱼肉中甘油三酯含量和质量差异很大，但100g鱼肉组织中ω－3脂肪酸的含量基本上稳定在0.5g。这部分内容很容易在各图书馆一本名为海洋食品的杂志的第四期中一篇关于食品工业的论文[11]中找到。在一本脂肪酸与健康的书中，有一章关于海洋脂肪酸的内容也很有参考价值[12]。至于ω－3脂肪酸对健康的实际益处，我们强烈推荐美国临床营养学期刊的一期补充专利，其中汇集了几十位此领域专家的观点和研究结果[13]。

必须指出的是，推广鱼油和海洋食品ω－3脂肪酸的潮流已经受到经营植物油ω－3脂肪酸即α－亚麻酸（18:3n－3）的油籽公司的全面阻击。膳食中的α－亚麻酸只有10%在体内代谢过程中保留下来，进入皮肤或其他组织起重要作用[14]。是否有足够的这类脂肪酸留下来经碳链延长形成DHA和EPA，从而给大脑和视网膜组织补充营养，以发挥重要功能，这点目前还不能确定，但链长造成的差别总是存在的。一位专家首创的“一定条件下非必要”一词或许适用于此处的18:3n－3以及推荐富含长链n－3脂肪酸的海洋鱼油[15]。一般认为人体试验才具有权威性，虽然从12周适度剂量的植物来源的脂肪酸（C_{18}）或鱼油脂肪酸（$C_{20}+C_{22}$）的试验可以得到丰富的信息量[16]，但仍无法准确预测公众期望的平均寿命及良好健康状况。这些试验常常牵涉饮食调整，例如减少n－6脂肪酸的摄入。对研究结果进行严格的复查是极其可取且有必要的[17, 18]。

过去250年以来，人们一直认为鱼肝油对健康有益，主要是因为其含有丰富的维生素A和维生素D。老龄人口存在的骨质疏松和钙流失等问题，可通过膳食摄入鱼肝油，补充维生素D来强化骨骼，因此，现在成年人群中食用膳食鱼肝油的人口比例很高，而以前膳食中强化鱼肝油的措施只面向儿童。然而，现在我们知道，鱼肝油除了可以补充维生素外，还含有丰富的ω－3脂肪酸[19]。当然，这个话题不是我们现在讨论的重点，在此仅简单提一下。

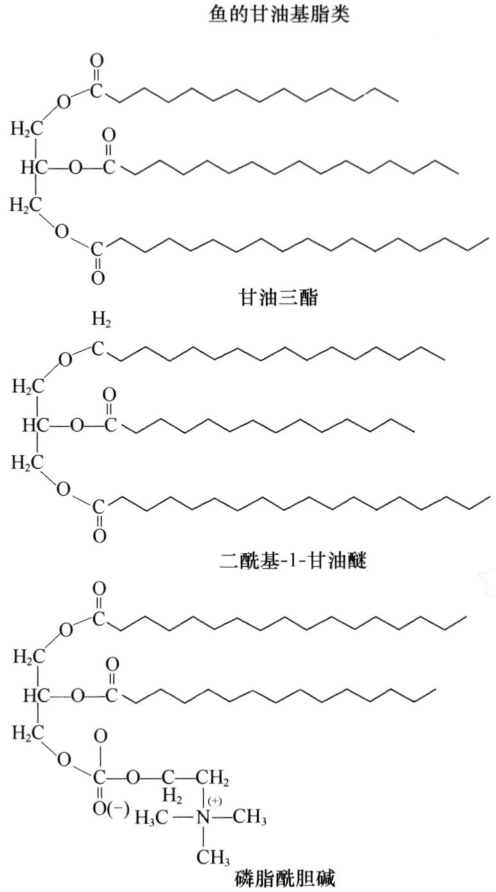

图 11.1 鱼体内三类甘油与脂肪酸结合的脂质

11.2 为什么我们仍然需要鱼油

鱼油是鱼粉生产的副产物。两种商品都受间接相关价格波动的影响。鱼粉一直以来都是用于陆生动物的饲料，其生产大致分为两个过程：将鱼或下脚料蒸煮后压榨即可（图 11.2）。接下来的加工步骤依据不同产品的要求而有所不同，Young 对此有详细介绍[20]，而 Bimbo 和 Crowther 详细介绍了希望得到的鱼粉品质[21]。类似的介绍在一本关于远洋鱼类的书籍的很多章节中都有涉及，尤其是关于资源和产品的介绍[22]，因为很多生产鱼粉和鱼油用的渔获都是远洋鱼类，是有季节性的。目前，鱼粉的主要竞争者是大豆粕和其他油料种子粕[23]。

第二次世界大战严重破坏了绝大部分基础工业，在第一节中提到的用作食品和利于人体健康的鱼油也进入了萧条期，但作为鱼粉的副产品，鱼油生产一直进行着。在过去的几十年里，鱼油的年产量可达 120 万 ~ 140 万 t，但用作人类（和动物）营养补充剂所消耗的鱼油量只占世界总产量的很小部分[23]。

水产养殖解决了部分问题，对于鲑科鱼类尤其如此，对于淡水中养殖的鲑鱼，现可采用前述的大量的粗工业级（未精炼的）鱼油产品去养殖遥远新西兰、智利等北大西洋的鲑鱼。其他的一些鱼种也正转向水产养殖方式，而且这些鱼价格一般较贵，如大西洋的比目鱼、斑鱼、鲈鱼、罗非鱼等。鱼油的价格并不便宜，因为很多鱼赖以生长的食物是鱼粉加上其他脂肪，且必须保证食物中至少含有 1% ~2% 的长碳链多不饱和脂肪酸（20:5n − 3 和 22:6n − 3），因为这些脂肪酸与鱼粉蛋白相结合是构成新生细胞功能性膜的基础。鱼粉一般含有 8% ~10% 的脂肪，通常是满足这两种必需 ω − 3 系列脂肪酸最少需求量的良好来源。鱼食物中鱼肉脂肪过量的话，就可节约蛋白转化为能量，获得更好的增重效果，十年前鲑鱼食料的总脂肪含量普遍为 20%，现在已增长到 26% ~28%，称为高能量食料。秘鲁一直为水产养殖业生产工业级鱼油的主要国家，但有时该地区养殖的凤尾鱼受太平洋和气候影响（厄尔尼诺现象）没能返回海岸，造成产量骤减，使每吨鱼油的价格由原来正常的 250 ~400 美元，提高到了 500 美元以上[23]。

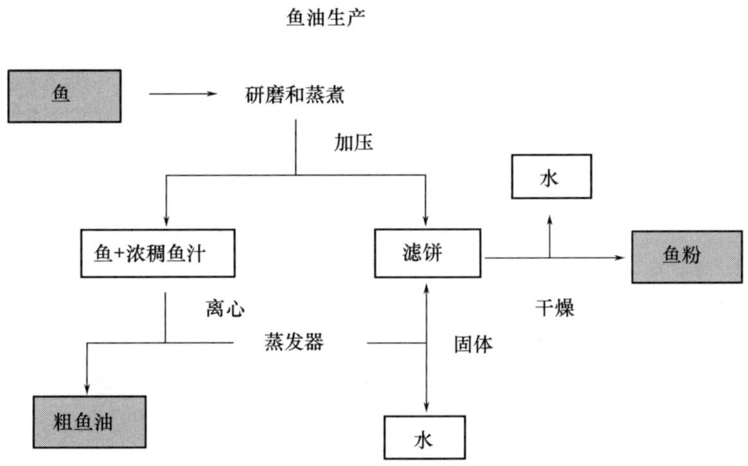

图 11.2 鱼粉制造工艺的简要框图（阴影表示主要产物）

鱼油工业发展的一个新要素是鱼油逐渐作为人类饮食的固定补充剂，而非作为单独的食品添加剂。通常是将高度精炼鱼油制成微胶囊形式。使用的鱼油必须经高度精炼并达到食品与药物管理局（FDA）标准，对此，美国所订的标准尤其高（鲱鱼油作为首例在该国获得批准），典型食物的指定列表中规定，20:5n − 3 和 22:6n − 3 两种鱼油的每日摄入量不超过3g。虽然鱼油的脂肪酸乙酯和浓缩物最终会获批准，但可以肯定的是，其起始的原料是20:1和22:1含量很低的鱼油。正如下面所要讨论的那样，这类油脂的典型特征是20:5$n-3$的含量要大于22:6$n-3$，通俗地说，就是EPA的含量大于DHA。20世纪80年代，最初对$\omega-3$脂肪酸的宣传注重EPA的溶血栓功能，但逐渐地，$\omega-3$脂肪酸的宣传转向DHA对心肌和中枢神经系统的益处。$\omega-3$脂肪酸对婴幼儿的营养也是一个颇具争议的话题，值得注意的是，哥伦比亚西北部的马泰克生物公司首次开发海藻（即素食）资源中的22:6$n-3$和20:4$n-6$（花生四烯酸）作为预制的人母乳型长链脂肪酸，添加到婴儿营养配方中。该公司2003年的销售收入预测逾一千万美元。

11.3 鱼油脂肪酸和气液色谱分析

在当代西方社会，鱼油是由整条鱼，通常是由非可食性鱼，经简单工艺（图11.2）提炼得到的油脂，主要成分为甘油三酯（图11.1）。然而，实际上除了甘油三酯外，鱼油还有许多其他成分，如蜡酯（1分子脂肪酸与1分子脂肪醇构成）、甘油二酯（1分子甘油与2分子脂肪酸构成，见图11.1）、胆固醇和胆固醇酯（图11.3），甚至是角鲨烯（图11.4）。另外，海产哺乳动物中须鲸和海豹体脂中得到的油脂与鱼油的组成（包括脂肪酸组成）基本类似，但其脂肪酸在甘油三酯上的分布不同，需要单独进行讨论。齿鲸类体脂中可能含有蜡脂（抹香鲸），甚至含有三酰基甘油以及包含异戊酸（在海豚及类似的小型品种中）等短链脂肪酸的蜡酯。这些话题在其他地方也有谈到[24]。这里也不讨论海洋无脊椎动物的油脂，因为它们的甘油三酯无法大规模生产与利用。目前在营养保健产品市场上有少量从南极甲壳纲动物中（*Euphausia superba*）提炼精制的磷虾油产品，但其投资前景不容乐观[25]。两卷本的《海洋生物脂质、油与脂肪》从资源和生物化学的角度，提供了这些物种的脂质分类和脂质组成信息[24]。

在鱼油的贸易过程中，尽管一些传统质量指标如碘值、游离脂肪酸（图11.3）含量、不皂化物（图11.3、图11.4）含量等仍然非常重要，但现在经常需要由气液色谱（GC）分析脂肪酸甲酯从而确定脂肪酸组成。图11.5所示为一个典型案例，它可以帮助人们鉴定分析脂肪酸组成。这种分析技术基于一种称为聚乙二醇的特殊液相（如SUPEL－COWAX－10、DURA－WAX、Stabilwax、Omegawax－320等），可防止偶碳链重叠形成双C_{24}脂肪酸和22:6$n-3$。因此可以相应标记出这些链长的脂肪酸。

图11.6所示为鱼油甘油三酯中典型的脂肪酸组成，包括一种须鲸油。二十年前这些脂肪酸在食品工业和食用油脂公司都备受关注[1]，但后来仅在人类营养学方面略受关

鱼油中其他天然脂质

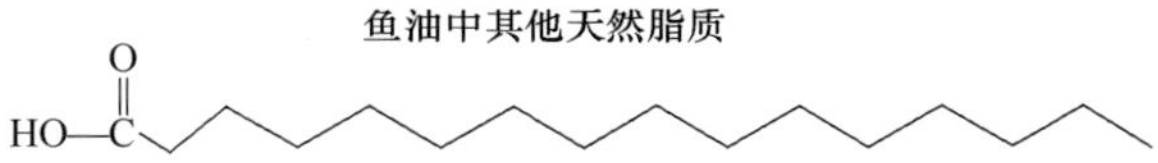

游离脂肪酸

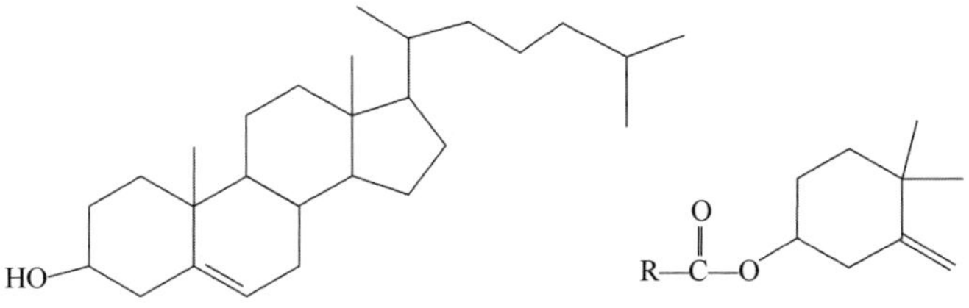

胆固醇/胆固醇酯

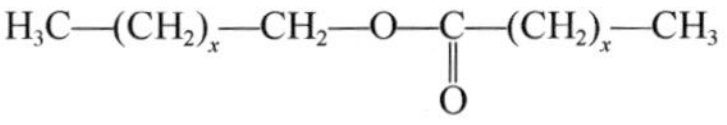

蜡酯

图 11.3 海洋油中的脂质（鱼死后，鱼组织中游离脂肪酸含量占油的 5% 甚至 10%。胆固醇及其酯类通常在 0.5% ~ 1.0% 内，但蜡酯可能是某些鱼中主要的油成分）

中性鱼油组分

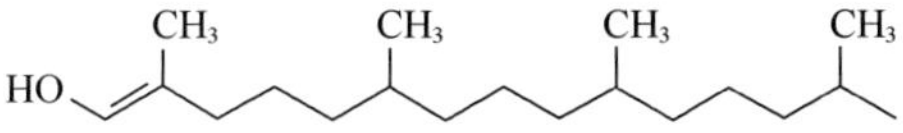

植醇

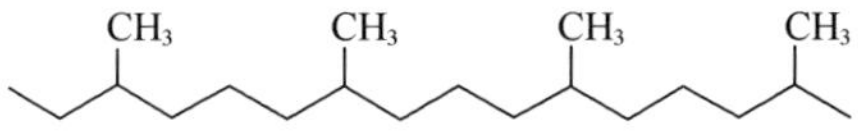

植烷

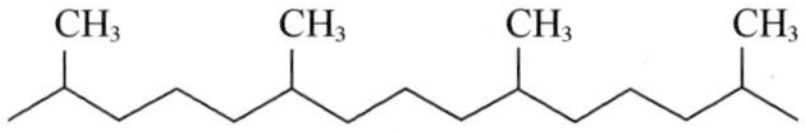

鲨肝油烷

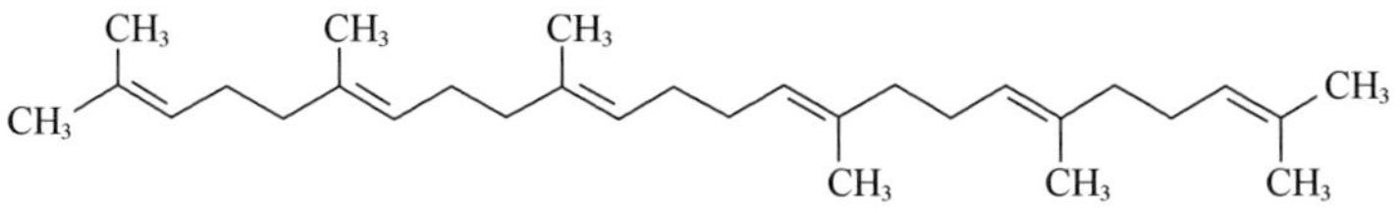

角鲨烯

图 11.4 植醇及植醇相关的碳氢化合物（鲨肝油烷和植烷在某些鱼油中存在并且互相关联，植烷、植烷酸和 4，8，12 - 三甲基十三烷酸是由植醇衍生来的鱼油中常见组分。角鲨烯通常源于动物，是鲨肝油的特征组分）

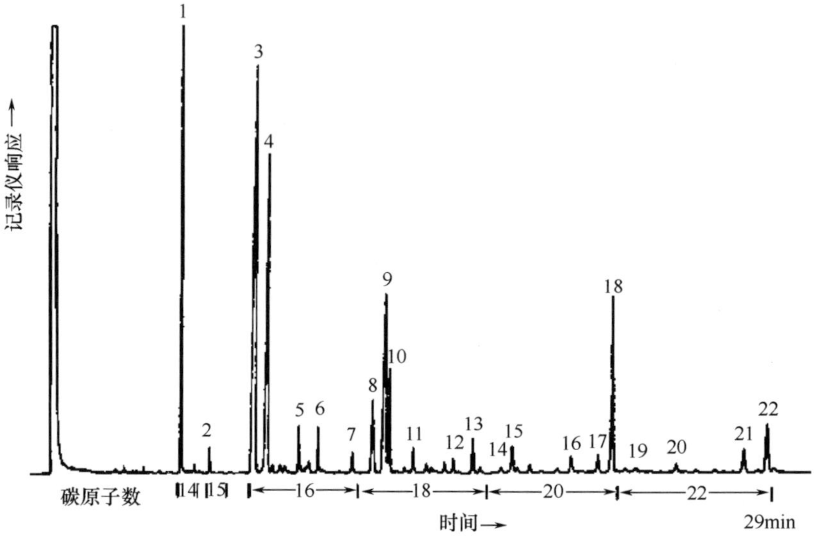

图 11.5 使用 Omegawax－320 毛细管柱分析鲱（鱼）油

［装置：Varian 3400 气相色谱仪，不分流进样，氦气载气。初始温度 69℃维持 1.4min；升温到 170℃，50℃/min；保持在 170℃8min；升温到 220℃，3℃/min；持 15min；总时间 43min。注意基线下面的 FAME 链长度。确定峰如下：（1）14:0；（2）15:0；（3）16:0；（4）16:1*n*－7；（5）16:16:2*n*－4；（6）16:3*n*－4；（7）16:4*n*－1；（8）18:0；（9）18:1*n*－9；（10）18:1*n*－7；（11）18:2*n*－6；（12）18:3*n*－3；（然后是 18:3*n*－1）；（13）18:4*n*－3（然后是 18:4*n*－1）；（14）20:0；（15）20:1*n*－9（然后是 20:1*n*－7）；（16）20:4*n*－6；（17）20:4*n*－3；（18）20:5*n*－3；（19）22:1 类；（20）21:5*n*－3；（21）22:5*n*－3；（22）22:6*n*－3（24:0 在前，24:1*n*－9 在后）。分析时间，30min。Anal. Chem. Acta 许可转载］

注[26]。在实际分析过程中，海洋油脂主要由 12 种脂肪酸组成，它们占图 11.5 中海洋油脂中总脂肪酸组成的 90% 以上，从而能决定鱼油的性质，这些脂肪酸如下。

14:0	16:1*n*－7	18:2*n*－6
16:0	18:1*n*－9	18:3*n*－3
18:0	20:1	18:4*n*－3
	22:1	20:5*n*－3
		22:6*n*－3

在对多种鱼油样品进行分析后，作者得出结论：从冷水中或北纬地区获得的鱼油具有独特的“基本”脂肪酸组成[27]，通常以鲱鱼油或秘鲁的凤尾鱼油（图 11.6）为典型，鲱鱼只吃墨西哥湾海水或美国东海岸大西洋海水中的滤层浮游植物，而凤尾鱼也近乎以植物食物链的基础为食。

鲱鱼油的脂肪酸组成是海洋鱼油脂肪酸组成的典型代表。其显著特征是20:1尤其是22:1含量很少，见图11.6。这两种脂肪酸的来源已经在淡水脂质[28]和海洋脂质[29, 30]的综述中进行了详细的讨论。理论上，在丰富的18:1$n-9$和18:1$n-7$中增加一个醋酸单元即可生成20:1$n-9$和20:1$n-7$，这些脂肪酸再通过一个碳链延长途径就形成了22:1$n-9$和22:1$n-7$，碳链的延长一般到此就结束了，这些脂肪酸相对于22:1$n-13$尤其是22:1$n-11$来说，含量很少。如图11.6所示除少量的24:0外，24:1出现了更为明显的峰值。海洋油脂中的24:1$n-9$包括神经酸，它在动物的各种器官中起重要作用，可由膳食脂肪累积所得。其他异构体也可能存在。22:1在高效开管气相色谱上实际有四个峰（图11.7），其主峰是22:1$n-11$，含有一定量的22:1$n-13$，后面峰则依次是22:1$n-9$，22:1$n-7$和22:1$n-5$。20:1的峰也类似这样，主峰是20:1$n-9$，前面有个20:1$n-11$的小肩峰，但这个峰有时很难看到，20:1$n-9$主峰后则依次是20:1$n-7$和20:1$n-5$。当然，在这些峰中间，可能还有一些其他非亚甲基间断的二烯酸（NMID），这类脂肪酸将在下面进行讨论。

不常见22:1$n-3$和22:1$n-11$异构体的来源现在已搞清楚了（见表11.1）[29, 30]。几十年以前专门从事海洋脂质研究的很多科学家的先导研究提到一类体型微小的桡足类海洋甲壳动物。他们发现，北大西洋许多鱼类的主要食物是几种甲壳动物，其主要脂质是蜡酯[31]。实际上，哈利法克斯的桡足类动物油脂中的蜡酯含量高达61.2%，而甘油三酯含量仅为31.6%[29]。对桡足类动物脂质蜡酯脂肪醇中烯键位置的分布与一些地区鱼类（直接以桡足类为食）体脂的脂肪醇进行了比较，见表11.1。由表可推知，桡足类动物脂肪醇在鱼体内可直接转化为相应的脂肪酸，因此，此类鱼中22:1的含量通常都很高。但应当指出的是，无论是桡足类动物甘油三酯中的脂肪酸，还是蜡酯中的脂肪酸，均有一定量同样的异构体存在[29]。然而，目前还不能很好地解释为什么在桡足类动物脂肪的蜡酯中，脂肪酸是以本来并不多见的22:1$n-11$占主导，这可能与其本身的物理特性如熔点、相对密度等有关。

另外，从大多数鱼油脂肪酸组成列表中可以发现，绝大多数仅是简单列出了20:1和22:1总量，并没有具体列出其详细的异构体组成，但若作养殖鱼的饲料用是完全可以接受的[32]。如前所述，鱼油中它们的存在确实造成了摄入菜籽油或鱼油的动物出现对22:1的误报和宣称的心脏损害，而鱼油通常以部分氢化的形式存在于人造奶油和起酥油中。这与最近所宣称的来源于其他的反式脂肪酸可能引起人体产生胆固醇和动脉粥样化问题是不相关的[33, , 34]。写这本书时（2003年年中），美国食品与药物管理局（FDA）已宣布要在食品标签中标识反式脂肪酸含量。但鱼油，现在多作为一些食品中的$\omega-3$营养补充剂，则不需要考虑这些问题，因为鱼油所含的烯键几乎都是顺式结构的。

图11.6所示为六种鱼油和一种商业化鲸油的脂肪酸组成，其中未公开过的数据得到费

拉尔丁恩联合利华研究所 W. Schokker 和 H. Boerma 的允许而发布。

	鲱鱼 北海	鳀鱼 秘鲁	鲸 南极	沙丁鱼 南非	沙丁鱼 葡萄牙	步丁鱼 美国	沙丁鱼*
12:0	0.10	0.10	0.20	0.20	0.10	0.15	0.10
14	6.10	7.45	7.45	7.75	6.70	7.30	7.30
14:1	0.15	—	0.75	0.15	—	—	—
16 支链	0.40	0.40	0.40	0.40	0.50	0.45	0.55
15:0	0.40	0.60	0.65	0.40	0.75	0.65	0.60
16:0	10.75	17.45	13.40	15.65	17.80	19.00	15.60
16:1	7.30	9.00	10.50	8.50	6.00	9.05	9.00
16:2 ω7	0.20	0.20	0.20	0.55	0.40	0.50	0.40
16:2 ω4	0.40	1.00	0.65	1.45	0.65	1.25	1.55
16:3 ω4	6.70	2.05	0.10	2.00	0.40	1.45	1.70
16:3 ω3	—	—	0.20	—	0.20	0.20	0.15
16:4 ω4	0.10	—	—	—	0.10	0.15	0.20
16:4 ω1	1.20	2.45	0.95	3.20	1.60	2.30	2.60
17 支链	0.30	0.35	0.25	0.25	0.20	0.20	0.15
17:0	0.35	0.55	0.95	0.80	0.80	0.90	0.85
17:1	0.30	—	0.25	—	0.30	—	—
18 支链	0.80	0.70	1.10	0.60	0.60	0.45	1.00
18:0	1.40	4.00	2.70	3.65	3.60	4.20	3.45
18:1	10.30	11.55	27.60	9.25	13.00	13.20	10.40
18:2 ω9	Tr.	0.10	0.10	0.15	0.15	0.30	0.20
18:2 ω6	0.95	1.20	1.90	0.80	1.20	1.30	1.30
18:2 ω4	0.10	0.60	0.20	0.50	0.30	0.40	0.50
18:3 ω6	0.05	0.30	0.20	0.35	0.20	0.25	0.30
18:3	Tr.	0.20	0.10	0.30	0.10	0.30	0.20
18:3 ω3	2.00	0.75	0.85	0.45	1.00	1.30	0.65
18:4 ω3	3.15	3.05	1.05	2.05	3.15	2.75	2.65

* 产地不详。——译者注

续表

	鲱鱼 北海	鳀鱼 秘鲁	鲸 南极	沙丁鱼 南非	沙丁鱼 葡萄牙	步丁鱼 美国	沙丁鱼*
18:4	0.15	0.20	0.20	0.15	0.10	0.15	0.20
19 支链	—	0.10	—	—	0.20	0.20	—
19:0	0.20	0.10	0.60	0.20	0.40	0.40	0.10
19:1	0.10	—	0.40	—	—	—	—
20:0	0.10	0.30	0.20	0.60	0.40	0.35	0.30
20:1	13.40	1.55	6.75	2.50	4.30	2.00	1.45
20:2 ω9	—	0.30	0.10	0.40	0.15	0.45	0.15
20:2 ω6	0.15	0.35	0.15	0.25	0.20	0.35	0.30
20:3 ω6	0.10	0.10	0.20	0.30	0.10	0.15	0.20
20:3 ω3	0.30	1.10	0.60	1.35	0.85	0.80	1.00
20:4 ω6	Tr.	0.10	0.25	0.10	0.10	0.15	0.15
20:4 ω3	0.75	0.70	1.30	0.70	1.05	1.35	0.80
20:5 ω3	7.45	17.00	4.70	19.30	11.00	11.00	18.30
21:0	0.10	Tr.	0.05	0.15	0.10	0.05	0.10
21:5 ω2	0.25	0.70	0.15	0.90	0.50	0.60	0.90
22:0	0.05	0.05	0.10	0.20	0.20	0.20	0.15
22:1	21.25	1.15	2.40	3.10	3.80	0.55	1.55
22:2	0.20	0.10	0.05	0.05	0.10	0.20	0.10
22:3 ω3	—	0.15	0.25	0.15	0.15	0.15	0.20
22:4 ω3	0.25	0.55	0.20	0.40	0.70	0.50	0.60
22:5 ω3	0.75	1.60	2.40	2.35	1.30	1.90	1.80
22:6 ω3	6.75	8.75	5.70	6.45	13.00	9.10	9.60
23:0	0.10	0.05	0.05	0.10	0.10	0.10	0.15
24:0	0.15	0.05	Tr.	0.15	0.10	0.15	0.10
24:1	0.75	0.50	0.30	0.50	0.60	0.35	0.70
Wijs 碘值	135.70	181.00	121.70	182.00	169.70	162.10	189.40
GLC 碘值	138.00	181.50	122.10	183.90	170.00	161.50	190.70

图 11.6　荷兰弗拉尔丁恩市联合利华研究所科学家给 R. G. Ackman 的一封私人通信的复本，详见文献[1]，经学术出版社授权允许

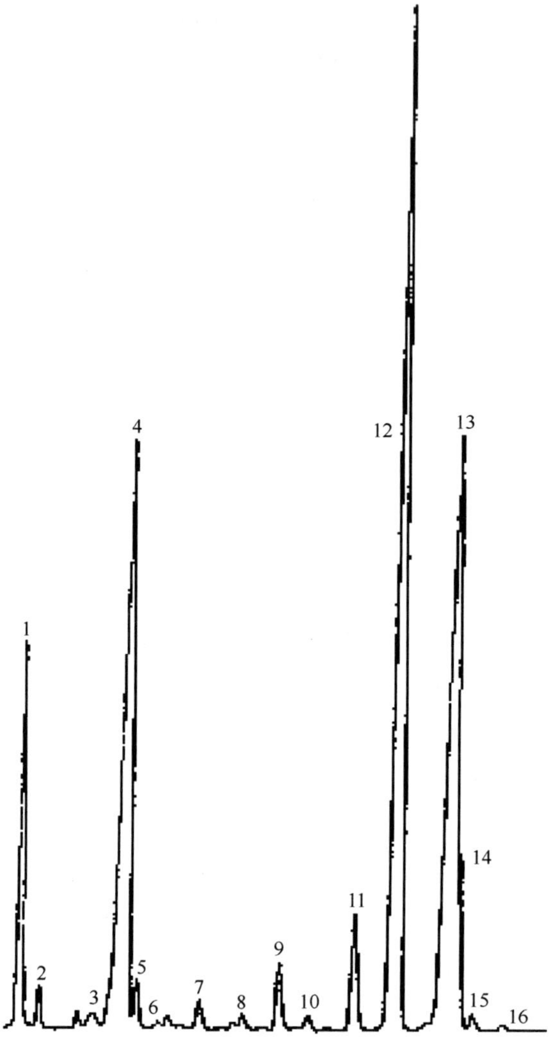

图 11.7 鳕鱼肝油脂肪酸甲酯的气相色谱截图

柱子 Omegawax－320，0.32 ×30 ×0.25，温度：160℃ 8min，3℃/min 升到 220℃，保持在 220℃。峰鉴定如下：（1）18:4n－3；（2）18:4n－1，未标注的可能是 18:5n－3；（3）20:0；（4）20:1n－9，与峰 3 之间有前肩峰 20:1n－11；（5）20:1n－7；（6）20:1n－5；未知；（7）20:2n－6；未知；（8）20:3n－6；（9）20:4n－6；（10）20:3n－3；（11）20:4n－3；（12）20:5n－3；小峰 22:0；（13）22:1n－13＋22:1n－11；（14）22:1n－9；（15）22:1n－7；（16）22:1n－5

资料来源 Ackman，未发表。

11.4 饱和脂肪酸、单不饱和脂肪酸异构体和特殊脂肪酸

鱼油的基本脂肪酸组成中，饱和脂肪酸占有相当大的比例[27]。由图 11.5 和表 11.1 可知，饱和脂肪酸中主要是 16:0（棕榈酸），其次是 14:0（豆蔻酸），其含量约为棕榈酸的1/2，少量 18:0（硬脂酸）。一般，饱和脂肪酸至少占总脂肪酸含量的 20%，尤其是其中的奇数碳（15:0、17:0）脂肪酸和甲基支链（异构、反异构、降植烷酸、植烷酸）脂肪酸（图 11.4）也都是饱和脂肪酸，其总量在 2% ~3%。在 17:0 峰附近，经常可看到有个与之几乎同样大小的色谱峰，它即为 17:1*n* -8。有关这些峰的详细信息可在其他论文中找到，所以，当研究者试图采用现代开管气相色谱分析这类样品时，应关注它们是否存在以及是否影响对峰的定性和定量。由图 11.6 可知，各类脂肪酸的百分含量之间呈反比关系，因此，在富含 20:1 和 22:1 的油脂中，一般其饱和脂肪酸含量就较低。

表 11.1 桡足类的甘油三酯与蜡酯中以及可能以桡足物种为食的北大西洋远洋鱼类商用油脂中主要的 *n*-3 脂肪酸、饱和和单烯脂肪酸异构体

单位：%（质量分数）

	桡足类		毛鳞鱼	商用油脂		
	甘油三酯	蜡酯	总脂肪酸	蜡酯	鲐鱼总脂肪酸	鲱鱼总脂肪酸
14:0	19.84	38.42	7.85	5.23	7.81	8.77
16:0	28.98	11.15	8.81	8.36	15.93	14.84
18:0	1.04	0.35	0.72	1.03	1.73	0.97
16:1*n* -9	0.05	0.35	0.03	1.58	0.29	ND
16:1*n* -7	8.89	12.33	15.42	18.16	8.20	7.22
16:1*n* -5	0.73	1.04	0.73	0.12	0.54	0.52
18:1*n* -9	3.14	3.46	4.40	5.95	8.61	12.27
18:1*n* -7	0.91	0.56	3.43	1.69	3.78	3.66
18:1*n* -5	0.41	0.15	0.62	0.65	0.54	0.64
18:2*n* -6	0.97	0.83	0.78	0.86	1.28	0.78
18:3*n* -3	1.08	1.00	0.20	0.36	0.99	0.39
18:4*n* -3	3.23	5.63	1.36	1.87	2.47	0.93
20:1*n* -11	0.33	0.36	1.20	0.46	0.24	0.50
20:1*n* -9	4.12	4.37	14.53	9.34	10.59	14.37

续表

	桡足类		毛鳞鱼	商用油脂		
	甘油三酯	蜡酯	总脂肪酸	蜡酯	鲐鱼总脂肪酸	鲱鱼总脂肪酸
20:1*n*-7	0.34	0.55	1.84	0.92	1.13	0.94
20:1*n*-5	0.02	0.01	0.23	0.10	0.09	0.19
20:4*n*-6	0.29	0.19	0.29	0.60	0.36	0.24
20:5*n*-3	8.38	5.81	9.35	22.38	7.84	2.85
22:1*n*-11[13]	5.16	4.59	17.45	5.90	12.74	20.92
22:1*n*-9	0.34	0.65	1.70	0.92	1.00	1.36
22:1*n*-7	0.11	0.11	0.42	0.19	0.19	0.33
22:5*n*-3	0.60	0.23	0.60	0.74	0.57	0.37
22:6*n*-3	4.90	0.64	2.70	5.32	7.66	2.70
24:1	0.49	0.24	0.59	0.13	0.69	0.52

注：ND 未测定。
资料来源 Ratnayake 和 Ackman[30]。

在 14:0 峰后面通常出现一些比较杂乱的峰，此为 $C_{14:1}$ 及其异构体，其中还混有支链的异构和反异的 15:0，以及类异戊二烯的 4，8，12 - 三甲基十三烷酸，接下来才是一个明显的 15:0 峰，见表 11.2。但很少有研究者会注意这些细节的存在，16:0 之前仅有的第二个峰值是 16:0 异构体，有时 16:0 之前会出现另一种类异戊二烯酸、降植烷酸或 2，6，10，14 - 四甲基十五烷酸的峰值。

表 11.2　日本沙丁鱼[36]的脂肪酸制成和相对保留时间，与海洋硅藻三角褐指藻[39]培养细胞的甘油三酯相比较

单位：%（质量分数）

峰号	脂肪酸	保留时间	沙丁鱼	三角褐指藻
1	10:0	0.057	0.02	—
2	12:0	0.119	0.11	0.4
3	支链（异）-13:0	0.144	—	—
4	13:0	0.166	0.02	1.1
5	支链（异）-14:0	0.208	—	—
6	14:0	0.245	7.25	6.9
7	14:1（*n*-9）	0.26	0.25	—
8	14:1（*n*-7）	0.275	0.06	—

续表

峰号	脂肪酸	保留时间	沙丁鱼	三角褐指藻
9	14:1（n−5）	0.287	0.07	—
10	支链（异）−15:0	0.296	0.15	—
11	支链（反异）−15:0	0.313	0.08	—
12	15:0	0.348	0.31	2
13	支链（异）−16:0	0.421	—	—
14	支链（反异）−16:0	0.437	0.08	—
15	16:0	0.502	19.42	21.2
16	16:1（n−11）	0.529	0.84	—
17	16:1（n−9）	0.541	—	4.4
18	16:1（n−7）	0.564	8.64	23
19	支链（异）−17:0	0.600	0.07	—
20	支链（反异）−17:0	0.631	0.32	—
21	16:2（n−7）	0.643	0.05	—
22	16:2（n−4）	0.686	1.23	3.4
23	17:0	0.704	0.33	—
24	17:1（n−10）	0.732	0.52	—
25	16:3（n−4）	0.762	1.57	3.3
26	17:1（n−8）	0.785	0.13	0.4
27	17:1（n−6）	0.830	0.05	—
28	支链（异）−18:0	0.844	0.09	—
29	支链（反异）−18:0	0.875	0.03	—
30	16:4（n−1）	0.892	2.55	0.2
31	18:0	1.000	2.62	2.3
32	18:1（n−13）	1.041	0.11	—
33	18:1（n−9）	1.110	6.38	6.5
34	18:1（n−7）	1.131	3.04	0.8
35	18:1（n−5）	1.169	0.23	1.2
36	支链（异）−19:0	1.222	—	—
37	18:2（n−6）	1.291	0.85	2.5
38	18:3（n−6）	1.371	0.47	0.3

续表

峰号	脂肪酸	保留时间	沙丁鱼	三角褐指藻
39	19:0	1.415	0.14	—
40	19：1（$n-8$）	1.515	0.11	—
41	18：3（$n-3$）	1.575	0.40	1.3
42	18：4（$n-3$）	1.730	2.06	0.2
43	18：4（$n-1$）	1.768	0.22	—
44	20:0	1.995	0.11	0.1
45	20：1（$n-11$）	2.142	2.37	—
46	20：1（$n-9$）	1.176	1.33	—
47	20：1（$n-7$）	2.235	—	—
48	20：2，5，11	2.403	—	—
49	20：2（$n-6$）	2.783	—	0.4
50	20：4（$n-6$）	2.928	1.26	0.3
51	20：4（$n-3$）	3.396	0.74	0.4
52	20：5（$n-3$）	3.608	17.01	8.7
53	22：1（$n-11+13$）	4.205	2.09	—
54	22：1（$n-9$）	4.288	0.27	—
55	22：2，7，11	4.902	—	—
56	22：2，7，13	4.985	—	—
57	21：5（$n-3$）	5.158	0.60	—
58	22：5（$n-3$）	7.150	2.17	0.9
59	22：6（$n-3$）	7.510	10.09	2.3
60	24：1（$n-9$）	8.408	1.09	—

在气相色谱分析中，十六碳多不饱和脂肪酸常常会混淆，因为 $n-3$ 和 $n-6$ 二种系列的不饱和脂肪酸会在色谱图上共存并重叠，其中常见的是 16:2$n-6$、16:3$n-3$ 和 16:4$n-3$，重叠于其上的是 $n-1$、$n-4$ 和 $n-7$ 系列的脂肪酸。后一系列的脂肪酸文献报道很多[35]，它们可能是某些鱼油脂质中的主要脂肪酸，因为它们会在以含有这些脂肪酸的藻类为食物的鱼体内或多或少地累积，如日本的沙丁鱼（表 11.2）。更多的海洋脂质脂肪酸及其脂肪酸甲酯在弱极性 SILAR－5CP 气相色谱柱上的保留时间见表 11.2。由表 11.2 可知，在同样的色谱柱上，16:1$n-7$ 后的脂肪酸基本上都可以对其进行准确定性；但在强极性色谱柱上，十八碳脂肪酸及其异构体可能会有部分重叠。在缺乏 GC－MS 时，传统的作图技术或分离因子可帮助定性（[37, 38]，但需要等温气相色谱分析。为了更好地阐述 $n-1$、$n-$

4 和 $n-7$ 系列脂肪酸在鱼体内形成鱼油的过程，表 11.2 中列出了著名的单细胞藻类 *Phaeodactylum tricornutum* 甘油三酯的脂肪酸，因为这是该地理位置上的一种基本硅藻[39]。需注意的是，16:4$n-1$ 含量很少，据推测是由于微量 18:4$n-3$ 的存在。可能藻类中存在类似酶催化形成 18:4$n-3$ 的 16:4$n-1$ 生成途径，但酶作用的对象是十六碳链而不是十八碳链。当然，这里面可能还有其他的原因和途径，需要更多研究来进一步证实，但可以确定，其他鱼油中 16:4$n-1$ 含量都要比沙丁鱼鱼油来得少。

奇怪的是，在大部分鱼油的气相色谱分析中，18:4$n-3$ 色谱峰（图 11.5 中峰 12）后常会清晰地出现一个 18:4$n-1$ 峰，其尺寸一般为 18:4$n-3$ 的 1/4[40]。浮游植物和浮游动物脂质的气相色谱图都是如此。图 11.7 中，就中等极性的 SILAR－5CP 液相检测来看，它可能是峰 2（18:4$n-1$）和峰 3（20:0）之间的小尖峰[40]。所有不常见的脂肪酸应该都会被哺乳动物甚至鱼类体内降解过程巧妙处理掉了，很少会在鱼油中发现。另外，3 号色谱峰比预期的要宽，这是典型的饱和脂肪酸甲酯。在鱼油其他不常见的脂肪酸中，21:5$n-3$（图 11.5 中峰 20）的文献报道已经很多，大家也都已经比较了解[41]。有趣的是，如果在气相色谱分析中采用 23:0（二十三脂肪酸甲酯）作为内标[42]，23:0 可能与 21:5$n-3$ 相互重叠，但对 SUPELCOWAX－10 进行稍微改性成为 Omegawax－320 色谱柱，就可以解决这个问题。另一方面，NMID（非亚甲基间断的二烯酸）指软体动物脂质中早先出现的 C_{20} 和 C_{22}，或许是在细胞膜多不饱和脂肪酸的物理模仿过程中产生的[43]。它们在工业深海鱼油中不易被发现。若在聚乙二醇毛细管柱上未看到后来洗脱的 C_{20} 和 C_{22} 单乙烯异构体（$n-7$、$n-5$）有正常分辨率，则可认为它们可能存在于热带珊瑚礁上或食鱼的软体动物中。

11.5 多不饱和脂肪酸

在我们所熟悉的陆生生物中，十八碳多不饱和脂肪酸主要有 18:2$n-6$、18:3$n-3$ 和 18:3$n-6$ 三种，但在大部分的海洋鱼油中，上述三种脂肪酸含量均在 2% 以下（见图 11.6 和表 11.1）。18:4$n-3$ 含量在 2% ~4%。在海洋鱼油的二十碳不饱和脂肪酸中，20:2$n-6$、20:3$n-6$、20:3$n-3$、20:4$n-3$ 含量一般也都很少，20:4$n-6$（花生四烯酸）与它们的含量相差无几，但在热带鱼脂质中含量稍高些，而热带鱼通常不是商业鱼油原料。虽然 20:4$n-6$在哺乳动物中具有重要的功能和营养价值，但海洋脂质 $n-3$ 系列的 C_{20} 和 C_{22} 多不饱和脂肪酸常常多过 20:4$n-6$。在色谱分析时不能采用高极性色谱柱是因为有些脂肪酸在高极性色谱柱上会发生重叠，如 22:1 和 20:4$n-6$ 就可能会毗邻而列或重叠。

在早期（20 世纪 60 年代），人们对多不饱和脂肪酸的研究主要是集中在其对降低血清胆固醇方面的作用，并取得了不同程度的进展[44]。在一个特别研究中，对比了 $n-3$ 不饱和脂肪酸乙酯浓缩物和 $n-3$ 脂肪酸对人体的作用效果，其中这项研究中，膳食添加乙酯浓缩物，使每天的 $n-3$ 不饱和脂肪酸摄入量达 4g，仅在摄入 $n-3$ 脂肪酸的试验组中出现了"加速的精神活动伴随幸福感提升"的作用。同时，每天摄入 26mL 海豹油，即 5g $n-3$ 脂肪酸对降低胆固醇的作用非常明显，并且没有任何副作用[45]。现在，通过这种简化饮食方案来评价胆固醇这个心血管风险因子一般不为人们所接受，因为心血管疾病是多种因素的综合作用[46]。最新的报道排除了花生四烯酸，它影响很小。认为 EPA（20:5$n-3$）在降低另一个独立的风险因子血清甘油三酯方面比 DHA（22:6$n-3$）更为有效[47]。另一项研究也表明，EPA 比 DHA 在降低血压方面更为有效[48]。

表 11.1、表 11.2、图 11.5 和图 11.6 给出了 $n-3$ 脂肪酸系列中的第三种脂肪酸，即 7，10，13，16，19－二十二碳五烯酸（22:5$n-3$），是 DPA 两个异构体中的一个，DPA 的另一个异构体是 $n-6$ 系列的 22:5$n-6$，在气相色谱中，它在 22:5$n-3$ 峰的前面出峰。在图 11.5 中，峰 21 是 22:5$n-3$，而 22:4$n-3$ 的峰可能就在峰 20 和峰 21 之间。1996 年的两篇论文[49, 50]花了大量的篇幅描述了 22:5$n-3$ 对内皮细胞的作用。鉴于 20:5$n-3$ 最初被认为能产生前列腺素从而能保持血管壁弹性[51]，这对心脏外血液循环中的 EPA 和 DPA 可能是有益的，但研究发现主动脉中这三种 $n-3$ 脂肪酸似乎不起作用，可能因为它们常被认为是可自由互换的[52]。虽然这种解释不一定正确，但 EPA 转化为 $n-3$ 系列的 DPA 及其逆反应，都只有一个醋酸单位的变化，通常是易于接受的，关键是 22:5$n-3$ 转化为 22:6$n-3$ 非常困难，首先 22:5$n-3$ 需通过碳链延长，形成 24:6$n-3$；其次 24:6$n-3$ 经过氧化物酶催化缩短为22:6$n-3$，一些生物化学家认为补充外源性的 DHA 是满足人体对 DHA 需求的一种有效方式，特别是在妇女妊娠晚期和哺乳期。鱼油在逻辑上对人类有益，这是生物化学上的一个题外话，并不能解决文献[13]中多位作者详细探讨过的鱼油对母/婴影响的问题，这个问题仍备受争议[53, 54]。

目前，人们对因心律不齐造成心脏功能衰竭的问题非常关注[55]，其中有人认为 DHA 可能是 $n-3$ 脂肪酸中维持心肌正常功能的主要脂肪酸。但遗憾的是，目前市场上鱼油中，鲱鱼或凤尾鱼是 EPA 型鱼油，鳕鱼中 EPA 和 DHA 含量几乎相等，而金枪鱼的鱼肉和眼睛中 DHA 含量高达 20%～25%。实际上，$n-3$ 脂肪酸与心律不齐之间关系的相关研究是在澳大利亚首先进行的[56]，那里靠近富含 DHA 的金枪鱼油产地亚洲，这使得人们错误地认为这种脂肪酸有预防心律失常的作用。

$n-3$ 脂肪酸对人体健康和福利方面的影响，不可避免地使公众提出"它们来自哪里"、"是否安全"的疑问，后面这个安全性问题，涉及油脂的生产和品控环节，事实上，大部分脂肪酸是植物来源的，非常安全。

众所周知，浮游植物产生的一些毒素对鱼类也会产生危害，即通常看到的"赤潮"现象[57]。在海洋中和海岸线旁边经常会有一些死去的鱼，不能用这些死去的鱼来提取鱼油。贝类毒素的情况不同，藻毒素的消化吸收不会杀死宿主[58]，但鱼油原料并不是这些滤食动物。

在海洋生物中发现的每一种不常见脂肪酸都会引起人们极大的关注，但是其最终的命运都是渐渐消失在人们视野之外。一个典型的例子就是呋喃型脂肪酸，曾经认为其普遍存在于大部分油脂中[26]。但最近很多关于 $n-3$ 脂肪酸的论文和书籍却都没有提及。

图 11.8 所示为近几十年许多科学家所作研究工作的一个总结。海洋中的浮游植物能产生鱼油所包含的各种脂肪酸，甚至从遥远的澳大利亚到苏格兰地区，鱼油中这些脂肪酸的组成都基本相似。但它们之间也存在明显的差别，一般脂肪酸类型与人们在海边看到的水生植物的颜色（红色、绿色和棕色）有关。甚至其甘油三酯数量的积累程度也受周围可利用的营养成分所控制，特别是氮和光照强度[59]。不是所有浮游植物中都存在 22:6$n-3$，但在所有深海底部的藻类[60]或浮游植物中一定存在 22:6$n-3$[61, 62]。由于一些未知的原因，浮游植物中脂肪酸的生物合成常到 20:5$n-3$ 时就停止了，这可能是滤食型鲱鱼鱼油中 20:5$n-3$ 和 22:6$n-3$ 初始比例为 18:12 的原因（见图 11.5），这个比例经过对数百瓶鱼油胶囊和绝大多数鲱鱼和凤尾鱼鱼油浓缩物的多次检测获得（见图 11.6）。实际上，棕色和红色大型藻类植物脂质中的 18:2$n-6$ 和 18:3$n-3$ 含量是非常有限的，但在绿色大型藻类植物中却比较多，其中孔状石莼是研究较多的典型例子[60]。

前面已经讲过，各种无脊椎动物以浮游植物为食，相对小一点的肉食鱼类以食草动物和无脊椎动物为食。22:6$n-3$ 对中枢神经活动和视网膜功能有效用，含量较低，它在鱼的肌肉磷脂中起着重要作用（占脂肪酸的 30%～40%）。油脂中存在的 18:4$n-3$ 和 18:4$n-1$ 见图 11.5、图 11.6。鱼油脂质生化方面的最新研究表明，虹鳟鱼能利用 18:3$n-3$（α-亚麻酸）生物合成 22:6$n-3$（DHA），但其量非常有限[63]，且是通过盲肠和肝脏而转化的[64]，这就提出了一个有关鱼生化环境适应性的有趣观点。深海鱼消化产生 EPA 和 DHA，但诸如虹鳟鱼的北美淡水鱼的食物发生了奇怪的变化。最近的冰川作用灭绝了本土无脊椎动物，鲑鱼从海中返回后，淡水鱼的食物种类会基于中美洲引入的昆虫。因此，一旦鲑鱼回到远离深海的淡水中，失去了充足的海洋长链 $n-3$ 脂肪酸，需适应并具备延长昆虫的 C_{18}脂肪酸的能力。由英国的一篇报道可了解到，昆虫的脂质和脂肪酸也存在类似情况[65]，它们可以为淡水鱼提供 EPA 但不提供 DHA。这些淡水鱼油产品中的 $n-3$ 和 $n-6$ 虽然对人体有益[12, 66, 67]，但它们不适用于生产大量有特色的鱼油产品，美国养殖的鲶鱼例外，这些鲶鱼从当地水产养殖饲料中获得了大量 $n-6$ 脂肪酸。2003 年 JAOCS 报道了其内脏油脂的生产，但搞错了其脂肪酸组成。加拿大北部的湖面非常适宜于养鱼业，其鱼油或

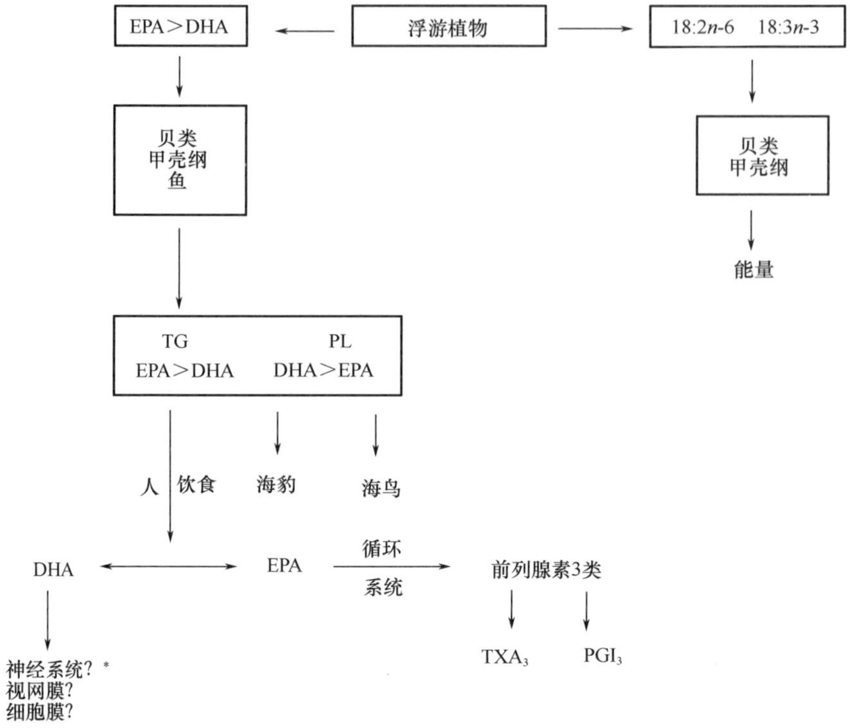

图 11.8 源自浮游植物中的不饱和脂肪酸，经过无脊椎动物的选择之后在油中累积了 EPA 和 DHA，最终进入高等动物

肌肉中 $n-3$ 脂肪酸含量很高[67]，4 种鱼油的长链 $n-3$（包括 18:4$n-3$）在总脂肪中的含量分别为 9.6%、13.3%、17.0% 和 18.6%，相应的长链 $n-6$ 脂肪酸包括 20:4$n-6$、22:4$n-6$ 和 22:5$n-6$，分别占总脂肪的 3.3%、2.5%、3.7%，其余 4.2% 以 20:4$n-6$ 含量最大。因此，深海鱼油中普遍含高水平的 $n-6$ 脂肪酸，但总的说来，油中 $n-3$ 和 $n-6$ 系列的 C_{20} 和 C_{22} 多不饱和脂肪酸含量之间存在良好的平衡。当地大量食用并出口的食用鱼都含有较多的 $n-3$ 脂肪酸，同时也含有已提到的 $n-6$ 脂肪酸（R. G. Ackman，未出版）。

11.6 鱼油的生产和品质

保证鱼油（鱼粉）品质最关键之处就是在捕捞之后及时加工。但渔船每次的捕鱼量非常大，有时甚至超过 100t，这么大量的鱼全部在渔船上进行迅速冷冻是不太可能的，但是可以通过鱼泵，将鱼迅速转移至加工工厂，即使在加工厂也要尽量避免耽搁，最好在 24～

* 表示可能。——译者注

30h 之内完成，当然这与鱼降解前的温度有关。存在于鱼体内肌肉组织和消化组织中的酶和内脏细菌都会降解蛋白质。油脂的酸败、降解主要是由脂肪酶催化分解作用引起的，但油脂中可溶性游离脂肪酸可能部分来源于食物、磷脂的消化，而不一定是甘油三酯的降解。游离脂肪酸（FFA）是评价鱼油品质简单而重要的指标之一。有文献[68]报道，Zhou 等[69]对鲑鱼研究发现，尽管烹饪时的蒸汽温度达到 95℃，但储存在脂肪细胞中的油脂在温度仅有 50℃时就能被释放出来。通过挤压和成本较高但有效的离心作用，可将油脂分离出来，分离出来的油脂一旦冷却就比较稳定，因为在第一步的挤压、分离过程中引入的一些蛋白质类的微粒状物质，在第二步的离心分离过程中可以得到有效去除。油脂冷却后在干净、干燥的储罐中贮藏。这些储罐应尽可能灌满，并且应具有良好完备的沉淀排放、分水装置。多位研究者[20, 23, 26, 70]提供了复杂的流程图。其复杂性是因为热力学（主要是排水）决定了成本。为此，文献 20、文献 23、文献 26 和文献 70 另外给出了详尽的流程图。图 11.9 所示为产品生产的主要技术环节。

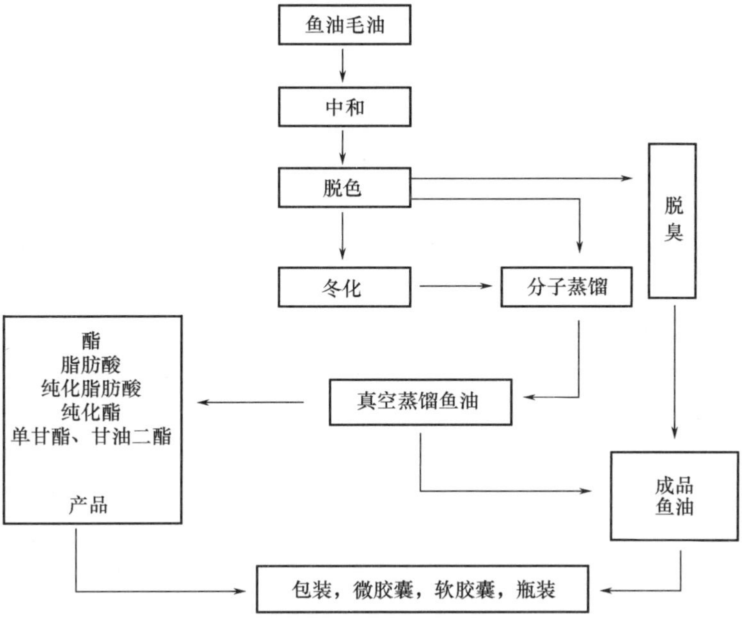

图 11.9 制药级的鱼油或营养级鱼油的生产（经美国油脂化学家学会（AOCS）允许引用）

鱼油毛油的质量指标详见表 11.3。表 11.3 中仅给出范围，因为这是毛油的理化指标，且每年鱼油的产量超过百万吨。前面的六项指标都是传统的化学指标，美国油脂化学家学会（AOCS）、美国分析化学家协会（AOAC）常常可以提供在北美地区获得认证的详细的标准化分析方法，一般来说，同一个实验室的不同操作人员得到的实验结果也会存在一些差异，虽然图谱分析方法应用得越来越广泛，但快速、准确的鱼油分析方法仍在探索之中，涉及的主要问题详见附录1，已获得食品法典允许。其中，过氧化值、茴香胺值和总氧化值（totox值）存在自己特有的问题，它们的数值都是变化的（“移动目标”）。高度不饱和脂肪酸的氧化过程见图11.10，由图可以看出，氧化形成过氧化物的同时，过氧化物本身也会发生降解，产生醛、酮类物质，形成类似于鱼油和鱼肌肉脂质酸败而产生的“鱼腥味”。需要考虑的分子很多[26]，有些分子本身是不稳定的。产生的酸是挥发性的，过氧化物自由基的终止反应会导致聚合反应，聚合反应可以发生在甘油三酯分子之间，也可在分子之内。氧化脂肪酸的裂解反应可随时进行，其中有一半的产物仍然是与甘油分子结合在一起。因此去除这些挥发性的醛类能减少恶臭气味，但剩余的与甘油结合在一起的醛类化合物会使精炼产品的茴香胺值仍达到5或更高。抗氧化剂的添加量取决于原材料和最终产品的品质，因此一般不会在毛油中加入抗氧化剂。因为毛油中含有丰富的天然抗氧化剂——α-生育酚。有时，会在精炼成品植物油中加入较便宜的脱臭馏出物混合生育酚，因为α-生育酚在脱臭过程中损失较大。基于混合生育酚抗氧化的油脂，其氧化产物可能有所不同，目前这类研究比较多[71]。

表11.3 毛油的质量指标和物理性质

质量指标	
水分和杂质含量/%	通常在0.5%~1%
游离脂肪酸，占油酸计/%	在1%~7%，但通常都在2%~5%
过氧化值/（meq/kg）	3~20
茴香胺值	4~60
总氧化值（totox值）	10~60
碘值/（gI/100g）	
毛鳞鱼（Capelin）	95~160
青鱼（Herring）	115~160
鲱鱼（Menhaden）	120~200
沙丁鱼（Sardine）	160~200
凤尾鱼（Anchovy）	180~200
竹夹鱼（Jack mackerel）	160~190
玉筋鱼（Sand Eel）	150~190
色泽（Gardner）	高达14
铁/（mg/kg）	0.5~7.0
铜/（mg/kg）	小于0.3
磷/（mg/kg）	5~100

续表

物理性质	
比热容/（cal/g）	0.5～0.55
融化焓/（cal/g）	大约54
热值/（cal/g）	大约9500
滑动熔点/℃	10～15
闪点/℃	
甘油三酯	大约360
脂肪酸	大约220
沸点/℃	高于250
相对密度	
15℃	大约0.92
30℃	大约0.91
45℃	大约0.90
黏度/cp	
20℃	60～90
50℃	20～30
90℃	大约10

注：资料来源A. P. Bimbo[70]。

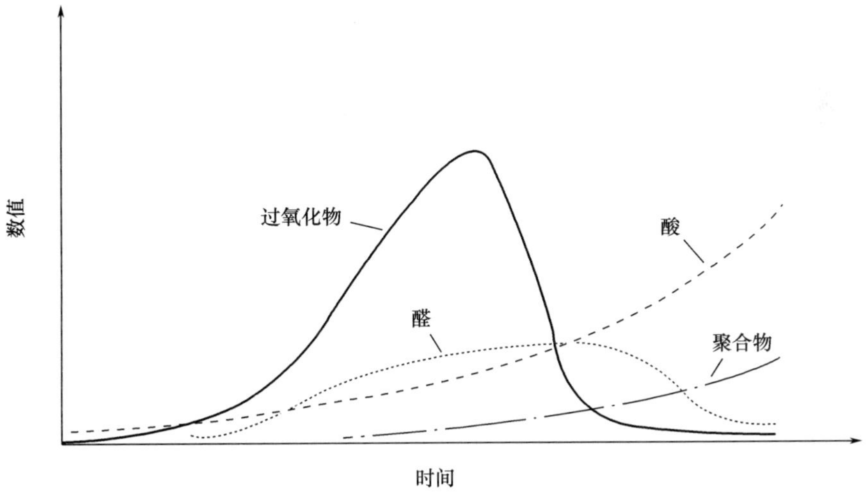

图11.10　深海鱼油氧化后过氧化物及其降解产物与时间的关系，无定量关系，文中描述为“移动目标”来进行分析说明

正如上面所提到的，气液色谱测定脂肪酸组成现已广泛取代碘值的测定。除了AOCS

Ce 1b－89、AOAC 991.39 以外，欧洲药典第 4 法的 01/02/1352 详细规定了“n－3 甘油三酯”的标准品、甘油三酯中 EPA、DHA 的气液色谱分析的具体步骤和相关的测定乙酯产品的方法（见下文），这也见于华盛顿营养委员会的 n－3、DHA、EPA 和 DHA＋EPA 专题著作（2002 年 10 月），华盛顿营养委员会同时也给出了鱼油中重金属、二噁英、多氯联苯和传统化学指标的最大量值（见表 11.4）。

表 11.4 华盛顿营养委员会（CRN）的功能级鱼油质量标准

氧化测定	
过氧化值（PV）/（meq/kg）	最大值 5
茴香胺值（AN）	最大值 20
totox 值（2PV＋AN）	最大值 26
纯度	
二噁英（PCDDS、PCDFs）	最大值 2pg/g WHO－TEQ
多氯联苯（PCB’s）	＜0.09mg/kg
铅	＜0.10mg/kg
镉	＜0.10mg/kg
汞	＜0.10mg/kg
砷	＜0.10mg/kg
n－3 脂肪酸	以质量比表示（mg/g）
酸值	最大 3mg KOH/g

新的产品标准要求新的检验技术，这对于食品行业来说尤其如此。很久以前，实践证明活性白土脱色是去除油脂中叶绿素及其他色素的有效方法，可得到澄清的黄色油脂。近年来，脱色的目的不仅仅是要改善油脂的色泽，更重要的是要去除有机氯、多环芳烃尤其是二噁英等物质。其中，活性炭吸附是去除二噁英的有效方法，在活性炭加量为 0.5%～1.5%、80～100℃的条件下加热 20～45min，效果更加明显。有人将这些活性炭直接添加到脱色土中，以减少油脂精炼操作步骤。当然这里还涉及很多其他的相关问题，如脱色过程中形成的废土该如何处理，这些研究在最近的文献中也都有报道[72]。

有时，出于研究的目的，如油脂氧化产物的研究，经常需要用到高度纯化的鱼油，这类油脂可通过大规模的层析法制备[73]。最近有文献报道指出，即使是高纯化的鱼油，氧化产物仍然非常复杂[71]。现已用现代分析技术对这些物质进行原位检测[74]。

对于鱼油毛油来说，脱臭技术变化很大，新技术的使用降低了反应温度、缩短了反应时间。1990年，有书专门描述了通过喷射蒸汽带走挥发性物质的传统塔板式脱臭技术[75]。早在20年前就认识到，这种脱臭过程对氢化鱼油非常有效[76]，但会对植物油中高度不饱和脂肪酸产生热破坏作用，185℃是个临界温度，在230℃持续加热条件下，18:3$n-3$的双键会出现严重的异构化现象（顺式向反式转变）。这些异构体在零售的油品中都有发现，主要是因为这些产品采用的都是上面讲到的标准脱臭方法，这在一本关于鱼油的书中都有说明[75]。一种薄膜式设计，即Campro单元的设计特点是油脂在脱臭塔内的停留时间很短，油脂在塔内由于重力和高速喷射蒸汽的作用自上而下呈薄膜态流动，采用这种脱臭塔适合于210℃精炼鱼油。事实上，根据最近对海豹油精炼试验的检验，这种薄膜式设计用于鱼油精炼是非常成功的。目前，其设计日产量最大可达300t。220℃条件对鱼油脂肪酸的破坏作用，采用开管气相色谱法[77]进行了详细研究，说明了长时间热处理出现的问题，见图11.11。这种温度和时间关系的例子表明，灵活操作是非常需要的。

实际上，即使在低挥发性的液体表面也会散发出一些低分子质量的小分子物质。如果真空度足够（$\leqslant 10^{-3}$mm），这些小分子物质会和周围残留的空气分子一起运动，但是最终还是会停下来或在冷凝器表面冷凝下来。有时这被称为短程分子蒸馏，其不能有效去除鳕鱼肝油中的二氯二苯三氯乙烷（DDT），同时造成维生素A的丢失[78]，这表明它并不总是一种有效的分离工序。然而分子蒸馏现仍用在为鱼油特别设计的机组上，诸如威斯康辛州梅诺莫尼福尔斯市的POPE公司或纽约罗切斯特市的Pfaudler公司的应用。POPE公司的转膜分子蒸馏模式[75, 79]为最外面是一个用于加热的圆柱形夹套，在夹套内部有冷凝器和不停旋转的刮刀片，当油从顶部进入时，不停旋转的刮片使油脂在外层夹套管内壁形成一层厚度小于1mm的薄膜，使油脂中的一些物质挥发出来。在一定的真空度和温度（约200℃）下，能有效地使有机氯（相对分子质量≤358）、甚至是胆固醇（相对分子质量386）、角鲨烯（相对分子质量410）等物质从油脂中分离出来。此外，分子蒸馏还可除去大部分脂肪氧化产物，如2，4-癸二烯（相对分子质量152）等一些其他相对分子质量小的臭味物质[73, 74]。然而，在这个过程中也除去了大部分的天然α-生育酚（相对分子质量430），所以其抗氧化值和角鲨烯[80]含量都非常低。由于油在大型机组落差几米的下降过程中不断翻转混合，相对分子质量800~1000的物质从甘油三酯中被有效分离。油脂在高温下的低黏度特性使得这些设备可用于油脂的精炼，极大的比表面积使精炼产能可达到每小时数吨鱼油。

因为所期望产品的主要成分——22:6$n-3$和20:5$n-3$——相对分子质量非常接近（二十二碳六烯酸乙酯的相对分子质量是356，二十碳五烯酸乙酯的相对分子质量是330），所

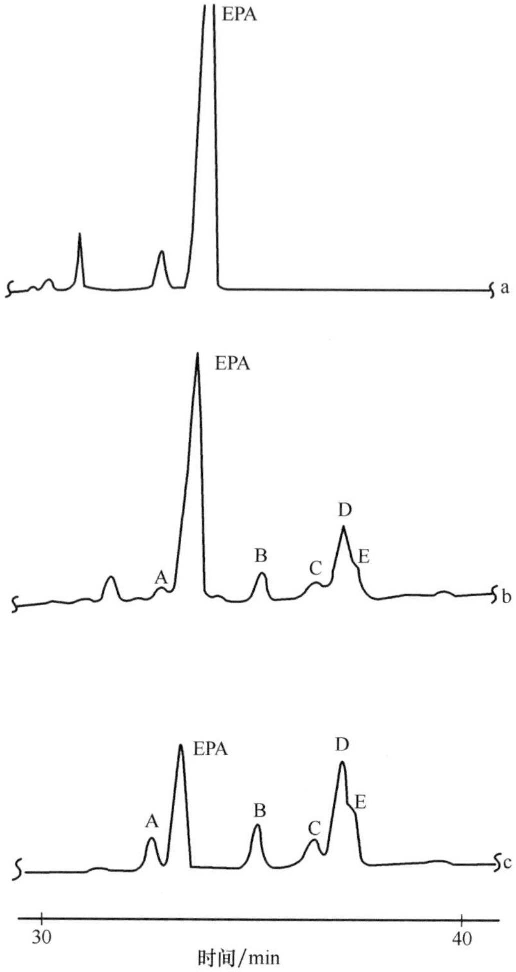

图 11.11 鲱鱼油$\omega-3$多不饱和脂肪酸浓缩物（乙酯）的 C_{20} 区域的气液色谱图

（a 和 b 分别表示 220℃热处理前后，c 为由 $AgNO_3$ 柱色谱分离的样品浓缩品的 20:5 区域。峰 A－E 是指在热处理后形成的样品。使用 SUPELCOWAX－10 熔融石英毛细管柱分析，操作温度为 195℃。组分 B－E 落入 22:1 的几个异构体存在的区域，参见图 11.5 和图 11.7[77]）

以这类鱼油产品应以甘三酯的形式，即油脂尚未乙酯化时，进行纯化，以尽量避免去除污染物的同时引起损失。然而，若转膜设备仅作乙酯的简单低效的短程蒸馏，虽然可馏出透明的蒸馏产品而将二聚体、其他聚合物、有色物质分离，但遗憾的是，不能将 EPA 乙酯与 DHA 乙酯有效分离。

11.7 鱼油 $n-3$ 脂肪酸的浓缩物

加拿大哈利法克斯销售的一些海洋 $n-3$ 脂肪酸产品的营销和标签策略见表 11.5。由表可知，产品1和产品6是天然鱼油，产品5可能是简单的冬化油。鲱鱼鱼油的冬化加工产物见表11.6，这种鱼油中的DHA一般在甘油三酯的2位酰基上[81]，EPA则没有这种专一性。在没有20:1和22:1时，鱼油甘油三酯中的1、3位上可能都是饱和的14:0、16:0和18:0，这也是表11.6中出现硬脂的原因。

表11.5 加拿大一些 $n-3$ 零售产品的标签信息

编号	商品名	标签成分/mg		胶囊或液体量
		EPA	DHA	(1000mg 基准)
1	Wild Sockeye	(总)90		1000
2	Wild Harvested Pacific Salmon	180	111	1000
3	O3mega	400	200	1065
4	natural Sea①	775	500	1500
		(517)	(333)	(1000)
5	Holista Premium Fish Oil②	180	120	1000
6	Omega Gold(液态)	900(180)	600(120)	5000(1000)

注：①其他(未定义)225mg。
②每个胶囊与70g的熟鲑鱼所含 $n-3$ 含量相等。

表11.6 鲱鱼软脂和硬脂组分的脂肪酸组成 单位：%(质量分数)

	鲱鱼油	软脂	硬脂
14:0	9	8	11
16:0	21	18	31
16:1	11	12	9
18:0	3	3	5
18:1	12	12	10
20:1	2	2	2
20:5	14	15	11
22:5	2	2	1
22:6	10	11	7

注：资料来源 A. P. Bimbo[26]。

简单生物化学规则在其他一些因素的掩盖下会显得比较复杂，在鱼油中，高熔点的20:1和22:1会使问题显得混乱[82]。传统的酶法水解测定脂肪酸在甘油三酯中位置分布的方法终究将被非破坏性的仪器分析法所取代，特别是核磁共振分析技术(NMR)，它可以区分 DHA 在甘油三酯 1、3 位和 2 位上的比率[74]。几种鱼油的 NMR 分析结果见表 11.7，表明核磁共振分析技术在国际上通用[83]。最近对金枪鱼油（EPA 6.69%，DHA 26.4%）的酶解实验研究表明，其甘油三酯 2 位上 EPA、DHA 含量分别 8.7% 和 56.3%[84]。

表 11.7　日本与挪威鱼油用 ^{1}H 核磁共振及 GC 测得的 DHA 含量比较，乙二醇二甲醚作为内标（^{1}H 核磁共振的脉冲时间为 30s）

油样数据		DHA 含量/（mg/g）			DHA 比例/%（mol/mol）			$n-3$ 脂肪酸比例/%（mol/mol）		
		挪威	日本	气相色谱	挪威	日本	气相色谱	挪威	日本	气相色谱
1 号	均值	248.17	276.1	267.6	27.03	27.5	24.5	32.05	32.1	33.6
鲣鱼	变异系数	0.64	1.33	1.67	0.78	0.46	2.49	0.08	0	2.03
2 号	均值	123.79	122.6	123.4	11.93	12	11	22.56	22.2	21.6
金枪鱼	变异系数	4.01	1.38	0.73	2.98	0.43	1.71	0.85	0.4	1.35
3 号	均值	214.51	208.3	215.7	20.65	20.7	20.2	29.08	28.8	29.9
金枪鱼	变异系数	2.72	0.91	0.2	0.66	2.02	1.43	0.05	0.73	0.89
4 号	均值	217.97	206.7	215.4	21.18	20.8	19.7	32.22	31.8	32.1
金枪鱼	变异系数	3.84	0.07	0.72	1.59	0.47	1.35	0.23	0.34	1.07
5 号	均值	111.07	111.1	106	10.65	10.8	10.2	28.03	28.1	28.6
三文鱼	变异系数	3.27	0.95	1.47	0.88	0.32	1.15	0.32	0.33	0.74

注：资料来源 S. Wada[74]。

表 11.5 中零售产品 1 可能就是普通大马哈鱼下脚油，但从产品的名称标识看起来像鱼油中的贵族。我们的研究（ACkman，未发表）表明，很多标识“大马哈鱼油”胶囊的产品在脂肪酸组成上与大马哈鱼油没有任何关系。1989 年，我们的调查研究结果表明，许多这类产品都夸大了其 $n-3$ 脂肪酸含量[85]，1998 年，欧洲的调查研究给出了具体的数据比较结果和质量报告[86]。

在表 11.6 的冬化鲱鱼油中，软脂（液态脂）部分的多不饱和脂肪酸含量是最合适的，但出于商业利益，商业化鱼油产品主要以硬脂部分为原料，其中 50% 以上都是饱和脂肪酸。对于多不饱和脂肪酸，如前所述，可简单方便地从鲱鱼油或凤尾鱼油中提取 18/12（隐去百分数）即 180/120（单位为 mg/g）的甘油三酯（换一种说法就是：可从鲱鱼油中提取 18% 或 180mg/g 的甘油三酯，可从鳀鱼油中提取 12% 或 120mg/g）。零售产品 2 与产品 5 非常相似。冬化工序可以防止胶囊或液态油产品在冷冻时发生浑浊现象。奇怪的是，几乎没人就化学本质来质疑标签，尽管“油”一词可因浓缩物基本为乙酯类而被滥用，但游离脂肪酸数值应予以标明。

在众多用于研究脂肪酸的实验室方法中，银离子色谱[87]是分析鱼油及其浓缩产品的有效方法，但其成本高，难以放大[88]；另外，出于健康和安全的需要，银离子法和汞加合物法[89]不会被人接受。

在1980年以前，有一种用于浓缩鱼油和植物油的工业化生产技术，即Solexol工艺，现已被淘汰。这是最早规模使用超临界气体的工艺，当时用的是丙烷。由于在战争期间一些大厂的倒闭和战后涂料、油布等基础产品市场的消失，一篇基于碘值的含有大量有用信息的报道直在1949年才得以出版，它是丙作为超临界气体的烷历史证据[90]。20年以后，CO_2在这一领域成为万能的超临界气体，但在早期的研究中，包括鱼油分提，很少意识到这一点[91, 92]。

自美国海洋渔业局（NMFS）提供经费来拓展已有的鱼油脂肪酸浓缩技术以来，对制备鱼油浓缩物已经进行了很多研究。其中包括由国家健康协会发起资助的药用$n-3$脂肪酸浓缩物制备和酯的超临界分离。与商业研究不同的是，该研究结果可以惠及所有利益群体。由于鲱鱼鱼油非常复杂，一本由美国海洋渔业局（NMFS）的查尔斯顿、西雅图和格洛斯特实验室与明尼苏达州奥斯丁Hormel研究所合著的书对所有能分离甲酯或乙酯的方法作了详细描述[93]。对于超临界CO_2，链长（相对分子质量）和不饱和度等影响因素的差别，以及对其他研究结果的说明，有助于解释何以这种分馏工艺仍未工业化。最终的浓缩方法在下面会概括。

早在1963年，有人采用尿素络合法对海洋鱼油脂肪酸（甲酯）进行了分馏实验[94]，紧接着在加拿大哈利法克斯[95]进行了40kg毛油的实验室放大实验。在那时，50%的$n-3$脂肪酸乙酯含量的浓缩物即被认为是很了不起的结果，而到1989年，零售鱼油浓缩物中$n-3$脂肪酸乙酯的含量几乎接近100%[79, 85]。

由挪威H. Breivik提供的流程如图11.12所示，这项工作由挪威波斯格伦Norsk Hydro公司在1990年完成。豆蔻酸乙酯、棕榈酸乙酯、棕榈油酸乙酯、甚至油酸酯的相对分子质量分别为256、284、282、310，与EPA、DHA多不饱和脂肪酸乙酯的相对分子质量（分别为330、356）相差很大，所以通过短程分子蒸馏可使EPA、DHA与链长较短的脂肪酸相分离。从图11.5、图11.6可以看出，蒸馏可去除30%~50%的短链脂肪酸乙酯，但感兴趣的18:4$n-3$在这一步也有损失。如果首先采用短程蒸馏除去短碳链脂肪酸，再用尿素络合的方法富集多不饱和脂肪酸会更加经济、可行，Provnova Biocare公司首先采用这种方法生产鱼油产品并获得了极大的成功，其EPA、DHA乙酯的含量可高达85%。挪威EPAX品牌的各种不同含量的EPA、DHA甘油酯和乙酯产品都是由这家公司提供的，这也是自1990

年以来鱼油行业进一步发展的证据。

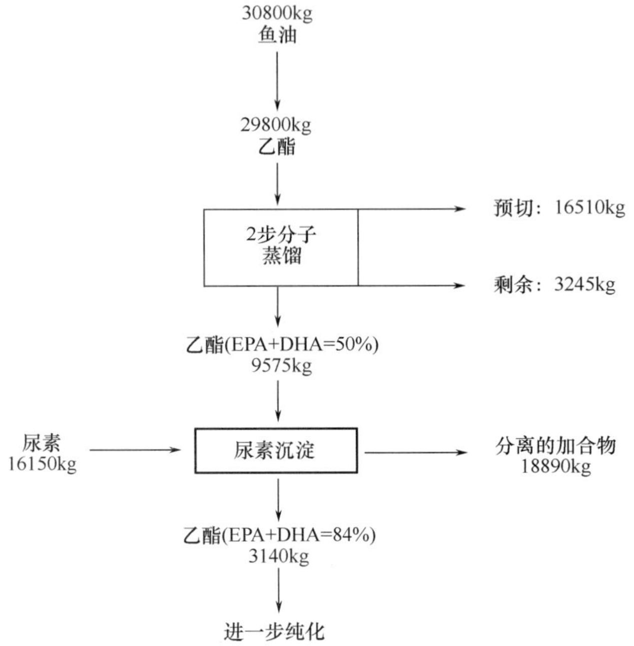

图 11.12 1990 年 Norsk Hydro 研究中心制定的海洋鱼油脂肪酸乙酯浓缩产品的开发步骤，经 H. Breivik 允许

与此同时，美国海洋渔业局查尔斯顿实验室参与了由美国国家健康协会资助的鲱鱼油 $n-3$ 脂肪酸乙酯浓缩项目的放大生产。其具体工艺流程见图 11.13，西雅图、格洛斯特实验室也参与了这项工作，其工艺大多记录在 M. E. Stansby 所编著的书中[26]。最终确定的加工流程（包括乙酯的尿素络合）共有以下七个步骤：

Ⅰ. 真空脱臭

Ⅱ. 酯交换

Ⅲ. 尿素络合

Ⅳ. 薄层蒸发

Ⅴ. 短程蒸馏

Ⅵ. 超临界流体萃取

Ⅶ. 高效液相色谱

因为合作关系的中止，该项目随后终止了。虽然成本很高，但它至少说明这套方式是可行的，同时也引起了临床医学对 $n-3$ 脂肪酸浓缩物的广泛兴趣，并且那时设立的产品标准很高（见表 11.8）。

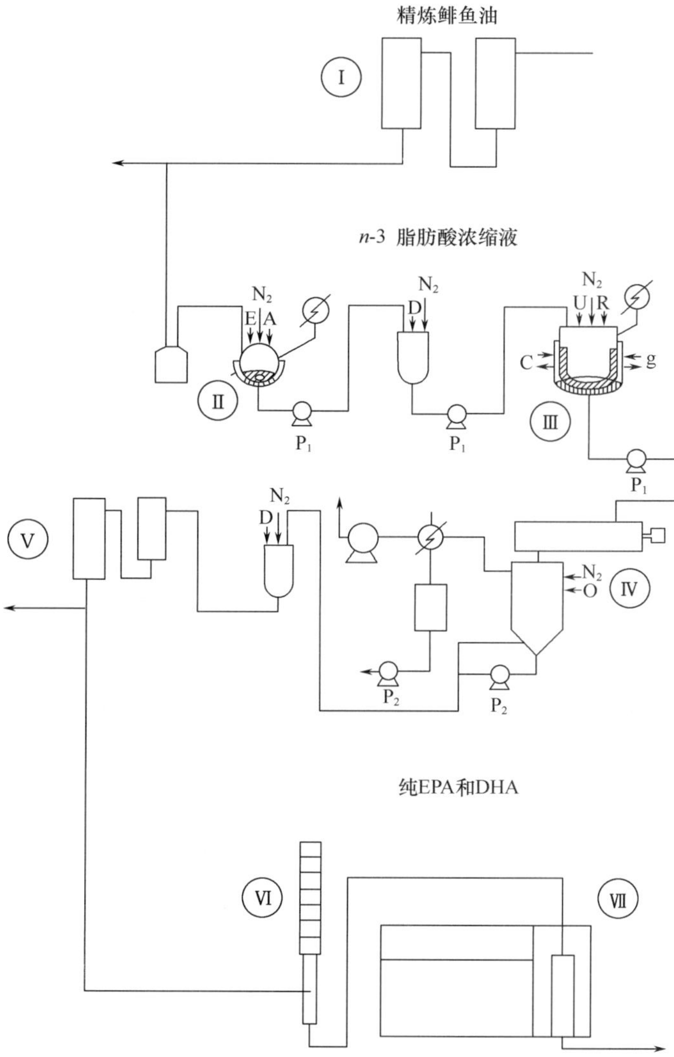

图 11.13 美国海洋渔业局查尔斯顿实验室 NMFS – NIH 联合项目中生物医药实验材料的生产（在正文有实验步骤的编码说明。N_2 = 氮气，A = 碱，E = 乙醇，D = 蒸馏，U = 尿素，R = 逆流，C = 冷水，S = 蒸汽。参考文献[96]）

表 11.8　查尔斯顿实验室鱼油 *n* – 3 乙酯的质量标准

分析项	测试物		
	n – 3 浓缩液	EPA	DHA
酯类/%	> 90	> 95	> 95
EPA/（mg/g）	> 400	> 900	< 50
DHA/（mg/g）	> 200	< 50	> 900
总 *n* – 3/（mg/g）	> 700	> 950	> 950

续表

分析项	测试物		
	n -3 浓缩液	EPA	DHA
游离脂肪酸/%	< 0.2	< 0.2	< 0.2
反式脂肪酸/%	< 5	< 5	< 5
胆固醇/（mg/g）	< 5.0	< 0.1	< 0.1
过氧化值/（meq/kg）	< 10.0	< 5.0	< 5.0
碘值/（gI/100g）	> 320	①	①
茴香胺值	< 80	①	①
抗氧化成分			
α -生育酚/（mg/g）	0.5 ~ 5.0	②	②
δ -生育酚/（mg/g）	0.5 ~ 5.0	②	②
TBHQ/（mg/g）	0.1 ~ 0.2	②	②
水分/（μg/g）	< 500	< 500	< 500
尿素残留/（μg/g）	< 20	< 20	< 20
PCB/（μg/g）	< 0.5	< 0.5	< 0.5
总 DDT/（μg/g）	< 0.5	< 0.5	< 0.5
痕量金属/（μg/g）			
砷	< 1.0	< 1.0	< 1.0
镉	< 1.0	< 1.0	< 1.0
铅	< 1.0	< 1.0	< 1.0
汞	< 1.0	< 1.0	< 1.0
硒	< 1.0	< 1.0	< 1.0
感官属性			
气味（TIO）	< 6.0	①	①
风味（TIF）	< 6.0	①	①
其他			
相对密度	0.89	②	②
凝固范围	③	③	③

注：①不适用。

②没有足够的材料来进行这些分析。

③酯在 5℃或更高时为液态。

资料来源参考文献［96］。

对 NMFS 查尔斯顿工艺的研究表明，链长（即分子大小 ）是影响超临界 CO_2 分离海洋油脂脂肪酸乙酯的最显著因素[93]。最初希望用超临界流体萃取法（SFE）从天然样品中提取脂质是一个单独的课题，不同于油品分馏，一些参考文献中列举了其实验困难性，如助溶剂的应用，水分的去除以及其他不利于油或脂分馏的因素[97~99]。由于行业先驱们的努力和近来的商业激励，超临界流体萃取法有望用于浓缩鱼油脂肪酸乙酯。

渐渐地，公众健康项目得到了财政支持，$n-3$ 浓缩产品在美国食品市场获得了重要地位。当时，在这一领域的领导者是新泽西州派西派尼市的 Roche Vitamins 公司，但是很快就被荷兰 DSM 公司兼并。重组后公司的主打产品是"ROPUFA '75' $n-3$ 乙酯"，其详细的产品信息见表 11.9。产品的气液色谱分析表明，样品中几乎没有 16:0、18:0 和 18:1，仅有少量的 20:4$n-6$、20:1 和 22:1，大量存在的是 21:5$n-3$ 和 22:5$n-3$（译者注：此处可能有误，应为 20:5$n-3$ 和 22:6$n-3$）。

表 11.9　ROPUFA '75' $n-3$ 脂肪酸乙酯的产品信息

鱼油精炼乙酯的产物鉴定，含有二十碳五烯酸乙酯和十二碳六烯酸乙酯	
技术指标	
外观：淡黄色液体	EPA 含量（气相色谱法）：最小 42%
酸值：最大 3mgKOH/g	EPA 含量（以乙酯质量计）：最少 380mg/g
过氧化值：最大 10.0mEq/kg	DHA 含量（气相色谱法）：最小 22%
茴香胺值：最大 20	DHA 含量（以乙酯质量计）：最小 200mg/g
低聚物：最大 2%	$n-3$ 多不饱和脂肪酸总含量（气相色谱法）：最小 75%
共轭二烯：最大 1.5%	$n-3$ 多不饱和脂肪酸的总含量（以乙酯质量计）：最小 720mg/g
铁：最大 1mg/kg	
铜：最大 0.1mg/kg	
砷：最大为 0.1mg/kg	

注：资料来源新泽西州 Roche Vitamins 公司。

近年来，很多学生通过甘油三酯的选择性水解或酶法酯交换的研究，探索富集海洋油脂（或其他油脂）的方法，并且都已经获得了学位。然而，这些探索逐渐趋向于理论研究[100]，如反应时间达到 100h[101]，没有实用性，但很有效。在初始原料含较高 DHA 的情况下，案例中效果明显[102]，但这些设计工艺的复杂性需另文阐述。

成人每天需要口服补充约 1g $n-3$ 乙酯浓缩物的说法是没有确实依据和理由的。这种由胶囊形式提供的油脂完全可以在平时的饮食中得到补充。但食品工业需求的是微胶囊粉末油脂。这些粉末油脂的稳定性、可消化性较好，更容易添加到食品中，同时还可显著提高 $n-3$ 脂肪酸在浓缩产品中的百分含量。目前，其含量在 50% 左右的油是可接受的，下一步我们将追求其含量为 70% ~80% 的产品。 最终，产品中 EPA 和 DHA 含量将不断提高。

11.8 其他油脂

除了鳕鱼肝油外，没有提到其他鱼肝油。 虽然曾有段时间从太平洋的角鲨鱼肝油中提取制备维生素 A 和维生素 D 的产品，但在人工能合成维生素时，该产品就没有了。 大西洋刺状角鲨鱼与太平洋角鲨鱼差不多是同一种鱼，比较这两个海域的鱼肝油，两者的主要特色是二酰甘油醚（图 11.1 中 DAGE）的含量不同[103]。 有限的研究表明，太平洋角鲨鱼肝油中的 DAGE 含量为 41% 左右，而大西洋角鲨鱼肝油中的 DAGE 含量仅为 18% 左右，但 C_{20} 和 C_{22} 的 $n-3$ 脂肪酸含量基本相同[103]。 在对大西洋角鲨鱼肝油的进一步研究中发现，大西洋大马哈鱼对其的消化能力最好[104]。 因此，鱼油作为水产养殖饲料非常有价值。

角鲨烯（见图 11.4）也是以胶囊的形式在营养保健品店里出售。 鲨鱼（及相关软骨鱼）肝脏中，其含量不一定比其他鱼中的角鲨烯含量更多，这取决于鱼的实际种群。 一项对新西兰鲨鱼资源的调查（表 11.10）证实了我们的结论[105]，这项报告还探讨了鱼肝油的开发和加工。 但不幸的是，不发达国家的渔业通常以获取鲨鱼鱼翅为目的，浪费了大量的原材料。 角鲨烯会使油脂的碘值增大[106]，但采用气液色谱分析很容易测定鱼肝油脂肪酸甲酯的氢化产物[107]。 有趣的是，一种产卵于弗雷则河（Fraser）和太平洋海岸河流的小型溯河性鱼类 ooligan（或称太平洋细齿鲑鱼，eulachon）——的鱼体脂中也含有大量的角鲨烯（≥ 19%）[108, 109]。 太平洋细齿鲑（蜡鱼）长久以来被当地居民视作不可食用但有价值的油源，这种鱼虽然脂肪含量很高，但其实它是可食用的，捕捞的部分原因也是为此。 如果需要的话，橄榄油也可以作为角鲨烯的潜在来源，若以角鲨烯对人体健康有益为借口猎杀鲨鱼则应当受到强烈谴责。

表 11.10 新西兰大陆坡角鲨的肝油和角鲨烯分析

种类	性别	样品数量	样品用角鲨总数量	油量/（g/100g 肝脏）		角鲨烯量/（g/100g 油）	
				均值	范围	均值	范围
Shovelnose 角鲨	雄性	4	40	87.7	86 ~ 89	65.7	64 ~ 69
Shovelnose 角鲨	雌性	11	110	86.4	83 ~ 90	52.7	45 ~ 59
Shovelnose 角鲨	幼鱼	3	30	89.2	86 ~ 90	58.4	57 ~ 60
Baxter 角鲨	总体	2	20	77.7	—	48.9	44 ~ 54
铠鲨	总体	2	15	84.5	81 ~ 88	72.6	72 ~ 73
叶鳞刺鲨	总体	3	22	81.5	74 ~ 86	62.9	61 ~ 64

续表

种类	性别	样品数量	样品用角鲨总数量	油量/（g/100g 肝脏）		角鲨烯量/（g/100g 油）	
				均值	范围	均值	范围
Plunket's 鲨鱼	总体	1	2	84.2	—	1.4	—
Owston's 角鲨	雄性	2	20	80.6	—	67.7	66～70
Owston's 角鲨	雌性	2	16	—	—	44.2	66～70
Portugese 角鲨	总体	1	5	81.4	—	44	41～47

注：资料来源 G. Summers 等[105]。

蜡酯是另外一种有用的海洋油脂资源，以前，它是从抹香鲸头部获取，但现在发现很多海洋生物都含有蜡酯[110]，myctophids 是一种比较小型的鱼，资源还未开发。几十年前，这种鱼在南非很多，现代捕鱼技术也很容易捕到，但这种鱼的鱼油和鱼粉产品的使用必须非常谨慎。目前，已经可以通过生物合成的方法合成这类蜡酯[111]，但先前关于这种鱼的很多问题仍然遗留了下来。对北大西洋舒蜥鱼（barracudina）*Paralepis notolepis rissoi krφyeri* 分析研究表明，这种鱼的总脂肪含量为 18%，其中 85% 是蜡酯[112]，该蜡酯中脂肪酸组成与抹香鲸体和头部的蜡酯有很大区别，但其醇与抹香鲸头部蜡酯的醇类十分相似。

海藻，在理论和实践上都可以用来生产油脂[39, 113]。由马泰克生物科技公司商业化生产的富含 DHA 的油脂通常用来生产婴儿配方乳粉。然而，无论是单独食用[114]，还是与真菌来源的花生四烯酸（20:4n－6）一起食用，健康成人食用鱼油 DHA 都有很好的临床表现[115]。与鱼油相比，这两种来源的精制脂肪酸产品在去除了人类食品中不允许存在的天然成分之后，并无特殊的抗氧化性[116]。新泽西萨默塞特郡的 Nutrinova 公司宣称其 DHA 产品具有素食来源，非常具有竞争力。如前所述，海藻是 EPA 的良好来源[117]，所以又回到了先前的问题。鱼油脂肪酸中所有的 EPA 和 DHA 是否都是或大部分是由浮游生物所供给的？

11.9 结论

在十年以前，约 1994 年前后，人们依据当时先进的分析技术，将 DHA 定义为从深海鲨鱼中获得的海洋油脂天然脂肪酸[118]，如今，这种分析技术已被无损性 NMR 的 DHA 原位检测技术所取代（表 11.7）。因此先进的分析技术也支持我们在日常生活中从海洋油脂 n－3脂肪酸获得更多的健康益处。

附录 1 食品法典委员会鱼油质量术语相关说明材料

品质指标	缺点或潜在问题	食品法典注明：19－1981 第一版 1989.
色泽	深色油可能是毛油（所含杂质正常状态下可精炼除去），或精炼存在过热操作。	无标准
碘值	碘值随鱼的种类变化。 一般来说，碘值是油不饱和度的量度。 高碘值油常更易氧化。	无标准
酸值*	高酸值的毛油可能由劣质鱼加工而成，或油在贮存中恶化。	精炼油：最大值 0.6mgKOH/g 脂肪 初榨油：最大值 4mgKOH/g 脂肪 冷榨油：最大值 4mgKOH/g 脂肪
过氧化值（PV）	过氧化值是测定油脂酸败（氧化）的主要指标。 它反映了当前氧化程度。	初榨油和冷榨油：10meq/kg 脂肪 其他：5meq/kg 脂肪
p 茴香胺值（AN）	茴香胺值也是测量产品氧化的指标，它反映已发生的氧化。	无标准
totox 值	表示过氧化值和茴香胺间的关系，用于测量油脂酸败程度。 它被定义为（2 × PV）+ AN。 它反映了总氧化情况。	无标准
水分	视为杂质。 油中的水分含量高可导致油在存储时劣化。	最高 0.20%
皂	毛油中存在水时，在碱离子催化下和游离脂肪酸发生反应生成皂，或是由于精炼油中皂未去除干净。	最高 0.005%
不溶性杂质	包括痕量蛋白质、灰尘、锈和其他杂质，常在储存过程中从油中沉淀析出。 它们降低油的稳定性，其能力大小取决于物质种类。	最高 0.05%
不皂化物	主要包括甾醇、烃、甘油醚以及脂肪醇。 还有痕量的色素、维生素、氧化油等。 不皂化物随鱼种类不同而变化。	无标准
有机氯、有机磷、农药和其他氯化烃类化合物	许多化合物属于这一类。 通常，油中农药含量反映了鱼获的生活环境。 油中这些化合物的含量须符合当地法规。	无标准
总胆固醇	胆固醇是鱼油不可皂物的主要成分。 除了用真空汽提外，一般不能从油中除去。	无标准
铁	是鱼油促氧化剂，可通过脱胶和精炼去除。	精炼油：最大值 1.5mg/kg 初榨油：最大值 5mg/kg 冷榨油：最大值 5mg/kg

续表

品质指标	缺点或潜在问题	食品法典注明：19－1981 第一版 1989.
铜	是鱼油促氧化剂，可通过脱胶和精炼去除。	精炼油：最大值 0.1mg/kg 初榨油：最大值 0.4mg/kg 冷榨油：最大值 0.4mg/kg
砷	重金属，海水中自然存在。可由精炼工序去除。	最大值 0.1mg/kg
铅	重金属，由精炼过程去除。	最大值 0.1mg/kg
汞	重金属，由精炼过程去除。	无标准
硒	重金属，由精炼过程去除。	无标准
镉	重金属，由精炼过程去除。	无标准
卫生	由肠道菌、沙门菌、大肠杆菌类或大肠杆菌引起的微生物污染可作为油脂生产环境的卫生条件指标。	CAC/ RCP1－1969，第 2 版 1985
脂溶性维生素	通常是油不皂物的一部分。高维生素 A 和维生素 D 说明其是鱼肝油，而非鱼体油。	无标准

注：* 酸值定义为油中游离脂肪酸含量的 2 倍。食品法典委员会定义食用油脂是食物中的脂肪酸甘油酯，它们源自植物、动物或海洋资源，油脂中可能含有少量天然存在的其他脂质，如磷脂，不皂化物，或游离脂肪酸。食品法典委员会定义初榨油是仅仅应用热处理和机械处理而获得的不变性的食用油脂，只可以通过水洗、沉降、过滤、离心来纯化。食品法典委员会定义冷榨油为仅依靠机械处理而不使用热处理而获得的不变性食用油脂，只可以通过水洗、沉降、过滤、离心来纯化。

参考文献

1. S. M. Barlow and M. E. Stansby, eds., *Nutritional Evaluation of Long－Chain Fatty Acids in Fish Oil*, Academic Press, London, 1982.

2. R. G. Ackman, *Fatty Acids in Newer Fats and Oils*, in Y. H. Hui, ed., *Bailey's Industrial Oil and Fat Products*, 5 th ed., Vol. 1, Edible Oil and Fat Products: General Applications, Wiley, New York, 1996, p. 427.

3. J－L. Sebedio, M. F. Langman, C. A. Eaton, and R. G. Ackman, *J. Amer. Oil Chem. Soc.*, **58**, 41 (1981).

4. J－L. Sebedio and W. W. Christie, eds., *Trans Fatty Acids in Human Nutrition*, The Oily Press, Dundee, (1998).

5. T. Leth, A. Bysted, K. Hansen, and L. Ovesen, *J. Amer. Oil Chem. Soc.*, **80**, 475 (2003).

6. R. G. Ackman, *Natural* Trans Fatty Acids, in Ref. 4, pp. 303 – 311.

7. J. Dyerberg and H. O. Bang, *Lancet*, (2), 433 (1979).

8. D. Kromhaut, E. B. Bosschieter, and C. De Lezenne Coulander, *New Eng. J. Med.*, **312**, 1205 (1985).

9. Committee on Medical Aspects of Food Policy, Department of Health, "*Nutritional Aspects of Cardiovascular Disease. Report of the Cardiovascular Review Group*," No. 46, HMSO, London, (1994).

10. P. M. Kris – Etherton, W. S. Harris, and L. J. Appel, for the Nutrition Committee, AHA Scientific Statement, *Circulation*, **106**, 2747 (2002).

11. R. G. Ackman, *Food Revs. Intern.*, **6**, 617 (1990).

12. R. G. Ackman, Fatty Acids in Fish and Shellfish, in C. K. Chow, ed., *Fatty Acids in Foods and their Health Implications*, 2 nd ed., Marcel Dekker, New York, 2000, pp. 169 – 184.

13. W. E. Connor and A. Bendich, eds., *Amer. J. Clin. Nutr.*, **71** (suppl) (1), (2000).

14. A. J. Sinclair, N. M. Attar – Bashi, and D. Li, *Lipids*, **37** 1113, (2002).

15. S. C. Cunnane, *Can. J. Physiol. Pharmacol.*, **74**, 629 (1996).

16. F. Thies, E. A. Miles, G. Nebe – von – Caron, J. R. Powell, T. L. Hurst, E. A. Newsholme, and P. C. Calder, *Lipids*, **36**, 1183 (2001).

17. R. Marchioli, F. Barzi, E. Bomba, et al., *Circulation*, **105**, 1897 (2002).

18. A. Leaf, *Circulation*, **105**, 1874 – 1875 (2002).

19. S. A. Reed, *J. Sci. Food Agric.*, **15**, 399 (1964).

20. F. V. K. Young, The Production and Use of Fish Oils, in Ref. 1, pp. 1 – 23.

21. A. P. Bimbo and J. B. Crowther, *J. Amer. Oil Chem. Soc.*, **69**, 221 (1992).

22. J. R. Burt, R. Hardy, and K. J. Whittle, eds., *Pelagic Fish. The Resource and its Exploitation.* Fishing News Books, Blackwell Sci. Pubs., Oxford, United Kingdom, 1992.

23. A. P. Bimbo, *Fish Meal and Oil*, in R. E. Martin, E. P. Carter, G. J. Flick, Jr., and L. M. Davis, eds., *Marine and Freshwater Products Handbook*, Technomic Pub. Co. Inc., Lancaster, Pennsylvania, 2000, pp. 541 – 581.

24. R. C. Ackman, ed., *Marine Biogenic Lipids*, Vols. 1 and 2, CRC Press, Boca Raton, Florida, 1989.

25. J. K. Mc Elvoy, A techno – economic model for designing large factory vessels and its application to the Antarctic krill – finfish fishery, in Ref. 22, pp. 94 – 114.

26. M. E. Stansby, ed., *Fish Oils in Nutrition*, An avi Book, Van Nostrand Reinhold, New York, 1990.

27. R. G. Ackman, W. M. N. Ratnayake, and B. Olsson, *J. Amer. Oil. Chem. Soc.*, **65**, 136 (1988).

28. R. G. Ackman, J – L. Sebedio, and M. I. P. Kovacs, *Mar. Chem.*, **9**, 157 (1980).

29. W. N. Ratnayake and R. G. Ackman, *Lipids*, **14**, 795 (1979).

30. W. N. Ratnayake and R. G. Ackman, *Lipids*, **14**, 804 (1979).

31. R. F. Lee and J. S. Patton, Alcohol and Waxes, in Ref. 24, Vol. 1, pp. 73 - 102.

32. D. Menoyo, C. J. Lopez - Bote, J. M. Bautista, et al., *Aquat. Liv. Resour*, **15**, 217 (2002).

33. R. N. Lemaitre, I. B. King, and T. E. Raghunathan, et al., *Circulation*, **105**, 697 (2002).

34. A. M. Katz, *Circulation*, **105**, 669 (2002).

35. R. G. Ackman, Fatty Acids, in Ref. 24, Vol. 1, pp. 103 - 137.

36. Y. Ando, T. Ota, and T. Takagi, *Yukagaku*, Proc. Vol. 2, Sess. Lect. Sci. Pres. ISF - JOCS World Congress, 1989, pp. 1263 - 1268.

37. R. G. Ackman, *Anal. Chim. Acta*, **465**, 175 (2002).

38. R. G. Ackman, *INFORM*, **5**, 1119 (1994).

39. Y. Itabashi, N. Harada, T. Ota, and K. Matsunaga., *Yukagaku*, **45**, 271 (1996).

40. P. Mayzaud, C. A. Eaton, and R. G. Ackman, *Lipids*, **11**, 858 (1976).

41. P. Mayzaud and R. G. Ackman, *Lipids*, **13**, 24 (1978).

42. J. D. Joseph and R. G. Ackman, *J. Assoc. Off. Anal. Chem. Int.*, **75**, 488 (1992).

43. R. G. Ackman and S. N. Hooper, *Comp. Biochem. Physiol.*, **46B**, 153 (1973).

44. H. E. Worne and L. W. Smith, *Amer. J. Med. Sci.*, 710 - 721 (1959).

45. C. M. Harlow, L. Steeves, and A. Myrden, *Nova Scotia, Med. Bull.*, **37**, 127 (1958).

46. E. J. Schaefer, *Amer. J. Clin. Nutr.*, **75**, 191 - 212 (2002).

47. P. Cullen, *Amer. J. Cardiol*, **86**, 943 (2000).

48. K. H. Bφnaa, K. S. Bjerve, B. Straume, I. T. Gram, and D. Thelle, *New Eng. J. Med.*, **322**, 795 (1990).

49. T. Kanayasu - Toyoda, I. Morita, and S. Murota, *Prostaglandins Leukotri. Essent. Fatty Acids*, **54**, 319 (1996).

50. C. Benistant, F. Achard, S. Ben Slama, and M. Lagarde, *Prostaglandins Leukotri. Essent. Fatty Acids*, **55**, 287 (1996).

51. W. S. Harris, *J. Lipid Res.*, **30**, 785 (1989).

52. F. Achard, C. Bénistant, and M. Lagarde, *Biochim. Biophys. Acta.*, **1255**, 260 (1995).

53. J. D. Carver, *Amer. J. Clin. Nutr.*, **77** (suppl.), 1550S (2003).

54. S. M. Innis and S. L. Elias, *Amer. J. Clin. Nutr.*, **77**, 473 (2003).

55. A. Leaf, J. X. Kang, Y - F. Xiao, and G. E. Billman, *Circulation*, **107**, 2646 (2003).

56. J. S. Charnock, *Prog. Lip. Res.*, **33**, 355 (1994).

57. T. Helm, *Dangerous Sea Creatures*, Funk and Wagnall, New York, 1976.

58. W. M. Indrasena and T. A. Gill. *J. Food Sci.*, **65**, 948 (2000).

59. P. Pohl and H. Wagner, *Z. Naturforsch.*, **27**, 53 (1972).

60. K. Hayashi, S. Kida, K. Kato, and M. Yamada, *Bull. Jap. Soc. Sci. Fish.*, **40**, 609 (1974).

61. R. G. Ackman, C. S. Tocher, and J. McLachlan, *J. Fish. Res. Bd. Can*, **25**, 1603 (1968).

62. S. M. Budge, C. C. Parrish, and C. H. Mc Kenzie, *Mar. Chem.*, **76**, 285 (2001).

63. M. V. Bell, J. R. Dick, and A. E. A. Porter, *Lipids*, **36**, 1153 (2001).

64. M. V. Bell, J. R. Dick, and A. E. A. Porter, *Lipids*, **38**, 39 (2003).

65. C. Ghioni, J. G. Ben, and J. R. Sargent, *Comp. Biochem. Physiol.*, **1143**, 161 (1996).

66. T. Ota and M. Yamada, *Bull. Fac. Fish. Hokkaido University*, **26**, 277 (1975).

67. R. G. Ackman, C. A. Eaton, E. G. Bligh, and A. W. Lantz., *J. Fish Res. Bd. Can.*, **24**, 1219 (1967).

68. W. Schmidtsdorff, Fish meal and fish oil – not only by – products, in A. Ruiter, ed., *Fish and Fishery Products*, CAB International, Wallingford, 1995, pp. 346 – 376.

69. S. Zhou, R. G. Ackman, and C. Morrison, *Can. J. Fish. Aquat. Sci.*, **53**, 326 (1996).

70. A. P. Bimbo. *INFORM*, **9**, 473 (1998).

71. E. Kulas, E. Olsen, and R. G. Ackman, *Eur. J. Lipid. Sci. Technol.*, **104**, 520 (2002).

72. K. Berger, *INFORM*, **14**, 307 (2003).

73. E. Kulas, R. G. Ackman, *J. Amer. Oil Chem. Soc.*, **78**, 361 (2001).

74. S. Wada, *J. Oleo Sci.*, **50**, 329 (2001).

75. A. P. Bimbo, Production of Fish Oil, in Ref. 26, pp. 181 – 225.

76. R. G. Ackman, S. N. Hooper, and D. L. Hooper, *J. Amer. Oil. Chem. Soc.*, **51**, 42 (1974).

77. R. C. Wijesundera, W. M. N. Ratnayake, and R. G. Ackman, *J. Amer. Oil Chem. Soc.*, **66**, 1822 (1989).

78. K. Julshamn, L. Karlsen, and O. R. Braekkan, Fiskeridirektoratets Skrifter, *Ser. Tek. Undersϕkelser*, Vol. 5, No. 15, Directorate of Fisheries Bergen, 1973.

79. R. G. Ackman, *Chemistry and Industry*, **7**, 139 (1988).

80. M. A. Dessi, M. Deiana, B. W. Day, A. Rosa, S. Banni, and F. P. Corongiu., *Eur. J. Lipid. Sci. Technol.*, **104**, 506 (2002).

81. G. Hϕlmer, Triglycerides, in Ref. 24, Vol. 1, pp. 139 – 173.

82. R. Ackman, V. R. Orozco, and W. M. N. Ratnayake, *Fat. Sci. Technol.*, **93**, 447 (1991).

83. T. Igarishi, M. Ausand, Y. Hirata, I. S. Gribbestad, S. Wada, and M. Nonaka, *J. Amer. Oil Chem. Soc.*, **77**, 737 (2000).

84. M. Cansell, F. Nacka, and N. Combe, *Lipids*, **38**, 554 (2002).

85. R. G. Ackman, W. M. N. Ratnayake, and E. J. Macpherson, *J. Amer. Oil. Chem. Soc.*, **66**, 1162

(1989).

86. V. K. S. Shukla and E. G. Perkins, *INFORM*, **9**, 955 (1998).

87. W. W. Christie, Silver – ion high – performance liquid chromatography, in J. L. Sebedio and E. G. Perkins, eds., *New Trends in Lipid and Lipoprotein Analyses*, AOCS Press, Campaign, Illinois, 1995, pp. 59 – 80.

88. J. L. Guil – Guerrero and E – H. Belarbi, *J. Amer. Oil Chem. Soc.*, **78**, 477 (2001).

89. J – L. Sebedio and R. G. Ackman, *Lipids*, **16**, 461 (1981).

90. H. J. Passino, *Ind. Eng. Chem.*, **41**, 280 (1949).

91. V. J. Krukonis, Processing with supercritical fluids, overview and applications, in B. A. Charpentier and M. R. Sevenants, eds., *Supercritical Fluid Extraction and Chromatography*, *Techniques and Applications*, Amer. Chem. Soc., Washington, D. C., 1988, pp. 26 – 43.

92. S. S. H. Rizvi, R. R. Chao, and Y. J. Liaw, Concentration of omega – 3 fatty acids from fish oil using supercritical carbon dioxide, in B. A. Charpentier and M. R. Sevenants, eds., *Supercritical Flyid Extractioned*, 1988, pp. 89 – 108.

93. V. F. Stout, W. B. Nilsson, J. Krzynowek, and H. Schlenk, Fractionation of fish oils and their fatty acids, in Ref. 26, pp. 73 – 119.

94. R. G. Ackman, R. D. Burgher, and P. M. Jangaard, *Can. J. Biochem. Physiol.*, **41**, 1627 (1963).

95. W. M. N. Ratnayake, B. Olsson, D. Matthews, and R. G. Ackman, *Fat. Sci. Technol.*, **90**, 381 (1988).

96. Jeanne D. Joseph, Ed. 1989. Biomedical Test Materials Program: Production Methods and Safety Manual. NOAA Technical Memorandum NMFS – SEFC – 234, 120 p.

97. J. Via, L. T. Taylor, and F. K. Schweighardt, *Anal. Chem.*, **66**, 1459 (1994).

98. S. L. Taylor, F. J. Eller, and J. W. King, *Food Res. Intern.*, **30**, 365 (1997).

99. T. H. Walker, H. D. Cochran, and G. J. Hulbert, *J. Amer. Oil. Chem. Soc.*, **76**, 595 (1999).

100. M. Linder, J. Fanni, and M. Parmentier, *OCL*, **8**, 73 (2001).

101. G. P. Mc Neill, R. G. Ackman, and S. R. Moore, *J. Amer. Oil Chem. Soc.*, **73**, 1403 (1996).

102. Y. Shimada, K. Maruyama, A. Sugihara, S. Moriyama, and Y. Tominaga, *J. Amer. Oil. Chem. Soc.*, **74**, 1441 (1997).

103. S – J. Kang, M. C. A. Timmins, and R. G. Ackman, *J. Amer. Oil. Chem. Soc.*, **75**, 1667 (1998).

104. S – J. Kang, S. P. Lall, and R. G. Ackman, *Lipids*, **32**, 19 (1997).

105. G. Summers, R. Wong, and L. Eyres, "Handling and processing shark livers for the recovery of squalene and diacyl glyceryl ethers," DSIR Crop Research Report No. 1, Christchurch, New Zealand, 1990.

106. R. G. Ackman, E. Macpherson, and A. Timmins. *J. Amer. Oil. Chem. Soc.*, **75**, 1223 (1998).

107. R. G. Ackman, E. J. Macpherson, and A. Timmins, *J. Amer. Oil. Chem. Soc.*, **77**, 831 (2000).

108. R. G. Ackman, R. F. Addison, and C. A. Eaton, *Nature*, **220**, 1033 (1968).

109. H. V. Kuhnlein, F. Yeboah, M. Sedgemore, S. Sedgemore, and M. Chan, *J. Food Compos. Anal.*, **9**, 18 (1996).

110. J. Joseph, Distribution and composition of lipids in marine invertebrates, in Ref. 24, Vol. 2, pp. 49 – 143.

111. H – S. Seo, Y. Endo, M. Moku, K. Kawaguchi, and K. Fujimoto, *Lipids*, **36**, 389 (2001).

112. R. Ackman, S. N. Hooper, S. Epstein, and M. Kelleher, *J. Amer. Oil Chem. Soc.*, **49**, 378 (1972).

113. P. W. Behrens and D. J. Kyle, *J. Food Lipids*, **3**, 259 (1996).

114. J. A. Conquer and B. J. Holub, *J. Nutr.*, **126**, 3032 (1996).

115. S. M. Innis and J. W. Hansen, *Amer. J. Clin. Nutr.*, **64**, 159 (1996).

116. E. N. Frankel, T. Satue – Gracia, A. S. Meyer, and J. B. German, *J. Agric. Food Chem.*, **50**, 2094 (2002).

117. L. Poisson, M. Devos, G. Pancreac'h, and F. Ergan, *OCL*, **9**, 92 (2002).

118. C. G. Bordier, N. Sellier, A. P. Faucault, and F. Le Goffic, *Chromatographia*, **39**, 329 (1994).

12 油脂中的微量成分

Afaf Kamal - Eldin
SLU Uppsala, Sweden

12.1 引言

天然来源的脂质主要由脂肪酸与甘油酯化组成，主要以甘油三酯的形式（95% ~ 98%）存在。溶解在这些脂质中的微量化合物有两种形式：甘油酯和非甘油酯（表12.1）。植物油与碱反应后，其中的不皂化物（如非甘油酯）不形成皂，因此能用亲脂性溶剂如乙醚、正已烷或环已烷将其从皂化混合物中萃取出来。在过去的几十年里，这些不皂化物因为各种原因引起了研究者们的兴趣。起初，对不皂化物组分的兴趣起源于其许多成分具有抗氧化性质，特别是生育酚、酚类和其他化合物对油的氧化稳定性具有极其重要的意义。同时，不皂化物的某些组成成分也给一些油脂的鉴定提供了很好的标记物。此外，目前有很多研究致力于各种不皂化组分的生物和生理活性，及它们可能对促进人类健康的贡献。除棕榈油中的类胡萝卜素外，维生素E活性物质和植物甾醇类物质或许是植物油中最重要的营养保健成分了。将生育酚/生育三烯酚从脱臭馏出物中分离纯化，可制成胶囊用作维生素E补充剂，或作为食品添加剂；甾醇可回收用作创新型食品如商业化人造黄油及其他其他产品中的降胆固醇剂[1,2]。毛油中存在的微量脂质通常是磷脂、甘油酯和其他复合脂质，大部分在精炼过程中通过脱胶除去。这些脂质具有如乳化剂一样有趣的特性，在其他章节中详细讨论。

表12.1 植物油中重要的微量组分

甘油酯微量成分	非甘油酯微量组分
甘油二酯	甾醇、三萜烯醇及它们的酯
甘油一酯	生育酚/生育三烯酚
磷脂	烃
半乳糖脂	蜡

续表

甘油酯微量成分	非甘油酯微量组分
硫脂	游离脂肪酸
	脂溶性维生素
	色素
	酚类化合物
	金属及金属蛋白

如表 12.2 所示，植物油中不皂化物含量[3]各不相同，组成和特性也不同[4]。有必要通过精炼除去不需要的色素和脂肪酸氧化产物，如过氧化物及其降解产物，使其更符合消费的需要，但精炼也造成有价值的营养物质和天然抗氧化剂的损失[5~7]。不皂化物组分中许多化合物在技术和营养方面的重要性已经越来越为人们所认识，现在也正积极开发提取和精炼技术，以生产最佳功能性和营养性的植物油。本章综述了植物油中一系列天然微量成分的化学性质及重要性。

表 12.2　　部分植物油中不皂化物含量及特殊组分特征

油	不皂化物[3]/% Schwartz[3]	特殊组分特征
椰子油	0.2	未报道
棉籽油	0.7	未报道
亚麻籽油	0.9	Plastochromanol－8
橄榄油	0.7	角鲨烯、特殊酚类化合物
棕榈油	0.1	红色类胡萝卜素
花生油	0.4	未报道
菜籽油	1.0	菜籽甾醇、Plastochromanol－8
芝麻油	1.4	芝麻素、芝麻林素及其衍生物
大豆油	0.6	δ－生育酚
葵花籽油	0.7	未报道
玉米油	1.5	未报道
小麦胚芽油	4.8	未报道
米糠油	4.2~5.2	γ－谷维素（甾醇的阿魏酸酯）

12.2　微量脂质成分的化学性质

12.2.1　甾醇

甾醇（表 12.3）一般是植物油不皂化物组分中的主要成分。甾醇具有与胆固醇相似的以甾族醇框架为基础的结构（图 12.1）。甾醇分子是平面型，基本结构是带有四个稠环（A，B，C，D）的环戊烷多氢菲体系。羟基位于 C－3 位，侧链位于 C－17 位，两个甲基基团分别位于 C－18 和 C－19 位，都位于环结构的角位置，并且具有 β －立体化学构型（位于平面构型之上）[8]。

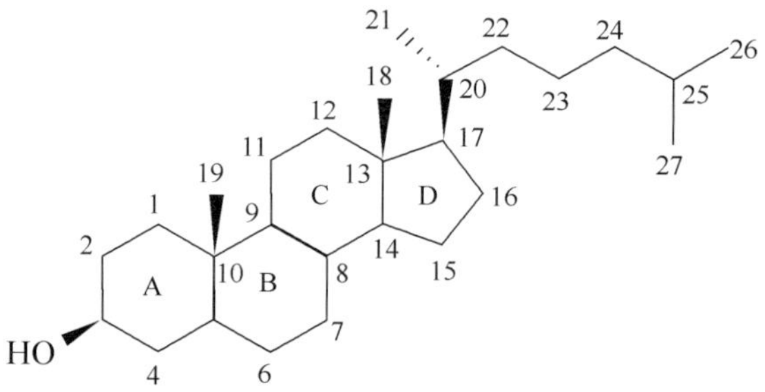

图 12.1　胆固醇（CAS# 57－88－5）结构及甾醇骨架和侧链的编号

表 12.3　植物油中普通甾醇及三萜烯醇的结构、惯用名、IUPAC 命名及编号

惯用名	IUPAC 命名	CAS 编号①	结构②
4－无甲基甾醇			
菜籽甾醇	24 β －甲基胆甾－5，22E－二烯－3 β －醇	474－67－9	Ac
菜油甾醇	24 α －甲基胆甾－5－烯－3 β －醇	474－62－4	Ab
豆甾醇	24 α －乙基胆甾－5，22E－二烯－3 β －醇	83－48－7	Ag
谷甾醇	24 α －乙基胆甾－5－烯－3 β －醇	83－46－5	Af
Δ^5－燕麦甾醇	24E－亚乙基胆甾－5－烯－3 β －醇	18472－36－1	Ah
豆甾烯醇	24 α －乙基胆甾－7－烯－3 β －醇	481－18－4	Bf
Δ^7－燕麦甾醇	24E－亚乙基胆甾－7－烯－3 β －醇	23290－26－8	Bh
4－甲基甾醇			
24－乙基洛飞烯醇	4 α 甲基－24 α －乙基胆甾－7－烯－3 β －醇	36735－29－2	Cf

续表

惯用名	IUPAC 命名	CAS 编号①	结构②
禾本甾醇	4α-甲基-24-亚甲基胆甾-7-烯-3β-醇	1176-52-9	Cd
柠檬甾二烯醇	4α-甲基-24E-亚乙基胆甾-7-烯-3β-醇	474-40-8	Ch
钝叶醇	4α，14α-二甲基-24-亚甲基胆甾-8-烯-3β-醇	—	Dd
环桉烯醇	9，19-环-4α，14α-二甲基-24-亚甲基胆甾-8-烯-3β-醇	469-39-6	Ed
4，4-二甲基甾醇			
环木菠萝烯醇	9，19-环-4，4，14α-三甲基胆甾-24-烯-3β-醇	469-38-5	Fa
24-亚甲基环木菠萝醇	9，19-环-4，4，14α-三甲基-24-亚甲基胆甾烷-3β-醇	1449-09-8	Fd
环米糠醇	9，19-环-4，4，14α，24-四甲基胆甾-24-烯-3β-醇	—	Fe
α-香树素	5α-乌苏-12-烯-3β-醇	638-95-9	—
β-香树素	5α-齐墩果-12-烯-3β-醇	559-70-6	—

注：①LIPIDAT 的 CAS 号，俄亥俄州立大学脂质分子结构数据库（http://www.lipidat.chemistry.ohio-state.edu/cis888/rehner/searchLMSD_2_4.asp）。

②参见图 12.2。

植物甾醇通常是植物油不皂化物中的主要化合物，一般为油的 1% 左右。主要的甾醇属于 4-无甲基甾醇族，但大多数油中微量成分主要是 4-甲基甾醇和 4，4-二甲基甾醇（也称三萜烯醇）（图 12.2）。除了一些例外，无甲基甾醇β-谷甾醇一般是含量最丰富的，通常会伴有不同含量的菜油甾醇、豆甾醇、Δ^5-燕麦甾醇和其他甾醇（表 12.4）。一些甾醇可用于表征某些油，例如，菜籽甾醇是菜籽油/卡诺拉油的特征甾醇，可用来检测食品中这种油是否存在。近来，有报道称 camolina 油很特别，除菜籽甾醇（133mg/kg）、菜油甾醇（893mg/kg）、豆甾醇（103mg/kg）、谷甾醇（1884mg/kg）和 Δ^5-燕麦甾醇（393mg/kg）外，还有高含量的胆固醇（188mg/kg）[12]。黑茴香（*Nigella sativa* L.）以高含量的 β-谷甾醇（1135~1182mg/kg）、Δ^5-燕麦甾醇（925~1025mg/kg）和 Δ^7-燕麦甾醇（615~809mg/kg）及少量的豆甾醇和菜油甾醇为特征[13]。

植物油中甾醇以游离或酯化的形式存在，其相对含量取决于油的种类。植物油的甾醇酯中，C-3 位羟基上的 H 可被脂酰基或阿魏酸所取代，后者例如γ-谷维素。玉米油、棉籽油和菜籽油中甾醇酯含量尤其丰富[14]。据报道，游离和酰化甾醇组分的组成并没有差

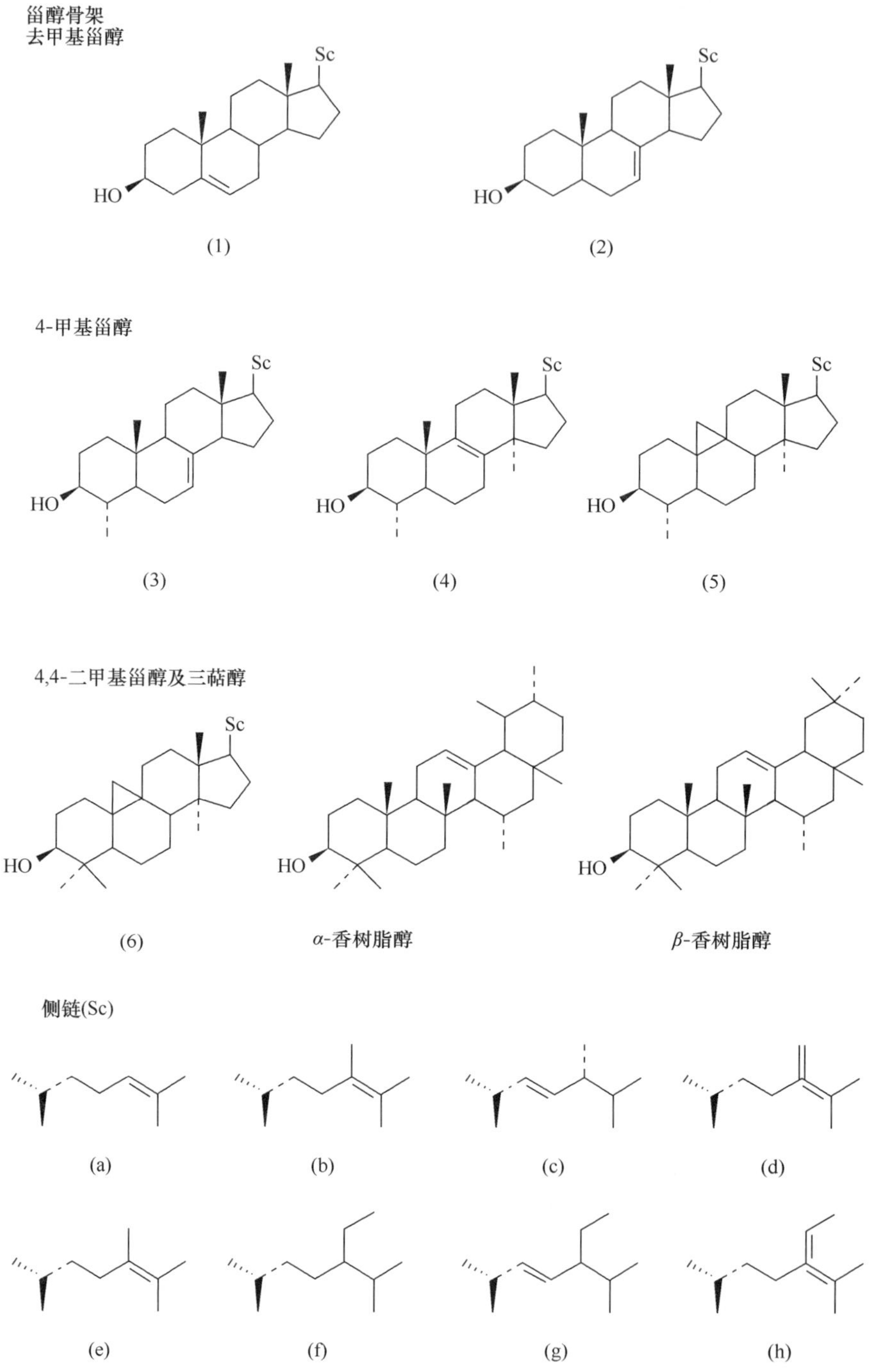

图 12.2　植物油中主要甾醇的甾醇骨架和侧链（命名及结构见表 12.1）

别，这意味着酯化反应是非特异性的（表 12.5）。目前，米糠油通过其高含量（约2% ~ 5%）的γ - 谷维素识别，即主要是环木菠萝烯醇［CAS# 21238 - 33 - 5］和 24 - 亚甲基环木菠萝醇，也含有 24 - 甲基环阿屯醇、环桉烯醇、谷甾醇和菜油甾醇[16]。小麦胚芽油中总甾醇含量的三分之二（2000 ~ 4000mg/100g）以酯化形式存在[17]。

精炼以各种方式影响着植物油中的甾醇，导致甾醇损失达 10% ~ 70%[18]。化学中和后，部分甾醇随皂脚被洗去[5, 19]。使用酸性土脱色剂和高温催化不同的异构反应、脱水反应和酯化反应。Tisconia 和 Bertini[20]发现，脱色过程中所使用的脱色土含量不同，橄榄油 Δ^5 - 燕麦甾醇的含量变化显著，Touche 等人[21]在椰子油的脱色过程中也有类似的发现。后来，Kesselmeier 等[22]发现燕麦脂质中 Δ^5 - 燕麦甾醇和 Δ^7 - 燕麦甾醇被酸水解破坏。Kamal - Eldin 等[23]解释了其第二位和第三位正碳离子的转化机理（图 12.3）。脱色通常对植物甾醇的影响很小，主要限于一些非极性脱水产物的形成[18, 24]和甾醇酯的部分水解[25]。脱色和脱臭过程中形成甾醇二烯和脱水产物二甾醇醚（图 12.4）[14]。从精炼乳木果油的硬脂酸甘油酯部分还分离出了三萜醇的脱水产物[26]。脱臭过程中由于游离甾醇被蒸馏[5, 19, 27]和酯化[14, 25]，会引起总甾醇的大量减少。氢化对甾醇结构有很大影响，包括双键氢化、环丙烷开环和不饱和侧链的位置异构[28~33]。

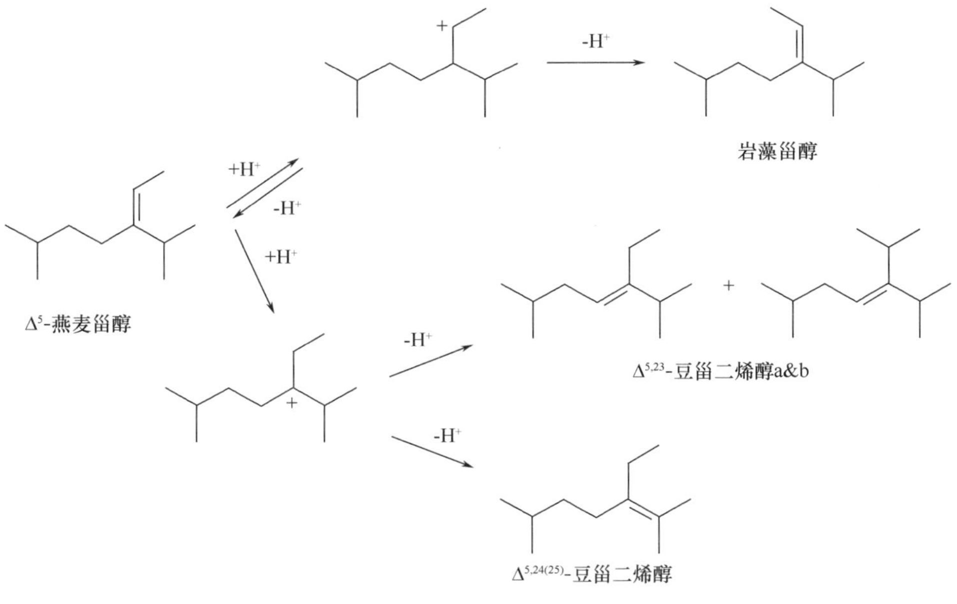

图 12.3 Δ^5 - 燕麦甾醇的酸催化异构化反应（修改自 Kamal - Eldin 等[23]）

植物甾醇从馏出物中工业化分离，起因于植物油的脱臭[1, 34~36]。有时将植物甾醇氢化成植物甾烷醇[37]。由于甾醇和甾烷醇的溶解性都非常低（25℃时 < 1%），限制了它们

表 12.4 几种植物油中的甾醇含量[9~11] 单位：mg/100g

甾醇	椰子油	玉米油	棉籽油	亚麻籽油	橄榄油	棕榈油	棕榈仁油	花生油	菜籽油	米糠油	红花油	芝麻油	乳木果油	大豆油	葵花籽油	小麦胚芽油
无甲基甾醇																
胆固醇	2	—	—	4	—	3	4	—	—	—	—	—	—	—	—	—
菜油甾醇	2	269	17	122	2	36	12	36	153	505	45	117	—	74	31	570
豆甾醇	30	70	4	38	1	20	14	216	—	271	31	62	—	72	31	—
β - 谷甾醇	132	772	396	193	131	189	92	154	355	885	181	382	—	191	235	1734
Δ^5 - 燕麦甾醇	32	47	8	55	3	5	8	19	12	90	3	43	—	11	16	155
Δ^7 - 豆甾烯醇	14	12	—	8	6	2	1	7	31	18	70	12	94	11	59	78
Δ^7 - 燕麦甾醇	—	—	—	—	—	—	—	2	—	36	10	—	28	4	16	52
其他	—	—	—	—	—	—	—	—	61①	—	7	—	13	—	4	—
4 - 甲基甾醇																
钝叶醇	2	4	11	22	2	6	5	4	8	29	10	81	22	5	34	7
禾本甾醇	6	4	8	108	4	24	8	4	6	25	5	142	4	16	22	47
枸橼固二烯醇	4	4	17	6	6	3	13	4	2	—	3	126	—	35	35	53
其他②	4	—	5	1	2	2	10	2	12	114	6	57	7	8	20	8
4,4′ - 二甲基甾醇																
环木菠萝醇	1	痕量	—	1	—	1	—	1	2	106	1	4	—	—	—	7
β - 香树素	—	痕量	2	12	22	1	3	2	—	—	7	4	306	13	5	40
菠萝蜜甾醇	—	5	10	—	10	—	6	—	—	—	—	—	994	14	—	—
环木菠萝烯醇	50	—	—	106	13	—	29	12	32	482	34	62	—	17	29	38
α - 香树素	—	—	—	—	—	19	21	—	—	—	12	—	1759	—	—	18

续表

甾醇	椰子油	玉米油	棉籽油	亚麻籽油	橄榄油	棕榈油	棕榈仁油	花生油	菜籽油	米糠油	红花油	芝麻油	乳木果油	大豆油	葵花籽油	小麦胚芽油
24－亚甲基环木菠萝烯醇	—	—	19	—	30	—	9	—	—	—	—	—	612	23	12	—
环米糠醇	12	7	16	34	47	—	3	16	16	494	7	107	—	8	16	99
环劳屯醇	—	—	—	—	14	10	—	3	—	—	2	—	38	—	6	4
其他②	4	—	1	—	—	—	—	—	—	—	—	—	115	—	—	—
总含量	286	1194	514	710	293	321	230	482	690	3055	428	1199	3992	502	571	2910

注：①菜籽甾醇。
②未知化合物。

表 12.5 几种植物毛油中游离及酰化甾醇酯含量和甾醇的相对分布*

油	游离甾醇					酰化甾醇酯				
	总量/(mg/100g)	谷甾醇/%	菜油甾醇/%	豆甾醇/%	Δ5－燕麦甾醇/%	总量/(mg/100g)	谷甾醇/%	菜油甾醇/%	豆甾醇/%	Δ^5－燕麦甾醇/%
椰子油	26	71.9	11.0	17.1	—	41	70.4	11.1	18.5	—
棕榈油	16	59.5	22.8	11.0	6.7	49	66.0	30.0	14.0	—
橄榄油	30	65.0	4.6	—	30.4	151	76.9	—	—	23.1
菜籽油	475	54.0	40.6	—	5.4	336	50.7	29.0	—	20.3
玉米油	423	71.6	18.0	7.9	2.5	485	70.2	23.2	6.6	—

注：* 修改自 Verleyen 等[15]。

在食品中的应用。因此，将甾醇和甾烷醇进行酯化，使其具有脂溶性而易于加入到食品中[37, 38]。目前，欧洲和美国市场上已出售含甾醇（联合利华的 Becel Proactiv）或甾烷醇（Raisio 公司的 Benecol）的两种人造黄油，甾醇或甾烷醇含量为 8% ~9%，以酯的形式存在。

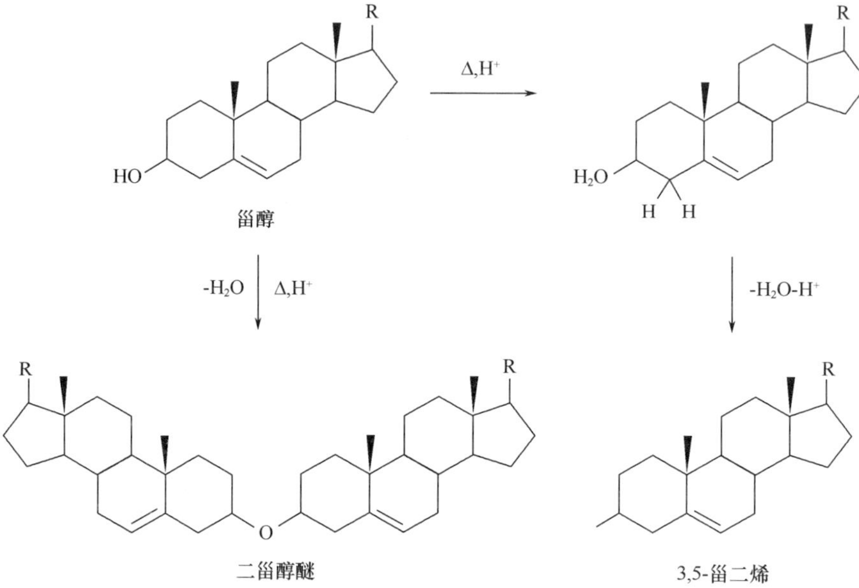

图 12.4 无水条件下热和酸催化甾醇转变成甾醇烯和二甾醇酯

12.2.2 生育酚和生育三烯酚

生育酚和生育三烯酚一般不是植物油中的主要成分，但它们的存在对稳定植物油中不饱和脂肪酸防止其氧化变质至关重要[39]。它们的结构是基于一个顶端带两个环的色满，一个环是酚，另一个是杂环，C－2 位有一条植基尾类异戊二烯侧链。生育酚植基尾是饱和的，生育三烯酚及其他衍生物如 plastochromanol（图 12.5，表 12.6）植基尾是不饱和的。根据色满醇环上的甲基数量和位置的不同，各有四个异构体，即 α －、β －、γ －和 δ －。天然生育酚只以游离醇形式存在，但有人提到生育三烯酚也会以酯化形式存在[40]。生育酚分子在植基尾有三个手性中心，因此有八种可能的立体异构体。天然存在的生育酚植基基团有相同的分子构型（2R、4′R、8′R、RRR 或 d－型），而合成的生育酚（all－rac－生育酚）代表近乎等量的 8 种可能立体异构体的混合物［2D，4′D，8′D（RRR）、2L，4′D，8′D（SRR）、2D，4′D，8′L（RRS）、2L，4′D，8′L（SRS）、2D，4′L，8′D（RSR）、2L，4′L，8′D（SSR）、2D，4′L，8′L（RSS）、2L，4′L，8′L（SSS）］[41]。因为生育三烯酚只在 2 位有一个手性中心，所以或是 2D 或是 2L 立体异构体。生育三烯酚植基尾 3′和

7′位存在双键，会产生四种顺/反式几何异构体，即共8种异构体［2D，3′顺，7′顺（R，顺－顺）；2D，3′顺，7′反（R，顺－反）；2D，3′反，7′顺（R，反－顺）；2D，3′反，7′反（R，反－反）；2L，3′顺，7′顺（S，顺－顺）；2L，3′顺，7′反（S，顺－反）；2L，3′反，7′顺（S，反－顺）；2L，3′反，7′反（S，反－反）］[42]。因此，很容易检测出脂质中是否存在合成的生育酚/生育三烯酚。

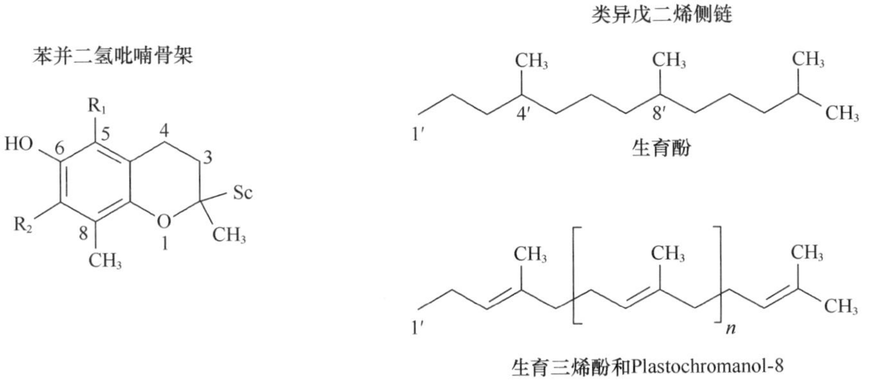

生育酚	生育三烯酚	R_1	R_2
α－生育酚	α－生育三烯酚	CH_3	CH_3
β－生育酚	β－生育三烯酚	CH_3	H
γ－生育酚	γ－生育三烯酚	H	CH_3
δ－生育酚	δ－生育三烯酚	H	H

图12.5 植物油中生育酚、生育三烯酚（$n=3$）及Plastochromanol－8（$n=8$，$R_1=H$，$R_2=CH_3$）的色满醇环和类异戊二烯侧链（系统名称见表12.6）

表12.6 植物油中存在的生育酚、生育三烯酚及相关化合物的结构、惯用名、IUPAC命名及编号

惯用名	IUPAC命名	CAS编号
生育酚		
α－生育酚	3，4－二氢－2，5，7，8－四甲基－2－（4’，8’，12’－三甲基十三烷基）－苯并吡喃－6－醇	59－02－9
β－生育酚	3，4－二氢－2，5，8－三甲基－2－（4’，8’，12’－三甲基十三烷基）－苯并吡喃－6－醇	16698－35－4
γ－生育酚	3，4－二氢－2，7，8－三甲基－2－（4’，8’，12’－三甲基十三烷基）－苯并吡喃－6－醇	54－28－4

续表

惯用名	IUPAC 命名	CAS 编号
δ－生育酚	3，4－二氢－2，8－二甲基－2－（4'，8'，12'－三甲基十三烷基）－苯并吡喃－6－醇	119－13－1
生育三烯酚		
α－生育三烯酚	3，4－二氢－2，5，7，8－四甲基－2－（4'，8'，12'－三甲基－3'，7'，11'－十三烷三烯基）－2H－1－苯并吡喃－6－醇	1721－51－3
β－生育三烯酚	3，4－二氢－2，5，8－三甲基－2－（4'，8'，12'－三甲基－3'，7'，11'－十三烷三烯基）－2H－1－苯并吡喃－6－醇	490－23－3
γ－生育三烯酚	3，4－二氢－2，7，8－三甲基－2－（4'，8'，12'－三甲基－3'，7'，11'－十三烷三烯基）－2H－1－苯并吡喃－6－醇	91－86－1
δ－生育三烯酚	3，4－二氢－2，8－二甲基－2－（4'，8'，12'－三甲基－3'，7'，11'－十三烷三烯基）－2H－1－苯并吡喃－6－醇	—
Plastochromanol－8	3，4－二氢－2，7，8－三甲基－2－（4'，8'，12'，16'，20'，24'，28'，32'－八甲基－3'，7'，11'，15'，19'，23'，27'，31'－十八烷八烯基）－2H－1－苯并吡喃－6－醇	—

表12.7所示为一些植物油中生育酚和生育三烯酚的含量。籽油中主要含有γ－生育酚或α－生育酚，但大豆油中高含量的δ－生育酚使其成为大豆油的特征，大豆油是生育酚最丰富的来源，也是商业上最常用的生育酚来源[46]。而米糠油和棕榈油是生育三烯酚的重要来源[45, 47]。菜籽油和亚麻籽油含有特殊的、与生育三烯酚类似的plastochromanol－8[46~48]。小麦胚芽油、玉米油和米糠油这些谷物脂质一般含有很高含量的生育酚和生育三烯酚。坚果油中，杏仁油和榛子油富含α－生育酚，碧根果油和核桃油富含γ－生育酚[49]。

表12.7 几种植物油中生育酚、生育三烯酚及相关化合物含量 单位：mg/100g

油	α－T	β－T	γ－T	δ－T	α－T3	β－T3	γ－T3	δ－T3	总量
玉米油	26	1	75	3	1	—	2	—	108
棉籽油	40	—	38	痕量	—	1	—	—	79
亚麻籽油①	痕量	—	57	1	—	—	—	—	58[a]
橄榄油	12	—	1	—	—	—	—	—	13
棕榈油	38	—	—	—	5	—	13	—	56
花生油	14	2	13	1	—	—	—	—	30
菜籽油②	19	—	49	1	—	—	—	—	69[b]
红花籽油	45	1	3	1	—	—	—	—	50

续表

油	α-T	β-T	γ-T	δ-T	α-T3	β-T3	γ-T3	δ-T3	总量
芝麻油	—	—	58	1	—	—	—	—	59
大豆油	9	1	69	24	—	—	—	—	103
葵花籽油	62	2	3	—	—	—	—	—	67
玉米油	22	—	57	2	5	1	6	—	93
米糠油③	59	2	6	痕量	45	—	44	3	159
小麦胚芽油	151	31	53	—	4	—	2	—	241

注：①亚麻籽油也含有大约20mg/100g的plastochromanol-8[43]。
②菜籽油可能含有55~80mg/100g的plastochromanol-8[44]。
③资料来源参考文献[45]。

12.2.3 角鲨烯、类胡萝卜素和其他烃类化合物

角鲨烯（2，6，10，15，19，23-六甲基-2，6，10，14，18，20-二十四碳六烯），也叫菠菜烯，是一种天然的三十碳三萜类烃类化合物（见图12.6）。角鲨烯在鲨鱼肝油含量最丰富，大约占其重量的50%[50, 51]。橄榄油中有0.1%~1.2%角鲨烯，还有其他低含量的烃类化合物[52]。其他植物油中，角鲨烯含量较低，小于30mg/100g[53]。角鲨烯通常用在保健食品中，但由于其极易氧化，通常将其氢化成角鲨烷，作为保湿剂加入到化妆品中[54, 55]。角鲨烯的双键在植物油精炼过程中经酸催化异构作用产生了大量位置异构体[56]。其他饱和C_{15}~C_{33}的同族烃也存在于植物油中。例如，据报道，橄榄油含有奇数碳的正构烷烃（C_{23}~C_{29}，30~180mg/kg），一系列C_{22}~C_{27}正构Δ^9-烯烃、8-十七烷烯-6，10-二甲基-1-十一碳烯（0.5~2mg/kg），以及约31种倍半萜烯（2~37mg/kg），其中含量最丰富的有α-金合欢烯、α-古巴烯、雅槛蓝烯、α-摩勒烯[57]。

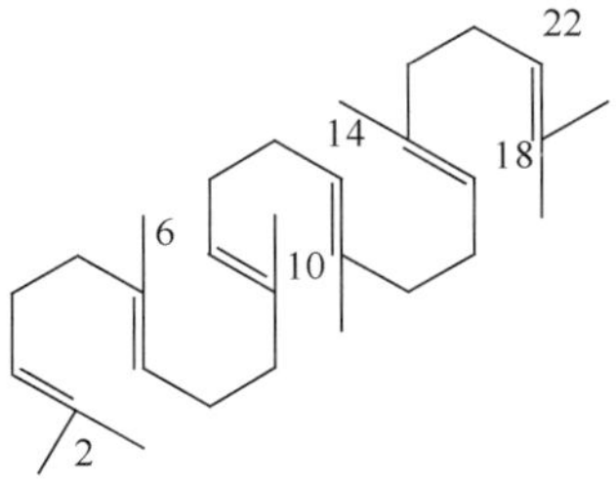

图12.6 角鲨烯的结构（全-反-2，6，10，15，19，23-六甲基-2，6，10，14，18，20-二十四碳六烯，CAS# 111-02-4），橄榄油中一种主要的烃类化合物

类胡萝卜素是存在于大多毛油中的黄红色素，通常被叶绿素的绿色所掩盖。由一个长链四十碳骨架，八个类异戊二烯单元首尾相接，组成一个双键交替的完全共轭体系（图

12.7）。类胡萝卜素是从番茄红素这种无环长链共轭 $C_{40}H_{56}$ 结构通过氢化、脱氢、环化、氧化，或这些过程的结合进行生物合成的[58]。类胡萝卜素可分为①具有番茄红素基本结构的非极性不饱和胡萝卜素；②极性类胡萝卜素或叶黄素，带一个或两个含氧末端基团。IUPAC－IUB 生物化学命名委员会已经出版了类胡萝卜素的半系统命名规则[59]。

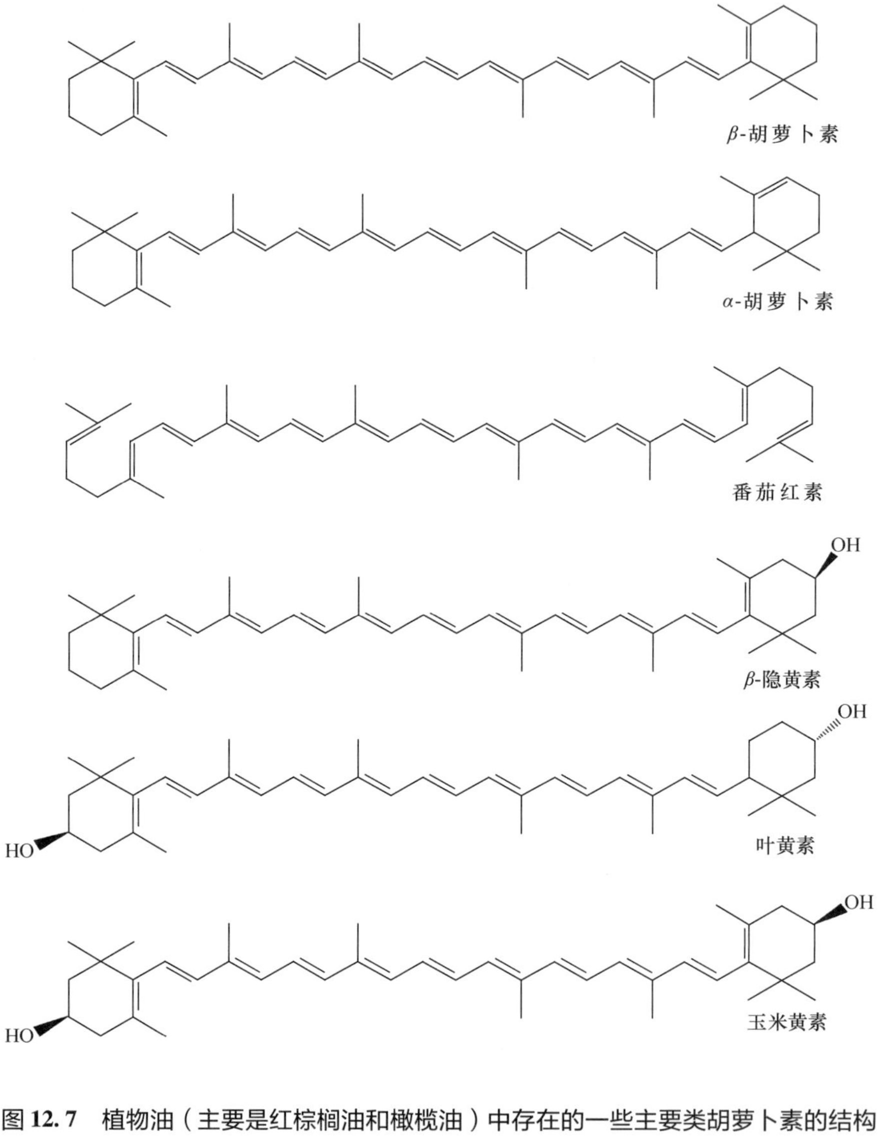

图 12.7 植物油（主要是红棕榈油和橄榄油）中存在的一些主要类胡萝卜素的结构

红棕榈油是现成的类胡萝卜素最丰富的来源，用于补充维生素 A 前体非常有效。毛棕榈油含有 500～800mg/kg 类胡萝卜素，其中β－胡萝卜素和α－胡萝卜素占大约 90%（二者接近 2∶1，质量比），其他较特别的有番茄红素、八氢番茄红素和玉米胡萝卜素[60]。

其他植物油含有的类胡萝卜素含量低很多（＜100mg/kg），但这些在精炼的脱色过程中会被除去。橄榄油含有各种各样但含量很低的类胡萝卜素，主要是β－胡萝卜素（总色素的6%～17%）及叶黄素（Lutein，总色素的18%～38%），但叶黄素类（Xanthophylls）如新黄质、紫黄质、黄体黄质、花药黄质、橘黄质和β－隐黄质也以低含量存在[61～63]。海产油脂，尤其是毛鳞鱼油和鲑鱼油也含有大量的类胡萝卜素，主要是叶黄素[64]。

12.2.4 酚类化合物

所有植物油中都含有很多低含量酚类化合物，它们对这些油中多不饱和脂肪酸的氧化稳定性很非常重要。研究最多的或许是橄榄油中的酚类物质成分（见图12.8）。据报道，橄榄油中酚类化合物含量在50～1000mg/kg不等，取决于农艺和环境因素、成熟度、加工工艺和油的储存条件[65]，但大多在200～500mg/kg范围内[66]。橄榄油中的酚类化合物包括橄榄苦苷、女贞苷的裂环烯醚萜糖苷配基和木脂素类1－乙酰松脂醇和松脂醇[67～72]。酪醇、羟基酪醇，及它们的酯也是橄榄油的主要酚类物质[63]，它们的含量在初榨橄榄油储藏期间[73]由于酸催化水解裂环烯醚萜糖苷配基[69]而有所增加。

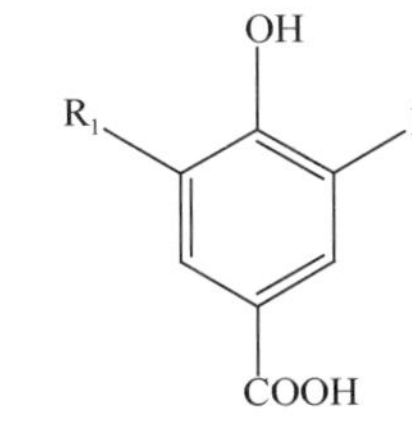

对羟基苯甲酸衍生物
对-羟基苯甲酸（R_1&R_2=H）
原儿茶酸（R_1=OH_3，R_2=H）
香子兰酸（R_1=OCH_3，R_2=H）
没食子酸（R_1=OH_3，R_2=OH）
丁香酸（R_1=OCH_3，R_2=OCH_3）

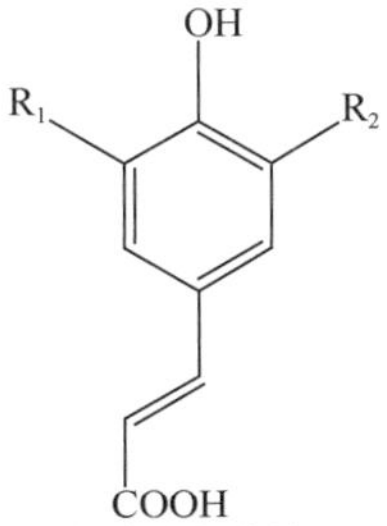

羟基肉桂酸衍生物
对香豆酸（R_1&R_2=H）
咖啡酸（R_1=OH，R_2=H）
阿魏酸（R_1=OCH_3，R_2=H）

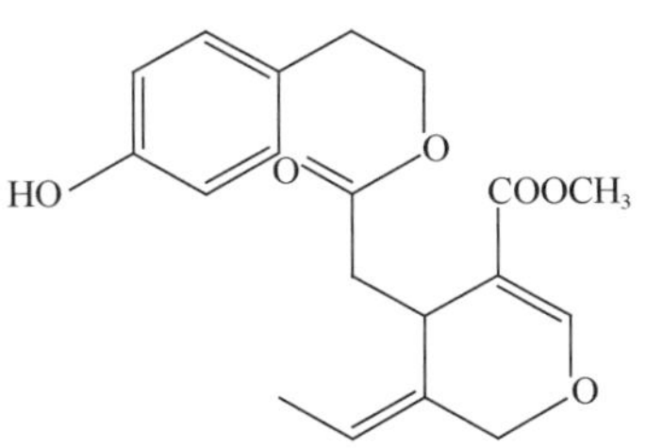

女贞苷

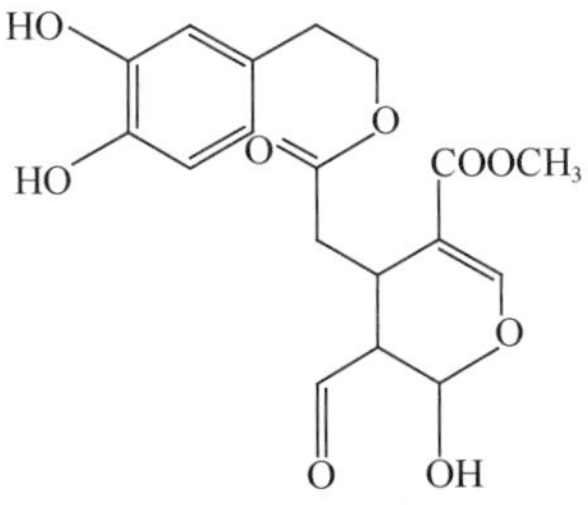

油橄榄苦苷异构体

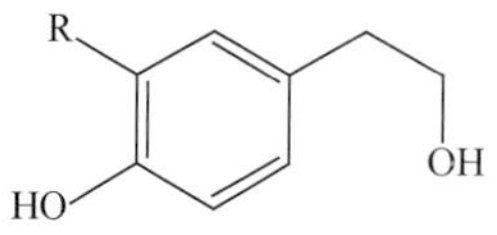

p-羟基苯乙醇（*p*-HPEA,R=H）
3,4-二羟基苯乙醇（3,4-DHPEA,R=OH）

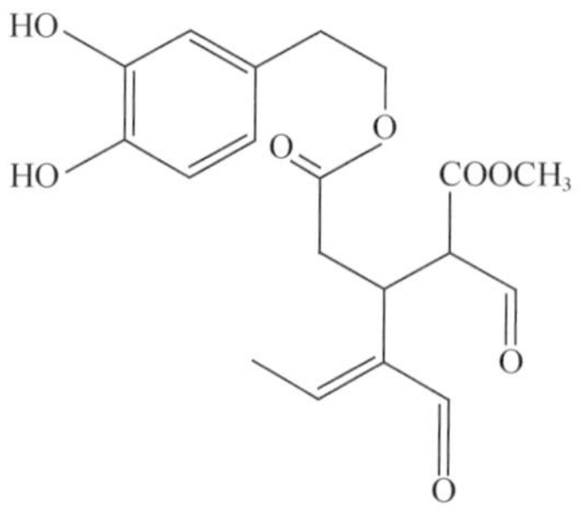

二醛式橄榄酸酪醇酯（*p*-HPEA-EDA,R=H）
3,4-二醛式橄榄酸羟基酪醇酯（3,4-DHPEA-EDA,R=OH）

图 12.8 初榨橄榄油中的裂环烯醚萜衍生物和酚醇的化学结构

芝麻毛油的特征是存在两种独特的具有生理功能的木脂素类化合物：芝麻素［2，6－（3，4－甲二氧基苯基）－顺－2，7－二氧杂二环－［3.3.0］－辛烷］和芝麻林素［2－（3，4－亚甲基－二氧基苯氧基）－6－（3，4－甲二氧基苯基）－顺－2，7－二氧杂二环－［3.3.0］－辛烷］（图 12.9）。芝麻素和芝麻林素的含量分别为 0.1%～0.9% 和痕量～0.7%[74]。Fukuda 等[75]研究显示，芝麻油精炼时，部分芝麻素异构为异芝麻素，芝麻林素水解成少量的芝麻酚，但主要还是损失掉，和异构为三种芝麻素酚异构体（图 12.10）。这些转化反应由脱色土的酸性残基所催化，可特别用来区分芝麻毛油和精炼油。

12.2.5 其他微量化合物

植物毛油中也存在低含量的脂肪醇或甾醇与脂肪酸或酚酸发生酯化反应生成的高碳醇酯或甾醇酯，可在油脂精炼的冬化过程中除去一部分。蜡主要是长链饱和脂肪酸和一种单不饱和醇的酯，特别是二十碳烯醇，植物毛油如橄榄油、葵花籽油、大豆油或花生油含有蜡，但玉米油和米糠油中没有（译者注：此处原文似有误）[76,77]。有报道，橄榄油和葵花籽油中均含有双萜烯酯、植基酯和香叶酰基酯，但苄基酯只在橄榄油中检测到[78]。葵花籽油的蜡酯碳原子数在36～48 之间，C_{40}～C_{42}部分比例很高[79]。脱蜡和精炼的葵花籽油中的蜡主要是小于 42 个碳原子的蜡，这意味着精炼后对蜡的保留有选择性。

植物油，特别是毛油，含有不同含量的叶绿素。油料种子的成熟度以及油脂提取方法决定了油中叶绿素的含量。例如，未成熟的菜籽含有的主要色素是叶绿素 A、叶绿素 B、脱镁叶绿素 A 和脱镁叶绿素 B，还含有微量脱镁叶绿酸 A、甲基脱镁叶绿酸 A、焦脱镁叶绿酸 A，而成熟的菜籽富含叶绿素 A 和叶绿素 B[80]。叶绿素色素的工业提取和精炼对叶绿素和脱镁叶绿素有选择性的影响，因此溶剂萃取油和脱色油中脱镁叶绿素的含量更多[80,81]。脱镁叶绿素 A 是橄榄油中的主要色素（占色素总量的 44%～58%），与少量脱镁叶绿素 B、有时是叶绿素 A 和叶绿素 B 共同存在[61,62]。

毛油中含有不同水平的游离脂肪酸和部分甘油酯（甘油一酯和甘油二酯），除了品牌的橄

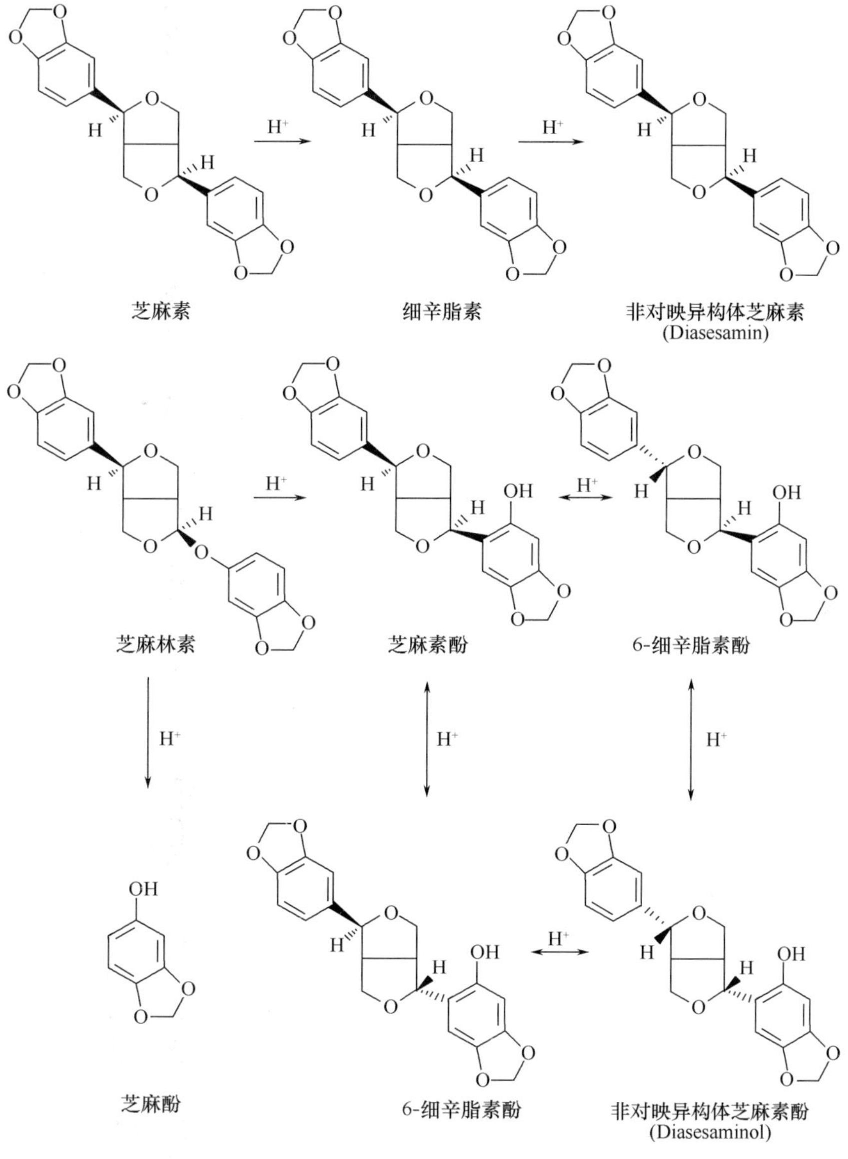

图 12.9 芝麻木脂素（芝麻素和芝麻林素）及脱色过程中生成的酸催化转化产物

榄油、芝麻油和坚果油，在大多数油的精炼过程中都将其除去了。磷脂是重要的微量脂质成分，因为其极大的表面活性作用得到广泛应用，特别是焙烤工业。卵磷脂（磷脂酰胆碱）及其他磷脂（磷脂酰乙醇胺、磷脂酰肌醇、磷脂酰丝氨酸、磷脂酸等）是植物油特别是大豆油精炼的重要副产物。但是，磷脂和其他极性脂质存在于精炼油中是不合乎要求的。目前，已开发了物理精炼[82]、膜过滤[83, 84]或磷脂酶酶法脱胶[85, 86]等脱除籽油磷脂的方法。

谷物脂质很特别，因为它们含有不寻常的高含量的蜡、游离脂肪酸、不皂化物、甾醇

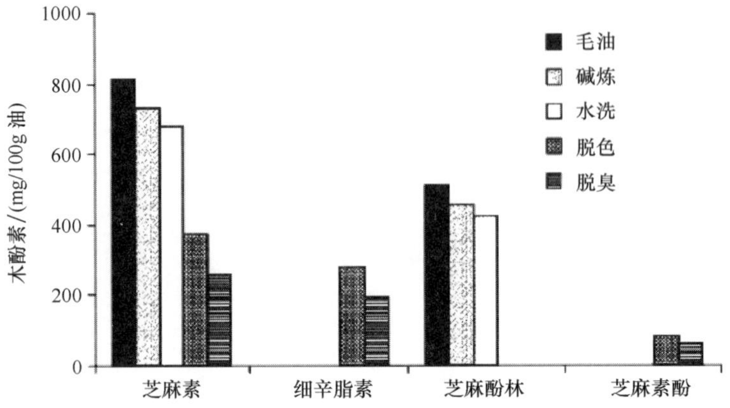

图 12.10 精炼引起的芝麻油木脂素的变化（资料来源：Fukuda 等[75]）

葡糖苷、甘油二酯、磷脂和糖脂[87, 88]，会造成精炼的困难。主要问题似乎是由于高含量的磷脂和含磷糖脂（高达5%）的高表面活性导致其在碱炼过程中的大量损失。一份小麦胚芽毛油样品含有1428mg/kg磷、15.7%游离脂肪酸和2682mg/kg生育酚。油通过传统脱胶、中和、脱色和连续板式脱臭精炼后，游离脂肪酸显著脱除，大部分磷脂被除去[89]。近来，开发了一种用于米糠油同时脱蜡脱胶的特殊物理精炼方法[90]。

以初榨油形式食用的美味油（如：橄榄油、芝麻油、鳄梨油和坚果油）通常具有区别于其他食用植物油的特征风味。橄榄油中这些特征风味化合物包括一系列以下化合物：正己烷、正庚烷、辛烷、乙醇、异丁醇、戊烯醇、己烯醇、辛醇、正戊醛、己醛、2－丙烯醛、反－2－戊烯醛、反－2－己烯醛、反－2－庚烯醛、正辛醛、反－2－辛烯醛、壬醛、反－2－壬烯醛、异戊醛、正癸醛、反－2－己烯－1－醇、2－丙酮、3－戊酮、乙酸、甲酸、己酸、庚酸和1，8－萜二烯[91]。榛子油以5－甲基－反－2－庚烯－4－酮的强烈风味为特征[92]。烘炒芝麻制得的芝麻油中鉴定出三十多种挥发性风味化合物，包括吡嗪、噻唑、吡啶、糠醛、噁唑[93~96]，吡嗪是主要化合物，是焙烤风味的来源，糠醛是甜类糖果风味的来源[97]。

12.3 微量脂质成分的重要性

12.3.1 植物油的工艺品质

不皂化物（如甾醇、生育酚、亲脂性色素和烃类化合物）一般占植物油的2.5%。当游离脂肪酸含量相当高时，会引起以天然原油形式食用的油脂，如橄榄油、芝麻油和坚果油等产生不良风味。如果椰子油、棕榈仁油和黄油中存在短碳链游离酸（C_6～C_{10}），那么这种作用更为显著。游离脂肪酸对这些油的起泡性和稳定性也有不利影响[98]。另一个例子是橄榄油多酚类物质与油的苦味有关，但也使其货架期延长[99]。另一方面，微量脂质（如甘油二酯、甘油一酯、胆固醇和磷脂）以低浓度天然存在于大多数油中。众所周知，即使含量很低，它们也能显著影响脂肪的界面特性和结晶[100, 101]。这些微量脂质通过形成规则形状的球形结晶体，对可可脂的结晶有积极的影响[102]。

植物油对游离自由基自动氧化敏感性的差异，取决于脂肪酸的不饱和程度及过氧化物的含量和抗氧化剂种类。小麦胚芽油、玉米油或橄榄油中的不皂化物能延缓植物油的氧化[103]。植物油中存在的痕量金属和金属蛋白通过分解脂质氢过氧化物，加速引发和再次引发催化氧化，并且会引发链式氧化反应。大量文献证明了生育酚的抗氧化活性，但不同生育酚的抗氧化能力还存在争议[39]。植物油何时开始呈指数级氧化，与抗氧化成分的最低临界浓度有关[104]。例如，当橄榄油中α－生育酚浓度达到阈值60～70mg/kg时，氧化速率显著增加[105]。生育酚抗氧化作用主要机理是提供氢原子[39]。抗氧化剂（AH）生育酚和生育三烯酚清除脂质过氧自由基（LOO·），形成相对稳定的脂质氢过氧化物（LOOH），然后形成酚氧或三烯酚氧抗氧自由基（A·），通过自由基－自由基相结合清除另一氢过氧自由基，形成多个稳定的二级氧化产物。

$$\mathrm{LOO\cdot + AH \rightarrow ROOH + AO\cdot}$$

$$\mathrm{LOO\cdot + AO\cdot} \rightarrow \text{稳定产物}$$

除了清除氢过氧自由基，生育酚和生育三烯酚还是特别好的单线态氧和过氧亚硝基阴离子淬灭剂[39]。据报道，当α－生育酚以高浓度存在时，表现出促氧化活性[106～108]。后来又发现，与无生育酚和其他脂质相关抗氧化物存在的对照组相比，生育酚并没有促氧化作用[109, 110]。然而，生育酚在高浓度时会失去其抗氧化功效，因为生育酚选择性低，因此参与了大量反应，生育酚被消耗产生烷氧自由基并引发新反应链[111, 112]。采用动力学方法，发现很多反应促成了生育酚抗氧化活性的损失，对α－生育酚的影响比γ－生育酚更大[113]。

$$\mathrm{AH + LOOH \rightarrow A\cdot + LO\cdot + H_2O}$$

$$\mathrm{AOOL \rightarrow AO\cdot + LO\cdot}$$

$$\mathrm{A\cdot + LOOH \rightarrow AH + LOO\cdot}$$

$$\mathrm{A\cdot + LH \rightarrow AH + L\cdot}$$

$$\mathrm{AH + O_2 \rightarrow A\cdot + HO_2\cdot}$$

$$\mathrm{A\cdot + O_2 \rightarrow AOO\cdot}$$

植物油低温储藏和热氧化条件下，γ－生育酚一般都比α－生育酚抗氧化性更好些[114]。与α－生育酚相比，γ－生育酚降解速度慢很多，因此能更长久地保护植物油[110, 111]。

光氧化对富含叶绿素和其他光敏剂的植物油氧化具有非常重要的影响。但是，这些油中存在的生育酚、类胡萝卜素和多酚类物质能抵抗光引起的光氧化作用，对油起到相当大的保护作用。这些不同的抗氧化物质以协同的方式发挥作用，具有不同的保护能力。这种情况最好的例子就是橄榄油[115]。研究发现，脱镁叶绿素 A 和β－胡萝卜素对氧、光和温度敏感，而α－生育酚和多酚物质在高温下要稳定些。叶绿素色素起到光敏剂的作用，而β－胡萝卜素对激发态叶绿素和单线态氧而言，是一种有效的淬灭剂[116]。而α－生育酚和多酚类物质则需要保护β－胡萝卜素免受热和过量氧的破坏[117~119]。在光氧化过程中，发现角鲨烯可保护α－生育酚[120]。

叶绿素在黑暗环境中能与α－生育酚的抗氧化起协同作用[121]，但自相矛盾的是，叶绿素的降解对植物油的稳定性有不利影响[122~127]。菜籽油中的高叶绿素含量也会降低油的稳定性[126]，当油加热到180℃时，高含量叶绿素加快生育酚降解和多聚物形成的速率[114]。通过蒙脱土[128, 129]或膜法[130]脱色，可将叶绿素色素从植物油中除去。除了影响植物油的氧化稳定性，叶绿素还影响精炼过程中的脱色率，增加精炼成本[81]。

β－胡萝卜素和其他类胡萝卜素在低温和低氧气压力条件下具有抗氧化活性[131]。类胡萝卜素抗氧化作用的主要机理是淬灭单线态氧和激发态的光敏剂[132~143]。次要机理是清除过氧自由基和其他游离自由基[131, 144~150]。β－胡萝卜素暴露于自由基引发剂中使链反应不同于具有自动氧化反应诱导期特点的零级反应动力学[151~154]。尽管类胡萝卜素淬灭单线态氧的机理很好理解和定义，但它们与自由基的反应机理还没弄清楚。这些反应似乎被氧分压、温度、酶的存在及其他一些因素以一种非常复杂的方式所影响[153~157]。高浓度的β－胡萝卜素缺乏抗氧化活性，且会引起大鼠血浆及肝组织过氧化物水平的增加[158]，会引起大鼠睾丸硫代巴比妥酸反应产物（TBARS）增加和15－脂肪氧合酶活性的提高[159]。在一些高氧分压体系中，β－胡萝卜素也扮演着过氧化促进剂的角色，加速脂质过氧化[131, 147, 155]。类胡萝卜素与氧的高反应性，特别高温时的高反应性，对其作为抗氧化剂使用有很大的限制作用。然而，当生育酚存在时，或类胡萝卜素与氧的反应能形成自由基清除剂时，那么就会获得显著的协同抗氧化效果[143, 160~162]。

几种脂质微量成分与生育酚协同作用，保护不饱和脂肪酸不酸败。这些成分包括磷脂[163]和不皂化物如甾醇、类胡萝卜素和角鲨烯[114, 164~166]。橄榄油中酚类物质对油脂氧化稳定性的作用已受到极大关注[63, 72, 117, 167~171]。一项三个连续收获季节（94/95 ~96/97）的 Cornicabra 品种的初榨橄榄油的研究表明，总多酚对油的稳定性确有影响，而α－生育酚的影响比较小[172]。单因素分析表明酸败仪测得的油脂氧化稳定性与下列组分参数之间显著相关：酚（$R=0.87$）、联苯酚（$R=0.77$）、油酸/亚油酸比例（$R=0.71$）、总生育酚（$R=0.65$）、叶绿素（$R=0.68$）和类胡萝卜素（$R=0.59$）[165]。采用逐步线性回归分析发现，总酚、油酸/亚油酸比例及生育酚有很高的多元共线性，这些因素都与氧化稳定性有最大相关性。校正后 $R^2=0.91$，回归方程为 $-18.52+0.13\times$ 总酚 $+3.03\times$ 油酸/亚油酸比例 $+0.07\times$ 总生育酚[165]。

12.3.2 植物油中微量物质的营养价值

20 世纪 50 年代早期，有报道植物甾醇能降低血清胆固醇[173~175]。在得到令人信服的动物和人体实验结果后，这种作用被认为可能是抵御心血管疾病风险的一种保护机制[176~184]。研究表明，每日摄入 2g 植物甾醇或植物甾烷醇，引起食源性胆固醇吸收降低 40% ~50%，总血清胆固醇降低 6% ~10% 以及血清低密度脂蛋白胆固醇降低8% ~14%[37, 185~187]。

有证据表明，米糠油中的 γ - 谷维素能降低血清总胆固醇和 LDL 胆固醇[16, 185, 188]。乳木果（*Butyrospermum parkii*）油含有很高含量的 4，4 - 二甲基甾醇（大约 8%），大多以肉桂酸酯的形式（谷维素）存在。通过估算这些甾醇在 Wista 大鼠（27% ~52%）和人类（13% ~49%）排泄物中的减少，可以发现有明显的吸收。米糠油 4 - 无甲基甾醇的肉桂酸酯具有降血脂活性，而乳木果油的 4，4’ - 二甲基甾醇的肉桂酸酯则没有[190]。

人们认为抑制胆固醇吸收的机理是在肠腔吸收过程中，胆固醇竞争性转移至胶束相。胶束相中的植物甾醇可能也扮演着乳化剂的角色，选择性地抑制胆固醇和其他脂质（如类胡萝卜素和维生素）的转移，因此限制了它们的吸收。控制甾醇竞争转移的准确动力学尚未知晓，但食源性甾醇在消化道中吸收各异：胆固醇 40% ~50%，菜油甾醇 12% ~16%，谷甾醇 4% ~5% 以及植物甾烷醇 < 0.5%[37]。酯化的甾醇吸收之前在肠上段被有效水解[191]。吸收的植物甾醇经肝脏排泄到胆汁中，但几乎不转化为胆汁酸[192]。大量动物和人体试验研究证实了植物甾醇和植物甾烷醇的安全性[37]。

自从 Evans 和 Bishop 的早期工作以来[193]，生育酚就以维生素 E 活性而闻名。众所周知，维生素 E 化合物（生育酚和生育三烯酚）在食品和生物体系中抑制脂质氧化的效果很强[41, 194~205]。由于维生素 E 只在植物中合成，因此人类和动物为了满足自己的营养需要，需要食用富含这种维生素的植物[206]。目前为止，生育酚最丰富的来源是植物油，其次是坚果、谷物颗粒、绿色蔬菜和牛乳及其他来源[207~209]。

很多流行病学研究表明，维生素 E 对心血管疾病的发展有着温和的保护作用[210~215]。抗氧化剂假说认为，维生素 E 通过清除带有脂质过氧自由基的链[217~220]，而抑制 LDL 氧化这一主要机理发挥保护心血管的作用[187, 216]。为了解释其对心血管疾病的抑制作用，有人提出其他生化机理，维生素 E 的抗氧化性质与众不同。一种假设认为，较高剂量的维生素 E（ > 400IU/d）会抑制血小板对蛋白如血纤维蛋白原、纤连蛋白和胶原蛋白的依附[221]。另一种假设认为，维生素 E 可作为细胞氧化态的感应器和信息传感器，来控制平滑肌细胞增殖[222]。在最佳的生理浓度下，认为α－生育酚与一种“受体蛋白”相结合，激活转录因子AP－1，使能令蛋白激酶C脱磷酸化的蛋白磷酸酶得到表达，从而引起其自身的抑制，并导致平滑肌细胞增殖受抑制。在一个高度氧化环境中，α－生育酚由于作为自由基清除剂，含量减少，因此只有较少的α－生育酚与“受体蛋白”结合，导致蛋白激酶C活性变大。结果，平滑肌细胞增殖量就高些[222]。也有报道α－生育酚抑制白细胞介素－1β的分泌和单核细胞对内皮细胞的黏附[223]。

目前，γ－生育酚受到越来越多的关注，它是大多数植物油中的主要生育酚。多数人类膳食中γ－生育酚的量大约是α－生育酚的两倍[224]，但它的血浆水平却只有α－生育酚的10%～20%[225]。这种差异可用生物歧视来解释，与特定生育酚结合的蛋白质对α－同系物具有特殊的偏好[226]。给试验大鼠分别喂饲等量的两种维生素，发现α－生育酚优先与肝脏细胞膜和转运蛋白结合，γ－生育酚由于与转运蛋白极低的结合度而通过胆汁排泄了[227]。γ－生育酚或许具有一些特殊的生理活性，与α－生育酚互补[228]。例如，研究发现，γ－生育酚抑制·NO_2介导的吗啉的亚硝化比α－生育酚作用要显著得多[229～231]。二氧化氮是香烟烟雾中的一种主要成分，也是一种对脂质、DNA和其他生物分子具有反应活性的诱变物质[232]。一项发现或与此有关：作为公认的癌症和心血管疾病的一个致病因素，吸烟会引起LDL和HDL微粒中γ－生育酚水平的降低[233]。近来发现，阿尔茨海默氏症大脑中5－氮－γ－生育酚含量增加，这意味着γ－生育酚是一种重要的氮活性反应组分清除剂[234]。洛玛琳达大学的一项研究表明，一种人体内源性的促尿钠排泄因子LLU－α可能是γ－生育酚体内氧化代谢的产物，它能抑制肾脏厚升支顶端膜中的电导70－ps的钾离子通道[235]。这种促尿钠排泄因子对身体细胞外液体库的控制作用，及其对高血压、充血性心力衰竭和肝硬化的作用仍在研究之中。研究发现，患有冠心病的瑞典病人血清中，γ－生育酚浓度比健康者的明显低很多，而α－生育酚水平没有明显不同[236]。其他作者也有类似的报道，这意味着γ－生育酚也许可作为动脉粥样硬化的标记物[237～239]。

许多研究表明，α－生育酚和γ－生育酚会互相影响各自吸收后的转运和代谢，有一些研究表明，γ－生育酚在体内可能转化为α－生育酚。例如，补充外消旋－α－生育酚醋酸酯后，发现人体组织和脂肪组织中γ－生育酚含量显著降低，而α－生育酚/γ－生育酚比例明显提高。停止补充后，发现这种作用就消失了[240，241]。相反的是，γ－生育酚补充剂能引起维生素E缺乏大鼠血清和组织中α－生育酚的浓度显著提高[242]。一份全国性的健康调查（18000德国人，年龄25～69岁之间）显示，每日服用α－生育酚大于50mg的补充剂，人体内的γ－生育酚会明显减少[243]。基于这些结果，这些作者指出当需要摄入生育酚药物治疗时，应该考虑使用混合生育酚。在饲料中连续补给γ－生育酚，γ－生育酚在大鼠组织中会显著蓄积，但蓄积程度比α－生育酚要小很多[244]。此外，发现在α－

生育酚缺乏病例中，γ －生育酚在血浆中以相对很高的浓度蓄积[245,246]。Elmadfa 等[247]的研究发现，喂饲高剂量γ －生育酚的大鼠能存活四代，是因为体内γ －生育酚转化为α －生育酚。Yamashita 等[248,249]研究大鼠实验表明，将γ －生育酚和芝麻素结合使用，能产生等量于α －生育酚的维生素 E 活性。

和γ －谷维素一样，米糠油中的生育三烯酚也具有降胆固醇作用[250]。研究显示，生育三烯酚浓缩物对人体和动物[251~257]具有降血胆固醇作用，是由于其对肝中 3 －羟基－3 －甲基－戊二酰基－辅酶 A 还原酶（HMG－CoA 还原酶）的抑制作用[251,258,259]。但当生育三烯酚浓缩物中α －生育酚浓度大于 20% 时，会削弱生育三烯酚对 HMG－CoA 还原酶的抑制作用，因此削弱其降胆固醇活性[254]。生育三烯酚尤其与洛伐他汀的降胆固醇作用有协同效果[254]。另外，生育三烯酚会影响大鼠相关的凝血参数及降低大鼠化学诱变肿瘤的发生率[253]。

长久以来，类胡萝卜素作为食品着色剂和动物中维生素 A 类视黄醇的前体[260,261]而闻名。红棕榈油是生物学上可获得胡萝卜素的最丰富的来源，胡萝卜素可有效恢复营养不良学龄前儿童的维生素 A 活性[262]。类胡萝卜素和类视黄醇对视力的重要性有很多记载[263,264]。现在类胡萝卜素引起了广泛的兴趣，其在以下几方面具有潜力：延缓或预防退化性疾病（如动脉粥样硬化[146,265,266]、某些癌症[266~271]）；调节免疫反应[272~274]；提供其他有益作用（如抑制溃疡和延长生命）[275~277]。

β －胡萝卜素和其他烃类类胡萝卜素被胃肠道少量至中量吸收（5% ~50%），但强极性的类胡萝卜素很少被吸收[278]。摄入的维生素 A 前体类胡萝卜素（β －胡萝卜素和其他含有β －或 3 －视黄基末端基团的类胡萝卜素）主要在β －胡萝卜素－15，15′－加氧酶的作用下，通过 C_{15}、C'_{15}双键的氧化裂解，在肠黏膜中部分裂解为类视黄醇[279,280]。类胡萝卜素裂解为视黄醇的过程（见图 12.11）是一个效率相对较低且自我限制的反应，因为当体内维生素 A 增加，反应转化速率就会降低。起初只有 6% 的类胡萝卜素，即那些具有β －视黄基末端基团的类胡萝卜素才被认为是维生素 A 的前体（前维生素 A）。

类胡萝卜素的代谢和药物动力学尚未研究清楚，且它们的生物利用率与个体间与个体内的差异有很大关系[281]。β －胡萝卜素、α －胡萝卜素、隐黄质、番茄红素和叶黄素是人体血清中的主要类胡萝卜素，且番茄红素和β －胡萝卜素还是其他人体组织中的主要类胡萝卜素[282]。在不同器官中，还发现了少量的玉米黄质、六氢番茄红素和八氢番茄红素。各种类胡萝卜素倾向于以相似的比例存在于人体血浆和组织中[282,283]。类胡萝卜素是安全的，即使长期摄入每日 180mg β －胡萝卜素，也不会导致维生素过多症。当大量类胡萝卜素储存于脂肪或其他富脂组织中，会引起皮肤可逆性的变黄（胡萝卜素血症）。胡萝卜素血症是一种良性症状，尽管胡萝卜素剂量很大，但不会发生维生素 A 中毒情况，因

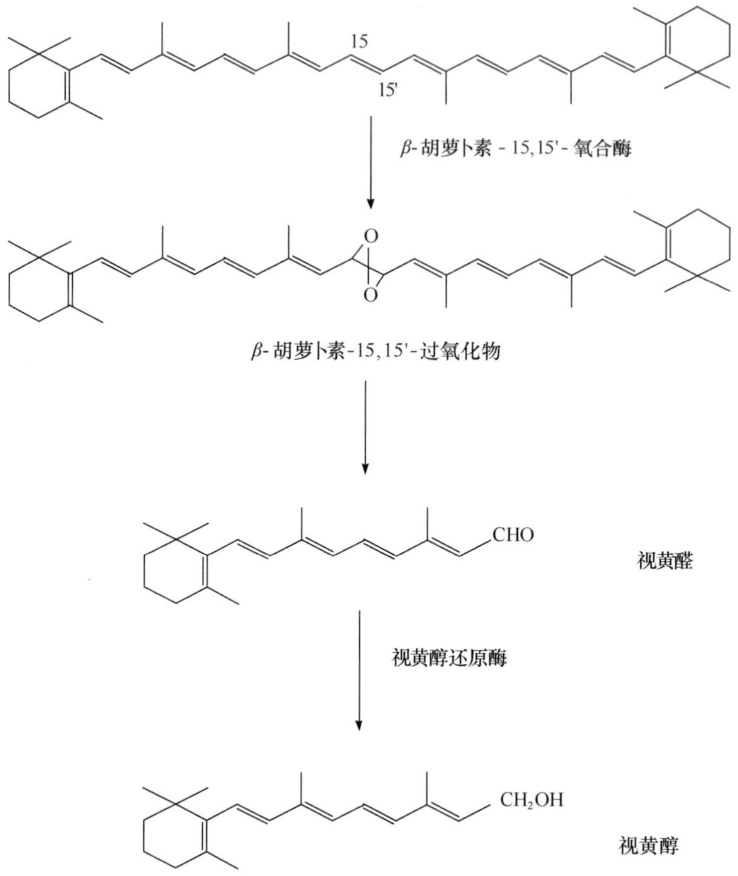

图 12.11 β－胡萝卜素转变为维生素 A 类视黄醇

为胡萝卜素向维生素 A 的转化很缓慢[284]。

近来，由于其潜在的有益健康作用，橄榄油中的多酚物质受到越来越多的关注[65，285～287]。例如，橄榄油能提高喂饲富含胆固醇饲料的大鼠的脂质代谢和抗氧化保护作用[288，289]。羟基酪醇在降低氢过氧化物水平、DNA 损伤、抗氧化酶的 mRNA 水平和谷胱甘肽过氧化物酶方面特别有效[290]。

从生理学的角度来看，芝麻油中的木脂素特别引人关注。Yamashita 等[291]出版的一本著作中指出，除生育酚之外，芝麻中有一些抗氧化物质对小鼠的衰老表现有抑制作用。后来又发现芝麻素能降低胆固醇吸收，同时也能通过降调 3－羟基－3－甲基－戊二酰基－辅酶 A 还原酶这个胆固醇生物合成途径的关键酶的活性，来抑制胆固醇的合成[292]。Yamashita 等[248]研究显示，芝麻素引起血浆和肝脏中 γ－生育酚水平的显著提高，这一作用随后得到了证实[293，294]。近来研究发现，芝麻素竞争性地抑制参与 γ－生育酚代谢的某些细胞色素 P450 3A 同工酶[295-297]。另外，研究发现，芝麻素会抑制大鼠中 $n-6$ 多不饱和脂肪酸的 Δ^5 去饱和作用，这导致花生四烯酸损失[298, 299]，而二高 - γ - 亚麻酸蓄积，从而降低了促炎性系列 2 前列腺素的形成[300]。这个作用可能与参与脂肪酸生物合成的甾醇结合蛋白的作用有关[301]。芝麻素和异芝麻素的代谢动力学显示，给药6h 后，它们在血浆和大多数组织中浓度会达到峰值，24h 后会从体内消除[302]。这些报道的芝麻木脂素的生理学作用能否转化为对人类健康的有益作用，值得进行研究。

12.3.3 植物油鉴别

昂贵的油脂，如橄榄油和可可脂，有时可与其他便宜的油相混合，为消费者提供价格合理的油品[303~307]。因此，从经济学角度来看，鉴别混合油和油组分特征的方法很重要[308]。大多数油中的主要脂质成分是一些脂肪酰分子，但对大多数植物油来说，特别是混合油，通过脂肪酰分子的结构进行判别是不够的。因此，脂质科学家主要感兴趣的是，运用微量脂质成分的相关知识，将其作为鉴别植物油、检测掺杂及检测精炼对组成的影响的一种方法[309, 310]。将关于脂肪酸组成、甘油三酯类型和不皂化物组分的特性加以综合考虑，建立各种通用和及特殊的鉴定方法，理论上可完成鉴定工作。然而，这些理论上可行的方法与那些基于选择最少量标记物的方法相比，复杂而费钱。但需要始终保持警惕的是，植物油中的微量标记物可通过精炼除去，可能在混合物中检测不到。

有人提出将甾醇和甾醇酯的分析作为一种鉴别混合油的方法[311, 312]。Johansson 和 Croon[313]讨论了能否于4 - 无甲基甾醇、4 - 单甲基甾醇和4，4 - 二甲基甾醇来表征不同植物油，结果见表 12.8。各种油的总甾醇含量、甾醇类别以及单个甾醇的相对分布各异。甾烯醇可用作精炼油的标记物[314, 315]。高油酸油易于被用来掺入橄榄油中。其他油中掺入菜籽油可通过分析菜籽甾醇及其脱水产物 campestatriene 而检测出来。高油酸的葵花籽油可通过分析 Δ^7 - 豆甾醇异构化产物 Δ^8 - 甾醇[14] 和 Δ^{14} - 甾醇而检测出来。橄榄油中的榛子油可通过分析它的生物标记物：榛子酮（反 - 5 - 甲基 - 2 - 庚烯 - 4 - 酮）和 δ - 生育酚而检测出来[306, 316, 317]。混合油中若有芝麻油可采用 Bauduin 测试芝麻油的特征酚芝麻素[318]。

有人建议用角鲨烯作为橄榄油的生物标记物，但由于它在油中浓度变化大，这种方法使用起来会很困难。而且从富含角鲨烯的油资源中分离得到的角鲨烯可加入到油中，使其更像橄榄油。因此，授权加入氨茴酸（anthranilic acid）作为分离得到的角鲨烯的标记物[306]。也可用类胡萝卜素和叶绿素组分相结合鉴定初榨橄榄油。类胡萝卜素和叶绿素降解产物可用作“初榨”橄榄油品质的一个指标。初榨油的特征是叶绿素/类胡萝卜素比例约为 1 以及微量类胡萝卜素/叶黄素比例约为 0.5[319]。但实际上标记物也可能存在于掺杂物中，尽管比例会有所不同，故需要使用更高级的数学分析方法，例如模型识别分析[320]。

表 12.8　甾醇组成在植物油鉴别中的应用　单位：%

植物油	无甲基甾醇	4－甲基甾醇	4，4－二甲基甾醇
椰子油	共 102mg/100g	共 7mg/100g	共 20mg/100g
	菜油甾醇（8%）	钝叶醇（9%）	α－香树素（7%）
	豆甾醇（13%）	环桉烯醇（36%）	β－香树素（5%）
	谷甾醇（47%）	枸橼固二烯醇（33%）	环木菠萝烯醇（55%）
	Δ^5－燕麦甾醇（26%）		24－亚甲基环木菠萝醇（22%）
棉籽油	共 510mg/100g	共 12mg/100g	共 17mg/100g
	菜油甾醇（7%）	钝叶醇（8%）	β－香树素（7%）
	谷甾醇（86%）	禾本甾醇（11%）	环木菠萝烯醇（12%）
		环桉烯醇（5%）	24－亚甲基环木菠萝醇（21%）
		枸橼固二烯醇（42%）	
亚麻籽油	共 471mg/100g	共 39mg/100g	共 246mg/100g
	菜油甾醇（27%）	钝叶醇（35%）	环木菠萝烯醇（66%）
	豆甾醇（8%）	禾本甾醇（16%）	24－亚甲基环木菠萝醇（27%）
	谷甾醇（42%）	环桉烯醇（10%）	
	Δ^5－燕麦甾醇（13%）	枸橼固二烯醇（11%）	
橄榄油	共 150mg/100g	共 68mg/100g	共 292mg/100g
	谷甾醇（82%）	环桉烯醇（14%）	环木菠萝烯醇（18%）
		枸橼固二烯醇（22%）	24－亚甲基环木菠萝醇（31%）
			环米糠醇（10%）
棕榈仁油	共 140mg/100g	共 3mg/100g	共 22mg/100g
	菜油甾醇（10%）	钝叶醇（9%）	环木菠萝烯醇（80%）
	豆甾醇（13%）	环桉烯醇（33%）	24－亚甲基环木菠萝醇（18%）
	谷甾醇（69%）	枸橼固二烯醇（19%）	
	Δ^5－燕麦甾醇（7%）		
	无 Δ^7－燕麦甾醇		
花生油	共 321mg/100g	共 18mg/100g	共 17mg/100g

续表

植物油	无甲基甾醇	4－甲基甾醇	4，4－二甲基甾醇
	菜油甾醇（10%）	钝叶醇（19%）	α－香树素（7%）
	豆甾醇（7%）	禾本甾醇（16%）	β－香树素（7%）
	谷甾醇（69%）	环桉烯醇（11%）	环木菠萝烯醇（30%）
	Δ^5－燕麦甾醇（5%）	枸橼固二烯醇（23%）	24－亚甲基环木菠萝醇（35%）
菜籽油	共954mg/100g	共7mg/100g	共18mg/100g
	菜籽甾醇（10%）	钝叶醇（26%）	环木菠萝烯醇（49%）
	菜油甾醇（33%）	禾本甾醇（21%）	24－亚甲基环木菠萝醇（37%）
	谷甾醇（48%）	环桉烯醇（17%）	
		枸橼固二烯醇（16%）	
芝麻油	共331mg/100g	共47mg/100g	共20mg/100g
	菜油甾醇（19%）	钝叶醇（17%）	α－香树素（6%）
	豆甾醇（6%）	禾本甾醇（15%）	环木菠萝烯醇（51%）
	谷甾醇（57%）	环桉烯醇（12%）	24－亚甲基环木菠萝醇（16%）
	Δ^5－燕麦甾醇（6%）	枸橼固二烯醇（15%）	环米糠醇（5%）
大豆油	共394mg/100g	共25mg/100g	共40mg/100g
	菜油甾醇（20%）	钝叶醇（6%）	α－香树素（5%）
	豆甾醇（18%）	禾本甾醇（9%）	β－香树素（9%）
	谷甾醇（51%）	环桉烯醇（10%）	环木菠萝烯醇（26%）
		枸橼固二烯醇（44%）	24－亚甲基环木菠萝醇（13%）
葵花籽油	共494mg/100g	共78mg/100g	共33mg/100g
	菜油甾醇（7%）	钝叶醇（26%）	α－香树素（11%）
	豆甾醇（7%）	禾本甾醇（15%）	β－香树素（5%）
	谷甾醇（59%）	枸橼固二烯醇（38%）	环木菠萝烯醇（19%）
	Δ^5－燕麦甾醇（8%）		24－亚甲基环木菠萝醇（48%）
	Δ^7－豆甾烯醇（6%）		
	Δ^7－燕麦甾醇（5%）		
玉米油	共1441mg/100g	共62mg/100g	共54mg/100g
	菜油甾醇（17%）	钝叶醇（21%）	α－香树素（7%）
	豆甾醇（6%）	禾本甾醇（26%）	β－香树素（12%）

续表

植物油	无甲基甾醇	4-甲基甾醇	4，4-二甲基甾醇
	谷甾醇（60%）	环桉烯醇（6%）	环木菠萝烯醇（43%）
	Δ^5-燕麦甾醇（10%）	枸橼固二烯醇（29%）	24-亚甲基环木菠萝醇（40%）
小麦胚芽油	共1425mg/100g	共59mg/100g	共59mg/100g
	菜油甾醇（19%）	钝叶醇（14%）	α-香树素（7%）
	谷甾醇（60%）	禾本甾醇（25%）	β-香树素（12%）
	Δ^5-燕麦甾醇（7%）	环桉烯醇（6%）	环木菠萝烯醇（25%）
		枸橼固二烯醇（30%）	24-亚甲基环木菠萝醇（33%）
米糠油	共1055mg/kg 菜油甾醇（24%） 豆甾醇（11%） 谷甾醇（52%） Δ^5-燕麦甾醇（8%）	除钝叶醇和禾本甾醇外，3种主要的未知化合物	环木菠萝烯醇和24-亚甲基环木菠萝醇以γ-谷维素形式存在（参见文中）

12.4 微量脂质成分的分析

油脂皂化的原理是油脂在回流条件下煮沸，油脂中的脂肪酸分子与氢氧化钾的乙醇溶液发生反应。通过皂化，甘油酯化合物转移至极性皂液中，然后用正己烷或乙醚将不皂化物萃取出来。溶剂蒸发后，残留物干燥称量。Schwartz[3]报道，研钵中油和碱的干燥均质可提供定量分析油脂不皂化物的改进方法。皂化不适于甘油脂质，如蜡酯、甾醇酯、微量甘油酯成分和磷脂，同样，也不适用于分析对碱敏感的酚类化合物和色素。过去，植物油中的甾醇含量是将甾醇混合物与毛地黄皂苷沉淀后称重测定的[321]。

植物油中的总脂肪醇、甾醇和生育酚通常通过硅烷化或者不硅烷化、低极性或极性固定相柱[322]和火焰离子检测器，进行气相色谱分析。通常会进行硅烷化，因为出峰峰形尖锐。化合物类别的分析通常先通过薄层或柱层析将各类化合物分离后再分别分析[305]。但这种分离通常没必要，许多不皂化物组分经硅烷化后能直接GC定量[323, 324]。因此，不同油的不皂化物的气相色谱就能成为识别油的指纹图谱。除气相色谱和气相色谱-质谱外，其他方法如傅里叶变换拉曼光谱也能用于表观这些差异[325]。

当酯键皂化后进行甾醇分析，通过GC分析可得到每种甾醇的总量。通过薄板层析[326]或固相萃取[327~330]方法，使用正己烷洗脱甾醇酯，乙醚或乙醚和正己烷的混合物洗脱甾醇，可在皂化前将游离甾醇和甾醇酯分离开来。一旦分离开来，需要在GC分析前将甾醇酯皂化释放出甾醇。一般将含有羟基或酚羟基功能基团的甾醇和其他化合物转化为甲硅烷基，有时转化为乙酰基，这些衍生物的挥发性提高，可以得到尖锐的气相色谱峰。

可用 GC 和 HPLC 来分析生育酚和生育三烯酚[331]。对于 GC 分析，有必要通过皂化除去干扰物质，主要是酰基脂质。HPLC 不需要这步准备工作，经稀释后的油样可直接进样至正相或反相柱中。正相柱比较好，它能分离β－生育酚、γ－生育酚和生育三烯酚异构对，而反相 HPLC 不能分离，而且正相柱使用有机溶剂，能承受高负载脂质，且脂质易被非极性溶剂洗脱。目前制造的正相柱已有所改进，可重复分离[331]。生育酚/生育三烯酚的峰可通过紫外检测器（290nm）和蒸发光散射检测器检测到，但荧光检测器或电化学检测器的灵敏度和特异性更高些[331, 332]。

类胡萝卜素与生育酚和其他脂溶性维生素可同时分析，一般采用正相[333]或反相 C_{18}柱[334]或 C_{30}柱 HPLC[335]，采用多通道紫外检测器或二极管阵列检测器分别检测 295nm 处的类胡萝卜素和 450nm 处的生育酚。正相色谱的优点是无需皂化除去非极性脂质，可延长柱的寿命。反相色谱柱则会受到脂质负荷的影响，但具有良好分离不同类胡萝卜素及其异构体的优点。目前，C_{30}反相柱比 C_{18}柱和正相柱要贵好几倍。植物油中的叶绿素分析的常用方法是吸附色谱法、荧光测定法和使用荧光检测器的液相色谱法[336]。也可用使用带紫外可见检测器的 HPLC 分离分析叶绿素色素[337, 338]。

使用正相固相萃取柱预提取，用非极性溶剂除去中性脂质，然后用极性溶剂（甲醇、乙腈等）提取的方法，适用于植物油中酚类、甾醇、多环芳烃和叶绿素的分离[52, 339~341]。萃取物可通过 HPLC－二极管阵列检测器分离出各个化合物，再进行分析[342]。利用这种方法检测到初榨橄榄油中主要的酚类化合物为：橄榄酸与酪醇相连的双醛形式、橄榄酸与羟基酪醇相连的双醛形式及橄榄苦苷配基。除二极管阵列检测器外，其他如库仑阵列电化学检测器也能用于检测[70, 343]。

参考文献

1. S. Ghosh and D. K. Bhattacharyya, *J. Amer. Oil Chem. Soc.*, **73**, 1271－1274（1996）.
2. M. E. M. Almeida, E. C. Gusman, P. R. N. Carvalho, and O. Rusig, *Arq. Biol. Technol.*, **37**, 1003－1011（1994）.
3. D. P. Schwartz, *J. Amer. Oil Chem. Soc.*, **62**, 246－251（1988）.
4. B. S. Narasinga－Rao, *Food Nutr. Bull.*, **22**, 81－86（2001）.
5. T. Gutfinger and A. Letan, *J. Sci. Food. Agric.*, **25**, 1143－1147（1974）.
6. A. Johansson, *J. Amer. Oil Chem. Soc.*, **56**, 886－889（1979）.

7. A. Lanzon, T. Albi, A. Cert, and J. Gracian, *J. Amer. Oil Chem. Soc.*, **71**, 285－291 (1994).

8. IUPAC－IUB Joint Commission on Biochemical Nomenclature (JCBN), *Eur. J. Biochem.* **186**, 429－458 (1989). Available: http://www.chem.qmw.ac.uk/iupac/steroid.

9. T. Itoh, T. Tamura, and T. Matsumoto, *J. Amer. Oil Chem. Soc.*, **50**, 122－125 (1973).

10. T. Itoh, T. Tamura, and T. Matsumoto, *J. Amer. Oil Chem. Soc.*, **50**, 300－303 (1973).

11. T. M. Jeong, T. Itoh, T. Tamura, and T. Matsumoto, *Lipids*, **9**, 921－927 (1974).

12. V. K. S. Shukla, P. C. Dutta, andW. E. Artz, *J. Amer. Oil Chem. Soc.*, **79**, 965－969 (2002).

13. M. F. Ramadan and J. T. Moersel, Eur. *Food Res. Technol.*, **214**, 202－206 (2002).

14. T. Verleyen, Doctoral dissertation, University of Gent, Belgium, 2002.

15. T. Verleyen, M. Focardes, R. Verhe, K. Dewettink, A. Huyghebaert, and W. de Greyt. *J. Amer. Oil Chem. Soc.* **79**, 117－122 (2002).

16. E. J. Rogers, S. M. Rice, R. J. Nicolosi, D. R. Carpenter, C. A. McClelland, and L. J. Romanczyk, *J. Amer. Oil Chem. Soc.*, **70**, 301－307 (1993).

17. B. Kiosseoglou and D. Boskou, *Oleagineux*, **42**, 169－170 (1987).

18. S. P. Kochhar, *Prog. Lipid Res.*, **22**, 161－188 (1983).

19. A. Serani and D. Piacenti, *Riv. Ital. Sost. Gras.*, **69**, 311－315 (1992).

20. E. Tisconia and G. C. Bertini, *Riv. Ital. Sost. Gras.*, **52**, 101－108 (1975).

21. J. Touche, M. Derbesy, J. Castang, M. Olle, and J. Estienne, *Ann. Falsif. Expert. Chim.*, **70**, 263－270 (1977).

22. J. Kesselmier, W. Eichenberger, and B. Urban, *Plant Cell Physiol.*, **26**, 463－471 (1985).

23. A. Kamal－Eldin, K. Määttä, J. Toivo, A. M. Lampi, and V. Piironen, *Lipids*, **33**, 1073－1077 (1998).

24. R. A. Ferrari, E. Schulte, W. Esteves, L. Bruhl, and K. D. Mukherjee, *J. Amer. Oil Chem. Soc.*, **73**, 587－592 (1996).

25. E. Homberg and B. Bielefeld, *Fette Seifen Anstrichm.*, **84**, 141－146 (1982).

26. C. Crews, R. Calvet－Sarret, and P. Brereton, *J. Chromatogr. A*, **847**, 179－185 (1999).

27. I. M. Jawad, S. P. Kochhar, and B. J. F. Hudson, *Lebensm. Wiss. u. Technol.*, **17**, 155－159 (1984).

28. A. Strocchi and G. Guerzoni, *Riv. Ital. Dellla Sci. Aliment.*, **14**, 125－133 (1985).

29. A. Strocchi, *Riv. Ital. Sost. Gras.*, **64**, 401－409 (1987).

30. A. Strocchi, *Rev. Fr. Corps Gras.*, **4**, 163－168 (1988).

31. A. Strocchi, *La Riv. Ital. Sci. Aliment.*, **17**, 41－50 (1988).

32. A. Strocchi and G. Marascio, *Riv. Ital. Della Sost. Gras.*, **70** 7－9 (1993).

33. A. Strocchi and G. Marascio, *Fat Sci. Technol.*, **95**, 293 – 299 (1993).

34. S. Ramamurthi and A. R. Mccurdy, *J. Amer. Oil Chem. Soc.*, **70**, 287 – 295 (1993).

35. I. Walsh, L. Winters, and R. Gonzalez, *Inform*, **9**, 78 – 83 (1998).

36. C. Watkins, *Inform*,, **11**, 580 – 588 (2000).

37. I. Wester, *Eur. J. Lipid Sci. Technol.*, **102**, 37 – 44 (2000).

38. V. Piironen, D. G. Lindsay, T. A. Miettinen, J. Toivo, and A. M. Lampi, *J. Sci. Food. Agric.* **80**, 939 – 966 (2000).

39. A. Kamal – Eldin and L. Å. Appelqvist, *Lipids*, **31**, 671 – 701 (1996).

40. G. F. Combs, Jr., *The Vitamins: Fundamental Aspects in Nutrition & Health*, Academic Press Inc., San Diego, California, 1992, pp. 179 – 203.

41. G. W. Burton and M. G. Traber, *Ann. Rev. Nutr.*, **10**, 357 – 382 (1990).

42. A. T. Diplock, in A. T. Diplock, ed., Fat Soluble Vitamins, Technomic Pub., Lancaster, Pennsylvania, 1985, pp. 154 – 224.

43. D. Olejnik, M. Gogolwski, and M. Nogala – Kalucka, *Nahrung*, **41**, 101 – 104 (1997).

44. F. D. Goffman and C. Mo ¨ llers, *J. Agric. Food Chem.*, **48**, 1605 – 1609 (2000).

45. S. – N. Ko, C. – J. Kim, C. – T. Kim, H. Kim, S. – H. Chung, S. – M. Lee, H. – H. Yoon, and I. – H. Kim, *Eur. J. Lipid Sci. Technol.*, **105**, 225 – 228 (2003).

46. A. Lampi, A., Kamal – Eldin, and V. Piironen, in M. Le Maquer and J. Shi, eds, *Functional Foods*, Vol. 2, CRC Press, Boca Raton, Florida, 2002, pp. 1 – 38.

47. S. L. Abidi, *J. Amer. Oil Chem. Soc.*, **80**, 327 – 333 (2003).

48. L. Velasco and F. D. Goffman, *Plant Syst. Evol.*, **221**, 77 – 88 (2000).

49. J. Sabate, H. E. T. Bell, and G. E. Fraser, in G. A. Spiller, ed., *CRC Handbook of Lipids in Human Nutrition*, CRC Press, Boca Raton, Florida, 1996, pp. 145 – 151.

50. O. J. Catchpole, J. C. vonKamp, and J. B. Grey, *Ind. Eng. Chem. Res.*, **36**, 4318 – 4324 (1997).

51. O. J. Catchpole and J. C. vonKamp, *Ind. Eng. Chem. Res.*, **36**, 3762 – 3768 (1997).

52. A. Cert, W. Moreda, and M. C. Pérez – Camino, *J. Chromatogr. A*, **881**, 131 – 148 (2000).

53. M. W. Formo, E. Jungermann, F. A. Norris, and N. O. Sonntag, in D. Swern, ed., *Bailey's Industrial Oil and Fat Products*, Vol. 1, 4th ed., Wiley, New York, 1979, pp. 1 – 98.

54. R. Celades, *Rev. Franc. Corps Gras*, **44**, 105 – 112 (1993).

55. T. Kawakami, T. Kawai, N. Takei, T. Kise, S. Eda, and M. R. Urist, *Clin. Orthopaed. & Related Res.*, **337**, 261 – 266 (1997).

56. K. Grob, A. Artho, and C. Mariani, *Fat Sci. Technol.*, **94**, 394 – 399 (1992).

57. R. Bortolomeazzi, P. Berno, L. Pizzale, and L. S. Conte, *J. Agric. Food Chem.*, **49**, 3278 – 3283

(2001).

58. H. Pfander, *Methods Enzymol.*, **213**, 3–13 (1992).

59. IUPAC–IUB Commission on Biochemical Nomenclature, *Pure Appl. Chem.*, **41**, 407–431 (1975).

60. N. L. Puspitasari–Nienaber, M. G. Ferruzzi, and S. J. Schwartz, *J. Amer. Oil Chem. Soc.*, **79**, 633–640 (2002).

61. B. Gandul–Rojas and M. I. Minguez–Mosquera, *J. Sci. Food Agric.*, **72**, 31–39 (1996).

62. E. Psomiadou and M. Tsimidou, *J. Sci. Food Agric.*, **81**, 640–647 (2001).

63. J. Velasco and C. Dobarganes, *Eur. J. Lipid Sci. Technol.*, **104**, 661–676 (2002).

64. T. Matsuno, *Fisheries Sci.*, **67**, 771–783 (2001).

65. C. Galli, A. Petroni, and F. Visioli, *Eur. J. Pharm. Sci.*, **2**, 67–68 (1994).

66. D. Boskou, *Olive Oil Chemistry and Technology*, AOCS Press, Champaign, Illinois, 1996, pp. 52–83.

67. G. F. Montedoro, M. Servili, M. Baldioli, and E. Miniati, *J. Agric. Food Chem.*, **40**, 1571–1576 (1992).

68. G. F. Montedoro, M. Servili, M. Baldioli, R. Selvaggini, E. Miniati, and A. Macchioni, *J. Agric. Food Chem.*, **41**, 2228–2234 (1993).

69. M. Brenes, F. J. Hidalgo, A. García, J. J. Ríos, P. García, R. Zamora, and A. Garrido, *J. Amer. Oil Chem. Soc.*, **77**, 715–720 (2000).

70. M. Brenes, A. García, P. García, and A. Garrido, *J. Agric. Food Chem.*, **48**, 5178–5183 (2000).

71. R. W. Owen, W. Mier, A. Giacosa, W. E. Hull, B. Spiegelhalder, and H. Bartsch, *Food Chem. Toxicol.*, **38**, 647–659 (2000).

72. M. Servili and G. F. Montedoro, *Eur. J. Lipid Sci. Technol.*, **104**, 602–613 (2002).

73. L. Cinquanta, M. Esti, and E. La Notte, *J. Amer. Oil Chem. Soc.*, **74**, 1259–1264 (1997).

74. A. Kamal–Eldin and L. Å. Appelqvist, *J. Amer. Oil Chem. Soc.*, **71**, 149–156 (1994).

75. Y. Fukuda M. Nagata, T. Osawa, and M. Namiki, *J. Amer. Oil Chem. Soc.*, **83**, 1027–1031 (1986).

76. G. Henon, K. Recseg, and K. Kovari, *J. Amer. Oil. Chem. Soc.*, **78**, 401–410 (2001).

77. C. Mariani and S. Venturini, *Riv. Ital. Sost. Gras.*, **79**, 49–57 (2002).

78. B. Reiter and E. Lorbeer, *J. Amer. Oil Chem. Soc.*, **78**, 881–888 (2001).

79. A. A. Carelli, L. M. Frizzera, P. R. Forbito, and G. H. Crapiste, *J. Amer. Oil Chem. Soc.*, **79**, 763–768 (2002).

80. K. Ward, R. Scarth, J. K. Daun, and C. T. Thorsteinson, *J. Amer. Oil Chem. Soc.*, **71**, 1327–1331 (1994).

81. K. Suzuki and A. Nishioka, *J. Amer. Oil Chem. Soc.*, **70**, 837–841 (1993).

82. J. Cmolik and J. Pokorny, *Eur. J. Lipid Sci. Technol.*, **102**, 472 – 486 (2000).

83. R. Subramanian, M. Nakajima, A. Yasui, H. Nabetani, T. Kimura, and T. Maekawa, *J. Amer. Oil Chem. Soc.*, **76**, 1247 – 1253 (1999).

84. A. Koris and G. Vatai, *Desalination*, **148**, 149 – 153 (2002).

85. L. G. Pan, A. Campana, M. C. Tomas, and M. C. Anon, *J. Amer. Oil Chem. Soc.*, **77**, 1273 – 1276 (2000).

86. K. Clausen, *Eur. J. Lipid Sci. Technol.*, **103**, 333 – 340 (2001).

87. W. R. Morrison, in P. J. Barnes, ed., *Lipids in Cereal Technology*, Academic Press, London, U. K., 1983, pp. 11 – 32.

88. V. L. Youngs, M. Pueskuelcue, and R. R. Smith, *Cereal Chem.*, **54**, 803 – 812 (1977).

89. T. Wang and L. A. Johnson, *J. Amer. Oil Chem. Soc.*, **78**, 71 – 76 (2001).

90. K. T. N. Balagopala, V. S. Ramjan, R. B. V. S. Koppeswara, C. P. Prasad, V. Penumarthy, K. Vijay, R. K. N. Prasanna, R. Ongole, B. P. Satya, and R. T. Chandrasekhara, *Eur. J. Lipid Sci. Technol.*, **104**, 203 – 211 (2002).

91. S. Vichia, A. I. Castelloteb, L. Pizzalea, L. S. Contea, S. Buxaderasb, and E. López – Tamames, *J. Chromatogr. A*, **983**, 19 – 33 (2003).

92. P. Pfnuer, T. Matsui, W. Grosch, H. Guth, T. Hofmann, and P. Schieberle, *J. Agric. Food Chem.*, **47**, 2044 – 2047 (1999).

93. S. H. Lee and K. J. Joo, *Korean J. Food Sci. Technol.*, **30**, 260 – 265 (1998).

94. S. Nakamura, O. Nishimura, H. Masuda, and S. Mihara, *J. Agric. Biol. Chem.*, **53**, 1891 – 1899 (1989).

95. A. A. Elsawy, M. M. Soliman, and H. M. Fadel, *Grasas y Aceites*, **39**, 160 – 162 (1988).

96. M. M. Soliman, A. A. Elsawy, H. M. Fadel, and F. Osman, *Acta Aliment.*, **15**, 251 – 263 (1986).

97. Y. G. Lee, S. U. Lim, and J. O. Kim, *J. Korean Agric. Chem. Soc.*, **36**, 407 – 415 (1993).

98. N. Frega, M. Mozzon, and G. Lercker, *J. Amer. Oil Chem. Soc.*, **76**, 325 – 329 (1999).

99. F. Gutiérrez, M. A. Albi, R. Palma, J. J. Ríos, and J. M. Olías, *J. Food Sci.*, **54**, 68 – 70 (1989).

100. M. H. Gordon and I. A. Rahman, *J. Amer. Oil Chem. Soc.*, **68**, 577 – 579 (1991).

101. C. C. Ho and M. C. Chow, *J. Amer. Oil. Chem. Soc.*, **77**, 191 – 199 (2000).

102. R. A. Tietz and R. W. Hartel, *J. Amer. Oil Chem. Soc.*, **77**, 763 – 771 (2000).

103. R. J. Sims, J. A. Fioriti, and M. J. Kanuk, *J. Amer. Oil Chem. Soc.*, **49**, 298 – 301 (1972).

104. G. Blekas, M. Tsimidou, and D. Boskou, *Food Chem.*, **52**, 289 – 294 (1995).

105. M. Deiana, A. Rosa, C. F. Q. Cao, F. M. Pirisi, G. Bandino, and M. A. Dessi, *J. Agric. Food*

Chem. , **50**, 4342 – 4346 (2002).

106. J. Cillard and P. Cillard, *J. Amer. Oil Chem. Soc.* , **57**, 39 – 42 (1980).
107. J. Cillard, P. Cillard, M. Cormier, and L. Girre, *J. Amer. Oil Chem. Soc.* , **57**, 252 – 255 (1980).
108. J. Cillard, P. Cillard, and M. Cormier, *J. Amer. Oil Chem. Soc.* , **57**, 255 – 261 (1980).
109. M. D. Fuster, A. M. Lampi, A. Hopia, and A. Kamal – Eldin, *Lipids*, **33**, 715 – 722 (1998).
110. A. M. Lampi, L. Kataja, A. Kamal – Eldin, and V. Piironen, *J. Amer. Oil Chem. Soc.* , **76**, 749 – 755 (1999).
111. M. Mäkinen, A. Kamal – Eldin, A. M. Lampi, and A. Hopia, *Eur. J. Lipid Sci. Technol.* , **103**, 286 – 291 (2001).
112. A. Kamal – Eldin, M. Mäkinen, A. M. Lampi, and A. Hopia, *Eur. Food Res. Technol.* , **214**, 52 – 57 (2002).
113. N. V. Yanishlieva, A. Kamal – Eldin, E. M. Marinova, and A. G. Toneva, *Eur. J. Lipid Sci. Technol.* , **104**, 262 – 270 (2002).
114. D. Boskou, Grasas y *Aceites*, **49**, 326 – 330 (1998).
115. J. L. Perrin, *Rev. Fran. Corps Gras.* , **39**, 25 – 32 (1992).
116. F. Gutierrezrosales, J. Garridofernandez, L. Gallardoguerrero, B. Gandulrojas, and M. I. Minguez-mosquera, *J. Amer. Oil Chem. Soc.* , **69**, 866 – 871 (1992).
117. M. Rahmani and A. S. Csallany, *J. Amer. Oil Chem. Soc.* , **75**, 837 – 843 (1998).
118. B. H. Chen and J. H. Huang, *Food Chem.* **62**, 299 – 307 (1998).
119. O. T. Kasaikina, V. V. Vedutenko, A. M. Kashkay, V. D. Kortenska, M. I. Boneva, andN. V. Yanishlieva, *Oxid. Commun.* , **25**, 232 – 243 (2002).
120. E. Psomiadou and M. Tsimidou, *J. Agric. Food Chem.* , **50**, 722 – 727 (2002).
121. B. Le Tutour, C. Brunel, and F. Quemeneur, *New J. Chem.* , **20**, 707 – 721 (1996).
122. Y. Endo, R. Usuki, and T. Kaneda, *Agric. Biol. Chem.* , **48**, 985 – 989 (1984).
123. Y. Endo, R. Usuki, and T. Kaneda, *J. Amer. Oil Chem. Soc.* , **61**, 771 – 784 (1984).
124. R. Usuki, T. Suzuki, Y. Endo, and T. Kaneda, *J. Amer. Oil Chem. Soc.* , **61**, 785 – 788 (1984).
125. C. L. Tautorus and N. H. Low, *J. Amer. Oil Chem. Soc.* , **70**, 843 – 847 (1993).
126. C. L. Tautorus and N. H. Low, *J. Amer. Oil Chem. Soc.* , **71**, 1123 – 1128 (1994).
127. S. Ramamurthi and N. H. Low, *J. Agric. Food Chem.* **43**, 1479 – 1483 (1995).
128. T. Pagano, M. Sergio, L. Glisenti, W. Diano, and M. A. Grompone, *Ingenieria Química*, **19**, 11 – 19 (2001).
129. P. Falaras, F. Lezou, G. Seiragakis, and D. Petrakis, *Clays Clay Minerals*, **48**, 549 – 556 (2000).
130. K. K. Reddy, R. Subramanian, T. Kawakatsu, and M. Nakajima, *Eur. Food Res. Technol.* , **213**,

212 - 218 (2001).

131. G. W. Burton and K. U. Ingold, *Science*, **224**, 569 - 573 (1984).

132. C. S. Foote, in W. A. Pryor, ed., *Free Radicals in Biology*, Vol. 2, Academic Press, New York, 1976, pp. 85 - 133.

133. C. S. Foote, in H. H. Wasserman, and R. W. Murray, eds., *Singlet Oxygen*, AcademicPress, New York, 1979, pp. 139 - 171.

134. E. C. Lee and D. B. Min, *J. Agric. Food Chem.*, **38**, 1630 - 1634 (1990).

135. M. M. Jung and D. B. Min, *J. Amer. Oil Chem. Soc.*, **68**, 653 - 658 (1991).

136. D. Bellus, in B. Ranby and J. F. Rabek, eds., *Singlet Oxygen Reactions with Organic Compounds and Polymers*, Wiley, Chichester, U.K., 1978, pp. 61 - 110.

137. J. Terao, R. Yamauchi, H. Murkami, and S. Matsushita, *J. Food Process Preserv.*, **4**, 79 - 93 (1980).

138. P. Di Masico, S. Kaiser, and H. Sies, *Arch. Biochem. Biophys.*, **274**, 532 - 538 (1989).

139. N. I. Krinsky, in H. H. Wasserman and R. W. Murray, eds., *Singlet Oxygen*, Academic Press, New York, 1979, pp. 597 - 641.

140. N. I. Krinsky, *Free Radical Biol. Med.*, **7**, 617 - 635 (1989).

141. M. M. Mathews - Roth, *Photochem. Photobiol.*, **43**, 91 - 93 (1986).

142. M. M. Mathews - Roth, *Fed. Proc.*, **46**, 1890 - 1893 (1987).

143. P. Palozza and N. I. Krinsky, *Arch. Biochem. Biophys.*, **297**, 184 - 187 (1992).

144. N. I. Krinsky and S. M. Deneke, *J. Natl. Cancer Inst.*, **69**, 205 - 210 (1982).

145. J. Terao, *Lipids*, **24**, 659 - 661 (1989).

146. I. Jialal, E. P. Norkus, L. Cristol, and S. M. Grundy, *Biochim. Biophys. Acta*, **1086**, 134 - 138 (1991).

147. T. A. Kennedy and D. C. Liebler, *J. Biol. Chem.*, **267**, 4658 - 4663 (1992).

148. B. P. Lim, A. Nagao, J. Terao, K. Tanaka, T. Suzuki, and K. Takama, *Biochim. Biophys. Acta*, **1126**, 178 - 184 (1992).

149. D. C. Liebler, *Ann. N. Y. Acad. Sci.*, **691**, 20 - 31 (1993).

150. S. A. Everet, S. C. Kundu, S. Maddix, and R. L. Willson, *Biochem. Soc. Trans.*, **23**, 230s (1995).

151. F. J. Petracek and L. Zechmeister, *J. Amer. Chem. Soc.*, **78**, 1427 - 1434 (1956).

152. M. Elahi and E. R. Cole, *Nature*, **203**, 186 - 187 (1964).

153. A. H. El - Tinay and C. O. Chichester, *J. Org. Chem.*, **35**, 2290 - 2293 (1970).

154. W. Boguth, R. Patzelt, and R. Repges, *Int. J. Vitam. Res.*, **41**, 21 - 32 (1971).

155. T. A. Kennedy and D. C. Liebler, *Chem. Res. Toxicol.*, **4**, 290 – 295 (1991).

156. G. J. Handelman, F. J. G. M. Van Kuijk, A. Chatterjee, and N. I. Krinsky, *Free Rad. Biol. Med.*, **10**, 427 – 437 (1991).

157. R. C. Mordi, J. C. Walton, G. W. Burton, L. Hughes, K. U. Ingold, and D. A. Lindsay, *Tetrahedron Lett.*, **32**, 4203 – 4206 (1991).

158. S. Q. Alam and B. S. Alam, *J. Nutr.*, **113**, 2608 – 2614 (1983).

159. L. Lomnitski, M. Bergman, Schon, and S. Grossman, *Biochim. Biophys. Acta*, **1082**, 101 – 107 (1991).

160. N. V. Yanishlieva, V. G. Raneva, and E. M. Marinova, *Grasas y Aceites*, **52**, 10 – 16 (2001).

161. T. Toyosaki, *Int. J. Food Sci. Nutr.*, **53**, 419 – 423 (2002).

162. Z. L. Li, J. Cui, X. Y. Hong, Y. C. Liu, and X. L. Liu, *J. Phys. Org. Chem.*, **15**, 314 – 318 (2002).

163. N. M. Bandarra, R. M. Campos, I. Batista, M. L. Nunes, and J. M. Empis, *J. Amer. Oil Chem. Soc.*, **76**, 905 – 913 (1999).

164. M. Servili, M. Baldioli, E. Miniati, and G. F. Montedoro, *Riv. Ital. Sost. Gras.*, **73**, 55 – 59 (1996).

165. R. Aparicio, L. Roda, M. A. Albi, and F. Gutierrez, *J. Agric. Food Chem.*, **47**, 4150 – 4155 (1999).

166. M. A. Dessi, M. Deiana, B. W. Day, A. Rosa, S. Banni, and F. P. Corongiu, *Eur. J. Lipid Sci. Technol.*, **104**, 506 – 512 (2002).

167. M. T. Satue, S. W. Huang, and E. N. Frankel, *J. Amer. Oil Chem. Soc.*, **72**, 1131 – 1137 (1995).

168. M. Baldioli, M. Servili, G. Perretti, and G. F. Montedoro, *J. Amer. Oil Chem. Soc.*, **73**, 1589 – 1593 (1996).

169. M. Tsimidou, *Ital. J. Food Sci.*, **10**, 99 – 116 (1998).

170. V. Fogliano, A. Ritieni, S. M. Monti, M. Gallo, D. Della Medaglia, M. L. Ambrosino, and R. Sacchi, *J. Sci. Food Agric.*, **79**, 1803 – 1808 (1999).

171. E. Pagliarini, B. Zanoni, and G. Giovanelli, *J. Agric. Food Chem.*, **48**, 1345 – 1351 (2000).

172. M. D. Salvador, F. Aranda, and G. Fregapane, *J. Amer. Oil Chem. Soc.*, **76**, 427 – 432 (1999).

173. D. W. Peterson, *Proc. Soc. Exp. Biol. Med.*, **78**, 143 – 147 (1951).

174. O. J. Pollak, *Circulation*, **6**, 459 – 460 (1952).

175. O. J. Pollak, *Circulation*, **7**, 702 – 706 (1953).

176. O. J. Pollak and D. Kritchevsky, in T. B. Clarkson, D. Kritchevsky, and O. J. Pollak, eds., *Mono-*

graphs on Atherosclerosis, Karger, Basle, Vol. 10, 1981, pp. 1–219.

177. K. Uchida, H. Takese, Y. Nomura, K. Takeda, N. Takeuchi, and Y. Ishikawa, *J. Lipid Res.*, **25**, 236–244 (1984).
178. R. S. Tilvis, M. D. Tatu, and M. D. Miettinen, *Amer. J. Clin. Nutr.*, **43**, 92–97 (1986).
179. L. Laraki, X. Pelletier, and G. Derby, *Ann. Nutr. Metab.*, **35**, 221–225 (1991).
180. L. Laraki, X. Pelletier, J. Mourot, and G. Debry, *Ann. Nutr. Metab.*, **37**, 129–133 (1993).
181. X. Pelletier, S. Belbraouet, D. Mirabel, F. Mordret, J. Perrin, X. Pages, and G. Debry, *Ann. Nutr. Metab.*, **39**, 291–295 (1995).
182. P. J. H. Jones, D. E. Macdougall, F. Ntatnios, and C. A. Vanstone, *Can. J. Physiol. Pharmacol.*, **75**, 217–227 (1997).
183. T. J. Howell, E. D. MacDougall, and P. J. H. Jones, *J. Lipid Res.*, **39**, 892–900 (1998).
184. G. W. Meijer and J. A. Weststrate, *Eur. J. Clin. Nutr.*, **52**, 334–343 (1998).
185. J. A. Weststrate and G. W. Meijer, *Eur. J. Clin. Nutr.* **52**, 334–343 (1998).
186. J. Plat, E. N. M. van Onselen, and R. P. Mensink, *Eur. Heart J. Suppl.* 1, s58–s63 (1999).
187. C. H. Hennekens and J. M. Gaziano, *Clin. Cardiol.*, **16**, 110–115 (1993).
188. N. Rong, L. M. Ausman, and R. J. Nicolosi, *Lipids*, **32**, 303–309 (1997).
189. L. K. Earl, P. Baldrick, and P. A. Hepburn, *Int. J. Toxicol.*, **21**, 353–359 (2002).
190. M. N. Vissers, P. L. Zock, G. W. Meijer, and M. B. Katan, *Amer. J. Clin. Nutr.*, **72**, 1510–1515 (2000).
191. H. Gylling and T. A. Miettinen, *Metabolism*, **48**, 575–580 (1999).
192. T. E. Strandberg, R. S. Tilvis, and T. A. Miettinen, *Lipids*, **24**, 705–708 (1989).
193. H. M. Evans and K. S. Bishop, *Science*, **56**, 650–651 (1922).
194. P. B. McCay, *Ann. Rev. Nutr.*, **5**, 323–340 (1985).
195. F. A. Oski, *New Eng. J. Med.*, **303**, 454–455 (1980).
196. L. J. Machlin, *Vitamin E: A comprehensive Trestise*, Marcel Dekker, New York, 1980.
197. L. J. Machlin, in L. J. Machlin, ed., *Handbook of Vitamins: Nutritional, Biochemical and Clinical Aspects*, Marcel Dekker, New York and Basel, 1984, pp. 99–145.
198. G. W. Burton, A. Joyce, and K. U. Ingold, *Lancet*, **2**, 327 (1982).
199. G. W. Burton, A. Joyce, and K. U. Ingold, Arch. Biochem. *Biophys.*, **221**, 281–290 (1983).
200. G. W. Burton, K. H. Cheesman, D. Doba, K. U. Ingold, and T. F. Slater, in R. Porter and J. Whelan, eds., *Biology of Vitamin E*, Ciba Foundation Symposium 101, Pitman, London, U. K., 1983, pp. 4–18.
201. R. S. Parker, *J. Nutr.*, **119**, 101–104 (1989).

202. H. Sies, *Angew Chem.*, **98**, 1061 – 1076 (1986).

203. H. Sies and M. E. Murphy, *J. Photochem. Photobiol.: B. Biol.*, **8**, 211 – 224 (1991).

204. H. Sies, W. Stahl, and A. R. Sundqvist, in E. Sauberlich and L. J. Machlin, eds., *Beyond Difficiency*, New York Acta, *Ann. N. Y. Acad. Sci.*, **669**, 7 – 20 (1992).

205. S. A. B. E. van Acker, L. M. H. Koymans, and A. Bast, *Free Rad. Biol. Med.*, **15**, 311 – 328 (1993).

206. J. L. Hess, in R. G. Alscher, and J. L. Hess, eds., *Antioxidants in Higher Plants*, CRC Press, Boca Raton, Florida, 1993.

207. J. C. Bauernfeind and I. D. Desai, *CRC Crit. Rev. Food Sci. Nutr.*, **8**, 337 – 382 (1977).

208. J. C. Bauernfeind, in L. J. Machlin, ed., *Vitamin E: A Comprehensive Treatise*, Marcel Dekker, New York, 1980, pp. 99 – 167.

209. P. J. McLaughlin and J. L. Weihrauch, *J. Amer. Dietitic Assoc.*, **75**, 647 – 665 (1979).

210. K. F. Gey and P. Puska, *Ann. N. Y. Acad. Sci.*, **570**, 268 – 286 (1989).

211. K. F Gey, P. Puska, P. Jordan, and U. K. Moser, *Amer. J. Clin. Nutr.*, **53**, 326s – 334s (1991).

212. M. J. Stampfer, C. H. Hennekens, J. E. Manson, G. A. Colditz, B. Rosner, and W. C. Willett, *N. Engl. J. Med.*, **328**, 1444 – 1449 (1993).

213. E. B. Rimm, M. J. Stampfer, A. Ascherio, E. Giovannucci, G. A. Colditz, and W. C. Willett, *N. Engl. J. Med.*, **328**, 1450 – 1456 (1993).

214. P. Knekt, A. Reunanen, R. Järvinen, R. Seppänen, M. Heliövaara, and A. Aroma, *Am. J. Epidemiol.*, **139**, 1180 – 1189 (1994).

215. M. Torun, N. Avci, and S. Yardim, *J. Clin. Pharmacol. Ther.*, **20**, 335 – 340 (1995).

216. J. M. Gaziano, J. E. Manson, J. E. Buring, and C. H. Hennekens, in S. He and M. L. J., eds., *Beyond Deficiency: New Views on The Function and Health Effects of Vitamins*, *Ann. N. Y. Acad. Sci.*, **669**, 249 – 259 (1992).

217. H. Esterbauer, M. Dieber – Rotheneder, G. Striegl, and G. Waeg, *Amer. J. Clin. Nutr.*, **53**, 314s – 321s (1991).

218. I. Jialal and S. M. Grundy, *J. Lipid Res.*, **33**, 899 – 906 (1992).

219. P. D. Reaven, A. Khouw, W. F. Beltz, S. Parthasarathy, and J. L. Witztum, *Arterioscler. Thromb.*, **13**, 590 – 600 (1993).

220. J. D. Belcher, J. Balla, G. Balla, D. R. Jacobs, M. Gross, H. S. Jacob, and G. M. Vercellotti, *Arterioscler. Thromb.*, **12**, 1779 – 1789 (1993).

221. M. Steiner, *Clin. Cardiol.*, **16**, 116 – 118 (1993).

222. A. Azzi, D. Boscoboinik, D. Marilley, N. K. Ozer, B. Stauble, and A. Tasinato, *Amer. J. Clin. Nu-*

tr. , **62**, 1337s - 1346s (1995).

223. S. Devaraj, D. Li, and I. Jialal, *J. Clin. Invest.* , **98**, 756 - 763 (1996).

224. J. G. Bieri and R. P. Evarts, *Amer. J. Clin. Nutr.* , **27**, 980 - 986 (1974).

225. M. G. Traber and H. J. Kayden, *Amer. J. Clin. Nutr.* , **49**, 517 - 526 (1989).

226. M. G. Traber, G. W. Burton, L. Hughes, K. U. Ingold, H. Hidaka, M. Malloy, J. Kane, J. Hyams, and H. J. Kayden, *J. Lipid Res.* , **33**, 1171 - 1182 (1992).

227. H. J. Kayden and M. G. Traber, *J. Lipid Res.* , **34**, 343 - 358 (1993).

228. Q. Jiang, S. Christen, M. K. Shigenaga, and B. Ames, *Amer. J. Clin. Nutr.* , **74**, 714 - 722 (2001).

229. R. V. Cooney, A. A. Franke, P. J. Harwood, V. Hatch - Pigott, L. J. Custer, and L. J. Mordan, *Proc. Natl. Acad. Sci. USA*, **90**, 1771 - 1775 (1993).

230. R. V. Cooney, P. J. Harwood, A. A. Franke, K. Narala, A. K. Sundstrom, P. O. Berggren, and L. J. Mordan, *Free Radic. Biol. Med.* , **19**, 259 - 269 (1995).

231. S. Christen, A. A. Woodall, M. K. Shigenaga, P. T. Southwell - Keely, M. W. Duncan, and B. N. Ames, *Proc. Natl. Acad. Sci.* , **49**, 3217 - 3222 (1997).

232. S. Christen, P. Gee, and B. N. Ames, *Methods Enzymol.* , **269**, 267 - 278 (1996).

233. A. J. Brown, *J. Nutr. Biochem.* , **7**, 29 - 39 (1996).

234. K. S. Williamson, S. P. Gabbita, S. Mou, M. West, Q. N. Pye, W. R. Markesbery, R. V. Cooney, P. Grammas, U. Reimann - Philipp, R. A. Floyd, and K. Hensley, *Nitric Oxide: Biol. Chem.* , **6**, 221 - 227 (2002).

235. W. J. Wechter, D. Kantoci, E. D. Murray Jr. , D. C. D' Amico, and M. E. Jung, *Proc. Natl. Acad. Sci.* , **93**, 6002 - 6007 (1996).

236. M. Öhrvall, S. Tengblad, and B. Vessby, *Eur. J. Clin. Nutr.* , **48**, 212 - 218 (1994).

237. A. Kontush, T. Spranger, A. Reich, K. Baum, and U. Beisiegel, *Atherosclerosis*, **144**, 117 - 122 (1999).

238. M. Kristenson, B. Ziedén, Z. Kucinskienë, L. Schäfer - Elinder, B. Bergdahl, B. Elwing, A. Abaravicius, L. Razinkovienë, H. Calkauskas, and A. G. Olsson, *Brit. Med. J.* , **314**, 629 - 633 (1997).

239. T. Messner, U. B. Erkstam, I. B. Gustavsson, S. B. Nilsson, and B. Vessby, *Int. J. Circumpolar Health*, **56**, 21 - 29 (1997)

240. S. R. Farwer, B. C. der Boer, E. Haddeman, G. A. Kivits, A. Wiersma, and B. H. Danse, British *J. Nutr.* , **72**, 127 - 145 (1994).

241. G. J. Handelman, W. L. Epstein, J. Peerson, D. Spiegelman, L. J. Machlin, and E. A. Dratz, *Amer. J. Clin. Nutr.* , **59**, 1025 - 1032 (1994).

242. M. Clement and J. M. Bourre, *Biochim. Biophys. Acta.*, **1334**, 173 – 181 (1997).

243. H. U. Melchert and E. Pabel, *J. Amer. Oil Chem. Soc.*, **75**, 213 – 216 (1998).

244. M. Clement, L. Dinh, and J. M. Bourre, *Biochim. Biophys. Acta.*, **1256**, 175 – 180 (1995).

245. W. A. Behrens and R. Madere, *Nutr. Res.*, **3**, 891 – 897 (1983).

246. W. A. Behrens and R. Madere, *J. Nutr.*, **117**, 1562 – 1569 (1987).

247. I. Elmadfa, S. W. Kim, M. Reutlinger, and R. Siewert, *Z. Ernahrungswiss*, **28**, 36 – 48 (1989).

248. K. Yamashita, Y. Nohara, K. Katayama, and M. Namiki, *J. Nutr.*, **122**, 2440 – 2446 (1992).

249. K. Yamashita, Y. Iizuka, T. Imai, and M. Namiki, *Lipids*, **30**, 1019 – 1028 (1995).

250. M. Sugano, K. Koba, and E. Tsuji, *Anticancer Res.*, **19**, 3651 – 3657 (1999).

251. A. A. Qureshi, W. C. Burger, D. M. Peterson, and C. E. Elson, *J. Biol. Chem.*, **261**, 544 – 550 (1986).

252. A. A. Qureshi, N. Qureshi, J. J. K. Wright, Z. Shen, G. Kramer, A. Gapor, Y. H. Chong, G. Dewitt, A. S. H Ong, D. M. Peterson, and B. A. Bradlow, *Amer. J. Clin. Nutr.*, **53**, s1021 – s1026 (1991).

253. M. N. Gould J. D. Haag, W. S. Kennan, M. A. Tanner, and C. E. Elson, *Amer. J. Clin. Nutr.*, **53**, s1068 – s1070 (1991).

254. A. A. Qureshi, S. A. Sami, W. A. Salser, and F. A. Khan, *J. Nutr. Biochem.*, **12**, 318 – 329 (2001).

255. A. A. Qureshi, S. A. Sami, W. A. Salser, and F. A. Khan, *Atherosclerosis*, **161**, 199 – 207 (2002).

256. D. T. Tan, H. T. Khor, W. H. S. Low, A. Ali, and A. Gapor, *Amer. J. Clin. Nutr.*, **53**, s1027 – s1030 (1991).

257. D. Raederstorff, V. Elste, C. Aebischer, and P. Weber, *Ann. Nutr. Metabol.*, **46**, 17 – 23 (2002).

258. R. A. Parker, B. C. Pearce, R. W. Clark, D. A. Gordon, and J. J. K. Wright, *J. Biol. Chem.*, **268**, 11230 – 11238 (1993).

259. H. T. Khor and T. T. Ng, *Int. J. Food Sci. Nutr.*, **51**, s3 – s11 (2000).

260. J. C. Bauernfeind, *Carotenoids as Colorants and Vitamin A Precursors: Technical and Nutritional Applications*, Academic Press, New York, 1981.

261. K. L. Simpson, *Proc. Nutr. Soc.*, **42**, 7 – 17 (1983).

262. C. S. You, R. S. Parker, and J. E. Swanson, *Asia Pacific J. Clin. Nutr.*, **11**, s438 – s442 (2000).

263. A. Kassoff, et al., *Arch. Ophthalmol. Chic.*, **119**, 1417 – 1436 (2001).

264. A. Kassoff et al., *Arch. Ophthalmol. Chic.*, **119**, 1439 – 1452 (2001).

265. H. Esterbauer, G. Striegel, H. Puhl, S. Oberreither, M. Rothenneder, M. El – Saadani, and G.

Jü rgens, *Ann. N. Y. Acad. Sci.*, **570**, 254 – 267 (1989).

266. M. K. Biyani and D. S. Sheorey, *J. Assoc. Physicians India.*, **42**, 899 – 903 (1994).
267. G. Mozsik, T. Javor, G. Toth, T. Zsoldos, and A. Tigyi, *Acta Phys. Hung.*, **64**, 315 – 319 (1984).
268. A. M. Y. Nomura, G. N. Stemmermann, L. K. Heilbrun, R. M. Salkeld, and J. P. Vuilleumier, *Cancer Res.*, **45**, 2369 – 2372 (1985).
269. M. S. Menkes, G. W. Comstock, J. P. Vuilleumier, K. J. Helsing, A. A. Rider, andR. Brookmeyer, *N. Engl. J. Med.*, **315**, 1250 – 1254 (1986).
270. K. F. Gey, G. B. Brubacher, and H. B. Stahelin, *Amer. J. Clin. Nutr.*, **45**, 1368 – 1377 (1987).
271. H. Nishino, *J. Cell Biochem.*, **22**, 231 – 235 (1995).
272. A. Bendich, *Ann. N. Y. Acad. Sci.*, **691**, 61 – 67 (1993).
273. R. H. Prabhala, H. S. Garewal, F. L. Meyskens, and R. R. Watson, *Nutr. Res.*, **10**, 1473 – 1486 (1990).
274. R. H. Prabhala, M. Braune, H. S. Garewal, and R. R. Watson, *Ann. N. Y. Acad. Sci.*, **691**,262 – 263 (1993).
275. R. G. Cutler, *Proc. Natl. Acad. Sci. USA*, **87**, 7627 – 7631 (1984).
276. M. M. Mathews – Roth, *Pure Appl. Chem.*, **63**, 147 – 156 (1991).
277. J. A. Olson and N. I. Krinsky, *FASEB J.*, **9**, 1547 – 1550 (1995).
278. K. J. Yeum and R. M. Russell, *Ann. Rev. Nutr.*, **22**, 483 – 504 (2002).
279. W. Miki, *Pure Appl. Chem.*, **63**, 141 – 146 (1991).
280. J. A. Olson, in M. E. Shils, J. A. Olson, and M. Shike, eds., *Modern Nutrition in Health and disease*, 8th ed., Lea and Febiger, Philadelphia, Pennsylvania, 1993, pp. 287 – 307.
281. N. V. Dimitrov and D. E. Ullrey, in N. I. Krinsky, M. M. Mathews – Roth, and R. F., Taylor, eds., *Carotenoids: Chemistry and Biology*, Plenum Press, New York, 1989, pp. 269 – 277.
282. R. S. Parker, in J. E. Kinsella, ed., *Advances in Food and Nutrition Research*, Vol. 33, Academic Press, New York, 1989, pp. 157 – 232.
283. A. Bendich and J. A. Olson, *FASEB J.*, **3**, 1927 – 1932 (1989).
284. A. D. Lascari, *Clin. Pediat.*, **20**, 25 – 29 (1981).
285. F. Visioli and C. Galli, *J. Agric. Food Chem.*, **46**, 4292 – 4296 (1998).
286. F. Visioli and C. Galli, Crit. *Rev. Food Sci. Nut.*, **42**, 209 – 221 (2002).
287. F. Visioli, D. Caruso, C. Galli, S. Viappiani, G. Galli, and A. Sala, *Biochem. Biophys. Commun.*, **278**, 797 – 799 (2000).
288. S. Gorinstein, H. Leontowicz, A. Lojek, M. Leontowicz, M. Ciz, R. Krzeminski,M. Gralak, J. Czer-

winski, Z. Jastrzebski, S. Trakhtenberg, M. N. Grigelmo, R. Soliva – Fortuny, and O. Martin – Belloso, *J. Agric. Food Chem.*, **50**, 6102 – 6108 (2002).

289. M. Fito, E. Gimeno, M. I. Covas, E. Miro, M. C. Lopez – Sabater, M. Farre, R. de la Torre, and J. Marrugat, *Lipids*, **37**, 245 – 251 (2002).

290. J. L. Quiles, A. J. Farquharson, D. K. Simpson, I. Grant, and K. W. J. Wahle, *British J. Nutr.*, **88**, 225 – 234 (2002).

291. K. Yamashita, Y. Kawagoe, Y. Nohara, M. Namiki, T. Osawa, and S. Kawagishi, *J. Japan. Soc. Nutr. Food Sci.*, **43**, 445 – 446 (1990).

292. N. Hirose, T. Inoue, K. Nishihara, M. Sugano, K. Akimoto, S. Shimizu, and H. Yamada, *J. Lipid Res.*, **32**, 629 – 638 (1991).

293. A. Kamal – Eldin, D. Pettersson, and L. Å. Appelqvist, *Lipids*, **30**, 499 – 505 (1995).

294. A. Kamal – Eldin, J. Frank, A. Razdan, S. Tengblad, S. Basu, and B. Vessby, *Lipids*, **35**, 427 – 435 (2000).

295. R. S. Parker, T. J. Sontag, and J. E. Swanson, *Biochem. Biophys. Res. Commun.*, **277**, 531 – 534 (2000).

296. T. J. Sontag and R. S. Parker, *J. Biol. Chem.*, **277**, 25290 – 25296 (2002).

297. S. Ikeda, T. Tohyama, and K. Yamashita, *J. Nutr.*, **132**, 961 – 966 (2002).

298. M. Sugano, T. Inoue, K. Koba, K. Yoshida, N. Hirose, Y. Shinmen, K. Akimoto, and T. Amachi, *Agric. Biol. Chem.*, **54**, 2669 – 2673 (1990).

299. S. Shimizu, K. Akimoto, Y. Shinmen, H. Kawashima, M. Sugano, and H. Yamada, *Lipids*, **26**, 512 – 516 (1991).

300. T. Utsunomiya, S. R. Chavali, W. W. Zhong, and R. A. Forse, *Amer. J. Clin. Nutr.*, **72**, 804 – 808 (2000).

301. T. Ide, L. Ashakumary, Y. Takahashi, M. Kushiro, N. Fukuda, and M. Sugano, *Biochim. Biophys. Acta*, **1534**, 1 – 13 (2001).

302. R. Umeda – Sawada, M. Ogawa, and O. Igarashi, *Lipids*, **34**, 633 – 637 (1999).

303. U. Bracco, W. Rostagno, and R. H. Egli, *Int. Chocolate Rev.*, **25**, 41 – 48 (1970).

304. V. V. S. Mani and G. Lakshminarayana, *J. Oil Technol. Assoc. India*, **5**, 184 – 193 (1976).

305. A. M. Abu – Hadeed and A. R. Kotb, *J. Amer. Oil Chem. Soc.*, **65**, 1922 – 1926 (1988).

306. D. Firestone, *J. Assoc. Off. Anal. Chem. Intern.*, **84**, 176 – 180 (2001).

307. F. Ulberth and M. Buchgraber, *Eur. J. Lipid Sci. Technol.*, **105**, 32 – 42 (2003).

308. J. B. Rossell, *Fat Sci. Technol.*, **93**, 526 – 531 (1991).

309. M. H. El – Mallah, T. Murui, and S. El – Shami, *Grasas y Aceites*, **50**, 7 – 15 (1999).

310. G. Morchio, A. Pellegrino, C. Mariani, and G. Bellan, *Rivista Ital. Sostanze Grasse*, **76**,115 – 128 (1999).

311. M. H. Gordon and R. E. Griffith, *Food Chem.*, **43**, 71 – 78 (1992).

312. K. Grob, A. M. Giuffré, U. Leuzzi, and B. Mincione, *Fat Sci. Technol.*, **96**, 286 – 290 (1994b).

313. A. Johansson and L. B. Croon, *Lipids*, **16**, 306 – 314 (1981).

314. E. Schulte, *Fat Sci. Technol.*, **96**, 124 – 128 (1994).

315. K. Grob, A. M. Giuffré, M. Biedermann, and M. Bronz, *Fat Sci. Technol.*, **96**, 341 – 345 (1994).

316. C. Mariani, G. Bellan, G. Morchio, and A. Pellegrino, *Riv. Ital. Sost. Gras.*, **76**, 59 – 67 (1999).

317. C. Mariani, G. Bellan, G. Morchio, and A. Pellegrino, *Riv. Ital. Sost. Gras.*, **76**, 297 – 305 (1999).

318. R. K. Chevan, V. S. Ghole, and M. Dikshit, *J. Food Sci. Technol. India*, **31**, 433 – 434 (1994).

319. B. Gandul – Rojas, M. R. L. Cepero, and M. I. Minguez – Mosquera, *J. Amer. Oil Chem. Soc.*, **77**, 853 – 858 (2000).

320. F. Ulberth and M. Buchgraber, *Eur. J. Lipid Sci. Technol.*, **102**, 687 – 694 (2000).

321. M. Kates, Techniques in Lipidology, 2nd ed., Elsevier Publ. Comp., Amsterdam, The Netherlands.

322. N. Frega, F. Bocci, and G. Lercker, *J. Amer. Oil Chem. Soc.*, **69**, 447 – 450 (1992).

323. N. Frega, F. Bocci, G. Giovannoni, and G. Lercker, *Chromatographia*, **36**, 215 – 217 (1993).

324. J. Giacometti, *Analyst*, **126**, 472 – 475 (2001).

325. V. Baeten, P. Dardenne, and R. Aparicio, *J. Agric. Food Chem.*, **49**, 5098 – 5107 (2001).

326. A. Kamal – Eldin, L. Å. Appelqvist, G. Yousif, and G. M. Iskander, *J. Sci. Food Agric.*, **59**,327 – 334 (1992).

327. P. Hostmann and A. Montag, *Fette Seifen Anstrichm.*, **88**, 262 – 264 (1986).

328. A. C. Bello, *J. Amer. Oil Chem. Soc.*, **75**, 1120 – 1123 (1992).

329. B. Ham, B. Butler, and P. Thionville, *LC/GC*, **18**, 1174 – 1179 (2000).

330. P. Breinholder, L. Mosca, and W. Lindner, *J. Chromatogr.*, **B777**, 67 – 82 (2002).

331. A. Kamal – Eldin, S. Görgen, J. Pettersson, and A. M. Lampi, *J. Chromatogr. A*, **881**, 217 – 227 (2000).

332. R. Yamauchi, H. Noro, M. Shimoyamada, and K. Kato, *Lipids*, **37**, 515 – 522 (2002).

333. M. F. Ramadan and J. T. Morsel, *Eur. Food Res. Technol.*, **214**, 521 – 527 (2002).

334. E. Gimeno, E. Calero, A. Castellote, R. M. Lamuela – Raventos, M. C. de la Torre, and M. C. Lopez – Sabater, *J. Chromatogr. A*, **881**, 255 – 259 (2000).

335. D. Darnoko, M. Cheryan, E. Moros, J. Jerrel, and E. G. Perkins, *J. Liquid Chromatogr. Rel. Techn-*

ol., **23**, 1873 - 1885 (2000).

336. Y. A. Tan, K. S. Low, and C. L. Chong, *J. Sci. Food Agric.*, **66**, 479 - 484 (1994).

337. K. Ward, R. Scarth, J. K. Daun, and C. T. Thorsteinson, *J. Amer. Oil Chem. Soc.*, **71**, 931 - 934 (1994).

338. K. Ward, R. Scarth, J. K. Daun, and C. T. Thorsteinson, *J. Amer. Oil Chem. Soc.*, **71**, 811 - 815 (1994).

339. G. Lercker and M. T. Rodriguez - Estrada, *J. Chromatogr. A*, **881**, 105 - 129 (2000).

340. P. M. Panagiotopoulou and M. Tsimidou, *Grasas y Aceites*, **53**, 84 - 95 (2002).

341. A. Bendini, M. Bonoli, L. Cerretani, B. Biguzzi, G. Lercker, and T. G. Toschi, *J. Chromatogr. A*, **985**, 425 - 433 (2003).

342. S. Gomez - Alonso, M. D. Salvador, and G. Fregapane, *J. Agric. Food Chem.*, **50**, 6812 - 6817 (2002).

343. C. Capannesi, I. Palchetti, M. Mascini, and A. Parenti, *Food Chem.*, **71**, 553 - 562 (2000).

13 卵磷脂

Bernard F. Szuhaj

Szuhaj & Associates LLC Fort Wayne Indiana

13.1 引言

磷脂（phospholipids）是含有磷酸残基的脂质总称，是主要的天然表面活性剂，存在于所有生命活体细胞内，包括动植物来源的细胞。在人体和动物体内，磷脂主要存在于脑、肾及肝等重要器官内；在植物中则主要分布于种子、坚果及谷类中。磷脂在人体生命活动中发挥重要作用，它是细胞膜的组成成分，也是参与人体新陈代谢的重要成分[1~8]。

“卵磷脂”（lecithin）是商业通用术语，它是指由脂质成分与表面活性物构成的质的磷脂产品，而非其化学个体磷脂酰胆碱（PC）。因此，通常情况下所说的商业卵磷脂是指植物毛油经水化脱胶、胶经分离、干燥得到的复杂的天然存在的极性脂质混合物[8]。但商业卵磷脂的功能及形式主要是由其中的磷脂部分决定的[6]。

商业卵磷脂是食用油加工过程中的重要副产品，它在人们的饮食中占有重要地位，同时在食品体系及工业应用中具有多重功效。除非特殊说明，本章的“卵磷脂”是一个商业名称。

卵磷脂在食品中的应用具有悠久的历史，大约开始于60多年前[9]。20世纪30年代，植物油生产已普遍采用商业溶剂提取技术，由于毛油必须脱胶才能具有更好的运输稳定性，这样，油脂加工工业就产生了大量的卵磷脂“油脚”，这为卵磷脂的工业化生产提供了条件[9]。从此以后，人们对卵磷脂的精制及改性进行了研究，同时对卵磷脂的新用途也进行了研发。卵磷脂配料现在是公认的高价值产品，它具有很高的营养价值与广泛的商业用途。例如，食品、饲料以及工业上的应用[2, 5]。

卵磷脂最早在食品行业中的两个应用领域是用于降低巧克力、糖果产品黏度和用作人造奶油产品的乳化/稳定剂，现在依然广泛应用在这些方面，这两个领域也是卵磷脂产品使用量较大的产业。此外，比较早的应用卵磷脂的行业还有焙烤食品、浆料、纺织、杀虫剂、涂料等，迄今为止，卵磷脂在这些行业中的应用仍十分广泛。

13.2 磷脂来源

13.2.1 人与动物组织

几乎所有的机体细胞中都含有磷脂，一般的动物磷脂是由神经鞘磷脂（SPH）、磷脂酰胆碱（PC）、磷脂酰乙醇胺（PE）、磷脂酰丝氨酸（PS）、磷脂酰肌醇（PI）及其他复杂的脂肪酸磷脂酰甘油酯组成。动物体内的磷脂主要是磷脂酰胆碱（以前也称作卵磷脂）、磷脂酰乙醇胺（以前也称作脑磷脂）及磷脂酰丝氨酸，它们是机体细胞壁的组成成分以及代谢过程的积极参与成分，它们在生命活动中发挥了重要作用[8]。

人与动物磷脂的确切组成因来源与提取纯化方法不同而异，中枢神经系统磷脂含量较高，其生物合成在肝内进行。线粒体脂质是机体细胞新陈代谢及能量产生的调节器，这些脂质中磷脂含量高达90%以上[10]。

Kuksis[11]在一篇研究报告中介绍了这些复杂的动物磷脂分离和分析方法，阐明其分子类型及初级和加工食品中存在的磷脂，同时也给出了有关磷脂定量分析、磷脂过氧化产物及一些动物磷脂的组成信息。

商业卵磷脂的动物来源主要是蛋黄、乳及大脑，有时，分离纯化的卵磷脂可在临床营养方面得到应用。Weihrauch与Son[12]对各种食品中磷脂的组成情况作了简要总结。

下面将对几种有重要商业价值的动物来源的磷脂作简要探讨。

（1）鸡蛋磷脂　鸡蛋由于其高磷脂含量一度成为商业来源之一，但大豆工业兴起之后，用鸡蛋生产磷脂变得不经济了。鸡蛋中的磷脂主要存在于蛋黄中，至少有一部分磷脂与蛋白质及碳水化合物相结合。

Gornall与Kuksis[13]、Kuksis[11]、Schneider[14]及Satirhos等[15]对鸡蛋产品、蛋黄的各种脂质提取物的组成数据进行了汇总。表13.1与表13.2[14,16]对大豆卵磷脂与鸡蛋卵磷脂的组成及磷脂的脂肪酸组成作了比较，表13.3[16~21]所示为蛋黄中的磷脂的分布情况。

表13.1　大豆、鸡蛋卵磷脂的组成[14]　单位：%

极性脂质	大豆	鸡蛋
磷脂酰胆碱（PC）	20~22	68~72
磷脂酰乙醇胺（PE）	21~23	12~16
磷脂酰肌醇（PI）	18~20	0~2
磷脂酸（PA）	4~8	—

续表

极性脂质	大豆	鸡蛋
神经鞘磷脂（SPH）	—	2～4
其他磷脂	15	10
糖脂	9～12	—

表 13.2 脂肪酸组成[14] 单位：%

脂肪酸类型	大豆	鸡蛋
饱和		
棕榈酸	15～18	27～29
硬脂酸	3～6	14～17
不饱和		
油酸	9～11	35～38
亚油酸	56～60	15～18
亚麻酸	6～9	0～1
花生四烯酸	0	3～5

表 13.3 蛋黄中磷脂的分布情况[16]

磷脂分类	分析结果/%（质量分数）					
	①	②	③	④	⑤，⑥	⑤，⑦
脂质总量				23		
磷脂酰胆碱（PC）	66～76	69.1	77.0	69	82.6	87.1
磷脂酰乙醇胺（PE）	15～24	23.9	18.0	24	9.1	7.8
磷脂酰丝氨酸（PS）	1	2.7		痕量		
心磷脂（CL）	1	3.2		痕量		
神经鞘磷脂（SPH）	3～6	1.0	2.3	3	1.8	2.5
溶血磷脂酰胆碱和溶血磷脂酰乙醇胺（LPC＋LPE）	3～6		2.5	3	6.5	2.5
未鉴定物						

注：①资料来源 Privett 等[17]。
②资料来源 Noble 和 Moore[18]。
③资料来源 Cook 和 Martin[19]。
④资料来源 Gormall 和 Kuksis[20]。
⑤资料来源 Connelly 和 Kuksis[21]。
⑥商业样品。
⑦脂肪乳剂。

除了磷脂组成不同以外，豆科植物（如大豆）卵磷脂与蛋黄卵磷脂的主要区别在于：前者不饱和脂肪酸含量较后者高，而且不含胆固醇。此外，蛋黄卵磷脂作为一种商业配料，用于日常食品中价格昂贵，只能用于医药方面[10]。在一些婴幼儿配方乳粉中，蛋黄脂质与鸡蛋卵磷脂已经有所应用[22]。

（2）奶磷脂　乳中大约含有0.035%的磷脂，它与脂肪相结合分布于脂肪球周围的胶质膜中。Wittcoff[4]、Morriso等[23]及Privett等[24]报道了各种乳提取物中极性脂质的薄层色谱（TLC）分析结果。最近Jensen[25]采用高效液相色谱法（HPLC）分析研究了哺乳期奶牛牛乳的磷脂组成以及关于牛科动物乳中磷脂、神经鞘磷脂（SPH）、鞘糖脂分类的典型数据。饲料中脂肪酸的投喂模式会在一定程度上影响乳脂质中的脂肪酸组成，可以推断磷脂脂肪酸组成也同样会受到影响。

脱脂乳与乳清脂质中的极性脂质含量最高，全乳和奶油中含量最低。在极性脂质中，磷脂酰乙醇胺（PE）含量最高，而磷脂酰胆碱（PC）与神经鞘磷脂（SPH）（两者比例相当）含量极低（表13.4）[16, 23, 24, 26]。

（3）大脑磷脂　大脑中富含磷脂，与脊髓一样，其磷脂的含量较身体其他器官都高。中枢神经系统中含有多种不同类型的磷脂，它们能够绕过血液-大脑屏障供给神经细胞足够的营养（生物合成）。特殊酶体系则确保其随时达到最佳的功能状态[4]。

表13.4　不同乳分提物中磷脂的分布[16, 24]　单位：%

脂质种类	全乳	塑性脱脂	脱脂	乳清	乳脂	乳①	乳清②
总脂质	2.0	19.0	32.0	22.0	1.0～2.0	—	—
神经酰胺单己糖	痕量	19.5	14.1	7.8	17.9	3.0	—
神经酰胺二己糖	痕量	10.1	—	—	—	3.0	—
磷脂酰乙醇胺（PE）	36.4	27.5	45.1	32.4	25.3	30.0	26.9
缩醛磷脂	—	—	—	—	—	1.0	—
磷脂酰胆碱（PC）	27.0	7.3	16.4	23.2	19.9	28.0	29.3
缩醛磷脂	—	—	—	—	—	3.0	—
神经鞘磷脂（SPH）	29.0	18.2	14.5	26.9	21.6	19.0	31.3
磷脂酰丝氨酸（PS）	痕量	1.9	7.6	3.5	痕量	8.0	5.0
磷脂酰肌醇（PI）	痕量	痕量	痕量	1.1	痕量	5.0	5.9
神经节苷脂+未知物	7.6	15.5	2.3	5.1	15.3	0.0	1.0

注：①资料来源Morrison等[23]。
②资料来源Santha和Narayanan[26]。

采用吸附柱层析和TLC对大脑磷脂的组成进行了大量研究。表13.5列出了不同动物的主要大脑磷脂的分类，Kuksis 也对此作了整理[16, 27~30]。20 世纪 90 年代末，对疯牛病（BSE）的恐惧使人们对应用奶牛大脑磷脂提出了更高的纯度要求。

表 13.5 不同种类动物大脑磷脂的组成[16] 单位：%（质量分数）

脂质种类	动物种类							
	人①②	牛①②	牛②③	人③④	牛③⑤	人③⑤	羊⑥	鼠⑦
总脂质								
磷脂酰胆碱（PC）	21.8	18.4	32.4	33.2	48.2	47.6	37.3	36.8
缩醛磷脂	—	—	—	—	—	—	0.9	—
磷脂酰乙醇胺（PE）	35.4	36.1	23.5	25.2	24.2	17.8	7.7	36.4
缩醛磷脂	—	—	—	—	—	—	16.5	—
磷脂酰丝氨酸（PS）	18.8	18.0	11.0	10.7	6.7	9.3	9.2	11.8
磷脂酰肌醇（PI）	1.8	1.8	4.3	4.8	7.1	5.0	2.1	3.1
磷脂酸（PA）	1.1	1.7	0.9	0.3	1.3	1.2	2.6	1.2
心磷脂（CL）	—	—	1.2	1.0	ND⑧	0.3	2.0	2.2
磷脂酰甘油（PG）	—	—	0.9	ND⑧	0.4	0.6	—	—
溶血双磷脂酰胆碱（Lbis PC）[LPC（LPE）]	2.0	0.2	0.9	1.0	1.0	2.5	—	—
LbisPC	1.0	0.4	2.1	0.2	0.7	0.2	—	—
神经鞘磷脂（SPH）	16.3	15.0	20.4	17.0	4.9	10.7	12.9	5.7
未鉴定物								

注：①资料来源 Siakotos 等[28]。
②髓磷脂。
③资料来源 Siakotos 等[27]。
④内皮细胞。
⑤胞核。
⑥资料来源 Scott 等[29]。
⑦资料来源 Wuthier[30]。
⑧ND = 未检出。

（4）肝、肾、肌肉与其他组织中的磷脂　肝、肾和肌肉等器官是膳食磷脂的主要来源。读者可以通过 Kuksis[16] 的文章查阅不同种动物肝、肾、肌肉（心脏与骨骼）、脾、肺、血细胞、胆汁及脂肪组织中各种磷脂的分布，同时，文章也给出了这些组织和体液对应的脂肪酸组成数据。

血液中，磷脂以磷脂酰胆碱（PC）含量最高。神经鞘磷脂以不同含量存在于几乎所有的动物器官中，多数存在于软体器官中，少数分布于骨骼肌肉组织与蛋中[4]。血液中含有0.2% ~0.3%磷脂，血浆、血清中以磷脂酰胆碱（PC）为主，血球中则以磷脂酰乙醇胺（PE）与神经鞘磷脂（SPH）为主。研究者发现，红血球中的磷脂含量高于血浆中的含量，红血球中的磷脂占总脂质的60% ~65%[4]。

13.2.2 大豆

虽然动物制品如肉、家禽、鱼、蛋、乳与乳酪中磷脂浓度最高，但主要的商业来源是大豆，它含有0.3% ~0.6%的磷脂。此外，来源于其他植物油籽中的磷脂的研究也已进行研究并获得应用，如：玉米、棉籽、亚麻籽、花生、菜籽、葵花籽、红花籽等[5]。

标准级、商业化商品大豆卵磷脂是一种复杂的混合物，它由磷脂、甘油三酯及少量其他成分（如：少量植物糖脂、植物甾醇、生育酚与脂肪酸）组成，这种非均相混合化合物的组成和分子排布决定了其具有弱表面极性，同时也是一种良好的油包水（W/O）乳化剂[31]。

关于大豆卵磷脂中磷脂与脂肪酸组成的数据已有大量报道（表13.6、表13.7）[32]。早期的数据通常由薄层色谱（TLC）定性分析，现在已经发展起来的还有^{31}P-NMR技术、Li-Sc高效液相色谱法（HPLC）定量分析方法以及HPTLC。

表13.6　大豆卵磷脂的组分[32]　单位：%

组分	组成范围		
	低	中	高
磷脂酰胆碱（PC）	12.0 ~21.0	29.0 ~39.0	41.0 ~46.0
磷脂酰乙醇胺（PE）	8.0 ~9.5	20.0 ~26.3	31.0 ~34.0
磷脂酰肌醇（PI）	1.7 ~7.0	13.0 ~17.5	19.0 ~21.0
磷脂酸（PA）	0.2 ~1.5	5.0 ~9.0	14.0
磷脂酰丝氨酸（PS）	0.2	5.9 ~6.3	—
溶血磷脂酰胆碱（LPC）	1.5	8.5	—
溶血磷脂酰肌醇（LPE）	0.4 ~1.8	—	—
溶血磷脂酰丝氨酸（LPS）	1.0	—	—
溶血磷脂酸（LPA）	1.0	—	—
植物糖脂	—	14.3 ~15.4	29.6

表13.7　大豆卵磷脂的脂肪酸组成[32]　单位：%

脂肪酸	组成范围		
	低	中	高
肉豆蔻酸（$C_{14:0}$）	0.3 ~1.9	—	—
棕榈酸（$C_{16:0}$）	11.7 ~18.9	21.5 ~26.7	42.7

续表

脂肪酸	组成范围		
	低	中	高
棕榈油酸（$C_{16:1}$）	7.0～8.6	—	—
硬脂酸（$C_{18:0}$）	3.7～4.3	9.3～11.7	—
油酸（$C_{18:1}$）	6.8～9.8	17.0～25.1	39.4
亚油酸（$C_{18:2}$）	17.1～20.0	37.0～40.0	55.0～60.8
亚麻酸（$C_{18:3}$）	1.6	4.0～6.2	9.2
花生酸（$C_{20:0}$）	1.4～2.3	—	—

大豆卵磷脂是油脂加工过程中的副产物，因此，高品质油的纯化工艺可能会影响卵磷脂的组成。此外，如果大豆受霜冻破坏或贮存时间延长也会降低卵磷脂产量[33]。形成磷脂酸的磷脂酶在贮存期间非常活跃，可能会降低卵磷脂的产量[34]。大豆成熟过程中，主要的磷脂［如磷脂酰胆碱（PC）、磷脂酰乙醇胺（PE）、磷脂酰肌醇（PI）］含量会增加，而其他磷脂则减少或不变[32]。

这些组分中任何一个的相对浓度发生变化，或它们的化学结构发生改变，都可能导致商业卵磷脂物理或化学性质的改变。卵磷脂的形态有液态、塑性固态或非流动性固态，卵磷脂的色泽、溶剂溶解度、界面活性及化学反应能力都可进行改变。反过来，这些改性也会改变卵磷脂在应用中的功能性[31]。

以下将简要介绍除大豆外的植物来源磷脂，这些来源的产品正应用于商业或具有潜在的商业应用价值。大豆卵磷脂将在本章后续小节作更详细的介绍。

13.2.3 玉米

Weeks 与 Walters[35] 发现，玉米中2.5%～4.5%的磷是以磷脂形式存在的，其含量因种类不同而异。

最早对商业玉米磷脂进行详细分析的是 Scholfield 等[36]。与玉米甜味剂和其他玉米精制工业产品的需求量明显增加不同，副产品玉米卵磷脂一直未获得大规模商业化开发。表13.8与表13.9对玉米卵磷脂与大豆卵磷脂中极性脂质与脂肪酸组成情况作了比较[32]。

表13.8 玉米、大豆卵磷脂中极性脂质的分布[32] 单位：%

极性脂质	玉米	大豆
甾糖苷酯	15.0	4.3
单半乳糖甘二酯	1.8	0.8

续表

极性脂质	玉米	大豆
二半乳糖甘二酯	3.7	3.0
其他糖脂	9.8	6.4
N－酰磷脂酰乙醇胺	2.6	2.2
N－酰溶血磷脂酰乙醇胺	3.7	10.4
磷脂酰乙醇胺（PE）	3.2	14.1
磷脂酰甘油（PG）	1.4	1.0
磷脂酰胆碱（PC）	30.4	33.0
磷脂酰肌醇（PI）	16.3	16.8
磷脂酸（PA）	9.4	6.4
磷脂酰丝氨酸（PS）	1.0	0.4
溶血磷脂酰乙醇胺（LPE）	痕量	0.2
溶血磷脂酰胆碱（LPC）	1.7	0.9

表 13.9 玉米、大豆卵磷脂脂肪酸组成[32] 单位：%

脂肪酸	组成	
	玉米	大豆
棕榈酸（$C_{16:0}$）	17.7	17.4
硬脂酸（$C_{18:0}$）	1.8	4.0
油酸（$C_{18:1}$）	25.3	17.7
亚油酸（$C_{18:2}$）	54.2	54.0
亚麻酸（$C_{18:0}$）	1.0	6.8

玉米和大豆中磷脂酰胆碱（PC）、磷脂酰肌醇（PI）含量类似，玉米卵磷脂极性脂质中磷脂酸（PA）和糖脂含量比大豆卵磷脂中的高。Cherry[37]、Cherry 与 Kramer[32] 等也指出，玉米中甾基糖苷酯及其他糖脂等微量组分的含量是大豆中的两倍以上。玉米卵磷脂中高含量的糖脂使其物理性质，尤其是乳化性质，与大豆卵磷脂有明显差别。

玉米糖脂和磷脂中的亚麻酸（18:3）含量都比大豆中的低，而所含饱和脂肪酸的量比大豆高。一般情况下，玉米、大豆粗卵磷脂中亚油酸（18:2）含量相当，但玉米中亚油酸含量因玉米种类的不同含量为 42% ~70%。植酸（88%存在于玉米胚芽中）也作为部分卵磷脂被提取出来[32, 37]。应该去除玉米中的植酸，因其可以与锌、镁及钙离子结合。

13.2.4 棉籽

棉籽中的磷脂除了亚麻酸含量较低，饱和脂肪酸含量较高之外，在其他很多方面与大豆磷脂相似[38]。Cherry、Kramer[32]在表13.10所示为棉籽卵磷脂的组成情况。

表13.10 棉籽卵磷脂的组成[32] 单位：%

组分	提取物	磷脂酰胆碱（PC）	磷脂酰乙醇胺（PE）	磷脂酰丝氨酸（PS）
磷脂	1.8~2.2	34.9~35.9	13.7~20.1	7.0~26.0
脂肪酸				
肉豆蔻酸（$C_{14:0}$）	0.4	0.3	0.4	0.6
棕榈酸（$C_{16:0}$）	32.9	31.1	33.7	33.3
棕榈油酸（$C_{16:1}$）	0.5	0.3	0.3	0.6
硬脂酸（$C_{18:0}$）	2.7	2.8	2.2	0.3
油酸（$C_{18:1}$）	13.6	11.5	11.5	14.4
亚油酸（$C_{18:2}$）	50.0	54.0	49.0	50.4
总棉酚	9.13	2.34	22.43	19.90
游离棉酚	0.02	2.24	0.05	0.01

棉籽卵磷脂可分为磷脂和糖脂，如果将棉籽卵磷脂与其他植物油相混合，则其风味与色泽都会变差，棉籽磷脂中饱和脂肪酸与不饱和脂肪酸比率大约为1∶2[39]，总饱和脂肪酸（36%）中的90%为棕榈酸，总不饱和脂肪酸（64%）中大约80%为亚油酸。在腺体棉籽提油过程中，棉酚会与卵磷脂相结合（约9%在粗磷脂中），这使其很难用作商业用途。无腺体或无棉酚棉籽品种具有商业化食用卵磷脂的前景[37]。

表13.10与表13.11所示为棉籽卵磷脂的组成，以及用正己烷萃取的脱脂无腺体棉籽油中磷脂的组成[32, 37, 40~42]。

表13.11 无腺体棉籽卵磷脂组成[37, 40, 41]

磷脂①	组成/%（总占磷量）	磷脂①	组成/%（总占磷量）
原植株	4.12	磷脂酰乙醇胺（PE）	13.46
溶血磷脂酰胆碱（LPC）	2.56	磷脂酰甘油（PG）	7.62
磷脂酰肌醇（PI）	13.41	溶血磷脂酰丝氨酸（LPS）	ND②
磷脂酰丝氨酸（PS）	2.38	溶血磷脂酰乙醇胺（LPE）	ND②
磷脂酸（PA）	8.76	未知组分（6个TLC点）	25.30
磷脂酰胆碱（PC）	23.16		

注：①向正己烷提取的低酚棉籽油中加2%~4%水，在70℃下搅拌30min，将油与磷脂相离心分离。磷脂用二维TLC硅胶-60板分离，维度I=氯仿∶甲醇∶7mol/L氨水（65∶30∶1）；维度II=氯仿∶甲醇∶醋酸∶水（170∶25∶25∶4），磷脂定量参阅EI-Sebajy等提供的方法[42]。

②ND=未检出。

由于棉籽卵磷脂中两个双键以上的脂肪酸（亚麻酸）含量极低，所以比大豆卵磷脂对氧化和酸败稳定的多。棉籽磷脂中的 PC 含量相对较高，使其在食品中具有良好的乳化性能[32，37]。

13.2.5 油菜籽

Rewald[43]发现，油菜籽中含有约 20% 磷脂，有人对油菜籽卵磷脂进行了综述，且编成大量参考文献目录[44]。表 13.12[44]列出了油菜籽与大豆胶的组成情况。

表 13.12 油菜籽与大豆胶的组成[44] 单位：%

组分	菜籽					大豆
	（9）①	（9）②	（10）②	（11）②	（8）③	（8）③
水	24	—	—	—	—	—
非脂质	9	—	—	—	—	—
甘油三酯或中性脂质	16	—	38.1	5.6	29	35
磷脂（总）	51	—	—	—	—	—
磷脂酰胆碱（PC）	—	22	16.2	24.6	20	21
磷脂酰乙醇胺（PE）	—	15	17.5	22.1	16	8
磷脂酰肌醇（PI）	—	18	7.6	14.7④	8	20
溶血磷脂酰胆碱（LPC）	—	—	—	19.4	1	0
溶血磷脂酰乙醇胺（LPE）	—	—	2.0	—	—	—
甾醇苷或糖脂	—	9⑤	7.9	13.6	11	0
未鉴别物质	—	36⑥	10.7	—	15	11
未统计	—	—	—	—	—	5

注：①全胶样，含水。
②胶样的丙酮沉淀物。
③干胶样品。
④推测性鉴定。
⑤推测性：植糖苷。
⑥推测性：16% 酸性磷脂（加上 20% 未鉴定物）。

油菜籽卵磷脂中主要的磷脂有磷脂酰胆碱（PC）、磷脂酰乙醇胺（PE）及磷脂酰肌醇（PI），它们在菜籽中的相对含量与在大豆中的并无显著差异。高芥酸菜籽油卵磷脂中长链脂肪酸（C_{20} ~ C_{22}）含量很低，而低芥酸菜籽油（包括卡诺拉）卵磷脂中，脂肪酸组成与其父本油没有明显差别，除 $C_{16:0}$ 含量稍高之外，脱胶油中 $C_{18:1}$ 与 $C_{18:3}$ 脂肪酸含量稍高[44]。

有关研究发现溶剂法提取的菜籽油中磷含量最高，正是由于这个原因，溶剂法提取的油脂或是先压榨再溶剂萃取的混合毛油通常要进行脱胶。随着双低油菜籽品种如卡诺拉的出现，油菜籽卵磷脂的应用也获得开发。起初油菜籽卵磷脂在动物饲料用作乳化剂与能量供应成分。近年来，由于某些地区的人对转基因大豆品种的担忧，提高了软籽卵磷脂在食品应用上的市场价值[45]。油菜籽磷脂组成与大豆卵磷脂类似，都因作物和加工条件的不同而有差异。表13.12中的油菜籽磷脂组成已经为最近数据所证实，而最后一列的大豆卵磷脂组成并不具有代表性，因为其磷脂酰乙醇胺的含量低。

Sosada[46]研究了醇法分提菜籽卵磷脂的优化条件以提高精制卵磷脂产量并富集磷脂酰胆碱。

13.2.6 葵花籽与花生

虽然葵花籽卵磷脂目前没有得到大规模利用，但随着葵花籽油生产的扩大，从油中获取卵磷脂也极有可能[47]。葵花籽卵磷脂中磷脂酰胆碱（PC）含量较高，因此，它可用于食品与饲料中。对葵花籽卵磷脂进行精炼、分提和/或改性可扩大它在食品与化妆品生产中的应用[48]。葵花籽卵磷脂口感温和，具有与大豆卵磷脂类似的乳化性。由于含蜡，葵花籽粗卵磷脂比大豆卵磷脂更具塑性，但准确调节精炼葵花籽卵磷脂中的油和酸含量，可得到具有良好操控性的高效乳化剂。这使食品制造商对葵花籽卵磷脂产生了兴趣，尤其是在葵花籽最大的生产加工基地——欧洲。

葵花籽油中磷脂的含量为0.02%～1.5%，平均约0.75%。磷脂组成与大豆卵磷脂类似，磷脂酰胆碱（PC）含量较高，磷脂酰乙醇胺（PE）含量较低，可能是由作物品种与加工条件的不同导致的。Hollo等[49]采用物理和酶法对葵花籽卵磷脂进行改性，在提高其乳化性能方面取得不错的效果。

Hilditch与Zaky[50]发现，花生中磷脂的不饱和成分较大豆和棉籽中的少。Rexald[51]给出了花生磷脂的组成：35.7%磷脂酰胆碱（PC）、64.3%磷脂酰乙醇胺（PE）。

13.2.7 其他植物与微生物

表13.13列出了几种植物中磷脂的组成[32]，Parson与Prce[52]根据薄层色谱（TLC）分析结果得出了大麦麦粒磷脂的组成数据。

与动物组织、蛋、油籽中磷脂的定量数据不同，植物中磷脂数据很少，这主要是因为磷脂各组分的分离较困难。小麦磷脂中80%为磷脂酰胆碱（PC），20%为磷脂酰乙醇胺（PE）[4]，黑麦、大麦及其他谷物、蔬菜和水果都含有少量磷脂。微生物，尤其是耐酸微生物，以及低等植物也含有大量脂质（包括磷脂），这些成分都是临床研究的对象[4]。Ratledge[53]对微生物来源的磷脂作了调查。

表 13.13 几种植物来源的磷脂组成[32] 单位：%

来源	磷脂酰胆碱（PC）	磷脂酰乙醇胺（PE）	磷脂酰肌醇（PI）
菜籽	16.2；20.0～24.6	15.0～17.5；22.1	7.6～8.0；14.7～18.0
葵花籽	12.7～26.8；42.2～64.2	9.9～29.4；46.6	3.7～21.4；24.0～36.6
花生	49.0	16.0	22.0
葫芦籽	55.8～74.9	10.5～18.7	13.7～17.2
米糠	20.4～23.1	17.8～20.2	5.8～6.6
大麦籽	44.3～44.4	7.6～8.8	1.1～1.3
橄榄果	47.3～58.9	5.3～8.0	18.0～23.9
鳄梨果	37.0～44.9	12.0～19.5	12.1～18.0
Palash 籽	44.6	14.8	27.0
Jangli badam 籽	30.0	23.0	40.6
木瓜籽	28.1	18.7	34.0
芫荽籽	44.0	29.3	23.1
胡萝卜籽	29.1	35.4	23.1

13.3 命名、分类、结构、组成及物理化学性质

13.3.1 概念

Wittcoff[4] 将组成磷脂的多元醇划分为三类，第一类是甘油，含有甘油基的磷脂称为甘油磷酸，其中包括磷脂酰胆碱、磷脂酰乙醇胺、磷脂酰丝氨酸、乙醛磷脂或缩醛磷脂（存在于体液、肌肉及蛋中）、溶血磷脂和磷脂酸；第二类多羟基醇是氨－二羟基化合物鞘氨醇，它不仅是 SPH（在大脑与脊髓中）而且还是其他糖脂形成的基础，基于鞘氨醇形成的这些化合物都称为鞘脂类；第三类多羟基醇是包含在磷脂酰肌醇中的肌醇。

磷脂也能与蛋白质（如蛋黄中的蛋黄素，动、植物组织，血清中的脂蛋白以及乳）、碳水化合物、糖苷、生物碱、矿物质、酶、胆固醇及其他多种物质形成复杂的化合物。溶血磷脂代表了由磷脂经化学法或酶法水解的一类特殊的化合物。磷脂酶在一般条件和病理条件下以及在细胞代谢中具有重要的生物学意义[4]。

如果要了解关于动、植物各种磷脂的合成、化学性质、物理化学性质、组成及结构分析的信息，可参考 Wittcoff[4]。Schneider[14] 详细讨论了磷脂的命名法，并提供了商业磷脂组成数据（表 13.14）。

鉴于大豆卵磷脂的商业重要性，本章将着重介绍其结构、组成、分析测定、性质及应用。

表 13. 14 商品卵磷脂组成（以无油计）[14] 单位：%

卵磷脂	大豆	玉米	葵花籽	菜籽	蛋	牛脑
磷脂酰胆碱（PC）	21	31	14	37	69	18
磷脂酰乙醇胺（PE）	22	3	24	29	24	36
磷脂酰肌醇（PI）	19	16	13	14	—	2
磷脂酸（PA）	10	9	7	—	—	2
磷脂酰丝氨酸（PS）	1	1	—	—	3	18
鞘磷脂（SPH）	—	—	—	—	1	15
糖脂	12	30	—	20	—	—

美国食品化学法典[54]对卵磷脂作了如下定义：食品级卵磷脂来源于大豆与其他植物。它是由磷脂的丙酮不溶物所组成的复杂混合物，主要由磷脂酰胆碱、磷脂酰乙醇胺及磷脂酰肌醇组成，伴有各种含量的其他物质（如甘油三酯、脂肪酸及碳水化合物等）。产品可进行分提处理，精炼级卵磷脂所含上述成分的比例和组合可以不同。在其不含油的产品中，多数甘油三酯与脂肪酸被除去，产品含有90%或以上的磷脂，可以是各种磷脂的混合物或是其中某些成分。天然卵磷脂与精炼级卵磷脂的黏稠度可从塑性变到流质，取决于油与游离脂肪酸含量及是否存在其他稀释剂。

13.3.2 商业大豆卵磷脂产品的分类

天然（粗）卵磷脂改性的最简单方法是加入非反应性物质，塑性卵磷脂中加入2%～5%的脂肪酸和/或大豆油等载体就转变为流质磷脂；如果加入的物质与卵磷脂发生反应，改变了一个或多个磷脂组分的化学结构，所得到的产品就称为化学改性卵磷脂。卵磷脂进行局部可控的酶水解也可实现改性。最终可通过分提不同磷脂组分获得精制卵磷脂产品。

Cowell 等[55]提出了卵磷脂的分类方法（包括改性、精炼形式），此法将天然（粗）卵磷脂与改性磷脂加以区分，其中所说的改性既包括普通的混合或化学/酶法改性（例如羟基化、氢化、乙酰化），也包括用丙酮或乙醇分提精炼。这些衍生产品反映了目前市场上各种卵磷脂产品的工艺水平，也增强了特殊应用的性能。大豆卵磷脂的分类如下[56]。

（1）粗商业磷脂

①塑性磷脂：未脱色、一次脱色、二次脱色。

②流质磷脂：未脱色、一次脱色、二次脱色。

（2）混合磷脂

（3）化学改性磷脂

（4）精制磷脂

①脱油磷脂：未混合、混合。

②分提磷脂：乙醇可溶磷脂（a. 未混合，b. 混合）、乙醇不溶磷脂（a. 未混合，b. 混合）。

③纯化磷脂。

13.3.2.1 天然（粗）卵磷脂

国家大豆加工协会（NSPA）（1986—1987）对天然（粗）卵磷脂规定了产品规格（表 13. 15）[57]；《食品化学法典》也颁布了产品规格（1996）[54]。

表 13. 15 各种大豆磷脂规定指标[57]

分析项目		级别					
		未脱色流质卵磷脂	脱色流质卵磷脂	二次脱色流质卵磷脂	塑性天然卵磷脂	脱色塑性卵磷脂	二次脱色塑性卵磷脂
丙酮不溶物	≥	62%	62%	62%	65%	65%	65%
水分①	≤	1%	1%	1%	1%	1%	1%
正己烷不溶物	≤	0.3%	0.3%	0.3%	0.3%	0.3%	0.3%
酸值/（mg KOH/g）	≤	32%	32%	32%	30%	30%	30%
色泽（Gardner）②	≤	18%	14%	12%	18%	14%	12%
黏度③/（Pa·s，25℃）	≤	15	15	15	—	—	—
针入度/mm④	≤	—	—	—	22	22	22

注：①卡尔－费休滴定法（AOCS 方法 Tb2－64）。
②以未稀释为基础测定。
③任何合适的黏度计法，或 AOCS 气泡时间法 Tq 1A－64（假定密度均一），流质卵磷脂粘度低于 7500cp 视为优质品。
④采用精密锥 73525，透度计 73510，样品在 25℃调质 24h。

磷脂含量以丙酮不溶物（AI）表征；产品透明度、纯度以正己烷不溶物（HI）表征。卵磷脂根据黏稠度不同分为塑性与流质两类，根据加工工艺的不同又可再分为未脱色、脱色和二次脱色磷脂。磷脂酸值（AV）是指磷脂与其载体（油、脂肪酸）的酸度之和，如中和 1g 卵磷脂样品中的酸所需的 KOH 质量（mg）。粗卵磷脂经过滤除去正己烷不溶物（HI）而得到高纯度、高透明度卵磷脂，可满足胶囊化营养补充剂、制药级及高科技工业应用对高纯度的需求。

13.3.2.2 混合卵磷脂

混合卵磷脂是混合产品。卵磷脂与特定的添加物结合使性质得以修饰，功能得到发挥。磷脂与某些添加物之间存在协同效应，或者只是简单的与配料混合，使其与一个特定的系统更兼容。通常使用的添加物为专用油、聚山梨醇酯、单甘酯、改性单甘酯、羊毛脂衍生物、溶剂、增塑剂及其他表面活性剂。添加物可在产品干燥前加入湿胶中，也可加入升温干燥的流质磷脂中[7, 58]。

13.3.2.3 改性卵磷脂

卵磷脂可以通过氢化、羟基化、酰化及酶水解进行化学改性，改善产品的耐热性、乳化性及在水溶液体系中的分散性[7, 58, 59]。在改性产品中，羟基化卵磷脂显得尤为重要，主要是因为它能够快速在水中分散，而且其脂肪乳化性能也明显优于天然卵磷脂，在联邦管理法规（CFR）172.814（1998）条款21中明确规定羟基化磷脂可用于食品中[60]。

13.3.2.4 分提、无油卵磷脂

粗卵磷脂可通过不同分提方法进一步精制，选择性地分离其成分，丙酮与乙醇是最常用的溶剂。商业上从粗卵磷脂中分提获得的磷脂酰胆碱（PC）产品纯度可达90%以上。

通过丙酮萃取天然卵磷脂，可制备近乎无油的商业卵磷脂，除2%～4%的油和游离脂肪酸之外，其他都被去除了。然后可选择性的用乙醇对无油卵磷脂进行提取，得到富含磷脂酰胆碱（PC）的乙醇可溶物与富含磷脂酰肌醇（PI）的乙醇不溶物，其中胆碱组分是一种良好的水包油（O/W）乳化剂，而肌醇组分是油包水乳化剂。

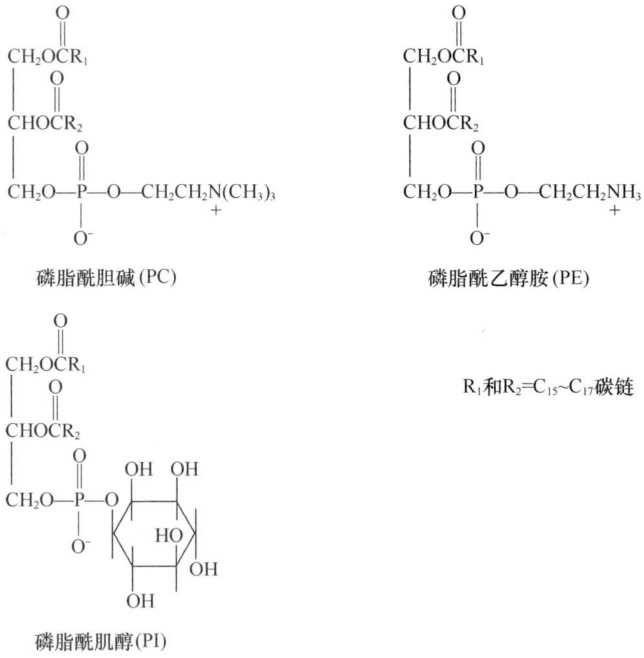

图 13.1 大豆卵磷脂的三种主要成分[7]

13.3.3 商业卵磷脂中的磷脂结构

图 13.1[7] 所示为商业大豆卵磷脂中几种最常见的磷脂的化学结构，磷脂酰胆碱（PC）

与磷脂酰乙醇胺（PE）既带有阴离子又带有阳离子，即它们是两性离子，因此它们在碱性和酸性环境中都有缓冲作用；而磷脂酰肌醇（PI）是一种相对较强的酸，因此是一种阴离子。商品卵磷脂中化合物分类如下[31]：

磷脂	糖脂
阴离子	甾糖苷
两性离子	酯化甾醇
	糖苷
	半乳糖甘油酯

关于磷脂命名与结构的专门讨论请参考 Horrocks 的文章[61]。

13.3.4 组成

表 13.16～13.19[8, 62～65] 分别所示为商业天然卵磷脂的产品规格、化学组成、脂肪酸组成及商业精制卵磷脂的组成数据。

大豆油含有 1.5%～3.0% 的磷脂[71]，粗大豆卵磷脂含油约 30%，磷脂酰胆碱（PC）含量约为 16%，磷脂酰乙醇胺（PE）约为 14%，肌醇磷脂（PI）约为 12%[7]。从表 13.18[8] 中可以看出，大豆磷脂富含多不饱和脂肪酸，各种低含量组分包括水、磷脂酸（PA）、色素、半乳糖甘油酯、各种糖脂、磷脂酰丝氨酸（PS）、碳水化合物、甾醇及生育酚。从大豆粉萃取的毛油中磷含量因浸出温度及大豆粉水分的不同而异[72]。

表 13.16 商品大豆卵磷脂的产品规格[62, 63]

分析项目		级别					
		未脱色流质卵磷脂	脱色流质卵磷脂	二次脱色流质卵磷脂	塑性天然卵磷脂	脱色塑性卵磷脂	二次脱色塑性卵磷脂
丙酮不溶物/%	≥	62	62	62	65	65	65
水分①/%	≤	1	1	1	1	1	1
苯不溶物/%	≤	0.3	0.3	0.3	0.3	0.3	0.3
酸值/（gI/100g）	≤	32	32	32	30	30	30
色泽（Gardner）②	≤	10	7	4	10	7	4
黏度/（mPa·s，25℃）	≤	150	150	150	—	—	—
针入度/mm③	≤	—	—	—	22	22	22

注：①甲苯蒸馏小于等于 2h。
②以无色矿物油配 5% 溶液。
③用专用锥型透度仪测试。

表 13.17 天然商品大豆卵磷脂的近似化学组成[64]

分提物	组成/%	分提物	组成/%
大豆油	35	植物糖脂及其他少量磷脂等	17
磷脂酰胆碱（PC）	16	碳水化合物	7
磷脂酰乙醇胺（PE）	14	水分	1
磷脂酰肌醇（PI）	10		

表 13.18 大豆卵磷脂的脂肪酸组成[8] 单位：%

参考文献	14:0	14:1	16:0	16:1	18:0	18:1	18:2	18:3	20:0	20～22 不饱和
Hilditch 与 Zaky[50]	—	—	11.7	8.6	4.0	9.8	55.0	4.0	1.4	5.5
Rzhekhi 等①[66]	—	—	18.1	—	3.7	22.4	40.0	5.0	2.3	6.2
Vijayalakshmi 与 Rao②[67]	—	—	42.7	7.0	11.7	17.0	20.0	1.6	—	—
Daga[68]	1.9	痕量	26.7	—	9.3	25.1	37.0	—	—	—
Daga[69]	0.3	1.2	25.5	—	10.3	39.4	17.1	6.2	—	—
Rydhag 与 Wilton③[70]	—	—	21.5	—	4.3	7.2	60.9	6.1	—	—
Rydhag 与 Wilton④[70]	—	—	18.9	—	4.1	6.8	60.8	9.2	—	—

注：①还有 2.3% 未鉴别。
②$CHCl_3/CH_3OH$ 提取物。
③丙酮沉淀物。
④粒状的。

表 13.19 商业化精制卵磷脂分提物的近似组成[65] 单位：%

分提物	无油卵磷脂	乙醇可溶卵磷脂	乙醇不溶卵磷脂
磷脂酰胆碱(PC)	29	60	4
脑磷脂	29	30	29
肌醇与其他磷脂（含糖脂）	32	2	55
大豆油	3	4	4
其他组分*	7	4	8
乳液类型偏好	水包油或油包水	水包油	油包水

注：* 包括蔗糖、棉籽糖、水苏糖及大约 1% 水分。

13.3.5 化学与物理性质

实际上，商业卵磷脂产品的销售取决于其特有的物理、化学性质，而不是其磷脂含量。产品规格描述的这些性质必须能让人们看懂，因为这些性质表征了具体的卵磷脂类型。

商业大豆卵磷脂是极性脂质组成的复杂混合物，可作为润湿剂、乳化剂。 Stanley[1] 研究表明，在非均相体系（如油和水）中，磷脂分子在单分子层中自动排列成其脂肪酸基朝向油，磷酸基朝向水，导致油水界面张力的降低。带来的好处有加快润湿、降低黏度以及更好更稳定的乳化或分散性。

大豆卵磷脂溶于脂肪烃和芳香烃溶剂，部分溶于乙醇（主要是肌醇组分），部分不溶于丙酮（5℃，质量/体积小于0.003%）和水[73]。当与水混合时，大豆卵磷脂由于发生水合作用而形成黏稠的乳胶，这种乳胶可用水无限稀释。如果丙酮加入量不足以沉淀磷脂，丙酮会溶于磷脂并形成一种稀释的、均匀的渗吸液。卵磷脂溶于矿物油与脂肪酸，不溶于冷的动、植物油，但能溶于热油中。

大豆卵磷脂的色泽呈现棕色至浅黄色，取决于加工条件与脱色程度。

（1）磷脂的鉴定和特征　读者如果想了解各种关于磷脂鉴别、定性技术和方法的信息，可以参考 Kramer 等的文章[74]。

（2）卵磷脂的分提与纯化　由于篇幅所限，本章不可能对所有动、植物磷脂的分提、纯化工艺进行讨论，读者可参阅 Schneider 的文章[14]，详细介绍了各种植物卵磷脂与蛋卵磷脂的提取与纯化。小规模分提工艺包括：丙酮分离中性油与极性脂质（脱油）；卵磷脂正己烷溶液的硅胶柱吸附；借助膜分离正己烷溶液中的中性和极性脂质；用超临界气体或混合气体（如 CO_2 或丙烷 - CO_2）处理脂质混合物；用溶剂（如含水甲醇、乙醇、丙醇）分提含卵磷脂的中性油；溶剂（如乙醇）提取脱油卵磷脂；化学改性后用溶剂提取（如酰化后丙酮脱油）；沉淀法（盐）；超滤法；各种色谱方法，主要用于极性脂质的分离但重点是根据不饱和度进行分离。大豆卵磷脂的工业化生产将在本章后续小节介绍。

（3）磷脂的合成与改性　读者可参考 Ghyczy 关于磷脂的合成与改性的综述，这是一篇非常好的综述[75]。这篇综述根据不同的起始原料，用两种方法合成磷脂，即部分合成与全合成。部分合成时，磷脂首先从原料中分离，然后单体组分、脂肪酸与头部基团相互交换而生成某一特定磷脂；全合成时，不以磷脂中的天然组分为起始原料，而完全用购得的人工合成的基本分子进行合成。两种方法在生产与应用领域各有所长，在工业生产中都占有重要地位。

部分合成方法可分为几个步骤，取决于所选用的磷脂基质、酶、目的产品及进行交换的磷脂成分的类型与位置。部分合成可利用 3 - *sn* - 甘油磷酸胆碱（GPC）的再酰化作用，或可从大豆卵磷脂中的磷脂酰胆碱通过脱酰得到 3 - *sn* - 甘油磷酸胆碱[75]。

以 3 - *sn* - 甘油磷酸胆碱（GPC）为原料，通过部分合成，可获得含混合脂肪酸的磷脂酰胆碱，其他类型的磷脂也能通过脱酰产生含有某种功能性基团的化合物，如从磷脂酰乙醇胺得到胺基。磷脂酰肌醇可以用大豆卵磷脂中的磷脂通过磷脂酶 PL - D 合成[75]。

磷脂全合成的最佳原料是甘油的光活性衍生物，即“手性” C_3 结构单元。除了适当的构型外，早期的羟基差分化对缩短合成工艺也是必要的[75]。

也可用酯交换作为从大豆磷脂制备多不饱和磷脂的方法[76]。

（4）大豆卵磷脂的产品规格 以下方法通常用于检测指定产品是否符合产品规格。

①丙酮不溶物（AI）：丙酮不溶物指标（% AI）测定的是卵磷脂中的极性物质含量。大豆卵磷脂的丙酮不溶物中特征性含有70% ~75%的磷脂，其余部分由糖脂、碳水化合物和少量残留的甘油三酯组成。丙酮不溶物的测定采用 AOCS 标准方法 Ja－4－46[77]。

②酸值（AV）：酸值是中和1g 卵磷脂中的酸所需的 KOH 的质量（mg）[62]。产品的酸值表示产品中磷脂与游离脂肪酸二者所贡献的酸度。通常情况下，酸值不反映 pH，磷脂的化学性质使其对大多数系统都具有缓冲特性。磷脂在水溶液中特征性呈中性，酸值超过36 则表明由于加工不当或大豆品质不合标准而使卵磷脂降解。不应将酸值与游离脂肪酸含量、pH 或无机酸度相混淆，测定游离脂肪酸的正确方法应只滴定卵磷脂的丙酮可溶物部分，而忽略丙酮不溶物中的磷脂的影响。酸值的测定方法是（AOCS）标准方法 Ja 6－55[77]。

③水分：卵磷脂产品水分含量通常小于1.0%，因此实质上呈无水状态。卵磷脂产品中水的活度很低，这对多数食品体系中的微生物是不利的。大多数卵磷脂产品在贮存中可很好保存，如果水分含量过高，则有可能使产品变质或化学降解。水分的测定采用 AOCS 标准方法 Ja 2b－87[77]。另外一种精确性稍差的水分测定方法是甲苯共沸蒸馏法（AOCS 标准方法 Ja 2－46）[77]。真空烘箱法不能用于测定卵磷脂中的水分，因为在测定过程中卵磷脂会发生分解，导致测定的水分含量出错。

④正己烷不溶物（HI）：正己烷不溶物含量是检验卵磷脂产品纯度的指标之一，正己烷不溶物一般包括残留纤维，但也可能是加工过程中引入的微粒杂质（如助滤剂）。粗卵磷脂中正己烷不溶物绝对不能超过0.3%，且很少超过0.1%。正己烷不溶物不利于产品的透明度及特殊用途，测定方法采用标准食品化学法典（FCC）（1996）[54]或 AOCS 标准方法 Ja 3－87[77]。

⑤色泽：商业液态卵磷脂的颜色从淡蜂蜜色到深褐色变化[62]，脱油卵磷脂特征性的呈暗黄色。以前卵磷脂色泽分为三级：未脱色、一次脱色与二次脱色。通常卵磷脂的色泽用 Gardner－Hellige 清漆比色计来测定的，或用简单的 Gardner 液体颜色标准确定。未经稀释的各种卵磷脂产品的色度通常在 Gardner 色度9 ~18 范围内（AOCS 标准方法 Ja 9－87）[77]。

⑥其他理化性质与质量标准。

a. 黏稠度：卵磷脂分为流质与塑性（固体）磷脂，流质卵磷脂一般遵循牛顿流体的流动特性。卵磷脂的黏度范围与多种复杂因素有关，包括丙酮不溶物含量、水分、矿物质含量、酸值、植物油与表面活性剂等各种添加物的综合影响。一般情况下，高丙酮不溶物和/或高水分含量会导致高黏度，而提高酸值通常会降低黏度，某些二价矿物质（如 Ca^{2+}

等）也会对黏度产生影响。

b. 透明度：在一些大豆加工厂，高水平的正己烷不溶物会与从油中分离出来的卵磷脂胶相分离，这种脂不溶物会使流质卵磷脂变浑浊。采用现代混合油与油过滤技术，可以生产正己烷不溶物含量极低的卵磷脂。因此现代卵磷脂是很清澈的。此外，水分也会影响产品的透明度，一般水分超过1%会使产品发生浑浊。除了产品外观问题之外，如果浑浊是因为正己烷不溶物引起的，过一段时间就会产生沉淀，含卵磷脂的其他澄清液体产品底部可能会出现固体颗粒。

更详细工业分析方法综述，读者可参阅 Lantz 的文章[62]。Marmer[78]综述了分析植物磷脂的传统和最新方法。Ackman[79]介绍了气液色谱分析法早期的发展与实际应用情况。

现代磷脂分析方法一般采用高效液相色谱法（HPLC）[80]或核磁共振技术（NMR）[81]。

（5）磷脂的化学及反应性　磷脂的化学反应一般发生在其酯键、不饱和脂肪酸及其他活性基团上。多数有机化学中适用的反应已用于对它们的研究[82]。Baer 与 Kates[83]、Brockerhoff[84]、Hanahan[85]、Pryde[86]、Scholfied[8, 82]、Strickland[87]、Verheij[88]、Wittcoff[4]给出了各种条件下磷脂的化学性质与反应性的综述，反应性包括水解、氢解、乙酸水解、羟基化、热分解、氢化、自动氧化、褐变反应及其他反应（例如溴化及与各种物质的络合反应）。

（6）磷脂与其他食品组分间的反应　通常食品体系是多种成分的非均相混合物，体系中各组分（如蛋白、淀粉、脂肪、表面活性剂）之间的相互作用对终产品的质量、货架期及营养价值产生至关重要的影响。

最常见的卵磷脂改性及改性产品的预期物理/功能性质变化见表13.20[31]，商业卵磷脂的物理/功能性质见表13.21[31]。卵磷脂的这些变化考虑到了从大豆油获得的基础卵磷脂要转变为可用于各种食品、饲料和工业应用中的乳化剂。Eichberg[89]、Hawthorn 和 Kemp[90]、Kuksis[91]、Pryde[86]、Snyder[92]、Strickland[87]、Van Deenen 和 DeHaas[93]综述了一些可获得特定功能的改性磷脂的化学反应。

表 13.20　卵磷脂形态与功能变化[31]

作用	技术	用途
降低黏度	加入特殊稀释剂	可分散、易加工
增加亲水性	溶剂分提、化学改性、酶改性、复合法	水包油乳化剂、润湿剂
减色	过程控制、氧化脱色	淡色食品
转化为粉末形式	脱油、与载体混合	干性可混合

表 13.21 商业卵磷脂的物理/功能性质[31]

性质	商业指标范围	性质	商业指标范围
黏度	0.1Pa · s ~ 塑性	溶解度	
色泽	淡蜂蜜色 ~ 深琥珀色	非极性	可溶
HLB	2 ~ 12	低级醇	部分溶解 ~ 溶解
pH	5 ~ 8	甘油	部分溶解 ~ 溶解
风味与气味	轻微坚果味 ~ 中度苦，刺激性气味	水	不溶 ~ 分散

人们对蛋白质与磷脂之间相互作用的模型研究已较为深入，Kanamoto 等[94]报道了大豆球蛋白与磷脂酰胆碱（PC）之间的相互作用，结果表明，磷脂与蛋白质形成稳定复合物需要输入大量能量。磷脂酰胆碱（PC）小泡与大豆球蛋白 7S 和 11S 相互作用，Beckwith[95]表明，蛋白质与磷脂的作用程度是由反应物的比率及球蛋白的种类二者共同决定的。

Chen 与 Soucie[96]研究表明，用羟基化卵磷脂处理的大豆分离蛋白等电点降低，电泳流动性增强，蛋白质分散性和悬浮稳定性显著增强。Nielsen[97]研究了在 N_2条件下过氧化磷脂与几种蛋白质之间的作用，证实了磷脂与蛋白质之间共价结合，蛋白质分子变大了。

在食品体系中卵磷脂和淀粉之间的相互作用具有功能性意义。这并不奇怪，卵磷脂所含的结构决定了其反应性和功能性。水解卵磷脂可与淀粉复合，延缓淀粉结晶，从而减缓了酵母发酵烘焙食品老化[98, 99]。

检测了几种乳化剂对分散于油中的脂肪与糖晶体的吸附等温线[100]。在检测的所有浓度下，不饱和单甘酯与磷脂会降低粘附力，磷脂使糖晶体间的黏附力降低，导致形成密度更大的沉淀物。

研究了有水与无水情况下大豆卵磷脂对不同脂肪自发固化的影响[101]，干燥的脂肪中加入卵磷脂并不影响其结晶，而在有水情况下，则明显延缓其结晶。

（7）卵磷脂作为抗氧化剂　关于卵磷脂的抗氧化性已有大量文献介绍。例如，Pokorny[102]指出添加大豆磷脂可降低葵花籽油的自动氧化速率，延长其诱导期。Hudson 和 Ghavani[103]）发表的数据显示，精炼豆油中加入 0.3% 二棕榈酰磷脂酰乙醇胺（DPE），用 Rancimat 分析时诱导时间从 8.8h 提高至 19.3h。Hildebrand 等[104]、Jung 等[105]发布的数据也证实了各种磷脂和商业卵磷脂的抗氧化性能。

虽然卵磷脂在一些体系中可作为一种抗氧化剂，但和其他抗氧化剂结合也有很强的协同效应。Hudson 和 Mahgoub[106]发现，虽然 98% PC 和 98% PE 在猪油模型系统中是促氧化剂，但与 D－α－生育酚和/或槲皮素复合后，它们可作为强有效的抗氧化剂活性增效剂。Hudson 和 Lewis[107]证实，在猪油中 PE 和 PC 单独作为抗氧化剂时，其活性可以忽略不计，但磷脂酰乙醇胺与0.1%或更多的多羟基类黄酮复合使用时，就是一种非常有效的增效剂。Hamilton等[108]指出，抗坏血酸棕榈酸酯/卵磷脂、卵磷脂/生育酚二元混合物在延缓鱼油过氧化反应方面起到强烈的协同作用，抗坏血酸棕榈酸酯、卵磷脂和生育酚三元混合物有最强的抗自动氧化能力。

有人提出磷脂作为抗氧化剂或抗氧化剂增效剂作用方式的各种机制，包括对促氧化金属的螯合[106, 108]、释放可引起氢过氧化物迅速分解的质子而不产生自由基[107]、主要抗氧化剂的再生[107, 108]。Saito和Ishihara[109]提供证据证实了纯化沙丁鱼油中磷脂酰乙醇胺和磷脂酰胆碱的抗氧化活性背后的作用机制。他们将抗氧化活性归因于这些磷脂分子中氨基部分的碱性。碱为氢过氧化物分子中的氧提供一对电子，并与这个氧结合，使氢过氧化物降级为醇。

McLean等[110]研究了脂质结构在过氧化磷脂活化磷脂酶A_2中的作用，结果表明，磷脂酶A_2催化过氧化磷脂底物的水解率升高，主要原因是过氧化磷脂分子优先作为反应底物，宿主脂质（host lipid）的过氧化作用并没有明显增加非氧化脂质的水解速率。

读者可参阅Pryde[86]对磷脂的自动氧化动力学所作的更透彻的论述，包括形成金属离子、碘和其他复合物；卤素加成；磷脂在水合、氢化（用非均相和均相催化剂）、水解与醇解、羟基化、氧化、形成自由基及其他反应中的作用。

13.4 卵磷脂的制取、分提和纯化

13.4.1 粗卵磷脂的制取

商用大豆卵磷脂的传统提取方法是用正己烷提取大豆坯中的毛油，然后经水化脱胶得到黏性流质磷脂产品。

并不是整个行业都会采用大豆油脱胶工艺，Brain[111]统计表明，在美国仅大约1/3的大豆油需进行脱胶处理，以满足美国的大豆卵磷脂的需求。

脱除所有磷脂与胶是蒸汽精炼（或称物理精炼）中的必需步骤。但物理精炼尚未做到能生产出适合美国市场竞争要求的精制大豆油产品，为实现这一目标已经开展了许多研究工作[112, 113]。

对工业脱胶过程大量取样和检测，结果表明，以未损伤大豆为原料提取的油中79% ~ 98%的磷可在脱胶过程除去，脱胶油中磷的含量由毛油中的500 ~ 900mg/kg降到12 ~ 170mg/kg[112]。从损伤大豆中提取的油，经水化脱胶后磷的含量异常的高，而且脱胶过程较困难。

（1）油脱胶 油籽加工的所有阶段都会影响大豆卵磷脂的品质。在脱胶之前，籽的质量、除杂、油的提取、混合油及毛油的处理都对制取优质卵磷脂起到重要的作用。

正已烷萃取过程能够将豆粕中50%的磷脂提取出来[114]。混合油中存在的粕微粒对卵磷脂的生产极为不利，应将其控制在最低（0.2%或更低），粗混合油从浸出器中出来后就应过滤。混合油过滤方法有多种。毛油也可过滤后用来生产卵磷脂。

从混合油中去除正已烷的方法也很重要，因为研究认为卵磷脂中的暗黑色是由汽提脱溶过程中油脂受热发生了大量的醛－胺反应所导致的。大多数美国加工厂采用二级蒸发器，然后再进行低压汽提[115]。

水合作用使毛油中的大多数磷脂与胶变成非油溶性，这种水合作用可来自脱胶过程向油中加入的水，或是油在储存过程中从空气中吸收的水分[116]。

（2）目前的工业操作 用溶剂（正已烷）浸出法制油时，某些油厂用蒸汽吹除油中痕量残溶，进行浓缩并使胶水化。但有时候操作者发现直接通入蒸汽很难准确控制加水量，因此选择定量加入热水的方法。

从毛油中制取卵磷脂通常在脱胶前先进行过滤，除去油中残存的粕粒与大豆碎片。干燥过卵磷脂也可过滤，但通常较难操作，仔细过滤可得到高透明度的卵磷脂，含很少或基本不含正已烷不溶物[33]。

Brian[111]介绍了两种混合油过滤方法，一种是加入助滤剂；另一种是不加助滤剂。但经两种方法处理得到的卵磷脂仍然有些浑浊。只有对毛油过滤才能得到高透明度的卵磷脂产品，通常借助垂直叶或盘式过滤机和板框式过滤机将干燥的油加热到82℃并加入0.1%助滤剂[33]。

脱胶方法主要有两种：间歇式与连续式。图13.2是间歇式脱胶过程[115]，图13.3[111]是连续式大豆油脱胶和大豆卵磷脂生产的流程图。推荐的植物毛油的脱胶条件相互之间差别很大，见表13.22[111, 117~124]。

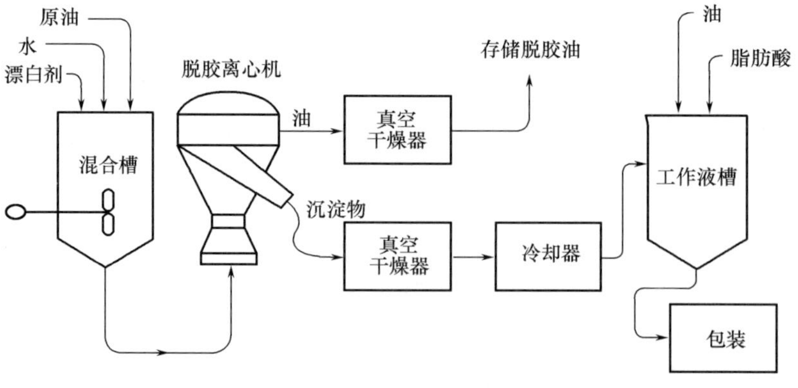

图13.2 间歇式脱胶流程生产卵磷脂[115]

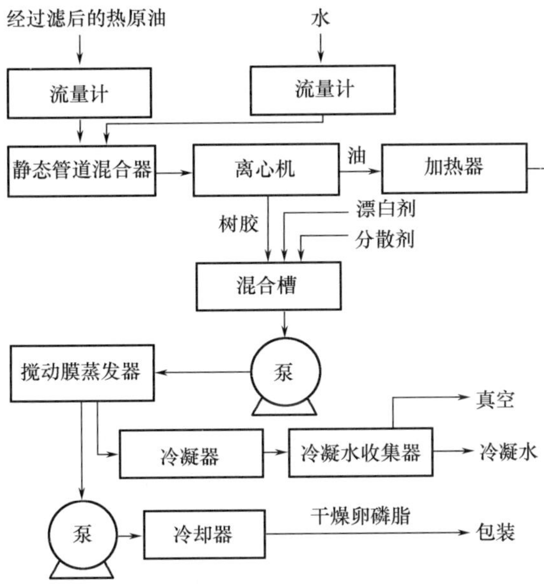

图 13.3 大豆油脱胶、粗卵磷脂生产的流程图[111]

表 13.22 有关文献报道的脱胶条件[8, 118]

参数	用量	文献
水	75%（胶重）	Crauer[119]
	1% ~2.5%	Brian[111]
	2% ~3%	Van Niewenhuyzen[59]
	3%	Bernardini[121]
	1%	Norris[122]
	2%	Carr[123]
	与胶等量	Braae[117]
	2% ~5%	Andersen[124]
温度	32 ~ 49℃	Norris[122]
	50 ~ 70℃	Van Niewenhuyzen[59]
	65 ~ 75℃	Bernardini[121]
	70℃	Carr[123]
	95℃	Andersen[124]
搅拌	剧烈	Bernardini[121]
	机械搅拌	Carr[123]
时间	30 ~ 60min	Carr[123]
	10 ~ 15min	Braae[117]

在间歇式脱胶系统中，大豆毛油在大型油罐（装有搅拌机）中加热到约70℃，然后加入水（约占体积的2%），搅拌水合油1h。大豆磷脂的水化过程进行迅速，实际上，间歇式操作时15min就可完成水化。然后将水化“胶”或“卵磷脂乳状液”用连续离心与油分离后在间歇式或薄膜干燥器中干燥。通常将胶干燥至水分含量低于1%，一般为0.3%～0.75%[3, 33]。

在连续脱胶系统中，预热毛油（80℃）与水经流量计进入管式静态搅拌器内或大的搅拌槽，只持续很短时间。间歇式和连续式脱胶系统都是将油泵入离心机中，将卵磷脂沉淀物从油中分离[33, 118, 125～126]。该过程最好采用低钙、镁含量的水[115]。

工业工艺过程中，脱胶用水量与毛油中磷脂含量基本相当（1.5%～2.0%）[118]。如果用水量不足，则胶相会呈现暗黑色黏稠状，而且脱胶油中因含有未水化磷脂而浑浊。如果用水量过多，离心分离后会出现三相系统，即水相、流质黄棕色胶相与浑浊的脱胶油相[33, 118, 119, 126]。

Flider[33]研究指出，升高脱胶温度可提高胶中丙酮不溶物含量。例如，在40℃下进行脱胶，粗卵磷脂中丙酮不溶物含量为63%～65%；而60℃时，丙酮不溶物含量增加到68%～75%。虽然在60℃以上卵磷脂会出现一些暗黑色，但较高温度（如70～80℃）可使每天生产的卵磷脂丙酮不溶物更稳定。

搅拌在间歇式脱胶过程中是个重要因素，粗胶中丙酮不溶物含量随搅拌程度而升高，这可能是因为在低搅拌速率下胶中会夹带更多油[118]。

如Podbielniak[127]和Sullivan[128]所述，油－卵磷脂分离常用的离心机有三种类型：管式离心机、碟片式离心机和同心盘式离心机。这三种离心机气密性良好，避免了空气对反应物料产生的不良影响[115]。新型碟片式离心机具有固体排出性能，可定期排放固体杂质。这种离心机还配有排放控制阀，可以调节改变胶或沉淀相中的丙酮不溶物含量。由于密闭式离心机分离的固相中含油量比传统开放式离心机的低，所以有更多的中性油可用于精炼，并且，可以获得更高丙酮不溶物含量的卵磷脂[115]。

工业脱胶操作的效果见表13.23[112]，工业操作中磷脂的脱除率为75%～96%，平均87%[112]。

表13.23　　大豆毛油工业脱胶去除磷*[112]

加工商	磷/（mg/kg）		脱除磷/%	平均值/%
	毛油	脱胶油		
A	733	167	77.2	
	683	80	88.3	82.8
B	867	53	93.8	
	684	63	90.7	92.3

续表

加工商	磷/（mg/kg）		脱除磷/%	平均值/%
	毛油	脱胶油		
C	711	89	87.5	
	588	105	82.1	84.4
D	615	40	93.4	
	713	12	98.4	95.9
E	623	102	83.6	
	580	141	75.8	79.7

注：* 加工厂所在地区：伊利诺斯、爱荷华、明尼苏达、阿肯色及北加利福尼亚，每个加工厂家取两个样品，取样间隔两周以上。

关于更详细的脱胶操作的参数资料，读者可以查阅 Brekke[129]、Flider[33]、List[115]、List 和 Erickson[130]、List 等[118]的文章。

（3）最新的脱胶方法　List 等[131]报道了一种用正己烷提取的大豆毛油，这种大豆油在反应器内与超临界 CO_2（60℃，10000psi）进行逆流接触，完成脱胶。

脱胶后毛油中磷含量由 620mg/kg 降至 2mg/kg 以下，脱胶原料油不作进一步处理（如脱色）就直接进入间歇式物理精炼过程进行同时脱酸、脱臭（1h，260℃，1～3mmHg），可加入 100mg/kg 柠檬酸，或不加。风味评估表明，超临界 CO_2 处理油初始风味分数和经 60 天贮存及曝光试验后的风味分数，与市售精炼、脱色、脱臭大豆油对照样品在相同条件下都没有差异。这一结果表明，超临界 CO_2 逆流处理过程可以取代吸附性白土脱色过程。由于脱酸－脱臭过程发生大量的热脱色，经上述条件加工得到的色拉油色度为 3Y ＞0.1R。

Dijkstra[132]介绍了一种脱胶工艺，洗涤用水循环导入油原料中用于稀释浓碱。这种工艺不产生废水，可用于碱炼，也可用于酸炼，便于精炼厂从碱炼逐渐转向物理精炼。

Jirjis 等[133]介绍了一种新型脱胶工艺，植物油的混合油穿过合适的高分子微滤膜，得到磷脂含量低的渗透液和磷脂含量高的滞留物。这种特殊处理的膜可利用溶剂去除磷脂，平均孔径在 0.1～2 μm。然后用传统方法将渗透液和滞留物脱溶。所得的植物油磷含量小于 30mg/kg。

（4）脱色　大豆卵磷脂的色泽是由多种因素造成的，包括产品中的类胡萝卜素、类黑素与卟啉[125, 134]；产品贮存期；原料质量；大豆破碎前预处理；坯厚与浸出温度；脱胶条件以及磷脂加工条件[33]。

尽管采用了先进的大豆加工技术，天然卵磷脂的色泽仍呈棕褐色，与未脱色大豆油颜色相似[65]。

传统上，人们认为未脱色产品是未经过脱色处理的产品。一次脱色产品只用一种脱色剂（通常是过氧化氢），二次脱色产品通常用两种脱色剂（过氧化氢与过氧化苯甲酰）。虽然这些等级命名方式仍然存在，但用于生产的脱色方法已不再统一。通过现代方法生产的高品质、色泽相对较浅的未脱色卵磷脂目前市场上已有出售。此外，现在所说的二次脱色产品可能只是用少量的单一脱色剂处理。目前产品只按色泽的指标脱色，并不考虑脱色技术与脱色剂用量等因素[7, 33]。

卵磷脂的脱色也可用过氧化物替代部分脱胶水，使脱胶与脱色同时进行，然而这种方法的脱色效率比胶直接脱色要低[33]。

虽然国家油籽加工商协会（NOPA）年鉴与贸易法规（1998—1999 年）[135]的产品规格认可基于未脱色、脱色与二次脱色卵磷脂的色泽等级，但这种等级命名法更多是描述加工工艺，而非产品，从技术方面来讲是不正确的。

从法规角度来讲，脱色产品传统上与未脱色粗卵磷脂被划为一类，就公认安全（GRAS）状况而言，脱色与未脱色形式之间并没有区别[136]。

List 等[118]实验结果表明，60℃下用 1% 过氧化氢完全脱色，30min 内就可实现；而工业操作中，由于搅拌效率低，则需要 1h[33]。

用过氧化物脱色涉及卵磷脂中的类胡萝卜素和其他色素体的氧化。没有证据表明用过氧化氢或过氧化苯甲酰脱色会改变卵磷脂的功能性，脱色似乎只是影响色素，色素不是功能性组分。Scholfied 与 Dutton[134]指出，虽然过氧化氢在一定程度上破坏所有色素体，但主要对叶黄素破坏程度最大，叶黄素是大豆卵磷脂中的主要色素（75%）。

延长加热时间会使大多数卵磷脂产品色泽加深，只要避免将卵磷脂暴露于 60 ℃ 以上，就可获得色泽稳定的产品。目前市场上已有耐热性卵磷脂产品，这种产品即使在长时间升温情况下也能保持其色泽不变[7]。

（5）干燥　为了防止微生物作用，离心分离、脱色后的胶（含有 25% ~50% 的水分）应尽快干燥（至 0.3% ~0.75%）。

干燥不仅可除去产品中的水分，也能降低过氧化值，因为在 100℃左右能迅速破坏过氧化物。

工业上常用的烘干机有两种。油脚在间歇式烘干机内干燥，操作条件为：真空（2666 ~ 7999Pa），用旋转的球状盘管提供循环热水，保持磷脂温度在 60 ~ 70℃。虽然这种烘干机的物料停留时间长（3 ~ 5h），但欧洲加工者普遍使用这种设备，因很少产生结焦[137]。美国卵磷脂加工厂干燥标准设备是连续式、搅拌薄膜蒸发器，蒸发器有卧式和立式，薄膜蒸发器的操作条件为 80 ~ 105℃，真空 3332.5 ~ 39990Pa，物料停留时间很短，约 1 ~ 2min。

干燥卵磷脂黏度较高，而且随着水分含量的升高，其黏度先急剧增加而后降低，表13.24[59, 130]对两种卵磷脂干燥设备的操作条件作了比较。

表 13.24 卵磷脂油脚的一般干燥条件①[59, 129]

过程参数	间歇式干燥器 Bollman 型②	连续、搅拌式薄膜蒸发器
温度/℃	60 ~ 80	80 ~ 95
保留时间/min	180 ~ 240	1 ~ 2
绝对压力/Pa	2666 ~ 7998	6665 ~ 39990

注：①起始产品：油脚，水分 50%；最终产品：卵磷脂，水分小于 1%。
②配有旋转、球形盘管热水加热的真空干燥器。

卵磷脂对加热、干燥条件的敏感性至关重要，产品在另外加工以前应该冷却到 55 ~ 60℃，和/或在贮存和包装以前须冷却到 35 ~ 50℃[33]。干燥卵磷脂产品在适当容器内货架寿命在 21℃时为 1 年以上[3]。

（6）流动性　磷脂产品的黏度可用大豆油、脂肪酸或氯化钙等流动性添加剂来调节，干燥的粗卵磷脂加热到大约 60℃时，其黏度也会降低。通过除去干燥粗磷脂产品（脱色或未脱色）中的油脂来提高磷脂含量，或将无油卵磷脂分离成乙醇可溶物和乙醇不溶物，可制备出不同等级的卵磷脂产品。

除了氯化钙外，添加其他单价、二价离子、磷酸或乙酸酐也可调节卵磷脂产品的黏度。钠、钾等一价离子与负电荷碱基结合，提高晶体的有序性，增加体系黏度；另一方面，二价钙、镁离子降低晶体的有序性，从而使黏度降低，这些技术用于生产含有66% ~70% 丙酮不溶物的流质磷脂，不需再加入脂肪酸[33]。实际工业生产中，通常流质卵磷脂的生产可以利用以下几种方法：向油脚中加入氯化钙、脂肪酸或植物油或专用稀释剂。

不推荐磷酸流质化法，主要是因为磷酸的加入会使产品色泽加深，也可能会发生水解反应。用乙酸酐进行脱胶可得到流质卵磷脂，可能是因为磷脂酰乙醇胺被乙酸酐乙酰化了。非食用性卵磷脂的流质化可通过加入酸化、干燥的皂脚来实现。

塑性卵磷脂也有多种，其典型特征是高丙酮不溶物、低酸值、高水分或含某些矿物质。利用其一种特性或数种特性相结合，均能生产出塑性卵磷脂。无油卵磷脂由于脱除了初期存在的油（例如残留大豆油），因此是塑性的，通常是粉末状或颗粒状。

（7）非水化磷脂　Myers[138]研究表明，水化脱胶过程可以将油中 90% 的磷脂除去。虽然大部分磷脂通过碱中和除去，但 Braae 等[139]指出，大豆油和其他植物油中通常还含有一些用碱中和与水化法均不能除去的磷脂。

List 等[140]研究了酶活性对大豆毛油中非水化磷脂含量的影响。利用直接蒸汽加热料坯与微波加热整粒大豆钝化磷脂酶 D 的研究表明，加热、水分及酶活性等是大豆毛油中形成非水合磷脂的重要因素，彻底使酶失活需微波加热约 8 ~ 10min。

List 等[141]后来研究发现了促进非水化磷脂（NHP）形成的四个相互影响的因素：①原料大豆或浸出豆坯中的水分含量；②磷脂酶 D 活性；③油浸出前或浸出过程中大豆或坯的受热程度；④破碎和/或轧坯使细胞结构的破坏。因此，要最小化形成 NHP 可控制原料大豆和/或豆坯中的水分、钝化磷脂酶 D 及破碎大豆或坯的调质过程中优化温度[141]。

后来，List 和 Mounts[142]指出，仅靠豆坯的溶剂萃取前使磷脂酶 D 失活并不能完全消除贮存条件、过量水分、升高温度等因素产生的负面影响。

Zhang 等[143]通过 HPLC 比较了膨化工艺与传统工艺生产的油脂和卵磷脂中磷脂组成的不同，研究了膨化工艺对大豆油中磷脂的影响。通过对磷含量测定发现，膨化工艺生产的油中磷含量（985mg/kg）高于传统工艺生产的油中磷含量（840mg/kg），但膨化工艺生产的油中的磷脂更易于发生水化作用。脱胶后，膨化过程与传统工艺生产的油中的磷含量分别降低了 93.2% 与 78.6%，膨化工艺生产的磷脂中丙酮不溶物为 74.3%，传统工艺生产的磷脂中为 65.8%，而且前者磷脂酰胆碱的含量（39.8%，以丙酮不溶物计）高于后者（34.2%），而磷脂酰乙醇胺的情况则相反，前者为 12.4%，后者为 18.1%，二者生产的磷脂中磷脂酰肌醇的含量基本相当。

Braae[144]认为非水化磷脂是以钙盐和镁盐的形式存在的，这些磷脂对油的质量产生不良影响，除去油中的非水合磷脂可在中和之前向油中（在 70 ~ 90℃时）加入少量浓磷酸（0.25%）[145]或用碱液和碳酸钠的混合物对油进行精炼，采用磷酸预处理似乎也有助于油的后续加工工艺（如碱炼、脱色和脱臭）中有害离子化合物的去除[113]。另一方面，虽然磷酸预处理能降低精炼损失，从而降低脱胶油中磷与铁离子含量，但所得到的卵磷脂色泽较深，丙酮不溶物含量低[33]。

Hayes、Wolff[146 ~ 148]与 Myers[138]讨论了乙酸酐作为脱胶助剂的情况。在这个工艺中，先将大豆毛油（磷为 750mg/kg）预热到 60℃，后加入重量为 0.1% 乙酸酐混合 15min，加入 1.5% 水后，搅拌混合物 30min，反应几分钟之内即可完成。离心分离和水洗后油中磷的含量为 2 ~ 5mg/kg。

乙酸酐作为助剂的优点是可以不需碱炼过程，消除了由于皂化损失的中性油所以脱臭油与卵磷脂的产率较高。这种方法的缺点是：必须使用 316 型不锈钢作为设备与管道材料以防止腐蚀；油的脱臭过程要求更严格；用此过程加工有色植物油（如玉米油、棉籽油和部分大豆油）很难得到理想产品[130]。根据 Evans 等[149]观点，添加乙酸酐的方法能除去磷，但不能除去铁离子，而铁离子是一种金属氧化促进剂，它们的存在使大豆油产生不良风味。但此工艺与传统工艺生产的磷脂并无多大差异。

其他的脱胶试剂有乙酸、乙二酸、硼酸、硝酸[150]和表面活性剂[151]，但目前它们并没有在磷脂工业生产中得到应用。Ringer[152]采用两步脱胶工艺，用可食用性酸，比如柠檬酸，结果令人满意。此外，大豆油也可用热脱胶，但这种方法仅适用于工业用油的生产过程。

Lunde等[153]的结论：油脂与金属离子间的螯合反应至少部分取决于油的磷脂含量，含磷量为0.1～2mg/kg时达到最大。正己烷仅能萃取大豆中大约二分之一的磷脂[1, 114]。

如果读者想深入了解更多关于非水化磷脂的信息，可以参考Hvolby[154]、Letan和Yaron[155]、Nielsen[114, 156]的文章。

13.4.2 精制级卵磷脂的生产

（1）高透明度卵磷脂的生产　某些特定用途卵磷脂的生产条件比普通精炼条件更严格，透明卵磷脂的过滤需要很仔细：①混合油过滤；②毛油过滤；③卵磷脂直接过滤。如前所述，过滤采用配有手动或自动循环净化装置的盘式、板框式或垂直叶片式过滤机。过滤可简单除去正己熔不溶物质，得到一种高纯度和透明度的产品。这种产品可作为胶囊化营养补充剂、高纯度药物助剂和添加剂在高新技术中应用。

虽然干燥卵磷脂也可过滤，但很多加工商更愿意脱胶前对毛油进行过滤[111]，通常用大型板框式压滤机。如果脱胶操作是在溶剂浸出油厂进行的，那么对油或混合油（油～溶剂混合物）过滤均可，过滤后应除去其中的碎末与助滤剂，否则将会使干燥卵磷脂产品出现混浊。

Brian[111]建议了适于卵磷脂生产的泵、离心机、过滤机、换热器、干燥设备的有关型号。此外，他还提供了毛油、混合油及干燥卵磷脂过滤流速的工程设计数据、所需助滤剂的质量以及油加热、冷却过程中搅拌式薄膜蒸发器与管壳式换热器的总传热系数。

（2）混合卵磷脂的生产　混合卵磷脂是直接加入和/或功能性添加剂、乳化剂、稀释剂、表面活性剂等混合物而得到的具有特殊用途的产品。

加入失水山梨醇酯聚氧乙烯醚、乙氧基化单甘酯等亲水性表面活性剂（5%～20%）可得到水分散性卵磷脂。磷脂与非离子型表面活性剂（10%～20%）混合物可用于需要水分散性的产品中。将卵磷脂与部分甘油酯混合，喷雾冷却，可得到薄片状或粉末状产品[33]。

如果将卵磷脂用大豆油或脂肪酸稀释，它们可能会出现分层，在这种情况下，用其他油如花生油、棉籽油、椰子油或部分氢化大豆油代替部分或全部大豆油则会增加产物的稳定性[33]。

卵磷脂与某些化合物也存在协同增效作用，常见的此类添加物有特殊油、失水聚山梨醇酯、单甘酯、甘油二酯、改性单甘酯、羊毛脂及其衍生物、溶剂、增塑剂及其他表面活性剂。

（3）脱油卵磷脂的生产　脱油卵磷脂代表的是高磷脂含量（高于95%丙酮不溶物）的特殊种类产品。磷脂在与丙酮接触时呈自由流动的粉末状沉淀，除去丙酮即为脱油卵磷脂呈干粉末状或颗粒状[33]。

在生产95%磷脂含量的产品时，根据提取设备的型号和效率，丙酮与粗卵磷脂比率为（10～20）：1（体积比）。在间歇式萃取中，加入粗卵磷脂之前，先在罐内注满丙酮，然后边搅拌边向结晶槽中加入粗卵磷脂，直至丙酮/粗卵磷脂体积比为5：1。要制备脱油卵磷脂只能用最优质的流质粗卵磷脂。将丙酮、粗卵磷脂混合物搅拌20～30min，然后磷脂沉降，除去甘油三酯-丙酮混合油溶液，后再向提取器内加入新鲜丙酮进行二次提取，一个间歇式过程要提取2～4次才能得到磷脂含量高于95%的合格产品[33]。

连续式提取过程中，粗卵磷脂与丙酮同时按计量加入到容器中，适当延长混合物在连续提取器内的停留时间，以降低丙酮用量，提高对原料的提取率[33]。

提取之后过滤得到脱油卵磷脂“饼”，其中含有25%～50%丙酮。Flider[33]研究表明，“饼”中丙酮浓度对最优粒化至关重要。“丙酮含量太低会形成高浓度细粒与粉末，丙酮含量过多则产生‘盐与胡椒’（即粗细混合）效应，这主要是由于粒化过程中细粒与粉末间的凝结”。由于加工条件的不同，总脱油卵磷脂中细粒与粉末含量为5%～50%[33]。

卵磷脂粒化后，其残留的丙酮用干燥法除去，通常使用的是移动床强制通风烘干机，这种烘干机较流化床烘干机更受欢迎，因为前者干燥过程中卵磷脂的颗粒破坏程度较小，经干燥产品中丙酮含量应低于50mg/kg，最好是低于25mg/kg[33]。Flider[33]指出，如果产品内丙酮含量过高，则有可能发生醛醇缩合反应，生成异亚丙基丙酮（mesityl）氧化物，但是如果磷脂充分干燥，就不会出现这种问题。干燥的脱油卵磷脂通过一系列筛子进行筛分而分级[33]。

由于在提取过程中除去了卵磷脂中的生育酚，这使脱油卵磷脂的氧化稳定性较粗卵磷脂大大降低，此外，脱油卵磷脂表面积与体积比率也会降低稳定性。为了避免以上情况的发生，通常向产品中再加入一定量混合大豆生育酚（500mg/kg）。还可加入少量防结块剂以确保产品流动性，流动性较好的脱油乱磷脂更容易加入到其他产品中去[33]。

与粗卵磷脂相比，无油卵磷脂亲水性更好，乳化活性也比仅有丙酮不溶物存在条件下更好。与油一起除去的异味/风味成分也能使卵磷脂风味更柔和[7]。

精制脱油卵磷脂可也能够与可可脂、硬黄油、中碳链甘油三酯等载体或其他稀释剂混合，得到具有更多用途与物理性质的产品。高达40%磷脂可在不用溶剂的情况下与这些载体结合，通常情况下，这些产品中加入抗氧化剂以提高其自动氧化稳定性[33]。脱油卵磷脂产品应尽快进行包装，以防吸潮。关于脱油卵磷脂的其他各方面细节请参阅 Flider[33] 的文章。

（4）新型脱油方法　Hutton 和 Guymon[157] 描述了脱油新工艺，将粗磷脂和正己烷的混合物透过聚偏二氟乙烯膜，形成含甘油三酯和正己烷的渗透流，滞留流含磷脂（35% ~ 40%）和正己烷（60% ~65%），该膜截留分子质量为 10000 ~ 50000u。然后采用传统方法脱除渗透流中的溶剂，加入质量为磷脂含量 5% ~8% 的漂白土到滞留流中进行脱色，然后过滤除去漂白土。

添加抗氧化剂（以混合生育酚的形式）到磷脂/正己烷混合物。先后使用滚筒脱溶机、流化床干燥器脱除磷脂中的溶剂，干燥产品中残留的溶剂应少于 5mg/kg，干的薄片存放在储物箱，之后将薄片磨成粉末，制成颗粒。最终产品丙酮不溶物含量应在 90% ~ 99.9% 范围内。

Wendel[158] 介绍了另一种采用超临界气体生产脱油卵磷脂的新型脱油工艺。将粗卵磷脂送入装载超临界丙烷和二氧化碳混合气体的柱子，气流压力为 8MPa 和温度介于 40 ~ 55℃，然后该流体进入再生柱，温度升到 75℃，卵磷脂成分沉淀落入柱底，沉淀下落时，与超临界萃取流体接触，提取油分。富含油的溶剂离开柱顶，通过压力和温度变化，卵磷脂和油分别沉淀出来并进一步移除，无油和无卵磷脂的溶剂重新进入柱子中反复利用。

（5）改性卵磷脂的生产　Pryde[86] 与 Wittcoff[4] 综述了磷脂的化学性质。Schmidt 与 Orthoefer[58] 讨论了改性卵磷脂产品的生产与应用，在应用方面有代表性的是化学或酶法改性产品，流体和脱油形式都有售。

传统的磷脂改性方法主要是单个组分的分提、分离与纯化，磷脂混合物的功能性也可通过部分化学或酶水解、酰化、氢化和羟基化来改变[5]。

粗卵磷脂中有多种官能团，这些基团能被水解、氢化、羟基化、乙氧基化、卤化、磺化、酰化、琥珀酰化、臭氧化及磷酸化反应[1]。目前工业大规模生产的化学改性食品级产品主要是羟基化、酰化以及酶水解产品[58]。化学改性的羟基化或酰化卵磷脂在水相中的功能性大为改善。

（6）酰化卵磷脂　磷脂酰乙醇胺的氨基是发生酰化的主要基团[146~148]。磷脂酰乙醇胺的氨基酰化时，在磷脂酰乙醇胺正电位置上接收一个乙酰基，使其变为带负电的卵磷脂，这改善了其溶解性与水包油乳化能力[159]。卵磷脂也可进行乙酸酐酰化，乙酸酐可在脱胶前中加入，也可加入到湿胶中。酰化卵磷脂产品是将低浓度的乙酸酐（1.5% ~ 5.0%）加入到天然大豆卵磷脂水合物中制得的。卵磷脂水合物来自粗大豆油的脱胶过程。卵磷脂水合物与乙酸酐反应一段时间后，所得产品用食品级的碱中和，将 pH 提高到

6.5～8.0，具体根据产品的用途而定。乙酸酐用量根据胶中磷脂量以及最终产品所要求的酰化程度而定，食用碱的选择［如 NaOH、$Ca(OH)_2$等］也同样如此。最后产品真空干燥（工业薄膜干燥）至水分含量小于1.0%[160]。

反应程度可通过测定产物中氨基氮的含量（通常用甲醛滴定法）而得出。如果氨基氮测定值为零，则表示酰化反应进行完全（100%）。而酰基化工业产品中最低限度含量约为1.7mg 氨基氮/g，典型的工业生产中氨基氮的含量通常为0.7～1.7mg/g。

工业酰基化卵磷脂产品中总丙酮不溶物的含量为52%～97%不等，其他成分为大豆油（或作为天然成分或添加稀释剂的其他食品级甘油三酯或脂肪酸）、天然色素、甾醇及其他大豆粗卵磷脂中的微量组分。酰化卵磷脂产品符合美国食品化学法典规定的所有组成要求[54]。

以下是低度与高度酰化商品流质卵磷脂的产品规格。

指标	低度酰化磷脂	高度酰化磷脂
丙酮不溶物/%	≥60.0，≤64.0	≥53.0，≤56.0
水分/%	≤0.75	≤0.75
酸值/（mgKOH/g）	≤24	≤36
黏度/（Pa·s，25℃）	≤10	≤2.9
色度	≤17	12＋，－14
过氧化值/（meq/kg）	≤10	≤100
正己烷不溶物/%	≤0.09	≤100mg/kg
氨基氮/（mg/g）	≤1.65	≤1.0
二价金属/%	≥0.42，≤0.48	—
pH	≥6.5，≤8.0	7.0～7.5
可透视度	—	合格
耐热性实验（罗维朋红）	—	≤8.0
外观	—	25℃透明光亮

酰化卵磷脂的流动性与水分散性得到了极大改善，成为用于多种食品配方有效的水包油乳化剂[56, 58]。中度和高度酰化卵磷脂具有耐热性，可多次升温、冷却而色泽保持不变暗。低度酰化磷脂主要用于婴儿食品、咖啡伴侣、肉酱与肉汁及水包油化妆品乳化剂，中度与高度酰化产品主要用于奶酪酱、可泵送的和气溶胶喷雾配方的脱模剂及起酥油。

以下是已公布的酰化卵磷脂生产与应用的专利。

①美国专利 3，301，881“磷脂分离工艺”，1967。

②美国专利 3，359，201“卵磷脂产品和方法”，1967。

③美国专利 3，499，017“碱水解磷脂”，1970。

④美国专利 3，823，170“磷脂”，1974。

⑤美国专利 3，928，056“脱盘剂产品和工艺”，1975。

⑥美国专利 3，962，292“磷脂制备工艺”，1976。

⑦美国专利 4，479，977“耐热性卵磷脂脱模剂制备方法”，1984。

（7）羟基化卵磷脂 氢过氧化物除了用于脱色，还可使卵磷脂羟基化。羟基化使卵磷脂具有亲水性，改善了保水性，有助于形成稳定的的水包油乳化剂。

羟基化卵磷脂是一种浅色产品，其水分散性与水包油乳化性能都有极大改善，在需要水分散性卵磷脂的行业中，羟基化卵磷脂应用广泛，尤其是在焙烤业中，它能够改善脂肪分散，延缓老化时间。

卵磷脂的羟基化是通过粗卵磷脂和氢过氧化物、乳酸或醋酸反应进行的，通过测定碘值降低与反应混合物中分离的二羟基硬脂酸发现，过氧化反应的主要部位是双键处。羟基化进行程度以磷脂碘值降低不超过10%为宜[115]。羟基化过程中乙醇胺基也被改性了[58,161]。

（8）水解卵磷脂 粗卵磷脂在强酸或强碱存在情况下容易发生水解，酶可用于选择性水解。延长水解会产生脂肪酸、甘油磷酸（或脂肪酸盐、甘油磷酸盐）与氨基化合物和碳水化合物的混合物[4, 115]。工业生产中，如果仅需要脂肪酸中的一个分子从磷脂分子上断裂下来，就要通过控制反应条件来实现。由于酸、碱水解都是非特异性的，条件很难控制，在这种情况下，通常使用酶法水解[58]。有许多磷脂酶可用于此（例如磷脂酶 A_1和磷脂酶 A_2）。

Haas 等[162]通过测定几种市售脂酶研究了在有机溶剂中磷脂酰胆碱的酶水解；Aura 等[163]研究了燕麦卵磷脂和大豆卵磷脂的酶水解，及其对卵磷脂功能性质的影响。在酶与底物浓度较低的情况下，采用磷脂酶效率最高。

局部水解的卵磷脂水包油乳化性提高了，尤其是钙、镁离子存在的情况下。这样的卵磷脂在有钙、镁离子存在时不会损失乳化作用，不像未改性的卵磷脂那样迅速失去乳化作用。酶改性产品已应用于牛乳替代配方以改善乳化性与脂肪消化性[56]。

磷脂分子的极性头部基团可以被磷脂酶 C 和磷脂酶 D 进行酶水解。磷脂酶 D 使磷脂酰胆碱的氨基头部集团与丝氨酸交换，形成磷脂酰丝氨酸[164]。

（9）酯交换作用 酯交换反应可使游离脂肪酸进入卵磷脂分子，未水解的卵磷脂含有两种脂肪酸，磷脂分子的两个位置上脂肪酸部分可以是不同的。脂肪酸组成影响卵磷脂的稳定性和功能性，可通过酯交换作用改变脂肪酸组成[165]，使用脂肪酶的酯交换反应可将多不饱和脂肪酸加入到卵磷脂中，以提高必需脂肪酸组成或改进其功能性[166]。

（10）氢化卵磷脂 卵磷脂可氢化成硬脂状固体，与未改性卵磷脂相比具有更强的氧化稳定性，吸湿性低，但在普通溶剂中的溶解度下降。磷脂不像大豆油那样易于氢化，大豆油在较低氢化温度与压力下容易进行选择性氢化[58]。

卵磷脂氢化通常在镍或钯为催化剂、合适的溶剂（如乙酸）、75～85℃、70atm、碘值达到10～20gI/100g的条件下进行。溴或氯也可于双键处发生加成反应，得到的产品主要用于润滑油的配方。在碘、镁或铝催化剂存在及加热条件下，升高温度，碘可直接加到溶解在乙酸中的颗粒卵磷脂中[58]。

（11）分提卵磷脂的生产 最后，直接对粗卵磷脂或脱油卵磷脂进行分提是生产各种具有特定功能产品的另一方法。乙醇或混合溶剂分提，结合其他技术可生产富集某一特定磷脂的卵磷脂产品。从粗卵磷脂中可分离丙酮可溶物，通过降低甘油三酯的含量从而提高丙酮不溶物中磷脂的含量。

进一步分提可将乙醇可溶的磷脂酰胆碱与乙醇不溶的磷脂酰肌醇分离。工业上乙醇可溶产品中含有浓缩磷脂酰胆碱（40%～60%），只含有少量的磷脂酰肌醇；乙醇不溶物中富含磷脂酰肌醇（40%～60%），而磷脂酰胆碱的含量大大降低，以上两种分离产品中磷脂酰乙醇胺含量大致相当，乙醇可溶产品主要用作水包油乳化剂，而乙醇不溶部分主要用作用于油包水乳化体系[7]。

乙醇分提卵磷脂中磷脂酰胆碱/磷脂酰乙醇胺比率主要是由乙醇的极性、浓度、卵磷脂与乙醇比率、温度及提取时间等工艺变量决定的[33]。磷脂酰胆碱/磷脂酰乙醇胺为1.2∶1的天然卵磷脂经90%乙醇提取后，可得到磷脂酰胆碱/磷脂酰乙醇胺为8∶1的乙醇可溶部分[33,120]。为了获得需要的产品功能，可将乙醇提取物与其他表面活性剂或载体混合使用。

为了获得纯度高于50%～60%的磷脂单体，通常需要进行选择性吸附。吸附和分布色谱具有这种选择性，用氧化铝对乙醇可溶卵磷脂进行处理可获得高纯度磷脂酰胆碱产品，无磷脂酰乙醇胺与磷脂酰肌醇[167]。虽然这些产品仅面向高度专业化的市场，数量有限，但市场上可以获得磷脂酰胆碱含量高达95%的卵磷脂产品。

（12）贮存与处理 在密闭容器内，温度不超过20～25℃情况下，流质卵磷脂能保存几年。脱色产品的贮存和处理条件更严格，脱色产品容易迅速返色，尤其是在温度升高的情况下，认为是过氧化物分解导致的。为了防止此情况的发生，推荐低温贮存[115]。

但对流质卵磷脂产品来说，保存温度不能过低，因为这可能会使油与磷脂发生物理分离，物理分离更多的发生在低丙酮不溶物产品中。如果发生分离，可以在40～60℃将油与卵磷脂重新混合。对大宗卵磷脂产品来说，贮存温度为30～35℃也是可以的，但如果长时间贮存在此温度下则会产品色泽加深[115]。

颗粒状脱油卵磷脂在低于25℃下能保存2年，它甚至可以贮存在0℃环境中，但由于它具有吸湿性，在暴露于空气前应将产品温度调至室温[33]。

13.5　食品级卵磷脂产品及其用途

13.5.1　功能性

商业化卵磷脂为多功能食品配料。磷脂分子既亲水又亲油的双亲性质使其可以作为表面活性剂在众多场合中应用。作为表面活性剂，除了和其他表面活性剂具有共同的功效外，卵磷脂还具备自身特有的功能性质。

商业化的卵磷脂应用产品如巧克力、糖果糕点、人造奶油、烘焙食品、面食、纺织面料、杀虫剂和涂料等已经在售几十年，由于卵磷脂良好的乳化性、润湿性、胶体性质、抗氧化性和生理学性质，至今仍广泛在使用。卵磷脂的多功能性和它天然性使得它成为理想的食品配料。卵磷脂主要的应用和功能性质如表13.25[7]所示。

表13.25　功能性质[7]

食品	功能
人造奶油	乳化剂、防溅剂
糖果和小吃食品	
巧克力	结晶控制剂、黏度控制剂、防粘
焦糖	
涂层	
速溶食品	
可可粉	保湿和分散剂、乳化剂
速溶饮料	
速溶可可粉	
速溶咖啡	
蛋白饮料	
营养饮料	
咖啡伴侣	
代乳品	
蛋糕拌粉	
布丁	

续表

食品	功能
即食配料	
商业烘焙产品	
面包	结晶控制剂、乳化剂、保湿剂和脱模剂（内、外）
面包卷	
甜甜圈	
曲奇	
蛋糕	
意大利面	
派	
奶酪产品	
巴氏消毒加工产品	乳化剂、脱模剂
奶酪和奶酪食品	
人造奶酪	
肉和禽类加工	
肉和禽类上色和涂油复方	褐变剂、磷酸盐分散剂
宠物食品	膳食补充剂、脱模剂、乳化剂
培根	
乳品和人造乳品	
婴儿配方乳	乳化剂、保湿和分散剂、防溅剂和脱模剂
牛乳和乳脂替代品	
鸡蛋替代品	
人造鸡蛋	
植脂奶油	
冰淇淋	
风味牛乳	
风味黄油（蒜味等）	
涂抹黄油	
其他产品	
涂抹花生酱	结晶控制剂、乳化剂
色拉	

续表

食品	功能
风味和色泽增溶剂	
包装助剂	
聚合物包装袋内涂层	脱模剂、密封剂
罐头内涂层	
香肠肠衣涂层	
网眼	
加工设备	
煎炸表面	内部（或者产品内）和/或外部脱模剂、润滑剂
挤压机	
输送机	
烤架	
烘干机	
搅拌器	
蒸发器	

鉴于改变商业卵磷脂乳化性的方法有很多种，改善型、定制型和功能型产品的前景无限。卵磷脂主要的功能性质包括乳化性、抗溅剂、速溶/保湿/分散性、释放/分离性、黏度改性以及烘焙应用。

卵磷脂的这些功能特性主要是由其磷脂的化学结构决定的（图 13.1）[7]。磷脂分子包含有两个甘油酯化的长链脂肪酸，还有一个结合胆碱、肌醇或乙醇胺基团的磷酸二酯。磷脂的一个脂肪酸末端是非极性的，所以其具有亲脂性。相反地，上面提到的磷酸二酯是两性离子（或两极性），可说明这部分磷脂分子亲水性的特点[65]。

由于卵磷脂的荷电性，它们在离子环境下容易受到影响。根据在实验室的试验，Dashiell[31]认为，盐浓度大于 2%、pH 小于 4 的环境引起卵磷脂的功能性质明显损失。其他研究者也有类似报告[73]。

中央大豆有限公司报道了以下各种商业卵磷脂的改性方法[168]。

①用无油卵磷脂作为乳化剂、润滑剂和混合助剂。

②生产低黏度、液态卵磷脂作为润湿、分散和脱模剂。

③高乳化、分散和润湿性的羟基化卵磷脂。

④用于健康食品的精过滤卵磷脂。

⑤脱模专用抗热卵磷脂。

⑥用于烘焙的卵磷脂/蒸馏单甘酯混合物。

⑦用于烘焙、乳化的酶水解卵磷脂。

Weete 等[169]报告了通过热处理可以提高卵磷脂的油包水乳化性。很多种类的卵磷脂都可以通过在特定时间和温度条件下加热以大大提高其在油包水乳化体系中的乳化性质。相比未经过热处理的卵磷脂，经过热处理的卵磷脂作为乳化剂，其在乳化体系中黏性、非连续相保持能力、稳定性和保水性大大改善。热处理卵磷脂乳化性质的提高有可能，至少一部分是因为磷脂热降解导致甘油二酯和游离脂肪酸的增加。

（1）乳化性能 商业化卵磷脂的一个重要的功能性是使脂肪乳化。在油：水体系中磷脂组分聚集在油和水的界面。磷脂分子极性、亲水部分伸向水相，非极性的、疏水（亲脂）部分伸向油相。磷脂在油水表面的聚集降低了表面张力使得乳化体系得以形成。一旦乳化体系形成，停留在油滴或水滴表面的磷脂分子成为阻止液滴聚合的屏障，从而起到了稳定乳化体系的作用[159]。

商业化卵磷脂广泛应用于油包水和水包油乳化体系。对于 W/O 乳化体系，比如人造奶油或即用型霜状白糖，可使用亲脂性卵磷脂。对于 O/W 体系，如调味酱或者婴幼儿配方乳粉，可使用水分散、亲水性卵磷脂[7, 31]。应用于水包油体系的卵磷脂需要通过改性以提高其表面亲水性。但现有的技术手段用于食品级卵磷脂时会受到某些限制。通常使用的生产水分散性卵磷脂方法包括乙酰化、羟基化、酶水解、分馏、脱油或者和其他亲水乳化剂的混合。

为提高卵磷脂的亲水性而进行的改性方法会大大影响其乳化性质。不同的改性方式可以生产出不同“表面 HLB（亲水亲油平衡）值”的卵磷脂产品，HLB 值通常用于表示卵磷脂产品的水分散近似程度[31]。HLB 值越高，卵磷脂产品中水分散性越好。在 O/W 乳化体系中，要乳化的脂肪类型需要具有最优乳化稳定性的一类特殊的亲水性卵磷脂。Dashiell[31]提供了一张关于脂肪类型的简短列表，在相应的水/脂肪/乳化剂模型体系中能提供最稳定乳化的相应等级的卵磷脂。

标准级（粗）卵磷脂是极好的油包水乳化剂。但是，改性卵磷脂不仅可以用于油包水体系还可以用于水包油体系的乳化，取决于卵磷脂的改性类型和体系的具体参数。体系参数包括 pH、组分种类、组分比例、固体含量及其他。不同于粗卵磷脂，羟基化卵磷脂在酸性体系下稳定（pH≈3.5）。对于特定的乳化类型，可采用分提卵磷脂。因为卵磷脂的乳化活性一部分取决于其磷脂的比率，改变其比率可以改变卵磷脂的乳化能力[7]。

乳化剂/稳定剂体系通常用于稳定食品乳化体系。因此，卵磷脂通常不能完全掌控整个乳化体系，而是和其他乳化剂或者稳定聚合物如蛋白、淀粉、胶体结合一起使用[31]。

稳定的乳化体系形成后，卵磷脂会打破（乳化）粒子，而稳定剂（水溶性聚合物等）会保持粒子在一个分散的体系内。

Marrs 等[170]研究发现，相比于卵磷脂和卡拉胶单独作用，卵磷脂和卡拉胶混合使用能使玉米油形成更加稳定的 O/W 乳化体系。卵磷脂/卡拉胶混合体系的乳化性能被认为是在水相中卡拉胶分子上带负电的硫酸盐基团与卵磷脂磷脂酰胆碱和磷脂酰乙醇胺带正电的氨基头部基团的相互作用。当卡拉胶分子以 kappa 型或 iota 型存在时，两种类型在有阳离子存在时都能形成微观网状结构，形成稳定化作用。

乳状液分层速率服从 Stoke 定律[171]。因此，在 O/W 体系中，可以通过减小脂肪滴尺寸、匹配分散相和连续相的密度，和/或者增加连续相的黏度来延迟脂肪分层。乳化时，作用于体系的能量（如高压均质）决定了乳化体系中脂肪滴的最初尺寸，液滴表面乳化剂的存在，可阻止分散油滴的聚集和分层。可以通过添加胶体、淀粉和其他稳定剂来提高连续相的黏度。

Dashiell[31]报道，当有高含量的优质蛋白质存在时，体系专用卵磷脂（能在油/乳化剂/水体系下提供最佳的乳化效果）的选择就变得不是十分重要了。脂肪/水/蛋白质/卵磷脂乳化体系的脂肪分层测试结果表明，乳清稳定化（低蛋白质）体系中蛋白质含量有限，更多的功能性卵磷脂占据优势。在酪蛋白稳定化体系（含有丰富的蛋白质），卵磷脂产品之间的差异不明显。Agboola 等[172]研究表明，在0.25%脱油、羟基化卵磷脂存在的情况下，由纯化过的乳清蛋白水解物形成的 O/W 乳化体系可以得到稳定化。

（2）增溶作用　大多数卵磷脂能辅助形成微乳液，典型例子是水溶液体系中的油溶性风味物质。标准级卵磷脂不会分散在水中，但很多改性或者分馏的卵磷脂却具有水分散性，可以用来生产微乳液。标准级卵磷脂可以与其他表面活性剂（如乙氧基单甘酯）混合，得到协同乳化剂混合物，用这些混合物也可以生产微乳液。

（3）固体粒子分散剂（溶胶）　很多卵磷脂产品至今仍然是溶胶体系最好和最有效的表面活性剂。这可能是因为卵磷脂对固液表面界面具有吸引力。含有金属与金属盐的粒子对磷脂有强烈吸引力，食品溶胶有液态巧克力、速溶饮料、糖霜混合物、着色食品及其他产品；非食品溶胶包括涂料、墨水及其他色素涂层。

（4）泡沫　精制卵磷脂是一种有效的泡沫控制剂，已用于植脂奶油、冰淇淋及各种糖果制作中。精制卵磷脂产品也可作为水中粉末蛋白产生泡沫的消泡剂，这也是卵磷脂产品体系专用性的典型例子[7]。

（5）润湿/速溶性　卵磷脂产品是优良的润湿剂，广泛用于粉末或颗粒产品。粉末组分的卵磷脂化能改善产品的润湿性，控制粉尘问题，在实际生产中得到了广泛应用。在食品配方中加入合适的卵磷脂产品可以获得速溶效果，专门用于生产速溶产品的特定卵磷脂已有售。

卵磷脂产品按配方不同可以制备出许多种类的能使食品粉末速溶的产品，其主要作用是提高产品的迅速润湿性与溶解性。粉末组分可变（从亲水变为亲油），有时根据经验选择适合的卵磷脂[31]，同时也参考有关选择原则。如果粉末是疏水的，或含大量的表面脂肪，通常选用水分散性、亲水性卵磷脂以降低粉末和水相之间的表面张力，使粉末容易润湿和分散。如果粉末是亲水性的，如浓缩蛋白或分离蛋白，则需要加入亲油性卵磷脂以控制粉末的水合速率，防止其在润湿和分散过程中结皮或形成大的结块。

速溶产品的生产技术主要有：用高流质卵磷脂产品喷涂干燥的粉末；用更亲水的卵磷脂磷脂（如无油形式的或羟基化卵磷脂）喷雾成干燥粉末；利用亲水性卵磷脂的水分散性使粉末附聚。有一些粉末，如淀粉、胶、咖啡饮料混合物，需要用卵磷脂的水分散相附聚，使其达到最佳的润湿和分散性质。

用卵磷脂促溶的食品实例有：可可粉、速溶混合饮料、粉状咖啡伴侣、代乳品、糕点混合配料、粉状速溶布丁及速溶汤料、汤汁混合料。

（6）脱模与分离性　卵磷脂是许多食品级脱模配方中的活性成分，含有0.5%～15%卵磷脂的气溶胶和非气溶胶形式的产品已有销售[31]。脱模剂常用的组分如下[31]（来自美国中央大豆公司1986年一份市场调查）：

- 植物油（所有主要的植物油均可使用）
- 氢化植物油
- 矿物油
- 卵磷脂
- 面粉
- 无定形氧化硅
- 人造香精
- 人造色素
- β-胡萝卜素
- 防腐剂
- 抗氧化剂
- 消泡剂
- 水

卵磷脂在商业脱模剂中的用量受到卵磷脂易于从某些油中分离的限制。普通卵磷脂在加热金属表面的焙烤过程中会发生色变、聚合、变质，这也限制了卵磷脂在脱模剂产品中的用量，但中度和高度酰化卵磷脂具有耐热性，在反复加热冷却情况下不变暗[173]。

卵磷脂可以在油中溶解，也可以分散在水相中，也可用于脱模。无油卵磷脂可以干混入拌粉、涂层、香料或者调味品混合物，使涂层食品从食品接触表面脱模。对于具有高表面积－体积比的食品，如薄烤饼或者福饼，卵磷脂可以直接加入其产品配方中实现烹饪/烘烤物表面的脱模。有效的脱模取决于食品与食品接触的表面之间的卵磷脂。如果有卵磷脂，食品就不会黏附在食品接触表面。

（7）结晶控制　卵磷脂可以控制很多食品体系的结晶。在含有糖或脂肪的食品中，加入低达0.5%左右的卵磷脂可以产生大小与结构不同的晶粒，对产品的质地与粘度产生积极的影响。这在甜点填料、含枫糖浆奶油、冰淇淋涂层及其他类似产品中很重要[7]。

13.5.2　特殊食品应用

前面提到，大豆卵磷脂用于食品中是由于其具有乳化、润湿、脱模及其他表面活性品质。卵磷脂的使用量相对较少，一般仅占食品的0.1%～2%，这大体上与化学表面活性剂用量相当[7]。由于卵磷脂使用量较少，其颜色、风味及气味不会引人注意。卵磷脂与合成乳化剂混合使用有时会产生协同效应，因此所需合成乳化剂的用量更少了。

卵磷脂在一般食品中的应用包括：人造奶油、糖果、小食品、汤料、速溶食品、焙烤产品、仿乳制品、肉/畜/海鲜加工食品及膳食应用。应用粗卵磷脂产品最多的是糖果与人造奶油[7, 174]。

（1）人造奶油/起酥油　标准级（粗）卵磷脂是人造奶油常用的乳化剂，通常添加0.1%～0.5%到脂肪相中。通常与单甘酯和甘油二酯混合使用。人造奶油用于焙烤时，卵磷脂能防止水分的“漏液”或“渗出”，减少飞溅，油炸过程中促进褐变，增强起酥效果，并有助于防止强化人造奶油中维生素A被氧化[174]。如果加入0.5%～1.0%卵磷脂就会得到混合完全、质地均匀的起酥油[160]。

（2）糖果　卵磷脂在糖果中的应用有三大特性：乳化性（如焦糖）、防粘结与脱模性和黏度改性（如巧克力）[175]。这些性质并不是孤立产生作用的，例如，焦糖乳化效果将会影响其货架寿命与质地；在巧克力生产中，黏度改性会影响生产成本及最终产品的质构。

制作糖果的巧克力中加入0.25%～0.35%标准级卵磷脂可使其黏度显著降低，生产者就可对产品均匀涂层，可减少昂贵的可可脂的用量，缩短各组分的碾压、混合时间，生产的巧克力稳定性更好。含有标准级卵磷脂的巧克力改善了操控特性，不易产生脂肪和糖的返砂或“起霜（graying）”。卵磷脂用于其他含脂肪的糖果中可有效防止粒化、条痕及油腻性。

Sinram 与 Schmitt[176]研究发现，相比添加标准级大豆卵磷脂或根本不添加卵磷脂的黑巧克力和牛奶巧克力，添加分提的富含磷脂酰胆碱的大豆卵磷脂的产品显著得到改善。巧克力的黏度降低与屈服值改善情况取决于卵磷脂的类型和用量以及巧克力的脂肪含量。

花生酱中加入1%～2%卵磷脂使产品延展更平滑，而且在很宽的温度范围内不分层。

（3）烘焙产品 卵磷脂是面包、蛋糕、甜点心、饼干及脆饼等焙烤食品中有益的乳化剂。标准流质卵磷脂不易分散在水中，这限制了其在以水为主要组分的产品如生面团和面糊中的应用。改性卵磷脂在水中可分散，具有很多优点，包括提高货架期、使添加酵母菌的生面团具有更强的面筋复合能力、减小生面团的黏性、增加其柔软性、更优的脱模效果、减少咸饼干和长棍面包的裂纹。有时卵磷脂加在起酥油（固态或流体）中用于焙烤，但更多的是作为一种成分单独使用。还能用作面团改良剂。Gaubert[177]等申请了一种添加了20%～30%（以重量计）卵磷脂的烘焙改良剂的专利，这是一种易于操作的面团改良剂，其中卵磷脂用作粘合剂和乳化剂。

酵母发酵面团中加入0.1%～0.3%市售卵磷脂可改善水分吸收，易于操作，改善耐发酵性、脂肪的起酥性、体积与质地及货架寿命[89]。使用酶改性的卵磷脂，可以通过延缓老化和淀粉回生来延长货架期[99, 178]。卵磷脂加入糕点配方中，如盒装混合调料，当与水混合时能迅速润湿。在饼干、脆饼、馅饼与蛋糕生产中加入1%～3%卵磷脂（以起酥油计）可促进脂肪分散，改善起酥效果，使配料混合充分，同时也可作为脱模剂[179]。

（4）面包与面包卷 Aberham[180]、Kuntze[181]、Pomeranz[179]、Puchkova[182]、Pyler[183]和Zapryagaeva[184]等一致认为，卵磷脂对面团加工产生良好效果。卵磷脂对烘焙性能也有好的影响。普遍认为，表面活性剂（如水分散性的卵磷脂）能在面团的水相中形成薄层、有序的结构。这些有序的结构能提高包裹二氧化碳的膜的稳定性[185, 186]，能增大体积，改善团粒结构[178]。早在50年前，人们就确定卵磷脂能改善面团的延展性、干燥度及切削性，使面包在均匀性、纹理与质构上都得到改善[187]。

研究者证实，小麦中存在的天然磷脂对面粉的烘焙品质具有重要作用[188]，添加酶法改性的大豆卵磷脂能使其品质得到进一步提升[99]。Chung和Pomeranz[189]报道分提脂质，尤其是0.2%磷脂，当添加在起酥油中时，可以使面包体积显著增大。Johnson[190]等研究表明，石油醚提取过的面粉经氯处理后加入占面粉重量0.2%大豆卵磷脂，其体积及纹理较未提取过的面粉有明显改善。Chung[191]等发现，每100g面粉（H. R. W. 12%蛋白质）需要180mg石油醚萃取的极性脂质才能制成体积满意的面包。在改善面包体积方面，极性脂质比蛋白质的功能性高50倍。Cole等[192]研究了含磷脂质（极性脂质）和大豆卵磷脂对脱脂面粉烘焙的饼干品质的影响。他们发现含卵磷脂的组分可完全复原饼干品质，而无磷脂质组分却不行。

酶改性卵磷脂具有使直链淀粉和支链淀粉的直链部分形成复合体的能力[193～195]。通过让淀粉形成复合体，酶改性的卵磷脂能有效延缓淀粉的老化和回生。一项研究比较了两种水分散性卵磷脂与水合单甘酯作为淀粉络合剂对防止白吐司老化的作用[196]。老化指数表明，与不加乳化剂的对照相比，水分散性、脱油大豆卵磷脂并没有改善面包的软化性，而酶改性卵磷脂则能产生明显的软化效果，这主要是由于淀粉与溶血磷脂的络合作用所致。

很多学者证明了卵磷脂与单甘酯或甘油二酯以及其他表面活性剂在制作面包中具有协同效应。根据 Hampl 和 Tvrznik[197]的报告，卵磷脂与单甘酯共同使用可以：①改善原料的品质；②优化加工工艺；③减少起酥油用量；④改善终产品的整体品质，包括保鲜能力与营养价值。Haarasilta[198]发明了一种包含脱油卵磷脂的酶法产品或者用载体喷雾干燥卵磷脂的专利，可以用于面包的生面团改良剂。

Pomeranz 等[199]研究了0.5%市售卵磷脂对未处理面粉和石油醚提取过的面粉添加三种起酥油量（0、0.5%与3.0%）制成的面包品质的影响。含磷脂酰胆碱与磷脂酰乙醇胺混合物（2∶1）的乙醇可溶大豆磷脂在这两种面粉中都能获得最好的效果；在石油醚提取过的面粉中，加入0.5%乙醇可溶磷脂，可代替0.8%面粉游离脂质萃取物与3%起酥油；羟基化卵磷脂效果也非常好，但只有在加入起酥油的情况下才能获得这种效果。在另一项研究中，Glabe 和 Anderson[200]测试了卡拉胶和羟基化卵磷脂在连续化混合面团中的应用，结果显示，当有卡拉胶存在时，羟基化卵磷脂能提高生面团的稳定性，增大面包的体积。

Pyler[183]报道，羟基化卵磷脂能改善生面团的延展性。有关文献[179]也指出，羟基化卵磷脂在焙烤产品中显得尤为重要，这是因为与大多数卵磷脂的油溶性相比，羟基化卵磷脂除了具有强的水分散性，还可与单甘酯和甘油二酯起协同作用。

Adler 和 Pomeranz[201]指出，不加起酥油时，豆粉面包中加入卵磷脂可以改善消费者的接受度；即使加入起酥油，卵磷脂的加入也能对面包品质有所改善[202]。

Mizrahi 等[203]讨论了大豆卵磷脂对含有大豆分离蛋白的面包的改善效果，大豆卵磷脂与蔗糖酯一同使用能够改善高蛋白豆粉面包的品质[204]。

有一篇专利研究亲水性卵磷脂（HLB≥8）对 GMS 等亲脂性表面活性剂的协同作用，主要用于面包及其他焙烤食品中以延缓老化[205]。亲水性磷脂不但可以延长产品货架寿命，而且可以改善调理面团，如增加面包体积，改善面包均匀性、纹理及质构的效果。Larsson 和 Eliasson[186]测试了添加卵磷脂对粉流（flour milling streams）面团流变学性质的影响。他们使用了高含量磷脂酰胆碱卵磷脂形成的脂质体，得出结论为含有较少极性脂质的面粉通过添加卵磷脂能获得最好的改善效果。

Shogren 等[206]发现，卵磷脂与其他表面活性剂调理的面团能对消除麦麸的不利影响高达15%，麦麸是作为纤维来源加入面包中的。

（5）曲奇、脆饼、华夫饼干　在曲奇和其他含大量脂肪的焙烤食品加工过程中，卵磷脂甚至能促进脂肪在整个生面团中的均匀分散[1]。

卵磷脂协助脂肪在半甜面团中分散，能改善面团酪化阶段的乳化[207]。它还能使脂肪延展。卵磷脂易于混入脆饼干和曲奇面团，可使面团均匀一致，且降低了终产品的黏性而更容易切削。曲奇由于高含量的起酥油而具有油腻感，通过向面团中加入少量卵磷脂可降低油腻感。

Matz[208]也指出，制作曲奇过程中使用卵磷脂能改善产品。加入卵磷脂的曲奇面团更干燥、更易于切削。卵磷脂能改善脂肪分散性，从而使脂肪更容易与糖、面粉及其他成分混合。乳化性改善也能缩短混合时间。面团膨胀过大会使曲奇太硬。卵磷脂的脱模性还可以改善面团可挤压性，使产品易与塑模脱离，压图更加清晰。

Kissel 和 Yamazaki[209]研究了小麦粉、大豆与红花卵磷脂中的脂质萃取物对蛋白强化小麦粉制成的曲奇延展性的影响，结果表明，大豆卵磷脂效果最好。大豆卵磷脂对高粱、小米等弱筋面粉制成的曲奇品质也有改善作用[210]。

含有卵磷脂的面团做成的华夫饼干更易于从铁网格脱模，而且操作更容易。这种华夫饼干较紧实、松脆，不吸湿，保鲜良好[211]。据 Pomeranz[179]报道，华夫饼干配方中加入卵磷脂可改善其脱模性、强度与脆性，降低吸湿性，他还将卵磷脂用在冰淇淋蛋卷等减脂配方中作为脱模剂（如 0.3%）。

（6）蛋糕、蛋糕粉、薄煎饼、甜甜圈、甜面包卷、馅料等　蛋糕配方中加入卵磷脂可显著改善蛋糕品质[212]。中饱和度的羟基化产品效果最佳。推荐用卵磷脂作为蛋糕粉乳化剂，确保蛋糕易于脱盘，而且可防止蛋糕从中间飞溅或滴落[213，214]。它们还可以改善面包体积、结构、柔和性和货架期。当卵磷脂以 1% 到 3% 的比率加入蛋糕和油炸面糊的粉状发泡剂时，它能均质化单甘脂从而提供起泡性[215]。酶水解卵磷脂更为有效。

Wolf 和 Sessa[216]提出蛋糕甜甜圈配方中加入 0.5% ~1.0%（以混合物重量计）加速面糊的混合。如果面糊混合时间较长，终产品的面包心就不那么软了。卵磷脂也可用于蛋清糕点及其他只含鸡蛋清的产品，主要是用于代替通常来自蛋黄的磷脂。

根据 Wolf 与 Cowan[71]提供资料显示，磷脂的乳化性在蛋糕粉与速溶食品中得到了广泛的应用。在蛋糕－甜甜圈粉中加入 0.5% ~1.0% 卵磷脂可促进润湿性，从而加快混合。添加卵磷脂改善了甜面团制品（咖啡蛋糕、甜面包卷等）的保存性、纹理和质地，还可生产油酥面团。

馅饼皮配料中加入卵磷脂可以减少混合时间，可生产薄片面团，提高脱模性，促进均匀褐变，还可辅助作为水分屏障保护饼皮[179]。

卵磷脂能促进不同组分的混合，这方面典型的例子是三明治曲奇的奶油馅料配方。含低极性起酥油和高极性糖为主的产品，其中加入少量卵磷脂就能显著改善产品的混合和口感。卵磷脂作为介导物能显著降低硬度，减少馅料的混合时间[31]。

（7）减脂烘焙食品和挤压膨化食品　卵磷脂以其良好的润滑性而被人们熟知。1947年，Pratt[217]总结了卵磷脂增加面包起酥的效果。从那之后，广泛认为卵磷脂可对生面团及其终端烘焙产品起润滑作用。卵磷脂对挤压膨化食品润滑性能也有积极作用。它可以提高生产能力，减少清洗时间。卵磷脂提高产品流量且对膨化产品密度没有不利影响。在生产膨化食品、无脂肪椒盐饼干时，添加0.5%～0.75%（以面粉计）的脱油卵磷脂，清洗切刀的停机时间可显著减少。脱油卵磷脂也可以取代单甘酯用于膨化谷物早餐和特殊的意大利面中[218]。

脱油卵磷脂也被推荐用来提高减脂面团的润滑性能。它能减小黏性从而增加产量，减小对泵、传输带和发动机的压力。

有几项关于卵磷脂用于减脂烘焙食品的专利。其中一项专利是当鸡蛋类似物用于减脂谷物食品组分时，加卵磷脂是较适宜的。卵磷脂与其他乳化剂成分和胶质共同存在时，可能具有吸收空气的作用，否则空气就可能被脂肪吸收[219]。另外一项专利描述了一种减脂、低脂和无脂烘焙食品的生产，其中大部分的起酥油或脂肪组分被一种乳化剂取代[220]，乳化剂组分最好包含10%～25%（以重量计）的至少一种卵磷脂，使用该乳化剂可以制备的特殊减脂食品包括发酵或未发酵咸饼干、曲奇和布朗尼蛋糕。

Gautchier和Dyer[221]获得的一项专利中描述了一种减脂组分，可拓展植物油脂在曲奇填充奶油及其他奶油中的使用。这项专利称卵磷脂在这种组分中的有利作用。在另一个相似的专利中，Abboud[222]在脂肪替代组分中使用卵磷脂用于即食霜糖。

（8）速溶食品　卵磷脂已作为润湿剂与乳化剂广泛应用于即食食品中。卵磷脂广泛应用于可可粉、速溶饮料、速溶可可与风味咖啡、蛋白质粉饮料、咖啡伴侣、速溶布丁、蛋糕粉及速溶涂层等食品中。最常用的添加卵磷脂的方法是作为粉状粒子的外部涂层。选择哪种特定的卵磷脂主要根据粉末体系的亲水性或亲脂性[7]。

近年来，速溶食品生产商对无油卵磷脂越来越感兴趣，这些产品为颗粒状，但可通过加水或脂肪使其流质化。此外，以无油卵磷脂制作的流质产品也已出现，而且优点明显，其性质温和，易于操作，适合速溶食品生产商使用[223]。

（9）脱盘剂与食品脱模剂　基于卵磷脂的脱模剂在冷冻华夫饼干生产、焙烤产品、比萨饼焙烤及意大利面产品中得到应用。多数工业平锅煎炸脂肪中添加复配磷脂，主要是利用卵磷脂的脱模作用[7]。为了使焙烤产品更易于与烤盘、输送带脱离，卵磷脂产品可以喷或刷成薄膜状。焙烤脱模剂中通常含有各种油基中2%～6%的卵磷脂，也可将卵磷脂与颗粒物质配合以获得其他机械脱模功能。

烤盘油或平锅油中所用的脱模剂是所有食品脱模剂中最简单的，这些脱模剂中卵磷脂含量很低（0.5%～1.0%），主要是由焙烤面涂层形成的机械隔层发挥滑脱作用。

家庭用零售脱模剂通常以喷雾器形式出售，有时也用泵喷雾。此类脱模剂可在所有情况下使用，从简单的脱模（如薄煎饼和煎鸡蛋）到复杂的（如蛋糕或松饼）。因此零售脱模剂需要相对高含量的卵磷脂，以应对一些困难的脱模。

如前所述，中度与高度酰化卵磷脂具有耐热性，用于多种脱模剂中[173]。天然粗卵磷脂长时间加热易受热引发反应，使产品色泽加深，形成不溶物。耐热性卵磷脂产品有不同的黏度等级，其黏度因温度不同而异。低黏度卵磷脂不需稀释即可分散，或作为喷雾脱模体系中的一部分。

典型卵磷脂脱模配方，烤盘面包：油98%、卵磷脂2%；气雾喷雾器：油70%、卵磷脂8%、推进剂22%。

蛋糕、曲奇及其他复杂特殊产品的脱模剂配方中通常含有5%～15%卵磷脂、1%～10%颗粒（面粉、二氧化硅等）及各种油（矿物油、植物油等）。

卵磷脂可直接用于烤盘表面、连续烤炉传送器、火焰烘烤设备及其他焙烤表面作为良好的脱模剂，而且易于清理。表面脱模时使用尽可能最薄的脱模剂。根据美国专利4，479，977[173]制备的卵磷脂是一种很有效的脱模剂，可用于薄膜表面或用在喷雾盘脱模体系中。如果用于烤架、研磨机、挤压机、平盘或烤肉叉等器械时，喷雾覆盖面需要用低雾化器而非空气喷雾器。

用来预烤食品的连续、多用途烤箱可能会使用装满水的下沉水槽来清洗和冲刷传输带。将一种包含水分散性卵磷脂的含水脱模体系添加到下沉水槽中使食品与烤箱传送带易于脱离，在烹饪过程中也更容易清洗冲刷。在这项应用中通常添加10%的水分散型卵磷脂[224]。

连续带式烤箱使用下沉水槽的另一种方法是在液态油或者熔化的起酥油中混合2%～10%的耐热性卵磷脂，且使用空气喷雾法将混合物喷射在传送带上[224]。

精制流质卵磷脂也用于防止高水分含量切片产品的粘结，如奶酪。奶酪切片和堆叠前用专用流质卵磷脂产品喷或刮到切板上。奶酪产品的有效分离需要低黏度卵磷脂以细雾状喷到移动的奶酪加工切板上，形成均匀且非常薄的涂层。卵磷脂也能有效分离某些天然奶酪的切片，其制作工艺允许奶酪在切片时加入卵磷脂，用于分离奶酪切片与碎片产品时，约500m^2奶酪（相当于45000片奶酪）需要1kg低黏度可喷洒性卵磷脂[224]。

（10）乳制食品　卵磷脂另外一种重要的应用是在乳制品和仿乳制品中。Bily[225]证明，在奶酪制作过程中，添加脱油卵磷脂到牛奶中可以使马苏里拉奶酪产量提高3.58%，白奶酪（cottage cheese）产量提高8.90%，主要是通过提高奶酪终产品中的水分含量。Turcot等[226]证实，尽管奶酪的生产条件改变，当酪乳中磷脂含量增加时，低脂奶酪中的水分含量也增加。Drake 等[227]研究显示，脱油卵磷脂能改善奶酪的质构而不影响奶酪风味和可接受度。经过训练的感官评定小组测定了含卵磷脂的减脂奶酪比不含卵磷脂的在质构上更类似全脂奶酪。Sipahioglu[228]证明，菲达奶酪减脂造成的产量损失和变硬可通过淀粉和卵磷脂的吸水能力来弥补。低脂和减脂奶酪中添加卵磷脂能改善产量，主要是增加水分含量，降低硬度，同时改善质构和风味。

卵磷脂可改善包括全脂乳粉[229, 230]和酪蛋白酸盐[231]在内的各种乳粉的润湿性和分散性。Oldfield 等[232]认为卵磷脂化的全脂乳粉可降低咖啡沉积物的含量（高于水的硬度范围 0～308mg/L），从而提高咖啡的稳定性。

酶水解卵磷脂可以改善调配乳制品[233, 234]的热稳定性，几乎所有的婴儿配方奶粉都含有亲水性或脱油卵磷脂作为脂肪乳化剂[235]。卵磷脂在其他乳制品中的应用包括冷冻甜食，植脂奶油和酸奶中。

（11）加工肉制品　脱油卵磷脂是用作罐装或冷冻肉制品脂肪乳化的一种关键组分。如果配方得当，卵磷脂可以大大降低甚至完全消除辣椒罐头、牛肉酱、肉汁、墨西哥肉馅及其他含有酱或者肉汁[236]的肉制品中的“脂肪覆盖（capping）”现象。卵磷脂、大豆组织浓缩液和淀粉的复配物已经被推荐用在罐煮式罐装肉制品[237]中以减少脂肪分离。

无油卵磷脂或者卵磷脂/蒸馏单甘酯复配物，已经被推荐在含有高含量水分[238, 239]的法兰克福香肠中使用，减少水分流失。尽管卵磷脂能在低脂肪含量或者高水分含量的法兰克福香肠配方中发挥作用，但是在一些含全脂肪乳化肉制品[240]中却不能发挥作用。因此得出结论：脱油卵磷脂在猪肉糜乳化体系中会使乳化体系不稳定。Cheong 和 Fischer[241]也发现较高 HLB 值的表面活性剂可造成肉制品乳化体系的不稳定。

美国专利 4,434,187[242]报道了一种含脱油、粉末卵磷脂的肉制品固化组分。其中卵磷脂的用途是为了防止卤水溶液分离。卵磷脂也可以用作肠衣和净肉的脱模剂。Hammer 等[243]推荐了一种用于纤维素香肠肠衣的水基脱模剂，其中含卵磷脂 5%～12%，添加比例为 450～800mg/m^2，以卵磷脂重量计。

（12）鸡蛋替代物　人们试图用卵磷脂与乳品和植物蛋白一起仿造蛋黄脂蛋白复合物的功效。有人报道用乳清蛋白、多不饱和脂肪酸和卵磷脂能制成可凝结的鸡蛋替代物[31]；另一配方是将大豆、小麦粉与油、卵磷脂、卡拉胶及聚山梨醇酯 60 混合，可在多种混合调料和预加工食品中代替 75% 的干性或液体鸡蛋[31]。Dashiell[31]也报道了一种由大豆分离蛋白、油、碳水化合物及各种乳化剂制成的脂蛋白复合物，声称这种脂蛋白复合物可用在焙烤食品中部分或完全取代蛋黄。

（13）营养与健康方面的应用　卵磷脂在营养家族中早已家喻户晓。膳食补充剂卵磷脂一般都是来自于大豆卵磷脂。卵磷脂由于含有多种磷脂、维生素和脂肪酸，参与大量生理活动（从分子到器官）。在卵磷脂的磷脂组成中，磷脂酰胆碱被认为是最有营养价值的。的确，胆碱磷脂涉及大量重要的代谢反应，是细胞膜的重要结构组分，是跨膜信号的重要介质和调节器。表 13.26 为卵磷脂/胆碱的生理机能概览。

表 13.26 卵磷脂/胆碱的基本生理机能

生理机能	具体说明
细胞膜	磷脂酰胆碱维持细胞膜结构的稳定性，维持胆碱的充足贮存，作为第二信使
脂肪运输	磷脂酰胆碱是围绕脂肪运输分子（成为脂蛋白）的膜的主要组成成分
甲基新陈代谢	胆碱是一些参与甲基新陈代谢反应的 B 族维生素物质之一，甲基是大量重要的生物化合物的组成成分
类胆碱神经传递	胆碱是合成乙酰胆碱的主成分

卵磷脂是日常膳食中胆碱的主要来源。美国国家科学院（NAS）食品和营养委员会最近通过指定胆碱（磷脂酰胆碱的维生素组分）在 1998 年[244]的膳食营养参考摄入量（DRI）强调了卵磷脂对于人体营养的重要性。虽然卵磷脂和胆碱存在于各种食物中，但是目前食物中卵磷脂和胆碱的具体含量还不清楚。目前还没有食物供应中胆碱的综合分析。但这种分析有一项正在进行，估计到 2005 年，美国农业部大量的食品数据库将能完全分析胆碱含量。这项分析将会包括食品中所有形式的胆碱。

众所周知，卵磷脂/胆碱最丰富的来源是含高脂肪/饱和脂肪/胆固醇类食物像蛋黄、器官肉（肝脏、肾脏）和全脂乳。20 世纪 70 年代的分析估算典型西餐中成人的胆碱摄取量为 730 ~ 1040mg/d[244]。然而，自从 20 世纪 70 年代，膳食推荐开始大力提倡减少高脂肪、饱和脂肪和胆固醇食物的摄入。尽管这种膳食指导政策使很多美国人降低了脂肪摄入，但是很可能近些年来卵磷脂的摄入量也大大减少了。的确，大量报道指出，在过去 25 年里，鸡蛋、红肉和全脂牛乳的消费量急剧下降[245]。

胆碱对人体至关重要。1991 年一项里程碑式的研究中，Zeisel 等[246]指出，有正常叶酸和维生素 B_{12} 水平的健康男性饮食中缺乏胆碱，血浆胆碱和磷脂酰胆碱浓度降低，后来发展为肝脏受损。换句话说，当其他营养物质充足时，人体无法产生足够数量的胆碱来防止肝脏受损，这可以通过血清丙氨酸转氨酶（ALT，一种重要的肝酶）的升高进行测评。这些数据是支持建立胆碱膳食营养参考摄入量水平的依据。胆碱摄入是否充足可依据血清丙氨酸转氨酶（ALT 值）回归到正常范围来确定。充足的胆碱摄入量最初是为成年男性设置的，之后用于计算或者估计其他人群的摄入量。依据不同年龄组，设置了胆碱摄入最高容忍上限。高剂量的胆碱，形式为胆碱盐（胆碱氯化物或者胆碱酒石酸盐），与出汗，唾液分泌，身体臭味和低血压相关。表13.27所示为不同人群的适宜摄入量和最高限量值[244]。

表13.27 胆碱的膳食营养参考摄入量（DRI）

分组	年龄	男性适宜摄入量/（mg/d）	女性适宜摄入量/（mg/d）	最高限量/（g/d）
婴儿	0~6个月	125	125	无法估计
	7~12个月	150	150	无法估计
儿童	1~3岁	200	200	1
	4~8岁	250	250	1
	9~13岁	375	375	2
	14~18岁	550	400	3
成年人	19岁以上	550	425	3.5
孕妇			450	3.5
哺乳期女性			550	3.5

不挑食的健康人不太可能缺乏胆碱，但是一些素食主义者、运动员、节食人群、孕妇和哺乳期妇女可能会耗尽身体内存贮的胆碱。血清中胆碱浓度的降低大多会导致肝、肾脏、血管、神经系统和不孕不育等问题[5, 247]。而且有证据显示补充胆碱（摄入量 > 膳食营养参考摄入量）对人体健康有益。接下来的部分将讨论卵磷脂和胆碱在健康和疾病预防中的作用。

（14）肝脏健康　正如之前所提到的，胆碱缺乏的生物标志是血清丙氨酸转氨酶含量升高，是肝脏受损的表征。肝脏诸多功能之一是在脂肪新陈代谢中的作用。没有磷脂酰胆碱的话，肝脏就不能合成脂蛋白。肝脏特殊重要性之一是合成超低密度脂蛋白（VLDL），超低密度蛋白VLDL产生的少，肝脏就不能输出脂质，就会导致脂肪在肝脏中的堆积。肝脏中脂质的堆积引起各种肝脏疾病，像肝脏细胞死亡、肝脏纤维化、肝硬化、肝癌[248~250]。20世纪90年代早期，经长期全静脉营养（TPN）治疗的患者确诊发展到脂肪肝时，胆碱在肝脏疾病中的作用凸显了出来[251]。当时，全静脉营养配方中不包含胆碱。添加胆碱（以卵磷脂的形式）到全静脉营养配方中，使脂肪在这些患者中的堆积发生逆转，一项长期研究强烈建议胆碱应该在长期全静脉营养治疗中作为一种重要的营养素[252]。这项发现又引起了一系列的实验，并最终确定了胆碱的重要性，确定了胆碱膳食营养参考摄入量。

鉴于卵磷脂/胆碱和肝脏健康之间的联系，正在研究这些物质的治疗前景。人体脂肪肝的主要起因就是过度饮用酒精饮料。一些研究结果表明，卵磷脂中的磷脂特别是磷脂酰胆碱可显著降低喝酒引起的肝损伤[253, 254]，但补充的胆碱是胆碱盐的形式时，就不能发挥这种作用。有趣的是，关于饮食和肝脏疾病的一篇论文阐述了关于饮食和肝脏健康之间最令人兴奋的发现，即补充磷脂酰胆碱可保护肝脏免受长期喝酒导致肝损伤[255]。

其他的动物模型研究也表明了饮食中缺乏胆碱会促进肝脏癌变[256~261]。事实上，当其他致癌物质都不存在情况下，胆碱是唯一已知的因缺乏会直接引起肝癌的营养素[262, 263]。因此认为缺乏胆碱既能引发又能促进肝癌。

（15）对血液胆固醇的影响 20 世纪 60 年代到 80 年代进行了许多关于服用卵磷脂与血清胆固醇浓度之间关系的研究。1989 年，Knuiman 等综述了这些研究[264]中的 24 项，总结出大多数低胆固醇卵磷脂的益处来源于其多不饱和脂肪酸含量，尤其是亚油酸。因此，他们表示在降低总血清胆固醇方面，大豆卵磷脂不比大豆油好。但是，这个研究团队没有考虑到亚类脂蛋白的影响，他们的结论仅仅基于总胆固醇。这项分析不包括卵磷脂对 HDL 胆固醇的积极作用，脂蛋白组分通过逆转胆固醇的转运，将胆固醇从动脉和其他组织中除去，再返回肝脏中用于再合成，降低心血管疾病（CVD）风险。在一篇关于动脉硬化风险因素的综述中，Ridker 等认为有 11 项生物标记物与提高或者降低心脑血管疾病风险有关[265]。他们认为心脑血管疾病最主要的预警器是总胆固醇与高密度脂蛋白胆固醇之间的比例失调，意味着具有低含量 HDL 胆固醇和高含量总胆固醇的人是最有可能发生心脏和血管疾病的。这样，简单的考虑卵磷脂对总血清胆固醇的影响只能说明心血管疾病的部分风险因素。

O’Brien 和 Andrews[266]发现在人体中，相对于鸡蛋卵磷脂或脂肪酸来说，大豆卵磷脂能显著增加 HDL 含量。Wojcicki 等也表示卵磷脂可以降低 LDL 胆固醇，尽管这项研究中缺少合适的对照[267]。大豆卵磷脂改变血液胆固醇的能力引起了一些令人兴奋的研究，方法是将卵磷脂加入到某些降低胆固醇的药物中。用在药物（如安妥明）中存在的问题之一是，尽管它能降低 VLDLs，从而降低心血管疾病的风险，但同时它也能增加 LDL 水平，增加心血管疾病的风险。一项研究发现，服用安妥明时，卵磷脂能防止服用安妥明出现的 LDLs 的增加[268]。

卵磷脂降低胆固醇的主要机理是降低膳食胆固醇从肠道到血流中的吸收[269, 270]。也有证据显示摄入卵磷脂是通过提高用于产生胆盐的胆固醇的量而降低胆固醇[271]。用于胆盐合成的胆固醇越多，能到达血流并损伤血管的胆固醇就越少。卵磷脂也有助于给饮食提供能控制血液胆固醇含量的多不饱和脂肪酸。

（16）对动脉粥样硬化和动脉健康的直接影响 20 世纪 60 年代的数据显示磷脂在抗动脉粥样硬化中起双重作用，一方面疏通动脉中的胆固醇，另一方面阻止胆固醇引起动脉硬化[272]。静脉注射磷脂对几种不同实验动物起到了抗动脉粥样硬化的作用[273~279]。有大量关于卵磷脂抗动脉粥样硬化作用机制的理论研究。之前的理论研究认为这些作用归功于“除垢”效应，仅降低了血清胆固醇[278]。但近来更多研究，例如 Hsia 等[279]认为磷脂酰胆碱被 HDL 占据，形成富含磷脂酰胆碱的囊泡，这些囊泡比原来的 HDL 有更强的促进胆固醇流出能力，引起细胞胆固醇消耗，增加 LDL 受体活性，减少动脉损伤。然而，关于内皮细胞修复和生长因子的准确机制还不确定。

最后，卵磷脂也能与一些药物相互作用影响心脑血管健康。相互作用之一是卵磷脂和非甾类消炎药（NSAIDs）。目前正在研究非甾类消炎药（阿司匹林、布洛芬和萘普生）通过减少引起炎症的某些前列腺素的产生对降低动脉疾病的潜在作用。然而，由于前列腺素起到保护胃黏膜的作用，这些药物可能会引起反胃、胃肠道出血和胃溃疡。添加卵磷脂到非甾类消炎药中不仅可以保护胃部免受药物的刺激[282]，同时也可以加强药效[283]。一项关于大鼠实验表明阿司匹林中加不加卵磷脂在吸收程度上是一样的，但是添加卵磷脂后的阿司匹林有更强的退热、消炎和镇痛的功效。功效提高的原因可能是增强了靶细胞的吸收力，增加了环氧酶结合力（合成促炎细胞因子和其他前列腺素的限速酶），或延长药物半衰期[283]。

（17）对大脑发育的影响　在胚胎发育中，胆碱对海马回和隔膜的发育起着至关重要的作用，脑功能区被认为与记忆的形成和检索有着紧密的关系[284, 285]。考虑到胆碱在大脑发育中的作用，推测补充胆碱可提高学习认知能力。在一系列实验中，Meck 和 Williams 给怀孕大鼠在孕期不同时间补充胆碱[286~289]。幼崽出生和断奶后进行一系列的迷宫记忆力测试。在测试中，大鼠需要去“记得”哪只爪子有食物。记忆线索形成能力较强的大鼠回忆食物时出错较少。实验发现给怀孕 12 ~ 17d（相当于人类怀孕期的 20 ~ 25 周）的大鼠饮水中补充胆碱，生出来的大鼠比对照组及孕期其他时间补充胆碱的记忆力明显好得多。有趣的是，这个胆碱补充和认知能力提高的关键时期与海马回发育过程中祖细胞的分化和迁移是一致的。其他实验表明通过在怀孕期间补充胆碱可以提高认知功能的许多方面[286~288, 290, 291]。

出生后，可能还有一个补充胆碱的重要时期。给刚出生 16 ~ 30d 的大鼠幼崽饲喂胆碱，也有更好的记忆能力，但是没有像在怀孕期补充胆碱那样明显[289]。更为重要的是，观察到对幼小动物认知能力的提高并不是瞬时效应。母鼠怀孕期间补充胆碱，生出的大鼠在整个生命中对迷宫或者其他的测试都表现的更好[292]。而且，这些大鼠的生命晚期的测试中，它们能继续保持较好的记忆能力和更少的脑衰退。

胆碱在人类胚胎发育中有着许多重要的作用，怀孕期和哺乳期妇女需要增加胆碱。母亲通过胎盘以 1：14 的比例输送胆碱给胎儿[293, 294]。这大量消耗母亲存贮的胆碱，使得怀孕期间的母亲更容易受到胆碱缺乏产生的影响。同样地，母乳中胆碱的浓度是母亲血液中胆碱浓度的100倍以上[295]。由于胆碱需求增加，可能怀孕期和哺乳期母亲的血清胆碱浓度都比没有怀孕的妇女低。目前，有研究正在进行调查对孕期、出生6周补充胆碱对婴儿大脑功能的影响。

（18）对年轻人认知表现和记忆力的影响　补充卵磷脂可增加胆碱和磷脂酰胆碱，这是海马回中形成乙酰胆碱的前体物质，进行了卵磷脂可能提高记忆力作用的研究[296]，有趣的发现是，尽管几乎所有参与者的记忆能力都有改善，但是最初记忆力最差者服用25g剂量卵磷脂（提供3g胆碱）后显示出的改善最大。采用相似的记忆力测验，另一组研究人员发现受试者摄入7.5g胆碱（氯化胆碱），学习能力有显著提高[297]。这次也是记忆力最差的提高最大。

（19）对老年人记忆力的影响　研究还发现补充胆碱对有记忆力缺陷的老年人的瞬时记忆力、逻辑记忆力或自由回忆能力都有提高[298, 299]。

以上这些研究表明，以卵磷脂或者卵磷脂前体物［二酰甘油胆碱磷酸转移酶（CDP）-胆碱］形式摄入的胆碱可以改善与衰老有关的轻微记忆力衰退。但是，氯化胆碱可能因为生物有效性比较低，在改善记忆能力方面不如卵磷脂有效[300]。

13.5.3 食品体系中的风味

卵磷脂产品的风味，以及卵磷脂对其他风味物质的影响已引起研究者的重视，但仍有很多工作要做。Sessa[301]综述了影响磷脂风味生物合成的因素。商业卵磷脂的风味组成变化很大。商品级大豆卵磷脂典型的气/风味稍有青草味和豆腥味。化学改性或分提卵磷脂需要另外注明。除去植物油组分，大部分青草味和豆腥味也被消除了，剩下些许坚果风味的干粉或颗粒。采用气相色谱法与质谱可鉴别出大豆卵磷脂中79种挥发性化合物[302]。

脱油卵磷脂重新溶于精炼、脱臭油中，可生产出风味清淡的流质卵磷脂。在大多数食品中，卵磷脂使用量非常少，因此，其风味不会对食品应用产生明显的影响。实验室测试表明，在制成的食品配方中，卵磷脂对盐、酸和一些调料的风味强度要么突出、要么减弱。但是卵磷脂风味可渗入清淡乳制品体系，研究表明，0.25%的脱油卵磷脂可在白干酪中检测出来[31]。

卵磷脂具有能明显改善某些风味的能力，Dashiell[31]报道了用卵磷脂改变口香糖风味，并得出结论：卵磷脂减轻了苦味。

总之，磷脂对食品外观、色泽、风味、口味及质地等感官性质产生影响，这些关键性质决定了消费者的接受度。磷脂的风味及磷脂与各种风味物质的相互作用极为重要，决定了食品的可接受性。不同磷脂的物理化学性质不同，对食品品质的影响程度也不同，这由磷脂的性质及在油中的含量、其他化合物的存在以及磷脂所在的油体系所决定[301]。

虽然人们在降低某些风味研究中取得了一定进展，但残留风味总是存在[303]，在多数食品中，卵磷脂以低含量加入时，这些风味被稀释和掩盖了。在清淡食品如乳制品中，风味是一个特别的问题。更多的关于卵磷脂在食品风味中的相关研究进展，读者可以查阅 Min 和 Stasinopoulos[304]、Sesssa[301]、Sipos[305]的文章。

13.5.4 脂质体

脂质体通常由以球形排列的双分子层磷脂分子所构成。脂质体可以是只有一个双分子层或者有多个双分子层构成，这些双分子层聚集成一个球体，每个双分子层被水分隔。脂质体可作为各种活性成分的载体，水溶性活性成分密封在脂质体核内，油溶性活性成分密封在双分子层中，图 13.4 所示为脂质体的模型[306]。

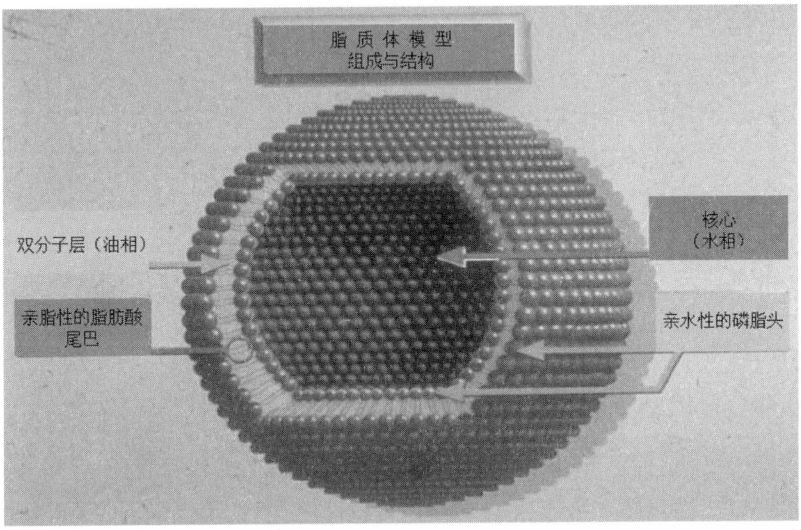

图 13.4 脂质体模型[306]（彩图参见 http://www.mrw.interscience.wiley.com/biofp.）

脂质体已多年用作药物传输系统的组成部分和化妆品工业中经皮渗透载体活性成分[307]。最近，脂质体又用于食品和营养补充产业。Keller[308]列举了十几种市场上新型脂质体传递系统配方研制的营养品。在食品领域，已研究了脂质体的胶囊化，以供酶的可控释放[309, 310]，这种胶囊化的脂质体酶已经用于加速奶酪成熟[311]。

美国专利 4,999,208[312]报道了含有脂质体胶囊化成分的挤压膨化饼干。

13.6 动物饲料与用途

13.6.1 动物饲料

许多公司很少或者不进一步加工，直接销售粗卵磷脂胶给饲料工业。但是，磷脂用于动物饲料中的全营养和功能优势可以通过开发不同类型的卵磷脂来获得[313]。

13.6.1.1 磷脂在动物饲料中的功能作用

卵磷脂可以用于动物饲料中是因为其诸多功能特性，如卵磷脂的乳化性、润湿性、成胶性、抗氧化性和生理特性。

（1）代乳品脂肪乳化　卵磷脂在动物饲料中的一项重要应用就是作为乳化剂[314]。举个例子，代乳品脂肪被乳化可以改善产品润湿性和混合过程中的分散性，有助于脂肪分离最小化（乳化稳定性），显著降低脂肪颗粒大小，改善脂肪消化性。作为代乳品的乳化剂，卵磷脂的添加量为添加脂肪量的3%～12%。所用的卵磷脂类型受脂肪类型、蛋白质类型以及是否存在稳定剂等因素的影响。

（2）罐装食品乳化　卵磷脂另一个乳化作用的应用是在罐装宠物食品中。卵磷脂能保持混合原料在泵入罐子期间的同质性，减少罐中脂肪覆盖和结晶，保持肉汁和调味汁的均匀和顺滑，在罐中储藏不分散。罐装宠物食品配方中添加0.25%～0.75%卵磷脂可达到此效果[315]。

（3）罐装食品润滑　卵磷脂在罐装宠物食品的应用中起到润滑作用。润滑作用减少了食品的胶黏性，使得食品容易在加工设备之间流动。就这方面而言，卵磷脂优于脂肪。正因为如此，卵磷脂的使用减少了混合原料中对脂肪的需求，而且可以获得更好的机械切削性。为了获得这些有益的作用，罐装宠物食品中可加入0.25%～1.0%的卵磷脂到原料混合物中[315]。卵磷脂也有脱模剂的功能。灌装前在罐内表面喷涂一层卵磷脂薄膜，有助于罐内容物更干净和快速的分离[315]。

（4）挤压膨化　卵磷脂用在宠物食品的挤压膨化加工，特别是其润滑特性已用于动物食品（如狗、猫、马）的膨化。脱油卵磷脂（0.5%～1.0%）和流质卵磷脂（0.75%～1.5%）可减少膨化机的电机负荷，在同等能耗下可提高产率。按规定的卵磷脂量使用，可观察到产率提高了10%～25%。卵磷脂用于膨化过程的另一个方面是生产稳定性。一些宠物食品配方中的原料组合难以通过膨化机。挤压膨化过程中压力的增大和释放使得产量“激增”。热量更低、纤维素含量更高的食品生产比较困难。卵磷脂可减少挤压膨化过程中的波动，可以迅速启动并保持生产稳定性。卵磷脂本身的润滑特性也减少了机械磨损。部件磨损少就延长了机器的功能寿命，降低生产成本。有些食品挤压膨化过程中保持颗粒的大小和形状比较难。在一些食品配方中，卵磷脂使挤出物通过冲模的通道保持平滑，可提高产品均一性。另外，产品颗粒输送到干燥器之前，卵磷脂可减少颗粒中的结块。结块产品要筛除，或丢弃或重新加工，这样就降低了生产能力。

挤压膨化食品中使用卵磷脂可提高体积密度0～20%，变化程度与卵磷脂的用量及食品原料组成有关。有些情况下，密度变化太小，在包装上没有改变。但密度显著增大，现有的包装不改动的话就过大。不过如果使用卵磷脂，改变可以在生产过程中进行，就可以保持产品密度恒定。例如，增加蒸汽量，和/或减小模具面积，增大膨胀和降低密度。增加密度也不总是负面影响，尤其是一些新配方食品和低热量或者“清淡”食品。高密度食品需要的是小包装，减小了存贮和运输量。磷脂有助于膨化食品中的水分的分布和保持。卵磷脂减少了产品中水分的逸出和外界水分的进入。这些作用有助于减少食品的“走味儿”[316, 317]。

（5）烘焙宠物食品　许多烘焙产品（饲料、饼干、曲奇、薄脆饼）都是为狗制造的。与本章前述人食用的烘焙制品一样，卵磷脂在宠物食品中也具有相同的功能，发挥相同的作用。卵磷脂用量为1%～3%（以脂肪计），可以促进脂肪在这些烘焙产品中的分布。卵磷脂还可以用于减脂宠物烘焙食品，代替去除脂肪后的润滑作用。按混合物的0.25%～2.0%比例添加卵磷脂就可以实现这些作用。就机械切削性而言，卵磷脂比脂肪的润滑作用更好。正因为如此，卵磷脂的使用可以减少宠物食品原料混合物中的脂肪含量[318]。

卵磷脂可用作脱模剂，使宠物食品或饼干从图章或模具中干净迅速的分离。可以看到，混合原料中使用卵磷脂时，印图章所需要的压力减小了。卵磷脂还能轻松形成复杂图章的表观细节，尤其是低脂食品。切面团时，卵磷脂能改善脱模，尤其是旋切机。由于脱模性好，食品和饼干能形成较好的压痕，减少了“残次品”（压痕不好的产品）数量。有些宠物饼干是烘焙前将面糊注入到模具中制作的。卵磷脂可以提高面糊的流动性，使其填满模具的每个角落和空隙。在烘焙完成后，卵磷脂可改善脱模性。

卵磷脂具有使表面不粘的能力。尽管脂肪和油脂也可以，但是它们增加了不需要的热量，且在产品表面有油性残渣。卵磷脂还具有修饰宠物食品或饼干与烘焙表面或模具表面界限的功能，防止食品与表面接触而发生黏附。低黏度卵磷脂不稀释就很容易被喷出。其他卵磷脂可以与油脂，脂肪或者水混合之后再进行喷雾。还有些卵磷脂“耐热”，通常情况下长时间加热会变黑的产品中可以应用此类卵磷脂。

检测或裂缝的发展，导致封装有可能裂口，对于烘焙产品，特别是那些易碎食品来说是一个问题。低水平的卵磷脂添加量（0.25%～0.5%）通过增加产品黏结性有助于减少这种问题的发生，还可以减少包装内的碎料。

（6）抗氧化剂　卵磷脂是稳定动物脂肪和植物油的抗氧化剂的天然补充剂。磷脂质有助于减少酸败，延长产品的保鲜期[319]。卵磷脂更是作为抗氧化剂的增效剂发挥着重要作用。

（7）水产饲料　卵磷脂广泛用于水产饲料中。设计成下沉的鱼用或甲壳动物用膨化饲料必须拥有特殊的性能以满足身体和营养的需求。这些性能包括高密度：使饲料球团可以在大海中下沉；硬度：使得饲料球团能禁得住在饲料厂和装货送到水产养殖场过程中的搬运和碰触；半成品结构：容易摄取高含量的外部脂肪。水产饲料中加入脱油卵磷脂（例如0.5%）可以满足这些需要[320]。卵磷脂还可以减少水溶性营养物质的浸出[321]，并在鱼饲料中用作有效的黏合剂[322]。关于用作黏合剂的研究，该作者表示脱油卵磷脂比流质卵磷脂在减少溶解时间和防止水溶性营养物质浸出方面更有效。卵磷脂还可用作幼鱼饲料中的人造微粒物。磷脂有助于脂质乳化和形成脂质壁的微胶囊。

13.6.1.2 卵磷脂在动物饲料中的营养作用

卵磷脂用作乳化剂的功能请参考上文。膳食脂质的乳化作用对于消化来说也具有重要的营养功能。各种类未成年动物（牛犊、狗、鱼、猪和家禽）产生助消化的乳化剂（例如胆汁）和酶的能力有限。将卵磷脂用作膳食乳化剂有助于改善饲料能量利用率。

（1）猪仔的消化　早期断奶的小猪具有摄入饲料量低和消化能力差的特点。难点在于如何配方饲料，使其味道好、营养高、消化性强。为了提高膳食能量，要补充脂肪。改善消化和猪的性能的一个方法是使用各种加补充脂肪或不加补充脂肪的补充膳食卵磷脂。猪对膳食卵磷脂的反应不一致[323]。过去研究中的成功和失败很难进行比较和评论。可能影响实验结果的变量包括卵磷脂的类型和含量、脂肪类型和含量、食物组成、膳食能量与氨基酸的比例、绝对膳食热量密度、氨基酸含量、猪龄和猪的性能潜力等。总之，以脂肪的5%～10%比例添加膳食卵磷脂，显示出提高猪仔性能的趋势。

（2）牛犊的消化　小牛犊的消化系统在生命的前三周会急剧变化。在这段期间内，要严格控制牛犊能消化的营养物质。乳脂是最容易消化的脂质来源；但其他脂肪（牛油、猪油、白油、棕榈油、椰子油）如果经过适当乳化和均质也可以被利用。影响反刍牛犊脂肪消化和吸收的最主要的因素是代乳品脂肪乳化形成的颗粒大小小于10 μm[324]。脂肪与代乳品混合之前，添加卵磷脂（如10%）到脂肪中，可以影响乳液中脂肪滴的大小。

在反刍动物中，卵磷脂也能控制胃胀气，胃胀气是典型的由瘤胃膨胀引起的消化失调。瘤胃膨胀是由瘤胃液上部形成泡沫导致的，泡沫堵塞了气体排出[325]。

（3）甲壳类动物的消化　最初，人们认为甲壳类动物的脂质乳化和消化需要卵磷脂作为表面活性剂。然而，其他证据表明膳食磷脂改善生长和生存的作用不同于增强消化道中膳食脂质的乳化和吸收。目前的共识是，膳食磷脂影响从中肠到血淋巴和其他肝脏组织中脂质（如胆固醇和甘油三酯）的移动，而不是直接消化和吸收膳食脂质。胆固醇和卵磷脂之间存在重要的膳食相互作用，二者在甲壳类动物膳食中都不能互相取代。磷脂两性离子的特性可以增强各种药物的吸收，包括药物的脂质渗透性。这一点在类胡萝卜素用于虾的营养中非常有意思。类胡萝卜素在繁殖（如蛋类的发育）和胚胎以及胚胎后期发育过程中对健康起到重要作用。在给虾提供营养时磷脂和类胡萝卜素存在协同作用。膳食磷脂的另一个作用可能是改善适口性（化学趋向性），提高摄食量。幼年虾对于磷脂的需求范围是3.0%～9.0%（来自大豆卵磷脂），以提供1%～3%的磷脂酰胆碱+磷脂酰肌醇。处于年少年期的虾需要磷脂范围为3.75%～4.5%（来自大豆卵磷脂，提供1.2%～1.5%磷脂酰胆碱+磷脂酰肌醇）。亲虾对于磷脂的需求至少是2%的大豆卵磷脂（0.65%磷脂酰胆碱+磷脂酰肌醇）[326]。

大多数幼鱼（像海鲈鱼、鲑鱼、鳟鱼、大比目鱼、海鲤、比目鱼、鲤鱼和金鱼）需要膳食磷脂。磷脂的需求量一般随着年龄或者发育阶段而减少。物种不同，需求量也不同[321]。

（4）宠物的消化　营养学家在小狗和小猫的狗粮和猫粮中添加磷脂来改善膳食脂肪的消化。添加磷脂的其他原因是为了改善犬科和猫科饲料中的营养供应。人们想要生产出营养最佳且充足的宠物粮的愿望已经改变了宠物食品。这些改变中很多反映了宠物主人饮食习惯的改变。人们认识到并不是所有的犬齿类和猫科类动物整个生命周期内营养需求都是不变的。宠物生命周期的食物是有价值的，为年长的狗和猫提供的食物就在其中。对年老的狗和猫营养管理的目标是提高生活质量，延缓衰老，延长寿命，放缓或防止疾病进一步发展，消除或减轻疾病的临床症状，维持最佳的身体体重。老年宠物卵磷脂使用量为膳食的1.0%～5.0%可以满足必需脂肪酸、胆碱和能量营养需求[327]。

（5）皮肤和表皮健康　优化宠物食物的营养素供应的深层理由是其主人对营养有意识和兴趣。主人越来越了解它们的生活质量和寿命以及营养所发挥的作用。皮肤是身体的最大组织器官。保持皮肤的完整性，它的组成细胞，细胞的质膜不仅对于动物的外貌、而且对动物的健康和幸福都是至关重要的。有个重要的科研信息报道了关于磷脂和必需脂肪酸（ω-6、ω-3）对皮肤以及其他上皮组织（如毛发和蹄子）健康方面的作用。卵磷脂是磷脂和必需脂肪酸的极佳来源。在膳食配方和/或日常补充中使用卵磷脂可以作为宠物动物优化营养计划的一部分。磷脂和必需脂肪酸目前已经添加到了宠物动物的食物中。然而，卵磷脂详细的膳食推荐量有很多。狗和猫的食物中卵磷脂添加量为1%～3%（相当于0.5%～2.0%的磷脂）。用作日常补充，每45kg体重作为起始点，卵磷脂用量大约为10～20g。一茶匙脱油卵磷脂颗粒的量大约为2g，而一汤匙大约为7.5g。补充卵磷脂的量要达到期望的营养效果是受宠物品种、个体的遗传基因以及环境变量如湿度、日晒、吹风、洗澡的频率和其他因素（像过敏）所影响的。卵磷脂也可以用在马的食物中，用量为1%～5%（0.5%～3.0%磷脂），通常用量为1.0%～2.5%。作为日常营养补充，卵磷脂的饲喂用量与动物的营养状况、总体健康情况、体重、年龄和其他因素有关。每45kg体重卵磷脂的补充量在15～20g到90～100g。注意：8OZ的标准量杯可以盛装大约100g脱油卵磷脂颗粒[328]。卵磷脂还可用于毛皮动物（狐狸、貂）促使毛皮健康、丰满。卵磷脂在这方面的应用和其用于宠物的营养上的原因是一样的[328]。

（6）马的健康　动物胃肠道内层由特殊的上皮组织构成。马的生理机能与这种宠物的雇佣（如赛马、试验活动）相结合，出现了独特的磷脂的营养应用。胃溃疡是怀驹母马和成年马的一个重大问题，仔细研究了它们的健康状况。年轻怀驹母马溃疡发病率在50%～60%。成年马匹由于日常的比赛或者训练，胃溃疡的发病率为80%～90%。马匹出现溃疡和生活条件差、应激性、性能差有关。绝大部分马匹的溃疡都发生在胃部非腺性基底区。一个重要的研究表明，表面活性磷脂对于支持胃部该区域抵御鳞状上皮有帮助。事实上，大量研究表明，口服补充卵磷脂有助于减少甚至治愈胃溃疡。已发表的研究综述显示，每日服用90～155g卵磷脂，2～4周一个疗程。日常饲喂低浓度卵磷脂可以维持胃部组织健康，避免形成胃溃疡。卵磷脂在马的直接研究中需要获得更多准确的信息[329]。

（7）宠物的记忆力　如前所述，人类和陪伴动物之间的感情关系越来越深。宠物的健康和生活质量的其他方面可以通过他们的食物反映，包括大脑发育情况、学习能力和记忆力。大脑发育和保养是一生的过程，从子宫内开始，一直延续到死亡。优化宠物的学习和记忆能力的重要性是会提高动物和主人的生活质量。鉴于此，宠物食物的配方更应特殊重视胆碱。应认识到卵磷脂（如磷脂酰胆碱）作为胆碱的高生物活性来源的特殊贡献。怀孕期间优化胆碱的摄入可以促进早期胚胎大脑和神经系统的发育和生长，改善年幼动物学习和记忆能力，有助于老年动物记忆力的改善。优化年轻成年动物膳食胆碱/卵磷脂，可以提高系列学习和选择性记忆能力，可以改善行为（如减少应激性、焦虑、反应性、进攻性）。尽管记忆能力随年龄的增大而降低，优化的胆碱/卵磷脂膳食补充可以减少脑细胞萎缩，提高短期记忆能力和老年动物的学习能力[329]。

（8）宠物的运动　胆碱/卵磷脂参与的神经功能除了学习和记忆之外，还参与肌肉功能。类胆碱神经传递信号给肌肉纤维。研究表明，持续激烈的运动降低了血浆中的胆碱水平。补充胆碱/卵磷脂可以防止其降低，大多数情况下可以增强身体性能[330]。据报道人们（马拉松运动员、游泳的人、滑雪的人等）补充胆碱/卵磷脂后可以减少疲惫感，提高精力，延长运动时间。从机制上来看，补充这样的物质可以改变神经末端的乙酰胆碱的合成和释放，加强骨骼肌的收缩。胆碱的补充也可以增加骨骼肌和心脏肌肉细胞膜中胆碱的含量。这些储存的胆碱有助于乙酰胆碱的形成和释放。而且这些补充物质有助于细胞膜的生长和修复。卵磷脂的使用增加细胞膜中不饱和脂肪酸的含量，增加细胞膜的膜通透性，促进细胞能量代谢，提高运动能力。观察到的结果是卵磷脂可以提高马和狗的运动体能[331]。

（9）家禽　卵磷脂在家禽的饲料中有营养作用。据报道，肉鸡的卵磷脂的热量值（8900kcal/kg）比牛油（7000kcal/kg）或者大豆油（8800kcal/kg）的要高[332]。这项研究与之前的互补，鸡饲料中添加卵磷脂，脂肪利用率和代谢能量值得到了改善[333, 334]。磷脂可提高色素的吸收，有助于蛋黄着色[335]。营养成分是肉品质的关键因素。巴西人研究发现肉鸡饲料中添加卵磷脂提高了鸡胸肉的感官评分[336]。

13.7 非食品及工业应用

卵磷脂的用途已经超越了传统的应用范畴，包括油基漆、巧克力、人造奶油和烘焙制品。卵磷脂不仅用作烘焙行业中的脱模剂，还用在黏合剂和塑料工业中，以及许多工业中用作分散剂。相较于常规制备等级，卵磷脂在某些工业应用中精炼条件要求更严格。交叉反应的卵磷脂还扩大了卵磷脂在特定应用中的适应性。

卵磷脂在水性漆、乳胶漆与印刷用油墨中用作分散剂；在汽车润滑油中用作除垢添加剂；与酚类抗氧化剂组合用作汽油的抗胶剂；在纺织工业中，卵磷脂用作乳化剂、渗透剂、扩展剂及抗氧化剂；在橡胶化合物生产中用作抗氧化剂与分散剂。此外，发现卵磷脂用在了杀虫剂与除草剂配方中，目前正用于化妆品与医药工业中。卵磷脂作为表面活性剂已用于磁记录材料中很多年。表13.28[56]列举了卵磷脂在工业应用中的辅助功能以及非食品应用。

表13.28　卵磷脂的非食品应用，用量和功能[56]

应用	使用量/%*	功能作用
黏合剂		分散剂或混和助剂，增塑剂
吸附剂		吸附助剂，偶联剂，絮凝剂
催化剂		催化剂，乳化剂或表面活性剂，改性剂，湿润剂
陶瓷和玻璃		分散剂或混合助剂，脱模剂或防粘剂，防水剂
化妆品和肥皂	1～5	抗氧化剂，分散剂或混和助剂，调节剂，润肤剂或软化剂，脂质体封装剂，保湿霜，营养补充品或维生素源，渗透剂，稳定剂，湿润剂
洗涤剂		防腐剂，乳化剂或表面活性剂
防尘		黏合助剂，抗尘剂
染料	0.5～2	分散剂或混合助剂，偶联剂

续表

应用	使用量/%*	功能作用
炸药		抗尘剂，乳化剂或表面活性剂，稳定剂
肥料		抗尘剂，调节剂，分散助剂
油墨	0.5～3	增色剂，分散剂或混合助剂，乳化剂或表面活性剂，研磨助剂，稳定剂，悬浮剂，润湿剂
皮革	油的1～2	调节剂，润肤剂或软化剂，乳化剂或表面活性剂，润滑剂，渗透剂
磁带	0.5～1.5	抗氧化剂，分散剂或混和助剂，乳化剂或表面活性剂，润滑剂，润湿剂
石工行业和沥青产品		防腐剂，分散剂或混合助剂，乳化剂或表面活性剂，增塑剂，脱模剂或防黏剂，强化剂，润湿剂
金属加工		防腐剂，抗溅剂，絮凝剂，润滑剂，脱模剂或防黏剂
油漆和其他涂料	颜料的0.5～5	抗氧化剂，增色剂，分散剂或混合助剂，乳化剂或表面活性剂，研磨助剂，促进剂，分散助剂，黏度改性剂，稳定剂，悬浮剂，润湿剂
纸		分散剂或混合助剂，软化剂或柔软剂
杀虫剂	0.1～5	黏合助剂，抗氧化剂，生物降解添加剂，分散剂或混合助剂，乳化剂或表面活性剂，渗透剂，分散助剂，稳定剂，增效剂，生物活性剂
石油和其他燃料产品	0.005～2	黏合剂，防腐剂，抗氧化剂，分散剂或混合助剂，乳化剂或表面活性剂，润滑剂，稳定剂
医药		抗氧化剂，乳化剂或表面活性剂，脂质体包囊剂，机械加工助剂，营养补充品或为维生素源，稳定剂，润湿剂，生物活性剂
聚合物，包括橡胶	0.5～1.5	抗压榨剂（如在脂霜中），抗氧化剂，乳化剂或表面活性剂，分散剂或混合助剂，改性剂，增塑剂，脱模剂或防黏剂，稳定剂，强化剂
印刷、复印和摄影		增色剂，分散剂或混合助剂，研磨助剂，感光剂，润湿剂
脱模剂	2～10	乳化剂或表面活性剂，润滑剂，脱模剂或抗黏剂
纺织	0.2～0.5	抗尘剂，调节剂，分散剂或混合助剂，软化剂或柔软剂，乳化剂或表面活性剂，润滑剂，脱模剂或抗黏剂，防水剂，润湿剂
废物处理		黏合剂，分散剂或混合助剂，絮凝剂

注：* 未标明的使用等级为0.05%～1.5%。

13.7.1 催化剂应用

在多相体系中，卵磷脂由于表面活性特性而具有一定的催化或辅助催化作用。据报道，卵磷脂在处理不饱和聚酯水分散体时是一种有效的乳化剂[337]。加入卵磷脂的产品更容易从模具中脱离，且改善了机械性能。在发酵应用中，采用假单胞菌细菌（pseudomonas）植株制备胆固醇脂酶，可用1.5%大豆卵磷脂作为诱导物[338]。除了用作催化剂、引发剂或改性剂外，卵磷脂还在催化体系中起到辅助作用，用作保护涂层[339]。

13.7.2 洗涤剂

相关专利研究表明，清洗盘子上干固或烘焙污渍时，大豆卵磷脂能够提高阴离子洗涤剂的除垢能力[340]。大豆卵磷脂还能改善含有碱金属盐和皂的用于清洗鱼的洗涤剂组成[341]。分提卵磷脂能提高脂肪酰基谷氨酸盐的去污力[342]。通过向洗涤剂中添加卵磷脂，在清洗坚硬表面后能留下一层保护膜防止污垢进一步附着[343]。

13.7.3 纸、印刷和油墨的应用

据报道，卵磷脂在造纸中可作为分散剂和软化剂[344]。向柔软的纤维素产品如纸巾中添加卵磷脂能增强其光滑感使产品更柔软，并且还能增强产品必要的强韧性和吸收能力[345]，部分皂化后的卵磷脂也具有这些用途[346]。卵磷脂能用于打印油墨和复印调色剂的配方中[347]。卵磷脂可提高色泽强度，用作研磨和再混合助剂。一些含有卵磷脂的专利产品有多重检测墨水[348]与磁性墨水[349]等。另外，卵磷脂也可用于去除胶印和印刷用油墨配方中[350]。

纸张和纸板经常涂以涂层来改善其适印性和外观[351]。脂肪酸和卵磷脂的混合物可使涂料具有优质的均匀性，流动性，稳定性和亮度[351]。现如今，纸张生产速度的提升需要润滑性和脱模性得到改良，为此可以将卵磷脂添加到造纸泥浆中或直接喷洒到干燥鼓上[352]。卵磷脂显著改善了水性涂料的流变学特性，可以迅速移动网布[353]。羟基化和乙酰化的卵磷脂可以使得纸张涂料中不再需要其他的表面活性剂，且还能改善印刷面的质量[354]。使用卵磷脂能允许传统工艺和设备使用大量聚合黏合剂，且能改善终产品的强度[355]。

最近几年，人们开始逐渐意识到纤维素产品的回收和再利用的重要性。使用过的纸张常常被涂料和胶黏剂所污染。在回收过程中，卵磷脂被作为分散剂用于去除蜡及类似污染物[355]。在再湿润工艺中，添加卵磷脂可以使生产工艺在50m/min的加工速度下连续操作24h以上，而不降低绷带纸的质量[356]。

无油磷脂可在平版印刷与印刷电路正负相片制作中作为感光剂[35, 358]。卵磷脂也用于复制图案常用的电感光膜中[359]。卵磷脂添加到硝化纤维涂布的聚丙烯薄膜配方中用于制备塑料印刷板，能提高复印件的清晰度和完整性[360]。此外，磷脂可作为油溶性的显影添加剂的分散助剂[361]。还能用于颜色转换[362~364]或修正打印机错误[365]的感压片中。

13.7.4 农业

在农业配方中，卵磷脂作为添加剂得到广泛应用。根据对环境的危害程度，传统农药

可以分为两类。一类是非选择性毒性很高的杀虫剂；另一类药物化学残留时间长，因而很容易进入我们食物链的化合物[366]。除了乳化、分散、改善悬浮等功能特性，卵磷脂还能改善黏附、渗透和性能[367]。将活性成分包裹在脂质体中能增强农药的功效[368]。脂质体还能持续较长时间降低或消除活性成分对受体植物的毒害性，因为脂质体具有缓时释放特性[368,369]。据报道，卵磷脂能与植物叶子中的脂肪物质结合，形成的涂料有助于抑制植物病毒。磷脂囊泡已成功用作细胞膜系统模型来研究生物细胞膜的渗透性、离子迁移、流动性和其他特性[370]。

活性成分、助剂和目标害虫之间的相互作用很特殊[371,372]。机油和磷脂混合物已作为专利杀菌剂[373]。Misato 等[366,374]发现，大豆卵磷脂能控制黄瓜、茄子、绿胡椒及草莓白粉菌的发展，加入 0.1% 卵磷脂的碳酸氢钠能有效防止柑橘绿霉菌、黄瓜白粉菌及稻瘟病，比单独用碳酸氢钠效果好[375]。另一种含有卵磷脂和磷酸盐的环境友好型杀菌剂，能有效地抑制白粉病（粉孢子）、霜霉病、灰霉病、红火疾病和黑斑[376]。

含卵磷脂的配方能有效抗螨虫[377,378]和苹果感染的蠕虫[379]。最近开展的关于杀虫剂配方的工作集中在特定疾病的靶向生物制剂。研究发现，卵磷脂和核型多角体病毒（NPV）的悬浮液感染并杀死棉铃虫（*Heliothis armigera*）比单独使用 NPV 更有效[380]。另外，苏云金杆菌及其毒素与卵磷脂组合使用其杀虫活性显著增强[381]。

大多数商业杀虫剂的主要活性成分为 *N*，*N*－二乙甲苯酰胺（DEET），而 *N*，*N*－二乙甲苯酰胺的使用会产生各种负面问题[382]。出于这方面的考虑，人们正在寻求一种可替代的有效成分。最近一份专利里[382]，研究者用卵磷脂与其他植物提取物的混合物制成了一种新型杀虫剂。将卵磷脂与杀虫剂结合使用，不仅能促使杀虫剂迁移到动物的皮毛层，同时还能在动物最需要的皮肤上形成一种柔软剂和保护层，起到保护动物皮肤的作用[383]。据报道，卵磷脂是控制蚊虫的一种活性剂[384,385]，虽然其具体的作用机制还不清楚，但卵磷脂会在水的表面形成一种稳定的膜层，这可能会干扰蚊虫蛹的呼吸。为了提高杀虫剂的性能，杀虫剂剂型中越来越多的使用磷脂酰胆碱。在卵磷脂的存在下，杀虫剂对光的不稳定性能得到明显的改善[386]。

据报道，在农业化学应用中，乙醇、乙二醇和/或乙二醇酯配方中加入磷脂具有抗菌效果[387]。卵磷脂可以做为涂料中的一种有效成分涂抹在采摘后的各种水果、蔬菜[388]和菌类[389]表层起到保护作用。苹果采摘后施以含有卵磷脂和各种脂肪以及油的水乳状液能减少冷冻（－1℃）储藏下软烫伤冻的发生率[390]。据报道，含有机酸和卵磷脂的真菌制备物对橙子有抗菌效果[391]。与杀虫剂的应用一样，所有处理的效果都是特定的，不仅是特定的水果或蔬菜，而且对于苹果已经具体到栽培品种[392]。

卵磷脂也可以应用到化肥或促生长剂中。卵磷脂被丙酸酸化后能显著促进一些植物的生长[393]。现如今，社会越来越注重农药的环保性以及农药在食品的残留问题，因此卵磷脂在农业中的应用潜力还很巨大。

13.7.5 化妆品和个人护理用品

卵磷脂作为一种天然的化合物，具有多种功能特性，自然地，它可以作为化妆品配方的成分之一。这些化妆品包括润肤霜、乳液、底霜、清洁霜、防晒霜、肥皂、浴油、洗发香波、护发素、剃须膏、须前须后水、指甲油、散粉、眼影、唇膏与发胶。卵磷脂可以作为乳化剂、扩散剂和/与湿润剂，或者作为渗透助剂，但是其中一个重要原因是因为卵磷脂在化妆品中能给人以“亲肤感”。

卵磷脂用于含有色素和其他微粒（如高岭土）的涂料中时[394~396]，能使涂料表面更光滑、较强的皮肤贴合性及更好的色泽稳定性[397]，可以使腮红、眼影与散粉保持更持久。卵磷脂还可以减少含油化妆品的油腻感，改善了含油化妆品的膜贴合性，使之保持更持久，减少其转移到衣物上。卵磷脂用作保湿剂应用在日霜中能改变乳剂破裂（“抹掉”）[398]。

在化妆品中应用卵磷脂的另一个重要原因是因为它能减少对皮肤的刺激感。化妆品粉末中添加卵磷脂能减少无机粉末对皮肤的刺激，它甚至可以形成一层屏障来阻止这些粉末接触皮肤，防止皮肤干燥[399]。在香皂中加入卵磷脂即使不能消除对皮肤的刺激感但也能显著减少刺激[400, 401]。在保湿性化妆品中，卵磷脂能形成高黏度的液晶结构，这种结构能抑制水从皮肤上的蒸发[402]，这种保湿特性还能对角质化附属物起作用。配方中加入磷脂来能有效保湿头发、蹄、角、爪、手指甲和脚趾甲，并且还能强化这些结构[403, 404]。

卵磷脂的脱模性还能在牙科保健方面发挥作用。卵磷脂可用于脱掉牙齿表面的斑块。在唾液中，卵磷脂在总脂质中的含量高达14%[405]。一旦除去细菌后，卵磷脂可以在牙齿上形成一层保护屏障，防止细菌黏附到牙齿上。卵磷脂的带电头部基团能黏附到牙釉质表面，在刷牙时，疏水基团能促使菌斑和细菌脱落[405, 406]。卵磷脂还能有助假牙的替换，这得益于它的独特属性，卵磷脂在低含量时能降低义齿贴的黏度，允许填充更高黏度的胶黏剂，因此假牙的使用时间会更长并能抵抗唾液和水分的侵蚀[407]。

然而，卵磷脂也有一些缺点。它会使产品更容易滋生微生物，因其具多功能性，其适应不同HLBs的功效和能力在特殊情况下不允许其与多种定制的人工合成材料竞争[398]。

13.7.6 医药

卵磷脂一个重要的医药应用是能在胶囊和药片上形成一层保护膜，该应用请参见后续章节（参见13.7.7.2）。本节将重点讲述磷脂在药物剂型中的应用。所有生命体生物膜内都含有磷脂，它在细胞渗透、膜酶的调节及脂质、固醇传递等生理过程中具有重要作用[89，408]。干燥的脑组织中25%组分为磷脂，这一点充分说明了磷脂在神经系统中的重要性[409]。由于这种生物活性，卵磷脂在医药领域有着非常广泛的用途，脂质体一直以来都被称为是潜在的药物活性成分的载体。

生物膜中的卵磷脂具有内在的兼容性，通过改变药物和植入式设备的表面化学结构，就能改善身体对它们的接受性能。许多生物制剂的水溶性差问题是人体服用时面临的一个问题，事实上，如果口服无效，水不溶性药物活性成分将受到严重破坏[410]。脂质体是体内传递系统的有效工具，可提高各种药物活性分子的疗效。动物研究表明，脂质体能减少一些抗肿瘤和抗真菌药物的毒性[411]。研究还发现，疾病与体内某些高于正常水平的脂蛋白相关。静脉注射脂质体能降低患这类疾病风险的受试者体内的脂蛋白浓度[412]。当对动脉粥样硬化患者施以脂质体输液治疗后，病变和斑块开始收缩减小[413]。

尽管脂质体利用天然磷脂，许多生物活性因子与磷脂通过磷酸二酯键相结合能显著提高这些成分的生物活性或生物利用度[414～416]。改性带有特征抗体的磷脂，可以制备针对特定细胞的脂质体[414]。医疗设备中的物质或其他可移植的物质，可通过设备表面与磷脂酰胆碱共价结合改善物质的生物兼容性[417]。将磷脂酰胆碱与填充液相结合后用于软组织植入，能改善其稳定性、生物相容性以及植入物的外观[418]。

在医药应用中，卵磷脂除了可作为活性药剂或脂质体型载体外，还可作为乳化剂、润湿剂、分散助剂与稳定剂。具代表性的含有卵磷脂的配方包括β－内酰胺抗生素[419]、乙烯雌酚[420]等固醇类、前列腺素[421]、维生素[422]及止腹泻药[423]；卵磷脂可用作带乙基纤维素药物的促微胶囊化助剂[424]；卵磷脂也能提高挤压型药物的加工性能[425]。

医学测试也能从磷脂的应用中获益匪浅。性病研究实验室用一类含有心磷脂、胆固醇和卵磷脂的抗原溶液来研究梅毒[426]。

13.7.7　油漆和涂料

13.7.7.1　油漆

油漆及其他涂料是卵磷脂产品主要的非食品应用。卵磷脂具有多种功能性质，适合用于多种涂料配方中，包括油漆、蜡、抛光剂与木材防护剂；卵磷脂还在涂层生产中作为脱模剂，应用于化妆品与磁带涂层。

有关专用卵磷脂产品应用于涂料工业的资料很多[56]，出版了各种各样的相关配方，申请专利的专用卵磷脂混合物可用于改善特定领域的功能，这些功能如抗氧化剂、增色剂、催化剂、调节剂、改性助剂、分散助剂、乳化/表面活性剂、研磨助剂、混合助剂、润湿剂、稳定剂、悬浮剂、增效剂及黏度调节剂[427]。其他涉及涂料的应用有化妆品、脱模剂、磁带涂层、油墨与墨水、调色剂、照相材料添加物及聚酰胺涂料（即尼龙皮革代用品）[56]。

卵磷脂产品用在油漆、涂料与印刷油墨中具有界面活性剂的功能，因此可用作油基、胶乳/树脂乳状液油漆的润湿剂、分散剂、悬浮剂与稳定剂。在油漆、涂料与印刷油墨的生产中，润湿剂的选择是根据颜料、载色剂与加工过程而定；天然级别的卵磷脂的推荐使用量为1%（以颜料重量为基准），在含有碳黑或铁蓝的配方中可达2%。对比实验结果表明，许多涂料中的精制级卵磷脂的润湿性与分散性极佳，完全可以与市场上的其他表面活性剂相媲美[1, 56, 428]。

卵磷脂产品在油漆中能促进颜料的分散和再分散[429, 430]，调节（一般是降低）油漆的黏度。无论是在油基还是胶乳油漆中，卵磷脂都能起到乳化、润湿、分散和稳定作用，它缩短了混合时间，辅助刷涂，提高油漆的覆盖能力。在油基油漆中，卵磷脂曾被用作廉价的颜料研磨助剂。卵磷脂包囊于金属氧化物颜料粒子的外层，促进其快速分散。如果体系中有两种以上颜料，卵磷脂有助于保持混合物体系均匀[427]。

在水基油漆中水分散性卵磷脂产品可用作廉价的乳化剂、稳定剂、增稠剂和扩散助剂。乳胶油漆颜料中加入卵磷脂后分散速度更快。基于橡胶类载色体的油漆也可以用卵磷脂配方改进色泽的均一性。另外，卵磷脂在油基油漆中的优点（如有助于颜料分散、缩短研磨时间、防止颜料硬物沉淀以及有助于整个乳化体系稳定性的胶溶作用的消除等）对水基油漆也有效[427]。

水分散性卵磷脂是由化学改性或普通卵磷脂与非离子型表面活性剂混合制得。许多文献和技术手册推荐的产品中水基组成都包括这种化学改性的水分散性卵磷脂化合物（如羟基化、酰化、分提与精制级卵磷脂）[428, 431~433]。聚乙酸乙烯酯油漆、丙烯酸乳状液与丁苯乳状液油漆中通常推荐使用0.5%～1%的改性卵磷脂。

在醇酸树脂油漆与乳胶油漆中，添加卵磷脂有助于维持混合体系的均匀分布，确保储存时的均匀稳定。水分散性卵磷脂比合成表面活性剂促进乳胶再分散效果更好，添加卵磷脂的油漆样本在放置28个月后再混合，可保持高度均一的色泽稳定性[434]。

卵磷脂金属盐用作油漆的添加物已有专利[435]，据报道，这些金属盐能改善颜料的分散性，加速油漆干燥，并能防止产品变黄。该专利同时也提出，磷酸化卵磷脂在底漆中具有防锈作用。而且，如果金属氧化物与卵磷脂加热发生化学反应，该金属氧化物在水和有机溶剂中的分散性将能得到改善[436]。

卵磷脂不仅可以作为油漆配料和配方助剂，在涂层中也具有一定的应用。标准级卵磷脂以及某些衍生化和水解卵磷脂涂层有助于防止钢铁在盐水喷雾测试中生锈[437, 438]。这些发现是意料之中的，因为卵磷脂在许多应用中有抗氧化剂功效。卵磷脂特别适合用作食品级容器的涂料。例如它可以涂在纸板上形成一层食品级的保护屏障[439]。由于卵磷脂具有脱模性和密封特性，还可用在聚合物涂料中作为内部涂层[440]。

含有卵磷脂的有机聚合物膜涂层能使膜更容易从自动包装机的压接钳口上脱落[441]。卵磷脂能改善分析设备接触表面的湿润性，这样可以使溶剂能被仪器均匀地分析[442]。在面膜中加入卵磷脂能减少气泡的形成，提高产品的均匀性[443]。最后，卵磷脂还能用作涂料表面的保护层，如汽车表面的保护层，能有利于除去昆虫和杂物、防雨且耐洗[444]。

13.7.7.2 涂层

卵磷脂也可用于生产药物的保护性表面。许多药物在储藏期间接触空气中的水分而降解[445]。卵磷脂常用作涂层中的防黏剂，用于片剂、药物、食品、糖果以及种子。通常它与麦芽糊精、明胶以及纤维素聚合物配合使用[446~448]。卵磷脂还用于涂层配方中，使药物有光泽，增加其视觉吸引力[449]。一些固体药物难溶于水，由于溶解度低，这些药物的生物利用率很低。药品涂层对于改善药品的分散性以及生物利用率起了至关重要的作用[448, 450]。

很大程度上，卵磷脂在许多应用中都是用来降低涂层材料的黏度。当与铸模树脂使用时，铸件的完整性由于黏度的降低而得到改善[451]。当将卵磷脂加入到橡胶沥青涂层时（如屋顶或地板涂层），它可以降低黏度并作为润湿剂，使涂层更容易喷涂[452, 453]。

13.7.7.3 磁记录介质

许多磁记录介质用卵磷脂作为加工助剂，包括录音带、录像带，以及用于数码应用的磁介质。在上述配方中，卵磷脂主要用作分散剂、润滑剂、润湿剂与抗氧化剂。用于磁带的脱油卵磷脂必须用低过氧化值和低正己烷不溶物的标准级卵磷脂制得。

比较典型的涂层配方包含：氧化铁（有时添加铬或钴），作为黏合剂的聚合物体系，含有1.5%卵磷脂（以干燥固体计）的各种添加剂，甲基乙基酮及环己酮等溶剂[454~458]。这些原料被碾入分散体系中，沉积在磁带上，然后进行干燥。

卵磷脂也可用于含有磨洗化合物的磁带涂层中，用于磁头清洗[459]。通过喷涂带感光树脂（含磁性物质）的支撑物可制得磁光成像胶片[460]。涂层可用卵磷脂制备，这种胶片尤其适用于汉字字形存储。

Chagnon 与 Ferris[461]对大豆卵磷脂用作表面活性剂对磁带中（如记录介质）分散颜料的效果进行了研究，结果表明，无油大豆卵磷脂可作为一种有效的表面活性剂，并在很多溶剂中都可以有效分散多种磁粒子类物质。

13.7.7.4 胶黏剂

胶黏剂在涂料领域填补了一个特殊的空缺。它们不是为了保护表面，而是将两个表面黏接在一起。在此应用中，卵磷脂表现出不同的性质，或是作为脱离助剂，或增强表面的相互作用。卵磷脂用到一种压敏黏合剂的背面，可以防止薄膜互相粘住[462]。在生产胶黏剂及使用胶黏剂的过程中，胶黏材料总是需要与邻接面脱离。卵磷脂可以用作表面脱离助剂，防止胶黏剂在设备和设施上的黏附，使清理更加容易[463]。在加工多孔材料如木材时，卵磷脂既可用作脱离助剂，还可用作表面活性剂。用卵磷脂膜可以很容易移除粘在钳压板表面的胶黏剂。由于乳化作用，胶黏剂渗透到底层能提供更好的黏合[464]。卵磷脂也可以提高两种材料，如橡胶皮带和钢滑轮之间的相互作用，以防止滑动[465]。

13.7.8 润滑

由于卵磷脂有良好的脱模性能，因此似乎它应有润滑的作用。实际上，卵磷脂可作为乳化剂来稳定油和水的金属切削液[466]。生产金属薄片产品的润滑剂中加入卵磷脂可以提高润滑剂的静电应用特性，特别适于食品接触中的应用[467]。将气门油封浸泡在含有卵磷脂的溶液中，能够浸渍橡胶，并改善润滑性[468]。正如其他领域中已讨论过的那样，针对具体应用场合对卵磷脂改性，可改善所需要的性质。用氢化卵磷脂生产的摩擦改性剂可用于润滑油、传动液、液压油等[469]，而压力、热、润滑脂的润滑性能可以通过加入磷脂硼化合物得到改善[470]。

13.7.9 生物修复

全世界很多地区各种持续性和毒性的化学品的处理都是直接倾倒在地上，除此之外，工业现场如石油油库、化工厂以及其他地方还有大量的实例，有粗的或精炼的烃类如石油、汽油或者类似物质洒在地面上或水体中。这些废弃物不仅会扩散、浸入到地表，还会渗入地面分散于地下水中[471]。一种清理污染的方法是通过利用微生物增强它们的降解。磷脂能通过综合效应促进污染土壤的清理，一方面提供必需营养物质促进细菌生长，同时改变油或废弃物的物理状态，使其易于与微生物反应和被微生物降解[471]。利用脱油卵磷脂作为天然表面活性剂，进行了用多氯联苯（PCBs）人工污染的土壤的测试。当卵磷脂的浓度略大于临界胶束浓度时，多氯联苯的降解显著增强。卵磷脂通过增加污染物的生物利用度及加强降解菌的生长来促进降解[472]。

13.7.10 塑料和聚合物

卵磷脂在多种聚合物产品的制备中可用作颜料分散剂和脱模剂。它有利于聚合物树脂在增塑剂中的分散并形成塑料溶胶[473]。氯乙烯在聚（乙烯醇）和卵磷脂的存在下聚合，得到的聚（氯乙烯）比在没有卵磷脂条件下得到的聚合物热稳定性更好[474]。卵磷脂在聚氨酯的固化剂中用作分散剂[475]。羟基化卵磷脂包含物在聚氨酯弹性体形成中作为有效的内部脱模剂[476]。羟基化卵磷脂和水解卵磷脂还适合用作水性聚合物乳液中的分散剂。水性聚合物乳液通过水相分散介质的蒸发形成聚合物膜。在此基础上，它们作为黏合剂广泛用于纸涂层滑动剂、纺织油墨、涂料、饰面以及胶黏剂中。因为它们促进泡沫形成的倾向较弱，且可生物降解，因此非常有用[477]。

最近，塑料中卵磷脂包含物的研究工作集中在医学领域的应用。生物医学应用中磷脂可用作热塑性塑料或弹性体的增塑剂或脱模剂[478]。聚合物的生物医学应用包括用作植入物、假体、血液或组织接触设备以及人工器官。由于生物体组织与植入体内的外源物质不相容，因此非常困难[478]。聚合物基体中包埋适量磷脂，界面存在生物体液或组织，能够调整界面并提供适当的生物反应[478]。

13.7.11 其他方面的应用

卵磷脂引人关注的涂层应用是生产非自燃催化剂镍[339]，在这项应用中卵磷脂与蜡、脂肪或有机聚合物在金属表面形成一亲油层。

含有卵磷脂的聚酰胺涂料可用作尼龙皮革代用品的罩面层[479]。卵磷脂还用于纺织品的上浆以防止浆料黏附到无 PTFE 涂层的设备上[480]。在皮革的清洗和化合物调质时，卵磷脂可以改善润湿性，及促进调质化合物渗透到皮革中[481]。

卵磷脂在混凝土、沥青与焦油屋顶板、油毡表面密封剂、填缝料中也有广泛应用，主要是作为乳化剂、润湿分散剂、塑化和/或脱模剂[4, 440, 473, 482~485]。据报道，卵磷脂（0.05% ~0.1%）能改善用于铸造型芯与铸模的水玻璃涂层物的性质[486]。磷脂是存在于橡胶胶乳中的天然乳化剂，它们可以用作泡沫灭火剂中的泡沫稳定剂[487]。卵磷脂还用于改善燃烧器燃料的燃烧。通常，燃烧器的燃料喷入锅炉的燃烧室来加热水获得蒸汽或用于发电。水乳化进入燃烧器燃料中可通过油滴的二次雾化提高燃烧效率，因为乳化水蒸发成了蒸汽。这些更小的油滴燃烧更加充分，可明显减排[488]。

最后，二胺卵磷脂化合物可用作多功能汽油添加剂的功能性组分[489, 490]。关于卵磷脂其他功能性质的应用，读者可参阅 List 和 Von Kleinsorgen[482]、Meshandin[491]、Schmidt 和 Orthoefer[56, 58]、Wittcoff[4]等的文章。

13.8 可获得性与经济性

虽然其他植物籽与动物资源中也含卵磷脂，商业卵磷脂的主要来源是大豆。大豆卵磷脂具有多种功能，其产品价格比大豆油高。

目前，世界卵磷脂市场需求量为 180000 ~ 210000t（标准产品 150000 ~ 170000t，高附加值产品 30000 ~ 50000t）。高附加值卵磷脂在市场上逐渐占有一席之地，主要是因为这些产品具有特殊的物理、化学性质以及标准等级的产品存在着固有的缺陷[160]。

由于没有卵磷脂在具体应用领域全行业的销售报告，因此分类应用的确切份额很难确定。美国卵磷脂市场的30%～40%还涉及几百个小额用户，他们由经销商供货，这使上述难题更复杂化[56]。另外，有些客户同时应用卵磷脂于食品和非食品领域。

卵磷脂主要应用于食品中，其次为动物饲料，再次为工业应用。卵磷脂的非食品应用主要是油漆及其他涂料生产。医药（包括膳食补充剂）和墨水及化妆品也是卵磷脂应用的重要部分。

13.9 法规

在美国，卵磷脂已被美国食品与药物管理局（FDA）批证为一般公认的安全物质（GRAS），并符合食品化学法典标准规定[54]，还作为经过批准的成分用在很多有鉴定标准的重要食品中。

羟基化卵磷脂用量与使用的限定范围已由美国食品与药物管理局特殊批准[60]。

人造奶油和焙烤产品的美国鉴定标准，以及食品添加剂法规均允许使用磷脂，羟基化磷脂在面包中的应用没有限量。类似地，大多数国家都许可应用磷脂。

在欧洲，卵磷脂的使用遵循法规E322[492]。

20世纪90年代生物技术的发展引起了大豆、玉米以及菜籽油中磷脂的转基因（GMO）问题。为了应对消费者的压力和保护“知情权”，欧盟建立了转基因法规[493]，明确标示转基因产品的存在。原料供应商必须通过DNA定量以及身份保护测试来确认非转基因产品。现在，美国还没有可预期的转基因食品法规。

欧洲人对食品中痕量转基因DNA的反应已经严重影响了磷脂在食品和保健方面的应用。“消费者知情权”以及原料用户避免使用转基因产品，减少了大豆和玉米卵磷脂的使用，而转向使用非转基因的软籽（油菜籽和葵花籽）卵磷脂。

在1992年5月29日联邦公报（57 FR 22984）的公告中，美国食品与药物管理局就转基因食品的标签问题发表声明，表明其政策立场。美国的政策体现了以科学为基础的共识，即转基因食品自身没有什么不安全的，这些食品并没有理由标注一些注意事项，因为转基因技术的应用只是为了保持和改进性状。

13.10 展望

正如在某些食品中的应用那样，卵磷脂在油漆及墨水等非食品中的应用市场也越来越成熟，从专利状况可以判断，卵磷脂在某些行业中的应用将会持续增长。

近几年，医药专利约占非食品专利的25%。医药应用，尤其是涉及脂质体的应用将对精制卵磷脂的需求越来越大。可以预期卵磷脂作为膳食补充剂的需求量也将增大，因为正在建立胆碱的膳食推荐摄入量。卵磷脂不仅是一种多功能食品成分，还被认为是健康食品。

当前开发的主要工艺是卵磷脂的分提、选择性精炼以及脱油工艺。医药和化妆品行业市场正在开发之中，尤其是浓缩磷脂酰胆碱产品。脱油、颗粒卵磷脂市场已稳固，正在开发的新市场应该能确保这些产品在乳化剂用途上的销量增长。总之，如果生产商和专利开发人员保持良好沟通合作，卵磷脂在食品和非食品应用中的实用性将更好[7, 56]。

致谢

本章内容节选自《卵磷脂》，B. F. Szuhaj 和 G. List 编辑，1985，AOCS；《卵磷脂：来源、生产和应用》，B. F. Szuhaj 等，1989，AOCS。已通过 AOCS 授权批准用于本书。

参考文献

1. J. Stanley, in K. S. Markley, ed., *Soybeans and Soybean Products*, Vol. 2, Interscience Publishers, Inc., New York, 1951, pp. 593 – 647.
2. B. F. Szuhaj, ed., *Lecithins: Sources, Manufacture, & Uses*, (AOCS monograph), American Oil Chemists' Society, Champaign, Illinois, 1989.
3. B. F. Szuhaj, *J. Amer. Oil. Chem. Soc.*, **60**, 258A – 261A (1983).
4. H. Wittcoff, ed., *The Phosphatides*, American Chemical Society Monograph Series, Reinhold Publishing Corp., New York, 1951.
5. B. F. Szuhaj and G. R. List, eds., *Lecithins*, (AOCS monograph), American Oil Chemists' Society, Champaign, Illinois, 1985.
6. B. F. Szuhaj and E. F. Sipos, in G. Charalambous and G. Doxastakis, eds., *Food Emulsifiers—Chemistry, Technology, Functional Properties and Applications*, Elsevier, Amsterdam, The Netherlands, 1989, pp. 113 – 186.
7. W. E. Prosise, in *Lecithins*, American Oil Chemists' Society, Champaign, Illinois, 1985, pp. 163 – 182.
8. C. R. Scholfield, in *Lecithins*, American Oil Chemists' Society, Champaign, Illinois, 1985, pp. 1 – 20.
9. A. Wendel, *Inform*, **11**, 885 – 890, 892, 992 – 997 (2000).
10. W. Schaefer and V. Wywiol, eds., *Lecithin Der Unvergleichliche Wirkstoff*, Alfred Strothe Press, Frank-

furt, Germany, 1986.

11. A. Kuksis, in *Lecithins: Sources, Manufacture, & Uses*, American Oil Chemists' Society, Champaign, Illinois, 1989, pp. 32 – 71.

12. J. L. Weihrauch and Y – S. Son, *J. Amer. Oil Chem. Soc.*, **60**, 1971 (1983).

13. D. A. Gornall and A. Kuksis, *J. Lipid Res.*, **14**, 197 (1973).

14. M. Schneider in *Lecithins: Sources, Manufacture, & Uses*, American Oil Chemists' Society, Champaign, Illinois, 1989, pp. 109 – 130.

15. N. Satirhos, B. Herslof, and L. Kenne, *J. Lipid Res.*, **27**, 386 (1986).

16. A. Kuksis in *Lecithins*, American Oil Chemists' Society, Champaign, Illinois, 1985, pp. 105 – 162.

17. O. S. Privett, M. L. Blank, and J. A. Smith, *J. Food Sci.*, **27**, 463 (1962).

18. R. C. Noble and J. H. Moore, *Can. J. Biochem.*, **43**, 1677 (1965).

19. W. H. Cook and W. G. Martin, in E. Tria and A. Scanu, eds., *Structural and Functional Aspects of Lipoproteins in Living Systems*, Academic Press, Inc., New York, 1969, pp. 579 – 615.

20. D. A. Gornall and A. Kuksis, *Can. J. Biochem.*, **49**, 51 (1971).

21. P. W. Connelly and A. Kuksis, *Can. J. Biochem.*, **61**, 63 (1983).

22. H. Nielsen, *British Poultry Sci.*, 53 – 56 (1998).

23. W. R. Morrison, E. L. Jack, and L. M. Smith, *J. Amer. Oil Chem. Soc.*, **42**, 1142 (1965).

24. O. S. Privett, L. J. Nutter, and R. A. Gross, in H. F. Brink and D. Kritchevsky, eds., *Dairy Lipids and Lipid Metabolism*, Avi Publishing Co., Westport, Connecticut, pp. 99 – 115.

25. R. G. Jensen, *J. Dairy Sci.*, **85**, 295 – 350 (2002).

26. I. M. Santha and K. M. Narayanan, *J. Food Sci. Technol.*, **15**, 24 (1978).

27. A. N. Siakotos and S. Fleischer, *Lipids*, **4**, 234 (1969).

28. A. N. Siakotos, G. Rouser, and S. Fleischer, *Lipids*, **4**, 239 (1969).

29. T. W. Scott, Setchall, and J. M. Bassett, *Biochem. J.*, **104**, 1040 (1967).

30. R. E. Wuthier, *J. Lipid Res.*, **7**, 544 (1966).

31. G. L. Dashiell, in *Lecithins: Sources, Manufacture, & Uses*, American Oil Chemists' Society, Champaign, Illinois, 1989, pp. 213 – 224.

32. J. P. Cherry and W. H. Kramer, in Ref. 2, Chapt. 3, pp. 16 – 31.

33. F. J. Flider, in *Lecithins*, American Oil Chemists' Society, Champaign, Illinois, 1985, pp. 21 – 38.

34. E. J. Weber, in *Lecithins*, American Oil Chemists' Society, Champaign, Illinois, 1985, pp. 39 – 56.

35. M. E. Weeks and A. Walters, *Soil Sci. Soc. Amer., Proc.*, **11**, 189 (1946).

36. C. R. Scholfield, T. A. McGuire, and H. J. Dutton, *J. Amer. Oil Chem. Soc.*, **27**, 352 (1950).

37. J. P. Cherry, in *Lecithins*, American Oil Chemists' Society, Champaign, Illinois, 1985, pp. 57 – 78.

38. H. S. Olcott, *Science*, **100**, 226 (1944).

39. Y. A. El-Shattory, *Studies on Cottonseed Phospholipids*, Ph. D. dissertation, National Research Center, Cairo.

40. J. P. Cherry, *J. Amer. Oil Chem. Soc.*, **60**, 360 (1983).

41. J. P. Cherry and H. R. Leffler, in R. J. Kohel, and C. F. Lewis, eds., *Cotton Monograph*, Am. Soc. Agron. Crop Sci. Soc. Amer., Madison, Wisconsin, 1984, p. 511.

42. L. A. El-Sebaiy, A. R. El-Mahdy, E. K. Moustafa, and M. S. Mohamed, *Food Chem.*, **5**, 217 (1980).

43. B. Rewald, *J. Soc. Chem. Ind.*, **56**, 403T (1937).

44. F. W. Hougen, V. J. Thompson, and J. K. Daun, in *Lecithins*, American Oil Chemists' Society, Champaign, Illinois, 1985, pp. 79-103.

45. W. van Nieuwenhuyzen, *Agro Food Industry Hi-Tech.*, **Jan.-Feb.**, 11-14 (1999).

46. M. Sosada, *J. Amer. Oil Chem. Soc.*, **70**, 405-410 (1993).

47. W. H. Morrison III, in *Lecithins*, American Oil Chemists' Society, Champaign, Illinois, 1985, pp. 97-104.

48. J. Hollo, *INFORM*, **3** (4) 483 (1992).

49. J. Hollo, J. Peredi, A. Ruzics, M. Jeranek, and A. Erdelyi, *J. Amer. Oil Chem. Soc.*, **70** (10), 997-1001 (1993).

50. T. P. Hilditch and Y. A. H. Zaky, *Biochem. J.*, **36**, 815 (1942).

51. B. Rewald, *Biochem J.*, **36**, 822 (1942).

52. J. G. Parsons and P. B. Price, *J. Agric. Food Chem.*, **27**, 913-915 (1980).

53. C. Ratledge, in *Lecithins: Sources, Manufacture, & Uses*, American Oil Chemists' Society, Champaign, Illinois, 1989, pp. 72-96.

54. *Food Chemicals Codex*, 4th ed., National Academy Press, Washington, D. C., 1996, pp. 220-221.

55. R. D. Cowell, D. R. Sullivan, and B. F. Szuhaj, in *Surfactant Science Series*, Vol. 12, Marcel Dekker, Inc., New York, 1982, pp. 230-264.

56. J. C. Schmidt and F. T. Orthoefer, in *Lecithins*, American Oil Chemists' Society, Champaign, Illinois, 1985, pp. 183-202.

57. National Soybean Processors' Association (NSPA), *Yearbook and Trading Rules (1986-1987)*, The Association, Washington, D. C., 1987.

58. J. C. Schmidt and F. T. Orthoefer, in *Lecithins*, American Oil Chemists' Society, Champaign, Illinois, 1985, pp. 203-212.

59. W. Van Nieuwenhuyzen, *J. Amer. Oil Chem. Soc.*, **53**, 425-427 (1976).

60. *Code of Federal Regulations*, *Title 21*:*172. 814* (*Food and Drugs*) ,U. S. Government Printing Office, Washington, D. C. , 1998.

61. L. A. Horrocks, in *Lecithins*: *Sources*, *Manufacture*, & *Uses*, American Oil Chemists' Society, Champaign, Illinois, 1989, pp. 1 –6.

62. R. A. Lantz, in *Lecithins*: *Sources*, *Manufacture*, & *Uses*, American Oil Chemists' Society, Champaign, Illinois, 1989, pp. 162 –173.

63. National Soybean Processors' Association (NSPA) , *Yearbook and Trading Rules* (*1976 –1977*) , The Association,Washington, D. C. , 1977.

64. B. F. Szuhaj, private communication, Central Soya Co. , Inc. ,Fort Wayne, Indiana, 1978.

65. D. R. Sullivan and B. F. Szuhaj, *J. Amer. Oil Chem. Soc.* ,**52**, 125A, abstract no. 39, presented at Amer. Oil Chem. Soc. Meeting, Dallas, Texas, April 1975.

66. V. P. Rzhekhin, N. I. Pogonkina, andI. A. Sloveva, *Maslob. –Zhir. Prom.* , **30**, 11 (1965) .

67. B. Vijayalakshmi and S. V. Rao, *Lipids*,**9**, 82 (1972) .

68. H. G. M. Daga, *Indian Chem. J.* ,**11**, 17 (1976) .

69. H. G. M. Daga, *Paintindia*,**27**, 21 (1977) .

70. L. Rydhag and I. Wilton, *J. Amer. Oil Chem. Soc.* , **83**, 830 (1981) .

71. W. J. Wolf and J. C. Cowan, *CRC Crit. Rev. Food Technol.* ,**2**, 81 (1971) .

72. P. K. Clark and H. E. Snyder, *J. Amer. Oil Chem. Soc.* ,**68**, 814 –817 (1991) .

73. R. Aneja, J. S. Chadha, and R. W. Yoell, *Fette Seifen*, *Anstrichm.* ,**73**, 643 –651 (1971) .

74. J. K. G. Kramer, F. D. Sauer, and E. R. Farnsworth, in *Lecithins*: *Sources*, *Manufacture*, & *Uses*, American Oil Chemists' Society, Champaign, Illinois, 1989, pp. 97 –108.

75. M. Ghyczy, in *Lecithins*: *Sources*, *Manufacture*, & *Uses*, American Oil Chemists' Society, Champaign, Illinois, 1989, pp. 131 –144.

76. Y. Totani and S. Hara, *J. Amer. Oil Chem. Soc.* ,**68**, 848 –851 (1991) .

77. American Oil Chemists' Society (AOCS) , *Official Methods and Recommended Practices*, Champaign, Illinois, including Updates and Revisions up to 1993.

78. W. N. Marmer, in *Lecithins*, American Oil Chemists' Society, Champaign, Illinois, 1985, pp. 247 –288.

79. R. G. Ackman, *INFORM*,**5**, 1119 –1128 (1994) .

80. International Lecithin and Phospholipid Society (ILPS) , Analytical Method AM 101, HPLC Determination of Lecithins (1998) .

81. T. Glonek, *J. Amer. Oil Chem. Soc.* ,**75**, 569 –573 (1998) .

82. C. R. Scholfield, in *Lecithins*: *Sources*, *Manufacture*, & *Uses*, American Oil Chemists' Society, Cham-

paign, Illinois, 1989, pp. 7 – 15.

83. E. Baer and M. Kates, *J. Biol. Chem.* ,**185**, 615 (1950).

84. H. Brockerhoff, *J. Lipid Res.* ,**4**, 96 (1963).

85. D. J. Hanahan, *Lipid Chemistry*, Wiley,New York, 1960.

86. E. H. Pryde, in *Lecithins*, American Oil Chemists' Society,Champaign, Illinois, 1985, pp. 213 – 246.

87. K. P. Strickland in G. B. Ansell, J. N. Hawthorn, and R. M. C. Dawson, eds. , *Form and Function of Phospholipids*, Elsevier Publishing Co. , Amsterdam, 1973, p. 9.

88. H. M. Verheij, in R. M. Burton and F. C. Guerra, eds. , *Fundamentals of Lipid Chemistry*, BI Science Publication Division, Webster Groves, Missouri, 1974, p. 225.

89. J. Eichberg, in M. Grayson, ed. , *Kirk – Othmer Encyclopedia of Chemical Technology*, Vol. 14, 3rd ed. , Wiley, New York, 1981, pp. 250 – 262.

90. J. N. Hawthorn and P. Kemp, *Adv. Lipid Res.* ,**2**, 127 (1964).

91. A. Kuksis, *Prog. Chem. Fats and Other Lipids*, **12**, 5 (1972).

92. F. Snyder, in H. Busch, ed. , *Cancer Research*, Vol. 6, Academic Press, Inc. ,New York, 1971, pp. 410 – 419.

93. L. L. M. Van Deenen and D. H. DeHaas, *Adv. Lipid Res.* ,**2**, 167 (1964).

94. R. Kanamoto and co – workers, *Agric. Biol. Chem.* ,**41**, 2021 (1977).

95. A. Beckwith, *J. Agric. Food Chem.* ,**32**, 1397 (1984).

96. W. S. Chen and W. G. Soucie, *J. Amer. Oil Chem. Soc.* ,**62**, 1686 (1985).

97. H. Nielsen, *Lipids*,**16**, 215 – 222 (1981).

98. K. Allen – Seabolt, Central Soya R&D Report. La – 05, Central Soya Co. , Inc. , Ft. Wayne, Indiana, 1997.

99. P. Forssell, S. Shamekh, H. Harkonen, and K. Poutanen, *J. Sci. Food Agric.* ,**76**, 31 – 38 (1998).

100. D. Johansson and B. Bergenstahl, *J. Amer. Oil Chem. Soc.* ,**69**, 705 – 717 (1992).

101. E. Sambuc, Z. Dirik, G. Reymond, and M. Naudet, *J. Amer. Chem. Soc.* ,**58**, 645A (1981).

102. J. Pokorny, *Rev. Fr. Corps Gras*,**28**, 151 – 160 (1981).

103. B. J. F. Hudson and M. Ghavani, *Lebensm. – Wise Technol.* ,**17**, 191 – 194 (1984).

104. D. H. Hildebrand et al. , *J. Amer. Oil Chem. Soc.* ,**61**, 552 – 555 (1984).

105. U. Jung, S. – K. Lee, S. – H. Kyung, G. – H. Chang, I. – M. Chang, and C. – H. Lee, *Food Sci. Biotechnol.* , **10**, 354 – 359 (2001).

106. B. J. F. Hudson and S. E. O. Mahgoub, *J. Sci. Food Agric.* ,**32**, 208 – 210 (1981).

107. B. J. F. Hudson and J. I. Lewis, *Food Chem.* ,**10**, 111 – 120 (1983).

108. R. J. Hamilton, C. Kalu, G. P. McNeill, F. B. Padley, and J. H. Pierce, *J. Amer. Oil Chem.*

Soc. , **75**, 813 - 822 (1998).

109. H. Saito and K. Ishihara, *J. Amer. Oil Chem. Soc.* ,**74**, 1531 - 1536 (1997).

110. L. R. McLean, K. A. Hagaman, and W. S. Davidson, *Lipids*,**28**, 505 - 509 (1993).

111. R. Brian, *J. Amer. Oil Chem. Soc.* ,**53**, 27 - 29 (1976).

112. G. R. List, C. D. Evans, L. T. Black, and T. L. Mounts, *J. Amer. Oil Chem. Soc.* ,**55**, 275 - 276 (1978).

113. G. R. List, T. L. Mounts, K. Warner, and A. J. Heakin, *J. Amer. Oil Chem. Soc.* ,**55**, 277 - 280 (1978a).

114. K. Nielsen, *J. Amer. Oil Chem. Soc.* ,**37**, 217 - 219 (1960).

115. G. R. List, in *Lecithins: Sources, Manufacture,&Uses*, American Oil Chemists' Society, Champaign, Illinois, 1989, pp. 145 - 161.

116. J. P. Burkhalter, *J. Amer. Oil Chem. Soc.* ,**53**, 332 - 333 (1976).

117. B. Braae, *J. Amer. Oil Chem. Soc.* ,**53**, 353 - 357 (1976).

118. G. R. List, J. M. Avellenada, and T. L. Mounts, *J. Amer. Oil Chem. Soc.* ,**58**, 892 (1981).

119. L. S. Crauer, Paper presented at *Meeting of International Society for Fat Research*, Goteborg, Sweden, The DeLaval Separator Co. , Poughkeepsie, New York, 1972.

120. W. Van Nieuwenhuyzen, *J. Amer. Oil Chem. Soc.* ,**58**, 886 (1981).

121. E. Bernardini, *The New Oil and Fat Technology*, Vol. 2, rev. ed. , Technologie s. r. l. , Rome, Part 3, Sec. 5, pp. 505 - 538, 1973.

122. F. A. Norris, in D. Swern, ed. , *Bailey's Industrial Oil and Fat Products*, 3rd ed. , Wiley - Interscience, New York, 1964, pp. 719 - 792.

123. R. A. Carr, *J. Amer. Chem. Soc.* ,**53**, 346 - 352 (1976).

124. A. J. C. Andersen, in P. N. Williams, ed. , *Refining of Oils and Fats for Edible Purposes*, rev. ed. , Pergamon Press, New York, 1962, pp. 28 - 42.

125. P. Sartoretto, in E. A. Parolla, ed. , *Kirk - Othmer Encyclopedia of Chemical Technology*, Vol. 12, 2nd ed. Wiley, New York, 1967, pp. 343 - 361.

126. K. Klein and L. S. Crauer, *J. Amer. Oil Chem. Soc.* ,**51**,368 - 370 (1974).

127. W. J. Podbielniak, A. M. Gavin, and H. R. Kaiser, *J. Amer. Oil Chem. Soc.* , **33**, 24 - 26 (1956).

128. F. E. Sullivan, *J. Amer. Oil Chem. Soc.* ,**32**, 121 - 123 (1955).

129. O. L. Brekke in D. R. Erickson, E. H. Pryde, O. L. Brekke, T. L. Mounts, and R. A. Falb, eds. , *Handbook of Soy Oil Processing and Utilization*, American Soybean Association, St. Louis, Missouri and American Oil Chemists' Society, Champaign, Illinois, 1980, pp. 71 - 88.

130. G. R. List and D. R. Erickson, in American Soybean Association, St. Louis, Missouri and American Oil Chemists' Society, Champaign, Illinois, 1980, pp. 267 – 354.
131. G. R. List, J. W. King, J. H. Johnson, K. Warner, and T. L. Mounts, *INFORM*, **4**, 510 (1993).
132. A. J. Dijkstra, *INFORM*, **4**, 538 (1993).
133. B. Jirjis, H. S. Muralidhara, andD. D. Otten (to Cargill, Inc.), U. S. Patent 6,207,209, March 27, 2001.
134. C. R. Scholfield and H. J. Dutton, *J. Amer. Oil Chem. Soc.*, **31**, 258 (1954).
135. National Oilseed Processors Assoc., Yearbook and Trading Rules 1998 – 1999.
136. *Fed. Reg.*, **48**, 51149 – 51150 (1983).
137. R. Leysen, *J. Amer. Oil Chem. Soc.*, **56**, 892A – 894A (1979).
138. N. W. Myers, *J. Amer. Oil Chem. Soc.*, **34**, 93 – 96 (1957).
139. B. Braae, U. Brimberg, and M. Nyman, *J. Amer. Oil Chem. Soc.*, **34**, 293 – 299 (1957).
140. G. R. List, T. L. Mounts, A. C. Lanser, and R. K. Holloway, *J. Amer. Oil Chem. Soc.*, **67**, 867 – 871 (1990).
141. G. R. List, T. L. Mounts, and A. C. Lanser, *J. Amer. Oil Chem. Soc.*, **69**, 443 – 446 (1992).
142. G. R. List and T. L. Mounts, *J. Amer. Oil Chem. Soc.*, **70**, 639 – 641 (1993).
143. F. Zhang, S. S. Koseoglu, and K. C. Rhee, *J. Amer. Oil Chem. Soc.*, **71**, 1145 – 1148 (1994).
144. B. Braae, *Chem. Ind.* (*London*), **36**, 1152 – 1160 (1958).
145. F. E. Sullivan (to the De Laval Separator Co.), U. S. Patent 2,702,813, 1953.
146. L. P. Hayes and H. Wolff (to A. E. Staley Manufacturing Co.), U. S. Patent 2,881,195, 1959.
147. L. P. Hayes and H. Wolff (to A. E. Staley Manufacturing Co.), U. S. Patent 2,792,411, 1957.
148. L. P. Hayes and H. Wolff (to A. E. Staley Manufacturing Co.), U. S. Patent 2,782,216, 1957.
149. C. D. Evans, G. R. List, R. E. Beal, and L. T. Black, *J. Amer. Oil Chem. Soc.*, **51**, 444 – 448 (1974).
150. R. Ohlson and C. Svenson, *J. Amer. Oil Chem. Soc.*, **53**, 8 – 11 (1976).
151. A. M. Nash, E. N. Frankel, and W. F. Kwolek, *J. Amer. Oil Chem. Soc.*, **61**, 921 (1984).
152. H. J. Ringers (to Lever Brothers Co.), U. S. Patent 4,049,686, 1977.
153. G. Lunde, L. H. Landmark, and J. Gether, *J. Amer. Oil Chem. Soc.*, **53**, 207 – 210 (1976).
154. A. Hvolby, *J. Amer. Oil Chem. Soc.*, **48**, 503 – 509 (1971).
155. A. Letan and A. Yaron, *J. Amer. Oil Chem. Soc.*, **49**, 702 (1972).
156. K. Nielsen, *Studies on the Nonhydratable Soybean Phosphatides*, Trans. V. Bonde, Maxsons & Co., Ltd., London, 1956.
157. K. J. Hutton and J. S. Guymon (to ADM Co.), U. S. Patent 6,140,519, October 31, 2000.

158. A. Wendel, *Kirk – Othmer Encyclopedia of Chemical Technology*, Vol. 15, Wiley, New York, 1995, pp. 197 – 201.

159. W. J. Wolf and D. J. Sessa, in M. S. Peterson and A. H. Johnson, eds. , *Encyclopedia of Food Science*, AVI Publishing Co. , Westport, Connecticut, 1975, p. 476.

160. Central Soya Co. , Inc. , unpublished data, Fort Wayne, Indiana, 1994.

161. P. L. Julian, U. S. Patent 2,629,662, 1953.

162. M. J. Haas, K. Scott, W. Jun, and G. Janssen, *J. Amer. Oil Chem. Soc.* ,**71**, 483 – 490 (1994) .

163. A. M. Aura, P. Forssell, A. Mustranta, T. Suortti, and K. Poutanen, *J. Amer. Oil Chem. Soc.* , **71**, 887 – 891 (1994) .

164. L. Juneja, T. Kazuoka, N. Koto, T. Yamane, andS. Shimizu, *Biochimica et Biophysica Acta*, **1003**, 277 – 283 (1989) .

165. I. Svensson, P. Adlercreutz, and B. Mattiasson, *Appl. Microbiol. Biotechnol.* **33**, 255 – 258 (1990) .

166. G. G. Haraldsson and A. Thorarensen, *J. Amer. Oil Chem. Soc.* , **76**, 1143 – 1149 (1999) .

167. H. Betzing, German Patent 1,902,607, 1969.

168. *The Lecithin Book*, Central Soya Co. , Inc. , Fort Wayne, Indiana, 2000.

169. J. D. Weete, S. Betageri, and G. L. Griffith, *J. Amer. Oil Chem. Soc.* ,**71**, 731 – 737 (1994) .

170. W. M. Marrs, G. Sworn, and R. J. Hart, The British Food Manufacturing Industries Research Association Research Report 636, Jan. 1989.

171. I. Y. S. Rustom, M. H. Lopez – Leival, and B. M. Nair, *Int. J. Food Sci. Technol.* **30**, 773 – 781 (1995) .

172. S. O. Agboola, H. Singh, P. A. Munro, D. G. Dalgleish, and A. M. Singh, *J. Agric. Food Chem.* , **46**, 1814 – 1819 (1998) .

173. G. L. Dashiell and W. E. Prosise, (to Central Soya Co. , Inc.) ,U. S. Patent 4,479,977, 1984.

174. T. A. M. Fujikawa and M. Hamashima, Jpn. Kokai Tokkyo Koho, JP 83910 (1979) .

175. R. C. Appl, in *Lecithins: Sources, Manufacture, & Uses*, American Oil Chemists' Society, Champaign, Illinois, 1989, pp. 207 – 212.

176. R. D. Sinram and H. Schmitt, *INFORM*,**4**, 509 (1993) .

177. H. Gaubert, D. Le cren, and J. Perrier, U. S. Patent 5,650,188, 1997.

178. K. Allen Seabolt, Central Soya Co. , Inc. , unpublished data, Fort Wayne, Indiana, 1997.

179. Y. Pomeranz, in *Lecithins: Sources, Manufacture, & Uses*, American Oil Chemists' Society, Champaign, Illinois, 1989, pp. 289 – 322.

180. H. Aberham, *Deutsche Mueller – Z*,**70**, 228 (1972) .

181. R. Kuntze, Proceedings of the 7th International Congress on the Problems of Modern Grain Processing

and Cereal Chemistry, Bergholz – Rehbruecke, 1972, pp. 73 – 82.

182. L. I. Puchkova and co – workers, *Izv. Vysshikh Uchebnykh Zaved. Pishchevaya Technol.* **2**, 68 (1975).

183. E. J. Pyler, *Baking Science and Technology*, Seibel Publishing Co., Chicago, Illinois, 1973, pp. 464 – 485.

184. A. V. Zapryagaeva, L. I. Puchkova, G. S. Fedorova, and L. E. Chernenko, *Izv. Vysshikh Uchebnykh Zav. Pischchevaya Technol.*, **1**, 53 (1970).

185. N. Krog, *Cereal Chem.*, **58**, 158 – 163 (1981).

186. H. Larsson and A. – C. Eliasson, *J. Sci. Food Agric.*, **77**, 552 – 558 (1998).

187. F. E. Walrod, in *Proceedings of the 23rd Annual Meeting of the American Society of Bakery Engineers*, 1947, p. 76.

188. O. K. Chung, Y. Pomeranz, E. C. Hwang, and E. Dikeman, *Cereal Chem.*, **56**, 220 (1979).

189. O. K. Chung and Y. Pomeranz, *Bakers Dig.*, **51**, 32 (1977).

190. H. C. Johnson, R. C. Hosney, and E. Varriano – Marston, *Cereal Chem.*, **56**, 333 (1979).

191. O. K. Chung, Y. Pomeranz, and K. F. Finney, *Cereal Chem.*, **59**, 14 (1982).

192. E. W. Cole, D. K. Mecham, and J. W. Pence, *Cereal Chem.*, **37**, 109 (1960).

193. M. Kugimiya and J. W. Donovan, *J. Food Sci.*, **46**, 765 (1981).

194. A. – M. Aura, P. Forssell, and A. Mustranta, *J. Amer. Oil Chem. Soc.*, **71**, 887 – 891 (1994).

195. W. van Nieuwenhuyzen, *Eur. Food Drink Rev.*, 43 – 47 (1999).

196. S. Onata and co – workers, *Application of Enzymatic Modification of Phospholipids in Breadmaking*, Am. Assoc. Cereal Chem. 69th Annual Meeting.

197. J. Hampl and K. Tvrznik, Proceedings of the 7th International Congress on the Problems of Modern Grain Processing and Cereal Chemistry, Bergholz – Rehbruecke, 1972, pp. 59 – 64.

198. S. Haarasilta, T. Pullinen, S. Vaissnen, and I. Tammersalo – Karsten, U. S. Patent 4,990,343, 1991.

199. Y. Pomeranz, M. D. Shogren, and K. F. Finney, *Food Technol.*, **22**, 897 (1968).

200. E. F. Glabe and P. W. Anderson, *Cereal Sci. Today*, **9**, 300 (1964).

201. L. Adler and Y. Pomeranz, *J. Sci. Food Agric.*, **8**, 449 (1959).

202. K. F. Finney, Y. Pomeranz, and G. Rubenthaler, *Cereal Sci. Today*, **8**, 166 (1963).

203. S. Mizrahi, Z. Berk, and U. Kogan, *Cereal Sci. Today*, **10**, 45 (1965).

204. Y. Pomeranz, M. D. Shogren, and K. F. Finney, *Cereal Chem.*, **46**, 512 (1969).

205. W. H. Knightly, U. S. Patent 4,684,526, 1987.

206. M. D. Shogren, Y. Pomeranz, and K. F. Finney, *Cereal Chem.*, **58**, 142 (1981).

207. D. J. R. Manley, *Technology of Biscuits, Crackers and Cookies*, Ellis Horwood Ltd., West Susssex,

England, 1983. p. 90.

208. S. A. Matz, *Cookie and Cracker Technology*, AVI Publishing Co. , Westport, Connecticut, 1968, pp. 54 –55 and 121 –122.

209. L. T. Kissel and W. T. Yamazaki, *Cereal Chem.* ,**52**, 638 (1975).

210. S. M. Badi and R. C. Hosney, *Cereal Chem.* ,**53**, 733 (1976).

211. W. Schaefer, *Getreide*, *Mehl*, *Brot.* , **27**, 132 (1973).

212. C. C. Elsesser and S. W. Bogyo, U. S. Patent 2,954,297, 1960.

213. Central Soya Co. , Inc. , technical brochure, Fort Wayne, Indiana, 2002.

214. C. F. Obenauf and C. W. Tatter, U. S. Patent 3,060,030, 1962.

215. H. Sakka, Y. Ikezoe, and T. Fukuda, U. S. Patent 5,196,226, 1993.

216. W. J. Wolf and D. J. Sessa, in M. S. Peterson and A. H. Johnson, eds. , *Encyclopedia of Food Technology and Food Sciences*, AVI Publishing Co. , Inc. , Westport, Connecticut, 1978, pp. 461 –467.

217. D. B. Pratt, Jr. , *Baker' s Helper*, **84**, 38, 64, 66, 99 (1945).

218. Central Soya Co. , Inc. , technical brochure, Fort Wayne, Indiana, 1998.

219. P. W. Hahn, U. S. Patent 5,262,187, 1993.

220. E. L. Zimmerman, U. S. Patent 5,514,404, 1996.

221. P. M. Gautchier and W. Dyer, U. S. Patent 5,626,903, 1997.

222. A. Abboud, Canadian Patent 2,201,462, 1997.

223. Anonymous, *Cereal Foods World*, **24**, 52 (1979).

224. Central Soya Co. , Inc. , technical brochure, Fort Wayne, Indiana, 1993.

225. R. R. Bily, U. S. Patent 4,277,503, 1981.

226. S. Turcot, S. L. Turgeon, and D. St. –Gelais, *Lait*,**81**, 429 –442 (2001).

227. M. A. Drake, V. D. Truong, and C. R. Daubert, *J. Food Sci.* ,**64**, 744 –747 (1999).

228. O. Sipahioglu, V. B. Alvarez, and C. Solano –Lopez, *Int. Dairy J.* ,**9**, 783 –789 (1999).

229. J. Pisecky and V. Westergaard, *Dairy Industries Int.* , **37**, 144 –147 (1972).

230. A. J. Baldwin and W. B. Sanderson, *N. Z. J. Dairy Sci. Technol.* **8**, 92 –100 (1973).

231. M. J. James, M. Brault, and L. Coucoulas, Leatherhead Food R. A. Research Report 689, 1991.

232. D. J. Oldfield, C. M. Teehan, and P. M. Kelly, *Int. Dairy J.* , **10**, 659 –667 (2000).

233. H. Singh, R. Sharma, and R. P. Tokley, *Australian J. Dairy Technol.* , **47**, 33 –37 (1992).

234. C. H. McCrae, *Int. Dairy J.* , **9**, 227 –231, (1999).

235. E. H. Sander, in *Lecithins*: *Sources*, *Manufacture*, & *Uses*, American Oil Chemists' Society, Champaign, Illinois, 1989, pp. 197 –206.

236. Central Soya Co. , Inc. , technical brochure, Fort Wayne, Indiana, 1992.

237. J. Casey, and S. Campano, Central Soya R&D Report, Lb – 15, Central Soya Co., Inc., Ft. Wayne, Indiana, 1998.

238. M. Thomas, Central Soya R&D Reports, Central Soya Co., Inc., Ft. Wayne, Indiana, 1996 & 1997.

239. J. Casey, Central Soya R&D Report Lb – 15, Central Soya Co., Inc., Ft. Wayne, Indiana, 1999.

240. J. Casey, Central Soya R&D Report, Central Soya Co., Inc., Ft. Wayne, Indiana, 1993.

241. S. H. Cheong and A. Fischer, *Fleischwirtschaft*, **73**, 677 – 678, 681 – 683 (1993).

242. W. S. Chandler, W. F. Wilkens, and J. F. Heiss, U.S. Patent 4,434,187, 1984.

243. K. – D. Hammer, L. Mans, and M. Siebrecht, U.S. Patent 5,480,691, 1996.

244. National Academy of Sciences Food and Nutrition Board, *Dietary reference intakes for thiamin, riboflavin, niacin, vitamin B6, folate, vitamin B12, pantothenic acid, biotin and choline*, National Academy Press, Washington D.C., 1998, pp. 309 – 422.

245. C. W. Enns, J. D. Goldman, and A. Cook, *Fam. Econ. Nutr. Rev.*, **10**, 1 (1997).

246. S. H. Zeisel and co – workers, *FASEB J.*, **5**, 2093 – 2098 (1991).

247. R. T. Bartus, R. L. Dean, A. J. Goas, and A. S. Lippas, *Science*, **209**, 301 (1980).

248. K. da Costa, E. F. Cochary, J. K. Blusztajn, S. C. Garner, and S. H. Zeisel, *J. Biol. Chem.*, **268**, 2100 (1993).

249. P. M. Newberne and A. E. Rogers, *Ann. Rev. Nutr.*, **6**, 407 (1986).

250. P. M. Newberne, V. Suphiphat, and M. Locniskar, *Nutr. Cancer*, **14**, 175 (1990).

251. N. F. Sheard, J. A. Tayek, B. R. Bistrian, G. L. Blackburn, and S. H. Zeisel, *Am. J. Clin. Nutr.*, **43**, 219 (1986).

252. R. L. Buchman, M. Dubin, and D. Jenden, *Gastroenterology*, **102**, 1363 (1992).

253. C. S. Lieber, L. M. DeCarli, K. M. Mak, C. I. Kim, and M. A. Leo, *Hepatology*, **Dec. 12**, 1390 (1990).

254. C. S. Lieber, S. J. Robins, J. Li, L. M. DeCarli, K. M. Mak, J. M. Fasulo, and M. A. Leo., *Gastroenterology*, **106**, 152 (1994).

255. G. A. Macdonald and M. R. Lucey, *J. Clin. Gastroenterol*, **18**, 274 (1994).

256. D. H. Copeland and W. D. Salmon, *Am. J. Pathol.*, **22**, 1059 – 1081 (1946).

257. A. K. Goshal andE. Farber, *Carcinogenesis*, **5**, 1367 – 1370 (1984).

258. J. Locker, T. V. Reddy, and B. Lombardi, *Carcinogenesis*, **7**, 1309 – 1312 (1986).

259. A.E. Rogers, *Am. J. Clin. Nutr.*, **61**, 659S – 665S (1995).

260. W. D. Salmon, D. H. Copeland, and M. J. Burns, *J. Natl. Cancer Inst.*, **15**, 1549 – 1568 (1955).

261. N. Shivapurkar, M. J. Wilson, K. L. Hoover, Y. B. Mikol, D. Creasia, and L. A. Poirier, *J. Natl.*

Cancer Inst. , **77**, 213 – 217 (1986).

262. J. Locker, T. V. Reddy, and B. Lombardi, *Carcinogenesis*, **7**, 1309 – 1312 (1986).
263. Y. B. Mikol, K. L. Hoover, D. Creasia, and L. A. Poirier, *Carcinogenesis*, **4**, 1619 – 1629 (1983).
264. J. T. Knuiman, A. C. Beynen, and M. B. Katan, *Am. J. Clin. Nutr.*, **49**, 266 – 268 (1989).
265. P. M. Ridker, M. J. Stampfer, and N. Rifai, *JAMA*, **285**, 2481 – 2485 (2001).
266. B. C. O' Brien and V. G. Andrews, *Lipids*, **28**, 7 – 12 (1993).
267. J. Wojcicki, A. Pawlik, L. Samochowiec, M. Kaldonska, and Z. Mysliwiec, *Phytotherapy Res.*, **9**, 597 – 599 (1995).
268. J. Schneider, R. Muller, W. Buberl, H. Kaffarnik, R. Schubotz, L. Hausmann, G. Muhlfellner, and O. Muhlfellner, *Eur. J. Clin. Pharmacol.*, **19**, 15 – 19 (1979).
269. F. Beil and S. Grundy, *J. Lipid Res.*, **21**, 525 – 536 (1980).
270. A. Rampone and C. Machida, *J. Lipid Res.*, **22**, 744 – 752 (1981).
271. I. Mastellone et al., *J. Nutr. Biochem.*, 461 – 466 (2000).
272. C. W. M. Adams, O. B. Bayliss, M. Z. M. Ibrahim, and M. W. Webster, *J. Path. Bact.*, **86**, 431 (1967).
273. M. Friedman, S. O. Byers, and R. H. Rosenman, *Proc. Soc. Expt. Biol. Med.*, **95**, 586 – 588 (1957).
274. S. O. Byers and M. Friedman, *J. Lipid. Res.*, **1**, 343 – 348 (1960).
275. W. W. Stanford and C. E. Day, *Artery*, **1**, 106 – 114 (1975).
276. C. R. Sirtori, *Atherosclerosis Rev.*, **24**, 175 – 198 (1993).
277. A. N. Howard, J. Patelski, D. E. Bowyer, and G. A. Gresham, *Atherosclerosis*, **14**, 17 – 29 (1971).
278. C. W. M. Adams, Y. H. Abdulla, O. B. Bayliss, and R. S. Morgan, *J. Path. Bact.*, **94** (1967).
279. S. L. Hsia, J. L. He, Y. Nie, K. Fong, and C. Milikowski, *Artery*, **22**, 1 – 23 (1996).
280. S. S. Kang, P. W. Wang, and M. R. Manilow, *Annu. Rev. Nutr.*, **12**, 279 – 298 (1992).
281. C. J. Boushey et al., *JAMA*, **274**, 1049 (1995).
282. L. M. Lichtenberg, A. Wang, J. J. Romero, et al., *Nature Med.*, **1**, 154 (1995).
283. L. M. Lichtenberg, C. Ulloa, A. Vanous, et al., *J. Pharmacol. Exp. Ther.*, **277**, 1221 (1996).
284. C. D. Albright, C. B. Friedrich, E. C. Brown, M. H. Mar, and S. H. Zeisel, *Brain Res. Dev. Brain Res.*, **115**, 123 – 129 (1999).
285. C. D. Albright, A. Y. Tsai, C. B. Friedrich, M. H. Mar, and S. H. Zeisel, *Brain Res. Dev. Brain Res.*, **113**, 13 (1999).
286. W. Meck and C. Williams, *Neuroreport*, **8**, 3053 (1997).

287. W. Meck and C. Williams, *Neuroreport*, **8**, 3045 (1997).

288. W. H. Meck and C. L. Williams, *Devel. Brain Res.*, **118**, 51 (1999).

289. W. H. Meck, R. A. Smith, and C. L. Williams, *Dev. Psychobiol.*, **21**, 339 (1988).

290. W. Meck and C. Williams, *Neuroreport*, **8**, 2831 (1997).

291. R. Loy, D. Heyer, C. L. Williams, and W. H. Meck, *Adv. Exp. Med. Biol.*, **295**, 373 (1991).

292. G. Pyapali, D. Turner, C. Williams, W. Meck, and H. S. Swartzwelder, *J. Neurophysiol.*, **79**, 1790 (1998).

293. S. S. Kang, P. W. K. Wong, and M. Norusis, *Metabolism*, **5**, 458 (1987).

294. S. H. Zeisel, in M. J. Dowdall and J. N. Hawthorne, eds., *Cellular and Molecular Basis of Cholinergic Function.* Horwood Press, Chichester, England, 1987, pp. 709–719.

295. S. H. Zeisel, D. Char, and N. F. Sheard, *J. Nutr.*, **116**, 50–58 (1986).

296. S. L. Ladd, S. A. Sommer, S. LaBerge, and W. Toscano, *Clin. Neuropharmacol.*, **16**, 40–49 (1993).

297. N. Sitaram, H. Weingartner, and J. C. Gillin, *Science*, **201** (4352), 74–76 (1978).

298. P. Spiers, D. Myers, G. Hochanadel, H. Lieberman, and R. Wurtman, *Arch. Neurol.*, **53**, 441–448 (1996).

299. X. A. Alvarez, M. Laredo, D. Corzo, L. Fernandez–Novoa, R. Mouzo, J. E. Perea, D. Daniele, and R. Cacabelos, *Methods Find Exp. Clin. Pharmacol.*, **19**, 201–210 (1997).

300. R. C. Mohs, K. L. Davis, J. R. Tinklenberg, and L. E. Hollister, *Neurobiol. Aging*, **1**, 21–25 (1980).

301. D. J. Sessa, in *Lecithins*, American Oil Chemists' Society, Champaign, Illinois, 1985, pp. 347–374.

302. K. Heasook, C.–T. Ho, and S. S. Chang, *J. Amer. Oil Chem. Soc.*, **61**, 1235–1238 (1984).

303. J. E. Kinsella and S. Damodaran, in G. Charlambous, eds., *The Analysis and Control of Less Desirable Flavors in Foods and Beverages*, Academic Press, Inc., New York, 1980, p. 95.

304. D. B. Min and T. G. Stasinopoulos, in *Lecithins*, American Oil Chemists' Society, Champaign, Illinois, 1985, pp. 375–384.

305. E. F. Sipos, in D. B. Min and T. H. Smouse, eds., *Flavor Chemistry of Lipid Foods*, American Oil Chemists' Society, Champaign, Illinois, 1989, pp. 265–289.

306. Stern Lecithin & Soja GmbH & Co. KG, technical brochure, Hamburg, Germany, 1994.

307. S. Siwolop and C. S. Eklund, *Business Week*, (July 6) 87–88 (1987).

308. B. C. Keller, *Trends Food Sci. Technol.*, **12**, 25–31 (2001).

309. K. Koide and M. Karel, *Int. J. Food Sci. Technol.*, **22**, 707–723 (1987).

310. U. R. Pothakamury and G. V. Barbosa–Canovas, *Trends Food Sci. Technol.*, **6**, 397–406 (1995).

311. C. J. Kirby, B. E. Booker, and B. A. Law, *Int. J. Food Sci. Technol.* ,**22**, 355 – 375, (1987).

312. B. V. Lengerich, L. C. Haynes, H. Levine, M. S. Otterburn, P. Mathewson, and J. Finley, U. S. Patent 4,999,208, 1991.

313. D. A. Lindsey, Specialty Products Research Notes LEC – T – 05, Central Soya Co., Inc., Ft. Wayne, Indiana, 1997.

314. J. N. Casey, Specialty Products Research Notes LEC – T – 37, Central Soya Co., Inc., Ft. Wayne, Indiana, 1997.

315. J. C. Russett, Specialty Products Research Notes LEC – D – 42, Central Soya Co., Inc., Ft. Wayne, Indiana, 1998.

316. J. C. Russett, D. A. Lindsey, and A. Konwinski, Specialty Products Research Notes LEC – T – 08, Central Soya Co., Inc., Ft. Wayne, Indiana, 1997.

317. J. C. Russett, Specialty Products Research Notes LEC – T – 43, Central Soya Co., Inc., Ft. Wayne, Indiana, 1998.

318. J. C. Russett, Specialty Products Research Notes LEC – T – 35, Central Soya Co., Inc., Ft. Wayne, Indiana, 1997.

319. J. N. Casey, Specialty Products Research Notes LEC – T – 36, Central Soya Co., Inc., Ft. Wayne, Indiana, 1997.

320. J. C. Russett, Specialty Products Research Notes LEC – A – 23, Central Soya Co., Inc., Ft. Wayne, Indiana, 1996.

321. P. Coutteau et al., *Aquaculture*,**155**, 149 (1997).

322. F. P. Orthorfer, S. U. Gurkin, and J. A. Fisk, *Nutrition and Utilization Technology in Aquaculture*, AOCS Press, Champaign, Illinois, 1995 p. 114.

323. J. C. Russett, Specialty Products Research Notes LEC – S – 29, Central Soya Co., Inc., Ft. Wayne, Indiana, 1996.

324. C. L. Davis and J. K. Drackley, *The Development, Nutrition and Management of the Young Calf*, Iowa State University Press, Ames, Iowa, pp. 20, 30, 32, 227, 228.

325. R. F. Holmes and C. K. Kandel, South African Patent ZA7,405,866, 1975.

326. J. C. Russett, Specialty Products Research Notes LEC – A – 52, Central Soya Co., Inc., Ft. Wayne, Indiana, 2000.

327. J. C. Russett, Specialty Products Research Notes LEC – D – 49, Central Soya Co., Inc., Ft. Wayne, Indiana, 1999.

328. J. C. Russett, Specialty Products Research Notes LEC – D – 56, Central Soya Co., Inc., Ft. Wayne, Indiana, 2002.

329. Russett, J. C. Specialty Products Research Notes LEC – H – 55, Central Soya Co., Inc., Ft. Wayne, Indiana, 2002.

330. J. C. Russett, Specialty Products Research Notes LEC – D – 54, Central Soya Co., Inc., Ft. Wayne, Indiana, 2002.

331. D. Canty, S. Zeisel, and A. Jolitz, Lecithin and Choline: Research Update on Health and Nutrition, Central Soya Company, Inc. Fort Wayne, Indiana, 1996, p. 28.

332. W. R. Cox, S. J. Richie, M. Sifri, B. Bennett, and D. D. Kitts, 98th Annual Poultry Sciences Association Meeting Proceedings, abstract 293, 2000.

333. I. R Sibbald, S. J. Slinger, and G. C. Ashton, *Poultry Sci.*, **41**, 46 (1962).

334. D. Polin, *Poultry Sci.*, **39**, 1652 (1980).

335. A. Caltron, D. Sanders, and F. Brinkhaus, *Rivista di Avicoltura*, **67**, 36 (1998).

336. M. A. C. Morales, I. S. Schneider, and R. J. J. Forster, *Texture Sci.*, **12**, 63 (1980).

337. T. Otsuki and K. Nagashima, Jpn. Kokai Tokkyo Koho JP 7545086, 1975.

338. K. Beaucamp and co – workers, German Patent DE 2,933,648, 1981.

339. P. Nayler, European Patent Application 20,123, 1980.

340. L. W. Bernardino U. S. Patent 4,297,251, 1981.

341. Jpn. Kokai Tokkyo Koho JP 8128298, 1981.

342. Takisawa and co – workers, Jpn. Kokai Tokkyo Koho, JP 7570410, 1975.

343. C. Fuggini and A. Streit, European Patent EP 0 374 471 A1, 1990.

344. B. F. Szuhaj, in F. T. Frederick, ed., *World Research Conference II: Proceedings*, Westview Press, Boulder, Colorado, 1980, pp. 681 – 691.

345. R. Evans, S. Morrison, and C. Clayton, PCT WO 97/31153, 1997.

346. M. Foa, French Patent 2,475,053, 1981.

347. N. E. Wolff and J. W. Weigh, in M. Grayson, ed., *Kirk – Othmer Encyclopedia of Chemical Technology*, Vol. 8, Wiley, New York, 1981, pp. 794 – 826.

348. W. F. McDonuogh and co – workers, U. S. Patent 3,928,226, 1975.

349. H. Friedman and co – workers, French Patent 1,548,700, 1968.

350. G. Hajduk and co – workers, Polish Patent PL 104,287, 1979.

351. C. White, to Hopton Technologies, Intl., LLC, PCT WO 01/51706 A1, 2001.

352. H. Kinsley, Jr., U. S. Patent 5,328,567, 1994.

353. K. Nikoloff, U. S. Patent 4,766,015, 1988.

354. K. Nikoloff, U. S. Patent 5,858,933, 1999.

355. S. Severston and M. Coffey, U. S. Patent 6,248,793 B1, 2001.

356. K. Nojima, K. Shono, and M. Takahashi, U. S. Patent 4,686,119, 1987.

357. L. P. Hayes, *Canada Chem. Abstr.*, 945800, 1974.

358. L. P. Hayes and co-workers, South African Patent ZA 6906125, 1970.

359. S. Shimomukai and co-workers, German Patent DE 2,916,494, 1979.

360. M. Huang, U. S. Patent 6,010,822, 2000.

361. Jpn. Kokai Tokkyo Koho JP 80 88,045, 1980.

362. P. E. Kinzli and co-workers, German Patent DE 2,117,214, 1971.

363. P. N. Maniar, German Patent DE 2,117,075, 1971.

364. D. A. Newman, German Patent DE 2,116,902, 1971.

365. W. Dabisch, U. S. Patent 3,515,572, 1970.

366. T. Misato, Y. Homma, and K. Ko, *Neth. J. Plant Pathol.*, **83** (Suppl. 1), 395-402 (1977).

367. J. Esposito, U. S. Patent 4,822,407, 1989.

368. C. Milne and P. Shelby, PCT WO 98/21945, 1997.

369. G. Kalocsai and co-workers, *Hung. Teljes*, **18**, 326 (1980).

370. R. L. Glass, *Pesticide Biochem. Phys.*, **32**, 93 (1988).

371. W. Steurbaut, H. S. Megahed, G. Van Roey, T. Melkebeke, and W. Dejonckheere, in C. L. Foy, ed., *Adjuvants for Agrichemicals*, CRC Press, Ann Arbor, pp. 623-635.

372. K. Zobitne, PCT WO 99/52359, 1999.

373. Jpn. Tokkyo Koho JP 8108804, to Kumiai Chemical Industry Co., Ltd., 1981.

374. T. Misato and co-workers, U. S. Patent 3,873,700, 1975.

375. Y. Homma and co-workers, *Nippon Noyaku Gakkaishi*, **6**, 145-153.

376. A. Burkhart and M. Burkhart, U. S. Patent 5,674,536, 1997.

377. Jpn Kokai Tokkyo Koho 81 41383, 1981.

378. Jpn. Kokai Tokkyo Koho JP 81140910, 1981.

379. G. Ritzman and co-workers, German Patent DF 3,010,041, 1981.

380. S. J. Tuan and R. F. Hou, *J. Invert. Pathol.*, **52**, 180-182 (1988).

381. A. Degetto, A. Cappai, and V. Caprioli, European Patent EP 0 448 070 B1, 1991.

382. S. Partelow, U. S. Patent 6,300,324 B1, 2001.

383. M. Rombi, U. S. Patent 4,879,117, 1989.

384. A. I. McMullen, British Patent 1,357,952, 1974.

385. D. P. Paapahadjopoulos and co-workers, German Patent DE 2,907,303, 1979.

386. K. M. S. Sundaram and J. Curry, *J. Environ. Sci. Health*, **B31**, 1041-1060 (1996).

387. M. Okauchi and co-workers, Jpn. Kokai Tokkyo Koho, JP 76104033, 1976.

388. W. L. Shillington and J. J. Liggett, U. S. Patent 3,533,810, 1970.
389. M. Nisperos – Carriedo and E. Baldwin, U. S. Patent 5,198,254, 1993.
390. R. B. H. Wills and co – workers, *J. Sci. Food Agric.*, **31**, 663 – 666.
391. T. Misato and co – workers, Jpn. Kokai Tokkyo Koho JP 7622825, 1976.
392. C. B. Watkins, J. E. Harman, and G. Hopkirk, *New Zealand J. Exp. Agric.*, **16**, 55 – 61 (1988).
393. C. F. Green, I. F. Chambers, and S. J. Packe – Drury – Lowe, *Ann. Appl. Biol.*, **113**, 177 – 188 (1988).
394. Miyoshi Kasei Kogyo, Y. K., Jpn. Kokai Tokkyo Koho, JP 85 190,705, 1985.
395. Miyoshi Kasei Kogyo, Y. K., Jpn. Kokai Tokkyo Koho, JP 85 184,571, 1985.
396. U. S. Patent 4,126,591, 1978.
397. R. Macchio, J. Russ, B. Slobody, and M. Tietjen, U. S. Patent 5,023,075, 1991.
398. C. Baker, in *Lecithins: Sources, Manufacture, & Uses*, American Oil Chemists' Society, Champaign, Illinois, 1989, pp. 253 – 260.
399. N. Avalle, European Patent EP 0 882 443 A2, 1998.
400. E. Pittz and R. Smerbeck, U. S. Patent 4,780,249, 1988.
401. K. Kimura, K. Ofuchi, and K. Oda, U. S. Patent 4,647,394, 1987.
402. K. Oyama, T. Narita, M. Fujisawa, N. Tsuchiya, and M. Tsuji, U. S. Patent 6,416,771 B1, 2002.
403. J. Devos, European Patent EP 0 463 099 B1, 1990.
404. J. Komerska, G. Petit, and B. Rybalka, U. S. Patent 4,943,462, 1990.
405. R. Roydhouse, European Patent Appl. EP 0 180 483 A2, 1985.
406. A. Homola and R. Dunton, U. S. Patent 5,888,480, 1999.
407. W. Prosise, U. S. Patent 5,286,764, 1994.
408. G. B. Ansell and co – workers, *Form and Function of Phospholipids*, Elsevier, New York, 1973.
409. H. J. Devel, Jr., *The Lipids, Their Chemistry and Biochemistry*, Vol. 2, 1955, p. 743.
410. G. Retzinger and A. Deanglis, PCT WO 99/55314, 1999.
411. C. Benz, D. Papahadjopoulos, J. Park, K. Hong, and D. Kirpotin, U. S. Patent 6,214,388, 2001.
412. S. Kurtz, U. S. Patent 6,261,597, 2001.
413. M. Hope and W. Rodrigueza, U. S. Patent 6,312,719 B1, 2001.
414. F. Chasalow, U. S. Patent 5,703,063, 1997.
415. F. Chasalow, U. S. Patent 5,888,990, 1999.
416. F. Chasalow, U. S. Patent 6,127,349, 2000.
417. A. Kohler, D. Moordian, and L. Furcht, U. S. Patent 5,711,959, 1998.
418. B. Purkait, U. S. Patent 5,941,909, 1999.

419. German Patent DE 2,756,079, 1978.

420. N. H. Ludwig and W. A. White, U. S. Patent 3,808,338, 1974.

421. M. Gordon and J. A. Wiesbach, *Canadian Chem. Abstr.*, 932324 (1973).

422. R. Yehara and co-workers, Jpn. Kokai Tokkyo Koho JP 8449313, 1980.

423. G. H. Bullous, British Patent 1,182,463, 1970.

424. M. Samejima and co-workers, German Patent DE 3,039,908, 1981.

425. J. Zeidler, J. Rosenberg, J. Neumann, and J. Breitenbach, U. S. Patent 6,187,342 B1, 2001.

426. A. Janoff, J. Rauch, and T. Taraschi, U. S. Patent 6,261,792, 2001.

427. E. F. Sipos, in *Lecithins: Sources, Manufacture, & Uses*, American Oil Chemists' Society, Champaign, Illinois, 1989, pp. 261-276.

428. M. Kronstein, *Mod. Paint Coat.*, **68**, 59-63 (1978).

429. F. Augustin and L. Bartling, U. S. Patent 4,221,601, 1980.

430. M. Kronstein and J. Eichberg, U. S. Patent 4,520,153, 1985.

431. M. Kronstein, *Mod. Paint Coat.*, **Feb.**, 19-27 (1975).

432. M. Kronstein, *Amer. Chem. Soc., Div. Org. Coat. Plast. Chem.*, **34**, 521-526 (1974).

433. M. Kronstein, *Paint Ind. Mag.*, **72**, 6, 10 (1957).

434. M. Kronstein and J. Eichberg, U. S. Patent 4,056,494, 1977.

435. M. Kronstein and J. Eichberg, U. S. Patent 2,997,398, 1961.

436. M. Kronstein and J. Eichberg, U. S. Patent 4,305,853, Dec. 15, 1981.

437. H. Pardun, *Seifen, Oele, Fatte, Wasche*, **107**, 409-411 (1981).

438. J. Eichber and K. MacDonald, U. S. Patent 5,120,357, 1992.

439. U. Wissgott, European Patent EP 0 816 561 B1, 1996.

440. R. M. Earidjani andVanlerberghe, U. S. Patent 4,217,344, 1978.

441. J. Godfrey, U. S. Patent 4,091,170, 1978.

442. J. Wannlund, U. S. Patent 5,063,090, 1991.

443. E. Woodhall and N. Kondrats, U. S. Patent 5,750,190, 1998.

444. M. Bakalar, U. S. Patent 5,753,310, 1998.

445. M. Jordan, U. S. Patent 5,885,617, 1999.

446. S. Grillo, R. Steffenino, D. Kunkle, and K. Saracenni, European Patent EP 0 527 153 B1, 1993.

447. E. Woznicki and S. Grillo, European Patent EP 0 321 464 B1, 1986.

448. G. Amidon and J. Crison, U. S. Patent 5,851,275, 1998.

449. L. Daher and L. Sackman, U. S. Patent 5,122,385, 1992.

450. G. Amidon and J. Crison, U. S. Patent 5,686,133 1997.

451. G. Ittman, M. Krieg, U. S. Patent 4,826,901, 1989.

452. R. Zimmermann, U. S. Patent 4,066,599, 1978.

453. R. Zimmermann, U. S. Patent 4,195,009, 1980.

454. A. Hosaka and co – workers, German Patent DE 3,104,702, 1982.

455. Intermagnetics Corp. , German Patent (Demand) FR 2,448,560, 1979.

456. H. Kawakara, German Patent DE 3,114,646, 1982.

457. M. Ohlinger, German Patent DE 2,942,646, 1981.

458. H. Tamura, German Patent DE 3,017,651, 1980.

459. M. Buzniak, Polish Patent PL 117,092, 1982.

460. Jpn. Kokai Tokkyo Koho JP 80 83,041, 1980.

461. M. Chagnon and J. Ferris in *Lecithins: Sources, Manufacture, & Uses*, American Oil Chemists' Society, Champaign, Illinois, 1989, pp. 277 – 283.

462. M. Williams and R. Trahan, Jr. , U. S. Patent 5,413,815, 1995.

463. M. Besse, C. Ross, and H. Kleaver, U. S. Patent 5,587,009, 1996.

464. T. Kamikaseda, M. Furudate, and M. Yamamoto, to National Starch and Chemical Corp. , U. S. Patent 4,634,727, 1987.

465. M. Lawson, U. S. Patent 5,356,466, 1994.

466. J. Stewart, U. S. Patent 4,948,521, 1990.

467. J. Anglin and D. Smith, U. S. Patent 6,207,286 B1, 2001.

468. D. Greenleaf, P. Howarth, and P. Jinks, PCT WO 93/14005 (1993) .

469. S. Brois, F. Femino, H. Deen, and A. Gutierrez, European Patent Application 0 386 923 A1, 1990.

470. J. Vinci, C. Luciani, and S. Abbas Rizvi, The Lubrizol Corp. , European Patent Application 0 597 712 A1, 1992.

471. S. Gatt, Y. Barenholz, and H. Bercovier, European Patent EP 0 499 441 B1, 1992.

472. F. Fava and D. Di Gioia, *Biotech. Bioeng.* , **72**, 177 – 184 (2001) .

473. J. Stanley, in M. Grayson, ed. , *Kirk – Other Encyclopedia of Chemical Technology*, Vol. 14, 3rd ed. , pp. 250 – 269.

474. A. Heijkoop, German Patent DE 2,213,927, 1972.

475. P. P. Caruso, U. S. Patent 4,282,344, 1981.

476. L. Meyer, U. S. Patent 4,500,442, 1985.

477. H. Leube, U. S. Patent 5,767,180, 1998.

478. G. Valencia, U. S. Patent 5,624,975, 1997.

479. K. Kuriyama and M. Toyama, Jpn. Kokai Tokkyo Koho JP 74 481,167, 1974.

480. M. McAbee, W. Perkins, and D. Shomake, European Patent O 877 837 B1, 1997.
481. J. Vlasblom and V. Dotolo, U. S. Patent 5,415,789, 1995.
482. P. H. List and R. Von Kleinsorgen, German Patent DE 2,928,040, 1980.
483. F. Bove, U. S. Patent 3,819,523, 1974.
484. E. Manandhar and A. Usmani, European Patent Application O 718 373 A1, 1995.
485. E. Manandhar and A. Usmani, U. S. Patent 5,744,524, 1998.
486. R. I. Buhlstein and co-workers, U. S. S. R. Patent SU 624697, 1978.
487. H. Tjujimito and co-workers, U. S. Patent 4,049,556, 1977.
488. D. Krivohlavek, U. S. Patent 5,834,539, 1998.
489. D. Sincroft and E. Sipos, U. S. Patent 2,987,527, 1959.
490. E. Sipos and D. Sincroft, U. S. Patent 2,991,163, 1959.
491. A. G. Meshandin and co-workers, U. S. S. R. Patent SU 905,236, 1982.
492. *Official Journal of the European Communities*, **L339/46** (1996).
493. EC Regulation 1139/98.

14 脂质乳状液

D. Julian McClements, Jochen Weiss
University of Massachusetts Amherst, Massachusetts

14.1 引言

很多天然食品和加工食品的水相中都分散着细小的油滴（如牛乳、奶油、水果饮料、汤料、涂抹黄油、蛋黄酱、奶油利口酒、调味酱、甜品、沙司、沙拉酱和冰激凌）或者油相中分散着细小的水滴（如黄油和人造奶油）。虽然这些食品的物化性质和感官品质的差异性相当大，但它们均可被归为“乳状液”，且他们的性质可用“乳化科学”的概念和技术进行解释[1~4]。乳化科学是一门综合了化学、物理学和工程学[5~12]的交叉学科。从事食品工业的乳状物科学家旨在运用乳化科学的原理和技术，改善食品的品质，提高食品生产效率。本章目的是介绍乳化科学的基本原理和技术，它们对理解、表征和调控食品性质有关。产品配方与加工条件的不同，使食品乳状液的物化性质和感官品质存在很大的差异。要生产出具有特殊用途、性质的乳状食品，取决于如何选择合适的加工原料（如水、油、乳化剂、增稠剂、矿物质、酸、碱、维生素、香料、色素等），以及如何优化加工条件（混合、均质、巴氏杀菌、灭菌等）。同时，产品必须在适当的条件下运输和贮藏（如防止温度变化、光照和机械搅拌），以保持消费时仍具有期望的品质属性。以前，食品行业主要依赖手工业和传统工艺来确定食品配方，确立加工与贮藏条件。这种方式对于现代食品工业来说已不合理，因为现在的食品行业必须对消费者越来越青睐于各种更廉价、更健康及更方便食品的需求变化作出快速反应[13~15]。此外，为追求利润，现代化食品公司需进行大规模生产，能以相对较低的成本生产大量食品。新产品的开发、现有食品的改良及食品生产过程的有效控制，都需要比以往更系统和严格的方法[16]。在过去的几十年里，主要依赖于价格低廉且功能强大的个人电脑的普及，使得食品科学家可以在相当短的时间内实现复杂的理论预测和数字模拟，这样就对食品乳状液的物化基础性质的了解有了很大的进展。同时，随着各种功能强大的新型分析工具的不断开发，可以探测乳状液及其组分的结构、相互作用和物化性质，这也对上述进展作出了贡献。

14.2 定义

食品乳状液可定义为一种液体以微小的球形液滴分散到另一种液体中所形成的体系，在该体系中，两种液体至少是部分不溶的（图 14.1）。食品乳状液的典型特点是其中液滴的直径一般在 0.1 ~ 100 μm [1, 2, 17, 18]。根据油相和水相的相应组织形态，可以将食品乳状液很方便地分类。油滴分散到水相中的体系称为水包油型（oil - in - water）或油/水型（O/W）乳状液，而水滴分散到油相中的体系称为油包水型（water - in - oil）或水/油型（W/O）乳状液。在乳状液内部形成的液滴常称为分散相、内相或非连续相，而构成外围环境的物质常称为外相或连续相。也可制备多相乳状液，如油 - 水 - 油（O/W/O）或水 - 油 - 水（W/O/W）[19]。W/O/W 型乳状液即微小的水滴分散在较大的油滴中，而油滴又分散在连续水相中[20]。与传统乳状液比，这种多相乳状液可能更具有应用优势，如降低脂肪含量、控制物质释放或使一种组分从另一组分中分离出来[19]。

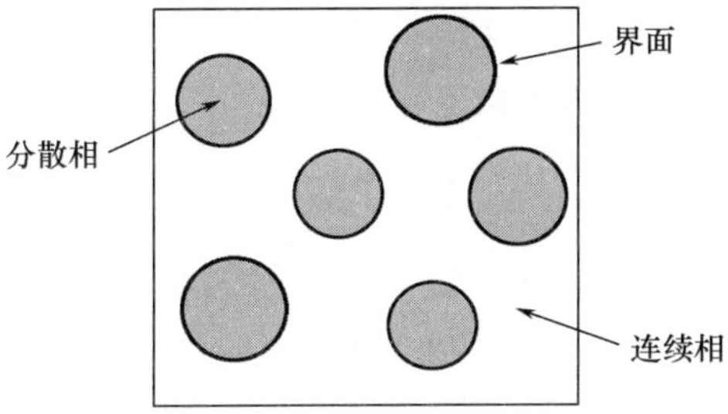

图 14.1　两种完全不溶或部分不溶的液体组成的分散体系示意图，分散相被连续相分子包围，两相由界面区相分隔

用两种互不相溶的液体制备乳状液或减小已有乳状液中液滴尺寸的加工过程，都称为均质。在食品工业中，这个过程通常是通过机械装置即均质机来实现的，均质机通过给液体施加强烈的机械作用力，使液滴分散。乳状液可通过纯油和纯水的混合均质而形成，但这两相会迅速分离而形成一种油层（低密度）漂浮在水层（高密度）之上的体系。相分离的发生是由于同种液滴在碰撞过程中倾向于相互结合在一起。相分离过程中推动力的实质是，由于疏水作用，油水分子接触是热力学不利的[21]。因此，乳状液被认为是热力学不稳定的。然而，如果在均质前加入两类不同物质：乳化剂和增稠剂，就可以形成动力学稳定（亚稳态）的乳状液，并可以在相当长一段时期内（几天、几周、几个月或几年）保持稳定。乳化剂是具有表面活性的分子，它能够吸附在均质形成的液滴表面，形成一层保护膜，阻止疏水性分子直接与亲水性分子相接触，从而防止其发生聚集。食品工业中最常用的乳化剂是两性蛋白、多聚糖、小分子表面活性剂及磷脂[22]。其次，用于增强乳状液动力学稳定性的化合物是增稠剂。增稠剂可增加乳状液连续相的黏度，并通过延缓液滴的热运动来改善乳状液的结构，增强乳状液的稳定性。食品工业中最常用的增稠剂是多糖，如黄原胶、海藻酸盐、卡拉胶、瓜尔豆胶[23]。术语“稳定剂”是指任何能够增强乳状液稳定性的添加剂，或是乳化剂或是增稠剂。

14.3 液滴特性

食品乳状液特有的大多数物化性质和感官品质都是由所含液滴决定的。下面讨论乳状液液滴最重要的一些特性。

14.3.1 液滴浓度

乳状液的液滴浓度是影响其外观、质构、稳定性和风味的关键参数之一。例如，乳状液的浊度、黏度以及乳化稳定性会随着液滴浓度的增加而增加。液滴浓度通常用分散相的体积分数（ϕ）来描述，它等于乳状液液滴体积（V_D）除以乳状液的总体积（V_E），即 $\phi = V_D / V_E$。不过，也可以用分散相的质量分数（ϕ_m）来描述液滴浓度，它等于乳状液的分散相质量（M_D）除以乳状液的总质量（M_E），即 $\phi_m = M_D / M_E$。用下式可以将质量分数与体积分数相互换算。

$$\phi_m = \frac{\phi \rho_2}{\rho_2 \phi + (1 - \phi) \rho_1} \tag{14.1}$$

式中，ρ_1和ρ_2分别是连续相和分散相的密度。如果两相的密度相同，质量分数和体积分数就相等。液滴浓度还可用质量百分数（$\%\phi_m = 100\phi_m$）或体积百分数（$\%\phi = 100\phi$）表示。很多情况下，乳状液的液滴浓度都是已知的，因为乳状液制备过程中所用组分的含量通常是仔细控制的。但乳状液液滴浓度可能会发生局部变动，例如，由于重力分离作用，分散相液滴可积聚在乳状液的顶部或底部。同均相产品相比，这种乳状液具有显著不同的性质。此外，乳状液液滴浓度在加工制作过程中也会发生变化，例如当混合器或均质器的操作不一致时。均质压力、温度、流速或搅拌速度的变化都可能导致操作的不一致性。因此对乳状液的液滴浓度进行定量通常是很重要的。液滴浓度的测定方法可以采用传统的近似分析技术（如干燥、溶剂萃取、密度测量）或采用更高级的现代分析技术（如光散射、电脉冲计数和超声频谱）[4]。

14.3.2 液滴粒径分布

液滴的粒径对乳状液的很多物化性质和感官品质（如货架期、外观、结构以及风味[1, 2, 4]）都有重要的影响。例如，液滴粒径的减小可以极大地改善乳状液稳定性，阻止重力分离和液滴聚积。这是由于沉降速率与液滴粒径的平方成正比。乳状液中液滴粒径大小主要取决于乳化剂的类型和浓度、组成相的物化性质以及均质条件[4]。食品生产商通常会对特定产品的液滴粒径分布进行预先设定，如果产品不符合这一规格，就必须再加工甚至废弃。

分散相液滴的粒径全部相同的乳状液称为单分散体系，而含一系列不同粒径分散相液滴的乳状液称为多分散体系。单分散乳状液的液滴粒径可以完全由一个数值表示，如液滴直径（d）或液滴半径（r）。单分散乳状液是难以生产的，但有时因基础研究而需要制备，与多分散乳状液相比，解释单分散乳状液经实验测定的数据通常简单得多。在大多数工业应用中，食品乳状液的液滴粒径通常呈分散式分布，所以相比于单相系统，其液滴粒径规格更为复杂。在有些情况下，掌握乳状液所有液滴的粒径分布信息（即一定粒径范围内的液滴的占比百分数）是十分重要的。在多数其他情况下，简单了解乳状液液滴的平均粒径和分布宽度即可[9]。依据其颗粒尺寸的分布图形的大体形态是单峰、双峰、或多峰，可将多分散乳状液分为“单模态”、“双重模态”或“多重模态”。

在多数乳状液中，液滴的数量是极其庞大的，所以它们的粒径可以从最小值到最大值呈连续分布。当提供粒径数据时，可很方便地将粒径范围分为一系列非连续的尺寸级别，明确每一级别中的液滴数目[9]。最终数据可以用表格形式表示（见表 14. 1）或标绘成矩形图以表示每一尺寸等级的分散相液滴数量（见图 14. 2）。与提供每一尺寸等级中的分散相液滴数目 n_i 相比，通常提供的数据是信息量更大的数量频率 $f_i = n_i/N$ 或体积频率 $\phi_i = v_i/V$，其中，N 为乳状液中的分散相液滴总数，v_i 为每一尺寸等级的分散相液滴体积，V 为所有分散相液滴的总体积。是用数量频率表示每一尺寸等级中的液滴占比分数，还是用容积频率表示（见图 14. 2），这两种表示方法可使粒子尺寸分布图的形状发生很大变化。因此，当报道粒子尺寸数据时，要明确说明是哪个参数，这是极其重要的。由于液滴体积与 d^3 成比例，当乳状液中存在较大液滴时，体积分布更具代表性。当小液滴存在或较大液滴的体积分数较低时，数量分布更具代表性。

表 14. 1　乳状液的液滴尺寸分布表（对大液滴，体积频率比数量频率更灵敏）

尺寸分级/μm	d_i/μm	N_i	F_i/%	ϕ_i/%	$C(d_i)$/%
0.041 ~0.054	0.048	0	0.0	0.0	0.0
0.054 ~0.071	0.063	2	0.1	0.0	0.1
0.071 ~0.094	0.082	4	0.2	0.0	0.3
0.094 ~0.123	0.108	50	2.5	0.0	2.8

续表

尺寸分级/μm	d_i/μm	N_i	F_i/%	ϕ_i/%	$C(d_i)$/%
0.123～0.161	0.142	84	4.2	0.1	7.0
0.161～0.211	0.186	152	7.6	0.3	14.6
0.211～0.277	0.244	224	11.2	1.1	25.8
0.277～0.364	0.320	351	17.6	3.9	43.35
0.364～0.477	0.420	470	23.5	11.8	66.85
0.477～0.626	0.551	385	19.2	21.8	86.1
0.626～0.821	0.723	190	9.5	24.3	95.6
0.821～1.077	0.949	64	3.2	18.5	98.8
1.077～1.414	1.245	21	1.0	13.7	99.85
1.414～1.855	1.634	3	0.2	4.4	100
1.855～2.433	2.144	0	0.0	0.0	100

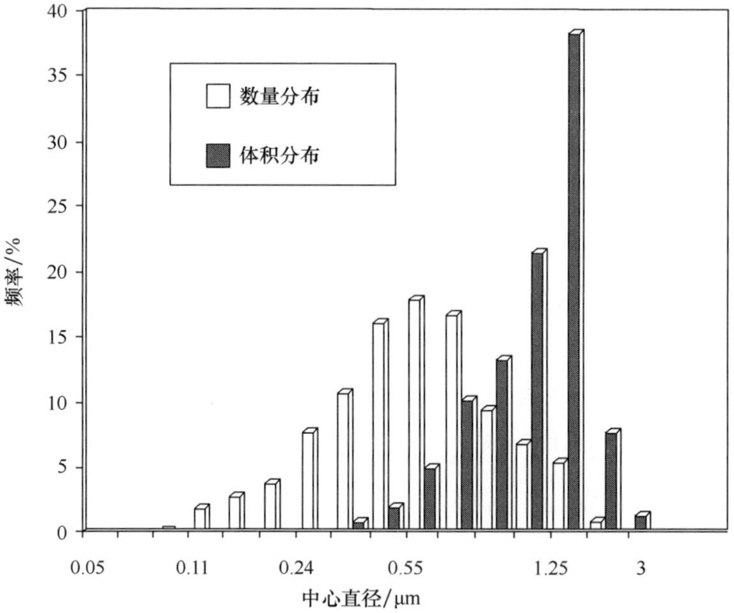

图 14.2 乳状液粒子尺寸分布的体积频率与数量频率柱状图

粒子尺寸分布图也可以用连续曲线表示，如分布函数 $F(d_i)$ 或建立累积函数 $C(d_i)$。构建的（数量）分布函数表示，在粒子尺寸 d_i 和 $d_i+\delta d_i$之间的曲线下方面积等于这一粒子尺寸区域的分散相液滴数量 n_i，即 $n_i = F(d_i)\delta d_i$ [9]。这一关系式可将矩形图转换成分布函数图，反之亦然。累积函数代表粒子尺寸小于 d_i 的液滴百分数，可以通过分布函数积分得到。随着粒子尺寸增加，最终曲线图呈 S 型分布，由 0 ~ 100% 变化。若在某一粒子尺寸时，一半数目液滴为较小的颗粒，其他一半液滴为较大颗粒，那么就称这一粒子尺寸为平均液滴直径，d_m。乳状液的粒径分布也可以用数学原理建立模型（如正态分布或对数正态分布），这很方便快捷，因为所有数据可以用少量参数来描述[9]。但必须保证数学模型能够真实地反映实际数据。

在多分散乳状液中，液滴尺寸可以用 1 个或 2 个数据表示，而不必呈现粒径的全部分布[9]。最有用的数据是平均直径 d，可以测量分布的中心趋势，以及标准偏差 σ，可测量分布的宽度。

$$\overline{d} = \frac{\sum n_i d_i}{N} \tag{14.2}$$

$$\sigma = \sqrt{\frac{\sum n_i (d_i - \overline{d})^2}{N}} \tag{14.3}$$

上述平均值也涉及平均长度直径 d_L，它表示液滴长度总和除以液滴总数。也可以用其他方式表示平均液滴尺寸（表 14.2）。每一种平均尺寸的表达方式都包含长度单位（m），但强调分布的不同物理性质，如平均长度、表面积或体积。例如，体积 - 表面积平均直径与液滴暴露于每单位体积乳状液连续相中的表面积有关：

$$A_s = \frac{6\phi}{d_{vs}} \tag{14.4}$$

表 14.2 多分散相乳状液中平均粒径的不同表达式

名称	符号	定义
长度	$\overline{d}$ 或 d_L	$d_L = \sum n_i d_i / \sum n_i$
表面积	d_s	$d_s = \sqrt{\sum n_i d_i^2 / \sum n_i}$
体积	d_v	$d_v = \sqrt[3]{\sum n_i d_i^3 / \sum n_i}$
体积 - 表面积	d_{vs} 或 d_{32}	$d_{vs} = \sum n_i d_i^3 / \sum n_i d_i^2$

这个关系式是极其重要的，由此可计算出乳状液总的液滴表面积，可以用这一重要参

数来估计制备动力学稳定的乳状液所需的乳化剂含量。 平均液滴直径的各种表达形式都是十分重要的，因为测量液滴直径的不同实验技术对于各种平均值的灵敏度是不同的[24]。因此，当使用和引用液滴尺寸数据时，要清楚了解实验中测定的是何种平均直径，这是十分重要的。

粒径分布对于食品乳状液物化性质的重要性体现在可采用分析手段对其定量。 乳状液中液滴尺寸的测量可采用多种多样的分析方法，最常用的有显微镜法、光散射法、电脉冲计数法、沉降法和超声波技术[4]。 每种方法都有其优缺点。 例如，有些方法仅适用于分析非常稀的乳状液（如光散色法、电脉冲计数法），而另外一些方法则可以用来分析浓缩的乳状液（如超声波光谱测定法、NMR）。

14.3.3 液滴电荷

液滴电荷对于乳状液液滴的稳定性也有重要影响，进而影响食品乳状液的物化性质和感官品质[1]。 食品乳状液中液滴的电荷通常是乳化剂分子吸附离子化基团或可电离基团的结果，如离子型表面活性剂、磷脂、蛋白质和多糖[4]。 液滴界面的电荷数量和电荷正负性质极大地依赖于界面上表面活性分子的形式和数量，以及水相的 pH 和离子组成。 液滴电荷是一个关键参数，它不仅决定液滴如何与其他带电基团（如乳状液液滴、聚合体、矿物离子）交互作用，也决定了液滴在电场存在下如何运动（这是通过实验测量电荷的基础）。 异种电荷之间相互吸引，而同种电荷之间相互排斥。 乳状液中所有的液滴通常都包裹着同种形式的乳化剂，因而具有同种电荷（如果乳化剂是电离的）。 当这种电荷足够大时，由于它们之间的电荷排斥，就会阻止液滴聚积。 用离子型乳化剂所稳定的乳状液，其性质对水相的 pH 和离子强度十分敏感。 如果调整水相的 pH 使乳状液失去电荷，或添加盐“屏蔽”液滴之间的静电相互作用，那么，排斥力也许会减小到不足以阻止液滴聚积。在食品乳状液中通常是不希望产生液滴聚积的，因为液滴聚集会导致乳状液黏度的增加以及乳化层稳定性的降低。

静电相互作用也会影响乳状液液滴和其他带电基团（如多糖、表面活性剂、维生素、抗氧化剂、风味物质及矿物质）的相互作用[2，25~27]。 这些作用通常对于乳状液产品的整体质量具有重要影响。 例如，如果风味物质由于静电相互作用而吸附在乳状液液滴的表面，其挥发性就降低，就会改变食品乳状液的风味品质[26]。 油滴对于脂质氧化作用的敏感性取决于催化剂是否会因静电相互作用而吸附在液滴表面[27]。 假如氧化催化剂对于油－水界面有排斥作用，脂质氧化作用的程度就会降低。 带电基团在液滴表面的积累及积累速率，取决于表面电荷的正负性质、静电相互作用的强度、电荷数量以及其他任何可能竞争性吸附在液滴表面的带电基团的存在。

通过选择具有所期望电荷特性（如正负、强度、等电点）的乳化剂，以及控制水相性质（如 pH 和离子强度），就可以控制乳状液液滴的电荷。所以，通过操纵乳状液的电荷来控制其多种物化特性是可行的，如聚集稳定性、风味分布和脂质氧化性。已经发明多种分析技术并用于测量乳状液液滴的电荷的正负和大小，最常用的是颗粒电泳法和电声学[4]。

14.3.4 液滴结晶性

另一个影响乳状液体相总体性质的参数，是乳状液中脂质液滴的物理状态[17, 19, 28~31]。乳状液中脂质液滴的结晶性有时有益于产品质量，有时则对产品质量有害。人造奶油和黄油是食品工业中最常见的油包水型乳状液，其制作时需要对含部分结晶小滴的水包油型乳状液的不稳定性进行控制。乳制品对于机械搅拌和温度交替的稳定性取决于乳脂肪颗粒的本性和结晶程度。值得注意的是，由于相密度能随着结晶过程的发生而改变，奶油中的乳脂液滴比率也会随液滴固化而改变。因此乳状液制造商必须了解哪些因素会影响乳状液质的结晶特性和熔化特性，以及意识到液滴相的转变可能对于乳状液特性的影响。

乳状液的熔化和结晶行为可能与同种物质在单一体相中有很大差别[19]。特别是，乳状液的过冷化程度通常比单一相体系中的物质大得多，因为在个别液滴中找到一个能促进晶核形成的催化位点的可能性要比体相中更小。多种实验技术可用于提供乳状液微粒结晶和熔化行为的相关信息，如显微镜技术、差示扫描量热技术、核磁共振技术和超声波技术[4]。

14.3.5 液滴界面属性

液滴界面由一个狭窄区域（厚度通常为 2 ~ 20nm）构成，它包围着每一个乳状液液滴，内含油、水、乳化剂分子形成的混合物[9, 10]。除非液滴粒径小于 1 μm，界面区域才会显著影响乳状液的总体积，否则通常影响不大（表 14.3）。与此相反，界面薄膜对于食品乳状液的物化性质和感官品质却有重要的影响。因此，食品科学家们特别热衷于研究决定界面区域的组成、结构、厚度以及流变性的相关因素[2, 19, 32~35]。界面区域的组成和结构是由存在的表面活性基团的类型和含量所决定的，同时也由乳状液形成过程中和形成以后发生的一些情形所决定，如竞争性吸附。界面区域的厚度和流变性影响乳状液对重力分离、聚集作用、絮凝作用的稳定性，以及决定分子离开和进入液滴的速率[4, 35]。多种分析技术可以提供界面薄膜的组成、厚度和流变性的信息。一些技术可以直接应用于乳状液，而另一些技术仅仅只能用于油水分界平面。

表 14.3 液滴粒径对物化性质的影响（1g 油分散在水中形成球形液滴，假设油的密度为 920kg/m^3，油分子的首尾长度为 6nm）

液滴半径/μm	每克油的液滴数/g	每克油的液滴表面积/（m^2/g）	液滴表面的油分子百分数/%
100	2.6×10^5	0.03	0.02
10	2.6×10^8	0.3	0.2
1	2.6×10^{11}	3	1.8
0.1	2.6×10^{14}	30	18

14.3.6 液滴－液滴相互作用

胶体的相互作用控制着乳状液液滴聚集还是保持单独的整体状态，从而影响其形成的任何集合体的性质，如其尺寸、形状、孔隙率以及可塑性[2, 19, 36, 37]。许多食品乳状液的流变性和乳化稳定性取决于液滴聚集的程度和所形成的集合体的性质[38, 39]。两个乳状液液滴的相互作用可以根据液滴间相互作用对势来描述[4]。液滴间相互作用对势 $w(h)$ 是指两个乳状液液滴从无限远移动到表面相距 h 所需的能量（图 14.3）。两个液滴之间总的液滴间相互作用对势是许多不同形式的相互作用力的总和，包含范德华力、空间位阻作用、静电相互作用、耗散作用、疏水相互作用和氢键作用[4]。这些个别的相互作用会因其类型（吸引或排斥）、强度（强或弱）、距离（短或长）而有所不同（表 14.4）。个别的相互作用通常只单一地取决于液滴界面至界面的空间分离距离，但是总的相互作用却表现为相当复杂的行为，在某一分离距离内有最小值也有最大值（图 14.3）。总体上讲，当吸引作用占支配地位时，液滴趋向于聚集状态，而排斥作用起主导作用时，液滴趋向于保持个体状态[4]。

表 14.4 乳状液液滴之间主要的胶体相互作用

作用形式	符号	强度	范围	主要影响因素
范德华力	A	S	L	折射率、介电常数
静电相互作用	R 或 A	W—S	S—L	pH、离子强度
空间位阻	R	S	S	溶剂性质、稠度
损耗作用	A	W—M	M	排除种的大小和浓度
疏水相互作用	A	S	L	表面疏水性、温度

注：A 吸引，B 排斥；强度：W 弱，M 中，S 强；作用范围：S 短，M 中，L 长。

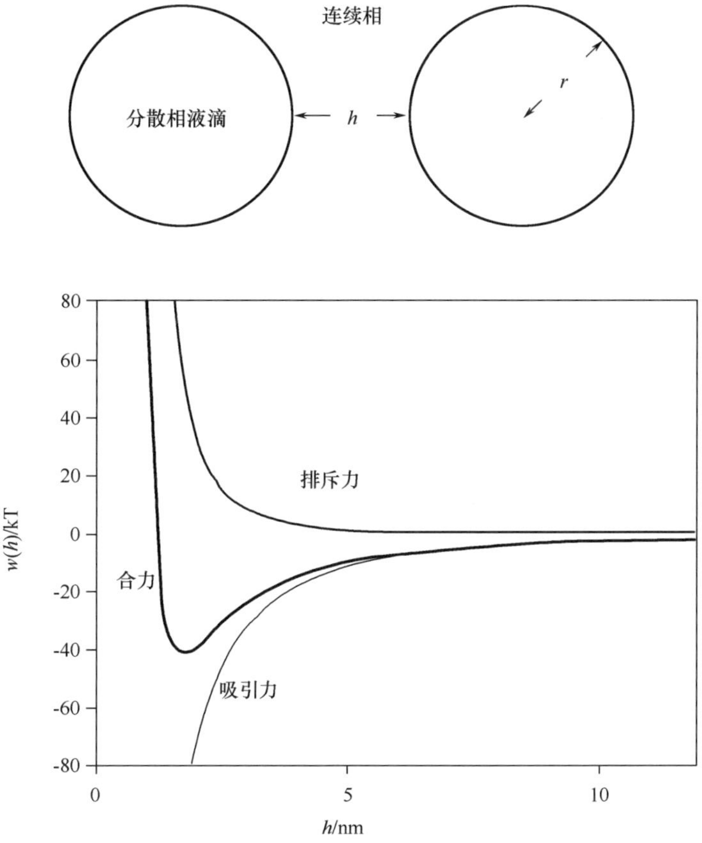

图 14.3 热力学和动力学稳定性的差异，如果有足够能垒阻止系统达到最低自由能状态，系统将保持热力学不稳定或亚稳定状态

14.4 乳状液制备

14.4.1 前言

均质是将两个互不相溶的单体相液体转化为乳状液，或将已有乳状液的液滴粒径减小的过程。为实现这一过程而设计制造的机械设备称为均质机[40]。根据起始原料的性质，可以将均质分为两类。直接将两种分离的单体相液体形成乳状液的过程称为一次初步均质，而将已有乳状液中的液滴粒径减小的过程称为二次均质。特殊类型的食品乳状液的生产可能涉及这其中一种均质方法，也可能二者兼有。在大规模的食品加工过程中，通常使用以下两步制作乳状液，效果更佳[1]。首先，相互分离的油与水相通过第一类型的均质

机（如高速搅拌器）转化为一种含有相当大液滴的粗乳状液。预混合乳状液的液滴的动力学稳定性较低，需要使用不同类型的均质机（如高压阀均质机）进一步降低其粒径。值得注意的是，一级均质和二次均质过程中发生的大多数物理过程之间是没有绝对界限的，例如，混合、液滴破碎及液滴聚集。最后，还有一些均质机可以直接将相互分离的油相与水相制备成为液滴粒径较小的乳状液，如高强度超声发生器、纳米均质机或细胞匀浆机。如14.3.2所述，食品乳状液的很多重要性质和品质，包括稳定性、质构、外观和口感等，都取决于其所含的液滴粒径。所以，均质的主要目的，就是使生产的乳状液中绝大多数液滴粒径都在一个最佳尺寸范围内，以符合食品厂商所要求的品质。下面将简略讨论一下均质过程中决定乳状液液滴粒径的主要因素。

14.4.2　乳化剂

14.4.2.1　乳化剂结构和乳化剂化学

制备稳定的脂肪乳状液的一个关键因素就是添加一种适当的乳化剂。尽管关于乳化剂和乳化剂化学的详细介绍不在本章的范围之内，但对于乳化剂/表面活性剂的简短介绍还是必要的。表面活性剂是一类具有表面活性的化合物，一旦分散到溶剂中就可以吸附到适当的界面上[41~48]。乳化剂是一类专门用来稳定乳状液的表面活性剂。表面活性剂是两性分子（图14.4）。它们具有亲水和疏水区域。

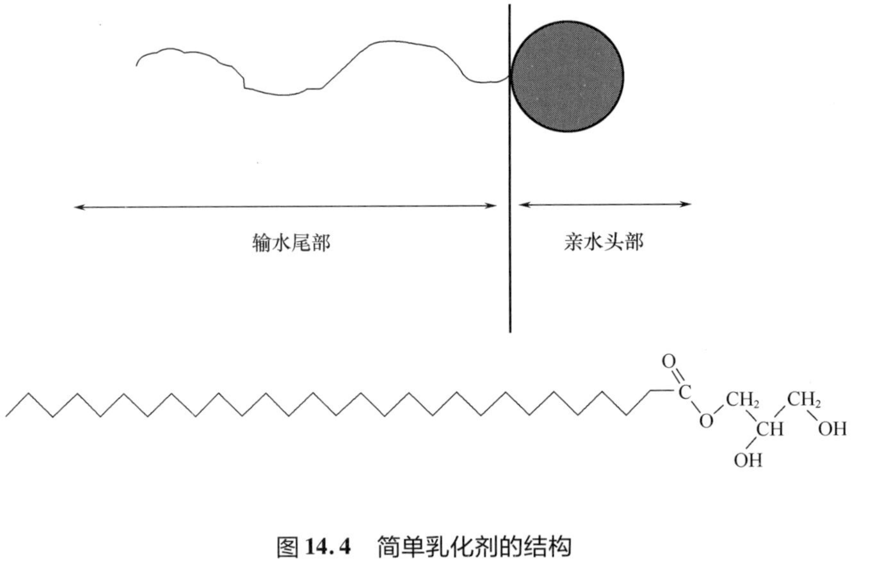

图14.4　简单乳化剂的结构

亲水部分称为该表面活性剂的极性头，而疏水部分称为非极性尾。分子的双亲性也使其趋向于界面，从而具有表面活力，因此形成表面和界膜（或薄层），同时减小表面张力。这样，需要很少的能量就能使液滴分散。表面活性剂在两相中任何一相（油相或水相）的溶解能力，取决于其亲水基团和疏水基团的比例。表面活性剂的结构常比图 14.4 中的简单例子复杂得多。例如，蛋白具有表面活性，被归类于表面活性剂，但它们拥有十分复杂的三维结构，吸附在界面上并发生结构重排。其他复杂的表面活性剂包括变性淀粉或嵌段共聚物。特殊表面活性剂常常不仅仅包含一个非极性尾或极性头，而是多个非极性尾和极性头，这样可以增加空间稳定性。还没有单一的分类表可以给各种各样的表面活性剂分类。由于新型表面活性剂的不断发明，情况变得更加复杂。但可以根据以下特征对各种表面活性剂进行分类：

（1）亲水基的电荷性质（阴离子型、阳离子型、非离子型、两性离子）；

（2）亲油基的性质（正烃基、异烃基、不饱和烃基）；

（3）在各种溶剂中的溶解性；

（4）亲水基和疏水基的比例；

（5）结晶相；

（6）分子几何学。

最重要的参数之一就是极性头的电荷性质。表面活性剂的电荷性质对于乳状液的化学反应具有重大影响。例如，在均质加工过程中，对自由基敏感的乳状液的脂质氧化速率会随着乳化剂的类型（非离子型、阳离子型、阴离子型）的不同而有所不同。这是因为在系统中液滴界面和金属催化剂可能存在排斥和吸引作用。另一个对乳化剂进行分类的有效工具称为 HLB 值。它是衡量亲水基和亲油基之比的尺度。HLB 值对具体应用中选择表面活性剂十分有用，通常都由表面活性剂生产厂商列出。表 14.5 阐明了一系列适合特殊用途的 HLB 值。

表 14.5　　乳化剂的 HLB 值与用途

HLB 范围	用途	HLB 范围	用途
<3	表面膜	8～15	水包油型乳状液
3～6	油包水型乳状液	13～15	去垢剂
7～9	增稠剂	15～18	增溶剂

14.4.2.2　非离子型乳化剂

非离子型表面活性剂是食品体系中最重要的一类表面活性剂。相比于离子型表面活性剂，它有很多优点。非离子型表面活性剂可以涵盖很宽范围的 HLB 值。它们由于很容易降解，属于环境友好型表面活性剂。不管是动物来源还是植物来源，非离子型表面活性剂的疏水部分主要都是甘油三酯。最主要的脂肪酸有棕榈酸、硬脂酸、油酸和亚油酸。表面活性剂化学中多数利用脂肪酸所涉及的反应包括以下几类：

（1）脂肪酸与多羟基醇的酯化反应 脂肪酸与多羟基化合物（如乙烯乙二醇或丙三醇）反应，生成单甘油酯或聚甘油酯。多羟基化合物系列主要包括山梨醇和甘露醇；

（2）脂肪酸的烷醇酰胺化 脂肪酸与单乙醇胺或二乙醇胺缩合成一组产品，称为烷醇酰胺。它们通常包括一系列具有表面活性的副产品，如氨基酯；

（3）氧乙基化表面活性剂 环氧乙烷与含有羟自由基的疏水物聚合成含疏水性尾的聚环氧乙烷。聚环氧乙烷表面活性剂占非离子型表面活性剂的绝大部分。控制多聚物链长可以得到一组涵盖很宽 HLB 值的表面活性剂。在食品中常用的表面活性剂是 TweenR 系列，通过糖/脂肪酸酯和乙氧化反应制得。

14.4.2.3 阴离子表面活性剂

阴离子表面活性剂占表面活性物质总消耗的75%。它们极少用于真正的食品生产中。阴离子表面活性剂的毒性水平太高，甚至极小剂量也可以导致过敏反应和作呕。尽管如此，由于其极强的去垢能力，它们常常被用来溶解蛋白质等成分。由于其极强的静电排斥作用，它们对于乳状液稳定也十分有效，因此常用于工业乳状液如润滑剂。

阴离子表面活性剂主要包括碱性羧酸酯（肥皂）、硫酸酯、磺酸酯，及较少量的磷酸酯。乙醇与硫酸发生酯化可生成表面活性剂十二烷基硫酸钠（SDS），其研究最为透彻。十二烷基硫酸钠是一种硫酸酯，具有高静电排斥作用，是一种极其有效的表面活性剂。其他硫酸酯有脂肪酸硫酸酯、硫酸酯醚和硫酸化油脂。磺酸酯由适宜的底物与磺酸（$R-SO_3H$）反应得到。磺酸酯主要包括磺酸盐或脂肪族磺酸酯。其他阴离子表面活性剂主要包括羧酸皂和磷酸酯。

14.4.2.4 阳离子表面活性剂

阳离子表面活性剂由于其极强的抑菌特性最先为人们认知。阳离子表面活性剂的市场份额少于5%，但它们可作为防腐消毒剂、纺织品柔化剂、缓蚀剂、抑泡剂、浮选化合物、抗真菌和杀菌剂的成分，具有十分重要的作用。通常，阳离子表面活性剂由一个疏水性的长链基团（来自于脂肪酸或石油资源）和一个正电荷的氮原子组成。疏水基可以直接与氮原子相连或间接地通过键桥（如聚乙氧基）与氮原子相连。有时，氮原子也可以形成烷基化吡啶盐，成为杂环的一部分。

14.4.3 均质的物理基础

均质过程中发生的物理作用可以用纯油与纯水形成的乳状液来显示。当这两种液体接触时，它们倾向于形成热力学最稳定和自由能最低的排布，即油层位于水层之上（图 14.5）。

之所以采用这种排布，是为了减小两种不相溶液体的接触面积，且因为油比水的密度

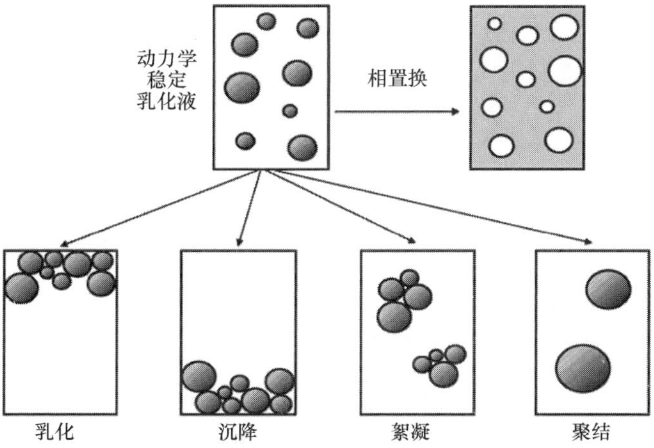

图 14.5 食品乳化液因不同物理机制（如上浮、沉降、絮凝、聚集、相转变）而不稳定

低。要形成乳状液，就需外加能量，使得油相和水相混合。能量通常由机械搅拌提供[49]。在机械搅拌过程中形成油滴，且不停地运动，并与相邻的液滴频繁地撞击与聚集[49]。如果不给系统提供更多的机械能，在搅拌过程中形成的液滴将会向重力场相反的方向移动，最终聚集在一起形成分离薄层，即发生相分离（图 14.4）。这个过程是由热力学驱使的，趋向于减小油和水的接触面积，而相分离的动力学则依赖于重力场的强度和两种液体的性质。

为了形成在一定时期内（动力学）稳定的乳状液，必须阻止已经形成的液滴聚集在一起[49,50]。这可以通过在均质过程中加入足够高浓度的乳化剂来实现。均质过程中吸附在油水界面上的乳化剂分子可以形成一层保护膜，阻止液滴亲密接触而聚集在一起。因此，均化过程中产生液滴的大小是一个两种对立的物理过程的平衡：液滴破坏和液滴聚集。如果①最初的液滴尺寸较小，以及②液滴一旦形成就快速稳定不发生絮凝，那么乳化工艺的效果就会提高（图 14.5）。

14.4.3.1 液滴分散

一次均质的开始步骤包括将油相和水相进行分散与混合，使得一种液体的大液滴可以分散在另一种液滴中[49, 50]。一次均质的下一步与二次均质一样，是把叫大的液滴分散成更小的液滴。液滴的最终分散度取决于阻止界面面积扩大的界面张力和均质机产生的分散力之间的平衡[49, 50]。在压力、温度和组成恒定但界面面积变化的条件下，根据系统的热力学可得出以下自由能变化公式[51]：

$$\Delta G = \frac{\partial G}{\partial A}\Delta A \tag{14.5}$$

式（14.5）说明，系统总自由能的变化是界面面积的增加与系统的特殊热力学参数，

$\partial G/\partial A$，即界面张力γ的函数。式（14.5）也指出了在均质过程中使液滴形变和分裂的能量必须显著大于$\gamma\Delta A$[17, 50]。这一关系式同时也解释了为什么乳化剂在均质过程中能吸附在乳状液液滴的界面上减小界面张力，为什么乳化剂会减小液滴分散所需的能量，从而改善均质效果。

在均质过程中，作用于液滴的分散力的性质取决于液体的流动条件（如平流或湍流）以及所用均质机的型号[49, 52]。要在均质过程中打碎液滴，分散力的大小必须超过界面张力的大小，持续时间也必须超过液滴形变和分裂所需的时间[53, 54]。乳状液液滴是否易于分裂，可以用韦伯数（*We*）来衡量，*We* 即分散力与界面张力之比[50]。高于某特征韦伯数，液滴就可以分裂，低于这一韦伯数，他们就仍保持完整状态。特征韦伯数的值取决于分散相和连续相的黏度之比，η_D/η_C，已经获得了各种均质机在多种流动条件（如平流或湍流）下的韦伯数理论公式或半经验公式[54]。

14.4.3.2 液滴聚集

在均质过程中，由于均质机中的乳状液经受了强烈的机械力，液滴－液滴之间的聚集频繁发生。如果乳状液液滴所覆盖的界面液膜没有足够强度，它们在碰撞的过程中就会趋向于聚集在一起[49]。一旦乳状液液滴被分散后，新形成的界面不能被足够的乳化剂分子所覆盖，新的液滴之间碰撞时就极易发生聚集。为了阻止液滴聚集，就必须快速地形成一层稳定的乳化剂分子膜，能够在液滴之间产生静电排斥作用。因此，在均质过程中得到的液滴粒径，不仅取决于过程参数，还取决于乳化剂分子吸附在液滴界面的速率（$t_{吸附}$）相对于液滴－液滴聚集的速率（$t_{聚集}$）。因此，均质机中的流动状态、油相和水相的物化特性、所用乳化剂的特性，都会影响最终的液滴粒径[51]。因此，在均质过程中，可以通过使用快速吸附动力学的乳化剂，或通过增加乳化剂的浓度，保证$t_{吸附}/t_{聚集} << 1$，以减小液滴聚集。乳化剂的吸附动力学对于液滴粒径的重要性已经通过实验证实[55]。在同样的均质条件下，能快速吸附的乳化剂比吸附较慢的乳化剂所产生的液滴粒径小。多数食品乳化剂由于不能足够快地吸附到界面上以完全地阻止液滴聚集，因而在均质过程中所得的液滴粒径就大于理论值[56]。

14.4.4 均质设备

许多不同类型的均质设备可用来制作食品乳状液（表14.6）。每种设备都有其优点和缺点，以及最适合哪种特殊类型的产品。选择均质机需要考虑体积流速、原材料的性质、粒径分布、终产品的物化性质、可用的空间、动力或所需压力、生产和购买设备的成本等。食品工业中最常用的均质机是高速混合机、高压均质机和胶体磨（图14.6）。超声均质机虽然极少用于工业，但由于可以加工少量的样品以及成本低，已证实在实验室规模上极有用。

表 14.6　　食品工业用的不同类型均质机的比较

均质机	生产能力	相对能量效率	最小液滴粒径	样品黏度
高速混合机	分批	低	2μm	低或中
胶体磨	连续	中	1μm	中或高
高压均质机	连续	高	0.1μm	低或中
超声处理	分批批	低	0.1μm	低或中
超声喷射均质机	连续	高	1μm	低或中
微型流化床	连续	高	<0.1μm	低或中
膜处理	连续或分批	高	0.3μm	低或中

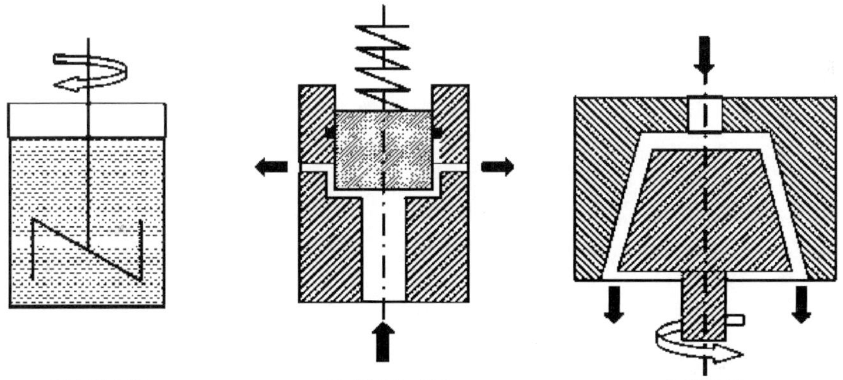

图 14.6　三种最常用均质设备的结构示意图

（1）高速混合机　混合机中粒径分布主要取决于湍流流动情况。在混合装置中每单位体积注入的能量的分配是不均衡的，这就导致粒径分布范围很宽。由于泰勒涡流的存在，主要的粒径分布在剪切应力最大的转动叶片的附近。液滴分裂的效率取决于混合机的几何结构和叶片的转速。操作参数包括叶片和容器的几何结构以及叶片的转速。

（2）高压均质机　在高压均质机中发生大量的液滴分裂。均质阀具有各种各样的几何结构，外形间隙尺寸可调。用 10～100MPa 的压力泵将预混合料送入阀内。在阀的环形缝里，速率超过 200m/s。预混合料在高压阀内的平均保留时间少于几毫秒。由于环形缝能使流体很快地加速，环形缝内的静水压就会降低到流体的蒸汽压以下。因此，气泡就会形成。气泡的形成是短暂的，当压力和温度重新增加时，气泡就在环形缝的背面破裂。这些气泡的破裂是引起液滴分裂的机械能的主要来源。在高压均质机中，液滴分裂的效果与采用的压力差直接相关。

（3）胶体磨 胶体磨是转子-定子系统，可以用来降低液体分散相（乳状液）和固体分散相（悬浮液）的粒径分布。乳状液或悬浮液用泵通过一个由旋转内锥体和固定外锥体形成的狭窄的缝隙输送。通过改变两个锥体的相对位置可以调整环形缝的宽度。在胶体磨中直径的减小主要取决于转子和定子表面的速率不同而产生的高速剪切力。为了增加壁面摩擦或者减小光滑度，表面通常不是光滑而是粗糙或锯齿状的，同样，改变流动条件，由平流变为湍流，也可以增加环形缝中的剪切力。

（4）高强度超声波均质机 液滴在高强度超声波场中分裂。液滴分裂要么由于空穴作用，要么由于超声波频率与液滴共振频率相等。这导致液滴剧烈振荡。最终振荡濒于临界状态，液滴破裂。因此，超声波降解的效果取决于连续相和分散相的性质。油的类型和乳化剂的特性都是获得最小液滴粒径的限制因素。

14.4.5 影响液滴粒径的因素

从可操作性角度讲，食品生产商不仅需要优化乳状液组成，而且需要优化生产产品的均质过程，以实现预设标准。由于乳状液的大多数特征都依赖于液滴的粒径分布，所以需要论述影响液滴粒径的主要因素。

14.4.5.1 乳状液的类型和浓度

在一定的油、水和乳化剂浓度下，能够形成完全被乳化剂覆盖的最大界面面积。随着均质过程的进行，液滴尺寸不断降低，界面面积不断增大。一旦乳状液的界面面积增加到某个水平，乳状液中就没有足够的乳化剂能完全覆盖到新形成的液滴表面。这就不仅需要增加能量才能使液滴再次分裂，而且还会增加液滴絮凝的可能性。所以在均质过程中能够产生的稳定液滴的最小尺寸由乳化剂的类型和浓度所控制：

$$r_{\min} = \frac{3 \cdot \Gamma_{sat} \cdot \phi}{c_s} \tag{14.6}$$

式中，Γ_{sat}是过饱和的乳化剂浓度（kg/m^2），ϕ是分散相体积分数，c_s是乳状液中的乳化剂浓度（kg/m^3）。对于多分散相乳状液，半径$r_{\min}$是体积相对于表面积的平均半径。通过增加乳化剂浓度、减小液滴浓度以及采用更小Γ_{sat}的乳化剂，可以减小均质过程中所得液滴的最小粒径。一个10%的水包油型乳状液含1%的乳化剂，最小液滴粒径大约为60nm（推断$\Gamma_{sat}=2\times10^{-6}kg/m^2$）。式（14.5）为均质过程的设计提供了初步估算，但值得注意的是，均质后乳状液的真实平均液滴直径通常都大于理论最小值。

为了达到最小液滴粒径的理论值，均质机必须能够产生足够大的可以分裂任何大于$r_{\min}$液滴的压力梯度，这个压力梯度由拉普拉斯压力公式（即$\Delta p=2\gamma/r$）得到。有些型号的均质机即使存在足够的乳化剂时也不能产生高压梯度，因此不适合生产小的液滴粒径的乳状液[50]。乳状液必须在均质区保持足够长的时间，以使液滴能够完全分裂。总体上讲，液滴在均质区的保留时间是不均一的，其不均一性受到操作条件（流速）和均质区域的重力场影响。因此均质区的设计对均质效果的影响是极其重要的。

食品工业使用的乳化剂多种多样，在均质过程中每一种乳化剂都会呈现不同的特点，例如，它们的吸附速率、界面张力的最大减小值、阻止液滴聚集的界面隔膜的效率。食品生产中必须为各种类型的食品选择最适合的乳化剂，要考虑其在均质过程中的性能、溶解性、成本、可利用性、合法性、长期稳定性以及产品所需的物化性质。建议食品生产商与乳化剂生产商相互交流，选择能够满足其特殊用途的最优乳化剂。因此，乳化剂分类表的建立有助于选择适宜乳化剂。

14.4.5.2 能量输入

在均质过程中增加能量供给，就可以减小乳状液中的液滴粒径（只要有足够的乳化剂分子覆盖形成的液滴表面）。能量的输入取决于均质机的机械特性。在高速混合机中，增加转速或延长物料的混合时间，就可以增加能量的输入。在高压均质机中，增强均质压力，或让乳状液在装置内进行循环，就可以增加能量的输入，例如，增加通过均质机的次数。在胶体磨中，减小转子和定子之间缝隙的尺寸、增加转子速率、使用表面粗糙的圆盘，都可以增加能量的输入。在高强度超声波发生器中，增加超声波强度或延长超声处理时间，都可以增加能量的输入。在纳米均质机中，通过增加液体流速，或使乳状液循环，都可增加能量的输入。在膜均质机中，增加液体通过膜的压力，也可增加能量的输入。在固定的均质条件下（能量输入、温度、组成），乳状液的液滴粒径降低到某一尺寸后，即使重复均质或延长均质时间，液滴粒径也不再降低。值得注意的是，增加能量输入通常会导致生产成本的增加，甚至可能抵消液滴粒径减小所得的收益。因此，食品生产企业必须确定液滴粒径、加工时间、成本的最佳组合的加工条件[50]。

多数情况下，伴随着能量的增加，液滴粒径是降低的。然而，由于乳化剂过热或暴露在高压下，乳化效果降低，有时候增加能量反会增加液滴粒径，这特别对蛋白质所稳定的乳状液非常重要，因为蛋白质的分子结构和功能特性对于环境条件的改变是极其敏感的，例如球蛋白（如β -乳球蛋白）加热到一定温度就会展开和聚集，从而降低其对乳状液的稳定能力。

14.4.5.3 流动相的性质

在均质过程中油相和水相的组成和物化性质都会影响液滴粒径[52]。油相或水相的类型不同时，其黏度之比η_D/η_C是不同的，这就决定了在稳态条件下所能获得的最小液滴粒径。油水界面的界面张力取决于液相的化学性质，如分子结构、是否存在有表面活性的杂质（如游离脂肪酸、单甘酯或甘油二酯）。这些表面活性的酯质成分倾向于积聚在油水界面上且降低表面张力，因此降低了分散液滴所需的能量。

乳状液的水相可能含有各种各样的成分，如矿物质、酸、碱金属、生物大分子、糖、醇、冰晶以及气泡。这些成分多数都会改变均质过程所得液滴的粒径，因为它们会影响乳化液的流变特性、界面张力、聚集稳定性和吸附动力学。例如，乳状液水相中微量短链醇的存在可以降低界面张力，因此可以减小均质产生的液滴粒径[57]。另外，水相中生物大分子的存在会增大均质过程产生的液滴粒径，因为它们在湍流中可抑制小漩涡的形成[50]。因为蛋白质极易发生聚集，所以生产以蛋白质为稳定剂的乳状液时，要注意不能使乳化液接近蛋白质的等电点，或在过高电解质浓度下生产。

实验表明，使用高压阀均质机可以使分散相的体积分数增加，从而得到最小液滴粒径的乳状液[52]。可能的原因如下：

（1）增加乳状液的黏度，也许可抑制漩涡（能使液滴分裂）形成；

（2）如果乳化剂含量保持不变，就没有足够的乳化剂分子能完全覆盖住液滴表面；

（3）液滴凝聚率增加。

14.4.5.4 温度

温度可能影响均质过程中产生的液滴的粒径。油相和水相的黏度都依赖于温度，因此，由于黏度比η_D/η_C的不同，可以得到的最小液滴粒径也可能不同。加热乳状液可以稍微地降低油相和水相之间的界面张力，这将有益于制备较小的液滴。尽管如此，当某些类型的乳化剂加热到某一温度时，它们将失去使乳状液的液滴稳定防止其发生聚集的能力。例如，当小分子乳化剂加热到接近其相转化温度时，就不能再阻止液滴聚集，或者，当球蛋白加热到变性温度以上时，它们将展开并聚集。改变温度同样也可以影响表面活性成分的竞争性吸附，从而改变界面组成[58]。

温度也是极其重要的，因为它决定了脂质相的物理状态。实际上完全呈固态或主要呈固态的脂肪是不可能被均质的，因为它不能流过均质机，或需要巨大的能量才能将其脂肪晶体分裂成微小颗粒。均质含少量脂肪晶体的油也同样存在问题，因为会发生部分聚集。一个液滴的晶体可能会刺破另一个液滴的表面，从而导致液滴聚集的发生。广泛的聚集会导致大颗粒的形成，以及黏度的急剧增加，在最极端的情况下，还会导致均质机阻塞。因此，在均质前通常需要加热物料，以保证脂质相完全是液体。例如，乳脂在均质前通常会加热到40℃以熔化所有晶体。

14.4.6 其他加工步骤

均质仅是食品乳状液加工过程的步骤之一。后处理和前处理都会对最终的乳状液的品质有直接影响。乳状液均质前最常用的工序之一是将各种各样的添加剂分散到其溶解性最好的相中。脂溶性成分，如维生素、色素、抗氧化剂、磷脂和亲脂性乳化剂，通常与油混合。而水溶性成分，如蛋白质、多糖、单糖、盐、维生素、色素、抗氧化剂和亲水性乳化剂，通常与水混合。混合过程的强度和持续时间取决于成分溶解及均匀分布所需的时间。充分溶解对于很多食品成分的功能都是重要的，例如，在均质前将蛋白质与水化合，通常可以改善其乳化性质[59]。如果脂质相中包含任何晶体物质，在均质前就必须将其加热到某一温度使所有脂肪晶体都熔化，否则就很难制成稳定的乳状液[52, 60]。均质之后最常用的工序之一就是热处理，如巴氏杀菌和灭菌，以增加产品对微生物的稳定性。乳状液的热处理对于其品质和长期的物化稳定有重要影响，因为食品乳状液中使用的很多添加剂都是热敏性的，如蛋白质、表面活性剂以及多糖。食品乳状液在生产过程中也可能受到其他加工处理（包括混合、泵送、冷藏和干燥）的影响，影响其品质和货架期。

14.5 食品乳状液的物化性质

14.5.1 乳状液的稳定性

"乳状液稳定性"这个术语广泛用来描述乳状液的性质不随时间而发生变化的能力。因为在经历一系列的物理、化学和生化过程中，乳状液的性质可能会随时间而发生变化。从技术的角度来看，在所关注的体系中，确定其主要工序是极其重要的，因为可据此合理设计有效的方案来克服该难题。使乳状液不稳定化的几种最重要的物理机制如图 14.5 所示。

14.5.1.1 重力分离

重力分离是食品乳状液不稳定的最常见形式之一，并且由于分散相和连续相的相对密度的不同，可能发生上浮或沉降。上浮是由于液滴的密度低于周围液体的密度而向上运动，而沉降是由于液滴密度高于周围液体的密度而向下运动。液态食用油通常比水的密度低，因此水包油型乳状液常发生上浮，而油包水型乳状液常发生沉降。如果乳状液中包含全部或部分的晶体脂肪，脂相的密度就可能会增大，高于水的密度，从而导致沉降而非上浮。一个悬浮在牛顿流体中的独立刚性球形颗粒，其上浮速率符合斯托克斯定律：

$$\nu_{\text{Stokes}} = -\frac{2gr^2(p_2 - p_1)}{9\,n_1} \qquad (14.7)$$

式中，r 是颗粒半径，g 是重力加速度，ρ 是密度，η 是剪切黏度，下标字母 1、2 分别对应于连续相、分散相。ν_{Strokes}为（+）号代表液滴向上运动，（-）代表向下运动。通过斯托克斯定律，可以对较稀的食品乳状液的上浮稳定性进行初步的估算。例如，悬浮在水（$\eta_1 = 1\text{mPa}\cdot\text{s}$，$\rho_1 = 1000\text{kg/m}^3$）中半径为 1 μm 的一个油滴（$\rho_2 = 910\text{kg/m}^3$），其上浮速率理论上应该是每天 17mm。含有这种粒径液滴的乳状液不会有很长的货架期。斯托克斯定律表明，食品生产者可以采取很多措施来延迟乳状液的重力分离，例如减小两相的密度差，减小液滴半径，或增加连续相的黏度。这些措施都可以用于食品工业，依据乳状液的性质，既可选择最恰当的一个措施，也可联合使用。

必须强调的是，由于重力分离，斯托克斯定律并不能准确预测许多食品乳状液的稳定性，因为乳状液并不是悬浮于牛顿流体中的刚性球体的稀悬浮液。如果液滴浓度很高，由于排布紧密与流体力学交互作用，单个液滴将不能独立移动，液滴运动可能变得迟缓。由于这个原因，这个理论必须加以拓展，要考虑多种其他因素，如液滴的流动性、液滴浓度、界面膜以及非牛顿连续相[4]。下面是一个半经验公式，可以相对较好地预测乳状液的上浮行为（Hunter 1989）：

$$\nu = \nu_{\text{Stokes}}\left(1 - \frac{\phi}{\phi_c}\right)^{k\phi_c} \tag{14.8}$$

式中，ϕ_c和 k 是与球形颗粒本质相关的参数，如它们的粒径、多分散性和胶体相互作用。通常，非絮凝状单分散胶体悬浮液的 ϕ_c和 k 值大约分别是 0.5 ~0.6 和 5.4。通常，ϕ_c代表的是球形颗粒紧密排布时的体积分数。这一等式可预测，随着液滴浓度的增加，上浮速率减小，直到分散相体积分数（ϕ_c）超过某一关键值，上浮才会完全停止。总体上讲，ϕ_c值取决于乳状液中的液滴排布，受其多分散性和胶体相互作用所控制。与单一分散液滴相比，多分散性液滴能更有效地填充有效空间，因为小液滴可以填充大液滴之间的缝隙[61]，所以 ϕ_c增加。当液滴之间存在强烈的吸引作用时，它们就可以在相当低的液滴浓度下形成颗粒凝胶，从而阻止液滴运动（见图 14.7）。当液滴之间存在强烈的排斥作用时，它们的有效粒径将增加，这也会导致在较低的 ϕ_c值下液滴运动完全被阻止[62]。

14.5.1.2 液滴聚集

由于热能、重力或外加机械力的作用，乳状液中的液滴总是处在持续的运动中，以及当它们运动时，总是与相邻液滴之间发生频繁的碰撞[63]。碰撞之后，乳状液液滴要么分离开来，要么保持聚集状态，分离还是聚集，取决于液滴之间的吸引力或排斥力的相对大小。当液滴间相互作用对势曲线足够下陷，在最小值处，液滴之间易于接近，液滴就会发生聚集（图 14.3）。食品乳状液聚集的三种主要形式是絮凝、聚集、部分聚集[1, 2, 17, 18]。

（1）絮凝　液滴絮凝是指由两个或两个以上的液滴结合到一起形成的聚集体的过程，此时液滴仍然保持其各自的完整性。絮凝对乳状液品质的利弊影响取决于食品的性质。在稀乳状液中，絮凝会加快非期望的重力分离速度，缩短货架期[65]。这也会导致乳状液黏度显著增加，甚至可能导致凝胶的形成[66, 67]（图 14.8）。对于一些期望有低黏度的食

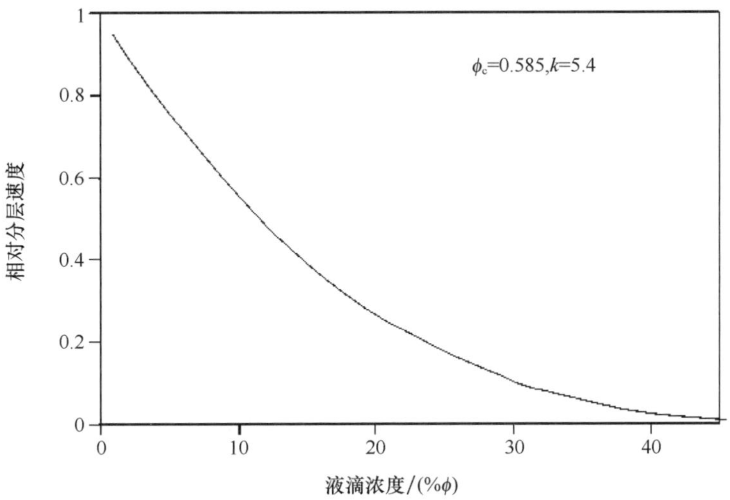

图 14.7 乳状液的相对上浮速率随着液滴浓度的增加而减小，液滴浓度达到临界值 ϕ_c 的上浮层，其相对上浮速率可能接近于零

品，絮凝是有害的。另一些食品，控制一定程度的絮凝可能是有益的，因为可以形成令人满意的质构。因此，要提高乳状液食品质量，需要更好地了解那些决定絮凝体形成的程度、结构、絮凝形成速率的因素以及絮凝对乳状液整体物化特性的影响[4]。

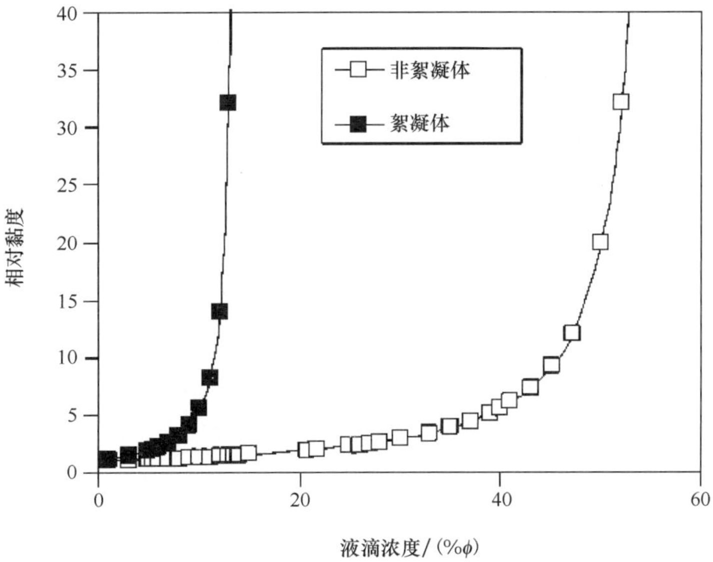

图 14.8 乳状液黏度依赖于液滴－液滴相互作用，在特定的液滴浓度下，絮凝乳状液的黏度大于未絮凝乳状液

絮凝可能在乳状液的各种加工过程中发生，如下所述，絮凝发生时，不是液滴之间的

吸引力增加了，就是其排斥力减小了。

①静电排斥作用减小：当液滴之间的静电排斥作用减小时，静电稳定的乳状液可能发生絮凝，实现措施包括：调节 pH 以减少液滴所带电荷，添加多价反离子使其结合到液滴表面上减少液滴电荷，或增加周围介质的离子强度以屏蔽静电交互作用等[21]。

②耗散作用增加：乳状液连续相中存在的非吸附性胶体颗粒，如生物大分子或表面活性剂胶束，会由于渗透效果引起液滴间引力作用增大，渗透作用与每一个液滴周围狭窄区域的胶粒的排斥有关。随着胶粒的增加，引力增强，最终引力大到可以克服液滴之间的排斥作用，从而导致絮凝[68~72]。这种类型的液滴聚集通常称为排斥絮凝[17, 18]。

③疏水相互作用增加：乳状液的液滴有某些疏水区域暴露在水相中，这类相互作用是极其重要的。这种相互作用的一个很好例子是，热处理对由球蛋白稳定的水包油型乳状液的絮凝稳定性的影响[66, 67, 73]。在室温下，由于液滴之间有较大的静电排斥作用，乳清蛋白稳定的乳状液（pH7，10mmol/L NaCl）是稳定的絮凝体，但温度升高到 70℃以上时稳定不再。当高于这一温度时，吸附在液滴表面的球蛋白将展开，从而暴露出原先位于蛋白内部的非极性氨基酸[74, 75]。因此，液滴表面疏水性增强，这将增加液滴之间的疏水相互作用，更易于絮凝[32, 67, 74]。

④生物多聚物桥梁形成：添加生物多聚物到乳状液的水相中，可在两个或更多的液滴之间架桥，促进絮凝[64]。生物多聚物可能直接吸附在液滴裸露的表面，或在所吸附的乳化剂分子上[17]，这些乳化剂分子可形成界面薄膜。但除非生物多聚物的片段与液滴表面有足够强的吸引力，否则生物多聚物不会与液滴表面相结合，导致这种结合的最主要的分子作用是疏水相互作用和静电相互作用[2, 76]。例如，一个带正电荷的生物多聚物可能与两个带负电荷的乳状液分子相吸附，从而导致它们絮凝。

（2）聚集　聚集是指两个或两个以上的液滴融合到一起形成单个大液滴的过程（见图 14.5）。聚集是乳状液最终实现其热力学最稳定的状态的主要机制，因为在这个过程中油相与水相的接触面积会减小。由于液滴粒径的增加，聚集也会导致乳状液液滴更迅速地上浮或沉降。在水包油型乳状液中，聚集最终会导致一个单独的油层的形成，这个过程称为“上油”。在油包水型乳状液中，聚集会导致融合、沉积，最终发生水滴的相分离。

聚集需要两个或两个以上乳状液液滴的液体分子直接接触[12, 17, 18, 78]。因此，液滴需要非常靠近，如在高浓度的乳状液、絮凝的乳状液或奶油层的情形下。然后，界面薄膜必须断裂，使液体分子可以直接接触。聚集速率和产生聚集的物理机制极大地依赖于乳化剂（使体系稳定化）的性质来稳定系统。聚集是一个极其复杂的过程，因为它不仅取决于重力学、胶体力学、流体力学、机械动力学，还取决于液滴膜固有的性质。可以通过阻止液滴絮凝、阻止乳化层形成、降低液滴浓度、改变界面薄膜的流变性质使抗破裂性改善等措施，增加乳状液的稳定性，进行聚集。

（3）部分聚集 当两个或两个以上的部分结晶的油滴相接触，形成不规则形状的絮凝体时，就发生了部分聚集。当一个油滴的固体脂肪晶体穿过界面到达另一个油滴的液相时，就开始发生部分聚集[17,28~31]。因此，油分子将代替水分子包围脂肪晶体，这在热力学上是有利的，因为脂肪晶体易溶于液体油而不易溶于水。随着时间的推移，液滴将持续聚集，从而减少油脂暴露在水中的表面积。然而，由于分子在脂肪晶体网状结构中的低流动性，部分聚合物仍保持液滴原有的形状[17,19,28,60]。

部分聚集仅发生在含部分结晶区域的乳状液中。这是因为部分聚集的关键要求之一就是穿过液体相[30]。如果所有的液滴都是完全的液体，那么它们将发生正常聚集。如果所有的液滴都是完全的固体，那么它们将发生絮凝而不是部分聚集，因为此时缺少融合所需的具有足够分子流动性的液体脂质区域。因此，期望有一个“最适的”固体脂肪含量，此时，部分聚集作用最大。已发现，增加液滴的固体脂肪含量，可以使部分聚集的初速度增加，直到达到最大值，然后速率降低[30]。部分聚集达到最大速率的固体脂肪含量，取决于液滴中晶体的形态、位置和外加剪切力的大小。

部分聚集在乳制品中的作用尤为重要，因为在相当广的温度范围内，乳脂球体都是部分结晶的。对含部分结晶的乳脂球的奶油施加剪切力，并结合温度循环处理，就能引发部分聚集，从而导致溶液黏度显著增加。部分聚集是冰淇淋、人造稠黄油、奶油以及人造奶油生产中的基本工序。水包油乳状液要冷却到液滴部分聚集的温度并加以剪切力，这样使液滴通过部分聚集而聚集。在黄油和人造奶油中，聚集导致相转变，然而在冰淇淋和人造稠黄油中，聚集的脂肪液滴形成一个网状结构，包围住吸入的气泡，从而改善冰淇淋的稳定性及质构。

14.5.1.3 Ostwald 陈化

Ostwald 陈化是指分散相分子受扩散驱动，由一个液滴通过连续相到达另一个液滴的传质过程，是小液滴消失而大液滴形成的过程[88,89]。通常不认为 Ostwald 陈化是导致乳状液不稳定性的主要因素。例如，甘油三酯在水中溶解性低导致其传质速率低的观点已有争议[1]。但最近证明，Ostwald 陈化可能是含高溶解性脂质[90]的水包油型乳状液或含醇乳状液（如乳酒）[91]呈现不稳定性的主要原因。值得注意的是，从工艺的本质看，改善乳状液稳定性的传统方法（如增加乳化剂浓度或选用其他乳化剂）也许并没有效果。发生 Ostwald 陈化的原因，是随着界面曲率减小（即液滴粒径减小），在液滴界面附近周围水相中的球形液滴的分子溶解度增加[88]：

$$S(r) = S(\infty)\exp\left(\frac{2\gamma V_m}{RTr}\right) \tag{14.9}$$

式中，V_m 是溶质的摩尔体积，γ 是界面张力，$S(\infty)$ 是当液滴的曲率无限大（界面是平面）时溶质在连续相中的溶解度，$S(r)$ 是当界面曲面半径为 r 时溶质的溶解度。 因此，小液滴比大液滴周围的可溶性脂质分子浓度要高。 溶解的脂质分子因为浓度梯度将从小液滴向大液滴移动。 一旦达到稳定态，Ostwald 陈化的速率 ω 可以用下式来计算[88]。

$$\omega = \frac{\mathrm{d}\,\bar{r}^3}{\mathrm{d}t} = \frac{8\gamma V_m S(\infty) D}{9RT} \tag{14.10}$$

式中，D 为溶质的扩散系数，r 为乳状液的平均粒径。 这一公式表明，随着时间的推移，由于分子在连续相中溶解性的增加，液滴粒径的变化越迅速（图 14.9）。 因此，减小脂质在水相中的溶解性或减小界面张力，就可能减少 Ostwald 陈化[90]。

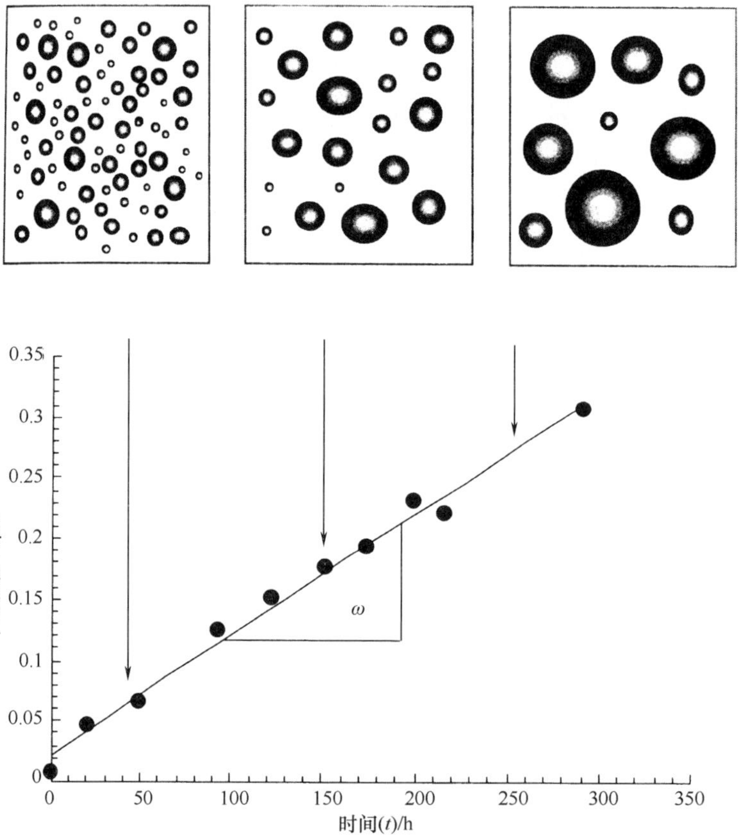

图 14.9 发生 Ostwald 陈化的乳状液，较小液滴消失而大液滴形成，乳状液中液滴平均粒径的立方随着时间的推移呈线性增加

14.5.1.4 相转变

相转变是指系统由水包油型乳状液转变为油包水型乳状液，或油包水型乳状液转变为水包油型乳状液的过程（见图 14.5）。相转变是生产很多重要食品的必需步骤，如黄油和人造奶油[1,60,85]。而对于另一些食品，加工过程中不期望发生相转变，因为相转变会对产品的外观、质构、稳定性以及口感产生不利影响，因此要避免。

乳状液的组成或环境条件的改变，如分散相体积分数、乳化剂类型、乳化剂浓度、溶剂条件、温度或机械搅拌等，都能引起相转变[2,92]。仅某些类型的乳状液可以经历相转变，而不会完全分解它们的相组成，这些乳状液可在相转变后保持动力学的稳定状态，但通常需要在相转变过程中不断搅拌乳液，否则会发生相分离。相转变的物化基础是极其复杂的，涉及絮凝、聚集、部分聚集以及乳状液形成。

14.5.1.5 化学不稳定性

乳状液中存在的分子会发生化学或生化反应，影响产品的感官品质。食品乳状液最重要的化学变化之一是不饱和脂质的氧化反应[94]。在一些食品中，适度的氧化反应是必需的，可以形成特征口味或气味，如奶酪[94]。另一方面，在许多食品中，脂质氧化是不需要的，因为它会产生不期望的异味（“恶臭味”）以及潜在有毒产物[95]。食用较多的多不饱和脂肪酸有益于身体健康[96]，但不幸的是，多不饱和脂肪酸对于氧化反应的高度敏感性限制了它们在许多食品中的使用。所以，开发能有效阻止食品乳状液中多不饱和脂肪酸氧化反应的措施是相当有意义的。

大量的研究已经证实并解释了油脂中的脂质氧化机制[97,98]。这些研究对影响脂质氧化的因素以及如何控制脂质氧化有了深刻认识。然而，这些知识在食品乳状液的应用上常常是有限的，因为乳化液中的脂质是分散的，其作为分散相在结构上和组成上分散在非均匀体系中[99]。在这些食品系统中，脂质分子的组成以及它们与周围临近的其他类型的分子间的交互作用，会显著地影响它们对氧化反应的敏感性[25]。最近的研究成果表明，乳化的脂质对于氧化反应的敏感性取决于很多因素，包括不饱和脂肪酸的化学结构、抗氧化剂和氧化物前体的种类、浓度以及位置、氧气含量、温度、液滴的界面性质以及添加剂的浓度[27]。乳状液的结构和组成对化学反应速率的影响可能会成为未来一个重要的研究领域。

14.5.2 乳状液流变学

对物质加压可使其变形或流动[100,101]。变形或流动的程度取决于物质本身的物化性质。流变学是一门关于应力与物质的形变和流动关系的科学[101]。大多数流变试验包括对物质施压以及对其流动和变形程度的测定。工业、政府以及高校的研究实验室已经广泛采用日益先进灵敏的分析技术，来表征复杂食品乳状液的流变行为。应用这些技术所得到的研究结果对于食品科学家来说是极其重要的[1,102~105]。食品乳状液的很多感官性质都与其流变学特性直接相关，如，奶油性状、稠度、光滑度、延展性、可塑性、流动性、脆度以及硬度等。因此，一个食品生产商必须能够设计和生产出流变性质符合消费者需求的产品。许多食品乳状液的货架期也取决于其组成相的流变性质，如，油滴的上浮取决于水相的黏度。食品工程师利用食品流变学的知识设计加工工艺，这取决于食品在流过管道、受搅拌或用容器包装时的行为方式。食品科学家也将流变学测定方法作为一种分析工具使用，来了解乳状液的结构和组分之间相互作用的基本情况[11，106]。

14.5.2.1 乳状液流变学的数学模型

食品乳状液可看成是组成和结构上很复杂的一种物质，从低黏度流体（如牛乳和果汁饮料）到弹性的固体（如冷冻的人造奶油和黄油），可以呈现一系列不同的流变行为。是否有能力调控食品乳状液的流变性质，取决于对流变学、组成和微观结构之间关系的理解。很多理论能用于表达乳状液的流变性质及其组成和结构的关系。总体上讲，乳状液的表观黏度可以用下式表示：

$$\eta = f[\eta_1, \eta_2, \phi, r, w(h), \tau] \tag{14.11}$$

式中，η_1是连续相的黏度，η_2是分散相的黏度，ϕ是分散相体积分数，r是液滴半径，$w(h)$是液滴之间的潜在作用力，τ是所用的剪切应力。此式用来描述乳状液的流变性质，其精确性依赖于流体系统的特征，如液滴的浓度、液滴的相互作用以及连续相的流变学。胶体悬浮液流变性与组成/结构之间的关系的精确表达式仅用于某些限制条件下，例如，爱因斯坦方程适用于刚性球形颗粒的稀悬浮液：

$$\eta = \eta_1(1 + 2.5\phi) \tag{14.12}$$

该式表明，稀乳状液的流变性与连续相的流变性呈正比，同时会随着液滴浓度的增加而增加。在浓缩的乳状液中，其流变性受到邻近颗粒之间相对运动有关的流体动力学的影响。在颗粒浓度低时，流体动力学相互作用发生在两个颗粒之间，但当颗粒浓度增加时，流体动力学相互作用可能涉及到三个或三个以上的颗粒[107]，随着颗粒浓度的增加，测得的黏度大于爱因斯坦方程预测的黏度，因为这些额外的流体动力学相互作用会导致更大程度的能量耗散。考虑到这些相互作用的影响，通过列入一些附加的体积分数项，使爱因斯坦方程得以扩展[108]：

$$\eta = \eta_0(1 + a\phi + b\phi^2 + c\phi^3 + \cdots) \tag{14.13}$$

常数a、b、c等的值可以通过实验测得，也可根据理论得到[107]。对于刚性球形颗粒的胶体分散体系a为2.5。因此式（14.13）等同于低体积分数下的爱因斯坦方程式（14.12）。对两个液滴之间的相互作用进行严格的理论分析可知，对于刚性球形颗粒来说，$b=6.2$。实验表明，式（14.13）可以用于颗粒浓度约10%的不存在远距离胶体相互作用的胶体分散体系，此时 $a=2.5$ 和 $b=6.2$[107]。 由于在描述三个或三个以上颗粒的相互作用时涉及到复杂的数学，所以很难从理论上确定方程（14.13）中的高阶项的值。 相反，研究中常用半经验法拟定的方程来描述浓缩胶体分散体系的黏度。 最广泛使用的方程之一是由 Dougherty 和 Krieger 推导出的，用于整个体积分数范围[9, 109]。

$$\eta = \eta_0\left(1 - \frac{\phi}{\phi_c}\right)^{-[\eta]\phi_c} \tag{14.14}$$

式中，$[\eta]$ 是流体初始黏度，ϕ_c是最大填充体积分数，通常被视作由实验测得的可调参数。 在物理上，ϕ_c与被球体紧密填充的颗粒体积分数有关。 对于球形颗粒，初始黏度为2.5，但对于非球形颗粒或聚积体，可能稍大[8]。 通常，对于不存在远距离胶体相互作用的球体[9]，ϕ_c在0.6~0.7，但对于液滴之间具有强烈的远距离吸引或排斥作用的悬浮液，ϕ_c可能相对低些。 这是因为在胶体分散体系中，颗粒的有效体积分数大于实际的体积分数，所以在低颗粒浓度时会获得最大填充体积分数[62]。

14.5.2.2 影响乳状液流变性的因素

很多因素会影响并决定食品乳状液的流变性质。 最重要的影响因素如下：

（1）连续相的流变性　大多数食品乳状液的黏度由连续相的流变性所控制（式14.13）。 因此，改善乳状液流变性最有效的方法之一，就是在连续相中增加增稠剂或胶凝剂。 这一原则不适用的体系主要是含聚积颗粒网状结构的系统。 在这一类系统中，流变性极大部分取决于聚积颗粒之间吸引力的数量及强度。

（2）分散相的体积分数　食品乳状液的黏度随着分散相体积分数的增加而增加（图14.10）。 当ϕ处于较低的液滴浓度时，黏度增加得相当缓慢，而当液滴浓度变大时，黏度则快速增加。 在液滴浓度较高时，形成的颗粒网状结构具有显著的弹性体特征。

（3）液滴间相互作用　乳状液中液滴之间的胶体相互作用是决定其流变运动的最重要的因素之一。 当相互作用是远程且排斥作用时，分散相的有效体积分数可能显著地大于实际体积分数，即 $\phi_{eff}=\phi(1+\delta/r)^3$，故乳状液黏度增加。 当液滴之间的相互作用为足够大的吸引力时，分散相的有效体积分数会由于液滴聚积而增加，这导致乳状液黏度的增加。 因此乳状液黏度的流变性质取决于胶体相互作用吸引力（主要是范德华力、疏水相互作用力、排空作用）和排斥力（主要是静电相互作用、空间位阻、热波动相互作用）的相对大小。

（4）液滴粒径　液滴粒径可能在许多方面影响乳状液的流变性。 首先，由于布朗运动的影响，浓度相对较高（>30%）的悬浮液的黏度会随着液滴粒径的增加而减小[108~110]。 布朗运动的影响也会导致乳状液出现剪切变稀的现象。 在低剪切应力下，由于布朗运动，颗粒的分布呈三维各向性和随机分布[11]。 由于剪切应力的增加，颗粒变得

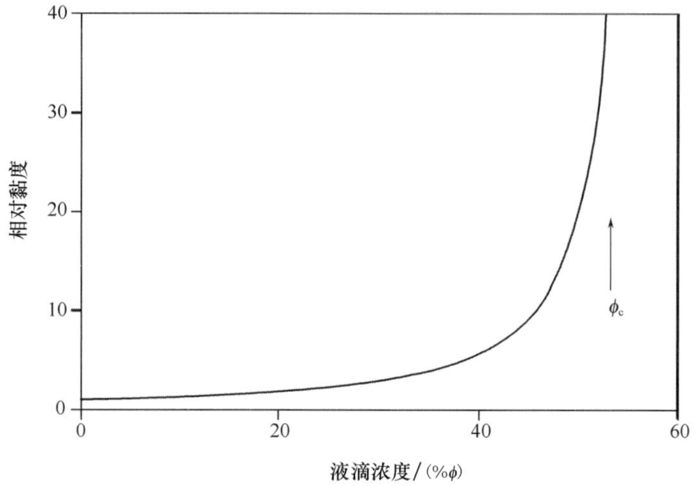

图 14.10 乳状液的相对黏度依赖于液滴浓度，液滴浓度较小时乳状液黏度呈线性增加，液滴浓度大于 10%时乳状液黏度呈非线性增加

更加有序，沿流线方向形成颗粒“串”或“层”，流体流动阻力降低，因此黏度减小（图 14.11）。黏度从低剪切应力下的高常数（η_0）减小到低剪切应力下的低常数（η_∞）。乳状液的剪切变稀行为可以通过临界剪切应力来描述，临界剪切应力相当于在最低和最高剪切应力之间使黏度减小 50% 的剪切应力。随着液滴粒径减小，临界剪切应力增加，即布朗运动对较小颗粒的影响更大。其次，液滴粒径会影响液滴之间吸引作用或排斥作用的相对大小，这可能会改变液滴的有效体积分数，从而影响乳状液流变性（见上）。

14.5.3 乳状液外观

乳状液外观是影响其感官品质最重要的因素之一，因为外观通常是消费者选择产品的第一感官印象[4, 111]。因此，更好了解决定乳状液外观的因素，将有助于设计品质更好的乳化食品。当光束照射到乳状液表面时，入射光束的一部分会穿过乳状液，而另一部分会被反射。在不同波长时，透射光和反射光的相对比例取决于乳状液对光波的散射和吸收。光散射和吸收则取决于液滴的粒径、浓度、折射率和空间分布，以及任何有色材料（如色素）的存在。因此，乳状液的总体外观取决于它的组成和结构。散射是造成乳状液“混浊”、“不透明”、“亮”的主要原因，而吸收是造成乳状液“染色”（蓝色、绿色、红色等）的主要原因。值得强调的是，乳状液总的外观也取决于所用的光源和检测器[112~114]。最后，乳状液的颜色也受脂质本身的性质—双键的数目和位置等的影响。

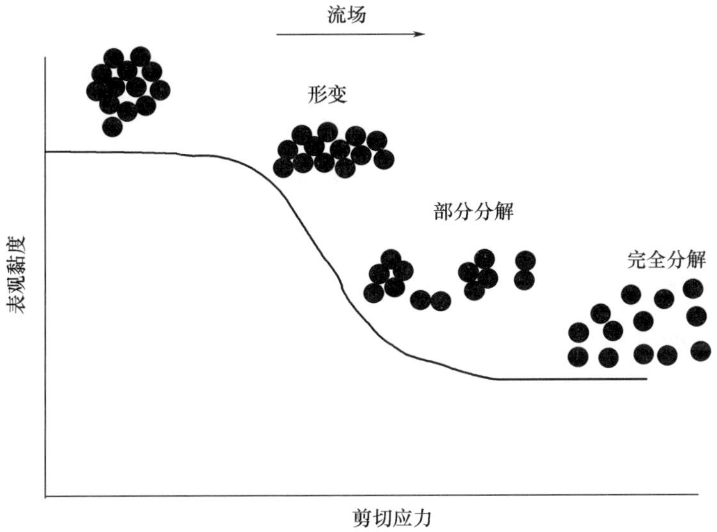

图 14.11 絮凝乳状液呈剪切变稀，增加剪切速率时絮体先形变，然后部分或完全分解

14.5.3.1 乳状液颜色的数学模型

人们对物体颜色的客观定量非常困难，因此颜色通常用仪器按照“三色坐标”定量，如国际照明协会（CIE）定义的 $L^*a^*b^*$ 系统[114]。使用三色坐标系统的优点是物体的颜色可以按照三个数学变量来描述。这样用定量的方式测定物体是否符合预先确定的质量标准就成为可能。例如，在 $L^*a^*b^*$ 颜色空间，L^* 是亮度，a^* 和 b^* 是颜色坐标。$L^*=0$ 是黑色，$L^*=100$ 是白色，$+a^*$ 是红色方向，$-a^*$ 是绿色方向，$+b^*$ 是黄色方向，$-b^*$ 是蓝色方向[114]。产品总的颜色强度可以按照它的色度来表示，$C=(a^2+b^2)^{1/2}$。近年来，最大的研究进展之一就是有关乳状液三维颜色与它们的组成（生色团和液滴浓度）和微观结构（粒径分布）间联系的理论研究方法的开发[115]。其导出的关系式如下：

$$L^*=f[\alpha(\lambda),c,\phi,r,n] \tag{14.15}$$

$$a^*=f[\alpha(\lambda),c,\phi,r,n] \tag{14.16}$$

$$b^*=f[\alpha(\lambda),c,\phi,r,n] \tag{14.17}$$

式中，$\alpha(\lambda)$ 是生色溶剂的吸收光谱，c 是生色团的浓度，ϕ 是分散相体积分数，r 是液滴半径，n 是分散相与连续相的折射率之比。可用这些等式来预测乳状液组成和微观结构对产品外观的影响，从而减少实验室中耗时费力的实验次数。最近已经对多个体系开展了实验研究，以测定水包油型乳状液的组成和结构对颜色的影响[116~121]。这些实验结果与运用前面提及的光散射理论预测的结果在定性方面十分吻合。但在定量方面仍然不吻合，主要原因是许多光学测量系统存在问题，尽管已提出过克服这些问题的很多方法。

14.5.3.2 乳状液颜色的影响因素

（1）分散相体积分数 由于液滴浓度的增加，会有越来越多的光发生散射。随着分散相体积分数的增加，乳状液亮度（L）增加，乳状液色度（C）减小（见图 14.12）。当液滴浓度由质量分数 0 变化到 5% 时，L 和 C 迅速改变，但在较高的液滴浓度时，L 和 C 保持一个常数[117~119]。

（2）液滴粒径 颗粒的光散射方向和大小取决于颗粒半径与光波长之比。当液滴半径由 0 增加到 100nm 时，乳状液亮度增大，然后，当液滴半径进一步增加时，乳状液亮度则减小[119]。

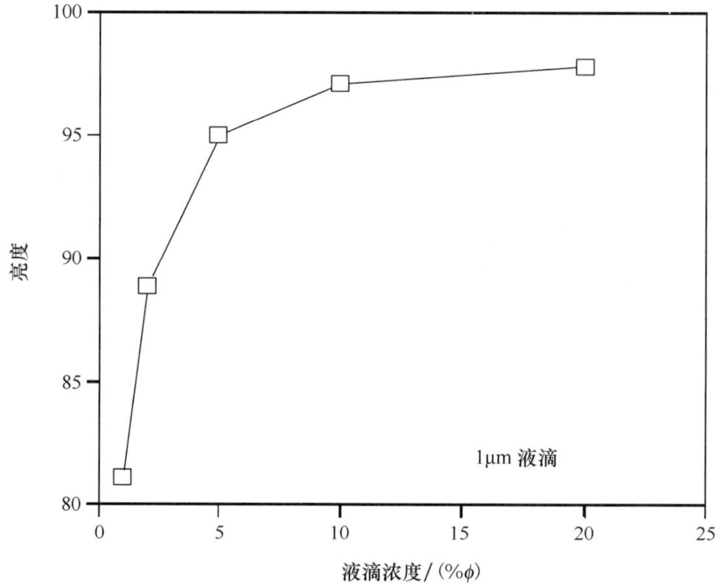

图 14.12 乳状液外观受其胶体性质（如液滴浓度）的影响，乳状液亮度随液滴浓度增加而增加

（3）相对折射率 颗粒与周围液体的折射率相差越大，颗粒的散射效率越高。因此，当液滴的折射率比连续相的折射率小得多或大得多时，乳状液亮度就会很高，而当折射率之比趋于 1 时，亮度会减小。的确，在高液滴浓度下通过添加水溶性溶质，如甘油或糖，使连续相与分散相的折射率相等，可以制作出光学透明的乳状液[62, 116]。在一些乳状液研究中，折射率相等是特别有用的，因为这表明乳状液可以用光谱技术进行分析，光谱技术要求光学透明的溶剂，如 UV－可见分光光度计、荧光分光光度计以及色度色散分析仪。

14.5.4 乳状液风味

在生产销售过程中，风味对于食品乳状液的品质起着重要的作用。术语“风味”涉及食品中的那些能够被鼻子中的神经末梢感受到的挥发性成分（气味），以及能够被舌头和嘴巴中的神经末梢感受到的非挥发性成分（口味）[122, 123]。此外，食品中的某些成分由于会影响感官质地（口感），可能也对风味有所贡献[124]。因此，食品风味是气味、口味、口感的综合，通常气味是最为重要的[122]。对风味的理解是一个极其复杂的过程，需要物理化学、生物学以及心理学结合起来考虑[125]。在食品放入口中之前，它的风味主要通过鼻孔直接吸入那些挥发性成分而感受到。当食品放入口中之后，风味取决于非挥发性分子，它们被舌头和嘴巴中的神经末梢所感受，同样也取决于通过嘴巴后部的咽喉吸入鼻孔的挥发性分子[122]。风味分子与人的神经末梢之间的相互作用导致食品的感知风味极其复杂且不易研究[123]。此外，个人与个人的期望和饮食习惯不同，所以，对于同样的食品，两个不同的人或同一个人在不同的时间所感受到的口感可能是不同的。本章集中于食品所释放的风味的物化方面，因为这些是乳状液科学最相关的方面。

14.5.4.1 风味分布

对风味的感知依赖于风味分子在乳状液中所处的准确位置。气味由乳状液中存在的气相挥发性分子所决定[122, 126]。对于大多数风味物质，当它们存在于水相而不是油相时，能使人更强烈地感受到[127, 128]。而某些风味分子可能与界面层分子结合，这将改变它们在气相和水相中的浓度[129]。因此，研究确定影响乳状液中风味分子如何分布的因素是极其重要的。一个乳状液系统可以简便地分为四个相：液滴内部、连续相、油水界面区域以及乳状液顶空的气相，风味分子可分布在这些相之中。风味分子在每个相区的相对浓度取决于它们的分子结构和该相的性质[130, 131]。

影响食品乳状液中风味分布平衡的多种重要因素列举如下：

（1）风味分布系数　在两相（如油－水、气－水、气－油）之间特殊风味分子的分布平衡可通过平衡分配函数来表征。这些分布系数决定了风味分子在乳状液的油、水和顶空的气体相之间的分布。

（2）表面活性　许多风味分子是两性分子，同时具有非极性区域和极性区域。这些分子趋向于聚积在油－水界面上。

（3）液滴浓度　乳状液顶空的风味分子浓度取决于分散相体积分数，如油水比。以前的研究已经表明，随着油含量的增加，非极性分子在气相中所占的体积分数减小，而极性分子仍相对保持不变。在低脂乳化食品中使用风味剂时，风味类型和风味物浓度的选择是非常重要的。

（4）风味的结合 风味分子能与许多蛋白质和碳水化合物相结合，因此改变它们在乳状液中的分布[131～135]。风味结合能导致食品感官风味发生显著性变化。这种变化常常不利于食品品质，因为这将改变特征风味构成，但当结合的分子是异味物质时，也是有利的。因此，风味化学家在涉及具体产品的风味配方时，必须考虑风味结合效应的影响。

（5）溶解作用 通常情况下，表面活性剂通过提供一层保护膜来稳定乳状液液滴，防止其聚积。但通常在水相中有足够多的游离表面活性剂，它们形成表面活性剂晶胞。这些表面活性剂晶胞能溶解非极性分子的疏水性部分，从而增加水相对非极性风味的引力。同理，相反结构的晶胞在油相中能够溶解极性风味分子。

14.5.4.2 风味释放

风味释放是指风味分子在咀嚼时离开食品进入周围唾液或气相的过程[126, 127]。风味物质从食品材料中的释放作用是在极其复杂和动态的环境下发生的[136]。在吞咽之前，食品常在口中停留相对短的时间（通常 1～30s）。在这段时期，它被唾液稀释，经历温度变化，同时也经受各种各样的机械力的作用。因此咀嚼可能导致食品乳状液结构特征的显著变化。

在咀嚼过程中，非挥发性风味分子必须通过唾液从食品内部移动到舌头上的味觉神经末梢以及口腔内部，而挥发性风味分子必须通过唾液移动到气相中，再被带到鼻腔中的气味神经末梢。决定这些过程发生的速率有两个主要因素，即平衡分布系数（因为该系数决定了在各个边界的最初风味浓度梯度）和质量转移系数（因为该系数决定了分子从某一位置移动到另一位置的速度）。已经用各种各样的数学模型来描述水包油型乳状液中风味分子的释放过程。

14.6 结论

在过去几年里，对食品乳状液性质的胶体基础的理解正在不断加强，不再把它们当作“黑匣子”一样只从某些经验参数来理解其性质。研究者尝试将乳状液的性质与其所含液滴的特性、相互作用以及空间分布定量地关联起来。为此已在开发并应用各种各样的分析、数学和计算机技术。在定量研究稀乳状液和浓缩乳状液的胶体特征，如液滴粒径、浓度和电荷性质[137～139]方面，一些功能强大的商用仪器获得了广泛应用。理论、计算机和实验方面所做的工作，使得研究者对发生在乳状液液滴之间的各种形式的胶体相互作用有了更深刻的理解[140, 141]。商用流变仪的成本、灵敏度以及可检测范围得到了不断改善[109]。不断开发出来的新的分析仪器使得研究者能够测定结构和大量物化性质方面的变化。经改良后的传统显微技术可用来表征一些精妙物质（如乳状液）的微观结构[142]。此外，随着新的显微技术的发展，界面上的分子组成也可被观测到[143~145]。随着物理理论的更全面发展[107, 146, 147]和强大计算机技术的应用[36, 37, 148]，我们对乳状液性质和胶体特征之间关系有了进一步了解。这些新概念和工具的应用最终将引导我们更好地理解乳状液特性的胶体基础。这些知识将能够使食品生产商设计出更合理的食品，最终改善食品品质，降低生产成本。

参考文献

1. E. Dickinson and G. Stainsby, *Colloids in Foods*, Applied Science, London, U. K., 1982.
2. E. Dickinson, *Introduction to Food Colloids*, Oxford University Press, Oxford, U. K., 1992.
3. S. E. Friberg and K. Larsson, *Food Emulsions*, Marcel Dekker, New York, 1997.
4. D. J. McClements, *Food Emulsions: Principles, Practice and Techniques*, CRC Press, Boca Raton, Florida, 1999.
5. P. Sherman, *Emulsion Science*, Academic Press, New York, 1968.
6. P. Becher, *Emulsions: Theory and Practice*, Chapman & Hall, London, U. K., 1957.
7. P. Becher, *Encyclopedia of Emulsion Technology—Basic Theory*, Marcel Dekker, New York, 1983.
8. P. C. Hiemenz and R. Rajagopalan, *Principles of Colloid and Surface Chemistry*, Marcel Dekker, New York, 1997.
9. R. J. Hunter, *Foundations of Colloid Science*, Oxford University Press, Oxford, U. K., 1986.
10. R. J. Hunter, *Foundations of Colloid Science*, Oxford University Press, Oxford, U. K., 1989.
11. R. J. Hunter, *Introduction to Modern Colloid Science*, Oxford University Press, Oxford, U. K., 1993.
12. D. F. Evans and H. Wennerstrom, *The Colloidal Domain: Where Physics, Chemistry, Biology and Technology Meet*, VCH Publishers, New York, 1994.
13. A. E. Sloan, *Food Technol.*, **48** (7), 89 (1994).
14. A. E. Sloan, *Food Technol.*, **50** (7), 55 (1996).
15. F. Katz, *Food Technol.*, **51** (6), 55–59 (1997).
16. P. Hollingsworth, *Food Technol.*, **49** (2), 67 (1995).
17. P. Walstra, *Encyclopedia of Emulsion Technology*, 1996, ch. 1.
18. P. Walstra, in O. Fennema, ed., *Food Chemistry*, 1996, ch. 3.
19. E. Dickinson and D. J. McClements, *Advances in Food Colloids*, Chapman & Hall, London, U. K., 1995.
20. J. Evison, E. Dickinson, R. K. Owusu – Apenten, and A. Williams, in D. E. Lorient and D. Lorient,

eds. , *Food Macromolecules and Colloids*, Royal Society of Chemistry, Cambridge, U. K. , 1995, 235 - 243.

21. J. N. Israelachvili, *Intermolecular and Surface Forces*, Academic Press, London, U. K. , 1992.
22. C. E. Stauffer, *Emulsi fiers*, Eagen Press Handbook, St. Paul, Minnesota, 1999.
23. J. M. Carr, K. Sufferling, and J. Poppe, *Food Technol.* , **49** (7) , 41 (1995) .
24. C. Orr, *Encyclopedia of Emulsion Technology*, 1988, ch. 3.
25. J. N. Coupland and D. J. McClements, *Trends Food Sci. Technol.* , **7**, 83 (1996) .
26. P. Landy, J. L. Courthaudon, C. Dubois, and A. Voilley, *J. Agriculture Food Chem.* , **44**, 526 (1996) .
27. L. Mei, D. J. McClements, J. Wu, and E. A. Decker, *Food Chem.* , **61** (3) , 307 - 312 (1998) .
28. K. Boode, *Partial Coalescence in Oil - in - Water Emulsions*, Wageningen Agricultural University, 1992.
29. K. Boode, P. Walstra, and A. E. A. Degrootmostert, *Colloids Surfaces A.* , **81**, 139 (1993) .
30. K. Boode and P. Walstra, *Colloids Surfaces A.* , **81**, 121 (1993) .
31. K. Boode and P. Walstra, in E. Dickinson and P. Walstra, eds. , *Food Colloids and Polymers: Stability and Mechanical Properties*, Royal Society of Chemistry, Cambridge, U. K. , 1993, p. 23.
32. D. G. Dalgleish, in J. Sjoblom, ed. , *Emulsions and Emulsion Stability*, Marcel Dekker, New York, 1996, ch. 5.
33. D. G. Dalgleish, *Food Res. Int.* , **29**, 541 (1996) .
34. P. J. Wilde, *Curr. Opin. Colloid Interface Sci.* , **5**, 176 - 181 (2000) .
35. E. Dickinson, *Colloid Surface, B.* , **20**, 197 - 210 (2001) .
36. J. F. M. Lodge and D. M. Heyes, *J. Rheol.* , **43**, 219 - 244 (1999) .
37. E. Dickinson, *J. Colloid Interface Sci.* , **225**, 2 - 15 (2000) .
38. P. Manoj, A. J. Fillery - Travis, A. D. Watson, D. J. Hibberd, and M. M. Robins, *J. Colloid Interface Sci.* , **207**, 283 - 293 (1998) .
39. E. Dickinson, in B. P. Binks, ed. *Modern Aspects of Emulsion Science*, Royal Society of Chemistry, Cambridge, U. K. , 1998, pp. 145 - 174.
40. M. Loncin and R. L. Merson, (1979) .
41. K. S. Birdi, *Handbook of Colloid and Surface Chemistry*, CRC Press, New York, 1997.
42. F. Asinger, *Chemistry, Physics and Application of Surface Active Substances*, Gordon & Breach Science Publishers, New York, 1967.
43. K. Shinoda, B. Yamamushi, T. Nakagawa, and T. Isemura, *Colloidal Surfactants—some Physicochemical Properties*, Academic Press, New York, 1963.
44. C. Paquot, *Chemistry, Physics and Application of Surface Active Substances*, Gordon and Breach Science

Publishers, New York, 1976.

45. J. F. G. Overbeek, *Chemistry, Physics and Application of Surface Active Substances*, Gordon and Breach Science Publishers, New York, 1967.
46. R. Zana, *Surfactant Solutions*, New York, New York, 1987.
47. D. Myers, *Surfactant Science and Technology*, VCH Publishers, New York, 1988.
48. S. Ross and I. D. Morrison, *Colloidal Systems and Interfaces*, John Wiley & Sons, New York, 1988.
49. P. Walstra, *Principles of Emulsion Formation*, 1993.
50. P. Walstra, *Encyclopedia of Emulsion Technology*, 1983, ch. 2.
51. S. S. Dukhin, G. Krietchamer, and M. R., *Dynamics of Adsorption at Liquid Interfaces: Theory, Experiment and Application*, Elsevier, Amsterdam, The Netherlands, 1995.
52. L. W. Phipps, *Nat. Inst. Res. Dairying*, **4**, 12 (1985).
53. H. A. Stone, *Annu. Rev. Fluid Mechanics*, **26**, 65 (1994).
54. H. Karbstein and H. Schubert, *Chemical Eng. Processing*, **34**, 205 (1995).
55. H. Schubert and H. Armbruster, *Int. J. Chemical Eng.*, **32**, 14 (1992).
56. M. Stang, H. Karbstein, and H. Schubert, *Chemical Eng. Processing*, **33**, 307 (1994).
57. W. Banks and D. D. Muir, in E. Dickinson and G. Stainsby, eds., *Advances in Food Emulsions and Foams*, Elsevier Applied Science, London, U. K., 1988.
58. E. Dickinson and S. K. Hong, *J. Agric. Food Chem.*, **13**, 876 (1994).
59. J. E. Kinsella and D. M. Whitehead, *Adv. Food Nutrition Res.*, **33**, 343 (1989).
60. H. Mulder and P. Walstra, *The Milk Fat Globule: Emulsion Science as Applied to Milk Products and Comparable Foods*, 1974.
61. A. K. Das and P. K. Ghosh, *Langmuir*, **6**, 1668 (1990).
62. J. Weiss and D. J. McClements, *Langmuir*, **16**, 2145 – 2150 (2000).
63. S. Dukhin and J. Sjoblom, in J. Sjoblom, ed. *Emulsions and Emulsion Stability*, Marcel Dekker, New York, 1996.
64. A. Lips, T. Westbury, P. M. Hart, I. D. Evans, and I. J. Campbell, *Food Colloids and Polymers*, **31** (1993).
65. H. Luyten, M. Jonkman, W. Kloek, and T. van Vliet, *Food Colloids and Polymers: Stability and Mechanical Properties*, **224** (1993).
66. K. Demetriades, J. Coupland, and D. J. McClements, *J. Food Sci.*, **62**, 342 – 347 (1997).
67. K. Demetriades, J. N. Coupland, and D. J. McClements, *J. Food Sci.*, **62**, 462 (1997).
68. E. Dickinson, M. Golding, and M. J. W. Povey, *J. Colloid Interface Sci.*, **185**, 515 (1997).
69. E. Dickinson, M. I. Goller, and D. J. Wedlock, *Colloids Surfaces A*, **75**, 195 (1993).

70. E. Dickinson and M. Golding, *Food Hydrocolloids*, **11**, 13 (1997).

71. M. P. Aronson, *Emulsions—A Fundamental and Practical Approach*, Kluwer Academic Publishers, Netherlands, 1992, 75.

72. P. Jenkins and M. Snowden, *Adv. Colloid Interface Sci.*, **68**, 57 (1996).

73. J. A. Hunt and D. G. Dalgleish, *J. Food Sci.*, **60**, 1120 (1995).

74. F. J. Monahan, D. J. McClements, and J. B. German, *J. Food Sci.*, **61**, 504 (1996).

75. S. Damodaran, *Food Proteins and Their Applications*, Marcel Deckker, New York, 1997.

76. E. Dickinson, *J. Colloid Interface Sci.*, **132**, 274 (1989).

77. H. Ogawa, K. Sigita, K. Saito, M. Kim, M. Tamada, A. Katakai, and T. Sugo, *J. Chromatogr. A*, **954** (1-2), 89-97 (2002).

78. A. Kabalanov and W. H., *Langmuir*, **12**, 276 (1996).

79. P. Walstra and E. C. H. van Beresteyn, *Netherlands Milk Dairy J.*, **29**, 35 (1975).

80. M. A. J. S. van Boekel and P. Walstra, *Colloids Surfaces*, **3**, 109 (1981).

81. K. Boode, C. Bispernick, and P. Walstra, *Colloids Surfaces*, **61**, 55 (1991).

82. N. M. Barfod and M. Krog, *J. Amer. Oil Chem. Soc.*, **64**, 112 (1987).

83. H. D. Goff, M. Liboff, W. K. Jordon, and J. E. Kinsella, *Food Microstruct.*, **6**, 193 (1987).

84. N. M. Barfod, N. Krog, G. Larsen, and W. Bucheim, *Fat Sci. Technol.*, **93**, 24 (1991).

85. D. P. J. Moran and K. K. Rajah, *Fats in Food Products*, 1994.

86. H. D. Goff, in E. Dickinson and P. Walstra, eds., *Food Colloids and Polymers: Stability and Mechanical Properties*, Royal Society of Chemistry, Cambridge, U.K., 1993, p. 71.

87. N. M. Barfod, N. Krog, and W. Bucheim, in D. E., ed. *Food Emulsions and Foams*, Royal Society of Chemistry, Cambridge, U.K., 1987.

88. A. S. Kabalnov and E. D. Shchukin, *Adv. Colloid Interface Sci.*, **38**, 69 (1992).

89. P. Taylor, *Colloids Surfaces A*, **99**, 175 (1995).

90. J. Weiss, *Mass Transport Phenomena in Oil - in - Water Emulsions*, The University of Massachusetts, Amherst, Massachusetts, 1999.

91. D. J. McClements, S. R., Dungan, J. B. German, and J. E., Kinsella, *Colloids Surfaces A*, **81**, 203 (1993).

92. K. Shinoda and S. Friberg, *Emulsions Solubilization*, 1986.

93. E. N. Frankel, S. W. Huang, J. Kanner, and J. B. German, *J. Agric. Food Chem.*, **42**, 1054 (1994).

94. W. W. Nawar, in O. Fennema, ed. *Food Chemistry*, Marcel Dekker, New York, 1996.

95. B. Halliwell and J. M. C. Gutteridge, *Free Radicals in Biology and Medicine*, Clarendon Press, London,

U. K. , 1991.

96. D. Kritchevsku, S. A. Tepper, S. Wright, A. Kuksis, and T. A. Hughes, *Nutrition Res.* , **18** (2), 259 – 264 (1998).

97. B. Halliwell, R. Aeschback, J. Loeliger, and O. I. Aruoma, *Food Chem. Toxicol.* , **33** (7), 601 – 617 (1995).

98. E. N. Frankel, *Lipid Oxidation*, Matreya, Incorporated, Pleasant Gap, Pennsylvania, 1998.

99. E. A. Decker, *Trends Food Sci. Technol.* , **9** (6), 241 – 248 (1998).

100. R. W. Whorlow, *Rheological Techniques*, Ellis Horwood, New York, 1992.

101. C. W. Macosko, *Rheology: Principles, Measurements and Applications*, 1994.

102. P. Sherman, *Industrial Rheology With Particular Reference To Foods, Pharmaceuticals and Cosmetics*, Academic Press, London, U. K. , 1970.

103. M. A. Rao, *Engineering Properties of Foods*, 1995, ch. 1.

104. V. N. M. Rao, R. A. M. Delaney, and G. E. Skinner, *Engineering Properties of Foods*, 1995, ch. 2.

105. C. F. Shoemaker, J. Nantz, S. Bonnans, and A. C. Noble, *Food Technol.* , **46**, 98 (1992).

106. T. F. Tadros, *Colloids Surfaces*, **91**, 30 (1994).

107. R. G. Larson, *The Structure and Rheology of Complex Fluids*, Oxford University Press, Oxford, U. K. , 1999.

108. R. Pal, Y. Yan, and J. H. Masliyah, *Emulsions: Fundamentals and Applications in the Petroleum Industry*, 1992, ch. 4.

109. J. Mewis and C. W. Macosko, *Rheology: Principles, Measurements and Applications*, 1994, ch. 10.

110. S. Liu and J. H. Masliyah, in L. L. Schramm, ed. *Suspensions: Fundamentals and Applications in the Petroleum Industry*, American Chemical Society, Washington, D. C. , 1996, ch. 3.

111. J. B. Hutchings, *Food Colour and Appearence*, Blackie Academic and Professional, London, U. K. , 1994.

112. D. B. Judd and G. Wyszecki, *Color in Business, Science, and Industry*, Wiley, New York, 1963.

113. F. W. Billmayer and M. Saltzman, *Principles of Color Technology*, Wiley, New York, 1981.

114. G. Wyszecki and W. S. Stiles, *Color Science: Concepts and Methods, Quantitative Data and Formulae*, Wiley, New York, 1982.

115. D. J. McClements, *Curr. Opin. Colloid Interface Sci.* , **7** (5 – 6), 451 – 455 (2002).

116. W. Chantrapornchai and D. J. McClements, *J. Food Sci.* , **12** (2001).

117. W. Chantrapornchai, F. Clydesdale, and D. J. McClements, *Colloids Surface A*, **155** (373 – 382) (1999).

118. W. Chantrapornchai, F. Clydesdale, and D. J. McClements, *J. Colloid Interface Sci.* , **218**, 324 – 330 (1999).

119. Chantrapornchai, F. W. Clydesdale, and D. J. McClements, *J. Agric. Food Chem.* , **46**, 2914 – 2920 (1998).

120. D. J. McClements, W. Chantrapornchai, and F. Clydesdale, *J. Food Sci.* , **63**, 935 – 939 (1998).

121. R. Chanamai and D. J. McClements, *Food Hydrocolloids*, **I** (2000).

122. A. J. Taylor and R. S. T. Linforth, *Trends Food Sci. Technol.* , **7** (1996).

123. D. M. H. Thomson, Develop. *Food Flavours*, 1 (1986).

124. J. L. Kokini, *J. Food Eng.* , **6**, 51 (1987).

125. G. A. Bell, *Trends Food Sci. Technol.* , **7**, 425 (1996).

126. P. Overbosch, W. G. M. Afterof, and P. G. M. Haring, *Food Rev. Int.* , **7**, 137 (1991).

127. P. B. McNulty, *Food Struct. Behaviour*, (1987).

128. J. E. Kinsella, in D. B. Min and T. H. Smouse, eds. , American Oil Chemists Society, Champaign, Illinois, 1989, p. 376.

129. B. L. Wedzicha, *Advances in Food Emulsions*, 1988, ch. 10.

130. R. Baker, *Controlled Releae of Biologically Active Agents*, Wiley, New York, 1987.

131. J. Bakker, in A. G. Gaonkar, ed. *Ingredient Interactions: Effects on Food Quality*, Marcel Dekker, New York, 1995.

132. K. L. Franzen and J. E. Kinsella, *Chem. Ind.* , **21**, 505 (1975).

133. T. E. O' Neill, *Flavor – Food Interactions*, 1996, ch. 6.

134. A. P. Hansen and D. C. Booker, in R. J. McGorrin and J. V. Leland, eds. *Flavor – Food Interactions*, American Chemical Society, Washington, D. C. , 1986.

135. M. Y. M. Hau, D. A. Gray, and A. J. Taylor, in R. J. McGorrin and J. V. Leland, eds. *Flavor – Food Interactions*, American Chemical Society, Washington, D. C. , 1996.

136. D. G. Land, in R. J. McGorrin and J. V. Leland, eds. *Flavor – Food Interactions*, American Chemical Society, Washington, D. C. , 1996.

137. R. J. Hunter, V. A. Hackley, and J. Texter, *Handbook on Ultrasonic and Dielectric Characterization Techniques for Suspended Particles*, American Chemical Society, Westerville, Ohio, 1998.

138. B. P. Hills, H. R. Tang, P. Manoj, and C. Destruel, *Magnetic Resonance Imaging*, **19**, 449 – 451 (2001).

139. R. A. Meyers, *Encyclopedia of Analytical Chemistry: Applications, Theory and Instru – mentation*, Wiley, New York, 2000.

140. P. M. Claesson, E. Blomberg, and E. Poptoshev, in J. Sjoblom, ed. *Encylopedic Handbook of Emul-*

sion Technology, Marcel Decker, New York, 2001, pp. 305 – 326.

141. B. A. Bergenstahl and P. M. Claesson, in S. Friberg and K. Larsson, eds. *Food Emulsions*, Marcel Decker, New York, 1997.

142. E. Dickinson, *New Physico – chemical Techniques for the Characterization of Complex Food Systems*, Chapman & Hall, London, U. K. , 1995.

143. J. M. R. Patino and M. R. R. Nino, *Colloid Surface B*, **15**, 235 – 252 (1999).

144. K. P. Plucknett, S. J. Pomfret, V. Normand, D. Ferdinando, C. Veerman, W. J. Frith, and I. T. Norton, *J. Microscopy – Oxford*, **201**, 279 – 290 (2001).

145. V. J. Morris, A. R. Mackie, P. J. Wilde, A. R. Kirby, E. C. N. Mills, and A. P. Gunning, *Lebensmittel Wissenschaft und Technologie*, **34**, 3 – 10 (2001).

146. A. G. Marangoni, *Phys. Rev.* , **62**, 13951 – 13955 (2000).

147. L. G. B. Bremer, B. H. Bijsterbosch, P. Walstra, and T. Van Vliet, *Adv. Colloid Interface Sci.* , **46**, 117 (1993).

148. M. Whittle and E. Dickinson, *J. Colloid Interface Sci.* , **242**, 106 – 109 (2001).

15 膳食脂肪替代品

S. P. J. Namal Senanayake[1], Fereidoon Shahidi[2]

1 *Martek Biosciences Corporation, Winchester, Kentucky*

2 *Memorial University of Newfoundland, St. John's, Newfoundland, Canada*

15.1 引言

脂质是一类主要或全部由非极性组分组成的混合物。由于其非极性特点，脂质在水中溶解度很低，在非极性溶剂中溶解度高。我们膳食中的脂质包括脂肪和油，是脂肪还是油，取决于室温下它们的物理状态。磷脂、鞘磷脂和类固醇在生理方面非常重要，但其化学性质和功能性与甘油三酯不同，后者是日常膳食油脂的主要成分。脂质主要由饱和、单不饱和、多不饱和三大类脂肪酸组成。饱和脂肪具有升高胆固醇的效应，虽然并不是所有的饱和脂肪酸都是如此。饱和脂肪酸主要存在于动物产品（黄油、干酪和肉类）中，但也存在于椰子和棕榈油中。饱和脂肪比膳食任何其他成分，甚至比膳食胆固醇，都更能增加血液中胆固醇的水平。由于单不饱和脂肪明显不会降低高密度脂蛋白的水平[1]，因此食用单不饱和油脂（如橄榄油），是一种比食用多不饱和油脂（如玉米油）更好的方式。尽管鱼类是不饱和脂肪酸的一个良好来源，但不饱和脂肪主要还是来源于植物油（红花籽油、玉米油、大豆油、芝麻油和葵花籽油）、坚果和种子。大多数必需脂肪酸都是在不饱和脂肪中发现的，因此应少吃含饱和脂肪和胆固醇高的食品（动物脂肪、乳制品和鸡蛋）。

大多数食品中均含一定量的脂肪。美国膳食脂肪的主要来源是脂肪和油（黄油、人造奶油、起酥油、色拉油和烹饪用油）、红肉、家禽、鱼和乳制品。美国农业部经济研究机构的最新数据显示，脂肪和油的使用量已从1991—1995年的64.6～65.4lb/人增长到1996—2000年的64.2～74.5lb/人。在1991—2000年，红肉的消费变化很小，从111.6lb/人变化至113.5lb/人。家禽的食用量也仅从1991年的58.2lb/人增加至2000年的66.5lb/人。鱼的消费基本保持不变，仅从1991年的14.8lb/人增加到2000年的15.2lb/人。日常乳制品的消费从1991年的564lb/人急剧地增长至2000年的593lb/人。虽然全脂牛乳的消费量明显下降，且部分抵消了脱脂牛乳的增长，但干酪、酸奶酪和液体奶油产品的摄取仍出现增长，冰淇淋的消费量则保持不变[2]。在美国，食品供给中总脂肪的30%来自红肉、家禽和鱼；谷物和乳制品分别占总脂肪供给的25%和18%；另一方面，脂肪和油（主要是涂抹脂和沙拉酱）供给总脂肪的11%。这些食物成分一起为食品提供了84%的脂肪。因此，减少总脂肪和热量的摄取的工作焦点主要是要降低这些食品中脂质的含量[3]。

饮食脂肪的来源可分为“可见”和“不可见”脂肪。“可见”脂肪是从动物组织、油籽或植物资源中分离提取的，用作人造黄油、起酥油和色拉油等产品。这些脂肪和油占了美国饮食消耗的总脂肪的43%。“不可见”脂肪是日常膳食所消耗的部分动物组织或植物中的脂肪，占美国膳食消耗的总脂肪的57%[4]。

15.1.1 膳食脂肪的作用

天然脂肪在饮食中有很多有益功能，它们包含了生长、发展和维持健康所必需的营养成分。它们提供脂溶性维生素A、维生素D、维生素E和维生素K，并在小肠中协助维生素的吸收，同时，它们是必需脂肪酸（EFAs，如亚油酸和α-亚麻酸）的唯一来源，这些必需脂肪酸在身体组织中发挥了重要功能。必需脂肪酸的适宜摄入量应占总能量摄入的5%~10%。如果1%~2%的膳食能量来源于$n-6$脂肪酸，1%能量来源于$n-3$脂肪酸，就可防止脂肪酸缺乏症状的发生[5]。脂肪在食品制作和消费过程中起到非常重要的作用。作为食品的组分，油脂提供给食品良好的口感、气味、稠度、稳定性和风味，食用后能够产生饱腹感。脂肪含量也会影响食品的结构和色泽。另外，脂肪还有一个独特的功能特性，即对一些食品的风味和芳香特性具有重要的决定作用，因为许多风味和芳香成分是脂溶性的。脂肪作为一种热媒，经常用于烹调和保存食品。其固相-液相的可逆性转变使它们能够在煎炸起酥油、油酥点心脂肪和糖果中发挥作用。脂肪也给产品（如小吃、饼干、糖果和煎炸食品）提供光泽的表面。脂肪对食品在食用过程中所能感知到的质构方面也具有重要的影响。脂肪的物理状态是重要的。对大多数人来说，食用纯的油会有令人不快的感觉，但乳状液可能有很好的奶油感。相同化学成分组成的油包水乳状液与水包油乳状液会产生完全不同的感觉。因此，全脂牛乳、奶油和黄油具有各自的感官特性。脂肪能以不同的晶体形态结晶。许多产品（如黄油、人造奶油、起酥油、猪油和可可油）的稠度、可塑性、起酥性和其他物理性质都与甘油三酯存在的特殊多晶态形式有关。与蛋白质和碳水化合物的4kcal/g相比，脂肪含9kcal/g的热量，是高密度热源。它能满足各年龄阶段最高能量个体（如成年人、婴儿和小孩）所需的热量。脂肪应仅提供总热量摄入的10%~25%。

15.1.2 脂肪替代品应用的原理

普通西方人在饮食中过度消耗脂肪和油。爱好高动物脂肪含量饮食（例如冰淇淋、巧克力、快餐和餐后甜点）的人群的健康危险性呈现增长趋势。吃过量的脂肪将会导致体重增加。1999年，美国大约61%的成年人都超重，另外13%的小孩和青少年也超重，且这种趋势近年来继续增长。自1980年以来，成年人中肥胖人数已经翻倍，而青少年的肥胖人数更是增至三倍[6]。疾病控制预防中心（CDC）的统计结果表明，几乎87%的肥胖者和80%的超重人群都在尽力减肥或维持体重[7]。许多与饮食相关的人类疾病几乎都在西方人群中有所发现，包括冠心病（CHD）、中风、糖尿病和癌症及其他疾病。2001年美国卫生总署的一个报告认为，每年30万美国人的死亡与脂肪相关的健康问题有关[8]。

尽管高脂肪的饮食会导致许多慢性病是众所周知的，但低脂或无脂的饮食也会带来一系列的问题，这也许就鲜为人知了。营养专家鼓励人们选择总脂肪、饱和脂肪和胆固醇低的食品。美国科学院、美国卫生总署、美国心脏协会、美国国立胆固醇教育组织、美国癌症协会、美国饮食营养学会、美国全国卫生研究所、美国农业部和卫生与公共服务部等卫生和政府权威机构都提倡消费者减少食用脂肪的摄入。这些科学机构推荐总脂肪所提供的热量应该限制在总热量的30%以内[9]。美国饮食指南也建议饱和脂肪的摄入量应限制在摄入总量的10%以内。胆固醇的摄入量应限制在300mg/d内[10]。饱和脂肪和胆固醇是脂肪中能形成蚀斑的一类底物，这类物质能阻塞动脉，从而导致心脏病。美国的推荐标准是30%的热量应来源于总脂肪，10%的热量来源于饱和脂肪，为了达到这个标准，许多美国人不得不将他们当前的脂肪摄入量缩减1/5。减少脂肪和能量消耗的建议使得低脂食品和脂肪替代品得以发展。

由于脂肪具有高热量，因此在减少热量方面，脂肪是首要考虑因素。减少总脂肪摄取的方法包括低脂烹调，例如煮、烤、蒸、炖、烘焙和焙烧。消费者还可去除来自肉和家禽等产品的可见脂肪以及限制脂肪涂抹、调料、肉汁和其他调味汁的使用。另外一个实现低脂肪摄入的途径是关注富含脂肪的甜点、休闲小吃，并用水果和蔬菜替代丰富的甜点和油性零食。最近研究表明，食用低脂、低热膳食和使用改性脂肪产品的人，其总体营养状况要好于那些未使用任何脂肪改性产品的人[3]。2000年，一个与低热量、低脂肪和饮食食品、饮料生产相关的国际协会——热量控制委员会的一项调查表明，低脂、减脂和无脂产品在普通大众中一直都很受欢迎[7]。79%的美国成年人都食用这类产品，其中食用改性脂肪产品的女性（82%）高于男性（75%）。65%的受访者所消耗的低脂产品数量与全脂产品数量相等。消费者喜欢的低脂产品主要有牛乳、干酪、沙拉酱、薯片、蛋黄酱、人造黄油、冰淇淋和冷冻甜点（见表15.1）[7]。另外一个委员会的调查表明，2/3的成年人认为应该用食品添加剂代替食品中的脂肪。

表 15.1 大众化的减脂产品

食品类型	成年人消费者的百分比
低脂或脱脂乳	56
减脂干酪/乳制品产品	49
减脂沙拉酱/调味料/蛋黄酱	46
减脂人造奶油	34
降脂薯片/点心	33

脂肪替代品正逐渐变成美国人饮食的一个重要部分。许多美国人正在寻找各种办法来享受他们钟爱的低热量食品。食品科学家正在开发新的食品添加剂，这类添加剂不仅能模仿食品中脂肪的功能，而且还能保持低热量食品的特点。食用脂肪替代品能够全部或部分代替食品中的脂质，并尽可能地保持与食品相关的物理和感官性能特点。替代食用脂肪的主要途径有如下两个：一是利用有类似脂肪口感的碳水化合物和蛋白质；二是利用不易吸收的合成产物，这些产物具有类似食用油的物理特点和技术功能。现在，脂肪替代品范畴更为广泛。每种替代品都有其优点、缺点和局限性，见表 15.2。脂肪替代成分分为以下几类：①酯和醚类脂肪替代品；②碳水化合物和蛋白质类的脂肪替代品（也指“仿脂物质”）；③低热量的结构脂质。

表 15.2 脂肪替代品潜在的优点和缺点

可能的优点	可能的缺点
减少饮食中总脂肪的摄取	脂溶性维生素摄取减少
减少饮食中能量的摄取	必需脂肪酸摄取减少
减少饮食中饱和脂肪的摄取	摄取补偿性能量
减少胆固醇的摄取	增加费用
降低胆固醇的吸附	改变消化道功能（由于摄取高水平的非吸收底物）
降低血清和血浆中胆固醇的水平	导致胃与肠消化道的紊乱
降低心血管疾病危险因子	
提高复杂碳水化合物的摄取	
没有风味损失	
不含反式脂肪酸	
提高氧化稳定性	
维持口感、结构和水分	

15.1.3 含脂肪替代品的食品的标签

因为膳食脂肪消费需求及其改性产品摄入量的增长，食品标签中脂肪成分已引起关注。可以期望的是，能多获取食品营养标签的信息，就能改善公众健康，帮助消费者遵循饮食建议。1995 年热量控制委员会的调查发现，72% 的受访者称他们喜欢寻找“轻”食品，即更倾向于有“减脂”标志的食品[10]。根据 1998 年热量控制委员会的调查，54% 的消费者认为，在选择轻产品时，“既减脂又减热量”的描述是很吸引人的。因此，对消费者和食品公司来说，减脂食品的标识是非常重要的。

脂肪改性产品的标识必须符合美国营养标识和教育法案（NLEA）关于脂肪和热量方面的相关项目规定[11]。1990 年的美国营养标识和教育法案要求大多数食品应具有营养标识，并要求食品标识中某些与健康和营养相关的标识必须符合特定的要求。美国营养标识和教育法案允许用能量转化因子确定食品成分的可用热值。例如，salatrim（BENEFAT）为例，其热值为 5kcal/g，因此，应在成分表的适当地方列出，其热值为 5kcal/g。1996 年，美国食品与药物管理局（FDA）提出了一个关于含有脂肪的脂肪替代产品的标识规则（61 CFR 67243）。美国食品与药物管理局要求，含脂肪的脂肪替代食品的标识必须在“营养成分”处标明其脂肪测定值，并用脚注标明其生物可利用值。例如，每克短碳链甘油三酯的可利用脂肪含量为 5/9g 脂肪。在“营养成分”标识栏中，生产商应提供某些营养成分的信息。强制性成分及其排列次序为：总热量、脂肪热量、总脂肪、饱和脂肪、胆固醇、钠、总碳水化合物、膳食纤维、糖、蛋白质、维生素 A、维生素 C、钙和铁[12]。营养标签和教育法案也要求所有食品应有成分说明，要求注明营养成分，要求注明法规所定义的饮食疾病关系。

为响应 1994 年的美国食品标识规则，美国食品与药物管理局提出了无脂、低脂和减脂等营养素含量声明的定义。标识“无脂”和“低脂”的产品必须分别要求每份食物中脂肪含量少于 0.5g 和 3g。标识“减脂”或“少脂”的食品是比正常（全脂）产品少含 25% 脂肪含量的产品。标注“无脂百分比”的食品是以 100g 作为基准的，当产品满足低脂或无脂（没有脂肪加入）的定义时，必须声明[12]。美国食品与药物管理局的提议也允许对膳食脂肪水平与心血管疾病之间健康关系，以及与癌症之间的关系作出声明。

脂肪标识的声明不提供任何有关食品热量的说明。但含热量比参考食品少 1/3 ~ 1/2 的产品可标识为“轻”食品。如果在食品中有超过 50% 的热量来自于脂肪，那么“减脂”食品的脂肪含量必须少于 50% 或更多。术语“无热量”和“低热量”仅适用于每份食品中含少于 5kcal 和 40kcal 的产品；“减少的”或“较少的热量”仅适用于比常规食品少 25% 热量的产品[12]。

尽管标签规则不要求在“营养成分”一栏标出脂肪替代品，但添加在食品中的脂肪替代品的含量会影响标签信息。像其他成分一样，脂肪替代品必须在成分表中按优先顺序列出。营养标签所列的热量必须与每份食品的消化热量相等。对于不易消化的成分，生产商必须标明其可消化的热量数据[12]。

15.1.4 脂肪替代品的安全性考虑

脂肪替代品的安全性基础，是要考虑每个化合物的毒理学意义、营养特性、对总膳食的影响、不同年龄阶段人群的期望食用量。美国食品与药物管理局主要从两个途径来定义脂肪替代品的安全性[10]，每个途径都有其自己的规则要求。第一个途径是生产商声明这种物质获得“安全”（GRAS）资格或请求美国食品与药物管理局承认这种成分的GRAS等级。美国食品与药物管理局所测定的成分来自普通食品，这种成分通过在食品中的长时间安全使用与广泛的科学证据，由科学家认可在作具体应用时是安全的，这样，这种成分才能批准列入“安全”等级。用作脂肪代替成分的GRAS物质包括碳水化合物型的脂肪类似物、微粒蛋白、乳清蛋白和脂肪乳化剂等。一般来说，GRAS物质在应用于食品之前，不需要经过严格的测试。另一个途径是需要生产商提出请求，批准一个新成分作为食品添加剂。1958年，联邦食品药品化妆品法案、食品添加剂修正案确立了食品中使用食品添加剂必须经过的上市前认证过程。美国食品与药物管理局专论“食品中使用的直接食品添加剂和色素添加剂的安全性评估毒理学准则”红皮书列出了新食品成分的安全测试指南[13]。食品添加剂的定义是，食品中先前不存在的一种成分，将其有意加入食品中后，会以直接或间接的方式，成为或预期成为食品本身的一部分或以其他方式影响每种食物的特性[14]。食品生产商需要提交关于这种成分的安全性和预期用途的大量研究结果，在用于食品之前要得到美国食品与药物管理局的批准。一旦得到批准，美国食品与药物管理局为消费者提出建议限量，并要求在一定时期内监测其使用和安全性。蔗糖聚酯就是通过第二个途径获得批准的。

在保证新食品成分（如脂肪替代品等）安全性时，重要的一步是，如果产品获得使用批准，必须评估对每个消费者的暴露量[15]。这一步称为暴露评估[15]，需要采用暴露评估模型，该模型的基础是全国抽样调查获得的食品消费数据。这些调查同时说明了消费频率和单个食品的分量。当预估的暴露水平实际上比安全数据要高时，可以通过限制产品含量或限制产品在食品种类中应用范围来降低暴露水平[15]。

食品添加剂每天的消耗量是很少的，相比之下，脂肪替代品可替代饮食中大部分脂肪。因此，在进行这些替代品的毒理和营养评估时，应有专门的考虑。如果这些物质不能够被消化或消化很少，那么个体对必需营养素的吸收就会降低。对不易被吸收的脂肪替代物，另外还需关注其对营养素总摄取量的影响。脂肪替代品对小肠中微生物群落的潜在影响也应考虑。这些小肠细菌中的某些菌与某些营养素的合成有关，如维生素 K、维生素 H 和挥发性脂肪酸，这些菌可能发生改变，从而对健康产生长期影响。不易被消化的脂肪替代品对小肠上皮细胞、胆汁酸生理学和胰腺功能的影响也要考虑[16]。不消化成分的腹泻影响也应该在考虑范畴之内。对于脂肪替代品来说，还应该考虑物质的吸附、吸收、分布、代谢和排泄。

15.2 低热量结构脂质作为脂肪替代品

少于 9kcal/g 热量的结构脂质出现在市场上已经有好几年了。这些改造的脂质分子含有不易被消化的脂肪酸，减少了含热量。这些低热量的甘油三酯具备单个甘油三酯结构中共存短链脂肪酸或中碳链脂肪酸和长碳链脂肪酸的特点。与长碳链脂肪酸相比，短碳链脂肪酸的热量含量较低。这些产品具有全热量脂肪的所有功能特性，包括作为脂溶性成分的载体。低热量结构脂常应用在烤薯片、涂层、蘸汁、面包和乳制品或作为代可可脂。现在，这类结构脂质是通过短碳链甘油三酯或中碳链甘油三酯和长碳链甘油三酯的随机化学酯交换而生产的。最突出的低热量脂肪例子是 Caprenin、Salatrim、Bohenin 和中链脂肪酸制剂（见表 15.3）。下面分别讨论这些产品。

表 15.3 脂基脂肪替代品及其应用例

脂肪替代品类型	商业名称	应用/潜在的应用
Salatrim	Benefet	焙烤产品，乳制品，糖果，小吃、人造奶油，和涂层
结构酯	Caprenin	软糖，糖果
结构酯	Bohenin	糖果
中碳链甘油三酯	Neobee，Grindsted MCT，Captrin，Captex，Miglyol	高能量蛋白棒，现制营养型的饮料，高效健康食品，小吃
蔗糖聚酯/Olestra	Olean	焙烤产品，煎炸食品，蛋黄酱，色拉调味料
山梨醇聚酯	Sorbestrin	焙烤产品，煎炸食品，配方产品
聚甘油酯	Grindsted PGE	人造奶油，起酥油，焙烤产品，冷冻点心，糖果
酯化的丙氧基化的甘油	EPG	配方产品，焙烤产品，煎炸产品
乳化剂	Dur - Lo -，EC - 25，Dur - Em	饼干，蛋糕混合粉，冰淇淋，植物乳制品
甘油二酯油	Enova	色拉调味料，蛋黄酱，饮料，营养棒，汤和酱，比萨，焙烤产品，冷冻主菜

15.2.1 Caprenin

与传统油脂的 9kcal/g 热值相比，Caprenin 是一种仅能贡献 5kcal/g 热量的低热结构脂质[17]。它具有 $C_{8:0}-C_{10:0}-C_{22:0}$结构（见图 15.1）。这类甘油三酯是通过中碳链饱和脂肪酸辛酸（$C_{8:0}$）、癸酸（$C_{10:0}$）、特长碳链饱和脂肪酸山嵛酸（$C_{22:0}$）与甘油酯化而形成的。所有这些脂肪酸都来自天然食品。辛酸和癸酸从棕榈仁油和椰子油分提获得。山嵛酸可以通过菜籽油获得[18]，在花生油和动物油中也发现山嵛酸的存在。山嵛酸在通过消化系统时不被吸收，与可吸收的长碳链脂肪酸相比，中碳链脂肪酸仅仅提供很少的热量。这个产品由俄亥俄州辛辛那提的宝洁公司开发。在合成 Caprenin 时，甘油与来自氢化菜籽油的山嵛酸进行热酯化，接下来单山嵛酰甘油酯与来自椰子油和棕榈仁油的癸酸、辛酸或与其酸酐进行酯化，并通过分子蒸馏和一步或多步的冬化、脱色和蒸汽脱臭等工艺组合，纯化得到终产品[19]。

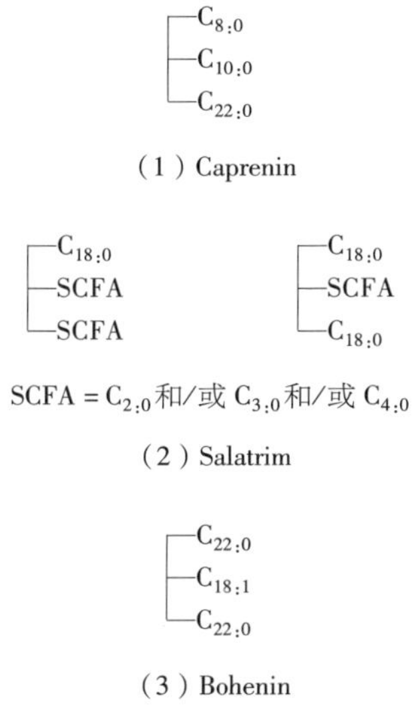

图 15.1 （1）Caprenin，（2）Salatrim 和（3）Bohenin 的化学结构

Caprenin 具有与可可脂类似的功能特点，在软糖和糖果涂层中可用 Caprenin 代替部分可可脂。它的消化、吸收和代谢方式与其他甘油三酯相同[20]。宝洁公司提交了一份认定 Caprenin 为 GRAS 糖果脂肪可用于软糖条和糖果涂层中的申请。但 Caprenin 不适于油炸食品。

目前已经完成了关于 Caprenin 吸收、消化和代谢等方面的研究[21, 22]。几项临床研究表明，尽管 Caprenin 能量较低，但也能轻微地提高脂蛋白水平。在一项研究中，30 个成年男性每天食用 34g 的 Caprenin，食用 8 周后发现，总血清胆固醇、LDL 和 HDL 分别增长 8%、20%和 13%[23]。

15.2.2 Salatrim（BENEFAT）

与 Caprenin 相似，短长链甘油三酯即 salatrim 也是一类低热量型结构脂质，其热量为

5kcal/g，是传统脂肪热量值的55%。它是由短碳链脂肪酸（乙酸、丙酸或丁酸）和长碳链脂肪酸（主要是硬脂酸）组成的混合物[24]。salatrim的化学结构见图15.1(2)。短碳链脂肪酸与植物油（如高度氢化的卡诺拉油或豆油）通过反式化学酯交换反应，制得短长链甘油三酯[25]。短碳链脂肪酸热量低，长碳链饱和硬脂酸仅能被身体部分吸收，二者组合来降低热量。Salatrim甘油酯的物理和功能特性主要由短链和长碳链脂肪酸成分、在甘油骨架上的位置分布和它们之间的比例所决定。新泽西州东汉诺威纳贝斯克食品集团开发了Salatrim[18]，且已由美国堪萨斯州的丹尼斯克科特（Danisco Cultor）公司上市，注册商标BENEFAT。Salatrim具有传统油脂的味道、结构和功能特性。在化学合成中通过调整短碳链脂肪酸和长碳链脂肪酸的量，就可以生产出具有不同熔点曲线的产品。与Caprenin一样，Salatrim不适于煎炸。由于短碳链脂肪酸的存在，在煎炸时因高温加热，这些脂肪易水解，形成令人不悦的气味。但salatrim能在低水分食品中发挥很好的作用，从而克服其他脂基替代品（如多酯）存在的问题[20]。1995年宾夕法尼亚州Hershey食品公司上市了一种含BENEFAT的减脂型焙烤碎巧克力。在1994年6月美国食品与药物管理局接受了Salatrim的GRAS认证申请并备案。接着，Salatrim在美国允许用作可可脂替代品。Salatrim作为低热量脂肪可用在巧克力风味涂层、碎巧克力、焦糖、糖果和焙烤食品的饼馅、花生涂层、风味极佳的敷料层、蘸汁、调味汁和乳制品中[27]。美国丹尼斯克科特已开发一款起酥油形式的Salatrim并上市，商标名BENEFAT B。这种起酥油在用于焙烤（烹调、蛋糕、派皮、乳酪填充物和松饼）时以1∶1的比例代替脂肪。

Salatrim最近已获得欧盟委员会（EC）的认可，可用于欧洲的食品加工业。该委员会声明短长链甘油三酯对人类消费来说是安全的，但所有含Salatrim的产品都应该标识“过量消费（>30g/d）将会导致肠胃紊乱”。而且，标签上要有强制性词语，明确产品含“低热量脂肪”，且说明产品不适于小孩食用。

15.2.3 Bohenin

Bohenin是一类山嵛酸在*sn*-1和*sn*-3位、油酸在*sn*-2位的低热量型甘油三酯［图15.1（3）］。Bohenin是通过含油酸的甘油三酯与山嵛酸乙酯在合适的脂肪酶（*sn*-1，3专一性）作用下通过酯交换生产出来的，与可可脂替代品的甘油三酯生产工艺一致，可可脂替代品已通过美国食品与药物管理局的GRAS认证（21CFR184.1259）。Bohenin具有高熔点（约52℃）和易形成β_2多晶结构的重要特点，可作为抗霜剂，具有加速巧克力调温过程的功能。Bohenin的产品规格与食用油脂的食品化学药典法规（FCC）是一致的[28]。日本大阪富士油脂有限公司正在生产Bohenin产品，并在1994年向美国食品与药物管理局提交了GRAS认证申请。Bohenin在吸收前被水解为山嵛酸和2-油酰甘油酯。山嵛酸是一种存在于花生、大多数籽油、动物牛奶脂肪和海产油中的特长碳链饱和脂肪酸。单油酰甘油酯是典型的西方膳食中食用油脂在人体内消化的普通产物。1994 年以来，富士油脂有限公司已经向美国食品与药物管理局提交了大量与 Bohenin 相关的科学论文，主要包括以下几方面内容：

（1）Bohenin 的物理特点和功能；

（2）商业油脂的取样、检测和分析；

（3）食品中 Bohenin 的检测和分析；

（4）从目前消费的油脂中获得的山嵛酸消耗量；

（5）含山嵛酸的甘油三酯的食用量；

（6）在吸收之前 Bohenin 水解为山嵛酸和 2 - 油酰甘油酯；

（7）其他含山嵛酸的甘油三酯的安全性；

（8）山嵛酸的安全性；

（9）Bohenin 毒理性和诱变性研究的未公开数据；

（10）日本使用 Bohenin 的最近历史。

在巧克力和巧克力涂层生产中，Bohenin 主要用作调温助剂和抗霜剂。2000 年，富士油脂声称 Bohenin 在预定条件下使用时是公认安全的（GRAS），美国食品与药物管理局对此没有异议[28]，在广泛地审查了富士油脂提交的 GRAS 申请后，该机构将其列为第 GRN 000050 号通告。但美国食品与药物管理局没有作出自己关于 Bohenin GRAS 等级的决定。在 Bohenin 的可用热值测定方面，还没有公开的研究报道。但考虑到其特定的脂肪酸组成，且 Caprenin 中山嵛酸的吸收系数已确定为 0.29，山嵛酸的热量值大约为 5kcal/g[19]。

15.2.4 中碳链甘三酯（MCTs）

中碳链甘三酯主要由八碳（辛酸）和十碳（癸酸）饱和脂肪酸酯化到甘油三酯甘油骨架上而成。中碳链甘三酯的主要来源是椰子油和棕榈仁油的分提物。因此，中碳链甘三酯的生产首先是水解这些油，然后分提这些水解产生的脂肪酸来富集辛酸和癸酸，再与甘油酯化形成新的甘油三酯[29, 30]。在中碳链甘三酸制剂中，辛酸和癸酸在脂肪酸中的含量超过 96%。中碳链甘三酯很容易被消化酶水解，脂肪酸最终产物能被血液快速吸收[31]。中碳链脂肪酸不需用肉碱可直接通过肝细胞的双层线粒体膜，因此它们快速地进入线粒体中并发生快速的 β 氧化。因此，中碳链脂肪酸被肝脏作为直接能源，与长碳链脂肪酸相比，其产生的热量较少。中碳链甘三酯的总能量是 8.3kcal/g，而脂肪或长碳链脂肪酸的能量是 9kcal/g。然而，中碳链甘三酯制剂的净热值是 6.8kcal/g[32]。中碳链甘三酯在高温下相对稳定，且不易被氧化[33]。与长碳链甘三脂相比，中碳链甘三酯在水中溶解度更大。中碳链甘三酯是一种室温下透明无味的液体。尽管完全饱和，但它不是固体，这与其他饱和脂肪不同，这是因为这种油中脂肪酸的碳链较短。

中碳链甘三酯最初的开发是出于治疗的目的，主要是为那些肠胃系统有问题的病人提供能量来源，它们对 AIDS 和癌症病人、早产婴儿、烧伤者、短肠综合征患者有益。中碳链甘三酯已经广泛应用于注射用药物和肠营养物质的生产。由于中碳链甘三酯比长碳链甘三酯易水解和代谢，因此中碳链甘三酯在这些应用中是有益的。中碳链甘三酯在婴儿配方、能量棒和饮料、老人营养调配食品和运动营养产品中有特殊的营养用途。另外它们也可作为色泽、风味和维生素的载体，使食品表面具有光泽，防止糖果产品粘连。据报道，食物中的脂肪用中碳链甘三酯代替长碳链甘三酯后，降低了实验动物和人类的体重增长，减少脂肪的沉积[34, 35]。这些结果表明，用中碳链甘三酯代替传统食用油脂中的长碳链甘三酯，能生产出低热量食品。中碳链甘三酯已作为易吸收和氧化的能量来源用于运动员食品，并且已作为健美者和运动员的脂肪来源上市销售，中碳链甘三酯不易沉积为体脂。

15.2.4.1 Neobee

Neobee 由辛酸和癸酸组成，由美国伊利诺斯州诺斯菲尔德斯泰潘公司生产。这类特殊脂质包括了不同的产品。例如，Neobee 1053 和 Neobee M－5 都含有辛酸和癸酸，而 Neobee1095 仅仅由癸酸组成[36]。Neobee 1095 是一个固体产品。因此，在有些需要固体脂肪的应用中，这个产品是合适的。Neobee 1814 是通过中碳链甘三酯与乳脂肪酯交换的一种中碳链甘三酯衍生物[37]，该产品包含了传统乳脂肪中的一半长碳链饱和脂肪酸，适于在各种应用中代替乳脂肪。Neobee 1814 能作为风味的载体，可以在低脂肪食品中作为质构组分而发挥[36]。

15.2.4.2 Captrin

Captrin 是主要由辛酸或癸酸随机构成的甘油三酯的通用名称。它是由甘油和来自椰子油和棕榈仁油的中碳链脂肪酸发生酯交换反应而生产出来的一类结构酯。来自椰子油和棕榈仁油的主要脂肪酸包括己酸、辛酸、癸酸和月桂酸。对这些脂肪酸进行分馏，可得到富集了某个成分的分提物。Captrin 主要包含辛酸和癸酸。弹式量热法测定 Captrin 的热量是 8.3kcal/g[19]。Captrin 可以标识为中碳链甘三酯、癸酸/辛酸甘油三酯或三（辛酰/癸酰）甘油酯。它主要作为无脂食品的风味载体。其第一批产品是通过乳脂与中碳链甘三酯酯交换反应而得到的。1994 年 6 月，美国食品与药物管理局接受了斯泰潘公司提交的关于 Captrin 的 GRAS 申请。

15.2.4.3 Captex

Captex 是俄亥俄州哥伦布 ABITEC 公司生产的一种产品。著名的甘油三酯 Captex

300EP 和 355EP 是由辛酸、癸酸与甘油发生酯交换反应得到的产品。这些辛酸、癸酸是分提的产物。Captex 300EP 和 355EP 用在营养食品中，为运动员、健美者和运动爱好者提供现成的能源。作为低热量食品，它们有潜力代替传统食品中的部分或全部长碳链脂肪酸成分，并保留其感官特点。Captex 产品潜在的应用领域是小吃、主食品、速冻食品和冷冻冷藏食品。这些产品的烟点、闪点和燃点都低于传统的油脂，这使它们更适于低热值应用。

15.2.4.4 Miglyol

美国新泽西州皮斯卡塔韦 Huls 公司上市的 Miglyol 810 和 Miglyol 812 是含有椰子油分提物辛酸（50% ~65% ）和癸酸（30% ~45% ）的甘油三酯。这些产品可标识为中碳链甘三酯、分提椰子油、或辛酸/癸酸甘油三酯。Miglyol 810 和 Miglyol 812 的区别在 C_8 和 C_{10}的比例上。由于 C_{10}含量较低，Miglyol 810 的黏度和浊点较低。用于生产 Miglyol 810 和 Miglyol 812 的脂肪酸符合美国食品与药物管理局提出的法规 21CFR172. 860，并属于 GRAS。这些产品是非热敏性的，即使在热天也没有必要冷却。在低温下，部分甘油三酯会结晶。但这个现象是完全可逆的。这些产品含水量低，因此可以抑制水解和微生物分解。Miglyol 810 和 Miglyol 812 用作肠外营养液的脂肪乳化成分。

15.3 酯基和醚基脂肪替代品

合成脂肪提供脂肪的功能，包括具有难以捉摸的煎炸能力，但不供热。通常，这些成分利用食品级原料合成分子，该分子在消化过程中能抑制脂肪酶对酯键的水解。合成方法包括用脂肪醇和有机酸替代脂肪酸和甘油；用糖分子取代甘油；或是使脂肪酸与甘油骨架相连而不与羟基相连。表 15. 4 所示为各种在食品中使用的脂基脂肪替代品及其化学组成。

表 15. 4 所选择的脂基油脂替代品

产品	消化性	成分	生产商
Salatrim	部分消化	短碳链脂肪酸（$C_{2:0}$ ~ $C_{4:0}$）和长碳链脂肪酸（主要是 $C_{18:0}$）	新泽西东汉诺威 Nabisco 食品公司
Caprenin	部分消化	辛酸、癸酸、山嵛酸	俄亥俄州辛辛那提宝洁公司
Bohenin	部分消化	油酸和山嵛酸	日本大阪富士油脂有限公司
Captex	部分消化	中碳链甘油三酯	俄亥俄州哥伦布 ABITEC 公司
Neobee	部分消化	辛酸、癸酸和长碳链脂肪酸	伊利诺斯州诺斯菲尔德 Stepan 公司
Captrin	部分消化	辛酸和癸酸	伊利诺斯州诺斯菲尔德 Stepan 公司

续表

产品	消化性	成分	生产商
Olestra	不消化	蔗糖脂肪酸聚酯	俄亥俄州辛辛那提宝洁公司
Sorbestrin	不消化	山梨醇脂肪酸聚酯	纽约阿德斯里丹尼斯克食品公司
EPG	部分消化	酯化丙氧基甘油	特拉华州格威里 ARCO 化学科技公司
TATCA	部分消化	三烷氧基丙三羧酸酯	新泽西州恩格尔伍德克利夫斯 CPC 国际公司
DDM	部分消化	Dialkyl dihexadecylmalonate	德克萨斯州普莱诺 Frito – Lay 公司
Jojoba 油	部分消化	主要是 $C_{20:1}$	瑞士 Nestec 公司
PGE	部分消化	聚甘油酯	美国堪萨斯州新世纪丹尼斯克有限公司
PEP	不消化	部分酯化的多聚糖	特拉华州格威里 ARCO 化学科技公司
甘油二酯油	部分消化	长碳链脂肪酸（主要是 $C_{18:1}$，$C_{18:2}$和 $C_{18:3}$）	伊利诺斯州迪尔莱克 ADM 花王公司

15.3.1 糖类脂肪酸聚酯（CPE）

糖类脂肪酸聚酯已经成为广泛科学研究领域的焦点，包括从天然糖脂到合成的糖类聚酯的研究。最近，由于其独特的性质，糖类脂肪酸聚酯已作为脂肪替代品受到广泛关注。这些分子引起人们研究的兴趣，基础就在于其分子结构的变化，这种变化可反映在产物体系中，如酯化的脂肪酰基链的性质、酯化度、碳水化合物分子的类型和数目。在所有的糖类脂肪酸聚酯中，蔗糖脂肪酸聚酯（SPEs）是最受瞩目的一类。关于蔗糖脂肪酸聚酯的大量研究表明，基于其理化特性，它们有非常广泛的用途[38]。蔗糖脂肪酸聚酯具有脂质分子一样的行为能力，这可能是其长碳链脂肪酸的高酯化度的结果。此外，这些分子可抑制胰脂肪酶的水解作用，在胃肠道内不被吸收因而没有热量，在通过人体时也不被代谢。蔗糖脂肪酸聚酯是一种有效的非吸收的亲脂绑定剂，它们能减少某些亲脂性分子的肠内吸收。例如，作为低热量的膳食甘油三酯代替品，蔗糖脂肪酸聚酯能够降低低密度脂蛋白胆固醇的水平[39]。

作为脂肪替代品且具有碳水化合物骨架的脂基脂肪酸聚酯主要是蔗糖脂肪酸聚酯、山梨糖聚酯、棉子糖聚酯和烷基配糖基脂肪酸聚酯。蔗糖是蔗糖脂肪酸聚酯的骨架，但其他糖，如甲基葡萄糖、山梨糖和棉子糖也可以作为蔗糖脂肪酸聚酯的骨架。利用各种脂肪酸和碳水化合物，可以生产出具有广泛的物理和生物特性的产品。这些脂肪酸可以是饱和的或不饱和的，它们的特定组合将会影响产品的功能特性、熔点、稠度和稳定性。因为消化酶不能穿透蔗糖附近的大量非极性区域，所以这种类型的脂肪替代品不被消化酶水解。Mattson 和 Volpenhein[40]报道山梨糖六油酸酯和蔗糖八油酸酯都不受胰脂肪酶水解。

蔗糖脂肪酸聚酯的物理特性、热稳定性与具有相同脂肪酸组成的传统油脂相媲美。与甘油三酯相同，蔗糖脂肪酸聚酯的物理特性是由脂肪酸侧链的性质所决定的[38]。例如，主要由高不饱和脂肪酸组成的蔗糖脂肪酸聚酯是清澈的液体，与传统植物油相似。相反，由饱和脂肪酸组成的蔗糖脂肪酸聚酯是不透明固体，与高熔点的固体脂肪相似[41]。

15.3.1.1 Olestra

Olestra是蔗糖脂肪酸聚酯的一种，是由蔗糖与植物油反应的产物。Olestra是唯一一个严格按美国食品与药物管理局认定标准生产的蔗糖脂肪酸聚酯产品[42]。它是由蔗糖与长碳链脂肪酸（主要是C_{18}）酯化生成的己酯、庚酯和辛酯的混和物。每个分子包含了6~8个脂肪酸——至少70%的辛酸酯、1%或少于1%的己酸酯。Olestra的结构与甘油三酯相似，但Olestra与甘油三酯的不同在于Olestra是以蔗糖而不是以甘油为核心，它酯化了6~8个脂肪酸基团而不是3个脂肪酸基团（见图15.2）。合成Olestra时，可以用C_{12}~C_{20}和更长碳链的饱和、不饱和脂肪酸，这些脂肪酸来源于传统食用植物油如棕榈油、玉米油、大豆油、椰子油和棉籽油[43]。由于其分子组成抑制了胃肠酶的水解，因此供热量为0。Olestra大分子具有完整通过胃肠道的能力，这是因为脂肪酸聚集在蔗糖核心周围，阻止消化酶找到能将Olestra分子代谢成更小的碎片并被机体吸收的作用点。这种大分子组分的熔点是60℃，烟点是248.9℃，闪点是287.8℃。AOM法测定的其过氧化值为100mg/kg时所需时间是2h。它在室温和高温储存条件下稳定，风味可接受。Olestra主要的优点是无热量且具有脂肪所有的特点。它的外观、结构、口感、热稳定性和半留存期（half－life）与传统油脂相似。Olestra的生产商俄亥俄州辛辛那提宝洁公司在1987年提交了用Olestra作为油脂的无热量替代品的申请。申请包括150多项安全性研究和数项长期膳食研究和临床研究的结果，美国食品与药物管理局公开的研究内容包括[44]：

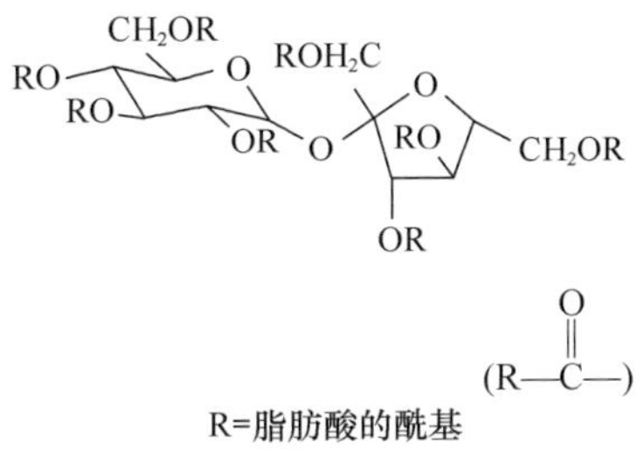

图15.2 Olestra的化学结构

（1）动物和人类试验的研究表明，在消化道内Olestra不被消化；

（2）动物试验研究表明，Olestra不被身体吸收；

（3）动物试验研究表明，Olestra不会导致出生缺陷；

（4）动物试验研究表明，含Olestra的饮食与癌症的高发生率不相关；

（5）动物和人类试验研究表明，在含olestra的饮食中添加脂溶性维生素（维生素A，维生素D，维生素E和维生素K）的效果相当于提供含这些维生素和olestra的食物；

（6）动物和人类试验研究表明，Olestra不会降低5类关键水溶性营养成分（叶酸、维

生素 B_{12}、钙、锌和铁）的吸收，这些营养成分难被吸收或在美国膳食中受到限制；

（7）人类试验研究表明，Olestra 不会影响肠内微生物的功能；

（8）人类试验研究表明，按平常的零食消费水平，与全脂小吃食品一样，Olestra 可导致健康成年人、小孩和患炎症性疾病成人的腹部绞痛、肿胀、大便疏松、腹泻和其他胃肠症状；

（9）动物和人类试验表明，Olestra 不影响普通药物的吸收，特别是与体内脂肪结合的药物，如口服避孕药。

1990 年，宝洁公司修改了申请，仅寻求在煎炸小吃和零食饼干等小零食中作为脂肪替代品，替代的比例可高达 100% 宝洁公司决定用商品名 Olean 为该成分命名。1996 年 1 月 Olestra 已获得美国食品与药物管理局的 GRAS 等级。这样，在制备美味小吃时，Olestra 就能 100% 代替植物油（CFR 172. 867c）。这些小吃包括有味的和没味的炸马铃薯片、玉米片和玉米圆饼，以及奶酪泡芙、奶酪卷、咸饼干等。Olestra 在人造奶油、沙拉酱和速冻甜点中也有潜在的应用前景。但 Olestra 也有它自身的缺点。由于它具有脂肪的物理特性，因此一些脂溶性维生素如维生素 A、维生素 D、维生素 E、维生素 K 和类胡萝卜素能发生局部分配作用，进入 Olestra 中并随之排出体外[45]。影响其分配水平的因素包括：（1）脂肪溶解程度（营养成分的脂溶性越强，越易分配进入 Olestra）；（2）Olestra 与营养成分的相对比例（分配比例随 Olestra 与营养成分的比例增长而增加）；（3）Olestra 与营养成分耗用的时间点（当 Olestra 与脂溶性营养成分同时存在于胃肠道时，就会发生这种分配）[3]。根据这些影响因子可以预测，这些受到影响的营养成分如果能以额外数量向食物提供，就可以抵消 Olestra 对营养成分造成的任何影响。因此，美国食品与药物管理局强调含有 Olestra 的食品应增加脂溶性维生素的量。动物试验和临床研究表明，含 Olestra 的食品通过添加较大量的脂溶性维生素，就能补充这些维生素[46, 47]。当给动物[46]和健康成年人[47~51]食用 Olestra 时，Olestra 对宏量营养素（如碳水化合物、甘油三酯和蛋白质、水溶性的微量营养元素、维生素 D 和维生素 K 的吸收）都没影响。Olestra 会导致某些人胃肠痛、肛瘘、腹泻、大便疏松[52, 53]。研究表明，使用半固体稠度的 Olestra，或增加 Olestra 及其产品的黏度，就可以防止大便疏松。依据美国食品与药物管理局，为警示有潜在胃肠病和营养副作用的消费者，Olestra 制品必须有下列标识说明："这个产品包含 Olestra，Olestra 将会导致腹部疼痛和大便疏松，Olestra 会抑制一些维生素和其他营养成分的吸收。已加入维生素 A、维生素 D、维生素 E 和维生素 K"。基于动物和人类试验的安全研究表明，Olestra 无毒、无诱变、无致癌或无致畸态，是相当安全的。在很大程度上，这是因为 Olestra 不被消化或吸收。

Olestra 也有其他健康益处。这些产品能帮助人们减肥，对心脏病、肥胖和结肠癌高危人群有益，并可能降低胆固醇水平。它能抑制胆固醇吸收，并能降低血液胆固醇水平[54]。在双盲交叉研究中，胆固醇水平正常的男性每天食用750mg的胆固醇，伴有黄油或黄油－Olestra的混合物，食用的Olestra大约是14g/d。与食用全黄油的人群相比，食用Olestra人群吸收的胆固醇要少18%[55]，在动物实验中用Olestra代替甘油三酯也得到相似的结果[56]。

在另外一个研究中，24个有正常胆固醇水平、体重正常的健康男性在为期10天的研究中每天食用含300mg或800mg胆固醇，在21天的研究周期中每天食用少于50mg的胆固醇。随后，在10天/周期的研究对象的饮食中，分别加入8g、16g或25g的Olestra。该膳食具有美国人典型饮食特点，其大约20%的热量来源于蛋白质，40%是碳水化合物，40%是脂肪。试验进行得非常仔细，体重没有明显降低。在所有胆固醇食用水平上，添加Olestra的饮食能降低总胆固醇和LDL胆固醇[57]。

Crouse和Grundy[58]也研究了蔗糖聚酯对肥胖男性胆固醇代谢的影响。在这项研究中，11个超重男性食用低热量（1000kcal/d）、低胆固醇（19mg/d）食物6周，其21%热量来自添加Olestra（62g/d）或不添加Olestra的脂肪，血浆中超过20%的胆固醇下降是由体重的减少所致，6个试验者血浆中另外12.5%的胆固醇降低是食用Olestra所引起的，但其他5个试验者的血浆胆固醇没有显著变化。Grundy等[59]报道了在非糖尿病人饮食中，限制热量的饮食加上蔗糖聚酯会使总胆固醇和LDL胆固醇分别降低20%和26%。在高甘油三酯血症糖尿病患者中，在有或无蔗糖聚酯的情况下，限制热量会导致血浆中甘油三酯显著降低。热量限制饮食通过降低胆固醇的合成能显著降低胆固醇[59]。蔗糖聚酯对高密度脂蛋白胆固醇的浓度几乎没有影响[60]。

感官评估试验表明，Olestra在不影响小吃食品风味的前提下能减少其中的脂肪含量。用Olestra小吃代替全脂小吃，就能减少脂肪的摄取，这是提高健康和控制体重的一个积极可行的办法。例如，用植物油制作的30g/袋的马铃薯片含约10g脂肪和150cal热量。相同重量的用Olestra制作的马铃薯片不含脂肪，且仅有约70cal的热量。每天用一袋Olestra制作的马铃薯片代替常规制作的马铃薯片，就能成功减少10g脂肪的摄取，这样每年将少摄入3.6kg脂肪提供的热量[61]。大量研究已经证实，Olestra能帮助人们减少饮食中来自脂肪的热量百分比。但也有关于Olestra消费的负面报道[62]。

15.3.1.2 Sorbestrin

Sorbestrin是一类低热量的脂肪替代品，它是山梨糖醇的三、四和五酯的混和物。Sorbestrin的可用代谢能量大约是1～2kcal/g。它是清澈的液体，浊点是15℃，具有油的清淡风味，可作为低热量脂肪替代品。Sorbestrin是Pfizer食品科技公司在1980年代后期发明的，现在美国Danisco Cultor有限公司正在开发这种产品。Sorbestrin的化学结构见图15.3。它具有热稳定性，可用于食品的煎炸和焙烤。Sorbestrin是由山梨糖醇与脂肪酸甲酯或乙酯酯交换生产的。这些脂肪酸来自传统植物油如葵花籽油、大豆油、红花籽油或棉籽油。Sorbestrin 的组成通常是 80% 油酸（18:1）、10% 亚油酸（18:2）、4% 棕榈酸（16:0）、和少于 1% 的亚麻酸（18:3）、二十烷酸（20:0）、二十烯酸（20:1）、山嵛酸（22:0）。由于 Sorbestrin 没得到法规认可，因此它还没有进入商业化应用。

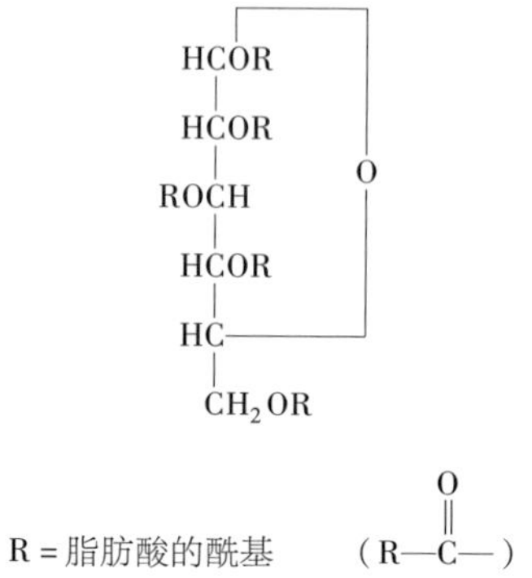

图 15.3 Sorbestrin 的化学结构（R 是脂酰基）

15.3.2 酯化的丙氧基甘油（EPGs）

酯化的丙氧基甘油是甘油与环氧丙烯反应形成的聚醚多元醇再与一个或多个脂肪酸酯化形成的产物（图 15.4）。改变环氧丙烯（有时也叫氧化丙烯）基的数目和所选择的脂肪酸（如碳链长度、不饱和度），就会得到具有一系列功能的产品。接入甘油中的氧化丙烯基团的平均数称为丙氧基化数[63]。由于酯化的丙氧基甘油抑制了水解酶的水解，因此它们供给的热量为 0，并且在用于焙烤和煎炸时足够稳定。成品的特点与天然甘油三酯相似，取决于所酯化的脂肪酸的类型。短期动物试验表明，酯化的丙氧基甘油是安全的且不会被水解[64, 65]。特拉华格林维尔 ARCO 化学技术公司和纽约新泽西州恩格尔伍德克利夫斯 CPC 国际股份有限公司已经申请专利，将酯化的丙氧基甘油用在人造奶油、煎炸食品、速冻点心、沙拉酱和焙烤食品中代替传统油脂，但还未见该产品的法规。

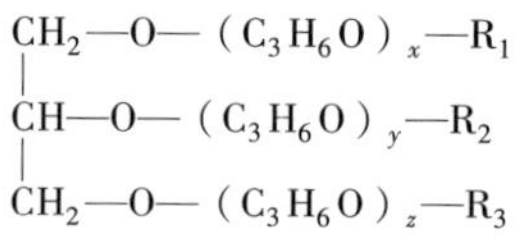

图 15.4 酯化的丙氧基甘油的化学结构（其中 R_1，R_2 和 R_3 是 4 ~ 23 个碳的脂酰基；x，y 和 z 的范围是 1 ~ 7）

15.3.3 Diakyl Dihexadecylmalonate（DDM）

DDM 是脂肪醇与丙二酸和烷基丙二酸形成的酯（图 15.5）。DDM 由德克萨斯州普莱诺 Frito - Lay 公司的研究者在 1980 年代早期开发。它是一种低热量脂肪替代品，适于高温煎炸和焙烤。DDM 由一个单体和一个二聚体构成，熔点低于体温但高于传统煎炸油。DDM 加热时稳定且不被吸收，具有与传统煎炸油混合作为低热量煎炸油的潜力。DDM 与其他油（如大豆油）制成的煎炸油混和物比天然油脂提供的热量低 33% ~60%。DDM 小鼠试验表明其吸收量少于 0.1%[66]。小鼠试验发现它无毒。直到今天，还未见该产品的法规，也没有进行商业开发。

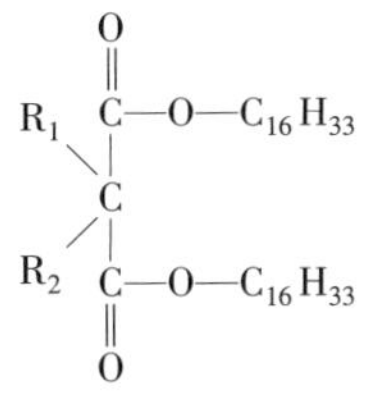

图 15.5 DDM 的化学结构（其中 R_1 和 R_2 是脂酰基）

15.3.4 多元羧酸酯和醚

多元羧酸有 2 ~4 个羧酸基团，在多元羧酸骨架上，与饱和的或不饱和的直链或支链长碳链醇（C_8 ~ C_{30}）进行酯化。这些物质已申请作为热稳定的低热量脂肪替代品[67, 68]。它们的物理和功能特点与典型甘油三酯相似，但不被消化且不提供能量。典型的多羧酸酯和醚包括 trialkoxytricarballylate（TATCA）、trialkoxycitrate（TAC）和 trialkoxyglyceryl（TGE）等（见图 15.6）。TATCA 是三元羧酸与饱和或不饱和醇酯化的一类产品（见图 15.6）。它是一种可食用的非水解性油状化合物，当前，纽约新泽西州恩格尔伍德克利夫斯 CPC 国际公司 Best Foods 分部的研究者正在对其能否在人造奶油和蛋黄酱中作为脂肪替代品进行评估研究。它也可作为植物油替代品用于烹调。TATCA 与天然甘油三酯很相似，只是用三元羧酸代替甘油，用饱和或不饱和醇代替脂肪酸（见图 15.6）。它作为低热量替代品可直接取代食用油脂应用在食品中，呈现出良好的灵活性。动物研究表明，TATCA 的吸收很差[67]。小鼠试验中的增重结果表明，与玉米油比，TATCA 热值低[66, 67]。有证据表明，中剂量至高剂量水平的 TATCA 会导致肛瘘、抑郁、虚弱和动物的死亡[67, 68]。TAC 的结构与 TATCA 相似，有一个羟基在中间碳上。研究表明，TAC 用于煎炸时热稳定性不好[67]。尽管这些化合物已经进行有限的动物试验，但这些化合物要达到人类应用的目标还相差很远。

15.3.5 聚甘油酯（PGEs）

从 20 世纪 40 年代起，聚甘油酯就已经在美国和欧洲得到使用。20 世纪 60 年代，聚甘油酯应用于食品行业在美国获得了认可。聚甘油酯是脂肪酸和聚甘油形成的酯的混和物，它们在食品中具有乳化剂的功能。聚甘油酯的结构见图 15.7。在合成过程中，第一步是在碱催化和 230℃条件下甘油聚合制备聚甘油[69]。这些甘油分子通过α -羟基之间的

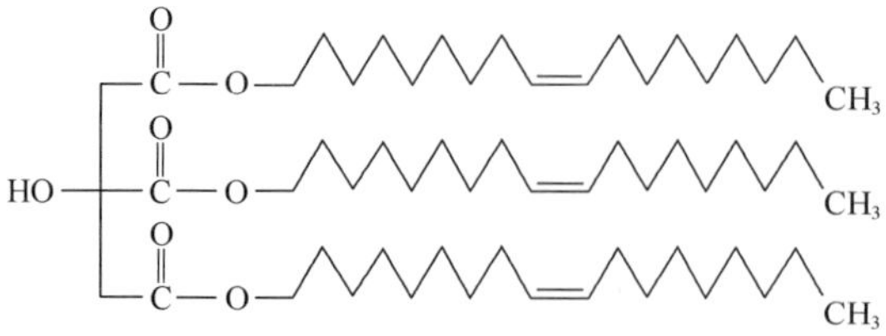

Trialkoxycitrate(TAC)

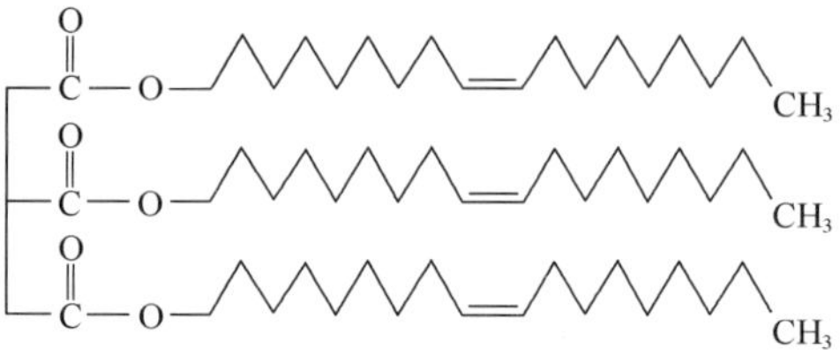

Trialkoxytricarballylate(TATCA)

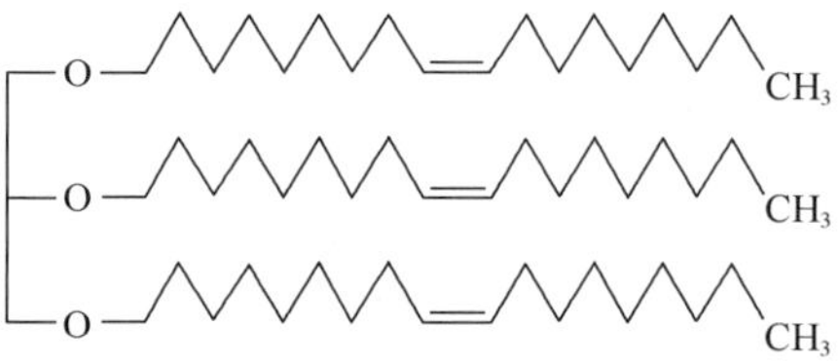

Trialkoxyglycerylether(TGE)

图 15.6 多羧酸酯和醚的化学结构

醚键连接起来。接着这些多聚甘油与植物油脂肪酸进行酯化。脂肪酸来源于食用植物油，如棉籽油、玉米油、大豆油、棕榈油、花生油、红花籽油和芝麻油，已得到美国联邦法规 21CFR172.854 用作食品添加剂的认可[70]。聚甘油酯可通过分提、分子蒸馏或溶剂结晶而纯化。分提的聚甘油酯具有更多功能，并能在低浓度下使用[71]。聚甘油酯有很多不同的类型，其作为表面活性剂广泛地应用于食品、化妆品中，这主要与聚甘油的聚合度、亲水性基团和酯化度有关。常见的聚甘油酯主要包括：十聚甘油十油酸酯、三聚甘油单硬脂酸酯、八聚甘油单硬脂酸酯及其他。聚甘油酯的高分子质量决定了其低水解性和生物活性。聚甘油酯的估计热量值为 6～7kcal/g，但聚甘油酯的部分吸收特性致使其纯粹热量低于 2kcal/g[72]。当前，聚甘油酯在作为乳化剂和膳食助剂使用，也同时用于人造奶油、起酥油、焙烤产品、速冻点心和糖果产品。

$$R_2—(OCH_2—\underset{}{\overset{OR_1}{\overset{|}{C}H}}—CH_2O)_n—R_3$$

图 15.7 聚甘油酯的结构式（其中 R_1、R_2 和 R_3 是脂肪酰基；$n \leqslant 3$）

动物研究表明，聚甘油酯是安全的。在一项研究中，给 100 只大鼠喂食含 0%、2.5%、5.0%、或 10.0% 聚甘油酯的食物三个月，结果表明，聚甘油酯对存活率、生长、脏器重量和体重比率没有不良影响[73]。在另一项研究中，给老鼠喂食含 1% 聚甘油酯的饮食 15.5 个月，受试动物和对照动物在生长速率、寿命方面无明显差异[74]。

15.3.6 其他低热量的脂质

15.3.6.1 甘油二酯（DAG）油

在甘油二酯油中，甘油二酯的含量大于 80%，其中，1，3 - 甘油二酯和 1，2 - 甘油二酯的比例是 7∶3（见图 15.8）。该产品是由植物油采用专利工艺生产而成。甘油二酯油的生产方法涉及酶催化酯化，即来自天然食用植物油的脂肪酸与单甘酯或甘油进行酯化反应，使用的生物催化剂是具有 *sn* - 1，3 专一性的脂肪酶[75]。脂肪酸来自大豆油、卡诺拉油、玉米油和橄榄油。甘油二酯油的主要脂肪酸成分是油酸（20% ~ 65%）、亚油酸（15% ~ 65%）和α - 亚麻酸（< 15%）[76]。美国食品与药物管理局已声称：当甘油一酯和甘油二酯作为乳化剂、稳定剂、增稠剂和调质剂应用于食品中，以不超出当前 GMP（良好生产规范）要求的水平使用时，是 GRAS 物质（21 CFR 184.1505）。

1，3 - 甘油二酯 70%　1，2 - 甘油二酯 30%

R = 油酸和/或亚油酸和/或亚麻酸

图 15.8　甘油二酯油的化学结构（其中 R = 油酸/亚油酸/亚麻酸）

当作为膳食的一部分时，甘油二酯油有助于减少体重和脂肪量。尽管这种油所含热量、脂肪量与传统脂肪相同，但它的代谢途径不同，使这种油具有独特性质。该产品已经由 ADM 花王公司以 Enova 的商品名上市，ADM 花王公司是伊利诺斯州迪凯特 Archer Daniels Midland 公司和日本花王（Kao）公司的一个合资企业。在 1999 年，Enova 油已经在日本开始销售，且在日本成为一个食用油领导品牌。这种油气味柔和，味道温和，可以代替传统烹调油用于家庭煎炸、焙烤、沙拉酱、烹调或任何使用植物油的配方。但这种油不能重复利用，也不能用于公共机构的煎炸。甘油二酯油可以加入到多种预制食品中，包括乳制品、焙烤产品、代餐、冷冻晚餐主菜、营养棒、比萨、起酥油、汤、肉汁和调味料。2000 年美国食品与药物管理局给予甘油二酯油 GRAS 认证，可以在家庭烹调油和植物油中推广使用。目前，GRAS 认证已经被用在了其他食品，包括沙拉酱、蛋黄酱、饮料、营养棒、汤和调味料，比萨、焙烤产品和冷冻主餐主菜。

甘油二酯油获得美国食品与药物管理局的 GRAS 认证是基于下列标准，它们证明甘油二酯油及其生产工艺的安全性：

（1）单甘酯和甘油二酯可作为食品添加剂使用已经超过50年；

（2）甘油二酯成分存在于天然膳食和人体中；

（3）1989年以来，用于生产甘油二酯油的脂肪酶Lipozyme RMIM已得到认可；

（4）在日本，其扩大消费已经超过2年以上；

（5）研究表明，甘油三酯和甘油二酯的热量相同；

（6）甘油二酯油容易被身体吸收和代谢，且不影响饮食中脂溶性维生素的吸收；

（7）临床研究表明，甘油二酯无毒副作用；

（8）与美国专家科学小组一样，日本的专家和政府官员也审查了该研究报告；

（9）1998年日本卫生福利部赋予甘油二酯油“特殊健康食品”（FOSHU）身份，用作烹调用油；

（10）动物和人类研究表明了甘油二酯油的安全性。

如上所述，这个产品由80%甘油二酯组成。70%是 *sn*－1，3形式的甘油二酯。甘油二酯油的其余成分为甘油三酯、甘油一酯、游离脂肪酸和添加的抗氧化剂维生素E。油中主要存在的甘油二酯是脂肪酸仅在甘油骨架的 *sn*－1和 *sn*－3位的甘油二酯，这种油大多数作为能量直接被身体吸收，而不是像甘油三酯一样作为脂肪在体内沉积。

甘油二酯油在小肠中被消化和吸收，只有很少的富含脂肪的颗粒聚集体以甘油三酯的形式进入血液。这意味着一部分脂肪分子可直接作为能量使用，而不是作为脂肪沉积。研究表明，甘油二酯油能帮助控制餐后通常会上升的甘油三酯和血脂水平。血液中的低水平甘油三酯能帮助防止身体脂肪的积累，特别是器官内部和周围的脂肪沉积。在体内，甘油二酯产品像普通油脂一样消化，因此不存在一些脂肪替代品所具有的消化干扰和副作用的危险。研究表明，甘油二酯油不影响饮食中重要维生素的吸收，包括脂溶性维生素A、维生素D、维生素E和维生素K。在人体研究中发现，甘油二酯油不影响饮食中脂溶性维生素的吸收。受试者以蛋黄酱或乳状液饮料的形式每天食用20g甘油二酯和甘油三酯，一直持续12周。在4、8、12周时取出空腹血液样品，并测定血浆中的维生素A、维生素D和维生素E，研究的结论是，甘油二酯和甘油三酯对脂溶性维生素的水平无影响[77]。

24周的研究表明，在热量控制膳食中加入甘油二酯油，食用这种膳食的超重者体重平均降低3.6%，体脂降低8.3%。与传统脂肪相比，其降低值非常显著。另外，这种油有助于降低餐后血清中30%～50%甘油三酯[78]。最近，有人研究了长期食用甘油二酯和甘油三酯对肥胖老鼠的影响[79]。与高甘油三酯饮食摄入相比，在八个月的研究期间，高甘油二酯饮食的老鼠聚集的脂肪非常少。在第一个十天，饮食甘油二酯刺激小肠（但不在肝脏、骨骼肌肉或棕色脂肪组织）中的β氧化和与基因表达相关的脂质代谢。这表明甘油二酯主要对小肠脂质代谢有贡献。因此，在老鼠试验中，食用甘油二酯能通过刺激小肠脂质代谢来减少体重的增加，这种效应与甘油二酯在小肠中的特征代谢有关[79]。需要更多的人体研究来阐明小肠脂肪代谢在体重管理上的作用。

15.3.6.2 乳化剂

乳化剂与传统油脂一样给食品提供9kcal/g的热量；但乳化剂使用量很少，因此该产品仅含少量的脂肪和热量。食品工业乳化剂以单甘酯和甘油二酯作为功能成分，它们的加入能给食品提供或有助于提供某些特定的特征。单甘酯和甘油二酯已开发成为乳化剂，有助于脂肪在水介质中分散。这些成分使得油脂在食品中的分布更均匀更广泛，因此可以减少食品中的油脂用量。通过减小脂肪球的尺寸，乳化剂可以使脂肪的比表面积增大，这样就可在不损失黏度的前提下使用更少量脂肪。乳化剂之所以具有乳化功能，是因为其两性分子的特点，它们的亲脂性基团长烷基碳链能够很好溶解在非水相中，而极性基团能很好溶解在水中。在油与水的混合物中，乳化剂可以与水一起使用，在甜饼、蛋糕、糖衣和乳制品中代替全部或部分起酥油。

15.3.6.3 霍霍巴油

来自植物新资源的油脂也有可能作为潜在脂肪替代品。霍霍巴油脂（Jojoba）就是其中一个例子。Jojoba植物能生长到4.5m，寿命超过150年，这种植物适于热带气候，能在有盐分的土壤甚至沙漠中生长。这种油脂可从常青灌木Buxaceae属Simmodsia chinensis中获得，其坚果的含油量为50%。Jojoba油是由含20~22碳的单不饱和脂肪酸与脂肪醇形成的线性酯的混合物。Jojoba蜡酯的化学结构见图15.9。Jojoba油的主要脂肪酸组成是20:1（70.7%）、22:1（16.3%）、18:1（9.0%）、24:1（3.0%）和16:0（1.0%）[66]。它在20℃时是液体。1979年瑞士Nestec公司开始研究Jojoba油用作低热量食品成分的可能性。Jojoba油的物理特点与传统食用油相似[67]。早期研究认为它在食物中的功能特性不是很有用[80]。

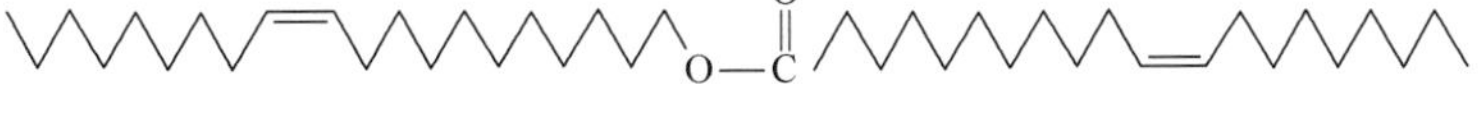

图15.9 Jojoba蜡酯的化学结构

结果表明，Jojoba油脂由于其结构特殊，不能被胰脂酶完全水解。小鼠试验中其体重增加数据表明，与玉米油相比，Jojoba油热量值低[67]。Jojoba油在消化吸收方面存在一些问题，例如，在小鼠喂食试验中，喂食高剂量 Jojoba 油时发现有肛瘘、抑郁、虚弱和死亡发生[67]。Jojoba 油的动物实验表明，仅约 40% 的油脂被 吸收[67]，假如这种化合物在食品应用中是安全的，那么它可以作为食用油脂的替代品使用。这种油的可能应用方向是控制体重和热量。

15.4 碳水化合物基脂肪类似物

基于其结构和感官特点，碳水化合物基脂肪类似物可用于代替食品中的脂肪。碳水化合物通过与水键合来模拟脂肪，能够提供润滑、滑溜、赋予形状和口感。有很多适于食品应用的碳水化合物脂肪替代品。大多数是通过水解或取代反应生产的改性淀粉产品。麦芽糊精和淀粉基成分通过与水作用，形成光滑有黏性的溶液或软胶。这些材料能够给成品提供与全脂产品相同的结构和功能特性。微颗粒状的完整淀粉小球也能模仿脂肪结晶所产生的口感和结构。它们可完全消化，提供 4kcal/g 的热量。碳水化合物基脂肪替代品也能用于低水分食品体系中，可成功地降低脂肪，但不能完全代替脂肪。美国食品与药物管理局已经证实这些碳水化合物基脂肪替代品作为功能物质使用是符合 GRAS 标准的。用于食品中的不同碳水化合物基的脂肪替代品的例子见表 15.5 和表 15.6。

表 15.5 食品中碳水化合物基的脂肪代替品实例

脂肪代替品类型	商业名称	应用
纤维素	微晶纤维素，甲基纤维素，纤维素粉，纤维素凝胶，自然纤维	蛋黄酱，沙拉酱，冷冻点心，加工的奶酪，干燥食品，酱
糊精	淀粉，*N*-油，Stadex	沙拉酱，布丁，涂抹层，乳制品产品，冷冻点心，肉制品
胶	结冷胶，汉生胶，Rhodigel，糖甜菜纤维，加尔胶，Uniguar，Dycol，Rhodigum，Viscarin，Gelcarin，Novagel	冷冻点心，加工的肉，乳制品，涂抹层，无脂色拉调味料，低脂人造奶油，汤和酱
纤维	Z-Trim，Opta，燕麦纤维，Betatrim，Oat-rim，TrimChoice，Fibrim，Snowhite，Ultracel	低脂的焙烤产品，肉，挤压产品，涂抹，无脂干酪，饼干，水果棒，松饼，冷冻点心
麦芽糊精	Paselli SA2，Paselli Excel，Paselli D-Lite，Maltrin，Crystalean，Lycadex，Lorelite，*N*-油，Star-Dri，Stellar，Rice-Trim	乳制品，焙烤产品，冷冻点心，糖霜，饼馅，加工肉，色拉调味料，涂抹，酱，饮料
葡聚糖	Litesse，Litesse II，Litesse Ultra，Sta-Lite	冷冻点心，焙烤食品，水果涂层和饼馅，营养棒，饮料，糖果

表 15.6 食品中碳水化合物基的脂肪代替品实例（续）

脂肪代替品类型	商业名称	应用
胶质	Splendid, Slendid, Grindsted	焙烤食品，饼干，糖霜，调味品，涂抹，冷冻点心，肉汁，汤，酱
淀粉/改性食品淀粉	Instant Stellar, Amalean I & II, *N* - Lite, OptaGrade, Sta - Slim, Pure - gel	焙烤食品，乳制品，加工肉，沙拉酱，饼馅，糖霜，酱
菊粉	Fibruline, Raftiline, Fruitafit, Oliggo - Fiber	焙烤食品，加工肉，冷冻点心，乳制品，生奶油，冰淇淋，饼馅
壳聚糖	ChitoClear	面条，小吃，面包棒，汤
β - 葡聚糖	Nu - TrimX	焙烤食品

纤维素也能代替乳制品、调味料、冷冻点心和色拉调味料中的部分或全部脂肪。纤维素微粒分散于食品中，形成一种无热量的网络结构，能提供与脂肪相似的口感和流动特点。在水键合性、膜形成性、黏度、软糊性和凝胶性方面，纤维素颗粒、微晶纤维和纤维素胶呈现广泛变化的可能性。

不溶性纤维是减少脂肪和热量的一个重要工具。像阿拉伯树胶、瓜尔豆胶、黄原胶、槐豆、角叉胶、藻酸盐和角质这样的纤维基产品实质上都没有热量。这些产品的热焓、剪切力、pH 稳定性、质构类型和热可逆性等功能特性的变化范围很宽。低浓度胶形成的凝胶体能增加食品的黏度，提供质构和类似脂肪的口感，并促进食品奶油状质构的形成。这类胶能用于低热量和无脂肪的沙拉酱中。它们也能用于减少配方食品如肉制品和点心中的脂肪含量。

糊精能代替沙拉酱、布丁、涂抹品、速冻点心和乳制品中的所有或部分脂肪。它们提供给食品 4kcal/g 的热量。大多数糊精均来自木薯。纽约新泽西州布里奇沃特国民淀粉化学公司上市的 *N* - 油就是其中的一个典型产品，它能部分或全部代替食品中的脂肪或油，并能令人产生食品中脂肪含量高的幻觉。

麦芽糊精是一个由酸或酶催化的淀粉产品，它的葡萄糖当量小于 20。麦芽糊精是 GRAS 物质（21CFR 184.1444），并能用作乳制品、沙拉酱、涂抹品、调味料、焙烤产品、冷冻肉和冷冻点心中的脂肪代替品、结构改良剂或膨松剂。大多数麦芽糊精是玉米、马铃薯、木薯和小麦淀粉的衍生物。Paselli SA2、麦芽糊精和 Stellar 是几个商业化的产品。

食用级改性淀粉是一种低热量的脂肪替代品，它能给食品提供 1 ~ 4kcal/g 的热量。这个产品具有类似脂肪赋予食品的口感，呈微细粉末形式。加入液体时就会形成浆状，通过剪切作用形成一种光滑、奶油状的物质，这种物质具有与起酥油相似的特点。食用级改性淀粉（21 CFR 172.892）也能用作膨松剂和结构改良剂。它也可以与乳化剂、胶、蛋白和其他食品淀粉混和使用，用于生产乳制品、沙拉酱、调味料、焙烤产品和饼馅。

葡聚糖是一种低热量的脂肪代替品，提供给食品 1kcal/g 的热量。它经常与脂肪替代品一起使用，以提供额外的体积和黏度，并减少热量。葡聚糖含少量的山梨糖醇和柠檬酸。这个产品在 1981 年已得到美国食品与药物管理局的认可，允许在几个食品门类（21 CFR 172.841）的产品中使用。葡聚糖在这些产品中的使用会导致脂肪含量真正意义上的降低。葡聚糖当前用于焙烤食品、咀嚼胶、凝胶、布丁和冷冻乳制品中。

15.5　蛋白质基脂肪类似物

蛋白质根据变性程度来决定其能否替代脂肪，变性可影响风味、蛋白溶解性、凝胶性能和温度稳定性。蛋白质是重要的发泡剂、乳化稳定剂和面团强化剂。几种来自蛋白质的脂肪类似物包括蛋、牛乳、乳清、凝胶、大豆和谷朊粉。其中一些产品经微粒化而形成微细、凝结、圆形和可变形的颗粒，这些颗粒可以模仿天然脂肪和油的质构和口感。蛋白基脂肪类似物常用于人造奶油、黄油、干酪、乳制品、酸奶油、沙拉酱、含有蛋黄酱的食品、汤、调味料、焙烤食品和冷冻点心。与碳水化合物基的产品相比，这些物质能产生较好的口感。然而，蛋白基脂肪类似物与碳水化合物基产品相似，不能用于煎炸。食品中使用的典型蛋白基脂肪类似物及其应用报道见表 15.7。

表 15.7　蛋白基脂肪替代品及其应用实例

脂肪代替品类型	商业名称	应用
微粒蛋白质	Simplesse	焙烤食品，牛乳/乳制品，色拉调味料，冷冻点心，蛋黄酱类型的产品，人造奶油型产品，奶油咖啡，汤，酱
改性乳清蛋白浓缩液	Dairy - Lo	乳制品，蛋黄酱型产品，焙烤食品，糖霜，色拉调味料
其他	Lita，Ultra - Bake，K - Blazer，Ultra - Freeze，UltraBake，Powerpro，Prop-lus，Supro，Trailblazer	冷冻点心，焙烤产品，涂抹，黄油，沙拉酱

Simplesse 是小麦浓缩蛋白根据一项微粒化的专利技术生产得到的一种低热量和无胆固醇的脂肪替代品。通过这种特殊的加热和混和过程，鸡蛋蛋白和牛乳蛋白能组合形成 1 ~ 1.5 μm 的微细颗粒。这些颗粒是球形、光滑的，它们在嘴里的感觉就像脂肪一样。这个产品在 1988 年首先由密苏里州圣路易斯的 Monsanto 公司的 NutraSweet 分公司开发，现在由美国特拉华州威尔明顿的 CP Kelco 公司上市。在向美国食品与药物管理局提交申请认可

Simplesse 的过程中，NutraSweet 比较了含 16% 黄油的超级香草冰淇淋和使用了 Simplesse 的冷冻点心的脂肪、胆固醇和热量含量。一个 4OZ 的冰淇淋提供 19g 的脂肪、97mg 胆固醇和 274kcal/g 热量，然而含 Simplesse 的相同尺寸的冷冻点心仅有少于 1g 的脂肪、14mg 的胆固醇和 120kcal/g 的热量[81]。1990 年 Simplesse 得到美国食品与药物管理局 的 GRAS 认可（21 CFR 184.1498），并同意其在冰淇淋和其他冷冻点心中作为增稠剂或组织形成剂使用。它能代替冷冻食品中 1/3 的脂肪。这个产品也可用于酸乳、涂抹型干酪、乳脂干酪、酸性稀奶油和油基产品如沙拉酱、蛋黄酱和人造奶油中。Simplesse 热值是 1 ~ 2kcal/g。它呈现出类似脂肪的乳脂状形态。但与其他蛋白质类似，它易于掩盖风味。由于它由蛋白质制成，因此它不能用于需高温环境（如煎炸或焙烤）的食品。当它受热时，蛋白凝胶和质构效果就会消失。含 Simplesse 的产品不适于饮食中蛋白受限的人们。对牛乳蛋白或鸡蛋蛋白敏感的人会对这类产品过敏。

改性小麦浓缩蛋白（Dairy - Lo）是一种 GRAS 物质，用高质量小麦浓缩蛋白生产。这种产品仅贡献 4kcal/g 的热量。改性小麦蛋白有助于提高低脂肪食品的质构、风味和稳定性。其主要应用在酸牛奶、冷冻奶油点心、干酪、焙烤食品、酸奶酪、调味料中。它能防止冷冻食品的收缩和冰冻，这使它在这些产品中成为理想的脂肪替代品。

参考文献

1. D. M. Dreon, K. M. Vranizan, R. M. Krauss, M. A. Austin, and P. D. Wood, *J. Amer. Med. Assoc.*, **263**, 2462 (1990).

2. Economic Research Service, U. S. Department of Agriculture, *Agricultural Outlook: Statistical Indicators*, Washington, D. C., January 2003.

3. J. Wylie - Rosett, *AHA Scientific Statement*, *Circulation*, **105**, 2800 (2002).

4. Institute of Shortening and Edible Oils, in *Food Fats and Oils*, 8th ed., Washington, D. C., 1999, p. 25.

5. Anonymous, *J. Amer. Diet. Assoc.*, **98**, 463 (1998).

6. Anonymous, *FDA Consumer*, **36** (2), 8 (2002).

7. Calorie Control Commentary, vol. 24, no. 1, Calorie Control Council, Fall 2002.

8. P. Hollingsworth, *Food Technol.*, **57** (4), 17 (2003).

9. S. E. Gebhardt and R. G. Thomas, U. S. Department of Agriculture, Agricultural Research Service, Home and Garden Bulletin 72, 2002.

10. P. Kurtzweil, *FDA Consumer*, **30** (6), 7 (1996).

11. U. S. Food and Drug Administration, *A Food Labeling Guide - Appendix A*, Washington, D. C.,

June 1999.

12. FDA Backgrounder BG 99 – 5, *The Food Label*, U. S. Food and Drug Administration, Washington, D. C., May 1999.

13. U. S. Food and Drug Administration, *Toxicological Principles for the Safety Assessment of Direct Food Additives and Color Additives Used in Food*, Bureau of Foods, Washington, D. C., 1982.

14. U. S. Food and Drug Administration, Department of Health and Human Services, *Code of Federal Regulations*, *Title* 21 – *Food and Drugs*, *Part 170 – Food Additives.* U. S. Government Printing Office, vol. 3, Revised as of April 1, 2001, p. 5.

15. J. E. Vanderveen and W. H. Glinsmann, *Annu. Rev. Nutr.*, **12**, 473 (1992).

16. S. N. Gershoff, *Nutr. Rev.*, **53** (11), 305 (1995).

17. D. R. Webb and R. A. Sanders, *J. Amer. Coll. Toxicol.*, **10**, 3 (1991).

18. J. W. Finley, A. McDonald, and L. P. Klemann, in F. D. Gunstone and F. B. Padley, eds., *Lipid Technologies and Applications*, Marcel Dekker, Inc., New York, 1997, p. 501.

19. M. H. Auerbach, L. P. Klemann and J. A. Heydinger, in *Structural and Modified Lipids*, Marcel Dekker, Inc., New York, 2001, p. 485.

20. W. E. Artz and S. L. Hansen, in R. E. McDonald and D. B. Min, eds., *Food Lipids and Health*, Marcel Dekker, Inc., New York, 1996, p. 385.

21. D. R. Webb and R. A. Sanders, *J. Amer. Coll. Toxicol.*, **10**, 325 (1991).

22. D. R. Webb, J. C. Peters, and R. J. Jandacek, *J. Amer. Coll. Toxicol.*, **10**, 341 (1991).

23. G. M. Wardlaw, J. T. Snook, S. M. Park, P. K. Patel, F. C. Pendley, M. S. Lee, and R. J. Jandacek, *Amer. J. Clin. Nutr.*, **61**, 535 (1995).

24. R. E. Smith, J. W. Finley, and G. A. Leveille, *J. Agric. Food. Chem.*, **42**, 432 (1994).

25. L. P. Klemann, K. Aji, M. M. Chrysam, R. P. D' Amelia, J. M. Henderson, A. S. Huang, M. S. Otterburn, and R. G. Yarger, J. *Agric. Food. Chem.*, **42**, 442 (1994).

26. J. Giese, *Food Technol.*, **4**, 78 (1996).

27. R. Kosmark, *Food Technol.*, **50**, 98 – 101 (1996).

28. U. S. Food and Drug Administration, Center for Food Safety and Applied Nutrition, *Agency Response Letter*: *GRAS Notice No. GRN 000050*, Office of Premarket Approval, Washington, D. C., 2000.

29. V. K. Babayan, *Lipids*, **22**, 417 (1987).

30. A. C. Bach, Y. Ingenbleek, and A. Frey, *J. Lipid Res.*, **37**, 708 (1996).

31. V. K. Babayan, *J. Amer. Oil Chem. Soc.*, **51**, 260 (1974).

32. D. L. Ingle, A. Driedger, K. A. Traul, and D. K. Nakhasi, *J. Food Sci.*, **64**, 960 (1999).

33. V. K. Babayan and J. R. Rosenau, *Food Technol.*, **45**, 111 (1991).

34. N. Baba, E. F. Brace, and S. A. Hashim, *Amer. J. Clin. Nutr.*, **35**, 678 (1982).
35. A. C. Bach and V. K. Babayan, *Amer. J. Clin. Nutr.*, **36**, 950 (1982).
36. J. A. Heydinger and D. K. Nakhasi, *J.* Food *Lipids*, **3**, 251 –257 (1996).
37. V. K. Babayan, G. L. Blackburn, and B. R. Bistrian, *U. S. Patent* 952,606, 1990.
38. R. J. Jandacek and M. R. Webb, Chem. *Phys. Lipids*, **22**, 163 (1978).
39. R. B. Toma, D. J. Curtis, and C. Sobotor, *Food Technol.*, **42**, 93 (1988).
40. F. H. Mattson and R. A. Volpenhein, *J. Lipid Res.*, **13**, 325 (1972).
41. A. B. R. Thomson, R. H. Hunt, and N. L. Zorich, *Aliment Pharmacol. Ther.*, **12**, 1185 (1998).
42. Food and Drug Administration (FDA), *Fed. Regist.*, **61**, 3118 (1996).
43. J. Giese, *Food Technol.*, **3**, 130 (1996).
44. FDA Backgrounder BG 95 –18, *Olestra and Other Fat Substitutes*, U. S. Food and Drug Administration, Washington, D. C., November 28, 1995.
45. D. A. Cooper, D. R. Webb, and J. C. Peters, *J. Nutr.*, **127**, 1699S (1997).
46. D. A. Cooper, D. A. Berry, M. B. Jones, A. L. Kiorpes, and J. C. Peters, *J. Nutr.*, **127**, S1589 (1997).
47. T. Schlagheck, J. Kesler, M. Jones, N. Zorich, L. Dugan, and J. Peters, *J. Nutr.*, **127**, S1666 (1997).
48. D. Y. Jones, K. W. Miller, B. P. Koonsvitsky, M. L. Ebert, P. Y. Lin, M. B. Jones, and H. F. DeLuca, *Amer. J. Clin. Nutr.*, **53**, 1281 (1991).
49. D. Y. Jones, B. P. Koonsvitsky, M. L. Ebert, M. B. Jones, P. Y. Lin, B. H. Will, and J. W. Suttie, *Amer. J. Clin. Nutr.*, **53**, 943 (1991).
50. G. Dasher, D. Cooper, K. Riccardi et al., *FASEB J.*, **8**, A443 (1994).
51. N. Zorich, G. Dasher, D. Cooper et al., *FASEB J.*, **8**, A735 (1994).
52. R. G. La Barge, *Food Technol.*, **1**, 84 (1988).
53. M. J. Mellies, C. Vitale, R. J. Jandacek, G. E. Lamkin, and C. J. Glueck, *Amer. J. Clin. Nutr.*, **41**, 1 (1985).
54. J. W. Finley and G. A. Leveille, in E. E. Ziegler and L. J. Filer, Jr., eds., *Present Knowledge in Nutrition*, 7th ed., ILSI Press, Washington, D. C., 1996, p. 581.
55. R. J. Jandacek, M. M. Ramirez, and J. R. Crouse, *Metabolism*, **39**, 848 (1990).
56. F. H. Mattson, R. J. Jandacek, and M. R. Webb, *J. Nutr.*, **106**, 747 (1976).
57. C. J. Glueck, F. H. Mattson, and R. J. Jandacek, *Amer. J. Clin. Nutr.*, **32**, 1636 (1979).
58. J. R. Crouse and S. M. Grundy, *Metabolism*, **28**, 994 (1979).
59. S. M. Grundy, J. V. Anastasia, Y. A. Kesaniemi, and J. Abrams, *Amer. J. Clin. Nutr.*, **44**, 620

(1986).

60. M. J. Mellies, R. J. Jandacek, J. D. Taulbee, M. B. Tewksbury, G. Lamkin, L. Baehler, P. King, D. Boggs, S. Goldman, A. Gouge, R. Tsang, and C. J. Glueck, *Amer. J. Clin. Nutr.*, **37**, 339 (1983).
61. R. Hunt, N. L. Zorich, and A. B. R. Thomson, *Can. J. Gastroenterol.*, **12** (3), 193 (1998).
62. F. M. Fouad, O. A. Mamer, F. Souriel, F. Shahidi, and G. Ruhenstroth-Bauer, in A. Spanier, F. Shahidi, T. H. Parliment, C. Mussinan, C-T. Ho, and G. Tratras Coutis, eds., *Food Flavors and Chemistry: Advances of the New Millennium*, Royal Society of Chemical, Cambridge, United Kingdom, 2001, p. 684.
63. B. C. Sekula and J. W. Golebiowski, *U. S. Patent* 6,361,817, 2002.
64. J. F. White and M. R. Pollard, *U. S. Patent* 4,861,613, 1989.
65. L. W. Masten, *Eur. Patent* 00571219/EP B1, 1997.
66. Anonymous, *J. Amer. Oil Chem. Soc.*, **66**, 868 (1989).
67. D. J. Hamm, *J. Food Sci.*, **49**, 419 (1984).
68. D. J. Hamm, *U. S. Patent* 4,508,746, 1985.
69. R. C. McIntyr, *J. Amer. Oil Chem. Soc.*, **56**, 835A (1979).
70. U. S. Food and Drug Administration, Department of Health and Human Services, *Code of Federal Regulations, Title 21 - Food and Drugs, Part 172 - Food Additives Permitted for Direct Addition to Food for Human Consumption*, vol. 3, U. S. Government Printing Office, Revised as of April 1, 2002, p. 89.
71. M. Martinez-Serna Villagran, S. P. Zimmerman, J. D. Reed, P. Seiden, and S. M. Brower, *U. S. Patent* 6,436,459, 2002.
72. W. R. Michael and R. H. Coots, *Toxicol. Appl. Pharmacol.*, **20**, 334 (1971).
73. W. R. King, W. R. Michael, and R. H. Coots, Toxicol. *Appl. Pharm.*, **20**, 327 (1971).
74. J. Bickel, A. J. Therkelsen, and A. Stenderup, *Arzneimittel Forsch.*, **14**, 238 (1964).
75. N. Goto, T. Nishide, Y. Tanaka, T. Yasukawa, and K. Masui, *U. S. Patent* 6,326,050, 2001.
76. N. Goto, T. Nishide, Y. Tanaka, T. Yasukawa, and K. Masui, *U. S. Patent* 6,139,897, 2000.
77. H. Watanabe, K. Onizawa, S. Naito, H. Taguchi, N. Goto, T. Nagao, N. Matsuo, I. Tokimitsu, T. Yasukawa, R. Tsushima, H. Shimasaki, and H. Itakura, *Ann. Nutr. Metabol.*, **45**, 259 (2001).
78. D. E. Pszczola, *Food Technol.*, **57** (3), 42 (2003).
79. T. Murase, M. Aoki, T. Wakisaka, T. Hase, and I. Tokimitsu, *J. Lipid Res.*, **43**, 1312 (2002).
80. R. G. La Barge, in L. O. Nabors and R. C. Gielari, eds., *Alternative Sweeteners*, 2nd ed., Marcel Dekker Inc., New York, 1991, p. 423.
81. M. Segal, *U. S. Food and Drug Admininstration: FDA Consumer*, December 1990.

16 脂质结构对吸收、代谢和健康的影响

Armand B. Christophe
Chent University Hospital Ghent, Belgium

16.1 引言

16.1.1 食品脂质和膳食脂肪

利用标准分析步骤测定食品中的脂肪含量，可以间接地定义食品脂质。食品脂质是指在特定条件下（通常取决于所分析的食品种类），能被一种或多种有机溶剂从一种食品中提取出来的物质。食品脂质由大量的不同分子组成。这些分子之间相互组合或与其他食品组分结合，可能对健康产生影响。大多数食品脂质的主要成分是三酰甘油酯（TAGs，又称为甘油三酯）。各种甘油三酯可以从甘油三酯的脂肪酸组成，脂肪酸的不同空间分布，或结合这两个方面来加以区分。食品脂质中其他具有特定营养作用的成分有磷脂、甾醇、脂溶性维生素、抗氧化剂和其他脂溶性成分，其中某些成分能影响基因的表达。

这里定义下膳食脂肪，这种脂肪是面包、人造黄油等食品的配方成分，或可用于食品加工。甘油三酯的结构可通过化学和酶催化过程进行修饰，由化学和酶催化也可以大量制备小分子天然脂肪成分，如单酰甘油酯（MAGs，又称单甘酯）、二酰甘油酯（DAGs，又称甘油二酯）和植物甾醇酯等。这些成分均有特殊的营养价值。酯交换脂肪、结构脂质和短长链酰基甘油三酸酯、蔗糖聚酯等都可以这样改变 TAGs 的脂肪酸位置和组合。

食品脂质的结构对其生理、营养和病理生理学属性的影响主要与脂质代谢过程中涉及的酶的专一性有关。

16.1.2 脂质结构的定义

从营养角度来看，我们提出的术语“脂质结构”是指含有脂肪酸的酯的各种脂质，如甘油三酯、部分酰基化甘油酯、磷脂、甾醇酯、蔗糖聚酯等。因此，每一类脂质都有共同的结构特点，但它们的不同之处在于脂肪酸在醇骨架上的聚集和定位情况。赫希曼（Hirschmann）的立体专一位数规则（前缀 *sn*－）可以明确地描述纯酰基甘油酯的结构[1]。还有一些其他前缀也常被用于描述取代基在酰基甘油酯上的位置。α 指两端的羟基，β 指二位的羟基；*rac* 位于酰基甘油的名字前等同于对映异构体混合物；而 X 主要表示取代基的位置不清楚或未指明。食品脂质含有酰基甘油酯的复杂混合物。为了营养价值的研究，食品脂质通常根据其在自然界中的存在形式（如乳脂、大豆油等）或改性的方式（如酶法酯交换的乳脂）来描述。对半合成脂质来说，我们提出前缀 *eq* - 用于表示热力学平衡混合物，*random* 表示脂肪酸随机分布于甘油酯骨架上的混合物。因此，*eq* - 单甘酯（MG）是指包含45%的 *sn* - 1 - 单甘酯、10%的 *sn* - 2 - 单甘酯、45%的 *sn* - 3 - 单甘酯，而 *random* - 单甘酯是指三种单甘酯的含量均为33%。接近随机分布（near random）的甘油三酯是由物理混合甘油三酯的酯交换形成的。从营养学上来考虑，因为大多数关于脂肪结构的营养研究是通过这些类型的甘油酯来完成的，所以这些命名是有意义的。

16.1.3 食品脂质的营养作用

有大量关于不同脂肪酸作为普通食品脂质时所具有不同营养影响的数据。这些研究数据在此不作阐述。这充分地强调了避免概括化的重要性。所有的饱和脂肪酸并不提高胆固醇的水平。不是所有的多不饱和脂肪酸均能降低胆固醇的水平，并且不同的反式脂肪酸在生理学上的影响是不同的。总的来说，每种脂肪酸都有其独特的效应。在此，我们将注意力集中在脂肪结构如何调整已知的脂肪酸功效上。而且，食用脂肪和油脂的营养效应不仅与其包含的脂肪酸有关，还与存在的其他成分有关，这是非常值得注意的。

16.1.4 用于评价立体专一性影响的脂质

当评价脂质立体专一性影响时，最理想的情况是有至少两种不同立体结构的脂质混合物且这种待研究的脂质只存在立体专一性结构方面的差异。这种情况很少。具有相同脂肪酸且脂肪酸在不同位置的甘油三酯分子价格非常贵，因此关于这类甘油三酯分子的研究很少。经常是拿物理混合物和酯交换混合物来进行比较研究。这些脂肪不仅是脂肪酸在甘油三酯上的位置不同而且其脂肪酸组合也不同。而且，酯交换过程影响少数成分的参数测定。举例来说，经酯交换的花生油减少动脉粥样硬化是由于外源凝集素含量的减少而不是甘油三酯组成的改变[2]。两种酯交换前后的脂肪混合物在不同的立体专一性位置上有相同的脂肪酸组成，但是甘油三酯分子中的脂肪酸基团不同。就我们所知，对这样的脂肪作比较的研究还没有。三肉豆蔻酸甘油酯与花生油的酯交换产物混合物已经用于测定分子中脂肪酸的组合对胆固醇血症的影响[3]。由于花生油没有 *sn* - 1，2，3 随机结构，在不同的立体专一性条件下，脂肪酸组合与组成会变化。另外可以运用的途径是通过比较两种具有相似脂肪酸组成而特定脂肪酸在甘油三酯上位置不同的天然脂肪的影响（如海豹油和鱿鱼油）[4]。

16.2 脂肪吸收的立体专一性影响和相关现象

最近，对一般食品脂肪的消化和它们消化产物的再吸收已经进行了综述[5]。另外，长碳链和中碳链酰基甘油酯的生物体外的消化过程和它们脂肪分解产品的相行为也已经被报道[6]。本章重点是立体专一性方面的研究。

16.2.1 胃相

16.2.1.1 每天在胃中发生的物理化学反应

平均每个西方人饮食中包括 100 ~ 150g 的食品脂质，其中大约 97% 是甘油三酯。剩余的成分由磷脂（4 ~ 8g/d，主要是卵磷脂，PC）、胆固醇和其他甾醇及次要的脂质成分组成。当水环境中只存在这些成分时，甘油三酯就会形成不稳定的乳滴，然而，PC 能形成相对稳定的薄层状结构。当一定比例的磷脂和甘油三酯共同存在于食物中时，磷脂通常作为乳化剂包埋甘油三酯乳滴，因此形成稳定的乳状液。这些是胃脂酶的作用底物。

16.2.1.2 胃消化

胃脂酶首先水解饮食中的脂质。它具有位置和底物专一性，但可能对脂肪酸不具有专一性[7]。胃脂酶只打开两端的酯键。与 *sn* - 1 位相比，它优先催化水解 *sn* - 3 位和具有较短和中等长度碳链结构的甘油三酯[8]。因此，这些脂肪酸在 *sn* - 3 位的甘油三酯（通常存在于牛乳及其制品中）是最适的底物。胃脂酶的主要消化产物是游离脂肪酸（FFA）和 *sn* - 1，2 - 甘油二酯[9]。研究表明在胃中解离出的中碳链脂肪酸能直接吸收进入门脉血中，进而影响肝的代谢。在体内，胃脂酶对液态脂肪的比活性与胰脂酶相近，而对固态脂肪来说，前者的比活性要高于后者。当然，胰脂酶的产量比胃脂酶的产量高很多。高脂饮食会增加人体内胃脂酶的产量[10]。当试验餐饮食中的脂质为长碳链的甘油三酯时，胃脂酶大约可以水解 10%，但是当试验餐中的脂质为短碳链或中碳链的甘油三酯时，其水解量则相当大[11]。甚至对于含甘油三酯的长碳链脂肪酸来说，胃脂酶可以把 1/3 的甘油三酯水解为甘油二酯和脂肪酸。而且，胃脂酶在小肠上部有更强的活性[12]。胃消化过程的重要性在于其水解产物影响脂肪消化过程中一些激素的分泌，有助于甘油三酯乳状液表面的稳定，促进胰脂酶辅酶稍后在小肠中的键合，因此使得这些乳状颗粒成为胰脂肪酶合适的作用底物[13]。当胰脂肪酶含量低时，胃脂酶就会补偿性地升高。尽管如此，当胰脂肪酶浓度较低时，食用普通的食品脂肪仍会导致脂质的吸收受限。可以预测到，与其他必需脂肪酸相比，含有在 *sn* - 3 位的短链脂肪酸或长链脂肪酸的半合成甘油三酯在提供等量能量和必需脂肪酸上所需的脂肪摄入量更少。

16.2.1.3 胃的排空

脂肪成分在小肠上部的排空主要是由胃消化速度和膳食脂肪在胃中停留的时间决定的。膳食脂肪在被消化时的物化状态也会影响胃排空速率。作为乳状液被吸收的脂肪分为水相和油相。相对地，作为非乳状液消化的脂肪就会形成油相。水相中的脂肪容易从胃中排空，然而，油相中的脂肪排空的速度较慢[14]。油相的化学组成也会影响胃的排空速率[15]。胃排空的推迟效应与脂肪酸的饱和度[16]和碳链长度[17]有关。目前，脂肪化学结构的影响还没有有用的数据。在健康的个体中，胃的排空速率受脂肪的吸收速率限制[17]。

16.2.2 小肠相

16.2.2.1 小肠内腔中的反应

（1）内源性稀释和相互作用　从胃中排空的脂质被内源脂质（空腹时约 10～25g/d）所稀释。内源脂质的两个主要来源是小肠细胞和胆汁分泌物。与食物来源（3～8g/d）相比，来自胆汁的磷脂的量（7～22g/d，主要是磷脂酰胆碱）是相当大的。对胆固醇（内生源约 1g/d）来说结论是相同的。在胆汁中，胆汁盐－磷脂混合胶束以圆柱排列方式存在。在小肠内腔中，胆汁盐和磷脂酰胆碱分子将有可能部分地吸附到脂质乳状液颗粒上[18]。

脂类分解发生在水/乳状液的相表面。涉及的酶主要是胰脂酶、胰腺磷脂酶 A_2 和胰腺胆固醇酯酶，后者又称为胆汁盐脂肪酶。

（2）小肠消化和伴随反应　发生在小肠细胞中消化的程度、本质和产物相对量主要是由脂肪酶的活性和专一性、异构化速率和脂肪酶作用下形成的产物吸收速率所决定的。

人体胰脂酶能催化酯化和水解之间的平衡反应。这种酶对伯醇和由伯醇形成的酯具有专一性。因此在一定条件下，胰脂肪酶和其他脂肪酶可以用于合成具有某些立体定向结构的甘油三酯[19]。在脂肪开始消化和消化的过程当中，脂质/水界面富集了大量的水，并且消化产物能够连续地从表面去除，这有助于水解反应。因此，胰脂肪酶可以把脂肪酸从甘油三酯的 *sn*－1－位和 *sn*－3－位解离出去。并且，相比于甘油三酯，这种酶对 *sn*－1，2－甘油二酯和 *sn*－2，3－甘油二酯形成更有活性[20]。因此，这种酶能把甘油三酯水解为 *sn*－1，2－甘油二酯和 *sn*－2，3－甘油二酯，然后这些甘油二酯能更进一步地水解为 *sn*－2－甘油一酯。这些物质不再是胰脂肪酶的底物。对于双键靠近酯键的多不饱和脂肪酸来说，特别是当它们位于甘油三酯和甘油二酯的 *sn*－3 位和 *sn*－1 位时，胰脂酶具有较低的活性[21]。因此，如果不存在异构化和甘油三酯、甘油二酯的吸收，甘油三酯最终的消化产物将是 2：1 的游离脂肪酸和 *sn*－2－甘油一酯的混合物。然而事实上异构化和消化反应同时存在。

“直链”部分酰基甘油酯的热稳定性比“支链”部分酰基甘油酯好。甘油一酯平衡时的同分异构体组成是：45% *sn*－1－甘油一酯、45% *sn*－3－甘油一酯和 10% *sn*－2－甘油一酯[22]。对于甘油二酯来说，*sn*－1，3－与 *sn*－1，2－和 *sn*－2，3－混合物的比例为70：30[23]。部分酰基甘油酯异构化产生含有一级酯键的产物，这些是胰脂肪酶作用的底物，因此会发生更彻底的消化——释放出甘油。因为甘油一酯容易被吸收，对进一步的消化来说异构化速率相对于吸收速率来说更为重要。异构化速率随着不饱和度的增大而变大，随着碳链长度的增加而变小[24]。总之，在模型系统中，包含 *sn*－2－甘油一酯的长碳链脂肪酸的自发异构化作用与它们在小肠吸收相比是低的[25]。大约15%～20%的 *sn*－2－甘油一酯在小肠内腔中发生异构化作用[26]。

有事实表明少量的甘油三酯和甘油二酯不经过前消化过程可以直接被吸收。胸导管堵塞病人食用中碳链甘油三酯后，在病人的腹水中发现有少量的这些甘油三酯存在[27]。当用甘油三酯和长碳链甘油三酯一起给小鼠喂食时，在小鼠的淋巴中发现双中碳链单长碳链的甘油三酯同时增加[28]。这些研究结果与中碳链脂肪酸不能转化为酰基辅酶A（CoA）衍生物[29]和不能融合到小肠细胞中的甘油三酯的概念相结合表明，完整的甘油三酯（至少是甘油三酯）和完整的甘油二酯（至少是双中碳链甘油二酯）是可以吸收的，后者可以作为长碳链脂肪酸的受体。然而，中碳链脂肪酸不能转变成CoA衍生物的观念已经受到挑战[30]。在给小鼠喂食1，3－二辛酰基－2－亚油酰基－*sn*－甘油酯后，在小鼠淋巴中发现的甘油三酯碎片中含有辛酸，这表明辛酸必定是先转变为辅酶A衍生物，然后并入到甘油三酯中[28]。另一种解释就是包含甘油二酯的完整辛酸被吸收。脂肪酸在外层的甘油二酯不易被胰脂酶水解，这类甘油二酯在一定程度上可以直接吸收，这也是一种可能的解释。甘油三酯分子中的脂肪酸组合对其生理性质的影响可用于解释完整甘油二酯的吸收[3,31]。

在小肠内腔中，完整磷脂的存在会延迟甘油三酯的消化[32]，影响油相和胶束相之间脂质消化产物的分离[33]，并且减少胶束相中脂质消化产物的吸收[34]。在磷脂酶 A_2 的作用下，卵磷脂能被消化，磷脂酶 A_2 水解酯化作用在 *sn*－2位上的脂肪酸而产生溶血磷脂酰胆碱和游离脂肪酸[34]。与磷脂酰胆碱相比，产生的溶血磷脂酰胆碱有助于胶束的溶解和脂肪消化产物[35]及其他食用亲脂性底物的吸收[36]。溶血磷脂酰胆碱被小肠细胞吸收，会影响小肠代谢[37]，也能再次转化成磷脂酰胆碱。研究表明磷脂酰胆碱能完整地被吸收，在淋巴中作为部分小肠脂蛋白被排泄出去[38]。

胆固醇酯酶水解甾醇酯。胆固醇作为游离甾醇被吸收[39]，植物甾烷醇酯和植物甾醇酯的影响是由游离的植物甾烷醇/甾醇调控的。

（3）物理化学方面 对于待吸收的脂质来说，它必须是能够到达小肠的吸收表面才能被消化吸收。这些小肠表面是微小突起物的表面。从几何学上来说，它们是如此接近以至于乳状液颗粒太大而不能接近它们。而且，在微小突起物表面会形成一层“未被搅动过”的水层。 通过这个水层的通道是脂质吸收速率的限制因素。 在胰脂肪酶的作用下，形成的甘油一酯和游离脂肪酸离开乳状液/水的相界面，并且和共轭的胆汁酸一起形成混合胶束。 只有以这种形式，它们才能容易地到达小肠表面，然后被吸收。 就我们所知，甘油一酯脂肪酸的异构化结构及其成分对它们从乳状液相转移至胶束相的影响还没有可利用的数据。 脂肪酸在乳状液界面和胶束相之间的分配主要由 pH 来决定。 在低 pH 如胰腺液缺乏的情况下，质子化的脂肪酸仍留在乳状液的表面，从而抑制了进一步的消化。 甘油一酯/游离脂肪酸/共轭胆汁酸盐混合胶束的内部是一个亲脂性的环境，一些亲脂性的底物如胆固醇、胡萝卜素和脂溶性维生素也能溶解在其中。 它们以这种方式到达吸收表面并等待吸收利用。 植物甾醇/甾烷醇与胆固醇竞争融入胶束的机会，因此它们干扰了胆固醇的吸收。 仅到达小肠细胞的吸收表面对吸收来说还是不够的。 例如，胆汁盐不在这个位置吸收，并且植物甾醇的吸收也是有限的。 不能排除甘油一酯在胶束中的立体结构能影响胶束的溶解程度和脂溶性底物的吸收，但还是缺少这方面的试验数据。 但关于存在于小肠内腔中的混合胶束的组成和它们的理化性质有文献报道[40]。

（4）甘油三酯、甘油二酯、甘油一酯消化的最终产物　小肠的消化和吸收是同时进行的相关现象。 相对于吸收速率，食用脂肪中脂肪酸被吸收的化学形式主要取决于消化速率和异构化速率。 由于脂肪酸的化学形式会影响它进一步的代谢，因此其在小肠内腔中的存在形式或在小肠细胞中的吸收形式是很重要的。

对于长碳链甘油三酯来说， *sn* – 1，3 位的脂肪酸主要以游离脂肪酸的形式吸收，而 *sn* – 2 位脂肪酸主要以 *sn* – 2 – 甘油一酯吸收。 如图 16. 1 所示。

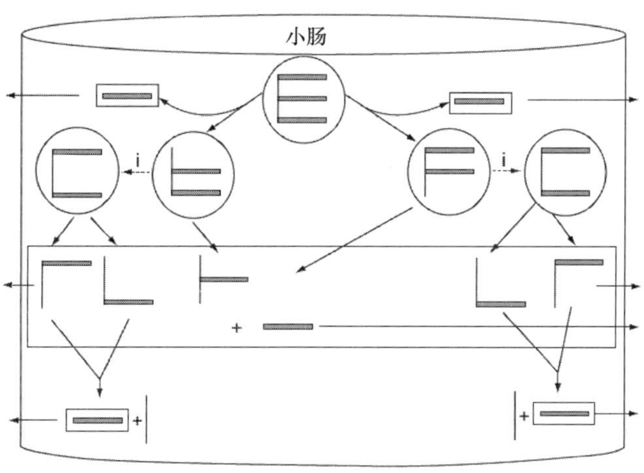

图 16. 1　甘油三酯消化和吸收示意图 [圆形：乳状液相；长方形：胶束相；水平箭头：吸收或异构化（i）；下降箭头：消化]

相反，中碳链脂肪酸主要是以（但不是唯一）游离脂肪酸形式吸收的，无论中碳链脂肪酸是在中碳链甘油三酯中，还是在混合链甘油三酯中。

eq – 甘油二酯和 *eq* – 甘油一酯可以很容易通过工业方法来大量制备，*eq* – 甘油二酯已成为日本食用油市场的一部分，且它们正在征求美国市场的认可（2002）。在一些食品工业中，甘油二酯和甘油一酯也作少量的食品乳化剂使用。在 *eq* – 甘油二酯中，1，3 位的异构体是主要成分。在日常膳食中，甘油三酯总是存在的。当 *eq* – 甘油二酯出现在膳食中时，理论上其与甘油三酯一起形成乳滴。甘油三酯正常的代谢中间体是 *rac* – 1，2 异构体。通过甘油三酯中间体 *sn* – 1，2 – 和 *sn* – 2，3 – 甘油二酯代谢产物异构化可以形成少量的 *sn* – 1，3 异构体。如果胰脂酶对 1，3 – 甘油二酯的 *sn* – 1 位作用类似于甘油三酯的水解，第一类的主要消化产物是 *sn* – 3 – 甘油一酯，同时也会形成 *sn* – 1 – 甘油一酯。但当作为胰脂酶作用底物的甘油一酯异构体在吸收前都完全水解为甘油和脂肪酸，那么就不存在这个结果了。然而，如果完整甘油一酯被大量吸收，它们的异构体组成将变得非常重要，这是因为在小肠细胞（详见如下）中它们将会出现不同的处理方式。间接事实表明，*sn* – 1（3）– 甘油一酯在小肠淋巴中可以直接被完整地吸收（详见如下）。人体摄入的甘油二酯和甘油一酯在管腔内的消化吸收机制如图 16.2 所示。

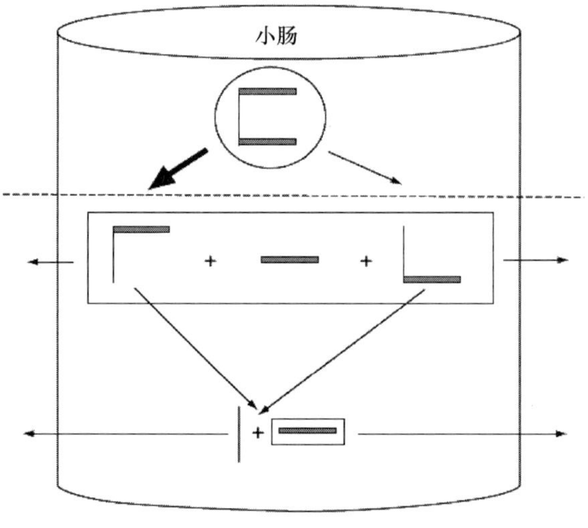

图 16.2 甘油二酯（总图）和甘油一酯（下图）消化和吸收示意图

（圆形：乳状液相；长方形：胶束相；水平箭头：吸收；下降箭头：消化）

16.3 酯类和游离脂肪酸在代谢途径上的不同

16.3.1 在小肠淋巴中

饱和脂肪酸在甘油一酯形式下比游离脂肪酸更容易吸收，主要是因为后者与钙和其他二价离子形成不易吸收的含水酸皂和复合物[41]。当膳食中钙含量高时，这种影响更显著[42]。在不溶性皂的存在下，胆固醇的吸收将会减少[43]。因此，脂肪酸在甘油三酯中的立体位置能影响它们以及矿物质和其他脂质成分的吸收。

16.3.2 在小肠细胞中

16.3.2.1 游离脂肪酸在小肠中的处理

在小肠细胞中，几种酶能作用于游离的而不是酯化的脂肪酸。与甘油一酯相比，游离脂肪酸能被来源于血浆游离脂肪酸池中的脂肪酸所稀释[44]。活化后，它们能被氧化、增长、链脱饱和及转变成复合脂质[45, 46]。其相对速率与脂肪酸的本质和小肠细胞中其他成分的存在情况有关[47]。当它们作为游离脂肪酸形式被吸收时，饱和脂肪酸能转变为单不饱和脂肪酸，例如，当它们出现在食用甘油三酯的外层位置时，与出现在内层相比，这种转变主要是由于它们低的高膳食脂肪效应的影响。游离脂肪酸还影响小肠基因的表达[48]和载脂蛋白的形成，并且脂肪酸的消化吸收也受这些影响[49]。

16.3.2.2 甘油一酯在小肠中的处理（代谢）

（1）β - 甘油一酯　在食用通常的食品脂肪后，主要的消化吸收产物是 *sn* - 2 - 甘油一酯和游离脂肪酸。在小肠细胞中，大多数的 *sn* - 2 - 甘油一酯与活化的游离脂肪酸在多酶复合物的作用下转变为甘油三酯。过量的游离脂肪酸与 *sn* - 3 - 甘油磷酸作用形成溶血磷脂酸，并进一步转化为磷脂酸。脱磷酸作用会产生 *sn* - 1，2 - 甘油二酯，其中 *sn* - 1，2 - 甘油二酯是甘油三酯和磷脂的前体物质。

（2）α - 甘油一酯　在 *sn* - 1，3 - 甘油二酯或 *sn* - 1（3） - 甘油一酯流入小肠细胞后将发生什么情况还不是很清楚。一系列的竞争反应将会发生，如完全消化、酰基化、酰基转移、磷酸化，和完整地排泄出小肠细胞等反应。

水解甘油一酯的脂肪酶存在于小肠细胞中，但是小肠细胞其他成分可能会削弱它们的作用[50]。其中一些脂肪酶有很强的脂肪酸专一性[51]。*sn* - 1 - 和 *sn* - 3 - 甘油一酯能通过酰基转移形成 *sn* - 1，3 - 甘油二酯。这种转变主要和脂肪酸及其种类有关[51]。然而，*sn* - 1，3 - 甘油二酯是合成小肠甘油三酯的最差底物[51, 52]。*sn* - 1 - （而不是 *sn* - 3 - ）甘油一酯能被磷酸化形成溶血磷脂酸[53]，并能进一步地按上述途径代谢。如果甘油一酯没有在小肠被代谢，那么他们能够完整地离开细胞，并被血液转运至清蛋白[54]。1（3）-甘油一酯不同的代谢途径已经通过生物体外的小肠组织得到证明，如图 16.3 所示。

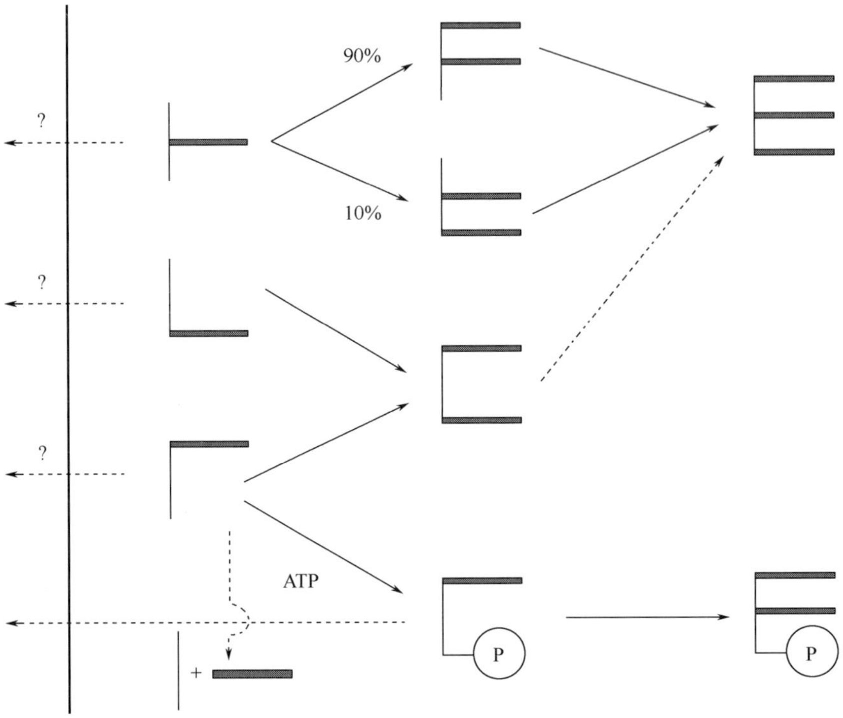

图 16.3 单甘酯的小肠代谢

间接事实证明：摄入 甘油一酯后，完整的 *sn* –1 – 甘油一酯或它们的磷酸化衍生物能够到达肝脏，并保留其 *sn* –1 酯键。 在肝脏中，甘油三酯主要是由 *sn* –3 – 甘油磷酸形成。*sn* –3 – 甘油磷酸酰基转移酶对脂肪酸链长具有选择性，它能融合大约 60% 的 16 个碳的脂肪酸和 40% 的 18 个碳的脂肪酸到 *sn* –1 位。 其他在肝中涉及到合成甘油三酯的酶都被分泌到血液中，这些酶主要融合 18 个碳的不饱和脂肪酸（大约 80%）。 因此，在空腹血液中脂肪酸主要的碳链长度组合是 16/18/18。 *sn* –1 – 甘油一酯能在小肠和肝脏中发生磷酸化。 因此，如果*sn* –1 – 甘油一酯是溶血磷脂酸的前体，在食用 *sn* –1 – 甘油一酯后，*sn* –3 – 甘油磷脂的脂肪酸选择性将会消失，并且能形成 *sn* –1 位有不常见脂肪酸的甘油三酯。如果这种情况发生，通过碳数目分析可以分析甘油三酯中脂肪酸碳链的组合长度。 长期食用甘油三酯和 *eq* – 甘油一酯人的空腹血清中，其甘油三酯的碳数目组成见表 16.1。

长期食用 *eq* – 单亚油酸酯的人的空腹血清中发现的 50 碳数目的甘油三酯减少和脂肪酸组成 18/18/18 与 16/18/18 的甘油三酯的比例的增长[55]表明甘油一酯被结构完整地转移至肝脏中，并用于甘油三酯的合成。 如果甘油一酯的 *sn* –1 位含有正常情况下不能被 *sn* –3 –

甘油磷酸酰基转移酶融合到溶血磷脂酸中的脂肪酸（如亚油酸等）时，可能将会形成具有不常见结构的甘油三酯。这种血浆甘油三酯将会以不同的速率进行转变，并且不断地影响它们的空腹浓度。在摄入甘油二酯后，当其以甘油一酯形式吸收时也会出现此类甘油三酯。

表 16.1 长期食用甘油三酯或甘油一酯后空腹血清中甘油三酯的碳数目组成①

碳数目	碳链长度组合	食用甘油三酯后②（$n=10$）	食用甘油一酯后②（$n=4$）
50	16/16/18	20.5 ±3.8	12.5 ±4.5
52	16/18/18	55.8 ±3.6	57.0 ±4.7
54	18/18/18	15.2 ±3.1	25.0 ±5.2

注：①mole% ± SD。
②葵花籽油的脂肪酸组成。

16.4 餐后影响

在摄入甘油三酯后，由于甘油三酯以乳糜微粒大小融入小肠脂蛋白中，故长碳链脂肪酸就会离开小肠细胞。这是通过淋巴管路径进行运输的。当它们进入血液时，乳糜微粒血症、甘油三酯血症将会增加，且血浆甘油三酯脂肪酸组成变得接近于食用脂肪。乳糜微滴－甘油三酯在脂蛋白脂肪酶作用下水解，产生剩余物并释放出游离脂肪酸。因此，血浆中非酯化的脂肪酸组成与食用的脂肪酸组成不同。乳糜微滴剩余物在肝脏中被吸收。饮食中如中链甘油三酯和结构酯中提供的中碳链脂肪酸主要是通过门静脉以游离脂肪酸的形式运输。

在 *eq*－甘油一酯异构化平衡后，众所周知的餐后乳糜微粒血症、甘油三酯血症，和血清甘油三酯脂肪酸及非酯化脂肪酸的组成变化，与食用的天然脂肪相比，均比它们低[56]。然而，当甘油一酯与游离脂肪酸一起摄入时，其影响与摄入甘油三酯相似。这一发现与小肠中游离的长碳链脂肪酸的可利用性是乳糜微滴合成的关键的发现是同时存在的。在摄入甘油一酯后，高甘油三酯血症和乳糜微粒血症减少、脂肪含量少的粪便的增多或者饭后血液中甘油一酯和甘油二酯的出现，这些现象一起表明至少一部分以单甘酯形式摄入的脂肪酸不是通过淋巴系统而是通过门静脉运输的。这些成分流入肝脏将会导致反应的迅速开始，这可以解释循环中出现“不常见”甘油三酯（见上述）[55]、肥胖症、胰岛素血症和糖尿病发生率降低的原因[23]。

甘油一酯输送的概念主要是通过在人类和小鼠中的对比发现来建立的。当 DHA 作为甘油一酯而不是甘油三酯时，其在淋巴中空小鼠胃内中作为甘油三酯乳状液来调节，产生高淋巴分泌量[57]。不同的实验设计和不同的实验对象种类是否会产生这种效果还不清楚。

甘油一酯与游离脂肪酸一起摄入后将会产生餐后甘油三酯效应。因为脂肪酸的存在会对甘油三酯和甘油一酯有不同的影响，当作为单独的脂肪来源时将不会产生这种影响。

摄入 *eq* – 甘油二酯后产生的餐后效应不同于摄入相同脂肪酸组成的甘油三酯的餐后效应。例如，与摄入甘油三酯相比，摄入甘油二酯后在小鼠肝脏中发现，与脂肪酸合成的酶活性降低同时与脂肪酸氧化的酶活性升高。当摄入 *sn* – 1，3 – 甘油二酯时，它们将会被部分消化，并以 *sn* – 1（3）– 甘油一酯和游离脂肪酸的形式吸收。事实上它们的一些餐后影响与摄入异构化平衡的甘油一酯是相同的（如乳糜微滴甘油三酯的低增长[58]）。

食用甘油三酯、甘油二酯和甘油一酯的餐后血脂/脂蛋白血症的影响见表 16. 2。

表 16. 2 食用甘油三酯①、*eq* – 甘油二酯②、*eq* – 甘油一酯①和一个由游离脂肪酸与 *eq* – 甘油一酯（2/1）组成的混合物对餐后血症脂和脂蛋白血症的影响

食用脂肪	乳糜微粒血症	极低密度脂蛋白增长的影响	甘油三酯血症的增长	脂肪酸③
甘油三酯	高	低	高	高
甘油二酯	较低		较低	
甘油一酯	低	低	低	低
游离脂肪酸	低	高	高	高
甘油一酯 + 游离脂肪酸	高	低	高	高

注：①葵花籽油的脂肪酸组成；来源于 Christophe 和 Verdonk[56]。
②橄榄油的脂肪酸组成；来源于 Tagushi 等[58]。
③食用不同脂肪对血清甘油三酯脂肪酸组成的变化。

16. 5 饮食中酰基甘油酯的立体结构对乳糜微粒的清除和组织靶向性

乳糜微粒甘油三酯的 *sn* – 2 位脂肪酸组成与摄入的长碳链脂肪酸脂肪的 *sn* – 2 位组成相似。与不饱和脂肪酸相比，饱和脂肪酸在 *sn* – 2 位能降低乳糜微滴的清除[59]。更普通地，乳糜微滴的清除主要取决于组成甘油三酯的酰基链的特定排列而不是它的总体饱和度[60]。与乳糜微粒剩余物的吸收速度相比，乳糜微粒的清除速度将是非常重要的，因为它将影响乳糜微粒剩余物的浓度。乳糜微粒剩余物的去除主要受食用脂肪类型的影响，如高熔点饱和脂肪的清除速度较慢[61]。高乳糜微粒剩余物浓度将会加速动脉硬化症的

出现[62]。

与酯化发生在乳糜微粒甘油三酯的 1（3）位上的脂肪酸相比，在 *sn* –2 位上的脂肪酸大部分输送到肝脏，然而，在外层的脂肪酸大部分直接被外层组织吸收[63]。因为脂肪酸的生物效应主要与它们的本质有关，因此它们的组织靶向性将是非常重要的。

16.6 膳食甘油三酯的立体结构对与健康相关营养效应的影响

不同脂肪酸对胆醇血症的影响已是众所周知。不论是哪一类的影响（高胆固醇血症或低胆固醇血症），脂肪酸酯化在甘油三酯内层位置均比在外层位置影响更显著。不同措施（如通过形成不被吸收的皂，来降低吸收）组合在一起，外层饱和脂肪酸的高胆固醇血症作用就较弱些[64]，这依次干扰小肠内腔对胆固醇的吸收、小肠细胞中部分去饱和和氧化作用，减少进入肝脏的靶向性[63]。*sn* –2 位上多不饱和脂肪酸较强的降低胆固醇血症作用[65]是由于肝脏中流入物增加所致[66]。

sn –2 位含油酸的对称性硬脂酸甘油三酯（可可脂）比含 *sn* –2 位是饱和脂肪酸的不对称甘油三酯吸收快，这将导致饭后高血脂和活性因子 VIIa 水平的提高[67]。

与棕榈酸酯化在外层相比，即使胆固醇血症不受影响，当其酯化在 *sn* –2 位时，含棕榈酸的脂肪的粥状动脉硬化程度相对也较高[68]。

当母系脂肪酸酯化在 *sn* –2 位时，其在转化为相应的长的和多不饱和代谢物方面的高转化率已经被报道[66]。这可由肝脏中流入物增加解释[66]。

当婴儿摄入等量的棕榈酸并且这些棕榈酸主要为 *sn* –2 位而非 *sn* –1（3）位的甘油三酯形式时，将会发现高密度脂蛋白 – 胆固醇和载脂蛋白 A 水平显著降低，载脂蛋白 B 水平显著升高[69]。这表明脂蛋白的代谢受甘油三酯中脂肪酸的分布影响。

棕榈酸主要在 *sn* –1（3）位的脂质将会导致绝经后妇女在餐后初期，三酰甘油水平大幅提高，而胰岛素水平升高幅度减小[70]。

摄入海豹油这样的 EPA 和 DHA 在外层的甘油三酯，与摄入鱼油或鱿鱼油那样的这些脂肪酸在内层的甘油三酯，类二十烷酸的形成[71]、甘油三酯的减少[4]和血清磷脂花生四烯酸含量[72]都有显著的不同。总之，当这些脂肪酸酯化在食用甘油三酯外层位置时，它们的积极影响更显著。而且，脂肪酸的影响不仅与脂肪酸本身的特性及其在酰基甘油酯中结合位置有关，而且还与其他脂肪[73]及常量营养元素的联合摄取有关[74]。

16.7 甘油三酯疏水性的相关影响

甘油三酯中脂肪酸的本质决定了它们的疏水性/亲水性和扩散迁移性。在水/脂质环境

（如血清中的脂肪组织和脂蛋白）中，甘油三酯的相对亲水性决定了它们在相界面和非极性相之间的分配。这会产生更深远的延伸效应。例如，脂肪细胞中脂肪酸的流动速率和选择性会影响血清中非酯化脂肪酸的水平和组成，它接着又影响脂质的体内平衡；储存脂肪中的脂肪酸的流动速率和选择性与脂肪酸在甘油骨架中的位置无关[75]。然而，它们与甘油三酯的亲水性和结构有关[76]。

16.8 酰基甘油酯的结构对营养功效的影响

16.8.1 甘油二酯

尽管 *eq* - 甘油二酯的能量值和消化性与甘油三酯相似[77]，但在适度的低能量饮食中，用前者代替后者能够减少体重和脂肪[78]。与甘油三酯相比，长期摄入 *eq* - 甘油二酯将会降低甘油三酯[79]，增强植物甾醇的降胆固醇效应[80]。摄入甘油二酯不影响脂溶性维生素的状态[81]。

16.8.2 单甘酯

在人类可以接受的饮食中加入相对大量的甘油一酯是十分困难的。尽管来自多不饱和油的甘油一酯本身是液体，但是当它们与水接触时会形成具有黏性的相[81]，食用的时候会产生令人不悦的口感。即使吸管饲喂也会产生问题，这是因为当甘油一酯与水接触时，吸管将会被阻塞。尽管如此，在受益于它们的一些病人中也得到了长期实践。甘油一酯经常被冷冻凝固起来，切成小片，并以这样的方式吞咽。与具有葵花籽油所含的脂肪酸组成的甘油三酯相比，长期摄入甘油一酯将会导致高甘油三酯血症（高血脂）和低胆固醇血症[22]。如果从临床营养方面来说，甘油一酯可被长碳链脂肪酸在 *sn* - 1（3）位的结构脂质所取代。长碳链脂肪酸在 *sn* - 1 或 *sn* - 3 位的结构脂质可用于测定两种同分异构体的差别效应。就我们所知，这个方法还没被研究过。

16.8.3 磷脂

磷脂和甘油三酯在营养功效方面的不同是由与它们脂肪酸组成不相关的几个因素所致，例如在代谢途径过程中存在的磷酸基团和含氮碱基（主要是胆碱）发生相互作用[82]。此外，几种被研究的甘油磷脂的制备可包含其他几种成分如胆固醇、脑苷脂和鞘磷脂，这取决于它们的来源、分离纯化方法。这些成分也会影响它们的营养特点。本章将比较磷脂和甘油三酯的脂肪酸构成的代谢归宿。

富含磷脂或甘油三酯的膳食脂肪有可能影响脂肪和矿物质废弃物的排泄，将增加或减少饱和脂肪的吸收，这主要取决于磷脂和甘油三酯的来源[83]。与摄入甘油三酯相比，当摄入磷脂时，其长碳链多不饱和脂肪酸能够较好地被早产婴儿吸收[84]。摄入长碳链多不饱和的磷脂或甘油三酯，将影响这些脂肪酸在血浆脂蛋白部分的分布，影响它们在不同血浆脂质部分中的含量，并影响 HDL 和 LDL 磷脂的组成[83]。与甘油三酯相比，摄入磷脂时，花生四烯酸对大脑花生四烯酸的增长有更好的效果[85]。

16.9 不具有酰基甘油结构的半合成食品脂肪

16.9.1 蔗糖多酯

蔗糖多酯没有伯酯键并且不易消化。因此，它们保留在油相，不被吸收，并随大便一起排出。在小肠中，它们对脂溶性成分在乳化相和胶束相中的分配有影响，继而影响了它们的吸收。通过用蔗糖多酯富集脂溶性维生素可以避免这些维生素吸收的减少。它们的主要用途是能在许多预制食品中代替普通的食品脂肪却不提供热量。

16.9.2 植物甾醇和甾烷醇酯

来源于木浆和植物油的植物甾醇和甾烷醇酯能通过抑制胆固醇在人体小肠内的吸收来降低总胆固醇和低密度脂蛋白胆固醇的量。这种影响与剂量有关，1g/d 的剂量能够显著降低载脂蛋白 B 的量[86]。由于溶解能力有限，甾醇/甾烷醇不能大量地渗入食品中。酯化作用能让它们在不改变食品风味和结构的前提下应用到各种各样的食品中，如人造黄油。在小肠运输过程中，甾醇酯能很大程度上被水解，这将减少胆固醇酯的水解。游离的植物甾醇包埋于胶束中，因此降低了胆固醇胶束的溶解[87]及在小肠中的吸收[88]。除一些罕见疾病患者以外，植物甾醇/甾烷醇的吸收很差，并且通过胆汁被再次分泌进入小肠内腔中[89]。它们可能对类胡萝卜素的吸收有负面影响，但是富含类胡萝卜素的健康饮食对维持正常血液类胡萝卜素水平是有效的[90]。正常饮食情况下，血清中脂溶性维生素的量保持恒定[91]。甾醇和甾烷醇酯似乎具有很强的降低胆固醇的能力[92]。与甘油三酯相比，当甘油二酯与植物甾醇一起食用时，植物甾醇的血清胆固醇降低效力较高[80]。除了具有降低胆固醇的效力外，植物甾醇还有抗癌作用[93]。

16.10 结论

现代技术手段能够合成不被消化的特殊食品脂肪或产生大量含有立体化学结构的消化产物，而这种消化产物通过食用普通食品脂肪后只能形成极少的量。现代技术手段也可以生产出具有不同脂肪酸组成和/或不同立体结构的甘油三酯。这些脂肪或具有改善长期健康的影响，或对临床营养方面有帮助。

参考文献

1. H. Hirschmann, *J. Biol. Chem.*, **235**, 762－2767 (1960).
2. D. Kritchevsky, S. A. Tepper, and D. M. Klurfeld, *Lipids*, **33**, 821－823 (1998).
3. S. Mukherjee, R. Duta, and C. Bandhyopadhyay, *J. Atheroscl. Res.*, **10**, 51－54 (1960).
4. H. Yoshida et al., *J. Nutr. Sci. Vitaminol.*, **45**, 411－421 (1999).
5. C. T. Phan and P. Tso, *Front. Biosci.*, **6**, D299－D319 (2001).
6. L. Sek, C. J. Porter, A. M. Kaukonen, and W. N. Chapman, *J. Pharm. Pharmacol.*, **54**, 29－41 (2002).
7. R. G. Jensen, F. A. De Jong, L. G. Lambert－Davis, and M. Hamosh, *Lipids*, **29**, 433－435 (1994).
8. E. Levy et al., *J. Pediatr. Gastroenterol. Nutr.*, **5**, 784－789 (1984).
9. M. Hamosh, H. L. Klaeveman, R. O. Wolf, and R. O. Scow, *J. Clin. Invest.*, **55**, 908－913 (1975).
10. M. Armand etal., *Am. J. Clin. Nutr.*, **62**, 74－80 (1995).
11. F. Carriere, J. A. Barrowman, R. Verger, and R. Laugier, *Gastroenterology*, **105**, 876－888 (1993).
12. T. H. Liao, M. Hamosh, and P. Hamosh, *P. Pediatr. Res.*, **18**, 402－4090 (1984).
13. R. Jian, N. Vigneron, Y. Najean, Y. Bernie, and J. J. Bernie, *Dig. Dis. Sci.*, **27**, 705－711 (1982).
14. B. D. Maes et al., *Eur. J. Clin. Invest.*, **28**, 197－204 (1998).
15. A. Cortot, S. F. Philips, and J. R. Malagelada, *Gastroenterology*, **82**, 877－881 (1982).
16. J. N. Hunt and M. T. Knox, *J. Physiol.*, **19**, 327－336 (1968).
17. B. D. Maes et al., *Gut*, **38**, 23－27 (1996).
18. M. Wickham, P. Wilde, and A. Fillerely－Travis, Biochim. *Biophys. Acta*, **1580**, 110－122 (2002).
19. X. Xu, L. B. Fomuso, and C. C. Akoh, *J. Agric. Food Chem.*, **48**, 3－10 (2000).
20. F. Carriere et al., *Bioorg. Med. Chem.*, **5**, 429－435 (1997).
21. A. Lykidis, V. Mougios, and P. Arzoglou, *Eur. J. Biochem.* **230**, 892－898 (1995).
22. A. Christophe and G. Verdonk, *Biochem. Soc. Trans.*, **5**, 1041－1042 (1977).
23. T. Murase et al., *J. Lipid Res.*, **42**, 372－378 (2001).
24. G. Boswinkel, J. P. T. Derksen, K. van' t Riet, and F. P. Cuperus, *J. Amer. Oil Chem. Soc.*, **73**, 707－711 (1996).

25. G. Lyubachesskaya and E. Boyle - Rode, *Lipids*, **35**, 1353 - 1358 (2000).

26. V. P. Skipski, M. G. Morehous, and H. J. Duel, Arch. Biochem. *Biophys*., **81**, 93 - 104 (1959).

27. A. Christophe, G. Verdonk, M. Mashali, and P. Sandra, *Lipids*, **17**, 759 - 761 (1982).

28. H. Mu and C. E. Hoy, *Lipids*, **37**, 329 - 331 (2002).

29. Y. Ohkubo et al., *Digestion*, **51**, 42 - 50 (1992).

30. R. Lehner and A. Kuksis, *J. Biol. Chem.*, **268**, 24726 - 24733 (1993).

31. P. R. Redden, X. Lin, J. Fahey, and D. F. Horrobin, *J. Chromatog A*, **704**, 99 - 111 (1995).

32. D. R. Saunders and J. Sillery, *J. Lipids*, **11**, 830 - 832 (1976).

33. G. Nalbone et al., *Biochim. Biophys. Acta*, **620**, 612 - 625 (1980).

34. B. Borgstrom, *Gastroenterology*, **78**, 954 - 962 (1984).

35. A. J. Rampone and L. R. Long, Biochim. *Biophys. Acta*, **486**, 500 - 510 (1977).

36. T. Sugawara et al., *J. Nutr.*, **131**, 2921 - 2927 (2001).

37. P. J. A. O ' Doherty, I. M. Yousef, and A. Kuksis, *Can. J. Biochem*, **52**, 726 - 733 (1974).

38. O. Zierenberg, J. Odenthal, and H. Betzing, *Atherosclerosis*, **34**, 259 - 276 (1979).

39. R. Shamir et al., *Biochem.*, **16**, 6351 - 6358 (1995).

40. C. M. Mansbach, R. S. Cohen, and P. B. Leff, *J. Clin. Invest.*, **56**, 781 - 791 (1975).

41. D. M. Small, *Ann Rev. Nutr*., **11**, 413 - 434 (1991).

42. Y. Shahkhalili et al., *Am. J. Clin. Nutr.*, **73**, 246 - 252 (2001).

43. T. Aoyama et al., *J. Nutr.*, **126**, 225 - 231 (1996).

44. B. Boucroy and J. Clement, Biochim. *Biophys. Acta*, **187**, 59 - 72 (1969).

45. A. Nilsson and B. Becker, *Am. J. Physiol*., 268, G732 - G738 (1995).

46. Y. S. Huang, J. W. Lin, K. Koba, and S. N. Anderson, *Mol. Cell. Biochem.*, **18**, 121 - 130 (1995).

47. Q. Chen and A. Nillson, *J. Lipid Res.*, **35**, 601 - 609 (1994).

48. T. Murase, H. Kondo, T. Hase, I. Tokimitsu, and M. Saito, *Biochim. Biophys. Acta*, **1530**, 15 - 22 (2001).

49. I. R. Sanderson and S. Naik, *S. Ann Rev. Nutr.*, **20**, 311 - 338 (2000).

50. B. J. De Jong and B. C. Hulsmann, *Biochim. Biophys. Acta*, **27**, 36 - 46 (1978).

51. A. M. Hanel and M. H. Gelb, *Biochemistry*, **20**, 7807 - 7818 (1995).

52. R. Lehner, A. Kuksis, and Y. Itabashi, *Lipids*, **28**, 29 - 34 (1993).

53. R. Paris and G. Clement, *Proc. Soc. Explt. Biol. Med.*, **131**, 363 - 365 (1969).

54. S. M. Duff, S. Kalambur, and E. Boyle - Roden, *J. Nutr*, **131**, 774 - 778 (2001).

55. A. Christophe and G. Verdonk, *Arch. Intern. Physiol. Biochim.*, **88**, B221 - B222 (1980).

56. A. Christophe and G. Verdonk, *Arch. Intern. Physiol. Biochim.*, **80**, 954 – 955 (1972).

57. F. Banno, S. Doisaki, N. Shimizu, and K. Fujimoto, *J. Nutr. Sci. Vitaminol.* **48**, 30 – 35 (2002).

58. H. Tagushi et al., J. *Am. Coll. Nutr.*, **19**, 789 – 796 (2000).

59. B. C. Mortimer, M. A. Kenrick, D. J. Holthouse, R. V. Stick, and T. G. Redgrave, *Biochim. Biophys. Acta*, **1127**, 67 – 73 (1992).

60. B. C. Mortimer, D. J. Holthouse, I. J., Martins, R. V. Stick, and T. G. Redgrave, *Biochim. Biophys. Acta*, **1211**, 171 – 180 (1994).

61. C. T. Phan, B. C. Mortimer, I. J. Martins, and T. G. Redgrave, *Am. J. Clin. Nutr.*, **69**, 1151 – 1161 (1999).

62. K. C. Yu and A. D. Cooper, *FrontBiosci.*, **6**, D332 – D354 (2001).

63. D. A. Pufal, P. T. Quinlan, and A. M. Salter, Biochim. *Biophys. Acta*, **1258**, 41 – 48 (1995).

64. I. Yamamoto, M. Sugano, and M. Wada, *Atheroscl.*, **13**, 171 – 184 (1971).

65. C. E. Elson, L. R. Dugan, L. J. Bratzler, and A. M. Parson, *Lipids*, **1**, 322 – 324 (1967).

66. S. C. Renaud, J. C. Ruf, and D. Pethitory, *J. Nutr.*, **125**, 229 – 237 (1995).

67. T. A. Sanders, S. E. Berry, and G. J. Miller, *Am. J. Clin. Nutr.*, **74**, 777 – 782 (2003).

68. D. Kritchevski, in A. B. Christophe, ed., *Structural Modified Food Fats: Synthesis, Biochemistry and Use*, AOCS Press, Champaign, Illinois, 1998, pp. 183 – 188.

69. C. M. Nelsson and S. M. Innis, *Am. J. Clin. Nutr.*, **70**, 62 – 69 (1999).

70. K. Yli – Jokipii et al., *J. Lipid Res.*, **42**, 1618 – 1628 (2001).

71. I. Ikeda et al., *Lipids*, **33**, 897 – 904 (1998).

72. H. Yoshida, I. Ikeda, and M. Tomooka, J. *Nutr. Sci. Vitaminol.*, **47**, 242 – 247 (2001).

73. L. D. Lawson and B. G. Hughes, *Biochim. Biophys. Res. Comm.*. **156**, 960 – 963 (1988).

74. S. Kaku et al., *Biosci. Biotechnol. Biochem.*, **65**, 315 – 351 (2001).

75. T. Raclot, C. Leray, A. C. Bach, and R. Groscolas, *Biochem. J.*, **311**, 911 – 916 (1995).

76. T. Raclot, Progr. *Lipid Res.*, **42**, 257 – 288 (2003).

77. H. Taguchi et al., *Lipids*, **36**, 379 – 382 (2001).

78. K. C. Maki et al., *Am. J. Clin. Nutr.*, **76**, 1230 – 1236 (2002).

79. K. Yamamoto et al., *J. Nutr.*, **131**, 3204 – 3207 (2001).

80. S. Meguro et al., *Eur. J. Clin. Nutr.*, **55**, 513 – 517 (2001).

81. H. Wanatabe et al., Ann. *Nutr. Metab.*, **45**, 259 – 264 (2001).

82. S. H. Zeisel and J. K. Blusztajn, *Annu. Rev. Nutr.*, **14**, 269 – 296 (1994).

83. L. Amate, A. Gil, and M. Ramirez, *J. Nutr.*, **131**, 3216 – 3221 (2001).

84. L. Amate and M. Ramirez, *J. Nutr.*, **131**, 1250 – 1255 (2001).

85. V. Wijendran et al., *Pediatr. Res.*, **51**, 265 - 272 (2002).

86. M. A. Hallikainen, E. S. Sarkinen, and M. I. Uusitupa, *J. Nutr.*, **130**, 767 - 776 (2000).

87. M. Nissinen, H. Gylling, M. Vuoristo, and T. A. Miettinen, *Am. J. Physiol.*, **282**, G1009 - G1015 (2002).

88. P. J. Jones et al., *J. Lipid Res.*. **41**, 679 - 705 (2000).

89. T. A. Miettinen et al., *Am. J. Clin. Nutr.*, **71**, 1095 - 1102 (2000).

90. F. Y. Ntanios and G. S. Duchateau, Int. *J. Vitam. Nutr. Res.*, **72**, 32 - 39 (2002).

91. M. Raeini - Sarjaz, F. Y. Ntanios, C. A. Vanstone, and P. J. Jones, *Metabolism*, **51**, 652 - 656 (2002).

92. M. A. Hallikainnen et al., *Eur. J. Clin. Nutr.*, **54**, 715 - 725 (2000).

93. A. B. Awad and C. S. Fink, *J. Nutr.*, **130**, 2127 - 2130 (2000).

17 油脂的化学和酶法改性

S. P. J. Namal Senanayake[1], Fereidoon Shahidi[2]

1 *Martek Biosciences Corporation Winchester, Kentucky*

2 *Memorial University of Newfoundland St. John's, Newfoundland, Canada*

17.1 引言

食用油脂（脂质）来自植物、动物和海洋生物，脂和油的区别在于脂在室温下为固体而油在相同条件下却为液体。脂质是人类和动物膳食的基本营养素，它们提供了最为浓缩的食物能量来源。脂质的热值（9kcal/g）超过蛋白质和碳水化合物（4kcal/g）的两倍。脂质不仅对食物的风味、颜色、气味和质构有贡献，而且还会赋予食用后的饱腹感。脂质还可作为脂溶性维生素的载体，提供必需氨基酸，以及增加食品的可口性。膳食脂肪通常分为“可见”和“不可见”脂肪，可见脂肪是指在膳食中作为黄油、人造奶油、涂抹脂、色拉油、猪油和起酥油等被摄入的脂肪；不可见脂肪则是天然存在于牛乳、奶酪和肉等基本食品中的脂肪。

甘油三酯是食用油脂中的主要成分；但是，脂质通常也含有少量的各种微量物质，包括单甘酯、甘油二酯、磷脂、色素、甾醇、游离脂肪酸、脂肪醇、脂溶性维生素以及其他物质。油脂的功能特性和质量特性与油脂中甘油三酯的类型直接相关。甘油三酯的类型是由其脂肪酸的组成和立体特异性分布决定的。食用油脂的物理特性取决于其中的天然脂肪酸成分的本性（例如不饱和度、脂肪酸碳链长度、脂肪酸存在的几何异构体和脂肪酸的位置分布）、甘油三酯的分子构型和同质多晶型。实际上，某些天然脂肪的独特脂肪酸分布模式限制了其工业应用。

氢化、酯交换、分提和调和是几种不同的通过改变油脂物理和化学性质来改善油脂可用性的方法。这些方法可以单独使用，也可以相互结合使用。通过氢化、分提、酯交换以及天然油与改性油的简单调和，可以制得各种各样的油脂，其性能可适合特定的用途。利用氢化可将液态油转变为各种不同硬度、熔点和质构的油脂产品。另一方面，酯交换通过脂肪酸在甘油三酯内或甘油三酯之间的重新排布使其物理性质发生改变。分提为获得陡峭型熔化特性的产品提供了一种方法。

17.2 氢化

氢化是一种广泛应用于改变天然油脂物理性质以使其更好地适合特定用途的工艺。 食用油脂的氢化涉及在催化剂存在下将氢气加成到脂肪酸链的碳碳双键上，这是一种将不饱和、低熔点的甘油三酯转变为高熔点的固态甘油三酯，从而使油脂产生硬度的方法。 氢化的目的有两个：① 将液态的油转变为半固体或塑性脂肪，用于特定食品用途；②改善油脂的氧化稳定性，在相当长时间内保持油脂作为人类食品的感官可接受性。 在油脂氢化过程中有三种重要的反应同时进行：①碳碳双键被氢气加成饱和；②双键的顺 - 反异构化；③双键在脂肪酸链内迁移到新的位置。 反应条件的改变将对这三种反应的相对速率产生影响。

氢化是一个固态催化剂、气态氢气和液态油脂之间相互作用的三相反应。 可以采用间歇式和连续式两种工艺。 在氢化过程中，油脂与适当的催化剂混和加热至适宜的温度，然后通入高压（414kPa）氢气。 在高温高压下，氢气在油脂中的溶解度提高，从而提高反应速率。 只有溶解在油中的氢气才可能发生反应。 氢化过程完成后，通过过滤从脂肪中除去催化剂。 在商业实践中，主要有两种类型的氢化，一是非选择性氢化，采用如下反应条件：345kPa，0.05%（油重）催化剂，121℃；二是选择性氢化，采用如下反应条件：34 ~ 97kPa，0.05%催化剂，177℃[1]。 这些工艺将在本书中的另一章详细讨论。

17.3 分提

食用油脂的分提已经成为一种重要的、多用途的油脂改性方法。 分提将油脂分成具有不同熔点的馏分。 分提出的油脂已用于制造多种食品，例如人造奶油、起酥油、色拉油、煎炸油和糖果产品。 分提也用于分离甘油二酯和单甘酯，目的是获得肥皂或油脂化学品、制药用的具有期望特性的各种馏分。

油脂分提的原理是基于甘油三酯组分的溶解性差异，溶解性差异与油脂中的甘油三酯类型有直接的联系。 商业上有三种主要的工艺用于生产有附加值的油脂分提产品：①干法分提；②溶剂分提；③水相表面活性剂分提。

油脂的干法分提基于油脂在无溶剂状态控制条件下的逐步冷却。 该工艺过程中不使用任何添加剂和化学试剂。 当油脂到达期望的温度时，停止冷却，此时固态甘油三酯从液态甘油三酯中分离出来。 液态部分（液油）和固态部分（硬脂）的分离可通过离心来进行。 干法一般应用于棕榈硬脂、软脂和月桂酸型油脂的分离。

溶剂分提这一术语说的是将油溶解于适当溶剂中然后结晶获得期望的脂肪馏分的过程。脂肪馏分可在不同温度下选择性析出，然后分离该馏分，除去溶剂。这一过程适用于生产高附加值产品。众所周知，可以用这种分提方法生产类可可脂、代可可脂、替可可脂、中碳链甘油三酯。

进行表面活性剂分提时，在结晶的物料中加入一种表面活性剂水溶液（5% 十二烷基硫酸钠）来协助液油和硬脂的分离，两相的分离可通过离心进行。液油中的痕量表面活性剂可通过水洗法去除。这一工艺广泛应用于棕榈油和牛油的分提中。

17.4 调和

食用油脂精炼后可以调和在一起以生产具有特定脂肪酸组成或稠度和稳定性需求的产品。人造奶油、起酥油、煎炸油、色拉油和某些特种油脂生产中广泛利用两种或更多油脂进行调和，这种方法非常经济，需要的投资少，而且不会改变调和成分的化学特性。油的调和同时满足了终产品所需脂肪酸组成和稠度的要求。产品的稠度可以采用各种标准来分析确定，诸如脂肪酸组成、固体脂肪指数、碘值和熔点。例如，通过调和得到特定的固体脂肪含量，就可制造出规格均一的起酥油和人造奶油调和油。

调和工艺需备有带刻度的油罐和计量器，以便精确控制每种产品起始物料的比例，调和罐须配备搅拌器和加热装置，以保证产品的均匀调和，还需要提供氮气覆盖以防止油脂氧化。

将中碳链甘油三酯与长链甘油三酯进行简单的物理调和，这种调和油已用于某些肠道营养和肠外营养用途。对有中碳链脂肪酸需求的个体，调和提供了一条简单而经济的途径。可通过化学或酶反应将中碳链脂肪酸接入到结构脂质中，这种方法提供的中碳链脂肪酸源比简单物理调和油营养利用度更高。

17.5 酯交换

化学酯交换是天然油脂进行工业改性的主要反应之一，它是用于改变油脂中甘油三酯混合物物理性质和功能性质的一种工艺[2]。酯交换最简单的方式相当于将两个甘油三酯之间的酰基进行相互交换，生成理化特性优于起始甘油三酯的新甘油三酯[3]。一般而言，化学酯交换涉及随机移动起始甘油三酯中的脂肪酸，打乱这些脂肪酸，将脂肪酸随机置换到新甘油三酯上。

17.5.1 酯交换的类型

酯交换常用来描述酯与酸（酸解）、酯与醇（醇解）或一个酯与另一个酯（转酯化）之间的酰基交换反应。

17.5.1.1 酸解

酸解涉及游离脂肪酸与甘油三酯之间的酰基转移（图 17.1）。该反应发生在酸性条件下，加入的酸催化剂可催化甘油三酯脂肪酸的部分水解，产生需要的甘油二酯和甘油一酯，此时脂肪酸可与甘油二酯和甘油一酯的游离羟基反应，合成新的甘油三酯[4]。该反应可以制备一种反应物与产物共存的平衡混合物，或可以用物理方法将其中一种反应产物分离出来，促使反应完全。从理论上说，也可以通过添加过量的游离脂肪酸使反应更加完全，但这不太符合实际，因为游离脂肪酸的成本比较高，而且反应完成后还需要将产品中大量的游离脂肪酸分离出去。酸解是一条将特定脂肪酸结合到甘油三酯中的有效途径，也可以将 EPA、DHA 结合到植物油和鱼油中来提高它们的营养价值。例如琉璃苣油和 DHA 反应可以使 DHA 部分取代琉璃苣油中的亚油酸[5]。

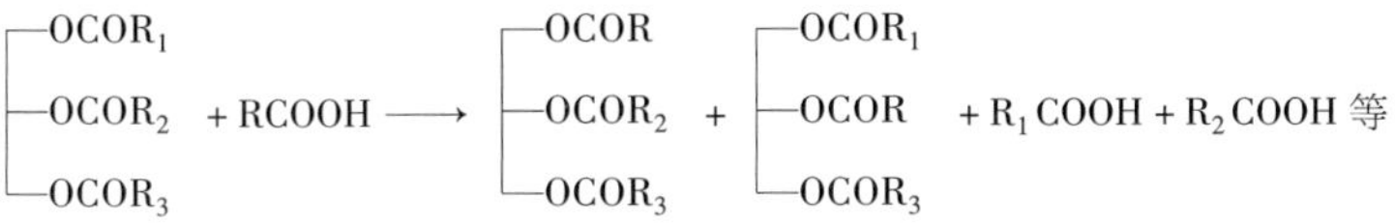

图 17.1 酸解反应

17.5.1.2 醇解和甘油解

醇解是醇与甘油三酯之间的酯化反应［图 17.2（1）］。植物油醇解时，在强酸或强碱存在的情况下，一个甘油三酯分子与一个醇分子反应形成烷基酯和甘油的混合物。醇解是一个连续的可逆反应，甘油二酯和甘油一酯是中间产物[6]。根据化学计量学，该反应需要 1mol 甘油三酯和 3mol 醇。但可以用过量的醇来增加烷基酯的产量，通过相分离容易将醇从产物甘油中分离出来。

甘油解是甘油与甘油三酯之间酰基的相互交换［图 17.2（2）］。大多数甘油二酯和甘油一酯都是甘油与甘油三酯通过化学催化反应得到的。在这一过程中，甘油三酯与过量的甘油混合，加入碱性催化剂（通常是氢氧化钠）并加热到一定温度，反应混合物一直维持在很高温度，直到脂肪酸在甘油分子的羟基上重新随机排布。到达平衡后，将反应混合物冷却，并用食品级酸（通常是磷酸）降低催化剂的活性。随后过滤除去失效的催化剂，并经旋转蒸发除去过量的甘油。该工艺产生相当数量的甘油二酯和甘油一酯。

已研究了常温常压下油脂的酶法甘油解反应[7]，它作为一种甘油二酯和甘油一酯的工业化生产方法，可以取代常规化学方法。甘油一酯作为表面活性剂和乳化剂在食品工业中有着非常重要的地位，其生产方法也很多，可以通过甘油与甘油三酯的酯交换，或游离脂肪酸与甘油的反应，前者称为甘油解，后者称为酸解。

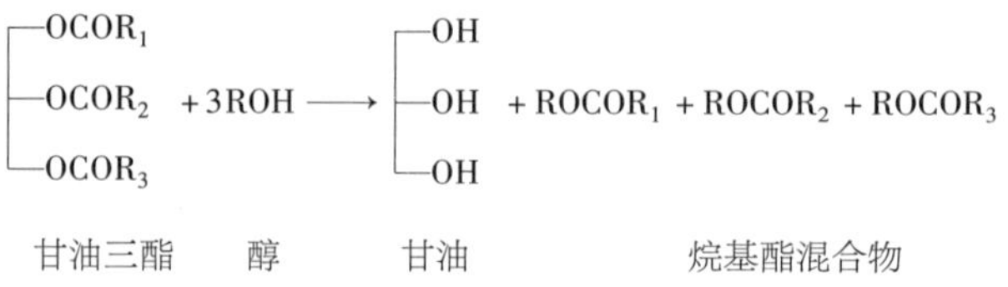

（1）醇解

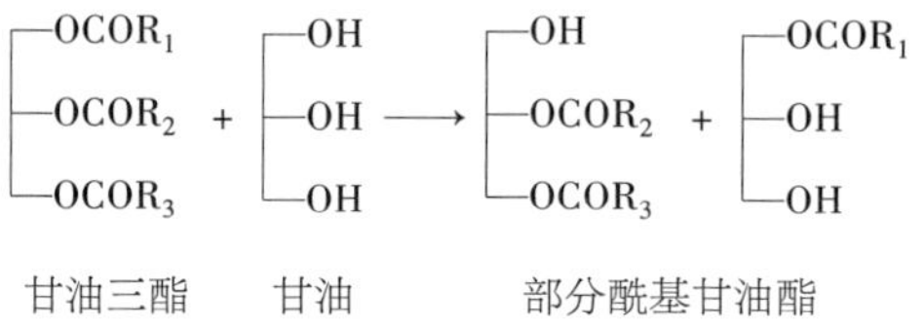

（2）甘油解

图 17.2 醇解和甘油解

17.5.1.3 转酯化（酯酯交换）

转酯化是在食品工业中应用最为广泛的一种酯交换反应类型。在酯酯交换反应中，脂肪酸在一个甘油三酯分子内（分子内酯化）或不同的甘油三酯分子之间进行“穿梭”，直到达到新的平衡，得到所有可能的组合[2]。图 17.3 所示为在一个含硬脂酸、油酸和亚油酸（1－硬脂酰－2－油酰－3－亚油酰；SOL）的典型甘油三酯的完全随机化反应。在该过程中，第一步是将脂酰基与甘油骨架相连的酯键断裂，新释放出来的脂肪酸形成一个脂肪酸库，它们可重新酯化到甘油分子新的位置上，或在同一个甘油分子上（分子内酯交换），或在另一个甘油分子上（分子间酯交换）[8]。反应达到平衡后，可以获得二饱和、单饱和、三不饱和、三饱和甘油三酯成分的混合物。反应平衡可以简单表示为：

$$SSS \Leftrightarrow (SUS \Leftrightarrow SSU) \Leftrightarrow (SUU \Leftrightarrow USU) \Leftrightarrow UUU$$

17.5.2 化学酯交换

化学酯交换反应使甘油三酯中的酰基完全随机化。酯交换无论是单独进行，还是与其他改性工艺相结合，都扩展了食用油脂的用途，这种改性油脂在各种食品中得到广泛应用。商业上，食用油脂的化学酯交换用于生产人造黄油、涂抹脂、烹饪油、起酥油、糖果用油脂和低热量脂质。

碱催化化学酯交换有两种反应机理。烯醇阴离子的形成和羰基加成。

17.5.2.1 烯醇离子的形成

该机制认为，当甲醇钠（催化剂）攻击位于羰基碳原子的 α 位碳原子上的酸性氢形成

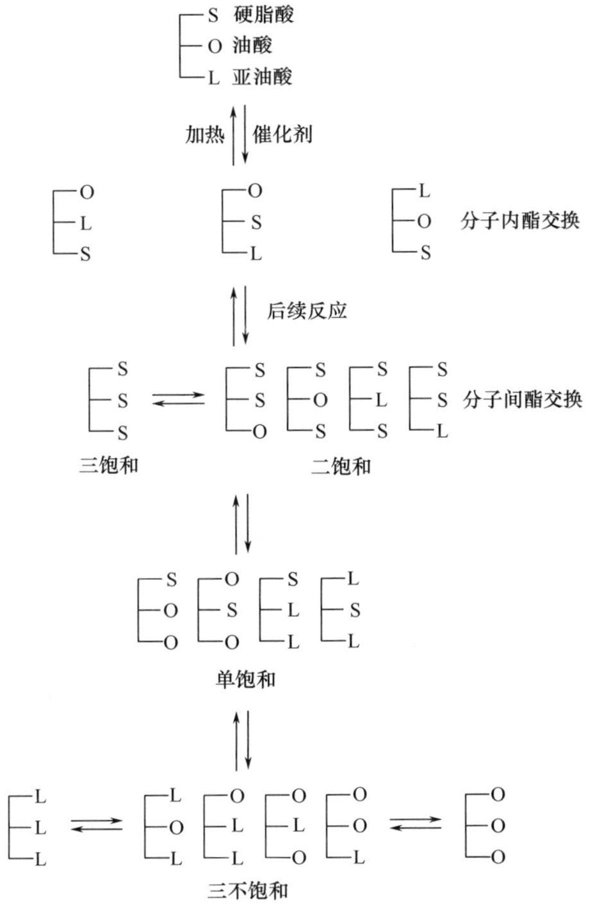

图 17.3 酯交换期间甘油三酯的形成（改编自文献[2]）

烯醇结构时（图 17.4），反应才真正开始。该反应生成的碳负离子是一种很强的亲核试剂。然后烯醇离子与甘油三酯分子中的另一个酯基反应，生成一个β-酮酸酯和一个甘油基，它与另一个羰基碳进一步反应，生成另一个β-酮酸酯。在该过程中，甘油三酯中的所有酯基都会发生反应，并离开它们的初始位置进行移动。同样的作用方式也可以发生在两个或多个甘油三酯分子之间。在反应初期，可认为分子内酯交换占主导地位，该机制被称为 Claisen 缩合途径。

17.5.2.2 羰基加成

该反应中，烷基离子（亲核试剂）加成到甘油三酯的 3 个脂肪酰甘油酯键的其中一个上，形成一种正四面体形的中间产物（图 17.5），随后释放出脂肪酸甲酯，重新产生一个甘油阴离子进行下步反应。甘油阴离子起到了真正催化剂的作用，它在甘油骨架中传递酰基。应该注意的是，在羰基加成机制下，分子内部酯交换和分子间酯交换都有可能发

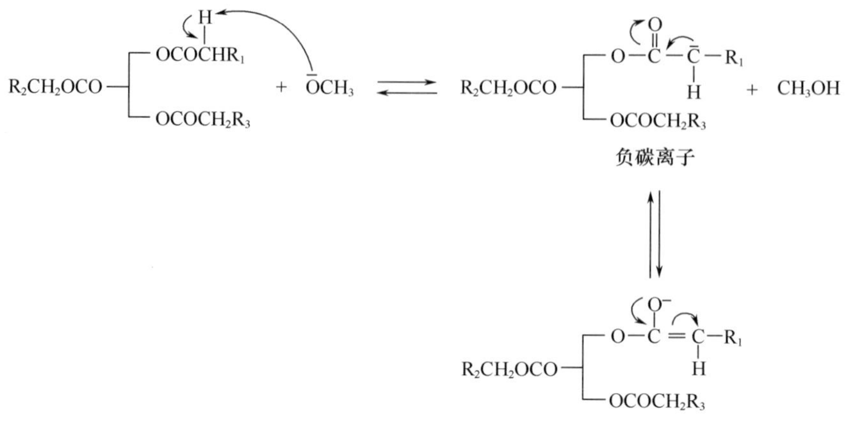

图 17.4 烯醇阴离子的形成

生[4]。两种机制的相似之处是都会生成甘油阴离子。它们的主要差异是，在第一个例子中，β－酮酸酯和甘油阴离子都是酯交换中的酰基的供体；而在第二个例子中，只有甘油阴离子作为酰基供体。完全饱和 S_3 与完全不饱和 U_3 甘油三酯之间的酯交换如图 17.6 所示，它可作为一个通过羰基加成反应机制进行随机化的模型[9]。反应动力学表明，有六种甘油离子之间可能发生反应，反应常数分别为 $3k$、$2k$ 和 $2/3k$（图 17.6）。

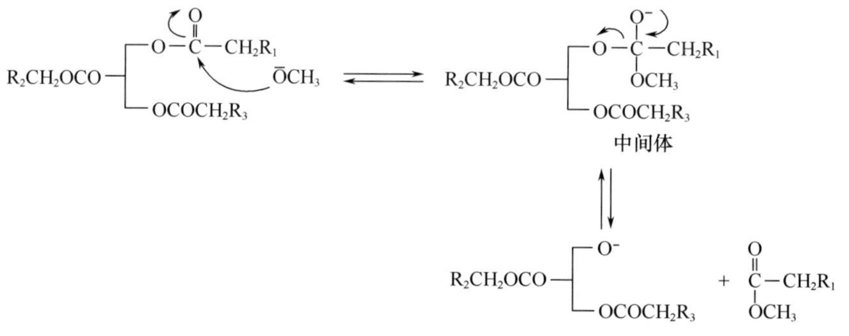

图 17.5 羰基加成

17.5.2.3 化学酯交换过程

在油加热到相当高的温度（约 200℃）并维持相当长的时间时，就会发生酯交换反应。但当有催化剂时，可以在温度较低（50℃）的条件下进行化学酯交换反应，使用的催化剂可以是酸、碱或相应的盐及金属。催化剂的加量约为 0.1%（油中的质量分数）。最常用的催化剂是甲醇钠或乙醇钠，钠－钾合金（NaK），氢氧化钾或氢氧化钠。使用烷基化金属催化剂的优点是活性高、容易制备、成本低和操作简单。这些化合物可能不是真正的催化剂，而是形成“真正的催化剂”的过程中的启动剂。当催化剂分散在60～80℃的干燥油脂中时会生成白色浆状物质。加入催化剂数分钟后，油脂变为红棕色，并随反应的进行而进一步加深。红棕色是钠离子与甘油三酯之间形成的复合物产生的，相信该复合物是一种活化的催化剂。酯交换结束时必须将催化剂钝化并分离除去。可用水或磷酸洗涤反应混合物，将大多数化学催化剂除去。图17.7所示为一个典型的化学酯交换的例子。确定酯交换反应终点的方法有熔点、云点、固体脂肪含量等。

$$S_3 + U_2ONa \underset{k}{\overset{3k}{\rightleftharpoons}} SU_2 + S_2ONa$$

$$U_3 + S_2ONa \underset{k}{\overset{3k}{\rightleftharpoons}} S_2U + U_2ONa$$

$$SU_2 + U_2ONa \underset{3k}{\overset{2k}{\rightleftharpoons}} U_3 + SUONa$$

$$S_2U + S_2ONa \underset{3k}{\overset{2k}{\rightleftharpoons}} S_3 + SUONa$$

$$S_2U + U_2ONa \underset{k}{\overset{2k}{\rightleftharpoons}} SU_2 + SUONa$$

$$SU_2 + S_2ONa \underset{k}{\overset{2k}{\rightleftharpoons}} S_2U + SUONa$$

图17.6 通过羰基加成进行的酯交换反应的动力学（S，S_2，S_3和U，U_2，U_3分别是单、双、三饱和与不饱和脂肪酸，改编自文献[9]）

油和催化剂必须极度干燥，因为水分的存在将使催化剂失活，并导致皂的形成。即使是痕量的水分也会大大降低催化剂的活性，油的含水量应小于0.01%（质量分数）[4]。除了水分之外，游离脂肪酸、过氧化物也会使催化剂中毒。因此要使酯交换顺利进行，必须预先精炼除去油中的杂质。

涉及金属催化的化学酯交换工艺的两种基本形式：随机型和定向型。

17.5.2.4 随机化学酯交换

随机化学酯交换是酯交换中最常用的一种类型。在随机化学酯交换中，脂肪酰基自由地从一个位置转移到另一个位置，此过程在一个甘油三酯分子内进行，或在一个甘油三酯与另一个之间进行，直到脂肪酸在甘油三酯内的排列完全随机化为止。随着脂肪酸重排的不断进行，最终达到平衡。从有规则的排列转变为随机的排列，将导致起始油脂的物理性质发生变化，例如熔化曲线和熔点。随机化学酯交换工艺涉及三个步骤：①油预处理；②催化反应；③催化剂的失活。随机化学酯交换可采用间歇式和连续式两种工艺。酯交换一般不会产生反式脂肪酸或脂肪酸的位置异构体。

17.5.2.5 定向化学酯交换

该过程通过改变混合物的反应平衡来改变脂肪酸的随机化。在定向化学酯交换的反应

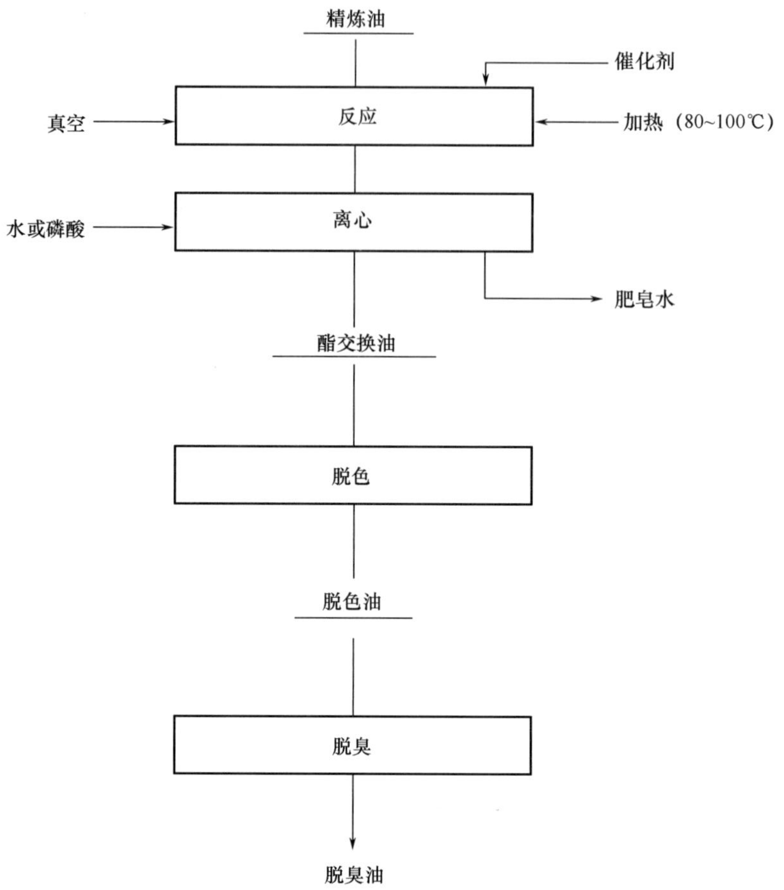

图 17.7　典型的化学酯交换过程

过程中，有选择地将化学酯交换反应的一种或几种甘油三酯产物除去。由于该反应指向于生成一种特定的甘油三酯，因此称为定向酯交换，通常在低温下进行。由于反应温度维持在可能产生的最高熔点组分的熔点以下，酯交换就朝着远离随机化的方向进行，从而导致三饱和甘油三酯分子种发生选择性结晶，一发生结晶，它们就会从反应混合物中分离出来。酯交换如此进行，可以得到比其他情形下更多的三饱和甘油三酯。定向酯交换时，同时发生两个截然不同的反应。饱和甘油三酯一旦形成，就会结晶并从溶液中析出，而剩余的液相甘油三酯的脂肪酸组成继续变化，推动液相中的反应平衡向着产生更多三饱和甘油三酯结晶的方向进行[10]。该过程一直持续到大多数三饱和甘油三酯从反应介质中沉淀出来为止。定向酯交换通常要进行相当长的时间，因为反应温度远远低于随机酯交换所用的温度，另外，甘油三酯的结晶也需要时间。在该过程中，只能使用在低温下具有活性的催化剂，钠－钾合金在低温时的活性高，因此更适用于该类型的酯交换。在化学定向酯交换中通常采用连续式工艺，因为间歇式工艺难以控制。

17.5.3 酶法酯交换

可以用脂肪酶作为酯交换的生物催化剂。脂肪酶辅助的酯交换能为油脂改性提供超越化学酯交换的可能性[11]。与化学酯交换相比，酶法酯交换有许多优势，比如：反应条件温和（从而使能耗降低，且对反应物和产品的热破坏减少），脂肪酶对天然底物有特异性，以及高的催化效率。与化学催化酯交换不同的是，根据所用脂肪酶的特异性，脂肪酶催化酯交换可产生不同类型的产物。

油脂的脂肪酶催化酯交换可以采用连续式或间歇式工艺来完成。其中，连续式酯交换反应是优选的，可采用固定床反应器来完成。使用连续式酯交换工艺的优点是催化剂回收和反应时间减少。加工条件（温度、pH 和水分含量）都要恰当地控制，起始原料中的杂质要控制在最低水平，以此防止酶催化剂的失活。连续酯交换工艺首先将起始油溶于溶剂中，随后去除其中的酶抑制剂和颗粒物，在泵入填充有水化生物催化剂颗粒（hydrated biocatalyst particles）的床反应器之前，溶液要用水进行部分饱和处理。反应产物是甘油三酯与游离脂肪酸的混合物。反应结束后，游离脂肪酸通过蒸馏而除去，脱除游离脂肪酸的甘油三酯再用溶剂分提，得到期望的甘油三酯成分。

迄今为止，脂肪酶催化酯交换几乎只用于生产高附加值的产品。一个最好的例子是可可脂型甘油三酯的制造，*sn*-1，3-特异性脂肪酶具有生产代可可脂的潜力，它可分别催化棕榈油与三硬脂精的转酯化反应，或催化棕榈油与硬脂酸的酸解反应。

17.5.4 应用

酯交换在食品工业中有多种用途。化学酯交换在商业上用于生产人造奶油和涂抹脂、起酥油、糖果用脂、低热量油脂和婴儿食品所需的改性油脂。

17.5.4.1 人造奶油和涂抹脂

人造奶油和涂抹脂是将食用油脂与其他成分调和制成的，如水、牛奶制品、食用蛋白、盐、调味品、色素和维生素 A、维生素 D 等。在美国和加拿大，人造奶油是作为黄油替代品进行销售的，必须含有 80% 脂肪。制造人造奶油的配方有很多；实践上几乎都含有氢化油，因此含有很高水平的反式脂肪酸。由于近年来出于对这些脂肪酸异构体是否健康的关注，人们正在尝试降低这些产品中的反式脂肪酸的水平[12]。

酯交换已应用于生产高稳定性的人造奶油调和油和具有期望的熔化特性的硬质黄油。采用部分氢化卡诺拉油、大豆油、椰子油、橄榄油、花生油和葵花油生产的人造奶油、涂抹脂和起酥油倾向于形成 β-型同质多晶体。可以通过加入一些棉籽油、棕榈软脂、氢化棕榈油、牛脂或者氢化鱼油来使这些油脂稳定为 β' 型晶体。β'-型晶体对于黄油、人造奶油和涂抹脂而言是合适的，而在后两者中，如果有大而粗糙的 β 晶体形成，就会导致严重的“起砂”缺陷。使用β－构型油脂作为调和油中的“软”组分可以解决潜在的“起砂”问题，当然，通过操控其他条件，也可以促使β'－型晶体的形成。正因为这个原因，采用酯交换可以由植物油生产人造奶油和涂抹脂，而没有形成β－型晶体的问题。酯交换影响油脂的结晶，经过酯交换过程，油脂的晶型通常趋向于由β－构型明显转变为β'－构型。大豆油通常趋向于形成β－构型晶体，但液体豆油与全氢化豆油经酯交换得到的调和物以理想的β'型形式结晶[13]。使用酯交换的目的主要是降低人造奶油、涂抹脂中的反式脂肪酸含量，其次是促使形成β'－型结晶。

17.5.4.2 起酥油

“起酥”这一术语最初用于描述固体脂肪（如猪油、黄油等）在焙烤食品中发挥的功能。起酥油是100%的油脂产品，它们的稠度随其温度及其固体脂肪和液油的比例而变化。猪油和其他动物油脂以及多种植物油脂，包括棕榈油、大豆油、玉米油、葵花籽油、卡诺拉油、棉籽油，都可用于起酥油产品。

起酥油产品最重要的晶形为α、β和β'，其中后两种是更稳定的晶形。大多数起酥油产品所期望的是β'晶型，酯交换主要用于生产起酥油，也已用于改善猪油的物理性质。天然猪油生产的起酥油呈颗粒状，乳化能力差，塑性范围有限，焙烤性能差。天然猪油由于其二不饱和甘油三酯的含量高，棕榈酸主要（64%）处于$sn-2$位，所以形成相对大而粗糙的晶体，即使采用刮板式换热器来最大程度地降低这种形成β晶形的趋势时也是如此。通过酯交换反应，棕榈酸处于$sn-2$位的比例由大约64%降低到24%。酯交换也有助于降低猪油在20℃时的固体脂肪含量，防止砂粒的形成，并改善其塑性范围，从而使其成为更佳的起酥油。因此，酯交换通过使猪油中的棕榈酰基重排而使猪油稳定在β'型，从而改善猪油在大多数起酥用途中的功能性。另一方面，定向酯交换可生产在高温下总固体物含量更高的产品，因而塑性范围更宽。

17.5.4.3 可可脂替代脂肪

可可脂替代脂肪是具有与可可脂类似的物理性质和功能的物质。可可脂是从可可豆中获得的一种固体脂肪，同时也得到可可粉。其他植物油可通过酯交换反应生产出可可脂替代物，它与可可脂的组成和性质相仿。可可脂替代物可分为三个主要类型：（1）类可可脂（CBE）；（2）代可可脂（CBS）；（3）替可可脂（CBR）。类可可脂与可可脂的一般化学结构相同，因而有着相似的熔化和结晶性质，它们包括来自于棕榈、雾冰草、牛油树、婆罗双树和烛果树的热带油脂。这些油脂可以调和形成与可可脂类似的POP、POSt和StOSt混和物。CBS主要由月桂型油脂（如椰子油、棕榈仁油）使用包括氢化、酯交换、分提等一些工艺过程生产。CBS具有可可脂的某些性质，但化学组成与可可脂不同。CBS的最佳原料是碘值小于1gI/100g[14]的极度氢化棕榈仁油。这种产品的熔化曲线非常陡峭，与可可脂非常相似，从而可以确保其最终的感官性质与可可脂不相上下。CBR 是将植物油（棕榈油、大豆油或棉籽油）经过部分氢化或氢化与分提相结合的工艺得到的，适用于焙烤食品及糖果用途。

17.5.4.4 乳脂与乳脂替代品

乳脂是一种天然油脂，有独特的物理、化学和生物学性质。它是一种非常重要的膳食脂肪资源，在食品配方中赋予特征性的风味、质构、外观和口感。与其他动物源或植物源的油相比，乳脂的特征是含有大量的不同碳链长度的脂肪酸。正是这种与其他油脂的差异，赋予了乳脂较低的平均分子量（可用其高皂化价和低折光指数说明）。乳脂含甘油三酯97%～98%、磷脂0.2%～1%、游离甾醇0.2%～0.4%、痕量游离脂肪酸和不同含量的脂溶性维生素 A、维生素 D、维生素 E、维生素 K。乳脂的脂肪酸模式复杂，包括7%短链脂肪酸（C_4～C_8）、15%～20%的中碳链脂肪酸（C_{10}～C_{14}）、73%～78%的长碳链脂肪酸（C_{16}及以上）和少量的奇数碳脂肪酸、支链脂肪酸和羟基脂肪酸。乳脂中含量最高的饱和脂肪酸是豆蔻酸（14:0）、棕榈酸（16:0）和硬脂酸（18:0），主要的不饱和脂肪酸是油酸（18:1）、亚油酸（18:2）和亚麻酸（18:3）。油酸是乳脂中最主要的单不饱和脂肪酸。

乳脂改性的目的在于改善其营养价值，可以采用的方法是改变其甘油三酯甘油骨架上的脂肪酰基组成。当前，乳脂商业改性可用的工艺包括调和、氢化和分提。已建议将酯交换作为乳脂、乳脂分提物或乳脂与植物油的混和物的一种改性方法，以及作为改善乳脂营养特性或涂抹性的方法。

Betapol® 是由荷兰 Wormerveer 的 Loders Croklaan 公司生产的一种人乳脂替代品。它是通过酯交换将植物油改性成具有和乳脂极其类似的甘油三酯组成。与其他乳脂替代品相比，该产品与人类乳脂的特殊结构和脂肪酸组成极为相近，其营养价值也与人乳脂非常相似，*sn*-2 位的棕榈酸含量高。此外，Betapol® 用于婴儿食品中可以改善人体对矿物质和脂肪的吸收，而且在肠道内形成的钙皂减少，结果形成较为柔软的粪便。

17.6 水解和酯化

油脂水解是甘油三酯在有水的情况下分解为甘油和脂肪酸的过程（见图 17.8a）。将甘油三酯水解成甘油和游离脂肪酸有三种途径：高压蒸汽裂解、碱水解（皂化）和酶法水解。在目前的工业实践中，通过油脂水解来生产游离脂肪酸、肥皂和甘油。为了生产游离脂肪酸产品，油脂采用逆流蒸汽连续工艺在高温（250℃）高压（5000～6000kPa）下水解。这是一个高效的过程，反应后水相中含 10% 甘油，油相中含 97% 游离脂肪酸。由于该工艺使用高温，含有高度不饱和脂肪酸的油脂会分解形成不受欢迎的氧化产物。高压蒸汽裂解获得的产品颜色一般比较深，因此需要进一步蒸馏。高压水蒸气裂解需要很高的资金投入和能耗。碱水解也需大量能耗，且生成的皂需要酸化才能得到所要得到的脂肪酸。酶催化法为油脂水解生产脂肪酸提供了一种选择方法，它可以在室温或相对温和的温度压力下进行。因此，该法适用于含有高不饱和脂肪酸或共轭双键等氧化稳定性差的油脂的水解。脂肪酶催化水解油脂来生产脂肪酸和甘油似乎不如传统的化学法更为经济，主要是因为脂肪酶的成本相对较高。但在生产高附加值产品时，酶法在经济上更具有吸引力。用脂肪酶水解鱼油生产 $n-3$ 多不饱和脂肪酸是酶法水解油脂制备具有合理商业价值产品的可能用途之一。

酯化是水解反应的逆过程，它是脂肪酸与甘油之间的反应。除了酯以外，水也是其产物之一。反应是一个可逆过程，要使反应完全，必须把水不断地从反应体系中分离出去。水解反应和酯化反应之间的平衡由反应混合物中的水分决定。水过量，则水解反应占主导地位，当将水除去时，酯化反应更容易进行[3, 4]。

适当调整酯化反应物，就可用脂肪酸与甘油的酯化反应来生产甘油一酯、甘油二酯和甘油三酯。甘油与脂肪酸的酯化包含成系列的 3 个平衡反应，如图 17.8 所示。这些反应的产物通常是甘油一酯、甘油二酯和数量不定的甘油的混合物。这些产品具有多种用途，其中重要的是作为食品、化妆品和药品的乳化剂和稳定剂[15, 16]。

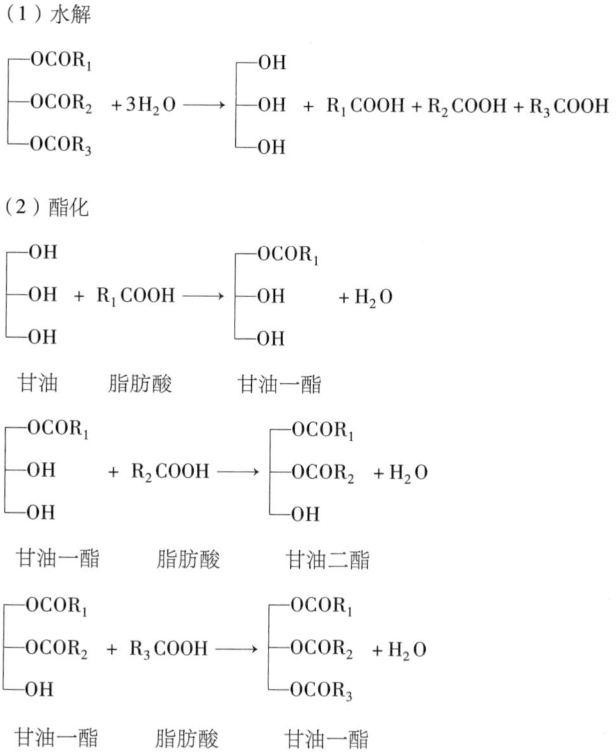

图 17.8 水解和酯化反应

脂肪酶催化甘油与脂肪酸的酯化反应也是一个可逆反应，酯化程度取决于体系中的水含量。酯化反应中水分的积累受到关注，因为它促进生成物酯的水解。可使用分子筛[17]连续不断地将反应产物水从反应体系中分离出去，使酯化反应完成；然而体系中也需要少量的水来维持酶的活性。平衡时，酯的浓度取决于各种介质特性，例如反应体系中的水分活度。通常低水分活度下获得的酯浓度高。然而，水分活度不是决定反应平衡的唯一参数，其他反应变量的热力学活性也是重要的。

17.7 脂肪酶用于脂质改性

脂肪酶或甘油三酯酰基水解酶（E. C. 3.1.1.3）在其酶学性质和底物特异性上是非常广泛的。对特异性的新脂肪酶的需求是显而易见的，工业上一直在寻求高催化活性、高选择性和低成本的脂肪酶。脂肪酶广泛地分布在大自然中，它们在非均相反应体系中的油/水分界面上具有活性，已被应用于脂质改性。脂肪酶是一种优先催化水解和合成酯和甘油三酯的酶。脂肪酶的生理功能是水解脂质将其转化为细胞和器官可利用的能量。脂肪酶遍布自然界中，存在于动物、微生物和植物界。最为著名且研究最为充分的脂肪酶是人胰脂酶、猪胰脂肪酶和几个微生物脂肪酶。酯酶也催化酯键的水解，脂酶与酯酶相比，前者最为普遍的特征是其在油/水界面被激活[18]。与酯酶截然不同的是，脂肪酶对底物单体显示低活性，但是一旦底物形成胶束或成为一个分离相，脂肪酶活性就会急剧地提高，该现象被称为界面激活（interfacial activation）[19]。

与化学催化反应相比，脂肪酶催化反应最主要的优势在于可以制备种类广泛的具有不同组成和性质的产品，这都取决于所用脂肪酶的底物特异性或立体特异性。此外，脂肪酶催化反应的优势还包括反应条件温和、减少能量消耗和降低反应物和产物的热损害。

尽管酶在食品结构和成分修饰方面已经使用多年，但是直到今天才有可能在工业中大规模地应用。根据酶制造商的介绍，基因工程和现代加工技术的发展使得目前的酶工业能够提供性能优、成本低的酶[20]。在酶催化反应的工业开发中，酶需要重复加以利用。为达此目的，酶用多种方式固定化。酶的固定化可以简单地通过将酶的水溶液与适当的支撑材料混和，然后在减压的条件下将水除去来实现；为了激活酶，支撑材料要保持少量的水或添加少量水到反应混合物中。

脂肪酶也可以通过限制体系中的水分含量来催化酯交换反应，使酯交换反应相对于水解反应占据优势。该反应通常要在有机溶剂中完成，这也有助于溶解反应物。然而，仅仅降低水分浓度是不够的；水解反应的逆反应要求在水分活度（A_w）低于 1 的条件下操作[21]，因而如果在水占主导地位的环境中试图进行酯交换反应，产品得率会很低[22]。

17.7.1 结构 - 功能关系

如前所述，脂肪酶在疏水区和亲水区之间的界面起作用，这是区分脂肪酶和酯酶的一个特征。与丝氨酸蛋白酶相似，脂肪酶也具有亲核试剂 - 组氨酸 - 酸性残基催化三联体，表明其自身是丝氨酸 - 组氨酸 - 天冬胺酸三联体或丝氨酸 - 组氨酸 - 谷氨酸三联体。该酶的催化位点往往埋藏在蛋白质结构内部，被相对疏水性的残基所包围。一种α - 螺旋状的多肽结构起到盖子的作用，使该位点不能接触溶剂和底物。为使脂肪酶具有活性，α - 螺旋盖结构必须打开，使得活性位点能够与底物接触。界面激活现象往往与盖子的重新定位、活性位点邻近表面的疏水性增大和暴露有关系。盖子结构的打开可能由油/水界面的相互作用所启动。

诸如甘油三酯、一元醇脂肪酯或脂肪酸等底物在作用位点的酰化与脱酰化机理如图 17.9 所示。酰化时，底物结合到作用位点上，羧基碳定位于丝氨酸侧链内的羟基氧邻近处（见图 17.9），该氧原子对底物羰基碳进行亲核攻击，形成一个正四面体的过渡态，一个酰基酶中间体；该丝氨酸由于邻近的组氨酸和天冬氨酸残基作用而成为更强的亲核试剂。氢从丝氨酸上的羟基临时转移到与丝氨酸残基邻近的组氨酸残基上。中间体重排，氢从组氨酸转移到底物酯的醇羟基部分，然后生成一个醇，随后脱离活性位点。此时，脂肪酰部分通过酯键与酶共价连接，称为酰基酶。在下一步中，发生脂肪酶酰基化的逆转，酰基酶受到醇或水分子的攻击，酰基酶中间体再次形成，随后重排并释放出新的酯。由于其为一个多底物反应，这种类型的机制被称为乒乓 Bi - Bi 机制[23]。

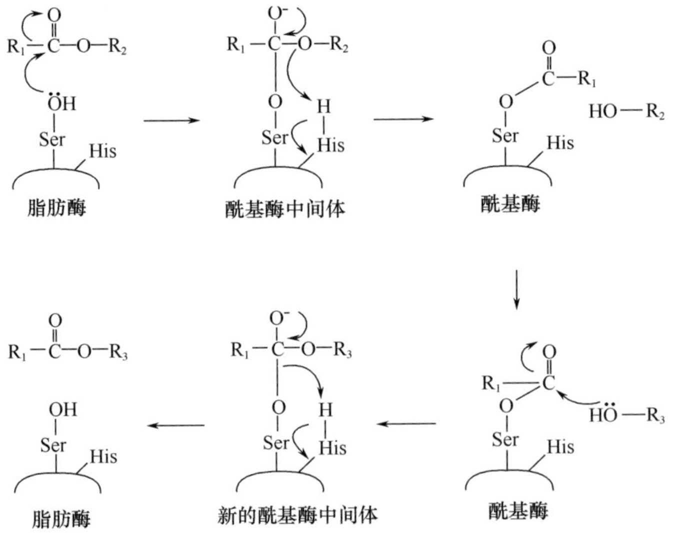

图 17.9 脂肪酶催化机制

17.7.2 脂肪酶的特异性

特异性是酶分子的最显著的特征之一。酶的特异性可根据在特定反应中催化速率的相对差别来定义。一种酶被鉴定为脂肪酶后，这一类酶的某些特异性就确定了或预期可以确定。作为脂肪酶催化反应与化学催化反应的区别，脂肪酶的主要优点是其脂肪酶特异性。脂肪酶已成为非常有用的催化多种类型反应的酶，具有相当广泛的底物特异性。利用脂肪酶的脂肪酸特异性已生产出结构脂质，使特定脂肪酸在某些脂质中富集，从而改善脂质的营养特性[24]。某些脂肪酶对甘油三酯分子内的脂肪酰基显示特异性（区域特异性），以及对脂肪酸显示选择性。

脂肪酶基于其特异性可分为三类：随机性（非区域特异性），对甘油三酯的 *sn*－1，3－特异性（区域特异型），或对特定脂肪酸（或通常是对一类脂肪酸）的特异性（图 17.10）。非特异性脂肪酶的例子包括来源于圆柱假丝酵母（*Candida cylindraceae*）、粉刺棒状杆菌（*Corynebacterium acnes*）、金黄色葡萄球菌（*Staphylococcus aureus*）、扩展青霉（*Penicillium expansum*）和洋葱假单胞（*Pseudomonas cepacia*）的脂肪酶；白地霉（*Geotrichum candidum*）显示脂肪酸特异性[11, 25]。非特异性脂肪酶水解甘油三酯将使甘油三酯完全水解生成甘油和游离脂肪酸，甘油二酯和甘油一酯是反应中间的中间体，但一般在反应期间不会积累到高水平，推测是因为它们的水解要比甘油三酯更快。

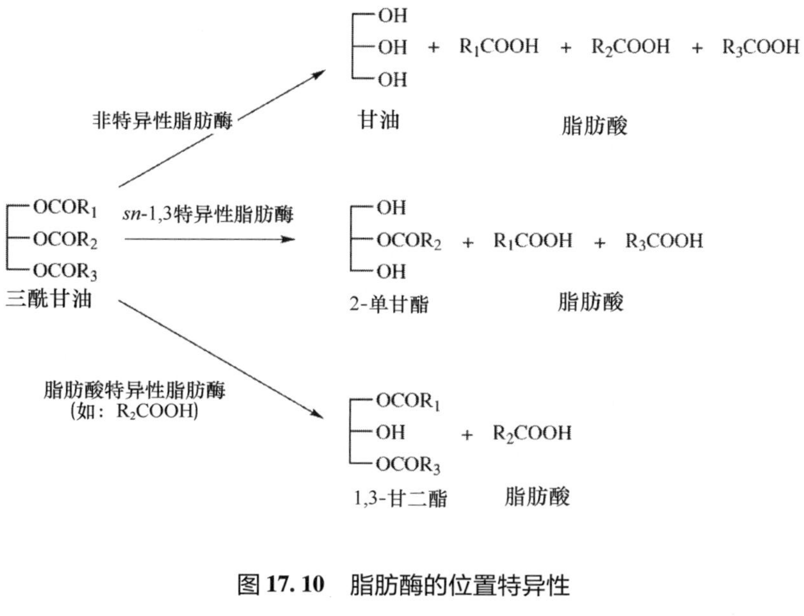

图 17.10 脂肪酶的位置特异性

sn－1，3 特异性的脂肪酶包括那些来自米黑毛霉（*Mucor miehei*）、爪哇魏斯毛霉（*Mucor javanicus*）、黑曲霉（*Aspergillus niger*）、荧光假单胞菌（*Pseudomonas fluorescens*）、德氏

根霉（*Rhizopus delemar*）、少根根霉（*Rhizopus arrhizus*）的脂肪酶和胰脂肪酶[11, 25~27]。这些酶只从甘油三酯的甘油骨架上的 *sn*－1 和 *sn*－3 位切下脂肪酸，因而这些脂肪酶对甘油三酯的水解产物是游离脂肪酸、1，2（2，3）－甘油二酯和 2－甘油一酯。

来源于白地霉的脂肪酶是一例对含顺－9 双键的 C_{18} 脂肪酸显示脂肪酸特异性的酶[25, 28]。无论这些脂肪酸处于甘油骨架的哪个位置，该脂肪酶都能水解这些脂肪酸的酰基甘油酯。这些特异性是永远无法在化学催化水解、酯化或酯交换反应中达到的。此外，大多数脂肪酶还对消旋酯、醇和酸底物显示对映选择性。利用这一性质可从消旋混合物中分辨对映体，这在有机合成中非常重要[29]。因而，白地霉脂肪酶的独特的特异性对于生产特殊的脂肪酸组分可能有用。例如，已利用该脂肪酶催化的酯化反应浓缩琉璃苣油中的 γ－亚麻酸（GLA）。

短链脂肪酸的优先性也是脂肪酶的一个特异性，这种特异性可在工业规模上获得开发，这种脂肪酶可用于生产低热量结构脂质，或在乳品工业中通过从乳脂释放短链或中链脂肪酸来获得特定的风味成分[25]。

17.7.3 脂肪酶催化反应的影响因素

在酶催化反应中，诸如水分浓度、反应温度、pH、酶固定剂和每种溶剂的性质等都是非常重要的参数。以下对这些因素进行简要介绍。

17.7.3.1 水分含量

众所周知，一定水平的水分对有机介质中发生的脂肪酶催化反应是必要的。但水分含量对不同脂肪酶的影响不同。因此，水分含量应针对个别反应体系进行调整，以达到可接受的产品得率。即使在少量水存在的情况下，甘油三酯也可能容易水解。

水在酶催化反应中发挥着不同的功能。反应介质中需要一定水平的水分，以在酶分子周围保持一层水从而维持其活性。这一部分水对脂肪酶具有重要意义，它维持了酶分子的活性三维构象。水还有助于酶结构的完整性、活性点的极性和蛋白质的稳定性。存在的水分含量对非水介质中酶的热稳定性和催化功能具有重要意义，这已获得公认。为促进合成，在热力学上水分活度应保持在尽可能低的水平。当水分含量达到某个临界水平时，就会促进水解，但彻底消除体系中的水分将导致脂肪酶失活，因此使生化反应停止。

酶的活性显著地受到水分活度（A_w）的影响。已发现不同来源的脂肪酶具有完全不同的行为：一些在低 A_w 下显示高活性，而另一些在中间或非常高 A_w 下显示高活性[31]。A_w 还会影响脂肪酶催化水解或酯化反应的表观 K_m 和 V_{max} 值[32]。可以用热力学 A_w 来定义水与反应体系中其他组分的关系[33]。溶液的热力学 A_w 可定义为在给定温度下溶液上空水蒸气压与纯水上空水蒸气压之比。生物催化剂的水分含量在支配酶活性方面比体系总含水量更重要。诺和诺德公司的 Novozym－435® 来源于南极假丝酵母，其含水量为 1%～2%（质量分数），已证明该酶制剂可在几种非水相条件下高效制备得到甘油三酯产品[5, 35, 36]。

17.7.3.2 温度与 pH

一般而言，反应温度每升高 10℃，化学反应的速率就增加一倍。因为脂肪酶是蛋白质，所以它们在高温下会发生热变性。因此，酶活性随温度升高而增加的现象会受到蛋白质热变性的竞争效应的影响。因此，催化效率会随温度而升高，但范围有限，然后在蛋白质临界变性温度以上催化效率显著降低。

溶液的 pH 可以以多种方式影响脂肪酶活性。与其他蛋白质一样，酶具有对 pH 敏感的三级结构。总体而言，酶变性发生于极端高或低的 pH 下。在极端 pH，蛋白质的三级结构可能破坏，蛋白质变性。许多蛋白质由 pH 诱导变性发生聚集，这种行为可用肉眼观察到。如果将酶活性对 pH 作图，通常将得到一条钟形曲线，其 pH 最佳值或锐利或宽广。

17.7.3.3 溶剂类型

已发现不同有机溶剂对各种酶的催化活性有影响[37]。从机理上看，有机溶剂对酶催化活性的影响还存在争议[38]。当酶分散在有机溶剂中时，酶的构象发生了变化，据报道，这会改变底物特异性和底物对酶的亲和性[39]。有机溶剂的极性影响脂肪酶催化反应，正如在有机介质中其他变量对酶活非常关键一样。溶剂的性质对于保持酶周围的一层必需水至关重要，这层水极大影响脂肪酶的催化特性。因为酶依赖水，故其活性与溶剂的疏水性有关。因而溶剂是否合适可通过测定溶剂的疏水性而进行预测。定量描述溶剂对酶反应影响最常用的参数是 $\lg P$，其中 P 是溶剂在水和 1－辛醇之间的分配系数。一般而言，有机溶剂中的酶催化受到以下规则支配：①$\lg P$ 值小于 2 的溶剂不适合酶反应，因为它们强烈扰动酶周围的水而使其失活；②$\lg P$ 值处于 2～4 的溶剂，它们是弱的水扰动剂，以不可预测的方式影响酶的活性；③$\lg P$ 值大于 4 的溶剂，它们不会扰动必需水层，因此更适合酶催化反应[38]。脂肪酶对溶剂 $\lg P$ 的敏感度取决于脂肪酶的来源。

有机溶剂可能有助于保持低的 A_w，进而降低如酯化或水解这类反应的热力学屏障。此外，有机底物在有机溶剂中的高溶解性导致更高的反应速率。一般而言，极性有机溶剂与用于维持酶的三维结构的水进行竞争，将可能破坏酶的活性。因此，与水不混溶的疏水性溶剂对于非水相酶是理想的。有机溶剂，如正己烷，可发挥数种功能，包括增加非极性底物的溶解性，推动反应趋向合成而非水解[37]。脂肪酶在正己烷中的活性似乎比在其他溶剂如异辛烷、丙酮、石油醚、苯、甲苯和乙酸乙酯中更高[5]。

在无溶剂反应体系中，溶剂的缺失有利于下游加工，因为反应混合物中存在的成分更少。此外，由于反应步骤中没有溶剂，显著节省了成本。在某些方面，无溶剂反应体系与有溶剂系统是一样的，因为反应物充当了反应介质。在无溶剂的情况下，经常可以得到高纯度的产品（无溶剂）。但无溶剂体系的一个缺点是介质黏度可能太高，导致混合不佳，因此反应速率低。

17.7.3.4 固定化试剂

酶成本高，但通过固定化可实现脂肪酶的再生和重复利用，这是酶生物催化反应非常吸引人的特点。固定化酶是指被连接到不溶性支撑介质或被不溶性支撑介质包埋的酶，或是酶分子之间相互交联但未失去催化活性的酶。脂肪酶的固定化为其商业应用提供了一些益处。在某种程度上，固定化可能保护脂肪酶免于溶剂变性和允许脂肪酶重复使用，最后获得不含催化剂的产品。固定化还可增加脂肪酶对 pH 和热的稳定性。总体而言，固定化酶容易从反应混合物中分离出来，这在工业中非常重要。这样，反应可以通过物理方法除去固定化酶而被终止，并且酶可重复使用。由于这些原因，固定化脂肪酶应用于连续操作工艺中是理想的。目前，固定化脂肪酶的连续生产过程通常是在简单的搅拌釜反应器或在填充床反应器中进行的。

酶可以用多种技术固定：①两个酶分子交联；②以共价键连接到惰性分子；③吸附到不溶性基质上；④在有机液相中沉淀，形成不溶性酶颗粒；⑤包埋在三维聚合物基质中。因此与固定化剂之间结合力包括如下：①共价键力，如在共价连接、分子间半胱氨酸桥、交联中；②氢键，如氢原子与电负性原子之间的相互作用；③范德华力，如在疏水吸附、微胶囊包埋、反胶束中；④离子键，如在离子交换、分子间半胱氨酸或盐桥中。

相对于与其直接连接或受其约束的酶分子而言，固定化试剂的尺度更大，有助于形成酶富集相。在分子间交联方式中，以及在有机相酶沉淀的方式中，不存在这种支撑材料。固定化试剂可以是液体（如反胶束中），或是固体基质（如在大多数常用的固定化技术中）。固体支撑材料包括硅藻土、amberlite 树脂、纤维素、硅胶、黏土、碳和氧化铝等。

固定化脂肪酶支撑材料应该保持酶对底物的可接触性，从而使酶得到有效的利用。已经发现某些脂肪酶在固定化后稳定性得到改善[40]，这可能归因于支撑材料恰好提供了使酶活性所需数量的水分的能力。支撑材料影响酶分子邻近处的水分含量，影响反应混合体系中反应物或产物的分配。在亲水性的支撑材料上固定化可能会导致酶活的损失，因为酶发生了构象变化。亲水性（如极性）材料也会降低疏水性底物在亲水区域的溶解性，从而降低底物对酶活性位点的可接触性。

酶支撑材料的吸水能力可以用“亲水性”（A_q）这一术语来表征，它是在标准条件下支撑材料上的水数量与溶剂中的水数量的比值[41]。具有高 A_q 值的支撑材料是亲水性的，因此可能剥夺水合作用的必需水。脂肪酶的活性通常在疏水性（亦即实质上非极性）的支撑材料上更高，例如硅藻土和 Bonopore（译者注：一种吸附剂）[42]。

由于脂肪酶是蛋白质，其构象会受温度和 pH 的影响，因此，对大多数酶的催化活性，这两个因素具有一个最佳条件。固定化后，脂肪酶催化反应的最适 pH 向碱性方向略有移动[43]。也可注意到，固定化后酶催化反应的最适温度也略有提高。高温对酶催化活性结构所需的相互作用有破坏效应，因为固定化为酶分子提供了一个刚性的外部骨架，破坏效应就变得不太突出了，因此预期酶的最适温度会提高。固体化还将酶固定于一种构象，这就降低了酶热变性的敏感性。固定化脂肪酶，例如来自米黑毛霉和南极假丝酵母的脂肪酶[34]，在加工大多数油脂所需的温度下显示良好的热稳定性，因此最适合油脂的生物改性。

17.7.4 脂肪酶的应用

酶催化反应已被用于糖果用油脂配方和营养用途的甘油三酯的生产。在糖果用油脂领域，使用固定化的米黑根毛霉脂肪酶催化高油酸葵花籽油与硬脂酸的酯交换反应，主要产生1，3－二油酸－2－硬脂酸－甘油酯（StOSt）。也可以用其他反应物生产糖果用甘油三酯。尤其是，有许多关于利用棕榈油馏分与硬脂酸或硬脂酸酯的酶法酯交换，生产含有高含量 StOSt 和 POSt（1－棕榈酰－2－油酰－3－硬脂酰甘油）的油脂的报道[11]，它们是可可脂的主要成分。因此，酶法酯交换可生产成分、物理性质与可可脂非常相似的产品。在这个例子中，发现大部分脂肪酶对甘油骨架的 *sn*－1 和 *sn*－3 位的选择性是有利的，因为可可脂中最重要的甘油三酯成分在 *sn*－1，3 位脂肪酸残基上主要是棕榈酰基和硬脂酰基，在 *sn*－2 位的主要为油酰基。化学酯交换没有选择性。也已使用 *sn*－1，3 特异性脂肪酶通过肉豆蔻酸对棕榈油馏分的酸解作用[44]，或使用来自黑米毛霉的脂肪酶通过棕榈酸对橄榄油的酸解作用[45]来生产可可脂代用品。

酶催化反应用来生产婴儿配方用途的人乳脂替代品[46~48]。使用 *sn*－1，3－特异性脂肪酶作为生物催化剂，三棕榈酸甘油酯与不饱和脂肪酸混合物进行酸解反应，得到完全来自植物油的甘油三酯，在其 *sn*－2 位富含棕榈酰基，而在其 *sn*－1 和 *sn*－3 位富含不饱和脂肪酰基[44]。这些甘油三酯与人乳脂中发现的脂肪酸分布非常相近，在婴儿配方中用其替代常规脂肪时，甘油三酯的 *sn*－2 位存在的棕榈酸改善了脂肪消化性和钙等其他重要营养物质的吸收[46, 49]。

已有报道酶辅助反应可能应用于诸如人造奶油硬脂部分和烹调油等低值非特殊脂质生产[50]。当用非特异性脂肪酶（如来自 *Candida cylindraceae* 和 *C. antarctica* 的脂肪酶）作为酯交换生物催化剂生产调和油时，所得的甘油三酯产物与化学酯交换得到的产物非常相似[11]。因此，在技术上用酶法取代化学酯交换来获得相同的产品是可行的，之所以尚未在商业规模上采用，很大程度上是由于其工艺和催化剂成本相对较高。

另一个应用是生产含有诸如DHA和EPA等重要营养价值的多不饱和脂肪酸的油脂。例如，已经使用酶催化反应从很多植物油和海产油富集DHA和EPA[35, 51, 52]。已报道采用该技术生产出中链脂肪酸和多不饱和脂肪酸特异性地定位于甘油三酯的*sn*－2位或*sn*－1，3位的结构脂质。酶法工艺尤其适用于含多不饱和脂肪酸脂质的生产及改性，因为这些不稳定的脂肪酸在化学反应所采用的剧烈条件下易受到破坏。

如果将区域或立体专一性的脂肪酶用于混合油酯交换，则形成的产品与化学酯交换得到的产品不同，而且可能显示更好的功能性。例如，用*sn*－1，3－特异性德氏根霉脂肪酶作为生物催化剂，使卡诺拉与棕榈油混合物进行酯交换，与原始混合物或化学酯交换产品相比，酯交换得到的油具有更好的流动性。

用*sn*－1，3－特异性脂肪酶作为生物催化剂，使棕榈油、氢化卡诺拉油、棉籽油和氢化大豆油的混合油进行酯交换，得到反式脂肪酸含量低的油脂，可用作人造奶油硬脂部分[53]。采用固定化的米黑毛霉脂肪酶，使棕榈硬脂和月桂酸脂肪混和物反应，也可生产具有人造奶油硬脂功能的脂肪[54]。使用这些酶法酯交换脂肪时，配制人造奶油就可以不使用氢化脂肪。

17.8 油脂改性生产结构脂质

结构脂质可定义为通过化学或酶法工艺重新构造或改性的甘油三酯，其脂肪酸组成或在甘油分子内的位置分布发生了改变。开发这些特殊脂质，是为了充分优化各种脂肪酸的功能。据报道，结构脂质对一系列新陈代谢参数有有益影响，如免疫功能、氮平衡和从血流中更好清除脂肪[46]。如前所述，也可合成结构脂质来改善或改变甘油三酯的物理或化学性质，如熔点、固体脂肪含量、碘值和皂化值。

结构脂质常被称作新一代脂质，可视为“营养药物”（nutraceuticals）[55]。营养药物这个术语，说的是该类食物可提供有关营养效用以外的保健功效[56]。若这些产品被纳入有着食品的通常外观又可提供特定健康益处的产品范围，它们可被称为功能性食品或功能性脂质。无论如何定义，视其应用类型，结构脂质可以设计成为医疗或功能食品以及营养药物等各种用途[56]。

制备结构脂质的方法之一是从甘油三酯混合物水解脂肪酰基，然后随机地重新酯化到甘油骨架上[57]。通常，多种脂肪酸可用于该工艺，包括不同类别的饱和、单不饱和和多不饱和脂肪酸，采用什么脂肪酸取决于期望得到的代谢效果。可以多种脂肪酸结合到同一个甘油分子上。与中碳链甘三酯和长链甘三酯的简单而随机的物理混合物相比，这些结构脂质的结构和代谢相当不同。一个中碳链甘三酯和一个长碳链甘三酯组成结构脂质时，可能产生6种脂肪酸组合：两个中碳链脂肪酸和一个长碳链脂肪酸，一个中碳链脂肪酸两个长碳链脂肪酸，两个位置异构体，以及少量的起始中碳链甘三酯和长碳链甘三酯（见图17.11）。

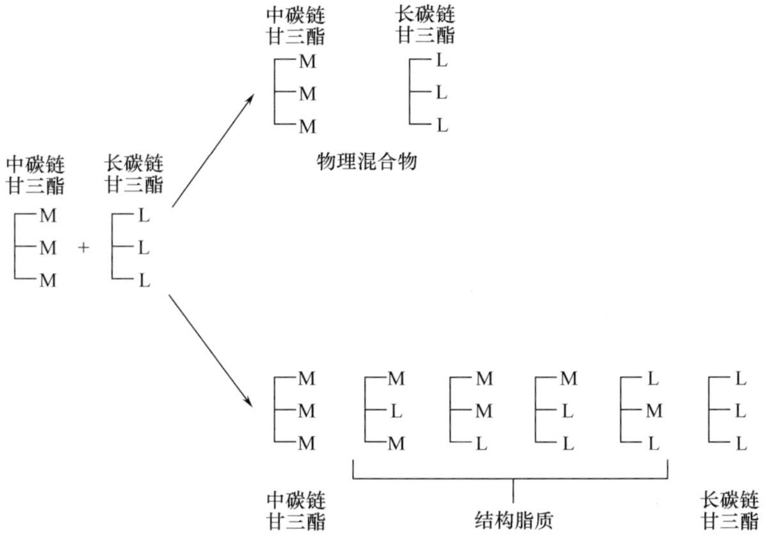

图17.11 甘油三酯的物理调和与结构脂质

基于其高度的区域选择性，脂肪酶是制造结构脂质的有效生物催化剂，这些结构脂质在甘油骨架上具有预定的脂肪酸组成和分布。通过来源于植物油的三棕榈酸甘油酯、油酸或多不饱和脂肪酸，使用 *sn* –1，3 –特异性脂肪酶作为生物催化剂进行酯交换[46]，已经生产与人乳甘油三酯相似的结构脂质。这种甘油三酯与人乳的脂肪酸分布非常相似，可用于婴儿食品配方中。除更能模拟人乳外，已经证明 *sn* –2 位棕榈酸的存在可以改善消化性并促进钙等其他营养素的吸收。

采用 *sn* –1，3 –特异性脂肪酶进行长碳链甘三酯与中碳链脂肪酸或中碳链脂肪酸的酯交换，可以得到 *sn* –1，3 位含中碳链脂酰基而 *sn* –2 位含长碳链脂肪酸的甘油三酯。这样的产品在自然界中是不存在的，而且难以用化学催化反应来合成。用于合成这些结构脂质的两种可能方法如图17.12所示。两种策略的关键点是使用 *sn* –1，3 –特异性脂肪酶，目的是用 *sn* –1，3 –特异性脂肪酶将处于甘油三酯的 *sn* –1 和 *sn* –3 位的脂肪酸残基替换掉，而保持 *sn* –2 位的脂肪酸残基不变。

诸如 DHA、EPA 的多不饱和脂肪酸在甘油酯中间位置而在两端有中碳链脂肪酸的结构

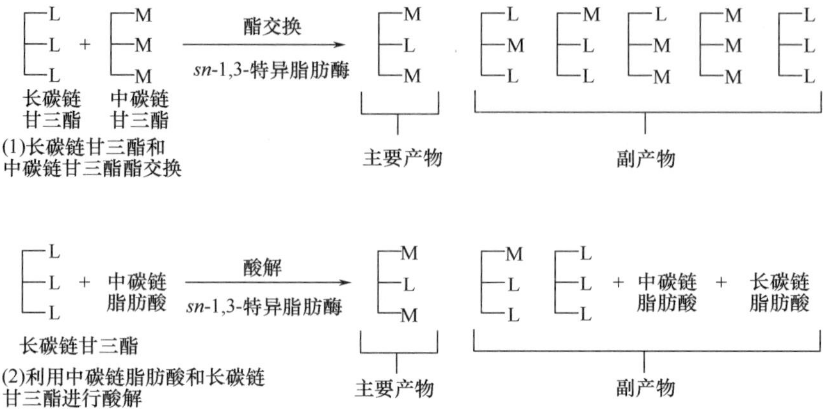

图 17.12 酶催化合成特定结构脂质

脂质，其作为营养和健康补充剂已经受到了相当关注。这些甘油三酯通过中碳链脂肪酸的氧化快速传递能量，并且同时在同一个分子内提供代谢功能性脂肪酸。使用固定化的米黑毛霉 *sn*－1，3－特异性脂肪酶，Senanayake 和 Shahidi [51] 将癸酸结合到含有 DHA 和 EPA 的鲸脂油中，这种酶催化酸解得到的结构脂质含 27.1% 癸酸、2.3% EPA 和 7.6% DHA。米黑毛霉脂肪酶将癸酸主要结合到结构脂质的 *sn*－1，3 位。

同时含有 γ－亚麻酸和 n－3 多不饱和脂肪酸的结构脂质可能令人感兴趣，因其具有期望的保健效应。在富含 γ－亚麻酸的油（如月见草油和琉璃苣油）和游离 EPA 和 DHA 之间进行酸解时，Senanayake 和 Shahidi [36] 使用假单胞菌非特异性脂肪酶 PS－30 将 n－3 多不饱和脂肪酸掺和进这些油中。在最佳反应条件下，多不饱和脂肪酸（EPA + DHA）在琉璃苣油和月见草油中的掺和率分别为 35.5% 和 33.6%。保留在结构脂质中的 γ－亚麻酸分别为 17.1% 和 7.6%。γ－亚麻酸已经在多种疾病特别是遗传性过敏症湿疹、皮炎、炎症、高血压和经期前综合征中显示疗效。另一方面，n－3 多不饱和脂肪酸对于心血管疾病、关节炎、高血压、免疫和肾功能紊乱、糖尿病和癌症的防止具有潜力。另一种含有 γ－亚麻酸和 DHA 的结构脂质也已经用琉璃苣油为主要底物，通过 Novozym 435（南极假丝酵母）催化酸解成功制备出来 [5]，如此制备的结构脂质含 27.4% DHA 和 17.0% γ－亚麻酸。这些定制的脂质可能应用于某些临床紊乱的治疗。

琉璃苣油和月见草油的脂肪酸组成也可使用假单胞菌脂肪酶 PS－30 作为生物催化剂掺入 EPA 来改性 [58]。酸解反应完成后，琉璃苣油基结构脂质含 26.8% EPA 和 15.2% γ－亚麻酸。同时，月见草油基结构脂质的 EPA 和 γ－亚麻酸含量分别为 25.2% 和 7.6% [58]。

结构脂质令人感兴趣的另一个领域是合成低热量甘油三酯。最熟知的低热量脂质种类是美国俄亥俄州辛辛那提宝洁公司的 Caprenin、美国堪萨斯州丹尼斯克科特公司的 Salatrim，以及中碳链甘三酯制品。这些将在另一章中详细讨论。

参考文献

1. T. L. Mounts, *NATO ASI Series: Series A, Life Sciences*, **131**, 201 (1987).
2. V. Sreenivasan, *J. Amer. Oil Chem. Soc.*, **55**, 796 (1978).
3. W. M. Willis and A. G. Marangoni, in C. C. Akoh and D. B. Min, eds., *Food Lipids: Chemistry, Nutrition and Biotechnology*, Marcel Dekker, Inc., New York, 1998, p. 665.
4. A. G. Marangoni and D. Rousseau, *Trends Food Sci. Tech.*, **6**, 329 (1995).
5. S. P. J. N. Senanayake and F. Shahidi, *J. Amer. Oil Chem. Soc.*, **76**, 1009 (1999).
6. A. Millqvist, P. Adlercreutz, and B. Mattiasson, *Enzyme Micorb. Technol.*, **16**, 1042 (1994).
7. H. Noureddini and S. E. Harmeier, *J. Amer. Oil Chem. Soc.*, **75**, 1359 (1998).
8. D. Rousseau and A. G. Marangoni, in C. C. Akoh and D. B. Min, eds., *Food Lipids: Chemistry, Nutrition and Biotechnology*, Marcel Dekker, Inc., New York, 1998, p. 301.
9. J. W. E. Coenen, *Rev. Fr. Corps Gras*, **21**, 403 (1974).
10. H. K. Hawley and G. W. Holman, *J. Amer. Oil Chem. Soc.*, **33**, 29 (1956).
11. A. R. Macrae, *J. Amer. Oil Chem. Soc.*, **60**, 291 (1983).
12. G. List, *Food Technol.*, **58** (1), 23 (2004).
13. G. List, E. Emken, W. Kwolok, and T. Simpson, *J. Amer. Oil Chem. Soc.*, **54**, 408 (1977).
14. M. C. Willson, *Inform*,, **13**, 904 (2002).
15. J. A. Arcos and C. Otero, *J. Amer. Oil Chem. Soc.*, **73**, 673 (1996).
16. R. Rosu, M. Yasui, Y. Iwasaki, and T. Yamane, *J. Amer. Oil Chem. Soc.*, **76**, 839 (1999).
17. F. Ergan, M. Trani, and G. Andre, *Biotechnol. Lett.*, **10**, 629 (1988).
18. R. Verger and G. H. de Haas, *Annu. Rev. Biophys. Bioeng.*, **5**, 77 (1976).
19. R. Verger, in B. Borgstrom and H. L. Brockman, eds., *Lipases*, Elsevier Applied Science, New York, 1984, p. 121.
20. E. N. Vulfson, *Trends Food Sci. Technol.*, **4**, 209 (1993).
21. P. J. Halling, *Enzyme Microbial Technol.*, **6**, 513 (1984).
22. R. W. Stevenson, F. E. Luddy, and H. L. Rothbart, *J. Amer. Oil Chem. Soc.*, **56**, 676 (1979).
23. H. R. Reyes and C. G. Hill, Jr., *Biotechnol. Bioeng.*, **43**, 171 (1994).
24. R. Reena, S. Divakar, and B. R. Lokesh, *J. Amer. Oil Chem. Soc.*, **79**, 555 (2002).

25. P. Villeneuve and T. A. Foglia, *INFORM*, **8**, 640 (1997).

26. K. D. Mukherjee, *Biocatalysis*, **3**, 277 (1990).

27. N. N. Gandhi, *J. Amer. Oil Chem. Soc.*, **74**, 621 (1997).

28. R. G. Jensen, F. A. Dejong, and R. M. Clark, *Lipids*, **18**, 239 (1983).

29. P. E. Sonnet, *J. Amer. Oil Chem. Soc.*, **65**, 900 (1988).

30. T. A. Foglia and P. E. Sonnet, *J. Amer. Oil Chem. Soc.*, **72**, 417 (1995).

31. R. Valivety, P. J. Halling, A. D. Peilow, and A. R. Macrae, Biochim. *Biophys. Acta*, **1122**, 143 (1992).

32. R. Bovara, G. Carrea, G. Ottolina, and S. Riva, *Biotechnol. Lett.*, **15**, 937 (1993).

33. P. J. Halling, *TIBtech*, **7**, 50 (1989).

34. Novo Nordisk, Product Sheet, B 606c – GB, Franklinton, North Carolina, 1999.

35. S. P. J. N. Senanayake and F. Shahidi, *Food Chem.*, **77**, 115 (2002).

36. S. P. J. N. Senanayake and F. Shahidi, *J. Agric. Food Chem.*, **47**, 3105 (1999).

37. A. M. Klibanov, *Chemtech.*, **16**, 354 (1986).

38. C. Laane, S. Boeren, and K. Vos, *Trends Biotechnol.*, **3**, 251 (1985).

39. J. S. Dordick, *Enzyme Microb. Technol.*, **11**, 194 (1989).

40. H. F. De Castro, W. A. Anderson, M. Moo – Young, and R. L. Legge, in J. Tramper, M. H. Vermü e, H. H. Beeftink, and U. von Stockar, eds., *Biocatalysis in Non – Conventional Media*, Elsevier Science Publishers, Amsterdam, 1992, p. 475.

41. M. H. Vermue and J. Tramper, *Pure Appl. Chem.*, **67**, 346 (1995).

42. A. R. M. Yahya, W. A. Anderson, and M. Moo – Young, *Enzyme Microb. Technol.*, **23**, 438 (1998).

43. V. M. Balcao, A. L. Paiva, and F. X. Malcata, *Enzyme Microb. Technol.*, **18**, 392 (1996).

44. R. A. Wisdom, P. Dunnill, M. D. Lilly, and A. Macrae, *Enzyme Microb. Technol.*, **6**, 443 (1984).

45. T. Nielsen, *Fette Seifen Anstrichmittel*, **87**, 15 (1985).

46. P. Quinlan and S. Moore, *INFORM*, **4**, 580 (1993).

47. T. C. Christensen and G. Holmer, *Milchwissenschaft*, **48**, 543 (1993).

48. K. D. Mukherjee, in C. C. Akoh and D. B. Min, eds., *Food Lipids: Chemistry, Nutrition and Biotechnology*, Marcel Dekker, Inc., New York, 1998, p. 589.

49. A. Lucas, P. Quinlan, S. Abrams, S. Ryan, S. Meah, and P. J. Lucas, *Arch. Dis. Child.*, **77**, F178 (1997).

50. Z. Zainal and M. S. A. Yusoff, *J. Amer. Oil Chem. Soc.*, **76**, 1003 (1999).

51. S. P. J. N. Senanayake and F. Shahidi, *Food Res. Intl.*, **35**, 745 (2002).

52. S. P. J. N. Senanayake and F. Shahidi, in F. Shahidi, ed., *Seafood in Health and Nutrition. Transformation in Fisheries and Aquaculture: Global Perspectives*, ScienceTech Publishing Co., St. John's, Newfoundland, 2000, p. 29.

53. H. M. A. Mohamed and K. Larsson, *Fat Sci. Technol.*, **96**, 56 (1994).

54. L. H. Posorske, G. K. LeFebvre, C. A. Miller, T. T. Hansen, and B. L. Glenvig, *J. Amer. Oil Chem. Soc.*, **65**, 922 (1988).

55. J. P. Kennedy, *Food Technol.*, **11**, 76 (1991).

56. F. W. Scott and N. S. Lee, *Report of the Bureau of Nutritional Science Committee on Functional Foods*, Food Directorate, Health Protection Branch, Ottawa, Canada (1996).

57. V. K. Babayan, *Lipids*, **22**, 417 (1987).

58. S. P. J. N. Senanayake and F. Shahidi, *J. Agric. Food Chem.*, **50**, 477 (2002).

18 脂肪酸和油脂副产物的分离纯化新技术

Udaya N. Wanasundara[1], P. K. J. P. D. Wanasundara[2], Fereidoon Shahidi[3]

1 *POS Pilot Plant Corporation Saskatoon, Saskatchewan, Canada*

2 *Agriculture and Agri – Food Canada, Saskatchewan, Canada*

3 *Memorial University of Newfoundland St. John' s, Newfoundland, Canada*

18.1 引言

油脂是根据它们在有机溶剂中的溶解度不同而进行分类的一组化合物，包括几类具有相关性但化学和物理性质不同的化合物。大多数油脂的主要成分是甘油三酯，准确地说它们是甘油和三个脂肪酸形成的酯。在从种子、果皮或果仁中萃取油脂时，伴随甘油三酯的其他化合物，如磷脂、色素、生育酚、甾醇类等也分离出来。当油用作食用时，这些同时萃取出来的脂溶性物质使产品形成不良味道和非期望色泽，有时会使货架期缩短。随着食用油脂工业技术的发展，毛油通过精炼得到主要成分甘油三酯。在精炼过程同时将几种具有较高商业价值的成分分离出来。越来越多的科学证据证实，这些成分具有潜在的健康益处和功能用途，已做了很多努力来分离和浓缩这些微量成分。虽然食用油脂的主要分子形式是甘油三酯，但也很有必要根据其化学成分来分离食用油，或用不同方式对其进行改性。

18.2 制取脂肪酸的方法

在以油脂为原料获得的产品中，脂肪酸的产量最大，其用途从矿物油的净化到用于食物、药品。自然界中，脂肪酸以游离状态或大部分以酯化形式存在。脂肪酸根据碳链长度和碳碳双键的数目分类。各类脂肪具有自己的脂肪酸特征组成。已经建立了从天然原料中分离（或浓缩）和提取特殊脂肪酸及其衍生物（及其酯、游离脂肪酸、甘油三酯等）的多种方法，但只有极少数方法适合大规模生产。这些可行方法包括色谱（吸附和分离）、分馏或分子蒸馏、酶水解、低温结晶、超临界流体萃取和尿素络合。每一种方法都有其优点和缺点。

油脂中大多数的脂肪酸以甘油酯的形式存在，这些与甘油相酯化的甘油酯是构成油脂的主要成分。例如，在棕榈油中，脂肪酸的天然混合物可分为两个组成部分，即“软脂”，它含尽可能少的饱和脂肪酸，另一个是“硬脂”，含尽可能少的不饱和脂肪酸。不管采用哪一种分离工艺，起始的脂肪酸混合物或“原料”应达到一定标准。对于原料而言，高质量产品的脂肪酸应未被破坏（如氧化、异构化最少），脂肪酸以甘油一酯、甘油二酯和甘油三酯以及脂肪酸盐形式存在时杂质含量很低[1]。

Guessrow 最早报道了脂肪酸的分离[2]。将直链饱和脂肪酸与直链不饱和脂肪酸分离，首先要制备铅盐衍生物，将混合盐溶解在乙醚或乙醇中，然后将不可溶的饱和酸从可溶的不饱和酸中分离出来。这是一种非常有效的方法，但需要大量溶剂并且要预先制备脂肪酸盐，这使得该工艺很难应用到商业规模化生产中[3]。工业化脂肪酸的经典分离工艺包括板框压榨法[4, 5]、Solexol 工艺[6~11]、Emersol 工艺[12~15]、Armour - Texaco 工艺[16, 17]和 Henkel 工艺[18~22]。

经典的板框压榨法根据熔点的不同来分离软脂和硬脂组分。Lanza、Henkel、或 Lipofrac 工艺是利用熔点不同而研发出来的自动分离工艺。Solexol 和 Emersol 工艺利用液液逆流萃取与熔点差异相结合的方法来分离脂肪酸，从而得到较高纯度的脂肪酸产品。Armour - Texaco 工艺与 Emersol 工艺相似，但用丙酮代替甲醇做溶剂。这些方法的焦点都集中在硬脂酸和油酸的提取上。但这些方法不适合分离高价值的脂肪酸。目前对各种脂肪酸的需求，包括长链多不饱和脂肪酸（PUFA），可能需要结合不同工艺来进一步分离脂肪酸。

18.2.1 经典方法及其进展

分离脂肪酸的原理是基于每种酸或酸基团的特性。在分离技术的发展过程中，主要用到两种性质（蒸气压和熔点的差异）。脂肪酸混合物的蒸气压随脂肪酸链长的变化而发生大幅度变化，这一点可用作分馏分离长链脂肪酸和短链脂肪酸的方法。但蒸气压随不饱和度的改变变化不大。脂肪酸的熔点随其不饱和度而变化很大，因此可以用另一种方法将混合脂肪酸分离成饱和组分与不饱和组分。通过改变混合物的温度，脂肪酸就可以在其各自结晶温度时，依据其不同的不饱和度而分离。

18.2.1.1 普通色谱法

Smith[23]和 Elsden[24]报道了短链脂肪酸色谱分离的经典方法。据报道利用氧化铝吸附层析柱[25]可以纯化花生四烯酸甲酯，利用硅胶柱[26]可纯化不饱和脂肪酸。以乳胶为固定相，可以用分配色谱[27, 28]来分离脂肪酸。用含水丙酮和甲醇作为流动相可分离长链多不饱和脂肪酸与甘油酯，用硅油或合成的聚合物浸渍滤纸。Boldingh[28]报道了使用被花生油饱和的乳胶粉末为固定相，甲醇/丙酮或甲醇/水为流动相的反相柱层析法分离脂肪酸。脂肪酸气 - 液相色谱分离方法首次在 1952 年发表[29]，描述了 1 ~ 12 个碳的脂肪酸的分离方法。同一研究小组接着又发现脂肪酸的预甲酯化可以提高它在高温下的挥发性和分离度。所用的固定相是硅油与硅藻土 Celite 545 掺合的固体粉末担体，将其填充于玻璃柱中。Orr 和 Catten[30] 描述了一种以液体聚酯为固定相来分离饱和与不饱和脂肪酸的方法。后来，引入了具有各种极性相薄膜的毛细管柱，根据脂肪酸的碳原子数、不饱和度、异构化等来提高脂肪酸的分离效果。

色谱分离广泛应用于高纯度脂肪酸的提取。脂肪酸分离用的数种专利已经获得了授权，这些专利采用不同类型的吸附剂和技术。固定床色谱系统可以使用非极性固定相（如反相色谱系统）或极性固定性（正相色谱系统）。在多种油脂化工产品（脂肪醇、烷醇酰胺、α－磺酸甲酯、蔗糖酯和其他酯）的生产中，脂肪酸甲酯可以作为脂肪酸的替代品。甲酯比脂肪酸更好，因为它们产品纯度更高，合成的条件更温和。甲酯通过油脂在碱性催化剂作用下醇解获得，通常是甲醇钠存在下与甲醇反应获得；或通过 Colgate－Emery 工艺（该工艺需大量资金且耗能）水解脂肪，接着加入甲醇与水解的脂肪酸酯化[31]。

分子筛吸附技术已得到广泛研究，并已应用于从混合脂肪酸中分离或浓缩饱和、单不饱和、二不饱和脂肪酸。Logan 和 Underwood[32] 发明了一种专利方法，即根据不饱和度，用沸石作为吸附剂来分离脂肪酸酯。非离子的、疏水交联的聚合物也成功应用在脂肪酸的选择性分离上[33]。脂肪酸首先被吸附在含特定吸附剂的固体床上，然后用一个合适的洗脱剂来洗脱吸附的脂肪酸。

尽管气相色谱分离法用于分析目的是可行的，但是液相色谱方法更适用于制备和工业规模化分离脂肪酸或脂肪酸酯。脂肪酸的液相色谱分离方法也用在从食品或药品的混合物中得到特定脂肪酸或脂肪酸酯的浓缩物。为了得到高纯度的长链多不饱和脂肪酸单体，已对液相色谱方法进行了很详尽的研究。Nakahara 等[34] 报道了以丙酮/乙腈为流动相、十八烷基硅烷键（ODS）为固定相，从海洋微藻中（例如裂壶藻）分离含二十二碳六烯酸（DHA）和二十二碳五烯酸（DPA）的甘油三酯的反相液相色谱法。这种固定相分离甘油三酯的原理是基于固定相与甘油三酯中脂肪酸残基之间的范德华力强度的差异。根据脂肪酸中双键的数目和双键的构型（顺式或反式），用硝酸银硅胶来分离脂肪酸甲酯单体，这在脂肪酸分离工艺中是一个大进步。此分离技术的原理就是金属离子（例如：银离子）与不饱和脂肪酸残基中碳原子中的一个碳碳双键 π 轨道中的电子可逆相配，形成一个金属络合物。络合物的范德华力大小取决于脂肪酸的链长，碳碳双键的数目，双键的位置和构型（顺或反）。银（银离子）色谱和高效液相色谱（HPLC）也一起用来分离脂肪酸。反相和银离子高效液相色谱两个分离原理都是依据多不饱和脂肪酸的不饱和度来分离甘油三酯的[35]。使用毛细管超临界液体色谱（25% 丙基氰酯、75% 聚甲基硅烷为固定相），使分离含相同酰基碳数和不饱和度的甘油三酯成为可能[36]。

Teshima 等[37]利用硝酸银浸泡过的硅胶柱分离鱿鱼肝脏油脂肪酸甲酯中的二十碳五烯酸（EPA）和二十二碳六烯酸（DHA），EPA 纯度为 85% ~96%，DHA 纯度 95% ~98%，产量分别为 39% 和 48%。Corley 等[38]利用由硅胶和银离子或镁离子组成的高效液相色谱（HPLC）柱从海藻油分离富含 DHA 的甘油三酯。Hayashi 和 kishimura[39]使用硅胶酸柱，用正己烷、乙醚/正己烷、乙醚进行分步洗脱从金枪鱼眼窝油中分离出纯度达 63% ~74% 的 DHA。Adlof 和 Emiken[40]利用银树脂柱通过等梯度洗脱从 $\omega-3$ 多不饱和脂肪酸（$\omega-3$ 多不饱和脂肪酸）浓缩物中将 $\omega-3$ 脂肪酸的含量从 76.5% 提高至 99.8%。在另一项研究中，同一批研究者通过在甲醇中增加乙腈的含量（0 ~ 30%，体积分数），将 100mg 含 29.1% EPA、20.5% DHA 的鱼油甲酯浓缩物分离成含 87.7% EPA 和 95.4% DHA 的组分。他们通过用含 40%（体积分数）乙腈的丙酮等梯度洗脱，分离了约含 12.5% EPA 和 11.1% DHA 的非浓缩鲱鱼油甲酯和脂肪酸，得到一种 EPA 和 DHA 总含量约为 69% 的洗脱组分。

色谱分离脂肪酸酯所用溶剂的选择，取决于洗脱组分期望得到的纯度、生产要求以及产品最终用途。已经用四氢呋喃/甲醇/水（25 : 55 : 20，体积比）[41]和甲醇/水（90 : 10，体积比）[42]从鱼油脂肪酸乙酯中分离得到高纯度（75% ~96%）的 EPA 和 DHA。利用 Tokiwa 等[41]的四氢呋喃体系，Krzynowek 等[43]得到更高纯度的 EPA 和 DHA 组分。但四氢呋喃具有氧化性很容易产生过氧化物，使多不饱和脂肪酸开始氧化分解，同时 THF 有潜在爆炸性。如果最终产品是人直接消费的，那么应该选择乙醇和水作溶剂。

18.2.1.2 逆流色谱法

最近几年，逆流色谱（CCC）和离心分配色谱（CPC）在多不饱和脂肪酸的分离中得到更多的关注。这种新的色谱技术采用液液分离，溶质混合物在两种液相中进行逆流分配，在没有固体物支撑的情况下进行复杂化学物质的混合物分离[44, 45]。

Ito 在 1964 年最先使用离心分配色谱，它是一个没有吸附剂的液液色谱，需有两种不互溶的溶剂相，该法基本上是逆流分配派生出来的，由 Craig 进一步开发[46]。在最典型的离心分配色谱方法中，当第二种溶剂相通过固定相溶剂时，一种液相保持固定。分离原理是溶质在两种互不相容的溶剂之间分配。溶质进入两种溶剂相中的相对比例由各自的离心分配系数决定。离心分配色谱是一个可用于大规模生产的分离技术，与传统的液固分离方法例如普通的柱层析色谱和高效液相色谱法相比，它在分离和纯化天然产品方面具有明显优势。

离心分配色谱不需要用固体担体作为固定相。因此，消除了样品中高吸附力成分的不可逆吸附的可能性。事实上由于这个原因，这种色谱法实际上可以确保几乎 100% 回收化合物。任何两相溶剂系统都可用，很多分配体系可用那些无毒的易得的溶剂来构建。离心分配色谱中，固定相的体积占柱总体积（转子）的比例比传统液相色谱大。因此固定相保留样品物料的量很大。在传统填充色谱柱中，昂贵样品组分通常发生分解和变性，而离心分配色谱操作条件温和，不存在这种现象。离心分配色谱在任何 pH 条件下都可以使用。不需考虑离心分配色谱中固体担体（如二氧化硅、氧化铝等）对 pH 会造成影响。离心分配色谱的另一个优点是溶剂消耗量较低，正相和反相洗脱都可以用相同的一对溶剂。离心分配色谱很容易进行大规模连续分离。其全部过程在一个密闭的液相系统中进行。所以环保问题降到了最低，而且溶剂可以全部回收循环利用[45]。

离心分配色谱仪器有两种基本类型：一种是日本京都 Sanki 工程公司制造的离心分配色谱，另一种是由 Ito 设计，马里兰州巴尔的摩制药技术研究公司制造的多盘管逆流系统。与大多数色谱系统相似，离心分配色谱有基本的部件，例如输送溶剂的泵、控制溶剂输送和样品注射的阀门、检测器和记录仪。这种仪器的主要部件是转子。转子是由叠放的有刻纹的聚亚苯基硫化物（PPS）或聚氯三氟乙烯（DAIFLON）圆盘组成的，这些圆盘由特氟龙的密封垫和不锈钢板分开。圆盘的每侧均有分配槽和导管。液体固定相保留在这些分配槽中，转动的动子产生的离心场可将固定相牢牢控住，足以让流动相泵送通过。Wansunsudara 和 Fedec[45] 的综述描述了这种仪器的细节和功能。

最近，法国昂热 Kromaton 公司制造出另一种型号的离心分配色谱仪器，现在这种型号的设备已商品化。另一种商品化的旋转盘管式的仪器是由马里兰州巴尔的摩制药技术研究公司发明的多盘管逆流色谱。多盘管色谱是由两到三个相同的多层盘管对称安装在离心分离机的转子框架上，因此不需要用反向重量平衡。每个盘管柱都围绕离心机的中心轴做同步圆周运动，同时以相同的角速度沿自己的轴线旋转[47, 48]。每个柱子都装有导流管，导流管的排布方式使它们不会扭曲，这样仪器可以在无密封下操作。这种三盘管仪器各种控制模块具有不同柱容量（型号有 TCC－1000、CCC－3000 和 CCC－1000；各自对应的柱容量是 4mL、40mL 和 800mL）。因为没有固体担体，所以注入样品的保持力仅取决于混合液各组分在互不相溶的两相溶剂之间的分配系数。通过增加盘管的数量或长度，减少盘管内径，或减少螺旋直径，都可以改善柱子的理论塔板数[49]。

正确选择溶剂系统对于离心分配色谱成功分离是最为重要的。为离心分配色谱选择一种两相溶剂系统，类似于其他色谱方法（如普通柱或 HPLC）选择一种溶剂[50]。样品成分的极性、溶解度、电荷状态和形成化合物的能力等都是重要的标准。离心分配色谱选择溶剂系统有两个关键点：第一是样品的溶解度；第二是所分离分子种类的分配系数差异。

色谱文献中有许多在各种逆流色谱分离中使用不同溶剂系统的例子[51, 52]，这些参考文献提示某些分离过程可采用哪种溶剂体系。通常，经典的氯仿/甲醇/水（极性体系）或正己烷/乙酸乙酯/甲醇（非极性体系）溶剂系统可以作为起始体系，改变每种溶剂的比例，直到样品在两相中达到所要求的分配为止[53]。基于氯仿的溶剂系统在两种溶剂相之间的密度差较大且表面张力相对较高，因此，经常在离心分配色谱中用这种体系来分离天然产物。由于分配时间较短，通常氯仿/甲醇/水系统的相保留时间令人满意。但氯仿系统的一个缺点是很易导致Sanki型设备超压，另一个缺点是氯仿对健康有严重危害性。

另一个为离心分配色谱选择合适溶剂系统的途径就是使用溶剂相图。很多溶剂系统的三元相图都是由Serensen和Arlt[54]编制的，图18.1所示为其中的两个相图。很多溶剂系统通常是由两种互不相溶的溶剂加上第三种可以溶解在这两种溶剂中的溶剂组成的。很多体系与类型A相同，一种溶剂与其他两种互不相溶的溶剂相混杂（图18.1A）。类型A三元体系一个典型的例子就是氯仿/甲醇/水。很少有体系像类型B，它由三种全都两两互溶的溶剂组成，但这个三元相图中存在这样一个区域，当溶剂以合适的比例混合时，这个区域就会产生两相系统（图18.1B）。类型B体系的一个较好的例子就是水/二甲基亚砜/四氢呋喃系统。Foucault[50]建议当用三元相图来选择溶剂时，要考虑以下三个标准。

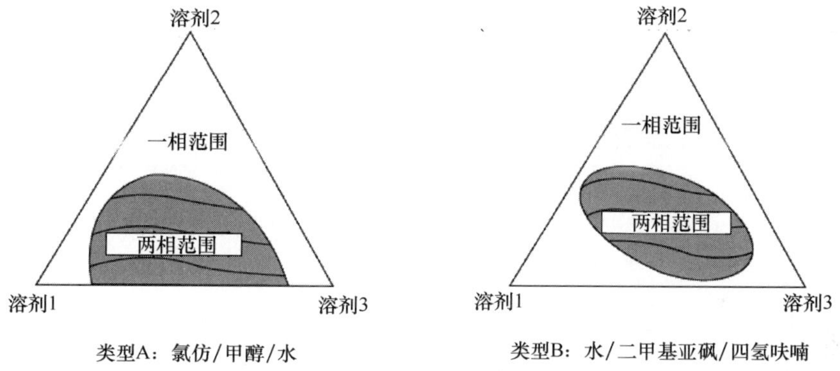

图18.1　三元相图

（1）样品必须完全溶于所选择的溶剂。由于离心分配色谱可以用于制备目的，所以最后的混合液必须能溶解大量的样品，因此它应该包含至少一种“最佳的”溶剂使样品能完全溶解。

（2）根据溶剂极性（许多极性范围在文献中都可以找到），在已选的“最佳”溶剂的两边各选择一种溶剂，一种是非极性的，另一种是极性的。为了获得两相体系，最佳溶剂将在其他两种溶剂中分配。

（3）调整最佳溶剂的比例将样品分散在两相中；也就是说，样品的非极性组分将优先进入非极性相而极性组分优先进入极性相。所以平均分配系数会在1左右。

（4）常用于分离天然产物的两相溶剂体系如表18.1所示。

表 18.1　　用离心分配色谱分离天然产物中常用的两相溶剂体系*

	化合物	溶剂体系
水溶性	蛋白质，核酸糖	乙醇/含水盐 乙腈/含水盐
	肽，糖	丁醇/乙酸/水 丁醇/甲醇/水
	非离子物质（多酚，皂苷）	丁醇/乙酸/水 丁醇/甲醇/水 丁醇/乙酸乙酯/水
水不溶性	高极性 （多酚，单宁酸）	丁醇/乙酸/水 丁醇/甲醇/水 丁醇/乙酸乙酯/水
	中极性 （多酚，萜类化合物）	氯仿/甲醇/水 甲基 - *t* - 丁基醚/乙腈/水 庚烷/乙酸乙酯/水
	低极性 （脂肪酸，生育酚，植物甾醇）	正己烷/乙腈 正己烷/甲醇/水 正己烷/乙醇/水

注：* 数据来源 Wanasundara 等[45]。

Bousquet 等[55, 56]研究采用离心分配色谱从微藻油中分离 DHA 和 EPA，可从这种油中分离出纯的 EPA 和 DHA 且得率很高。 第一次分离用庚烷做固定相，乙腈/水（3%，体积分数）为流动相，可除去次要的脂肪酸，留下四种主要的多不饱和脂肪酸混合物。 从 2.4g 粗酸混合物中得到 1g 脂肪酸混合物，$C_{18:3}$、$C_{18:4}$、EPA、DHA 含量分别为 43%、7.5%、45%、4.5%。 该脂肪酸混合物以庚烷为固定相，甲醇 - 水为流动相，再一次分离，在这种条件下，可以达到很好的分离效果，分离得到纯的 EPA 和 DHA 且得率很高。 Murayama 等[57]还成功分离了 $C_{18:0}$、$C_{18:1}$、$C_{18:2}$和 $C_{18:3}$脂肪酸乙酯的混合物，因为在正己烷/乙腈（1∶1，体积比）的两相溶剂中，它们的分配系数范围很广。 $C_{18:2}$和 $C_{18:3}$在第一次正相上行洗脱时分离出来，而 $C_{18:1}$可以通过改变洗脱模式来回收。 CPC 也可以用一种由正己烷/二氯甲/乙腈（5∶1∶4，体积比）组成的溶剂体系来分离 EPA 和 DHA 乙酯。 用离心分配色谱从含 39.7% DHA 和 15.2% EPA 的海藻油中纯化出 DHA 和 EPA。 用离心分配色谱的正相上行模式，用正己烷/甲醇/水（100∶95∶5，体积比）两相体系洗脱，可从海藻油中得到游离脂肪酸混合物。 在这种条件下，DHA 可纯化到 84.6%，DPA 可以到 84.9%；但 $C_{14:0}$ 脂肪酸和 DHA 在这种条件下会发生共洗脱。 为了得到 DHA 纯品（99%，高纯化学级），用尿素络合作为海藻油 - 游离脂肪酸的预纯化方法来除去共洗脱的 $C_{14:0}$脂肪酸[45]。由于γ - 亚麻酸（γ - 亚麻酸）的不稳定性，利用经典的色谱方法纯化是很困难的；但在上述溶剂体系和条件下，利用离心分配色谱从琉璃苣油 - 游离脂肪酸（油中含 21.8% γ - 亚麻酸）中分离的γ - 亚麻酸（γ - 亚麻酸）纯度可达 98% 以上。

离心分配色谱可以从蛋黄中分离和纯化出高纯度的磷脂。通过离心分配色谱的一次处理[58]，就能得到磷脂酰胆碱（卵磷脂）纯度达 98.3% 的蛋黄乙醇提取物。这种纯化过程的副产品有相当高纯度的磷脂酰乙醇胺、溶血磷脂、（神经）鞘磷脂、甘油三酯等。Boudimant 等[58]还用离心分配色谱技术从鱿鱼提取的粗磷脂中提纯获得纯的磷脂酰胆碱。起始的提取物含磷脂酰乙醇胺（24.1%）、磷脂酰肌糖（17.5%）、磷脂酰丝氨酸（4.9%）、磷脂酰胆碱（48.3%）和神经鞘磷脂（SPM）（5.1%）。这个粗提取物第一次先用正己烷/乙酸乙酯/乙腈（1∶0.6∶1，体积比）溶剂体系分离。第一次洗脱采用正相上行模式，除去磷脂酰胆碱以外的成分，然后应用反相下行模式，将极性最大的磷脂酰胆碱从转子上洗脱下来。用离心分配色谱也可以分离和纯化生育酚异构体[45]。在上行洗脱模式下，用正己烷/乙腈/乙醇（40∶25∶10，体积比）溶剂体系，利用 Sanki 仪器可以使含 70% 总生育酚的混合物分离成γ - 生育酚、δ - 生育酚（纯度为 97%）和α - 生育酚（纯度为 99%），并且回收率较高。

离心分配色谱是一种高效的加工规模的分离技术，与其他方法相比，在分离和纯化脂肪酸上有明显的优势。它也是对 HPLC 的补充。尽管离心分配色谱的投资比 HPLC 更贵，但通常运行成本与规模相关，它比传统液相色谱或制备 HPLC 进行相同分离规模时要低。由于在这种体系中没有固定相，在离心分配色谱中不需要考虑像 HPLC 放大时由于柱填充化学性能、表面形态和结构的改变而产生的问题。它的另一个优点是：当处理容易氧化的物质，尤其是高不饱和脂肪酸时，可以选择在氮气流或其他惰性气体下进行分离。目前已经证明它具有分离几克级脂质上的潜力，有希望进一步发展到千克水平的加工能力[45]。

18.2.1.3 结晶

众所周知，高饱和酸的溶解度比相应的不饱和酸要小，据此可从混合物中将高饱和酸部分地分离出来。因此，在常温、零度、零度以下结晶，已成为纯化脂肪酸及其衍生物的一种有用方法。在 20 世纪 30 年代，Brown 和 Stoner[59]以及 Brown 和 Shinowara[60]证实了利用低温结晶可以从棉籽油中部分分离脂肪酸，以及由橄榄油制备油酸。低温结晶最初是开发用于分离那些在 0℃以上在有机溶剂中有很高溶解度，但在较低温度直至 -80℃下溶解度较小的物质，如某些甘油三酯、脂肪酸、酯和其他脂质[61]。1950 年，Bailey 和他的同事强调，任何一种酸的溶解度都与其熔点紧密相关，而在某种程度上取决于溶剂特性。

根据脂肪酸或甘油三酯熔点的不同进行结晶分提有两种方法。干法分提即低温结晶是在低温下除去高熔点的饱和成分，从而浓缩得到含更多不饱和甘油三酯成分的油。另一种方法就是溶剂分提（结晶），用有机溶剂如丙酮或正己烷来提高各组分的得率。

（1）低温结晶　这种分离脂肪酸的方法不使用有机溶剂，因此，它的分提是没有溶剂的，或者称低温结晶。脂肪在有机溶剂中的溶解度随着平均分子质量的增加而减少，随不饱和度的增加而增加[62]。一般来说，偶数碳的饱和与不饱和酸的溶解度随着分子质量增加而减少，对不饱和脂肪酸来说，溶解度随双键数目的增加而增加。Singleton[63]和Stout[64]等测定了大量脂肪酸和酯在多种溶剂中的溶解度，得到以下规则：如果是饱和脂肪酸，长链酸的溶解度比短链酸要小；饱和脂肪酸的溶解度比相等链长的单烯酸和二烯酸要低；反式异构体的溶解度比顺式异构体要低；普通直链脂肪酸的溶解度比支链脂肪酸低。脂肪酸的熔点随着其类型与不饱和度变化而变化很大，因此分离饱和与不饱和脂肪酸混合物是可能的。反式脂肪酸（高熔点）的溶解度比它对应的顺式脂肪酸（低熔点）要低。饱和脂肪酸通常在室温下凝固，在温度0℃下时结晶。晶体通过任何传统的过滤方法可以从母液中分离出来。在低温下，有较高熔点的长链饱和脂肪酸结晶出来，而多不饱和脂肪酸则仍然保持液体形式。然而，有较低熔点和高溶解度的不饱和脂肪酸必须在低温下（-100~0℃）才能结晶，而且必须在恰当低温下完成过滤。应该缓慢降低溶液温度（1~6h）至结晶温度并保持4~24h。这样产生大量易过滤的结晶体。低温结晶是一个温和的过程，尤其适合在高温度下很易氧化的多烯酸。在20世纪40年代，饱和脂肪酸的低温结晶就已经用于实践，并已发展成为一种从天然甘油三酯资源中分离不饱和脂肪酸的商业技术。在低温下形成的脂肪酸晶体可通过过滤分离出来，现在已经研发出特定的设备，可以在低温下完成这个过程。

某种特定脂肪酸在混合物中的溶解度接近于其纯品的溶解度，但也可能会发生互溶现象，也会在某些温度下形成混合结晶物而使得特定的脂肪酸无法沉淀出来[62]。当不饱和组分大量存在时，分离除去高熔点饱和脂肪酸成分是相对容易的，但天然的脂肪酸混合物通常不是这样的情形。所分离的固体物质中含有液相（夹带）是结晶分提过程中的一个问题，当结晶颗粒或凝聚物内部包埋了不结晶的液体，或颗粒之间包含了液体时就产生了这个问题。

使用膜式压滤机使干法分提与溶剂分提的效率不相上下，尤其是在棕榈油中间组分分离中。分提组分中对称单不饱和甘油三酯的含量，以及对称与不对称的单不饱和甘油三酯的比率，构成了棕榈油中间组分的品质指标，这也是可可脂的特征指标。根据Diffense[65]的研究，两级溶剂（丙酮）分提得到的棕榈油中间组分的对称甘油三酯浓缩物通常与三步干法分提是一样的。Willner等[66]研究表明，两级溶剂分提（丙酮）得到的中间组分，与两步干法分提（采用第一步为膜式压滤机，第二步为用高压力的“水压机”

相结合的方法）是一样的。膜式压滤机的引入，改善了干法分提在工业分离油脂组分的应用特性。

通过长时间结晶实现缓慢冷却，有助于产生稳定的甘油三酯结晶的同质多晶体。为了实现这一点，一种方式是用油温作为冷冻剂的控制参数（如比利时 Tirtiaux 分提）。在结晶过程中，控制搅拌对优化软脂产量和产品质量也很重要。另一种方法就是用水平真空履带式过滤机（比利时 Tirtiaux 分提），这种设备早在 20 世纪 70 年代就已经采用，它可以提高软脂的产量（从 67% ~72%）。但这两种工艺方法仍不能减少夹带的问题。在 20 世纪 80 年代早期采用的膜式压滤机可在压滤机腔内对滤饼施压，从而使得滤饼中的液体夹带量很少。这种压滤机进一步发展到可以在 5000kPa 压力下操作，但操作成本较高（德国克虏伯水压机）。利用逆流结晶（在多段结晶工艺的连续段中，进料与逐渐缺少固体的液体相接触）可以强化食用油脂[67]的结晶分提效率。

干法分提可利用结晶调节物质来加速、延缓或抑制甘油三酯的结晶[68]。这些结晶改良剂（或晶体习性改良剂）是蔗糖脂肪酸多元酯，尤其是棕榈酸和硬脂酸酯[69~71]或葡萄糖酯及其衍生物，例如糊精[72]。晶体习性改良剂通过改变甘油三酯结晶习性使得结晶的硬脂基料更有效地从液相的软脂中分离出来。棕榈酸或是硬脂酸可作为蔗糖的主要取代剂（4 ~8 个平均取代度），其产物蔗糖酯是一种乳化剂，可在高温下（约 50℃）添加到油脂中。一旦它们与脂肪混合，温度随之下降，细小、坚硬的特定组分脂肪晶体就开始形成。真空过滤可用于分离生成的结晶。分离效果取决于结晶、静置或搅拌的模式。

（2）溶剂结晶　低温结晶过程可以在无溶剂的纯液体中进行，或在选定的溶剂/溶剂混合物中进行。开发的液液逆流萃取已应用于油脂与脂肪酸的分提和精炼。从有机溶剂尤其是极性溶剂的脂肪酸混合物中结晶出饱和脂肪酸，这是一种有前景的分离方式。表 18.2 所示为不同有机溶剂中各种脂肪酸的溶解度随温度而变化的情况。对不饱和脂肪酸混合物而言，Hildith 和 Riley[73]研究表明，将葵花籽油、芝麻油和花生油脂肪酸混合物在丙酮（5g/mL）中冷却到 -30℃，分离晶体后留在溶液中的那部分主要是亚油酸。结晶固体的碘值较低，主要含饱和脂肪酸。后来，用该工艺分离各种天然资源中的不饱和脂肪酸[61]。通过结晶在低温（ -80 ~ -20℃）下分离不饱和脂肪酸甲酯是可行的，因为饱和脂肪酸、单烯酸的酯更容易结晶。通常使用甲醇或丙酮做溶剂来分离“硬脂”和“软油”组分。也尝试用过其他溶剂例如正己烷、甲酸甲酯[74]。Emersol 工艺和 Armour - Texaco 工艺就是利用在低温下脂肪酸组分能部分从溶剂中结晶出来的原理。先将脂肪酸溶解在甲醇中，然后使其通过一系列的预冷器和能将温度保持在凝固点以下（ < -15℃）的冷却器/结晶器。

表 18.2 各种有机溶剂中脂肪酸在不同温度下的溶解度[61]

单位：g 脂肪酸/100g 溶剂

温度/℃	溶剂					
	乙腈	乙醚	乙酸乙酯	正庚烷	甲醇	甲苯
硬脂酸，18：0						
10	0.54	2.40	0.58	0.080	0.26	0.00
0	0.11	0.95	0.13	0.018	0.090	0.080
-10	0.023	0.38	0.027	0.004	0.031	0.015
-20	0.005	0.15	0.006	—	0.011	0.003
-30	—	0.051	—	—	—	—
油酸，18：1 顺式						
-20	5.20	—	5.95	2.25	4.02	—
-30	1.68	—	1.00	0.66	0.86	3.12
-40	0.53	5.15	0.62	0.19	0.29	0.96
-50	0.17	1.80	0.20	0.050	0.10	0.28
-60	0.055	0.61	0.057	0.011	0.03	0.075
-70	—	0.21	—	—	—	—
反油酸，18：1 反式						
0	—	—	—	0.59	—	—
-10	—	—	—	0.19	0.48	0.86
-20	0.26	1.40	0.29	0.060	0.18	0.20
-30	0.092	0.60	0.10	0.019	0.064	0.056
-40	0.029	0.23	0.027	0.007	0.020	0.013
-50	0.009	0.10	0.008	—	0.010	—
亚油酸，18：2 顺式						
-50	4.10	—	4.4	0.98	3.10	—
-60	1.20	—	1.38	0.20	0.90	—
-70	0.35	—	0.39	0.042	0.25	—
花生酸，20：0						
10	0.13	0.90	0.14	0.028	0.080	0.12
0	0.035	0.38	0.036	0.005	0.028	0.026
二十碳烯酸，20：1 顺式						
-20	1.10	—	1.30	—	0.80	—
-30	0.54	3.90	0.60	0.45	0.35	1.10

续表

温度/℃	溶剂					
	乙腈	乙醚	乙酸乙酯	正庚烷	甲醇	甲苯
-40	0.27	1.70	0.26	0.15	0.15	0.30
-50	0.12	0.68	0.11	0.048	0.06	0.07
-60	0.05	0.22	0.04	0.01	0.02	—
棕榈酸，16：0						
10	1.60	—	—	0.30	1.30	1.41
0	0.66	2.95	0.52	0.08	0.46	0.36
-10	0.27	1.35	0.18	0.02	0.16	0.086
-20	0.10	0.56	0.060	0.005	0.050	0.018
-30	0.038	0.21	0.018	—	—	—
二十二碳烷酸，20：0						
10	0.050	0.48	0.055	0.012	0.019	0.012
0	0.014	0.18	0.016	0.002	0.007	0.002
-10	0.004	0.068	0.004	—	0.002	—
顺13-二十二烯酸，22：1 顺式						
-10	—	—	—	0.35	0.40	—
-20	0.28	—	0.31	0.11	0.19	0.68
-30	0.10	1.20	0.11	0.030	0.068	0.16
-40	0.037	0.49	0.040	0.008	0.024	0.044
-50	—	0.18	—	—	0.007	—

低温结晶法的条件温和，在多不饱和脂肪酸的分提中是非常有前景的。据报道，使用不同的有机溶剂、温度可影响多不饱和脂肪酸的浓度[61, 75]。选择合适的溶剂和温度，多不饱和脂肪酸可在非结晶组分中得到浓缩。可通过低温结晶从孢属类（*Mortierella genus*）中提取的真菌油中浓缩到γ-亚麻酸（GLA）[75, 76]。在溶剂与油为5：1（体积比）时，不同溶剂中γ-亚麻酸浓度的次序为丙酮（-20℃）>正己烷（-20℃）>丙酮（-4℃）>石油醚（-20℃）。脂肪酸的溶剂结晶对制备纯脂肪酸来说是不可缺少的方法。这个方法所要求的单元操作数最少，且设备最简单[77, 78]。简要地说，这个工艺包括以下步骤：将油或脂肪酸在溶剂中冷却，保持一定时间，然后用过滤除去结晶组分。海豹油（SBO）溶剂结晶多不饱和脂肪酸的研究表明，不论是游离的还是甘油三酯形式的脂肪酸，都能在非结晶组分中得到浓缩[79]。表18.3所示为用正己烷、丙酮作溶剂对SBO进行低温结晶时，以甘油三酯形式富集的总ω-3多不饱和脂肪酸的情况。非结晶组分（浓缩物）

中的ω -3 多不饱和脂肪酸的含量随着结晶温度的降低而增加。 在所有温度条件下，采用丙酮可得到最高浓度的总ω -3 多不饱和脂肪酸[79]。

表 18.3 不同溶剂中海豹油（SBO*）低温结晶的多不饱和脂肪酸 单位：%

结晶温度/℃	甘油三酯		游离脂肪酸	
	正己烷	丙酮	正己烷	丙酮
-10	23.2	23.5	23.8	24.3
-20	23.9	26.9	24.5	25.4
-40	26.2	36.4	31.0	40.6
-60	30.5	43.8	58.3	56.8
-70	35.1	47.9	66.7	46.8

注：* 原 SBO 中总ω -3 脂肪酸含量为 20.1%。 资料来源参考文献［79］。

在 -60℃和 -70℃低温的正己烷体系中，如果 SBO 以游离脂肪酸的形式结晶，可得到ω -3 多不饱和脂肪酸总量分别为 58.3% 和 66.7%，回收率分别为 39.0% 和 24.8% 的浓缩液。 但采用丙酮的话，浓缩液中ω -3 多不饱和脂肪酸总量分别为 56.7% 和 46.8%，回收率分别为 15.9% 和 12.9%。

18.2.1.4 蒸馏方法

Chevruel[80] 描述了甘油三酯的水解和皂化。 在乙醇介质中采用碱回流水解甘油酯的肥皂生产工艺已用于实践。 1895 和 1896 年，Henriques 报道可以在室温下实现皂化过程。 所记录的最古老蒸馏工序可追溯到大约公元前 3600 年。 在 Mesapotamia 的 Tape Gowra 发现一种装置，由蒸馏必需部件所构成，可能是用来制造香水的[81]。 Dalton（1766—1844 年）和 Roult（1830—1901 年）的物理定律则是蒸馏科学发展的基础。 Dittmar 在 1869 年、Kekule 在 1872 年提出了实验室真空蒸馏法。 Kraft[82] 和 Kreiser[83] 报道用分离出的纯棕榈酸和硬脂酸来合成甘油三酯。 Haller[84] 等报道椰子油甲酯的分馏。 在同一年，Bull[85] 报道了从鳕鱼肝油甲酯中分离 9 - 二十碳烯酸。 Elsdon[86, 87] 报道了椰子油和棕榈仁油馏分的定量分析方法。 为了测定花生油、葵花籽油、橄榄油[88~91] 以及大豆油[92]、鲱鱼油中的不饱和脂肪酸和牛脑脂质中的成分，实践中已分馏出分析纯级的脂肪酸甲酯[93, 94]。

1932—1935 年报道了一种精密蒸馏装置的发明，但其发明者是谁并没有明确认定。 Reily[95] 在书中图示了用开口管和螺旋形柱子来分馏脂肪酸酯。 这个蒸馏工艺旨在获得含“链长相差 2 个碳原子单位和双键差异不超过 2 个的相邻同系饱和与不饱和成分”的组分。 1935 年，Podbielniak[97] 描述由可旋转分馏部件构成的蒸馏柱，之后，Baker[98] 通过增加理论板数来提高分离效率使之改进。 Privett[99] 等利用这个装置将猪肝脂甲酯分馏成从 C_{14} ~ C_{22} 链长不等的 38 个馏分。 这种蒸馏方法技术改进后，发展成为分子蒸馏法，用来分离维生素 D[100]、鱼油[101,102]、胆固醇、生育酚[103]以及从鱼油中得到高纯 DHA[104]。

蒸馏已经用于脂肪酸甲酯混合物的部分分离。这个方法利用脂肪酸存在的分子量差异及其在减压下沸点的差异[61]，要求大约 250℃的高温[105]。短程蒸馏和分子蒸馏采用的温度更低，加热时间较短。但分馏富含多不饱和脂肪酸的油（如海产油）是很困难的，这是因为随着分子量的增加，分离效果很差[106, 107]。

在减压下（0.1 ~ 1mmHg）分馏甲酯是目前应用最广的蒸馏操作。即使在这个条件下，仍需要中等的高温；脂肪酸不饱和度越大，尤其是$\omega-3$ 多不饱和脂肪酸，越容易氧化、聚合和双键异构化。通常，加热柱中填充的是玻璃螺旋环或某种形式的金属填料，但有通过柱子时阻碍很大以及压力下降等缺点，旋转带蒸馏柱（Spinning band columns）的设计避免了这些缺点。更低压力的蒸馏已经用于一些高不饱和脂肪酸的分离，在聚合反应研究（分离单体、二聚体和多聚物）中，在由甘油二酯和甘油三酯混合物分离甘油一酯中。都具有其特殊价值。$\omega-3$ 多不饱和脂肪酸长链在蒸馏期间暴露在高温下会诱导分解、热氧化、聚合和异构化。长链多不饱和脂肪酸的降解产物可能是环状脂肪酸和高分子聚合物[108, 109]。Privett 等[110]、Privett 和 Nickell[111]发现当用旋转带蒸馏柱缓慢蒸馏时，花生四烯酸（$C_{20:4}\omega-6$）发生了显著分解。尽管用全玻璃的仪器可以消除金属部件的催化作用，但高温和暴露在氧气中时仍然会导致$\omega-3$ 多不饱和脂肪酸大量损失[112]。因此，期望设计一种制备$\omega-3$ 多不饱和脂肪酸浓缩物的方法，要求加工温度低，时间尽可能短，使不稳定分子的热破坏作用最小。

18.2.1.5 不同脂肪酸盐的溶解度

1828 年，Gusserow 介绍了一种依据溶解度不同分离醚中的铅盐或脂肪酸皂的方法。饱和、不饱和脂肪酸与金属离子形成的盐在水或有机溶剂中的溶解度随着金属离子的特性、链长、不饱和度和酸根等特性而改变。用乙醇代替乙醚[113]可得到更好分离效果。

当冷却皂化溶液时，饱和脂肪酸碱金属盐比那些含有四个或更多双键的多不饱和脂肪酸更容易结晶。因此，根据盐之间溶解度的不同，用很少量乙醇可以从富多不饱和脂肪酸油中浓缩出脂肪酸盐形式的$\omega-3$ 脂肪酸。为了得到较高的总$\omega-3$ 脂肪酸含量和较好回收率，介质中水的含量应保持在 3% 的水平。Han[114]等将沙丁鱼油中总$\omega-3$ 脂肪酸含量从 33.2% 提高到 75.9%。

18.2.2 新方法

18.2.2.1 酶法

在学术界和工业上，用酶来生成脂肪酸和脂肪酸衍生物已经成为一个焦点。脂肪酶可以催化酯化、水解或酯的脂肪酸交换[115]。这些工艺可以通过选择恰当的底物和反应条件来设定。脂肪酶催化过程已经引起人们的关注，是因为它的反应条件温和并且在此条件下催化剂显示出特异性。在这两个方面，它们与典型的化学反应不同。由于酶反应在温和的温度、pH 以及常压下进行，与其他化学工艺相比，它们一般需要很少的能源，可以在低投资成本的设备中实施反应。酶工艺的另一个优点与很多脂肪酶的选择性有关，它可以获得用许多传统化学反应很难生产的产品。

（1）脂肪酶催化水解　Bottino 等阐明了海产油中长链ω－3 多不饱和脂肪酸对脂肪酶有抗性的机理。脂肪酸中顺式碳碳双键的存在导致链的弯曲。因此，脂肪酸的甲基端基团和酯键靠得很近，它会对脂肪酶产生位阻影响。由于 EPA 和 DHA 各自存在 5 和 6 个双键，造成其高度弯曲，强化了位阻效应；因此，脂肪酶不能达到这些脂肪酸与甘油分子之间的酯键连接处。但饱和与单不饱和脂肪酸对脂肪酶不存在任何障碍，所以很容易水解。因此，EPA 和 DHA 的脂肪酶选择性使得它们可以与存在的海产油其他组分相分离并得到浓缩。另外，脂肪酶还常用来区分含这两种脂肪酸的浓缩物中的 DHA 与 EPA，这为浓缩ω－3 多不饱和脂肪酸提供了可能性。

从黑曲霉（*AN*）、柱状假丝酵母（*CC*）、假单胞杆菌（*PS*）、色素细菌 *viscosum*（*CV*）、根霉（*RD*）和根霉属 *javanicus*（*RJ*）获得的微生物脂肪酶已经广泛应用于富 PUFA 油脂的改性[117]。当考虑到用酶来改性富多不饱和脂肪酸海产油时[118~121]，脂肪酶对脂肪酸的特异性（可区别多不饱和脂肪酸和短链脂肪酸）是一个关键因素。众所周知，从根霉（RD）中获得的脂肪酶具有1，3－位特异性[122]。Wanasundara[79]、Wanasundara 和 Shahidi[123, 124] 对海豹油和鲱鱼油（MHO）、Tanaka[117] 等对金枪鱼油的研究表明，脂肪酶催化水解海产油时，可以在不水解甘油酯的情况下富集ω－3 多不饱和脂肪酸。表 18.4 表明，经 *RO* 脂肪酶、*CC* 脂肪酶和 *GC* 脂肪酶水解 75h，MHO 中总ω－3 多不饱和脂肪酸含量从原料油的 30% 分别增加到 45.7%，45.8% 和 42.2%，这种油中 DHA 含量也由原料油的 10.1% 各自相应增加到 25.6%，18.2% 和 15.5%。在相似的实验条件下 SBO 用 *CC* 脂肪酶处理可大幅度提高总ω－3 多不饱和脂肪酸含量，从 20.2% 增加到 45.0%。

表 18.4　用微生物脂酶水解海豹油（SBO）和鲱鱼油（MHO）时非水解组分中总ω－3 多不饱和脂肪酸含量

来源和酶	水解时间/h	总ω－3PUFA 含量/%	
		MHO	SBO
不加酶	0	20.2	30.1
黑曲霉（*AN*）	12	20.8	30.3
	75	23.3	35

续表

来源和酶	水解时间/h	总ω-3PUFA 含量/%	
		MHO	SBO
假单胞菌（*PS*）	12	22.4	35
	75	26.1	39.5
柱状假丝酵母（*CC*）	12	40.2	40.9
	75	45.0	45.8
根霉（*RO*）	12	24.2	39.2
	75	33.1	45.7
白地菌（*GC*）	12	30.0	40.1
	75	30.0	42.2

注：资料来源参考文献［79］。

（2）脂肪酶催化酯化　经过实验动物来比较甘油三酯形式和烷基（甲基和乙基）酯形式的多不饱和脂肪酸，发现烷基酯会影响肠道吸收[125，126]。因此，甘油三酯形式比脂肪酸的甲酯和乙酯的营养更好。Yang 等[127]研究表明，甲酯和乙酯比其对应的甘油三酯水解要慢。从市场的观点来看，与其他的脂肪酸衍生物相比，甘油三酯形式的多不饱和脂肪酸通常可以“天然”的名义推销。为了将期望脂肪酸接入到甘油三酯中，广泛采用脂肪酸的脂肪酶催化酯化，得到具有很高生理功能的结构脂质。

要接入多不饱和脂肪酸，可采用细菌脂肪酶和柱状假丝酵母脂肪酶，将 DHA、EPA 等单一的游离脂肪酸与甘油进行直接酯化[128]。一些研究者报道用这种方法可将目标脂肪酸高效率接入到甘油三酯分子中，已有微生物脂肪酶用于海产油[128~130]和植物油[131~133]。所有这些研究都指出反应介质中水的含量是决定酯化反应程度的一个重要因素。反应介质中水分含量太高，使化学反应平衡朝水解进行，反之，减少水分含量使平衡朝酯化方向进行。酯化反应应维持在最小的合适水分含量，以防止产物发生部分水解以及形成甘油、单甘油和甘油二酯。但反应介质中要有足够含量的水，以防止酶失活。不同种类的酶所要求的水分变化很大，对于甘油三酯的酯交换反应[133]，水分含量通常是1%～4%。用已预先浓缩的物料（通过如尿素络合分离等其他方法获得高含量的目标脂肪酸）作为反应原料，有可能获得非常高的接入率[134，135]。

18.2.2.2　超临界流体萃取

超临界流体萃取（SFE）利用压缩气体作为萃取介质，避免了使用传统有机溶剂分离技术带来的问题。超临界流体萃取技术集合了蒸馏（即根据组分挥发性差异进行分离）和液体萃取（即分离相对挥发性无差异或热敏性的组分）的特点。许多气体等温压缩时，在其温度超过临界温度、压力超过临界压力时，就表现出很强的溶解能力[136]，这一点在19世纪时就已为人所知[137，138]，但直到20世纪末它才真正应用到实践当中。

物质以超临界流体形式存在的区域是由其临界压力（P_C）和临界温度（T_C）划定的。超临界流体有液体一样的密度，同时其传质特性如黏度、扩散系数等数值则处在典型气体与液体之间。溶质在超临界流体中的溶解度主要是一种密度驱动现象，且可以随压力的增加而显著增加。接近临界点的流体具有很高的可压缩性，增加少量的压力就可使流体密度大幅度增加。在压力接近临界压力时，温度的适度升高会使流体密度大幅下降，从而导致溶质的溶解度下降，这就是所谓的逆退行为（retrograde behavior）[139]。在更高压力下，流体变得很难压缩，温度上升使密度下降很小。因此，高压下提高温度即可提高溶解度，呈现非逆退行为[140]。这个压力非常高，在6895～13790kPa。食品加工中选择CO_2作为超临界流体，是因为它具有适中的临界温度和压力，同时它呈化学惰性，便宜，不可燃，环保上可接受，容易获得且安全[141]。二氧化碳的临界温度为31.1℃（7377kPa），这就使得萃取可以在温度低于100℃下进行。单组分的压力－温度相图定义了CO_2的临界区域。要详细了解这一技术的基本概念，读者可以参考Paul和Wise[142]、Mchugh和Krukonis[143]的综述。

目前工业上已经利用超临界二氧化碳流体（$SFCO_2$）可以萃取油籽中的油[144]，去除咖啡中的咖啡因[145]。溶解能力强、低黏度和高扩散系数的超临界流体非常适合用作高速色谱的流动相。超临界流体的溶解力取决于其比重，它是温度和压力的函数。Corner和Perrut[146]以$SFCO_2$作为流动相，用硅胶柱分离脂肪酸甲酯（C_{18}～C_{22}，既有饱和的，又有不饱和的）。

超临界二氧化碳的溶解力即使在较高的密度下也不足以洗脱极性溶质。通过在流动相中加入改性剂可以很大程度影响溶质在超临界相中的溶解度。加入的改性剂通常是有机溶剂，它可以增加萃取用的超临界二氧化碳流体[147]的极性。用加入改性剂的$SFCO_2$（乙腈和异丙醇）为流动相，以浸泡过硝酸银硅胶基的阳离子交换树脂为固定相，可以实现鱼油中二烯和三烯脂肪酸甲酯异构体的分离[148]。

用超临界二氧化碳流体为萃取介质，Merkle和Larick[149]在40℃，10.3～27.6MPa条件下从牛脂中分离出甘油三酯，在常温和常压下获得浓缩的甘油三酯。饱和与单不饱和甘油三酯可依据溶剂密度和分子量萃取。当用超临界二氧化碳流体（10.3MPa，55.05℃）萃取脂肪酸甲酯与胆固醇的混合物时，可观察到溶剂选择性地萃取胆固醇的现象，这表明可以从混合物中除去胆固醇[150]。已经用超临界流体萃取来高效精炼鱼油，且可以除去胆固醇、多氯联苯（PCB）、生育酚和其他成分[151]。用超临界流体萃取分离 PUFA 取决于所涉成分的分子大小而非不饱和度；因此，要获得富含多不饱和脂肪酸的最终产品，必须进行前期浓缩[141]。用超临界流体萃取多不饱和脂肪酸丰富的油脂，所需要的步骤包括：萃取、水解以及传统的酯化方法[151, 152]。好几个研究小组已经报道用多种流体来分提甘油一酯、二酯和三酯的混和物[153, 154]。有些报道富集了鱼油甘油三酯中的$\omega-3$多不饱和脂肪酸[155]。Stout 和 Spinelli[156]已经证实，用超临界流体对鱼油酯进行分提，可得到 DHA 含量为 60% ~65% 的油。已报道用超临界流体萃取法可分提游离脂肪酸[145]。在这两个研究的提取过程中，$\omega-3$多不饱和脂肪酸回收率较低，原因仍需要进一步考虑。使用超高压及高资本投入可能会限制该法在工业规模化浓缩生产中的普遍应用。最近，丙烷萃取技术得到了更多关注，尤其是在保健品产业中[157]，它可以从不同油中分离出多不饱和脂肪酸，但其应用程度仍然需要更多的研究来确定。

18.2.2.3 尿素络合

尿素单独结晶可以形成一个紧凑的四方结构，通道直径为 5.67Å。但当有长的直链分子存在时，它可结晶形成一个内通道直径 8 ~ 12Å 的六方结构[158]。当存在非分支的长链分子时，形成的通道大到足以容纳其脂肪链。利用尿素包埋物（UIC）分离脂肪酸，可将多不饱和脂肪酸与环状的游离脂肪酸留在未被包埋的组分中。基于尿素包埋物的分提法可非常有效地将饱和脂肪酸以尿素包埋物组分形式而去除。通过形成尿素包埋物来分离脂肪酸具有选择性，主要包括：①分子中双键数目增加，提高包埋的选择性；②长链分子优先；③相比于顺式双键，反式双键优先；反式单不饱和烯酸优先于对应的饱和脂肪酸；④对双键位置具有敏感性[159]。尽管六个或更多碳原子的直链饱和脂肪酸更容易被络合，但碳链中存在的双键增加了分子体积，降低它与尿素络合的可能性[160]。与二烯相比，单烯更易络合，相应地，二烯比三烯更易络合。因此，脂肪酸尿素络合物的稳定性与所涉分子的几何形状相关。与直链排布的任何偏离都会削弱络合物形成的稳定性。因此，尿素络合物的形成取决于所涉及脂肪酸的不饱和度。

为了形成尿素包埋物，首先使用氢氧化钾或氢氧化钠醇溶液将油（酰基甘油）分解成脂肪酸组分。不皂化物都在分解过程中从油脂中除去，如固醇，维生素 A、维生素 D、维生素 E，杀虫剂（如 PCB）以及其他不受欢迎的组分。游离脂肪酸与尿素的一种醇（甲醇或乙醇）溶液混合，然后冷却到某一特定温度，冷却程度取决于所期望的浓缩度。饱和脂肪酸、单烯及少量二烯可与尿素一起结晶，溶液中不结晶的脂肪酸可以通过过滤分离。液体或非尿素络合组分（NUCF）富含$\omega-3$多不饱和脂肪酸。这个过程还可以选择使用脂肪酸甲酯或乙酯而不用游离脂肪酸。每一种选择都有优点也有缺点。例如，与相应酯类相比，脂肪酸更易溶于酒精，因此，在加工中酒精的用量就小得多。假如选择脂肪酸酯的形式，那么就可以省去浓缩物再酯化的步骤。Han 等[161]已经试验了一系列的溶剂（乙醇、甲醇、水、甲酰胺和乙腈）作为尿素的润湿剂，他们报道所有试验溶剂都可以作为适合的湿润剂，但水成本较低且无毒，可作为溶剂的选择。磷脂、甘油二酯和甘油三酯的存在大大减少了尿素包埋物的生成量[162]，因此，在尿素包埋物分提之前必须先精炼游离脂肪酸混合物。据推测这些组分可以提高游离脂肪酸在液相中的溶解度，使得尿素包埋物的捕获变得非常困难[159]。

基于尿素包埋物分提游离脂肪酸或烷基酯的方法已经得到广泛应用，可将多不饱和脂肪酸富集在非尿素包埋组分（NUIC）中。据报道，通过尿素络合不可能完全除去饱和脂肪酸，这是因为在结晶过程中，一些短链饱和脂肪酸不能与尿素络合[93, 162, 164]。长链单不饱和脂肪酸，尤其是 C_{20}和 C_{22}，要比那些短链饱和脂肪酸（C_{14}和 C_{16}）更容易与尿素形成络合物。因此，在尿素络合组分（UCF）中，单不饱和脂肪酸的量是根据反应条件而增加的[164]。总回收率与尿素和脂肪酸的比率呈反比，在更低温下结晶，总回收率就下降，因为结晶程度取决于尿素浓度和结晶温度。Wille 等[165]报道，当在 -5℃结晶时，滤液中的 $C_{18:4}\omega-3$ 和 DHA 可以更有效浓缩，而总的$\omega-3$ 多不饱和脂肪酸和 EPA 含量在 10℃和 15℃时分别达到最高值。定性地看，脂肪酸的溶解度在尿素存在时是平行的，但溶解度比它们单独使用时低很多。没有尿素，多烯酸组分甚至在干冰温度下都不能正常结晶，但有尿素存在时在 0℃以上就可以结晶。随着温度持续降低到 13℃，脂肪酸和尿素的浓度不断增加，连续结晶，使 DHA 得以与油中其他成分分离开来。令人感兴趣的是，尿素络合可以阻止$\omega-3$PUFA 自动氧化[166]。络合物的形成是放热过程，但需要尿素和脂肪酸溶解。对于小规模分提来说，甲醇和乙醇是较好的溶剂；但最近 Han[167]等发现，对于大规模操作来说，水是最好的溶剂选择。Swern[167]综述了从许多天然油中尿素分提脂肪酸的方法，Patokina[168]等研究了尿素络合物形成的热力学和其他方面。

很多出版物已经描述了尿素络合法在分析和制备中的应用。Iverson 和 Weik[169]、Strocchi 和 Bonaga[170]建立了脂肪酸结构与其尿素络合物优先形成顺序的相关性。其他有文章描述了这种技术在特殊脂肪酸浓缩中的应用情况，如呋喃型脂肪酸[171]、异戊二烯酸[172]、顺-反-异构体[173]、一种含甲基支链且在同个碳原子上又有一个双键的脂肪酸（如 7-甲基-7-棕榈烯酸）[174]，同时也可以用于从其他海产油中制备$\omega-3$ 多不饱和脂肪酸浓缩物[174~177]。在尿素络合物中，络合的结晶是非常稳定的，因此，脂肪酸溶剂结晶时不需要低温过滤[178]。很多研究者都喜欢这种方法，因为络合是以脂肪酸分子构象为基础的，这是多个双键存在的结果，而不是纯粹利用其物理性质（如熔点或溶解度）。为了获得高分离度的脂肪酸，通常在实践中将上述方法联合起来。将尿素络合与色谱分离结合可以制备高纯度的脂肪酸。

18.3 副产品组分的分离

18.3.1 脱胶工艺中的浓缩磷脂和磷脂单体

卵磷脂是油脂加工过程中广泛获得的一种可食副产品。卵磷脂的定义差别很大，但它是以天然磷脂和其他极性脂质为基础的一类产品。大多数商品化的卵磷脂是从各种油籽或鸡蛋中获得的[179]。在科学文献中，卵磷脂是指一种特殊的磷脂，即 1，2 - 二酰基 - *sn* - 甘油 - 3 - 磷脂酰胆碱，或称磷脂酰胆碱。

从商业观点来看，大豆是卵磷脂的最重要来源，但从葵花籽[180]和油菜籽[181-183]湿胶中也可以成功地生产出卵磷脂产品。毛油精炼的第一步即脱胶工序除去了湿胶，通常是将溶剂浸出法得到的毛油与1% ~3% 的水在高温下（70 ~ 80℃）进行搅拌。在这些条件下，磷脂、糖脂开始膨胀变得不溶于油。这种水化物经离心除去，然后在真空下脱水，直到残留水分低于 1%。

卵磷脂和磷脂组分已成为食用油脂加工业中的高附加值副产品，传统的回收方法需做一些改进。通过改变油脂萃取前种子的调质条件及油脂萃取介质，可以改变卵磷脂的磷脂组成和得率。*Alcon* 工艺在萃取之前用热处理全脂油籽料胚，使磷脂酶失活，这样，毛油中的非水化磷脂（NHP）含量最少。这种工艺有助于提高卵磷脂中的磷脂酰胆碱含量。根据 Short 和其他人[184]的研究，由大豆加工获得的卵磷脂中，磷脂的组成可随萃取介质的改变而改变。由正己烷、低级醇、水组成的三元混合液萃取全脂料坯，该工艺使卵磷脂中的磷脂酰胆碱含量、卵磷脂的得率大为提高，并可以获得更亲水的卵磷脂（由于磷脂组分改变了的缘故）。Van Nieuwenhhuyzen[185]研究表明，卵磷脂是不同乳化剂的混合物，这个事实是卵磷脂改性的基础。从粗卵磷脂中可以获得许多不同功能特性的物质。最普遍使用的方法就是让粗卵磷脂与丙酮接触，以除去甘油三酯（脱油）。当用丙酮脱油时，不溶的磷脂、糖脂和相关成分得到保留且易于分离，接着脱溶剂，得到一种粉末或颗粒状的产品。脱油工艺不仅改善了颜色、气味和风味，而且将起始物料为油包水（W/O）型乳化剂转变成一种水包油（O/W）型的乳化剂。采用超临界 CO_2 使得脱油工艺不消耗溶剂，且有助于溶解甘油三酯，而不溶解磷脂[186~188]。用低级醇尤其是乙醇萃取，可得到水可分散性的磷脂酰胆碱“可溶组分”和一种富含磷脂酰肌醇和磷脂酸的“不可溶组分”。进一步分提和纯化可用吸附剂，如氧化铝、硅胶，或通过控制溶剂极性与萃取温度来完成[179]。

为增加水分散性和提高水包油型乳化特性，从油脂加工中得到的卵磷脂可以通过不同的方法来改性。在改性方法中，用醋酸酐对磷脂进行酰基化已经用于实践。将磷脂酰乙

醇胺转换成 *N*－乙酰基（50%～100%）的形式，粗卵磷脂就变成为一种 O/W 型乳化剂[179, 189]。另一种改性方式是在磷脂分子的不饱和脂肪酸上引入羟基。在一种有机酸（如乳酸或醋酸）存在条件下，高温下将卵磷脂与高浓度的过氧化氢混合进行羟基化反应，这可提高卵磷脂的亲水性[179, 190]。用磷脂酶 A（源于真菌或哺乳动物）专一地水解磷脂第二位的脂肪酸的方法目前已获得商业化应用，这样得到的卵磷脂，由于有溶血磷脂生成[190, 191]，其 O/W 型乳化特性就极大提高了。卵磷脂的应用非常广泛，涉及食品、工业和制药业等范围，主要是因为磷脂成分具有独特的表面活性。表 18.5 给出了卵磷脂的应用清单。

表 18.5 与制备特征有关的磷脂用途①

HLB 值	应用		性能②									
	食品	工业	物理性质	1	2	3	4	5	6	7	8	9
2.0	巧克力，人造奶油	墨汁，油漆和涂料，纺织品	油溶	－	－	－	×	－	×	－	×	－
4.0	焙烤食品，奶酪产品，西点，乳酪产品，婴儿食品，人造奶油和起酥油，肉类和禽类的加工和涂层	黏合剂，吸附剂，清洁剂，灰尘控制剂，燃料，肥料，墨汁，泥瓦，沥青，油漆和涂料，农药，聚合物/橡胶，纺织品	油溶	－	－	－	×	－	×	×	×	－
4.0	油基气溶胶喷雾释放应用	—	易喷，低黏度，油溶	－	－	－	×	－	×	×	×	－
4.0	口香糖基料	—	浅味	－	－	－	－	－	×	×	×	×
5.6	—	油漆和涂料，纺织品	水分散性	－	－	－	×	×	－	－	－	－
7.0	混合蛋糕，低脂产品，非乳制奶精，食物调味料，汤，灌装肉，糖霜，冷冻甜点	动物饲料，陶瓷和玻璃，化妆品和肥皂，染料	干混性，油溶，水分散，风味淡	×	×	×	×	×	－	×	×	×
7.0	—	磁带，化妆品，肥皂，护肤品	干混性，油溶，水分散，风味淡	－	－	－	×	×	－	－	×	×
8.0	高含量胆碱的功能性食品应用	—	高胆碱含量，风味淡，水分散	－	－	－	－	×	－	－	－	－

续表

HLB值	应用		性能②									
	食品	工业	物理性质	1	2	3	4	5	6	7	8	9
9.0	焙烤食品，淀粉基糖、布丁	—	干混性，风味淡，油溶，水分散	×	×	×	×	×	-	-	-	×
9.0	焙烤食品，速溶食品，乳粉	化妆品和肥皂，染料，皮革	油溶，水分散	-	-	-	-	-	-	-	-	×
10.0	色拉调味品，可释放水基香料，色素	—	油溶，水分散	-	-	-	×	×	-	×	-	-
12.0	速溶食品，香料	—	易喷洒性，低黏度，水分散	-	-	-	×	×	-	×	×	×

注：①数据来源参考文献［191］。

②1—增加润滑；2—面包柔软剂；3—面团调节剂；4—混合酸；5—O/W 乳化剂；6—W/O 乳化剂；7—脱模剂；8—黏度改良剂；9—润湿剂。 -否，×是

18.3.2 脱臭馏出物中的生育酚和（植物）甾醇

脱臭馏出物（DOD）是食用油加工中另一副产品，其中的化学成分很多。脱臭馏出物在精炼工序中产生，精炼时通过减压水蒸气蒸馏获得理想风味和稳定性的油脂。脱臭馏出物中含有许多化合物，其中不皂化物含量一般约 10% ~30%，它成分随脱臭油的种类不同而有所不同。一般来说，脱臭馏出物中不皂化物是由碳氢化合物（25%）、萜烯和脂肪醇（10%）、植物甾醇类（40%）、生育酚（15%）和色素（10%）组成。表 18.6 所示为一些油籽中不皂化物的组成。不饱和植物油的馏出物一般有较高的不皂化物，如豆甾醇和生育酚，适合作为植物甾醇和生育酚的原料。不皂化物含量很低的馏出物（如动物脂肪、棕榈油的馏出物）是脂肪酸的主要来源，生育酚和甾醇含量很低。也有的馏出物处于中间类型。

表 18.6　　各种植物油脱臭馏出物中的成分*

成分	葵花籽	棉籽	大豆	油菜籽
不皂化物/%	39	42	33	35
生育酚/%	9.3	11.4	11.1	8.2
α-生育酚/%	5.7	6.3	0.9	1.4
甾醇/%	18	20	18	14.8
豆甾醇/%	2.9	0.3	4.4	1.8

注：* 数据来源于 Winters 等[192]。

18.3.2.1 生育酚

传统上将分子蒸馏、乙醇萃取、化学醇解、离子交换色谱几种方法结合来纯化生育酚。分子蒸馏不能生产出高纯度的生育酚，因为甾醇混合其中，且这两种分子的分子量非常相似。工业上用乙醇分离纯化生育酚的纯度可以达到75%左右；甾醇不溶于乙醇，而生育酚却溶于乙醇。Barnicki 等[193]获得了处理步骤最少、不使用溶剂的生育酚回收工艺授权专利。这个工艺第一步是酯化反应，将易挥发的醇转换成较不易挥发的脂肪酸酯，接着进行一系列蒸馏操作，将沸点比生育酚高或低的组分与生育酚和其他沸点相似的物质相分离。

Shimada 等[194]研究表明，源于玫瑰假丝酵母（*Candida rugosa*）的脂肪酶可以甾醇为底物，与含脂肪酸、甾醇和生育酚的脱臭馏出物中的游离脂肪酸进行酯化反应。酯化后，（甾醇和游离脂肪酸结合）通过分子蒸馏除去高沸点的甾醇酯，得到含生育酚的浓缩物。根据他们的研究，向含16%总生育酚的大豆脱臭馏出物加入200U/g反应混合物的酶，在35℃下搅拌反应24h，一步酯化就可酯化80%的甾醇，再一次酯化的酯化率可提高到95%。反应结束后，通过对油层进行分子蒸馏来回收生育酚和保留下来的游离脂肪酸。这种无溶剂的浓缩法可得到含量达65%生育酚的浓缩物[194]。以米糠、大豆、棕榈、橄榄和小麦胚芽为主要原料，用超临界 CO_2 萃取选择性地从脱臭馏出物中分离生育酚已有报道[195～198]。

18.3.2.2 植物甾醇

在植物脂质不皂化物中发现的脂环族醇结构相关化合物通称为“植物甾醇”。植物甾醇在产油植物的种子和果子中含量最高，同时也存在于豆类和非油植物的叶子和种子中。植物甾醇的主要原料有植物油精炼的脱臭馏出物、工业加工植物原料的脂肪残渣（如妥尔油，造纸用纤维素硫酸酯工艺的一种副产品，从树中获得）以及植物油。植物甾醇是合成药用类固醇的原料、化妆品和食品工业中的乳化剂、杀虫药和光学工业中液晶的制造原料。近来，植物甾醇已用于开发功能性食品和保健食品（如含有植物甾醇的人造奶油可降低血液中的胆固醇）。

大豆、玉米、卡诺拉菜籽/油菜籽、葵花籽、棉籽、花生和棕榈中不皂化物含量为10%～30%，其中含有40%的植物甾醇和15%的生育酚[199～202]。脱臭过程中的温度、持续时间、汽提水蒸气量和真空度都影响脱臭馏出物质量和产量。脱臭馏出物中生育酚和植物甾醇含量低时通常需要浓缩；但如果原料是大豆，就没有这个问题，因为这些化合物的浓度很高。

在脱臭馏出物中，植物甾醇是以游离和脂肪酸酯化形式共同存在的。因此，植物甾醇提取的第一步就是将植物甾醇脂肪酸酯转化成游离形式。通过水解或转酯化可以实现。水解可以在强碱性条件（皂化后酸化）、强酸性条件或者在化学或酶（特异性或非特异性）催化条件下进行。由于温度较高，植物甾醇在甲酯的蒸馏过程中会再酯化；因此，需要对游离甾醇再进行转酯化。工艺的第二步是植物甾醇的酯化反应或甾醇脂肪酸酯的反酯化。甲醇是最常用的醇，它可以获得高挥发性的甲酯，但其他的 C_1 ~ C_4 醇也可以用。脂肪酸或植物甾醇的酯化或转酯化可以通过金属醇盐或氢氧化物催化，或有机催化剂或酶催化实现（表 18.7）。

表 18.7　植物甾醇的释放方法*

释放方法	催化剂	温度/℃	反应时间/h
化学水解	强无机酸	—	—
酶水解	微生物脂肪酶	35	5
酯交换	碱金属氢氧化物或醇盐（醇化物）	220	3
	单烷基或二烷基或苯基磷酸	200	4
	氧化锌或氢氧化锌	150 ~ 240	3
皂化和酸化	无机碱	—	—

注：* 数据来源 Sturve 等[203]和 Daguet 等[204]。

分离的第三步是回收植物甾醇或它的浓缩物。蒸馏后的脂肪酸甲酯可将植物甾醇的质量浓度提高 50%。分子蒸馏也可用于植物甾醇分离提取。植物甾醇的浓缩物可通过微生物发酵用作类固醇药物的制备原料，发酵时不需要纯的植物甾醇。通过结晶（物理方法）、溶剂萃取（化学方法），或通过与添加剂形成络合物后一起结晶和分离（物理化学方法）的方法，可实现植物甾醇的最后回收。有机溶剂或由低极性、高极性溶剂以及水组成的混合溶剂可用于植物甾醇的结晶[205, 206]。结晶的或沉淀的植物甾醇固体可通过过滤、离心或倾析的方法从液相中分离出来。用于植物甾醇结晶优选的高极性溶剂是小分子质量的氧化烃、低级烷醇和低极性的溶剂，包括烷烃、一元酮、一元醛、一元酯和一元醇。用于结晶的混合溶剂一般含有至少 80%（质量比）的低极性溶剂和 20% 或更少的高极性溶剂。水溶解在高极性溶剂中的比例从 5 : 1 到 1 : 5（质量比）。通过形成络合物的方式，可在含少量极性溶剂的非极性溶剂中，从酯化和转酯化混合物中分离出植物甾醇。表 18.8 所示为用于此项分离的添加剂、极性溶剂和非极性溶剂。分离之后，络合物在双相溶剂系统中分解，释放出游离甾醇和添加剂。第四步也是最后一步，是采用其他方法回收生育酚，如分子蒸馏和溶剂提取。

表 18.8 植物甾醇分离中络合物形成所需的添加剂和溶剂*

添加剂	非极性溶剂	极性溶剂
氯化钙	石油醚	甲醇
金属盐	甲苯	水
二羧基酸	二乙基酮	
盐酸	乙酸乙酯	
尿素	1，2－二氯乙烷	

注：＊资料来源 D. Dauget 和 J－P. Coic[207]。

由于甾醇、生育酚、脂肪酸具有相似的挥发性，因此在高真空条件下用分馏和气提的方法将甾醇和生育酚从脂肪酸中分离出来是十分困难的。已经证明超临界流体萃取既能浓缩生育酚又能浓缩甾醇，因此该方法很有应用前景[208]。已经有人研究用脂肪酶辅助分离甾醇。脱臭馏出物中的脂肪酸可以用酶（源于微生物的脂肪酶）水解，并在另一种脂肪酶辅助下转换成甲酯或丁基酯。酯化的产物经过分馏得到脂肪酸酯，残留组分为甾醇和生育酚。Ramamurthy 和 McCurdy[209]使用以上反应，从大豆油脱臭馏出物中得到一种含 17.5% 甾醇和 21.5% 生育酚的浓缩物。Ghosh 和 Battacharyya[210]用葵花籽油脱臭馏出物得到含 36% 甾醇和 30% 生育酚的浓缩物。

18.3.3 皂脚

皂脚是毛油精炼过程中用碱（稀 NaOH）洗获得的一种副产品。皂脚中主要含有游离脂肪酸、水解的磷脂和不皂化物。从皂脚中回收的游离脂肪酸是最有价值的成分。通常，可将皂脚重新添加到油籽粕中，既提高脂质含量又增加重量。作为饲料中使用的皂脚应该无农药残留，由于农残可在脱臭馏出物中得到浓缩，所以极少将它们混入皂脚[211]。硫酸酸化可以稳定皂脚且减少需要处理的物料质量；但该法在精炼厂中会产生大量废水。Daniels[212]的专利是将酸水作为一种肥料成分。即用 KOH 代替 NaOH 洗涤，硫酸酸化后接着用氨而不是 NaOH 来中和[213]。

18.3.3.1 肥皂

粗皂脚或酸化的皂脚可直接用于生产肥皂，或经过蒸馏和氢化得到制皂用的脂肪酸。椰子和棕榈仁皂脚有良好的起泡和泡沫特性，可用于制造高级香皂。棕榈油皂脚用作加工低品质、便宜的肥皂。在香皂制造中，从棕榈皂脚中蒸馏得到的脂肪酸可替代除牛油以外的动物脂。大豆和棉籽皂脚含有大量的不饱和物和色素，适合加工成为工业用的中档肥皂，包括洗手用皂粉、金属抛光物、洗衣剂和干洗剂、食品工厂清洁剂以及低温染洗剂，但不适合做香皂。

18.3.3.2 脂肪酸

人们通常会发现，皂脚是油资源中获取脂肪酸的低成本原料。 短链和中链脂肪酸可以从椰子或棕榈仁皂脚中得到。 大豆皂脚氢化后可以提供高质量的硬脂酸，分馏后可以得到亚油酸和棕榈酸。 为了达到可接受的色泽、稳定性和氢化的经济性，需要进行多步蒸馏。要了解皂脚加工的细节，建议读者参阅 Sonntag 的书[214]。

参考文献

1. G. G. Haraldsson, *J. Amer. Oil Chem. Soc.*, **61**, 219 – 222 (1984).

2. C. A. Guesserow, *Arch. Pharm.*, **27**, 153 – 244 (1828).

3. K. I. Zilch, *J. Amer. Oil Chem. Soc.*, **56**, 739 – 742A (1979).

4. H. Dubovitz, *Seifensieder Zeitung*, **37**, 1063 – 1064 (1911).

5. C. Greenfield, U. S. Patent 2,911,423, 1959.

6. A. W. Hixson and R. Miller, U. S. Patent 2,219,652, 1940.

7. A. W. Hixson and J. B. Bockelmann, *Trans Amer. Inst. Chem. Eng.*, **38**, 891 – 930 (1942).

8. D. A. Drew and A. N. Hixson, *Trans Amer. Inst. Chem. Eng.*, **40**, 675 – 694 (1944).

9. H. J. Passino, *J. Ind. Eng. Chem.*, **41**, 280 – 287 (1949).

10. S. W. Gloyer, *J. Amer. Oil Chem. Soc.*, **26**, 162 – 166 (1949).

11. E. A. Lawrence, *Chem. Eng. Prog.*, **49**, 627 – 634 (1953).

12. R. Kristler, V. J. Muckerheide, and L. D. Myers, *Oil Soap*, **23**, 146 – 150 (1946).

13. R. L. Demmerle, *J. Ind. Eng. Chem.*, **39**, 126 – 131 (1947).

14. L. D. Myers and W. J. Muckerheide, U. S. Patent 2,293,674, 1942.

15. L. D. Myers and W. J. Muckerheide, U. S. Patent 2,421,157, 1947.

16. W. P. Gee, U. S. Patent, 2,450,235, 1948.

17. W. P. Gee, U. S. Patent 2,520,801, 1950.

18. W. Stein, *J. Amer. Oil Chem. Soc.*, **45**, 471 – 474 (1968).

19. W. Stein and H. Hartman, Brit. Patent 925,674, 1955.

20. W. Stein and H. Hartman, U. S. Patent 2,800,493, 1957.

21. H. Waldman and W. Stein, U. S. Patent 3,052,700, 1962.

22. H. Hartman and W. Stein, U. S. Patent 3,733,343, 1973.

23. E. L. Smith, *Biochem. J.*, **36**, 22 – 30 (1942).

24. S. R. Elsden, *Biochem. J.*, **40**, 252 – 256 (1946).

25. M. F. White and J. B. Brown, *J. Amer. Chem. Soc.*, **70**, 42 – 69 (1948).

26. S. F. Herb, *J. Amer. Oil Chem. Soc.*, **28**, 505 – 507 (1951).

27. J. Boldingh, *Experientia*, **4**, 270 – 271 (1948).

28. J. Boldingh, *Rec. Trav. Chém.*, **69**, 247 – 261 (1950).

29. A. T. James and A. J. P. Martin, *Biochem. J.*, **50**, 679 – 690 (1952).

30. C. A. Orr and J. E. Callen, *J. Amer. Chem. Soc.*, **80**, 249 (1958).

31. G. Ü stú n, *J. Amer. Oil Chem. Soc.*, **73**, 203 – 210 (1996).

32. T. J. Logan and D. C. Underwood, European Patent, 78,200,225.5, 1978.

33. M. T. Cleary andS. Kulprathipanja, European Patent, 82,305,310.3, 1982.

34. T. Nakahara, T. Yokochi, T. Higashihara, S. Tanaka, T. Yaguchi, and D. Honda, *J. Amer. Oil Chem. Soc.*, **73**,1421 – 1426 (1996).

35. W. W. Christie, *Fat Sci. Tech.*, **93**, 65 – 66 (1993).

36. P. Manninen, P. Laasko, and H. Kallio, *Lipids*, **30**, 665 – 671 (1995).

37. S. Teshima, A. Kanazawa, and S. Tokiwa, *Bull. J. Soc. Sci. Fish.*, **44**, 927 – 930 (1978).

38. D. G. Corley, S. G. Zeller, P. James, and K. Duffin, International Patent, PCT/US00/04166, 2000.

39. K. Hayashi and H. Kishimura,*Nippon Suisan Gakkaishi*, **59**, 1429 – 1433 (1993).

40. R. O. Adlof and E. A. Emiken, *J. Amer. Oil Chem. Soc.*, **62**,1592 – 1595 (1985).

41. S. Tokiwa, A. Kanazawa and S. Teshima, *Bull Jap. Soc. Sci. Fish.*, **47**, 675 – 680 (1981).

42. M. Perrut, *LC – GC*, **6**, 914 – 920 (1988).

43. J. Krzynowek, D. L. D' Entremont, and R. S. Maney, *Proc. 12th Ann. Conf. Trop. Subtrop. Fish Technol. Soc.*, 74 – 77 (1988).

44. F. L. Goffic, *Lipid Technol.*, **9**, 148 – 150 (1997).

45. U. N. Wanasundara and P. Fedec, *Inform*,, **13**, 726 – 730 (2002).

46. L. C. Craig and O. Post, *Anal. Chem.*, **21**, 500 – 504 (1949).

47. Y. Ito and F. E. Chou, *J. Chromt.*, **391**, 382 – 386 (1988).

48. Y. Ito, H. Oka, and J. L. Slemp, *J. Chrom.*, **475**, 219 – 227 (1989).

49. A. Marston and K. Hostettmann, *J. Chromat. A*, **658**, 315 – 341 (1994).

50. A. P. Foucault, in A. P. Foucault, ed., *Chromatographic Science Series*, Vol. 68, Marcel Dekker,New York, 1995, pp. 71 – 97.

51. Y. Ito, *Crit. Rev. Anal. Chem.*, **17**, 65 – 143 (1986).

52. K. Hostettman, *Planta Medica*, **39**, 1 – 8 (1980).

53. A. Marston, C. Borel, and K. Hosterttmann, *J. Chrom.*, **450**, 91 – 99 (1988).

54. J. M. Sorenson and W. Arlt, in D. Behrens and R. Eckermann, eds., *Chemical Data Series*, Dechema, Deutsche Gesellschaft fur Chemisches Apparatewesen,Frankfurt, Germany, 1980.

55. O. Bousquet, N. Sellier, and F. L. Goffic, *Chrotographia*, **39**, 40 - 44 (1994).

56. O. Bousquet and F. L. Goffic, *J. Chromat. A*, **704**, 211 - 216 (1995).

57. W. Murayama, Y. Kosuge, and N. Nakaya, *J. Liquid Chrom.*, **11**, 283 - 300 (1988).

58. G. Boudimant, M. Maurice, A. Landrrein, G. Durand, and P. Durand, *J. Liq. Chromat. Rel. Technol.*, **19**, 1793 - 1804 (1996).

59. J. B. Brown and G. C. Stoner, *J. Amer. Chem. Soc.*, **59**, 3 - 6, (1932).

60. J. B. Brown and G. Y. Shinowara, *J. Amer. Chem. Soc.*, **59**, 6 - 8 (1937).

61. J. B. Brown and D. K. Kolb, *Prog. Chem. Fats Lipids*, **3**, 57 - 94 (1955).

62. P. Chawla and J. M. deMan. *J. Amer. Oil Chem. Soc.*, **76**, 329 - 332 (1990).

63. W. S. Singleton, in K. S. Markley, ed., *Fatty acids*, Interscience Publishers, New York, 1960, pp. 609 - 678.

64. V. F. Stout, W. B. Nilsson, J. Krzynowek, and H. Schlenk, in M. E. Stansby, ed., *Fish Oils in Nutrition*, Van Nostrand Reinhold, New York, 1990, pp. 73 - 119.

65. E. Deffense, Society of Chemical Industry Lecture and Paper Series. No. 0036, Society of Chemical Industry, London, 1994.

66. T. Willner, W. Sitzmann, and K. Weber, in V. J. S. Shukla and F. D. Gunstone, eds., *Oils and Fats in the Nineties*, International Food Science Centre, A/S, Lystruo, Denmark, 1992, pp 162 - 175.

67. W. Hamm, *Trends Food Sci. Technol.*, **6**, 121 - 126 (1995).

68. P. H. J. van Dam, W. Hogervorst, and F. Kamp, U. S. Patent 5,959,129, 1996.

69. M. Koji, Japanese Patent, JP5125389, 1993.

70. M. Koji, Japanese Patent, JP6181686, 1994.

71. K. F. Mattil, U. S. Patent 2,610,915, 1950.

72. F. J. Baur, U. S. Patent 3,059,008, 1962.

73. T. P. Hilditch and J. P. Riley, *J. Soc. Chem. Ind.*, **64**, 204 - 207 (1945).

74. A. W. Hixson and J. B. Bockelmann, *Trans. Amer. Inst. Chem. Eng.*, **38**, 891 - 930 (1942).

75. T. Yokochi, M. T. Usita, Y. Kamisaka, T. Nakahara, and O. Suzuki, *J. Amer. Oil Chem. Soc.*, **67**, 846 - 851 (1990).

76. H. P. Kreulen, *J. Amer. Oil Chem. Soc.*, **53**, 393 - 395 (1976).

77. H. Schlenk, *J. Amer. Oil Chem. Soc.*, **38**, 728 - 736 (1961).

78. K. S. Markley, in K. S. Markley, ed., *Fatty Acids*, Interscience Publishers, New York, 1964, pp. 1983 - 2123.

79. U. N. Wanasundara, *Marine Oils: Stabilization, Structural Characterization and Omega - 3 Fatty Acid Concentration*, Ph. D. thesis, Memorial University of Newfoundland, St. John's, Newfoundland, 1996.

80. M. E. Chevruel, *Recherches chimiques sur les corps gras d' origine animale*, Levrault, Paris, 1823.

81. M. Levey, in E. Faber, ed., *Great Chemists*, Interscience, New York, 1961, pp. 3 – 6.

82. F. Kraft, *Ber*, **36**, 4336 – 4344 (1903).

83. H. Kreiser and A. Hafner, *Ber*, **36**, 2766 – 2773 (1903).

84. A. Haller and A. Youssoufian, *Compt. Rend.*, **143**, 803 – 806 (1906).

85. H. Bull, *Ber*, **39**, 3570 – 3576 (1906).

86. G. D. Eldson, *Analyst*, **38**, 8 – 11 (1913).

87. G. D. Eldson, *Analyst*, **39**, 78 – 81 (1914).

88. G. S. Jamieson and W. F. Baughman, *J. Amer. Chem. Soc.*, **43**, 2696 – 2702 (1921).

89. G. S. Jamieson and W. F. Baughman, *J. Amer. Chem. Soc.*, **44**, 2952 – 2957 (1922).

90. G. S. Jamieson and W. F. Baughman, *J. Oil FatInd.*, **2**, 40 – 44 (1925).

91. G. S. Jamieson, R. M. Hann, and W. F. Baughmann, *J. Oil FatInd.*, **4**, 63 – 65 (1927).

92. W. F. Baughman, *J. Amer. Chem. Soc.*, **44**, 2947 – 2952 (1922).

93. J. B. Brown and G. D. Beal, *J. Amer. Chem. Soc.*, **45**, 1289 – 1303 (1923).

94. J. B. Brown and G. S. Jamieson, *J. Biol. Chem.*, **83**, 783 – 790 (1929).

95. J. Reilly, *Distillation*, Methuen, London, 1936.

96. T. P. Hilditch, *Biochem. J.*, **28**, 779 – 785 (1931).

97. W. J. Podbielniak, U. S. Patent 2,004,911, 1935.

98. R. H. Baker, C. Barkenbus, and C. A. Roswell, *Ind. Eng. Chem.*, *Anal. Ed.*, **12**, 468 – 471 (1940).

99. O. S. Privett, R. P. Weber, and E. C. Nickell, *J. Amer. Oil Chem. Soc.*, **36**, 443 – 449 (1959).

100. C. E. Bills, O. N. Massengale, K. C. D. Hickman, and E. LeB Gray, *J. Biol Chem.*, **126**, 241 – 244 (1938).

101. S. Komari, *J. Chem. Soc. Japan*, *Ind. Chem. Sect.*, **54**, 225 – 228 (1951).

102. S. Komari, *Chem. Abstr.*, **47**, 3010 (1953).

103. K. C. D. Hickman, *Ind. Eng. Chem.*, **32**, 1451 – 1453 (1940).

104. E. H. Farmer and F. A. Van den Heuval, *J. Soc. Chem. Ind. Lond.*, **57**, 24 – 31T (1938).

105. R. Berger and W. McPherson, *J. Amer. Oil Chem. Soc.*, **56**, 743 – 746A (1979).

106. A. W. Weitkamp, *J. Amer. Oil Chem. Soc.*, **32**, 640 – 646 (1955).

107. H. Brevik, *AOCS Short Courses*, *Modern Application of Marine Oils*, Toronto, Canada, May 7 – 8, 1992.

108. R. G. Ackman, *Chem. Ind.*, **3**, 139 – 145 (1988).

109. R. C. Wijesundara, W. M. N. Ratnayake, and R. G. Ackman, *J. Amer. Oil Chem. Soc.*, **66**, 1822 – 1830 (1989).

110. O. S. Privett, R. P. Weber, and E. C. Nickell, *J. Amer. Oil Chem. Soc.*, **36**, 443-449 (1959).

111. O. S. Privett, and E. C. Nickell, *J. Amer. Oil Chem. Soc.*, **40**, 189-193 (1963).

112. R. G. Ackman, P. J. Ke, and P. M. Jangaard, *J. Amer. Oil Chem. Soc.*, **50**, 1-8 (1973).

113. E. Twitchell, *Ind. Eng. Chem.*, **13**, 806-807 (1921).

114. D. S. Han, H. B. Ahn, and H. K. Shin, *Korean J. Food Sci. Technol.*, **19**, 430-434 (1987).

115. A. Marangoni and D. Rousseau, *Trends Food Sci. Technol.*, **6**, 329-335 (1995).

116. N. R. Bottino, G. A. Vandenberg, and R. Reiser, *Lipids*, **2**, 489-493 (1967).

117. Y. Tanaka, J. Hirano, and T. Funada, *J. Amer. Oil Chem. Soc.*, **69**, 1210-1214 (1992).

118. T. Hoshino, T. Yamane, and S. Shimuzu, *Agric. Biol. Chem.*, **54**, 1459-1467 (1990).

119. D. R. Tocher, A. Webster, and J. R. Sargent, *Biotechnol. Appli. Biochem.*, **8**, 675-679 (1986).

120. Y. Shimada, K. Murayama, S. Okazaki, M. Nakamura, A. Sugihara, and Y. Tominga, *J. Amer. Oil Chem. Soc.*, **71**, 951-954 (1994).

121. Y. Noguchi and H. Hibino, Japanese Patent, 59-14793, 1984.

122. J. Kotting and H. Elbl, in P. Woolley and S. B. Petersen, eds., *Lipases*, Cambridge University Press, Cambridge, United Kingdom, 1994, pp. 289-313.

123. U. N. Wanasundara and F. Shahidi, *J. Food Lipids*, **4**, 51-64 (1997).

124. U. N. Wanasundara and F. Shahidi, *J. Amer. Oil Chem. Soc.*, **75**, 945-951 (1998).

125. S. El-Boustani, C. Colette, L. Monnier, B. Descomps, C. A. Paulet, and F. Mendey, *Lipids*, **22**, 711-714 (1987).

126. L. D. Lawson and B. G. Hughes, *Biochem. Biophys. Res. Comm.*, **152**, 328-335 (1988).

127. L. Y. Yang, A. Kuksis, and J. J. Myher, *Biochem. Cell Biol.*, **67**, 192-204 (1989).

128. K. Osada, M. Nakamura, M. Nonaka, and M. Hatano, *J. Jpn. Oil Chem. Soc.*, **41**, 39-43 (1992).

129. Y. He and F. Shahidi, *J. Amer. Oil Chem. Soc.* **74**, 1133-1136 (1997).

130. C. C. Akoh, B. H. Jennings, and D. A. Lillard, *J. Amer. Oil Chem. Soc.*, **72**, 1317-1321 (1995).

131. C. C. Akoh, B. H. Jennings, and D. A. Lillard, *J. Amer. Oil Chem. Soc.*, **73**, 1059-1062 (1996).

132. R. Sridar and G. Laksminarayana, *J. Amer. Oil Chem. Soc.*, **69**, 1041-1042 (1992).

133. S. Basheer, K. Mogi, and M. Nakajuma, *J. Amer. Oil Chem. Soc.*, **72**, 511-518 (1995).

134. Y. Shimada, H. Murayama, A. Sugihara, T. Baba, S. Komemushi, S. Moriyama, and Y. Tominga, *J. Amer. Oil Chem. Soc.*, **75**, 1565-1571 (1998).

135. M. Schmitt-Rozieres, V. Deyris, and L. Comeau, *J. Amer. Oil Chem. Soc.*, **77**, 329-332

(2000).

136. G. A. M. Diepen and F. E. C. Scheffer, *J. Amer. Chem. Soc.*, **70**, 4085–4089 (1948).

137. J. B. Hanny and J. Hogarth, *Proc. Royal Soc. London*, **29**, 324 (1879).

138. J. B. Hanny and J. Hogarth, *Proc. Royal Soc. London*, **30**, 178 (1880).

139. J. Chrastil, *J. Phys. Chem.*, **86**, 3016–3021 (1982).

140. W. B. Nilsson, G. J. Gauglitz, Jr., J. K. Hudson, V. F. Stout, and J. Spinelli, *J. Amer. Oil Chem. Soc.*, **65**, 109–117 (1988).

141. V. K. Mishra, F. Temelli, and B. Ooraikul, *Food Res. Int.*, **26**, 217–226 (1993).

142. P. M. F. Paul andW. S. Wise, *The Principles of Gas Extraction*, Mills and Boon, London, 1971.

143. M. A. McHugh and V. J. Krukonis, *Supercritical Fluid Extraction: Principles and Practices*, 2nd ed., Butterworth–Heinmann, Stoneham, Massachusetts, 1986.

144. J. P. Friedrich and G. R. List, *J. Agric. Food Chem.*, **30**, 192–195 (1982).

145. S. S. H. Rizvi, J. A. Daniels, A. L. Bernado, and J. A. Zollweg, *Food Technol.*, **40**, 57–64 (1986).

146. T. Görner and M. Perrut, *LC–GC Int.*, **2**, 36–39 (1989).

147. D. Pyo and D. Ju, *Chromatographia*, **38**, 79–82 (1994).

148. M. Demirbü ker, I. Hägglund, and L. G. Blomberg, *J. Chrom.*, **605**, 263–267 (1992).

149. J. A. Merkle and D. K. Larick, *J. Food Sci.*, **58**, 1237–1240 (1993).

150. A–I. Yeh, J. H. Liang, and L. S. Hwang, *J. Amer. Oil Chem. Soc.*, **68**, 224–229 (1991).

151. W. Eisenbach, *Ber. Bunsenges. Phys. Chem.*, **88**, 882–887 (1984).

152. W. B. Nilsson, E. J. Gauglitz, and J. K. Hudson, *J. Amer. Oil Chem. Soc.*, **66**, 1596–1600 (1989).

153. S. Peter and G. Brunner, *Angew. Chem. Int. Engl.*, **17**, 746–750 (1978).

154. G. Brunner and S. Peter, *Sep. Sci. Technol.*, **17**, 199–214 (1982).

155. K. Zosel, *Angew. Chem. Int. Engl.*, **17**, 702–709 (1978).

156. V. F. Stout and J. Spinelli, U. S. Patent 4,675,132, 1987.

157. M. Pinton, *Practical Short Course on Processing of Nutraceuticals/Functional Foods*, Food Protein Research and Development Center, The Texas A & M University, College Station, Texas, Chapter 16, 1998.

158. A. E. Smith, *Acta Cryst.*, **5**, 224–235 (1952).

159. D. G. Hayes, *Inform*,, **13**, 832–835 (2002).

160. H. Schlenk, in R. T. Holman, W. O. Lundberg, and T. Malkin, eds., *Progress in the Chemistry of Fats and Other Lipids*, Pergamon Press, New York, 1954, pp. 243–267.

161. D. Han, H. K. Shin, and S. H. Yoon, in F. Shahidi and K. R. Cadwallader, eds., *Flavor and Lipid Chemistry of Seafoods*, ACS Symposium Series 674, American Chemical Society, Washington, D. C. 1997, pp. 255 -263.

162. D. G. Hayes, J. M. van Alstine, and F. N. Setterwall, *J. Amer. Oil Chem. Soc.*, **77**, 207 -215 (2000).

163. G. M. Pigott and B. W. Tucker, *Food Rev. Inter.*, **3**, 105 -138 (1987).

164. W. M. N. Ratnayake, B. Olsson, D. Matthews, and R. G. Ackman, *Fat Sci. Technol.*, **90**, 381 - 386 (1988).

165. H. J. Wille, H. Traitler, and M. Kelly, *Rev. Fr. Corps Gras.*, **34**, 69 -71 (1987).

166. H. Schlenk and R. T. Holman, *J. Amer. Oil Chem. Soc.*, **27**, 5001 -5004 (1950).

167. D. Swern, in K. S. Markley, ed., *Fatty Acids*, Interscience Publishers, New York, 1964, pp. 2309 - 2358.

168. E. V. Patokina, S. M. Alekseev, I. K. Sarycheya, G. V. Karpova, and R. P. Evstigneeva, *Khim. Farm. Zh*, **22**, 1129 -1132 (1985).

169. J. L. Iverson and R. W. Weik, *J. Assoc. Off. Anal. Chem.*, **50**, 1111 -1118 (1967).

170. A. Strocchi and G. Bonaga, *Chem. Phys. Lipids*, **15**, 87 -94 (1975).

171. F. D. Gunstone, R. C. Wijesundara, and C. M. Schrimgeour, *J. Sci. Food Agric.*, **29**, 539 - 550 (1978).

172. R. G. Ackman, J. C. Sipos, S. N. Hooper, and G. Dube, *J. Amer. Oil Chem. Soc.*, **54**, 199 -201 (1977).

173. A. Piconneaux, A. Grandgirard, and J. Sebedio, *Competes Rendus de Academie des Sci.*, *Series 3*, *Sci. de la Vie*, **300**, 353 -358 (1985).

174. N. Haagsma, C. M. Gent, J. B. Luten, R. W. Jong and E. Doorn, *J. Amer. Oil Chem. Soc.*, **59**, 117 -118 (1980).

175. M. A. Grompone, *Fat Sci. Technol.*, **94**, 388 -394 (1992).

176. A. R. Medina, A. G. Gimenez, F. G. Camacho, J. A. S. Perez, E. M. Grima, and A. C. Gomez, *J. Amer. Oil Chem. Soc.*, **72**, 575 -583 (1995).

177. D. G. Hayes, J. M. Van Alstine, and F. Setterwall, *J. Amer. Oil Chem. Soc.*, **77**, 207 - 213 (2000).

178. Anonymous, *Fish oil production and potentials in Atlantic Canada*, Project Report No. 115, Fisheries Development Branch, Halifax, Nova Scotia 1996.

179. G. L. Dashiell, in D. R. Erickson, ed., *World Conference Proceedings: Edible Fats Fats and Oils Processing*, *Basic Principles and Modern Practices*, AOCS Press, Champaign, Illinois, 1990, pp. 396 -401.

180. J. Hollo, J. Peredi, A. Ruzics, M. Jeranek, and A. Erdely, *J. Amer. Oil Chem. Soc.*, **70**, 997 – 1001 (1993).
181. M. Sosada, B. Pasker, and K. Kot, *Fat Sci. Technol.*, **94**, 233 – 236 (1992).
182. M. Sosada, *J. Amer. Oil Chem. Soc.*, **70**, 405 – 410 (1993).
183. M. Sosada, *J. Amer. Oil Chem. Soc.*, **73**, 367 – 370 (1996).
184. R. G. Short and F. T. Orthoefer, U. S. Patent, 4, 221,731, 1978.
185. W. van Nieuwenhuyzen, *J. Amer. Oil Chem. Soc.*, **58**, 866 – 888 (1981).
186. W. Heigel and R. Huschens, Danish Patent DE3011185, 1981.
187. E. Stahl, A. Hubgen, and K. Quirin, Danish Patent DE3329249, 1985.
188. R. Kirchner – Reinhardt, S. Peters, and E. Weidner, Danish patent DE3630676, 1988.
189. P. Davis, U. S. Patent 3,301,881, 1967.
190. P. Julian, U. S. Patent 2,629,662, 1953.
191. American Lecithin Company, Oxford, CT. (2003). Available: http://www.americanlecithin.com.
192. R. I. Winters, in D. R. Erickson, ed., *World Conference Proceedings: Edible Fats and Oils Processing, Basic Principles and Modern Practices*, AOCS Press, Champaign, Illinois, 1990, pp. 402 – 405.
193. S. D. Barnicki, C. E. Sumner, Jr., and H. C. Williams, U. S. Patent 5,512,691, 1996.
194. Y. Shimada, S. Nakai, M. Suenaga, A. Sugihara, M. Kitano, and Y. Yominag, *J. Amer. Oil Chem. Soc.*, **77**, 1009 – 1013 (2000).
195. T. S. Shin and J. S. Godber, *J. Chromat. A*, **678**, 49 – 58 (1994).
196. M. Saito and Y. Yamauchi, *J. Chromat.*, **505**, 257 – 271 (1990).
197. E. Ibáñez, J. Palacios, F. J. Señoráns, G. Santa – Maria, J. Tabera, and G. Reglero, *J. Amer. Oil Chem. Soc.*, **77**, 187 – 190 (2000).
198. Y. M. Choo, A. N. Ma, H. Yahaya, Y. Yamaguchi, M. Bounoshita, and M. Saito, *J. Amer. Oil Chem. Soc.*, **73**, 523 – 525 (1996).
199. T. Gutfinger and A. Letan, *J. Sci. Food Agric.*, **25**, 1143 – 1147 (1974).
200. D. Daguet, *Lipid Technol.*, **12**, 77 – 80 (2000).
201. T. Verleyen, R. Verhe, L. Garcia, K. Dewittinck, A. Huyghebaert, and W. De Greyt, *J. Chrom. A.*, **921**, 271 – 285 (2001).
202. T. Verleyen, R. Verhe, L. Garcia, K. Dewittinck, A. Huyghebaert, and W. De Greyt, *J. Amer. Oil Chem. Soc.*, **79**, 117 – 122 (2002).
203. A. Sturve, F. F. Hill, and F. Schindler, U. S. Patent 4,374,776, 1983.
204. D. Daguet, *Lipid Technol.*, **12**, 77 – 80 (1999).
205. A. Sturve, U. S. Patent, 4,148,810, 1979.

206. T. K. Hunt, WO PCT 97/21697, 1997.

207. D. Dauget and J – P. Coic, *Olaeaginaux Crops Gras Lipides*, **6**, 25 – 28 (1999).

208. H. Lee, B. H. Cheung, and Y. H. Park, *J. Amer. Oil Chem. Soc.*, **88**, 571 – 573 (1991).

209. S. Ramamurthy and A. R. McCurdy, *J. Amer. Oil Chem. Soc.*, **70**, 287 – 295 (1993).

210. S. Ghosh and D. K. Battacharya, *J. Amer. Oil Chem. Soc.*, 1271 – 1274 (1996).

211. J. B. Woerfel, in A. R. Baldwin, ed., *World Conference on Emerging Technologies in the Fats and Oil Industry*, AOCS Press, Champaign, Illinois, 1986, pp. 165 – 168.

212. R. S. Daniels, Canadian Patent 1,256,449, 1989.

213. R. S. Daniels, in D. R. Erickson, ed., *World Conference Proceedings: Edible Fats and Oils Processing, Basic Principles and Modern Practices*, AOCS Press, Champaign, Illinois, 1990, pp. 430 – 431.

214. N. O. V. Sonntag, in D. R. Erickson, ed., *World Conference Proceedings: Edible Fats and Oils Processing, Basic Principles and Modern Practices*, AOCS Press, Champaign, Illinois, 1990, pp. 406 – 412.